VECTOR OPERATIONS

RECTANGULAR COORDINATES

$$\nabla u = \hat{\mathbf{x}}\frac{\partial u}{\partial x} + \hat{\mathbf{y}}\frac{\partial u}{\partial y} + \hat{\mathbf{z}}\frac{\partial u}{\partial z} \tag{1-37}$$

$$\nabla \cdot \mathbf{A} = \frac{\partial A_x}{\partial x} + \frac{\partial A_y}{\partial y} + \frac{\partial A_z}{\partial z} \tag{1-42}$$

$$\nabla \times \mathbf{A} = \hat{\mathbf{x}}\left(\frac{\partial A_z}{\partial y} - \frac{\partial A_y}{\partial z}\right) + \hat{\mathbf{y}}\left(\frac{\partial A_x}{\partial z} - \frac{\partial A_z}{\partial x}\right) + \hat{\mathbf{z}}\left(\frac{\partial A_y}{\partial x} - \frac{\partial A_x}{\partial y}\right) \tag{1-43}$$

$$\nabla^2 u = \frac{\partial^2 u}{\partial x^2} + \frac{\partial^2 u}{\partial y^2} + \frac{\partial^2 u}{\partial z^2} \tag{1-46}$$

CYLINDRICAL COORDINATES

$$\nabla u = \hat{\boldsymbol{\rho}}\frac{\partial u}{\partial \rho} + \hat{\boldsymbol{\varphi}}\frac{1}{\rho}\frac{\partial u}{\partial \varphi} + \hat{\mathbf{z}}\frac{\partial u}{\partial z} \tag{1-85}$$

$$\nabla \cdot \mathbf{A} = \frac{1}{\rho}\frac{\partial}{\partial \rho}(\rho A_\rho) + \frac{1}{\rho}\frac{\partial A_\varphi}{\partial \varphi} + \frac{\partial A_z}{\partial z} \tag{1-87}$$

$$\nabla \times \mathbf{A} = \hat{\boldsymbol{\rho}}\left(\frac{1}{\rho}\frac{\partial A_z}{\partial \varphi} - \frac{\partial A_\varphi}{\partial z}\right) + \hat{\boldsymbol{\varphi}}\left(\frac{\partial A_\rho}{\partial z} - \frac{\partial A_z}{\partial \rho}\right) + \hat{\mathbf{z}}\left[\frac{1}{\rho}\frac{\partial}{\partial \rho}(\rho A_\varphi) - \frac{1}{\rho}\frac{\partial A_\rho}{\partial \varphi}\right] \tag{1-88}$$

$$\nabla^2 u = \frac{1}{\rho}\frac{\partial}{\partial \rho}\left(\rho\frac{\partial u}{\partial \rho}\right) + \frac{1}{\rho^2}\frac{\partial^2 u}{\partial \varphi^2} + \frac{\partial^2 u}{\partial z^2} \tag{1-89}$$

SPHERICAL COORDINATES

$$\nabla u = \hat{\mathbf{r}}\frac{\partial u}{\partial r} + \hat{\boldsymbol{\theta}}\frac{1}{r}\frac{\partial u}{\partial \theta} + \hat{\boldsymbol{\varphi}}\frac{1}{r\sin\theta}\frac{\partial u}{\partial \varphi} \tag{1-101}$$

$$\nabla \cdot \mathbf{A} = \frac{1}{r^2}\frac{\partial}{\partial r}(r^2 A_r) + \frac{1}{r\sin\theta}\frac{\partial}{\partial \theta}(\sin\theta A_\theta) + \frac{1}{r\sin\theta}\frac{\partial A_\varphi}{\partial \varphi} \tag{1-103}$$

$$\nabla \times \mathbf{A} = \frac{\hat{\mathbf{r}}}{r\sin\theta}\left[\frac{\partial}{\partial \theta}(\sin\theta A_\varphi) - \frac{\partial A_\theta}{\partial \varphi}\right] + \frac{\hat{\boldsymbol{\theta}}}{r}\left[\frac{1}{\sin\theta}\frac{\partial A_r}{\partial \varphi} - \frac{\partial}{\partial r}(rA_\varphi)\right] + \frac{\hat{\boldsymbol{\varphi}}}{r}\left[\frac{\partial}{\partial r}(rA_\theta) - \frac{\partial A_r}{\partial \theta}\right] \tag{1-104}$$

$$\nabla^2 u = \frac{1}{r^2}\frac{\partial}{\partial r}\left(r^2\frac{\partial u}{\partial r}\right) + \frac{1}{r^2\sin\theta}\frac{\partial}{\partial \theta}\left(\sin\theta\frac{\partial u}{\partial \theta}\right) + \frac{1}{r^2\sin^2\theta}\frac{\partial^2 u}{\partial \varphi^2} \tag{1-105}$$

VECTOR FORMULAS

$$\mathbf{A} \cdot (\mathbf{B} \times \mathbf{C}) = (\mathbf{A} \times \mathbf{B}) \cdot \mathbf{C} \tag{1-29}$$

$$\mathbf{A} \times (\mathbf{B} \times \mathbf{C}) = \mathbf{B}(\mathbf{A} \cdot \mathbf{C}) - \mathbf{C}(\mathbf{A} \cdot \mathbf{B}) \tag{1-30}$$

$$\nabla \times \nabla u = 0 \tag{1-48}$$

$$\nabla \cdot (\nabla \times \mathbf{A}) = 0 \tag{1-49}$$

$$(\mathbf{A} \times \mathbf{B}) \cdot (\mathbf{C} \times \mathbf{D}) = (\mathbf{A} \cdot \mathbf{C})(\mathbf{B} \cdot \mathbf{D}) - (\mathbf{A} \cdot \mathbf{D})(\mathbf{B} \cdot \mathbf{C}) \tag{1-106}$$

$$\frac{d}{d\sigma}(u\mathbf{A}) = \frac{du}{d\sigma}\mathbf{A} + u\frac{d\mathbf{A}}{d\sigma} \tag{1-107}$$

$$\frac{d}{d\sigma}(\mathbf{A} \cdot \mathbf{B}) = \frac{d\mathbf{A}}{d\sigma} \cdot \mathbf{B} + \mathbf{A} \quad \frac{d\mathbf{B}}{d\sigma} \tag{1-108}$$

$$\frac{d}{d\sigma}(\mathbf{A} \times \mathbf{B}) = \frac{d\mathbf{A}}{d\sigma} \times \mathbf{B} + \mathbf{A} \times \frac{d\mathbf{B}}{d\sigma} \tag{1-109}$$

$$\nabla(u + v) = \nabla u + \nabla v \tag{1-110}$$

$$\nabla(uv) = u\nabla v + v\nabla u \tag{1-111}$$

$$\nabla(\mathbf{A} \cdot \mathbf{B}) = \mathbf{B} \times (\nabla \times \mathbf{A}) + \mathbf{A} \times (\nabla \times \mathbf{B}) + (\mathbf{B} \cdot \nabla)\mathbf{A} + (\mathbf{A} \cdot \nabla)\mathbf{B} \tag{1-112}$$

$$\nabla(\mathbf{C} \cdot \mathbf{r}) = \mathbf{C} \qquad \text{where } \mathbf{C} = \text{const.} \tag{1-113}$$

$$\nabla \cdot (\mathbf{A} + \mathbf{B}) = \nabla \cdot \mathbf{A} + \nabla \cdot \mathbf{B} \tag{1-114}$$

$$\nabla \cdot (u\mathbf{A}) = \mathbf{A} \cdot (\nabla u) + u(\nabla \cdot \mathbf{A}) \tag{1-115}$$

$$\nabla \cdot (\mathbf{A} \times \mathbf{B}) = \mathbf{B} \cdot (\nabla \times \mathbf{A}) - \mathbf{A} \cdot (\nabla \times \mathbf{B}) \tag{1-116}$$

$$\nabla \times (\mathbf{A} + \mathbf{B}) = \nabla \times \mathbf{A} + \nabla \times \mathbf{B} \tag{1-117}$$

$$\nabla \times (u\mathbf{A}) = (\nabla u) \times \mathbf{A} + u(\nabla \times \mathbf{A}) \tag{1-118}$$

$$\nabla \times (\mathbf{A} \times \mathbf{B}) = (\nabla \cdot \mathbf{B})\mathbf{A} - (\nabla \cdot \mathbf{A})\mathbf{B} + (\mathbf{B} \cdot \nabla)\mathbf{A} - (\mathbf{A} \cdot \nabla)\mathbf{B} \tag{1-119}$$

$$\nabla \times (\nabla \times \mathbf{A}) = \nabla(\nabla \cdot \mathbf{A}) - \nabla^2\mathbf{A} \tag{1-120}$$

where

$$\begin{aligned}(\mathbf{A} \cdot \nabla)\mathbf{B} = \hat{\mathbf{x}}&\left(A_x\frac{\partial B_x}{\partial x} + A_y\frac{\partial B_x}{\partial y} + A_z\frac{\partial B_x}{\partial z}\right)\\ &+\hat{\mathbf{y}}\left(A_x\frac{\partial B_y}{\partial x} + A_y\frac{\partial B_y}{\partial y} + A_z\frac{\partial B_y}{\partial z}\right)\\ &+\hat{\mathbf{z}}\left(A_x\frac{\partial B_z}{\partial x} + A_y\frac{\partial B_z}{\partial y} + A_z\frac{\partial B_z}{\partial z}\right)\end{aligned} \tag{1-121}$$

2nd EDITION

전자기학

ELECTROMAGNETIC FIELDS

ROALD K. WANGSNESS 저
남석우 역

서문

이 책은 학부 고학년에서 1 년 과정 전자기학 과목을 배울 때 중간 정도의 수준으로 사용할 수 있도록 마련되었다. 나는 이 책이 가능한 한 학생들의 입장에서 초점이 맞추어지도록 최선을 다해 썼다. 그래서 체계적이고도 직설법적으로 표현하였으며, 가능한 기교는 부리지 않으려 했으며, "...라고 보일 수도 있다"와 같은 애매한 말을 최소화하려고 노력했다. 또한 식을 유도할 때 각 단계마다 또는 새로운 개념이 등장할 때마다 분명한 이유를 제시하려고 했다. 적절한 부분에서는 학생들이 보통 저지르기 쉬운 간단한 실수의 원인을 지적하였으며, 이런 것들을 방지할 수 있는 방안을 제시하기도 하였다. 이 책에서는 많은 내용이 교차로 인용되어, 어느 특정 결과에 대한 세밀한 원인이나 다른 내용과의 관계에까지도 의혹이 생기지 않도록 하였다. 이러한 교차인용으로 인해 이 책은 과정이 끝난 뒤에 참고서로 사용할 때는 훨씬 더 유용할 것이다.

이 책을 다시 쓰면서, 나는 이러한 목표에 집착하여 집중하였으며, 한편으로는 내용의 정확성과 구성을 개선하기 위해 노력하였다. 이것은, 나의 목표가 사전적 열거가 아닌 적절한 수학 수준으로 기술된 교과서의 집필이었기 때문이었다. 따라서 대부분의 고쳐 쓴 내용은 책 여기저기에 흩어져 있다. 예를 들어, 10-8, 10-9, 20-6절에서는 물질이 존재할 경우의 전자기에너지에 관한 논의를 개선시켰다. 또한 28-1절과 28-2절에서는 복사를 취급하면서 다소 간단히 하였고, 6-1절에서는 도체 공동 안에서의 전기장에 관한 증명을 수정하였다. 이번 개정판에서의 가장 주된 그리고 가장 현격한 변화는 회로와 전송선에 관한 전혀 새로운 내용을 27장에 포함시켰다는 점이다. 이러한 내용이 포함되기를 기대하던 독자들에게 유용하고도 만족스러운 효과가 있기를 기대해본다.

이 책에서는 장 벡터의 특성과 원천에 관해 지속적으로 강조하고 있는데, 원격작용으로부터 장으로의 변환과 관련된 개념과 관점을 분명히 성공적으로 전달했기를 희망해본다. 전반적인 취급방식은 일반적으로 현상의 거시적인 그리고 경험적인 서술이지만, 12-5절과 24-8절에서 전도도를 논의할 때는 미시적인 관점이 제시되었다. 부록 B에는 전자기학의 미시적 특성의 기원을 간단하게나마 조사해놓았는데, 원한다면 적절한 중간지점에서 한 절의 일부분으로 취급하여 공부할 수 있도록 정리하여 기술하였다. B-1절은 10-7절 이후 어느 때라도 논의할 수 있고, B-2절의 대부분은 20-5절 이후에 놓을 수 있으며, 강자성에 관한 마지막 내용은 20-7절 뒤로 갈 수 있다. 끝으로, B-3절은 24-3절이 숙달된 다음 그리고 연습문제 24-28을 푼 뒤에 다루면 된다. 마찬가지로, 부록 A로도 더욱 다양하게 공부할 수 있도록 꾸며놓았다. 부록 A의 각 절은 하전입자의 운동에 관한 것인데, **E**와/나 **B**를 포함하는 해당 힘을 구한 다음 언제라도 공부할 수 있게 되어 있다.

이 장에서는 전체적으로 SI 단위를 사용하고 있다. 현실적으로 MKSA 단위를 사용하고 있다는 의미이다. 그러나 실제로 학생들은 Gauss 단위를 사용하는 문헌들을 흔히 만나게 될 것이고, 그것들을 다루는 방식에 대한 안내가 필요할 것이다. 이것이 23장의 목적이고, 거기에서는 또한 다른 단위계에 대해서도 논의하겠다. 그러나 이것은 Maxwell 방정식이 체계적으로 설명되어 일반론을 배운 이후이다. 나는 이 장을 주로 순전한 실용적인 측면에서 기술하였다; 다른 단위계에서 쓰인 방정식을 어떻게 알아볼 수 있는지, 원한다면 이들을 어떻게 좀 더 친근한 형식으로 나타낼 수 있는지, Gauss 단위계로 사용된 식에 정확하게 어떤 수치를 넣어야 올바른 답이 나오는지 등에 관한 것이다.

9 장에서는 물리특성의 불연속면에서 어느 임의 벡터가 만족하여야 할 경계조건을 다이버전스와 커얼을 사용한 일반적인 형식으로 구해 놓았다. 이것은 이 특정 원천방정식을 학생들이 알아야 한다는 중요성에서 뿐 아니라 나중에 나오는 논의를 단순화하기 위해서도 도움이 될 것이다. 매번 새로운 벡터가 정의될 때마다 이들의 경계조건을 다시 유도할 필요 없이, 즉시 구할 수 있다.

내용을 분명히 하기 위하여 새로운 예제와 연습문제를 첨가하여, 이제 본문 중에 풀이가 들어 있는 예제는 145 개에 이른다. 실제적으로 표준적인 문제는 모두 포함되어 있으며, 그 중 많은 것은 보통 볼 수 있는 것보다 자세히 설명되어 있다. 특히 문제풀이를 시도하는 단계에서 엄밀함을 강조하였는데, 이 과정이 학생들에게는 매우 까다롭기 때문이다. 지금까지 연습문제는 587 개가 포함되어 있다. 어떤 문제에는 수치를 주어 물리량들의 주요 크기가 얼마나 되는지 짐작이 가도록 하였고, 어떤 문제는 본문 중의 예제와 비슷하며, 많은 문제는 전혀 다른 문제이고, 어떤 것은 본문의 이론을 연장한 것이다. 이들 많은 연습문제는 수업 중에 내용을 분석하면서 추가적인 예제로 사용할 수 있다. 연습문제의 홀수 번호 문제에 대한 해답이 마련되어 있으나, 물론 문제의 내용 안에 답이 들어 있는 것은 제외하였다.

나는 나의 동료 교수들과 학생들과의 논의로부터 그리고 질문들로부터 오랫동안 많은 덕을 보아왔다. 이 책의 마지막 장까지 그들이 준 기여에 감사한다. 특히, 나의 동료 C. Y. Fan, K. C. Hsieh, E. W. Jenkins와 J. E. Treat가 보내준 유익하고도 협조적인 견해에 감사드린다. 또한 H. Asmat, R. C. Henry, A. T. Mense, K. Park, R. J. Ravella와 여러 사람이 읽어주고 보내온 제안과 비평을 매우 고맙게 여긴다.

Tucson, Arizona **_Roald K. Wangsness_**

1986년 1월

역자서문

인류역사상 그 유례를 찾아볼 수 없을 정도로 빠르게 변화하고 있는 문명의 소용돌이 속에서, 물질과학은 미시적이고도 난해한 형태로 더욱 복잡하게 첨단기술을 향하여 질주하고 있는 것이 오늘날의 현실이다. 현실적인 측면에서 그 중심에 놓여 있는 분야가 양자역학, 통계역학, 그리고 고체물리학이라면, 이들 분야는 이제 화학 분자생물학 전자공학 등과 학제간의 벽을 허물며 소위 나노과학기술이라는 분야에서 융합되어가고 있다. 이러한 경향에 비추어 자칫하면 고전물리학의 주제인 역학, 전자기학, 열물리학은 경시되기 십상이다. 그러나 거시적인 취급법이 주종을 이루는 전자기학의 중요성은 원자세계급의 연구가 진행됨에 따라 더욱 그 중요성이 부각되고 있으니 어떤 의미에서는 이율배반적이라 아니할 수 없다. 물질 내부의 자세한 상호작용을 공부하면서 전자기학이 가지는 그 자체의 관련성도 중요하고, 이제 더욱 현대적인 의미에서 양자효과에 대한 현상과 고전적인 현상의 한계를 바로 알고 구분할 줄 아는 것도 첨단이론으로 나아가는 훌륭한 출발점이 될 수 있다.

이번 번역을 하면서 역자는 무엇보다도 원문의 내용을 정확히 전달함에 충실하도록 노력하였다. 그래서 처음 번역 단계에서는 정직히 직역하려고 노력하였다. 그러나 초교 재교 과정에서는 문장의 유연성을 무시할 수 없어 의역적인 수정을 가했으며, 특히 영어 표현과 우리말 표현에 있어서의 넘을 수 없는 벽에 의해 내용의 오해가 초래될 위험성이 있는 곳에서는 그 소지를 무마하고자 좀 더 강도 있는 의역을 시도하였다. 그러나 원문의 정신을 훼손하지 않도록 최선을 다하였다.

번역에 있어서 가장 주의하였던 점은 전자기학 전문용어의 우리말 용어표현이었는데, 주로 한국물리학회에서 발간한 물리학용어집과 최신 용어 개정안을 참조하였다. 그 용어집에 나와 있지 않은 용어는 인접 학문분야의 용어집, 특히 인터넷판을 주로 참조하였다. 원문 중 이탤릭체로 강조한 부분의 번역은 이 책에서 우리 글자 고딕으로 표시하였고, 번역된 용어 중 원어의 의미가 필요하다고 생각되는 것에는 원어용어를 병기하였다. 인명과 인명이 관련된 법칙 등의 용어는 원어 철자를 그대로 사용하는 것으로 원칙을 삼았다. 이 전자기학 책에는 많은 수식과 기호 부호 등이 복잡하게 결합되어 나타나는데, 본문 중의 기호 등과 수식 중의 기호 등이 글자체나 글자 크기 등에 있어 미세한 상이함이 있는데, 이는 편집상의 세밀함에 존재하는 한계임으로 독자들이 이해하고 읽어주기를 바란다.

이 책의 번역은 우리의 현실에서 전공 교재가 처한 입장에 조금이나마 도움이 되기를 희망하면서 시도되었다. 이 번역판을 제작하면서 역자의 까다로운 주문에 항상 협조하여 주신 청

범출판사 연규산 사장과 실무 편집진에게 감사드린다. 또한, 올바른 용어 하나를 선택하기 위한 자문에도 귀중한 시간을 내어 협조하여 주신 홍석경 박사께도 감사드린다.

고려대학교 남 석 우
2006년 1월

차례

들어가면서

수학자들이 원격으로 끌어당기는 힘의 중심을 보았다면, Faraday는 그의 심안을 통하여 공간 모든 곳에 퍼져있는 역선을 들여다보았다. 다른 사람들이 거리만을 보고 있을 때 Faraday는 매질을 보았다. 다른 사람들이 전기유체에 깔려있는 원격작용의 효력을 통하여 알아내었다고 만족해 하던 현상의 근본을 Faraday는 매질 내에서의 진정한 작용을 통하여 찾고 있었다.

— *J. C. Maxwell*, '전기와 자기에 관한 논문' 중에서

Maxwell이 이제는 유명해진 그의 책 서문에 위의 글을 쓴 이래로 100년도 더 지나갔다. Faraday는 장의 개념을 발전시키는데 있어 매우 도구적이었는데, 그의 의도는 장의 개념을 수학적으로 제시하는 것이어서 사용하기에 편리하였고, 전자기적 효과를 일관되게 표현하는 기본으로 강조하게 되었다. 그 때는 Oersted와 Ampère가 전기와 자기 사이의 관계를 보여 준지 겨우 50년이 막 지났었는데, 그 두 주제는 그 이전 오랫동안 완전히 따로 연구되고 발전되어 왔었다. 그 때는 주로 전하 사이의 힘이나 전류 사이의 힘은 강조되었으나, 전기장이나 자기장으로의 변환이 주된 역할이라는 아이디어는 거의 받아들여지지 않았고 종종 거센 반감의 시각으로 보여졌다.

시대는 변하여 여기에서의 우리의 주요 관심사는, 이 책의 제목이 말해 주듯이, 전자기장의 본성, 성질, 그리고 근원에 관하여 공부하는 것이다. 즉, 시간과 공간 좌표의 함수로 정의된 전기와 자기 벡터에 관한 분야이다. 물론, 힘이나 에너지 같은 관련 개념들이 사라진 것은 아니고, 그래서 힘으로부터 시작하여 이 힘들로 장 벡터를 정의하는 것이 바람직하겠다. 그럼에도 불구하고, 우리의 주된 목표는 현상을 기술하는데 있어 가능한 한 가장 완벽하게 장으로 표현하려는 것이다. 장에 관한 이러한 강조는 대단히 가치 있는 일이라고 입증되었으며, 장의 개념 없이 전자기이론이 오늘날처럼 발전할 수 있으리라고 상상한다는 것은 어려운 일이다.

이 책은 보통 일 년 과정으로 답파하는 분량 이상이 들어있다. 그러나 모든 내용은 착실한 물리학도에게 흥미를 안겨줄 것이고 이 모두를 공부하는 것은 가치 있는 것이다.

모든 저자들의 관점이란 일반적으로 동일하지 않고, 어느 책이더라도 주어진 제목이 제시하고 있는 것의 모든 세부내용을 제공하지도 않는다. 이럴 때 참조할 수 있도록 이 책과 대체로 비슷한 수준으로 쓰인 비교적 최근 책들의 목록을 여기에 제시하겠다.

D. M. Cook, *The theory of the Electromagnetic field*, Prentice-Hall, Englewood Cliffs, N.J., 1975.

P. Lorrain and D. R. Corson, *Electromagnetic Fields and Waves*, Second Edition, Freeman, San Francisco, 1970.

M. H. Nayfeh and M. K. Brussel, *Electricity and Magnetism*, Wiley, New York, 1985.

J. R. Reitz, F. J. Milford, and R. W. Christy, *Foundations of Electromagnetic Theory*, Third Edition, Addison-Wesley, Reading, Mass., 1979.

A. Shadowitz, *The Electromagnetic Field*, McGraw-Hill, New York, 1975.

다음의 책들은 좀 더 고급 수준에서 전자기학을 논한다.

J. D. Jackson, *Classical Electrodynamics*, Second Edition, Wiley, New York, 1975.

E. J. Konopinski, *Electromagnetic Fields and Relativistic Particles,* McGraw-Hill, New York, 1981.

W. K. H. Panofsky and M. Phillips, *Classical Electricity and Magnetism*, Second Edition, Addison-Wesley, Reading, Mass., 1962.

A. M. Portis, *Electromagnetic Fields: Sources and Media*, Wiley, Ne York, 1978.

J. A. Stratton, *Electromagnetic Theory*, McGraw-Hill, New York, 1941.

(끝으로, 표기에 관해 적어 두겠다. 이 책에서 =은 ...와 같다, ≃는 ...와 근사적으로 같다. ≈는 ...크기의 차수이다, ~는 ...에 비례한다, ≠는 ...와 다르다를 의미한다.)

제1장 벡터

전기학과 자기학을 공부하면서 우리가 계속해서 다루게 될 물리량들은 그 크기 뿐 아니라 방향 까지도 함께 고려하여 나타내어져야 한다. 그러한 물리량을 벡터라 하는데, 구체적인 예를 들기 전에 일반적인 성질을 살펴보는 것이 좋겠다. 이러한 목적으로 개발된 기호법과 용어를 사용하면 물리량들을 좀 더 압축적으로 나타낼 수 있고 근본적인 물리적 의의를 더욱 쉽게 이해할 수 있다.

1-1 벡터의 정의

어떤 점의 변위 *displacement*라는 성질은 벡터를 정의하는데 요구되는 필수적인 요소를 갖추고 있다. 어떤 점 P_1에서 출발하여 임의의 어떤 방법으로든지 점 P_2로 이동할 때, 운동의 알짜 효과는, 그 점이 P_1에서 P_2로 직접 움직인 것처럼 그림 1-1의 직선 D를 따라 화살표방향으로 표시되어 진다. 이 선 D를 변위라 부르고, 그 크기(선분의 길이)와 방향(P_1에서 P_2까지)으로 특징 지워진다. 이제 그림 1-2에서 E를 따라 점 P_2에서 또 다른 점 P_3로의 변위를 가질 때, 새로운 알짜 효과는 그 점이 F를 따라 점 P_1에서 점 P_3로 하나의 변위를 갖는 것이나 마찬가지이다. 따라서 F는 D와 E 변위의 연속적인 합 혹은 합성벡터라 말할 수 있고, 그림 1-2는 변위들이 결합되어서 (혹은 더해져서) 그 합성벡터가 되는 기본적인 방식을 보여주고 있다.

벡터 *vector*란 위의 관점을 일반화한 것으로, 변위같은 수학적 특성을 갖는 어떤 물리량도 마찬가지로 정의한다. 즉, 벡터는 크기를 가지고 있고, 벡터는 방향도 가지고 있다; 또한, 동일

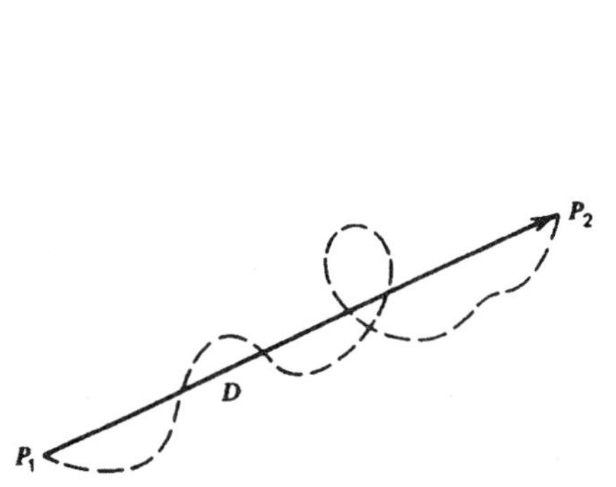

그림 1-1 D는 점이 P_1에서 P_2로 가는 변위이다.

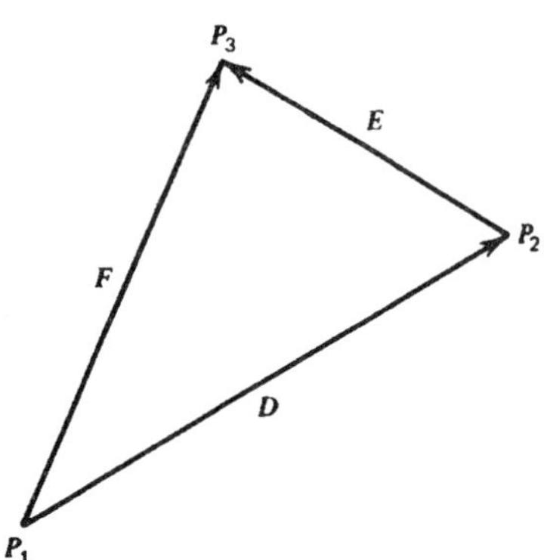

그림 1-2 F는 변위 D와 E의 합성이다.

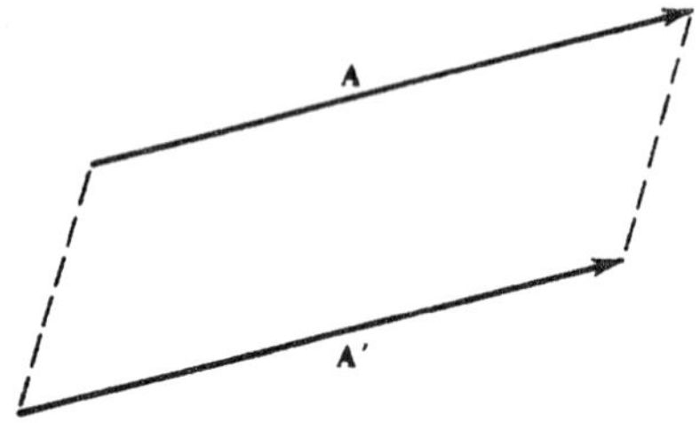

| 그림 1-3 | 이 두 벡터는 같다.

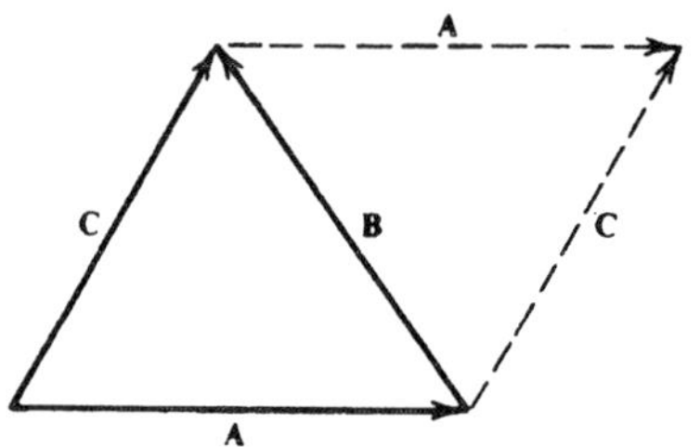

| 그림 1-4 | 두 벡터의 합은 더하는 순서에 무관하다.

한 내재적 본성을 가지고 있는 두 벡터의 합은 그림 1-2에 나타낸 기본규칙을 따른다. 크기와 방향이라는 두 성질을 나타내기 위하여, 변위에 대해 이미 사용했던 것처럼, 벡터는 방향을 갖는 선분으로 나타낼 수 있다. 벡터는 보통 고딕체로 그러니까 **A**처럼 표기하고, 그 크기는 $|\mathbf{A}|$ 혹은 A로 나타낼 것이다.

스칼라 *scalar*란 크기만 가지고 있는 물리량을 이른다. 예를 들어, 어떤 물체의 질량은 스칼라이다. 그러나 그 물체에 작용하는 중력으로써의 무게는 벡터이다.

벡터는 방향을 갖는 물리량으로써의 본성을 지니므로, 한 벡터를 평행으로 이동시키더라도 그 벡터는 변하지 않는다. 즉, 두 벡터가 같은 크기와 같은 방향을 갖는다면 둘은 동일한 것이다. 그림 1-3에는 이런 점이 나타내어져 있고 $\mathbf{A} = \mathbf{A}'$임을 알 수 있다. 이제 벡터를 가지고 어떤 수학적 연산을 할 수 있는지 살펴보자.

1-2 벡터의 합

기본법칙에 따라, **A**를 잡고 **B**를 더할 때 그림 1-4의 실선같은 합 **C**를 얻게 된다. 또한 **B**에 **A**를 더하면 같은 벡터 **C**를 얻는다. 그러므로

$$\mathbf{C} = \mathbf{A} + \mathbf{B} = \mathbf{B} + \mathbf{A} \tag{1-1}$$

처럼 벡터합은 교환특성을 갖는다.

마찬가지의 과정을 통해 벡터합의 결합특성을 입증할 수 있다:

$$\mathbf{D} = (\mathbf{A} + \mathbf{B}) + \mathbf{C} = \mathbf{A} + (\mathbf{B} + \mathbf{C}) = (\mathbf{A} + \mathbf{C}) + \mathbf{B} \tag{1-2}$$

그림 1-1의 D와같은 변위를 이제 방향을 바꾸어 거꾸로 따라가면, 알짜 효과로 변위는 없어지게 된다. 따라서 한 벡터의 음은, 크기는 같으나 방향이 반대인 벡터로 정의하는 것이 적절할 것이다. 왜냐하면, 그럼으로써 바라던 대로 $\mathbf{A} + (-\mathbf{A}) = 0$이 되기 때문이다. 그렇다면 벡터를 빼는 것은 음의 벡터를 더하는 것으로 쉽게 할 수 있다.

$$\mathbf{A} - \mathbf{B} = \mathbf{A} + (-\mathbf{B}) \tag{1-3}$$

스칼라 s와 벡터의 곱은 $s\mathbf{A}$ 혹은 $\mathbf{A}s$로 쓰는데, 이것은 단순히 s개의 **A**벡터를 더하는 것이

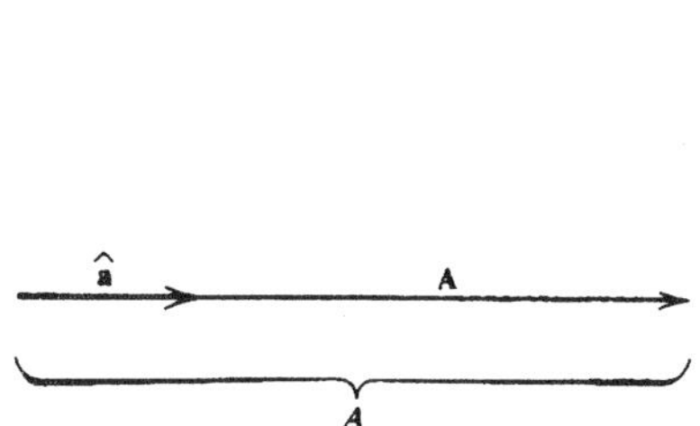

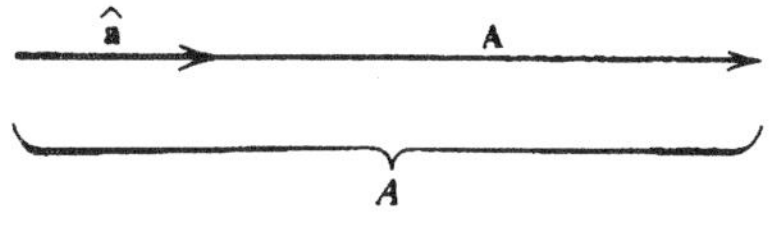

| 그림 1-5 | â는 **A** 방향의 단위벡터이다.

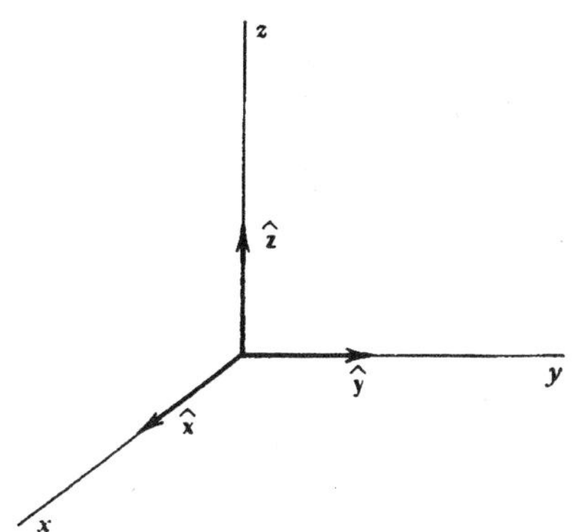

| 그림 1-6 | 직각좌표계의 단위벡터들.

라고 생각 하든지, 혹은 그 곱해진 벡터는 크기가 $|s|$ 곱하기 **A**의 크기이고, 그 방향은 s가 양이면 **A**와 같고 s가 음이면 **A**에 반대가 되는 것으로 생각하면 된다.

1-3 단위벡터

단위벡터 *unit vector*는 단위(1) 크기를 갖는 벡터라고 정의하고, 꺽은 부호를 문자 위에 넣어서 표기하겠다. 즉, $\hat{\mathbf{e}}$. 단위벡터는 항상 단위차원이 없도록 택하기 때문에 $|\hat{\mathbf{e}}| = 1$이다. 예를 들어 단위벡터 $\hat{\mathbf{a}}$가 **A**의 방향을 갖도록 선택한다면,

$$\mathbf{A} = A\hat{\mathbf{a}} \qquad \text{및} \qquad \hat{\mathbf{a}} = \frac{\mathbf{A}}{A} \tag{1-4}$$

로 쓸 수 있다. 이런 점이 그림 1-5에 설명되어 있다.

특별히 유용한 한 벌의 단위벡터는 직각좌표계와 관련이 있다. 그들을 $\hat{\mathbf{x}}, \hat{\mathbf{y}}, \hat{\mathbf{z}}$로 쓰고 그림 1-6에서처럼 각각 x, y, z축 방향에 놓이도록 정의한다. 즉, 각 단위벡터는 해당되는 직각좌표가 증가하는 방향으로 놓인다. 또한, 이 중 어느 하나는 다른 둘과 각각 수직이 된다.

다른 단위벡터들을 정의하는 것이 편리하고도 유용하다는 것도 알게 될 것이다.

1-4 성분

나중을 위하여 벡터를 특정 좌표계에서 나타내는 것이 좋다. 그림 1-7를 보면 벡터 **A**는 적절히 선택된 세 개의 벡터의 합으로 쓸 수 있는데, 그 각각은 직각좌표계의 각 축에 평행이다. 즉, $\mathbf{A} = \mathbf{A}_x + \mathbf{A}_y + \mathbf{A}_z$이다. 그러나 이들 각 항은 그림 1-6의 단위벡터와 스칼라의 곱으로 쓰는 것이 더 좋겠다. 그래서 $\mathbf{A}_x = A_x\hat{\mathbf{x}}$ 등으로 쓰면 위의 표현식은

$$\mathbf{A} = A_x\hat{\mathbf{x}} + A_y\hat{\mathbf{y}} + A_z\hat{\mathbf{z}} \tag{1-5}$$

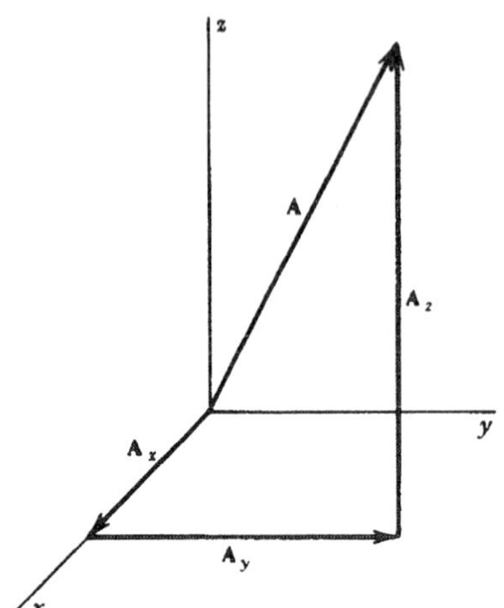

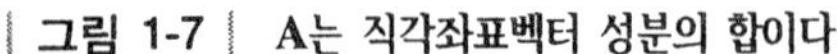
| 그림 1-7 | **A**는 직각좌표벡터 성분의 합이다.

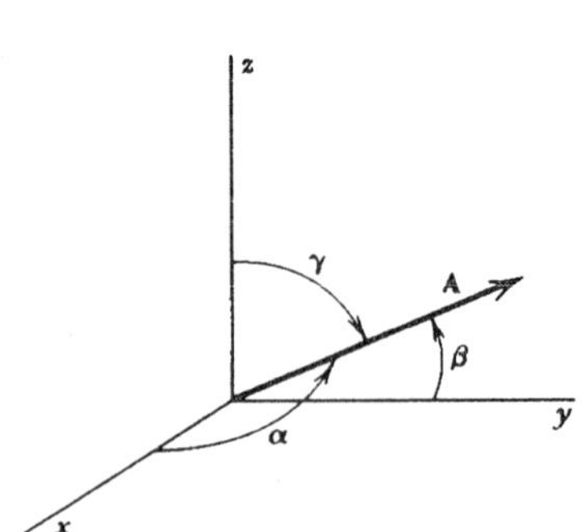

| 그림 1-8 | 방향각의 정의.

가 된다. 세 스칼라량 A_x, A_y, A_z를 **A**의 성분 *component*라 한다. 그래서 한 벡터가 세 성분으로 나타내어지는 것을 알게 되었다. 성분은 양 혹은 음이 될 수 있다. 예를 들어 A_x가 음이라면 그림 1-7의 $\mathbf{A}_x$벡터는 x가 줄어드는 쪽의 방향을 갖는다.

그림 1-7로부터 벡터의 크기는 성분들로

$$A = |\mathbf{A}| = \left(A_x^2 + A_y^2 + A_z^2\right)^{1/2} \tag{1-6}$$

라고 표현할 수 있다.

그림 1-8에는 **A**가 각 축과 만드는 특정 각을 그려놓았다. 각 α, β, γ를 **A**의 **방향각**이라 하고 각 축의 양의 방향으로부터 잰다. 그림 1-9는 **A**와 $\hat{\mathbf{x}}$를 포함하는 평면을 보여주는데, A_x가 $A_x = A \cos \alpha$로 주어짐을 알 수 있다. 이것을 (1-6)과 결합하면

$$l_x = \cos \alpha = \frac{A_x}{A} = \frac{A_x}{\left(A_x^2 + A_y^2 + A_z^2\right)^{1/2}} \tag{1-7}$$

을 얻는데, 여기서 l_x를 **방향코사인**이라 부른다. 다른 두 방향각 β, γ와 그에 해당되는 방향코사인 l_y, l_z에도 비슷한 표현식이 적용되어서, 한 벡터의 직각좌표 성분을 알면 (1-6)과 (1-7)로부터 그 크기와 방향을 계산할 수 있다.

(1-4), (1-5)와 (1-7)을 결합하면 단위벡터 $\hat{\mathbf{a}}$도

$$\hat{\mathbf{a}} = l_x\hat{\mathbf{x}} + l_y\hat{\mathbf{y}} + l_z\hat{\mathbf{z}} \tag{1-8}$$

처럼 쓸 수 있고, 따라서 주어진 어떤 방향으로의 단위벡터의 성분은 단순히 그 해당 방향의 방향코사인이 된다. 일반적인 결과 (1-6)을 특정 벡터 $\hat{\mathbf{a}}$에 적용하면, 방향코사인에 관련된 중요한 관계식

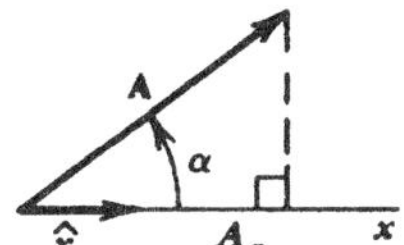

| 그림 1-9 | A_x는 **A**의 x성분이다.

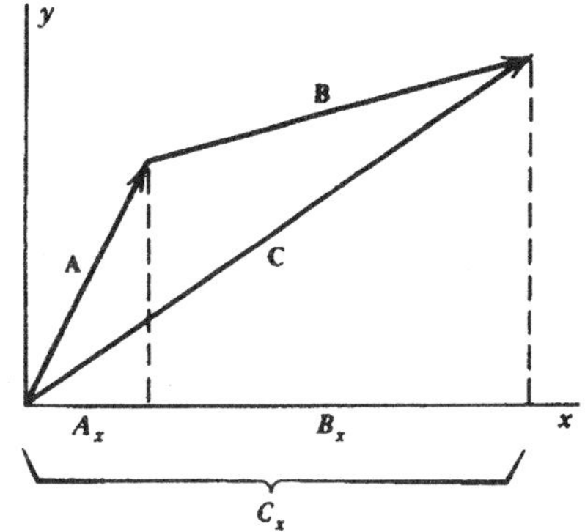

| 그림 1-10 | 합벡터의 한 성분은 그 해당되는 성분들의 합과 같다.

$$l_x^2 + l_y^2 + l_z^2 = 1 \tag{1-9}$$

를 얻게 되는데, 이것은 (1-7) 등으로부터도 구할 수 있다.

그림 1-4에 그려 놓은 벡터의 합은 직각좌표 성분으로 쉽게 나타내어진다. 그림 1-10으로부터 합 **C** = **A** + **B**의 한 성분은 해당 성분의 합으로 주어진다. 즉,

$$C_x = A_x + B_x \qquad C_y = A_y + B_y \qquad C_z = A_z + B_z \tag{1-10}$$

1-5 위치벡터

간단한 벡터의 예를 들어보자. 그림 1-11에 나타낸 것처럼 어느 공간점 P의 위치는 편의에 따라 적절히 선택한 원점으로부터 벡터 **r**을 그려 지정할 수 있다. 이 벡터 **r**을 그 점의 **위치벡터**라 부른다. 그림 1-6의 직각좌표계에서 **r**의 성분은 그 점의 직각좌표 (x, y, z)이다. 즉,

$$\mathbf{r} = x\hat{\mathbf{x}} + y\hat{\mathbf{y}} + z\hat{\mathbf{z}} \tag{1-11}$$

이다. 마찬가지로 좌표를 (x', y', z')로 갖는 다른 점 P'은 그림 1-12에 보인 것처럼 위치벡터 $\mathbf{r}' = x'\hat{\mathbf{x}} + y'\hat{\mathbf{y}} + z\hat{\mathbf{z}}$로 나타내게 된다. 이제 두 점의 위치를 각각 나타내었으므로 한 점에 대한 다른 점의 위치는 P'에서 P로 한 벡터를 그려 표현할 수 있다. 이 벡터 **R**을 P'에 대한 P의 **상대위치벡터**라 부른다. 그림 1-12로부터 $\mathbf{r}' + \mathbf{R} = \mathbf{r}$이므로,

$$\mathbf{R} = \mathbf{r} - \mathbf{r}' \tag{1-12}$$

이 된다. (1-10)과 (1-11)을 이용하여 **R**을 성분 형태로

$$\mathbf{R} = (x - x')\hat{\mathbf{x}} + (y - y')\hat{\mathbf{y}} + (z - z')\hat{\mathbf{z}} \tag{1-13}$$

처럼 쓸 수 있고, 따라서 (1-6)에 의해

$$R = \left[(x - x')^2 + (y - y')^2 + (z - z')^2\right]^{1/2} \tag{1-14}$$

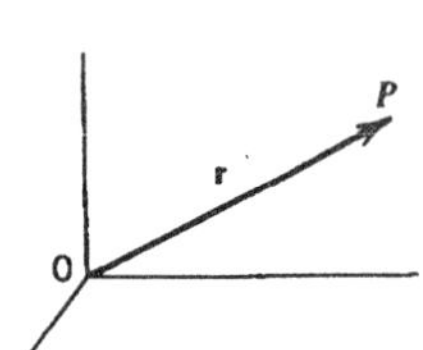

| 그림 1-11 | **r**은 점 P의 위치벡터이다.

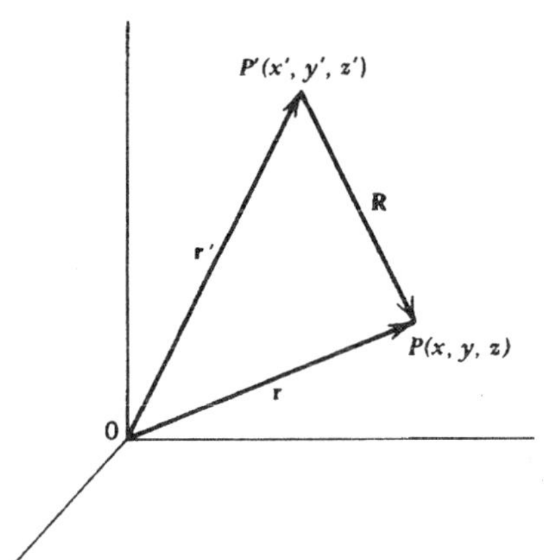

| 그림 1-12 | **R**은 P의 P'에 대한 상대위치벡터이다.

이다. 이들 결과를 이용하는 경우가 자주 생길 것이다. P에 대한 P'의 상대위치는 P에서 P'으로 그린 $\mathbf{R}'$벡터로 주어지고, 사실 $\mathbf{R}' = -\mathbf{R}$이다.

우리는 좌표계를 임의로 편리하게 선택한다고 했을 뿐이지 특별히 지정하지는 않았다. 그러나 일단 어느 특별한 경우에 알맞게 선택했으면, 그 좌표계는 "공간에 고정"되었다고 말하며, 그 단위벡터 $\hat{\mathbf{x}}, \hat{\mathbf{y}}, \hat{\mathbf{z}}$의 크기는 물론이려니와 방향도 일정할 것이다. 즉, 우리가 사용하는 고정좌표계는 고전역학에서 잘 알려진 관성좌표계 중의 하나이다.

이제 벡터의 곱셈을 해보자. 여기서는 두 가지 형식을 정의한다.

1-6 스칼라곱

스칼라곱 *scalar product*는 두 벡터의 크기와 사이각 코사인의 곱으로 스칼라량

$$\mathbf{A} \cdot \mathbf{B} = AB \cos \Psi \tag{1-15}$$

로 정의된다. 표기된 모습을 보고 스칼라곱을 점곱 *dot product*라고도 한다.

그림 1-13으로부터 스칼라곱을 이해해보자; $(B \cos \Psi)A$ = $\mathbf{A}$ 방향에 놓여 있는 $\mathbf{B}$의 성분과 $\mathbf{A}$ 크기의 곱 = $(A \cos \Psi)B$ = $\mathbf{B}$ 방향에 놓여 있는 $\mathbf{A}$의 성분과 $\mathbf{B}$ 크기의 곱.

(1-15)로부터 스칼라곱은 분명히 곱하는 순서에 의해 달라지지 않는다. 즉,

$$\mathbf{A} \cdot \mathbf{B} = \mathbf{B} \cdot \mathbf{A} \tag{1-16}$$

이다. 두 벡터가 수직이면, $\mathbf{A} \cdot \mathbf{B} = 0$이고 그 역도 성립한다. 더구나, 벡터의 제곱은 그 벡터 자체가 점곱된 것으로 해석할 수 있고, 그 결과 크기의 제곱이 되어

$$\mathbf{A}^2 = \mathbf{A} \cdot \mathbf{A} = A^2 \tag{1-17}$$

로 쓸 수 있다.

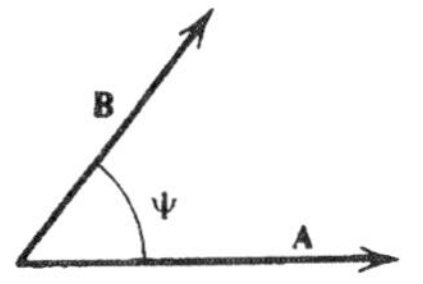

그림 1-13 스칼라곱에 필요한 각.

A와 **B**의 직각좌표성분만 알고 있다면, (1-15)로부터 **A** · **B**를 계산하는 것은 불편할런지도 모른다. 왜냐하면 **A**와 **B** 사이의 각을 알아야하기 때문이다. 다행히 **A** · **B**를 직각좌표성분으로 직접 표현할 수 있다. 그림 1-6에 정의된 각 단위벡터들 사이의 각은 90°이기 때문에, (1-15)로부터 쉽게

$$\hat{\mathbf{x}} \cdot \hat{\mathbf{y}} = \hat{\mathbf{y}} \cdot \hat{\mathbf{z}} = \hat{\mathbf{z}} \cdot \hat{\mathbf{x}} = 0 \tag{1-18}$$

와 (1-17)로부터

$$\hat{\mathbf{x}} \cdot \hat{\mathbf{x}} = \hat{\mathbf{y}} \cdot \hat{\mathbf{y}} = \hat{\mathbf{z}} \cdot \hat{\mathbf{z}} = 1 \tag{1-19}$$

이 된다. **A**와 **B**를 각각 (1-5)의 형태로 나타내어 각 항별로 곱하여

$$\begin{aligned}\mathbf{A} \cdot \mathbf{B} &= \left(A_x\hat{\mathbf{x}} + A_y\hat{\mathbf{y}} + A_z\hat{\mathbf{z}}\right) \cdot \left(B_x\hat{\mathbf{x}} + B_y\hat{\mathbf{y}} + B_z\hat{\mathbf{z}}\right) \\ &= A_xB_x\hat{\mathbf{x}} \cdot \hat{\mathbf{x}} + A_xB_y\hat{\mathbf{x}} \cdot \hat{\mathbf{y}} + A_xB_z\hat{\mathbf{x}} \cdot \hat{\mathbf{z}} + \ldots\end{aligned}$$

를 얻고, 이 아홉 개 항을 (1-18)과 (1-19)를 사용하여 간단히 하면

$$\mathbf{A} \cdot \mathbf{B} = A_xB_x + A_yB_y + A_zB_z \tag{1-20}$$

로 구하게 된다.

이번에는 $\hat{\mathbf{e}}$를 어느 특정 방향의 단위벡터라 해보자. **A**의 그 방향에 대한 성분을 A_e라 하면, (1-15)에서

$$A_e = \mathbf{A} \cdot \hat{\mathbf{e}} \tag{1-21}$$

로 구할 수 있다.

1-7 벡터곱

벡터곱 *vector product*은 가위곱 *cross product*라고도 부르며 **A** × **B**로 쓴다. 벡터곱의 결과는 **A**와 **B** 모두에 수직인 벡터이며 그 크기는

$$|\mathbf{A} \times \mathbf{B}| = AB\sin\Psi \tag{1-22}$$

로 정의된다. 그 방향은 다음의 오른손규칙에 따라 주어진다: **A**를 돌려 **B**에 일치시키려 할 때, 오른손의 손가락(fingers)을 **A**에 대고 Ψ의 작은각(Ψ ≦ 180°)을 따라가며 구부리면, 펴진 엄지(thumb)가 가르키는 쪽이 **A** × **B** 방향이다. 이 규칙은 그림 1-14에 설명되어 있다.

그림 1-15에는 **A**와 **B**를 포함하는 평면을 나타내고 있는데, 이것을 살펴보면 가위곱을 간

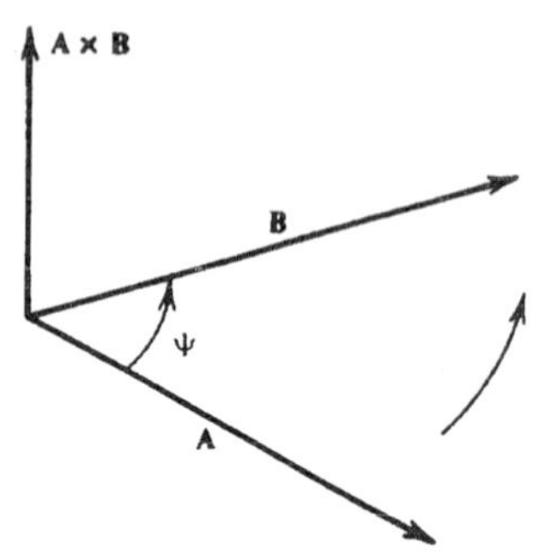

| 그림 1-14 | 가위곱의 방향에 관한 정의.

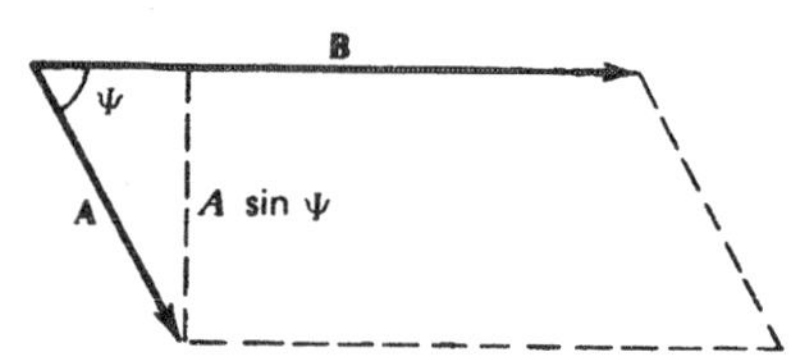

| 그림 1-15 | 가위곱의 크기를 넓이로 해석.

단히 해석할 수 있다. 이 그림과 (1-22)로부터 가위곱의 크기는 **A**와 **B**를 변으로 하는 평행사변형의 넓이와 같다는 것을 알게 된다.

그림 1-14에 보인 가위곱의 방향에 대한 정의로부터

$$\mathbf{B} \times \mathbf{A} = -(\mathbf{A} \times \mathbf{B}) \tag{1-23}$$

이므로, 곱의 순서가 중요함은 자명하다.

A와 **B**가 평행이면 (1-22)로부터 $\mathbf{A} \times \mathbf{B} = 0$이 되고, 그 역도 성립한다. 특히,

$$\mathbf{A} \times \mathbf{A} = 0 \tag{1-24}$$

이다.

그림 1-6에 나타낸 축에 놓여 있는 단위벡터에 대해, (1-22)와 오른손규칙, 그리고 단위벡터는 서로 수직이라는 사실, 가위곱의 결과는 두 곱해지는 벡터에 수직인 점을 이용하면

$$\hat{\mathbf{x}} \times \hat{\mathbf{y}} = \hat{\mathbf{z}} \qquad \hat{\mathbf{y}} \times \hat{\mathbf{z}} = \hat{\mathbf{x}} \qquad \hat{\mathbf{z}} \times \hat{\mathbf{x}} = \hat{\mathbf{y}} \tag{1-25}$$

이고, 또 (1-24)로부터

$$\hat{\mathbf{x}} \times \hat{\mathbf{x}} = \hat{\mathbf{y}} \times \hat{\mathbf{y}} = \hat{\mathbf{z}} \times \hat{\mathbf{z}} = 0 \tag{1-26}$$

이다.

벡터곱도 편의에 따라 직각좌표성분으로 쓸 수 있다. (1-20)의 과정과 비슷하게 **A**와 **B**를 (1-5)의 형태로 쓰고 각 항별로 곱해주며, (1-23), (1-24)와 (1-26)을 사용하여 결과를 간단히 하자. 그러면,

$$\mathbf{A} \times \mathbf{B} = (A_y B_z - A_z B_y)\hat{\mathbf{x}} + (A_z B_x - A_x B_z)\hat{\mathbf{y}} + (A_x B_y - A_y B_x)\hat{\mathbf{z}} \tag{1-27}$$

를 구하게 된다. 이것은 쉽게 암기할 수 있는 행렬식

$$\mathbf{A} \times \mathbf{B} = \begin{vmatrix} \hat{\mathbf{x}} & \hat{\mathbf{y}} & \hat{\mathbf{z}} \\ A_x & A_y & A_z \\ B_x & B_y & B_z \end{vmatrix} \tag{1-28}$$

로 쓸 수 있다.

$$\mathbf{A}\cdot(\mathbf{B}\times\mathbf{C}) = (\mathbf{A}\times\mathbf{B})\cdot\mathbf{C} = \begin{vmatrix} A_x & A_y & A_z \\ B_x & B_y & B_z \\ C_x & C_y & C_z \end{vmatrix} \tag{1-29}$$

와

$$\mathbf{A}\times(\mathbf{B}\times\mathbf{C}) = \mathbf{B}(\mathbf{A}\cdot\mathbf{C}) - \mathbf{C}(\mathbf{A}\cdot\mathbf{B}) \tag{1-30}$$

의 증명은 연습문제로 남겨 놓겠다. (1-29)에서 점과 가위를 교환하여도 이 삼중스칼라곱의 값은 바뀌지 않는다. 그러므로 괄호가 꼭 필요한 것은 아니다. 그러나 삼중벡터곱 (1-30)에서 괄호는 중요하다, 왜냐하면 (1-23)으로부터 $(\mathbf{A}\times\mathbf{B})\times\mathbf{C} = -\mathbf{C}\times(\mathbf{A}\times\mathbf{B})$이기 때문이다.

벡터의 나눗셈은 정의되지 않는다.

1-8 스칼라에 대한 미분

A가 어느 스칼라변수 σ에 대한 연속함수라 하자. 그러면 $\mathbf{A} = \mathbf{A}(\sigma)$로 쓸 수 있다. 이는 세 개의 스칼라 방정식 $A_x = A_x(\sigma)$, $A_y = A_y(\sigma)$, $A_z = A_z(\sigma)$와 동등하다. σ가 $\sigma + \Delta\sigma$로 변하면, **A**는 그림 1-16에 보인 것처럼 일반적으로 크기와 방향이 모두 바뀌게 된다. **A**의 변화량은 $\Delta\mathbf{A} = \mathbf{A}(\sigma + \Delta\sigma) - \mathbf{A}(\sigma)$이다. 그러면 스칼라 σ에 대한 벡터 **A**의 미분은 다음처럼 정의할 수 있다:

$$\frac{d\mathbf{A}}{d\sigma} = \lim_{\Delta\sigma\to 0}\frac{\Delta\mathbf{A}}{\Delta\sigma} = \lim_{\Delta\sigma\to 0}\frac{\mathbf{A}(\sigma+\Delta\sigma) - \mathbf{A}(\sigma)}{\Delta\sigma} \tag{1-31}$$

이 과정을 통해 한 벡터로부터 다른 벡터가 만들어진다. (1-31)의 잘 알려진 예로는 입자의 속도와 가속도를 들 수 있는데, 그것들은 위치벡터를 시간에 대해 잇따라 미분한 것이다.

A가 직각좌표성분으로 쓰여 있다면, 단위벡터들이 상수이기 때문에, (1-31)로부터 미분의 성분은 각 성분의 미분이면 된다. 그래서

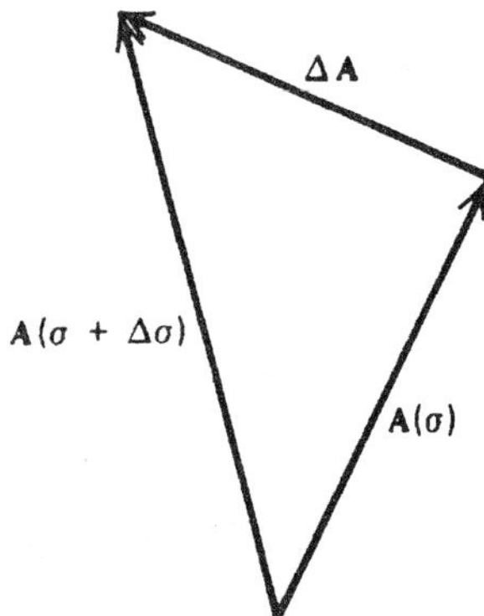

그림 1-16 $\Delta\mathbf{A}$는 스칼라 $d\sigma$의 변화에 대응하는 벡터의 변화량이다.

$$\frac{d\mathbf{A}}{d\sigma} = \frac{dA_x}{d\sigma}\hat{\mathbf{x}} + \frac{dA_y}{d\sigma}\hat{\mathbf{y}} + \frac{dA_z}{d\sigma}\hat{\mathbf{z}} \tag{1-32}$$

이다.

일단 **A**의 미분이 정의되었으면, 그 변분 $d\mathbf{A}$를 생각해 볼 수 있다. 그것은 **A**의 미분소를 나타내는 것이다. 이것은 사실 (1-32)에 $d\sigma$를 곱하여 얻어지는데,

$$d\mathbf{A} = dA_x\,\hat{\mathbf{x}} + dA_y\,\hat{\mathbf{y}} + dA_z\,\hat{\mathbf{z}} \tag{1-33}$$

이다. 이것을 (1-11)의 위치벡터에 적용하면

$$d\mathbf{r} = dx\,\hat{\mathbf{x}} + dy\,\hat{\mathbf{y}} + dz\,\hat{\mathbf{z}} \tag{1-34}$$

이다.

1-9 스칼라의 그래디언트

위치의 함수인 스칼라량 u를 생각해보자. 그러면 $u = u(x, y, z)$로 쓸 수 있다. 이러한 경우를 **스칼라장** *scalar field*라 부른다. 한 예로 방 안 각 지점에서의 온도를 들 수 있다. 한 지점으로부터 $d\mathbf{s}$만큼의 변위를 갖는 다른 곳에서 스칼라량은 $u + du$로 달라져 있을 것이다 (그림 1-17). 즉,

$$du = \frac{\partial u}{\partial x}dx + \frac{\partial u}{\partial y}dy + \frac{\partial u}{\partial z}dz \tag{1-35}$$

인데, 여기서 미분은 $\partial u/\partial x = (\partial u/\partial x)_P$ 등으로 처음 위치에서 구해야함을 잊지 말자. 변위는 $d\mathbf{s}$로 표기해 왔지만, 이 경우 위치벡터의 변화량은 $d\mathbf{r}$임이 자명하므로 (1-34)에 의해

$$d\mathbf{s} = dx\,\hat{\mathbf{x}} + dy\,\hat{\mathbf{y}} + dz\,\hat{\mathbf{z}} \tag{1-36}$$

이다. (1-35)와 (1-36)을 (1-20)과 비교하면, du를 $d\mathbf{s}$와 벡터

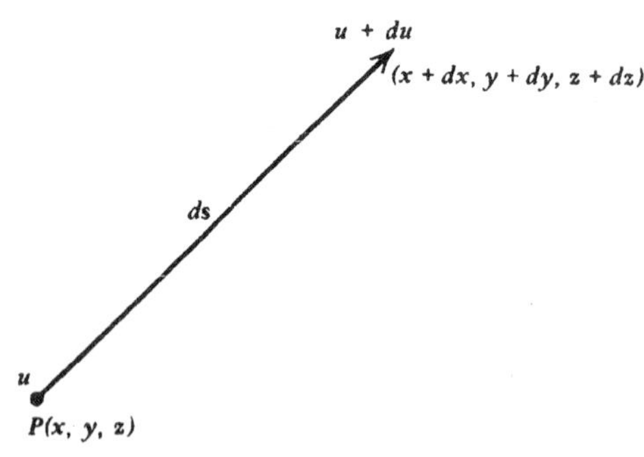

| 그림 1-17 | 변위 $d\mathbf{s}$의 결과로 생기는 위치의 함수인 스칼라 u의 변화.

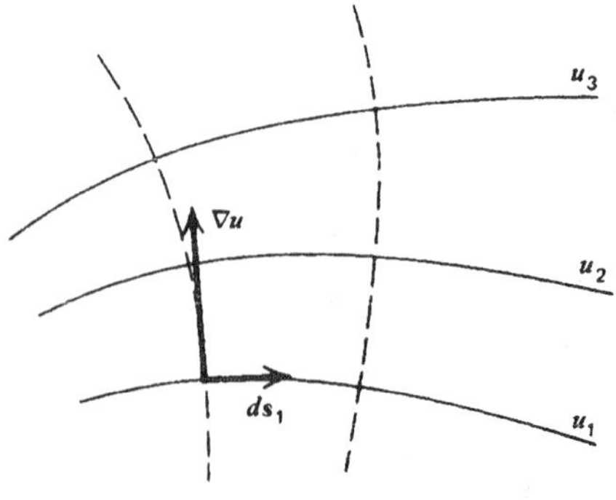

| 그림 1-18 | u가 일정한 면들. 그래디언트는 그러한 면에 수직이다.

$$\nabla u = \hat{\mathbf{x}}\frac{\partial u}{\partial x} + \hat{\mathbf{y}}\frac{\partial u}{\partial y} + \hat{\mathbf{z}}\frac{\partial u}{\partial z} \tag{1-37}$$

의 스칼라곱으로 쓸 수 있다. 즉,

$$du = d\mathbf{s} \cdot \nabla u \tag{1-38}$$

이다. 이러한 방식으로 구한 벡터 (1-37)을 u의 그래디언트 *gradient*라 부르는데, 여기서는 직각좌표로 나타내었다. 이것을 grad u라고도 쓴다. (1-38)은 특정 좌표계와 무관한 형태로 쓰였기 때문에 ∇u의 일반적인 정의로 삼을 수 있다. 즉, 그래디언트란 이것과 변위가 점곱이 될 때 스칼라에 변화를 주는 양이다.

그래디언트의 의미를 이해하기 위하여, 그림 1-18을 고려해보자. 여기에는 면들이 연속적으로 표시되어 있는데 각 면은 u가 같은 값을 갖는 점들로 이루어져 있다. 즉, 이들은 각각 u가 일정한 값 u_1, u_2, u_3, . . . 인 면들이다. 여기서 변위 $d\mathbf{s}_1$ 등은 동일한 평면 위의 어떤 위치에 다다르게 하는데, 그 위치에서는 u 값이 바뀌지 않는다. 그러므로 $du_1 = d\mathbf{s}_1 \cdot \nabla u = 0$이다. 이것을 (1-15)와 비교하면, ∇u와 $d\mathbf{s}_1$은 직각을 이룬다. 즉 ∇u는 그림 1-18에 보인대로 u가 일정한 면에 수직이다.

이번에는 일정한 크기의 변위 ds_0가 그림 1-19의 $d\mathbf{s}'$, $d\mathbf{s}''$, $d\mathbf{s}'''$들처럼 한 점으로부터 여러 방향을 갖는 경우를 생각해보자. (1-38)과 (1-15)로부터 알 수 있듯이, 이런 변위들 중 어느 하나에 의한 u의 변화량은 $du = ds_0|\nabla u|\cos\Psi$로 주어진다. u의 변화량은 각각의 변위에 대해 다른데, 그 이유는 다만 그 변위와 고정된 ∇u 방향사이의 각 Ψ 값이 다르기 때문이다. du는 $\cos\Psi = 1$ 혹은 $\Psi = 0$일 때 최대인데, ∇u와 이에 해당되는 변위는 평행이다. 달리 말하면 그래디언트의 방향은 스칼라가 최대변화율을 갖는 방향이기도 하며, 그 크기는 바로 u의 최대변화율이다.

주어진 면의 주어진 어느 점에서 수직인 단위벡터 $\hat{\mathbf{n}}$을 법선벡터 *normal vector*라 하는데, 그림 1-20에는 u = 일정인 면에 대하여 그것을 그려놓았다. 그런데 방금 우리가 알게 된 것은

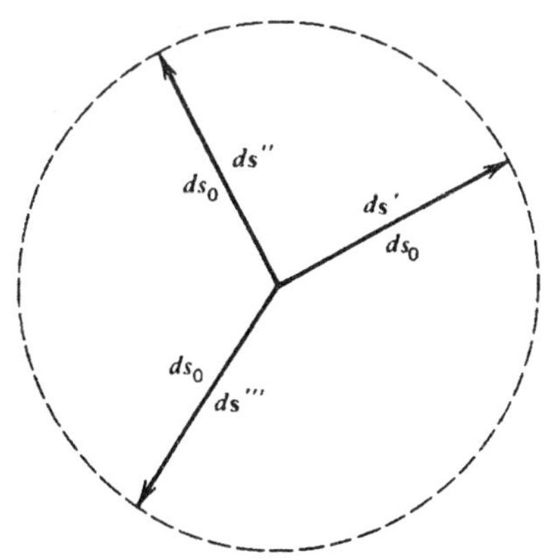

그림 1-19 크기는 같으나 방향이 다른 변위들.

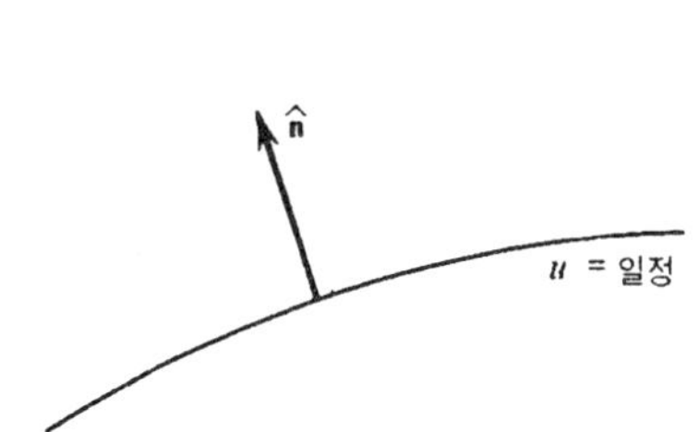

그림 1-20 법선벡터의 정의.

∇u도 그 면에 수직이라는 사실이었으므로 $\hat{\mathbf{n}}$과 ∇u는 평행이다. 그러므로 (1-4)를 이용하여

$$\hat{\mathbf{n}} = \frac{\nabla u}{|\nabla u|} \tag{1-39}$$

로 쓸 수 있다. 이 경우 $\hat{\mathbf{n}}$은 또한 u가 증가하는 방향을 나타낸다.

예제

$u = y^2 - kx$인 이차원 경우를 생각해보자. 여기서 k는 상수이다. $y^2 = kx + u$라 써보면, u가 일정한 면이란 xy평면에서는 곡선이 된다. 실은 포물선인데, 그림 1-21에는 $k = 1$이고 u는 그림에 표시된 값을 갖도록 하여 그려놓았다. u에 대한 이 표현식을 ($k = 1$으로 하여) (1-37)에 대입하면,

$$\nabla u = -\hat{\mathbf{x}} + 2y\hat{\mathbf{y}}$$

을 얻게 되고, (1-6)으로부터 $|\nabla u| = (1 + 4y^2)^{1/2}$이다. 그러므로 (1-39)에 따라

$$\hat{\mathbf{n}} = \frac{-\hat{\mathbf{x}} + 2y\hat{\mathbf{y}}}{(1 + 4y^2)^{1/2}} \tag{1-40}$$

이 된다. 이 결과를 이용할 때 y의 값으로는 주어진 u에 해당되는 곡선상의 한 점을 넣어

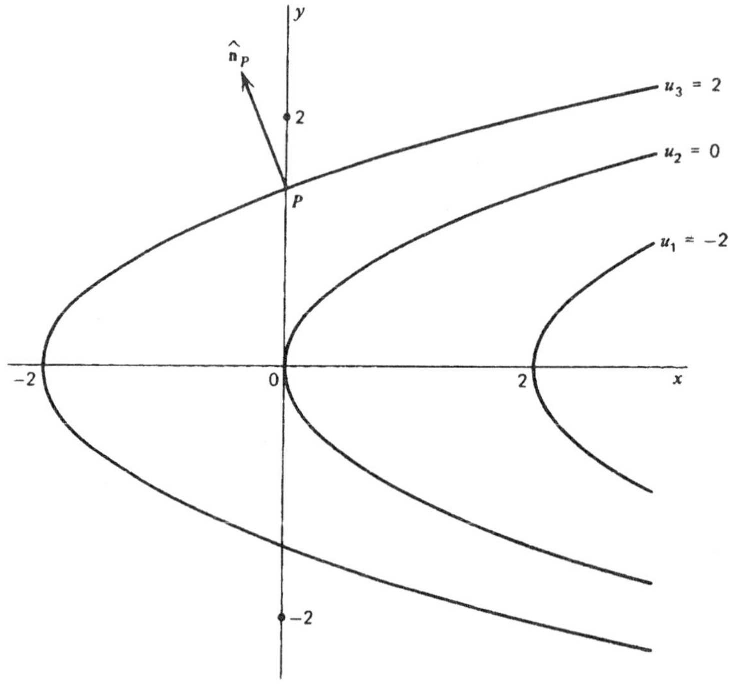

그림 1-21 u가 일정한 면들.

야 한다. 예를 들어, 그림 1-21의 P점 즉 $u_3 = 2$에 해당되는 포물선이 양의 y축과 만나는 곳에서 $\hat{\mathbf{n}}$을 구해보자. 여기서는 $x_P = 0$이고 $y_P^2 = x_P + u_3 = 2$이므로 $y_P = \sqrt{2}$이다. 이것을 (1-40)에 대입하면 $\hat{\mathbf{n}}_P = -\frac{1}{3}\hat{\mathbf{x}} + \frac{2}{3}\sqrt{2}\,\hat{\mathbf{y}}$를 얻는다. 이 벡터는 음의 x성분과 꽤 큰 y성분을 갖는데, 그림에 그렇게 나타내어져 있다.

1-10 다른 미분 연산

어느 벡터의 성분이 위치에 따라 다르게 $A_x(x, y, z)$ 등으로 되는 경우도 당연히 있을 수 있다. 그러면 한 점에서 다른 점으로 이동하면서 $\mathbf{A}$는 크기와 방향 모두 변하게 되고 $\mathbf{A} = \mathbf{A}(x, y, z) = \mathbf{A}(\mathbf{r})$로 쓸 수 있다. 방금 압축된 표기를 사용하였는데, 한 점의 좌표값들의 함수인 $\mathbf{A}$를 위치벡터로 표현하여 편리하게 사용된다. 벡터값이 공간의 각 지점마다 주어지는 것을 벡터장 *vector field*라 부른다. 이것이 위치에 따라 변하게 되는 몇 가지 특별한 방식을 생각해 보자.

(1-37)로 돌아가 보면 ∇u는 u와

$$\nabla = \hat{\mathbf{x}}\frac{\partial}{\partial x} + \hat{\mathbf{y}}\frac{\partial}{\partial y} + \hat{\mathbf{z}}\frac{\partial}{\partial z} \tag{1-41}$$

로 주어지는 **미분연산자** *del operator*와의 곱이라고 해석할 수 있겠다. 29-3절에서는 이 다소 추상적인 연산자가 한 점의 변위와 마찬가지로 동일한 수학적 특성을 갖으며, 따라서 이것을 진정한 벡터로 취급할 수 있음을 알게 될 것이다. 앞의 두 가지 벡터곱을 사용하여 흥미로운 두 가지 벡터연산을 해보도록 하자.

(1-20)과 (1-41)을 사용하면

$$\nabla \cdot \mathbf{A} = \frac{\partial A_x}{\partial x} + \frac{\partial A_y}{\partial y} + \frac{\partial A_z}{\partial z} \tag{1-42}$$

를 얻는다. 이 스칼라곱을 $\mathbf{A}$의 **다이버전스** *divergence*라 부르고 흔히 div $\mathbf{A}$로 쓴다.

(1-27)과 (1-41)을 사용하면

$$\nabla \times \mathbf{A} = \hat{\mathbf{x}}\left(\frac{\partial A_z}{\partial y} - \frac{\partial A_y}{\partial z}\right) + \hat{\mathbf{y}}\left(\frac{\partial A_x}{\partial z} - \frac{\partial A_z}{\partial x}\right) + \hat{\mathbf{z}}\left(\frac{\partial A_y}{\partial x} - \frac{\partial A_x}{\partial y}\right) \tag{1-43}$$

를 얻는다. 이 벡터곱을 $\mathbf{A}$의 **커얼** *curl*이라 부르고 종종 curl $\mathbf{A}$로 쓴다. 이것은 또한 (1-28)에서처럼 편리한대로 행렬식으로도 쓸 수 있다:

$$\nabla \times \mathbf{A} = \begin{vmatrix} \hat{\mathbf{x}} & \hat{\mathbf{y}} & \hat{\mathbf{z}} \\ \dfrac{\partial}{\partial x} & \dfrac{\partial}{\partial y} & \dfrac{\partial}{\partial z} \\ A_x & A_y & A_z \end{vmatrix} \tag{1-44}$$

"divergence"와 "curl"이라는 이름의 의미는 그들이 자연스럽게 등장하여 사용되는 상황이

되면 분명해 질 것이다.

흥미롭고 유용한 또 다른 연산자로 라플라시안 *Laplacian*이 있다:

$$\nabla^2 = \nabla \cdot \nabla = \frac{\partial^2}{\partial x^2} + \frac{\partial^2}{\partial y^2} + \frac{\partial^2}{\partial z^2} \tag{1-45}$$

예를 들어, 스칼라에 적용하면

$$\nabla^2 u = \frac{\partial^2 u}{\partial x^2} + \frac{\partial^2 u}{\partial y^2} + \frac{\partial^2 u}{\partial z^2} \tag{1-46}$$

이지만, 벡터함수에 적용할 때는 $\nabla^2\mathbf{A}$라는 표현식이 세 개의 방정을 나타내는데, 여기서 ∇^2가 $\mathbf{A}$의 세 성분에 각각 연산되어

$$\nabla^2 A_x = \frac{\partial^2 A_x}{\partial x^2} + \frac{\partial^2 A_x}{\partial y^2} + \frac{\partial^2 A_x}{\partial z^2} \tag{1-47}$$

처럼 되고, 다른 두 성분에 대하여도 마찬가지의 표현식이 된다.

델 *del*을 포함하는 또 다른 두개의 유용한 결과식에도 주목해보자. (1-24)에 의해 그래디언트의 커얼은 영이다:

$$\nabla \times \nabla u = 0 \tag{1-48}$$

마찬가지로 (1-29)와 (1-24)에 의해 커얼의 다이버전스도 영이다.

$$\nabla \cdot (\nabla \times \mathbf{A}) = 0 \tag{1-49}$$

이제 벡터를 포함하는 적분을 생각해보자. 여러 가지 가능성을 상상해 볼 수 있겠지만, 두 가지 경우가 사용시에 특별히 흥미로워서 이번에는 이들을 공부하기로 한다.

1-11 선적분

그림 1-22에 나타낸 시작점 $P_i(x_i, y_i, z_i)$에서 출발하여 종착점 $P_f(x_f, y_f, z_f)$로 주어진 특정 C(®선© 혹은 ®경로©)의 곡선을 따라 옮겨간다고 상상해 보자. 이 경로를 전부 통과하는 것은 C를 따르는 미소변위 $d\mathbf{s}$의 연속적인 벡터합으로 간주할 수 있다. 벡터장 $\mathbf{A}$가 있다고 할 때, 경로를 따라 모든 곳에서 그 값이 알려져 있다고 가정해 보자. 모든 중간 과정에서 $\mathbf{A}$의 $d\mathbf{s}$상의 성분과 $d\mathbf{s}$의 크기를 곱하여 이 값을 모두 더하고자 한다. 그 계산을 경로 C를 따르는 $\mathbf{A}$의 선적분 *line integral*이라 하고, 이것은

$$\int_i^f A\cos\Psi\, ds = \int_C A\cos\Psi\, ds = \int_C \mathbf{A}\cdot d\mathbf{s} \tag{1-50}$$

로 주어진다. 선적분에 관한 가장 친근한 예는 아마도 입자에 하여진 일일 것이다. 그 경우 $\mathbf{A}$는 입자에 작용하는 힘이 될 것이다.

적분 경로가 닫힌 곡선, 예를 들어 원을 따라 간다면, 시작과 끝점이 일치할 것이다. 이런

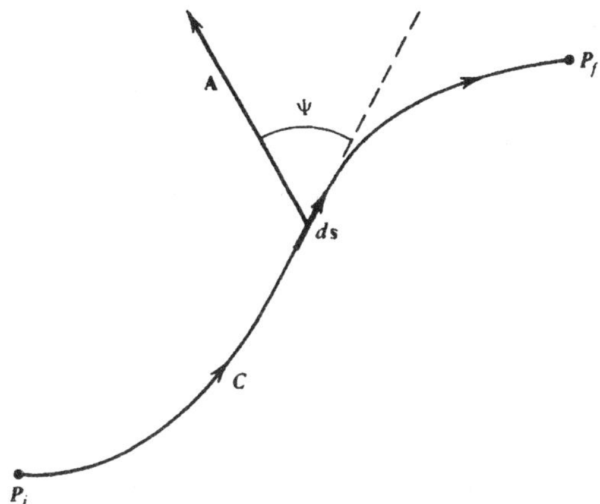

그림 1-22 선적분 계산.

경우의 선적분은

$$\oint_C \mathbf{A} \cdot d\mathbf{s}$$

로 쓴다. 이 적분을 **A**의 순환이라고도 한다. 앞으로 알게 되겠지만 이 적분은 영이 될 수도 있고 그렇지 않을 수도 있다.

r이 C 위에 있는 각 점의 위치벡터라면, $d\mathbf{s} = d\mathbf{r}$이고 (1-20)과 (1-34)를 사용하여

$$\int_C \mathbf{A} \cdot d\mathbf{s} = \int_C \left(A_x\,dx + A_y\,dy + A_z\,dz \right) \tag{1-51}$$

로 쓸 수 있다. (1-51)을 이용할 때, dx, dy, dz는 독립적으로 변하지 않는다는 사실을 분명히 고려해야 한다, 왜냐하면 좌표점 x, y, z는 경로를 나타내는 방정식으로 연관되어 있기 때문이다. 마찬가지로 $A_x(x, y, z)$ 등에 대한 표현식에도 이런 상호의존성을 고려해야 한다. 이런 사실은 다음의 특별한 경우를 보면 가장 잘 드러난다.

예제

$\mathbf{A} = x^2\hat{\mathbf{x}} + y^2\hat{\mathbf{y}} + z^2\hat{\mathbf{z}}$라 하고, 경로로는 원점 (0, 0, 0)과 점 $(2, \sqrt{2}, 0)$ 사이의 포물선 $y^2 = x$를 선택해 보자. 이 곡선은 그림 1-21의 $u_2 = 0$에 대해 나타낸 포물선과 꼭 같다. 여기서 $z =$ 상수이고 따라서 $dz = 0$이며 (1-51)의 피적분함수는 간단히

$$A_x\,dx + A_y\,dy = x^2\,dx + y^2\,dy$$

가 된다. 이것은 경로에 대한 방정식을 이용하여 한 변수의 함수로 쓸 수 있다. $y^2 = x$이므로 $2y\,dy = dx$ 또는 $dy = dx/2\sqrt{x}$이고 $y^2 dy = \frac{1}{2}\sqrt{x}\,dx$이다. 그러므로

$$\int_C \mathbf{A} \cdot d\mathbf{s} = \int_0^2 \left(x^2 + \tfrac{1}{2}\sqrt{x} \right) dx = \left[\tfrac{1}{3}x^3 + \tfrac{1}{3}x^{3/2} \right]_0^2 = \tfrac{2}{3}(4 + \sqrt{2})$$

를 얻게 된다.

1-12 면적요소 벡터

앞에서와 비슷하지만 선적분 대신 주어진 면적에 대한 합을 나타내는 적분을 고려해보자. 그 전에 면적을 벡터 형식으로 나타내는 과정을 자세히 살펴보는 것이 좋겠다. 그림 1-23은 미소 면적요소 da를 나타내고 있는데 이것은 좌표축에 대하여 어떤 특정 방향을 향하고 있다. 이 면적과 관련되어 있는 방향으로 면에 수직인 단위벡터 $\hat{\mathbf{n}}$도 보인다. 즉, 이 면적요소에 한 벡터 $d\mathbf{a}$를 연관시키고, (1-4)의 일반적인 형태에 따라

$$d\mathbf{a} = da\,\hat{\mathbf{n}} \tag{1-52}$$

와 같이 쓴다. 그러나 $\hat{\mathbf{n}}$은 얼마든지 반대 방향으로도 잡을 수 있고, 그것도 면적요소 $d\mathbf{a}$에 수직으로 잡을 수 때문에, 이 정의에는 다소 모호함이 존재한다. 그러므로 (1-52)를 어떻게 보완하여야 할지 약속을 정해야 한다. 이것을 다음 두 가지로 고려하겠다.

첫째, da는 열려 있는 면의 일부일 수 있다. 즉, 닫힌곡선 C에 의해 둘러쳐져 있다. 이 책의 한 면이 그러한 열려져 있는 면의 한 예이다. 이 경우 첫 번째 단계는 둘러친 곡선을 따라 지나가는 방식을, 시계방향으로 따라갈지 반대로 따라갈지, 선택하는 것이다; 선택한 방향으로 오른손 손가락을 구부렸을 때 엄지가 가르키는 방향을 편리한대로 $\hat{\mathbf{n}}$의 방향으로 삼는다. 이 오른손법칙이 그림 1-24에 그려져 있다. C를 따라 반대로 돌아가면 $\hat{\mathbf{n}}$의 방향이 어떻게 뒤집어지는지 생각해두자.

둘째, da가 닫힌 면의 일부분일 수 있다. 이 경우 경계 짓는 곡선 C는 존재하지 않고 면이 체적을 안쪽과 바깥으로 나눈다. 공의 면이 그러한 예이다. 여기서 $\hat{\mathbf{n}}$의 방향은 항상 안으로부터 바깥을 향하도록 선택한다. 이것이 그림 1-25에 그려져 있고, 여러 곳에서 밖으로 향하는 수직방향도 보인다.

(1-52)를 (1-8)형태의 $\hat{\mathbf{n}}$에 대한 표현과 결합하면, $d\mathbf{a}$는 성분으로

$$d\mathbf{a} = da_x\,\hat{\mathbf{x}} + da_y\,\hat{\mathbf{y}} + da_z\,\hat{\mathbf{z}} \tag{1-53}$$

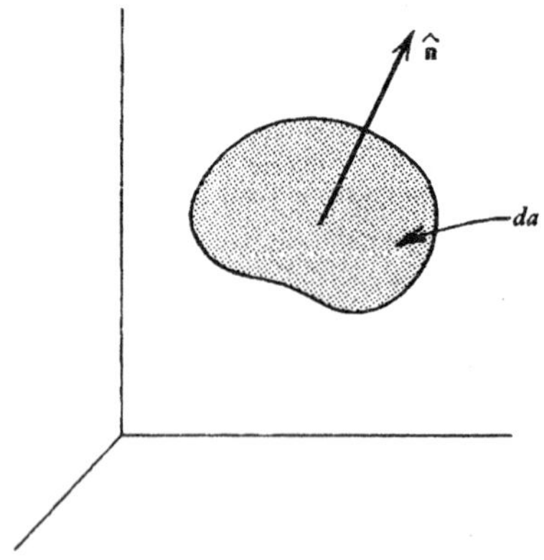

그림 1-23 | 면적요소에 대한 수직벡터.

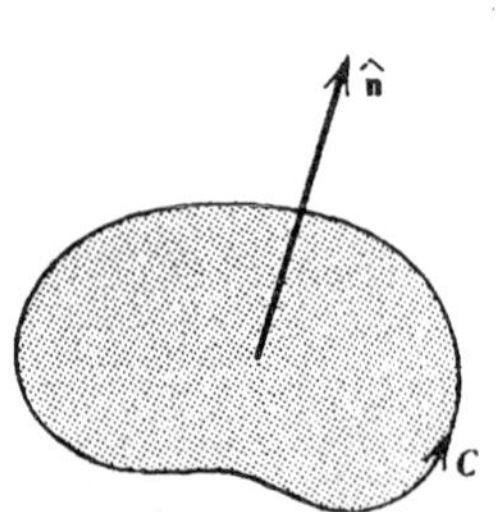

그림 1-24 | 수직벡터 방향에 관한 정의.

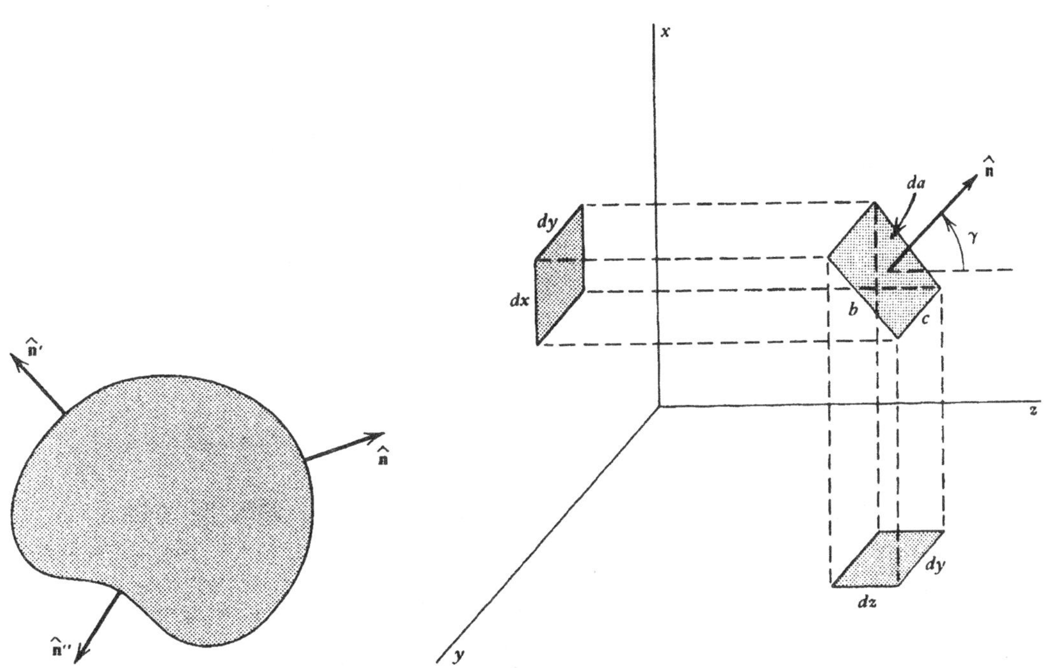

| 그림 1-25 | 닫힌 면에 대해 밖으로 나가는 여러 개의 수직벡터.

| 그림 1-26 | 면적요소벡터의 성분 정하기.

처럼 쓸 수 있고, 여기서

$$da_x = l_x\, da \qquad da_y = l_y\, da \qquad da_z = l_z\, da \tag{1-54}$$

이며 l_x, l_y, l_z는 $\hat{\mathbf{n}}$의 성분, 즉 방향코사인이다. 다중적분에 대한 경험에 비추어보아 xy 평면상의 면적요소로 $dx\,dy$를 사용하는 것에 익숙해 있고, 이 표현은 $d\mathbf{a}$ 성분 중 하나와 어떻게든 분명 관계가 있을 것이다. 이 관계를 찾기 위하여 그림 1-26을 고려해보자. 여기에는 변의 길이가 b와 c인 사각형 면적요소 $da = bc$가 보인다. 이 면적의 평면은 y축과 평행하여 $\hat{\mathbf{n}}$이 xz 평면과 평행하고 z축과 γ의 각을 이룬다. 그림 1-27은 y축을 따라 원점을 향하여 들여다본 측면도이다. 이 그림에는 또한 그 면적을 xy 평면과 yz 평면에 내린 사영도 보이고 있다. 이 사영들은 면적이 각각 $dx\,dy$와 $dy\,dz$인 사각형이다. 또한 그림으로부터 $dy = c$임이 명백하다. da를 xz 평면에 내린 사영은 그림 1-27에 b라고 표시되어 있다. $\hat{\mathbf{n}}$의 다른 두 방향각은 이들 두 그림과 그림 1-8을 비교하여 $\alpha = 90° - \gamma$이고 $\beta = 90°$임을 알 수 있고, 그러면 방향코사인은 $l_x = \sin\gamma$, $l_y = 0$, $l_z = \cos\gamma$이다. 이 값들을 (1-54)에 대입하고 그림 1-27을 이용하면 $da_z = da\cos\gamma = (b\cos\gamma)c = dx\,dy$를 구하게 되고, 이것은 바로 da의 xy평면에 대한 사영이다. 즉, 대응되는 좌표축(여기서는 z축)에 수직인 사영이다. 마찬가지로 $da_x = dy\,dz$를 구하게 되고, 한편 이 특별한 경우에 $da_y = 0$이다.

이번에는 n_z가 음으로 $\gamma > 90°$이나, 다른 모든 것은 위와 마찬가지인 경우를 가정해 보자.

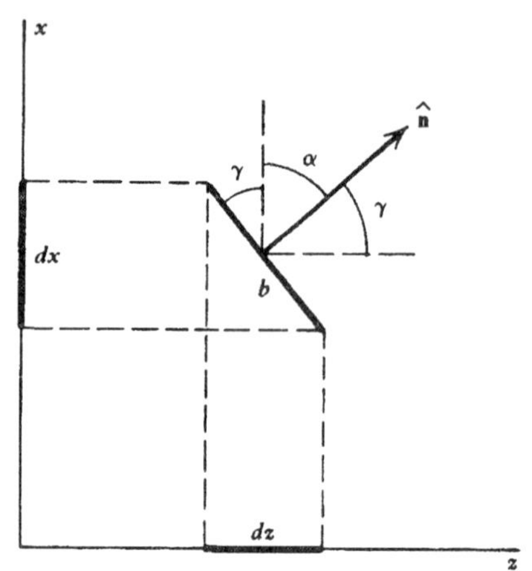

| 그림 1-27 | 그림 1-26에 주어진 상황의 측면도.

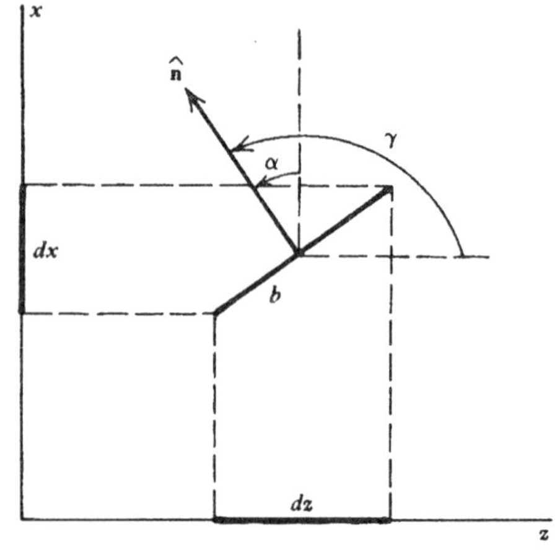

| 그림 1-28 | 음의 z성분을 갖는 면적요소.

이것은 그림 1-28에 그려져 있다. 그림 1-26과 비교해 보면 xy와 yz 평면에 내린 사영은 그대로 넓이가 각각 $dx\,dy$와 $dy\,dz$인 사각형이다. 그러나 이번에는 $\cos\gamma$가 음이 될 것이고 따라서 $da_z = da \cos\gamma = -dx\,dy$이다. 한 편, $\alpha = \gamma - 90°$이기 때문에 $\cos\alpha$는 양이 될 것이고 전과 같이 $da_x = dy\,dz$가 된다. da_y는 그대로 영이다.

이러한 고찰 방법은 $\hat{\mathbf{n}}$이 모든 축과 임의의 각을 이루는 경우에도 일반화할 수 있다. 주어진 축을 따라 $d\mathbf{a}$의 주어진 성분의 크기는 그 축에 수직인 좌표평면에의 사영과 같고, 직각좌표계에서 해당되는 미분들의 곱으로 주어질 것이다. 이들 미분은 항상 양의 값으로 취급될 것이므로, 실제 성분은 이 곱한 양에 $\hat{\mathbf{n}}$의 해당 성분에 따라 양 혹은 음의 부호를 붙여서 얻게 될 것이다. 그래서 우리는 면적요소의 직각좌표성분에 대한 표현식을 성공적으로 구했고

$$da_x = \pm dy\,dz \qquad da_y = \pm dz\,dx \qquad da_z = \pm dx\,dy \tag{1-55}$$

와같이 쓸 수 있다. 여기서 양의 부호는 $\hat{\mathbf{n}}$의 방향각이 주어진 축과 90° 미만으로 이루어질 때 붙이게 되고, 음의 부호는 그 방향각이 90° 이상일 때 사용하게 된다.

1-13 면적분

면 S를 생각해 보자. 그림 1-29에 보인 것처럼 S를 앞 절에서 논의한 면적요소 벡터 $d\mathbf{a}$로 나눌 수 있다. 벡터장 $\mathbf{A}$가 존재하여 그 값을 S의 모든 점에서 알 수 있다고 가정하자. 면적요소가 있는 각 지점에서 $\mathbf{A}$를 구하고 그것의 $d\mathbf{a}$방향 성분과 $d\mathbf{a}$의 크기를 곱하여, 이런 값들을 모두 더하고자 한다. 그 결과를 S에 대한 $\mathbf{A}$의 면적분 *surface integral*이라 부르고

$$\int_S A\cos\Psi\,da = \int_S \mathbf{A}\cdot\hat{\mathbf{n}}\,da = \int_S \mathbf{A}\cdot d\mathbf{a} \tag{1-56}$$

으로 주어진다. 이 적분을 또한 벡터 **A**가 면 S를 통과하는 선속 *flux*라고도 한다. (1-56)에서는 편의상 하나의 적분기호로 썼지만, 사실은 이중적분을 말한다.

면이 닫혀있다면, 이 사실을 분명히 표시하여 적분을

$$\oint_S \mathbf{A} \cdot d\mathbf{a}$$

로 쓰는 것이 좋겠다. 앞으로 보겠지만 이 적분 값은 **A**가 무엇인가에 따라 영이 될 수도 있고 그렇지 않을 수도 있다.

(1-20)과 (1-53)을 사용하여 (1-56)을 직각좌표계에서

$$\int_S \mathbf{A} \cdot d\mathbf{a} = \int_S \left(A_x \, da_x + A_y \, da_y + A_z \, da_z \right) \tag{1-57}$$

처럼 쓸 수 있다. (1-57)을 활용할 때는 (1-55)를 사용할 필요가 있을 텐데 dx, dy, dz가 독립적으로 변하지 않는다는 점을 분명히 고려해야 한다. 그것은 좌표 x, y, z가 면 S를 나타내는 식에 의하여 연관되어 있기 때문이다. 이 상관관계는 적분의 범위를 정할 때와 $A_x = A_x(x, y, z)$ 등의 성분을 쓸 때도 고려되어야한다. 이 점을 특별한 경우에서 예증하여보자.

예제

$\mathbf{A} = yz\hat{\mathbf{x}} + zx\hat{\mathbf{y}} + xy\hat{\mathbf{z}}$라 하고 면적 S는 원점에 중심을 둔 원의 일부분으로 그림 1-30에 보인 것처럼 xy 평면의 제 일 사분면에 위치해 있다고 잡아보자. 이 원의 방정식은 $x^2 + y^2 = a^2$이다. 여기서 면적은 z축에 수직이고 따라서 $\hat{\mathbf{n}}$은 $\hat{\mathbf{z}}$이거나 $-\hat{\mathbf{z}}$라고 할 수 있다. 임

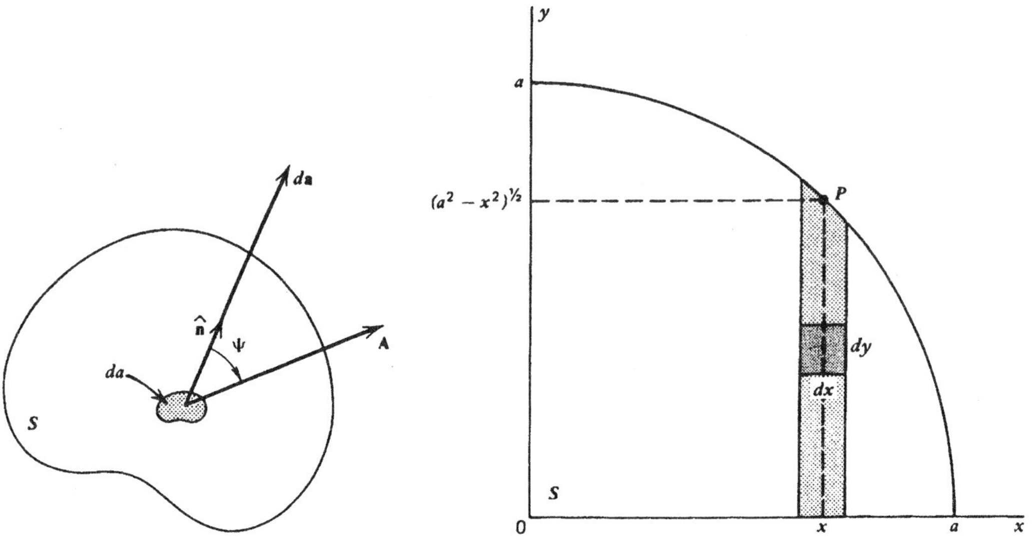

그림 1-29 면적분 계산.

그림 1-30 1-13절 예제에 관한 적분영역.

의로 $\hat{\mathbf{n}} = \hat{\mathbf{z}}$를 택하면, 유일한 $d\mathbf{a}$의 성분은 $da_z = dx\,dy$로 (1-55)로부터 방향각이 $\gamma = 0$이기 때문에 양의 부호를 얻은 것이다. 그러면, (1-57)은

$$\int_S \mathbf{A} \cdot d\mathbf{a} = \int_S xy\,dx\,dy \tag{1-58}$$

이 된다. 그림에 면적요소는 어둡게 표시되어 있다. 먼저 x는 상수로 잡고 y에 대해 적분을 구하도록 하겠다. 이것은 그림의 띠에 의한 기여를 더하는 것이 된다. y 적분의 상한은 P점 위치에 해당되는데, 원의 방정식에서 x 값을 고정하여 $y_P = (a^2 - x^2)^{1/2}$로 구해진다. 이렇게 한 후 x의 모든 가능한 값에 대하여 적분하는데, 전체 면적 S에 걸쳐 비슷한 띠들의 기여를 더하는 것이다. 그래서 (1-58)은

$$\int_S \mathbf{A} \cdot d\mathbf{a} = \int_0^a x\,dx \int_0^{(a^2-x^2)^{1/2}} y\,dy = \int_0^a x\,dx \left[\tfrac{1}{2}y^2\right]_0^{(a^2-x^2)^{1/2}}$$

$$= \tfrac{1}{2}\int_0^a x(a^2 - x^2)\,dx = \tfrac{1}{2}\left[\tfrac{1}{2}a^2x^2 - \tfrac{1}{4}x^4\right]_0^a = \tfrac{1}{8}a^4$$

이 된다.

이번에는 방금 논의한 적분 형태에 관련된 두 개의 중요한 정리를 공부해 보자.

1-14 발산정리

면 S로 둘러싸인 체적 V를 생각해 보자. Gauss의 발산정리 *Gauss∏ divergence theorem*이란

$$\oint_S \mathbf{A} \cdot d\mathbf{a} = \int_V \nabla \cdot \mathbf{A}\,d\tau \tag{1-59}$$

를 말한다. 좌변의 적분은 전체 면적 S에 대한 것이고, 우변의 적분은 체적요소가 $d\tau$인 체적 V에 대한 것이다. 여기서도 편의상 체적적분을 하나의 적분기호로 썼는데 실제로는 삼중적분이다. S가 닫힌 면이므로 $d\mathbf{a}$에 사용되는 단위 법선벡터 $\hat{\mathbf{n}}$은 1-12절에서의 약속대로 그림 1-25에 보인 것처럼 밖으로 나가는 수직방향을 갖는다.

이 정리는 한 벡터의 면적분을 그 벡터의 다이버전스의 체적적분으로 연결지어 준다. 면적분은 면에서의 $\mathbf{A}$ 값에만 의존하지만, 체적적분을 하려면 전체 체적공간에 대한 $\nabla \cdot \mathbf{A}$($\mathbf{A}$ 자체가 아닌)를 알아야 한다.

이 정리를 직접 계산해서 증명해보자. 직각좌표계에서 체적요소는

$$d\tau = dx\,dy\,dz \tag{1-60}$$

이고, (1-42)를 사용하면 체적적분을 다음의 합으로 쓸 수 있다:

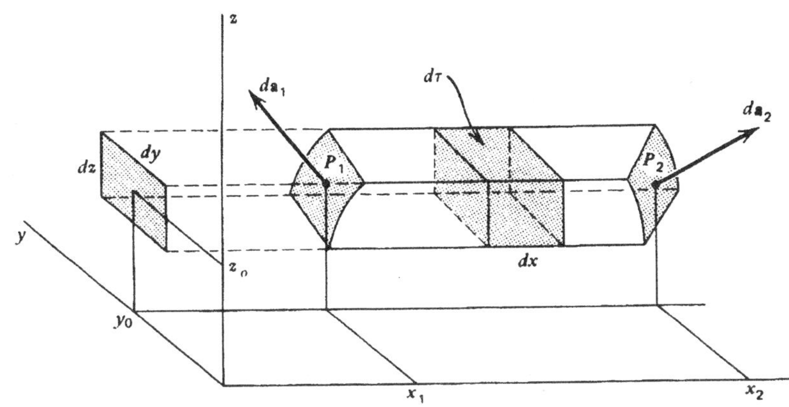

그림 1-31 | 발산정리를 유도하는데 사용되는 체적.

$$\int_V \nabla \cdot \mathbf{A}\, d\tau = \int_V \frac{\partial A_x}{\partial x} dx\, dy\, dz + \int_V \frac{\partial A_y}{\partial y} dx\, dy\, dz + \int_V \frac{\partial A_z}{\partial z} dx\, dy\, dz \tag{1-61}$$

첫 번째 적분을 생각해보자. 첫 단계로 y와 z를 y_0, z_0의 상수로 잡아 놓고 x에 대해 적분하겠다. 즉 단면적이 $dy\,dz$인 막대로부터의 기여를 합하는 것이다. 이 막대를 그림 1-31에 나타내었고 yz 평면에 대한 사영도 표시되어 있다. 이 막대는 면 S를 P_1과 P_2에서 자르고, 그러면 S의 두 면적요소 $d\mathbf{a}_1$과 $d\mathbf{a}_2$를 정의하게 되며 그 방향도 나타내었다(명확하게 하기 위해 V와 S의 나머지 부분을 그림에 보이지 않았다.) 점 P_1과 P_2의 좌표는 각각 (x_1, y_0, z_0)과 (x_2, y_0, z_0)이고, 여기서 x_1과 x_2는 면 S를 정의하는 방정식을 만족시킨다. 그러므로 x_1과 x_2는 x에 대한 적분의 한계값이다. 그러면 이 과정에서 $\partial A_x/\partial x$는 x만의 함수이고 y와 z는 상수이기 때문에, $(\partial A_x/\partial x)dx = dA_x$가 될 것이다.

그러므로, (1-61)의 첫 번째 적분은

$$\iint dy\, dz \int_{x_1}^{x_2} \frac{\partial A_x}{\partial x} dx = \iint [A_x(x_2, y_0, z_0) - A_x(x_1, y_0, z_0)]\, dy\, dz \tag{1-62}$$

가 된다. 이것의 피적분함수에서 괄호 안에 들어 있는 항은 P_2와 P_1에서 구한 A_x의 차이고 $A_x(P_2) - A_x(P_1)$으로 쓸 수 있다. (1-55)와 그림 1-31에서 $da_{2x} = dy\,dz$와 $da_{1x} = -dy\,dz$임을 알 수 있는데, 이것은 da_2가 x축과 만드는 각은 90°보다 작고 da_2이 x축과 만드는 각은 90°보다 크기 때문이다. 그러므로 (1-62)의 피적분함수는

$$A_x(P_2)\, da_{2x} - A_x(P_1)(-da_{1x}) = A_{x2}\, da_{2x} + A_{x1}\, da_{1x} \tag{1-63}$$

로 쓸 수 있고, 이것은 막대가 면 S를 자르는 면적 $d\mathbf{a}_2$와 $d\mathbf{a}_1$으로부터 발생하는 $A_x\, da_x$인 면적분의 전체 기여와 같다. 그러므로 (1-62)에서 y와 z에 대한 적분을 할 때 이런 형태의 모든 막대에 대한 기여를 더하게 되는 것이다. 각 막대의 기여는 막대가 갖는 면적 몫으로부

터 $A_x\ da_x$가 될 것이고, 결과적으로 전체 면적 S에 대한 $A_x\ da_x$의 면적분이 될 것이다. 즉

$$\int_V \frac{\partial A_x}{\partial x}\, dx\, dy\, dz = \oint_S A_x\, da_x \tag{1-64}$$

로 구해진다. 같은 방법으로 (1-61)의 나머지 두 적분도 각각

$$\oint_S A_y\, da_y \quad \text{및} \quad \oint_S A_z\, da_z$$

로 구해진다. 그래서 이들을 (1-64)에 더하고 (1-61)에 대입한 후 (1-20)을 이용하면

$$\int_V \nabla \cdot \mathbf{A}\, d\tau = \oint_S \left(A_x\, da_x + A_y\, da_y + A_z\, da_z \right) = \oint_S \mathbf{A} \cdot d\mathbf{a}$$

를 얻게 되는데, 이것은 (1-59)와 정확히 같아서 이 정리가 증명되었다.

위에서는 체적이 하나의 면에 의해 둘러싸인 경우에만 증명하였지만, 이 증명을 속이 빈 공 처럼 여러 면에 의해 둘러싸인 영역에 대해서도 확장할 수 있다. 그림 1-32는 두 면 S_1과 S_2가 둘러싼 체적 V를 보여 준다. 체적에서 밖으로 나가는 두 법선벡터를 대표적으로 $\hat{\mathbf{n}}$과 $\hat{\mathbf{n}}'$이라고 나타내었다. 이제 이 체적을 잘라 두 부분 V_2와 V_1으로 나누는 평면을 상상해보자. 이들 평면을 점선 AB와 CD로 나타냈다. 이제 체적 V_2는 단일 면으로 둘러싸여 있는데, 그것은 왼쪽에서 S_2와 S_1의 부분 그리고 AB와 CD로 나타낸 자른 평면으로 구성되어 있다. 둘러싼 면의 새로운 평면 부분에서 바깥을 향하는 법선벡터를 $\hat{\mathbf{n}}_2$로 나타내었다. 마찬가지 과정이 V_1에도 적용되고, 여기에 해당되는 법선벡터는 $\hat{\mathbf{n}}_1$이다. (1-59)를 이들 각각의 체적에 적용하고 더하면

$$\int_{V_1+V_2} \nabla \cdot \mathbf{A}\, d\tau = \int_{S_1} \mathbf{A} \cdot d\mathbf{a} + \int_{S_2} \mathbf{A} \cdot d\mathbf{a} + \int_{ABCD} \mathbf{A} \cdot \hat{\mathbf{n}}_2\, da + \int_{ABCD} \mathbf{A} \cdot \hat{\mathbf{n}}_1\, da$$

를 얻게 된다. 끝의 두 적분에서 법선벡터들은 반대로 향하여 $ABCD$의 모든 점에서 $\hat{\mathbf{n}}_2 = -\hat{\mathbf{n}}_1$이 되며, $\mathbf{A}$와 da의 값은 같다. 그래서 이 적분들은 서로 상쇄되고

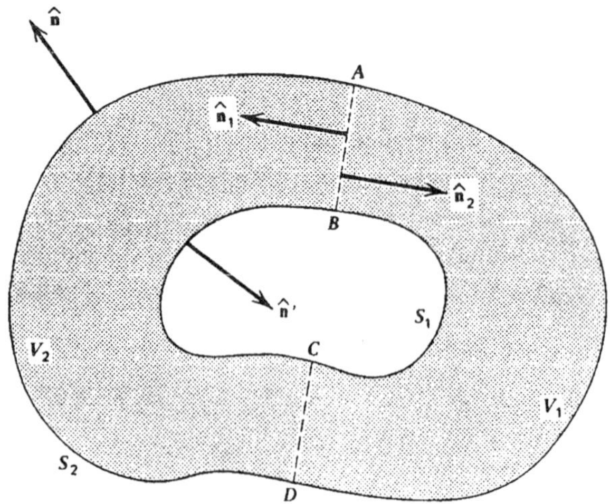

그림 1-32 | 두 개의 표면으로 둘러싸인 체적.

$$\int_{V_1+V_2} \nabla \cdot \mathbf{A}\, d\tau = \int_{S_1+S_2} \mathbf{A} \cdot d\mathbf{a}$$

가 남게 된다. 이것은 전체 체적이 $V_1 + V_2$이고 둘러싸는 전체 면적이 $S_1 + S_2$이므로 (1-59)와 같다.

둘러싸는 면이 몇 개가 되더라도 *ABCD*처럼 자르는 면을 필요한대로 도입하면 이 증명은 확실히 일반화할 수 있다.

이 발산정리를 특별히 간단한 경우에 적용하면 유용하고도 실증적인 결과를 얻을 수 있다. 작은 체적 ΔV의 중심에 있는 점 P를 생각해 보자. ΔV가 매우 작다면 $\nabla \cdot \mathbf{A}$는 그 체적에 걸쳐 거의 일정할 것이고, 그러면 (1-59)의 체적적분이

$$\int_{\Delta V} \nabla \cdot \mathbf{A}\, d\tau = \langle \nabla \cdot \mathbf{A} \rangle_P \Delta V$$

와 같아짐을 쉽게 알 수 있다. 여기서 $\langle \nabla \cdot \mathbf{A} \rangle_P$는 P 근처에서의 $\nabla \cdot \mathbf{A}$의 평균값이다. 이것을 (1-59)에 넣고 ΔV로 나누면,

$$\langle \nabla \cdot \mathbf{A} \rangle_P = \frac{1}{\Delta V} \oint_S \mathbf{A} \cdot d\mathbf{a} \tag{1-65}$$

를 얻는다. P를 중심에 그대로 놓고 $\Delta V \to 0$으로 하면 P부근에서 $\nabla \cdot \mathbf{A}$의 평균값은 P에서의 $\nabla \cdot \mathbf{A}$가 될 것이다. 이것을 단순히 $\nabla \cdot \mathbf{A}$라 쓰면

$$\nabla \cdot \mathbf{A} = \lim_{\Delta V \to 0} \frac{1}{\Delta V} \oint_S \mathbf{A} \cdot d\mathbf{a} \tag{1-66}$$

가 된다. $\nabla \cdot \mathbf{A}$에 관한 이 중요한 표현식은 (1-42)와는 달리 어느 특정 좌표계에 무관하며, 따라서 어느 벡터의 다이버전스에 관한 일반적인 정의로 삼을 수 있다. 이것은 (1-38)이 그래디언트를 정의하는 일반적인 방식이라는 점과 마찬가지이다. (1-66)의 결과는 해당 지점 부근의 작은 면적을 통해 밖으로 빠져나가는 벡터의 선속을 측정하는 것으로써, 다이버전스의 의미심장함을 훨씬 더 잘 이해하게 해주기도 한다.

(1-66)의 정의로부터 시작하여, 체적 $\Delta x\, \Delta y\, \Delta z$부근 표면을 지나는 $\mathbf{A}$의 선속을 계산함으로써 직각좌표계에서의 $\nabla \cdot \mathbf{A}$에 관한 표현식을 구하는 것이 가능하며, 그 결과는 물론 (1-42)가 된다.

1-15 Stokes 정리

곡선 C에 의해 둘러싸인 곡면 S를 생각해 보자. 스톡스 정리 *StokesΠ theorem*이란

$$\oint_C \mathbf{A} \cdot d\mathbf{s} = \int_S (\nabla \times \mathbf{A}) \cdot d\mathbf{a} \tag{1-67}$$

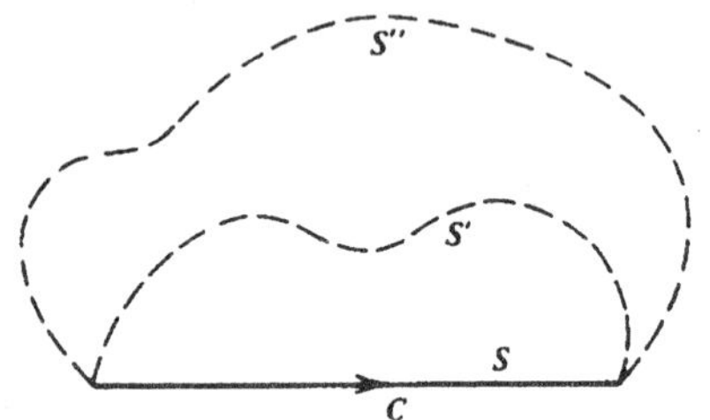

그림 1-33 동일한 경계선을 갖는 면들.

를 말하는데, 닫힌곡선에 대한 어느 벡터의 선적분을, 그 벡터의 커얼을 곡선이 둘러싼 면적에 대해 면적분한 것과 관련지어 준다. S가 열린 곡면이므로 (1-67)에서 $d\mathbf{a}$의 방향은 (1-52)에 의한 C 통과방법의 선택과 그림 1-24에 설명된 오른손법칙으로 결정한다. 이 부호에 관한 약속은 (1-67)을 적용하는 어느 경우에나 사용되므로 중요하다.

(1-67)에서 S는 C에 의해 둘러싸인다는 점 이외에 어느 특정 형태도 요구하지 않는다는 점에 주목하면 흥미롭다. 그러므로 표면은 여러가지 방법으로 선택할 수 있다. 일반적으로 피적분함수 $(\nabla \times \mathbf{A}) \cdot d\mathbf{a}$의 값은 이들 표면에서 모두 다를 것이다. 그러나 (1-67)이 의미하는 바에 따르면 이 모든 항들의 합은 같다. 그 이유는 선적분이 공통의 둘레를 따라가는 $\mathbf{A}$의 값에만 의존하기 때문이다. 이러한 관점이 그림 1-33에 다소 도식적으로 그려져 있다. 단순하게 생각하여 C는 원처럼 닫혀져 평면 위에 놓여있다고 해보자. S는 그 원으로 둘러싸인 평면이라 잡을 수도 있다. C와 S는 옆에서 보면 그림처럼 선분으로 보일 것이다. 점선으로 그린 선분들은 여러 가능한 다른 면 S', S'' 등의 자취를 나타내는데, 모두 C로 경계지워져 있고, 그들 중 어느 것에 대하여 $(\nabla \times \mathbf{A}) \cdot d\mathbf{a}$를 적분하더라도 같은 결과를 줄 것이다.

이전의 직각좌표 표현을 이용하여 면적분을 직접 계산하여 이 정리를 증명하도록 한다. (1-20)과 (1-43)을 이용하면

$$\int_S (\nabla \times \mathbf{A}) \cdot d\mathbf{a} = \int_S \left(\frac{\partial A_x}{\partial z} da_y - \frac{\partial A_x}{\partial y} da_z \right) + \int_S \left(\frac{\partial A_y}{\partial x} da_z - \frac{\partial A_y}{\partial z} da_x \right)$$
$$+ \int_S \left(\frac{\partial A_z}{\partial y} da_x - \frac{\partial A_z}{\partial x} da_y \right) \tag{1-68}$$

가 되는데, 여기서는 $\mathbf{A}$의 성분에 따라 항들을 묶었다. 첫 번째 적분을 생각해 보겠는데 이것을 I_x라 하자. 우선 폭 dx인 띠에 대한 적분으로 계산하겠는데, 이 띠는 yz 면에 평행이고 거기로부터 x 만큼 떨어져 있다. 그리고는 x에 대하여 적분함으로써, S를 세분하여 얻은 모든 띠들로부터의 기여를 더하게 되는 것이다. 처음부터 S가 아주 간단히 생긴 것으로 가정하면 좌표축의 방향을 적당히 선택할 수 있는데, 띠의 시작부터 끝으로 가면서 y와 z가 증가하도록 잡는다. 이런 상황이 그림 1-34에 그려져 있고, 면의 방향을 잘 알아볼 수 있도록 이 띠의 xz와 xy 면에 대한 사영도 나타내었다. P_1과 P_2는 각각 시작점과 끝점이다. 즉, 그것들은 띠와 에워싸는 곡선 C가 만나는 점이고 그 좌표들은 C를 나타내는 방정식을 만족시킨다. 면적요소

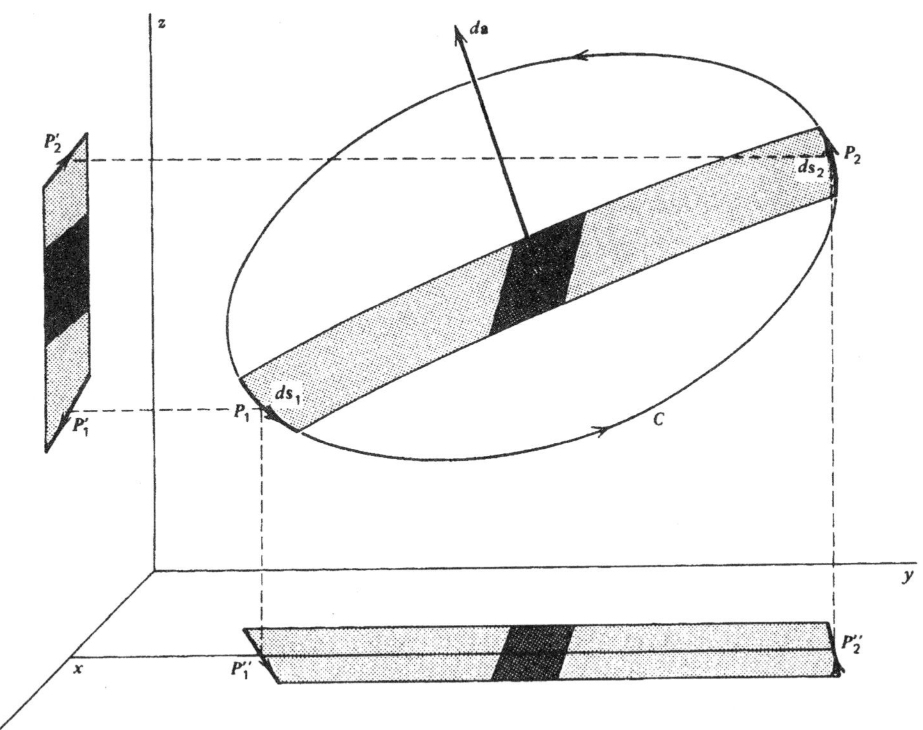

그림 1-34 Stokes 정리를 유도하는데 사용하는 면적.

$d\mathbf{a}$가 적분영역의 중간쯤에 보인다. $d\mathbf{a}$의 방향각은 α와 γ가 90°보다 작고 $\beta > 90°$인 값을 갖는다. (판지를 음영으로 표시한 띠와 같은 방향을 갖도록 놓고 연필을 거기에 수직으로 세워 보면 곧 확실히 알 수 있다.) 그래서, (1-55)에 의해 $da_y = -dx\,dz$와 $da_z = dx\,dy$가 되고

$$I_x = -\int_{\text{띠}} dx \int_{P_1}^{P_2} \left(\frac{\partial A_x}{\partial y} dy + \frac{\partial A_x}{\partial z} dz \right) \tag{1-69}$$

로 쓸 수 있다. 괄호 안의 항들에서 dy와 dz는 독립적이지 않은데, y와 z가 S의 방정식 및 관련된 x값으로 연관되어 있기 때문이다. 이 피적분함수는 x = 일정인 띠 위에서 계산될 것이기 때문에 $dx = 0$이고, 그래서 $(\partial A_x/\partial x)dx = 0$을 포함시켜도 괜찮다. 그러면 곧

$$\frac{\partial A_x}{\partial x} dx + \frac{\partial A_x}{\partial y} dy + \frac{\partial A_x}{\partial z} dz = dA_x$$

임을 알게 된다. 결과적으로 (1-69)는

$$I_x = -\int_{\text{띠}} dx \int_{P_1}^{P_2} dA_x = -\int_{\text{띠}} [A_x(P_2) - A_x(P_1)]\, dx \tag{1-70}$$

가 된다. 다시 그림 1-34로 돌아가서 C의 양 끝부분에서의 변위 $d\mathbf{s}_1$과 $d\mathbf{s}_2$를 생각해 보면, P_1

에서는 $d\mathbf{s}_1$이 양의 x성분을 갖고, 그러면 $ds_{1x} = dx$라 쓸 수 있고, P_2에서는 $d\mathbf{s}_2$가 음의 성분을 가져 $ds_{2x} = -dx$가 된다. 따라서 (1-70)의 피적분함수는

$$-A_x(P_2)(-ds_{2x}) + A_x(P_1)(ds_{1x}) = A_{x2}\,ds_{2x} + A_{x1}\,ds_{1x} \tag{1-71}$$

처럼 쓸 수 있고, 이것은 바로 띠가 곡선 C를 자르는 변위 $d\mathbf{s}_2$와 $d\mathbf{s}_1$에서 발생하는 $A_x ds_x$의 선적분에 주는 전체 기여와 같다. 즉, (1-70)에서 x에 관한 마지막의 적분을 할 때, 모든 띠의 기여를 더하면서, 각 띠의 기여는 에워싸는 곡선의 몫 $A_x ds_x$가 될 것이다. 최종 결과는 전체 곡선 C에 대한 $A_x ds_x$의 선적분이 될 것이다. 즉,

$$\int_S \left(\frac{\partial A_x}{\partial z}\,da_y - \frac{\partial A_x}{\partial y}\,da_z \right) = \oint_C A_x\,ds_x \tag{1-72}$$

를 알아낸 것이다.

마찬가지로, (1-68) 뒤쪽의 두 적분은 각각

$$\oint_C A_y\,ds_y \quad \text{및} \quad \oint_C A_z\,ds_z$$

의 값을 갖는다고 증명할 수 있다. 이 결과를 (1-72)와 함께 (1-68)에 대입하면

$$\int_S (\nabla \times \mathbf{A}) \cdot d\mathbf{a} = \oint_C \left(A_x\,ds_x + A_y\,ds_y + A_z\,ds_z \right) = \oint_C \mathbf{A} \cdot d\mathbf{s}$$

로 구하게 되고 이것은 바로 (1-67)이며 이 정리는 증명되었다.

이 정리를 두 개 이상의 곡선으로 에워싸인 면적의 경우로 확장할 수 있는데, 발산정리에 대해 사용하였던 방법과 비슷하게 한다. 그러한 경우의 예가 그림 1-35에 있다. 안쪽 경계를 지나가는 방향을 잘 보라. 이 방식은 곡선을 따라가면서 면적을 왼쪽에 둔다는 생각으로 선택한 것인데, 그림 1-24의 오른손규칙과 동일하다. S를 필요한 만큼 많은 일치선의 쌍들을 그려서 여러 면으로 나누겠다. 그림은 그러한 쌍 두 개를 보여주고 있다. 그러면 Stokes 정리를 각 면에 적용할 수 있고, 결과들을 더하게 된다. 우리가 새로 도입한 선들에 대한 선적분의 기여는 적분의 통과방향이 반대이므로 서로 상쇄되며 마지막 결과는 다시 (1-67)이 될 것이다. 그

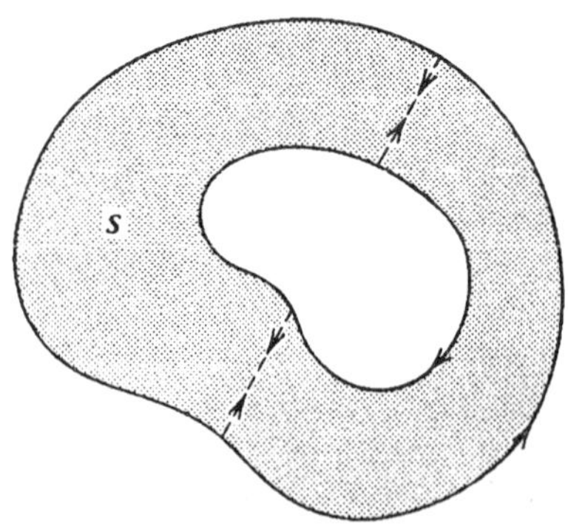

그림 1-35 두 곡선에 의해 에워싸인 면적.

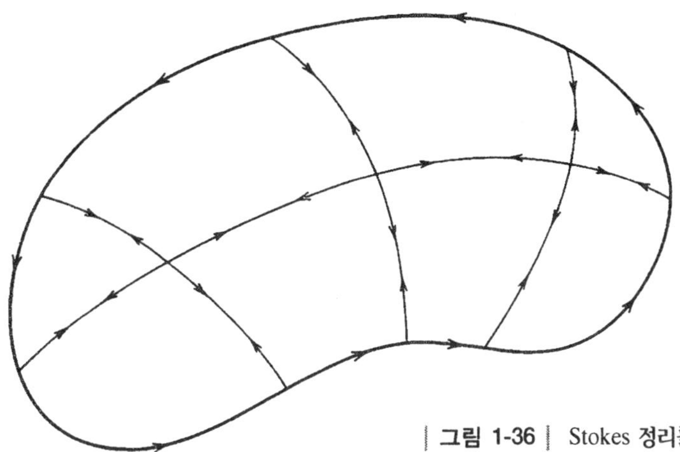

| 그림 1-36 | Stokes 정리를 일반적으로 증명하기 위한 면적의 분할.

림 1-34에서는 면이 "꽤 평평하여" 띠에 대한 적분을 할 때 좌표축을 y와 z가 항상 증가하도록 잡겠다고 가정을 했었는데, 이에 관련되어 아직 마음속에 남아있는 걱정도 비슷한 과정을 통해 쫓아버릴 수 있다. 만일 어느 면이 매우 구불거린다면, 이것을 여러 조각으로 나누어 각 조각을 충분히 평평하게 만들고, 필요하다면 각 조각이 그림 1-34의 조건을 만족하도록 서로 다른 좌표축을 선택할 수 있다. 그러한 분할을 그림 1-36에 그려놓았다. 이 정리를 각 조각에 적용하고 결과들을 더할 때, 분할선으로부터의 기여는 서로 상쇄되어 다시 (1-67)을 얻게 된다.

작은 면적 $\Delta a\hat{\mathbf{n}}$의 중심에 있는 점 P를 생각해보자. 이 경우에 (1-67)을 적용할 때 $(\nabla \times \mathbf{A}) \cdot \hat{\mathbf{n}}$은 그 면적에 걸쳐 거의 일정할 것이고, 앞 절과 매우 흡사하게

$$\langle(\nabla \times \mathbf{A}) \cdot \hat{\mathbf{n}}\rangle_P = \frac{1}{\Delta a}\oint_C \mathbf{A} \cdot d\mathbf{s}$$

라 쓸 수 있다. 여기서 좌변은 (1-21)에 의해 $\nabla \times \mathbf{A}$의 $\hat{\mathbf{n}}$ 방향 성분에 대한 P 근처에서의 평균값이다. 이제 $\Delta a \to 0$으로 하면 P 근처의 평균값은 P에서의 값이 된다. 즉,

$$(\nabla \times \mathbf{A}) \cdot \hat{\mathbf{n}} = \lim_{\Delta a \to 0} \frac{1}{\Delta a}\oint_C \mathbf{A} \cdot d\mathbf{s} \tag{1-73}$$

이며, 이것은 주어진 방향의 $\nabla \times \mathbf{A}$성분을 그 방향에 수직인 작은 면적 주위의 선적분으로 준 것이다. 그러므로 (1-73)은 주어진 방향으로의 커얼의 성분에 관한 일반적 정의로 생각할 수 있다. 세 개의 서로 수직인 방향($\hat{\mathbf{x}}, \hat{\mathbf{y}}, \hat{\mathbf{z}}$처럼)에 대해 이와같이 하면, 각 방향에서 $\nabla \times \mathbf{A}$의 성분을 얻게 될 것이고, 그러면 $\nabla \times \mathbf{A}$의 전체 벡터를 얻게 된다. 이 과정을 직각좌표계에 대하여 수행할 때 그 결과는 당연히 (1-43)이 된다.

1-16 원통좌표

지금까지는 직각좌표만을 사용했었고, 이 때 단위벡터는 일정했었다. 그러나 많은 문제들은 다른 좌표계에서 좀 더 편리하게 기술되어 계산될 수 있다. 그래서 앞에서 얻은 여러 결과가 다른 좌표계에서는 어떻게 되는지 알아보고자 한다. 그 중에서 중요한 두 가지만을 다루겠다

첫 번째 것은 **원통좌표계** *cylindrical coordinates*인데 여기서 한 점 P의 위치는 세 좌표 ρ, φ, z로 나타내고 이들은 그림 1-37에 정의되어 있다. 이 그림은 또한 그 점의 위치벡터 **r**과 세 개의 새로운 단위벡터도 보여주고 있는데 단위벡터는 잠시 뒤에 정의하도록 하겠다. **r**을 xy 평면에 사영 내리면 이 사영의 길이는 ρ이고, φ는 이것과 x축이 만드는 각도이며, z는 직각좌표계에서와 같다. P를 나타내는 원통좌표와 직각좌표의 관계는 그림으로부터

$$x = \rho\cos\varphi \qquad y = \rho\sin\varphi \qquad z = z \tag{1-74}$$

임을 알수 있고, 그래서

$$\rho = \left(x^2 + y^2\right)^{1/2} \qquad \tan\varphi = \frac{y}{x} \tag{1-75}$$

이다.

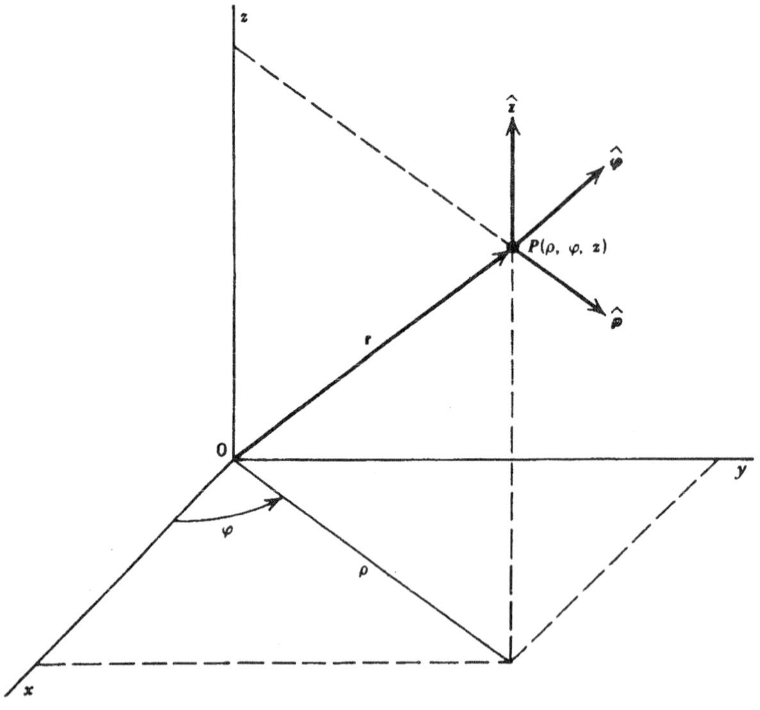

| 그림 1-37 | 원통좌표의 정의.

세 개의 서로 수직인 단위벡터 한 벌은 다음과 같이 정의할 수 있다. 우선 $\hat{\mathbf{z}}$는 직각좌표계의 $\hat{\mathbf{z}}$와 같다. 다음으로 $\hat{\boldsymbol{\rho}}$는 ρ가 증가하는 방향으로 $\hat{\mathbf{z}}$와는 수직이 되게 선택한다. 그러면 xy 평면과 평행이다. 끝으로 $\hat{\boldsymbol{\varphi}}$는 이들 둘 모두에 수직으로 정의한다. $\hat{\boldsymbol{\varphi}}$는 φ = 일정인 반무한평면에 수직이고 그 방향은 φ가 증가하는 쪽이다. P가 옮겨질 때 $\hat{\mathbf{z}}$는 변하지 않지만 $\hat{\boldsymbol{\rho}}$와 $\hat{\boldsymbol{\varphi}}$는 둘 다 방향을 바꾸므로 단위벡터들은 P의 함수이다. 이것을 강조하기 위해 이 단위벡터들을 P위치에 그렸다. 즉, 이 단위벡터들은 $\hat{\mathbf{x}}, \hat{\mathbf{y}}, \hat{\mathbf{z}}$와 달리 모두가 일정하지는 않다.

$\hat{\boldsymbol{\rho}}, \hat{\boldsymbol{\varphi}}, \hat{\mathbf{z}}$는 서로 수직인 단위벡터들이므로 (1-18), (1-19), (1-25)와 비슷한 관계를 만족시킨다:

$$\begin{gathered}\hat{\boldsymbol{\rho}} \cdot \hat{\boldsymbol{\rho}} = \hat{\boldsymbol{\varphi}} \cdot \hat{\boldsymbol{\varphi}} = \hat{\mathbf{z}} \cdot \hat{\mathbf{z}} = 1 \\ \hat{\boldsymbol{\rho}} \cdot \hat{\boldsymbol{\varphi}} = \hat{\boldsymbol{\varphi}} \cdot \hat{\mathbf{z}} = \hat{\mathbf{z}} \cdot \hat{\boldsymbol{\rho}} = 0 \\ \hat{\boldsymbol{\rho}} \times \hat{\boldsymbol{\varphi}} = \hat{\mathbf{z}} \qquad \hat{\boldsymbol{\varphi}} \times \hat{\mathbf{z}} = \hat{\boldsymbol{\rho}} \qquad \hat{\mathbf{z}} \times \hat{\boldsymbol{\rho}} = \hat{\boldsymbol{\varphi}}\end{gathered} \tag{1-76}$$

$\hat{\boldsymbol{\rho}}$와 $\hat{\boldsymbol{\varphi}}$의 직각좌표성분은 그림 1-37을 조사하여 구한다. 이들을 xy 평면에 사영 내려 생각해 보면 좋겠다. 결과는

$$\hat{\boldsymbol{\rho}} = \cos\varphi\hat{\mathbf{x}} + \sin\varphi\hat{\mathbf{y}} \qquad \hat{\boldsymbol{\varphi}} = -\sin\varphi\hat{\mathbf{x}} + \cos\varphi\hat{\mathbf{y}} \tag{1-77}$$

이다. 이 식들을 $\hat{\mathbf{x}}$와 $\hat{\mathbf{y}}$에 대하여 풀어서 원통좌표의 성분으로 나타낼 수 있다:

$$\hat{\mathbf{x}} = \cos\varphi\hat{\boldsymbol{\rho}} - \sin\varphi\hat{\boldsymbol{\varphi}} \qquad \hat{\mathbf{y}} = \sin\varphi\hat{\boldsymbol{\rho}} + \cos\varphi\hat{\boldsymbol{\varphi}} \tag{1-78}$$

(1-77)을 미분하여 P가 이동함에 따라 $\hat{\boldsymbol{\rho}}$와 $\hat{\boldsymbol{\varphi}}$가 어떻게 변하는지 분명하게 구할 수 있다:

$$\frac{d\hat{\boldsymbol{\rho}}}{d\varphi} = \hat{\boldsymbol{\varphi}} \qquad \text{및} \qquad \frac{d\hat{\boldsymbol{\varphi}}}{d\varphi} = -\hat{\boldsymbol{\rho}} \tag{1-79}$$

$\hat{\boldsymbol{\rho}}, \hat{\boldsymbol{\varphi}}, \hat{\mathbf{z}}$는 서로 수직이므로 어느 벡터 $\mathbf{A}$라도 이들 방향의 성분으로 표현할 수 있다. (1-5)와 마찬가지로 $\mathbf{A}$를

$$\mathbf{A} = A_\rho\hat{\boldsymbol{\rho}} + A_\varphi\hat{\boldsymbol{\varphi}} + A_z\hat{\mathbf{z}} \tag{1-80}$$

의 형태로 쓸 수 있다. 위치벡터 $\mathbf{r}$은 특별한 경우로 그림 1-37로부터

$$\mathbf{r} = \rho\hat{\boldsymbol{\rho}} + z\hat{\mathbf{z}} \tag{1-81}$$

임은 알겠다. 이것은 또한 (1-11)에 (1-74)를 대입하고 (1-77)을 이용하여 얻을 수 있다. (1-81)과 (1-79)로부터 $d\mathbf{r}$의 미분도 구할 수 있다:

$$d\mathbf{r} = d\rho\,\hat{\boldsymbol{\rho}} + \rho\,d\hat{\boldsymbol{\rho}} + dz\,\hat{\mathbf{z}} = d\rho\,\hat{\boldsymbol{\rho}} + \rho\,d\varphi\,\hat{\boldsymbol{\varphi}} + dz\,\hat{\mathbf{z}} \tag{1-82}$$

그래서 ρ, φ, z가 증가하는 방향으로의 성분은 각각 $d\rho$, $\rho\,d\varphi$, dz이다. 이들 성분의 변위를 그림 1-38에 나타냈는데, 각 변위는 두 좌표는 고정시킨 채 다른 하나만의 변화에 의해 P가 움직인 거리에 해당된다. 음영을 칠한 체적요소는 (1-82)로 주어진 $d\mathbf{r}$의 성분을 변으로 하고 있다. 그러므로 원통좌표에서의 체적요소는

$$d\tau = \rho\,d\rho\,d\varphi\,dz \tag{1-83}$$

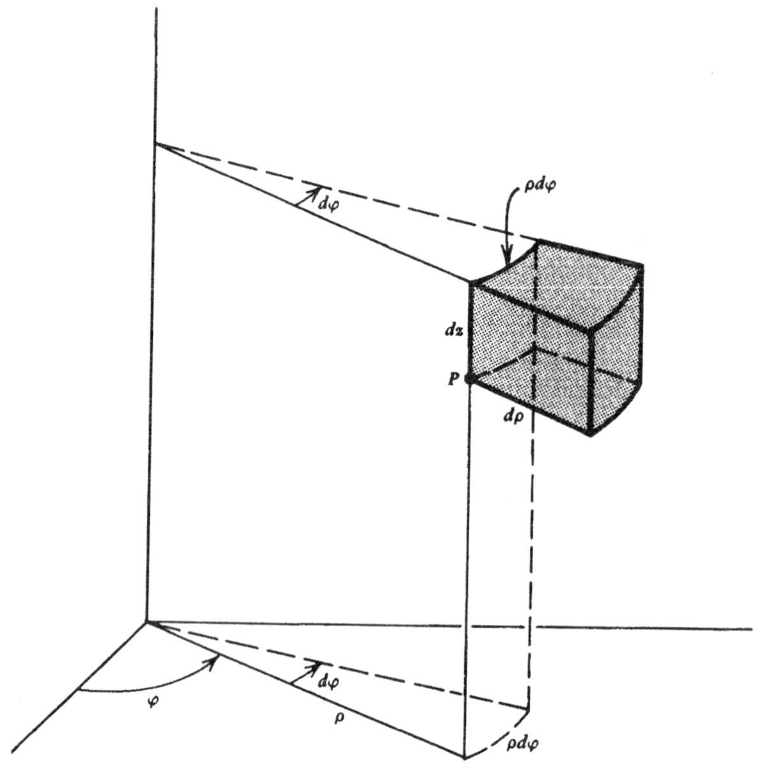

| 그림 1-38 | 원통좌표로 나타낸 체적요소.

로 주어진다. 이 그림으로부터 단위벡터에 수직인 면적은 $\rho\ d\varphi\ dz$, $d\rho\ dz$, $\rho\ d\rho\ d\varphi$이고, 따라서 면적요소 $d\mathbf{a}$의 성분은

$$da_\rho = \pm\rho\, d\varphi\, dz \qquad da_\varphi = \pm d\rho\, dz \qquad da_z = \pm\rho\, d\rho\, d\varphi \tag{1-84}$$

로 주어지며, 부호는 (1-55)에서와 같은 방법으로 적절히 선택된다.

이제 이 좌표계에서 미분연산자는 어떻게 표현되는지를 구해볼 수 있겠다. 만일 $u = u(\rho, \varphi, z)$이면,

$$du = \frac{\partial u}{\partial \rho} d\rho + \frac{\partial u}{\partial \varphi} d\varphi + \frac{\partial u}{\partial z} dz$$

이다. 이것을 (1-82) 및 (1-38)의 그래디언트의 일반적 정의와 비교하며, 또 이 경우 $ds = d\mathbf{r}$임에 주목하면, 원통좌표계에서의 그래디언트에 대한 표현을 구하게 된다:

$$\nabla u = \hat{\boldsymbol{\rho}}\frac{\partial u}{\partial \rho} + \hat{\boldsymbol{\varphi}}\frac{1}{\rho}\frac{\partial u}{\partial \varphi} + \hat{\mathbf{z}}\frac{\partial u}{\partial z} \tag{1-85}$$

그러면 델 연산자는

$$\nabla = \hat{\boldsymbol{\rho}}\frac{\partial}{\partial\rho} + \hat{\boldsymbol{\varphi}}\frac{1}{\rho}\frac{\partial}{\partial\varphi} + \hat{\mathbf{z}}\frac{\partial}{\partial z} \tag{1-86}$$

로 쓸 수 있다. (1-86)을 (1-80)에 적용하여 다이버전스와 커얼에 해당하는 표현을 얻을 수 있다. 그러나 이럴 때 단위벡터는 일정하지 않다는 것을 잊지 말아야 하고, (1-79)를 고려해야 한다. 또 (1-76)도 사용해야 한다. 이 과정을 $\nabla \cdot \mathbf{A}$에 대해 풀어쓰면

$$\begin{aligned}
\nabla \cdot \mathbf{A} &= \left(\hat{\boldsymbol{\rho}}\frac{\partial}{\partial\rho} + \hat{\boldsymbol{\varphi}}\frac{1}{\rho}\frac{\partial}{\partial\varphi} + \hat{\mathbf{z}}\frac{\partial}{\partial z}\right) \cdot \left(A_\rho\hat{\boldsymbol{\rho}} + A_\varphi\hat{\boldsymbol{\varphi}} + A_z\hat{\mathbf{z}}\right) \\
&= \hat{\boldsymbol{\rho}} \cdot \left(\frac{\partial A_\rho}{\partial\rho}\hat{\boldsymbol{\rho}} + \frac{\partial A_\varphi}{\partial\rho}\hat{\boldsymbol{\varphi}} + \frac{\partial A_z}{\partial\rho}\hat{\mathbf{z}}\right) \\
&\quad + \hat{\boldsymbol{\varphi}} \cdot \frac{1}{\rho}\left(\frac{\partial A_\rho}{\partial\varphi}\hat{\boldsymbol{\rho}} + A_\rho\frac{\partial\hat{\boldsymbol{\rho}}}{\partial\varphi} + \frac{\partial A_\varphi}{\partial\varphi}\hat{\boldsymbol{\varphi}} + A_\varphi\frac{\partial\hat{\boldsymbol{\varphi}}}{\partial\varphi} + \frac{\partial A_z}{\partial\varphi}\hat{\mathbf{z}}\right) \\
&\quad + \hat{\mathbf{z}} \cdot \left(\frac{\partial A_\rho}{\partial z}\hat{\boldsymbol{\rho}} + \frac{\partial A_\varphi}{\partial z}\hat{\boldsymbol{\varphi}} + \frac{\partial A_z}{\partial z}\hat{\mathbf{z}}\right) \\
&= \frac{\partial A_\rho}{\partial\rho} + \frac{A_\rho}{\rho} + \frac{1}{\rho}\frac{\partial A_\varphi}{\partial\varphi} + \frac{\partial A_z}{\partial z}
\end{aligned}$$

인데, 보통

$$\nabla \cdot \mathbf{A} = \frac{1}{\rho}\frac{\partial}{\partial\rho}\left(\rho A_\rho\right) + \frac{1}{\rho}\frac{\partial A_\varphi}{\partial\varphi} + \frac{\partial A_z}{\partial z} \tag{1-87}$$

처럼 쓴다. 마찬가지로 커얼에 대한 표현식은

$$\nabla \times \mathbf{A} = \hat{\boldsymbol{\rho}}\left(\frac{1}{\rho}\frac{\partial A_z}{\partial\varphi} - \frac{\partial A_\varphi}{\partial z}\right) + \hat{\boldsymbol{\varphi}}\left(\frac{\partial A_\rho}{\partial z} - \frac{\partial A_z}{\partial\rho}\right) + \hat{\mathbf{z}}\left[\frac{1}{\rho}\frac{\partial}{\partial\rho}\left(\rho A_\varphi\right) - \frac{1}{\rho}\frac{\partial A_\rho}{\partial\varphi}\right] \tag{1-88}$$

이 되고, 한편 $\nabla \cdot \nabla u$는

$$\nabla^2 u = \frac{1}{\rho}\frac{\partial}{\partial\rho}\left(\rho\frac{\partial u}{\partial\rho}\right) + \frac{1}{\rho^2}\frac{\partial^2 u}{\partial\varphi^2} + \frac{\partial^2 u}{\partial z^2} \tag{1-89}$$

으로 된다. 여기서 u는 위치에 관한 스칼라함수이다.

매우 중요하게 기억되어야 할 것은 (1-86), (1-87), (1-88), (1-89)가 직각좌표계에서 주어지는 (1-41), (1-42), (1-43), (1-46)의 해당 표현식에서 x, y, z를 단순히 ρ, φ, z로 바꾼다고 해서 얻을 수 있는 것이 아니라는 점이다. 마찬가지로 (1-44)와 (1-47)은 직각좌표계에서만 사용될 수 있다. 다른 좌표계에 대한 $\nabla^2\mathbf{A}$의 정의로는 (1-120)을 보라. 여기에 관한 실수가 얼마나 자주 일어나는지를 알면 놀라게 될 것이다.

1-17 구좌표

이 좌표계에서 점 P의 위치는 그림 1-39에 나타낸 세 개의 좌표 r, θ, φ로 정해진다. r은 원점으로부터의 거리로써 위치벡터 $\mathbf{r}$의 크기이고, θ는 $\mathbf{r}$과 양의 z축이 이루는 각도이며, φ는 원통좌표에서와 마찬가지로 xy평면에 내린 $\mathbf{r}$의 사영이 양의 x축과 이루는 각도이다. 직각좌표와 구좌표의 관계는

$$x = r\sin\theta\cos\varphi \qquad y = r\sin\theta\sin\varphi \qquad z = r\cos\theta \tag{1-90}$$

임을 알 수 있겠고, 그러면

$$r = \left(x^2 + y^2 + z^2\right)^{1/2} \qquad \tan\theta = \frac{\left(x^2 + y^2\right)^{1/2}}{z} \qquad \tan\varphi = \frac{y}{x} \tag{1-91}$$

이다.

서로 수직인 단위벡터 한 벌 $\hat{\mathbf{r}}$, $\hat{\boldsymbol{\theta}}$, $\hat{\boldsymbol{\varphi}}$는 그림 1-39에 나타낸 것처럼 r, θ, φ가 증가하는 쪽으로 정의된다. 점 P의 위치가 변하면서 세 벡터도 모두 변하는 것을 알 수 있다. 이들은 (1-76)과 비슷하게

$$\begin{gathered}\hat{\mathbf{r}}\cdot\hat{\mathbf{r}} = \hat{\boldsymbol{\theta}}\cdot\hat{\boldsymbol{\theta}} = \hat{\boldsymbol{\varphi}}\cdot\hat{\boldsymbol{\varphi}} = 1\\ \hat{\mathbf{r}}\cdot\hat{\boldsymbol{\theta}} = \hat{\boldsymbol{\theta}}\cdot\hat{\boldsymbol{\varphi}} = \hat{\boldsymbol{\varphi}}\cdot\hat{\mathbf{r}} = 0\\ \hat{\mathbf{r}}\times\hat{\boldsymbol{\theta}} = \hat{\boldsymbol{\varphi}} \qquad \hat{\boldsymbol{\theta}}\times\hat{\boldsymbol{\varphi}} = \hat{\mathbf{r}}\end{gathered} \tag{1-92}$$

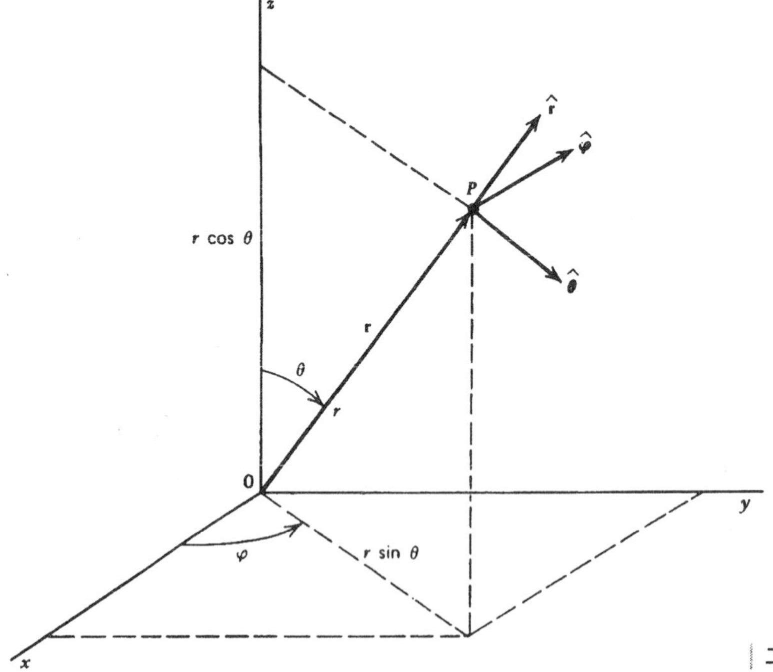

그림 1-39 구좌표의 정의.

을 만족한다. 그들의 직각좌표성분은 그림을 조사해보면

$$\begin{aligned}\hat{\mathbf{r}} &= \sin\theta\cos\varphi\hat{\mathbf{x}} + \sin\theta\sin\varphi\hat{\mathbf{y}} + \cos\theta\hat{\mathbf{z}}\\ \hat{\boldsymbol{\theta}} &= \cos\theta\cos\varphi\hat{\mathbf{x}} + \cos\theta\sin\varphi\hat{\mathbf{y}} - \sin\theta\hat{\mathbf{z}}\\ \hat{\boldsymbol{\varphi}} &= -\sin\varphi\hat{\mathbf{x}} + \cos\varphi\hat{\mathbf{y}}\end{aligned} \tag{1-93}$$

이 되고, 따라서

$$\begin{aligned}\hat{\mathbf{x}} &= \sin\theta\cos\varphi\hat{\mathbf{r}} + \cos\theta\cos\varphi\hat{\boldsymbol{\theta}} - \sin\varphi\hat{\boldsymbol{\varphi}}\\ \hat{\mathbf{y}} &= \sin\theta\sin\varphi\hat{\mathbf{r}} + \cos\theta\sin\varphi\hat{\boldsymbol{\theta}} + \cos\varphi\hat{\boldsymbol{\varphi}}\\ \hat{\mathbf{z}} &= \cos\theta\hat{\mathbf{r}} - \sin\theta\hat{\boldsymbol{\theta}}\end{aligned} \tag{1-94}$$

이다. (1-93)을 미분하여

$$\begin{aligned}\frac{\partial\hat{\mathbf{r}}}{\partial\theta} &= \hat{\boldsymbol{\theta}} &\quad \frac{\partial\hat{\mathbf{r}}}{\partial\varphi} &= \sin\theta\hat{\boldsymbol{\varphi}}\\ \frac{\partial\hat{\boldsymbol{\theta}}}{\partial\theta} &= -\hat{\mathbf{r}} &\quad \frac{\partial\hat{\boldsymbol{\theta}}}{\partial\varphi} &= \cos\theta\hat{\boldsymbol{\varphi}}\\ \frac{\partial\hat{\boldsymbol{\varphi}}}{\partial\theta} &= 0 &\quad \frac{\partial\hat{\boldsymbol{\varphi}}}{\partial\varphi} &= -\sin\theta\hat{\mathbf{r}} - \cos\theta\hat{\boldsymbol{\theta}}\end{aligned} \tag{1-95}$$

를 얻는다. 어느 벡터 **A**라도

$$\mathbf{A} = A_r\hat{\mathbf{r}} + A_\theta\hat{\boldsymbol{\theta}} + A_\varphi\hat{\boldsymbol{\varphi}} \tag{1-96}$$

처럼 성분으로 쓸 수 있다. 위치벡터는

$$\mathbf{r} = r\hat{\mathbf{r}} \tag{1-97}$$

이고, 그 미분은 (1-93)과 (1-95)를 사용하여

$$d\mathbf{r} = dr\,\hat{\mathbf{r}} + r\,d\theta\,\hat{\boldsymbol{\theta}} + r\sin\theta\,d\varphi\,\hat{\boldsymbol{\varphi}} \tag{1-98}$$

가 된다. 이들 성분의 미분을 그림 1-40에 나타내었다. 음영을 칠한 체적요소는 (1-98)의 성분들을 변으로 하고 있으므로 체적요소는

$$d\tau = r^2\sin\theta\,dr\,d\theta\,d\varphi \tag{1-99}$$

이 될 것이고, 면적요소 $d\mathbf{a}$의 성분은

$$da_r = \pm r^2\sin\theta\,d\theta\,d\varphi \qquad da_\theta = \pm r\sin\theta\,dr\,d\varphi \qquad da_\varphi = \pm r\,dr\,d\theta \tag{1-100}$$

으로 주어질 것이다.

$u = u(r,\ \theta,\ \varphi)$라면,

$$du = \frac{\partial u}{\partial r}dr + \frac{\partial u}{\partial\theta}d\theta + \frac{\partial u}{\partial\varphi}d\varphi$$

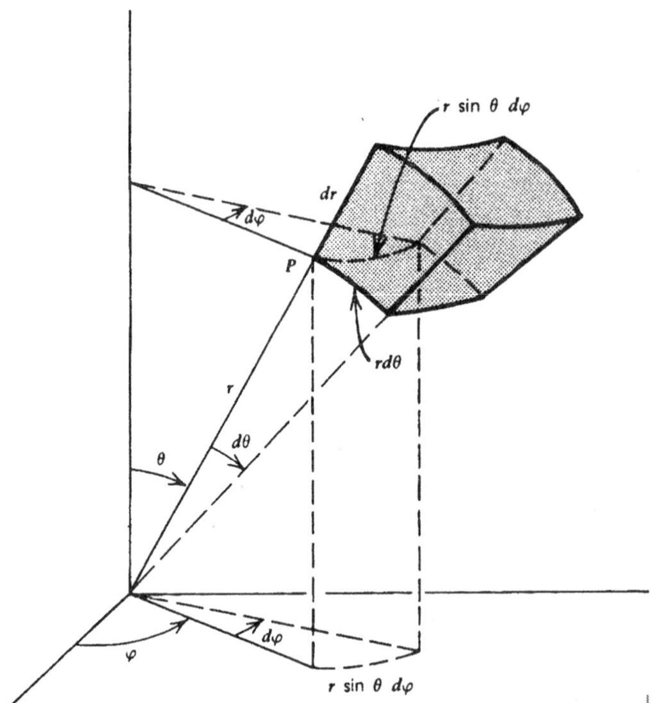

| 그림 1-40 | 구좌표로 나타낸 체적요소.

이고, 따라서 (1-38)과 (1-98)로부터 얻어지는 그래디언트는

$$\nabla u = \hat{\mathbf{r}}\frac{\partial u}{\partial r} + \hat{\boldsymbol{\theta}}\frac{1}{r}\frac{\partial u}{\partial \theta} + \hat{\boldsymbol{\varphi}}\frac{1}{r\sin\theta}\frac{\partial u}{\partial \varphi} \tag{1-101}$$

이며, 델 연산자는

$$\nabla = \hat{\mathbf{r}}\frac{\partial}{\partial r} + \hat{\boldsymbol{\theta}}\frac{1}{r}\frac{\partial}{\partial \theta} + \hat{\boldsymbol{\varphi}}\frac{1}{r\sin\theta}\frac{\partial}{\partial \varphi} \tag{1-102}$$

임을 말해준다. 앞 절에서와 같은 방법으로(1-102)와 (1-96)을 사용하여 계산해 나아가면서 (1-92)와 (1-95)를 고려하면

$$\nabla\cdot\mathbf{A} = \frac{1}{r^2}\frac{\partial}{\partial r}\left(r^2A_r\right) + \frac{1}{r\sin\theta}\frac{\partial}{\partial\theta}(\sin\theta A_\theta) + \frac{1}{r\sin\theta}\frac{\partial A_\varphi}{\partial\varphi} \tag{1-103}$$

$$\nabla\times\mathbf{A} = \frac{\hat{\mathbf{r}}}{r\sin\theta}\left[\frac{\partial}{\partial\theta}(\sin\theta A_\varphi) - \frac{\partial A_\theta}{\partial\varphi}\right] + \frac{\hat{\boldsymbol{\theta}}}{r}\left[\frac{1}{\sin\theta}\frac{\partial A_r}{\partial\varphi} - \frac{\partial}{\partial r}(rA_\varphi)\right] + \frac{\hat{\boldsymbol{\varphi}}}{r}\left[\frac{\partial}{\partial r}(rA_\theta) - \frac{\partial A_r}{\partial\theta}\right] \tag{1-104}$$

$$\nabla^2 u = \frac{1}{r^2}\frac{\partial}{\partial r}\left(r^2\frac{\partial u}{\partial r}\right) + \frac{1}{r^2\sin\theta}\frac{\partial}{\partial\theta}\left(\sin\theta\frac{\partial u}{\partial\theta}\right) + \frac{1}{r^2\sin^2\theta}\frac{\partial^2 u}{\partial\varphi^2} \tag{1-105}$$

를 구하게 된다.

(1-89) 다음에 있는 설명과 비슷한 내용이 여기서도 적용된다. (1-102)부터 (1-105)까지의 올바른 구좌표 표현식을 얻기 위해 해당 직각좌표 표현식에서 x, y, z를 r, θ, φ로 단순히 대체할 수는 없다.

1-18 벡터 관계식

벡터를 사용할 때 맞닥뜨리게 되는 많은 표현식들을 계산하고 간단히 하는데 유용한 일반적인 관계식들을 아래에 모아 놓았다. (1-29)와 (1-30)에서 그러한 예를 이미 알고 있다. 이들 표현식들의 처음 일부분은 직접 증명할 수 있지만 때때로 지루한 계산이 되기도 한다. 그러한 계산은 대부분 직각좌표로 쉽게 할 수 있는데, 그 이유는 동원되는 단위벡터들이 일정하기 때문이다. 확실히 해두기 위해 주목할 것은 (1-120)의 $\nabla^2\mathbf{A}$는 (1-47)에서 했던 것처럼 직각좌표성분으로만 풀어 쓸 수 있다. 다른 좌표계를 사용하려면 (1-120)을 $\nabla^2\mathbf{A}$의 정의로 삼고 다른 항등식으로부터 계산하여야한다.

$$(\mathbf{A}\times\mathbf{B})\cdot(\mathbf{C}\times\mathbf{D}) = (\mathbf{A}\cdot\mathbf{C})(\mathbf{B}\cdot\mathbf{D}) - (\mathbf{A}\cdot\mathbf{D})(\mathbf{B}\cdot\mathbf{C}) \tag{1-106}$$

$$\frac{d}{d\sigma}(u\mathbf{A}) = \frac{du}{d\sigma}\mathbf{A} + u\frac{d\mathbf{A}}{d\sigma} \tag{1-107}$$

$$\frac{d}{d\sigma}(\mathbf{A}\cdot\mathbf{B}) = \frac{d\mathbf{A}}{d\sigma}\cdot\mathbf{B} + \mathbf{A}\cdot\frac{d\mathbf{B}}{d\sigma} \tag{1-108}$$

$$\frac{d}{d\sigma}(\mathbf{A}\times\mathbf{B}) = \frac{d\mathbf{A}}{d\sigma}\times\mathbf{B} + \mathbf{A}\times\frac{d\mathbf{B}}{d\sigma} \tag{1-109}$$

$$\nabla(u+v) = \nabla u + \nabla v \tag{1-110}$$

$$\nabla(uv) = u\nabla v + v\nabla u \tag{1-111}$$

$$\nabla(\mathbf{A}\cdot\mathbf{B}) = \mathbf{B}\times(\nabla\times\mathbf{A}) + \mathbf{A}\times(\nabla\times\mathbf{B}) + (\mathbf{B}\cdot\nabla)\mathbf{A} + (\mathbf{A}\cdot\nabla)\mathbf{B} \tag{1-112}$$

$$\nabla(\mathbf{C}\cdot\mathbf{r}) = \mathbf{C} \quad \text{여기서 } \mathbf{C} = \text{일정} \tag{1-113}$$

$$\nabla\cdot(\mathbf{A}+\mathbf{B}) = \nabla\cdot\mathbf{A} + \nabla\cdot\mathbf{B} \tag{1-114}$$

$$\nabla\cdot(u\mathbf{A}) = \mathbf{A}\cdot(\nabla u) + u(\nabla\cdot\mathbf{A}) \tag{1-115}$$

$$\nabla\cdot(\mathbf{A}\times\mathbf{B}) = \mathbf{B}\cdot(\nabla\times\mathbf{A}) - \mathbf{A}\cdot(\nabla\times\mathbf{B}) \tag{1-116}$$

$$\nabla\times(\mathbf{A}+\mathbf{B}) = \nabla\times\mathbf{A} + \nabla\times\mathbf{B} \tag{1-117}$$

$$\nabla\times(u\mathbf{A}) = (\nabla u)\times\mathbf{A} + u(\nabla\times\mathbf{A}) \tag{1-118}$$

$$\nabla\times(\mathbf{A}\times\mathbf{B}) = (\nabla\cdot\mathbf{B})\mathbf{A} - (\nabla\cdot\mathbf{A})\mathbf{B} + (\mathbf{B}\cdot\nabla)\mathbf{A} - (\mathbf{A}\cdot\nabla)\mathbf{B} \tag{1-119}$$

$$\nabla\times(\nabla\times\mathbf{A}) = \nabla(\nabla\cdot\mathbf{A}) - \nabla^2\mathbf{A} \tag{1-120}$$

여기서

$$(\mathbf{A}\cdot\nabla)\mathbf{B} = \hat{\mathbf{x}}\left(A_x\frac{\partial B_x}{\partial x} + A_y\frac{\partial B_x}{\partial y} + A_z\frac{\partial B_x}{\partial z}\right) + \hat{\mathbf{y}}\left(A_x\frac{\partial B_y}{\partial x} + A_y\frac{\partial B_y}{\partial y} + A_z\frac{\partial B_y}{\partial z}\right) + \hat{\mathbf{z}}\left(A_x\frac{\partial B_z}{\partial x} + A_y\frac{\partial B_z}{\partial y} + A_z\frac{\partial B_z}{\partial z}\right) \tag{1-121}$$

(1-115)와 (1-118)에서 **A**를 임의의 상수벡터라 놓고, (1-116)에서는 **B**를 상수라 놓으며, (1-59)와 (1-67)을 사용하면, 흥미롭고도 때로는 유용한 세 개의 적분정리를 얻게 된다:

$$\oint_S u\,d\mathbf{a} = \int_V \nabla u\,d\tau \tag{1-122}$$

$$\oint_S \mathbf{A}\times d\mathbf{a} = -\int_V (\nabla\times\mathbf{A})\,d\tau \tag{1-123}$$

$$\oint_C u\,d\mathbf{s} = -\int_S \nabla u\times d\mathbf{a} \tag{1-124}$$

앞에서 (1-66)을 구할 때 작은 체적 ΔV를 도입하여 계산하였던 과정을 통해, (1-122)와 (1-123)으로부터 그래디언트와 커얼의 의미를 다른 관점에서 바라볼 수 있는 방법이 있다. 즉,

$$\nabla u = \lim_{\Delta V\to 0}\frac{1}{\Delta V}\oint_S u\,d\mathbf{a} \tag{1-125}$$

$$\nabla\times\mathbf{A} = \lim_{\Delta V\to 0}\frac{1}{\Delta V}\oint_S d\mathbf{a}\times\mathbf{A} \tag{1-126}$$

로 구해진다.

끝으로, (1-115)를 체적에 대하여 적분하고 (1-59)를 사용하면

$$\oint_S u\mathbf{A}\cdot d\mathbf{a} = \int_V [\mathbf{A}\cdot(\nabla u) + u(\nabla\cdot\mathbf{A})]\,d\tau \tag{1-127}$$

를 얻는다. $u = B_x$인 특별한 경우를 생각해보면, (1-127)은

$$\oint_S B_x(\mathbf{A}\cdot d\mathbf{a}) = \int_V [\mathbf{A}\cdot\nabla B_x + B_x(\nabla\cdot\mathbf{A})]\,d\tau \tag{1-128}$$

가 된다. **B**의 다른 두 성분을 포함하는 표현식도 마찬가지이므로 (1-128)은

$$\oint_S \mathbf{B}(\mathbf{A}\cdot d\mathbf{a}) = \int_V [(\mathbf{A}\cdot\nabla)\mathbf{B} + \mathbf{B}(\nabla\cdot\mathbf{A})]\,d\tau \tag{1-129}$$

가 된다는 것을 알 수 있다.

1-19 상대좌표의 함수

앞으로는 좌표의 차이 값에만 의존하는 함수를 자주 다루게 될 것이다. 즉, $x - x'$, $y - y'$, $z - z'$의 조합만으로 된 함수를 말한다. (1-13)으로부터 이들 조합은 단지 상대위치벡터 **R**의 성분이라는 것을 알 수 있다. 그래서 $x - x'$ 등에 ®상대좌표©라는 이름을 붙인다. 이런 형태의 함수의 특성은 많은 계산을 간단히 할 수 있게 해주기 때문에 여기에서 고려해보는 것이 좋겠다.

f를 그러한 함수라 해보자. f는 스칼라일 수도 있고 벡터의 한 성분일 수도 있다. f는 상대좌표에만 의존하므로 이것을 다양하게 $f(\mathbf{R}) = f(x - x', y - y', z - z') = f(X, Y, Z)$라 쓸 수 있고, 여기서 $X = x - x'$, $Y = y - y'$, $Z = z - z'$이다. 미분의 연쇄법칙을 이용하여

$$\frac{\partial f}{\partial x} = \frac{\partial f}{\partial X}\frac{\partial X}{\partial x} = \frac{\partial f}{\partial X} \quad \text{와} \quad \frac{\partial f}{\partial x'} = \frac{\partial f}{\partial X}\frac{\partial X}{\partial x'} = -\frac{\partial f}{\partial X}$$

로 구하고, 그래서

$$\frac{\partial f(\mathbf{R})}{\partial x} = -\frac{\partial f(\mathbf{R})}{\partial x'} \tag{1-130}$$

이며, y와 z의 미분에 대해서도 마찬가지의 표현식이 된다. (1-41)에 의해 델 연산자 ∇'을 프라임부호가 붙은 좌표로

$$\nabla' = \hat{\mathbf{x}}\frac{\partial}{\partial x'} + \hat{\mathbf{y}}\frac{\partial}{\partial y'} + \hat{\mathbf{z}}\frac{\partial}{\partial z'} \tag{1-131}$$

과 같이 정의할 수 있다. (1-37)에 의해, 그리고 (1-130)과 (1-131)을 이용하여 f의 그래디언트를 취하면

$$\nabla f(\mathbf{R}) = -\nabla' f(\mathbf{R}) \tag{1-132}$$

이 되는데, 이것은 상대좌표의 함수를 다룰 때 ∇과 ∇'연산자는 부호를 바꾸면 서로 교환할 수 있음을 말해 준다.

벡터 **A**가 상대좌표만의 함수로써 **A**(**R**)이면, 성분은 $A_x(\mathbf{R})$, $A_y(\mathbf{R})$, $A_z(\mathbf{R})$이되어, (1-130)을 (1-42)와 (1-43)에 적용할 수 있고, (1-132)와 비슷한 결과

$$\nabla \cdot \mathbf{A}(\mathbf{R}) = -\nabla' \cdot \mathbf{A}(\mathbf{R}) \tag{1-133}$$

$$\nabla \times \mathbf{A}(\mathbf{R}) = -\nabla' \times \mathbf{A}(\mathbf{R}) \tag{1-134}$$

을 얻는다.

그러나 (1-45)에서 정의된 라플라스연산자는 변함없이

$$\nabla^2 f(\mathbf{R}) = \nabla'^2 f(\mathbf{R}) \tag{1-135}$$

이다.

예제

(1-14)에 주어진 상대위치벡터의 크기 R 자체는 지금까지 논의하던 함수의 한 예로 중요하다. (1-14)를 직접 미분하여

$$\frac{\partial R}{\partial x}=\frac{x-x'}{R}=-\frac{\partial R}{\partial x'} \tag{1-136}$$

을 구하게 되고, y와 z의 미분에 관해서도 비슷한 표현식을 구하게 된다. 이것들을 (1-41), (1-131), (1-13)과 결합하면

$$\nabla R=-\nabla' R=\frac{\mathbf{R}}{R}=\hat{\mathbf{R}} \tag{1-137}$$

을 얻게 되고, 여기서 $\hat{\mathbf{R}}$은 상대위치벡터 방향으로의 단위벡터이다. R의 함수에 대하여도 비슷한 결과

$$\frac{\partial g(R)}{\partial x}=\frac{dg}{dR}\frac{\partial R}{\partial x}=\frac{dg}{dR}\hat{R}_x \tag{1-138}$$

를 얻고, 그리하여

$$\nabla g(R)=-\nabla' g(R)=\frac{dg(R)}{dR}\hat{\mathbf{R}} \tag{1-139}$$

와, 특히

$$\nabla(R^n)=-\nabla'(R^n)=nR^{n-1}\hat{\mathbf{R}} \tag{1-140}$$

을 구하게 된다. (1-140)에서 특히 중요한 경우는 $n=-1$에 해당하는

$$\nabla\left(\frac{1}{R}\right)=-\nabla'\left(\frac{1}{R}\right)=-\frac{\hat{\mathbf{R}}}{R^2}=-\frac{\mathbf{R}}{R^3} \tag{1-141}$$

이다. (1-141)의 x 성분은

$$\frac{\partial}{\partial x}\left(\frac{1}{R}\right)=-\frac{\partial}{\partial x'}\left(\frac{1}{R}\right)=-\frac{(x-x')}{R^3} \tag{1-142}$$

이다. 이것을 한 번 더 미분하면서 (1-136)을 이용하면

$$\frac{\partial^2}{\partial x^2}\left(\frac{1}{R}\right)=-\frac{1}{R^3}+\frac{3(x-x')^2}{R^5} \tag{1-143}$$

을 얻는다. y와 z의 2계 미분에 대하여도 비슷한 표현식이 될 것이다. 이들을 (1-143)에 더하고, (1-14)와 (1-45)를 사용하면

$$\nabla^2\left(\frac{1}{R}\right)=-\frac{3}{R^3}+\frac{3R^2}{R^5}=0$$

를 구하게 되고, 그리하여 (1-135)도 적용하면

$$\nabla^2\left(\frac{1}{R}\right) = \nabla'^2\left(\frac{1}{R}\right) = 0 \qquad (R \neq 0) \tag{1-144}$$

이 된다. (1-144)의 끝에서 괄호 안의 조건을 첨가한 것은 (1-141) 이후 모든 계산이 $R \neq 0$을 암시적으로 가정하여 유한한 양을 다룬다는 점을 잊지 않게 하기 위함이다. $\nabla^2 = \nabla \cdot \nabla$을 상기하면 (1-144)는 (1-141)로부터

$$\nabla \cdot \left(\frac{\hat{\mathbf{R}}}{R^2}\right) = \nabla \cdot \left(\frac{\mathbf{R}}{R^3}\right) = 0 \qquad (R \neq 0) \tag{1-145}$$

$$\nabla' \cdot \left(\frac{\hat{\mathbf{R}}}{R^2}\right) = \nabla' \cdot \left(\frac{\mathbf{R}}{R^3}\right) = 0 \qquad (R \neq 0) \tag{1-146}$$

로도 쓰일 수 있음을 알 수 있다. 나중을 위하여

$$\nabla \times \left(\frac{\hat{\mathbf{R}}}{R^2}\right) = -\nabla \times \nabla\left(\frac{1}{R}\right) = 0 \tag{1-147}$$

을 알아두면 도움이 될 것이고, 이것은 (1-141)과 (1-48)로부터 구했다.

1-20 Helmholtz 정리

여기에서는 이 정리를 증명하지는 않고 다만 인용만 하겠지만, 앞으로 우리가 따라갈 여러 과정에 대한 동기를 이해하는데는 도움이 될 것이다. 사실 궁극적으로는 이것을 증명하기는 할 텐데, 그것도 한 부분씩 증명할 것이다.

이 정리는 벡터장을 계산할 때 어떤 정보가 필요한가에 관해 다루고 있다. 기본적으로 유한 공간 내의 모든 곳에서 어느 벡터의 다이버전스과 커얼을 알고 있다면 그 벡터장을 유일하게 구할 수 있다는 것이다. 벡터장 $\mathbf{F} = \mathbf{F}(x, y, z) = \mathbf{F}(\mathbf{r})$을 생각해 보자. 그리고 유한한 체적 V의 모든 곳에서 함수 $\nabla \cdot \mathbf{F} = b(\mathbf{r})$과 $\nabla \times \mathbf{F} = \mathbf{c}(\mathbf{r})$이 알려져 있다고 가정하자. 즉, 그들은 위치의 함수로 알려져 있다. 그러면, 다음의 두 함수

$$\Phi(\mathbf{r}) = \frac{1}{4\pi}\int_V \frac{b(\mathbf{r}')\,d\tau'}{|\mathbf{r} - \mathbf{r}'|} \tag{1-148}$$

$$\mathscr{A}(\mathbf{r}) = \frac{1}{4\pi}\int_V \frac{\mathbf{c}(\mathbf{r}')\,d\tau'}{|\mathbf{r} - \mathbf{r}'|} \tag{1-149}$$

를 정의할 때, 이 정리가 말해 주는 것은 $\mathbf{F}$가

$$\mathbf{F} = \mathbf{F}(\mathbf{r}) = -\nabla\Phi + \nabla \times \mathscr{A} \tag{1-150}$$

로부터 구해질 수 있다는 것이다. 이 표현식에서 $|\mathbf{r} - \mathbf{r}'|$은 (1-12)에 주어지고 그림 1-12에 나타낸 상대위치벡터의 크기이다.

Φ와 $\mathscr{A}$를 알면 **F**를 구할 수 있기 때문에, **F**의 다이버전스와 커얼을 흔히 그 장의 **원천** *source*라 부른다. **F**를 계산하는 위치 **r**을 **장점** *field point*라 부르고, 적분을 할 때 원천이 알려져야 하는 위치 **r**′은 **원천점** *source point*라 한다. 그러면 $d\tau'$은 원천의 위치에 있는 체적요소이다. (1-150)의 미분은 장점 **r**의 성분에 대한 것이다. 함수 Φ와 $\mathscr{A}$는, 이들을 미분하여서 **F**가 얻어지기 때문에, 각각 **스칼라퍼텐셜**과 **벡터퍼텐셜**이라 한다. 이유는 나중에 밝혀지겠지만, 다이버전스는 "전하"원천, 커얼은 "전류"원천이라 알려져 있다.

원천이 무한대에 있으면, 즉 유한 공간에 갇혀 있지 않으면, 위 정리가 완벽하게 옳은 것은 아닌데, 왜냐하면 **F**를 포함하는 어떤 면적분이라도 포함시켜야 하기 때문이다. 이런 상황을 만나게 되면 특별한 방법을 통해 다루어나아갈 것이다.

오늘날 전자기학의 많은 내용은 여러 가지 전기장과 자기장 벡터를 수반하고 있다. 따라서 우리는 근본적인 실험 결과로부터 다이버전스와 커얼 표현식을 구하는데 많은 노력을 기울이게 될 것이다. 이 정리를 보면 우리가 왜 그것들을 알고자 하는지 분명해진다. 이들 원천 방정식의 완전한 한 벌이 다 구해지면, 이들을 맥스웰방정식 *Maxwell's equations*라 부르고, 이들은 전자기장을 기술하는 근본이 된다.

연습문제

나는 진정으로 이론은 이해하고 있다. 다만 문제를 풀 줄 모를 뿐이다. —무명씨

1-1 그래프 방법으로 식 1-2를 증명하라.

1-2 주어진 두 벡터 $\mathbf{A} = 2\hat{\mathbf{x}} - 3\hat{\mathbf{y}} - 4\hat{\mathbf{z}}$와 $\mathbf{B} = 6\hat{\mathbf{x}} + 5\hat{\mathbf{y}} + \hat{\mathbf{z}}$에 대해 $\mathbf{A} + \mathbf{B}$와 $\mathbf{A} - \mathbf{B}$의 크기를 구하고, 이들이 x, y, z축과 이루는 각도를 구하라.

1-3 $P'(-3, 1, 4)$ 점에 대한 $P(2, -2, 3)$ 점의 상대 위치벡터 **R**을 구하라. **R**의 방향각은 얼마인가?

1-4 주어진 두 벡터 $\mathbf{A} = \hat{\mathbf{x}} + 2\hat{\mathbf{y}} + 3\hat{\mathbf{z}}$와 $\mathbf{B} = 4\hat{\mathbf{x}} - 5\hat{\mathbf{y}} + 6\hat{\mathbf{z}}$ 사이의 각도를 구하라. **B** 방향에 놓인 **A**의 성분을 구하라.

1-5 벡터 $\mathbf{A} = 2\hat{\mathbf{x}} + 3\hat{\mathbf{y}} - 4\hat{\mathbf{z}}$와 $\mathbf{B} = -6\hat{\mathbf{x}} - 4\hat{\mathbf{y}} + \hat{\mathbf{z}}$가 주어져 있다. $\mathbf{C} = \hat{\mathbf{x}} - \hat{\mathbf{y}} + \hat{\mathbf{z}}$ 방향을 따라 놓인 $\mathbf{A} \times \mathbf{B}$의 성분을 구하라.

1-6 (1-29)와 (1-30)을 증명하라.

1-7 **A**, **B**, **C**가 어느 평행면체의 한 꼭지점을 공유하면서 세 변을 나타내는 벡터라 할 때, $\mathbf{A} \cdot (\mathbf{B} \times \mathbf{C})$는 그 평행면체의 체적과 같음을 보여라.

1-8 xy평면 상의 쌍곡선군이 $u = xy$로 주어져 있다. ∇u를 구하라. $u = 3$인 곡선 위의 $x = 2$인 점에서, 주어진 벡터 $\mathbf{A} = 3\hat{\mathbf{x}} + 2\hat{\mathbf{y}} + 4\hat{\mathbf{z}}$의 ∇u방향으로의 성분을 구하라.

1-9 어느 타원체군을 나타내는 방정식이

$$u = \frac{x^2}{a^2} + \frac{y^2}{b^2} + \frac{z^2}{c^2}$$

으로 주어진다. 이들 타원체 표면의 모든 점에서 단위 법선벡터를 구하라.

1-10 직접 계산하여 (1-48)과 (1-49)를 증명하라.

1-11 1-11절의 예제에서 x 대신 y에 대해 적분하여도 같은 결과가 얻어진다는 것을 보여라.

1-12 반지름이 a이고 중심이 원점에 있는 구의

표면에 대해 $\mathbf{r}$의 면적분을 구하라. 또한 $\nabla \cdot \mathbf{r}$의 체적적분을 구하고 앞의 결과와 비교하라.

1-13 벡터장 $\mathbf{A} = xy\hat{\mathbf{x}} + yz\hat{\mathbf{y}} + zx\hat{\mathbf{z}}$가 주어져 있다. 한 직육면체의 표면을 통해 나가는 $\mathbf{A}$의 선속을 직접 계산하라. 이 직육면체의 세 변은 a, b, c이고 한 꼭지점은 원점에 있으며 변들은 그림 1-41에 보인 것처럼 직각좌표축의 양의 방향에 놓여있다. 이 직육면체의 체적에 대하여 $\int \nabla \cdot \mathbf{A} d\tau$를 계산하고 앞의 결과와 비교하라.

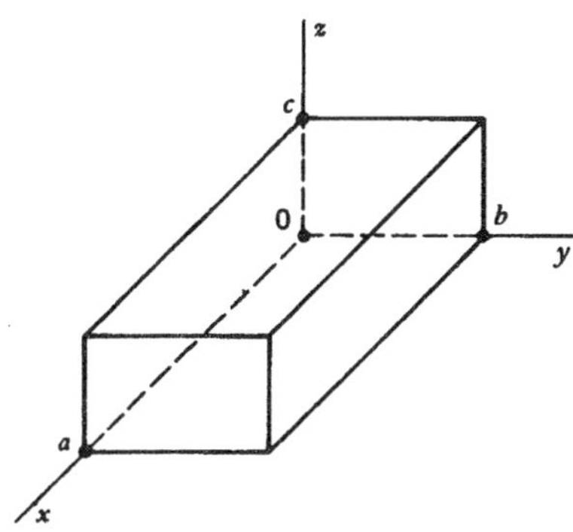

그림 1-41 한 꼭지점이 원점에 놓인 직육면체.

1-14 벡터 $\mathbf{A} = -y\hat{\mathbf{x}} + x\hat{\mathbf{y}}$의 선적분 $\oint \mathbf{A} \cdot d\mathbf{s}$를 xy 평면 위의 닫힌 경로에 대해 직접 계산하라. 이 경로는 $(0, 0) \to (3, 0) \to (3, 4) \to (0, 4) \to (0, 0)$의 선분들로 주어진다. 또한 이렇게 둘러싸인 면적에 대해 $\nabla \times \mathbf{A}$의 면적분을 계산하고 (1-67)이 만족됨을 보여라.

1-15 벡터장 $\mathbf{A} = x^2y\hat{\mathbf{x}} + yz^2\hat{\mathbf{y}} + a^3e^{-\beta y}\cos\alpha x\hat{\mathbf{z}}$가 주어졌다, 여기서 a, α, β는 상수이다. 그림 1-42에 보인 xy 평면 위의 닫힌 경로에 대해 $\mathbf{A}$의 선적분을 직접 계산하라. 직선 부분은 좌표축에 평행이고 곡선 부분은 $y^2 = kx$인 포물선으로 k = 상수이다. C로 둘러싸인 면적 S에 대해 $\nabla \times \mathbf{A}$의 면적분을 계산하고 결과들을 비교하라.

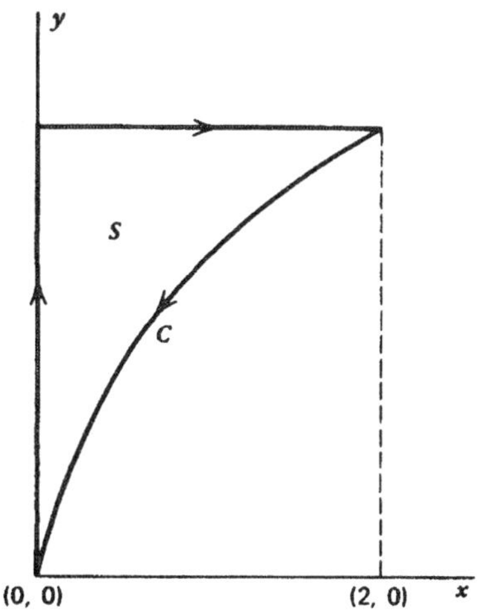

그림 1-42 연습문제 1-15의 적분경로.

1-16 (1-88)과 (1-89)를 증명하라.

1-17 (1-103), (1-104), (1-105)를 증명하라.

1-18 주어진 $\mathbf{A} = a\hat{\mathbf{x}} + b\hat{\mathbf{y}} + c\hat{\mathbf{z}}$에서 a, b, c는 상수이다. $\mathbf{A}$는 상수벡터인가? $\mathbf{A}$의 원통좌표와 구좌표 성분을 구하는데, 각각 ρ, φ, z와 r, θ, φ로 나타내라.

1-19 주어진 $\mathbf{A} = a\hat{\boldsymbol{\rho}} + b\hat{\boldsymbol{\varphi}} + c\hat{\mathbf{z}}$에서 a, b, c는 상수이다. $\mathbf{A}$는 상수벡터인가? $\nabla \cdot \mathbf{A}$와 $\nabla \times \mathbf{A}$를 구하라. $\mathbf{A}$의 직각좌표와 구좌표 성분을 구하는데 x, y, z와 r, θ, φ로 나타내라.

1-20 주어진 $\mathbf{A} = a\hat{\mathbf{r}} + b\hat{\boldsymbol{\theta}} + c\hat{\boldsymbol{\varphi}}$에서 a, b, c는 상수이다. $\mathbf{A}$는 상수벡터인가? $\nabla \cdot \mathbf{A}$와 $\nabla \times \mathbf{A}$를 구하라. $\mathbf{A}$의 직각좌표와 원통좌표 성분을 구하는데 x, y, z와 ρ, φ, z로 나타내라.

1-21 위치벡터 $\mathbf{r}$에 대한 $\nabla \cdot \mathbf{r}$을 직각, 원, 구좌표로 나타내어 모든 경우에 같은 결과가 얻어짐을 보여라.

1-22 주어진 $\mathbf{A} = a\rho\hat{\boldsymbol{\rho}} + b\hat{\boldsymbol{\theta}} + cz\hat{\mathbf{z}}$에서 a, b, c는 상수이다. 길이 L 반지름 ρ_0인 수직원기둥

의 표면에 대하여 $\oint \mathbf{A} \cdot d\mathbf{a}$를 구하라. 원통의 축은 양의 z축을 따라 있고 원점은 아래쪽 원판의 중앙에 있다. 또한 그 원통으로 둘러싸인 체적에 대하여 $\int \nabla \cdot \mathbf{A} d\tau$를 구하고 결과들을 비교하라.

1-23 주어진 벡터 $\mathbf{A} = 4\hat{\mathbf{r}} + 3\hat{\boldsymbol{\theta}} - 2\hat{\boldsymbol{\varphi}}$에 대하여 그림 1-43에 보인 닫힌 경로를 따라 선적분을 구하라. 곡선부분은 반지름이 r_0이고 중심이 원점에 있는 원호이다. 또한 둘러싸인 면적에 대한 $\nabla \times \mathbf{A}$의 면적분을 구하고 결과들을 비교하라.

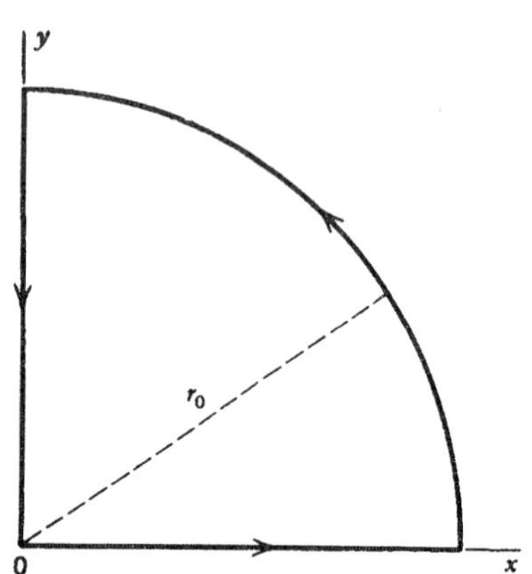

그림 1-43 연습문제 1-23의 적분경로.

1-24 (1-115)와 (1-118)을 증명하라.

1-25 $\mathbf{A}$가 임의의 상수벡터인 특별한 경우에 발산정리를 적용하여, 닫힌 표면의 총 벡터면적이 영임을, 즉 $\oint d\mathbf{a} = 0$임을 보여라. 마찬가지로 $\oint d\mathbf{s} = 0$임을 보여라. 이 결과들은 의외인가?

1-26 본문에 제시된 방법을 사용하여 (1-122), (1-123), (1-124)를 증명하여라.

제 2 장 Coulomb 법칙

"전기"라는 용어와 관련되어 오늘날 잘 알려진 현상들은 오랜 세월을 거슬러, 자연에 존재하는 어떤 물질을 문질렀을 때, 그 물질이 다른 물체에 힘을 작용할 능력을 얻게 된다는 관찰로부터 비롯되었다. 이런 종류의 대표적인 물질이 호박(그리스어로 *ēlektron*)이다. 문지르는 과정은 "마찰에 의한 대전" 또는 "마찰대전"이라 부르고, 물질의 달라진 상태를 기술할 때는 그 물질이 "대전"되었다 혹은 그 물질이 "전하"를 가지고 있다고 말한다.

많은 실험과 깊은 사고를 통해 최종적으로, 마찰에 의한 대전이란 전하를 창조하는 과정을 말하는 것이 아니고, 원래는 대전되지 않는 "중성"인 물질에 같은 양으로 존재하던 두 가지 종류의 전하가 분리된 것이라고 결론 내리게 되었다. 이들 두 종류의 전하를 임의로 "양 *positive*"와 "음 *negative*"라고 부른다. 견직물로 유리봉을 문질렀을 때 유리봉에 남아있는 것을 양전하로 정의하는데, 이것이 분리과정이기 때문에 견직물 헝겊에 남아있는 것은 음전하로 유리봉에 있는 전하량과 같은 분량이다. 이러한 사실로 추론해보건대, 그리고 나중에 실험으로 확인 하였듯이 전하는 보존되고 알짜전하는 창조될 수도 소멸될 수도 없다. 12장에서는 여기에 관련된 근본적인 실험결과를 정량적인 입장에서 설명하겠다.

전하들 사이의 힘은 인력일 수도 척력일 수도 있다. 전하 크기와 전하 사이의 거리에 대한 이 힘의 의존성은 1775년 Coulomb이 처음 정량적으로 조사 하였고, 그 결과는 Coulomb 법칙이라고 알려져 있다.

2-1 점전하

전하를 나타낼 때 기호 q를 사용하겠다. 일반적인 상황에서 어느 물체의 전하는 어느 방식으로든 그 물체 위에 혹은 그 물체 전체에 걸쳐 분포한다. 두 물체 사이의 힘은 각 전하의 총량뿐 아니라 이 분포에 따라 결정된다. 따라서 점전하 *point charge*의 경우로부터 시작하는 것이 좋겠다. 이 때 모든 전하는 기하적인 점에 들어 있다고 가정한다. 이것은 분명히 이상적인 경우지만, 실험실에서는 물체들의 분리거리를 물체의 크기에 비해 매우 크게 하면 좋은 근사가 되어 점전하라 할 수 있다.

다음으로는 두 점전하 q_1과 q_2의 전하량을 비교할 수 있어야 한다. 그러기 위해 또다른 임의의 점전하 q를 q_1으로부터 정해진 거리 R에 놓고 q에 미치는 결과적인 힘 $\mathbf{F}_1$을 재면 된다. 이것을 그림 2-1a에 나타내었다. 그 다음으로 q_1을 제거하고 q_2로 교체하여 q로부터 같은 거리 R에 놓는다. 그리고는 q에 미치는 새로운 힘 $\mathbf{F}_2$를 측정한다. 이것을 그림 2-1b에 표시해 놓았다. 이 두 경우에 q와 R은 같으므로 힘의 차이는 전하 q_1과 q_2의 수치에 따라서만 다르다. 그래서 힘의 크기가 전하 q_1과 q_2의 전하량에 직접 비례한다고 여기는 것은 자연스러운 일이다. 이에 따라 전하 크기의 비는 임의 전하 q에 작용하는 힘의 크기의 비와 같도록 정의할 수 있고, q와 R이 모두 일정한 경우

$$\frac{|q_1|}{|q_2|} = \frac{|\mathbf{F}_1|}{|\mathbf{F}_2|} \tag{2-1}$$

가 된다.

일단 크기를 비교하는 이 과정이 확립되었다면, 두 점전하 사이의 힘이 전하들의 상대적인 크기에 어떻게 의존하는지에 관해 조사할 수 있다. 또한, 전하에 절대값을 부여할 수도 있는데, 단위 크기의 전하를 임의로 그러나 편리한 방법으로 선택하고, (2-1)에서 수치로 $|q_{\text{단위}}| = 1$을 사용하면 된다.

2-2 Coulomb 법칙

이 기본적인 실험법칙은 두 점전하 q와 q'이 거리 R 떨어져 있는 상황에 관한 것으로 그림 2-2에 나타내었다. 전하는 공간에 고정되어 있고 다른 물질은 존재하지 않는다고 가정하겠다. 즉 이 전하들은 진공에 놓여 있다. q'에 의해서 q에 작용하는 힘을 $\mathbf{F}_{q' \to q}$라 쓰겠다. 그러면 q'은 힘의 근원으로 다루어 "원천 *source*"라 부를 수 있으며, $\mathbf{r}'$으로 주어지는 그 위치를 "원천점 *source point*"라 할 수 있다. 구하려고 하는 힘은 전하 q에 작용하며, 이 전하는 "장점 *field point*" $\mathbf{r}$에 있다고 말한다. 그러면 (1-12)에 의해 $\mathbf{R}$은 q의 q'에 대한 상대위치벡터로써 원천점으로부터 장점을 향하고 있으며 그 단위벡터는 $\hat{\mathbf{R}}$이다. 그러면 (1-12)와 (1-4)를 사용하여

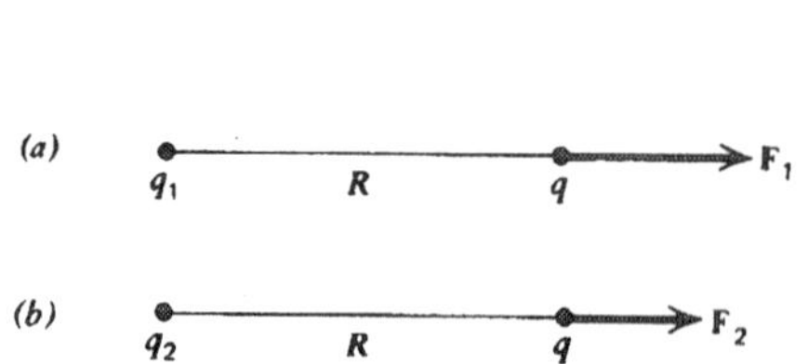

그림 2-1 전하들이 작용하는 힘을 보고 전하를 비교함.

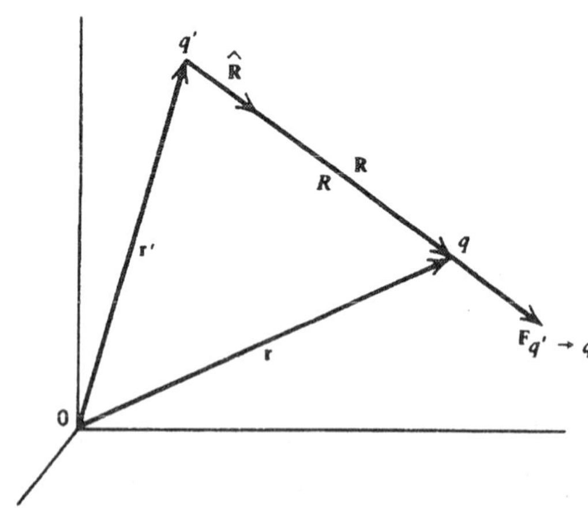

그림 2-2 Coulomb 법칙에 관련된 위치벡터들.

$$\mathbf{R} = \mathbf{r} - \mathbf{r}' \qquad R = |\mathbf{r} - \mathbf{r}'| \qquad \hat{\mathbf{R}} = \frac{\mathbf{R}}{R} \tag{2-2}$$

가 된다. 이들로 나타낸 Coulomb 법칙은

$$\mathbf{F}_{q' \to q} = \frac{1}{4\pi\epsilon_0} \frac{qq'}{R^2} \hat{\mathbf{R}} \tag{2-3}$$

로 그 힘은 전하들의 곱에 비례하며 전하 사이의 거리의 역제곱에 비례한다; 이런 점에서 중력과 비슷하다.

$1/4\pi\epsilon_0$는 비례상수인데 그 수치는 사용하고자 하는 단위계에 따라 다르다. 이 형태는 나중의 편의를 위해서 이렇게 썼다. 우리는 국제단위계(SI, Systéme International d'Unites)만을 사용하겠다. 이는 근본적으로 MKSA계와 같다. 즉 거리는 미터(m)로, 질량은 킬로그램(kg)으로, 시간은 초(*s*)로, 힘은 뉴튼(N)으로, 에너지는 주울(J) 등으로 측정된다. 이 단위계에서 전하는 전류로 나타내어져 정의되는데, 전류는 전하의 흐름률이다. 전류의 단위는 **암페어** *ampere*(A)라 부르고 전하의 단위는 **쿨롱** *coulomb*(C)이라 이름 붙이는데 1 C = 1 A · s로 정의된다. 암페어는 전류 사이의 자기력으로 정확히 정의되는데 이것은 13-2절로 미루고, 우선 필요한대로 전하의 단위로써 C를 택할 수 있다. 전자기학에서 쓰이는 다른 단위계는 23장에서 논의하겠다.

Coulomb 법칙에 나타나는 모든 물리량의 단위는 미리 선택되어 있으므로 비례상수가 실험적으로 구해져야한다는 점은 의미심장하다. 이렇게 해야 하는 필요성은 중력의 법칙에 나타나는 중력상수를 구하는 것과 마찬가지이다. 결과적으로

$$\begin{aligned} \epsilon_0 &= 8.85 \times 10^{-12}\,\mathrm{C^2/N \cdot m^2} \\ &= 8.85 \times 10^{-12}\,\mathrm{F/m} \end{aligned} \tag{2-4}$$

이 된다. 상수 ϵ_0을 **자유공간의 유전율** *permittivity*라 부르고 대개 m/F 형태로 적는데, 두 형태를 비교해 보면 1 F(farad) = 1 $\mathrm{C^2/J}$이다. 또한

$$\frac{1}{4\pi\epsilon_0} = 9 \times 10^9\,\mathrm{m/F} \tag{2-5}$$

라고 알아두는 것이 유용한데, 우리들이 사용하기에는 이 정도의 정확도로도 충분할 것이다.

(2-3)으로부터 알 수 있듯이 $qq' > 0$이면, 즉 두 전하의 부호가 같으면, $\mathbf{F}_{q' \to q}$는 $\hat{\mathbf{R}}$의 방향이고 그림 2-2에 나타낸대로 힘은 척력이다. 반면, $qq' < 0$이면, 즉 두 전하의 부호가 다르면, $\mathbf{F}_{q' \to q}$는 $\hat{\mathbf{R}}$과 반대 방향이고 q에 미치는 힘은 q'을 향하는 인력이다. 이것은 흔히 말하듯이 "같은" 전하끼리는 서로 밀고 "다른" 전하끼리는 당긴다는 표현으로 정리될 수 있다.

(2-2)와 (2-3)을 아울러서 쿨롱의 법칙을 순전히 **R**만으로

$$\mathbf{F}_{q' \to q} = \frac{qq'\mathbf{R}}{4\pi\epsilon_0 R^3} \tag{2-6}$$

라고 쓸 수 있다. q'에 작용하는 q의 힘을 알고 싶다면 $\mathbf{F}_{q \to q'}$이라고 쓰고, q에 대한 q'의 상

대위치벡터를 $\mathbf{R}' = \mathbf{r}' - \mathbf{r}$로 바꾸어 사용하여야 하며

$$\mathbf{F}_{q \to q'} = \frac{q'q\mathbf{R}'}{4\pi\epsilon_0 R'^3} \tag{2-7}$$

가 될 것이다. (2-2)로부터 $\mathbf{R}' = -\mathbf{R}$이고 이들의 크기는 각각 $|\mathbf{r} - \mathbf{r}'|$과 같으므로, (2-6)과 (2-7)로부터

$$\mathbf{F}_{q \to q'} = -\mathbf{F}_{q' \to q} \tag{2-8}$$

임을 알 수 있다. 이것은 개개의 전하량이 많이 다를지라도 이 두 Coulomb힘은 크기가 같고 방향이 반대임을 보여준다.

여기서는 전하들이 고정된 위치에 멈추어 있는 정적인 배치를 가정하였다. 이것이 의미하는 바는 q가 평형상태에 있으려면 이것에 작용하는 다른 역학적인 힘 $\mathbf{F}_{q,m}$이 존재하여야 한다는 것이고, 그래야 알짜 힘이 영이 될 것이다. 즉,

$$\mathbf{F}_{q' \to q} + \mathbf{F}_{q,m} = 0 \tag{2-9}$$

이어야 한다. q'에 대해서도 마찬가지이다.

2-3 점전하 무리의 계

이번에는 q와 N개의 다른 점전하가 공간의 고정된 위치에 분포하고 있는 경우를 생각해보는데, 전하들이 존재한다는 사실을 제외하면 공간은 비어있다고 하겠다. 각 전하를 q_i라 하고 이것의 위치는 $\mathbf{r}_i$라 하겠는데 여기서 $i = 1, 2, ..., N$이다. 이러한 배치가 그림 2-3에 그려져 있다. 복잡하지 않게 하기 위하여 각 위치벡터는 그리지 않았지만, q_i에 대한 q의 상대위치에 해당

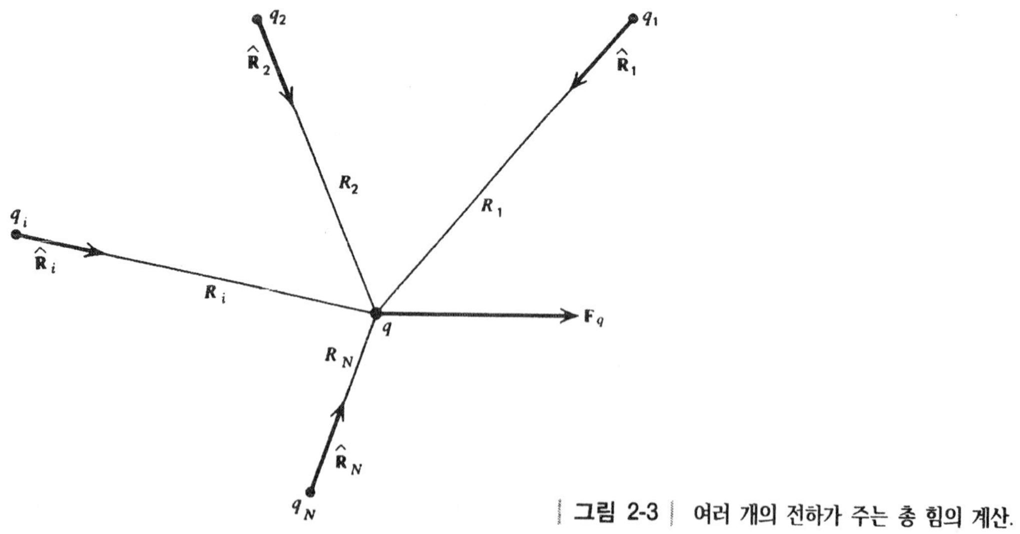

그림 2-3 | 여러 개의 전하가 주는 총 힘의 계산.

하는 단위벡터들 $\hat{\mathbf{R}}_i$는 나타나 있다. 각 전하는 q에 힘 $\mathbf{F}_{q_i \to q}$를 작용시키고 이것은 (2-3)이나 (2-6)으로 주어지는 일반적인 형태가 될 것이다. 힘에 관한 중첩특성의 실험적 사실은 이미 역학에서 잘 알려져 있다. 그래서 q에 작용하는 총 힘 $\mathbf{F}_q$는 개개 힘의 벡터합으로 주어져

$$\mathbf{F}_q = \sum_{i=1}^{N} \mathbf{F}_{q_i \to q} = \sum_{i=1}^{N} \frac{qq_i \hat{\mathbf{R}}_i}{4\pi\epsilon_0 R_i^2} = \sum_{i=1}^{N} \frac{qq_i \mathbf{R}_i}{4\pi\epsilon_0 R_i^3} \tag{2-10}$$

이고, 여기서

$$\mathbf{R}_i = \mathbf{r} - \mathbf{r}_i \qquad R_i = |\mathbf{r} - \mathbf{r}_i| \qquad \hat{\mathbf{R}}_i = \frac{\mathbf{R}_i}{R_i} \tag{2-11}$$

이다. 문제를 푸는 출발점으로는 (2-10)의 마지막 식이 편리한데, 반면 일반적인 논의를 위해서는 단위벡터로 표현된 형태를 사용할 것이다. 2-10 식이 말해주는 사실은 총 힘은 Coulomb 법칙으로부터 각 쌍 사이의 힘의 합으로 구해지되 다른 전하들은 존재하지 않는 것처럼 취급한다는 점이다. 이번에도 각 전하에는 모종의 역학적 힘이 필요하고 이 힘에 의해 전하들은 정지해 있고 계속 정지해 있다고 가정한다.

예제

위치를 모두 직각좌표로 표시하여 (2-10)을 구체적인 형태로 쓸 수 있다. (1-13)과 (1-14)를 사용하는데, 전하들에 대해 프라임 표시 대신 첨자 i로 나타내어 (2-10)은

$$\mathbf{F}_q = \sum_{i=1}^{N} \frac{qq_i}{4\pi\epsilon_0} \frac{[(x - x_i)\hat{\mathbf{x}} + (y - y_i)\hat{\mathbf{y}} + (z - z_i)\hat{\mathbf{z}}]}{[(x - x_i)^2 + (y - y_i)^2 + (z - z_i)^2]^{3/2}} \tag{2-12}$$

가 된다. 어떤 의미에서 (2-12)는 문제를 푸는 간단한 처방이 될 수 있는데, 모든 전하량과 직각좌표의 위치 값이 주어지면, 남은 문제는 이 수치들을 (2-12)에 대입하고 결과를 가능한 간단히 하는 것이다.

2-4 전하의 연속분포

우리가 자주 맞닥뜨리게 되는 경우로써, 전하들이 함께 아주 가까이 놓여있으면 (다루려는 어떤 거리와 비교할 때) 연속분포로 간주할 수 있다. 이는 실험실의 크기를 기준으로 한 잔의 물을 다룰 때, 물의 분자구조는 무시하고 질량을 연속분포로 다루는 것과 마찬가지이다. 그러한 경우 매우 작은 공간에 분포되어 있는 전하는 dq'이라 쓸 수 있고, 이것을 점전하로 취급하여 다룰 수 있다. 이런 모습이 그림 2-4에 그려져 있다. (2-10)을 여전히 사용할 수 있지만, 여기에서의 합 대신 이번에는 전체 전하 분포지역에 대한 적분이 될 것이다. 그래서

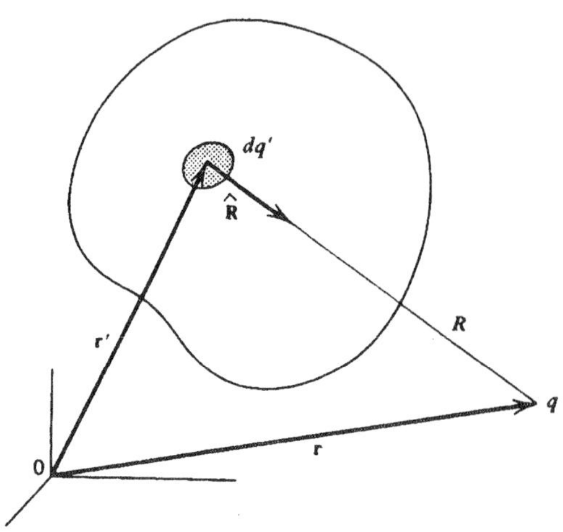

그림 2-4 연속분포의 전하요소.

$$\mathbf{F}_q = \frac{q}{4\pi\epsilon_0}\int \frac{dq'\hat{\mathbf{R}}}{R^2} \tag{2-13}$$

이고 여기서 여전히 (2-2)를 적용하였다.

전하가 어떤 체적에 걸쳐서 분포되어 있으면, **체적전하밀도** ρ를 도입할 수 있다. ρ는 단위 체적당 전하로 정의되어 C/m^{3}의 단위로 측정된다. (드물지만 이 전하밀도를 ρ_{ch}로 써서 원통좌표의 ρ와 혼동을 피할 때도 있을 것이다.) 그러면 작은 원천 체적 $d\tau'$에 들어있는 전하는 그림 2-5a에 나타낸 것처럼

$$dq' = \rho(\mathbf{r}')\,d\tau' \tag{2-14}$$

로 주어지고, (2-13)은

$$\mathbf{F}_q = \frac{q}{4\pi\epsilon_0}\int_{V'} \frac{\rho(\mathbf{r}')\hat{\mathbf{R}}\,d\tau'}{R^2} \tag{2-15}$$

이 될 것이다. $\rho = \rho(\mathbf{r}')$로 표기한 이유는 일반적으로 체적밀도가 원천점의 위치에 따라 다를 수 있기 때문이다. (2-15)는 전하분포를 담고 있는 전체 체적 V'에 대하여 적분된다.

$d\tau'$이 "작은" 체적이라고 할 때는 거시적인 실험실 규모로 보아 작다는 의미이다. 그러나

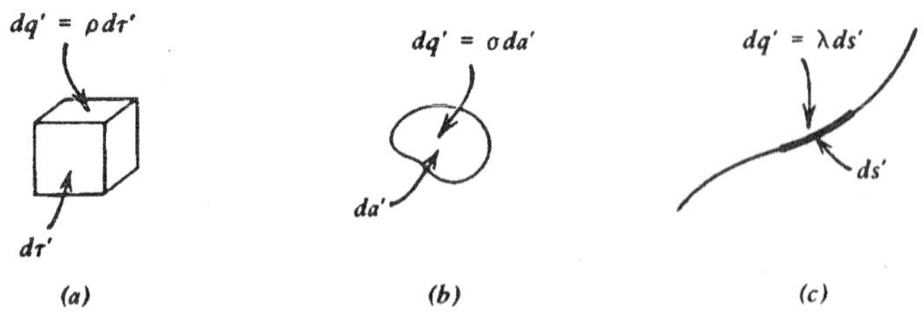

그림 2-5 여러 가지 전하밀도의 정의.

이것은 미시적인 원자 규모로 볼 때는 커서 많은 원자나 분자를 담고 있어야 한다. 그래야만 ρ를 위치에 대한 연속 변화 함수로 다룰 수 있다. $d\tau'$이 원자 크기이거나 그 보다 작다면, 대부분의 위치에서 $d\tau'$은 전하를 담고 있지 못 할 테고 ρ는 사실상 항상 영이 될 것이며, $d\tau'$이 전자나 핵의 전하를 포함하고 있을 때에만 전하밀도는 영이 아닐 것이다. 그러나 이 경우는 ρ 값이 심하게 변동하게 될 테고, 그러면 적분은 더 이상 유용하지 않다.

전하는 흔히 표면이나 긴 선에 놓여 있는 것으로 이상화할 수도 있다. 이 경우에도 유사한 전하밀도를 도입하자. 단위면적당 전하량으로써의 면전하밀도 σ나, 단위길이당 전하량으로써의 선전하밀도 λ를 정의하면, 단위는 각각 C/m^2와 C/m일 것이고, 이들은 일반적으로 위치에 따라 다를 수 있다. 이렇게 정의하면 그림 2-5b와 c에 나타낸대로

$$dq' = \sigma(\mathbf{r}')\,da' \qquad \text{또는} \qquad dq' = \lambda(\mathbf{r}')\,ds' \tag{2-16}$$

이 된다. 이러한 경우에 (2-13)은

$$\mathbf{F}_q = \frac{q}{4\pi\epsilon_0}\int_{S'}\frac{\sigma(\mathbf{r}')\hat{\mathbf{R}}\,da'}{R^2} \tag{2-17}$$

$$\mathbf{F}_q = \frac{q}{4\pi\epsilon_0}\int_{L'}\frac{\lambda(\mathbf{r}')\hat{\mathbf{R}}\,ds'}{R^2} \tag{2-18}$$

이 될 텐데, 여기서 (2-17)은 면분포 되어 있는 전체 표면 S'에 대하여 적분될 것이고, (2-18)의 전하는 선분포가 들어찬 전체 L'에 걸쳐있을 것이다.

끝으로, 우리가 거론한 모든 것이 동시에 모두 있을 수 있다면, q에 작용하는 힘은 여러 가지 전하 분포에 기인한 모든 힘의 합으로부터 구해질 것이다. 즉,

$$\begin{aligned}\mathbf{F}_q &= \mathbf{F}_q(\text{점전하로부터}) + \mathbf{F}_q(\text{체적으로부터}) \\ &\quad + \mathbf{F}_q(\text{면으로부터}) + \mathbf{F}_q(\text{선으로부터})\end{aligned} \tag{2-19}$$

주의를 요하는 매우 중요한 내용: 거의 무의미해 보이는 다음의 간단한 두 가지 규칙을 기억하고 따르면 많은 어려움을 피하고 시간을 절약하며 제대로 답을 얻을 수 있다.—(1) 원천점으로부터 장점까지 상대위치벡터를($\hat{\mathbf{R}}$도) 그려라. (2) 절대로 원천점의 위치를 $\mathbf{r}$이나 (x, y, z) 등으로 쓰지 말고, $\mathbf{r}'$이나 (x', y', z') 혹은 (2-10)과 (2-11)처럼 다른 기호로 써라.

2-5 균일한 구전하분포 밖의 점전하

연속전하분포의 효과에 관한 한 예로 q가 균일한 전하분포(ρ = 일정)인 구 밖에 위치한 경우 (2-15)를 계산하고자 한다. 반지름 a인 구의 중심을 원점으로 놓고 q는 $z > a$인 z축에 위치해 있다고 하자. 그림 2-6는 이러한 상황을 보여 주는데, 구는 팔분의 일만 그렸다. 원천점 $\mathbf{r}'$을 나타내기 위해, 또한 적분도 하기 위하여 구좌표를 사용한다. 그림 2-7은 z축, $\mathbf{r}'$, 그리고 $\mathbf{R}$을 포함하는 평면을 보여준다. (1-11)과 (1-97)로부터 $\mathbf{r} = z\hat{\mathbf{z}}$와 $\mathbf{r}' = r'\hat{\mathbf{r}}'$임을 알 수 있고, 그러므

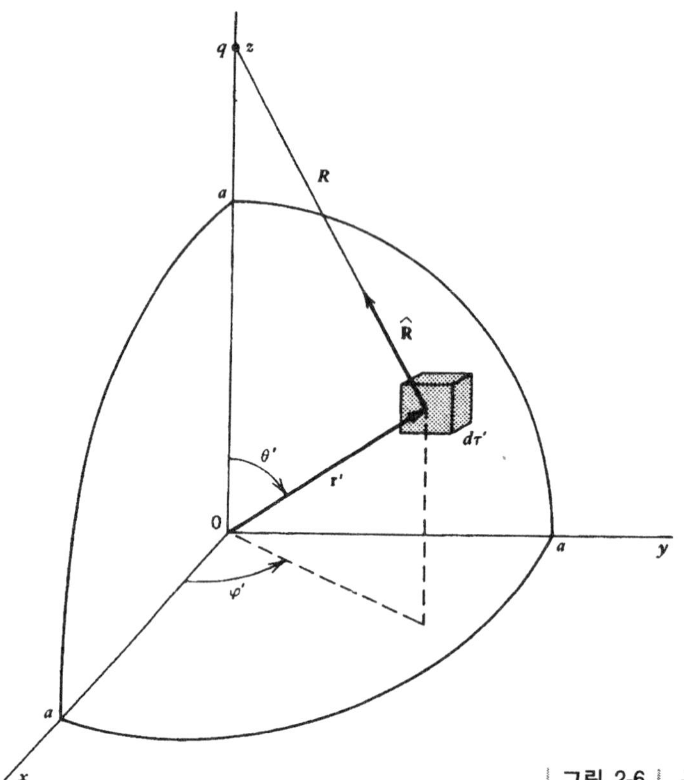

그림 2-6 균일한 구전하분포의 밖에 있는 점전하.

로 (2-2)에 의해 $\mathbf{R} = z\hat{\mathbf{z}} - r'\hat{\mathbf{r}}'$이다. 그러면, (1-17), (1-19), (1-92), (1-15)와 그림 2-7로부터

$$R^2 = z^2 + r'^2 - 2zr'\hat{\mathbf{z}} \cdot \hat{\mathbf{r}}' = z^2 + r'^2 - 2zr' \cos\theta'$$

이 된다. 사실 R^2의 이 값은 바로 그림 2-7에 코사인법칙을 적용한 것이다. 이 결과로부터 $\hat{\mathbf{R}}$을 얻으면 (2-15)가

$$\mathbf{F}_q = \frac{q\rho}{4\pi\epsilon_0} \int_{구} \frac{(z\hat{\mathbf{z}} - r'\hat{\mathbf{r}}')\, d\tau'}{(z^2 + r'^2 - 2zr'\cos\theta')^{3/2}} \tag{2-20}$$

이 됨을 알 수 있다. 여기서 ρ는 일정하기 때문에 적분기호 안으로부터 꺼내었다.

$\hat{\mathbf{r}}'$은 적분을 하는 동안 일정하지 않기 때문에, $\mathbf{F}_q$를 직각좌표 성분으로 구하는 것이 편리하다. (1-21)에 의해 (2-20)의 양변을 $\hat{\mathbf{z}}$와 점곱하고 (1-19), (1-93), (1-18)을 이용하면, 그리고 $d\tau'$을 (1-99)의 모습으로 쓴 다음

$$F_{qz} = \frac{q\rho}{4\pi\epsilon_0} \int_0^{2\pi} \int_0^{\pi} \int_0^{a} \frac{(z - r'\cos\theta')r'^2 \sin\theta'\, dr'\, d\theta'\, d\varphi'}{(z^2 + r'^2 - 2zr'\cos\theta')^{3/2}} \tag{2-21}$$

을 얻는다. $d\varphi'$에 대한 적분은 단번에 할 수 있고 2π가 된다. 다음으로는 $d\theta'$에 대해 적분한다. 그러기 위해 새로운 변수 $\mu = \cos\theta'$을 도입하는 것이 편리하다. 그러면 $d\mu' = -\sin\theta'\, d\theta'$

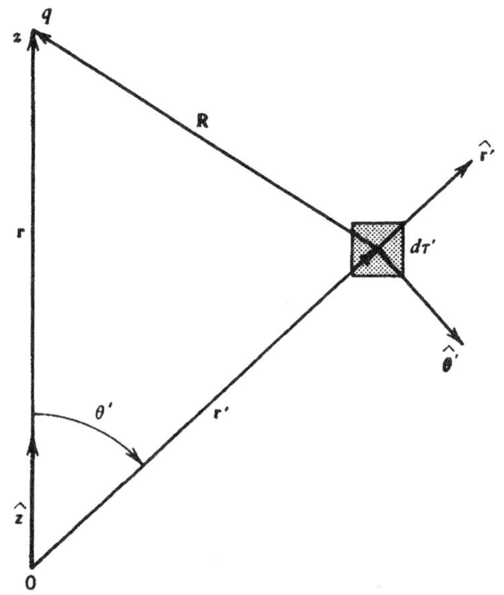

그림 2-7 그림 2-6의 경우를 다시 고찰함.

이고, $f = f(\cos\theta')$이 $\cos\theta'$의 함수이면, 대입하여 일반적이고도 유용한 결과

$$\int_0^\pi f(\cos\theta')\sin\theta'\,d\theta' = \int_{-1}^1 f(\mu)\,d\mu \tag{2-22}$$

를 얻는다. 이 때, $d\varphi'$적분으로부터 얻은 2π를 포함하여 (2-21)은

$$F_{qz} = \frac{q\rho}{2\epsilon_0}\int_0^a r'^2\,dr'\int_{-1}^1 \frac{(z - r'\mu)\,d\mu}{(z^2 + r'^2 - 2zr'\mu)^{3/2}} \tag{2-23}$$

가 된다. μ에 대한 적분은 적분표로부터 구해

$$\left.\frac{(z\mu - r')}{z^2(z^2 + r'^2 - 2zr'\mu)^{1/2}}\right|_{-1}^1 = \frac{1}{z^2}\left(\frac{z - r'}{|z - r'|} + \frac{z + r'}{|z + r'|}\right) \tag{2-24}$$

이 되고, 여기서 원래는 $[(z \pm r')^2]^{1/2}$인 항을 $|z \pm r'|$으로 썼는데, 이는 제곱근이 양의 값을 가져야 함을 강조하기 위해서이다. 이 경우 q가 구 밖에 있으므로 $z > a$이고, $r' \leq a$이기 때문에 항상 $z > r'$이고, 그래서 $|z - r'| = z - r'$이다. 또 z를 양으로 잡았고 r'도 항상 양이므로 $|z + r'| = z + r'$이다. 이들을 (2-24)에 대입하면 (2-23)의 μ에 대한 적분은 꼭 $2/z^2$이 되는데, r'에 대한 적분을 고려할 때 이것은 상수이다. 그러면, (2-23)은

$$F_{qz} = \frac{q\rho}{\epsilon_0 z^2}\int_0^a r'^2\,dr' = \frac{q\rho a^3}{3\epsilon_0 z^2} \tag{2-25}$$

이 된다. 이 결과에 관해 고찰하기 전에 다른 성분을 구해보자.

(2-20)을 $\hat{\mathbf{x}}$와 점곱하고 (1-93)을 이용하면 결과적으로 피적분함수는 $\cos\varphi'$에 비례하고, 그러므로

$$F_{qx} = \hat{\mathbf{x}} \cdot \mathbf{F}_q \sim \int_0^{2\pi} \cos\varphi' \, d\varphi' = 0$$

이다. 마찬가지로,

$$F_{qy} = \hat{\mathbf{y}} \cdot \mathbf{F}_q \sim \int_0^{2\pi} \sin\varphi' \, d\varphi' = 0$$

이다. 이 두 성분이 영이 된다는 사실은 그림 2-8에서 알 수 있듯이 "대칭성"의 결과이다. $d\tau'$에 들어있는 전하는 총 힘에 $d\mathbf{F}'$의 기여를 할 것이며, 이 기여는 수평 성분도 가질 것이다. 그러나 $d\tau'$에 대응하여 다른 체적요소 $d\tau''$이 존재하는데, 이것은 선분 $\mathbf{r}$에 대한 $d\tau'$의 거울대칭으로 q로부터 같은 거리 R에 있다. $d\tau''$에 들어있는 동등한 전하는 총 힘에 $d\mathbf{F}''$의 기여를 할 것이다. $d\mathbf{F}'$과 $d\mathbf{F}''$은 같은 크기를 가지고 있으므로 $d\mathbf{F}''$의 수평 성분은 $d\mathbf{F}'$의 수평성분과 크기는 같고 방향은 반대일 것이다. 그러므로 이 쌍의 기여를 더하면 수직성분은 상쇄되지 않으나, 수평성분은 상쇄될 것이다. 구 안에 있는 모든 체적요소는 이런 식으로 쌍을 가질 것이므로, 총 힘은 알짜 수평성분 F_{qx}와 F_{qy}를 갖지 않을 것이나 F_{qz}는 위에서 본 바와 같이 영이 아닐 것이다. 이와 같은 대칭성은 종종 문제를 쉽게 해줄 것이므로, 이를 알아차리고 찾도록 해야 할 것이다.

z 성분만이 영이 아니므로 총 힘은 z 방향에 있을 것이고 (2-25)와 (1-5)로부터

$$\mathbf{F}_q = \frac{q\rho a^3 \hat{\mathbf{z}}}{3\epsilon_0 z^2} \tag{2-26}$$

이다. $q > 0$이고 $\rho > 0$이면 $\mathbf{F}_q$는 구로부터 멀어지는 쪽을 향하게 되며, 이는 q가 모든 양의 전하에 의해 밀리게 되어 우리가 기대하던 바이다. 마찬가지로 $\rho < 0$이면, $\mathbf{F}_q$는 구를 향하는 방향이다. 즉 q에 미치는 힘은 인력적이다. 구 안에 들어 있는 전체 전하 Q'으로 (2-26)을 나

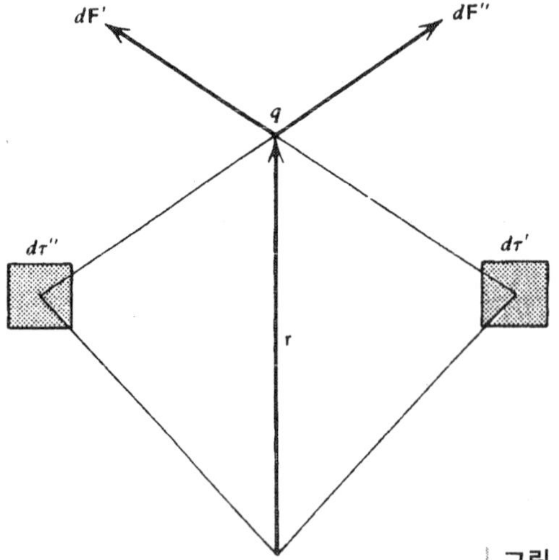

그림 2-8 대칭적으로 위치한 두 전하 요소로부터 기여하는 힘.

타내면 흥미로운 형태로 쓸 수 있다. ρ가 일정하므로 (2-14)로부터

$$Q' = \int dq' = \int \rho \, d\tau' = \rho \int_{구} d\tau' = \tfrac{4}{3}\pi a^3 \rho \tag{2-27}$$

를 얻고, (2-26)에서 ρ를 소거하면

$$\mathbf{F}_q = \frac{qQ'\hat{\mathbf{z}}}{4\pi\epsilon_0 z^2} \tag{2-28}$$

로 구하게 된다. 그림 2-7로부터 z는 구의 중심과 q 사이의 거리이므로, 구 밖의 전하에 주는 영향을 고려하는 한, 이 균일한 구전하는 마치 구 중심에 위치한 점전하와 같은 역할을 한다. 나중에 알게 되겠지만, q의 위치가 구의 안에 있으면 경우는 다르다.

우선 보기에는 그렇지 않지만, 실제로 우리가 얻은 결과는 상당히 일반적인 것이다. q의 위치는 적분계산의 편의상 z축에 두었다. 앞의 그림 2-7로부터 알 수 있듯이 구의 중심에 관한 q의 위치벡터는 $\mathbf{r} = z\hat{\mathbf{z}}$이어서, $|\mathbf{r}| = r = z$이고 $\hat{\mathbf{r}} = \hat{\mathbf{z}}$인데, 그러면 어느 위치의 q라도 구좌표로 (2-28)을

$$\mathbf{F}_q = \frac{qQ'\hat{\mathbf{r}}}{4\pi\epsilon_0 r^2} \tag{2-29}$$

처럼 다시 쓸 수 있다. [이것은 또한 (1-90)과 (1-93)로부터 구해진다. 왜냐하면 그림 2-7에서 q의 위치는 $\theta = 0$인 특별한 경우이기 때문이다.]

연습문제

2-1 두 점전하 q'과 $-q'$이 각각 x축 위의 a와 $-a$에 놓여 있다. xy평면 임의의 위치에 있는 점전하 q에 작용하는 총 힘을 구하라.

2-2 네 개의 동등한 점전하 q'이 한 변이 a인 정사각형의 각 꼭지점에 놓여 있다. 정사각형은 한 꼭지점을 yz평면의 원점에 두고 정사각형의 변들은 축에 평행이고 양의 방향에 놓여 있다. 다른 점전하 q가 원점으로부터 b 떨어진 x축 위에 있다. q에 작용하는 총 힘을 구하라.

2-3 여덟 개의 동등한 점전하가 한 변의 길이가 a인 정육면체의 꼭지점에 놓여 있다. 그 정육면체는 그림 1-41같은 위치와 방향을 갖는다. 원점에 있는 전하에 작용하는 총 힘을 구하라.

2-4 2-5절의 계산을 다시 하는데, 이번에는 q가 구의 밖에 있되 아래쪽에 있는, 즉 z가 음이며 $|z| > a$인 경우이다. 결과가 (2-26), (2-29)과 같음을 보여라.

2-5 2-5절의 계산에서 q가 구의 안쪽($z < a$)에 있는 경우 마찬가지의 계산을 하여 $\mathbf{F}_q = (q\rho z/3\epsilon_0)\,\hat{\mathbf{z}}$ 임을 보여라.

2-6 반지름 a인 구가 일정한 체적밀도의 분포로 전하를 담고 있다. 구의 중심은 원점으로부터 b 떨어진 ($b > a$) z축 위에 있다. 점전하 q가 y축 상에 원점으로부터 c ($c > b$)되는 거리에 놓여 있다. q에 작용하는 힘을 계산하라.

2-7 λ = 일정인 길이 L의 선전하가 z축 위에 놓여 있는데, 양 끝은 $z = z_0$과 $z = z_0 + L$에 있다. 균일한 구전하가 중심을 원점에 두고 반경을 $a < z_0$으로 분포할 때, 이 구전하가 선전하에 작용하는 총 힘을 구하라.

2-8 반지름이 a인 구 표면이 일정한 면전하밀도 σ의 전하를 가지고 있다. 구에 들어 있는 총 전하 Q'은 얼마인가? 이 전하분포가 z축 위에 위치한 점전하 q에 작용하는 힘을 $z > a$와 $z < a$인 경우 구하라.

2-9 같은 길이의 두 선전하가 그림 2-9에서처럼 서로 평행으로 xy평면에 놓여 있다. 그 각각은 동등한 λ = 일정의 선전하밀도를 가지고 있다. I에 의해서 II에 작용하는 총 힘을 구하라.

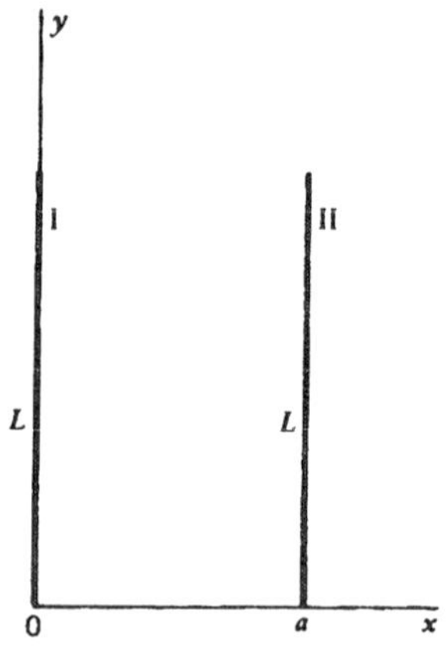

그림 2-9 연습문제 2-9의 두 선전하.

2-10 그림 2-9의 선전하 I이 선전하밀도 $\lambda = Ay^2$을 (A는 일정) 가지고 있다. A의 단위는 무엇인가? I에 있는 총 전하량은 얼마인가? I에 의해서 x축 위 $x = a$에 놓인 점전하 q에 작용하는 총 힘을 구하라.

2-11 xy평면 위에 놓인 반지름이 a이고 중심이 원점인 원 표면에 전하가 분포되어 있다. 면밀도는 원통좌표로 $\sigma = A\rho^2$(A는 일정)으로 주어진다. A의 단위는 무엇인가? 원 위의 총 전하량은 얼마인가? 이 전하분포가 z축에 놓인 점전하에 작용하는 힘을 구하라.

제 3 장 전기장

Coulomb 법칙은 "원격작용"이라고 알려진 법칙들 중의 한 예이다. 이것은 원천 전하에 대한 어떤 전하의 상대위치가 알려져 있을 때 이 전하에 작용하는 힘을 계산하는 확실한 수단이다. Coulomb 법칙은 첫 번째 전하가 어떻게 다른 전하의 존재를 "아는가"에 관하여 기술하려 하지는 않는다. 예를 들어 만일 원천 전하의 위치가 바뀌면 첫 번째 전하에 미치는 힘도 변하게 되지만 이때도 역시 Coulomb 법칙을 따른다. 이 변화는 즉시적으로 일어났음을 암시하고 있지만, 이 바뀐 상태가 어떻게 발생했는가에 관해 시사하는 바는 아무 것도 없다. 이러한 고려의 결과로써 두 전하 사이의 상호작용을 두 가지 관점으로 나누어서 생각하는 것이 편리하고도 유용하다고 알려져 있다. 첫째, 원천 전하는 장점에 "무엇인가"를 만든다고 가정 한다. 둘째, 이 "무엇"은 장점에 놓인 전하와 상호작용하여, 그 결과로 힘을 작용한다고 가정한다. 이 "무엇"은 두 전하 사이의 매개적인 역할을 하는 것으로써 전기장이라 부른다.

3-1 전기장의 정의

(2-10)을 다시 보면 q가 모든 항의 공통인자이므로, $\mathbf{F}_q$는 q와, q에 관계없는 양의 곱으로 쓸 수 있다. 후자는 (q가 아닌) 다른 모든 전하 값들과 그들의 (q에 대한) 위치에 의존한다. 이 물리량을 **전기장** *electric field* **E**라 부른다. 그래서 (2-10)은

$$\mathbf{F}_q = q\mathbf{E} \tag{3-1}$$

로 쓰고, 여기서

$$\mathbf{E}(\mathbf{r}) = \sum_{i=1}^{N} \frac{q_i \hat{\mathbf{R}}_i}{4\pi\epsilon_0 R_i^2} \tag{3-2}$$

이다. 식 3-1은 전기장의 정의이며, 전기장에 점전하를 곱한 결과가 점전하에 작용하는 힘이라고 이해할 수 있다. 또한 (3-1)로부터 **E**는 N/C의 단위로 측정될 것이다. 식 3-2는 주어진 점전하 분포에 대해 어느 위치 **r**("장점 *field point*")에서 **E**를 계산하는 방법에 관해 말해준다. 물론 여전히 (2-11)을 사용하고 있다. q는 원천 전하들 속에 포함되지 않는다는 점에 주목하라. 한 전하가 자기 자신에게 힘을 가한다고 생각할 수는 없다.

원천 전하들이 연속분포해 있다면 이전의 결과 (2-15), (2-17), (2-18)들을 (3-1)과 결합하여 **E**에 관한 해당 표현식을 얻게 된다:

$$\mathbf{E}(\mathbf{r}) = \frac{1}{4\pi\epsilon_0}\int_{V'} \frac{\rho(\mathbf{r}')\hat{\mathbf{R}}\,d\tau'}{R^2} \tag{3-3}$$

$$\mathbf{E}(\mathbf{r}) = \frac{1}{4\pi\epsilon_0}\int_{S'} \frac{\sigma(\mathbf{r}')\hat{\mathbf{R}}\,da'}{R^2} \tag{3-4}$$

$$\mathbf{E}(\mathbf{r}) = \frac{1}{4\pi\epsilon_0}\int_{L'} \frac{\lambda(\mathbf{r}')\hat{\mathbf{R}}\,ds'}{R^2} \tag{3-5}$$

모든 위치가 직각좌표로 주어지면 (2-12)로부터 **E**에 관한 구체적인 표현식을 얻게 된다:

$$\mathbf{E}(\mathbf{r}) = \sum_{i=1}^{N} \frac{q_i}{4\pi\epsilon_0} \frac{\left[(x-x_i)\hat{\mathbf{x}} + (y-y_i)\hat{\mathbf{y}} + (z-z_i)\hat{\mathbf{z}}\right]}{\left[(x-x_i)^2 + (y-y_i)^2 + (z-z_i)^2\right]^{3/2}} \tag{3-6}$$

앞에서 거론한 모든 전하분포가 동시에 주어졌다면, 어느 주어진 위치에서의 총 **E**는 (3-1)과 (2-19)로부터 전기장을 만들어주는 여러 가지 전하분포의 기여를 벡터로 더하여 얻게 될 것이다.

전하분포가 매우 간단하면, **E**는 그대로 적분하여 쉽게 계산된다. 그러한 두 가지 예를 살펴보기로 한다. 한 가지는 전하의 선분포이고, 다른 것은 면분포이다. 그런 후에 그 중요성을 자세히 논의하겠다.

3-2 균일한 무한 선전하가 만드는 전기장

λ = 일정하다고 가정하고 z축을 그림 3-1에서처럼 전하분포와 일치하도록 선택한다. 원점은 편의상 장점 P가 xy평면에 오도록 잡는다. 그러면 $\mathbf{r} = \rho\hat{\boldsymbol{\rho}}$이며 $\mathbf{r}' = z'\hat{\mathbf{z}}$가 되고, 그래서 $\mathbf{R} = \rho\hat{\boldsymbol{\rho}} - z'\hat{\mathbf{z}}$이고 $R^2 = \rho^2 + z'^2$이다. 또한 그림으로부터 이 경우 $ds' = dz'$임을 알 수 있고, 그러므로 (3-5)는

$$\mathbf{E} = \frac{\lambda}{4\pi\epsilon_0}\int_{-\infty}^{\infty} \frac{(\rho\hat{\boldsymbol{\rho}} - z'\hat{\mathbf{z}})\,dz'}{(\rho^2 + z'^2)^{3/2}} = \frac{\lambda\rho\hat{\boldsymbol{\rho}}}{4\pi\epsilon_0}\int_{-\infty}^{\infty} \frac{dz'}{(\rho^2 + z'^2)^{3/2}} \tag{3-7}$$

가 된다. 마지막 식에서 적분의 $\hat{\mathbf{z}}$성분은 피적분함수가 z'의 홀함수이므로 영이 되었고, $\hat{\boldsymbol{\rho}}$는 적분변수 z'에 관하여 상수이어서 적분 밖으로 나왔다. (3-7)의 적분은

$$\left.\frac{z'}{\rho^2(\rho^2 + z'^2)^{1/2}}\right|_{-\infty}^{\infty} = \frac{1}{\rho^2}[(1) - (-1)] = \frac{2}{\rho^2} \tag{3-8}$$

이 되므로, 결과는

$$\mathbf{E} = \frac{\lambda}{2\pi\epsilon_0\rho}\hat{\boldsymbol{\rho}} \tag{3-9}$$

이다. 그러므로 전기장은 지름성분만 갖는다. 이것은 $\lambda > 0$이면 선전하로부터 나가는 방향인

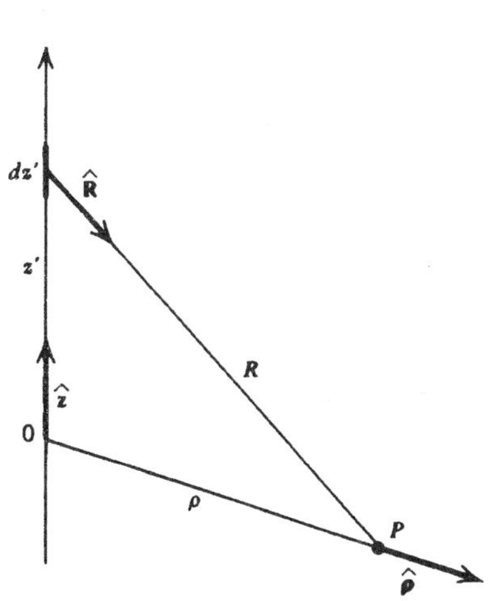

그림 3-1 균일한 무한 선전하에 의한 전기장의 계산.

그림 3-2 균일한 무한 선전하가 만든 전기장의 크기가 일정한 원통.

데 양의 점전하 q가 밀려날 것이므로 당연하다. 반면 λ가 음이면 지름방향 안쪽으로 향한다. $\mathbf{E}$의 크기는 선전하로부터의 거리 ρ에 역수로 변한다.

(3-9)는 각도 φ에 무관하므로 선전하를 축으로 하는 반지름 ρ의 원통에서 $\mathbf{E}$의 크기는 일정하다. 그림 3-2에는 이 원통의 일부분이 그려져 있고, 또한 $\lambda > 0$인 경우의 $\mathbf{E}$ 방향도 나타내었는데 원통축에 수직인 평면상의 원에 표시하였다.

3-3 균일한 무한 평면판이 만드는 전기장

무한평면을 xy면에 놓이도록 잡고, 이 위의 면전하밀도 σ는 일정하다고 하자. z축은 장점 P를 지나가도록 잡는 것이 편리하겠다. 적분을 하기 위해 직각좌표를 사용하겠다. 그러면 그림 3-3으로부터 $\mathbf{r} = z\hat{\mathbf{z}}$이고 $\mathbf{r}' = x'\hat{\mathbf{x}} + y'\hat{\mathbf{y}}$이다. 면적요소는 $da' = dx'dy'$이므로 (3-4)는

$$\mathbf{E} = \frac{\sigma}{4\pi\epsilon_0}\int_{-\infty}^{\infty}\int_{-\infty}^{\infty}\frac{(-x'\hat{\mathbf{x}} - y'\hat{\mathbf{y}} + z\hat{\mathbf{z}})\,dx'\,dy'}{(x'^2 + y'^2 + z^2)^{3/2}} \tag{3-10}$$

이 되는데, 여기서 (2-2), (1-13), (1-14)를 사용하였다. 피적분함수 중 $\hat{\mathbf{x}}$와 $\hat{\mathbf{y}}$항은 x'과 y'에 대하여 각각 홀함수이므로 $E_x = E_y = 0$인 것을 금방 알 수 있다. 그러므로 (3-10)은

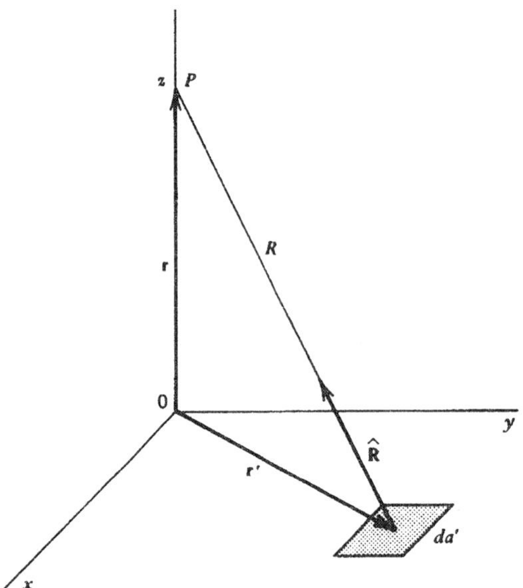

그림 3-3 균일한 무한 평면판이 만드는 전기장 계산.

$$\mathbf{E} = \frac{\sigma \hat{\mathbf{z}}}{4\pi\epsilon_0} \int_{-\infty}^{\infty} z\, dx' \int_{-\infty}^{\infty} \frac{dy'}{\left(x'^2 + y'^2 + z^2\right)^{3/2}} \tag{3-11}$$

이 된다. y'에 관한 적분은 (3-7)과 형태가 동일하여 (3-8)로부터 $2/(x'^2 + z^2)$과 같다. 그래서 (3-11)은

$$\mathbf{E} = \frac{\sigma \hat{\mathbf{z}}}{2\pi\epsilon_0} \int_{-\infty}^{\infty} \frac{z\, dx'}{x'^2 + z^2} = \pm \frac{\sigma}{2\epsilon_0} \hat{\mathbf{z}} \tag{3-12}$$

가 되는데, 여기서 양의 부호는 $z > 0$에 대하여 사용되고, 음의 부호는 $z < 0$일 때 사용된다. (3-12)는

$$\mathbf{E} = \frac{\sigma}{2\epsilon_0} \left(\frac{z}{|z|} \right) \hat{\mathbf{z}} \tag{3-13}$$

처럼 쓰는 것이 편리한데, 이는 자동적으로 옳은 부호를 준다.

(3-12)에 의하면 **E**는 양으로 대전된 평면 ($\sigma > 0$)으로부터 항상 멀어지는 방향이고, $\sigma < 0$인 때는 항상 면을 향한다. 이들 방향은 어딘가에 놓인 양의 점전하 q에 미치는 힘의 방향이다. **E**의 크기가 위치에 무관하다는 점이 흥미롭다. 즉, **E**는 면에 얼마나 가까이 혹은 멀리 있는가에 관계없이 같은 값을 갖는다. 이것은 기본적으로 장점이 어디에 있든지 거기에서 "보이는" 전하량이 항상 무한대라는 사실에 기인한다. **E**의 이러한 성질이 그림 3-4에 ($\sigma > 0$에 대해) 대전된 면을 옆에서 본 모습으로 나타내어져 있다. 점선은 대전된 면 위와 아래에 평행인 면을 그린 것이다. 이 그림은 위아래를 뒤집어도 마찬가지인데, 원래부터 양의 z축을 잡을 때 완전히 임의이었기 때문에 당연하다. 마찬가지로 이 그림은 이 페이지의 앞에서 보든 뒤에

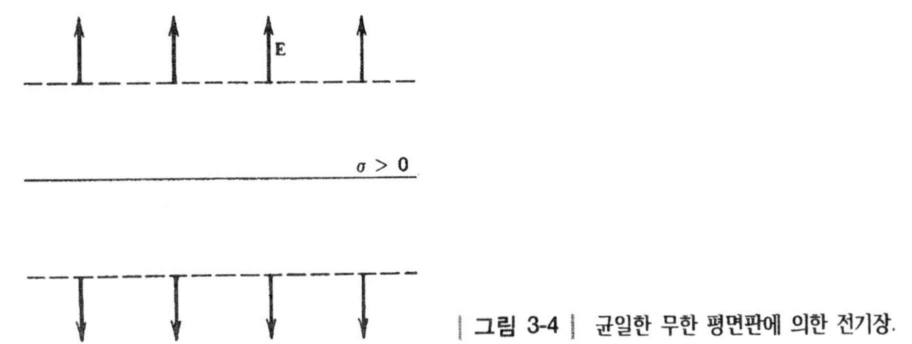

| 그림 3-4 | 균일한 무한 평면판에 의한 전기장.

서 보든 같게 보인다. 즉 (3-12)의 결과는 원천 전하분포의 기본적인 "대칭성"과 잘 일치한다. 또한 **E**의 방향은 대전면을 지나가면서 불연속적으로 변한다. 즉, 아래에서 위로 지나가면서 총 변화를 (3-12)에서 구하면 E_z(위) − E_z(아래) = σ/ϵ_0이다.

3-4 이것이 모두 의미있는 일인가?

우리는 앞에서 부차적인 물리량(전기장)을 다소 쉽게 도입하여 두 전하 사이의 상호작용을 개념적으로 다른 부분들로 나눌 수 있었다. 벡터장 **E**를 새롭게 정의하였고, 원천이 되는 전하들이 주어지면 원리상 어느 장소에서나 전기장을 구할 수 있는 수단을 가지게 되었다. 그러나 이렇게 함으로써 얻을 수 있는 유용한 효과가 무엇인가하고 묻는 것은 당연한 일이다.

모든 식에 q라는 기호가 따라다닐 필요 없이 표기를 절약하며, **E**를 먼저 계산할 수 있고, (3-1)을 이용하여 q를 마지막에 끼워 넣는다는 목적 이외에 다른 이유가 없다면, 단지 수학적인 편의성만을 위해서 전기장을 정의했다는 관점은 매우 쉽게 받아들일 수 있다. 그래서 만일 점전하 q를 **r**에 놓으면 무슨 일이 일어날까를 **E**가 말해준다는 점에서, **E**의 계산은 다만 공간에 걸쳐서 퍼져있는 일종의 부수적인 표현수단을 마련해 준다고 간주할 수 있다.

한편, 힘을 받기로 되어 있는 곳에 전하가 있든지 없든지 관계없이, (3-2)에서 (3-6)까지의 공식으로부터 **r**에서의 전기장을 계산할 수 있다. 이런 사실로부터 개념적인 도약을 마련하고 **E**를 그 자체로 물리학의 실제적 본질로 간주하는 것은 매우 마음이 끌리는 일이다. 이런 아이디어는 대부분 Faraday로부터 시작되었다. 그는 전하의 존재는 실제로 공간의 물리적 특성을 변화시키리라는 점을, 그리고 **E**가 이러한 바뀐 상태를 표현한다는 점을 알아차렸다. 그에게 있어 전기장은 매우 실제적인 물리량이었다.

E가 물리량이라는 입장을 받아들인다면, 그것을 어떻게 측정하겠는가에 관한 질문이 자연스럽게 제기된다. 언뜻 보면 다음처럼 매우 간단한 것 같다: 고려하고 있는 지점 **r**에 멈추어 있는 전하 q를 놓고 거기에 미치는 힘 $\mathbf{F}_q$를 측정하면, (3-1)에 의해 $\mathbf{E}(\mathbf{r}) = \mathbf{F}_q/q$이다. q가 존재함으로 인하여 (3-2)의 원천 전하 q_i는 (2-8)의 새로운 힘을 받게 되고 이제 더 이상 평형상태에 있지 않으리라는(결국은 평형이 재수립되겠지만) 점을 인식하면 문제가 발생될 수도 있다.

q_i가 고정된 위치에 단단히 들러붙어 있을 수 있다고 가정하는 이상적인 경우에 새로운 전기력은 (고정장치를 변형시키지 않고도 만들어지는)새로운 역학적인 힘에 의해 상쇄될 수 있다. 그러면 주어진 q_i에 적용되는 (2-9)는 그대로 유지될 것이고 q_i의 위치는 변하지 않을 것이다. (3-2)로 주어지는 그대로의 **E** 값은 q를 도입하기 전과 정확히 같을 것이다. 그러나 실제의 경우 평형을 이루기 위해 요구되는 역학적 힘의 새로운 값은 일반적으로 고정장치를 변형시키고 나서야 (막대를 굽어지게 한다든지, 용수철을 늘이거나 압축하거나 하여) 얻어질 수 있다. 그렇게 새로운 평형의 배치가 얻어졌을 때, q_i의 위치는 바뀌었을 것이고 (3-2)의 값은 일반적으로 달라질 것이다. 전체적인 알짜 결과는 미리 존재하던 장을 측정하기 위해 필요로 했던 바로 그 작용이 그것을 바꾸어 버렸다는 것이다. (덧붙여서, 나중에 알게 되겠지만, 원천 전하들이 도체와 관련되어 있으면 전하들은 대개 서로 평형에 이르기 위해 도체에서 돌아다닐 필요가 생길 것이고, 결론적으로 전기장이 달라질 수 있다.) 측정하려고 하는 것을 바꾸어버린 이 문제는 물론 전자기학에만 있는 유일한 것이 아니어서, 이 문제를 일반적으로 같은 방법으로 해결하고자 한다. 즉, 측정 가능한 효과를 얻을 수 있도록 하면서 교란은 가능한 한 최소화하려 한다. 이 아이디어를 **E**에 적용하기 위하여 힘을 받게 될 전하가 매우 작다고 생각하고 영에 접근하는 극한으로 보내도록 한다. δq를 이 "시험전하"로, 그리고 그것에 작용하는 힘을 $\delta\mathbf{F}$로 나타내면, **E**는

$$\mathbf{E}(\mathbf{r}) = \lim_{\delta q \to 0} \frac{\delta \mathbf{F}}{\delta q} \tag{3-14}$$

로 정해져야 할 것이다.

정전기만을 다룬다면 전기장을 사용하는 것이 편리함을 추구하는 책략으로 간주될 수 있을지 몰라도, 다른 문제들, 특히 도입부에서 간단히 언급한 것처럼 시간 의존적인 것들을 다루게 될 때에는, 벡터장을 확장하여 사용하지 않고는 사실상 불가능하다고 알려져 있다. 앞으로 몇 가지 다른 벡터장을 정의하는 것이 유용하다는 것을 알게 되겠지만, 그것들을 진정한 물리량으로 간주하고 싶든 그렇지 않든, 우리는 분명히 그들을 물리량인 것처럼 다룰 것이다. 그 물리량들의 특성 뿐 아니라 응용도 광범위하게 공부하고자 한다. 이러한 특성 중에는 미분 원천방정식이 있다. 즉, 다이버전스와 커얼이다. 우리는 이미 전기장의 원천은 어떤 종류이든지 전하라는 것을 알고 있다. 이것을 $\nabla \cdot \mathbf{E}$와 $\nabla \times \mathbf{E}$에 관한 표현식으로 재기술하려 한다. 다음 두 장에서는 다른 정보와 함께 이것을 얻고자 한다.

연습문제

3-1 두 점전하 q와 $-q$가 각각 y축 상의 $y = a$와 $y = -a$에 놓여 있다. xy평면상의 어느 곳에서든 전기장 **E**를 구하라. $E_x = 0$인 지점이 있겠는가? 있다면 어디인가?

3-2 xy평면 상의 정사각형 꼭지점에 네 개의 전하가 있다. 그들의 전하량과 위치는 다음과 같다: q, $(0, 0)$; $2q$, $(0, a)$; $3q$, $(a, 0)$; $-4q$, (a, a). 이 정사각형 가운데에서의 전기장 **E**

를 구하라.

3-3 한 변의 길이가 a인 정육면체를 생각해 보자. 위치와 방향은 그림 1-41과 같다. $(a, a, 0)$을 제외한 모든 꼭지점에 점전하 q가 있다. 그 비어 있는 꼭지점에서의 전기장 $\mathbf{E}$를 구하라.

3-4 3-2절의 계산을 일반적인 장점 $r = \rho\hat{\boldsymbol{\rho}} + z\hat{\mathbf{z}}$에 대하여 반복하고 같은 결과가 됨을 보여라. 이것은 물리적으로 타당한가?

3-5 3-3절의 계산을 일반적인 장점 (x, y, z)에 대하여 반복하고 같은 결과를 얻게 되는지 보여라.

3-6 3-3절의 계산을 원천점에 관한 원통좌표를 사용하여 반복하라.

3-7 균일한 무한 선전하가 z축과 평행하고 xy평면의 $(a, b, 0)$ 위치에서 만난다. 위치 $(0, c, 0)$에 만들어지는 $\mathbf{E}$의 직각좌표성분을 구하라.

3-8 그림 3-5처럼 두 개의 무한평면이 같은 면전하밀도 σ를 가지고 xy평면에 평행으로 놓여 있다. z의 모든 값에 대하여 $\mathbf{E}$를 구하라.

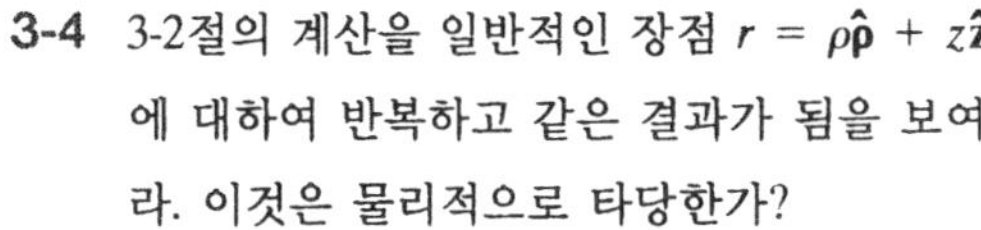
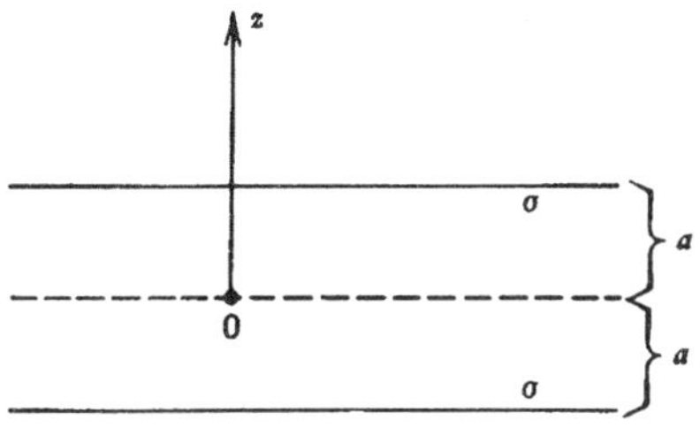

그림 3-5 연습문제 3-8의 두 무한 평면판.

3-9 두 무한 평면이 크기는 같으나 부호가 반대인 면전하밀도 σ를 가지고 있다. 그들은 xy평면에 평행이고 그림 3-6처럼 놓여 있다. z의 모든 값에 대하여 $\mathbf{E}$를 구하라.

3-10 그림 3-7에 보인 반지름 a인 원호가 xy평면에 놓여 있고 일정한 선전하밀도 λ를 가지며 곡선의 중심은 원점에 있다. z축 상의 임의 지점에서 $\mathbf{E}$를 구하라. 곡선이 완전한 원을 이루면 답은

$$\mathbf{E} = \frac{\lambda a z \hat{\mathbf{z}}}{2\epsilon_0 (a^2 + z^2)^{3/2}}$$

이 됨을 보여라.

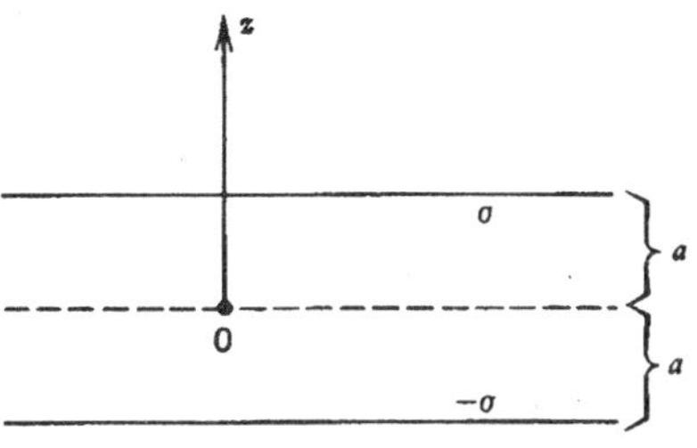

그림 3-6 연습문제 3-9의 두 무한 평면판.

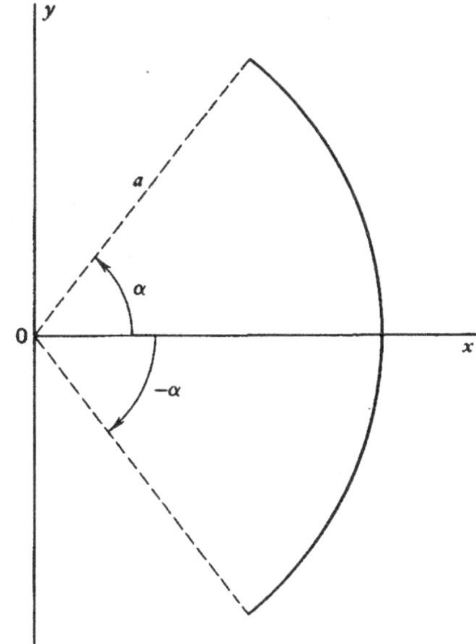

그림 3-7 연습문제 3-10의 전하가 담겨 있는 원호.

3-11 전하가 그림 3-8에 보인 유한 길이의 선 위에 일정한 선전하밀도 λ로 분포되어 있다. P에서의 $\mathbf{E}$를 구하라. 거리 R_2와 R_1을 사용하여 $\mathbf{E}$를 각 α_2와 α_1으로 나타내어라. $L_2 =$

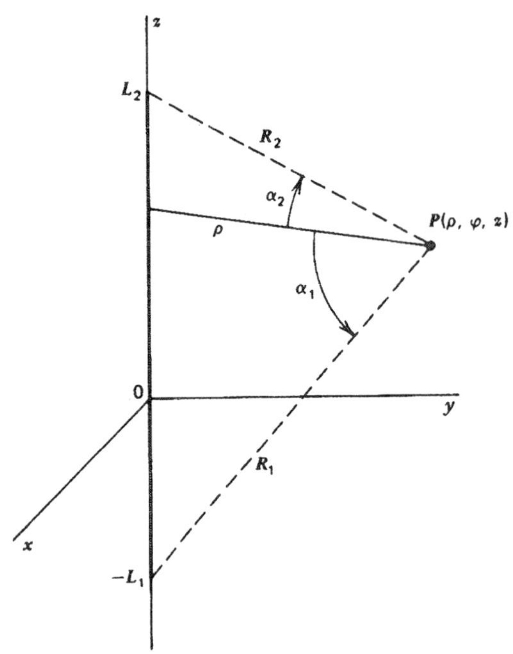

| 그림 3-8 | 연습문제 3-11의 유한한 선전하.

$L_1 = L$이며 P가 xy평면에 있는 특별한 경우에 **E**를 구하라.

3-12 전하가 반경 a인 원판 위에 일정한 면전하밀도 σ로 분포되어 있다. 원판은 xy평면에 놓여 있고 중심은 원점에 있다. z축 상의 일점에서의 전기장이

$$\mathbf{E} = \hat{\mathbf{z}}\frac{\sigma}{2\epsilon_0}\left(\frac{z}{|z|}\right)\left[1 - \frac{|z|}{(a^2 + z^2)^{1/2}}\right] \tag{3-15}$$

로 주어짐을 보여라. 이것은 $a \to \infty$ 일 때 얼마가 되는가?

3-13 무한히 긴 원통의 축이 z축과 일치한다. 단면의 반지름은 a이고 일정한 체적밀도 ρ_{ch}의 전하를 담고 있다. 원통의 안과 밖 모든 지점에서의 전기장 **E**를 구하라. 귀띔: 적분할 때 원통좌표를 사용하라. 편의상 장점의 위치를 x축 위로 택하라. (이렇게 해도 충분히 일반적인가?) 아래의 정적분이 필요할 것이다.

$$\int_0^{\pi} \frac{(A - B\cos t)\,dt}{A^2 - 2AB\cos t + B^2} \tag{3-16}$$

$$= \begin{cases} \dfrac{\pi}{A}, & A^2 > B^2 \\ 0, & A^2 < B^2 \end{cases}$$

제 4 장 Gauss 법칙

(1-66)의 다이버전스에 관한 일반적인 정의로부터 짐작해볼 수 있겠지만, 폐곡면을 통과하는 **E**의 선속, 즉 면적분을 조사해 볼 가치가 있다. Coulomb 법칙의 역제곱 특성으로 인하여 임의 크기와 모양을 갖는 표면에 대한 선속의 계산이 가능하다.

4-1 Gauss 법칙의 유도

임의의 닫힌 표면 S로 둘러싸인 체적 안에 들어 있는 전하를 Q_{in}이라고 할 때,

$$\oint_S \mathbf{E} \cdot d\mathbf{a} = \frac{1}{\epsilon_0} \sum_{\text{내부}} q_i = \frac{Q_{\text{in}}}{\epsilon_0} \tag{4-1}$$

임을 보이고자 한다. (3-2)로부터 곧바로

$$\oint_S \mathbf{E} \cdot d\mathbf{a} = \frac{1}{4\pi\epsilon_0} \sum_i q_i \oint_S \frac{\hat{\mathbf{R}}_i \cdot d\mathbf{a}}{R_i^2} \tag{4-2}$$

를 얻는다. 여기서 두 가지 경우를 고려한다.

1. q_i가 S의 안에 있는 경우(그림 4-1). 그림 1-26과 관련된 논의를 상기하여 일반적으로 확장하여보면

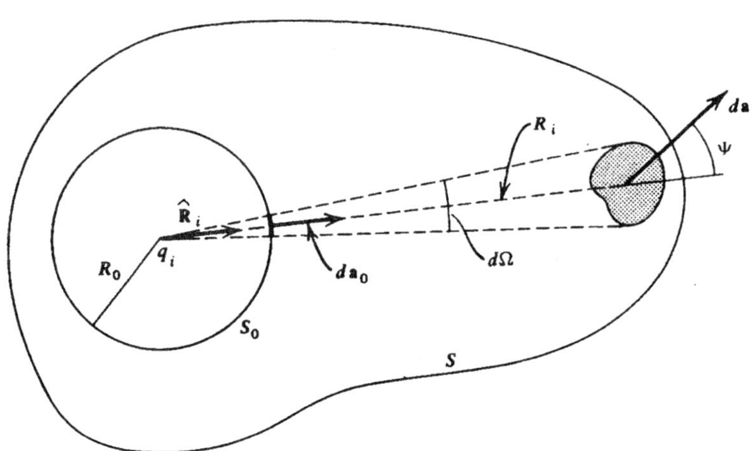

그림 4-1 점전하는 표면 S 내부에 있다.

$$\frac{\hat{\mathbf{R}}_i \cdot d\mathbf{a}}{R_i^2} = \frac{da \cos\Psi}{R_i^2} = \frac{\hat{\mathbf{R}}_i\text{에 수직인 면적}}{R_i^2} = d\Omega \tag{4-3}$$

가 된다. 여기서 $d\Omega$는 q_i에서 면적 da를 감싸는 입체각요소이다. (4-2)의 적분을 계산하기 위해 q_i를 중심으로 놓은 반지름 R_0의 구 S_0을 생각해보자. 동일한 입체각 $d\Omega$는 이 구에서 면적 $d\mathbf{a}_0$을 자를 것이다. 그림에서 알 수 있듯이 $d\mathbf{a}_0$은 $\hat{\mathbf{R}}_i$와 평행이어서 이 경우에 (4-3)을 적용하면 $d\Omega$는 $d\mathbf{a}_0/R_0^2$과 같다. 그러므로 (4-2)의 적분은 바로

$$\oint d\Omega = \oint_{S_0} \frac{da_0}{R_0^2} = \frac{1}{R_0^2}\oint_{S_0} da_0 = \frac{4\pi R_0^2}{R_0^2} = 4\pi \tag{4-4}$$

로 쓸 수 있는데, 여기서 R_0는 구의 표면 어디에서나 일정하기 때문에 이렇게 계산 되었다. 즉 안에 들어 있는 한 점을 둘러싸는 어느 표면에 대해서든지 총 입체각은 4π이고

$$\oint_S \frac{\hat{\mathbf{R}}_i \cdot d\mathbf{a}}{R_i^2} = 4\pi \qquad (\mathbf{r}_i\text{가 } S \text{ 안에 있을 때}) \tag{4-5}$$

로 쓸 수 있다.

2. q_i가 S의 밖에 있는 경우. 여기서는 S의 두 면적요소 $d\mathbf{a}_1$과 $d\mathbf{a}_2$를 고려하겠는데, 이 둘은 같은 입체각 $d\Omega$에 의해 잘리고 서로 S의 반대쪽에 위치해 있다. q_i로부터 이들의 거리는 R_{i1}과 R_{i2}로 쓰겠다. 위에서처럼

$$\frac{\hat{\mathbf{R}}_i \cdot d\mathbf{a}_1}{R_{i1}^2} = \frac{da_1 \cos\Psi_1}{R_{i1}^2} = d\Omega$$

이다. 그러나 $\Psi_2 > \pi/2$이기 때문에 $\cos\Psi_2$는 음이 되어

$$\frac{\hat{\mathbf{R}}_i \cdot d\mathbf{a}_2}{R_{i2}^2} = \frac{da_2 \cos\Psi_2}{R_{i2}^2} = -d\Omega$$

이며, 따라서

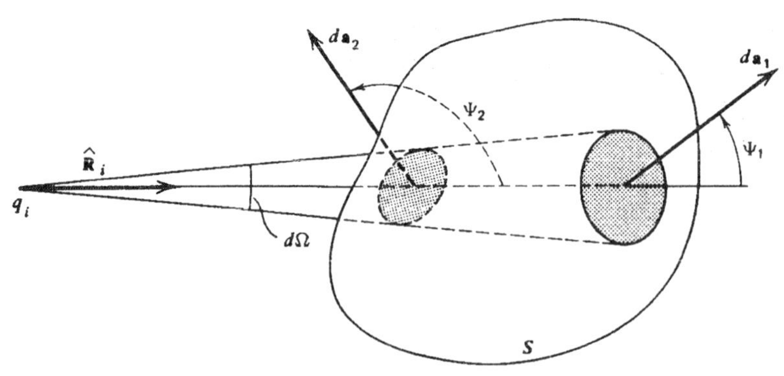

그림 4-2 점전하는 표면 S 외부에 있다.

$$\frac{\hat{\mathbf{R}}_i \cdot d\mathbf{a}_1}{R_{i1}^2} + \frac{\hat{\mathbf{R}}_i \cdot d\mathbf{a}_2}{R_{i2}^2} = 0 \tag{4-6}$$

이다. 그러므로 면적의 이 두 요소가 (4-2) 적분에 주는 알짜 기여는 영이다. S의 모든 면적요소는 이러한 방식으로 짝을 이루므로 적분에 주는 모든 기여는 서로 상쇄되어

$$\oint_S \frac{\hat{\mathbf{R}}_i \cdot d\mathbf{a}}{R_i^2} = 0 \qquad (\mathbf{r}_i\text{가 } S \text{ 밖에 있을 때}) \tag{4-7}$$

이다.

그러므로 (4-2), (4-5), (4-7)로부터

$$\oint_S \mathbf{E} \cdot d\mathbf{a} = \frac{1}{4\pi\epsilon_0} \sum_{\text{내부}} q_i \oint_S \frac{\hat{\mathbf{R}}_i \cdot d\mathbf{a}}{R_i^2} = \frac{1}{\epsilon_0} \sum_{\text{내부}} q_i = \frac{Q_{\text{in}}}{\epsilon_0} \tag{4-8}$$

이고 (4-1)에서 말한 Gauss 법칙은 증명되었다. 이것은 점전하 사이의 힘에 관한 역제곱 법칙의 결과이다.

여기서 이 결과가 함축하는 몇 가지 흥미로운 점을 지적하고자 한다. 곡면 바깥에 있는 전하의 전하량과 위치는 분명히 곡면 위의 어느 위치에서라도 **E**가 특정값을 갖도록 영향을 주지만, 적분값에는 영향을 미치지 않는다. 마찬가지로 적분은 곡면 안 전하의 총량에만 의존할 뿐, 내부에서의 전하의 특정 위치에는 무관하다. 전하가 새로운 장소로 옮겨지게 되면, 곡면 위 특정 지점에서의 **E** 값은 바뀔 것이라고 예측할 수 있지만, 전체 적분값은 역시 영향 받지 않는다. (4-1)에 주어진 결과는 단순한 합이기 때문에, 각 전하는 S를 통과하는 총 선속에 독립적으로 기여한다. 그러므로 어느 주어진 점전하 q는 이것을 감싸는 어느 폐곡면을 통해서라도 **E**의 총 선속으로 q/ϵ_0의 값을 갖는다.

S 안의 전하가 밀도 ρ로 연속분포한다고 가정하면, (2-14)를 이용하여

$$Q_{\text{in}} = \int_V \rho \, d\tau$$

로 쓸 수 있다. 여기서 V는 S가 감싸는 전체 체적이다. 또한 발산정리 (1-59)를 적용하면, (4-8)을

$$\int_V \nabla \cdot \mathbf{E} \, d\tau = \frac{1}{\epsilon_0} \int_V \rho \, d\tau \tag{4-9}$$

로 쓸 수 있다. 이 결과는 어느 임의 체적 V에 대해서라도 성립하므로, 미소체적에 대해서도 적용된다. 그래서 피적분함수끼리 등식으로 놓을 수 있고

$$\nabla \cdot \mathbf{E} = \frac{\rho}{\epsilon_0} \tag{4-10}$$

라 하겠다. 이 중요한 결과는 Maxwell 방정식 중의 하나이고, 점전하 사이의 힘에 관한 Coulomb 법칙과 **동등**하다. (전기장은, 정의에 의해, 모든 전하로부터 만들어지기 때문에, 전하밀도 ρ는 어떤 원천으로부터 온 것이든지 모든 전하를 포함해야 한다는 점이 중요하다.)

4-2 Gauss 법칙의 응용

만일 전하분포가 충분한 대칭성을 가지고 있으면, Gauss 법칙은 전기장을 계산하는 간단하고도 편리한 수단이 될 것이다. 여기서의 주된 문제는 알맞은 닫힌 적분면을 선택하는 것이다. **E**의 크기가 일정한 면을 찾는 것이 중요하며, **E**가 그 면에 평행이거나 수직이어서 계산하기에도 쉬워야 하고, 위치에 따라 **E**의 의존성이 알려지지 않아서 생기는 어려움도 피할 수 있는 면이어야 한다. 이 과정은 다음의 예들을 통해서 쉽게 시범 보일 수 있다. 또한 여러 형태의 연속전하분포의 예를 보게 될 것이다.

예제

균일한 무한 선전하. λ가 일정하다고 가정하고, 특히 선전하를 z축과 일치하도록 놓고, 원통좌표를 사용하겠다. 무한 직선인 경우 직선을 따라 어디라고 위치를 말하는 것은 아무런 의미가 없는데, 왜냐하면 전하는 어쨌든 양방향으로 무한까지 뻗어 있기 때문이다. 그러므로 **E**는 z에 의존할 수 없다고 단정한다. 마찬가지로 φ의 값을 구별하는 것도 의미가 없는데, 어느 방향에서든지 z를 수직인 볼 때 전하분포는 같아 보이기 때문이다. 그러므로 **E**는 φ에도 무관해야 할 테고, 기껏해야 직선으로부터 거리 ρ에만 의존할 수 있다. 그러므로 $\mathbf{E} = \mathbf{E}(\rho)$라고 결론 내린다.

E가 선전하의 직선에 평행인 성분을 갖는다고 가정해보자, 즉 $E_z(\rho) \neq 0$이라 해보자. 이 예에서 z축 방향에 대해 양 혹은 음을 선택하는 것은 완전히 임의이다. 즉, "위"와 "아래" 사이의 실제적인 구별은 없다. 그러나 만일 E_z가 영이 아니라면, 이 사실로부터 위와 아래를 구별하게 될 것이다. 그러므로 $E_z = 0$이라고 해야 한다. 마찬가지로 φ가 증가하고 감소하는 기준에 대해서도 우선시하는 방향을 가질 이유가 없다. 그래서 $E_\varphi = 0$이다. 그러므로 이 배치의 대칭성으로부터 **E**는 지름방향일 뿐이며 $\mathbf{E} = E_\rho(\rho)\hat{\boldsymbol{\rho}}$로 쓸 수 있다. 그래서 **E**의 크기가 일정한 면은 반지름이 ρ인 무한히 긴 원통으로 그 축은 선전하와 일치한다. 그림 4-3에서는 길이 L의 유한한 부분만을 잡아서 그렸고, 바깥쪽으로의 법선벡터 $\hat{\mathbf{n}}_c$는 정확히 $\hat{\boldsymbol{\rho}}$와 같고 **E**와 평행이다. 이 모든 것을 보고 제안하건대 이 원통의 옆면을 적분면의 일부분으로 사용하자는 것이다. 적분을 위한 닫힌 면의 나머지 부분은 그림에 보인 반지름이 ρ인 두 원이고, 그러면 최종적으로 적분면은 수직원통이 되겠다. 이들 위 아랫면에서 밖으로 나가는 법선벡터는 $\hat{\mathbf{n}}_u$와 $\hat{\mathbf{n}}_l$로 각각 $\hat{\mathbf{z}}$와 $-\hat{\mathbf{z}}$이다. 이들 원에서 E_ρ의 ρ에 대한 의존성은 알려지지 않았지만, **E**는 면적벡터와 수직이므로 선속에의 기여는 영이 될 것이다.

이렇게 길게 설명을 하고 난 후에 살펴보니, 면적적분의 실제 계산은 어처구니 없을 정도로 간단하다. 그것은 둥근 옆면, 위와 아랫면(c, u, l이라고 표시하겠다)에 대한 적분의 합으로 쓸 수 있다. 옆면에서는 ρ가 일정하므로 $E_\rho(\rho)$도 일정하다는 것을 기억해두자. 그러므로 (4-1)은 이 경우

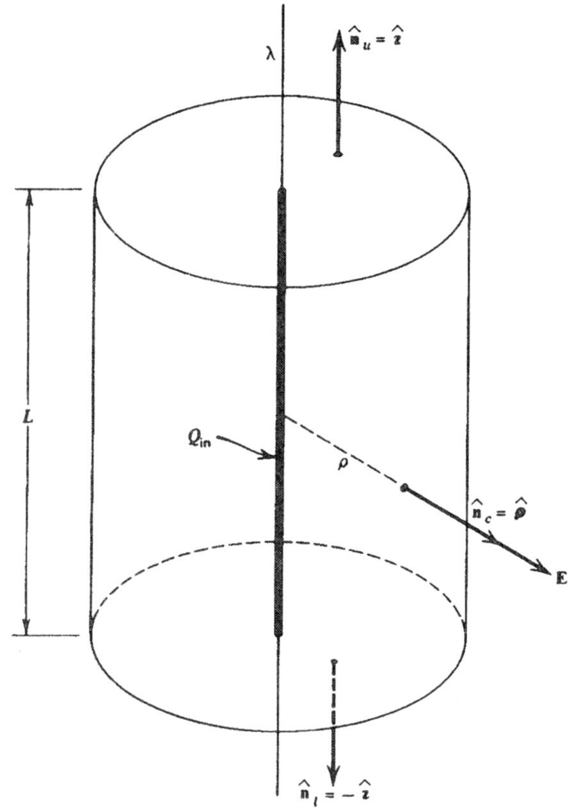

그림 4-3 균일한 무한 선전하의 전기장 계산.

$$\oint_S \mathbf{E} \cdot d\mathbf{a} = \int_c E_\rho(\rho)\hat{\boldsymbol{\rho}} \cdot \hat{\mathbf{n}}_c \, da + \int_u E_\rho \hat{\boldsymbol{\rho}} \cdot \hat{\mathbf{n}}_u \, da + \int_l E_\rho \hat{\boldsymbol{\rho}} \cdot \hat{\mathbf{n}}_l \, da$$

$$= E_\rho(\rho) \int_c da + 0 + 0 = E_\rho(\rho) 2\pi\rho L = \frac{Q_{in}}{\epsilon_0} = \frac{\lambda L}{\epsilon_0}$$

가 되고, 여기서 (1-76)과 (2-16)이 사용되었다. (2-16)은 원통 안의 총 전하를 구하는데 사용하였고, 전하는 길이 L의 선에 들어 있다. 위의 식을 $\mathbf{E}$에 대하여 풀 때, 임의 길이 L은 상쇄되고 $E_\rho(\rho) = \lambda/2\pi\rho\epsilon_0$을 얻는다. 그래서

$$\mathbf{E} = \frac{\lambda}{2\pi\epsilon_0\rho}\hat{\boldsymbol{\rho}} \tag{4-11}$$

가 되고, 전에 직접 적분으로 구한 (3-9)와 정확히 같다.

예제

균일한 무한 평면판. σ가 일정하다고 가정하고, 확실히 하기 위해 판은 xy평면에 놓여 있다고 하겠다. 그림 4-4는 이 배치를 모서리에서 본 모습이다. 이 예에서는 원점뿐 아니라

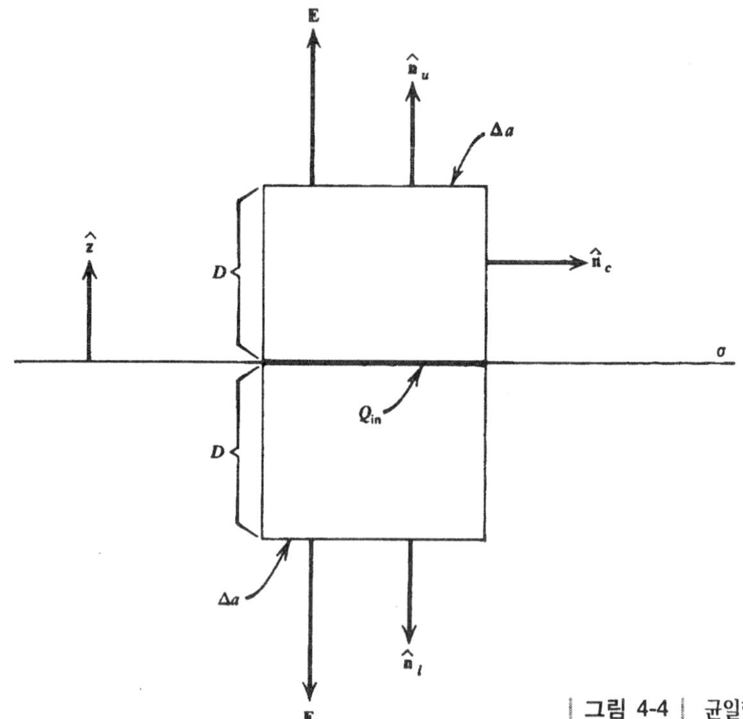

그림 4-4 균일한 무한 평면판의 전기장 계산.

x, y축 방향의 선택도 완전히 임의이기 때문에, **E**는 틀림없이 x와 y에 무관하다. 마찬가지로 좌우 사이의 기본적인 구별도, 혹은 이 종이의 안팎에 대한 구분도 없으므로 **E**는 판에 평행인 성분을 가질 수 없다. 그래서 **E**는 오직 z성분만 갖고, 기껏해야 판으로부터의 거리인 z의 함수이다. 또한 여기에서는 위와 아래에 대한 실질적인 차이가 없으므로, **E**는 σ의 부호에 따라 항상 판으로부터 멀어지도록 향하든지 혹은 판을 향해야 한다. 그래서 **E**는 $\mathbf{E} = \pm E(z)\hat{\mathbf{z}}$의 형태를 갖는데, $z > 0$의 경우는 윗 부호, $z < 0$인 경우는 아래 부호이다. $E(z)$는 양일 수도 음일 수도 있는데, 여기 그림에서는 $E(z)$가 양인 경우이다.

이런 것들을 고려하여 닫힌 적분면으로는 직각기둥을 선택하도록 해보겠는데, 판으로부터 위와 아래로 같은 거리 D만큼 뻗어 있고 마구리면들은 판에 평행이며 면적이 Δa, 밖으로의 법선벡터는 그림에 보인 $\hat{\mathbf{n}}_u = \hat{\mathbf{z}}$와 $\hat{\mathbf{n}}_l = -\hat{\mathbf{z}}$이다. 이 면들에서 **E**는 일정한 크기 $E(D)$를 갖는다. 이 면들을 연결해주는 곧은 옆면은 판에 수직이 될 것이다. 법선벡터 중의 하나를 $\hat{\mathbf{n}}_c$로 나타냈고 옆면의 모든 부분에서 $\hat{\mathbf{n}}_c \cdot \hat{\mathbf{z}} = 0$임을 알 수 있다. 또한 Q_{in}은 이 기둥이 자르는 판에 들어있고 $\sigma\Delta a$와 같다.

그러므로 이 경우 (4-1)은

$$\oint_S \mathbf{E} \cdot d\mathbf{a} = \int_u E(D)\hat{\mathbf{z}} \cdot \hat{\mathbf{z}}\, da + \int_l E(D)(-\hat{\mathbf{z}}) \cdot (-\hat{\mathbf{z}})\, da + \int_c E(z)\hat{\mathbf{z}} \cdot \hat{\mathbf{n}}_c\, da$$

$$= E(D)\,\Delta a + E(D)\,\Delta a + 0 = 2E(D)\,\Delta a = \frac{Q_{\text{in}}}{\epsilon_0} = \frac{\sigma\,\Delta a}{\epsilon_0}$$

가 된다. 이로부터 $E(D) = \sigma/2\epsilon_0$이라고 구하게 되는데, 이것은 사실 D와 무관하게 나왔다. 그러므로 이 판에 대한 전기장은

$$\mathbf{E} = \pm\frac{\sigma}{2\epsilon_0}\hat{\mathbf{z}} \tag{4-12}$$

로 주어지고, 전에 직접 적분으로 얻은 (3-12)의 결과와 정확히 같다.

예제

구대칭인 구전하분포. 이 전하분포는 반지름 a인 구 안에 들어 있다. 전하밀도가 일정하다고 가정할 필요는 없지만, 각도에는 무관하다고 가정하여 기껏해야 $\rho = \rho(r)$이다. 이것이 "구대칭"이 의미하는 바이다. 이로부터 **E**자체의 크기는 각도와 무관하여 지름성분만 갖고, $\mathbf{E} = E_r(r)\hat{\mathbf{r}}$의 형태로 쓰일 수 있다.

E의 크기는 반지름이 r인 구 위에서 일정하므로, 그러한 구를 적분면으로 택하겠고 법선벡터는 $\hat{\mathbf{r}}$이다. 그러므로 (4-1)의 좌변은 (1-92)를 이용하여

$$\oint_S \mathbf{E}\cdot d\mathbf{a} = \oint_S E_r(r)\hat{\mathbf{r}}\cdot\hat{\mathbf{r}}\,da = E_r(r)\oint_S da = 4\pi r^2 E_r(r) \tag{4-13}$$

이 되고, 따라서

$$E_r(r) = \frac{Q_{\text{in}}}{4\pi\epsilon_0 r^2} \tag{4-14}$$

이며, 여기서

$$Q_{\text{in}} = \int_{V(r)} \rho(r')\,d\tau' \tag{4-15}$$

으로, $V(r)$은 반지름이 r인 구의 체적이다. 이제 두 가지 경우를 생각해 보자.

1. 전하구의 바깥, $r > a$. 여기서 $r' > a$이면 $\rho(r') = 0$이고, (4-15)에서 적분되는 체적은 전하분포의 전체 체적으로 $V(a)$가 되며 그러므로

$$Q_{\text{in}} = \int_{V(a)} \rho(r')\,d\tau' = Q \tag{4-16}$$

이다. Q는 구에 들어 있는 총 전하이다. 그러면 (4-14)는

$$E_r(r) = \frac{Q}{4\pi\epsilon_0 r^2} \qquad (r > a) \tag{4-17}$$

이 되어, 바깥에서의 전기장은 마치 모든 전하가 구의 중심에 위치한 점전하에 의한 것과 같다. 이것은 (3-1)과 (2-29)로부터 (거기서는 총전하를 Q'이라 썼는데) 일정한 전

하밀도의 구에 대해 직접 적분으로부터 구한 것과 같다. 그러나 이번에는 전하분포가 구대칭이기만 하면 어느 구전하에 대해서라도 일반적으로 같은 결과가 된다고 결론지을 수 있다.

2. 구전하의 안쪽, $r < a$. 이 경우 (1-99)를 이용할 수 있어서 (4-15)를

$$Q_{\text{in}} = \int_0^{2\pi}\int_0^{\pi}\int_0^{r}\rho(r')r'^2\sin\theta'\,dr'\,d\theta'\,d\varphi' = 4\pi\int_0^{r}\rho(r')r'^2\,dr' \tag{4-18}$$

처럼 쓰고, (4-14)에 대입할 때, 안쪽에서의 전기장은

$$E_r(r) = \frac{1}{\epsilon_0 r^2}\int_0^{r}\rho(r')r'^2\,dr' \qquad (r < a) \tag{4-19}$$

로 주어진다. $\rho(r')$의 형태가 정확히 주어지기 전에는 더 이상 계산할 수 없다.

예제

바로 앞 예제의 특별한 경우로 ρ가 일정한 즉 균일한 전하를 갖는 구를 생각해보자. 그러면 (4-19)의 적분은

$$\int_0^{r}\rho r'^2\,dr' = \rho\int_0^{r}r'^2\,dr' = \tfrac{1}{3}\rho r^3$$

이 되고, 그래서

$$E_r(r) = \frac{\rho r}{3\epsilon_0} \qquad (r < a) \tag{4-20}$$

이다. 이것은 (2-27)을 이용하여 총전하 Q로 나타낼 수 있다. 그 결과는

$$E_r(r) = \frac{Qr}{4\pi\epsilon_0 a^3} \qquad (r < a) \tag{4-21}$$

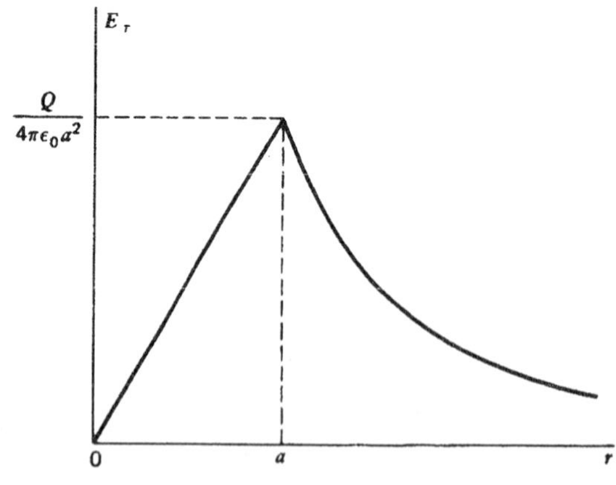

그림 4-5 | 구 중심으로부터의 거리 r의 함수로 나타낸 반지름 a인 균일 전하구의 전기장.

로, 구의 중심에서 밖으로 나오면서 전기장이 거리에 선형으로 증가함을 보여준다. 구의 밖에서는 (4-17)에 의해 중심에서 밖으로 나오면서 거리의 제곱에 반비례한다. (4-17)과 (4-21)은 둘 다 $r = a$인 구표면에서 $Q/4\pi\epsilon_0 a^2$로 같은 값임을 알아두자. 그리하여 전기장은 표면을 지나면서 연속이다. 균일한 전하의 구에 관한 이 결과를 그림 4-5에 나타내었다.

다른 구대칭 전하분포 $\rho(r)$로는 구 안에서 r에 대한 E_r의 의존성이 달라지지만, 구 밖에서는 $r = a$인 구 안에 든 총전하로 표현할 때 그림 4-5에 보인 것과 정확히 같다.

4-3 ∇ · E의 직접 계산

E의 다이버전스를 구하고자 하는 목적은 (4-10)으로 달성되었지만, 이것은 다소 간접적으로 얻어졌다. **E**의 기본 정의식에서부터 시작하여 직접적인 접근방식으로 같은 결과를 얻을 수 있다면 흥미롭겠다. 연속전하분포에 대해 알맞은 (3-3) 표현식으로부터 시작하는 것이 편리하겠다. (3-3)의 양변에 ∇을 점곱하면,

$$\nabla \cdot \mathbf{E} = \frac{1}{4\pi\epsilon_0}\nabla \cdot \int_{V'} \frac{\rho(\mathbf{r}')\hat{\mathbf{R}}\, d\tau'}{R^2} \tag{4-22}$$

을 얻는다. ∇의 미분은 장점의 변수 x, y, z에 대해 취해지고, 바로 그 지점이 $\nabla \cdot \mathbf{E}(\mathbf{r})$의 값을 알고 싶은 곳이다. (4-22)의 유한적분은 정해진 원천 체적 V'에 대해 수행되고, 적분의 한계는 상수이거나, 최악의 경우라도 원천점 변수(′이 붙은)의 함수일 것이다. (1-13절의 예제에서 적분 한계가 적분변수를 포함하는 이차원의 경우를 보았다.) 그러므로, 적분의 **r**에 관한 의존성은 피적분함수에만 들어 있을 수 있고, 유한적분은 합에 극한을 취한 것이라고 생각할 수 있으므로, (1-114)를 이용하여 두 개 이상의 항의 합으로 일반화 할 수 있으며 미분과 적분의 순서를 바꿀 수 있다. (1-115)를 이용하고 ∇에 관한 한 $\rho(\mathbf{r}')$과 $d\tau'$은 (′이 붙은 원천점 변수만을 포함하므로) 상수임에 유의하면, (4-22)는

$$\nabla \cdot \mathbf{E} = \frac{1}{4\pi\epsilon_0}\int_{V'} \rho(\mathbf{r}')\nabla \cdot \left(\frac{\hat{\mathbf{R}}}{R^2}\right) d\tau' \tag{4-23}$$

이 된다. 그러나 (1-145)로부터 이 피적분함수는 영임을 ($R \neq 0$인 한) 알고 있으므로, (4-23)에 주어지는 기여는 어떤 경우라도 $R = |\mathbf{r} - \mathbf{r}'| = 0$에 해당하는 영역으로부터, 즉 장점 바로 부근에서만 생긴다. 그래서 어느 한 점에서 무한대의 피적분함수를 갖는 문제로써의 (4-23)을 계산하기 위하여, 극한과정을 사용한다. 즉, 장점 P 부근의 작지만 유한한 체적 $\Delta\tau'$에 대하여 적분하고, 그 다음에 극한 $\Delta\tau' \to 0$을 취할 수 있다. 꼭 그럴 필요는 없지만, $\Delta\tau'$으로는 그림 4-6에 보인 것처럼 P 부근의 반지름 R인 구를 선택하면 가장 쉽다. 그런 다음 마지막에 $R \to 0$을 취한다. 흔히 그러하듯이 $\hat{\mathbf{R}}$은 장점을 향하도록 즉, 원의 중심을 향하도록 그렸다. 이 구 안에서는 $|\mathbf{r} - \mathbf{r}'| \cong 0$이므로 $\rho(\mathbf{r}')$ 은 거의 일정하고 $\rho(\mathbf{r})$과 같으며, 그래서 적분 밖으로 꺼낼 수 있다. 이 과정은 $R \to 0$에 접근함에 따라 정확해진다. 이렇게 하면

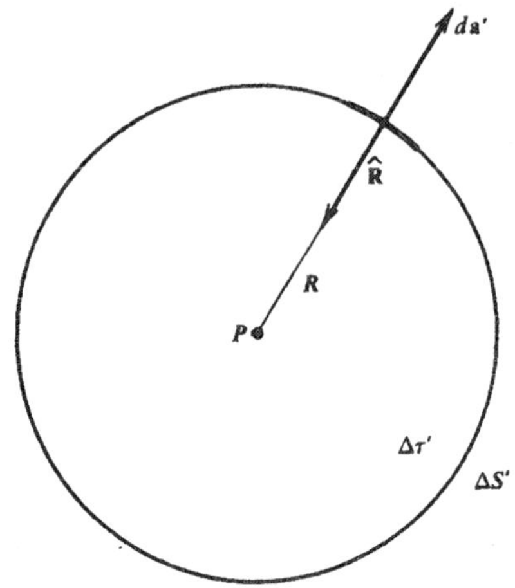

그림 4-6 장점을 감싸는 작은 구.

$$\nabla \cdot \mathbf{E} = \frac{\rho(\mathbf{r})}{4\pi\epsilon_0}\int_{\Delta\tau'} \nabla \cdot \left(\frac{\hat{\mathbf{R}}}{R^2}\right) d\tau' \tag{4-24}$$

를 얻는다. 이번에는 (1-133)을 이용하여 피적분함수의 미분을 프라임 변수로 (부호 변화를 포함하여) 나타낼 수 있다. 이렇게 하면 (1-59)의 다이버전스정리를 사용할 수 있고 (4-24)는 $\Delta\tau'$을 감싸는 표면 $\Delta S'$에 대한 면적분으로 바뀔 수 있다:

$$\nabla \cdot \mathbf{E} = \frac{\rho(\mathbf{r})}{4\pi\epsilon_0}\oint_{\Delta S'} \frac{(-\hat{\mathbf{R}}) \cdot d\mathbf{a}'}{R^2} \tag{4-25}$$

이번에는 (4-3)으로 돌아가서, $\hat{\mathbf{R}}$과 $d\mathbf{a}'$ 사이의 각이 그림 4-6에서 볼 수 있듯이 180°라는 사실을 고려하면, 피적분함수는 바로 $d\Omega$ 임을 알게 된다. P가 $\Delta S'$의 안에 있으므로 (4-25)의 적분은 (4-5)에 의해 정확히 4π가 될 것이고, (4-25)는

$$\nabla \cdot \mathbf{E} = \frac{\rho(\mathbf{r})}{\epsilon_0} \tag{4-26}$$

이 된다. 이것은 전에 구했던 바로 그것이다. 이 유도과정은 우리가 알고 있는 다음의 내용을 확인시켜 준다는 점에 주목하자: ρ는 $\mathbf{E}(\mathbf{r})$을 알고 있는 지점에서 구해져야 하고, 이 바로 같은 지점에서 $\nabla \cdot \mathbf{E}$의 값을 구하고자 한다.

연습문제

4-1 그림 1-41의 $a > b > c$인 직육면체가 일정한 밀도 ρ의 전하로 채워져 있다. 반지름 $2a$의 구가 중심을 원점에 두고 구성되어 있다. 이 구의 표면을 통과하는 선속 $\oint \mathbf{E} \cdot d\mathbf{a}$를 구하라. 구의 중심이 꼭지점 (a, b, c)에 있을 때의 선속은 얼마인가?

4-2 반지름 a의 구가 중심을 원점에 두고 $\rho = Ar^2$ (A는 상수)인 전하밀도를 가지고 있다.

반지름 $2a$인 다른 구도 같은 중심을 가지고 있다. 큰 구의 표면을 통과하는 선속 $\oint \mathbf{E} \cdot d\mathbf{a}$를 구하라.

4-3 그림 4-3의 무한 선전하가 무한히 긴 원통으로 둘러싸여 있는데, 그 원통은 반지름이 ρ_0이고 축은 선전하와 일치한다. 원통의 표면은 일정한 면밀도 σ의 전하를 가지고 있다. 모든 곳에서의 전기장 $\mathbf{E}$를 구하라. σ가 어떤 값이면 대전된 원통의 바깥 모든 지점에서 $\mathbf{E} = 0$으로 만들겠는가? 그 답은 이치에 맞는가?

4-4 일정한 체적밀도의 전하가 두께 a의 판 모양으로 되어 있다. 판면은 xy평면에 평행인 무한 평면이다. 원점을 판의 중앙에 잡고 모든 곳에서의 $\mathbf{E}$를 구하라.

4-5 반경 a인 구가 중심으로부터 거리 r에 따라 $\rho = Ar^{1/2}$(A는 상수)로 변하는 전하밀도를 가지고 있다. 모든 곳에서의 $\mathbf{E}$를 구하라.

4-6 두 동심구가 반지름 a와 $b(b > a)$를 가지고 있다. 그들 사이의 영역에는 (즉, $a \le r \le b$) 일정한 밀도의 전하가 들어 있다. 다른 모든 곳에서의 전하밀도는 영이다. 모든 지점에서의 $\mathbf{E}$를 구하고 총전하 Q로 표현하여라. $a \to 0$일 때 옳은 결과가 되는가?

4-7 무한대로 긴 원통의 단면은 반지름이 a인 원이다. 이것은 일정한 체적밀도 ρ_{ch}의 전하로 채워져 있다. 원통의 안과 밖 모든 곳에서 $\mathbf{E}$를 구하라. (4-11)과 일치하는가?

4-8 두 개의 무한히 긴 동축 원통이 그림 4-7에 보인 것처럼 반지름 a와 $b(b > a)$를 가지고 있다. 그들 사이의 지역은 원통좌표로 $\rho_{ch} = A\rho^n$(A와 n은 상수)의 체적밀도를 갖는 전하로 채워져 있다. 다른 모든 곳의 전하밀도는 영이다. 모든 곳에서의 $\mathbf{E}$를 구하라. 연습문제 4-7과 같은 결과가 되려면 n과 a는 어떤 값이 되어야 하는가? 같아지기는 하는가?

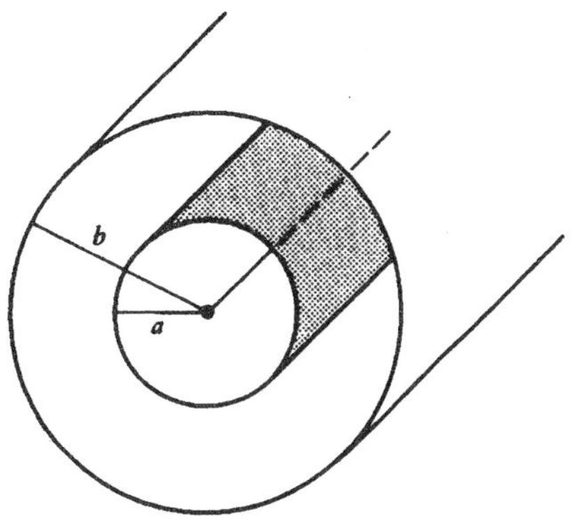

그림 4-7 연습문제 4-8의 동축 원통.

4-9 그림 4-7의 무한히 긴 동축 원통 사이의 영역이 원통좌표로 $\rho_{ch} = Ae^{-\alpha\rho}$인 체적밀도의 전하로 채워져 있다. 모든 곳에서의 $\mathbf{E}$를 구하라. 어떤 간단한 상황에서 이 결과와 연습문제 4-8의 결과가 같아지겠는가? 같아지기는 하는가?

4-10 실험에 의하면 날씨가 맑을 때 지구대기의 평균 정전기장은 근사적으로 $\mathbf{E} = -E_0(Ae^{-\alpha z} + Be^{-\beta z})\hat{\mathbf{z}}$ 라고 알려져 있다. 모든 실험 상수들은 양수이고 z는 (지역적으로 평평한)표면으로부터의 고도이다. 대기 내의 평균전하밀도를 고도의 함수로 구하라. 그 부호는 무엇인가? (육지에서 대표적인 E_0의 값은 $\simeq$ 250 N/C이다.)

4-11 어떤 전기장이 $0 < \rho < a$에 대해 $\mathbf{E} = E_0(\rho/a)^3\hat{\boldsymbol{\rho}}$로 주어지고 다른 곳에서는 $\mathbf{E}_\varphi = 0$이다. 체적전하밀도를 구하라.

4-12 $r > a$인 영역에서의 전기장이 $E_r = 2A \cos\theta/r^3$, $E_\theta = A \sin\theta/r^3$, $E_\varphi = 0$(A = 상수)로 주어져 있다. 이 영역에서의 체적전하밀도를 구하라.

제 5 장 스칼라 퍼텐셜

지금까지 정전기적 효과는 순전히 벡터장 **E**를 써서 기술하였다. **E**에 관한 표현식을 재작성하여 실질적으로는 같은 내용을 스칼라장으로 나타낼 수 있는데, 이것이 여러 가지 목적에서 훨씬 편리하다.

5-1 스칼라 퍼텐셜의 정의와 특성

전기장을 정의하는 기본적인 식은 (3-2)이다. (1-141)을 이용하여 $\hat{\mathbf{R}}_i/R_i^2$을 $-\nabla(1/R_i)$로 바꾸어 놓으면, 그리고는 (1-110)을 이용하여 미분의 합을 합의 미분으로 순서를 바꾸면, (3-2)는

$$\mathbf{E}(\mathbf{r}) = -\sum_i \frac{q_i}{4\pi\epsilon_0}\nabla\left(\frac{1}{R_i}\right) = -\nabla\sum_i \frac{q_i}{4\pi\epsilon_0 R_i} \tag{5-1}$$

가 되며, 여기서 평소처럼 $R_i = |\mathbf{r} - \mathbf{r}_i|$이다. 그래서

$$\phi(\mathbf{r}) = \sum_{i=1}^{N} \frac{q_i}{4\pi\epsilon_0 R_i} \tag{5-2}$$

로 정의하면

$$\mathbf{E}(\mathbf{r}) = -\nabla\phi(\mathbf{r}) \tag{5-3}$$

라고 쓸 수 있다. 그러면 (1-48)에 의해

$$\nabla \times \mathbf{E} = 0 \tag{5-4}$$

이다. 스칼라장 *scalar field* ϕ는 **스칼라 퍼텐셜** *scalar potential*이라 불리며 **정전기 퍼텐셜** *electrostatic potential*이라고도 한다. 스칼라 퍼텐셜을 측정하는 단위는 **볼트** *volt*(V)라 한다. (5-3)을 보면 전기장은 V/m로도 표현할 수 있는데, 실상 이것이 가장 흔히 사용되는 전기장의 단위이다. 이것을 앞에서 본 **E**의 단위 N/C와 결합시키면, 1 V = 1 J/C이다.

(5-4)에 의하면 정전기장의 커얼은 어디에서나 영인데, Stokes 정리 (1-67)로부터

$$\oint_C \mathbf{E}\cdot d\mathbf{s} = 0 \tag{5-5}$$

이 된다. 여기서 C는 임의의 닫힌 경로이다. 이 결과는 정전기장이 잘 알려진 **보존력장** *conservative field*의 일종이라는 점을 분명히 보여주고 있다.

요약하자면 벡터인 정전기장은 스칼라 퍼텐셜의 그래디언트에 음의 부호를 붙인 것으로

쓸 수 있고, (5-2)에 의해 원천점에 분포하는 전하량과 그 위치가 알려지면 원하는 장점 **r** 어디에서나 ϕ를 계산하는 방법이 마련된다. 예를 들어 모든 위치가 직각좌표로 주어지면 (1-14)를 이용하여 (5-2)는

$$\phi(\mathbf{r}) = \phi(x, y, z) = \sum_{i=1}^{N} \frac{q_i}{4\pi\epsilon_0\left[(x-x_i)^2+(y-y_i)^2+(z-z_i)^2\right]^{1/2}} \tag{5-6}$$

로 쓸 수 있다. ϕ는 스칼라량이기 때문에, (3-2)의 벡터합으로 **E**를 구하는 과정보다는, (5-2)의 합을 구한 다음 (5-3)으로 미분을 계산하는 것이 일반적으로 더 쉽다. 이것이 ϕ가 실용적으로 관심을 끄는 한 이유이다.

원천전하가 연속분포하고 있으면, 2-4절과 3-1절에서 했던 것과 똑같이, (2-14)와 (2-16)을 이용하여 (5-2)를 적분의 형태로 쓸 수 있다. 결과는

$$\phi(\mathbf{r}) = \frac{1}{4\pi\epsilon_0}\int_{V'} \frac{\rho(\mathbf{r}')\,d\tau'}{R} \tag{5-7}$$

$$\phi(\mathbf{r}) = \frac{1}{4\pi\epsilon_0}\int_{S'} \frac{\sigma(\mathbf{r}')\,da'}{R} \tag{5-8}$$

$$\phi(\mathbf{r}) = \frac{1}{4\pi\epsilon_0}\int_{L'} \frac{\lambda(\mathbf{r}')\,ds'}{R} \tag{5-9}$$

이고, 원천전하를 담고 있는 모든 체적, 면적, 선에 대하여 적분한다. 사실은 모든 공간에 대해 적분해도 되는데, 전하가 없는 공간에서의 밀도는 영이기 때문에 적분값에 영향을 주지 않는다. 거론된 모든 전하분포의 가능성이 동시에 존재하면, (5-1)로 보아 알 수 있듯이, 주어진 장소에서의 총 ϕ는 (5-2)와 (5-7)부터 (5-9)까지의 모든 기여의 스칼라합이고, 주어진 위치에서의 총 **E**는 총 스칼라 퍼텐셜에 대한 음의 그래디언트로 구할 수 있다.

그러나 (5-1)에서 (5-2)로 넘어갈 때 어느 정도 모호함이 남아 있었다. (5-2) 대신

$$\phi(\mathbf{r}) = \sum_{i=1}^{N} \frac{q_i}{4\pi\epsilon_0 R_i} + C \tag{5-10}$$

로 정의했다고 가정해보자. 여기서 C는 상수지만 완전히 임의인 상수이다. 이 표현식을 (5-3)에 대입하였을 때, $\nabla C = 0$이기 때문에 (5-1)에 주어진 것과 똑같은 전기장 **E**를 얻게 된다. 즉, 스칼라 퍼텐셜은 원리상 항상 임의의 상수를 포함하고 있으며, 이 상수로는 편리한 어떤 값을 지정하더라도 주어진 문제의 기본적인 모습은 변하지 않게 할 수 있다. 모든 식에 이 상수를 포함시키는 것은 불편한 일이므로, 일반적으로 편의상 $C = 0$으로 택한다. 그러면 (5-2)식이 되고, 이후의 모든 경우에도 그대로 따르기로 한다. 이렇게 선택하는 것은 의미심장한 일인데, 이것을 알아보기 위하여 (5-2)의 모든 전하가 공간의 어느 정해진 영역을 차지한다고 해보자. 그러면 장점 **r**은 모든 전하로부터 매우 멀리 떨어져 있도록 선택할 수 있고, 그러면 모든 $R_i \to \infty$이고 $\phi(\mathbf{r}) = 0$이다. 즉, (5-2)로 선택하면 스칼라 퍼텐셜은 "무한대에서" 영이 될 것이다.

이것은 널리 쓰이는 약속이며 우리도 보통 이렇게 사용하겠다. 하지만, 지구 표면의 중력 퍼텐셜을 영으로 잡는 것처럼, 다른 위치를 선택하는 것이 편리한 경우도 있다. 그럴 때는 그것을 구체적으로 밝히겠다.

E와 ϕ의 관계를 나타내는 또 다른 편리한 방도가 있다. 그림 1-22에 나타낸 것처럼 $\mathbf{r}_1$에 위치한 시작점 P_i와 $\mathbf{r}_2$에 위치한 끝점 P_f 사이에서 **E**의 선적분을 생각해 보자:

$$\int_1^2 \mathbf{E}\cdot d\mathbf{s} = \int_1^2 -\nabla\phi\cdot d\mathbf{s} = -\int_1^2 d\phi = -(\phi_2-\phi_1) = -[\phi(\mathbf{r}_2)-\phi(\mathbf{r}_1)]$$

여기서 (5-3)과 (1-38)을 사용하였다. (5-5)를 이용하면 이것을

$$\Delta\phi = \phi(\mathbf{r}_2)-\phi(\mathbf{r}_1) = -\int_1^2 \mathbf{E}\cdot d\mathbf{s} = \int_2^1 \mathbf{E}\cdot d\mathbf{s} \tag{5-11}$$

처럼 쓸 수 있고, 이 관계식은 스칼라 퍼텐셜의 변화량 $\Delta\phi$와 전기장 선적분 사이의 관계를 말해 주고 있다. 이 결과는 두 끝점에서의 ϕ값에만 의존하기 때문에 적분값은 **경로에 무관하다.** 이것은 전기장 **E**가 보존력장이라는 점을 말해주는 또 다른 방식임을 기억해두자. [경로가 닫혀있다면, $\mathbf{r}_2 = \mathbf{r}_1$이고 (5-11)에 의해 다시 (5-5)가 된다.] 주의해 볼 것은 ϕ를 정의할 때 포함시킬 수도 있는 임의 상수를 퍼텐셜에 더하더라도, (5-11)로 주어진 $\Delta\phi$는 변함없다는 점인데, 그 차이를 계산할 때 이 상수가 상쇄되기 때문이다. 앞의 두 장에서 설명된 것 같은 다른 방법을 통해 전기장 **E**를 알아냈다면, 두 지점 사이의 퍼텐셜차는 (5-11)을 이용하여 구할 수 있다. 알아낸 **E** 값을 사용하여 적분할 때 경로에 무관하기 때문에 어느 것이라도 편리한 경로를 선택하여 계산할 수 있다. 앞으로 알게되겠지만, 이 계산과정은 여러 까다로운 상황에서도 유용한데, 그 중에는 전하가 무한대까지 뻗어있다고 가정되어 ϕ가 무한대에서 영이 되지 않는 경우거나, 또는 무한대에서 뿐 아니라 여러 불리한 지점에서 심지어 발산하는 경우에도, 혹은 (5-7) 내지 (5-9)를 적용하기 어려운 다른 상황도 포함된다.

ϕ가 일정한 면을 **등퍼텐셜면** *equipotential surface*라 부른다. 1-9절에서 스칼라의 그래디언트

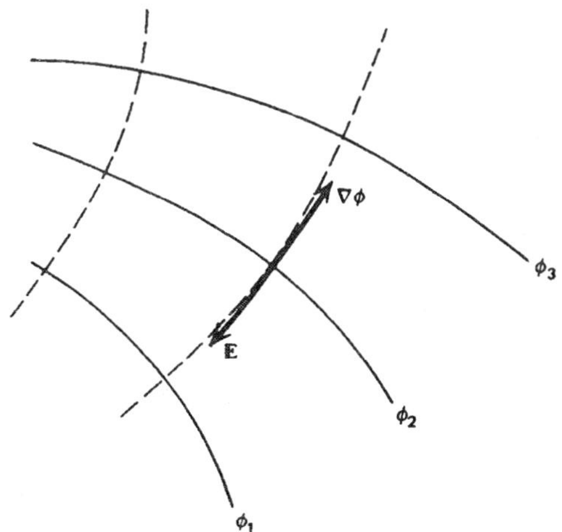

그림 5-1 등퍼텐셜면(실선)과 전기장선(점선).

는 스칼라량이 일정한 면에 수직이고, 그 스칼라의 변화율이 최대인 방향을 향한다고 배웠다. 그 결과 (5-3)으로부터 **E**의 방향은 등퍼텐셜면에 수직이고 ϕ가 감소하는 쪽임을 알 수 있다. 이것을 그림 5-1에 나타냈는데, 등퍼텐셜면은 실선으로 그렸고, **E**의 방향은 점선으로 나타냈었으며, 여기서의 전기장 방향은 $\phi_3 > \phi_2 > \phi_1$에 해당된다. (각 지점에서 **E**의 방향에 접선으로 정의되는 선을 "역선 *line of force*", 혹은 "**E**의 선"이라 부른다. 이 선들의 밀도를 **E**의 크기에 비례하도록 그리는 것이 일반적이다. 즉, **E** 크기의 수치는 선들이 듬성듬성 떨어진 곳보다 가까이 붙어 있는 영역에서 더 크다.) 이미 구한 ϕ의 해를 가지고 등퍼텐셜면을 그려 놓았다면, 그림에 나타낸 수직 관계를 이용하여, 장선을 스케치함으로써 상황을 시각화할 수 있다. 이미 알고 있는 **E**의 선으로부터 등퍼텐셜의 모습을 스케치하는 반대급부적인 방법도 유용하다.

예제

단일 점전하. 가장 간단한 예로 $\mathbf{r}'$에 놓인 점전하 Q에 대하여 이 아이디어를 설명해 보자. 이 경우 (5-2)는 하나의 항

$$\phi(\mathbf{r}) = \frac{Q}{4\pi\epsilon_0 R} \tag{5-12}$$

이 된다. 여기서 $R = |\mathbf{r} - \mathbf{r}'|$이다. 이것을 (5-3), (1-141)과 결합하면

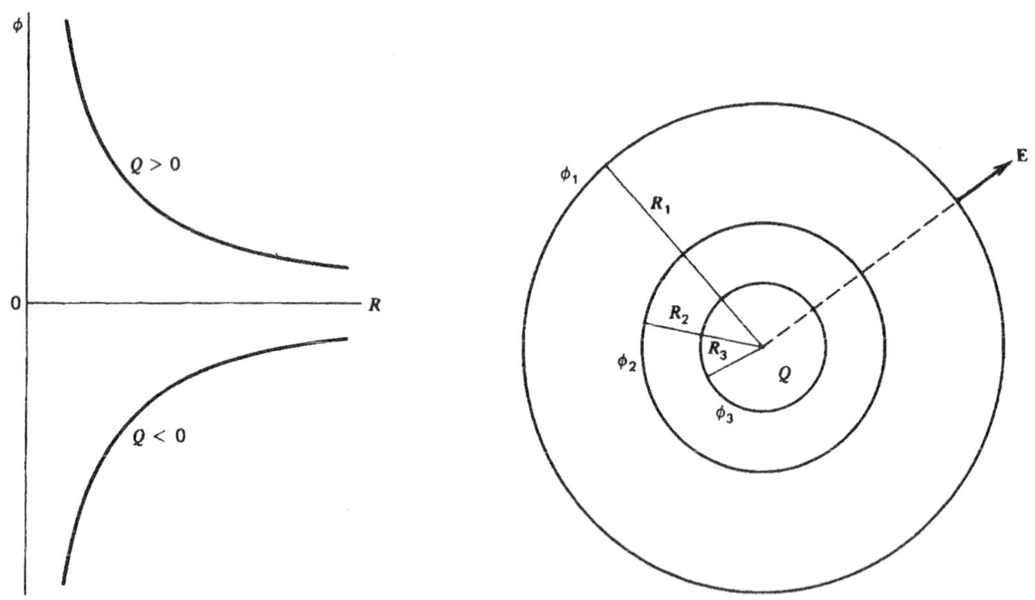

그림 5-2 점전하 Q로부터의 거리 R의 함수로 나타낸 퍼텐셜.

그림 5-3 점전하에 의한 여러 등퍼텐셜 구면.

$$\mathbf{E}(\mathbf{r}) = \frac{Q\hat{\mathbf{R}}}{4\pi\epsilon_0 R^2} \tag{5-13}$$

이 되는데, 이것은 물론 단일 전하에 대한 (3-2)와 일치한다. 그림 5-2는 주어진 Q에 대한 (5-12)의 ϕ를 R의 함수로 그린 것인데, Q의 두 부호에 대해 나타냈다. (5-12)를 R에 대하여 풀고 ϕ에 정해진 값을 넣으면 등퍼텐셜면이 구해지는데, 결과식은

$$R = \frac{Q}{4\pi\epsilon_0\phi} \tag{5-14}$$

이다. 이들 면은 R = 일정에 해당되고, 그러면 등퍼텐셜면은 Q가 있는 곳에 중심을 둔 구가 된다. 이런 모습이 그림 5-3인데, 여기서 Q는 양수라고 가정하여, $\phi_3 > \phi_2 > \phi_1$이다. 그림 5-1에 의하면, **E**는 이 구면들에 수직이고 ϕ가 줄어드는 방향이어야 한다. 그러므로 **E**는 Q로부터 지름방향으로 밖으로 퍼져 나가야 하고, (5-13)과 일치한다.

원리상, (5-7) 등의 식은 정전기학 문제에 완벽한 해가 된다. 그러나 앞으로 보겠지만, 어떤 문제는 (5-7)을 직접 사용할 수 있는 방식으로 표현되어 있지 않거나, 그러기에는 너무나 어려운 경우가 있다. 예를 들어 전하밀도가 공간의 정해진 영역에서만 알려져 있고 이 영역의 밖에서는 알려져 있지 않았으나 그 대신 그 영역을 감싸는 표면에서의 ϕ의 값이 주어질 수 있다. 그러면 (5-7)은 일반적으로 직접 사용될 수 없다. 그러나 다른 접근방식으로 수식화 할 수가 있다. (5-3)을 (4-10)과 결합하면 **E**를 소거할 수 있고, (1-45)를 사용하면

$$\nabla^2\phi = -\frac{\rho}{\epsilon_0} \tag{5-15}$$

가 된다. 즉, 스칼라 퍼텐셜은 Poisson 방정식이라 불리는 이 미분방정식을 만족시킨다. $\rho = 0$인 영역에서 (5-15)는 Laplace 방정식

$$\nabla^2\phi = 0 \tag{5-16}$$

으로 간단해진다. 이들 방정식을 사용하는 자세한 방법과 이러한 접근방식의 정당화에 관한 논의는 11장으로 미루겠다.

끝으로 **E**에 대한 원천식 (4-10)과 (5-4)는, 또 다른 결과인 (5-3), (5-7)과 함께 ((1-148) 내지 (1-150)에서 인용된) Helmholtz 정리와 완전하게 일치한다는 점을 지적할 수 있겠다.

이제 연속적인 전하분포에 대한 스칼라 퍼텐셜의 몇 가지 계산 예를 생각해보자.

5-2 균일한 구전하분포

이 전하분포는 2-5절에서 고려한 것과 정확히 같다. 총 전하 Q가 반경 a의 구 안에 일정한 전하밀도 $\rho = 3Q/4\pi a^3$로 들어 있다. 그림 2-6과 2-7의 좌표계를 다시 사용하되, 이 그림들에서

q의 위치를 나타내었던 점을 여기서는 ϕ를 구하려하는 장점으로 해석하면 되겠다. 앞에서와 같이 $R^2 = z^2 + r'^2 - 2zr'\cos\theta'$이므로 (5-7)은

$$\phi = \frac{\rho}{4\pi\epsilon_0}\int_0^{2\pi}\int_0^{\pi}\int_0^{a}\frac{r'^2\sin\theta'\,dr'\,d\theta'\,d\varphi'}{(z^2 + r'^2 - 2zr'\cos\theta')^{1/2}} \tag{5-17}$$

이 된다. 여기서는 (1-99)가 사용되었고 일정한 값 ρ는 적분 밖으로 빼내었다. $d\varphi'$에 관한 적분은 단번에 2π가 된다. 여기서도 $\mu = \cos\theta'$으로 두고 (2-22)를 사용하면 (5-17)은

$$\phi = \frac{\rho}{2\epsilon_0}\int_0^{a} r'^2\,dr'\int_{-1}^{1}\frac{d\mu}{(z^2 + r'^2 - 2zr'\mu)^{1/2}} \tag{5-18}$$

가 된다. μ에 대한 적분은 적분표에서 찾아

$$-\left.\frac{(z^2 + r'^2 - 2zr'\mu)^{1/2}}{zr'}\right|_{-1}^{1} = \frac{1}{zr'}(|z + r'| - |z - r'|) \tag{5-19}$$

이 된다. 여기서 두 가지 경우를 생각해 보자.

1. 구의 밖. $z > a$에서 z가 양의 값이라고 가정할 수 있고, $r' \le a$이므로, $z > r'$이 된다. 그러면 (5-19)의 괄호는 $(z + r') - (z - r') = 2r'$이고 μ에 대한 적분은 $2/z$가 된다. 이것을 (5-18)에 넣고 r'에 대해 적분하면, 구 밖 한 점에서의 퍼텐셜 ϕ_0는

$$\phi_o = \frac{\rho a^3}{3\epsilon_0 z} = \frac{Q}{4\pi\epsilon_0 z} \tag{5-20}$$

   으로 구해진다.

2. 구의 안. $z < a$이므로 r'은 z보다 클 수도 있고 작을 수도 있다. $z < r' < a$일 때, (5-19)는

$$\frac{1}{zr'}[(z + r') - (r' - z)] = \frac{2}{r'}$$

   이고, $r' < z < a$일 때는 (5-19)가 앞에서와 같이 $2/z$이다. μ에 대한 적분은 r'의 범위에 따라 이처럼 서로 다른 값을 가지므로, r'에 대한 적분을 할 때는 두 r'의 범위에 대해 적절한 피적분함수를 가지고 따로 계산하여, 두 적분을 합해야 한다. 즉, 구 내부에서의 퍼텐셜 ϕ_i에 대한 표현식은

$$\begin{aligned}\phi_i &= \frac{\rho}{2\epsilon_0}\left(\int_0^{z} r'^2\,dr'\cdot\frac{2}{z} + \int_z^{a} r'^2\,dr'\cdot\frac{2}{r'}\right)\\ &= \frac{\rho}{6\epsilon_0}(3a^2 - z^2) = \frac{Q}{8\pi\epsilon_0 a}\left(3 - \frac{z^2}{a^2}\right)\end{aligned} \tag{5-21}$$

   이 된다. (5-20)과 (5-21)은 $z = a$인 구면에서 같은 퍼텐셜 값 $Q/4\pi\epsilon_0 a$를 갖는다.

이들 결과를 임의 위치로 쉽게 일반화할 수 있다. 적분 계산할 때 장점은 편의상 z축에 있는 것으로 잡았었다. 그러므로 장점의 위치벡터는 $\mathbf{r} = z\hat{\mathbf{z}}$이고 따라서 $|\mathbf{r}| = r = z$이고 $\hat{\mathbf{r}} = \hat{\mathbf{z}}$

이다. 이것을 보면 어느 장점에 대한 퍼텐셜이라도 원점으로부터의 구좌표 거리 (즉 구 중심으로부터의 거리) r로 쓸 수 있다. 그러므로 구의 내부 혹은 외부 어느 위치에서라도 퍼텐셜에 대한 일반적인 표현식은 다음과 같다:

$$\phi_o(r) = \frac{\rho a^3}{3\epsilon_0 r} = \frac{Q}{4\pi\epsilon_0 r} \tag{5-22}$$

$$\phi_i(r) = \frac{\rho}{6\epsilon_0}(3a^2 - r^2) = \frac{Q}{8\pi\epsilon_0 a}\left(3 - \frac{r^2}{a^2}\right) \tag{5-23}$$

ϕ의 계산을 확인하기 위하여 우리가 알고 있는 전기장이 제대로 나오는지 살펴보자. (5-22)와 (5-23)을 (5-3)에 대입하고 (1-101)을 이용하면, 구 외부와 내부에서의 전기장이 각각

$$\mathbf{E}_o = \frac{\rho a^3 \hat{\mathbf{r}}}{3\epsilon_0 r^2} = \frac{Q\hat{\mathbf{r}}}{4\pi\epsilon_0 r^2} \tag{5-24}$$

$$\mathbf{E}_i = \frac{\rho r \hat{\mathbf{r}}}{3\epsilon_0} = \frac{Q r \hat{\mathbf{r}}}{4\pi\epsilon_0 a^3} \tag{5-25}$$

로 되는데, 이들은 앞에서 Gauss 법칙을 이용하여 얻었던 (4-17), (4-20), (4-21)과 일치한다.

(5-22)와 (5-23)을 보면 일정한 r에 대해 ϕ도 일정한 값을 갖는다. 즉, 등퍼텐셜면은 동심구인데, 그 중심은 원점(전하분포의 중심)에 있다. 그림 5-4는 퍼텐셜을 r의 함수로 그린 것이다. 이 곡선의 기울기에 음의 부호를 붙여준 것이 전기장 E_r인데, 이것은 전에 그림 4-5에 나타내었었고, 이 두 그림을 비교하여 기울기 관계를 이해하면 좋겠다.

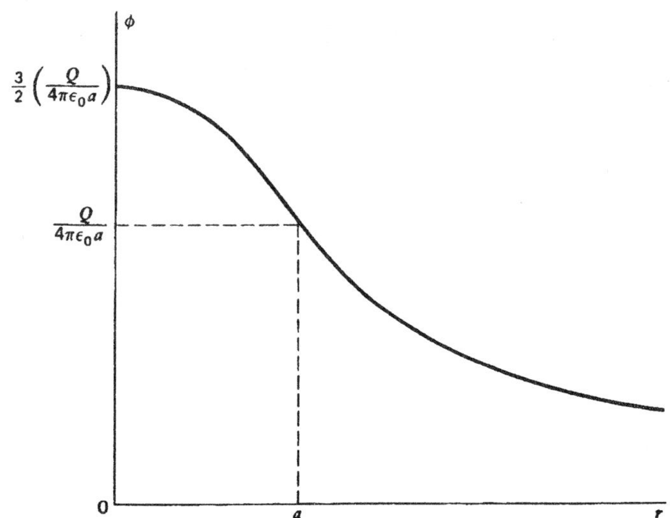

그림 5-4 반지름이 a인 균일한 구전하분포의 중심으로부터 거리 r의 함수로 나타낸 퍼텐셜.

5-3 균일한 선전하 분포

(5-11)을 이용하여 퍼텐셜을 구하는 예로 균일한 무한 선전하를 생각해 보자. 이 경우의 전기장은 앞에서 구했었고 (3-9)에 의해 $\mathbf{E} = (\lambda / 2\pi\epsilon_0 \rho)\hat{\boldsymbol{\rho}}$이었다. $\mathbf{E}$는 ρ성분만을 가지고 있으므로 (5-3)과 (1-85)로부터 ϕ는 φ, z와 무관하고 ρ만의 함수이다. 이로부터 ϕ가 일정하려면 ρ가 일정해야 하므로 등퍼텐셜면들은 원통형임을 알 수 있겠고, 원통의 축은 선전하와 일치한다. 적분경로는 편리한대로 아무 것이나 사용할 수 있으므로 그림 5-5의 간단한 것을 선택하겠다. 이 경로는 선전하분포에 수직인 평면 위에 놓여 있고 전하분포는 이 평면의 원점을 지난다. 그림에 나타낸 직선의 정해진 $\hat{\boldsymbol{\rho}}$ 방향을 따라 시작점 1부터 끝점 2까지 적분하려 하는데, 전하로부터 이 점들까지의 거리는 각각 ρ_1과 ρ_2이다. 이 경우 그림으로부터 $d\mathbf{s} = \hat{\boldsymbol{\rho}}\, d\rho$이고 (5-11)의 피적분함수는 (1-21)에 의해 $\mathbf{E} \cdot \hat{\boldsymbol{\rho}}\, d\rho = E_\rho\, d\rho$가 되고, 따라서 (5-11)은

$$\phi(\rho_2) - \phi(\rho_1) = -\int_{\rho_1}^{\rho_2} \frac{\lambda\, d\rho}{2\pi\epsilon_0 \rho} = \frac{\lambda}{2\pi\epsilon_0} \ln\left(\frac{\rho_1}{\rho_2}\right) \tag{5-26}$$

가 된다. 이 과정으로 두 점 사이의 퍼텐셜차를 알게 되었지만, 우리는 ϕ 자체의 값을 알고자 한다. 퍼텐셜에 어느 상수 C라도 더하여

$$\phi(\rho) = -\frac{\lambda}{2\pi\epsilon_0} \ln \rho + C \tag{5-27}$$

의 형태로 쓴다면, 이 상수는 (5-26)의 좌변에서 상쇄될 것이고, 우변의 로그항은 $[(-\ln \rho_2) - (-\ln \rho_1)]$처럼 쓸 수 있으므로 상수는 역시 상쇄된다. 이와 같이 (5-26)의 양변을 비교할 때 ϕ 자체는 (5-27)이 된다고 해도 괜찮다. 그런데, $\rho \to \infty$에 따라 $\ln \rho \to \infty$이므로 ϕ가 무한대에서 영이 되어야 한다는 관례를 따르려 한다면 C도 무한대이어야 한다. 이 곤란함의 원인은 전하가 유한하지 않고 무한대까지 뻗어있기 때문이다. 반면, 우리가 ϕ는 무한대에서 영이 되어야한다고 기대하는 이유는 (5-2)에 의한 것이기도 하고, 또한 모든 전하가 일정 체적 내에 들어 있을 것이라는 가정 때문이다. 구에 대한 앞에서의 예가 바로 그런 것이다. 이 단계에서는 좀 거북할는지 몰라도, (5-27)의 ϕ가 (5-3)에 의해 어쨌든 올바른 $\mathbf{E}$를 준다는 사실은 틀림없

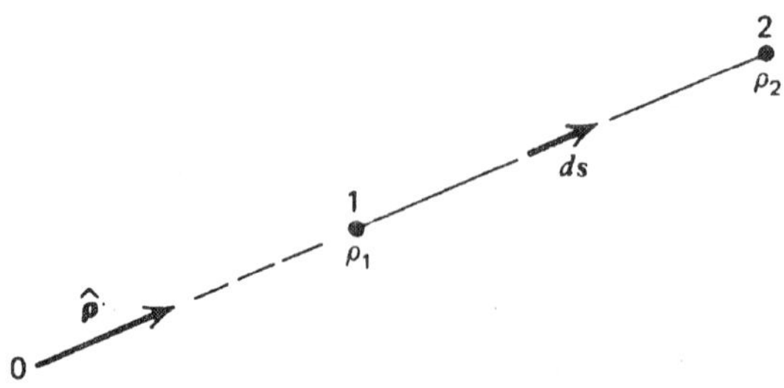

그림 5-5 균일한 선전하가 만드는 퍼텐셜차를 구하는데 사용하는 적분경로.

다. 때때로 (5-27)을 다른 형태로 쓰는 것이 편리할 때가 있다. $C = \lambda \ln \rho_0 / 2\pi\epsilon_0$로 쓰는 새로운 상수 ρ_0을 도입하면

$$\phi(\rho) = \frac{\lambda}{2\pi\epsilon_0} \ln\left(\frac{\rho_0}{\rho}\right) \tag{5-28}$$

이 된다. $\rho = \rho_0$일 때, $\phi(\rho_0) = 0$이다. ρ_0의 물리적 의미는 ϕ가 이 위치에서 영이 되도록 선택했다는 데 있다. 퍼텐셜을 무한대에서 영이 되도록 할 수 없기 때문에 ρ_0에서 영이 되도록 잡았다는 것이다. (5-28)의 ϕ를 미분하여 얻는 $\mathbf{E}$도 ρ_0의 선택으로 영향 받지 않는다. 그것은 (5-26)의 퍼텐셜차를 고려할 때도 마찬가지이다.

이런 결과들은 선전하가 우선 무한대로 길다는 가정에서 발생하였기 때문에, 이 문제를 다음처럼 다시 새롭게 보는 것이 도움이 되겠다. 유한한 길이의 균일한 선전하를 먼저 고려하고, 이로 인한 유한한 퍼텐셜을 구한 다음, 길이를 무한대로 보내면 어떠할까. 이런 방식으로 ρ_0을 선택하는 합리적인 방법도 알게 될 것이다. 그림 3-8의 전하분포에서 λ가 일정한 경우를 생각하여 임의 위치 $P(\rho, \varphi, z)$에서의 ϕ를 계산해보자. 전하분포는 z축에 일치하도록 놓여 있으므로 $\mathbf{r}' = z'\hat{\mathbf{z}}$이며, (1-81)에 의해 $\mathbf{r} = \rho\hat{\boldsymbol{\rho}} + z\hat{\mathbf{z}}$이다. 그러므로 $\mathbf{R} = \rho\hat{\boldsymbol{\rho}} + (z - z')\hat{\mathbf{z}}$이고 따라서 $R = [\rho^2 + (z - z')^2]^{1/2}$이며, 또한 이 경우 $ds' = dz'$이므로 (5-9)는

$$\phi = \frac{\lambda}{4\pi\epsilon_0} \int_{-L_1}^{L_2} \frac{dz'}{\left[\rho^2 + (z - z')^2\right]^{1/2}} \tag{5-29}$$

이 된다. 이 적분은 적분표를 찾아 쉽게 계산되어

$$\phi = \frac{\lambda}{4\pi\epsilon_0} \ln\left\{\frac{z + L_1 + \left[\rho^2 + (z + L_1)^2\right]^{1/2}}{z - L_2 + \left[\rho^2 + (z - L_2)^2\right]^{1/2}}\right\} \tag{5-30}$$

이다. (연습문제에서는 (5-30)이 (5-3)에 사용되어 $\mathbf{E}$를 구하게 되고, 이것은 연습문제 3-11에서 직접 계산하여 얻은 것과 같다는 것을 증명하게 된다.) 여기서 선전하는 유한하지만 매우 길다고 해보자. 즉, $L_2 \gg \rho$, $L_2 \gg |z|$, $L_1 \gg \rho$, $L_1 \gg |z|$를 가정하면, 장점이 전하분포의 양 끝에 너무 가깝지 않고 선 길이와 비교하여 너무 멀지 않은 경우로써 ϕ의 근사 표현식을 구할 수 있다. (5-30) 로그 안의 분자는, $z + L_1 \simeq L_1$로 할 수 있고 마찬가지로 ρ를 L_1과 비교하여 무시할 수 있기 때문에, 아무런 문제없이 $2L_1$으로 근사된다. 분모에서 z와 ρ를 단순히 없애 버리면 분모는 영이 되기 때문에 좀 더 주의하여야 한다. 그래서 분모에서는 적절한 작은 값에 대하여 급수로 전개하고 영이 되지 않는 가장 낮은 차수만을 남기겠다. 전개식

$$(1 \pm x)^{1/2} = 1 \pm \tfrac{1}{2}x - \tfrac{1}{8}x^2 \pm \ldots \tag{5-31}$$

을 이용하고 위쪽 부호로 두 항만을 포함시키자. 분모를 $L_2 - z$로 묶으면

$$(L_2 - z)\left\{-1 + \left[1 + \frac{\rho^2}{(L_2 - z)^2}\right]^{1/2}\right\} \simeq L_2\left[-1 + \left(1 + \frac{\rho^2}{L_2^2}\right)^{1/2}\right]$$
$$\simeq L_2\left(-1 + 1 + \frac{\rho^2}{2L_2^2}\right) = \frac{\rho^2}{2L_2}$$

이 된다. 이것을 분자의 $2L_1$과 함께 (5-30)에 넣으면

$$\phi \simeq \frac{\lambda}{4\pi\epsilon_0} \ln\left(\frac{4L_2L_1}{\rho^2}\right) = \frac{\lambda}{2\pi\epsilon_0} \ln\left[\frac{(4L_2L_1)^{1/2}}{\rho}\right] \tag{5-32}$$

를 얻고, 이것은 정확히 (5-27)이나 (5-28)의 형태이다. 그리하여 무한히 긴 선으로의 극한에 접근하면서 ϕ에 대한 동일한 일반적인 표현식을 얻게 되었다. (5-32)는 z에 무관한데, 이것은 합당하다; 매우 긴 선전하의 끝에 너무 가깝게 가지 않는 한, 선과 평행으로 이동할 때 새로운 지점에서의 전하분포는 기본적으로 바뀌지 않기 때문이다. (5-32)에서 L_2와 L_1을 무한대로 보내면 ϕ는 다시 무한대가 된다. 그러므로 이러한 접근방식으로도 내재적인 무한대 특성을 사라지게 할 수는 없었지만, 어떻게 그런 일이 일어났는지는 더 잘 이해하게 되었다.

계의 모습이 달라짐으로 인해 ϕ의 이러한 모호성이 없어지는 재미있는 예를 들어보자.

예제

반대 전하가 들어 있는 두 평행선. 균일한 밀도 λ의 긴 선전하와 밀도가 $-\lambda$인 다른 선전하로 구성된 계를 생각해보자. 그림 5-6에서처럼 같은 L_2와 L_1를 갖는다고 가정한다. (5-32)에서 거리 ρ는 원통좌표에서의 변수이었고, 분명히 선전하로부터 장점 P까지의 수직 거리였다. 이번 경우에는 이들 거리를 그림에 ρ_+와 ρ_-로 표시하였다. L_2와 L_1이 매우 크다면 (5-32)를 사용할 수 있다. 그러면 이 두 선전하에 의한 개별적인 퍼텐셜은

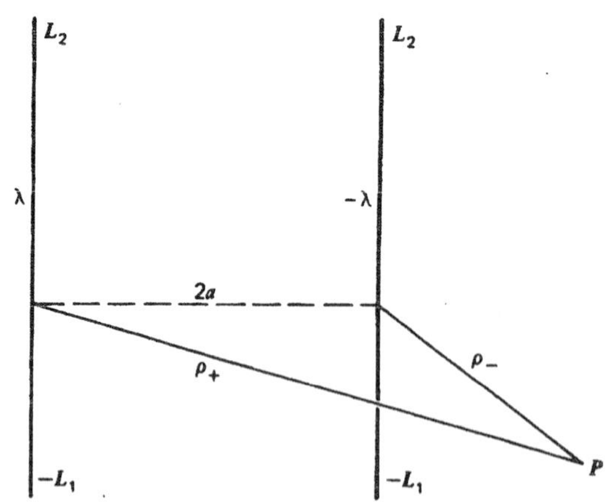

그림 5-6 | 반대 전하를 갖는 두 평행선.

$$\phi_+ = \frac{\lambda}{2\pi\epsilon_0} \ln\left[\frac{(4L_2L_1)^{1/2}}{\rho_+}\right]$$

$$\phi_- = -\frac{\lambda}{2\pi\epsilon_0} \ln\left[\frac{(4L_2L_1)^{1/2}}{\rho_-}\right]$$

이며 P에서의 총 퍼텐셜은

$$\phi = \phi_+ + \phi_- = \frac{\lambda}{2\pi\epsilon_0} \ln\left(\frac{\rho_-}{\rho_+}\right) \tag{5-33}$$

이다. 여기서 L_2와 L_1에 의존하는 항들은 상쇄되었다. 이제 L_2와 L_1을 무한대로 보낼 수 있고, 그러면 (5-33)은 그 자체로 모호하지 않다. ρ_+와 ρ_-는 사용하고 있는 특정 좌표계로 계산되어져야 한다. 그림 5-7에 보인 것처럼 선전하들이 z축에 평행이고, 이들 사이의 거리 $2a$가 x축 위에 놓이고 원점을 중간에 잡으며, P는 xy평면에 있도록 하자. P의 위치는 극좌표 ρ와 φ를 사용하여 나타내겠다. 코사인법칙을 적용하여 $\rho_+^2 = a^2 + \rho^2 - 2a\rho\cos\varphi$와 $\rho_-^2 = a^2 + \rho^2 + 2a\rho\cos\varphi$로 구하면 (5-33)은

$$\phi(\rho, \varphi) = \frac{\lambda}{4\pi\epsilon_0} \ln\left(\frac{\rho_-^2}{\rho_+^2}\right) = \frac{\lambda}{4\pi\epsilon_0} \ln\left(\frac{a^2 + \rho^2 + 2a\rho\cos\varphi}{a^2 + \rho^2 - 2a\rho\cos\varphi}\right) \tag{5-34}$$

로 쓰일 수 있다. **E**의 성분은 (5-3)과 (1-85)로부터 계산되어

$$E_\rho = -\frac{\partial\phi}{\partial\rho} = \frac{\lambda}{2\pi\epsilon_0}\left[\frac{(\rho - a\cos\varphi)}{\rho_+^2} - \frac{(\rho + a\cos\varphi)}{\rho_-^2}\right] = \frac{\lambda a(\rho^2 - a^2)\cos\varphi}{\pi\epsilon_0\rho_+^2\rho_-^2} \tag{5-35}$$

$$E_\varphi = -\frac{1}{\rho}\frac{\partial\phi}{\partial\varphi} = \frac{\lambda a(\rho^2 + a^2)\sin\varphi}{\pi\epsilon_0\rho_+^2\rho_-^2} \tag{5-36}$$

이 되고, $E_z = -\partial\phi/\partial z = 0$이다.

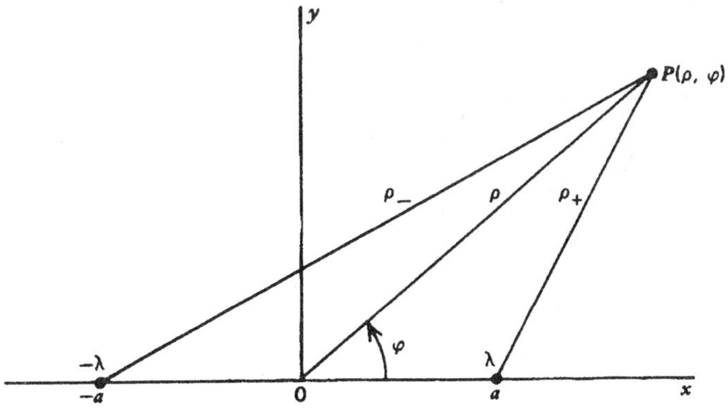

그림 5-7 z축에 평행한 두 선전하의 퍼텐셜을 구하기 위한 배치.

ϕ = 일정인 등퍼텐셜면은 (5-34)에서

$$\frac{\rho_-^2}{\rho_+^2} = e^{4\pi\epsilon_0\phi/\lambda} = \text{일정} \tag{5-37}$$

으로 주어진다, 이 식은 직각좌표로 더 쉽게 설명된다. 그림 5-7을 조사하면

$$\frac{(x+a)^2+y^2}{(x-a)^2+y^2} = e^{4\pi\epsilon_0\phi/\lambda}$$

가 되고 좀 더 계산하면

$$(x - a\coth\eta)^2 + y^2 = \left(\frac{a}{\sinh\eta}\right)^2 \tag{5-38}$$

의 형태로 쓸 수 있다. 여기서 $\eta = 2\pi\epsilon_0\phi/\lambda$이다. 이것은 원의 방정식인데, 반지름이 $a/\sinh\eta$이며 중심이 x축을 따라 $a\cosh\eta$만큼 옮겨져 있다. 다시 말하면, 등퍼텐셜면은 원통모양으로, 축이 z축에 평행이고 그 원통은 xy평면을 잘라 (5-38)의 원이 된다. 이 원들을 그림 5-8에 실선으로 보였다. 원의 중심이 양의 x축 위에 있으면 $\phi > 0$에 해당되고, 음의 x축 위에 있으면 $\phi < 0$에 해당된다. 또한 yz평면($x = 0$)은 $\phi = 0$인 등퍼텐셜면인데, 이것은 그림 5-7로부터, y축 위의 모든 점에서 $\rho_+ = \rho_-$이고 (5-33)에 의해 $\phi = 0$이기 때문으로, 쉽게 알 수 있다.

E의 장선은 잘 알고 있듯이 이 등퍼텐셜면에 수직이고 그림 5-8에는 점선으로 보였다. 이 결과를 이용하여 어떻게 자세한 전기장선의 식을 구할 수 있는지 설명할 수 있다. 이

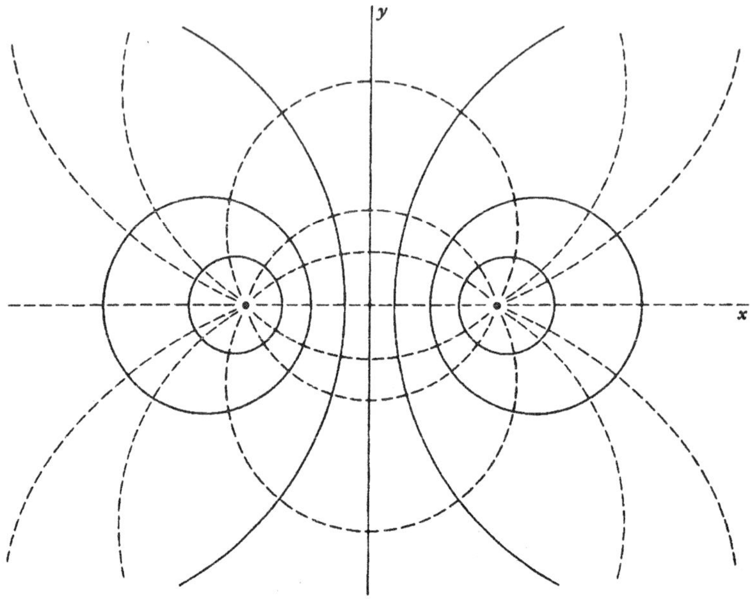

그림 5-8 z축을 따라 놓인 반대 전하를 갖는 두 평행 선전하에 대한 등퍼텐셜면(실선)과 전기장선(점선).

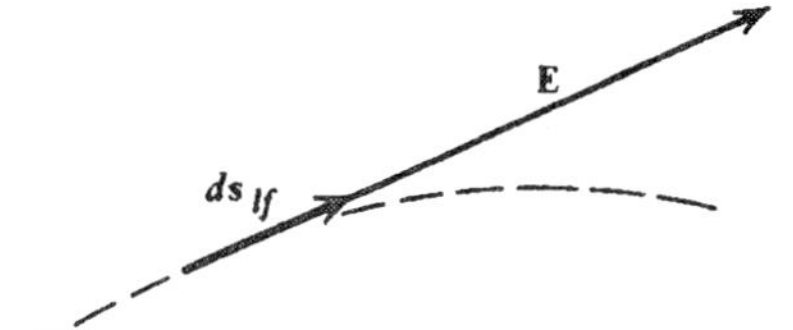

그림 5-9 E와 E의 장선 방향에 있는 변위와의 관계.

전에 설명했듯이 **E**의 장선은 각 지점에서 **E**의 방향에 접선이 되도록 정의한다. 그러므로 $d\mathbf{s}_{lf}$가 **E**의 장선(역선) 방향의 작은 변위라면, 이것은 그 곳에서 **E**에 평행이 되어야 한다. 이를 그림 5-9에 보였다. 그러므로

$$d\mathbf{s}_{lf} = k\mathbf{E} \tag{5-39}$$

로 쓸 수 있고, k는 적절한 단위차원을 갖는 비례상수이다. (5-39)는 **E**의 장선을 나타내는 곡선의 미분방정식을 구하는데 사용할 수 있다.

위에서 계산해 놓은 특별한 경우에 (5-39)를 적용하려 하는데, 우선 $d\mathbf{s}_{lf}$는 (1-82)에 나타낸 $d\mathbf{r}$과 같다는 점에 주목하자. 여기서 $\mathbf{r}$은 구하려는 곡선 위 어느 지점의 위치벡터이다. **E**의 장선은 ρ, φ 평면에 놓여 있으므로 $dz = 0$이고, (5-39)는

$$d\rho\,\hat{\boldsymbol{\rho}} + \rho\,d\varphi\,\hat{\boldsymbol{\varphi}} = k\left(E_\rho\hat{\boldsymbol{\rho}} + E_\varphi\hat{\boldsymbol{\varphi}}\right) \tag{5-40}$$

가 된다. 각 성분을 같게 놓으면

$$d\rho = kE_\rho \quad \text{와} \quad \rho\,d\varphi = kE_\varphi$$

를 얻게 되고, 첫 번째 식을 두 번째 식으로 나누어 k를 소거하면

$$\frac{1}{\rho}\frac{d\rho}{d\varphi} = \frac{E_\rho}{E_\varphi} \tag{5-41}$$

이다. (5-41)의 우변은 ρ와 φ의 알려진 함수일 테고, 원칙적으로 이 식을 적분하여 ρ를 φ의 함수로 구해 역선의 방정식을 얻게 된다.

이번의 경우 (5-35)와 (5-36)을 (5-41)에 대입하면

$$\frac{1}{\rho}\frac{d\rho}{d\varphi} = \frac{\left(\rho^2 - a^2\right)\cos\varphi}{\left(\rho^2 + a^2\right)\sin\varphi}$$

가 되고, 따라서

$$\frac{\left(\rho^2 + a^2\right)d\rho}{\rho\left(\rho^2 - a^2\right)} = \frac{\cos\varphi\,d\varphi}{\sin\varphi} \tag{5-42}$$

이다. 이 방정식은 적분표를 사용하여

$$\ln\left(\frac{\rho^2 - a^2}{a\rho}\right) = \ln\sin\varphi + \ln K$$

로 계산되고, 여기서 적분상수 K는 단위차원이 없다. 이 결과로부터 원하던 방정식

$$\rho^2 - a^2 = Ka\rho \sin\varphi \tag{5-43}$$

를 구했다. K의 값을 하나 지정하면 그에 해당되는 역선을 구하게 된다. (1-74)와 (1-75)를 이용하여 (5-43)을 직각좌표로 표현할 수 있는데, 이것은

$$x^2 + \left(y - \tfrac{1}{2}Ka\right)^2 = a^2\left(1 + \tfrac{1}{4}K^2\right) \tag{5-44}$$

으로, $\mathbf{E}$의 장선도 역시 원호가 되는 것을 알 수 있다. 원의 반지름은 $a(1 + \frac{1}{4}K^2)^{1/2}$이고 원의 중심은 좌표의 원점으로부터 y축을 따라 $\frac{1}{2}Ka$ 만큼 벗어나 있다. 이들 장선을 그림 5-8에 점선으로 그려 놓았고, 우리가 예상하듯이 양전하에서 시작하여 음전하로 끝나는데, 이것은 (5-43)에서 $\varphi = 0$이나 π일 때 $\rho = \pm a$로 확인할 수 있고, (5-44)에서 $y = 0$일 때 $x = \pm a$로도 마찬가지이다.

5-4 스칼라 퍼텐셜과 에너지

일반적으로 퍼텐셜 변화는 에너지 변화와 관련이 있다. 점전하가 전기력 $\mathbf{F}_q$와 역학적 힘 $\mathbf{F}_{q,m}$의 작용에 의해 평형에 있다고 해보자. (2-9)에서는 이 조건을 두 점전하에 대하여 설명했지만, 여러 개의 전하가 q에 힘을 작용하는 경우에도 분명히 확장할 수 있다. 이 경우 (3-1)을 사용하는 것이 적절하겠고, 평형조건은

$$\mathbf{F}_q + \mathbf{F}_{q,m} = q\mathbf{E} + \mathbf{F}_{q,m} = 0$$

이다. 그래서

$$\mathbf{F}_{q,m} = -q\mathbf{E} \tag{5-45}$$

가 된다. 이제 그 전하가 처음 지점 $\mathbf{r}_1$에서 나중 지점 $\mathbf{r}_2$로 어떤 경로를 따라 무한소로 천천히 움직인다고 생각해보자. 이런 조건 하에서 속도는 본질적으로 영으로 일정할 것이고 따라서 가속도도 영일 것이다. 전하는 항상 평형에 있을 것이므로(혹은 거의 그럴 것이므로) (5-45)가 적용된다. 이런 과정을 가정하여, 외부 역학적 힘에 의하여 하여진 일을 열역학적 의미에서의 가역적 일로 생각하여, 일의 양을 계산할 수 있다. 그리고 속도를 영으로 유지하여 여기에 관련된 흩어짐(dissipative) 효과나 마찰 효과는 없을 것이라고 확신할 수 있다. 역학적 힘을 주는 요인에 의해 하여진 일을 $W_{1\to2}$라 하면, (5-11)을 사용하여

$$W_{1\to2} = \int_1^2 \mathbf{F}_{q,m}\cdot d\mathbf{s} = -q\int_1^2 \mathbf{E}\cdot d\mathbf{s} = q\left[\phi(\mathbf{r}_2) - \phi(\mathbf{r}_1)\right] \tag{5-46}$$

이 된다. 즉, 전하에 하여진 일은 전하량 곱하기 퍼텐셜차와 같다. 우리가 가정한 상황에서, 하여진 일은 전하의 퍼텐셜에너지 변화량 ΔU_e와 같게 놓을 수 있고 그래서 (5-46)은

$$\Delta U_e = q\left[\phi(\mathbf{r}_2) - \phi(\mathbf{r}_1)\right] = q\,\Delta\phi \tag{5-47}$$

가 된다. ϕ에 어느 상수를 포함시키더라도 이 변화량 ΔU_e와는 무관함에 주목하자. (5-47)의 우변은 이미 차이의 형태로 나타내어져 있으므로, 좌변도 같은 형식으로 적는 것이 자연스럽다. 즉 $\Delta U_e = U_e(\mathbf{r}_2) - U_e(\mathbf{r}_1)$로 쓰면, 좌우변을 비교하여, $\mathbf{r}$에 있는 전하 q의 퍼텐셜에너지를

$$U_e(\mathbf{r}) = q\phi(\mathbf{r}) \tag{5-48}$$

로 정의할 수 있다. 다른 퍼텐셜에너지와 마찬가지로, (5-48)의 우변에는 어느 임의의 상수라도 더할 수 있지만, 그 차에는 변함이 없다. 이것은 (5-10)에서 ϕ에 대해 했던 것과 꼭 같다. 일반적으로는 상수 없는 (5-48)의 형태를 선택하는데, ϕ가 무한대에서 영이 되면 U_e도 영이 되는 특성을 가지게 되므로 알맞다. 에너지 U_e는 J로 측정되므로, (5-48)에서 ϕ의 단위 V는 1 J/C과 같다.

예제

두 점전하. 두 점전하 q와 Q가 그림 5-10에 보인 것처럼 거리 R 만큼 떨어져 있는 계를 생각해보자. q가 있는 곳에서 퍼텐셜은 (5-12)이고 이것을 (5-48)에 넣으면

$$U_e = \frac{qQ}{4\pi\epsilon_0 R} \tag{5-49}$$

가 된다. 이 에너지는 Q가 $\mathbf{r}'$에 고정되어 있을 때 q를 무한대에서 $\mathbf{r}$의 위치로 끌고 오는데 필요한 일이라고 해석할 수 있다. 그러나 이 표현식이 대칭적인 것으로 보아, q를 $\mathbf{r}$에 잡아 놓고 Q를 무한대에서 $\mathbf{r}'$의 위치로 끌고 오는데 필요한 일이라고 해석해도 똑같이 옳다. 즉, U_e를 한 전하에 속하는 에너지 또는 다른 전하에 속하는 것이라고 하기보다는, 두 전하계의 상호 관계에 의한 퍼텐셜에너지로 간주하는 것이 더 적절하다. 전하계의 퍼텐셜에너지에 관한 이 의문점은 7장에서 다시 자세히 다루겠다.

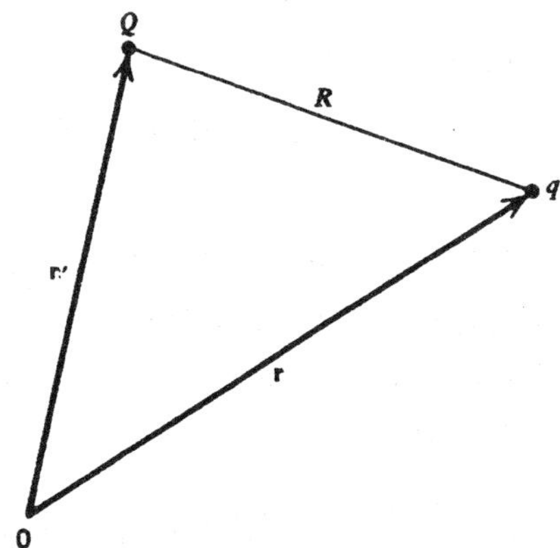

그림 5-10 두 점전하의 상대 위치.

연습문제

5-1 벡터 $\mathbf{E} = (yz - 2x)\hat{\mathbf{x}} + xz\hat{\mathbf{y}} + xy\hat{\mathbf{z}}$가 정전기장으로써 가능한 것인가? 그렇다면 이런 $\mathbf{E}$를 가능케 하는 퍼텐셜 ϕ를 구하라.

5-2 연습문제 1-15의 **A**벡터를 보존적 전기장이라고 판단해도 괜찮겠는가? 그렇다면 이것을 가능하게 해주는 퍼텐셜을 (5-3)을 이용하여 구하라.

5-3 두 점전하 q와 $-q$가 각각 $z = a$와 $-a$에 놓여있다. 어느 위치 (x, y, z)에서의 ϕ를 구하라. xy평면이 등퍼텐셜면임을 보이고, 그 퍼텐셜을 구하라. 그 결과에 대해 설명하라.

5-4 연습문제 3-2의 전하분포를 생각해보자. 정사각형 중심에서의 퍼텐셜을 구하라. 왜 그 결과로부터 정사각형 중심에서의 **E**를 구할 수 없는가?

5-5 그림 1-41의 위치와 방향을 가지고 있는 한 변이 a인 정육면체를 생각해보자. 각 꼭지점에는 q의 점전하가 있다. $x = a$에 있는 면의 중심에서 ϕ를 구하라.

5-6 공간의 어느 영역 안에서 전기장 **E**가 일정하다. 이 경우에 맞는 퍼텐셜은 $\phi = -\mathbf{E} \cdot \mathbf{r} + \phi_0$ 임을 보여라. 여기서 ϕ_0은 상수이다. 등퍼텐셜면은 어떻게 되는가?

5-7 (5-11)과 주어진 전기장 (5-24), (5-25)를 사용하여 (5-22)와 (5-23)를 구하라.

5-8 총전하 Q가 반지름 a인 구의 체적 안에 균일하게 분포되어 있다. 구의 중심은 (A, B, C)에 있다. 구의 바깥에 있는 지점 (x, y, z)에서의 퍼텐셜 ϕ를 구하고, 이것으로부터 그 지점에서 전기장의 직각좌표성분을 구하라.

5-9 반지름 a인 구의 중심으로부터 거리 r에 따라 전하밀도가 $\rho = Ar^n$으로 변한다. 여기서 A는 상수이고 $n \geq 0$이다. (5-7)을 이용하여 구의 안과 바깥 모든 지점에서의 ϕ를 구하고, 그 결과를 구의 총전하 Q로 나타내어라.

5-10 연습문제 4-5의 전하구 안과 바깥 모든 지점에 대해 ϕ를 (5-11)을 이용하여 구하라. ϕ를 r의 함수로 그려라.

5-11 연습문제 4-6의 전하분포에 대하여 모든 지점에서 ϕ를 구하라. 그 결과를 일정한 전하밀도 ρ로 나타내고 ϕ를 r의 함수로 그려라.

5-12 연습문제 3-13에 나타낸 원통의 안과 바깥 모든 지점에서 ϕ를 구하라.

5-13 연습문제 3-10과 그림 3-7의 전하분포를 생각해보자. z축 위 임의의 지점에서 ϕ를 구하라. 왜 그 결과는 E_z에 대해서는 옳은 값을 주지만 E_x에 대해서는 그렇지 않은가?

5-14 반지름 a인 구가 일정한 면전하밀도 σ를 가지고 있으나, 체적전하는 가지고 있지 않다. (5-8)을 이용하여 구의 바깥이나 안 모든 지점에서 ϕ를 구하라.

5-15 xy평면과 일치하도록 놓여 있는 무한 전하판의 면밀도는 σ이다. (3-13)으로 주어지는 **E**의 표현식을 이용하여, 이 전기장을 얻을 수 있는 퍼텐셜 ϕ를 구하라. 이 경우에 등퍼텐셜면은 어떠한가?

5-16 (5-8)을 이용하여 위 문제의 판에 의한 퍼텐셜을 구하라.

5-17 반지름이 a인 원판이 xy평면에 놓여 있고 그 중심은 원점에 있으며 일정한 면전하밀도 σ로 전하가 분포되어 있다. z축 위 일점에서의 퍼텐셜이

$$\phi = \frac{\sigma}{2\epsilon_0}\left[(a^2 + z^2)^{1/2} - |z|\right] \tag{5-50}$$

로 주어짐을 보여라. 이것으로부터 (3-15)가

됨을 증명하라. a가 매우 커지면 ϕ는 어떻게 되겠는가? 이 원판에 의한 퍼텐셜을 계산할 때, 이것을 점전하로 취급하여 얻는 결과와 비교하여 오차가 1%보다 크지 않게 해주는 z의 가장 작은 값은 얼마인가?

5-18 (5-30)으로 주어지는 ϕ는 연습문제 3-11에서 구한 $\mathbf{E}$가 됨을 보여라.

5-19 (5-34) 내지 (5-36)에 관한 간단한 검토로써 이들이 $\varphi = 0$과 $\varphi = 90°$인 특별한 경우 우리가 기대하는 결과가 됨을 보여라.

5-20 (5-43)에서 주어진 역선을 규정짓는 변수 K는 역선이 y축을 가로지르는 곳에서, 즉 $\varphi = 90°$일 때, 전기장의 크기 E와 관련될 수 있다. $K^2 = (\delta - 2)^2/(\delta - 1)$임을 보여라. 여기서 $\delta = \lambda/\pi\epsilon_0 aE$이다.

5-21 그림 5-7의 전하분포를 생각해 보자. $x = b > a$인 x축 위의 한 점으로부터 다른 점 $x = -b$로 옮겨 갈 때 퍼텐셜의 변화는 얼마인가?

5-22 그림 5-7의 전하분포에 대해 ϕ를 직각좌표로 나타내고 이 결과를 이용하여 E_x와 E_y를 구하라.

5-23 연습문제 5-3의 전하분포를 생각해보자. 전하 사이의 거리를 $2a$에서 a로 변화시키기 위하여 외부에서 해 주어야하는 일은 얼마인가? 이 과정을 U_e 대 거리 R의 그래프로 그려라.

5-24 그림 3-8의 선전하를 고려해보는데, $L_1 = 0$으로 잡아라. 단위길이 당 전하는 원점으로부터의 거리의 세제곱에 비례한다. $x = a$인 x축 위의 점 P에서의 퍼텐셜을 구하라. 이 결과로부터 P에서의 E_z를 구하라. 이것을 구할 수 없다면 왜 그런지 설명하라. 점전하 q를 P에서 무한대로 x축을 따라 아주 천천히 움직이려면 외부에서는 얼마의 일을 해주어야 하는가?

제 6 장 정전기장 내의 도체

Coulomb 법칙에서는 전하 사이의 영역이 진공이라고 가정하였다. 물질이 존재하는 곳에 전하가 있으면, 즉 관심 대상 영역의 적어도 어느 일부분이 진공이 아닌 경우에는 어떻게 되겠는가? 우리는 이 문제를 한꺼번에 모두 고려하지는 않겠다. 여기서는 도체라고 알려진 특별한 부류의 물질이 존재할 경우로 한정하겠다. 도체의 특별한 성질로 인하여 발생하는 흥미롭고도 중요한 결론을 이끌어 낼 수 있을 것이다.

6-1 일반적인 결과

용어의 일반적인 의미로 설명하자면, **도체** *conductor*란 전기장의 영향 하에서 전하가 자유롭게 운동할 수 있는 영역이라고 정의할 수 있다. 가장 흔한 예로는 금속을 들 수 있는데, 여기에서 움직일 수 있는 전하는 "자유"전자 *free electron*이다. 이것이 유일한 경우는 아니고, 그런 특정 예로 제한할 필요도 없다. 또한 여기서는 거시적인 관점에서 완전히 정적인 상태를 다루기로 가정하겠다.

만일 도체 내에 전기장이 존재하면 전하들은 움직여 돌아다닐 것이고, 지금 가정하고 있는 정적 *static* 상태가 되지 않는다. 따라서 (정적상태에 있으려면) **E**는 도체 내의 모든 곳에서 영이 되어야 한다고 단언할 수 있다. 그러면 (5-3)을 직접 적용하여 도체 내에서는 ϕ가 일정하게 되고 도체는 **등퍼텐셜 체적** *equipotential volume*이 된다. 그러므로

$$\begin{aligned} \mathbf{E}(\mathbf{r}) &= 0 \\ \phi(\mathbf{r}) &= \text{일정} \end{aligned} \qquad \text{도체 내부} \tag{6-1}$$

이 된다.

이번에는 도체 표면에서의 상황을 생각해 보자. 표면 바로 바깥 진공에서의 전기장은 영이 아닐 수도 있다. 그림 6-1a에 보인 것처럼 **E**가 표면과 어느 각도를 이루었다고 가정해 보자. **E**는 면에 수직인 법선성분 $\mathbf{E}_n$과 면에 평행인 접선성분 $\mathbf{E}_t$로 분해된다고 생각할 수 있다. $\mathbf{E}_t$가 영이 아니면, 운동 가능한 전하에 접선방향의 힘이 작용할 것이고, 전하들은 면을 따라서 운동할 것이며, 이것은 지금 가정하고 있는 정적상태가 아닐 것이다. 그러므로 $\mathbf{E}_t = 0$이고, 유일한 가능성은 $\mathbf{E}_n \neq 0$이다. 즉 도체 표면에서 **E**는 그림 6-1b에 보인 것처럼 표면에 수직이어야 한다. 그러나 그림 5-1에서 설명했던 것처럼 **E**의 방향은 등퍼텐셜면에 수직이므로 도체의 표면은 등퍼텐셜면이다. 요약하자면

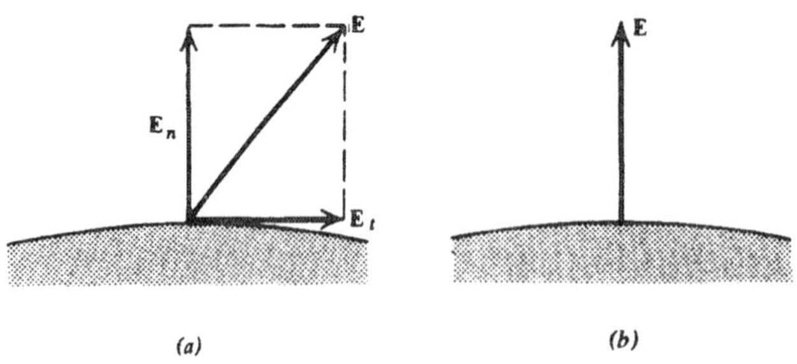

그림 6-1 (a) 도체면에서 E의 방향을 가정함. (b) E의 실제 방향.

$$\begin{aligned} \mathbf{E}_n(\mathbf{r}) &\neq 0 \\ \mathbf{E}_t(\mathbf{r}) &= 0 \qquad \text{도체 표면에서} \\ \phi(\mathbf{r}) &= \text{일정} \end{aligned} \tag{6-2}$$

이다. (물론 표면의 특정 위치에서 법선성분 $\mathbf{E}_n$노 영이 될 수는 있다. 그러나 어찌되었든 이것은 표면에서 영이 되지 않을 수 있는 유일한 성분이다.)

이번에는 그림 6-2의 점선으로 나타낸 S처럼 온전히 도체 내부에 들어 있는 임의의 닫힌 면에 대하여 Gauss 법칙 (4-1)을 적용시켜 보자. 내부의 모든 곳에서 $\mathbf{E} = 0$이기 때문에 S의 각 부분에서도 영일 것이고, (4-1)은

$$\oint_S \mathbf{E} \cdot d\mathbf{a} = 0 = \frac{Q_{\text{in}}}{\epsilon_0} \tag{6-3}$$

이 된다. 따라서 S 안의 총전하 Q_{in}도 영이다. 면 S는 완전히 임의이기 때문에, 원하는 어느 모양으로도 변형시킬 수 있고, 심지어 도체를 감싸는 표면에 일치하도록 잡을 수도 있는데, Q_{in}은 그래도 영일 것이다. 그러므로 내부 어느 곳에서라도 $Q_{\text{in}} = 0$이라고 결론지을 수 있다. 즉, 도체 내부의 알짜 전하는 항상 영이라는 사실을 발견한 셈인데, 그렇다면 어떤 알짜 전하라도 도체에 존재한다면 그 전하는 전적으로 도체의 표면에 존재해야 한다. 이 사실은 Faraday에 의해 그의 유명한 "얼음통"실험에서 처음으로 입증되었는데, 흔히 보는 금속 그릇에 분포하는 전하를 측정한 실험이었다. 전하가 도체 표면에만 존재하여야 한다는 사실은 Gauss 법칙

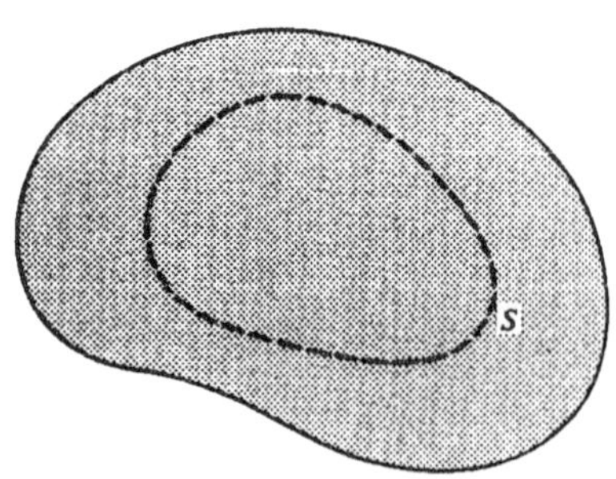

그림 6-2 도체 내에 완전히 들어가 있는 면 S.

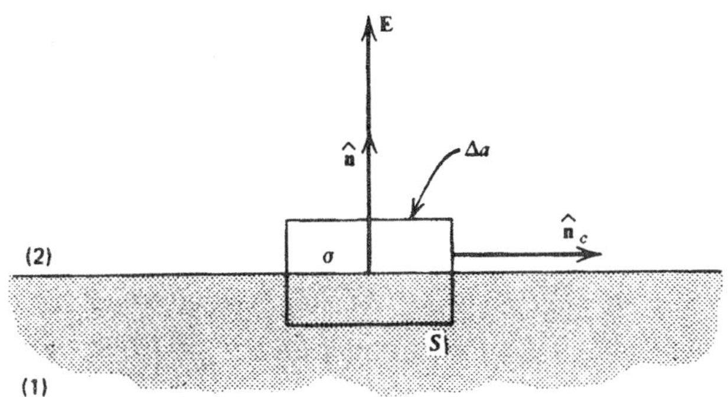

그림 6-3 도체면에서 전기장 계산.

으로부터 직접 얻은 결론이라는 점에 주목할 필요가 있는데, Gauss 법칙 자체는 Coulomb 법칙의 역제곱에 대한 본성으로부터 온 귀결이다. 사실 (도체 내의 전하는 영이라는) 결론은 Coulomb 법칙에서 지수 2가 얼마나 정확한가에 관한 가장 정밀한 실험적 검증으로써 근본적인 역할을 하고 있다. 실험에서는 예상치 $Q_{\text{in}} = 0$으로부터 얼마나 벗어나는지를 찾는다. 그 결과 이 지수는 10^{16}분의 일 정도의 오차 내에서 실제적으로 2이다.

그림 6-3에서는 전도 영역(1)과 진공 영역(2) 분리면에서의 상황을 보고 있는데, 여기서 $\hat{\mathbf{n}}$은 도체에서 밖으로 향하는 법선벡터이다. 단면적이 Δa이고 옆면이 $\hat{\mathbf{n}}$에 평행한 작은 원통을 만들면, 옆면에서의 바깥 방향 법선벡터 $\hat{\mathbf{n}}_c$는 분리면에 평행이다. 원통의 윗면은 전부 $\mathbf{E} \neq 0$인 진공 영역에 있고 아랫면은 전부 $\mathbf{E} = 0$인 도체 안에 있다. Δa를 아주 작게 잡아서 윗면에서의 $\mathbf{E}$는 본질적으로 일정하다. 이 작은 원통에 Gauss 법칙을 적용하는데, 이 경우 $Q_{\text{in}} = \sigma \Delta a$이므로

$$\oint_S \mathbf{E} \cdot d\mathbf{a} = \int_{\text{위}} \mathbf{E} \cdot \hat{\mathbf{n}}\, da + \int_{\text{옆}} \mathbf{E} \cdot \hat{\mathbf{n}}_c\, da + \int_{\text{아래}} \mathbf{E} \cdot d\mathbf{a} = E\Delta a = \frac{\sigma \Delta a}{\epsilon_0}$$

이다. 여기서 첫 번째 적분에서는 $\mathbf{E} \cdot \hat{\mathbf{n}} = E$로 일정하고, 두 번째에서 $\mathbf{E} \cdot \hat{\mathbf{n}}$은 0이며, 세 번째에서 $\mathbf{E} = 0$이다. 그러므로 도체 표면에서의 E값은 바로 σ/ϵ_0이며, 이것을 (5-3), (6-2)와 결합하면

$$E_{\text{표면}} = -\hat{\mathbf{n}} \cdot \nabla\phi = \frac{\sigma}{\epsilon_0} \tag{6-4}$$

라고 쓸 수 있다. σ가 양의 값이면 $\mathbf{E}$는 표면으로부터 나가는 방향이고, σ가 음이면 도체 표면을 향하게 된다. 이 부호가 말해주는 방향은, 양의 시험전하가 도체 표면 근처에 있을 때 받게 되는 힘의 방향과 일치한다. 위의 σ와 같은 크기의 전하를 갖는 평판에 대해 비슷하게 계산하여 구한 E 값이 (4-12)인데, (6-4)의 E는 이것의 정확히 두 배이다. 이 차이를 대충 이해하기 위해, 주어진 면전하밀도로 만들 수 있는 단위 면적당 $\mathbf{E}$의 총 선속이 σ/ϵ_0로 정해진다고 알아두면 좋겠다. 평판의 경우 이 총 선속은 전하로부터 멀어지는 양쪽 방향으로 같은 양이 나가고 있지만, 도체에 대해서는 도체 내부에서 전기장이 영이 되어야하므로 이 총 선속은

한쪽으로만 향한다. 다음의 예제에서 알게 되겠지만, σ가 꼭 상수일 필요는 없고, 표면에서의 위치에 따라 다를 수 있다. 이렇게 다를 경우에는 **E**도 표면 상의 위치에 따라 다를 것이다(그러나 항상 표면에 수직이다). 예를 들어, 도체가 원래부터 중성이었다고 해보자, 즉 알짜 전하가 없었다. 그런데 다른 외부 전하를 무한대로부터 도체 부근으로 가져와서 전기장을 만들 때, 도체 내의 운동 전하는 일반적으로 이 새로운 상황에 맞추려고 옮겨 다녀서 평형상태가 깨어지나, 위치를 재조정하여 평형에 도달하려고 할 것이다. 그래서 짧은 시간 동안 도체 주변에는 전하의 흐름이 있을 것이고, 결국은 평형이 이루어질 것이며, 이후 (6-1), (6-2), (6-4) 모두가 만족될 것이다. 그러나 원래부터 도체에는 알짜 전하가 없었으므로 여전히 알짜 전하는 없다. 즉, $\oint_S \sigma da = 0$이므로 σ는 모든 곳에서 같은 부호일 수 없고 상수일 수도 없다. 한 편, 외부 요인에 의해 알짜 전하가 도체로 이동하여 도체가 "대전"되도록 할 수도 있다. 이번에는 면전하밀도가 모든 곳에서 같은 부호일 수 있고, 대칭성이 충분하다면 상수일 수도 있다.

예제

고립된 도체구. 반지름 a인 도체구에 알짜 전하 Q가 들어있다고 가정하자. 그리고 구가 고립되어 있다면, 어느 한 방향이 다른 방향 보다 특별히 취급되어야할 아무런 이유가 없으므로, 구대칭을 가질 것이다. 그 결과 전하 Q는 일정한 밀도 $\sigma = Q/4\pi a^2$로 표면에 균일하게 분포할 것이고, 표면에서의 전기장은 (6-4)에 의해 $E = Q/4\pi\epsilon_0 a^2$로 주어질 것이다. 더구나 표면에서의 전기장 **E**는 법선방향이므로, 전기장은 지름방향에 있을 것이다.

다른 방법으로도 같은 결과에 도달할 수 있다. 구대칭이기 때문에, 전하 Q는, 구 밖에서의 효과에 관한 한, 구의 중심에 있는 점전하처럼 취급할 수 있다는 사실을 우리는 여러 번 보아 왔다. 밖에서의 퍼텐셜은 (5-22)에 주어진 것과 똑같이 $Q/4\pi\epsilon_0 r$이고, 안에서의 퍼텐셜은 일정하며 또한 그 값은 (6-1)과 (6-2)에 의해 표면($r = a$)에서의 퍼텐셜과 같을 것이다. 그러므로

$$\phi = \frac{Q}{4\pi\epsilon_0 r} \qquad (r \ge a)$$

$$\phi = \frac{Q}{4\pi\epsilon_0 a} \qquad (r \le a) \tag{6-5}$$

를 얻게 된다. 밖에서의 전기장은 (5-24)로 주어질 것이고 표면에서 계산할 때 그것은 $\mathbf{E} = Q\hat{\mathbf{r}}/4\pi\epsilon_0 a^2$이 된다. 이것은 앞에서 (6-4)로부터 얻은 결과와 정확히 일치한다. 구 안 $r \le a$에서는 (6-5)에 주어진 퍼텐셜이 일정하기 때문에 $\mathbf{E} = 0$이다.

우리는 Gauss 법칙의 사용 가능성에 대해 아직 모두 다 이야기하지 않았다. 이번에는 그림 6-4에 보인 것처럼 내부에 빈 공간이 있는 도체를 생각해보자. 도체를 경계 짓는 표면은 모두 두 부분으로 바깥 표면 S_o과 안쪽 표면 S_i가 있다. 이번에도 임의의 곡면 S를 고려해 보는데,

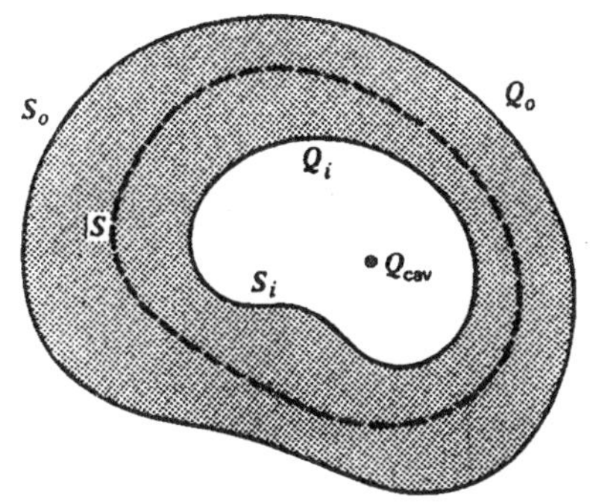

그림 6-4 도체 내부에 공동이 있을 때의 전하.

이것은 전부 도체의 몸통 안쪽에 놓여 있어서 S의 어느 곳에서라도 $\mathbf{E} = 0$이다. 이 경우에도 (6-3)이 적용되어 $Q_{\text{in}} = 0$이다. 즉, S 내부에는 알짜 전하가 들어있을 수 없다.

이번에는 공동 내부에 전하가 있다고 가정해보는데, 이 전하를 Q_{cav}이라 하자. S에 대한 Gauss 법칙으로부터 $Q_{\text{in}} = 0$이어야 하므로, S 내부의 도체 내 어느 곳이든지 Q_{cav}과 전하량이 같고 부호가 반대인 전하가 있어야 한다. 그러나 앞에서 우리는 도체 내에 전하가 있으려면 무엇이더라도 완전히 표면에 놓여있어야 한다고 배웠다. 그러므로 이 전하 Q_i는 안쪽 표면 S_i에서 발견될 것이다. 그래서 $Q_{\text{in}} = 0 = Q_{\text{cav}} + Q_i$가 되고

$$Q_i = Q_{\text{내부표면}} = -Q_{\text{cav}} \tag{6-6}$$

이며, 이것은 항상 성립하는 결과이다.

이 도체가 Q_{cav}이 들어가기 전부터 중성이었다면, 이후에도 중성으로 남아 있을 것이다. 그러므로 전하 $Q_o = -Q_i = +Q_{\text{cav}}$이 존재해야 하는데, 이것은 표면의 나머지 부분, 즉 그림에 표시된 것처럼 바깥쪽 경계면 S_o에 나타날 것이다. 공동 내의 전하는 이런 식으로, 도체 바깥 표면에 유도된 전하 Q_o과 이로 인해 만들어지는 전기장에 의해, 도체 밖에 있는 실험자에게 그 존재를 알려준다.

$Q_{\text{cav}} = 0$인 경우를 생각해 보자. 내부면 S_i에 있는 전하는 (6-6)에 의해 항상 영이 될 것이다. (한편 Q_o는 도체가 원래부터 중성이고 그대로 중성으로 유지될 경우에만 영일 것이다.) 이제 그림 6-5에 보인 것처럼 공동의 내부에 완전히 들어가는 닫힌 면 S'을 생각해보자. S'은 퍼텐셜이 ϕ'인 등퍼텐셜면이라 하겠다. (6-2)에 의해 S_i는 퍼텐셜이 ϕ_i인 등퍼텐셜면인데, ϕ'이 ϕ_i보다 크다고 가정하자. 그러면 (5-11)과 그림 5-1에 의해, 대충 S'으로부터 S_i로 향하는 $\mathbf{E}$의 장선이 있을 것이다. S'과 S_i 사이에 있는 또 다른 S''면에 대해 $\mathbf{E}$의 면적분을 계산해 보면, 결국

$$\oint_{S''} \mathbf{E} \cdot d\mathbf{a} \neq 0$$

이 된다. $\mathbf{E}$와 $d\mathbf{a}$ 사이각의 코사인이 항상 양의 값이기 때문에 사실상 적분값은 양이 될 것이다. 그러나 이것은 Gauss 법칙 (4-1)에 의해 S'' 안 어디쯤엔가 양의 전하가 있다는 것을 의미하는데, 이는 $Q_{\text{cav}} = 0$이라는 가정에 위배된다. 그러므로 ϕ'은 ϕ_i보다 클 수 없다. 마찬가지

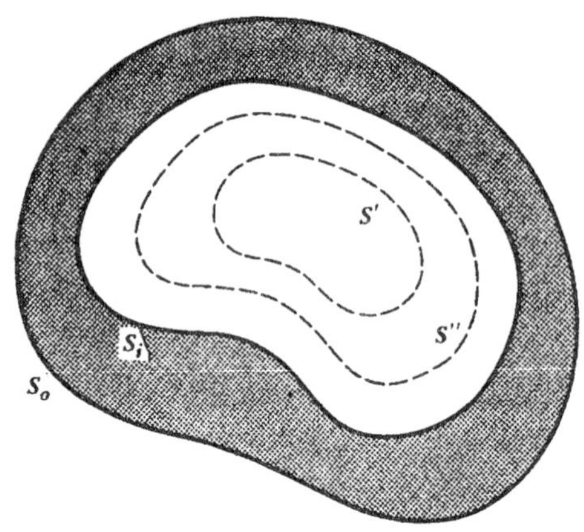

| 그림 6-5 | 면 S'과 S''은 공동 내에 완전히 들어가 있다. S''은 S'를 완전히 감싼다.

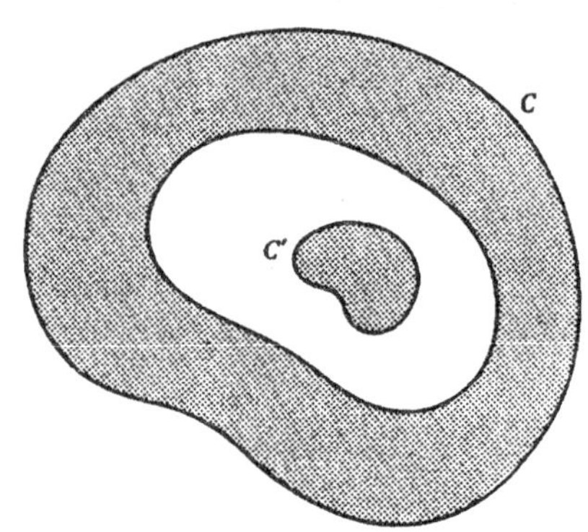

| 그림 6-6 | 도체 C'은 도체 C의 공동 안에 들어있다.

방법으로 ϕ'은 ϕ_i보다 작을 수 없다는 것을 알 수 있다. 그러므로 S'은 S_i와 같은 퍼텐셜 값을 갖는 등퍼텐셜면이 되어야 한다. 그러나 S'은 전적으로 임의로 잡았으므로, 더 크게, 더 작게, 혹은 어떤 식으로든지 변형하여 만들 수 있다. 그러면 공동 안의 모든 점에서 이런 식으로 따져볼 수 있고, 알짜 효과는 공동 안에서는 퍼텐셜이 일정하며 그 값이 ϕ_i로 같게 되어 공동 내 모든 곳에서 $\mathbf{E} = 0$이 된다. 즉, 도체 안의 공동에 전하가 없으면, 그 공동은 등퍼텐셜체적이고 공동 내 모든 곳에서 전기장은 영이다. 사실 동공 내의 퍼텐셜은 (5-11)의 의해 도체의 퍼텐셜과 같다.

이와 같은 일반적인 결론은 그림 6-6에서 보인 것처럼 공동 안에 다른 도체가 있을 때에도 들어맞는다. 안쪽의 도체 C'이 전하를 가지고 있지 않다면, 공동 안에는 전기장이 없을 것이고, C'의 퍼텐셜은 바깥쪽 C의 퍼텐셜과 같다. 그러므로 C 표면에나 그 바깥에 무슨 전하가 있든지 상관없이, 부호가 무엇이든지 분포가 어떠하든지 상관없이, C'에는 전기장이 없을 것이고, 그 안의 운동 가능한 전하들은 아무 영향도 받지 않을 것이다. 흔히 쓰는 용어로 내부 도체는 완전히 차폐되었다 *shielded* 혹은 가려졌다 *screened*라고 한다. 이 정전기적 가려막기의 원리는 실제적으로 응용되어, 회로에서는 전자 부품을 금속통으로 감싸서 차폐한다.

6-2 도체계

n개의 도체들로 이루어진 계를 생각해보자. 도체들에는 $1, 2, \ldots, j, \ldots, n$으로 번호를 붙인다. 도체들은 총 전하 $Q_1, Q_2, \ldots, Q_j, \ldots, Q_n$으로 대전되어있다. 각 전하는 해당 도체의 표면에 분포하여 있다는 사실을 알고 있으므로, 각각 면전하밀도 $\sigma_1, \sigma_2, \ldots, \sigma_j, \ldots, \sigma_n$으로 나타낼 수 있다. 아직 이들을 계산할 수는 없지만, 일반적으로 σ들은 상수가 아닐 것이라고 예상되며, 보통 위치에 따라 다를 것이다. 어찌되었든 P에서의 퍼텐셜은 (ϕ_P라고 쓰겠다)

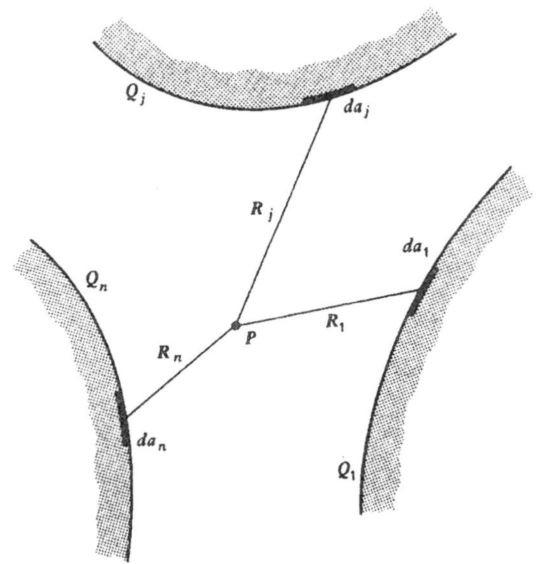

그림 6-7 여러 대전된 도체에 의한 퍼텐셜의 계산.

(5-8)로부터 원칙적으로

$$\phi_P = \frac{1}{4\pi\epsilon_0}\int_{S'}\frac{\sigma(\mathbf{r}')\,da'}{R} = \sum_{j=1}^{n}\frac{1}{4\pi\epsilon_0}\int_{S_j}\frac{\sigma_j(\mathbf{r}_j)\,da_j}{R_j} \tag{6-7}$$

로 구해질 수 있다. 여기서 총 퍼텐셜은 각 도체로부터의 기여를 합하여 나타내었다. S_j는 j번째 도체의 표면이고, da_j는 $\mathbf{r}_j$에 있는 표면 위의 면적요소, $R_j = |\mathbf{r}_P - \mathbf{r}_j|$는 da_j로부터 장점 $\mathbf{r}_P$까지의 거리이다. 이 관계를 그림 6-7에 나타내었는데, 여러 위치벡터는 편의상 보이지 않았다. (6-7)은 완전히 일반적이어서, 특히, P를 i번째 도체의 등퍼텐셜면 (그 퍼텐셜은 ϕ_i) 상의 어느 위치로 잡을 때도 성립해야 한다. 그러면

$$\phi_i = \sum_{j=1}^{n}\frac{1}{4\pi\epsilon_0}\int_{S_j}\frac{\sigma_j\,da_j}{R_{ji}} \qquad (i = 1, 2, \ldots, n) \tag{6-8}$$

로 쓸 수 있는데, 여기서 R_{ji}는 j번 째 도체의 $\mathbf{r}_j$에서 i번 째 도체의 바로 그 특별한 지점까지의 거리이다. i로는 어느 도체라도 잡을 수 있으므로, (6-8)은 사실 n개의 방정식을 나타내고, 각 식은 우변에 n개의 항을 가지고 있다. [(6-8)의 합은 $j = i$항도 포함함에 유의하라. 즉, 어느 도체에서 총 퍼텐셜을 계산하고자 할 때, 그 도체의 표면에 대한 적분도 포함한다.]

어떤 경우에는 (6-8)을 총 전하 Q_j들로 나타내는 것이 편리하다. j번 째 도체의 평균 면전하밀도 $\langle\sigma_j\rangle$는 총 전하 나누기 총 면적, 즉 , $\langle\sigma_j\rangle = Q_j/S_j$이다. 주어진 위치에서의 실제 전하밀도 σ_j는 일반적으로 평균치와 같지 않지만, 비례관계에 있을 것이다. 그러므로

$$\sigma_j = \langle\sigma_j\rangle f_j = \frac{Q_j}{S_j}f_j \tag{6-9}$$

로 쓸 수 있고, 여기서 f_j는 실제 전하밀도가 평균치와 얼마나 다른가를 나타내는 인자인데, j

번 째 도체 표면상의 위치의 함수일 것이다. 즉, $\sigma_j \sim Q_j$이고, (6-9)를 (6-8)에 대입하였을 때

$$\phi_i = \sum_{j=1}^{n} \frac{Q_j}{4\pi\epsilon_0 S_j} \int_{S_j} \frac{f_j\, da_j}{R_{ji}} \qquad (i = 1, 2, \ldots, n) \tag{6-10}$$

을 얻게 된다. 이런 식들은

$$\phi_i = \sum_{j=1}^{n} p_{ij} Q_j \qquad (i = 1, 2, \ldots, n) \tag{6-11}$$

의 형태로 쓸 수 있고, 여기서

$$p_{ij} = \frac{1}{4\pi\epsilon_0 S_j} \int_{S_j} \frac{f_j\, da_j}{R_{ji}} \tag{6-12}$$

이며, 어느 도체의 퍼텐셜은 모든 도체(그 자신을 포함하여)의 전하에 선형으로 의존한다는 점을 말해 주고 있다. (6-11)을 구체적으로 써보면 한 벌의 방정식을 얻게 된다:

$$\begin{aligned} \phi_1 &= p_{11}Q_1 + p_{12}Q_2 + \ldots + p_{1n}Q_n \\ \phi_2 &= p_{21}Q_1 + p_{22}Q_2 + \ldots + p_{2n}Q_n \\ &\cdots \qquad \cdots \qquad \cdots \\ \phi_n &= p_{n1}Q_1 + p_{n2}Q_2 + \ldots + p_{nn}Q_n \end{aligned} \tag{6-13}$$

(6-12)로 정의되는 계수 p_{ij}를 **퍼텐셜계수** *coefficient of potential*이라 부르는데, 일반적으로 이 한 벌에서의 총 개수는 n^2이다. (6-12)는 퍼텐셜이나 전하에 대한 아무런 정보도 포함하고 있지 않고, p_{ij}는 순전히 기하적인 관련성만을 나타낸다는 점에 주목하자. 전하분포가 알려지고 이에 따라 인자 f_j가 알려지면, 원리상 (6-12)로부터 모든 계수 p_{ij}를 계산할 수 있을 것이다. 우리는 그런 정보를 주는 정전기 문제를 푸는 방법은 아직 고려하지 않고 있다. 그럼에도 불구하고 이 계수들은 원칙적으로 항상 측정가능하다. 왜냐하면 (6-11)로부터

$$\frac{\partial \phi_i}{\partial Q_j} = \left(\frac{\partial \phi_i}{\partial Q_j} \right)_{Q_1, \ldots Q_{j-1}, Q_{j+1}, \ldots Q_n} = p_{ij} \tag{6-14}$$

를 알 수 있기 때문인데, 그러면 p_{ij}는, j번째 도체의 전하량 변화에 기인한 i번째 도체에 만들어진 퍼텐셜 변화의 비율이라고 해석할 수 있다. 이 때 다른 모든 도체의 전하는 일정하게 잡아둔다.

p_{ij}는 흥미롭고도 유용한 대칭성을 지니고 있다. (6-9)를 사용하여 (6-12)에 있는 f_j를 소거하면,

$$p_{ij} Q_j = \frac{1}{4\pi\epsilon_0} \int_{S_j} \frac{\sigma_j\, da_j}{R_{ji}} \tag{6-15}$$

가 되는데, 이것은 (6-8)과 (6-11)에서 대응되는 항들을 같게 놓아서도 구할 수 있다. 또한 (2-16)에 의해

$$Q_i = \int_{S_i} \sigma_i \, da_i \tag{6-16}$$

이며, 바로 이전의 두 식을 곱하면

$$p_{ij} Q_i Q_j = \frac{1}{4\pi\epsilon_0} \int_{S_i}\int_{S_j} \frac{\sigma_i \sigma_j \, da_i \, da_j}{R_{ji}} \tag{6-17}$$

를 얻게 된다. (6-17)에서 i와 j를 교환하면

$$p_{ji} Q_j Q_i = \frac{1}{4\pi\epsilon_0} \int_{S_j}\int_{S_i} \frac{\sigma_j \sigma_i \, da_j \, da_i}{R_{ij}} \tag{6-18}$$

이 된다. (6-17)과 (6-18)에 대한 적분의 순서는 반대이다. 예를 들어 (6-17)에서는 우선 $\mathbf{r}_i$를 고정시켜 놓고 $\mathbf{r}_j$를 변화시켜가면서 적분한 다음 끝으로 $\mathbf{r}_i$를 다시 변화시켜서 적분한다. 반면 (6-18)에서는 이 순서가 바뀌어 있다. 그러나 두 이중적분은 모든 면적요소의 짝으로부터의 기여를 포함하고 있고, 또한 각 특정 짝은 같은 거리에 있으므로, $R_{ij} = R_{ji}$로써 같은 수치가 들어갈 것이다. 그리하여 (6-18)의 적분은 (6-17)의 적분과 정확히 같다. 그러면 좌변들도 같아져서 $p_{ij}Q_iQ_j = p_{ji}Q_jQ_i$가 성립되고

$$p_{ji} = p_{ij} \tag{6-19}$$

가 된다. p에 관한 이 대칭 특성의 물리적 의미는 (6-19)와 (6-11)에 의해 다음과 같이 표현될 수 있다: 도체 j에 들어있는 전하 Q가 도체 i의 퍼텐셜을 ϕ가 되게 하면, i에 들어있는 같은 전하량 Q도 j를 같은 퍼텐셜 ϕ가 되게 한다.

주어진 문제가 아주 간단하여 쉽게 풀리면, p_{ij}를 (6-12)로부터 구하기 보다는 (6-11)로부터 더 쉽게 구할 수 있다.

예제

고립된 도체구. 이 예는 앞 절에서 풀었던 문제인데, 표면에서의 퍼텐셜은 (6-5)에 의해서 $\phi = Q/4\pi\epsilon_0 a$로 주어진다. 도체가 하나만 있으면 (6-11)은 $\phi = p_{11}Q$가 되고, 비교하면

$$p_{11} = \frac{1}{4\pi\epsilon_0 a} \tag{6-20}$$

이다. 그러므로 이처럼 간단한 경우의 하나 뿐인 퍼텐셜계수를 구할 수 있었고, 이것은 계의 기하적 특성에 의존하는 것으로 나타났다.

6-3 전기용량

정전기학에서 도체의 용도로 가장 먼저 알려진 것 중 하나는 전하를 저장하는 기능이었다. 예를 들어 전지를 이용하여 도체에 일정한 퍼텐셜을 걸어주면, 도체는 전하를 가질 수 있다. 이렇게 응용할 때 자연스럽게 도체의 "용량"에 관심을 갖게 되는데, 이것은 한 상자 속에 사과를 얼마나 많이 담을 수 있는가에 관한 용량을 따지는 것이나 마찬가지이다. 그런 계를 **축전기** *capacitor*라 부르고 용량의 정량적 측정값을 **전기용량** *capacitance*라 한다. 여기에 관련하여 일반적으로는 두 경우의 도체계에만 기본적으로 관심이 간다; 한 가지는 고립된 단일도체이고, 다른 것은 두 도체로 이루어진 계로써 크기가 같고 부호가 반대인 전하를 가지고 있다.

고립된 도체에 대하여 (6-11)은 하나의 항

$$\phi = p_{11}Q \tag{6-21}$$

만을 갖는다. 이 경우, 전하는 항상 퍼텐셜에 직접 비례하는데 단일도체의 전기용량 C는 그 비로 정의된다. 즉

$$C = \frac{Q}{\phi} = \frac{1}{p_{11}} \tag{6-22}$$

로써, 이것은 도체의 특성이며 도체의 기하적 모습과도 관련될 것이다. 한 예로 구를 생각해 보자. (6-20)의 p_{11}으로부터 전기용량이

$$C_{\text{구}} = 4\pi\epsilon_0 a \tag{6-23}$$

로 구해지는데, 전기용량은 구의 반지름에 직접 비례한다. ϵ_0의 단위는 원래부터 (2-4)에서 F/m로 주어졌으므로, (6-23)에서 전기용량의 단위는 F(farad)인 것을 알 수 있다. (6-22)에서는 또한 1 F = 1 C/V이고, (2-4)에서 주어졌던 1 C^2/J과 완전히 일치한다.

이제 두 도체의 계를 고려해보자. (6-13)의 방정식은

$$\begin{aligned}\phi_1 &= p_{11}Q_1 + p_{12}Q_2 \\ \phi_2 &= p_{21}Q_1 + p_{22}Q_2\end{aligned} \tag{6-24}$$

로 되고, 또한 (6-19)에 의해

$$p_{12} = p_{21} \tag{6-25}$$

이다. 따라서 이 계의 퍼텐셜-전하 관계를 구하려면 일반적으로 세 값 p_{11}, p_{22}, p_{12}를 알아야 한다. 그런데 두 도체를 축전기로 사용할 때는 다소 특별한 배치를 마음속에 두고 있다—두 도체가 전도 통로로 연결되어 한 도체에서 다른 도체로의 **전하이동**을 통하여 대전 과정이 진행된다고 해보자. 이런 상황에서 한 도체의 전하는 항상 다른 도체의 전하와 전하량은 같고 부호는 반대가 된다.

이에 따라 축전기의 일반적 정의를 다음과 같이 하겠다: 축전기란 전하량은 같고 부호가 반대인 전하 Q와 $-Q$를 갖는 두 도체. 그렇지만 이 경우에도 전기용량을 당장 정의할 수 있

는지는 확실하지 않다. 그러나 (6-24)에서 $Q_1 = Q$, $Q_2 = -Q$라고 놓을 때

$$\begin{aligned}\phi_1 &= (p_{11} - p_{12})Q \\ \phi_2 &= (p_{21} - p_{22})Q\end{aligned} \tag{6-26}$$

가 되므로, 두 도체 간의 퍼텐셜차는

$$\Delta\phi = \phi_1 - \phi_2 = (p_{11} + p_{22} - p_{12} - p_{21})Q \tag{6-27}$$

이다. 여기서 크기가 같고 부호가 반대인 전하를 갖는 축전기에 대해 전하와 퍼텐셜차는 언제나 비례하므로, 이 계를 항상 하나의 매개변수로 특징지을 수 있을 것이다. 이 물리량을 전기용량 C라 부르고 (6-22)와 마찬가지로

$$C = \frac{Q}{\Delta\phi} \tag{6-28}$$

로 정의한다. (6-25)를 이용하면서 (6-28)과 (6-27)을 비교하면, 전기용량은 퍼텐셜계수로

$$C = \frac{1}{p_{11} + p_{22} - 2p_{12}} \tag{6-29}$$

이라고 표현할 수 있고, 이 두 도체의 경우에도 전기용량은 여전히 본질적으로 계의 기하적 관계를 반영하는 특성이다.

예제

구형 축전기. 그림 6-8에 보인 두 도체를 생각해보자. 경계면들은 반지름이 a, b, c인 동심구들이다. 안쪽 도체는 1, 바깥쪽 것은 2라고 부르겠다. 2는 1을 완전히 감싼다고 가정하자. C를 계산하는데 필요한 p 값들은 적절히 선택된 특별한 경우를 고려하여 일반적인 관계식 (6-24)로부터 얻을 수 있다. 우선 $Q_1 = 0$이고 $Q_2 \neq 0$이라고 가정해보자. 그러면 (6-24)는

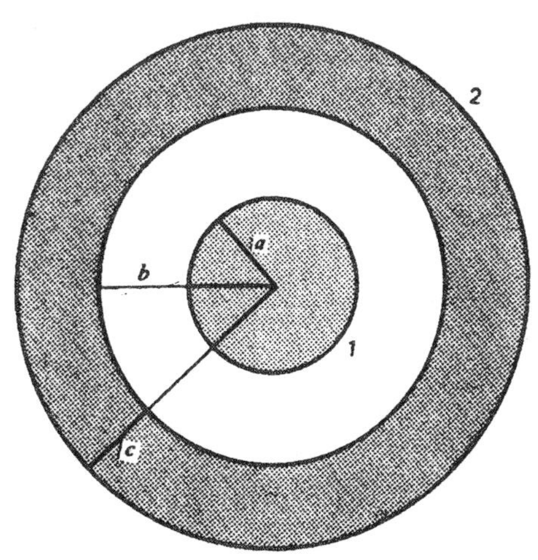

그림 6-8 구형 축전기.

$$\phi_1 = p_{12}Q_2 \quad \text{및} \quad \phi_2 = p_{22}Q_2 \tag{6-30}$$

가 된다. (6-6)에 의하여 Q_2는 모두 반지름 c인 바깥쪽 표면에 있다. 그러면 (6-5)의 a 대신 반지름 c를 사용하여 2의 퍼텐셜은

$$\phi_2 = \frac{Q_2}{4\pi\epsilon_0 c} \tag{6-31}$$

로 주어질 것이고, 그래서 (6-30)에서

$$p_{22} = \frac{1}{4\pi\epsilon_0 c} \tag{6-32}$$

로 주어진다. 공동 안에는 전하가 없으므로 그림 6-5와 6-6에 관련된 앞서의 논의에 의해 $\phi_1 = \phi_2$이다. 따라서 (6-30)에 따르면, 이 특별한 계의 경우

$$p_{12} = p_{22} \tag{6-33}$$

이다.

p_{11}을 구하기 위해 이번에는 $Q_1 \neq 0$이지만 $Q_2 = 0$이라고 가정해보자. 도체 2의 알짜 전하는 영이지만, 반지름 b인 안쪽 면에는 (6-6)에 의해 틀림없이 전하가 $-Q_1$이 들어있다. 이 경우, (6-24)는

$$\phi_1 = p_{11}Q_1 \quad \text{및} \quad \phi_2 = p_{21}Q_1 \tag{6-34}$$

이 된다. 이 두 식은 (5-11)을 이용하여 연관지을 수 있다. $a \leq r \leq b$인 진공 영역에서의 전기장은 Gauss 법칙으로부터 얻을 수 있는데, Q_1이 점전하처럼 행동하여 이 영역에서 전기장은 지름방향이고 (4-17)의 Q를 Q_1으로 바꾸어주면 된다. 이들을 결합하여

$$\begin{aligned}\phi_1 - \phi_2 &= \int_1^2 \mathbf{E}\cdot d\mathbf{s} = \int_a^b E_r\,dr \\ &= \int_a^b \frac{Q_1\,dr}{4\pi\epsilon_0 r^2} = \frac{Q_1}{4\pi\epsilon_0}\left(\frac{1}{a} - \frac{1}{b}\right)\end{aligned} \tag{6-35}$$

을 얻는다. 좌변은 (6-34)에 의해 $(p_{11} - p_{21})Q_1$으로 쓸 수 있고, 양변에서 Q_1을 상쇄시키며, (6-33)과 (6-32)를 이용하면 결과적으로

$$p_{11} = p_{22} + \frac{1}{4\pi\epsilon_0}\left(\frac{1}{a} - \frac{1}{b}\right) = \frac{1}{4\pi\epsilon_0}\left(\frac{1}{a} - \frac{1}{b} + \frac{1}{c}\right) \tag{6-36}$$

이 된다. (6-33)에 의해 (6-29)로 주어진 C에 대한 일반적인 표현식은

$$C = \frac{1}{p_{11} - p_{22}} = \frac{4\pi\epsilon_0}{\left(\frac{1}{a} - \frac{1}{b}\right)} = \frac{4\pi\epsilon_0 ab}{b - a} \tag{6-37}$$

로 간단히 할 수 있고, 이 때 (6-36)도 사용하였다. 따라서 이 특별한 축전기의 전기용량은

퍼텐셜계수로 나타내어진 (6-29)의 일반적인 결과를 계산함으로써 구할 수 있었다.

그러나 대부분의 간단한 경우에 이 과정이 가장 편리한 방법은 아니다. 일반적으로는 주어진 문제에 대해 다른 방식으로 미리 구해놓은 해로부터 퍼텐셜차를 구한다. 이 때 보통은 전기장을 알아내야 한다. 전기장을 알고 있으면, $\Delta\phi$는 (5-11)을 이용하여 구하는데, 두 도체 사이의 편리한 경로에 대하여 **E**를 적분하면 된다. 두 도체로 하나의 축전기를 구성할 때 도체를 보통 "극판 plate"라 부른다. (6-27)로부터 $\Delta\phi$는 Q에 비례하게 된다는 점을 확신하기 때문에 이 둘의 비는 (6-28)로부터 전기용량이 될 것이고, 그래서

$$\Delta\phi = \phi_+ - \phi_- = \int_{+극판}^{-극판} \mathbf{E} \cdot d\mathbf{s} = \frac{Q}{C} \tag{6-38}$$

가 된다. 적분은 이런 형태로 쓰는 것이 편리한데, **E**는 일반적으로 높은 퍼텐셜의 양대전 극판으로부터 낮은 퍼텐셜의 음대전 극판을 향하고, 그러면 $\mathbf{E} \cdot d\mathbf{s}$는 양의 값이 되며, $\Delta\phi$는 옳은 부호를 갖게 되기 때문이다. 이러한 관점으로 다음의 두 가지 예제를 살펴보자.

예제

구형 축전기. 이것은 그림 6-8에 보인 것과 동일한 계인데, 위 예제의 방법으로 C를 구했었다. 이번에는 반지름이 a인 안쪽 구가 양의 전하 Q를 가지고 있다고 가정해보자. 그러면 반지름 b인 안쪽 구는 (6-6)에 부합하도록 −Q의 전하를 가질 것이다. 앞에서와 마찬가지로, Gauss 법칙을 $a < r < b$ 구역에서의 반지름 r인 구에 적용해보면, **E**는 (4-17)에 의해 $\mathbf{E} = (Q/4\pi\epsilon_0 r^2)\hat{\mathbf{r}}$로 주어질 것이다. 양의 극판에서 음의 극판으로 반지름방향으로 적분하면 $d\mathbf{s} = dr\,\hat{\mathbf{r}}$이고 (6-38)은

$$\int_+^- \mathbf{E} \cdot d\mathbf{s} = \int_a^b \frac{Q\,dr}{4\pi\epsilon_0 r^2} = \frac{Q}{4\pi\epsilon_0}\left(\frac{1}{a} - \frac{1}{b}\right) = \frac{Q}{C} \tag{6-39}$$

가 된다. 이것은 앞의 (6-37)에서 구한 C와 같은 결과이다. 이번에 이 결과는 훨씬 쉽게 구해졌다.

예제

평행판 축전기. 이 계는 두 도체판으로 구성되어 있는데, 각 극판의 넓이는 A이고 서로 평행이며 거리 d만큼 떨어져 있고 그 간격은 어느 길이 치수와 비교하여도 작다. 극판이 정사각형일 필요는 없지만 어느 길이 치수도 $\sqrt{A}$ 정도의 크기일 것이다. 그래서 효과적으로 $d \ll \sqrt{A}$라고 가정할 수 있다. 이 축전기의 옆모습을 그림 6-9에 나타내었다. 이러한 조건에서 극판들은 무한대로 뻗어있는 것처럼 취급할 수 있고, 4-2절의 무한 평면판에서와 같이 **E**는 크기가 일정하고 방향은 그림에서 점선으로 보인 것처럼 극판에 수직일

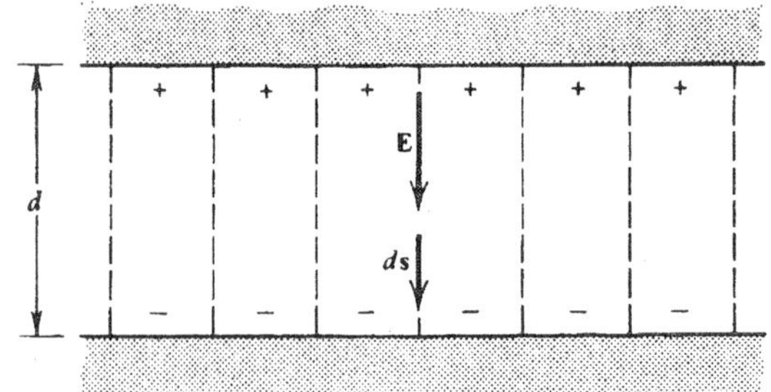

그림 6-9 평행판 축전기.

것이다. **E**가 표면에서 도체와 수직이기 때문에 그 크기는 바로 (6-4)에 주어진대로 $E = \sigma/\epsilon_0$이다. (**E**의 이 값은 또한 그림 3-6과 연습문제 3-9의 두 판에 대하여 구한 것과 정확히 같다.) 가장 간단한 적분경로는 분명히 그림 6-9에 ds로 나타낸 것처럼 **E**의 방향이다. 그러면 $\mathbf{E} \cdot d\mathbf{s} = E\, ds = (\sigma/\epsilon_0)ds$로 (6-38)은

$$\int_+^- \mathbf{E} \cdot d\mathbf{s} = \frac{\sigma}{\epsilon_0}\int_+^- ds = \frac{\sigma d}{\epsilon_0} = \left(\frac{d}{\epsilon_0 A}\right)Q = \frac{Q}{C} \tag{6-40}$$

가 되고, 여기서 $\sigma = Q/A$로 썼다. 평행판은 효과적으로 무한대로 뻗어있기 때문에 σ를 균일한 면전하 분포로써 이런 식으로 상수로 취급하여도 매우 정확하다. (6-40)을 C에 대하여 풀어서 전기용량에 관하여 간단하고도 잘 알려진 결과로

$$C = \frac{\epsilon_0 A}{d} \tag{6-41}$$

를 얻게 된다. (역자 주: 지금까지 사용한 '축전기' 라는 용어의 원어 표현은 'capacitor' 로 이 의미를 살리자면 '용량기' 라고 해석하는 것이 맞다. 그러나 한국물리학회의 용어집에서 이것을 '축전기' 만으로 사용하고 있기 때문에 여기에서도 '용량기' 와 '축전기' 를 구분하지 않았고 오히려 '축전기' 로 번역하였다. 그러나 다음의 문장에서는 원어의 의미를 그대로 살려 용어를 가려서 써야할 필요가 있으므로 예외적으로 분간하여 주기를 바란다.) 지나가는 김에 말하자면 이 계 뿐만 아니라 구형 '용량기 *capacitor*' 도 왜 흔히 용량기를 "축전기 *condenser*" 라고 부르는지 그림이 잘 보여주고 있다. 전기장 분포는 극판 사이의 유한한 공간에 갇혀있기 때문에 전기장이 이 공간에 "압축되어 condensed" 있다고 말하는 것이며, 이는 앞에서 본 많은 다른 예의 경우에서처럼 전기장이 모든 공간에 퍼져있는 것과는 다르다.

물론 이 경우의 극판들은 사실 무한대가 아니다. 우리는 효과적으로 전기장이 극판 사이의 모든 곳에서 (σ/ϵ_0)로 주어져 일정하며, 가장자리에서는 전기장 값이 갑자기 영으로 떨어진다고 가정하였었다. 전기장의 보존적 본성 때문에 이것은 불가능하다. 이 사실을 증명하는 과제는 연습문제로 미루어 놓겠다. 사실 **E**의 장선은 그림 6-10에 표시한 것처럼 극판의 가장자리 부근에서 바깥으로 다소 휘어야 하고, 극판 바깥 영역에까지 밖으로 뻗어야 한다. 그러나 극판이 "충분히 크다"면, 이 "모서리효과 *edge effect*"를 무시한다고 해

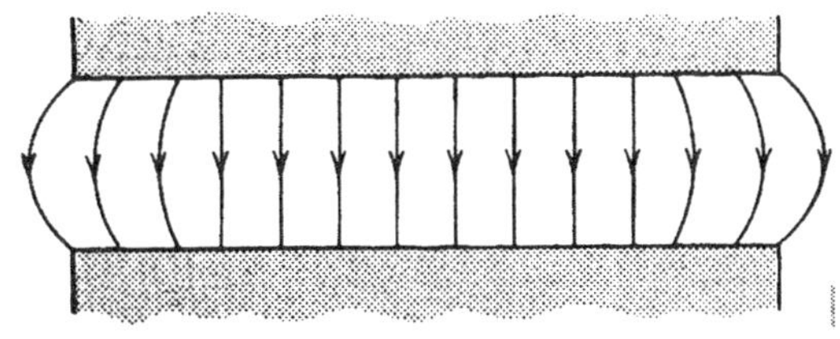

그림 6-10 평행판 축전기의 전기장의 일반적 모습.

서 심각한 오차를 만들지는 않을 것이다. 우리는 관례적으로 이렇게 해왔고, 계속 이렇게 근사할 것이다.

이 두 예로부터, (6-38)을 이용하여 전기용량을 계산할 수 있는 대부분의 문제는 충분한 대칭성을 가져야 하고, 그럼으로써 Gauss 법칙을 이용하여 **E**를 쉽게 구할 수 있다는 사실을 아마도 충분히 확인할 수 있었다고 본다. 나중에 퍼텐셜 ϕ를 위치의 함수로 구하는 다른 대칭적인 방법에 관해 논의할 때 좀 더 복잡한 문제를 다룰 수 있을 것이다.

연습문제

6-1 그림 6-8의 두 도체가 원래는 대전되어 있지 않았다고 해보자. 이제 전하 Q를 반지름 a인 안쪽 도체에 넣자. 최종적인 정적 상태의 전하분포를 구하라. r의 모든 값에 대하여 퍼텐셜 ϕ를 구하고 그래프로 그려라.

6-2 무한히 긴 반지름 a인 도체 원통이 단위 길이 당 총 전하 q_l을 가지고 있다. ρ가 축으로부터의 수직거리라면 원통의 바깥에서 퍼텐셜이

$$\phi(\rho) = \frac{q_l}{2\pi\epsilon_0} \ln\left(\frac{\rho_0}{\rho}\right) \qquad (\rho > a) \tag{6-42}$$

임을 보여라. 여기서 ρ_0은 상수이다. 원통 안에서의 퍼텐셜은 얼마인가? 이 경우 (6-4)가 만족됨을 증명하라. 이 경우 적절하고도 유일한 p_{11}을 정의할 수 있겠는가?

6-3 F(farad)는 사실상 전기용량을 나타내는 커다란 단위이다. 이것을 보이기 위해, 지구를 반지름이 6.37×10^6 m인 하나의 도체로 다루고 그 전기용량을 구해보라.

6-4 (6-13)의 식들을 전하에 대하여 풀 때, 그 결과는

$$Q_i = \sum_{j=1}^{n} c_{ij}\phi_j \qquad (i = 1, 2, \ldots, n) \tag{6-43}$$

의 형태로 다른 한 벌의 선형방정식이 된다. 여기서 c_{ij}는 p_{ij}의 조합이다. 첨자가 같은 c_{ii}는 전기용량계수 *coefficient of capacitance*라 부르고, $i \neq j$인 c_{ij}는 유도계수 *coefficient of induction*이라 부른다. (6-24)로 표현되는 두 도체계에 대한 이들 계수를 구하고 $c_{12} = c_{21}$임을 증명하라. 이 계의 전기용량이

$$C = \frac{c_{11}c_{22} - c_{12}^2}{c_{11} + c_{22} + 2c_{12}} \tag{6-44}$$

로 표현될 수 있음을 보여라.

6-5 앞 문제의 결과를 이용하여, 그림 6-8의 구형 축전기에 대한 계수 c_{ij}를 구하고 전기용량은 (6-37)과 같은 결과가 됨을 증명하라.

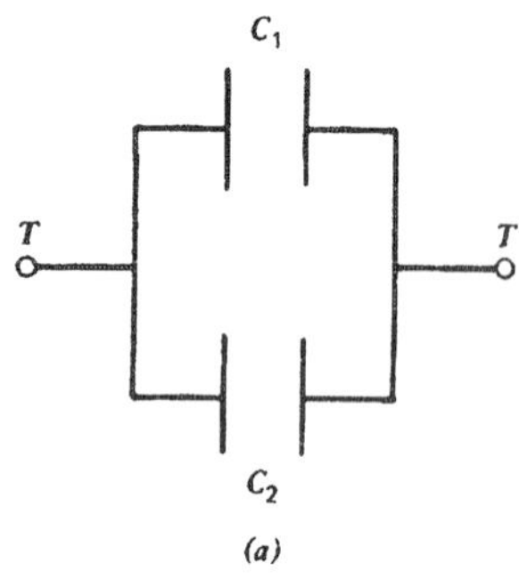

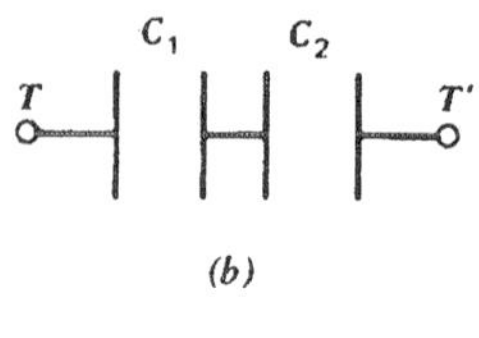

그림 6-11 (a) 병렬 연결한 축전기. (b) 직렬 연결한 축전기.

6-6 어느 축전기 C_1이 대전되어 두 극판 사이의 퍼텐셜차가 $\Delta\phi$가 되었다. 다른 축전기 C_2는 대전되어 있지 않다. 이제 C_2의 한 극판이 C_1의 한 극판에 연결되는데, 연결은 전기용량을 무시할 수 있는 다른 도체를 사용한다. 나머지 극판들도 마찬가지로 연결되어 있다. 결국 평형상태에 이르게 될 때, 각 축전기의 전하를 구하고 각 극판 사이의 퍼텐셜차 $\Delta\phi'$을 구하라.

6-7 그림 6-11a처럼 두 축전기 C_1과 C_2의 극판들이 전기용량을 무시할 수 있는 도체로 연결되어있다. 즉 "병렬 parallel"로 연결되어 있다. 단자 T와 T'에 걸쳐 퍼텐셜차 $\Delta\phi$가 걸려 있다면, 이 결합은 전기용량이 $C_p = C_1 + C_2$인 단일 축전기와 동등함을 보여라. 마찬가지로 (b)의 "직렬 series"결합은 등가전기용량이 $1/C_s = (1/C_1) + (1/C_2)$로 구해질 수 있음을 보여라.

6-8 그림 6-8의 구형 축전기에서 a와 b가 거의 같은 경우를 생각해보자. C에 대한 근사 표현식을 구하는데, $\delta = b - a$ ($\delta \ll a, b$)를 포함하는 형태로 나타내어라. (6-41)을 이용하여 결과를 해석하라.

6-9 구형 축전기의 극판 사이의 퍼텐셜차 $\Delta\phi$가 일정하게 유지되고 있다. 그러면 안쪽 도체 표면에서의 전기장은 $a = \frac{1}{2}b$일 때 최소임을 보여라. 이 최소값 E를 구하라.

6-10 어느 축전기가 그림 6-12처럼 두 개의 무한히 긴 도체 동축 원통으로 만들어져 있다. 길이 L에 대한 이 계의 전기용량이

$$C = \frac{2\pi\epsilon_0 L}{\ln\left(\frac{b}{a}\right)} \tag{6-45}$$

로 주어짐을 보여라. 이 결과는 왜 c에 의존하지 않는가? 반지름 a인 안쪽 도체는 속이 찬 원통이어야 하는가?

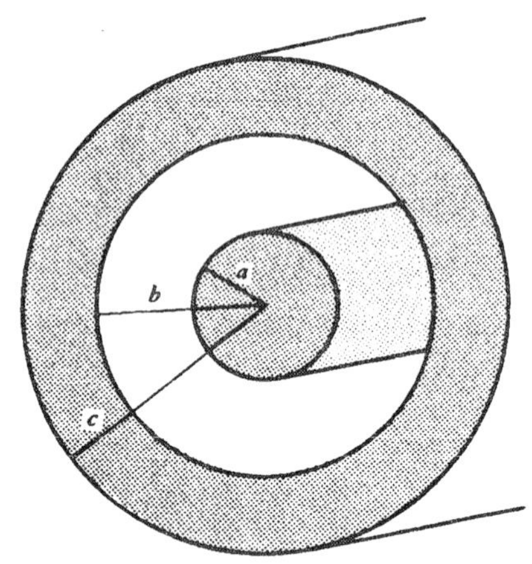

그림 6-12 동축 원통 극판으로 되어 있는 축전기.

6-11 그림 6-13은 평행판 축전기의 모서리효과를 무시했을 때 만들어지는 전기장을 그려 놓은 것이다. 즉, 모서리에서 $\mathbf{E}$가 갑자기 영이 된다고 가정했다. 사실 이것은 $\nabla \times \mathbf{E} = 0$이기 때문에 불가능하다. 이 사실을 보이기 위해 우선 그림에 나타낸 사각형 경로에

대해 $\oint \mathbf{E} \cdot d\mathbf{s}$를 계산해보아라. 이 경로의 일부분은 $\mathbf{E} \neq 0$인 영역에 있고 일부는 $\mathbf{E} = 0$인 영역에 있다. 그리고는 (1-67)의 Stokes 정리에 의해 모순됨을 보여라. 그림 6-10의 일반적인 전기장이라면 이 모순을 없앨 수 있음을 정성적으로 보여라.

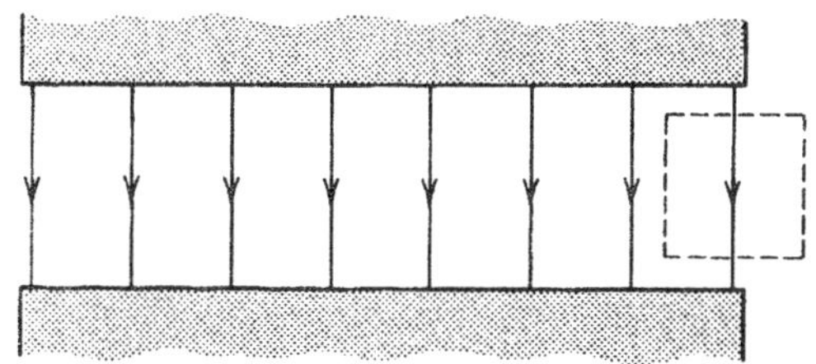

그림 6-13 연습문제 6-11의 전기장.

6-12 그림 6-9의 축전기 극판 사이에 도체판을 끼워 넣는다. 이 도체판의 두께는 t이며 평행면의 단면적은 $\geq A$이다. 이 판의 면은 원래의 축전기 극판과 평행이다. 그러면 전기용량이

$$\Delta C = \frac{\epsilon_0 t A}{d(d-t)}$$

만큼 증가됨을 증명하라. 이 결과는 왜 끼워 넣은 판과 원래 극판(어느 쪽이라도)과의 거리에 무관한가?

6-13 평행판 축전기의 극판은 사각형이지만 극판들이 정확히 평행이 아니라고 해보자. 한쪽 끝에서의 거리는 $d - a$이고 다른 끝에서는 $d + a$이며 $a \ll d$이다. 전기용량은 근사적으로

$$C \simeq \frac{\epsilon_0 A}{d}\left(1 + \frac{a^2}{3d^2}\right)$$

로 주어짐을 보여라. 여기서 A는 극판의 넓이이다. (귀띔: 연습문제 6-7번의 결과를 생각해보라.)

6-14 두 도체구의 중심 사이 거리가 c만큼 떨어져 있다. 한 구의 반지름은 a이고 다른 것의 반지름은 b이다. $c \gg a$ 이고 $c \gg b$일 때 이 계의 전기용량은 근사적으로

$$C \simeq 4\pi\epsilon_0\left(\frac{1}{a} + \frac{1}{b} - \frac{2}{c}\right)^{-1}$$

임을 보여라. (귀띔: 크기가 같고 부호가 반대인 전하가 구들에 들어있다고 생각해보라. 한 구는 다른 구에서 어떻게 "보이"겠는가? (6-5)는 근사적으로 여전히 옳은가?)

6-15 두 개의 무한히 긴 도체 원통의 중심축들이 평행이고 거리 c만큼 떨어져 있다. 한 원통의 반지름은 a이고 다른 것은 b이다. $c \gg a$이며 $c \gg b$일 때, 이 계의 길이 L 당의 전기용량을 근사적 표현식으로 구하라.

제 7 장 정전기 에너지

5-4절에서는 퍼텐셜에 관련된 에너지 문제를 간단히 다루면서, 단일 점전하와 한 쌍의 점전하가 갖는 퍼텐셜에너지를 고려했었다. 여기에서는 개념을 확장하여, 임의 개수의 전하를 가지고 있는 계의 퍼텐셜에너지 U_e를 계산하려 한다. 이 에너지는 주어진 전하배치를 만들기 위해 외부에서 해주어야 하는 가역적 일의 양을 말한다. 이때 전하들 사이에는 보존적 정전기 힘이 서로에게 작용될 것이고, 이에 맞서 일을 해주어야 한다. 퍼텐셜에너지를 구한 다음 여러 다양한 경우에 응용하겠고, 이 에너지를 다양한 방법으로 다시 나타내겠다.

7-1 전하계의 에너지

앞에서는 한 쌍의 점전하의 상호 퍼텐셜에너지를 (5-49)의 표현식으로 구해 놓았었다. 이들 전하를 q와 Q 대신 q_i와 q_j라 하면, (5-49)의 퍼텐셜에너지는

$$U_{eij} = \frac{q_i q_j}{4\pi\epsilon_0 R_{ij}} \tag{7-1}$$

이고, 여기서 R_{ij}는 전하들 사이의 거리로 $R_{ij} = |\mathbf{r}_i - \mathbf{r}_j|$이다. 이번에는 점전하 N개가 어떤 배치를 하고 있으며 각 전하량과 그들 간의 거리가 알려져 있다고 생각해보자. 이들 전하에 번호를 붙여 i와 j는 모두 독립적으로 1, 2, . . ., N을 가질 수 있다하자. 그러면 이 계의 총 퍼텐셜에너지 U_e는 (7-1)과 같은 항들의 합이 될 것이고, N개의 전하로부터 구성되는 모든 전하쌍에 대해 합을 취하면 된다:

$$U_e = \sum_{\text{모든쌍}} U_{eij} \tag{7-2}$$

이 합에서 한 전하가 제 자신과 쌍을 이루는 $i = j$인 경우는 제외해야 하는데, 이 경우는 한 전하가 그 자신에게 힘을 작용한다는 것을 의미하기 때문이다. 이러한 가능성은 이미 (3-2)와 관련하여 제외했었다.

(7-2)는 첨자 i와 j에 대한 이중 합으로 나타내는 것이 편리할 텐데, 이 첨자들은 독립적으로 가능한 전체 범위 N에 걸쳐있게 된다. 그러나 그렇게 하면 각 쌍에 대하여 두 번 세는 셈이 되므로, 이를 수정하여야 한다. 예를 들어 q_3와 q_4 쌍이 (7-2)에 주는 기여, U_{e34}를 생각해 보자. 이중합에서 이 쌍은 $i = 3$과 $j = 4$일 때 한 번 생기고 또한 $i = 4$와 $j = 3$일 때 다시 나타나는데, (7-1)을 사용할 때 $R_{43} = R_{34}$이기 때문에, 모두 $U_{e34} + U_{e43} = 2U_{e34}$가 된다. 그러므로 이중합으로부터 얻은 결과를 2로 나누어야 할 것이다. 이와 같이 하여 (7-2)를

$$U_e = \frac{1}{2} \sum_{i=1}^{N} \sum_{\substack{j=1 \\ j \neq i}}^{N} U_{eij} = \frac{1}{2} \sum_{i=1}^{N} \sum_{\substack{j=1 \\ j \neq i}}^{N} \frac{q_i q_j}{4\pi\epsilon_0 R_{ij}} \tag{7-3}$$

로 쓸 수 있고 이것이 구하고자 했던 정전기 에너지 결과이다.

특히, 모든 전하 위치가 직각좌표로 주어진다면, (1-14)를 이용하여 U_e에 관한 구체적인 표현식

$$U_e = \frac{1}{2} \sum_{i=1}^{N} \sum_{\substack{j=1 \\ j \neq i}}^{N} \frac{q_i q_j}{4\pi\epsilon_0 \left[(x_i - x_j)^2 + (y_i - y_j)^2 + (z_i - z_j)^2\right]^{1/2}} \tag{7-4}$$

를 얻을 수 있다.

(7-3)은 항을 다시 조합하여

$$U_e = \frac{1}{2} \sum_{i=1}^{N} q_i \left(\sum_{j=1}^{N} \frac{q_j}{4\pi\epsilon_0 R_{ij}} \right) \tag{7-5}$$

로 나타낼 수 있다. 여기서 (5-2)를 상기해 보면 괄호 속에 든 항은 바로 $\phi_i = \phi_i(\mathbf{r}_i)$, 즉 다른 전하들에 의한 q_i 위치에서의 퍼텐셜이라는 것을 알 수 있다. 그래서 (7-5)를

$$U_e = \tfrac{1}{2} \sum_{i=1}^{N} q_i \phi_i(\mathbf{r}_i) \tag{7-6}$$

라고 쓸 수 있다.

한 계의 퍼텐셜에너지를 다룰 때, 우리들은 자연스럽게 그 에너지가 어디에 "저장"되는지 혹은 "놓여"있는지 묻게 된다. 역학에서는, 예를 들어, 늘여놓은 용수철의 퍼텐셜에너지 $\frac{1}{2}kx^2$은 늘어난 부분의 상대적 위치 변화와 관련되어 있다고 간주하는 것이 합리적이므로, 퍼텐셜에너지는 용수철의 늘어난 부분에 "저장"되어 있을 것이다. (7-6)형태에도 마찬가지의 해석이 가능하다. 어느 주어진 전하가 합에 주는 기여는 그 전하가 위치한 곳에서의 스칼라 퍼텐셜 값에만 관련이 있으므로, 원한다면, 퍼텐셜에너지의 일부분을 이 전하와 관련지을 수 있고, 이 부분의 퍼텐셜에너지는 그곳에 "놓여" 있다고 생각할 수 있다.

전하가 연속적으로 분포되어 있다면 (7-6)의 합은 (2-14)와 (2-16)을 사용하여 적분으로 다시 쓸 수 있다. 즉 체적, 면, 선전하분포에 대하여 각각 다음과 같은 표현식을 얻는다:

$$U_e = \tfrac{1}{2} \int_V \rho(\mathbf{r}) \phi(\mathbf{r})\, d\tau \tag{7-7}$$

$$U_e = \tfrac{1}{2} \int_S \sigma(\mathbf{r}) \phi(\mathbf{r})\, da \tag{7-8}$$

$$U_e = \tfrac{1}{2} \int_L \lambda(\mathbf{r}) \phi(\mathbf{r})\, ds \tag{7-9}$$

이 적분들은 관련된 특정 형태의 전하를 포함하고 있는 모든 영역에 대해 계산된다.

만일 전하 분포가 위에서 고려한 가능성의 몇 가지 혹은 모두로 구성되어 있다면, 계의 총

에너지는 (7-6)과 (7-7) 내지 (7-9)로부터 얻은 것들의 합이 될 것이다. 각 부분에 대해 퍼텐셜 ϕ는 모든 전하의 여러 다양한 분포의 결과로써 구해져야 한다.

사실 위의 적분 영역은 전하가 실제로 차지하고 있는 영역에서 모든 영역으로 확장할 수 있다. 왜냐하면, 전하가 없는 영역에서는 ρ가 영이므로 이 영역은 (7-7)에 아무 기여도 하지 않을 것이기 때문이다. 그래서 (7-7)과 동등하게

$$U_e = \frac{1}{2}\int_{\text{전체공간}} \rho(\mathbf{r})\phi(\mathbf{r})\, d\tau \tag{7-10}$$

처럼 쓸 수 있고, (7-8)과 (7-9)에 대해서도 마찬가지이다.

예제

균일한 구 전하분포. (7-7)을 사용하는 한 예로써 일정한 체적밀도 ρ의 전하를 가지고 있는 반지름 a인 구의 경우를 생각해보자. 5-2절에서 이 예를 고려했었고, (5-22)와 (5-23)에 의해 퍼텐셜 ϕ는 어느 곳에서나 주어진다. 그러나 (7-7)에 의하면 구 안의 퍼텐셜만이 필요하고, 따라서 (5-23)에 의해

$$\phi(\mathbf{r}) = \frac{\rho}{6\epsilon_0}(3a^2 - r^2) \tag{7-11}$$

로 주어진다. 이것을 (7-7)에 대입하고 (1-99)를 이용하면, 모든 상수를 (ρ도 포함하여) 적분 밖으로 꺼내어

$$U_e = \frac{\rho^2}{12\epsilon_0}\int_0^{2\pi}\int_0^{\pi}\int_0^{a}(3a^2 - r^2)r^2 \sin\theta\, dr\, d\theta\, d\varphi \tag{7-12}$$

를 얻는다. 각도에 대한 적분은 4π가 되어

$$U_e = \frac{\pi\rho^2}{3\epsilon_0}\int_0^{a}(3a^2r^2 - r^4)\, dr = \frac{4\pi\rho^2a^5}{15\epsilon_0} \tag{7-13}$$

이 된다. 이것은 $Q = (4\pi a^3/3)\rho$를 이용하여 구의 총 전하로 나타내어

$$U_e = \frac{3}{5}\left(\frac{Q^2}{4\pi\epsilon_0 a}\right) \tag{7-14}$$

로 얻는다. 이것은 두 점전하 Q가 구의 반지름만큼 떨어져 있을 때의 에너지값 보다 적다.

7-2 도체계의 에너지

도체의 경우는 그 특별한 성질 때문에 몇몇 결과를 간단한 형태로 적을 수 있다. 6-1절에서 보았듯이 도체에 분포하는 전하는 전적으로 그 표면에만 제한되어 있다. 또한 퍼텐셜은 (6-2)에 의해 그 표면에서 일정하여 (7-8)의 적분에서 ϕ를 밖으로 꺼낼 수 있다. 이제 6-2절에서 고려

한 n개의 도체 중 i번째 것에 (7-8)을 적용하면, 그 에너지가

$$U_{ei} = \frac{1}{2}\phi_i \int_{S_i} \sigma_i \, da_i = \frac{1}{2} Q_i \phi_i \tag{7-15}$$

로 주어진다. 여기서 Q_i는 (6-16)에서처럼 총 전하이다. 이 계의 총 에너지는 (7-15)같은 항들의 합으로 주어질 것이므로

$$U_e = \frac{1}{2} \sum_{i=1}^{n} Q_i \phi_i \tag{7-16}$$

이다. (6-11)을 사용하면 이 에너지를 순전히 전하량으로 표현할 수 있다:

$$U_e = \frac{1}{2} \sum_{i=1}^{n} \sum_{j=1}^{n} p_{ij} Q_i Q_j \tag{7-17}$$

특히, 두 개의 도체만 존재하는 계의 경우, (6-25)를 이용하면 이것은

$$U_e = \frac{1}{2} p_{11} Q_1^2 + p_{12} Q_1 Q_2 + \frac{1}{2} p_{22} Q_2^2 \tag{7-18}$$

이 된다.

계가 하나의 특성값, 즉 전기용량 C로 나타내어지는 경우, 이 결과를 더 간단하고 유용한 형태로 쓸 수 있다.

예제

고립된 도체. 이 경우 (7-16)은 하나의 항 $\frac{1}{2}Q\phi$가 된다. 또한 (6-22)를 사용하면

$$U_e = \frac{1}{2} Q\phi = \frac{Q^2}{2C} = \frac{1}{2} C\phi^2 \tag{7-19}$$

로 쓸 수 있다. 이것을 도체구에 적용하기 위해 (6-23)을 이용하면 그 에너지는

$$U_e = \frac{1}{2}\left(\frac{Q^2}{4\pi\epsilon_0 a}\right) \tag{7-20}$$

으로 구해진다. 이것은 (7-14)에 주어진 에너지보다 적은데, 여기에서는 전하가 도체 표면에 국한된 경우이고, 이와는 달리 도체가 아닌 앞의 경우는 같은 양의 전하가 구의 체적 전체에 걸쳐 분포해 있기 때문이다.

예제

축전기. 이 경우 크기가 같고 부호가 반대인 전하가 극판에 분포하여 있다. 그러므로 (7-18)에서 $Q_1 = Q$와 $Q_2 = -Q$로 놓고 (6-29)와 (6-28)을 사용하면 축전기의 에너지에 대한 일반적인 표현식

$$U_e = \tfrac{1}{2}Q\,\Delta\phi = \frac{Q^2}{2C} = \tfrac{1}{2}C(\Delta\phi)^2 \tag{7-21}$$

을 구하게 된다. 이것은 한 도체에 대한 에너지 (7-19)와 매우 흡사하다. 앞으로의 논의에 있어 이 결과는 매우 유용할 것이다.

7-3 전기장으로 나타낸 에너지

(7-6) 다음의 문단에 간단히 언급하였던대로 계의 에너지 표현식이 전하량과 그들의 위치에 직접 관련된다는 해석은 매우 적합하다. 이 관점은 전하량과 상대위치를 강조한 Coulomb 법칙의 원격작용 특성과 자연스럽게 일치한다. 한편 현상을 기술하는데 있어 우리의 주요 관심사가 전기장이듯 에너지도 마찬가지로 전기장으로 나타내고자 한다. 출발점으로는 (7-10)을 사용하는 것이 좋다.

(4-10)에 의해서 $\rho = \epsilon_0 \nabla \cdot \mathbf{E}$로 쓸 수 있고 그러면 (7-10)도

$$U_e = \frac{\epsilon_0}{2}\int \phi(\nabla \cdot \mathbf{E})\,d\tau \tag{7-22}$$

처럼 쓸 수 있다. 피적분함수는 (1-115), (5-3), (1-17)을 이용하여 다시 쓸 수 있다:

$$\phi(\nabla \cdot \mathbf{E}) = -\mathbf{E}\cdot(\nabla\phi) + \nabla\cdot(\phi\mathbf{E}) = \mathbf{E}^2 + \nabla\cdot(\phi\mathbf{E}) \tag{7-23}$$

이것을 (7-22)에 대입할 때,

$$U_e = \frac{\epsilon_0}{2}\int \mathbf{E}^2\,d\tau + \frac{\epsilon_0}{2}\int \nabla\cdot(\phi\mathbf{E})\,d\tau \tag{7-24}$$

를 얻고 (1-59)의 다이버전스정리를 사용하여 두 번째 적분을 면적적분으로 쓰면, 드디어

$$U_e = \frac{\epsilon_0}{2}\int_V \mathbf{E}^2\,d\tau + \frac{\epsilon_0}{2}\oint_S (\phi\mathbf{E})\cdot d\mathbf{a} \tag{7-25}$$

를 얻게 된다. 여기서 잠시 멈추어서 처음 시작할 때의 (7-10) 적분이 모든 공간에 대해 잡혀 있었다는 사실을 생각해보아야겠다. 이렇게 하기 위해서는 (7-25)의 V를 처음부터 아주 커다란 체적으로 잡는 것이 좋을 테고, 그러면 S는 그 체적을 매우 커다랗게 감싸는 표면이 된다. 그런 다음 V가 무한대가 되도록 할 수 있고, 이 과정에서 표면 S도 무한대로 물러날 것이다. 전하분포는 항상 유한한 공간 안에 들어있지만 그 체적은 매우 커질 수 있다고 가정하겠다. 그러면 V는 처음부터 항상 이 모든 전하를 감쌀 만큼 매우 크게 선택할 수 있다. 이제 V를 매우 매우 크게 할수록 S는 아주 멀어져서 전하분포가 작은 체적에 들어가게 보여서 S 위의 어느 곳에서 보더라도 전체 전하가 거리 R 떨어진 점전하가 된듯할 것이다. 그러므로 (7-25)의 적분에 관한 한 $R \to \infty$에 따라 (5-12)와 (5-13)으로부터

$$\phi \sim \frac{1}{R} \qquad |\mathbf{E}| \sim \frac{1}{R^2} \qquad (\phi\mathbf{E}) \sim \frac{1}{R^3} \tag{7-26}$$

임을 알게 되고 피적분함수의 크기는 R^3으로 줄어든다. 그러나 적분의 표면은 증가하여, R^2에 비례할 것이다. 그러므로 매우 큰 R에 대하여

$$\oint_S (\phi\mathbf{E}) \cdot d\mathbf{a} \sim \frac{1}{R^3} \cdot R^2 \sim \frac{1}{R} \underset{R\to\infty}{\to} 0 \tag{7-27}$$

이고, (7-25)의 V가 증가하여 모든 공간을 다 포함하게 될 때 면적적분은 영이 될 것이고 에너지의 표현식은 간단히

$$U_e = \int_{\text{전체공간}} \frac{\epsilon_0}{2} \mathbf{E}^2 \, d\tau \tag{7-28}$$

이 된다. 여기서 $\mathbf{E}^2 = \mathbf{E} \cdot \mathbf{E}$이다. 그리하여 우리는 성공적으로 에너지를 순전히 전기장만으로 표현하였다. [비록 (7-28)에는 전하가 분명히 나타나 있지 않지만, 전하가 사라진 것은 물론 아니다. 그 이유는 전하들이 전기장의 원천이기 때문이다.]

체적적분으로써의 (7-28)에서 $\mathbf{E} \neq 0$인 영역은 적분에 기여할 테고 $\mathbf{E} = 0$인 영역은 그렇지 않겠지만, 그 형태는 간단하고도 자연스러운 해석에 적합하다: 정전기 에너지는 공간을 통해서 에너지밀도 u_e

$$u_e = \tfrac{1}{2}\epsilon_0 \mathbf{E}^2 \tag{7-29}$$

으로 연속적으로 분포하여 있고, 그러면 총 에너지는

$$U_e = \int_{\text{전체공간}} u_e \, d\tau \tag{7-30}$$

로 쓸 수 있다. u_e의 단위는 $\mathrm{J/m^3}$이 될 것이다.

우리는 분명히 이렇게 해석할 수도 있으나 꼭 그럴 필요는 없고, (7-29)만이 유일하게 가능한 표현식도 아니다. 예를 들어 전체 공간에 대한 적분이 영인 어느 χ라도 u_e에 더할 수 있고, 그래도 (7-28)과 잘 부합한다. 그러나 전기장으로 사물을 표현한다는 관점에서 (7-29)가 간단하고, 받아들이기 쉬우며, 미학적으로도 매우 호소력이 있다. 우리는 (7-29)를 옳은 것으로 수용하기로 하겠으며, 나중에 이 해석을 좀 더 자세히 정당화하게 될 것이다. 사실상 (7-29)는 시간에 따라 변하는 전기장을 고려할 때에도 유용하며 정확한 것으로 판명될 것이다.

(7-28)로부터 계산된 에너지는 물론 (7-6)이나 그 변형된 것으로부터 얻어지는 에너지와도 일치해야 한다. 이 점을 이미 계산해 본 $\mathbf{E}$ 뿐만 아니라 U_e에 대해서도 점검해보자.

예제

고립된 도체구. 이 경우 (6-5)로 주어지는 퍼텐셜 ϕ로 해를 구했었다. 그러므로 이 계에서 만들어지는 전기장은

$$\mathbf{E} = \frac{Q\hat{\mathbf{r}}}{4\pi\epsilon_0 r^2} \qquad (r \geq a) \tag{7-31}$$

$$\mathbf{E} = 0 \qquad (r < a)$$

일 것이고, (7-29)에 의해 구의 체적 안에 들어있는 에너지는 없을 것이며, (7-30)의 적분 영역은 구 밖의 모든 공간이 될 것이다. (7-29)에 (7-31)을 사용하면 에너지밀도 u_e는

$$u_e = \frac{Q^2}{32\pi^2\epsilon_0 r^4} \qquad (r \geq a) \tag{7-32}$$

$$u_e = 0 \qquad (r < a)$$

으로 구해지고, (1-99)를 이용하여 (7-30)은

$$U_e = \frac{Q^2}{32\pi^2\epsilon_0}\int_0^{2\pi}\int_0^{\pi}\int_a^{\infty}\frac{1}{r^4}\cdot r^2\sin\theta\, dr\, d\theta\, d\varphi = \frac{Q^2}{8\pi\epsilon_0 a} \tag{7-33}$$

이 되고, (7-20)과 완전히 일치한다.

(7-28)을 유용하게 적용하여 전기용량을 계산할 수 있다. 어떤 방법으로든 **E**를 구했으면, (7-28)을 계산할 수 있다. 그러한 경우 U_e는 주어진 물리량에 따라 Q^2이나 ϕ^2 혹은 $(\Delta\phi)^2$에 비례하게 된다. 이렇게 U_e가 구해지면 (7-19)나 (7-21)에 즉시 사용하여 C를 구할 수 있다. 이 과정은 흔히 (6-38)을 사용하는 것보다 편리하다.

예제

평행판 축전기. 이 계는 그림 6-9에 그려져 있고 극판 사이에서의 전기장의 크기는 $E = \sigma/\epsilon_0$로 일정하고 다른 곳에서는 영이다. 그러므로 극판 사이에서의 체적 Ad 안에서는

$$u_e = \tfrac{1}{2}\epsilon_0 E^2 = \frac{\sigma^2}{2\epsilon_0} = \frac{Q^2}{2\epsilon_0 A^2} \tag{7-34}$$

으로 일정하고 다른 곳에서는 영이다. 이것을 (7-30)에 대입하면

$$U_e = \int u_e\, d\tau = u_e(\text{체적}) = \left(\frac{Q^2}{2\epsilon_0 A^2}\right)(Ad) = \frac{Q^2 d}{2\epsilon_0 A} = \frac{Q^2}{2C} \tag{7-35}$$

를 얻게 되고, 이것으로 다시 (6-41)로 주어지는 C의 값이 얻어진다.

7-4 도체에 작용하는 정전기 힘

일반적으로 대전된 두 도체는 서로 힘을 작용할 것이고, 원리상 이 힘은 Coulomb 법칙으로부터 계산할 수 있다. 이 힘을 다른 방법으로 계산하는 것도 바람직하겠다. 비슷한 상황은 역학에서도 마주치게 되는데, 힘의 성분을 퍼텐셜에너지의 공간적 변화율로 계산하는 것이 편리

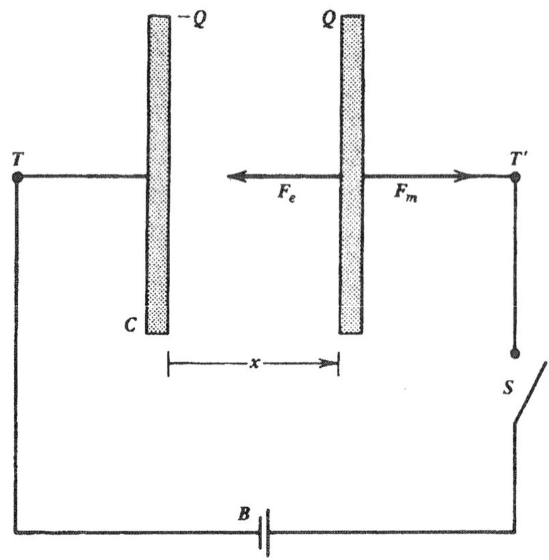

그림 7-1 평행판 축전기의 한 극판에 작용하는 힘.

할 때가 있다. 더구나 에너지의 고찰은 물리적 상황을 다른 방도로 바라보도록 해주고 그리하여 전체적인 이해를 넓히도록 해준다.

우리는 이와 비슷한 접근방법을 정전기 힘에 적용하고자 한다. 그러나 이 절에서는 도체에만 국한하겠다. 더구나 완벽한 일반론으로 다루지 않고 평행판 축전기의 특별한 경우만을 고려하겠다. 이것은 이 문제의 일반적인 모습을 쉽게 시각화해 줄 수 있는 간단한 계로써 그 특성을 충분히 설명해 줄 것이다. 간단한 계임에도 불구하고 최종 결과는 사실상 매우 일반적인 적용이 가능한 방식으로 나타내어지게 된다.

그림 7-1에는 전기용량이 C인 평행판 축전기를 보였다. 스위치 S를 통하여 단자 T와 T'은 전지 B에 도선으로 연결되어 있고 그럼으로써 극판들 사이에는 퍼텐셜차 $\Delta\phi$가 수립될 것이고, 그러면 이 축전기는 $Q = C\Delta\phi$값으로 대전될 것이다. 극판의 반대 전하로 인하여 극판들은 서로 당길 것이고, 양의 극판에는 그림에 보인 방향으로 정전기력 F_e가 존재할 것이다. 계가 평형상태에 있도록 하기 위해서는 정전기력과 크기가 같고 방향이 반대인 역학적인 힘 F_m에 의해 균형이 잡혀야 한다. 우리의 목표는 에너지를 고려하여 이 힘들을 구하는 것이다.

극판 사이의 거리를 x라 하자. 그리고는 이 거리가 매우 천천히 dx 만큼 변화하였다고 생각해보자. 이런 조건 하에서 역학적인 힘에 의하여 계에 하여진 일은 $F_m dx$일 것이고, 이것은 5-4절에서 보인 것처럼 가역적일 것이므로, 전체 계의 총 에너지 변화는 $dU_t = F_m dx$와 같을 것이다. 그런데 가속도는 항상 거의 영이므로 축전기 판은 계속 평형상태로 유지될 것이다. 혹은 기껏해야 평형상태로부터 무한소만큼 달라질 것이다. 그러므로 여전히 $F_e = -F_m$라 놓을 수 있을 것이며, 그래서

$$F_e = -\frac{dU_t}{dx} \tag{7-36}$$

이다. 여기서 에너지를 총량 U_t로 썼는데, 그것은 축전기 자체만이 전체 계가 아니기 때문이다. 일반적으로는 전지가 포함되어야 하는데, 스위치 S가 열려 있느냐 닫혀있느냐에 따라 F_m에 의한 일의 결과로써 전지의 에너지도 달라질 수 있다. 즉 이 축전기가 반드시 고립된 계라고만 할 수는 없다. 이런 점에서 이 문제는 열역학에서 흔히 부딪히는 상황과 비슷한데, 우리의 계는 열원 및 일의 원천과 접촉하고 있을 수 있다. 열역학에서의 이 문제는 평형의 기준(고립된 계에 관한)을 우리의 비고립계(전체를 구성하는 계의 일부분만으로써의 계, 그러나 우리가 직접 관심을 갖는 부분)만의 특성함수로 설명하려는 한 시도이다. 이번 경우에도 할 수 만 있다면 (7-36)을 축전기만으로 나타내고자 한다.

(7-36)을 유도하는데 있어 극판의 작은 상대변위만을 생각해보았다. 그러나 힘 F_e는 분명히 정의된 측정가능한 양이고 그러므로 이 계산을 위해 시각화하였던 어느 특별한 과정과는 무관하다. 이 예에서는 사실상 무한소의 변화를 주는 단지 두 가지의 다른 방법이 있을 뿐이다: 스위치를 열거나 닫는 것. 그러므로 고려해야하는 것은 이 두 가지 가능성이고 각각 따로 논의하는 것이 좋겠다. 앞으로 알게 되겠지만 논의가 진행되는 동안 세부적인 내용은 두 경우가 서로 다르다. 그러나 힘에 대한 최종 결과는 같아야 한다는 점을 기억해 두라.

1. 일정한 전하. 여기서는 축전기가 대전될 때까지 S가 닫혀 있다가, 그 다음 S가 열리고 그 후 그대로 열려있는 경우를 생각해보자. 전지 B는 변위 dx에 의해 영향받지 않을 것이므로 사실상 계에서 제거해도 된다. 즉 축전기는 고립되어 있다. 이 경우 $dU_t = dU_e$이고 여기서 U_e는 축전기의 에너지이다. 그러면 (7-36)은

$$F_e = -\left(\frac{dU_e}{dx}\right)_Q \qquad (Q = \text{일정}) \tag{7-37}$$

이 된다. (7-21)에 의해 $U_e = Q^2/2C$이고, C는 극판 거리의 함수, $C = C(x)$이므로

$$dU_e = -\frac{Q^2}{2C^2}\,dC \tag{7-38}$$

이며, (7-37)은

$$F_e = \frac{Q^2}{2C^2}\frac{dC}{dx} \tag{7-39}$$

가 된다. [이 과정에서 $Q = C\Delta\phi$를 일정하게 유지하려면 극판 사이의 퍼텐셜차는 변해야 한다. 그러므로 $dQ = 0 = (dC)(\Delta\phi) + Cd(\Delta\phi)$가 되게 하고

$$-\frac{d(\Delta\phi)}{\Delta\phi} = \frac{dC}{C} \tag{7-40}$$

임을 알 수 있다. 퍼텐셜차의 변화비는 전기용량 변화비와 크기가 같고 부호가 반대이다. 사실 (6-41)(d를 x로 대체하여)에 의하면 x가 증가함에 따라 C는 감소하기 때문에 x가 증가함에 따라 $\Delta\phi$는 증가할 것이다. 그 이유는 Q가 일정하여 σ도 일정하고 $E = \sigma/\epsilon_0$도

일정할 것이며, 그러면 동일한 E가 더 먼 거리에 적용되어 $\Delta\phi = \int_{+}^{-} E ds = Ex$는 커지게 될 것이다.] (7-39)를 더 자세히 논의하기 전에 다른 가능성을 생각해보자.

2. 일정한 퍼텐셜차. 이번에는 스위치 S를 계속 닫아 놓아 $\Delta\phi$가 일정하게 되도록 한다. 그러면 전지는 전체 계의 한 부분이고 축전기는 더 이상 고립되어 있지 않다. 이 경우 총 에너지 변화는 축전기의 에너지 변화 dU_e와 전지의 에너지 변화 dU_B의 합일 것이다. 즉,

$$dU_t = dU_e + dU_B \tag{7-41}$$

으로 여기서 U_e는 (7-21)에 주어진 $U_e = \frac{1}{2}C(\Delta\phi)^2$로 쓰는 것이 편리하다. 그러면

$$dU_e = \tfrac{1}{2}(dC)(\Delta\phi)^2 \tag{7-42}$$

이다. [dx가 양의 값이면 dC는 음이 될 것이고, 위에서 말했듯이 축전기 에너지 U_e는 이 경우 감소할 것이다. 이는 (7-38)에서 설명한 일정한 전하의 경우에 증가하던 것과 대조가 된다.]

$Q = C\Delta\phi$이므로 축전기의 전하는 변할 것이고 이 변화량은

$$dQ = (dC)(\Delta\phi) \tag{7-43}$$

으로 주어진다. 이 전하가 전지의 퍼텐셜차를 통해 천천히 지나감에 따라 전하에 일이 하여질 것이고 전지의 에너지도 변할 것이다. (5-46)에서 이 일은 전하량 곱하기 퍼텐셜차이었고, 전지에 의해 하여진 일은 그 에너지의 감소로 나타낼 수 있으므로 (7-43)과 (7-42)를 사용하여

$$dU_B = -dW = -(dQ)(\Delta\phi) = -(dC)(\Delta\phi)^2 = -2\,dU_e \tag{7-44}$$

를 얻는다. 그러므로 전지의 에너지 변화는 축전기 에너지 변화와는 부호가 다르고 크기는 두 배가 된다. [dx가 양의 값이면 위에서 dU_e가 음이될 것이라고 하였고 (7-44)에 주어진 dU_B는 양이 될 것이다. 즉, 전지의 에너지는 사실상 증가할 것이다. 그 이유는 dC가 음이어서 (7-43)에 의해 dQ도 음이 될 것이기 때문이다. 이 전하가 전지를 통해서 다시 돌아옴에 따라 전지가 처음에 대전시키던 과정에서 전하에 원래 하여주었던 가역적인 일을 되돌려 받는 것이다.]

(7-44)를 (7-41)에 대입하면 이 경우 $dU_t = -dU_e$임을 알게 되고 그러면 (7-36)은

$$F_e = +\left(\frac{dU_e}{dx}\right)_{\Delta\phi} \qquad (\Delta\phi = \text{일정}) \tag{7-45}$$

이 되며, 이것을 (7-42), (6-28)과 결합할 때

$$F_e = \tfrac{1}{2}(\Delta\phi)^2\frac{dC}{dx} = \frac{Q^2}{2C^2}\frac{dC}{dx} \tag{7-46}$$

가 된다. 이것은 당연히 그래야겠지만 (7-39)와 정확히 같다.

힘을 계산하는 기본적인 식은 (7-36)인데, (7-37)과 (7-45) 사이에 부호가 분명히 다른 것은 서로 다른 과정에 기인하기 때문이며, 이 사실을 다시 강조하는 것이 좋을 것 같다. (7-37)의 경우 축전기는 고립된 계이었고 축전기만이 유일한 에너지 변화를 겪게 되었다. (7-45)의 경우 축전기는 더 이상 고립된 계가 아니었지만 그래도 힘은 축전기의 에너지만으로 표현될 수 있었다. 이것은 열역학적 상황과 매우 비슷한데, 열역학에서는 우리 계의 평형에 관한 특성을 그 계의 내부에너지로 기술하는 것으로부터, 그 계가 일과 열의 저수지 *reservoir*와 열접촉한 경우의 Helmholtz나 Gibbs 함수를 사용하여 기술하는 것으로 바꿀 수 있다. 이것은 저수지가 커다랗고 변하지도 않는 계라는 일반화된 특성만을 사용함으로써 가능하였다. 여기서도 전지의 자세한 내부적 작동을 알 필요가 없었다는 점에 유의하자; 이것은 어떻게든 전하에 가역적 일을 할 수 있는 도구라고 알고 있으면 충분하다.

사실상 (7-39)와 (7-46)에 도달하게 하는 일이라는 것을 다시 보면, 중간에 괄호에 설명한 것을 제외하면, 어느 세부적인 결과도 사용하지 않았다는 것을 알게 된다. 즉 변위가 역학적인 힘에 평행하여 미소 일이 간단한 곱인 $F_m dx$로 쓰여질 수 있다는 점 이외에 우리의 계가 특별히 평행판 축전기이어야한다는 요구사항은 없었다. 그러나 이제 이 세부적인 부분을 설명할 필요가 있다.

x를 극판 간격이라 하면, (6-41)에 의해 $C = \epsilon_0 A/x$이다. 그러면 $dC/dx = -\epsilon_0 A/x^2 = -C/x$이고 (7-39)는 (7-21)을 사용하여

$$F_e = -\frac{Q^2}{2Cx} = -\frac{U_e}{x} \tag{7-47}$$

가 된다. 이것은 음의 값으로 나왔는데, 그림 7-1의 극판들이 반대로 대전되어 서로 당긴다는 사실과 잘 일치한다. (7-35)에서는 U_e가 에너지밀도 u_e와 극판 사이의 체적 Ax의 곱, $U_e = u_e Ax$로 쓰인다는 것을 알 수 있었다. 이것을 (7-47)에 넣으면

$$F_e = -u_e A \tag{7-48}$$

로 구하게 된다. 전체 힘이 넓이에 비례하기 때문에 단위면적 당 힘의 세기, f_e를 도입하는 것이 편리하겠다. 그러면

$$f_e = \frac{|F_e|}{A} = u_e \tag{7-49}$$

를 얻게 된다. 그림 7-1로부터 이 힘의 방향은 도체 표면의 바깥쪽이라는 것을 알 수 있고 그래서 단위면적 당 힘을

$$\mathbf{f}_e = f_e \hat{\mathbf{n}} = u_e \hat{\mathbf{n}} \tag{7-50}$$

으로 쓸 수 있다. 여기서 $\hat{\mathbf{n}}$은 그림 7-2에 보인 것처럼 도체 표면에서 밖으로 나가는 법선벡터이다. 그래서 인장력(또는 도체 표면에서 단위면적 당 밖으로 나가는 힘)이 존재함을 알게 되었고, 그것은 수치로 말할 때 표면에서의 에너지밀도 값과 같다.

이 결과는 평행판 축전기의 특별한 경우를 고려하여 얻은 것이었지만, 사실상 일반적으로

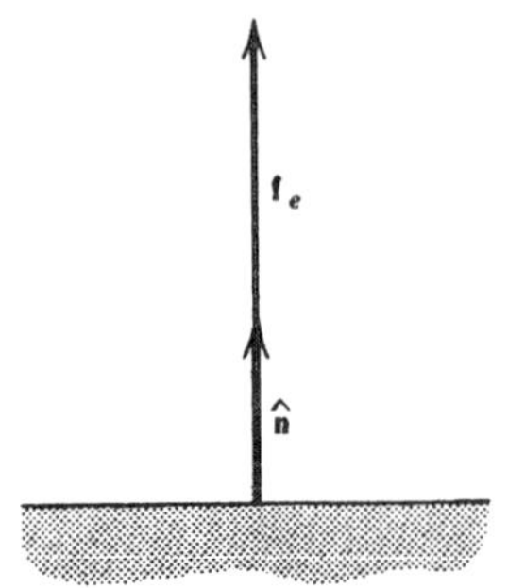

| 그림 7-2 | 도체 표면에 작용하는 단위면적 당 힘.

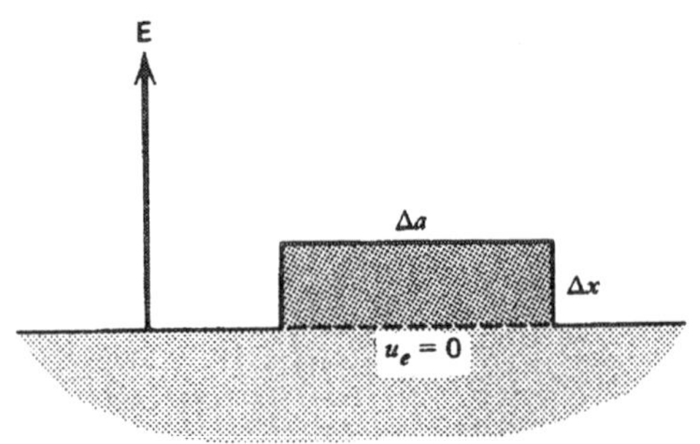

| 그림 7-3 | 도체 표면에 미치는 힘의 계산. 표면의 한 부분이 Δx 만큼 변위를 갖는다고 상상한다.

도 적용된다는 것을 보일 수 있다. 그림 7-3에 보인 것처럼 도체 표면의 한 부분을 생각해보자. **E**가 영인 도체의 내부에서는 에너지밀도 u_e도 영이다. 여기서 면적이 Δa인 작은 부분이 도체 표면에 수직으로 작은 변위 Δx를 갖는다고 상상해보자. $u_e = 0$인 영역의 체적은 $\Delta a \Delta x$ 만큼 증가하였고 그래서 전체적인 에너지는 ΔU_e 만큼 변하였을 것이며, 여기서

$$\Delta U_e = -u_e \Delta a \, \Delta x \tag{7-51}$$

이고 Δx가 양이면 이것은 음이다. 이 에너지 변화는 이 면적요소에 작용하는 힘 $\Delta F_e = -\Delta U_e / \Delta x = u_e \Delta a$에 해당된다. ΔF_e가 넓이 Δa에 비례하므로 단위면적 당 힘 $f_e = \Delta F_e / \Delta a$ 를 다시 한 번 도입하면 (7-49)와 일치하는 u_e가 된다. 그 방향을 정하기 위해서는 역학으로부터, 일반적인 계에 관한 정적 평형상태가 퍼텐셜에너지가 최소가 되는 배치에 해당한다는 점을 상기하도록 하자. 즉, 계의 자연스러운 거동은 그 퍼텐셜에너지를 줄이려는 "시도"라는 것이다. 위에서 보았듯이 양의 변위 Δx는 에너지 U_e의 감소로 나타난다. 이것이 계가 "원하는" 것이므로 힘의 방향은 도체로부터 밖으로 나가도록 정하면 될 것이다. 즉 다시 한 번 (7-50)에 도달하였고, 이것은 단위면적 당 정전기 힘이 항상 인장력임을 의미하며, 힘의 방향은 밖으로 나가는 법선벡터 $\hat{\mathbf{n}}$이다. 만일 도체 물질의 내부 구성력이 이 정전기 힘을 버틸 만큼 충분히 크지 않으면 도체는 변형될 것이다. 이 변형은 도체 구성물질의 탄성력이 표면을 새로운 평형 조건으로 유지시키기에 충분할 때 까지 계속될 것이다.

(7-49)를 (7-29), (6-4)와 결합하면, f_e를 다양하게

$$f_e = u_e = \tfrac{1}{2}\epsilon_0 E^2 = \frac{\sigma^2}{2\epsilon_0} = \tfrac{1}{2}\sigma E \tag{7-52}$$

로 나타낼 수 있고, 여기서 E와 σ는 표면의 특정 위치에서 구해져야 한다.

(7-50)에 da를 곱하면 작용하는 힘이 $\mathbf{f}_e da = f_e \hat{\mathbf{n}} da = f_e d\mathbf{a}$로 얻어지게 될 것이고, 그러면 주어진 도체의 표면 전체 S에 미치는 전체 힘은

$$\mathbf{F}_{e,\text{전체}} = \int_S f_e \, d\mathbf{a} = \frac{1}{2\epsilon_0} \int_S \sigma^2 \, d\mathbf{a} \tag{7-53}$$

으로 주어질 것이다. 이 적분은 면전하밀도가 위치의 함수로 주어지면 계산될 수 있다.

단위면적 당 힘은 (7-52)에서처럼 $\frac{1}{2}\sigma E$로 주어지면 올바른 것인데, 이 힘이 단순히 σE라고 생각하는 실수를 자주 저지른다. 또한 (7-53)이 벡터식이라는 것도 잊어서는 안 된다. [예를 들어 전기장이 (7-31)로 주어지는 도체구에 미치는 총 힘은 얼마일까?]

연습문제

7-1 한 변이 a인 정사각형을 생각해보자. 한 꼭지점으로부터 시작하여 반시계방향으로 돌아가면서, q, $2q$, $3q$, $-4q$의 전하를 넣는다. 이 전하 배치의 U_e를 구하라.

7-2 한 변이 a인 정육면체의 각 꼭지점에 점전하 q들이 놓여있다. 이 전하계의 정전기 에너지를 구하라.

7-3 (7-21)로 주어지는 어느 축전기의 에너지에 관한 표현식은 다음과 같은 방법으로도 얻을 수 있다. 전하 q가 $0 < q < Q$인 중간 단계에 있다고 생각해보자. 퍼텐셜차는 q/C일 것이다. 전하를 dq만큼 증가시키는데 필요한 일을 구하라. 그리고는 이 일의 증가분을 처음 대전되어 있지 않은 상태로부터 마지막 완전히 대전된 상태까지 더하여 (7-21)을 다시 구하라.

7-4 연습문제 5-9의 전하분포에 대한 에너지를 (7-10)을 이용하여 구하라. $n = 0$일 때 어떤 결과가 되어야 하는가? 정말로 그렇게 나왔는가?

7-5 연습문제 5-17의 전하분포에 대한 에너지를 (7-8)을 이용하여 구하라.

7-6 그림 6-12의 길이가 L인 동축 원통이 축전기로 사용되어 단위 길이 당 q_l의 전하가 들어 있을 때, (7-8)을 이용하여 에너지를 구하라. 그 결과를 이용하여 C에 대한 (6-45)의 값이 다시 얻어지는지 보여라.

7-7 지구를 균일한 구로 생각하고 질량이 5.98×10^{24} kg이고 반지름을 6.37×10^{6} m라고 했을 때 총 중력에너지를 구하라. [중력상수는 $G = 6.67 \times 10^{-11}$ Nm^2/kg^2이다.] 만일 어떤 구의 총 전하가 전자의 전하(1.60×10^{-19} C)와 같은 크기로 균일하게 구분포를 하고 있으면서 [위의 중력에너지와] 같은 에너지를 갖는다면, 그 반지름은 얼마가 되겠는가?

7-8 n개의 도체로 구성된 계의 에너지를 (6-43)에 정의된 퍼텐셜과 전기용량계수, 유도계수로 나타내어라. 도체가 두 개 뿐일 때 에너지는

$$U_e = \tfrac{1}{2}c_{11}\phi_1^2 + c_{12}\phi_1\phi_2 + \tfrac{1}{2}c_{22}\phi_2^2 \quad (7\text{-}54)$$

로 쓸 수 있음을 보여라. 그리고 이 두 도체가 축전기로 쓰인다면 그 에너지는 다시 (7-21)과 (6-44)로 주어짐을 보여라.

7-9 (7-28)이 균일한 구전하분포의 경우에 적용될 때 그 결과가 다시 (7-14)임을 보여라. 총 에너지 중 얼마의 분수비 분량이 구 밖에 있는 것으로 간주될 수 있겠는가?

7-10 $-Q$의 전하가 그림 6-8의 안쪽 구에 있고 Q의 전하가 바깥쪽 구에 있다. (7-28)을 이용하여 이 계의 에너지를 구하고 전기용량은 (6-37)이 됨을 보여라.

7-11 그림 6-12의 동축 원통 도체가 축전기로 사용되어 단위길이 당 q_l과 $-q_l$의 전하를 가지고 있다. (7-28)을 이용하여 이 계 길이 L 당의 에너지를 구하고 전기용량이 (6-45)임

을 보여라.

7-12 (7-28)을 이용하여 연습문제 5-9의 전하분포에 대한 에너지를 구하고, 얻은 결과가 연습문제 7-4에서와 같음을 증명하라. 그리고 그 답은 $n = 0$일 때 옳은 결과가 됨을 보여라. 총 에너지 중 얼마의 분수비 분량이 구의 바깥에 있느냐?

7-13 그림 6-8의 두 도체를 생각해보자. 안쪽 도체에는 총 알짜 전하 Q_1이 있고 바깥쪽 도체에는 총 알짜 전하 Q_2가 있으며 $Q_1 \neq Q_2$이다. 이 계의 총 에너지는

$$U_e = \frac{1}{8\pi\epsilon_0}\left[\left(\frac{1}{a} - \frac{1}{b} + \frac{1}{c}\right)Q_1^2 + \frac{2Q_1Q_2}{c} + \frac{Q_2^2}{c}\right]$$

으로 주어짐을 보여라. ($Q_2 = -Q_1$일 때 이것은 예상되는 결과가 됨을 보여라.) 이 문제를 세 가지 서로 다른 방법으로 풀어라.

7-14 평행판 축전기의 극판 넓이가 A이다. 아래쪽 극판은 책상 위에 단단하게 고정되어 있다. 위쪽 극판은 위 끝이 고정되어 있는 용수철(상수 k)에 매달려 있다. 극판들은 처음에는 대전되어있지 않았다. 이 축전기가 대전되어 마지막에 Q와 $-Q$로 대전되어 있을 때, 극판 사이의 간격이 $Q^2/2k\epsilon_0 A$만큼 변한다는 것을 보여라. 용수철 길이는 늘어났는가 줄어들었는가?

7-15 한 변이 20 cm인 정사각형 금속판이 양팔저울의 한 팔에 매달린 채 같은 크기의 고정된 다른 수평 금속판과 평행으로 되어있다. 판들 사이의 분리된 거리는 1.5 mm이다. 이제 판 사이에 150 V의 퍼텐셜차가 걸리게 된다. 이 매달린 판이 원래의 위치를 그대로 유지하려면 저울의 다른 판에는 얼마의 질량을 추가해야 하는가?

7-16 어느 전지를 이용하여 평행판 축전기를 대전시켜 퍼텐셜차를 $\Delta\phi$로 만들고는 떼어내었다. 극판 사이의 거리는 d에서 이제 αd로 증가하였고 여기서 α는 > 1인 상수이다. 처음 에너지에 대한 새로운 에너지의 비는 얼마인가? 에너지는 증가하였는가 감소하였는가? 이 에너지 변화는 어디에서 왔는가, 혹은 어디로 갔는가? 그 답을 정량적으로 입증하라.

7-17 그림 6-12의 동축 도체 사이에 퍼텐셜차는 $\Delta\phi$이다. 안쪽 원통 표면에 작용하는 단위 면적 당 힘의 크기를 구하라. 힘의 방향은 어떻게 되는가? 그것에 미치는 단위길이 당의 총 힘은 얼마인가?

7-18 실린더의 바닥을 금속으로 하고 움직일 수 있는 피스톤도 금속이며 벽은 비도체로 구성하여 평행판 축전기를 만들었다. 실린더는 공기가 새지 않고 온도는 일정하게 유지된다. 이 축전기가 대전되어 있지 않을 때는 극판 사이의 간격이 d_0이고 실린더 내부의 압력은 p_0이다. 극판 사이의 퍼텐셜차가 $\Delta\phi$로 주어져 극판 간격이 감소하고, 그 감소율이 $f > 0$이라면

$$f(1-f) = \frac{\epsilon_0}{2p_0}\left(\frac{\Delta\phi}{d_0}\right)^2$$

으로 구해질 수 있음을 보여라.

7-19 그림 6-12의 두 동축 원통 도체가 일정한 퍼텐셜차 $\Delta\phi$로 유지되어 있다. 이 원통은 매우 길다. 안쪽 도체가 공통의 축 방향으로 Δx만큼 작은 변위를 가지게 되었다고 생각해보자. 안쪽 도체는

$$F \simeq \frac{\pi\epsilon_0(\Delta\phi)^2}{\ln\left(\frac{b}{a}\right)}$$

의 힘에 위해 (근사적으로) 원래의 위치로 끌려들어간다. 이것을 보여라.

제8장 전기 다중극

주어진 전하분포에 의한 퍼텐셜은 원리상 어느 장점에서든지 5-2식에 의해 구할 수 있는 방법이 마련되어 있다. 전하가 어느 정도 적당한 크기의 체적 안에 들어 있다고 가정하여보자. 그 체적이 어느 특별한 모양일 필요는 없고, 사실 꽤 울퉁불퉁할 수도 있다. 그러한 체적 근처의 여러 지점에서는 퍼텐셜 값이 전하분포의 세부적인 모습에 따라 매우 예민하게 달라질 수 있다. 그러나 점점 멀리 갈수록 전하분포의 세세함은 덜 중요해질 테고, 퍼텐셜은 주로 전하량과 위치의 거시적인 변화에 의해 결정됨이 분명할 것이다. 극단적인 경우로 전하분포에서 아주 멀리 떨어진 곳에서는 전하분포가 마치 단순한 점전하처럼 보일 것이다. 이런 사실은 이미 (7-26)과 (7-27)에 관련하여 사용되었다. 이러한 상황을 좀 더 조심스럽게 고려해보자. 그리하면 전하분포의 효과는 한 무리의 물리량으로 특정지워 지는데 이 양들은 전하분포의 여러 다른 세부적인 모습에 의존하게 된다. 이러한 것은 한 무리의 점질량의 총질량과 관성모멘트 같은 역학적 물리량이 질량분포의 여러 다른 모습에 따라 달라지는 것과 마찬가지이다. 이러한 물리량을 전기 다중극이라 부르는데 여기서는 이들을 명확하게 정의하겠다. 이러한 고려는 정전기학에서 물질의 효과를 기술하는 문제가 닥쳤을 때에도 도움이 될텐데, 이는 우리의 의도에 따라 한 조각의 물질을 기본적으로 어떤 분포의 전하 집합으로 간주할 수 있기 때문이다.

8-1 스칼라 퍼텐셜의 다중극 전개

일반적인 상황이 그림 8-1에 그려져 있다. N 개의 점전하 $q_1, q_2, \ldots, q_i, \ldots, q_N$이 어떤 체적 V' 안에 위치해 있는 계가 있다. 좌표계의 원점 0는 임의로 선택하나, 편의상 V'내에 혹은 V' 근처에 잡는다. 전하들의 위치벡터는 $\mathbf{r}_1, \mathbf{r}_2, \ldots, \mathbf{r}_i, \ldots, \mathbf{r}_N$이다. 장점 P에서의 퍼텐셜 ϕ를 구하려 하는데 장점의 위치벡터는 동일한 원점에 대해 $\mathbf{r}$이다. 그러므로 P는 $\hat{\mathbf{r}}$의 방향에 있고 0로부터 r의 거리에 있다. 이 퍼텐셜은 (5-2)에 의해

$$\phi(\mathbf{r}) = \sum_{i=1}^{N} \frac{q_i}{4\pi\epsilon_0 R_i} \tag{8-1}$$

로 주어지는데, 여기서 $R_i = |\mathbf{r} - \mathbf{r}_i|$이다. $\mathbf{r}_i$와 $\mathbf{r}$ 사이의 각도 θ_i를 도입하고 코사인법칙을 이용하면, 그림으로부터

$$R_i = \left(r^2 + r_i^2 - 2rr_i\cos\theta_i\right)^{1/2} \tag{8-2}$$

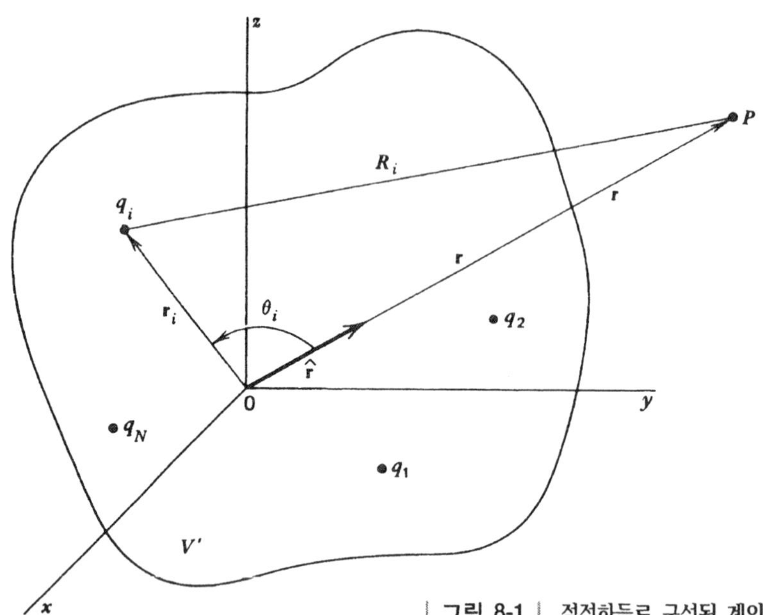

그림 8-1 점전하들로 구성된 계의 퍼텐셜을 계산하기 위한 배치.

인데, 그러면 (8-1)은

$$\phi(\mathbf{r}) = \sum_{i=1}^{N} \frac{q_i}{4\pi\epsilon_0\left(r^2 + r_i^2 - 2rr_i\cos\theta_i\right)^{1/2}} \tag{8-3}$$

이 된다. 그러나 전하분포에 대해 세부적으로 정확히 모른다면 더 이상 자세한 것은 아무 것도 할 수 없다.

이제 P가 V' 밖 아주 멀리 있어서, 어느 전하보다도 원점으로부터 먼 곳에 있다고 가정해 보자. 그러면 모든 i에 대해 $r > r_i$이고 비 (r_i/r)는 항상 1보다 작아서 이 비에 관한 급수전개를 생각해 볼 수 있다. (8-2)의 제곱근에서 r^2을 인수로 빼내면

$$\frac{1}{R_i} = \frac{1}{r(1+t)^{1/2}} \tag{8-4}$$

이라 쓸 수 있고, 여기서

$$t = -2\left(\frac{r_i}{r}\right)\cos\theta_i + \left(\frac{r_i}{r}\right)^2 \tag{8-5}$$

이다. 여기서 급수전개

$$(1 \pm t)^{-(1/2)} = 1 \mp \tfrac{1}{2}t + \tfrac{3}{8}t^2 \mp \tfrac{5}{16}t^3 + \ldots \tag{8-6}$$

를 사용하여 (8-4)의 제곱근을 전개한다. $(r_i/r)^2$ 차수 까지의 모든 항들을 모으고 나머지는 무시하겠다. 그리하여 (8-6)에서 네 번째 t^3항 그러니까 $(r_i/r)^3$은 사용할 필요가 없다. (8-5)를 (8-6)에 대입하고 $(r_i/r)^3$과 $(r_i/r)^4$를 포함하는 모든 항을 무시하면

$$\frac{1}{(1+t)^{1/2}} \simeq 1 - \frac{1}{2}\left[-2\left(\frac{r_i}{r}\right)\cos\theta_i + \left(\frac{r_i}{r}\right)^2\right] + \frac{3}{8}\left[-2\left(\frac{r_i}{r}\right)\cos\theta_i + \left(\frac{r_i}{r}\right)^2\right]^2$$
$$\simeq 1 + \left(\frac{r_i}{r}\right)\cos\theta_i + \frac{1}{2}\left(\frac{r_i}{r}\right)^2(3\cos^2\theta_i - 1)$$

을 얻게 된다. (8-4)에 따라 이것을 r로 나누면, 그리고 이 결과를 (8-1)에 대입하면

$$\phi(\mathbf{r}) = \frac{1}{4\pi\epsilon_0 r}\sum_{i=1}^{N} q_i + \frac{1}{4\pi\epsilon_0 r^2}\sum_{i=1}^{N} q_i r_i \cos\theta_i + \frac{1}{4\pi\epsilon_0 r^3}\sum_{i=1}^{N}\frac{q_i r_i^2}{2}(3\cos^2\theta_i - 1) + \dots \tag{8-7}$$

로 구해진다. 여기서 . . .은 더 높은 차수의 다른 항들을 나타내나 계산하지 않게 된 것들이다. (8-7)의 결과를 **퍼텐셜의 다중극 전개**라고 부른다. 합에 있는 개별적인 항은 각각 홑극 *monopole*항, 쌍극자 *dipole*항, 사중극 *quadrupole*항이라 불린다. 그들의 장점 거리 r에 대한 의존성은 연속적으로 $1/r$, $1/r^2$, $1/r^3$ 등이어서 전하분포로부터 멀리 갈수록 전개의 높은 차수항은 덜 중요해진다. 나중에 논의하기 편리하게 하기 위해서 (8-7)의 합을

$$\phi(\mathbf{r}) = \phi_M(\mathbf{r}) + \phi_D(\mathbf{r}) + \phi_Q(\mathbf{r}) + \dots \tag{8-8}$$

로 쓰겠다.

이 장의 나머지 논의를 위해서 꼭 필요하지는 않지만, (8-7)에 나타난 각도의 함수는 Legendre 다항식이라 불린다는 것을 알아두면 좋겠다. 이들 함수를 $P_l(x)$로 쓸 때, 이들은

$$\frac{1}{(1 - 2xy + y^2)^{1/2}} = \sum_{l=0}^{\infty} P_l(x)\,y^l \qquad (|x| \le 1,\ y < 1) \tag{8-9}$$

의 전개로 정의된다. 그러면 이 합에서 y^l의 계수가 Legendre 다항식이다. 이들 중 처음 몇 개는

$$P_0(x) = 1 \qquad P_1(x) = x \qquad P_2(x) = \tfrac{1}{2}(3x^2 - 1)$$
$$P_3(x) = \tfrac{1}{2}(5x^3 - 3x), \dots \tag{8-10}$$

이다. 처음 몇 개가 알려져 있으면 다른 것들은 **회귀공식** *recursion relation*

$$(l+1)P_{l+1}(x) = (2l+1)xP_l(x) - lP_{l-1}(x) \tag{8-11}$$

에 의해 구할 수 있다. 또한 $P_l(1) = 1$임도 알아두자.

(8-9)를 (8-4), (8-5)와 비교하면 $y = r_i/r$과 $x = \cos\theta_i$임을 확인할 수 있고, (8-9)의 괄호 안 조건을 만족시킨다. 그러면

$$\frac{1}{R_i} = \frac{1}{r}\sum_{l=0}^{\infty} P_l(\cos\theta_i)\left(\frac{r_i}{r}\right)^l \tag{8-12}$$

이며, 그래서 (8-1)은 일반적으로

$$\phi(\mathbf{r}) = \frac{1}{4\pi\epsilon_0}\sum_{l=0}^{\infty}\frac{1}{r^{l+1}}\left[\sum_{i=1}^{N} q_i r_i^l P_l(\cos\theta_i)\right] \tag{8-13}$$

처럼 쓸 수 있고, 처음 몇 항은 직접 전개에 의해 얻은 (8-7)과 일치한다. (8-13)이 ϕ에 대한 일반적 전개의 완전한 표현식이지만, (8-7)에 주어진 부분만을 고려하겠다.

위의 결과는 합에 나타난 양들이 아직도 장점 P의 위치 및 전하들의 위치(θ_i를 통하여)도 포함하고 있기 때문에 다소 불편하다. (8-7)과 (8-8)의 항들을 두 벌의 변수가 각각 분명히 나타나도록, 특히 장점의 위치에만 의존하는 어떤 것과 전하분포만을 포함하는 어떤 것의 곱 같은 형태로 쓸 수 있으면 좋겠다. 그렇게 하려면 우선 $\cos\theta_i$를 표기하는 다른 방법이 필요하다. 그림 8-1과 (1-15), (1-97), (1-8), (1-20)으로부터

$$\cos\theta_i = \frac{\mathbf{r}\cdot\mathbf{r}_i}{rr_i} = \hat{\mathbf{r}}\cdot\left(\frac{\mathbf{r}_i}{r_i}\right) = \frac{l_x x_i + l_y y_i + l_z z_i}{r_i} \tag{8-14}$$

이며, 여기서 l_x, l_y, l_z는 P의 위치벡터 $\mathbf{r}$의 방향코사인이고, x_i, y_i, z_i는 전하 q의 위치의 직각좌표이다. 이제 (8-8)에 있는 항들을 하나씩 조사해보는 것이 좋겠다.

1. 홀극 항

(8-7)의 첫 번째 항의 합은 쉽게 알아낼 수 있다. 이것은

$$\sum_{i=1}^{N} q_i = Q_{총} = Q \tag{8-15}$$

이고, 여기서 Q는 계의 총 전하이다. 그러므로 홀극 항은

$$\phi_M(\mathbf{r}) = \frac{Q}{4\pi\epsilon_0 r} \tag{8-16}$$

의 형태를 갖는다. 이것이 퍼텐셜에서 가장 우세한 항이므로, 매우 먼 곳에서는 전하의 전체적인 분포가 점전하로 거동함을 말해주고 있다. 이 사실은 이미 앞에서 지적했었다. 이와 관련하여 총 전하 Q를 전하분포의 **홀극모멘트** *monpole moment*라 한다. 즉 홀극모멘트는 홀극 항을 나타내는 데 있어 중요한 전하분포의 모습니다.

전하들이 연속적으로 분포되어 있다면, 합은 (2-4)에 의해 적분으로 대체될 수 있고 **홀극모멘트**는

$$Q = \int_{V'} \rho(\mathbf{r}')\, d\tau' \tag{8-17}$$

로부터 구할 수 있으며, 여기서 적분은 원천 전하분포의 체적 V'에 대한 것이다. 면이나 선전하분포에 대해서도 (2-16)을 사용하여 비슷한 표현식으로 얻을 수 있다.

2. 쌍극자 항

(8-14)를 (8-7)의 두 번째 항에 대입하면

$$\begin{aligned}\sum_{i=1}^{N} q_i r_i \cos\theta_i &= \sum_{i=1}^{N} q_i\left(l_x x_i + l_y y_i + l_z z_i\right) \\ &= l_x\left(\sum_i q_i x_i\right) + l_y\left(\sum_i q_i y_i\right) + l_z\left(\sum_i q_i z_i\right) \\ &= \hat{\mathbf{r}}\cdot\left(\sum_{i=1}^{N} q_i \mathbf{r}_i\right)\end{aligned} \tag{8-18}$$

를 얻는다. 마지막 줄의 괄호 속 합은 전하분포의 특성만을 포함하며 장점의 위치에는 관계없으므로, 전하분포만의 개별적인 특성이다. 이것을 전하분포의 **쌍극자모멘트** *dipole moment* $\mathbf{p}$로 정의한다; 즉

$$\mathbf{p} = \sum_{i=1}^{N} q_i \mathbf{r}_i \tag{8-19}$$

이고,

$$\sum_{i=1}^{N} q_i r_i \cos\theta_i = \hat{\mathbf{r}}\cdot\mathbf{p} = l_x p_x + l_y p_y + l_z p_z \tag{8-20}$$

로 쓸 수 있다. 이것을 (8-7)에 넣으면 쌍극자 항은 쌍극자 모멘트로

$$\phi_D(\mathbf{r}) = \frac{\mathbf{p}\cdot\hat{\mathbf{r}}}{4\pi\epsilon_0 r^2} = \frac{\mathbf{p}\cdot\mathbf{r}}{4\pi\epsilon_0 r^3} \tag{8-21}$$

이라고 쓸 수 있다. (8-21)은 두 물리량의 곱의 형태를 갖는다는 점에 유의하자. 즉, 장점의 위치에만 의존하는 하나와 전하분포의 자세한 모습에만 의존하는 다른 하나이다.

만일 P점이 매우 멀고, 또 만일 홀극모멘트 Q가 영이 되어있다면, (8-21)은 ϕ 전개에서 첫 번째 항이 될 것이고 쌍극자모멘트 $\mathbf{p}$는 전하분포의 가장 중요한 특징이 될 것이다.

전하분포가 연속적일 때 (8-19)의 합은 체적 V'에 대한 적분으로 대체될 수 있고 $\mathbf{p}$는

$$\mathbf{p} = \int_{V'} \rho(\mathbf{r}')\mathbf{r}'\, d\tau' \tag{8-22}$$

의 형태로 구할 수 있으며, 면전하분포, 선전하분포에도 비슷한 표현식이 될 것이다.

3. 사중극 항

이 항은 좀 더 복잡하지만 꽤 직접적인 방법을 통하여 바람직하고도 편리한 형태로 쓸 수 있다. (8-14)를 이용하면

$$\begin{aligned} r_i^2\left(3\cos^2\theta_i - 1\right) &= 3(\hat{\mathbf{r}}\cdot\mathbf{r}_i)^2 - r_i^2 \\ &= 3\left(l_x x_i + l_y y_i + l_z z_i\right)^2 - r_i^2\left(l_x^2 + l_y^2 + l_z^2\right)\end{aligned} \tag{8-23}$$

이 된다. 마지막 단계에서 사실 r_i^2에 (1-19)에 의한 1을 곱했으나 그 값이 변한 것은 아니다. (8-23)의 제곱을 풀고 항들을 모으면

$$r_i^2(3\cos^2\theta_i - 1) = l_x^2(3x_i^2 - r_i^2) + l_y^2(3y_i^2 - r_i^2) + l_z^2(3z_i^2 - r_i^2) + 6l_xl_yx_iy_i + 6l_yl_zy_iz_i + 6l_zl_xz_ix_i \tag{8-24}$$

를 얻는다. 이번에는 (8-24)를 (8-7)의 세 번째 항에 넣고 $\frac{1}{2}$의 인수는 밖으로 꺼낸다. 또한 (8-24)의 마지막 세 항을, $6l_xl_yx_iy_i = 3l_xl_yx_iy_i + 3l_yl_xx_iy_i$인 점에 착안하여 나눈다. 이렇게 하면 그 합은 멋있는 대칭 형태로 다음처럼 쓸 수 있다:

$$\begin{aligned}\sum_i q_ir_i^2(3\cos^2\theta_i - 1) &= l_x^2\sum_i q_i(3x_i^2 - r_i^2) + l_xl_y\sum_i q_i3x_iy_i + l_xl_z\sum_i q_i3x_iz_i \\ &+ l_yl_x\sum_i q_i3y_ix_i + l_y^2\sum_i q_i(3y_i^2 - r_i^2) + l_yl_z\sum_i q_i3y_iz_i \\ &+ l_zl_x\sum_i q_i3z_ix_i + l_zl_y\sum_i q_i3z_iy_i + l_z^2\sum_i q_i(3z_i^2 - r_i^2)\end{aligned} \tag{8-25}$$

이 표현식의 각 항은 장점 위치에만 의존하는 것(즉 그 방향)과 전하분포의 세부적인 모습에만 의존하는 것의 곱으로 되어 있다는 점에 주목하자. 따라서 **사중극모멘트 텐서**의 성분이라 불리는 Q_{jk}라는 양을 다음처럼 정의한다:

$$Q_{jk} = \sum_{i=1}^{N} q_i(3j_ik_i - r_i^2\delta_{jk}) \qquad (j, k = x, y, z) \tag{8-26}$$

이 표현식에서 j와 k는 독립적으로 x, y, z가 될 수 있고, δ_{jk}기호는 **크로네커 델타** *Kronecker delta* 기호로써

$$\delta_{jk} = \begin{cases} 1, & j = k \\ 0, & j \neq k \end{cases} \tag{8-27}$$

라고 정의 된다. 그러므로 (8-26)에 정의된 Q_{jk}는 모두 아홉 개다. 예를 들어,

$$Q_{xx} = \sum_i q_i(3x_i^2 - r_i^2) \qquad Q_{xy} = \sum_i q_i3x_iy_i \tag{8-28}$$

이다. (8-26), (8-28)과 (8-25)를 비교하면, 좀 더 간단히

$$\begin{aligned}\sum_i q_ir_i^2(3\cos^2\theta_i - 1) &= l_x^2Q_{xx} + l_xl_yQ_{xy} + l_xl_zQ_{xz} \\ &+ l_yl_xQ_{yx} + l_y^2Q_{yy} + l_yl_zQ_{yz} \\ &+ l_zl_xQ_{zx} + l_zl_yQ_{zy} + l_z^2Q_{zz} \\ &= \sum_{j=x,y,z}\ \sum_{k=x,y,z} l_jl_kQ_{jk}\end{aligned} \tag{8-29}$$

라고 쓸 수 있다. 끝으로 (8-29)를 (8-7)에 대입하면 사중극 항은

$$\phi_Q(\mathbf{r}) = \frac{1}{4\pi\epsilon_0 r^3}\cdot\frac{1}{2}\sum_{j=x,y,z}\sum_{k=x,y,z} l_j l_k Q_{jk} \tag{8-30}$$

처럼 사중극모멘트로 쓸 수 있음을 알게 된다. P 지점이 매우 멀고 홀극모멘트 Q와 쌍극자 모멘트 $\mathbf{p}$가 모두 영이 되어 있다면, (8-30)은 ϕ의 전개식에서 첫 째항이 될 것이고 사중극모멘트 Q_{jk}는 전하분포의 가장 중요한 특징이 될 것이다.

가끔 사중극 항을 장점의 방향코사인 보다는 장점의 좌표로 분명히 표현하는 것이 편리할 때가 있다. (1-7)과 (1-11)에 의해 $l_x = x/r$, $l_y = y/r$, $l_z = z/r$을 이용하여 이렇게 할 수 있는데, 그러면 (8-30)은

$$\phi_Q(\mathbf{r}) = \frac{1}{4\pi\epsilon_0 r^5}\cdot\frac{1}{2}\sum_{j=x,y,z}\sum_{k=x,y,z} jkQ_{jk} \tag{8-31}$$

가 된다. [(8-30)과 (8-31)의 형태는 역학에서 강체의 운동에너지를 모멘트와 관성의 곱으로 나타내어 얻은 결과를 기억나게 한다.]

전하분포가 연속적이면 (8-26)의 합은 적분으로 대체되고, 체적분포에 대해서

$$Q_{jk} = \int_{V'} \rho(\mathbf{r}')\left(3j'k' - r'^2\delta_{jk}\right) d\tau' \tag{8-32}$$

이 될 것이다. 예를 들면,

$$Q_{xx} = \int_{V'} \rho(\mathbf{r}')(3x'^2 - r'^2)\, d\tau' \qquad Q_{xy} = \int_{V'} \rho(\mathbf{r}')3x'y'\, d\tau' \tag{8-33}$$

이다. 면전하분포와 선전하분포에 대해서도 비슷한 표현식이 될 것이다.

(8-26)에 정의된 Q_{jk}는 모두 아홉 개의 값이 있겠지만, 실제로 독립적인 개수는 더 적다. (8-26)이나 (8-28)로부터 $Q_{yx} = Q_{xy}$ 등이므로

$$Q_{kj} = Q_{jk} \qquad (j \neq k) \tag{8-34}$$

이다. 그러므로 사중극모멘트 텐서는 대칭 텐서이고 (8-34)는 독립된 성분의 개수를 여섯 개로 줄여준다. 이번에는 $j = k$인 대각선 성분을 더하면, $r_i^2 = x_i^2 + y_i^2 + z_i^2$이기 때문에

$$Q_{xx} + Q_{yy} + Q_{zz} = \sum_i q_i\left[\left(3x_i^2 - r_i^2\right) + \left(3y_i^2 - r_i^2\right) + \left(3z_i^2 - r_i^2\right)\right] = 0$$

이 된다. 즉

$$Q_{xx} + Q_{yy} + Q_{zz} = 0 \tag{8-35}$$

이고, 이것은 원점의 위치나 전하분포의 자세한 모습에 관계없이 성립하기 때문에 독립된 성분의 개수를 다섯 개로 줄여준다.

만일 전하분포에 대칭성이 더 많으면, 독립적인 성분의 개수는 더 줄어들 수 있다. 극단적인 한 예로 축에 관한 대칭을 생각해보자. 즉, 원통이나, 원뿔, 혹은 계란 모양같이 전하분포가 회전대칭의 축을 가지고 있다 하자. z축을 이 축 방향으로 잡고 이 경우의 성분원소를 Q_{jk}^a

라고 표시하자. 그러면 (x', y', z')에 있는 어느 q'에 대해서도 $(-x', y', z')$에 같은 크기의 전하가 있을 것이고, 이 쌍이 Q_{xy}^a에 주는 기여는 $3q'(-x')y' = 0$처럼 될 것이다. 모든 전하는 이러한 방식으로 짝을 가질 수 있으므로, 그 결과 $Q_{xy}^a = 0$이 될 것이다. 다른 비대각선 성분 원소에도 같은 논의가 적용되어

$$Q_{jk}^a = 0 \qquad (j \neq k) \tag{8-36}$$

이고 이제 세 개의 성분만 남게 된다. 그러나 (8-35)에 의해

$$Q_{xx}^a + Q_{yy}^a + Q_{zz}^a = 0 \tag{8-37}$$

이기 때문에 실제로는 두 개만 남는다.

더구나 이 경우 x와 y축 사이에는 실제적인 구분이 없기 때문에, 주어진 x'값에 있는 어떤 전하에 대해 동일한 y'에도 동일한 전하가 존재한다. 따라서 (8-26)의 해당 합들은 동일할 것이고, 그래서

$$Q_{xx}^a = Q_{yy}^a \tag{8-38}$$

이다. 이것을 (8-37)에 넣을 때, $2Q_{xx}^a + Q_{zz}^a = 0$이 된다. 그러므로 $Q_{xx}^a = Q_{yy}^a = -\frac{1}{2}Q_{zz}^a$이고 이 전하분포의 사중극모멘트 특성에는 오직 하나의 성분만이 존재한다. 이 축대칭 전하분포의 사중극모멘트를 $Q^a = Q_{zz}^a$라 부르기로 한다면,

$$\begin{aligned} Q_{zz}^a &= Q^a \\ Q_{xx}^a &= Q_{yy}^a = -\tfrac{1}{2}Q^a \end{aligned} \tag{8-39}$$

가 된다. 이러한 조건 하에서 사중극 항은 상당히 간단해졌다. (8-36)과 (8-39)를 (8-30)에 넣고, l_x와 l_y를 소거하기 위하여 (1-9)를 사용하면, ϕ_Q는

$$\phi_Q^a(\mathbf{r}) = \frac{Q^a}{4\pi\epsilon_0}\frac{(3l_z^2 - 1)}{4r^3} = \frac{Q^a}{4\pi\epsilon_0}\frac{(3\cos^2\theta - 1)}{4r^3} \tag{8-40}$$

이 된다. 여기서 θ는 장점의 위치벡터 $\mathbf{r}$이 대칭축(z축)과 이루는 각도이다. 이와 같은 배치가 나타나는 예는 원자의 핵에서 찾을 수 있다. 이들의 특성은 양자역학으로 기술되어야하지만, 그 취급방법은 매우 흡사하다. 핵이 어떻게든 사중극모멘트를 가지게 되면, 반드시 대칭축을 가지게 되어 있고, 이것은 내재적 각운동량 (또는 스핀 *spin*)의 방향이다. 그러므로 핵사중극모멘트 표에 Q^a라는 양이 나타나는 것은 필수적이다. 실제로 표에 나타내는 것은 Q^a/e로, 여기서 e는 전자의 전하량이고, 따라서 이들 핵사중극모멘트는 면적으로 주어진다.

4. 원점 선택의 효과

(8-15)의 홀극모멘트 Q는 전하분포에 관해 유일하게 정해지는 특성을 지녔다. 그러나 (8-19)와 (8-26)은 $\mathbf{r}_i$값에 따라 다르며, 따라서 쌍극자모멘트와 사중극모멘트는 일반적으로 전하분포에 관한 유일한 특성으로 정해지지 않고, 원점을 어떻게 선택하는가에 의존하게 된다. 그러나

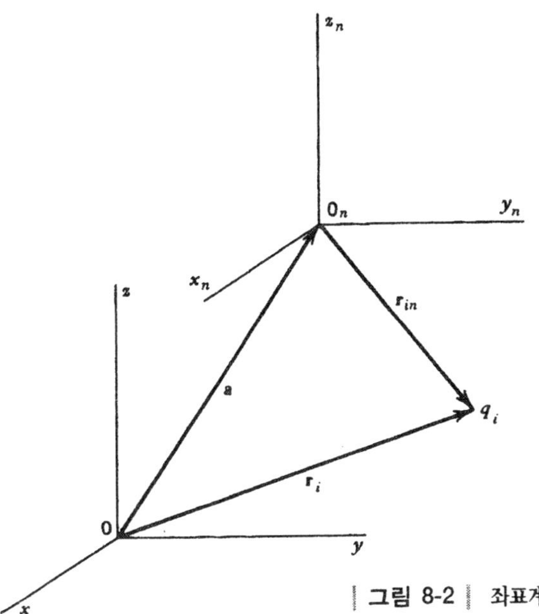

그림 8-2 좌표계의 새로운 원점은 이전의 원점으로부터 $\mathbf{a}$만큼 옮겨졌다.

특별한 조건에서 이 양들은 원점 선택에 무관하게 된다. 이 사실을 좀 더 자세히 조사해보자.

그림 8-1에서 택한 원점 0 대신, 새로운 원점 0_n을 잡는데, 이것은 좌표축을 회전시키지 않고 그림 8-2에서처럼 변위 $\mathbf{a}$로 병진이동시켜서 선택하자. 이 새로운 원점에 관한 q_i의 위치는 $\mathbf{r}_{in}$이고 그림으로부터 $\mathbf{a} + \mathbf{r}_{in} = \mathbf{r}_i$임을 알 수 있으므로, 원래의 위치벡터와 새 위치벡터는

$$\mathbf{r}_{in} = \mathbf{r}_i - \mathbf{a} \tag{8-41}$$

로 관련 된다. 이 값을 (8-19)에 넣어, 쌍극자모멘트에 관한 새 값 $\mathbf{p}_n$을 구하면

$$\mathbf{p}_n = \sum_i q_i \mathbf{r}_{in} = \sum_i q_i \mathbf{r}_i - \mathbf{a}\sum_i q_i = \mathbf{p} - Q\mathbf{a} \tag{8-42}$$

가 된다. 이것을 보면, 다른 원점에 관해 계산한 쌍극자모멘트는 일반적으로 달라진다. 그러나 홀극모멘트가 사라지게 된다면, 즉

$$\mathbf{p}_n = \mathbf{p} \qquad (Q = 0\text{인 경우}) \tag{8-43}$$

이면, 쌍극자모멘트는 원점 선택에 무관하게 되고, 따라서 전하분포에 대해 유일한 표현이 된다. 더구나 쌍극자 항은 (8-7)의 표현식에서 첫 번째 항이 될 것이다. $Q = 0$으로 만들기 위해서는 전하분포 중에 최소한 두 개의 전하가 있어야 한다. 그래서 쌍극자라는 이름을 얻은 것이다.

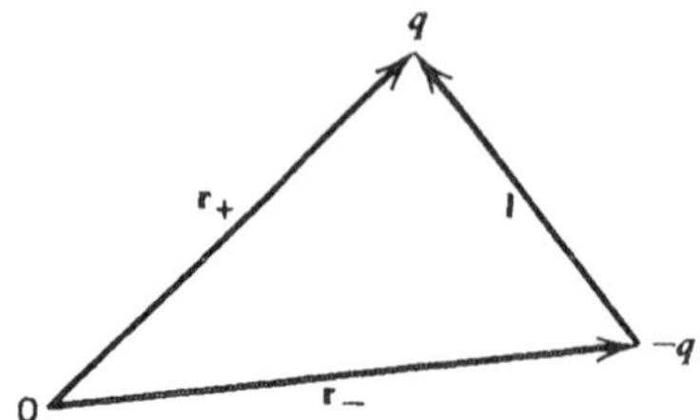

| 그림 8-3 | 전하량이 같고 부호가 반대인 두 점전하는 **l** 방향으로 쌍극자모멘트를 갖는다.

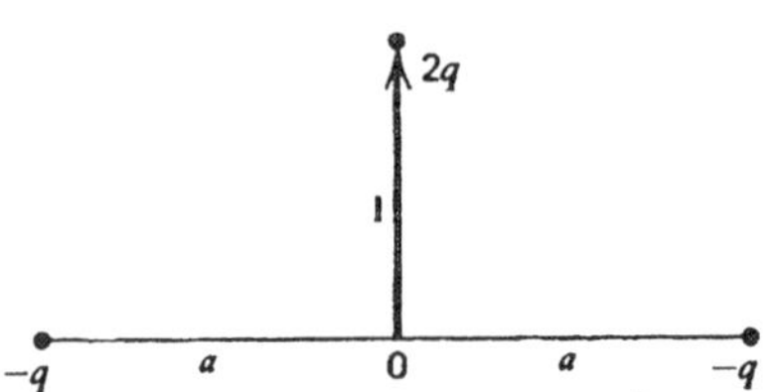

| 그림 8-4 | 쌍극자모멘트를 갖는 전하분포.

예제

전하량이 같고 부호가 반대인 두 전하. 이것은 Q가 영이되는 가장 간단한 예이다. 이 두 전하의 전하량과 위치는 그림 8-3에 표시되어 있다. (8-19)로부터 $\mathbf{p}$는

$$\mathbf{p} = q\mathbf{r}_+ - q\mathbf{r}_- = q(\mathbf{r}_+ - \mathbf{r}_-) = q\mathbf{l} \tag{8-44}$$

이 될 것이고, 쌍극자모멘트는 전하의 크기와, 음에서 양전하로의 변위벡터 $\mathbf{l}$의 곱과 같다. 이 전하 분포를 쌍극자의 전형적인 모습으로 생각하며, 흔히 "쌍극자"라고 간단히 부르지만, 일반적으로 더 높은 차수의 모멘트가 영이 되지 않으면 (8-8)은 $\phi_D(\mathbf{r})$ 항 이상을 포함해야 할 것이다.

(8-43)을 만족하는 다른 예는 그림 8-4로, (8-19)를 사용하여 $\mathbf{p} = 2q\mathbf{l}$임을 쉽게 보일 수 있다.

사중극자에 대해서도 비슷한 결과를 얻을 수 있다. 그러기 위해 한 성분 Q_{xy}만 따져보아도 충분하겠다. (8-41)의 x와 y성분은 $x_{in} = x_i - a_x$와 $y_{in} = y_i - a_y$이고 (8-28)에 넣었을 때, 새로운 성분 Q_{xy}^n은 (8-19)와 (8-15)를 사용하여

$$\begin{aligned} Q_{xy}^n &= 3\sum_i q_i x_{in} y_{in} = 3\sum_i q_i (x_i - a_x)(y_i - a_y) \\ &= Q_{xy} - 3a_y p_x - 3a_x p_y + 3a_x a_y Q \end{aligned} \tag{8-45}$$

로 구해진다. 다른 성분들 Q_{jk}에 대해서도 비슷한 표현식이 될 것이므로, 일반적으로 사중극 모멘트도 역시 전하분포에 대해 유일한 특성을 갖는다고 할 수 없다. 그러나 (8-45)로부터 홀극과 쌍극자모멘트 모두 영이 된다면, 즉

$$Q_{jk}^n = Q_{jk} \qquad (Q = 0 \quad 과 \quad \mathbf{p} = 0인\ 경우) \tag{8-46}$$

이면, 원점의 선택에 무관하게 될 것이다. 더구나 이 경우 사중극 항은 (8-7)의 첫 번째 항이 될 것이다.

일반적으로 (8-46)의 두 조건은 전하분포 중에 적어도 네 개의 전하가 있는 경우에만 만족될 수 있다. 그래서 사중극자라는 이름을 얻게 되었다. 가장 간단한 예는 두 개의 쌍극자가 배치되어 총 쌍극자모멘트가 영이 되도록 하는 것이다. 그림 8-5에 그러한 두 가지 예가 있고,

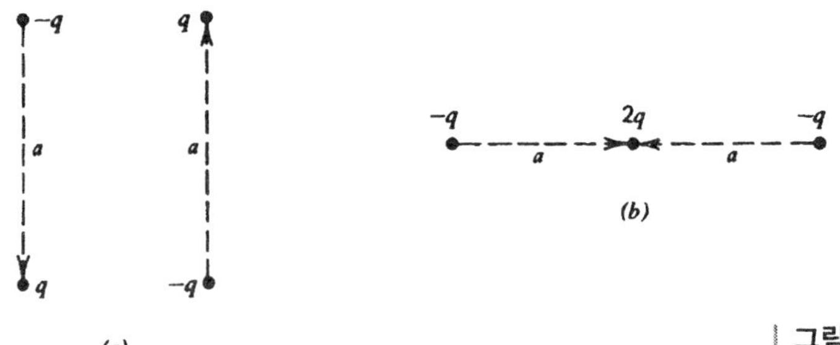

| 그림 8-5 | 사중극모멘트를 갖는 전하분포.

여기서 쌍극자는 점선으로 표시하였다. 그림 8-5b는 그림 8-4가 변형되어 $\mathbf{l} = 0$인 경우이다. 앞에서 네 개의 전하가 필요하다고 한 말과 일치하려면 $2q$의 전하는 q 값을 갖는 두 전하로 나누어져 구성되어 있다고 생각해야 한다. 그림에서 든 예같은 배치를 궁리해 낼 때는 조금 조심할 필요가 있다. 예를 들어, 그림 8-5a의 위쪽 두 전하를 서로 바꾸면, (8-46)의 조건이 만족되지 않아서 결과적인 전하배치는 원점에 의존하는 사중극모멘트를 가지게 될 것이다.

요약하면, 전하분포로부터 먼 임의의 장소에서 전하분포가 만드는 퍼텐셜은 (8-8), (8-16), (8-21), (8-30)에서 구한 것으로

$$\phi(\mathbf{r}) = \frac{1}{4\pi\epsilon_0}\left(\frac{Q}{r} + \frac{\mathbf{p}\cdot\hat{\mathbf{r}}}{r^2} + \frac{1}{2r^3}\sum_{j,k} l_j l_k Q_{jk} + \dots\right) \tag{8-47}$$

로 전개할 수 있다. (8-47)에서 장점의 위치만이 (원점으로부터의 거리와 방향 $\mathbf{r}$을 통해서) 나타나 있으므로, 모든 모멘트는, 원천이 되는 전하분포의 실제적 공간적 범위와 관계없이, 원점에 위치한다고 생각할 수 있다.

지금까지는 퍼텐셜의 형태에만 관심을 가지고 있었다. 이번에는 이것의 특성뿐 아니라 전기장도 생각해보겠다. 이 때 (8-47)에 나타난 각 항의 기여를 따로 살펴보는 것이 편리하겠다. 총 전기장 $\mathbf{E}$는 이들 모두의 합이 될 것이다. 첫 번째 항은 원점에 있는 점전하에 해당되고, 이것의 특성에 관해서는 잘 알고 있으므로 즉시 다음 항으로 넘어가자.

8-2 전기쌍극자장

우리가 여기서 조사하고자 하는 퍼텐셜은 (8-21)이다. 이것은 $Q = 0$일 때 우선적으로 중요한 항이 될 것이다. 이 ϕ_D는 전하분포로부터 먼 곳에서의 퍼텐셜을 염두에 두고 얻은 것이지만, 이제 그 특성을 알아내기 위해 ϕ_D가 공간 어디에서라도 적용된다고 가정하는 것이 좋겠다. 보통 그러한 장을 바로 쌍극자장이라 하고, 이것은 원점에 있는 **점쌍극자** *point dipole* $\mathbf{p}$에 의해 만들어지는 것이라고 간주한다. 이런 편리한 (가상의) 과정은 그림 8-3에서 크기가 같고 부호가 반대인 전하분포에 적용되는 극한과정의 결과라고 생각할 수 있다. 이 과정에서는 간격 $\mathbf{l}$을 영으로 감소시키고 동시에 전하량 q는 증가시켜, 이들의 곱으로 정의되는 (8-44)의 $\mathbf{p}$가 일정한 값으로 남아 있도록 한다. 장점 P를 구좌표로 나타내고 $\mathbf{p}$의 방향을 z축으로 택하면, 그

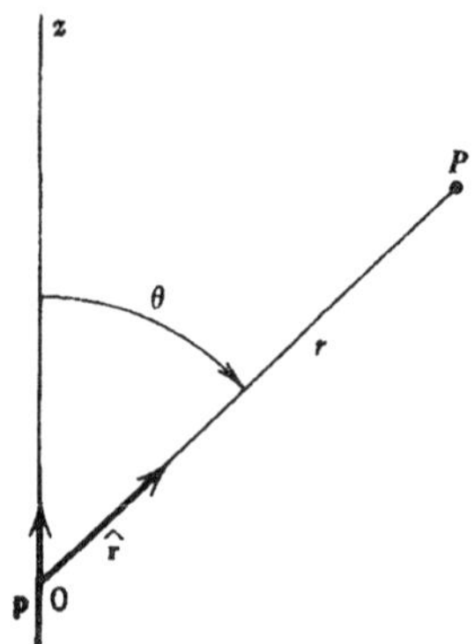

| 그림 8-6 | 원점에 놓여 있고 z 축에 평행인 점쌍극자.

림 8-6의 배치가 된다. (8-21)과 (1-15)를 사용하여 쌍극자 퍼텐셜을

$$\phi_D(\mathbf{r}) = \frac{p\cos\theta}{4\pi\epsilon_0 r^2} \tag{8-48}$$

로 쓸 수 있다. ϕ_D = 일정에 해당되는 등퍼텐셜면의 방정식은

$$r^2 = \left(\frac{p}{4\pi\epsilon_0\phi_D}\right)\cos\theta = C_D\cos\theta \tag{8-49}$$

이 된다. 여기서 어느 주어진 면을 골라 나타내는 C_D는 ϕ_D의 값에 따라 정해진다. 이들 등퍼텐셜면은 그림 8-7에 실선으로 그려져 있다. 실제적인 곡면은 이 이차원 그림을 z 축에 대하여 회전시켜 만들어진다. (8-49)의 r^2은 양의 값이어야 하기 때문에, cos θ가 양인 $\theta < \frac{1}{2}\pi$에 대하여 C_D는 양이어야 한다. 그러므로 그림의 위쪽 공간에서의 등퍼텐셜은 양의 ϕ_D 값에 대응된다. 마찬가지로 $\theta > \frac{1}{2}\pi$에 대하여 cos θ는 음이므로 그림의 아래쪽 공간에서의 등퍼텐셜은 음의 ϕ_D 값에 대응되고, 그래서 C_D는 음이어야 한다.

E의 성분은 (8-48), (5-3), (1-101)로부터 구할 수 있고, 결과는

$$\begin{aligned} E_r &= -\frac{\partial\phi_D}{\partial r} = \left(\frac{p}{4\pi\epsilon_0}\right)\frac{2\cos\theta}{r^3} \\ E_\theta &= -\frac{1}{r}\frac{\partial\phi_D}{\partial\theta} = \left(\frac{p}{4\pi\epsilon_0}\right)\frac{\sin\theta}{r^3} \end{aligned} \tag{8-50}$$

이며, $E_\varphi \sim -\partial\phi_D/\partial\varphi = 0$이다. 이 쌍극자장 성분들은 각도에 대해 서로 다른 의존성을 가지지만, 거리에 대한 특성은 둘 다 거리 세제곱에 반비례한다.

앞에서 얻은 (5-39) 표현식으로부터 **E**의 선을 나타내주는 식을 얻을 수 있다. 이 식은 장선 위 모든 곳에서 장선의 미소성분이 **E**에 평행이라는 사실을 나타내 준다. (1-98)을 이용하여 $d\mathbf{s}_{lf}$와 **E** 둘다 구좌표로 쓰면,

$$dr = kE_r \quad \text{과} \quad r\,d\theta = kE_\theta \tag{8-51}$$

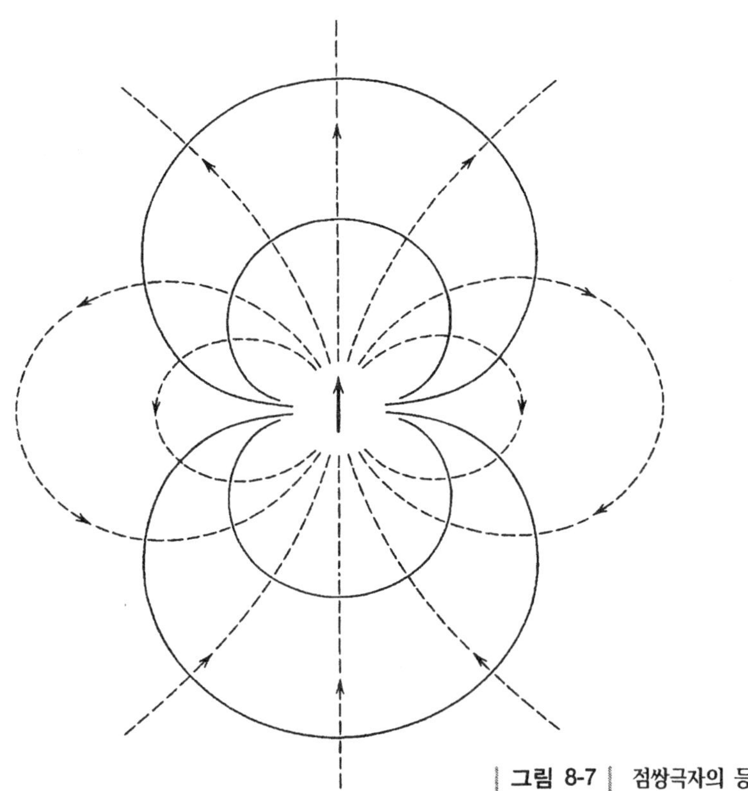

| 그림 8-7 | 점쌍극자의 등퍼텐셜면(실선)과 전기장선(점선).

가 되고, 그러면

$$\frac{dr}{r\,d\theta} = \frac{E_r}{E_\theta} = \frac{2\cos\theta}{\sin\theta} = \frac{d\ln r}{d\theta} = \frac{2d(\ln\sin\theta)}{d\theta}$$

이므로, 적분하여

$$\ln r = \ln\sin^2\theta + \ln K_D = \ln\left(K_D\sin^2\theta\right)$$

를 얻는다. 여기서 K_D는 적분상수로 양수이다. r에 관하여 풀면 이 곡선에 관한 방정식

$$r = K_D\sin^2\theta \tag{8-52}$$

를 구하게 된다. 각 곡선은 K_D 값에 따라 정해진다. 이 곡선들을 그렸을 때, 그림 8-7의 점선이 된다. 이들은 (8-50)의 특별한 경우에 잘 일치함을 알 수 있다. 즉, $\theta = \frac{1}{2}\pi$일 때 $E_r = 0$이고, $\theta = 0, \pi$일 때 $E_\theta = 0$이다. 그림에 점선 화살표로 그린 $\mathbf{E}$의 방향이 (8-50)의 성분에 대한 표현식을 잘 따른다는 점을 확인해보아라. 그리고 $\mathbf{E}$의 선이 등퍼텐셜면과 수직임도 확인하라.

8-3 선형 사중극장

(8-30)으로 주어진 사중극 퍼텐셜의 일반적인 표현식은 Q_{jk} 중의 어느 성분이 영이 아닌 값을 갖는지에 따라 매우 복잡할 수도 있다. 여기서는 계가 대칭축을 가지고 있는 특별한 경우를 조사해보도록 하는데, 이 때 퍼테셜은 (8-40)에 의해

$$\phi_Q^a = \frac{Q^a}{4\pi\epsilon_0}\frac{(3\cos^2\theta - 1)}{4r^3} \tag{8-53}$$

로 주어진다. 여러 유형의 전하분포가 이런 퍼텐셜을 줄 수 있지만, 그림 8-5b의 간단한 전하분포가 분명 필요한 대칭성을 가지고 있으므로 대표적인 것으로 간주해도 좋다. (8-39)와 (8-26)에서 알 수 있듯이 Q^a는 이러한 배치에서 실제적으로 음이다. 결과적으로 (8-53)을 선형(또는 축대칭) 사중극장이라고 부를 수 있다. (8-53)에서 ϕ_Q^a = 일정으로 놓은 등퍼텐셜면의 방정식은

$$r^3 = \left(\frac{Q^a}{8\pi\epsilon_0\phi_Q^a}\right)\frac{(3\cos^2\theta - 1)}{2} = \frac{1}{2}C_Q(3\cos^2\theta - 1) \tag{8-54}$$

인데, 어떤 주어진 면을 특징지워주는 C_Q는 해당되는 ϕ_Q^a의 값에 따라 정해진다. 간단히 하기 위해, 이들 중 하나를 그림 8-8에 실선으로 나타내보았다. 다른 것들도 비슷한 모양이다. (8-54)는 φ에 무관하기 때문에 실제의 등퍼텐셜면은 이 그림을 대칭축(이 경우 z축)에 대하여 회전시켜서 만들어진다.

(8-53), (5-3), (1-101)로부터 구하는 전기장 성분은

$$\begin{aligned} E_r &= \left(\frac{3Q^a}{8\pi\epsilon_0}\right)\frac{(3\cos^2\theta - 1)}{2r^4} \\ E_\theta &= \left(\frac{3Q^a}{8\pi\epsilon_0}\right)\frac{\cos\theta\sin\theta}{r^4} \\ E_\varphi &= 0 \end{aligned} \tag{8-55}$$

이다. 전기장 성분은 장점으로부터의 거리에 대해 네제곱으로 반비례하여 감소한다.

장선의 방정식을 구하려면, 다시 한 번 (8-51)에서 k를 소거하고 (8-55)를 사용한다. 이러한 방법으로

$$\frac{dr}{r\,d\theta} = \frac{E_r}{E_\theta} = \frac{(3\cos^2\theta - 1)}{2\cos\theta\sin\theta}$$

을 얻게 되고, 적분하여

$$r^2 = K_Q\sin^2\theta\cos\theta \tag{8-56}$$

가 된다. 여기서 K_Q는 적분상수이다. 간단한 장선을 그림 8-8에 점선으로 그려보았다. 그림에 점선 화살표로 그린 **E**의 방향이 Q^a가 음(그림 8-5b의 경우)이라는 가정 하에 (8-55)의 성분에

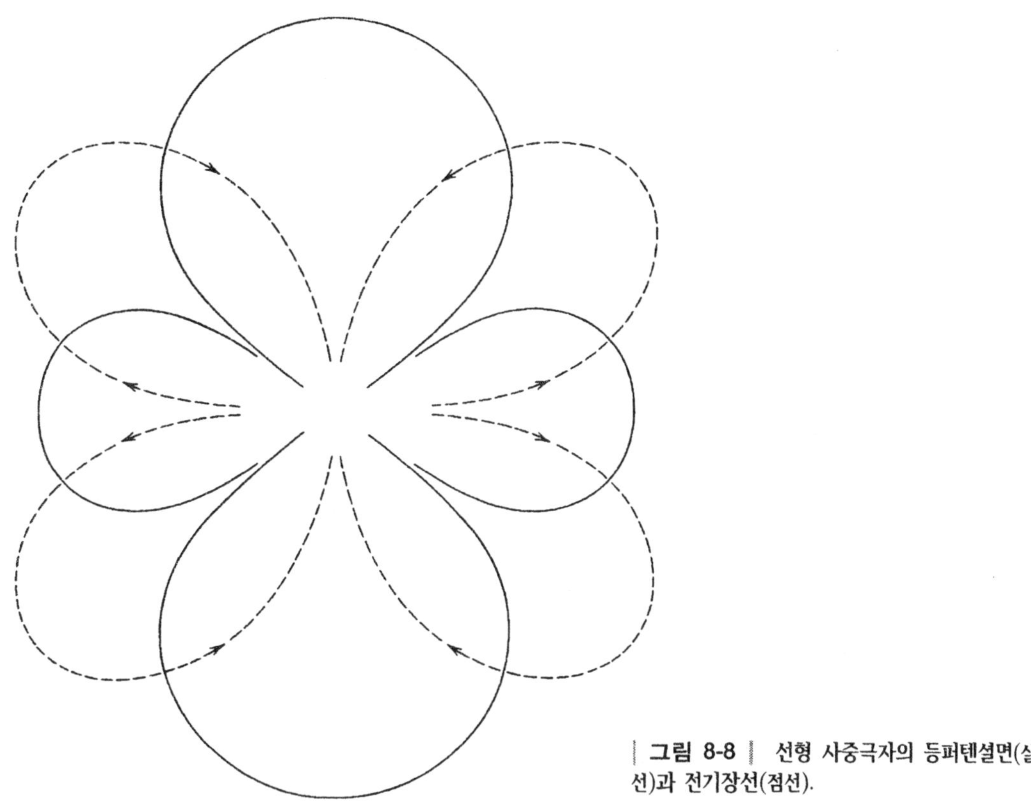

| 그림 8-8 | 선형 사중극자의 등퍼텐셜면(실선)과 전기장선(점선).

대한 표현식과 일치한다는 점을 확인해보아라. 또한 훨씬 더 복잡한 이런 경우에도 등퍼텐셜면과 **E**의 선은 수직임에 유의하라.

8-4 외부장 내에서 전하분포의 에너지

앞 장에서는 임의의 전하분포가 공통으로 갖게 되는 정전기 에너지에 관해서 논의했었다. 이 에너지는, 전하들 간 인력과 척력의 상호 보존력을 이기고 이들 전하를 그 전하분포로 조합하는 데 필요한 가역적인 일로부터 구해졌다. 어떤 상황에서는 이 모든 에너지에 관심이 있는 것이 아니고, 일부분만이 필요하다. 이러한 상황이 어떻게 일어나는지 보기 위하여, 전체 전하분포가 두 덩어리로 나뉠 수 있는 배치라고 생각해보자. 마침 각 덩어리의 전하들은 그들만의 부피를 차지하고, 이 부피는 서로 거리를 적당히 띠우고 있어서 덩어리를 구별하는데 어려움이 없다고 하자. 이러한 상황이 그림 8-9에 그려져 있다. 한 덩어리에 있는 전하들은 q_{l0}이라고 표시되어 있고 차지하는 부피는 V_0이며, 다른 덩어리에는 간단히 q_i로 표기하고 부피도 V라고 적었다. 또한 덩어리들을 "외부"와 "계"라고 표시하여 놓았는데, 그 이유는 곧 밝혀질 것이다. 편의상 원점 0_s를 계의 내부에 선택해 놓고, 여기에 대한 위치 $\mathbf{r}_i$에 있는 전하 q_i를 고려해보자. (5-48)에 의해 이 전하의 에너지는 이 위치에서의 총 퍼텐셜 $\phi(\mathbf{r}_i)$를 사용하여

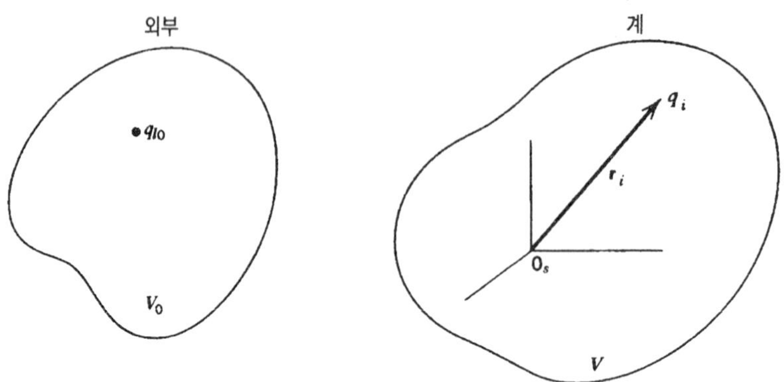

그림 8-9 외부 전하분포의 영향 하에 놓인 전하계.

$$U_{ei} = q_i \phi(\mathbf{r}_i) \tag{8-57}$$

라고 쓸 수 있다. (5-2)에서 $\phi(\mathbf{r}_i)$는 모든 진하에 의해서 정해지나, 이빈에는 전체 합을 둘로 나누어, 한 부분은 외부 전하 q_{l0}들로부터의 기여로 나타내고, 다른 부분은 계 내부의 다른 전하들의 기여로 나타낼 수 있다. 그러므로 $\phi = \phi_S + \phi_0$으로 쓸 수 있고, 여기서

$$\phi_0(\mathbf{r}_i) = \sum_{l=1}^{N_0} \frac{q_{l0}}{4\pi\epsilon_0 R_{il}} \tag{8-58}$$

으로, N_0은 외부 전하의 총수이고 $R_{il} = |\mathbf{r}_i - \mathbf{r}_l|$이며, 여기서 $\mathbf{r}_l$는 q_{l0}의 위치벡터이다. 다른 부분 ϕ_s도 비슷한 표현식으로 주어질 것이다. 이것을 (8-57)에 대입하여, q_i의 에너지를

$$U_{ei} = q_i \phi_s(\mathbf{r}_i) + q_i \phi_0(\mathbf{r}_i) \tag{8-59}$$

와 같은 합으로 쓸 수 있다. 첫째항은 계 전하들 간의 상호작용 에너지를 나타내며, 이런 형태의 에너지를 모든 N개의 전하에 대하여 합하면 (7-3)과 같은 항이 된다. 따라서 이 항은 계의 **내부에너지** *internal energy*가 될 것이고 이 계를 구성하는데 필요한 일의 양을 나타낸다. 이제 우리가 관심을 갖는 경우로써, 계는 구성 입자 사이의 상대적 공간의 위치가 고정되어 있는 유한한 실재이고, 내부 정전기 에너지는 유한한 상수가 될 것이다.

(8-59)의 두 번째 항은 계의 한 전하가 외부 전하의 덩어리와 상호작용하여 생기는 에너지를 나타낸다. 이것을 i에 대하여 합할 때, 이런 유형의 총 에너지를 얻게 되고 이것을 외부장의 효과에 의해 계의 전하들이 갖는 에너지라고 간주할 수 있다. 이것을 U_{e0}라 하면

$$U_{e0} = \sum_{i=1}^{N} q_i \phi_0(\mathbf{r}_i) \tag{8-60}$$

가 되고, 여기에서 우리가 관심을 갖는 것이 이 **상호작용 에너지** *interaction energy*이다.

외부 전하에 대해서도 비슷한 분석을 하여 마찬가지의 결론에 도달하게 된다. 그러나 우리가 관심을 갖는 특별한 경우에 마음속에 그려놓은 계획은, 실험실에서 축전기 극판이나 다른

도체에 들어 있는 전하를 배치해 놓고 우리의 계가 이 외부 원천 전하의 영향 하에서 어떻게 반응하는지를 조사하는 것이다. 그러한 경우 일반적으로 외부 전하들의 에너지 변화는 고려하지 않으므로, 여기에 대해서 더 이상 관여할 필요가 없다. 그러므로 우리에게 중요한 에너지 항은 총 에너지 중에서 (8-60)으로 나타내어지는 부분이다. 앞으로는 이 부분에만 국한하여 고려할 것이다.

(8-60) 자체로 실험적 현실을 완전히 맞추어 주지는 못한다. 일반적으로 외부 원천은 아주 멀리 떨어져 있고 계의 공간적 범위는 아주 작아서 ϕ_0은 체적 V에 대하여 아주 많이 변하지 않는다. 따라서 $\phi_0(\mathbf{r}_i)$를 원점에 대하여 급수로 전개하고 처음 몇 항만을 포함하여도 충분하다. 직각좌표계를 사용하면 ϕ_0의 급수전개는

$$\begin{aligned}\phi_0(\mathbf{r}_i) &= \phi_0(x_i, y_i, z_i) = \phi_0(0,0,0) \\ &+ \left[x_i\left(\frac{\partial\phi_0}{\partial x}\right)_0 + y_i\left(\frac{\partial\phi_0}{\partial y}\right)_0 + z_i\left(\frac{\partial\phi_0}{\partial z}\right)_0\right] \\ &+ \frac{1}{2}\left[x_i^2\left(\frac{\partial^2\phi_0}{\partial x^2}\right)_0 + y_i^2\left(\frac{\partial^2\phi_0}{\partial y^2}\right)_0 + z_i^2\left(\frac{\partial^2\phi_0}{\partial z^2}\right)_0\right. \\ &\left.+ 2x_iy_i\left(\frac{\partial^2\phi_0}{\partial x\,\partial y}\right)_0 + 2y_iz_i\left(\frac{\partial^2\phi_0}{\partial y\,\partial z}\right)_0 + 2z_ix_i\left(\frac{\partial^2\phi_0}{\partial z\,\partial x}\right)_0\right] + \ldots\end{aligned} \tag{8-61}$$

처럼 쓸 수 있다. 여기서 미분에 붙어 있는 첨자 0는 미분이 원점에서 계산된다는 것을 표시한다. (8-61)의 결과를 (8-60)에 하나하나 넣어서 생각해보는 것이 좋겠다.

(8-61)의 첫 번째 항은 상수라서 이것을 (8-60)에 넣을 때 합의 밖으로 꺼낼 수 있고, U_{e0}에의 기여는

$$U_{e0M} = \phi_0(0,0,0)\sum_i q_i = Q\phi_0(0) \tag{8-62}$$

이 되고, 여기서 Q는 (8-15)에 주어진대로 홀극모멘트이다. 그러므로 이 부분의 상호작용 에너지는 단순히 (총 전하량을 갖는) 점전하와 (원점에서의) 외부 퍼텐셜의 곱이고 (5-48)과 잘 맞는다.

(8-61)에서 첫 번째 괄호의 항은 (5-3)에 의해

$$\mathbf{r}_i\cdot(\nabla\phi_0)_0 = -\mathbf{r}_i\cdot\mathbf{E}_0 \tag{8-63}$$

으로 쓸 수 있고, 여기서 $\mathbf{E}_0$는 외부 전기장이다. $\mathbf{E}_0$도 일정하기 때문에, (8-63)을 (8-60)에 넣을 때 에너지에 대한 이 기여는

$$U_{e0D} = -\mathbf{E}_0\cdot\sum_i q_i\mathbf{r}_i = -\mathbf{p}\cdot\mathbf{E}_0 \tag{8-64}$$

으로 얻게 되고, $\mathbf{p}$는 (8-19)에 주어진 쌍극자모멘트이다. 그러므로 매우 중요한 이 표현식은 쌍극자가 외부장에서 갖게 되는 상호작용 에너지이다.

지금까지로 보아, (8-61)의 나머지 항들은 아직 바람직한 형태로 표기되지는 않았지만, 사중극모멘트 성분을 포함하는 에너지 기여임이 분명해 보인다. 그림 8-9에서처럼 원천이 되는 전하가 계로부터 물리적으로 분리되어 있다고 가정되어 있기 때문에, 계의 전체 체적 V 내에서의 원천 전하밀도는 $\rho_0 = 0$이다. 그러므로 계 내의 모든 지점에서 (5-15)와 (5-16)에 의해 Laplace 방정식이 만족되어야 한다. 즉,

$$\left(\frac{\partial^2\phi_0}{\partial x^2}\right)_0 + \left(\frac{\partial^2\phi_0}{\partial y^2}\right)_0 + \left(\frac{\partial^2\phi_0}{\partial z^2}\right)_0 = 0 \tag{8-65}$$

이다. 그러므로 (8-65)에 아무것이라도 곱해서 (8-61)의 이차항에 더하더라도 그 값에는 변화가 없다. 여기서는 (8-65)에 $-(r_i^2/6)$을 곱해서 (8-61)의 나머지 부분에 더하고, 이차미분 항은 엇갈려 미분하여도 동등하다는 사실 [예를 들어, $(\partial^2\phi_0/\partial x\partial y)_0 = (\partial^2\phi_0/\partial y\partial x)_0$]을 이용하여 항들을 정리하겠다. 결과는

$$\begin{aligned}\frac{1}{6}\Bigg[&(3x_i^2 - r_i^2)\left(\frac{\partial^2\phi_0}{\partial x^2}\right)_0 + 3x_iy_i\left(\frac{\partial^2\phi_0}{\partial x\,\partial y}\right)_0 + 3x_iz_i\left(\frac{\partial^2\phi_0}{\partial x\,\partial z}\right)_0 \\ &+3y_ix_i\left(\frac{\partial^2\phi_0}{\partial y\,\partial x}\right)_0 + (3y_i^2 - r_i^2)\left(\frac{\partial^2\phi_0}{\partial y^2}\right)_0 + 3y_iz_i\left(\frac{\partial^2\phi_0}{\partial y\,\partial z}\right)_0 \\ &+3z_ix_i\left(\frac{\partial^2\phi_0}{\partial z\,\partial x}\right)_0 + 3z_iy_i\left(\frac{\partial^2\phi_0}{\partial z\,\partial y}\right)_0 + (3z_i^2 - r_i^2)\left(\frac{\partial^2\phi_0}{\partial z^2}\right)_0\Bigg]\end{aligned} \tag{8-66}$$

으로도 쓸 수 있다. (8-66)을 (8-60)에 넣고 (8-26)과 (8-28)의 사중극모멘트에 관한 정의를 이용하면, 외부장에서의 에너지에 기여하는 나머지 부분은

$$\begin{aligned}U_{e0Q} = \frac{1}{6}\Bigg[&Q_{xx}\left(\frac{\partial^2\phi_0}{\partial x^2}\right)_0 + Q_{xy}\left(\frac{\partial^2\phi_0}{\partial x\,\partial y}\right)_0 + Q_{xz}\left(\frac{\partial^2\phi_0}{\partial x\,\partial z}\right)_0 \\ &+Q_{yx}\left(\frac{\partial^2\phi_0}{\partial y\,\partial x}\right)_0 + Q_{yy}\left(\frac{\partial^2\phi_0}{\partial y^2}\right)_0 + Q_{yz}\left(\frac{\partial^2\phi_0}{\partial y\,\partial z}\right)_0 \\ &+Q_{zx}\left(\frac{\partial^2\phi_0}{\partial z\,\partial x}\right)_0 + Q_{zy}\left(\frac{\partial^2\phi_0}{\partial z\,\partial y}\right)_0 + Q_{zz}\left(\frac{\partial^2\phi_0}{\partial z^2}\right)_0\Bigg]\end{aligned} \tag{8-67}$$

이 되고, 좀 더 간단히

$$U_{e0Q} = \frac{1}{6}\sum_{j=x,\,y,\,z}\ \sum_{k=x,\,y,\,z} Q_{jk}\left(\frac{\partial^2\phi_0}{\partial j\,\partial k}\right)_0 \tag{8-68}$$

으로 쓸 수 있다. 또한 (5-3)에 의한 $(\partial\phi_0/\partial j)_0 = -E_{0j}$를 주지하여 외부장 $\mathbf{E}_0$으로 나타내어

$$U_{e0Q} = -\frac{1}{6}\sum_{j=x,\,y,\,z}\ \sum_{k=x,\,y,\,z} Q_{jk}\left(\frac{\partial E_{0j}}{\partial k}\right)_0 \tag{8-69}$$

이라고도 쓸 수 있다. 이것을 풀어서 쓰면

$$U_{e0Q} = -\frac{1}{6}\left[Q_{xx}\left(\frac{\partial E_{0x}}{\partial x}\right)_0 + Q_{xy}\left(\frac{\partial E_{0x}}{\partial y}\right)_0 + Q_{xz}\left(\frac{\partial E_{0x}}{\partial z}\right)_0 + Q_{yx}\left(\frac{\partial E_{0y}}{\partial x}\right)_0 + Q_{yy}\left(\frac{\partial E_{0y}}{\partial y}\right)_0 + Q_{yz}\left(\frac{\partial E_{0y}}{\partial z}\right)_0 + Q_{zx}\left(\frac{\partial E_{0z}}{\partial x}\right)_0 + Q_{zy}\left(\frac{\partial E_{0z}}{\partial y}\right)_0 + Q_{zz}\left(\frac{\partial E_{0z}}{\partial z}\right)_0\right] \tag{8-70}$$

이 되는데, 외부장에서의 사중극모멘트의 에너지는 전기장 성분의 공간 미분에 의존한다는 사실을 분명히 보여주고 있다.

(8-62), (8-64), (8-69)를 결합하여, 외부 원천 전하에 의한 (우리의) 전하계의 에너지에 관한 최종 표현식

$$U_{e0} = Q\phi_0(0) - \mathbf{p}\cdot\mathbf{E}_0 - \frac{1}{6}\sum_{j,k} Q_{jk}\left(\frac{\partial E_{0j}}{\partial k}\right)_0 + \cdots \tag{8-71}$$

을 구하게 된다.

이러한 과정을 좀 더 확장하는 것이 가능하다; 퍼텐셜 ϕ_0을 외부 원천 전하의 다중극모멘트로 전개하고 상호작용 에너지를, 쌍극자장에 있는 쌍극자의 에너지 등등으로, 급수로 얻어 나타내게 된다. 그러나 여기서 이 작업은 하지 않겠고, 이러한 항들 중 좀 더 중요한 것 몇 가지는 연습문제로 남겨 놓겠다.

(8-71)을 좀 더 일반적으로 쓸 수 있다. (8-47) 다음에서 지적하였듯이 모멘트들은 원점에 위치하여 있다고 간주할 수 있고, 이 원점은 그림 8-9에서 계의 원점 0_s이다. 계 자체는 운동할 수도 있기 때문에, 계의 위치는 공간에 고정되어 있는 좌표계에 대하여 나타내는 것이 편리할 것이다. 그러므로 **r**을 이 고정된 좌표축에 대한 0_s의 위치벡터라고 한다면, (8-71)의 항들 (계의 "위치" 0_s에서 계산된)은 **r**에서 구해질 것이고, 그래서 드디어

$$U_{e0} = Q\phi_0(\mathbf{r}) - \mathbf{p}\cdot\mathbf{E}_0(\mathbf{r}) - \frac{1}{6}\sum_{j,k} Q_{jk}\left(\frac{\partial E_{0j}}{\partial k}\right)_{\mathbf{r}} + \cdots \tag{8-72}$$

로 쓸 수 있다.

이제 이런 결과로부터 우리에게 덜 익숙한 쌍극자와 사중극 에너지의 중요성을 살펴 보도록 하자.

1. 쌍극자 에너지

이것을 간단히 U_D라고 표기하면, 외부장 $\mathbf{E}_0$에 있는 쌍극자 **p**의 에너지는

$$U_D = -\mathbf{p}\cdot\mathbf{E}_0 = -pE_0\cos\Psi \tag{8-73}$$

가 된다. 여기서 Ψ는 그림 8-10에 나타낸 두 벡터 사이의 각도이다. 이것은 앞에서 정의하였듯이 점쌍극자에 대해 사용되는 적절한 형태일 것이다. 그림 8-11에는 에너지를 Ψ의 함수로

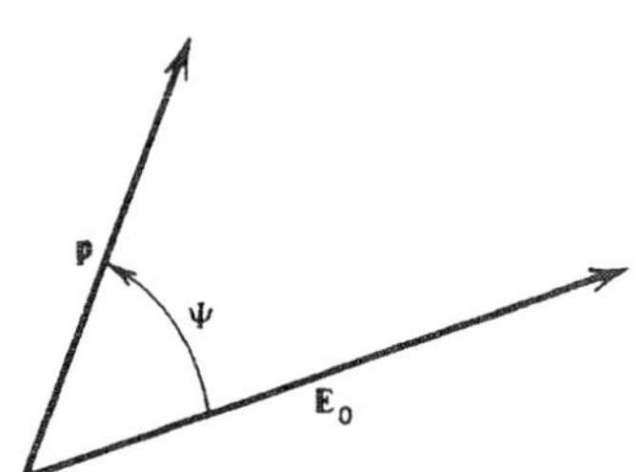

|그림 8-10| 외부 전기장과 각도를 가지고 위치해 있는 쌍극자.

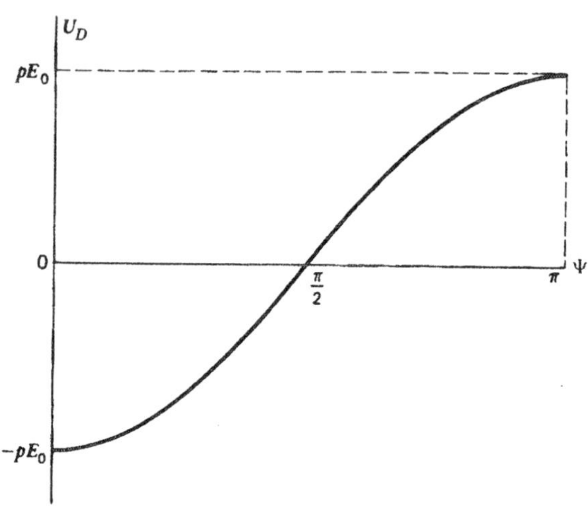

|그림 8-11| 외부 전기장에 있는 쌍극자의 에너지를 각도의 함수로 나타냄.

나타내었다. 에너지 변화의 구간은 유한하며, 두 벡터가 평행인 $\Psi = 0$일 때 최소 에너지를 갖는다. 이것은 계의 쌍극자모멘트가 외부장에 대하여 정렬하려는 경향을 가지고 있음을 말해주고 있다. 이 효과는 다음과 같이 검토해볼 수 있다. 에너지는 각도 Ψ의 함수 $U_D = U_D(\Psi)$이기 때문에, 역학으로부터 **p**에는 토크가 가해져 있다는 것을 알 수 있고, Ψ가 증가하는 방향으로의 이 토크 성분 τ는

$$\tau = -\frac{\partial U_D}{\partial \Psi} = -pE_0 \sin\Psi = -|\mathbf{p} \times \mathbf{E}_0| \tag{8-74}$$

으로 주어질 것이다. τ는 음이기 때문에 토크는 **p**를 $\mathbf{E}_0$의 방향 쪽으로 돌리려함을 의미한다. 그림 1-14의 가위곱 방향에 관한 정의를 사용하면 벡터인 토크 $\boldsymbol{\tau}$는 $\mathbf{p} \times \mathbf{E}_0$의 방향에 있고, 그림 8-12에 나타내었다. 이것을 (8-74)와 결합하면 **p**에 작용하는 토크는 크기에 있어서나 방향에 있어 모두 바르게

$$\boldsymbol{\tau} = \mathbf{p} \times \mathbf{E}_0 \tag{8-75}$$

으로 주어진다. $\Psi = 0$ 또는 π일때 $\tau = 0$이고 이 각도 값은 평형 위치에 해당된다. 이것들은 그림 8-11에서 보인대로 각각 에너지 U_D의 최소 최대 값에 해당되므로, $\Psi = 0$은 안정된 평형위치이고 $\Psi = \pi$는 불안정한 평형위치다. 어느 중간 각도에서 평형이 되려면, 어떤 외부 요인이 역학적인 토크 τ_m을, (8-75)의 τ와 크기가 같고 방향이 반대가 되도록, 작용시켜 **p**에 작용하는 알짜 토크가 영이 되도록 해주어야 한다:

$$\boldsymbol{\tau} + \boldsymbol{\tau}_m = 0 \tag{8-76}$$

(8-73)을 되돌아보면, $\mathbf{E}_0$이 일정하지 않고 위치 **r**의 함수인 경우, 쌍극자가 다른 위치로 옮

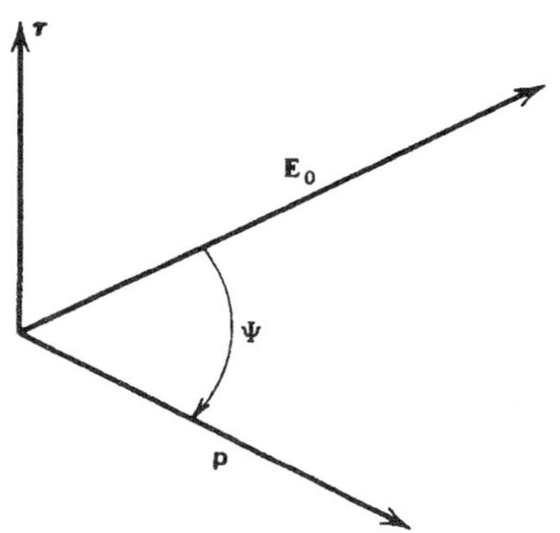

| 그림 8-12 | 외부장에 있는 쌍극자에 작용하는 토크.

겨가서 에너지를 줄일 수 있음을 알 수 있다. 즉 외부장으로 인해 쌍극자에 작용하는 병진운동의 힘 $\mathbf{F}_D$가 영이 아닐 가능성이 있다. 역학으로부터 이것은

$$\mathbf{F}_D = -\nabla U_D = \nabla(\mathbf{p} \cdot \mathbf{E}_0) \tag{8-77}$$

으로 주어진다. **p**가 상수라는 사실로부터 이것을 좀 더 유용한 형태로 나타낼 수 있다. (1-112)를 사용하여 (8-77)은

$$\mathbf{F}_D = \mathbf{E}_0 \times (\nabla \times \mathbf{p}) + \mathbf{p} \times (\nabla \times \mathbf{E}_0) + (\mathbf{E}_0 \cdot \nabla)\mathbf{p} + (\mathbf{p} \cdot \nabla)\mathbf{E}_0 \tag{8-78}$$

으로 쓸 수 있다. **p**가 상수이면 공간에 관한 미분이 영이 되므로 첫 번째와 세 번째 항은 없어진다. $\mathbf{E}_0$은 보존적이므로 (5-4)에 의해 $\nabla \times \mathbf{E}_0 = 0$이고 두 번째 항도 없어진다. 그러면 (8-78)은

$$\mathbf{F}_D = (\mathbf{p} \cdot \nabla)\mathbf{E}_0 \tag{8-79}$$

로 된다. (1-121)을 사용하여 이것의 x성분은

$$F_{Dx} = p_x \frac{\partial E_{0x}}{\partial x} + p_y \frac{\partial E_{0x}}{\partial y} + p_z \frac{\partial E_{0x}}{\partial z} \tag{8-80}$$

이다. 다른 두 직각좌표 성분도 비슷한 표현식이 된다. 그러므로 (8-79)의 결과는, 외부장이 위치에 따라 달라지는 경우 쌍극자에 작용하는 병진운동의 힘이 존재한다는 것을 증명해주고 있다. [(8-75)로 주어지는 토크는 외부장이 균일한 경우라도 존재한다.]

이제까지의 쌍극자모멘트에 관한 이 모든 결과는 완전히 일반적인 방법으로 구했고 어느 유형의 전하분포에도 적용할 수 있다. 그럼에도 불구하고, 간단한 점쌍극자에 대하여 직접적이고도 쉽게 같은 결과를 얻을 수 있다. 그림 8-3에 나타낸 점쌍극자는 전형적으로 크기가 같고 부호가 다른 두 전하가 $\mathbf{l} \to 0$이며 $q \to \infty$인 극한 값을 가지면서 $\mathbf{p} = q\mathbf{l}$이 유지되는 것으로 생각할 수 있다. 이러한 관점을 강조하기 위하여 전하 사이의 간격을 그림 8-13에서처럼 $d\mathbf{r}$로 표기하고 $\mathbf{r}_+ = \mathbf{r}_- + d\mathbf{r}$이라 하자. 외부장 $\mathbf{E}_0$과, (3-1)로 계산되는 전하에 작용하는 힘도 나타내었다.

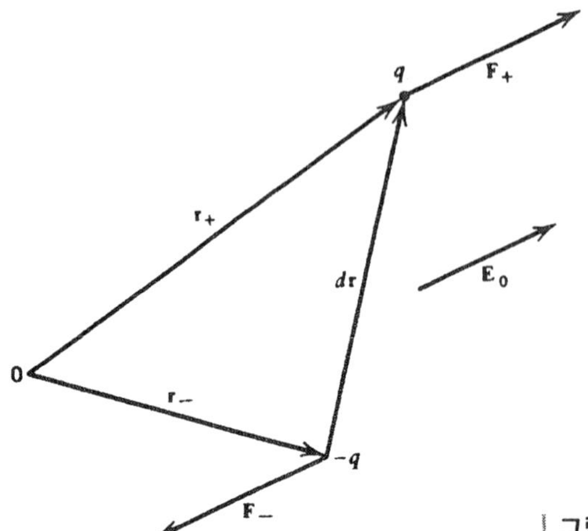

그림 8-13 전형적인 쌍극자의 전하에 작용하는 힘.

$\phi_0(\mathbf{r})$이 외부 퍼텐셜이라면, 에너지는 (8-60)으로부터 얻어지고, (1-38), (5-3), (8-44)를 사용하여

$$U_{e0} = q\phi_0(\mathbf{r}_+) - q\phi_0(\mathbf{r}_-) = q\,d\phi_0 = q\,d\mathbf{r}\cdot\nabla\phi_0 = -\mathbf{p}\cdot\mathbf{E}_0$$

로 구해진다. 특별한 경우로써 얻은 이 결과는 좀 더 일반적으로 구한 (8-64)와 정확히 일치한다. 이 계에 주어지는 알짜 힘은

$$\mathbf{F}_{총} = \mathbf{F}_+ + \mathbf{F}_- = q[\mathbf{E}_0(\mathbf{r}_+) - \mathbf{E}_0(\mathbf{r}_-)] = q\,d\mathbf{E}_0$$

이 될 것이다. (1-38)과 (8-44)를 사용하여 구한 이 식의 x성분은

$$F_{총x} = q\,dE_{0x} = q\,d\mathbf{r}\cdot\nabla E_{0x} = (\mathbf{p}\cdot\nabla)E_{0x}$$

이고, (8-80)과 일치하며 다시 한번 (8-79)에 이르게 된다. 마찬가지로 균일한 전기장에서의 토크도

$$\boldsymbol{\tau} = \mathbf{r}_+\times\mathbf{F}_+ + \mathbf{r}_-\times\mathbf{F}_- = q(\mathbf{r}_+ - \mathbf{r}_-)\times\mathbf{E}_0 = \mathbf{p}\times\mathbf{E}_0$$

로 주어질 것이고 (8-75)와 정확히 일치한다.

2. 선형 사중극 에너지

앞 절에서와 마찬가지로, 축대칭을 갖는 전하분포의 경우에 대하여 상호작용 에너지를 조사해보면 충분하겠다. 이 에너지를 U_Q^a로 표기하고 (8-36)과 (8-39)로 주어진 모멘트의 성분을 (8-72)의 마지막 항에 대입하면,

$$U_Q^a = -\frac{Q^a}{6}\left[\frac{\partial E_{0z}}{\partial z} - \frac{1}{2}\left(\frac{\partial E_{0x}}{\partial x} + \frac{\partial E_{0y}}{\partial y}\right)\right] \tag{8-81}$$

를 얻게 된다. 여기서 미분은 계가 있는 곳에서 계산된다는 점을 기억해두자. 외부 전하는 다시 한번 계의 외부에 위치하여 있기 때문에 $\rho_0 = 0$이고, (4-10)에 의해 $\nabla\cdot\mathbf{E}_0 = 0$일 것이다.

이것을 (1-42)와 함께 사용하여 (8-81)을 $\partial E_{0z}/\partial z$로 나타내면, 그 결과는

$$U_Q^a = -\frac{Q^a}{4}\left(\frac{\partial E_{0z}}{\partial z}\right) = \frac{Q^a}{4}\left(\frac{\partial^2 \phi_0}{\partial z^2}\right) \tag{8-82}$$

이고, 마지막 식은 (5-3)에 따랐다. 그러므로 이 특별한 전하분포에 대한 에너지 항은 매우 간단한 형태가 되었다. 이 에너지는 (여기서 z축이라고 잡은) 대칭축 성분의 전기장의 그 대칭축에 관한 변화량이다. Q^a가 양의 값이면, $\partial E_{0z}/\partial z$의 값이 최대 양의 값을 갖는 위치에서 에너지는 최소이다. 그러므로 이 사중극자에 미치는 병진운동의 힘은

$$\mathbf{F}_Q^a = -\nabla U_Q^a = \frac{1}{4}Q^a\nabla\left(\frac{\partial E_{0z}}{\partial z}\right) = \frac{1}{4}Q^a\frac{\partial}{\partial z}(\nabla E_{0z}) \tag{8-83}$$

가 된다.

연습문제

8-1 $1/R_i$의 전개에서 $(r_i/r)^3$의 차수까지 모든 항을 포함하여, (8-7)의 다음 항이 (8-13)에서 $l = 3$의 항으로 정확히 구해짐을 직접 보여라. ϕ에 관한 이 부분의 전개를 팔중극 항 *octupole term*이라 한다.

8-2 하나의 전하 q가 (a, b, c)에 위치해 있다. 이 계에 대한 Q, $\mathbf{p}$와 Q_{jk}의 모든 성분을 구하라. 이 계에 $-q$의 전하를 원점에 더하게 될 때, 위 값 중의 어느것이 (있다면) 바뀌겠는가?

8-3 그림 8-3의 전하들이 z축에 있고 원점은 그들의 중간에 있다고 하자. z축에 있는 장점에 대한 ϕ를 정확히 구하라. 쌍극자 항을 가지고 z축 위에서 정확한 퍼텐셜에 대한 1퍼센트 내 오차의 정확도로 근사하려면 z는 어디까지 가능하겠는가? 쌍극자 항을 가지고 z축 위에서 E_z를 1퍼센트의 정확도로 근사하려면 z는 어디까지 가능하겠는가?

8-4 그림 8-4의 전하분포에 대하여 (8-47)을 계산하고 ϕ를 직각좌표로 나타내어라. 그림에 보인 원점을 사용하고 음전하는 x축에, 양전하는 y축에 잡아라.

8-5 한 변의 길이가 a인 정육면체의 꼭지점에 점전하들이 놓여 있다. 그들 전하량과 위치가 다음과 같다: $(0, 0, 0)$에 $-3q$; $(a, 0, 0)$에 $-2q$; $(a, a, 0)$에 $-q$; $(0, a, 0)$에 q; $(0, a, a)$에 $2q$; (a, a, a)에 $3q$; $(a, 0, a)$에 $4q$; $(0, 0, a)$에 $5q$. 이 분포에 대하여 홀극모멘트, 쌍극자모멘트, 사중극모멘트 텐서의 모든 성분들을 구하라. 그 결과가 (8-35)를 만족하는지 보여라. 쌍극자모멘트를 영으로 하는 다른 원점의 좌표를 찾을 수 있다면, 이 원점은 어디에 위치해야 하겠는가?

8-6 그림 8-5b의 전하분포가 (8-40)이 됨을 보이고, 이 경우 Q^a를 계산하라.

8-7 일정한 선전하밀도 λ를 가지고 있으며 길이가 L인 선전하가 xy평면의 제 일사분면에 놓여있는데, 한 쪽 끝은 원점에 있다. 이것은 x축과 α의 각을 이루고 있다. Q, $\mathbf{p}$와 모든 Q_{jk}를 구하라. 이 전하분포에 의한 퍼텐셜의 사중극 항을 장점의 직각좌표로 나타내어라.

8-8 반지름 a의 공 껍질이 면전하밀도를 가지고 있고 이것은 구좌표에서 $\sigma = \sigma_0 \cos\theta$로 주어진다. 여기서 σ_0 = 상수이며 원점은 공의 중심에 있다. Q, $\mathbf{p}$와 모든 Q_{jk}를 구하라. 이 전하분포에 대한 (8-47)을 공 밖에 있는 장점의 구좌표로 나타내어라.

8-9 그림 1-41 부피의 전체를 통하여 일정한 체적밀도로 전하가 분포되어 있다. Q, $\mathbf{p}$와 모든 Q_{jk}를 구하라. $\mathbf{p}$에 대한 결과에 대해 설명하라. 그리고는 한 변이 a인 정육면체의 특별한 경우를 고려하여, (8-31) 표현식을 구하는데, 정육면체 밖에 있는 장점의 구좌표로 나타내어라.

8-10 홀극모멘트가 영이 아닌 전하분포가 있다면, 쌍극자모멘트가 영이 되는 원점을 찾을 수 있음을 보여라. 이 점을 전하분포의 전하중심이라 한다.

8-11 (8-45)와 유사한 Q_{xx}의 표현식을 구하라.

8-12 구대칭을 갖는 전하분포의 원점이 구의 중심에 있다. $\mathbf{p}$와 모든 Q_{jk}가 영이 됨을 보여라.

8-13 점쌍극자 $\mathbf{p}$가 원점에 있고, 좌표축에 대하여 어느 특별한 방향을 가지고 있지는 않다. (즉, $\mathbf{p}$는 어느 좌표축에도 평행이 아니다.) $\mathbf{r}$ 지점에서의 퍼텐셜을 직각좌표로 나타내고, $\mathbf{E}$의 직각좌표성분도 구하라. $\mathbf{E}$는 중요하고도 일반적인 다음의 형태로 쓸 수 있음을 보여라.

$$\mathbf{E}(\mathbf{r}) = \frac{1}{4\pi\epsilon_0 r^3}[3(\mathbf{p}\cdot\hat{\mathbf{r}})\hat{\mathbf{r}} - \mathbf{p}] \tag{8-84}$$

$r \to \infty$가 아닌 곳에서 $\mathbf{E}$가 영이 될 수 있는가? 이번에는 $\mathbf{p}$가 원점이 아닌 $\mathbf{r}'$에 있다면, $\mathbf{r}$에서의 $\mathbf{E}$는 어떻게 얻을 수 있겠는가?

8-14 (8-52)의 K_D는 $\mathbf{E}$의 주어진 선을 정해주는데, 이것을 $\theta = \frac{1}{2}\pi$에 해당되는 곡선 위의 점에 대한 전기장의 크기 E와 관련지을 수 있다. 이 관계식을 구하라.

8-15 그림 8-5a의 전하분포에 대한 (8-47)을 계산하여, 퍼텐셜을 장점의 원통좌표로 나타내어라. 이 그림이 xy평면에 있는 한 변이 a인 정사각형이라고 가정하자. 원점은 정사각형의 중심에 있고 변은 축에 평행이며, q는 제 일사분면에 있다. $\mathbf{E}$의 원통좌표 성분을 구하라. xy평면 상에서의 등퍼텐셜 곡선을 구하고 그래프로 그려보아라. xy평면 상에서의 $\mathbf{E}$의 장선에 대한 식을 구하고 그래프로 그려보아라.

8-16 (8-56)의 상수 K_Q는 $\mathbf{E}$의 주어진 장선을 정해주는데, 이것을 E_r이 영이되는 곡선 위의 점에 대한 전기장의 크기 E와 관련지을 수 있다. 이 관계식을 구하라.

8-17 $\mathbf{r}$에 있는 점쌍극자 $\mathbf{p}$가 원점에 놓인 점전하 q의 장에 놓여있다. $\mathbf{p}$의 에너지와 이것에 작용하는 토크, 그리고 작용하는 알짜 힘을 구하라.

8-18 8-3절의 선형 사중극자가 원점에 놓인 점전하 q의 장에 놓여있다. 이 사중극자의 에너지와 그것에 작용하는 병진운동 힘을 (있으면) 구하라.

8-19 점쌍극자 $\mathbf{p}_1$이 $\mathbf{r}_1$에 있고, 다른 점쌍극자 $\mathbf{p}_2$가 $\mathbf{r}_2$에 있다. $\mathbf{p}_1$의 장 안에서 $\mathbf{p}_2$가 갖는 에너지는 **쌍극자-쌍극자 상호작용 에너지**라 하여

$$U_{DD} = \frac{1}{4\pi\epsilon_0 R^3}[(\mathbf{p}_1\cdot\mathbf{p}_2) - 3(\mathbf{p}_1\cdot\hat{\mathbf{R}})(\mathbf{p}_2\cdot\hat{\mathbf{R}})] \tag{8-85}$$

로 주어진다. $\mathbf{R} = \mathbf{r}_2 - \mathbf{r}_1$이다. $\mathbf{R}$이 2에서 1으로 그려진다면 차이점이 있는가? $\mathbf{p}_2$에 작용하는 힘 $\mathbf{F}_2$를 구하라. $\mathbf{F}_2$를 다음의 두 경우에 대하여 계산하라: (a) $\mathbf{p}_1$과 $\mathbf{p}_2$가 서로 평행이며 $\mathbf{R}$에 수직; (b) $\mathbf{p}_1$과 $\mathbf{p}_2$가 서로

평행이며 **R**에도 평행.

8-20 8-3절의 선형 사중극자가 원점에 놓여 있는 점쌍극자 **p**의 전기장 안에 놓여 있다. 이 사중극자의 에너지를 구하라.

8-21 선형사중극자 Q_1^q가 **r**에 놓여 있고, 원점에 놓여 있는 다른 사중극자 Q_2^q의 장 안에 놓여 있다. 둘 다 8-3절의 유형이다. 즉, 각각의 대칭축이 z축에 평행이다. Q_1^q의 에너지를 구하라.

제 9 장 불연속면에서의 경계조건

어떤 물질이 존재하고 그 물질이 다른 전하에 의해 영향 받을 가능성이 있다면, 두 종류의 그러한 물질이 공동의 경계에서 만나는 상황을 고려해야 한다. 예를 들어, 양초 한 덩이가 유리판과 접촉하고 있다든가, 유리가 도체나 진공과 접촉하고 있는 것 등이다. 또한 이러한 다른 종류의 물질은 서로 다른 전자기학적 "성질"을 가지고 있을 것이라고 예상할 수 있고, 이 특성은 분리면을 지나면서 갑자기 변할 것이다. 그 결과, 여러 전자기장은 두 지역에서 서로 매우 다를 수 있고, 이들이 경계를 지나면서 어떻게 바뀌는지를 알고 있다면 유용할 것이다. 이러한 변화를, 혹은 어떤 경우에서처럼 변화가 없는 것도, "경계조건 *boundary condition*"이라 하고, 이를 일반적인 형식으로 조사하고자 한다.

이들 경계조건은 어느 벡터에 대해서건 다이버전스나 커얼로 얻어진다고 알려져 있고, 이제 이것을 유도하겠다. 이러한 방식으로 "준비된" 표현식을 가지게 되면, 앞으로 부닥치게 되는 특정 장에 적용할 수 있다.

9-1 불연속면의 원인

그림 9-1에는 1과 2라고 표시해 놓은 두 물질 (혹은 매질) 사이의 경계에서 있을 수 있는 "실제 상황"을 그려놓았다. 아직 정해진 것은 아니지만 어떤 전자기학적 "성질"이 위치 x의 함수로 그려져 있다. 매질 1과 2사이의 "경계"는 수직 실선으로 표시되어 있다. 왼쪽 멀리에서는 이 성질이 일정하여 완전히 매질 1의 특징이 된다. 마찬가지로 오른쪽 멀리에서도 그 성질은 일정하나 다른 값을 갖고, 그래서 의심할 여지 없이 매질 2가 된다. 그런데 그림에 나타낸대

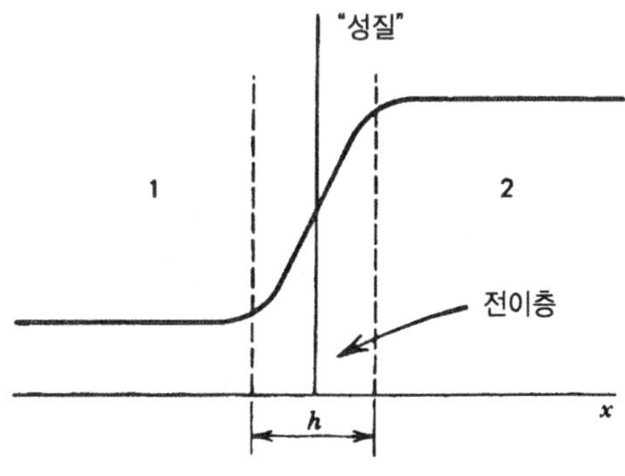

그림 9-1 두 매질 사이의 전이층의 물리적 원인.

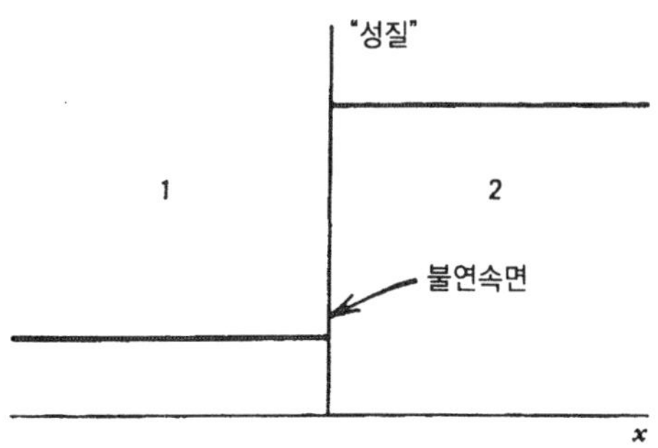

그림 9-2 두 매질사이 이상화한 불연속면.

로 실제의 경우 이 성질은 급격히 변하지 않고, 두 매질 사이의 좁은 영역에서 (비록 빠르게 변할 수는 있어도) 연속적으로 변한다. 이 지역을 "전이층 *transition layer*"라 한다. 이러한 예상은 우리가 다루고 있는 물리장이 연속적이고 그 미분도 연속적이어야 한다는 일관된 가정에 잘 맞는다. 비록 전이층의 범위를 점선으로 표시하고 심지어 두께 h까지 붙여 놓았지만, 그 안에서 실제로 무슨 일이 일어나는지 자세히 알아내려는 시도는 꿈도 꾸지 못할 일이다. 따라서 이 실제 상황을 그림 9-2의 이상적인 상황으로 대체하는 것이 관례이다. 이것은 전이층의 두께가 영으로 줄어든다고 상상함으로써 가능한데, 그러면 전자기적 성질에 불연속성이 생겨나게 된다. 그 결과 전기장 자체가 $h \to 0$의 극한에서 아마도 불연속성을 갖는 것으로 간주할 수 있고, 우리는 이것을 고려하고자 한다.

일반적인 벡터장 $\mathbf{F}(\mathbf{r})$을 생각해보자. 1-20절에서처럼 원천 방정식을

$$\nabla \cdot \mathbf{F} = b(\mathbf{r}) \qquad \text{과} \qquad \nabla \times \mathbf{F} = \mathbf{c}(\mathbf{r}) \tag{9-1}$$

의 형태로 쓰겠다. 이 식들은 우리가 원하는 정보를 제공해주고 있지만, 불연속의 문제에는 직접 적용할 수 없다. 이러한 경우 이 방정식들을 모든 것이 연속적인 전이층에 사용한 다음 $h \to 0$의 극한을 취하면 된다.

한 중요한 정의를 그림 9-3에 나타냈는데, 불연속면에 대한 법선벡터 $\hat{\mathbf{n}}$을 보여주고 있다. 그림에 나타낸대로

$$\hat{\mathbf{n}} = \hat{\mathbf{n}}_{1\text{에서 }2\text{로}} \tag{9-2}$$

이고, 이 부호에 관한 약속을 항상 따르겠으며, 잊지 않도록 해야겠다.

9-2 다이버전스와 법선성분

(1-59)의 다이버전스정리를 (9-1)과 결합하면

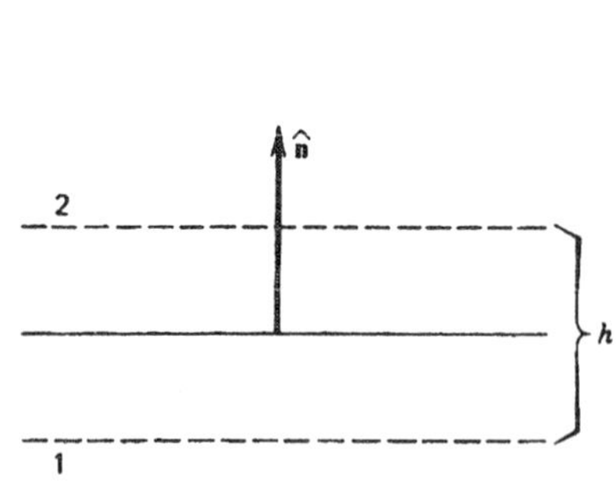

그림 9-3 불연속면에 대한 법선의 정의.

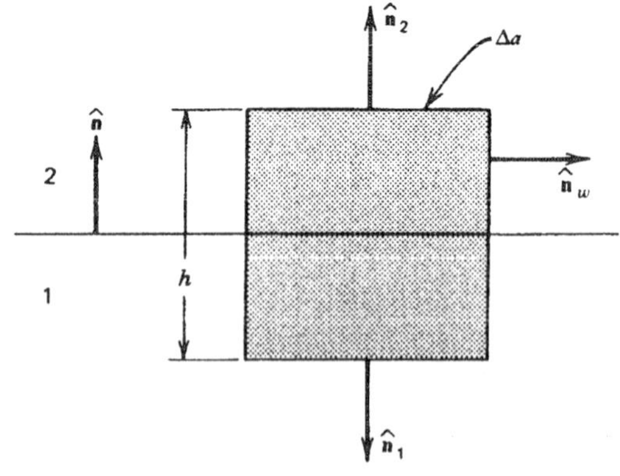

그림 9-4 다이버전스 정리로부터 경계조건을 구하기 위해 사용하는 체적.

$$\oint_S \mathbf{F} \cdot d\mathbf{a} = \int_V \nabla \cdot \mathbf{F}\, d\tau = \int_V b(\mathbf{r})\, d\tau \tag{9-3}$$

가 된다. 이것을 그림 9-4의 전이층에 만들어진 높이 h, 단면적 Δa인 작은 수직원기둥에 적용해보자. 이렇게 택함으로써 두 영역 1과 2로부터의 기여를 구할 수 있다. 위아랫면에서 바깥쪽으로의 법선벡터는 $\hat{\mathbf{n}}_2$와 $\hat{\mathbf{n}}_1$이며, $\hat{\mathbf{n}}_w$는 굽은면에서 바깥쪽으로의 법선벡터 중의 하나이다. Δa는 충분히 작게 잡아서 이 면에 걸쳐 $\mathbf{F}$가 일정한 값이라고 근사해도 괜찮도록 하겠다. (우리가 꾀하는 것은, 궁극적으로는 $\Delta a \to 0$이 되게 하여 한 점에서도 성립하는 관계식을 얻으려는 것이다. 그러한 경우 $\mathbf{F}$의 급수전개로부터 얻는 고차의 수정항은, 마지막 결과에 Δa를 곱할 것이기 때문에, 영이 될 것이다.) (9-3)의 면적분은

$$\oint_S \mathbf{F} \cdot d\mathbf{a} = \mathbf{F}_2 \cdot \Delta\mathbf{a}_2 + \mathbf{F}_1 \cdot \Delta\mathbf{a}_1 + W \tag{9-4}$$

처럼 쓸 수 있다. 여기서 $\mathbf{F}_2$와 $\mathbf{F}_1$은 각 해당되는 영역에서의 값이고, W는 굽은면으로부터 오는 기여이다. W는 유한한 값이 될 것이고 평균값 정리에 의해 $W \sim h$로 쓸 수 있다. 그림으로부터 $\hat{\mathbf{n}}_2 = \hat{\mathbf{n}}$이고 $\hat{\mathbf{n}}_2 = -\hat{\mathbf{n}}$이며, (1-52)를 사용하면, (9-4)와 (9-3)은

$$\hat{\mathbf{n}} \cdot (\mathbf{F}_2 - \mathbf{F}_1)\, \Delta a + W = \int_V b\, d\tau = (hb)\, \Delta a \tag{9-5}$$

가 된다. 여기서 b는 부피 $h\, \Delta a$ 내에서의 평균값이 되어야 한다. 그러나 이 부피는 결국에는 영으로 잡을 것이므로, 이 작은 부피에 걸쳐 b는 근사적으로 일정하다고 잡을 수 있다.

이번에는 Δa는 일정하게 놓고 $h \to 0$으로 보내, 전이층의 두께가 줄어들게 하는 극한 과정을 수행해보겠다. W는 h에 비례하기 때문에, $h \to 0$에 따라 $W \to 0$이다. 한 편, hb의 곱에 관한 거동은 일반적으로 확실하게 이야기할 수 없다. 왜냐하면 이 과정에서 b가 증가하여 $\lim_{h \to 0}(hb)$가 유한한 값으로 남아 있을 수 있기 때문이다. (9-5)에서 양변으로부터 Δa를 상쇄시키면, 불연속면이 있는 경우에 적용시킬 수 있는 다음의 표현식을 얻게 된다.

$$\hat{\mathbf{n}} \cdot (\mathbf{F}_2 - \mathbf{F}_1) = \lim_{h \to 0}(hb) = \lim_{h \to 0}(h\nabla \cdot \mathbf{F}) \tag{9-6}$$

$\hat{\mathbf{n}} \cdot \mathbf{F} = F_n$는 $\mathbf{F}$의 법선성분이므로, 즉 이 값은 수직 방향에 있으므로, (1-21)에 의해 (9-6)을

$$F_{2n} - F_{1n} = \lim_{h \to 0}(hb) = \lim_{h \to 0}(h\nabla \cdot \mathbf{F}) \tag{9-7}$$

로 쓸 수 있다. 이 차이는 영이 아닐 수 있으므로, $\mathbf{F}$ 벡터의 법선성분이 불연속일 가능성이 존재한다.

9-3 커얼과 접선성분

(1-67)의 Stokes 정리를 (9-1)과 결합하면

$$\oint_C \mathbf{F} \cdot d\mathbf{s} = \int_S (\nabla \times \mathbf{F}) \cdot d\mathbf{a} = \int_S \mathbf{c}(\mathbf{r}) \cdot d\mathbf{a} \tag{9-8}$$

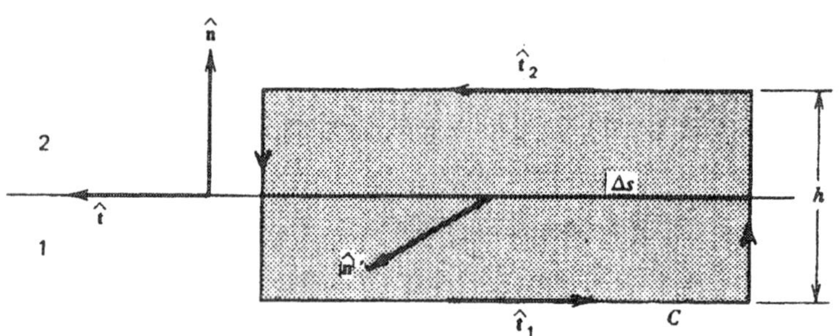

그림 9-5 Stokes 정리로부터 경계조건을 구하기 위한 면적.

가 된다. 이것을 전이층에 놓인 그림 9-5의 불연속면에 수직인 작은 사각형 경로에 적용하여 보자. 이 경로 중 길이 Δs인 두 변이 양쪽 영역에서 기여하게 될 것이다. 화살표들은 경로 C를 돌아 적분하는 방향을 표시해주고 있다. $\hat{\mathbf{t}}_2$와 $\hat{\mathbf{t}}_1$은 각 적분방향으로의 단위벡터이고 불연속면에 평행이다. $\hat{\mathbf{n}}'$은 경로로 둘러싸인 면적에 수직이며 1과 2 사이의 경계면에 평행이다. 그러므로 $\hat{\mathbf{n}}'$은 면에 법선인 $\hat{\mathbf{n}}$과 수직이다. 또한 그림에는 접선벡터 $\hat{\mathbf{t}}$를 나타냈는데, 이것은 앞서 정의된 C의 평면과 평행이고 따라서 $\hat{\mathbf{t}}_2 = \hat{\mathbf{t}}$와 $\hat{\mathbf{t}}_1 = -\hat{\mathbf{t}}$이다. 그러므로 $\hat{\mathbf{n}}$, $\hat{\mathbf{t}}$, $\hat{\mathbf{n}}'$은 서로 수직인 한 벌의 단위벡터이고 (1-25)와 마찬가지로

$$\hat{\mathbf{n}}' = \hat{\mathbf{n}} \times \hat{\mathbf{t}} \qquad \hat{\mathbf{t}} = \hat{\mathbf{n}}' \times \hat{\mathbf{n}} \qquad \hat{\mathbf{n}} = \hat{\mathbf{t}} \times \hat{\mathbf{n}}' \tag{9-9}$$

을 만족한다. (1-52)에서처럼 사각형의 면적벡터는 $\hat{\mathbf{n}}'h\,\Delta s$이다. (9-8)을 이 경우에 적용하면,

$$\begin{aligned}\oint_C \mathbf{F}\cdot d\mathbf{s} &= \mathbf{F}_2\cdot\hat{\mathbf{t}}_2\,\Delta s + \mathbf{F}_1\cdot\hat{\mathbf{t}}_1\,\Delta s + \mathscr{W}\\ &= \hat{\mathbf{t}}\cdot(\mathbf{F}_2 - \mathbf{F}_1)\,\Delta s + \mathscr{W} = \mathbf{c}\cdot\hat{\mathbf{n}}'h\,\Delta s\end{aligned} \tag{9-10}$$

를 얻는다. 여기서 $\mathbf{F}_2$와 $\mathbf{F}_1$은 각 해당 영역에서의 $\mathbf{F}$ 값이고, $\mathscr{W}$는 경로 양 옆부분이 적분에 주는 기여이다. 다시 한 번, 엄밀히 말해서 $\mathbf{F}_2$, $\mathbf{F}_1$과 $\mathbf{c}$는 평균값이지만, Δs와 $h\,\Delta s$가 아주 작기 때문에 이들 벡터를 거의 상수라고 잡을 수 있다. $\hat{\mathbf{t}}$를 (9-9)의 가운데 식으로 대체하고 (1-29)를 사용하면, (9-10)은

$$\hat{\mathbf{n}}'\cdot\left[\hat{\mathbf{n}}\times(\mathbf{F}_2 - \mathbf{F}_1) - h\mathbf{c}\right]\Delta s + \mathscr{W} = 0 \tag{9-11}$$

이라 할 수 있다. 이번에도 Δs는 일정하게 놓고 $h \to 0$으로 보내, 전이층의 두께가 줄어들게 하여 영으로 보내보자. 앞에서와 비슷하게 $\mathscr{W}$는 h에 비례할 것이고, 이 과정에서 없어질 것이다. 이렇게 하면 Δs는 양변에서 상쇄될 것이고

$$\hat{\mathbf{n}}'\cdot\left[\hat{\mathbf{n}}\times(\mathbf{F}_2 - \mathbf{F}_1) - \lim_{h\to 0}(h\mathbf{c})\right] = 0 \tag{9-12}$$

이 남게 된다. 적분경로의 방향을 완전히 임의로 잡았었고, 그러므로 $\hat{\mathbf{n}}'$은 면 위의 임의 방향이다. 이러한 상황에서 (9-12)가 항상 참일 수 있는 유일한 방법은 괄호 안에 들어 있는 식이

영이 되는 것이다. 그래서 최종 결과로

$$\hat{\mathbf{n}} \times (\mathbf{F}_2 - \mathbf{F}_1) = \lim_{h \to 0} (h\mathbf{c}) = \lim_{h \to 0} [h(\nabla \times \mathbf{F})] \tag{9-13}$$

를 얻게 된다.

(9-13)을 좀 더 쉽게 해석할 수 있는 형태로 쓸 수 있다. **F**를 분리면에 수직인 성분 ($\mathbf{F}_n$)과 이 면에 평행인 성분($\mathbf{F}_t$)의 합으로 나타내보자. 즉,

$$\mathbf{F} = \mathbf{F}_n + \mathbf{F}_t = F_n\hat{\mathbf{n}} + \mathbf{F}_t \tag{9-14}$$

이면, (1-24)에 의해

$$\hat{\mathbf{n}} \times \mathbf{F} = F_n\hat{\mathbf{n}} \times \hat{\mathbf{n}} + \hat{\mathbf{n}} \times \mathbf{F}_t = \hat{\mathbf{n}} \times \mathbf{F}_t \tag{9-15}$$

이다. 이 결과를 이용하면 (9-13)은 사실상 **F**의 접선성분만이 관련된다:

$$\hat{\mathbf{n}} \times (\mathbf{F}_{2t} - \mathbf{F}_{1t}) = \lim_{h \to 0} (h\mathbf{c}) \tag{9-16}$$

사실, 이 결과를 접선성분으로 좀 더 분명하게 쓸 수 있다. (1-23), (1-30), (1-17), (9-14)를 사용하면

$$(\hat{\mathbf{n}} \times \mathbf{F}) \times \hat{\mathbf{n}} = \mathbf{F} - F_n\hat{\mathbf{n}} = \mathbf{F}_t \tag{9-17}$$

가 된다. (9-13)의 양변에 $\hat{\mathbf{n}}$을 가위곱해주고 (9-17)을 이용하면

$$\mathbf{F}_{2t} - \mathbf{F}_{1t} = \lim_{h \to 0} [h(\mathbf{c} \times \hat{\mathbf{n}})] = \lim_{h \to 0} \{h[(\nabla \times \mathbf{F}) \times \hat{\mathbf{n}}]\} \tag{9-18}$$

가 된다. 이 차이가 영이 아니면, **F**의 접선성분은 불연속적이다.

이 결과를 앞 절의 결과와 결합하면, 경계면을 지나면서 불연속면에서 **F**가 어떻게 변화하는가를 구하는 방법을 알게 된다. $\mathbf{F}_1$을 알고 있다고 가정해보자. 첫 번째 단계는 이것을 법선과 접선성분 F_{1n}과 $\mathbf{F}_{1t}$로 분해하는 것이다. 그러면 (9-7)로부터 $\mathbf{F}_2$의 법선성분과 (9-18)로부터 그 접선성분을 구할 수 있다. 이들을 알게 되면 (9-14)에 의해 결합하여 $\mathbf{F}_2$를 구할 수 있다. 원리상, 법선 접선성분 모두 불연속 경계면을 지나면서 바뀔 수 있으므로, 벡터 **F**는 양쪽에서 다른 크기와 다른 방향을 갖게 된다.

9-4 전기장에 관한 경계조건

지금까지 우리가 다루어온 벡터는 전기장 **E**뿐이다. 이에 대한 정보는 이미 알고 있듯이 (5-4)와 (4-10)을 따라

$$\nabla \times \mathbf{E} = 0 \qquad \text{과} \qquad \nabla \cdot \mathbf{E} = \frac{\rho}{\epsilon_0} \tag{9-19}$$

가 되어야한다. (9-1)과 비교하여 이 경우

$$\mathbf{c} = 0 \qquad \text{및} \qquad b = \frac{\rho}{\epsilon_0} \tag{9-20}$$

이다. 첫 번째 것을 (9-18)에 적용하면, **E**의 접선성분은 변하지 않는다는 것을 즉시 알 수 있다. 즉, 전기장의 접선성분은 불연속면을 지나면서 연속이다:

$$\mathbf{E}_{2t} - \mathbf{E}_{1t} = 0 \tag{9-21}$$

혹은 접선성분이 서로 평행이므로 간단히

$$E_{2t} = E_{1t} \tag{9-22}$$

이다. [나중에 우리는 (9-21)은 어떠한 상황에서도 성립한다는 것을 알게 될 것이다.]

(9-20)의 b 값을 사용하면,

$$\int_V b\, d\tau = \frac{1}{\epsilon_0}\int_V \rho\, d\tau = \frac{\rho h\, \Delta a}{\epsilon_0} = \frac{\Delta q}{\epsilon_0} \tag{9-23}$$

가 된다. 여기서 Δq는 전이층의 부피 부분 $h\Delta a$에 들어 있는 총 전하량이다. 이 전하 Δq는, 다음 장에서 알게 되겠지만, 두 매질의 성질로 인해 생겨났을 것이고, 전하는 원래부터 거기에 들어 있었다. 어찌 되었든 전이층의 두께가 영으로 줄어들게 되어 우리가 원하던 그림 9-2의 이상적인 경우를 만들더라도, 이 총 전하 Δq는 보존되어야 한다. 이 극한에서 전하량은 어떤 밀도 값 σ을 갖는 면전하로 $\Delta q = \sigma\Delta a$처럼 나타내어져야 한다. 그러므로,

$$\Delta q = \sigma\, \Delta a = \left(\lim_{h \to 0} h\rho\right)\Delta a$$

이고, 그러면

$$\sigma = \lim_{h \to 0} (h\rho) \tag{9-24}$$

이므로, 이 경우

$$\lim_{h \to 0} (hb) = \frac{\sigma}{\epsilon_0} \tag{9-25}$$

가 된다. 이것을 (9-6)에 넣어, 전기장의 법선성분이 만족하게 될 경계조건이

$$\hat{\mathbf{n}} \cdot (\mathbf{E}_2 - \mathbf{E}_1) = E_{2n} - E_{1n} = \frac{\sigma}{\epsilon_0} \tag{9-26}$$

임을 알게 된다. 그러므로, 두 영역의 분리면에 면전하가 들어있을 경우에만 **E**의 법선성분은 불연속이다. (이것도 어떠한 상황에서도 성립한다는 것을 알게 될 것이다.)

그림 9-6은 $\mathbf{E}_1$과 $\mathbf{E}_2$사이의 관계를 구하기 위해 (9-22)와 (9-26)을 적용시키는 그림이다. 여기서는 $\mathbf{E}_1$이 알려져 있고 σ가 양의 값이라는 가정 하에 그렸다. α_1과 α_2를 법선과 이루는 각이라 한다면, 그림의 구성으로 보아 $\alpha_2 < \alpha_1$임을 알게 된다. 즉, 벡터 **E**는 경계면을 지나면서 "굴절"된다. 이 경우 전기장이 $\hat{\mathbf{n}}$에 좀 더 가까이 되도록 방향이 바뀐다. 만일 σ가 음의 값이

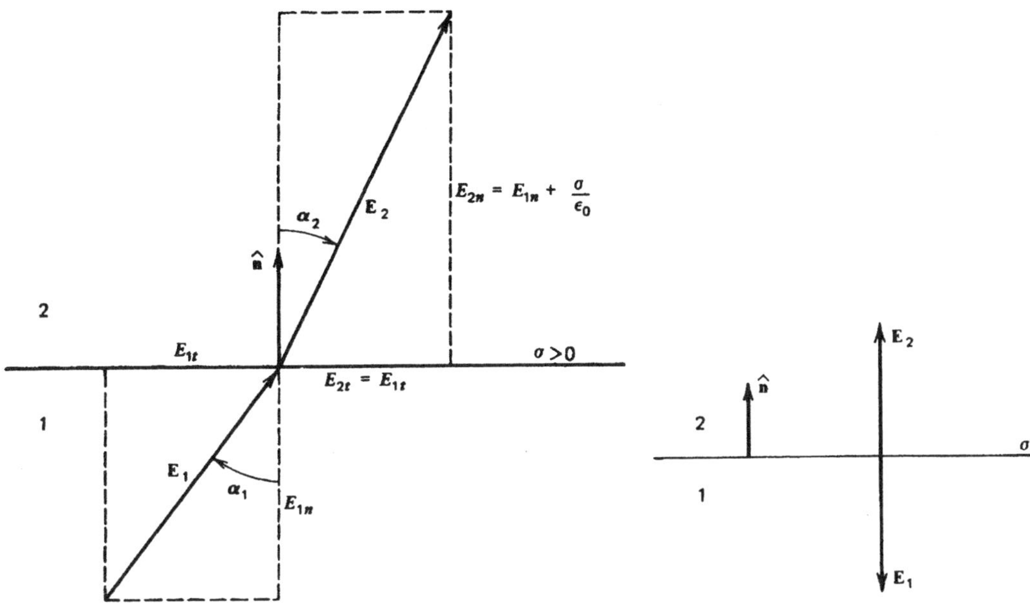

| 그림 9-6 | 대전된 불연속면에서 전기장선의 굴절.

| 그림 9-7 | 경계조건을 사용하여 균일한 평판에 대한 전기장 계산하기.

라면, **E**는 법선으로부터 멀어지도록 굴절될 테고 $\alpha_2 > \alpha_1$이 된다.

이번에는 이 절에서 얻은 내용이 앞에서 배운 **E**에 관한 결과와 어떻게 잘 일치하는지를 보도록 하자.

예제

균일한 무한 평판. (3-12)에 주어진 것처럼, 전기장은 크기가 $E = \sigma/2\epsilon_0$로 일정하고 그림 9-7처럼 양의 σ인 경우 대전된 판에서 멀어지는 방향이다. 이 경우 면이 분리하고 있는 두 영역은 다른 성질을 가지고 있지 않다. 왜냐하면 양쪽 모두 진공이라고 가정하였기 때문이다. 그렇더라도 실제로 앞에서의 결과는 어느 면에라도 적용될 수 있다. (9-2)에 의해서 그리고 각 영역에 번호를 붙이는 약속에 의해, $\mathbf{E}_2 = E\hat{\mathbf{n}}$이고 $\mathbf{E}_1 = -E\hat{\mathbf{n}}$이다. 접선성분은 없기 때문에 (9-22)는 자동적으로 만족된다. (9-26)을 적용하면,

$$E_{2n} - E_{1n} = E - (-E) = 2E = \frac{\sigma}{\epsilon_0}$$

가 되고, 따라서 $E = \sigma/2\epsilon_0$이며 (3-12)와 정확히 일치한다. (사실 이 결과는 3-3절의 마지막 문장에서 지적하였다.)

예제

도체 표면. 여기에서도 접선성분은 없고 이 상황이 그림 6-1b에 나타나있다. 도체 영역을 1이라 하고 진공의 영역을 2라 하면, $\hat{\mathbf{n}}$는 도체 표면에 수직이고 밖으로 나가는 방향이다. 이 경우, (6-1)에 의해 $E_{1n} = 0$이고 $E_{2n} = E$이므로, (9-26)은 $E_{2n} - E_{1n} = E = \sigma/\epsilon_0$이며 다른 방법으로 구한 (6-4)와 정확히 일치한다.

그러므로 이 두 예는 앞에서 구한 일반적인 결과와 잘 일치한다. 부수적으로, 이러한 방식으로 경계조건을 사용하면 간단한 경우에 대해 전기장을 빨리 계산할 수 있다는 것을 알게 되었다.

9-5 스칼라 퍼텐셜에 대한 경계조건

ϕ는 벡터장이 아니고 스칼라장이므로, 불연속면에서의 성질을 논의하기 위해 9-2절과 9-3절의 일반적인 결과를 사용할 수 없다. 그러나 (5-11)을 사용하여 쉽게 구할 수 있다. 전이층 양편에서의 ϕ 값을 ϕ_2와 ϕ_1이라 한다면,

$$\phi_2 - \phi_1 = -\int_1^2 \mathbf{E} \cdot d\mathbf{s} \tag{9-27}$$

가 된다. 여기서의 적분은 전이층을 지나는 어떤 편리한 경로로 취하더라도 괜찮다. 이 경로가 $\hat{\mathbf{n}}$을 따라가도록 하면, (9-27)은

$$\phi_2 - \phi_1 = -\int_1^2 E_n\, ds = -\langle E_n \rangle h \tag{9-28}$$

로 쓸 수 있고, 여기서 $\langle E_n \rangle$은 두께가 h인 전이층에서 $\mathbf{E}$의 법선성분의 평균값이다. 실제로 물리적인 배치에서 전기장은 $h \to 0$에 따라 무한대가 되지는 않는다. 그 이유는 만일 그렇다면, 점전하에 미치는 힘이 무한대가 될 것을 암시하기 때문이다. 사실 (9-26)에서 보아 알 수 있듯이, 기껏 일어날 수 있는 상황은 E_n이 불연속적일 것이라는 점이고, 그렇더라도 유한한 값으로 불연속이다. 그러므로 $\langle E_n \rangle$는 언제라도 유한한 양이고, 그러므로 $\lim_{h \to 0} \langle E_n \rangle h = 0$이며, (9-28)은

$$\phi_2 = \phi_1 \tag{9-29}$$

이 될 것이다. 따라서 스칼라 퍼텐셜은 특성상 불연속면을 지나면서 연속적이어야 한다.

ϕ는 연속적일지라도, 이것의 수직 방향으로의 미분이 꼭 연속적이지는 않다. (1-21)과 (5-3)에 의해서

$$E_n = -\hat{\mathbf{n}} \cdot \nabla\phi \tag{9-30}$$

이고, (9-26)은 퍼텐셜을 사용하여

$$(\hat{\mathbf{n}} \cdot \nabla\phi)_2 - (\hat{\mathbf{n}} \cdot \nabla\phi)_1 = -\frac{\sigma}{\epsilon_0} \tag{9-31}$$

로 쓸 수 있다.

[(9-29)는 어느 실제적인 물리계에 대해서도 분명히 참이지만, 우리는 때때로 면을 지나는 ϕ에 불연속이 초래되는 수학적 이상화의 상황도 다루게 된다. 가장 흔한 예로 “쌍극자층”을 들 수 있다. 이것은 다음 장에서 논의하게 될 형태의 전기쌍극자를 포함하는 분리면을 가정한 것으로부터 발생한 문제인데, 이 층은 반대 부호를 갖는 전하사이의 간격이 무한소이다. 그러나 우리는 그러한 특별한 경우를 고려해야 할 필요성을 발견하지 못 할 것이다.]

연습문제

9-1 두 영역 1과 2 사이의 분리층이 평면 방정식 $2x + y + z = 1$로 주어진다. $\mathbf{E}_1 = 4\hat{\mathbf{x}} + \hat{\mathbf{y}} - 3\hat{\mathbf{z}}$일 때, $\mathbf{E}_1$의 법선 및 접선성분을 구하라.

9-2 $\mathbf{E}_1$과 $\mathbf{E}_2$ 사이의 실제 물리적 관계는 임의의 $\hat{\mathbf{n}}$을 어느 방향으로 선택하느냐에 따라 바뀔 수는 없다. 법선 단위벡터의 방향이 2에서 1 영역으로 정의되더라도, 그림 9-6의 $\mathbf{E}_2$와 $\mathbf{E}_1$ 사이의 관계가 바뀌지 않음을 보여라.

9-3 반지름 a인 공의 중심이 원점에 있다. 공 내부에서의 전기장은 $\mathbf{E} = \alpha\hat{\mathbf{x}} + \beta\hat{\mathbf{y}} + \gamma\hat{\mathbf{z}}$로 주어지고, 여기서 α, β, γ는 상수이다. 공의 표면에는 면전하밀도가 구좌표로 $\sigma = \sigma_0 \cos\theta$라고 주어지고, 여기서 σ_0 = 상수이다. 공의 바깥 모든 곳에서의 전기장 $\mathbf{E}_2$를 구하여 직각좌표로 나타내어라.

9-4 그림 9-6의 각도들이

$$\tan\alpha_2 = \frac{\tan\alpha_1}{1 + \left(\dfrac{\sigma}{\epsilon_0 E_1 \cos\alpha_1}\right)}$$

의 관계임을 보여라. E_1이 매우 크다면 이 각도들의 관계는 어떻게 되는가? 이치에 맞는 결과인가?

9-5 그림 9-8에서 두 지점 P_2와 P_1은 경계면을 건너 두 매질에 인접해 있다. (9-27)을 사용하여 P_2와 P_3사이의 퍼텐셜차를 구하는데, 적분 경로는 그림에 표시된 화살표같이 매질 2에서 경계면을 바로 따라가도록 한다. (이것이 왜 정당한가?) 마찬가지로, P_1과 P_3 사이의 퍼텐셜 차를 구하는데, 적분 경로는 경계면 바로 옆으로 1 영역에 있게 한다. 그 결과로 P_2와 P_1에서의 퍼텐셜이 같아져서 (9-29)와 일치함을 보여라.

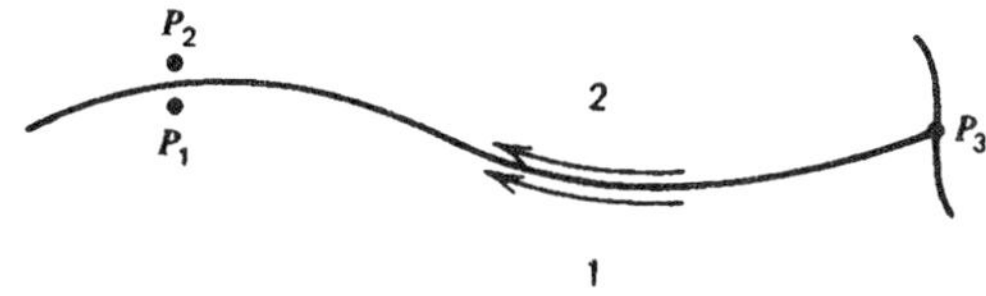

그림 9-8 | 연습문제 9-8에 대한 적분경로.

제 10 장 물질이 존재할 때의 정전기학

앞에서도 지적했듯이 물질은 핵과 전자로 구성되어 있는 양전하와 음전하의 집합체로 간주된다. 일반적으로 물질 한 조각은 원자와 분자로 구성되어 있는데, 원자나 분자는 같은 분량의 양음전하를 가지며 홑극모멘트는 0이다. 6장에서는 한 부류의 물질 (도체)를 고려하였었는데 이들은 전기장의 영향 하에서 자유롭게 돌아다닐 수 있는 전하들을 가지고 있다고 가정했었다. 이 장에서는 도체가 아닌 물질을 다루기로 한다. 이 유형의 물질을 일반적으로 **유전체** *dielectric*이라 하는데 이들이 가지고 있는 전하를 구속전하 *bound charge*라 하겠다. 어떤 주어진 물질의 특성을 딱 잘라서 도체 혹은 유전체(부도체)라 할 수는 없지만 그래도 물질을 우선적으로 대충 분류할 때에는 이 두가지로 나누는 것이 가능하다. 나중에 전체적으로 설명할 때 이 두 가지 특성을 결합하겠다.

10-1 분극

우리의 우선적인 목표가 전자기학에 대한 거시적이며 실험적인 설명을 찾아내는 것일지라도, 우선은 우리가 앞으로 어떻게 진행해 나아갈 것인지를 알기 위해 정성적인 측면에서 물질의 미시적 모습을 생각해보자. 원자나 분자에 미치는 전기장의 영향을 고려할 때 떠오르는 여러 가지 가능성이 있다.

전기장이 없을 때 분자는 양의 전하를 갖는 핵 주변에 대칭적으로 음의 전하를 분포시켜 가지고 있다. 이 경우 (8-22) 로부터 쉽게 알 수 있듯이 분자의 쌍극자모멘트는 0이 될 것이다. 이제 전기장이 존재할 경우 이 전하들에는 힘이 작용할 것이다. 양의 전하는 전기장 방향으로 움직이려는 경향을 가질 것이고 음의 전하는 전기장 반대 방향으로 움직이려는 경향을 가질 것이다. 결국 분자 내의 내부력이 새로운 평형 상태를 만들 것이고 분자의 전하 분포는 원래의 구대칭으로부터 일그러질 것이다. 그러므로 이전에 "일치했던" 양과 음의 전하는 서로에 대해서 "무게 중심"이 벗어나고, 전체적인 결과로 그림 8-3에 대체적으로 나타낸 특성을 갖는 새로운 전하분포가 될 것이다. 그러나 이것은 분자의 쌍극자모멘트 $\mathbf{p}$가 영이 아님을 갖는 것을 의미하고, 아마도 다른 고차의 다중극 모멘트도 가지고 있을 것이다. 이제 분자는 **유도 쌍극자모멘트** *induced dipole moment*를 갖게 되고 **분극** *polarized*되었다고 한다.

또 다른 가능성으로 분자의 내적 구조 때문에 어떤 것은 이미 양과 음의 전하분포가 분리되어, 전기장이 없는 데도 불구하고 쌍극자모멘트를 가지고 있다. 그런 분자를 **극성분자** *polar molecule*이라 하고 그 쌍극자모멘트를 **영구 쌍극자모멘트** *permanent diople moment*라 한다.

물론 홀극모멘트는 여전히 영이다. 이런 유형의 예로는 물분자 H_2O가 있다. 물분자의 음전하는 산소 부근으로 약간 몰려드는 경향이 있어 수소를 양으로 대전시킨다. 전체적인 결과는 전하 분포가 대충 그림 8-4와 비슷해지고 (전하 부호를 뒤바꾸어서) q는 근사적으로 e, 즉 전자의 전하량과 같다. 전기장이 없을 때 이 영구 쌍극자모멘트는 일반적으로 막방향으로 (random) 분포할 것이므로 물질 한 조각의 총 쌍극자모멘트는 계속 영일 것이다. 그러나 외부장이 존재하면 쌍극자에는 토크가 작용할 것이고, 이것은 (8-75)에서 구했듯이 쌍극자를 외부장의 방향으로 정렬시킬 것이다. 이러한 경향은 계의 다른 내부력에 의해서 저항 받을 것으로 예상할 수 있다. 특히 기체와 액체인 경우 열요동은 분자들을 충돌하게 하여 막분포하는 경향을 갖게 한다. 그럼에도 불구하고 외부장 내에서 결국 평형이 이루어지면 영구 쌍극자는 평균적으로 어느 정도 외부장 방향으로 정렬하도록 회전할 것으로 예상할 수 있다. 전체적인 효과로 그 물질은 외부장 방향으로 알짜 쌍극자모멘트를 가질 것이다. 그래서 그 물질도 분극 되었다고 결론내리게 된다.

마지막 가능성으로 어떤 물질들의 영구 쌍극자모멘트는 외부장이 없는데도 불구하고 어느 정도까지 정렬한다. 그러한 물질을 **일렉트릿**(전석) *electret*이라 하며 영구적으로 분극되었다 한다. 이런 물질은 비교적 희귀한데, 자기적으로 유사한 영구자석만큼 상업적으로나 기술적으로 중요하지는 않다.

위에서 지적했듯이 분자들이 특히 외부장에 의해 일그러질 때, 쌍극자모멘트에 더해 사중극모멘트같은 고차의 다중극을 가질 것이라고 예상할 수 있다. 한편 8장으로부터 알고 있듯이 이런 다른 다중극자가 퍼텐셜과 전기장에 주는 기여는 분자로부터 거리가 멀어짐에 따라 훨씬 빨리 줄어들게 되고, 더구나 그들의 기여는 일반적으로 각도에 대해 더 복잡한 양상으로 변한다. 우리가 추구하는 것은 물질 구성물의 미시적 거동을 평균하여 거시적으로 표현하고자 하는 것이므로, 평균적으로 물질의 가장 중요한 특징은 전기 쌍극자모멘트에 관련된 것이다. 그러므로 가장 관심 있는 것은 다음과 같다.

가설

전기적 성질에 관한 한 중성물질은 전기쌍극자의 집합과 동등하다.

이것은 분명히 가설이지만 우리의 주제를 전개하는 데 있어 매우 잘 작동할 것임에 틀림없다. 우리의 다음 과제는 이 가설을 정량적인 방식으로 수식화하는 것이다.

그러기 위해 단위체적당 전기 쌍극자모멘트를 분극 *polarization* $\mathbf{P}$라 정의한다. 그러면 작은 체적 $d\tau$에 들어있는 총 쌍극자모멘트 $d\mathbf{p}$는

$$d\mathbf{p} = \mathbf{P}(\mathbf{r})\, d\tau \tag{10-1}$$

일 것이다. 그러므로 체적이 V인 물질의 총 쌍극자모멘트는

$$\mathbf{p}_{총} = \int_V \mathbf{P}(\mathbf{r})\, d\tau \tag{10-2}$$

일 것이다. 이 정의 및 (8-19)로부터 **P**는 C/m^2의 단위로 측정된다. (10-1)과 (10-2)에서 암시하듯이 **P**는 일반적으로 물질 내 위치의 함수라고 예상된다. 2-4절처럼 전하밀도를 도입할 때 $d\tau$는 거시적 규모로 볼 때는 작다고 가정하고 미시적 원자 규모로 볼 때는 크다고 가정하여 $d\tau$는 사실상 많은 분자를 담고 있다. 이렇게 함으로써 **P**는 충분히 커다란 부피에 대해 평균하여 얻을 수 있고, 주어진 체적요소 내의 분자 수에 관한 요동은 작아져서 **P**를 위치에 관해 천천히 변화하는 함수로 다룰 수 있게 된다. 예를 들어 쌍극자 하나의 모멘트가 **p**인 분자의 단위체적 당 개수가 n이라면, 모든 쌍극자가 같은 방향을 향한다고 가정할 때 $\mathbf{P} = n\mathbf{p}$이다.

지금까지 우리가 취한 방법에 의하면 **P**와 **E** 사이에는 함수 관계가 있을 것이다. 그리고 결국은 **P**를 정하는 방법을 알아내야 할 것이다. 그러나 지금으로써는 **P**가 단순히 물질의 거시적인 성질을 말해 주는 것으로 치고, 물질의 존재로 인한 효과를 조사하자.

10-2 구속전하밀도

그림 10-1에서처럼 어떤 분극된 물체가 이 물체의 바깥에 위치한 장점 **r**에 만드는 퍼텐셜을 계산하고자 한다. 체적요소 $d\tau'$의 쌍극자모멘트는 (10-1)에 주어진 것처럼 $d\mathbf{p}' = \mathbf{P}(\mathbf{r}')d\tau'$이고 이것이 **r**에서 퍼텐셜에 주는 기여는 (8-21)에 의해

$$d\phi = \frac{d\mathbf{p}' \cdot \hat{\mathbf{R}}}{4\pi\epsilon_0 R^2} = \frac{\mathbf{P}(\mathbf{r}') \cdot \hat{\mathbf{R}}\, d\tau'}{4\pi\epsilon_0 R^2} \tag{10-3}$$

이다. 여기서 보통대로 $\mathbf{R} = \mathbf{r} - \mathbf{r}'$이고 이것은 (8-21)의 **r**에 해당된다. 총 퍼텐셜을 구하기 위해, 이것을 물질의 체적 V'에 대해 적분하여

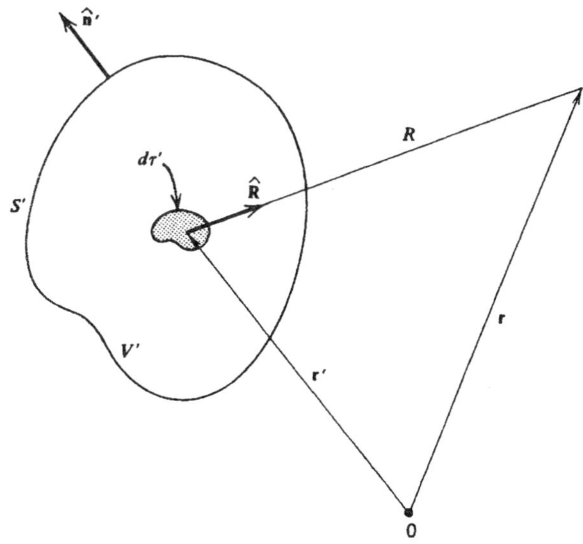

그림 10-1 | 분극된 물체 밖에서 퍼텐셜의 계산.

$$\phi(\mathbf{r}) = \int_{V'} \frac{\mathbf{P}(\mathbf{r}') \cdot \hat{\mathbf{R}}\, d\tau'}{4\pi\epsilon_0 R^2} = \frac{1}{4\pi\epsilon_0}\int_{V'} \mathbf{P}(\mathbf{r}') \cdot \nabla'\left(\frac{1}{R}\right) d\tau' \tag{10-4}$$

을 얻는다. 이 때 (1-141)을 사용하였다. (1-115)를 사용하여 피적분함수를

$$\mathbf{P} \cdot \nabla'\left(\frac{1}{R}\right) = -\frac{\nabla' \cdot \mathbf{P}}{R} + \nabla' \cdot \left(\frac{\mathbf{P}}{R}\right) \tag{10-5}$$

로 더욱 편리한 형태로 쓸 수 있다. 이것을 (10-4)에 넣고 (1-59)와 (1-52)를 사용하면,

$$\begin{aligned}\phi(\mathbf{r}) &= \frac{1}{4\pi\epsilon_0}\int_{V'} \frac{(-\nabla' \cdot \mathbf{P})\, d\tau'}{R} + \frac{1}{4\pi\epsilon_0}\int_{V'} \nabla' \cdot \left(\frac{\mathbf{P}}{R}\right) d\tau' \\ &= \frac{1}{4\pi\epsilon_0}\int_{V'} \frac{(-\nabla' \cdot \mathbf{P})\, d\tau'}{R} + \frac{1}{4\pi\epsilon_0}\oint_{S'} \frac{\mathbf{P} \cdot \hat{\mathbf{n}}'\, da'}{R}\end{aligned} \tag{10-6}$$

을 얻게 된다. 여기서 S'은 V'을 감싸는 표면이고 $\hat{\mathbf{n}}'$은 그림에 보인 것처럼 이 표면에서 밖으로 향하는 법선 단위벡터이다. 이것을 (5-7), (5-8)과 비교하면, (10-6)의 ϕ는바로 체직을 통하여 분포해 있는 체적전하밀도 ρ_b와 그것을 감싸는 표면에 있는 면전하밀도 σ_b가 만드는 퍼텐셜이다. 즉

$$\rho_b = -\nabla' \cdot \mathbf{P} \tag{10-7}$$

$$\sigma_b = \mathbf{P} \cdot \hat{\mathbf{n}}' = P_n \tag{10-8}$$

이며, 그러면 기대하던대로

$$\phi(\mathbf{r}) = \frac{1}{4\pi\epsilon_0}\int_{V'} \frac{\rho_b\, d\tau'}{R} + \frac{1}{4\pi\epsilon_0}\oint_{S'} \frac{\sigma_b\, da'}{R} \tag{10-9}$$

가 된다. [(10-8)에서 P_n은 표면에서 구한 $\mathbf{P}$의 법선성분이다.]

그러므로 여기서 우리가 발견해낸 것은, 유전체 바깥에서의 효과를 고려하는 한, (10-7)과 (10-8)의 **P**와 관계되는 체적 및 면전하밀도의 분포로 유전체를 대체할 수 있다는 것이다. 지금까지 개념적인 계획을 도출해 낸 여러 단계를 요약하고 정리하여 그림 10-2에 나타내었다. 장점에서의 총 퍼텐셜은 (10-9)에 의해 주어질 것이고, 여기에 더 있을 수도 있는 다른 전하들에 기인한 퍼텐셜을 더하게 된다.

(10-7)에서 관례적으로 프라임 부호를 생략하여 간단히

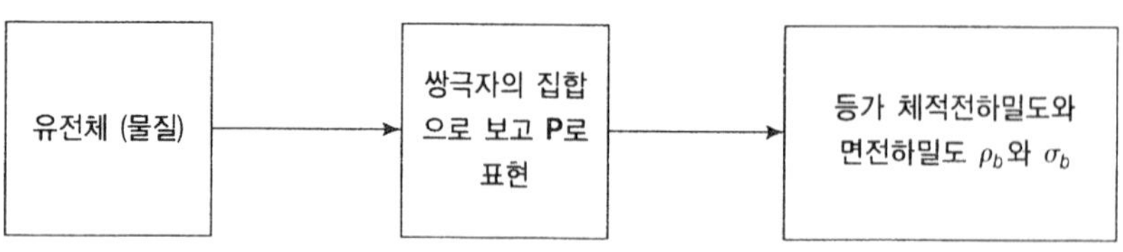

그림 10-2 유전체를 등가 전하밀도로 대체하는 개념도.

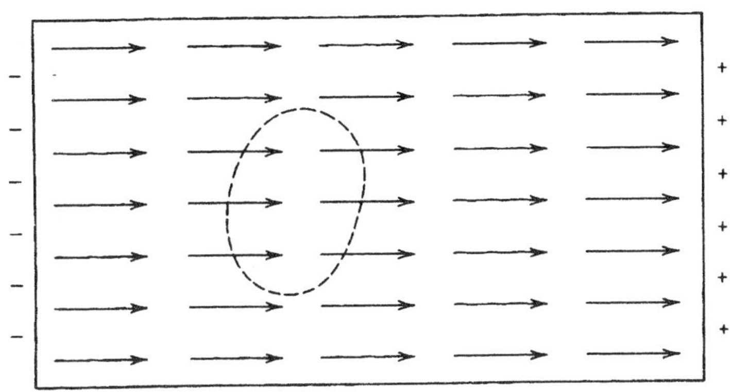

그림 10-3 균일하게 분극된 유전체에 대한 구속면전하밀도의 기원.

$$\rho_b = -\nabla \cdot \mathbf{P} \tag{10-10}$$

로 쓰는 것은 흔한 일이며, 이 때 미분은 원천전하의 변수에 대하여 수행된다고 이해하면 된다.

(10-7), (10-8), (10-10)에 나타낸 첨자 b는 이들 전하밀도가 유전체의 **구속전하** *bound charge* 로부터 생겨났다는 점을 반영한다. 따라서 이들은 **구속전하밀도** 혹은 **분극전하밀도**라 불린다.

이 물리량들은 퍼텐셜에 대한 표현식을 일반적인 형식과 비교하여 외형적으로 알아내었지만, 이 밀도들의 유래를 좀 더 직접적인 "물리적" 방법으로 이해하고 계산할 수 있다. 그러나 여기서는 정성적으로만 추구하겠다. 극단적인 예로 그림 10-3에 나타낸 것처럼, 물질 내에서 모두 같은 크기와 같은 방향을 갖는 쌍극자들이 생성시킨 균일한 분극을 갖는 물질 한 조각을 고려해보자. 그림 8-3에서처럼 양의 전하는 화살표의 머리에 있다하고, 같은 크기의 음 전하는 화살표의 꼬리에 있다하자. 그러면 그림에서 점선으로 표시해 놓은 물질 내의 작은 영역에는 평균적으로 양전하는 음전하만큼 있을 것이므로, $\rho_b = 0$으로 (10-10)과 일치한다. 그러나 표면에서는 그러한 상쇄작용이 없을 것이므로, 그림에 부호로 나타낸 것처럼 면전하밀도를 만들어 줄 것이다. 이번에는 $\mathbf{P}$가 균일하지 않아서 쌍극자 분포가 그림 10-4처럼 생길 수 있다고 생각해보자. 이런 분포는 쌍극자들의 크기와 방향이 다를 수 있기 때문에 가능하다. 점선으로 표시된 물질의 정해진 체적을 생각해보자. 물질이 분극되기 전에 이 체적에는 많은 중성 분자들이 들어있을 것이고, 그래서 $\rho_b = 0$이다. 이제 물질이 분극되고 쌍극자가 형성되면, 어떤 전하는 이 부피 밖으로 옮겨가고 어떤 전하들은 안으로 옮겨 들어올 것이다. $\mathbf{P}$가 균일하지 않다면, 이 부피는 어떤 한 부호의 전하가 다른 부호의 전하보다 더 많게 되고, 알짜 구속전하밀도를 갖게 된다. 이것이 바로 (10-10)에서 묘사된 효과이고, 사실 이와 같은 고려는 $\rho_b = -\nabla \cdot \mathbf{P}$를 유도하는 대안으로 사용될 수 있다.

두 가지 유전체가 그림 10-5에 설명된 것처럼 한 공통의 경계에서 만난다고 해보자. 각 유전체는 표면에서 법선성분을 가지고 있기 때문에, (10-8)로 주어진 면전하밀도를 경계면에 만들어 줄 것이다. 알짜 면전하밀도는 이 두 항의 합으로

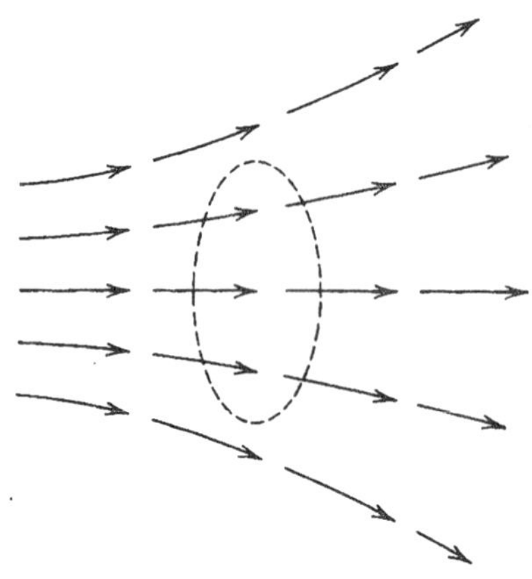

| 그림 10-4 | 균일하지 않게 분극된 유전체에서의 구속체적전하밀도의 기원.

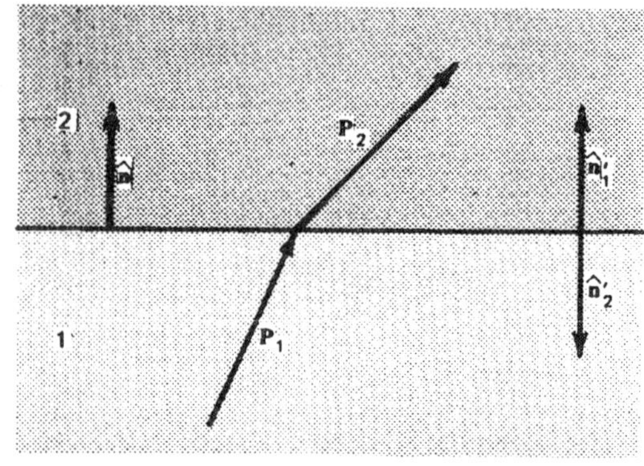

| 그림 10-5 | 서로 다른 분극을 가지고 있는 두 영역 사이의 경계.

$$\sigma_{b,총} = \sigma_{b2} + \sigma_{b1} = P_{n2} + P_{n1} = \mathbf{P}_2 \cdot \hat{\mathbf{n}}'_2 + \mathbf{P}_1 \cdot \hat{\mathbf{n}}'_1 \tag{10-11}$$

이 된다. 여기서 $\hat{\mathbf{n}}'_2$와 $\hat{\mathbf{n}}'_1$는 각각의 매질로부터 밖으로 나가는 법선단위벡터이다. (9-2)에서 정의된대로 1로부터 2로 향하는 단위벡터 $\hat{\mathbf{n}}$을 도입하면, $\hat{\mathbf{n}}'_2 = -\hat{\mathbf{n}}$이고 $\hat{\mathbf{n}}'_1 = \hat{\mathbf{n}}$이므로 (10-11)은

$$\hat{\mathbf{n}} \cdot (\mathbf{P}_2 - \mathbf{P}_1) = -\sigma_{b,총} \tag{10-12}$$

가 된다. 이것은 이전의 결과 (9-6)과 (9-24)를 이 경우에 적용한 것이고, (10-10)으로 설명된다. 그러므로 (10-7)과 (10-8)은 서로 모순 되지 않는다.

우리 결과의 내적 일관성을 좀 더 예증하기 위하여, 유한한 범위에 있는 분극된 유전체의 총 구속전하량 Q_b를 구해보자. (2-14)와 (2-16)에 의해 이것은

$$\begin{aligned} Q_b &= \int_{V'} \rho_b \, d\tau' + \oint_{S'} \sigma_b \, da' = -\int_{V'} \nabla' \cdot \mathbf{P} \, d\tau' + \oint_{S'} \sigma_b \, da' \\ &= -\oint_{S'} \mathbf{P} \cdot \hat{\mathbf{n}}' \, da' + \oint_{S'} \mathbf{P} \cdot \hat{\mathbf{n}}' \, da' = 0 \end{aligned} \tag{10-13}$$

이 된다. 이 때 (10-7), (10-8), (1-59)를 사용하였다. 그러므로 총 구속전하량은 영이다. 그러나 이것은 바로 우리가 예상하던 것이다; 분극이라는 개념은 원래가 전기적 중성인 매질에서 전하가 분리되어 일어나는 것으로써 새로운 전하가 창생 되는 것은 아니다: (영구쌍극자의 경우 분극은 이미 분리되어 있던 전하가 재배치하여 유래된 것이다. 그러나 이 경우도 전하의 창생과는 무관하다.)

10-3 유전체 내에서의 전기장

지금까지는 유전체 밖의 진공 중에 있는 장점에서 퍼텐셜을 고려하였고, 이에 수반되는 전기장도 생각해보았다. 물질 밖에서 전기장을 고려한 이유는, 이렇게 함으로써 (3-14)에서 정의했

던 전기장의 취지에 아무런 문제를 야기시키지 않기 때문이다. 즉 점전하를 장점에 놓고 그것에 작용하는 힘을 측정하여 전기장을 정의하는데 아무 어려움이 없는 것이다. 그러나 이러한 관점으로 유전체 안에서의 상황을 조사해본다면, 전하를 집어넣기 위해 구멍을 뚫는다든지 하지 않고서는 시험전하에 작용하는 힘을 측정할 수 없다. 이렇게 한다면 이미 존재하던 상황을 바꾸게 될 것이다; 우리는 구속전하만큼의 부피를 떼어낼 것이고 새로운 경계면을 만들었기 때문에 새로운 면전하를 도입하게 된다. 유전체 내부에서의 전기장이란 무엇을 의미하는가하는 질문에 대답하기 위하여 우리가 나아갈 수 있는 방법에는 여러가지가 있다.

가장 간단하면서도, 그리고 아마도 가장 좋은 방법은, 유전체 바깥에서의 한 점에 대해서 했던 것과 정확히 같은 방법으로, 유전체 내에서 퍼텐셜 및 관련 전기장을 그저 계산해버리는 것이다. 즉, 모든 곳에서 ϕ를 계산하겠는데, (10-6)이나 (10-9)를 정의로써 사용할 수 있다고 단언하는 것이다. 여기에는 분명히 아무 잘못이 없고 완벽하게 합당하다. 이것은 실제의 유전체를 그림 10-2에 나타낸 것처럼 개념적으로 동등한 체적구속전하 및 면구속전하로 대체하는 것과 완전히 일치한다. 이러한 접근 방식은 앞의 3-4절에서 논의하였다. 그리고 우리의 기본적인 목표는 실험과 일치하는 전자기학의 거시적 기술방법을 전개하는 것이다. 이러한 내용을 아래에서 다시 거론하겠다.

다른 접근방법은 미시적인 관점으로부터 시작하여 적절한 평균으로 거시적인 방정식을 결정하는 것이다. 전자기학 전체를 정확하게 만족시키는 과정을 알아내는 것은 매우 복잡한 일이다. 그래서 정전기학에 관계된 것만을 간단히 요약함으로써 만족하고자 한다. 미시적인 규모에서 볼 때 대부분의 내부 공간은 진공이고, 전기장은 모든 핵전하와 전자로부터 결정될 것이다. 이 전기장은 이런 전하에 매우 가까운 곳으로부터 좀 떨어진 곳에 이르기까지 변화가 매우 심할 것이다. 동시에 구성 전하들의 운동으로 인하여 전기장은 시간적으로도 매우 빠르게 변할 것이다. 그러므로 거시적인 전기장을 정의할 때 시간과 공간에 대해 평균하기를 원하게 될 텐데, 그 평균을 내는 부피는 충분히 커서 상당히 많은 수의 분자가 들어있어야 하지만, 또한 너무 커서 실험실 규모의 크기로 볼 때 무한소로 다룰 수 없을 정도이어서는 안 된다. (이것은 2-4절에서 논의한 것처럼 평균 전하밀도를 정의하는 문제와 비슷하다. 그 때 구획을 너무 세밀하게 나누면 ρ의 변동이 매우 심해진다는 사실을 알았었다.) $\mathbf{e}$를 미시적인 전기장이라 한다면, 이것이 (4-10)과 (5-4)에서 이미 알고 있는 기본적인 진공 특성을 그대로 갖고 있게 하고 싶다. 즉,

$$\nabla \cdot \mathbf{e} = \frac{\rho_m}{\epsilon_0} \qquad \text{및} \qquad \nabla \times \mathbf{e} = 0 \tag{10-14}$$

이다. 여기서 ρ_m은 미시적 규모로 정의된 전하밀도이다. 그렇다면, 우리가 원하는 거시적 전기장 $\mathbf{E}$는

$$\mathbf{E} = \langle \mathbf{e} \rangle \tag{10-15}$$

로 정의되고, 여기서 $\langle \mathbf{e} \rangle$는 시간 공간 모두에 대한 평균을 의미한다. 이 평균 과정에 관한 한 미분연산자는 상수이기 때문에, (10-14)와 (10-15)로부터

$$\nabla \times \langle \mathbf{e} \rangle = \nabla \times \mathbf{E} = 0 \tag{10-16}$$

$$\nabla \cdot \langle \mathbf{e} \rangle = \nabla \cdot \mathbf{E} = \frac{1}{\epsilon_0}\langle \rho_m \rangle \tag{10-17}$$

을 얻는다. ρ_m 자체는 공간과 시간에 대해 크게 변화한다고 예상할 수 있지만, 이것을 평균하면 옮겨진 구속전하의 평균밀도가 될 것이라고 예측할 수 있다. 즉 $\langle \rho_m \rangle = \rho_b$로

$$\nabla \cdot \mathbf{E} = \frac{\rho_b}{\epsilon_0} \tag{10-18}$$

이다. 그러나 (10-16)과 (10-18)은 단순히 (10-9)와 (5-4)를 우선적으로 사용한 것과 동등하다. 그러므로 이 접근방법은 바로 앞의 문단에서 도달하였던 결론과 정확히 같은 것에 이르게 된다.

물질 내의 **E**를 정하는 이러한 미시적인 접근으로부터 거시적인 식에 도달하는 방법은, 분자가 보는 실제의 전기장이 무엇인가에 관한 질문과는 좀 다르다. 이 전기장이 실제로 분자의 쌍극자모멘트를 정하게 될 것이다. 분자 자체가 최종적인 전기장에 기여할 것이기 때문에, 이 전기장은 위에서 정의된 거시적 **E**와 꼭 같을 필요는 없다. 이 의문에 관해서는 부록 B에서 논의 하겠다. 거기에서는 물질의 전자기학적 성질을 구성 원자와 분자의 궁극적인 반응으로 계산하는 문제에 관해 생각해볼 것이다. 그러나 여기서는 그것에 대해 걱정할 필요가 전혀 없다.

이 시점에서 우리가 그저 받아들이고 있는 ϕ와 **E**의 정의가 유전체에 관한 Faraday의 옛날 실험과 일치한다는 것을 증명하면 도움이 되겠다. 여기서는 정성적으로만 증명해 보이겠지만, 10-7절에서는 정량적인 논의도 할 수 있게 된다. 두 가지 간단한 실험을 고려해보자. 어떤 축전기를 전하 Q로 대전시켜, 극판 사이가 진공일 때 퍼텐셜차 $\Delta\phi_0$를 측정한다. 전기용량은 (6-28)에 의해

$$C_0 = \frac{Q}{\Delta\phi_0} \tag{10-19}$$

가 될 것이다. 이번에는 이 동일한 축전기를 가지고 극판 사이에 양초나 기름 같은 "적당한" 유전체를 꽉 채우고, Q는 일정하게 유지시키며 퍼텐셜차 $\Delta\phi$를 측정한다. 이번에는 전기용량이

$$C = \frac{Q}{\Delta\phi} \tag{10-20}$$

로 주어진다. 실험적인 결과는 $\Delta\phi < \Delta\phi_0$이고, 따라서

$$C > C_0 \tag{10-21}$$

이다. 퍼텐셜이 감소한 사실을 어떻게 이해할 수 있을까? 좀 더 구체적이기 위해 평행판 축전기를 생각해보자. 그러면 전기장은 그림 6-9처럼 양으로 대전된 극판으로부터 음으로 대전된

극판을 향한다고 가정할 수 있고, (6-38)로부터 $\Delta\phi_0$을 계산할 때

$$\Delta\phi_0 = \int_+^- \mathbf{E}_0 \cdot d\mathbf{s} = E_0 d \tag{10-22}$$

를 얻게 된다. 여기서 $\mathbf{E}_0$는 진공에서의 전기장이고 d는 극판 간격이다. 마찬가지로 극판 사이에 유전체가 있을 때의 전기장이 $\mathbf{E}$라면,

$$\Delta\phi = Ed \tag{10-23}$$

를 얻게 된다. d는 일정하면서 $\Delta\phi < \Delta\phi_0$이기 때문에

$$E < E_0 \tag{10-24}$$

라고 결론지을 수 있다. 그러므로 유전체가 존재함으로써 전기장은 감소하였다. 어떻게 하여 이런 일이 일어났을까? 그림 10-6에는 극판 사이에 유전체를 끼운 축전기를 나타내었다. 그림을 분명히 보여주기 위해 유전체 표면을 도체로부터 약간 떼어서 그렸지만, 실제로 이 지역도 완전히 채워져 있는 것으로 가정한다. 유전체가 균일하게 분극 되어 $\mathbf{P}$ = 일정이면, (10-10)에 의해 $\rho_b = 0$이다. 그러므로 구속전하는 (10-8)로 주어지는 표면전하 뿐이고, 그 전하들은 그림에 부호로 표시되어 있다. 이 표면전하들은 그림에 나타낸 방향대로 전기장 E_b를 만들어 줄 것이다; 전하 Q는 여전히 전기장 E_0을 만들어주기 때문에, 전기장의 합 E는

$$E = E_0 - E_b \tag{10-25}$$

이 되며, 그래서 $E < E_0$이고 (10-24) 및 실험과 일치한다. 그러므로 등가 구속전하를 사용하여 물질 내부에서의 전기장을 계산하는 이 방법은, 적어도 이 경우에 있어, 실험과 잘 일치하고 (6-38)로 표현된 것처럼 전기장과 퍼텐셜 사이의 관계식에 관한 일반적인 아이디어와도 잘 일치한다.

시험전하로 유전체 안에서의 전기장을 직접측정하는 경우의 어려움에 대해 간단히 언급하였지만, 그렇게 하는 방법이 있는지에 관해서는 아직도 의문을 제기할 수 있다. 시험전하를 집어넣기 위해서는 분명히 구멍을 파내야 한다. 이러한 계획은 $\mathbf{E}$가 만족하는 경계조건을 현

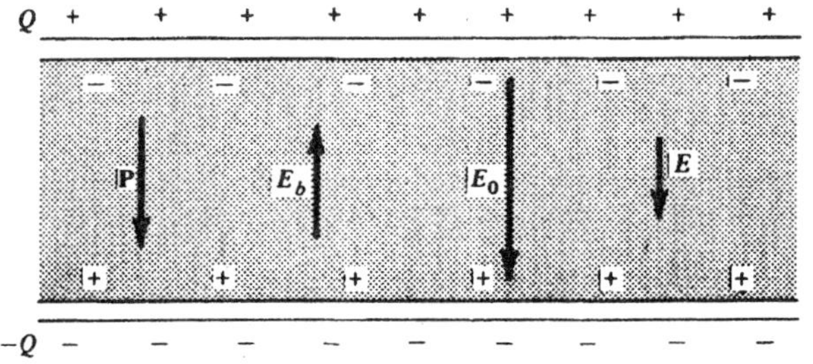

그림 10-6 평행판 축전기에 대한 전하와 장.

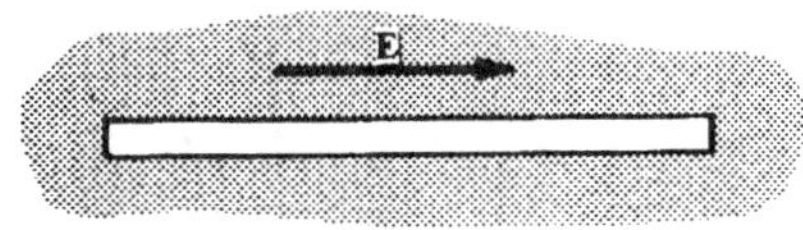

그림 10-7 유전체에서 E를 측정하는데 사용하는 공동.

명하게 사용하여 고안해낼 수 있다; 관계된 식은 (9-21)이고, 이것은 $\mathbf{E}_t$가 연속임을 말해준다. 과정은 다음과 같다. (1) 유전체 안에서 어떻게든지 **E**의 방향을 정한다(10-6절에서 보겠지만, 많은 유형의 유전체에서 쉽게 알아낼 수 있다); (2) 그림 10-7처럼 물질 내에 길고 좁은 구멍을 **E**에 평행하게 만들어라 — 이 공동의 내부는 진공이다(이러한 공동을 흔히 "바늘형"이라 한다); (3) 전기장을 바꾸게 할 구속전하가 있다면 그것은 공동의 끝에 존재하는데, 이는 이곳이 **P**가 법선성분을 가질 수 있는 유일한 곳이기 때문이며, 끄트머리는 멀리 떨어져 있고 넓이가 작기 때문이다; (4) 접선성분만이 관련되기 때문에 공동 안에서의 전기장 $\mathbf{E}_c$는 $\mathbf{E}_c = \mathbf{E}$이다. (5) 시험전하 δq를 공동 안에 넣고 이것에 작용하는 힘 $\delta\mathbf{F}_c$를 측정한다. 그러면 (3-14)에 의해

$$\mathbf{E}_c = \frac{\delta\mathbf{F}_c}{\delta q} = \mathbf{E} \tag{10-26}$$

이고, 그러므로 **유전체 내에서의 전기장은, 원리상, 공동 안에서 측정하여 구할 수 있다**. 이러한 계획은 **E**의 **공동정의** *cavity definition*이라고 알려져 있다.

10-4 균일하게 분극된 구

구속전하를 사용하는 한 예로, 일정한 분극 **P**를 갖는 반지름 a의 공을 생각해보자. 그림 10-8에서처럼 z축을 **P** 방향으로 잡고 원점은 공의 중심에 잡는다. 즉, $\mathbf{P} = P\hat{\mathbf{z}}$이다. **P**가 일정하기 때문에 (10-10)에 의해 $\rho_b = 0$이다. 이 그림으로부터 유전체의 밖을 향하는 법선벡터는 $\hat{\mathbf{n}}' = \hat{\mathbf{r}}$임을 알 수 있고, 그러므로 (10-8)과 (1-94)로부터 구한 구속 면전하밀도는

$$\sigma_b(\theta') = P\cos\theta' \tag{10-27}$$

이 된다. σ_b는 일정하지 않고, 그림 10-9에 표시한 것처럼 각도에 따라 크기와 부호가 변한다.

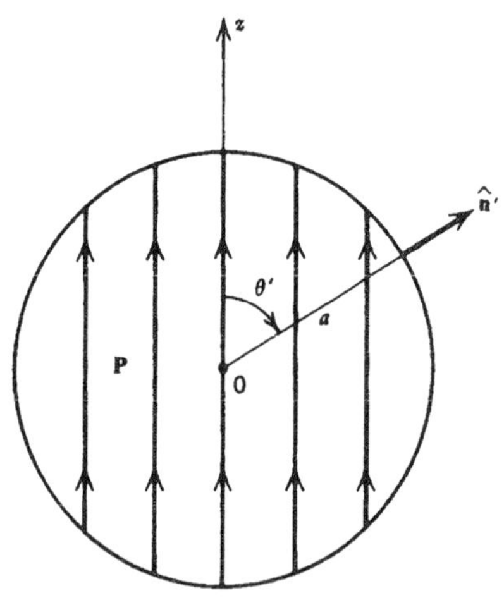

그림 10-8 균일하게 분극된 구.

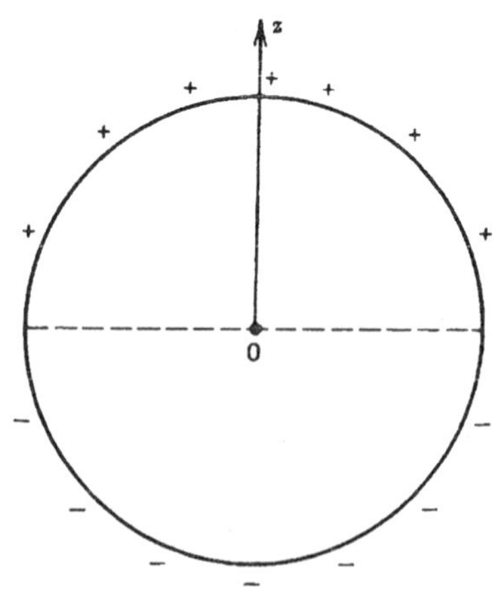

그림 10-9 균일하게 분극된 구의 등가 전하분포.

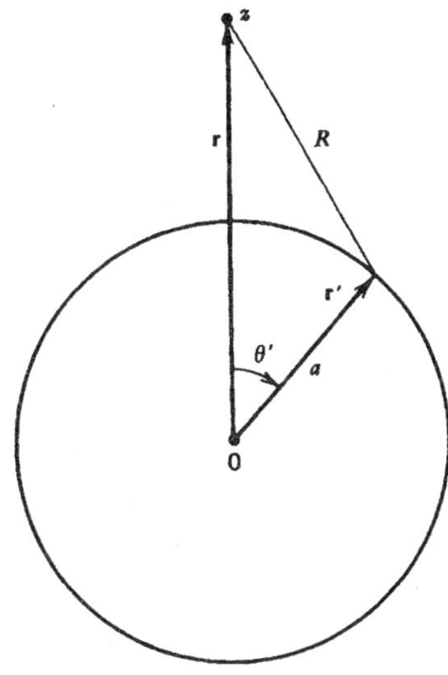

| 그림 10-10 | 축 위 한 점에서의 퍼텐셜 계산.

퍼텐셜과 전기장은 간단히 양의 z축 위에서만 구하겠는데, 다음 장에서는 이 문제를 매우 다른 방법으로 풀겠다.

그림 10-10으로부터

$$R = (z^2 + a^2 - 2za\cos\theta')^{1/2} \tag{10-28}$$

이고, 그러므로 (10-27), (1-100) ($r = a$로), (2-22)를 사용하면, (10-9)로 주어진 ϕ는

$$\begin{aligned}\phi(z) &= \frac{1}{4\pi\epsilon_0}\int_0^{2\pi}\int_0^{\pi}\frac{P\cos\theta'\cdot a^2\sin\theta'\,d\theta'\,d\varphi'}{(z^2+a^2-2za\cos\theta')^{1/2}}\\ &= \frac{Pa^2}{2\epsilon_0}\int_{-1}^{1}\frac{\mu\,d\mu}{(z^2+a^2-2za\mu)^{1/2}}\end{aligned} \tag{10-29}$$

가 된다. 적분은 표에서 구하여

$$\begin{aligned}&-\frac{(z^2+a^2+za\mu)(z^2+a^2-2za\mu)^{1/2}}{3z^2a^2}\Bigg|_{-1}^{1}\\ &= \frac{1}{3z^2a^2}\left[(z^2+a^2)(|z+a|-|z-a|) - za(|z+a|+|z-a|)\right]\end{aligned} \tag{10-30}$$

인데, 두 가지 경우를 고려해보자.

1. 구의 바깥. $z > a$이고 z와 a는 모두 양의 값이므로 $|z-a| = z-a$이며 $|z+a| = z + a$이다. 이 값들을 이용하면 (10-30)은 $2a/3z^2$가 된다. 이것을 (10-29)에 넣을 때 구 밖에서의 퍼텐셜은

$$\phi_o(z) = \frac{Pa^3}{3\epsilon_0 z^2} \tag{10-31}$$

이 되고, 그러므로

$$E_{zo}(z) = -\frac{\partial \phi_o}{\partial z} = \frac{2Pa^3}{3\epsilon_0 z^3} \tag{10-32}$$

이다. 이들 결과를 구의 총 쌍극자모멘트 **p**로 나타내면 이해하기 쉽다. (10-2)로부터

$$\mathbf{p} = \tfrac{4}{3}\pi a^3 P\hat{\mathbf{z}} \tag{10-33}$$

이고, 그래서 (10-31)과 (10-32)는

$$\phi_o(z) = \frac{p}{4\pi\epsilon_0 z^2} \tag{10-34}$$

$$E_{zo}(z) = \frac{2p}{4\pi\epsilon_0 z^3} \tag{10-35}$$

로 쓸 수 있다. 이 결과를 (8-48), (8-50)과 비교할 때, z축 위의 장점이 $\theta = 0$이고 $r = z$임을 고려하면, 이것들은 정확히 총 모멘트가 p인 점쌍극자의 퍼텐셜과 전기장이 된다. 이것을 보면서 구 밖 모든 곳에서의 전기장이 총 쌍극자모멘트에 의한 쌍극자장인지 의심이 간다. 다음 장에서 알게 되겠지만 이것은 올바른 결론이다.

2. 구의 안. $z < a$이고 $|z - a| = a - z$이며 $|z + a| = z + a$이다. 이 경우 (10-30)은 $2z/3a^2$이 된다. 이것을 (10-29)에 넣을 때 구 안에서의 퍼텐셜은

$$\phi_i(z) = \frac{Pz}{3\epsilon_0} \tag{10-36}$$

이 되고, 그러므로

$$E_{zi}(z) = -\frac{\partial \phi_i}{\partial z} = -\frac{P}{3\epsilon_0} \tag{10-37}$$

이다. 전기장은 일정하다. 이것을 보면서 구 안의 모든 곳에서 **E**가 일정할지 의심이 간다. 이것은 올바른 결과임이 밝혀진다.

연습문제에서는 음의 z값에 대해서도 같은 결과가 나온다는 것을 알게 될 것이다. 즉, E_{zo}는 항상 양의 방향이고, E_{zi}는 일정하며 구 내의 모든 z에 대하여 (10-37)로 주어진다. 그림 10-11에는 이 전기장 **E**의 방향을 그려 놓았다. 이 방향들은 그림 10-9의 원천전하분포를 보면 이해할 수 있다.

이 결과가 앞에서 얻어 놓은 일반적인 경계조건과도 일치함을 증명해보면 가치있는 학습이 되겠다. (10-31)과 (10-36)으로부터 퍼텐셜은 구의 표면에서 정말로 연속적이며 (9-29)에서 구한 것과 같다. 즉, $z = a$일 때, $\phi_0 = \phi_i = Pa/3\epsilon_0$이다. z축을 따라 E_z는 법선성분이고, 그러

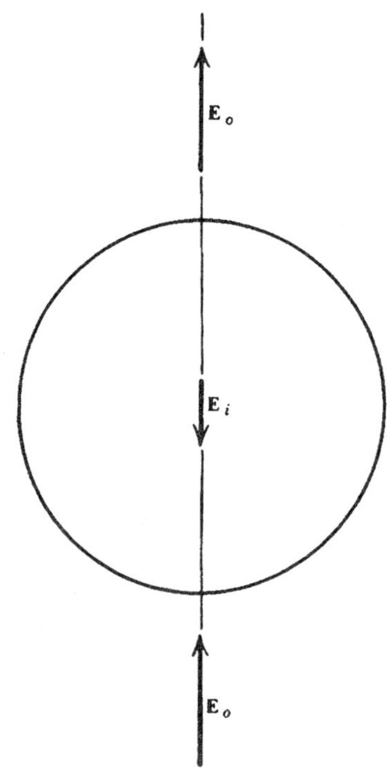

그림 10-11 균일하게 분극된 구에 기인한 z축 위에서의 전기장.

므로 (10-32), (10-37), (10-27)을 사용하여

$$E_{2n} - E_{1n} = E_{zo}(a) - E_{zi}(a) = \left(\frac{2P}{3\epsilon_0}\right) - \left(-\frac{P}{3\epsilon_0}\right) = \frac{P}{\epsilon_0} = \frac{\sigma_b(0)}{\epsilon_0}$$

가 된다. 법선성분의 차이에 대한 이 값은 (9-26)에 의해 정해지는 것과 똑같다.

10-5 D장

3-1절에서 $\mathbf{E}$를 정의할 때, 전하의 기원이나 형태가 무엇이든, $\mathbf{E}$는 모든 전하에 의해 정해진다고 지적하였었다. 10-2절에서는 특별한 부류의 전하와 마주치게 되었는데, 그것은 바로 구속전하로 그 밀도는 (10-10)에 의해 $\rho_b = -\nabla \cdot \mathbf{P}$로 주어졌다. 관례적이며 편의적인 목적으로 전하는 크게 두 부류, **구속전하**와 **자유전하**로 나누는데, 밀도는 각각 ρ_b와 ρ_f로 표기한다. 앞에서 보았듯이, 구속전하는 물질의 구성체들로부터 생겨난다고 간주되고, 일반적으로 그 분포를 인위적으로 조절할 수 없다. 자유전하는 근본적으로 잉여전하이다. "자유"라는 이름이 주어진 것은, 전하들을 넓은 범위에 걸쳐 움직이게 하거나, 혹은 전자빔 같은 것으로 전하를 물질 안이나 표면에 뿌려주어, 전하분포를 제어할 수 있기 때문이다. 이 부류에는 일반적으로 도체 내의 움직일 수 있는 (자유)전하도 포함시킨다. 이러한 분류가 항상 뚜렷한 것은 아니지만, 그럼에도 불구하고 유용하다. 그러므로 총 전하밀도는 이들 두 항의 합으로

$$\rho_{총} = \rho = \rho_f + \rho_b = \rho_f - \nabla \cdot \mathbf{P} \tag{10-38}$$

라고 쓸 수 있다. 이것을 (4-10)의 $\nabla \cdot \mathbf{E} = \rho/\epsilon_0$에 대입하여

$$\nabla \cdot (\epsilon_0 \mathbf{E} + \mathbf{P}) = \rho_f \tag{10-39}$$

를 얻는다. 우변에 자유전하밀도만이 나타나 있는 이 방정식의 형태가 시사하는 것은 다음과 같이 벡터장 $\mathbf{D}(\mathbf{r})$를 정의하면 유용할 것이라는 점이다:

$$\mathbf{D} = \epsilon_0 \mathbf{E} + \mathbf{P} \tag{10-40}$$

그러면

$$\nabla \cdot \mathbf{D} = \rho_f \tag{10-41}$$

이다. 벡터 **D**를 흔히 전기변위 *electric displacement*, 혹은 간단히 변위 *displacement*라 부르거나, 더 간단히 **D**장이라 한다. **D**의 주요 특성은, 그리고 이렇게 정의하는 주된 이유도, 이것의 다이버전스가 자유전하밀도에만 의존한다는 것이다. **D**의 단위는 **P**와 같으므로, **D**는 C/m^{2}로 계량한다. (10-41)은 점전하들 사이의 힘에 대한 그리고 거기에다 물질의 전기적 영향을 합한 것에 대한 Coulomb 법칙을 표현한 것이라고 생각할 수 있다.

이제 (10-41)로부터 **D**의 성질의 일부분을 쉽게 알아낼 수 있다. 법선성분이 만족하게 될 경계조건은 (10-41), (9-6), (9-7), (9-24)로부터

$$\hat{\mathbf{n}} \cdot (\mathbf{D}_2 - \mathbf{D}_1) = D_{2n} - D_{1n} = \sigma_f \tag{10-42}$$

로 구할 수 있다. 여기서 σ_f는 자유전하의 면적밀도이다. 그러므로 **D**의 법선성분은 자유 면전하밀도가 있을 때에만 불연속이다. 이것은 **E**의 법선성분이 어떤 종류의 전하밀도가 있더라도 불연속성을 갖는 것과 대조적이다.

D에 대한 Gauss 법칙은 (10-41)과 (1-59)로부터 쉽게 구할 수 있고

$$\oint_S \mathbf{D} \cdot d\mathbf{a} = \int_V \rho_f \, d\tau = Q_{f,\text{in}} \tag{10-43}$$

이 된다. 여기서 $Q_{f,\text{in}}$은 폐곡면 S에 의해 둘러싸인 체적 V 안에 들어 있는 알짜 자유전하량이다. (4-1)로 주어지는 **E**에 대한 해당 표현식과 유사한 점에 주목하고, 또한 대조되는 점에도 유의하라. 10-43식은 종종 대칭성이 충분한 문제에서 **D**를 계산하는 데 이롭게 사용될 수 있다. 이것은 4장에서 **E**에 대해서 했던 것과 꼭 같은 방법이다.

(10-41)은 자유전하밀도만을 포함하고 있지만, 그렇다고 자유전하만이 **D**를 정해주는 유일한 원천임을 의미하지는 않는다. 그 이유는 1-20절의 Helmholtz 정리를 구성하는 원천방정식 중 하나만을 구했기 때문이다. 나머지 것은 $\nabla \times \mathbf{D}$이다. 이것은 (10-40)의 정의에 커얼을 취하고 (5-4)를 이용하여 쉽게 구할 수 있다. 그 결과는

$$\nabla \times \mathbf{D} = \nabla \times \mathbf{P} \tag{10-44}$$

이다. 그러므로 **D**는 자유전하 뿐 아니라, 구속전하를 원천으로 가질 수 있다. **D**의 접선성분

이 만족하는 경계조건은 (9-21)과 (10-40)로부터 가장 쉽게 구할 수 있고

$$\mathbf{D}_{2t} - \mathbf{D}_{1t} = \mathbf{P}_{2t} - \mathbf{P}_{1t} \tag{10-45}$$

가 된다.

그림 10-7로 설명했던 **E**에 대한 공동정의는 비슷한 방법으로 **D**에 대한 공동정의로도 제시될 수 있다. 이 정의는 (10-42)에서 설명되듯이, 자유면전하가 없을 때 **D**의 법선성분이 연속이라는 사실에 근거를 두고 있다. 이런 목적으로, 밑면의 반지름에 비해 높이가 매우 작은 수직원통모양의 공동을 생각해보자. 이 원통을 유전체에서 잘라내는데, 그림 10-12에서처럼 그 밑면이 유전체 내의 **D**에 수직이 되게 한다. 공동 중심 부근의 한 점을 생각해보면, 테두리는 너무 멀어서 전기장에 영향을 미치지 못하고, (공동 내의) $\mathbf{D}_c$는 (유전체 내의) **D**에 평행일 것이고, 그 구조에 의해 법선성분만 가질 것이므로 $\mathbf{D}_c = \mathbf{D}$이다. 그러면 공동의 진공에서는 $\mathbf{P} = 0$이므로 $\mathbf{E}_c = \mathbf{D}_c/\epsilon_0 = \mathbf{D}/\epsilon_0$이다. 이제 공동에 작은 시험전하 δq를 넣는다고 생각하고, 이것에 작용하는 힘 $\delta\mathbf{F}_c$를 재보면 $\delta\mathbf{F}_c = \delta q\mathbf{E}_c = \delta q\mathbf{D}/\epsilon_0$이 될 것이고, 그러면 $\mathbf{D} = \epsilon_0(\delta\mathbf{F}_c/\delta q)$이다. 그러므로 원리상 유전체 안에서의 **D**는 공동 내 측정으로부터 구할 수 있다.

언뜻 보기에는 간단해 보일지라도, (10-41)과 (10-44)는 **E**, **P**, **D**를 좀 더 잘 연관짓기 전까지 그렇게 유용하지는 않을 것이다. 이 관련성을 다음 두 절에서 구하겠다. 우선은 다음의 간단한 예를 살펴보기로 하자.

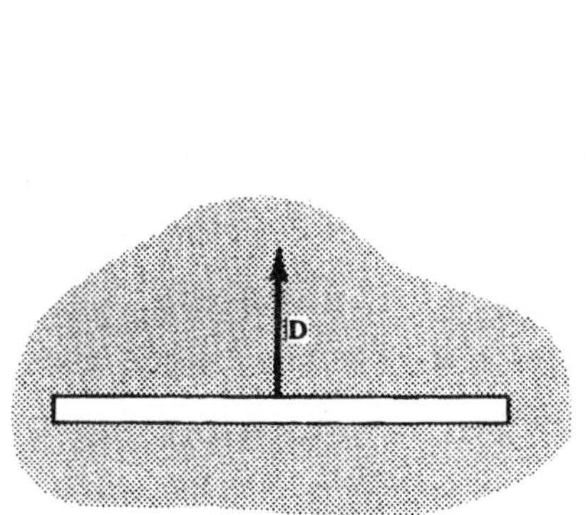

그림 10-12 유전체 내에서 **D**를 측정하기 위하여 사용된 공동.

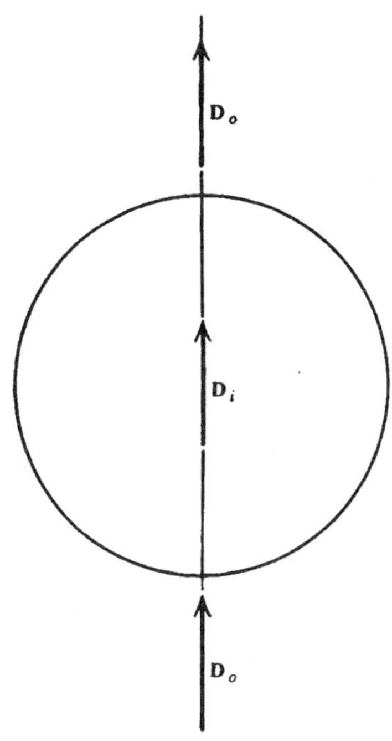

그림 10-13 균일하게 분극된 구에 기인한 z축 위에서의 **D**장.

예제

균일하게 분극된 구. 이 계는 앞 절에서 논의됐었고, 결과는 그림 10-8, 10-9, 10-11에 요약되어 있다. 여기서는 **D**에 대해 비슷한 계산을 하고자 한다. 여기서도 z축에 있는 장점에 대해서만 고려하겠다. 물질이 없는 바깥에서 **P** = 0이므로, (10-40)과 (10-32)로부터 즉시

$$D_{zo}(z) = \epsilon_0 E_{zo} = \frac{2Pa^3}{3z^3} \tag{10-46}$$

을 구하게 된다. 구 안에서의 D_z 값은 (10-40)과 (10-37)로 구하여

$$D_{zi}(z) = \epsilon_0 E_{zi} + P = -\tfrac{1}{3}P + P = \tfrac{2}{3}P \tag{10-47}$$

이고, 이것은 z에 무관하며 P와 같은 방향에 있다. 이들 결과를 그림 10-13에 나타내었다. 표면에는 자유전하가 없으므로, **D**의 법선성분은 (10-42)에 의해 연속일 것이다. 이것은 증명이 가능하며, 동시에 현재의 결과도 점검해볼 수 있다. 예상대로 $D_{2n} - D_{1n} = D_{zo}(a) - D_{zi}(a) = (2P/3) - (2P/3) = 0$이다.

10-6 유전체의 분류

10-1절의 끝부분에서 언급했듯이, 분극과 전기장 사이에는 일반적으로 함수관계가 있을 것이라고 예상된다. 즉, **P** = **P**(**E**), 혹은 $P_x = P_x(E_x, E_y, E_z)$ 등. 거시적인 현상론적 전자기학 이론으로는 이 방정식의 형태를 예측할 수 없고, 이들은 외적인 정보로써만 받아들여진다. 이런 관점에서 이 관계식은 실험으로부터 정해지든지, 혹은 물질의 미시적인 특성을 이론적으로 계산할 수 있는 물리학의 다른 분야인 통계역학이나 고체물리학으로부터 계산될 것이다. 그렇다고 해서 희망이 없는 것은 아니다. 실험과 일반론을 결합하면 대부분의 물질을 몇 가지 그룹으로 쉽게 분류할 수 있다. 그 결과 이론을 단순하게 만들 수 있고, 더욱 유용해지게 된다. 최종 결과의 한계를 이해하는데 도움을 주기 위해 이 과정을 단계별로 시행하는 것이 바람직할 것이다.

1. 영구 분극

E = 0일 때, **P**(0)의 값으로는 두 가지 가능성이 있다. **P**(0) ≠ 0이면 물질은 전기장이 걸려 있지 않은 상태에서조차 분극되어 있고, 전에도 언급했지만 영구 분극되었다고 말하며, 이런 물질을 일렉트릿이라고도 부른다. 일렉트릿은 실제로 존재하지만, 이 절에서는 더 이상 고려하지 않겠다. **P**(0) = 0의 상황은 더 전형적인 경우이고, 전기장에 의해 만들어지는 분극을 생각할 때 우리가 기대하는 바이다. 이 후자의 경우에 대해서만 일반적으로 **유전체**라는 용어를 사용할 것이다.

2. 비선형 유전체

P(0) = 0일지라도, **P**와 **E** 사이의 관계는 매우 복잡할 수 있다. 그러나 대부분의 물질에 대해

이것은 보통 매우 큰 전기장이 걸려 있다든지, 매우 낮은 온도에서처럼, 예외적인 조건 하에서만 그러하다. 그러므로 대부분의 경우, **P**를 **E** 성분의 급수로 전개하여 쓰면 충분하다. 즉,

$$P_i = \sum_j \alpha_{ij} E_j + \sum_j \sum_k \beta_{ijk} E_j E_k + \ldots \tag{10-48}$$

라 쓸 수 있고, 여기서 첨자 i, j, k는 x, y, z를 취한다. 이 형태는 $\mathbf{P}(0) = 0$의 가정을 만족한다. 계수 α_{ij}, β_{ijk}, . . . 등의 구체적인 값은 유전체에 따라 다르다. 만일 어느 물질의 성질을 적절히 나타내기 위하여 **E** 성분에 있어서 이차 이상의 고차 항이 요구된다면, 그 유전체는 **비선형** *nonlinear*라고 한다. 주어진 경우에 (10-48)이 필요한지 아닌지는 실험을 통하여 결정해야 한다. 예를 들어, 세라믹이 이 범주에 든다. 우리는 더 이상 비선형 유전체를 다루지 않고, (10-48)의 첫 번째 항만이 요구되는 경우로 국한하겠다. 이러한 물질을 **선형 유전체** *linear dielectrics*이라고 한다.

3. 선형 유전체

이 경우, **P**의 성분을 **E** 성분에 관련시키는 일반적인 표현식을

$$\begin{aligned} P_x &= \epsilon_0(\chi_{xx}E_x + \chi_{xy}E_y + \chi_{xz}E_z) \\ P_y &= \epsilon_0(\chi_{yx}E_x + \chi_{yy}E_y + \chi_{yz}E_z) \\ P_z &= \epsilon_0(\chi_{zx}E_x + \chi_{zy}E_y + \chi_{zz}E_z) \end{aligned} \tag{10-49}$$

의 형태로 쓸 수 있다. 여기서 비례인자 χ_{ij}는 **전기감수율** *electric susceptibility* 텐서의 성분이라 한다. 인수 ϵ_0을 도입하였기 때문에 χ_{ij}는 (10-40)으로부터 단위 없는 값임을 알 수 있다. 일반적으로 χ_{ij}가 상수일 필요는 없고 물질 내 위치의 함수일 수 있다. 여기서의 χ_{ij}는 **E**에 의존할 수는 없는데, 그 이유는 그렇다면 다시 (10-48)의 비선형 경우로 되돌아가기 때문이다. 이 관계식의 형태로부터 선형 유전체인 경우에서도조차 **P**는 **E**에 평행이 아님을 알수 있겠고, 일반적으로 **D**도 **E**에 평행이 아닐 것이다. 이러한 상황은 결정체에서 매우 자주 일어나는 일이고, 그러한 현상은 복굴절로 나타난다. 다음으로는 문제를 단순화하는 가정을 해보겠다.

4. 선형 등방성 유전체

이제 어느 주어진 위치에서 유전체의 전기적 특성이 **E**의 방향에 무관하다는 가정을 덧붙여보겠다. 그러한 조건은 **등방적** *isotropic*이라고 알려져 있다. 한 방향은 다른 어느 방향과 완전히 동등하므로, **P**는 반드시 **E**에 평행이어야 하고, $i \neq j$일 때, $\chi_{ij} = 0$이고 $\chi_{xx} = \chi_{yy} = \chi_{zz}$이며, 그래서 (10-49)는

$$\mathbf{P} = \chi_e \epsilon_0 \mathbf{E} \tag{10-50}$$

처럼 단일 비례인수로 쓸 수 있다. 여기서 χ_e를 **전기감수율**이라 한다. (10-50)을 (10-40)과 결합하면,

$$\mathbf{D} = (1 + \chi_e)\epsilon_0 \mathbf{E} = \kappa_e \epsilon_0 \mathbf{E} = \epsilon \mathbf{E} \tag{10-51}$$

가 되고, 여기서

$$\kappa_e = 1 + \chi_e = \text{유전상수 } \textit{dielectric constant} = \text{상대 유전율 } \textit{relative permittivity} \tag{10-52}$$

$$\epsilon = \kappa_e \epsilon_0 = \text{(절대)유전율 } \textit{(absolute) permittivty} \tag{10-53}$$

이다. 물리량 χ_e, κ_e, ϵ은 물질의 전기적 특성을 규정할 것이고, 실험으로 구해질 것이다. 그 수치값들은 많은 물리상수표에 나와 있다. 알려진 모든 물질의 χ_e는 정전기장에 대하여 양수이고, 그러므로 $\kappa_e > 1$이다. (10-51)에서 **D**와 **E**는 이 경우에는 평행이다. 관계식 $\mathbf{D} = \epsilon\mathbf{E}$를 **구성방정식** *constitutive equation*이라 부른다. 이것이 전자기학의 근본방정식은 아니고, 적용가능한 곳에만 쓰인다.

선형 등방성 유전체의 경우, 스칼라 퍼텐셜이 만족하는 미분방정식 또한 구할 수 있다. (5-3)을 이용하여 (10-51)을 $\mathbf{D} = -\epsilon\nabla\phi$로 쓸 수 있고, 이것을 (10-41)에 대입하고 (1-115)와 (1-45)를 이용하면

$$\nabla \cdot (\epsilon \nabla \phi) = \epsilon \nabla^2 \phi + \nabla\phi \cdot \nabla\epsilon = -\rho_f \tag{10-54}$$

를 얻게 되는데, 이것을 ϕ에 대해 풀 때는 ϵ이 위치의 함수일 수 있다는 가능성을 참작하여야 하고, 이 의존성이 알려지기 전까지는 더 나아갈 수 없다.

다음으로 고려하게 될 단순화는 너무 중요하여 따로 한 절을 할당하여야겠다.

10-7 선형 등방성 균질 (l.i.h.) 유전체

이번에는 전기적 성질이 위치에 무관하다는 가정을 덧붙이겠다. 그러한 물질을 전기적으로 균질 *homogeneous*라고 한다. 일반적으로 고체뿐 아니라, 기체와 액체도 이 범주에 속하므로, 그렇게 독특한 경우는 아니다. 그러면 물리량 χ_e, κ_e, ϵ은 상수이다. 그러나 여전히 물질의 특성 값이다. 10-50식에서부터 10-53식까지가 그대로 적용가능하고, 더구나 (10-54)는 $\nabla\epsilon = 0$이기 때문에

$$\nabla^2 \phi = -\frac{\rho_f}{\epsilon} \tag{10-55}$$

로 간단하게 된다. (5-15)와 비교하면, l.i.h. 유전체에 대하여 퍼텐셜 ϕ는 이번에도 Poisson 방정식을 만족하나 ϵ_0이 ϵ로 대체되고, ρ_f는 총 전하밀도 ρ를 대체한다. (물론, 물질의 구속전하가 없어진 것은 아니고, 그 영향이 ϵ에 요약되어 들어가 있다.) ϕ가 (10-55)를 만족한다는 사실은 또한 이전에 진공에 대하여 얻었던 해를 그대로, 그러나 조심스럽게, 이어받아 l.i.h. 유전체에 대해서는 간단히 ϵ_0을 ϵ로 대체함을 의미한다. 그러나 우리는 거의 이렇게 하지 않을 것이다. 또한, $\rho_f = 0$이면, ϕ는 이번에도 이 영역에서 Laplace 방정식 $\nabla^2\phi = 0$을 만족할 것이다.

불연속면에서의 경계조건은 이제 완전히 **E**로만 표현할 수 있다. (10-51)을 (10-42)에 넣으면, 그리고 (9-21)이 여전히 적용된다는 점을 기억한다면,

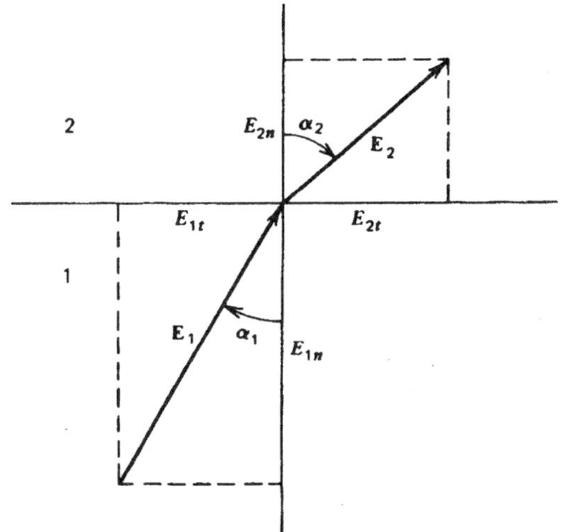

| 그림 10-14 | 두 유전체 사이의 경계에서 전기장.

$$\begin{aligned} \hat{\mathbf{n}} \cdot (\epsilon_2 \mathbf{E}_2 - \epsilon_1 \mathbf{E}_1) &= \sigma_f \\ \mathbf{E}_{2t} - \mathbf{E}_{1t} &= 0 \end{aligned} \tag{10-56}$$

이 된다. 이번에는 $\sigma_f = 0$일지라도 두 유전체를 구분하는 경계면에서 **E**의 법선성분은 일반적으로 연속이 아니다. 그러므로 그림 10-14에서처럼 **E**의 방향은 경계에서 바뀔 수 있다. **E**의 선은 자유면전하가 없을 때라도 굴절될 것이고, α_2는 α_1과 다를 것이다.

l.i.h. 유전체에서 구속전하밀도와 자유전하밀도는 분극과 변위처럼 간단한 방식으로 연관된다. (10-50)과 (10-51)에서 **E**를 소거하고 (10-52)를 사용하면,

$$\mathbf{P} = \frac{\chi_e}{\kappa_e}\mathbf{D} = \frac{(\kappa_e - 1)}{\kappa_e}\mathbf{D} \tag{10-57}$$

로 구하게 되고, 이것은 또한 **P**와 **D**가 평행이며 $|\mathbf{P}| < |\mathbf{D}|$임을 말해준다. 이제 (10-57)에 다이버전스를 취해 주고 (10-10)과 (10-41)을 사용하면,

$$\rho_b = -\frac{(\kappa_e - 1)}{\kappa_e}\rho_f \tag{10-58}$$

를 얻게 된다. 그리하여 $|\rho_b| < |\rho_f|$이다. 이 결과를 (10-38)에 넣으면, l.i.h.에서의 총 전하밀도는 항상

$$\rho = \frac{\rho_f}{\kappa_e} = -\frac{\rho_b}{\kappa_e - 1} \tag{10-59}$$

로 나타낼 수 있고, 이것은 $\kappa_e > 1$이기 때문에 총 전하밀도가 항상 자유전하밀도보다 적다는 것을 보여준다. 특별한 경우로 $\rho_f = 0$이면 $\rho_b = 0$이므로, l.i.h. 유전체의 어느 곳에서라도 자유전하밀도가 없으면, 구속전하밀도도 없어진다.

이제부터는 특별히 지적하지 않는 한, 예제와 연습문제에서 l.i.h. 유전체를 다루겠다. 이제

몇몇 예제를 정량적으로 논의할 수 있게 되었다. 우선 10-3절에서 정성적으로 고려하였던 축전기로부터 시작하자.

예제

전하가 일정한 평행판 축전기. 그림 10-15 (*a*)에는 총 자유전하 Q_f를 가지고 극판 사이가 진공으로 되어 있는 축전기를 그려놓았고, (*b*)는 극판 사이의 영역을 어느 유전체로 채워놓은 것이다. 여러 벡터장도 그려져 있다. 전기장의 진공 값은 (6-40) 바로 앞에서 논의 되었고 $E_0 = \sigma_f/\epsilon_0$로 구했으며, 여기서 $\sigma_f = Q_f/A$는 자유 면전하밀도이고 A는 극판 넓이다. $\mathbf{P}_0 = 0$이므로 (10-40)으로부터 변위 D_0은

$$D_0 = \epsilon_0 E_0 = \sigma_f \tag{10-60}$$

이다. 유전체가 극판 사이에 끼워졌을 때도 Q_f와 σ_f는 일정하게 유지되므로, $\mathbf{D}$는 변하지 않을 테고, 진공 값과 같을 것이다:

$$D = D_0 = \sigma_f \tag{10-61}$$

이 결과는 또한 (10-42)와 일치하는데, 도체인 극판 내에서의 장들이 영이어서 $D_{2n} - D_{1n} = D - 0 = \sigma_f$이기 때문이다. 그러나 전기장은 변한다. (10-51), (10-61), (10-60)으로부터

$$E = \frac{D}{\epsilon} = \frac{D_0}{\kappa_e \epsilon_0} = \frac{E_0}{\kappa_e} \tag{10-62}$$

으로 구해지며, 그러므로 $E < E_0$으로 (10-24)와 일치한다. 전기장을 감소시킨 인수는 정확히 상대유전율과 같다. 퍼텐셜차는 (10-62)와 (10-22)를 사용하여

$$\Delta\phi = \int_+^- \mathbf{E} \cdot d\mathbf{s} = Ed = \frac{E_0 d}{\kappa_e} = \frac{\Delta\phi_0}{\kappa_e} \tag{10-63}$$

이다. 그러므로 퍼텐셜차도 진공 값보다 동일한 인수 κ_e만큼 적어지고, 따라서 $\Delta\phi < \Delta\phi_0$으로 실험 결과와 일치한다. (10-63)은 총 전하량으로 나타내어

$$\Delta\phi = \frac{E_0 d}{\kappa_e} = \frac{\sigma_f d}{\kappa_e \epsilon_0} = \left(\frac{d}{\kappa_e \epsilon_0 A}\right) Q_f$$

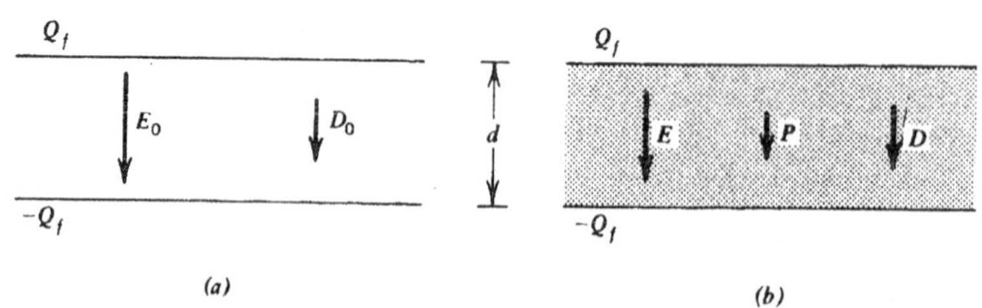

그림 10-15 일정한 전하를 가지고 있는 평행판 축전기. (a) 극판 사이는 진공. (b) 극판 사이에 유전체.

이므로, 전기용량은

$$C = \frac{\kappa_e \epsilon_0 A}{d} = \kappa_e C_0 \tag{10-64}$$

이다. 여기서 진공에 대한 전기용량 C_0을 빼내기 위해 (10-20)과 (6-41)을 사용하였다. 유전체의 존재로 인하여 전기용량은 증가하였고, 이것은 (10-21)과 일치한다. 유전체가 있을 때와 없을 때의 전기용량 비는 정확히 $C/C_0 = \kappa_e$로 유전상수와 같다.

(10-50)과 (10-62)로부터 구하게 되는 분극은

$$P = \chi_e \epsilon_0 E = (\kappa_e - 1)\epsilon_0 E = \left(\frac{\kappa_e - 1}{\kappa_e}\right)\epsilon_0 E_0 \tag{10-65}$$

이다. (10-62)를 한 번 더 사용하면

$$P = \epsilon_0 (E_0 - E) \tag{10-66}$$

로 쓸 수 있고, 그러면 (10-40)과 (10-61)에 의해, 즉 $D = \epsilon_0 E + P = D_0 = \epsilon_0 E_0$이므로

$$E = E_0 - \frac{P}{\epsilon_0} \tag{10-67}$$

가 된다. 이 결과는 앞에서 (10-25)로 추정하였던 바로 그 형태이고, 여기서는 E_b의 정량적인 표현식도 구했다. $\mathbf{P}$는 일정하므로, $\nabla \cdot \mathbf{P} = 0$이고, (10-58)과 일치하여 구속전하는 없는데, 유일한 자유전하는 도체 극판에만 있기 때문이다. 그러나 유전체 표면에는 구속면전하가 있다. (10-8), (10-65), (10-60)으로부터 구한 그 전하는

$$|\sigma_b| = |P_n| = P = \left(\frac{\kappa_e - 1}{\kappa_e}\right)\epsilon_0 E_0 = \left(\frac{\kappa_e - 1}{\kappa_e}\right)\sigma_f \tag{10-68}$$

이고, 부호는 그림 10-6에 이미 나타낸 것과 정확히 같다. 그림으로부터 σ_b의 부호는 바로 인접한 σ_f와 항상 반대인 것도 알 수 있다. 이것을 참작하여 (10-68)을

$$\sigma_b = -\left(\frac{\kappa_e - 1}{\kappa_e}\right)\sigma_f \tag{10-69}$$

로 쓸 수 있고, 이것은 (10-58)에서 체적전하밀도에 대하여 앞에서 구한 결과와 완벽한 유사성을 갖는다. 이들 구속면전하가 두 무한 평판의 역할을 하여 전기장 E_b를 만들어줄 것이다. E_b의 크기는 이전의 결과 (3-12)와 (10-68)을 함께 사용하여

$$E_b = \frac{|\sigma_b|}{2\epsilon_0} + \frac{|\sigma_b|}{2\epsilon_0} = \frac{|\sigma_b|}{\epsilon_0} = \frac{P}{\epsilon_0} \tag{10-70}$$

로 구해진다. 이것은 다른 방법으로 구한 (10-67)과 잘 일치하며, (10-25)에 주어진 $E = E_0 - E_b$의 형태를 이끌어 냈던 이전의 분석을 입증하는 것이다. 이 전기장 E_b를 흔히 **국소장** *local field*라 하며, 합성 전기장 $\mathbf{E}$는, 물질이 존재하지 않고 자유전하만에 의하여 만들

어진 진공 장 $\mathbf{E}_0$와, 유전체의 분극으로 인하여 생긴 구속전하가 만든 국소장 $\mathbf{E}_{loc} = \mathbf{E}_b$의 합이다.

예제

일반적인 전기용량. (10-64)는 평행판 축전기의 특별한 경우를 고려하여 구한 것이지만, 이 결과의 간결성과 $C = \kappa_e C_0$가 평행판 축전기의 어떤 특성도 포함하고 있지 않다는 사실을 보면, 이 결과는 사실상 어느 축전기에도 적용되는 일반적인 관계식이 되리라 추측된다. 이것은 사실로 판명될 것이다. (10-41)과 (10-51)을 결합하면,

$$\nabla \cdot \mathbf{E} = \frac{\rho_f}{\epsilon} = \frac{1}{\epsilon_0}\left(\frac{\rho_f}{\kappa_e}\right) \tag{10-71}$$

이 되는데, l.i.h. 유전체에 대해 ϵ이 상수이기 때문이다. 또한 $\mathbf{E}$는 여전히 보존적이므로 $\nabla \times \mathbf{E} = 0$이다. 어떤 자유전하밀도 ρ_f가 주어져 있다 하자. 우리가 고려하고 있는 공간에 물질이 존재하지 않는다면, 이에 해당되는 두 원천방정식을 풀어 전기장 $\mathbf{E}_0$을 구하게 된다. 그러나 이번에는 κ_e로 나타내지는 유전체로 그 공간을 모두 채우고 ρ_f는 **바꾸지 않고 그대로 유지**하면, (10-71)로부터 문제는 진공의 경우와 꼭 같다는 것을 알 수 있다. 다만 원천 전하량이 모든 곳에서 κ_e의 인수만큼 적어지는 것을 예외로 한다. 그러면, (3-3)으로부터 알 수 있듯이, 전기장 $\mathbf{E}$도 이 인수만큼 작아져서

$$\mathbf{E} = \frac{\mathbf{E}_0}{\kappa_e}$$

으로 이것은 일반적인 결과이다. (6-38)로 주어지는 극판 사이의 퍼텐셜차 $\Delta\phi$는

$$\Delta\phi = \int_+^- \mathbf{E} \cdot d\mathbf{s} = \int_+^- \frac{\mathbf{E}_0 \cdot d\mathbf{s}}{\kappa_e} = \frac{\Delta\phi_0}{\kappa_e} \tag{10-72}$$

으로, (10-63)는 이것의 특별한 경우이다. 이 결과는 (10-55) 다음에 나오는 설명과 일치한다.

두 경우 모두 Q_f는 같기 때문에, 전기용량은

$$C = \frac{Q_f}{\Delta\phi} = \frac{\kappa_e Q_f}{\Delta\phi_0} = \kappa_e C_0 \tag{10-73}$$

이 될 것이고, 극판 사이의 모든 공간이 한 가지 유전체로 채워져 있다면, 어느 축전기의 전기용량이라도 κ_e의 인수만큼 증가하게 된다. 이 결과를 이용하여 κ_e를 용이하게 측정할 수 있다.

유전체가 균질이 아니면, 혹은 모든 공간이 유전체로 채워져 있는 것이 아니라면, (10-73)은 일반적으로 옳지 않다. 이런 문제는 종종 퍼텐셜차를

$$\Delta\phi = \int_+^- \mathbf{E} \cdot d\mathbf{s} = \int_+^- \frac{\mathbf{D} \cdot d\mathbf{s}}{\epsilon} \tag{10-74}$$

처럼 다룬다. 그런 다음 흔히 (10-41)을 사용하여 **D**를 총 자유전하 Q_f로 나타낼 수 있거나, 혹은 문제가 충분히 대칭적이라면, (10-43)을 사용한다. 그러면 적분할 때, 전기용량은 (6-38)로부터 구해진다. 그러한 경우 경계조건 (10-42)는 큰 도움이 된다. 많은 연습문제는 이렇게 고려하여 풀어야할 것이다.

예제

무한 유전체 내의 점전하. 한 점전하가 그림 10-16처럼 유전체 내에 들어가 있다고 해보자. 이 전하의 전기장은 유전체를 분극시길 것이다. 유전체의 크기가 유한하다면, 표면에 분포할 구속전하는 합성 전기장에 기여할 것이고, 모든 곳에서의 전기장을 계산하는 문제는 매우 복잡해질 것이다. 그러나 유전체가 무한히 뻗어 있다면, 바깥 표면에 분포하게 될 어떤 구속전하의 효과라도 무시할 수 있을 것이고, 또한 구형 대칭을 가정할 수 있다. 그러면 $\mathbf{D} = D(R)\hat{\mathbf{R}}$이라 쓸 수 있고 (10-43)에 주어진 것처럼 **D**에 대하여 Gauss 법칙을 사용할 수 있다. 그림에 점선으로 표시된 반지름 R의 구에 대하여 적분하면, 이제는 친근한 형식으로

$$\oint_S \mathbf{D}\cdot d\mathbf{a} = \oint_S D\hat{\mathbf{R}}\cdot da\,\hat{\mathbf{R}} = 4\pi R^2 D = Q_{f,\text{in}} = q$$

를 얻게 되고, 그래서

$$\mathbf{D} = \frac{q\hat{\mathbf{R}}}{4\pi R^2} \qquad \text{및} \qquad \mathbf{E} = \frac{q\hat{\mathbf{R}}}{4\pi\epsilon R^2} \tag{10-75}$$

가 되며, 예상하던 대로 전기장은 점전하의 전기장이 인수 $\epsilon/\epsilon_0 = \kappa_e$에 의해 감소한다. 이번에는 점전하 q'이 **R**에 놓여있다고 가정하면, 이것에 작용하는 힘은

$$\mathbf{F}' = q'\mathbf{E} = \frac{qq'\hat{\mathbf{R}}}{4\pi\epsilon R^2} \tag{10-76}$$

이 될 것이고, 이것은 다만 ϵ_0을 ϵ으로 대체한 Coulomb의 역제곱법칙이다.

(10-76)의 이 결과는 유전체가 존재함으로써 두 전하사이의 힘이 $\epsilon/\epsilon_0 = \kappa_e$인자에 의해

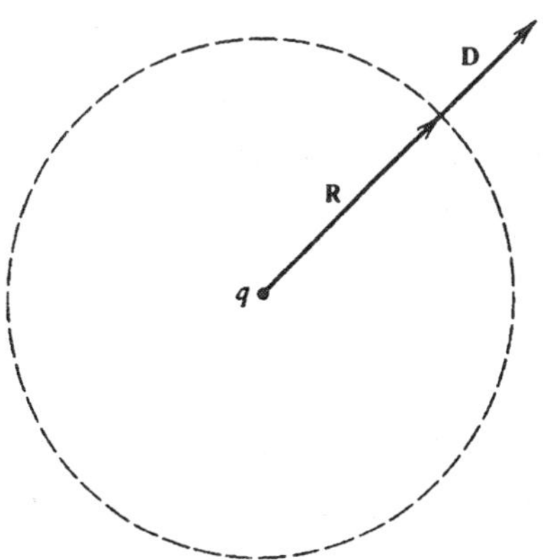

그림 10-16 무한대의 유전체에 들어 있는 점전하.

줄어든다는 일반적인 사실의 기본이 된다. 그러나 이것은 l.i.h. 유전체가 무한대로 뻗어 있거나, 유전체가 너무 커서 구속면전하가 전기장에 영향을 미치지 못하여 구대칭을 안심하고 적용할 수 있는 경우에만 성립한다. 사실상 q'에 미치는 힘은 실제 조건을 제대로 고려하였을 때 증가하게 된다.

유전체의 분극은 (10-57)과 (10-75)로부터

$$\mathbf{P} = \frac{(\kappa_e - 1)q\hat{\mathbf{R}}}{\kappa_e 4\pi R^2} \tag{10-77}$$

로 구해지고, q로부터 반지름방향을 향한다. (10-58)에 따라 구속전하밀도는 영이 되어야 한다. (10-10), (10-77), (1-145)로부터 정말로 그렇게 된다.

10-8 에너지

전하계의 에너지에 관한 (7-10)의 결과를 상기해보자:

$$U_e = \tfrac{1}{2}\int_{\text{모든 공간}} \rho\phi \, d\tau \tag{10-78}$$

이 표현식은, 전하를 주어진 분포로 모을 때 필요한 가역적인 일의 양을 계산하여 구했었고, 자유전하나 구속전하 같은 구분은 하지 않았으며, 그럴 필요도 없었다. 이 에너지는 계로부터 가역적인 일로써 회수할 수 있다는 것을 의미하였으며, 그러한 뜻으로 이것을 퍼텐셜에너지라고 간주한 것은 적절했었다. 이번에는 물질이 존재할 때의 전하를 고려하면서, 우리 스스로에게 질문을 던져본다. 에너지에 관한 유용한 정의는 무엇일까? 이번에도 우리의 통제 하에 있는 전하들을 함께 모아 놓는데 필요한 일이 되어야 할 것이다. 그리고 원리상 계로부터 회수될 수 있는 것이어야 한다. 그러나 우리가 어떻게라도 통제할 수 있는 유일한 전하는 자유전하이고, 축전기를 대전시키고 방전시키는 과정에서처럼, 이 에너지만이 넓은 의미에서 저장하고 꺼내 쓸 수 있는 것이다. 그러므로 우리에게 의미가 있는 에너지는 물질이 존재하는 가운데 자유전하분포가 가지는 에너지이다. 이 정의의 제한적 특성을 잊게 되면, 물질이 존재하는 경우의 에너지 상호 관련성에 관하여 적지 않은 혼동과 논쟁을 겪게 된다.

우리의 최종 결과에 대한 제한을 제대로 평가하기 위하여, 처음부터 다시 시작하는 것이 좋겠고, 이 경우 점전하의 에너지를 퍼텐셜로 나타낸 (5-48)이 유용한 출발점이 되겠다. 우선 이미 주어진 상황 하에서 체적요소 $d\tau$ 안의 자유전하밀도를 $\delta\rho_f$만큼 증가시킨다고 가정해보자. 그러면 $\delta\rho_f \, d\tau$는 아주 작아서 점전하로 취급할 수 있고, (5-48)에 의해서 자유전하분포가 갖는 에너지는

$$\delta U_e = \phi \, \delta\rho_f \, d\tau \tag{10-79}$$

만큼 변화할 것이다. 물론, ϕ가 모든 전하로부터 초래된 퍼텐셜이기 때문에 물질의 구속전하는 포함되어 있다. 이것은 예를 들어 (10-38)을 (5-7)에 대입하여 계산할 수 있다. 보통 하던대

로, 전하들이 제 위치에서 역학적으로 단단하게 버티고 있거나 구속되어 있다고 가정하여, 순전한 역학적인 일은 하여지지 않도록 한다. 그리고 모든 공간에 대하여 적분한다면, 정전기적 에너지의 총변화량은

$$\delta U_e = \int_{모든공간} \phi\, \delta\rho_f\, d\tau \tag{10-80}$$

가 된다.

이 과정 중에 **D**는 변하였을 것이고, (10-41)에 의해 처음에는 $\nabla \cdot \mathbf{D} = \rho_f$이었다가, 나중에는 $\nabla \cdot (\mathbf{D} + \delta\mathbf{D}) = \rho_f + \delta\rho_f$가 된다. 그러므로 (1-114)에 의해 $\nabla \cdot \delta\mathbf{D} = \delta\rho_f$이다. 그러면, (10-80)은

$$\delta U_e = \int_{모든공간} \phi(\nabla \cdot \delta\mathbf{D})\, d\tau \tag{10-81}$$

가 된다. 이 표현식을 (7-22)와 비교하면, $\frac{1}{2}\epsilon_0\mathbf{E}$를 $\delta\mathbf{D}$로 대체할 때 똑같은 형태가 된다는 것을 알수 있다. (7-22)에서 (7-28)에 이르는 논의를 완벽하게 유사한 방식으로 적용시켜 (10-81)은

$$\delta U_e = \int_{모든공간} \mathbf{E} \cdot \delta\mathbf{D}\, d\tau \tag{10-82}$$

처럼 쓸 수 있다. 끝으로 에너지의 영을 $\mathbf{D} = 0$에 해당되도록 잡으면, 총 에너지 U_e는 이것을 처음 값 $\mathbf{D} = 0$로부터 나중 값까지 적분하여

$$U_e = \int_{모든공간} \int_0^{\mathbf{D}} \mathbf{E} \cdot \delta\mathbf{D}\, d\tau \tag{10-83}$$

로 얻을 수 있다.

일반적으로 (10-83)은 **E**의 **D**에 대한 의존성이 알려지기 전까지 더 이상 계산할 수 없고, 알려지더라도 이 계산은 매우 복잡하다. 그러나 중요한 **선형 등방성** 유전체인 경우, (10-51)을 이용하여 $\mathbf{E} \cdot \delta\mathbf{D} = \mathbf{D} \cdot \delta\mathbf{D}/\epsilon = \delta(\mathbf{D}^2/2\epsilon)$로 쓸 수 있으므로

$$\int_0^{\mathbf{D}} \mathbf{E} \cdot \delta\mathbf{D} = \int_0^{\mathbf{D}} \delta\left(\frac{\mathbf{D}^2}{2\epsilon}\right) = \frac{\mathbf{D}^2}{2\epsilon} = \tfrac{1}{2}\mathbf{D} \cdot \mathbf{E}$$

이고, 그러므로 (10-83)은

$$U_e = \int_{모든공간} \tfrac{1}{2}\mathbf{D} \cdot \mathbf{E}\, d\tau \tag{10-84}$$

가 되며, 이것은 자유전하에 하여지는 총 가역적 일이다. (10-84)는 (7-28)에서 하였던 것처럼, 선형 등방성 유전체에 대한 에너지밀도 u_e

$$u_e = \tfrac{1}{2}\mathbf{D} \cdot \mathbf{E} = \tfrac{1}{2}\epsilon\mathbf{E}^2 = \frac{\mathbf{D}^2}{2\epsilon} \tag{10-85}$$

를 도입하여 이해할 수 있다.

예제

구형 축전기. 그림 10-17에 보인 것처럼 이 축전기 두 극판 사이의 모든 공간이 유전율 ϵ인 유전체로 채워져 있다고 생각해보자. 축전기에 들어 있는 총 전하는 Q이다. 평상시처럼 구대칭으로 인하여 **D**는 지름방향일 것이고, 그러면 $|\mathbf{D}|$는 반지름 r인 점선의 구 표면에서 일정할 것이다. 그래서 이 구에 (10-43)을 적용하면, 앞 절에서처럼

$$\oint_S \mathbf{D} \cdot d\mathbf{a} = 4\pi r^2 D = Q_{f,\text{in}} = Q$$

이므로 $D = Q/4\pi r^2$이고 (10-85)는

$$u_e = \frac{Q^2}{32\pi^2 \epsilon r^4} \tag{10-86}$$

이 된다. 이 에너지밀도는 두 구형 극판 사이의 영역에만 적용된다. 전기장은 유전체가 차지하는 영역에서만 영이 아니므로, 다른 곳에서는 $u_e = 0$이다. (10-86)을 (10-84)에 대입하고 (1-99)를 사용하여 축전기의 총 에너지를 구하면

$$U_e = \frac{Q^2}{32\pi^2\epsilon} \int_0^{2\pi}\int_0^{\pi}\int_a^b \frac{1}{r^4} \cdot r^2 \sin\theta \, dr\, d\theta\, d\varphi = \frac{Q^2}{8\pi\epsilon}\left(\frac{1}{a} - \frac{1}{b}\right) \tag{10-87}$$

이 된다. 극판 사이가 진공이면, 에너지 U_{e0}는 (10-87)에서 ϵ를 ϵ_0로 대체하여 구해진다. 그래서 $\epsilon/\epsilon_0 = \kappa_e$이므로,

$$U_e = \frac{U_{e0}}{\kappa_e} \tag{10-88}$$

이고, $U_e < U_{e0}$으로 Q를 일정하게 유지한 이 경우 유전체가 존재하면 총 에너지는 줄어든다.

(7-21)에서 축전기의 에너지는 $Q^2/2C$와 같다고 했다. 이 결과는 도체에 분포하는 전하

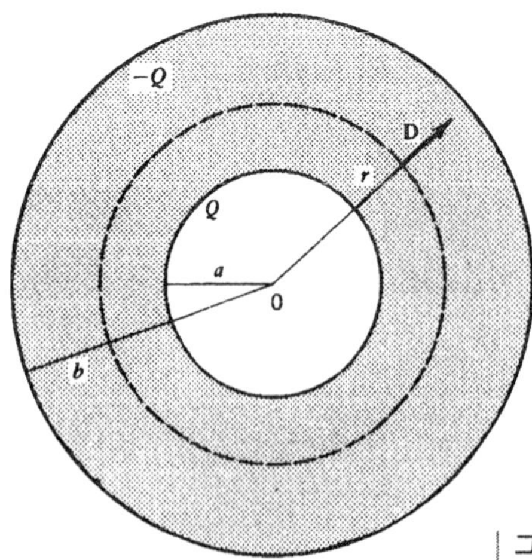

그림 10-17 극판 사이에 유전체를 가지고 있는 구형 축전기.

의 특성을 이용하여 구했었고, 유전체가 존재하든 존재하지 않든 일반적으로 성립한다. 연습문제 7-3에서는 일과 퍼텐셜차의 성질만으로 같은 결과를 얻었다. 그러므로 여전히 에너지 방법을 전기용량 계산에 적용할 수 있고, 때때로 이것이 더 편리하다. 이 예에서 (10-87)과 (7-21)을 등식으로 놓으면, 전기용량은 (10-53)을 이용하여

$$C = \frac{4\pi\epsilon ab}{b-a} = \kappa_e C_0 \tag{10-89}$$

이 된다. 여기서 C_0은 (6-37)로 주어지는 진공에서의 값이다. 당연히 그래야 하겠지만, (10-73)에서 표현된 것처럼 유전체가 전기용량에 미치는 영향에 관한 일반적인 결론은 이 특별한 경우에도 잘 일치한다.

일반적으로, 그리고 바로 앞의 예에서 본 것처럼, 유전체의 존재는 모든 곳에서의 **D**와 **E** 값을 바꿀 수 있고, (10-84)로 주어지는 총 에너지도 변화시킬 것이라고 예측할 수 있다. 이 변화량의 정확한 값은 보통 변화 과정이 수행되는 방식에 따라 다르다. 예를 들어, 전하가 일정하게 유지되는지, 퍼텐셜이 유지되는지, 공간의 일부분만 유전체로 채워지는지, 두 가지 이상의 유전체가 있는지 등에 따라 다르다. 그 결과 유전체를 포함하는 에너지에 관한 일반적인 문제는 꽤 복잡할 수 있고, 계의 어느 특정한 부분에 얼마의 에너지변화가 할당되는가를 모호하지 않게 알아내는 것이 항상 가능하지도 않다. 그러나 비교적 간단한 경우도 있다. 여기서는 에너지변화를 유전체 자체로부터 추정하겠고, 한 가지 예를 들어 다루어 보겠다.

처음에 모든 공간이 진공이고 전하가 분포하여, 모든 공간에 걸쳐 장들이 $\mathbf{E}_0$와 $\mathbf{D}_0 = \epsilon_0\mathbf{E}_0$로 주어진다고 가정해보자. 그러면 에너지 U_{e0}는 (10-84)로부터

$$U_{e0} = \frac{1}{2}\int_{\text{모든공간}} \mathbf{D}_0 \cdot \mathbf{E}_0 \, d\tau \tag{10-90}$$

으로 계산할 수 있다. 원천 전하의 전하량과 위치를 고정시켜 놓고, 이렇게 미리 만들어 놓은 전기장 $\mathbf{E}_0$에 부피 V의 유전체를 집어넣는다고 해보자. (이것은 앞의 예제와 다른데, 거기서는 이미 존재하는 전기장을 담고 있는 모든 공간이 유전체로 채워져 있다.) 잘 알고 있듯이, 유전체가 존재하면 일반적으로 모든 곳에서의 **E**와 **D** 값은 변화할 것이고, 새로운 에너지 U_e는 이들 새로운 장의 값들을 이용하여 (10-84)로부터 구할 수 있다. 이 경우 에너지의 변화량 $U_e - U_{e0}$은 순전히 유전체의 존재에 기인한다고 할 수 있다. 이것을 U_{eb}라고 한다면

$$U_{eb} = U_e - U_{e0} = \frac{1}{2}\int_{\text{모든공간}} (\mathbf{D}\cdot\mathbf{E} - \mathbf{D}_0\cdot\mathbf{E}_0)\, d\tau \tag{10-91}$$

이다. 이런 조건 하에서 (10-91)은 유전체만의 부피 V에 대한 적분으로 쓸 수 있음을 보일 수 있다. 이것은 좀 긴 계산이므로, 연습문제로 남겨 놓겠고, 마지막 결과만 인용하자면

$$U_{eb} = -\frac{1}{2}\int_V \mathbf{P}\cdot\mathbf{E}_0\, d\tau \tag{10-92}$$

가 된다. 이 식은 유전체의 부피만을 포함하고 있기 때문에, 에너지 변화량은 유전체 안에 국한되어 있다고 생각하여 유전체의 에너지로 나타내는 것이 합당하다. 그러므로 이런 구속전하에 대하여 에너지밀도 u_{eb}를

$$u_{eb} = -\tfrac{1}{2}\mathbf{P}\cdot\mathbf{E}_0 = -\tfrac{1}{2}\chi_e\epsilon_0\mathbf{E}\cdot\mathbf{E}_0 \tag{10-93}$$

으로 주어 도입할 수 있다. 여기서 (10-50)을 다시 사용하였다. 그러므로 이들 표현식 (10-92)와 (10-93)은 분극이 장에 의해 만들어졌다고 생각되는 상황에 적당하다.

지금까지의 모든 논의에서 이들 과정 중에 κ_e는 일정하다고 가정하였다. 많은 유전체는, 부록 B에서 알게 되겠지만, 온도에 의존하는 κ_e를 가지고 있다고 알려져 있다. 그러므로 이것을 상수로 취급할 때는 효과적으로 등온과정을 가정하고 있는 것이다. 이것은 U_e가 가역적인 일과 관련되어 있다고 강조하여 설명한 내용과 잘 일치한다. 그러므로 이것은 실제로 열역학의 Helmholtz 함수나 자유에너지에 더 유사하다. 그러나 계의 온도가 일정한 경우에 이들의 변화량에는 차이가 없다. 이것을 마음에 새겨두면, (10-92)는 유전체계가 내부에너지에 주는 기여라고 간주할 수 있다.

또한 이들 에너지와 전하분포-외부장의 **상호작용에너지** 사이의 구분을 새겨두어야 한다. 이것은 8-3절에서 논의했었다. 특히, 쌍극자에너지에 대하여 (8-64)를 얻었었다. 이것을 분극된 물질에 적용하고자 한다면, 분극은 영구적인 것이거나 외부장이 아주 적어서 $\mathbf{P}$에 영향을 주지 않는다고 가정해야 할 것이다. 그러면 작은 부피의 쌍극자모멘트는 (10-1)로 주어질 것이고, (8-64)로부터 구한 외부 상호작용에너지는

$$dU_{e,\text{ext}} = -\mathbf{P}\cdot\mathbf{E}_{\text{ext}}\,d\tau \tag{10-94}$$

처럼 쓸 수 있다. 여기서 외부장으로는 $\mathbf{E}_0$를 쓰지 않고 $\mathbf{E}_{\text{ext}}$를 사용하는데, $\mathbf{E}_0$는 진공에서의 값을 나타내는데 사용했었다. 그러면 총 상호작용에너지는 (10-94)를 유전체에 대하여 적분하여 구하게 될 것이고

$$U_{e,\text{ext}} = -\int \mathbf{P}\cdot\mathbf{E}_{\text{ext}}\,d\tau \tag{10-95}$$

가 된다. 예를 들어, $\mathbf{E}_{\text{ext}}$가 체적에 걸쳐 많이 변하지 않으면, 적분 밖으로 꺼낼 수 있고 (10-2)를 사용하여 $U_{e,\text{ext}} = -\mathbf{p}\cdot\mathbf{E}_{\text{ext}}$를 얻게 되고, (8-64)와 일치한다.

예제

일반적인 축전기의 에너지. 우리는 이미 (10-88)을 구하면서 특별한 경우의 유전체가 축전기에 주는 효과에 대해 배웠다. 이번에는 일반적인 경우를 간단히 조사해보겠다. 에너지는 일반적으로 (7-21)에 의해 주어진다. 거기에다가 유전체가 전기용량에 주는 효과에 대해 일반적인 관계식 (10-73)도 구했다. 그러므로 전하 Q가 일정하게 유지되면, 극판 사이에 유전체를 가질 때의 에너지 U_e는 $U_e = Q^2/2C = Q^2/2\kappa_e C_0 = U_0/\kappa_e$일 것이고, 여기서 U_0은 진공 에너지이다. 그래서 줄어든 에너지

$$U_e = \frac{U_0}{\kappa_e} \qquad (Q = \text{일정}) \tag{10-96}$$

는 그대로 일반적인 결과이고, (10-88)과 일치한다.

이번에는 퍼텐셜차 $\Delta\phi$가 일정하게 유지되었다고 가정하자. (7-21)을 (10-73)과 결합하면, $U_e = \frac{1}{2}C(\Delta\phi)^2 = \frac{1}{2}\kappa_e C_0(\Delta\phi)^2 = \kappa_e U_0$가 되고 그러면

$$U_e = \kappa_e U_0 \qquad (\Delta\phi = \text{일정}) \tag{10-97}$$

이며, 축전기의 에너지는 인수 κ_e만큼 증가한다. 이것은 (10-96)과 대조된다. 이렇게 증가한 이유는, 전기용량이 증가하면 전하도 증가하고 전지가 이들 자유전하를 떼어놓는 일을 했기 때문이다. 더구나, 유전체도 분극시켜야야 하므로, 이 모든 변화의 알짜 효과가 바로 (10-97)로 표현된 것이다.

10-9 힘

유전체가 분극 될 때, 전기장 때문에 생긴 구속전하밀도는 그 전기장에 의해 힘을 받는다. 유전체에 작용하는 힘과, 유전체의 존재로 인해 도체가 받는`힘에 관한 일반론은 사실 매우 복잡하여 잘못된 답을 얻게 되기 쉽다. 일반적으로 말해서, 이런 문제나 이와 비슷한 것들을 다루는 만족스러운 유일한 수단은 "에너지 방법"을 사용하는 것이다. 즉, 계의 배치에 따른 처음에너지와 나중에너지를 비교하는 방법이다. 그러한 문제는 흔히 다음의 두 가지로 분류 된다. (1) 계가 완전히 고립되어 있어서 총 에너지가 보존되는 경우. (2) 계는 고립되어 있지 않고 따라서 계와 전지같은 외부 에너지 원천 사이의 에너지 이동을 고려해야 하는 경우. 그러므로 후자의 경우 계와 전지의 에너지를 합한 것은 보존될 지라도, 계의 에너지는 보존되지 않는다. 보통 이 두 부류는 앞에서 다루었던 일정한 자유전하의 경우나 일정한 퍼텐셜차의 경우에 대응된다.

이렇게 복잡한 문제이므로, 우리는 여기서 가장 간단한 두 가지 상황을 논의함으로써 만족하기로 한다. 흔히 나오는 다른 예는 연습문제에서 보게 될 것이다. 더군다나, 전기적인 힘과 역학적인 힘의 균형에 관해서는 논의하지 않겠다. 이 중에 역학적인 힘은 계 내에서 평형을 이루거나, 전기장이 걸리게 되었을 때 새로운 평형을 위해 필요한 힘이다. 유전체가 딱딱하지 않다면, 이러한 전기적인 힘의 영향 하에서 유전체는 변형될 것이다. 이러한 현상을 **전기변형** *electrostriction*이라 한다. 일반적으로 이 효과는 작지만, 어떤 경우에는 흥미롭고도 중요할 때가 있다.

예제

유전체에 작용하는 평균 표면력. 특별히 축전기의 경우를 생각해보자. (10-96)에서 보았듯이 일정한 전하를 가지고 있는 축전기의 에너지는 유전체가 있을 때는 줄어들게 된다. 계

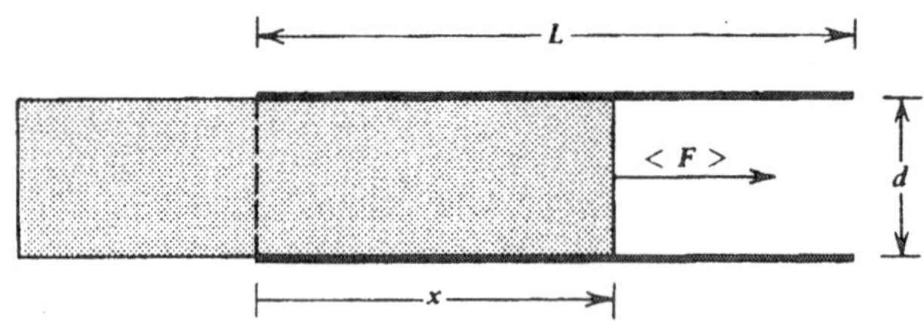

그림 10-18 유전체에 작용하는 힘.

는 일반적으로 에너지를 줄이는 경향을 가지고 있으므로, 축전기는 유전체가 제자리에 들어있기를 "원하게" 될 것이다. 즉 유전체에는 힘이 작용할 것이고, 그 힘의 방향은 유전체를 극판 사이로 끌어당기는 쪽이 되어야 한다.

좀 더 구체적으로, 평행판 축전기를 고려하는데, 극판은 정사각형으로 한 변이 L이고 $A = L^2$이라 하자. 유전체 판은 극판 사이에만 꼭 들어맞는 알맞은 크기라고 가정한다. 테두리효과는 무시하기로 하여 전기장은 극판 사이의 공간에서만 영이 아니라고 하자. 그림 10-18은 이 유전체가 부분적으로만 들어가 있는 옆모습이다. 유전체가 극판 사이에 완전히 들어가 있을 때, 에너지의 총 변화는 (10-96)으로부터 구할 수 있고

$$\Delta U_e = U_e - U_0 = -\left(\frac{\kappa_e - 1}{\kappa_e}\right) U_0 \tag{10-98}$$

이 된다. $\langle F \rangle$를 유전체에 작용하는 평균힘이라 한다면, 유전체의 총 변위는 L이고, (7-37)을 이용하여

$$\langle F \rangle = -\frac{\Delta U_e}{L} = \left(\frac{\kappa_e - 1}{\kappa_e}\right) \frac{U_0}{L} \tag{10-99}$$

이 된다. 이것은 양의 값이고, 유전체는 극판 사이의 영역에 끌려 들어감을 말한다. 이것을 원래의 일정한 에너지 밀도로 나타내면, (10-84)와 (10-85)로부터 $U_0 = u_{e0} \times$ (부피) $= u_{e0} L^2 d$가 되고, 그러면

$$\langle F \rangle = \left(\frac{\kappa_e - 1}{\kappa_e}\right) u_{e0} (Ld)$$

이다. Ld는 $\langle F \rangle$가 작용하는 유전체 면의 넓이이므로, $\langle f_a \rangle$를 단위면적 당의 평균힘이라하면

$$\langle f_a \rangle = \left(\frac{\kappa_e - 1}{\kappa_e}\right) u_{e0} \tag{10-100}$$

이 되고 진공인 경우의 에너지 밀도값으로 표현되었다.

예제

유체 유전체에 담겨있는 축전기. 유전체가 있는 곳에서 도체에 작용하는 힘에 관한 예로써, 평행판 축전기의 한 극판을 생각해보자. 이 축전기에서 전기장이 영이 아닌 모든 영역은

유전체로 채워져 있다. 7-4절에서는 극판 거리의 작은 변화에 의해 만들어지는 에너지변화와 이 변화에 필요한 힘을 보고 이것을 계산했었다. 그 때 취급한 방법은 매우 일반적이었으므로 그 결과를 사용할 수 있고, (10-73)처럼 유전체가 전기용량에 주는 영향, 즉 $C = \kappa_e C_0$을 사용하여 조금만 수정하면 된다. 전하가 일정하게 유지되면, 유전체가 존재할 때 극판에 작용하는 총 힘은 여전히 (7-39)로 주어질 것이고,

$$F_e = \frac{Q^2}{2C^2}\frac{dC}{dx} = \frac{Q^2}{2(\kappa_e C_0)^2}\frac{d(\kappa_e C_0)}{dx} = \frac{F_{e0}}{\kappa_e} \qquad (Q = \text{일정}) \tag{10-101}$$

이 되며, 여기서는 극판 사이에 진공이 들어 있을 때의 힘 F_{e0}으로 나타내었다. 그러므로 극판에 작용하는 힘은 인수 κ_e만큼 줄어들었다. 여기에서처럼 $C = \kappa_e C_0$를 사용할 때, 유전체가 극판 사이의 공간을 완전히 채우고 있다는 사실은 필수적이고, 몇 개의 연습문제에서 예증될 것이다. 이것은 사실상 유전체가 유체로써 축전기는 이 유체 속에 잠겨있다고 가정함을 의미한다. 그래서 간격이 줄어들면, 그 유체는 극판 사이에서 빠져나가게 되고, 간격이 증가하면 유체는 그 영역을 채우려 들어오게 되며, 물론 이렇게 이용가능 하도록 유체가 제공되어야 한다.

만일 퍼텐셜차가 일정하게 유지되면, (7-46)의 가운데 형태가 사용하기에 적당하고,

$$F_e = \tfrac{1}{2}(\Delta\phi)^2\frac{dC}{dx} = \tfrac{1}{2}(\Delta\phi)^2\frac{d(\kappa_e C_0)}{dx} = \kappa_e F_{e0} \qquad (\Delta\phi = \text{일정}) \tag{10-102}$$

로 구하게 된다. 이 경우 극판에 작용하는 힘은 인수 κ_e만큼 증가하였다.

비록 서로 다른 과정이 관련되어 있다는 것은 알고 있지만, 유전체의 존재가 어떤 경우에는 총 힘을 감소시키고, 어떤 경우에는 증가시킨다니 여전히 모순된 것처럼 보인다. (7-37)과 (7-45)를 기억한다면, 총 전기장에너지를 주시하여 이 결과를 좀 더 잘 이해할 수 있을 것이다.

(10-85)에서 에너지밀도는 $u_e = \frac{1}{2}\mathbf{D}\cdot\mathbf{E}$로 주어진다는 것을 알고 있다. 자유전하 Q가 일정하게 유지된다면, $\mathbf{D}$는 일정할 것이고, $u_e = \mathbf{D}^2/2\epsilon = u_{e0}/\kappa_e$임을 알 수 있다. (10-84)를 이용하면 $U_e = U_{e0}/\kappa_e$가 되며, 힘은 (10-101)에서처럼 인수 κ_e만큼 감소할 것이다. 비슷하게, 퍼텐셜차 $\Delta\phi$가 일정하게 유지된다면, $\mathbf{E}$가 일정할 것이고, $u_e = \frac{1}{2}\epsilon\mathbf{E}^2 = \kappa_e u_{e0}$에 이르게 된다. 그러므로 이 경우 $U_e = \kappa_e U_{e0}$이며, 이것은 (10-102)에서 설명한 것처럼 힘이 증가한 것이다. [축전기 에너지에 관한 이 결과는 다소 다른 접근방식으로 구한 (10-96)과 (10-97)과 정확하게 같다.]

유전체가 존재할 때 이러한 역학적인 힘이 정확히 어떻게 영향 받는지에 관해 더 연구해 보면, 전기장의 존재로 인해 유체 내에 분포하는 압력이 변하는 것을 알게 된다. 결과적인 압력 변화로부터 도체에 작용하는 힘의 변화가 자세히 설명된다고 증명할 수 있다.

연습문제

10-1 물분자의 영구 쌍극자모멘트는 약 6.2×10^{-30} C·m이다. 100°C 대기압에서 수증기가 가질 수 있는 최대 분극은 얼마인가?

10-2 정전기학은 대전된 물체가 작은 조각의 물질을 끌어당긴다는 것을 발견하면서부터 시작되었다. 대전된 물체가 어떻게 중성의 물질에 힘을 작용할 수 있는지 정성적으로 설명하고 이 힘은 알려진대로 인력임을 보여라.

10-3 어떤 얇은 물질의 두 면은 평행하다. 한 면은 xy 평면과 일치하고, 다른 면은 $z = t$이다. 이 물질의 분극은 균일하지 않고 $\mathbf{P} = P(1 + \alpha z)\hat{\mathbf{z}}$이며 여기서 P와 α는 상수이다. 구속전하의 체적밀도 및 면밀도를 구하라. 이 물질이 단면적 A이고 옆면은 z축에 평행인 원통에 들어 있을 때 이 물질의 총 구속전하량을 구하고, 이 경우 (10-13)이 잘 맞는다는 것을 직접 증명하여라.

10-4 유전체 내에 들어있는 고정된 체적 $\Delta x \Delta y \Delta z$의 평행면체를 생각해보자. ρ_+가 양의 평균 구속전하밀도이고, $\mathbf{R}_+$은 이 물질이 분극 되었을 때 양전하의 평균 변위라 하면, yz 평면에 평행인 면들을 통과하는 알짜 양전하는

$$-\frac{\partial}{\partial x}(\rho_+ R_{+x})\,\Delta x\,\Delta y\,\Delta z$$

임을 보여라. 마찬가지로, 음전하밀도 $-\rho_+$가(왜 그런가?) 평균 변위 $\mathbf{R}_-$로 이동함으로써 얻게 되는 알짜전하량도 구하라. 이런 방식으로 구한 모든 면에 대한 결과를 결합하여 단위부피당 알짜 전하량이 $\rho_b = -\nabla \cdot \mathbf{P}$임을 보여라.

10-5 10-4절에서 논의한 균일하게 분극된 구에 의해 축에 만들어지는 퍼텐셜 ϕ와 전기장 E_z를 음의 z 값에 대하여 구하라. 이 답이 $z > 0$에 대하여 구한 결과와 일치하며 그림 10-11과 일치함을 보여라.

10-6 그림 10-8에서 균일하게 분극된 구의 총 구속 양전하를 구하라.

10-7 반지름 a인 구가 지름 방향의 분극 $\mathbf{P} = \alpha r^n \hat{\mathbf{r}}$을 가지고 있다. 여기서 α와 n은 상수이고 $n \geq 0$이다. 구속전하의 체적밀도 및 면밀도를 구하라. 구의 안과 밖에서 $\mathbf{E}$를 구하라. 그 $\mathbf{E}$가 적절한 경계조건을 만족함을 보여라. 구의 안과 밖에서 ϕ를 구하라. $\mathbf{E}$와 ϕ를 스케치하라.

10-8 연습문제 10-7을 $n = -1$인 경우에 대해 적용해 보아라. 또한 $n = -2$는 (10-13)에 의해 불가능함을 보여라.

10-9 한 변이 $2a$인 정육면체의 면들은 xyz축에 수직이고 원점은 중심에 있다. 그리고 z축 방향으로 균일하게 분극되어있다. 정육면체 중심에서의 $\mathbf{E}$를 구하라.

10-10 균일하게 분극된 매우 커다란 유전체 안에 반지름 a의 구형 공동이 있다. 공동의 중심에서 $\mathbf{E}$를 구하라.

10-11 어느 원통의 길이는 $2L$이고 그 축은 z축에 놓여 있으며 단면의 반지름은 a이다. 원점은 원통의 중심에 있으며, 이 원통은 축을 따라 균일하게 분극 되어 있다, 즉 $\mathbf{P} = P\hat{\mathbf{z}}$이며 P는 상수이다. (a) 구속전하밀도 ρ_b와 σ_b를 구하라. (b) $z \geq 0$인 z축의 모든 곳에서 전기장을 구하라. (c) (b)의 결과가 $z = L$에서 경계조건을 만족함을 보여라. (d) (b)의 결과로부터 원점에서의 $\mathbf{E}$를 구하라. (e) (d)의 결과를 a/L의 함수로 스케치하라. a/L이 어떤 값일 때 원점에서의 $\mathbf{E}$가 최대 크기를 갖는가? 그 크기는 얼마인가?

이것은 이치에 맞는가?

10-12 반지름 a인 무한히 긴 원통의 축이 z축에 놓여 있다. 이 원통은 그 축을 가로지르는 방향으로 균일하게 분극 되어 있다, 즉 $\mathbf{P} = P\hat{\mathbf{x}}$이며 P는 상수이다. 원통 축에서의 $\mathbf{E}$를 구하라. (장점을 원점에 잡는 것이 쉽다.)

10-13 유전체가 선형 등방적이나 비균질인 경우 (10-55)에서부터 (10-59)까지의 식 중 어느 것이 유효한가?

10-14 그림 10-14의 각들이 $\kappa_{e1} \cot \alpha_1 = \kappa_{e2} \cot \alpha_2$의 관계를 만족함을 보여라. 영역 1은 폴리에틸렌으로 $\kappa_{e1} = 2.30$이고 영역 2는 유리로 $\kappa_{e2} = 4.00$이라 하자. $\alpha_1 = 36°$일 때 α_2를 구하라. 총 구속면전하밀도에 대한 1 영역의 구속면전하밀도의 비는 각도에 무관함을 보이고, 이 경우 그 비 값을 계산하라.

10-15 유전체가 균질이 아닐 때 (10-58)과 (10-59)와 유사한 표현식을 구하고, 자유전하가 없더라도 구속전하밀도가 있을 수 있음을 보여라. $\rho_f = 0$일 때 $\rho_b = 0$이려면 어떤 추가적인 조건이 필요한가?

10-16 두 점전하 q와 $-q$가 처음에 진공 중에 있고 a만큼 떨어져 있다. 두께가 $d < a$인 유전체판을 그들의 중간에 판면이 두 전하를 잇는 선에 수직이 되도록 끼워 넣는다. q에 작용하는 총 힘이 증가함을 정성적으로 보여라.

10-17 점전하 q가 반지름 a인 유전체 구의 중심에 놓여 있다. 모든 위치에서의 $\mathbf{D}$, $\mathbf{E}$와 $\mathbf{P}$를 구하고 그림으로 그려보아라. 구 표면에서의 총 구속전하는 얼마인가?

10-18 유전상수가 κ_e인 무한의 유전체 안에 반지름 a인 구 공동이 있다. 이 공동의 중심에 점전하 q가 있다. ρ_b와 σ_b를 구하라. 공동의 표면에서 총 구속전하밀도를 구하라. 그 결과를 (10-13)과 어떻게 일치시킬 수 있는가?

10-19 그림 6-12의 무한히 긴 동축 도체들 사이의 공간에는 유전체가 채워져 있는데, κ_e가 원통좌표로 $\alpha\rho^n$으로 주어지고 α와 n은 상수이다. 내부 원통에 단위길이 당 λ_f의 자유전하가 들어 있다. 두 도체 사이 모든 곳에서 $\mathbf{D}$, $\mathbf{E}$와 ρ_b를 구하라. 어떠한 조건 하에서 $\mathbf{E}$의 크기가 일정하겠는가? 이 때 해당되는 $\mathbf{D}$와 ρ_b는 얼마가 될 것인가?

10-20 두 면이 평행이고 두께가 t인 무한히 넓은 유전체판이 한 면에 일정한 자유전하밀도 σ_f를 가지고 있다. 모든 곳에서의 $\mathbf{E}$를 구하라. 자유전하를 가지고 있지 않은 면에서의 구속면전하밀도는 얼마인가?

10-21 단위길이 당 λ_f의 일정한 자유전하를 가지고 있는 무한히 긴 선전하가 z축에 일치하도록 놓여 있다. 이것을 축으로 하는 원통의 유전체가 있는데, 반지름은 a이고 유전상수는 축을 따라 $\kappa_e = \alpha + \beta z$이고 α와 β는 상수이다. 원통 안의 모든 곳에서 $\mathbf{D}$, $\mathbf{E}$, $\mathbf{P}$와 ρ_b를 구하라. ρ_b의 결과는 연습문제 10-15와 일치하는가?

10-22 일반적인 계의 모든 영역에 l.i.h. 유전체를 도입하면 퍼텐셜 계수, 전기용량 계수, 유도 계수 값에는 어떠한 영향이 미치겠는가? [이 계수들은 (6-11)과 (6-43)에서 정의되었다.]

10-23 그림 10-19에서처럼 두께 t의 유전체판이 극판 간격 d이고 극판 넓이 A인 평행판 축전기에 끼워져 있다. 유전체판의 표면은 극판면에 평행이다. $\mathbf{D}$, $\mathbf{E}$와 $\mathbf{P}$를 x의 함수로 구하고, 그래프로 그려라. (Q를 사용하여 나타내어라.) 이 계의 전기용량을 구하라. C에 관한 결과가 $t = 0$인 경우와 $t = d$인 경

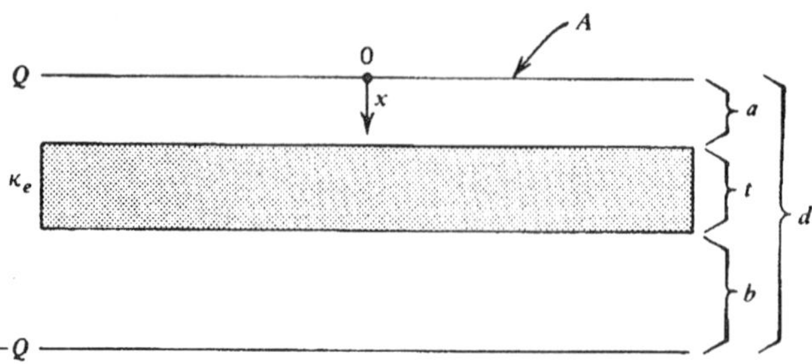

그림 10-19 | 연습문제 10-23의 축전기.

우 적절한 값이 됨을 증명하라.

10-24 유전체가 극판 사이에 끼워져 있는 상태에서 퍼텐셜차는 일정하게 유지되는 경우에 대한 (10-73)이 유도되는 예제문제를 다시 생각해보자. **E**, **D**와 Q는 어떻게 되는지 구하고, (10-73)이 여전히 유효함을 보여라.

10-25 평행판 축전기 극판 사이의 영역이 유전체로 채워져 있는데, κ_e는 거리에 대해 선형으로 변한다. 이 때 한 극판에서는 κ_{e1}이고 다른 극판에서는 κ_{e2}가 된다. 전기용량을 계산하라. 결과를 확인하기 위하여 κ_e가 일정할 경우 C는 옳은 결과가 됨을 보여라. 또한 결과는 κ_{e1}이 κ_{e2}보다 크거나 작거나에 관계 없음을 보여라.

10-26 그림 10-17의 구형 축전기 극판 사이의 공간이 유전체로 채워져 있는데, 이 유전체는 κ_e가

$$\kappa_e = \kappa_{ea}\left[1 + \alpha\left(\frac{r - a}{b - a}\right)\right]$$

에 따라 변하고 κ_{ea}와 α는 상수이다. 전기용량을 구하라. 이 결과는 $\alpha = 0$일 때 옳은가?

10-27 그림 6-12의 동축 원통 축전기가 극판 사이에 서로 다른 두 가지 유전체를 가지고 있다. κ_e의 값은, $a \le \rho < \rho_0$에서 κ_{e1}이고, $\rho_0 \le \rho \le b$에서 κ_{e2}이다. 이 계의 길이 L에 대한 전기용량을 구하라.

10-28 그림 10-20의 구 축전기 극판 사이의 공간이 그림에 나타낸 두 가지 유전율을 갖는 l.i.h.로 채워져 있다. 전체 부피는 구좌표 중심을 지나는 평면에 의해 정확히 반반으로 나누어져 있다. 전기용량이 $C = 2\pi(\epsilon_1 + \epsilon_2)ab/(b - a)$임을 보여라.

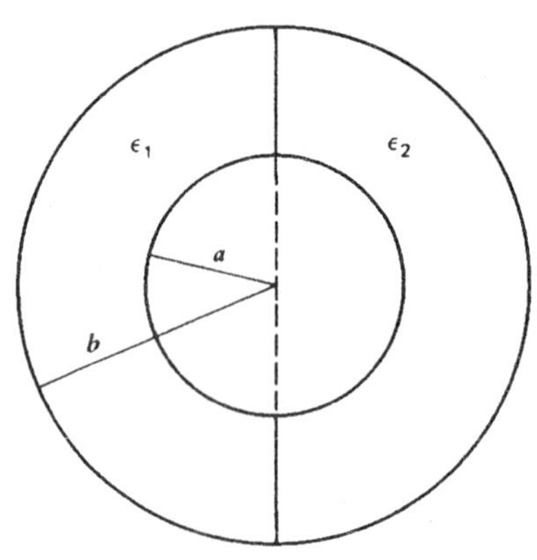

그림 10-20 | 연습문제 10-28의 축전기.

10-29 그림 10-17의 구 축전기가 이번에는 극판 사이에 두 가지 서로 다른 유전체를 가지고 있다. κ_e의 값은, $a \le r < r_0$에서 κ_{e1}이고, $r_0 \le r \le b$에서 κ_{e2}이다. 극판 사이의 총 전기장 에너지를 계산하여 이 계의 전기용량을 구하라.

10-30 그림 6-12의 동축 원통 축전기가 극판 사이에 유전체를 가지고 있는데, 유전상수는 κ_e

$= \kappa_0 \rho^n$로 변하고, κ_0와 n은 상수이다. 극판 사이의 전기장 에너지를 계산하고 길이 L인 이 계에 대한 전기용량을 구하라.

10-31 반지름 a인 l.i.h. 구형 유전체가 일정한 밀도 ρ_0의 자유전하도 가지고 있다. 구의 내부 모든 곳에서 **D**와 **E**를 구하라. 구 내부의 총 전기장 에너지를 구하라. 총 구속체적전하는 얼마인가? 이 계로 인해 생기는 퍼텐셜 ϕ를 모든 r에 대해 구하라. 구의 중심에서 ϕ는 얼마인가?

10-32 그림 10-18의 평행판 축전기의 극판은 한 변이 L인 정사각형이다. 유전체가 거리 x에 있을 때, 전기용량은 x의 함수로 $C(x) = (\epsilon_0 L/d)[L + (\kappa_e - 1)x]$임을 보여라.

10-33 그림 10-18의 평행판 축전기의 극판은 한 변이 L인 정사각형이다. 극판 사이에 유전체는 없는 상태에서 이것은 퍼텐셜차 $\Delta\phi_0$인 전지에 연결되어 있다. 전지에 연결된 채로 유전체가 극판 사이 공간의 중간까지 끼워진다. 그리고는 전지를 떼어낸다. 그 후 유전체는 극판 사이 공간이 꽉 채워지도록 밀어 넣어진다. $\Delta\phi$, Q, E의 최종 값을 구하라.

10-34 그림 10-18의 평행판 축전기를 생각해보자. 유전체 면에 작용하는 총 힘을 x의 함수로 구하라. $F(x)$는 x에 따라 증가하는가 감소하는가? $F(x)$를 x에 대하여 평균하였을 때, 결과는 (10-99)임을 증명하여라. 귀띔: 연습문제 10-32를 참고하여라.

10-35 한 변의 길이가 L인 정사각형의 극판을 간격 d 만큼 떼어서 평행판 축전기를 구성하였다. 퍼텐셜차 $\Delta\phi$를 유지한 채, 두께가 $t < d$이며 한 변의 길이는 역시 L인 유전체 판을 극판의 테두리에 맞추어 집어넣는다. 모서리효과는 무시하고 유전체가 극판 사이에서 끌려가는 평균힘을 계산하라.

10-36 한 변의 길이가 L인 정사각형의 극판과 간격 d를 갖는 평행판 축전기에 전하 Q가 주어져 있고, 전지로부터는 분리되어 있다. 그리고는 한 변이 수직으로 액체 유전체 (질량밀도 ρ_l)의 저장탱크에 담겨진다. 테두리효과는 무시하고 그 액체가 축전기 안으로 높이

$$h = \frac{L}{2(\kappa_e - 1)}\left\{\left[1 + \frac{4(\kappa_e - 1)^2 Q^2}{\epsilon_0 g \rho_l L^5}\right]^{1/2} - 1\right\}$$

만큼 올라감을 보여라.

10-37 그림 6-12처럼 생긴 두 개의 동축 도체 원통이 수직으로 액체 유전체 (질량밀도 ρ_l)의 저장탱크에 담겨진다. 퍼텐셜차를 $\Delta\phi$로 걸어주었을 때 그 액체는 극판 사이에서 높이 h 만큼 올라간다. 테두리효과는 무시하고 이 액체의 감수율은

$$\chi_e = \frac{\rho_l g h (b^2 - a^2)\ln(b/a)}{2\epsilon_0 (\Delta\phi)^2}$$

로 주어짐을 보여라. (전지를 잊지 말라.)

10-38 (10-92)를 유도하라. 다음과 같이 진행하는 것이 가장 좋다. 우선, (10-91)의 피적분함수를 $\mathbf{E}\cdot(\mathbf{D} - \mathbf{D}_0) + \mathbf{E}_0\cdot(\mathbf{D} - \mathbf{D}_0) + (\mathbf{E}\cdot\mathbf{D}_0 - \mathbf{E}_0\cdot\mathbf{D})$처럼 써라. 그리고는, (5-3), (1-115), (10-41), (1-59)를 사용하고 (7-27)에 이르게 한 논의를 이용하면, 새롭게 표기한 피적분함수의 처음 두 항이 (10-91)에 기여하는 것은 각각 영임을 보일 수 있을 것이다. 이제 유전체 바깥의 진공에서 세 번째 항은 영임을 보여라. 끝으로, ($\mathbf{D}_0$, $\mathbf{E}_0$)와 (**D**, **E**)에 적용하였던 것처럼 (10-40)을 한 번 더 사용하면 (10-92)가 된다.

10-39 10-9절의 시작 부분에서, 유전체에 작용하는 힘은 구속전하에 작용하는 힘에 기인한다고 하였다. 그런데 그림 10-18의 유전체에 작용하는 힘이 x 방향인 반면, 전기장은

(간단히 생각하려고) 그림 10-15b처럼 가정하였다. 이것은 이 합성력에 수직방향이라 혼돈스럽다. 힘의 기원은 바로 우리가 무시하였던 "테두리효과"에서 찾을 수 있는데, 테두리효과란 실제적인 전기장선이 그림 6-10에 나타낸 것처럼 곡률을 갖는 것이다. 곡선모양의 전기장에 의한 구속면전하에 작용하는 알짜 힘은 에너지를 고려하여 얻었던 것처럼 실제로 x 방향을 향한다는 것을 정성적으로 보여라.

제 11 장 정전기학의 특수 해법

지금까지는 주어진 원천 전하분포에 대하여 (5-7)같은 적분으로 스칼라퍼텐셜을 구하고, $\mathbf{E} = -\nabla\phi$로부터 전기장을 얻는 일에 집중했었다. (5-14) 다음의 문단에서 지적하였듯이, 어떤 문제들은 그러한 방식으로는 잘 될 법하지 않다. 그래서 다른 가능한 방법이 있으면 바람직하겠다. 그러한 한 가지 접근방법은, 퍼텐셜 구하는 문제를 ϕ가 만족하는 편미분방정식을 푸는 과정으로 간주하는 것이다. 이것은 Poisson 방정식으로, (5-15)에 의해

$$\nabla^2\phi = -\frac{\rho}{\epsilon_0} \tag{11-1}$$

로 주어지고, 여기서 ρ는 총 전하밀도이다. 또한 (10-55)에서 선형 등방적 균질의 유전체에 대해서는 자유전하밀도만으로 쓸 수 있다고 했었다:

$$\nabla^2\phi = -\frac{\rho_f}{\epsilon} \tag{11-2}$$

관련된 전하밀도가 영이면, 이 두 방정식은 Laplace 방정식이 된다:

$$\nabla^2\phi = 0 \tag{11-3}$$

Laplace 방정식은 비교적 간단하기 때문에, 우리는 이것을 푸는 일에 집중하겠다. 그러나 11-6절에서는 Poisson 방정식의 해를 구하는 예에 대해 논의할 것이다.

오랫동안 이러한 방정식을 푸는 여러 가지 방법이 고안되었다. 어떤 것은 매우 일반적이고 대칭적이며, 어떤 다른 것은 매우 특별하여서 제한적인 경우에만 적용된다. 우리는 두 가지 경우를 모두 생각해보겠다. 우리가 다룰 많은 것은, 다음 절에서 고려하게 되는 중요한 정리를 통해, 그 동기와 정당성이 마련될 것이다.

11-1 Laplace 방정식 해의 유일성

주어진 경계조건을 만족하는 Laplace 방정식의 해를 구하게 되면(즉, 그 영역을 둘러싸는 표면의 모든 지점에서 미리 부여된 올바른 값이 되면), 그 해는 유일하다는 사실을 보이고자 한다. "경계조건" 이라는 용어는 9장에서 쓴 것과 다른 개념으로 사용한다. 거기에서 경계조건이란 두 매질 사이를 경계 짓는 불연속면 상에서 전기장이 만족해야할 성질을 언급한 것이었다. 여기서 경계조건을 말할 때는, 퍼텐셜 수치가 주어지거나 알려진 어떤 표면이 둘러싸는 영역을 다루고 있음을 가정하는 것이다. 즉, 우리는 이 영역 밖에서는 원천 전하분포에 관한 자세한 내용을 모르지만, 그 표면에서는 전하들이 만든 퍼텐셜을 알고 있다. 경계의 한 예로, 전지에

의해 12 V의 퍼텐셜이 유지되는 도체를 들 수 있다. 그러면 다른 곳에서 ϕ가 무엇이든, 장점을 도체의 어느 곳에라도 위치시키면 퍼텐셜은 언제라도 12 V의 값이 되어야 한다. 가끔 경계는 매우 멀어서 무한대에 있기도 하다.

여기서는 다소 특별한 경우를 다루어도 충분하겠다. ϕ는 Laplace 방정식을 만족시킬뿐 아니라 경계면 S의 모든 곳에서 일정하다고 가정하겠다:

$$\phi = \text{일정} \qquad (\text{경계면에서}) \tag{11-4}$$

(1-115), (1-45), (1-17), (11-3)을 사용하면

$$\nabla \cdot (\phi \nabla \phi) = \nabla \phi \cdot \nabla \phi + \phi \nabla^2 \phi = (\nabla \phi)^2 \tag{11-5}$$

이 되고, (1-59)에 사용할 때, (11-4)와 Gauss 법칙 (4-1)에 의해, 그리고 $Q_{\text{in}} = 0$이기 때문에

$$\int_V (\nabla \phi)^2 \, d\tau = \int_V \nabla \cdot (\phi \nabla \phi) \, d\tau = \oint_S (\phi \nabla \phi) \cdot d\mathbf{a} = -\phi \oint_S \mathbf{E} \cdot d\mathbf{a} = 0 \tag{11-6}$$

이 된다. (11-6)의 첫 번째 적분식은 제곱의 합이므로, 그럼으로 인해 본질적으로 양의 값이므로, 피적분함수 자체가 모든 곳에서 영이어야만 적분이 영이 될 수 있다. 따라서 (1-37)에 의해

$$(\nabla \phi)^2 = \left(\frac{\partial \phi}{\partial x}\right)^2 + \left(\frac{\partial \phi}{\partial y}\right)^2 + \left(\frac{\partial \phi}{\partial z}\right)^2 = 0 \tag{11-7}$$

이다. (11-7)의 표현식은 다시 제곱의 합이므로, 개별적인 항이 영이 되어야 한다, 즉

$$\frac{\partial \phi}{\partial x} = \frac{\partial \phi}{\partial y} = \frac{\partial \phi}{\partial z} = 0$$

이므로 ϕ = 일정이다. 그러나 경계에서 ϕ = 일정이므로

$$\phi = \text{일정} \qquad (\text{모든 곳에서}) \tag{11-8}$$

이다.

이제 유일성 정리를 쉽게 증명할 수 있다. $\phi_1(\mathbf{r})$이 주어진 경계조건을 만족하는 (11-3)의 해라고 하자. 이 같은 경계조건을 만족하는 다른 별개의 해 $\phi_2(\mathbf{r})$도 존재한다고 가정하자. 우리는 ϕ_1과 ϕ_2가 동등하다는 것을 증명하고자 한다. 이것을 위하여 $\phi = \phi_1 - \phi_2$로 놓자. 그러면 (11-3)에 의해 $\nabla^2\phi = \nabla^2\phi_1 - \nabla^2\phi_2 = 0$이다. 그러므로 ϕ도 Laplace 방정식의 해이다. 둘러싼 표면 S에서, $\phi_1 = \phi_2$이므로 경계에서 $\phi = 0$이다. 영은 하나의 상수이므로, 이 ϕ는 이전 결과의 모든 조건을 만족한다. 그러므로 (11-8)에 의해 모든 곳에서 $\phi = 0$이 되고, 따라서

$$\phi_1 = \phi_2 \qquad (\text{모든 곳에서}) \tag{11-9}$$

으로 바로 우리가 원하던 것이다.

가끔 경계조건은 전기장 성분으로, 즉 퍼텐셜 자체보다 그 미분으로 표현되기도 한다. 그러

한 경우에 적용되는 Laplace 방정식에 대한 유사한 유일성 정리도 증명할 수 있다. 한 예가 연습문제 11-1이다. 비록 증명할 필요는 없지만, Poisson 방정식에 대해서도 유일성 정리를 증명할 수 있다.

실용적인 관점에서 본 (11-9) 결과의 중요성은, 어떤 방법으로든지 주어진 경계조건을 만족하는 Laplace 방정식의 해를 구하기만 하면, 그 해는 유일한 것이고 다른 해의 가능성은 고려할 필요가 없다는 것이다. "어떤 방법으로든지"에는 체계적인 방법이든지, 빈틈없는 추측, 행운의 추측, 혹은 단순히 과거의 해를 기억해내고 새로 응용하는 것 등이 포함된다.

예제

6-1절의 끝 부분에서, 그림 6-5와 6-6에 나타낸 것처럼 공동을 가지고 있는 도체를 생각해 보았다. 안에 알짜 전하가 없다면, 공동(그리고 그 안에 든 도체)은 주위를 감싸는 도체와 등퍼텐셜체적을 형성할 것이고, 전기장은 공동 안 모든 곳에서 영이 될 것이다. 그런데 둘러싸는 도체의 안 쪽 표면에서 퍼텐셜은 일정하기 때문에, (11-4)는 만족되고, 그러므로 (11-8) 결과는 이 경우 적용된다. 따라서 다시 한 번 공동 (그리고 그 안에 든 도체)은 등퍼텐셜체적이다.

11-2 영상법

Coulomb 법칙에 의해 점전하의 퍼텐셜에 대한 (5-2) 표현식이 나오고, 이 때 각 전하의 기여는 그 전하와 장점 사이의 거리 R에 대해 $1/R$로 비례한다. 그러한 표현식은 반드시 Laplace 방정식을 만족해야 한다. 이것은 (1-144)로부터도 분명히 알 수 있다. 즉, 점전하 무리로부터의 개별적인 퍼텐셜의 합은 자동적으로 Laplace 방적식의 해이다. 이 사실이 **영상법** *method of image*의 기본이다. 여기서의 목표는 한 무리의 **가짜** 전하 (영상전하)를 도입하여, 실제로 존재하고 있는 진짜 전하와 함께 경계조건을 만족하는 유일한 퍼텐셜함수를 얻는 것이다. 즉, 퍼텐셜을

$$\phi = \sum_{\text{실제}} \frac{q_a}{4\pi\epsilon_0 R_a} + \sum_{\text{영상}} \frac{q_i}{4\pi\epsilon_0 R_i} \tag{11-10}$$

의 형태로 쓰려는 **시도**이며, 할 수 있는 한 가장 잘 짜맞추려는 것이다. 기본적인 아이디어는 영상전하가 어떻게든지 다른 원천전하나 물체의 성질을 **흉내내게** *simulate* 하는 것이다. 이에 따라 영상전하는 ϕ를 구하고자하는 영역 밖에 위치하도록 잡는다. 이 방법은 특정 예를 통하여 가장 잘 설명할 수 있다.

예제

점전하와 접지된 반무한대 평면 도체. 그림 11-1은 yz평면으로부터 거리가 d인 곳에 있는 점전하 q를 보여주고 있는데, 이 평면 왼쪽, 즉 x가 음인 모든 공간은 도체가 차지하고 있

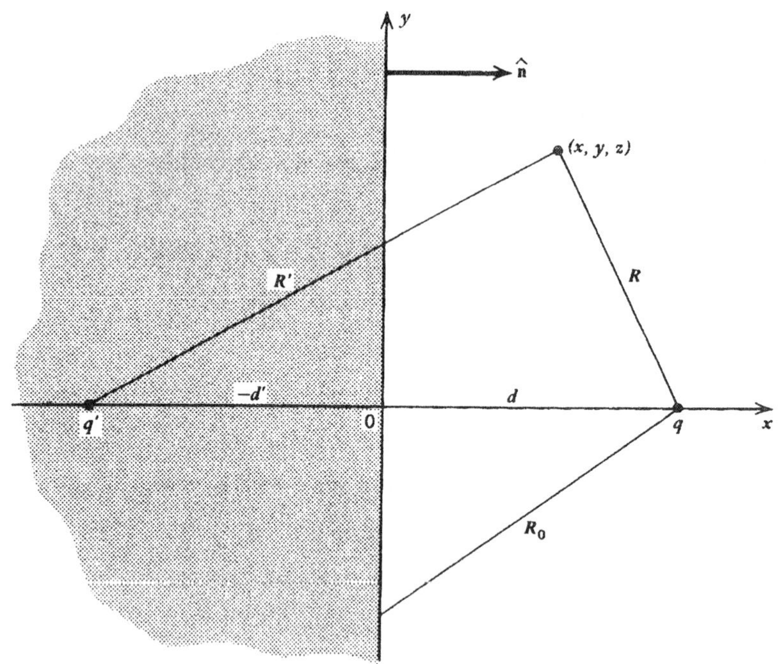

그림 11-1 점전하와 접지된 반무한평면 도체. q'은 영상전하이다.

다. 공간의 다른 절반은 진공이다. 경계조건은 (6-2)에 의해 $x = 0$에서 $\phi =$ 일정이다. 간단히 생각하기 위해 이 값을 영으로 잡겠다. (도체는 "접지"되어 있다.) 실제 값이 다른 상수라면, 최종 결과에 이 상수를 더하면 된다. 그러므로 경계조건은 모든 y와 z에 대해

$$\phi(0, y, z) = 0 \tag{11-11}$$

이다. 우리는 단 하나의 영상전하 q'이 x축 위 거리 d'인 도체 속에 위치하도록 만든 상태에서(그렇게 함으로써 도체를 대체하고 진공만 있는 것처럼), (11-10)를 사용하여 (11-11)을 만족시키려고 시도할 것이다. q와 q'의 좌표는 각각 $(d, 0, 0)$과 $(-d', 0, 0)$이므로, (11-10)과 (5-6)을 함께 사용하여

$$\phi(x, y, z) = \frac{1}{4\pi\epsilon_0}\left\{\frac{q}{\left[(x-d)^2 + y^2 + z^2\right]^{1/2}} + \frac{q'}{\left[(x+d')^2 + y^2 + z^2\right]^{1/2}}\right\} \tag{11-12}$$

이 된다. 이것을 (11-11)과 결합하면

$$\frac{q}{(d^2 + y^2 + z^2)^{1/2}} + \frac{q'}{(d'^2 + y^2 + z^2)^{1/2}} = 0 \tag{11-13}$$

의 조건을 만족시켜야한다. 이것은 분명히 $d' = d$와 $q' = -q$일 때 만족된다. 그러므로 q가 경계의 "앞쪽에" 있는 만큼 q'은 경계로부터 "뒷쪽"으로 꼭 그 만큼에 위치시키고, 그럼으로써 "영상"이라는 용어의 의미가 제대로 맞는다. 이 과정에서 전하의 부호가 바뀌었

다는 점에 주의하라—이것이 바로 그 특성이다. 이들 값을 (11-12)에 넣으면, 퍼텐셜에 대한 유일한 표현식

$$\phi(x, y, z) = \frac{q}{4\pi\epsilon_0}\left\{\frac{1}{\left[(x-d)^2+y^2+z^2\right]^{1/2}} - \frac{1}{\left[(x+d)^2+y^2+z^2\right]^{1/2}}\right\} \quad \textbf{(11-14)}$$

을 얻게 되고, 이것이 우리 문제의 완전한 해가 된다. (11-14)는 $x \geq 0$에 대해서만 사용된다. $x < 0$에서의 ϕ는 (6-1)로부터 알고 있듯이 도체표면에서의 값과 같은 영이어야 한다.

이제 (5-3)으로부터 전기장 성분을 구할 수 있다:

$$E_x = -\frac{\partial\phi}{\partial x} = \frac{q}{4\pi\epsilon_0}\left\{\frac{(x-d)}{\left[(x-d)^2+y^2+z^2\right]^{3/2}} - \frac{(x+d)}{\left[(x+d)^2+y^2+z^2\right]^{3/2}}\right\}$$

$$E_y = -\frac{\partial\phi}{\partial y} = \frac{qy}{4\pi\epsilon_0}\left\{\frac{1}{\left[(x-d)^2+y^2+z^2\right]^{3/2}} - \frac{1}{\left[(x+d)^2+y^2+z^2\right]^{3/2}}\right\} \quad \textbf{(11-15)}$$

$$E_z = -\frac{\partial\phi}{\partial z} = \frac{qz}{4\pi\epsilon_0}\left\{\frac{1}{\left[(x-d)^2+y^2+z^2\right]^{3/2}} - \frac{1}{\left[(x+d)^2+y^2+z^2\right]^{3/2}}\right\}$$

이것들이 올바른 성질을 가지고 있는지 조사하여 우리의 해를 점검해보자. 도체표면에서 E_y와 E_z는 접선성분이고, (6-2)에 의해 영이되어야 한다. (11-15)로부터 이것이 옳다는 것을 즉시 알 수 있다. 도체에서 $\mathbf{E}$의 법선성분은 $E_n = \hat{\mathbf{n}} \cdot \mathbf{E} = \hat{\mathbf{x}} \cdot \mathbf{E} = E_x$이고,

$$E_n = E_x(0, y, z) = -\frac{qd}{2\pi\epsilon_0\left(d^2+y^2+z^2\right)^{3/2}} = -\frac{qd}{2\pi\epsilon_0 R_0^3} \quad \textbf{(11-16)}$$

로 구하게 된다. 여기서 R_0는 q로부터 $x = 0$인 평면의 해당되는 점까지의 거리로써 그림에 나타내었다. 그러나 E_n이 영이 아니라는 것은 전하의 면적밀도(이 경우는 자유전하)가 있다는 것을 의미하는데, (11-6)과 (6-4)로부터

$$\sigma_f(y, z) = -\frac{qd}{2\pi\left(d^2+y^2+z^2\right)^{3/2}} \quad \textbf{(11-17)}$$

로 구해진다. 이 면적밀도는 점점하 q가 유도하였다고 말할 수 있다. σ_f는 그 평면 상에서 일정하지 않다. 최대크기 $q/2\pi d^2$는 q의 바로 아래 원점에서 나타나고, y와 z가 무한대로 갈수록 $\sigma_f \to 0$이 된다. yz평면에 유도된 총 전하는 (11-17)과 (2-16), (1-55)를 결합하여

$$q_{유도} = -\frac{qd}{2\pi}\int_{-\infty}^{\infty}\int_{-\infty}^{\infty}\frac{dy\,dz}{\left(d^2+y^2+z^2\right)^{3/2}} = -\frac{qd}{\pi}\int_{-\infty}^{\infty}\frac{dz}{d^2+z^2} = -q \quad \textbf{(11-18)}$$

가 된다. 이 적분을 계산하기 위해 이전에 구한 (3-7), (3-8), (3-12)를 사용하였다. 그러므로 총 유도전하는 유도를 유발하는 전하와 전하량이 같고 부호가 반대로 되었다. 즉, 영상전하가 도체의 전반적인 성질을 흉내내기 때문에 이 값은 우리가 예상하던대로이다.

q에 작용하는 힘을 구하기 위해, q가 있는 곳에서의 $\mathbf{E}$가 필요하다. 그러나 (11-15)의 괄

호들에 들어있는 첫 번째 항들은 그 전하 자체에 의한 기여이기 때문에 사용할 수 없다. 그것은 (11-12)로부터 알 수 있고, 이 항들이 있다면 그 전하가 자신에게 힘을 작용함을 의미한다. 우리는 이러한 가능성을 계속하여 배제하여 왔다. q의 좌표 $(d, 0, 0)$을 (11-15)의 남은 항들에 넣으면, $E_y = E_z = 0$이고 $E_x = -q/16\pi\epsilon_0 d^2$이 되며, 그러면 q에 작용하는 힘은

$$\mathbf{F} = q\mathbf{E} = -\frac{q^2}{16\pi\epsilon_0 d^2}\hat{\mathbf{x}} \tag{11-19}$$

로 도체를 향하게 된다. 이것은 분명히 q와 유도된 표면전하 사이의 합성력을 나타내는데, (2-17)을 직접 적분하여 증명할 수 있다. (11-19)를

$$\mathbf{F} = -\frac{q^2}{4\pi\epsilon_0 (2d)^2}\hat{\mathbf{x}} \tag{11-20}$$

로 다시 쓰면, 이것은 바로 거리 $2d$만큼 떨어진 q와 영상전하 $-q$ 사이의 인력에 대한 Coulomb 법칙의 형태라는 것을 알 수 있다.

$x \geq 0$인 영역에서의 등퍼텐셜면의 방정식은 (11-14)에서 ϕ를 상수로 놓아서 얻을 수 있다. 그리고는 xy평면에서의 등퍼텐셜 곡선은 $z = 0$으로 놓아 구한다. 등퍼텐셜면의 방

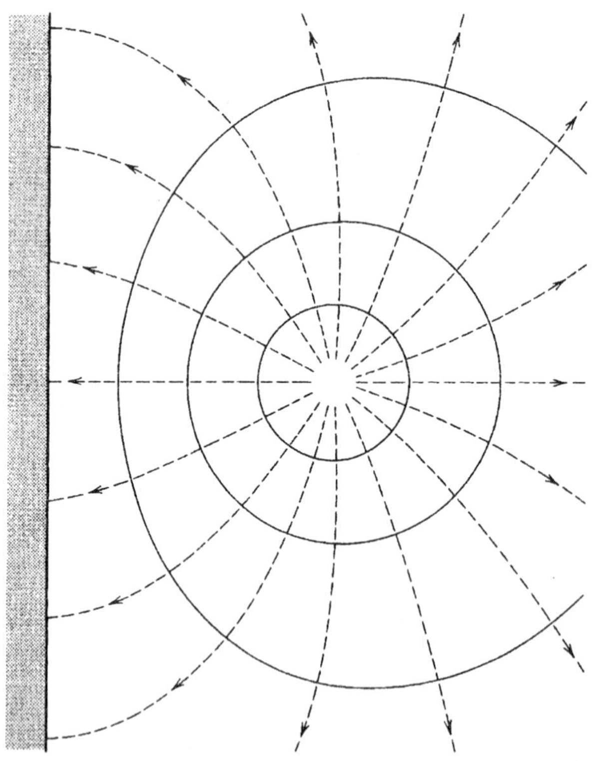

그림 11-2 | 그림 11-1의 계에 대한 등퍼텐셜선(실선)과 전기장선(점선).

정식은 (11-14)로부터, 그림 11-1의 거리 R과 R'으로 나타내어, 바로

$$\frac{1}{R} - \frac{1}{R'} = \frac{4\pi\epsilon_0\phi}{q} = \text{상수} \tag{11-21}$$

가 된다. 이들 곡선을 그림 11-2에 실선으로 나타내었다. 점선은 **E**의 선이고 그 방정식은 (5-39)와 (11-15)로부터 구해진다.

예제

점전하와 접지된 도체구. 그림 11-3을 보아라. 구좌표를 사용하여 반지름 a인 구의 중심에 원점을 놓고, z축은 중심으로부터 d의 거리에 있는 q의 위치를 통과하도록 잡는다. 경계 조건은 구의 표면에서 퍼텐셜이 영이 되는 것이다. 즉,

$$\phi(a, \theta, \varphi) = 0 \tag{11-22}$$

이다. 우리는 중심으로부터 d'에 영상전하 q'을 잡고 이 문제를 풀겠다. $d' < a$가 요구되는데, 그래야 q'이 진공 영역 밖에 있게 된다. 장점 P에서의 퍼텐셜은 (11-10)과 코사인법칙으로부터 구하고, 그림을 잘 보면

$$\begin{aligned}\phi(r, \theta, \varphi) &= \frac{1}{4\pi\epsilon_0}\left(\frac{q}{R} + \frac{q'}{R'}\right)\\ &= \frac{1}{4\pi\epsilon_0}\left[\frac{q}{(r^2 + d^2 - 2rd\cos\theta)^{1/2}} + \frac{q'}{(r^2 + d'^2 - 2rd'\cos\theta)^{1/2}}\right]\end{aligned} \tag{11-23}$$

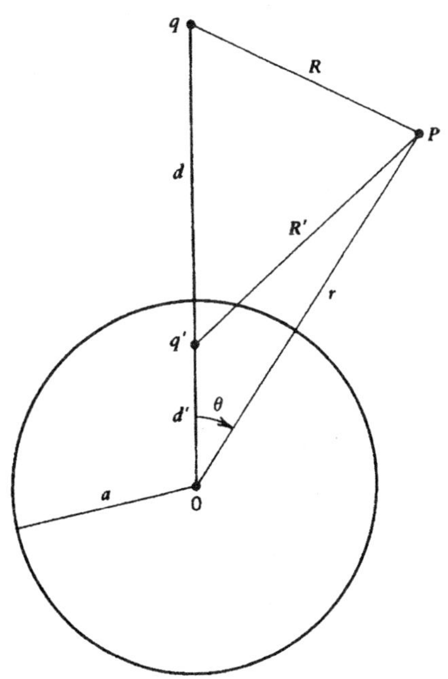

그림 11-3 점전하와 접지된 도체구.

이 된다. 이것을 (11-22)와 결합하면

$$\frac{q}{(a^2+d^2-2ad\cos\theta)^{1/2}}+\frac{q'}{(a^2+d'^2-2ad'\cos\theta)^{1/2}}=0 \tag{11-24}$$

의 조건을 구하게 되는데, 이것으로부터 두 미지수 q'과 d'을 구하게 된다. 일반적으로 두 개의 방정식이 있어야 되는데, (11-24)는 모든 θ값에 대하여 성립해야 하므로, 그 두 식은 θ에 두 특별한 값을 넣어서 얻게 된다. 분모의 제곱근은 괄호 안에 들어 있는 것을 제곱으로 만들면 쉽게 제거할 수 있는데, 이것은 θ가 0과 π일 때 가능하다. 이들 값을 (11-24)에 넣고 $d > a > d'$임을 사용하여 두 식

$$\frac{q}{d-a}+\frac{q'}{a-d'}=0 \tag{11-25}$$

$$\frac{q}{d+a}+\frac{q'}{a+d'}=0 \tag{11-26}$$

을 얻는다. 이것을 풀면

$$q'=-\frac{a}{d}q \qquad \text{와} \qquad d'=\frac{a^2}{d} \tag{11-27}$$

이 된다. 영상전하는 이번에도 유도시키는 전하와 부호가 반대이나, 크기는 같지 않으며, 실상 $|q'|<|q|$이다. 이 결과를 (11-23)에 대입하면, 경계조건을 만족하는 퍼텐셜을 구하게 되며, 구 밖의 어느 곳에서든지 옳은 결과이다:

$$\phi=\frac{q}{4\pi\epsilon_0}\left\{\frac{1}{(r^2+d^2-2rd\cos\theta)^{1/2}}-\frac{(a/d)}{\left[r^2+(a^2/d)^2-2r(a^2/d)\cos\theta\right]^{1/2}}\right\} \tag{11-28}$$

전기장 성분은 $\mathbf{E}=-\nabla\phi$와 (1-101)로부터 구할 수 있는데, 영이 되지 않는 성분은

$$E_r=\frac{q}{4\pi\epsilon_0}\left\{\frac{(r-d\cos\theta)}{R^3}-\frac{(a/d)\left[r-(a^2/d)\cos\theta\right]}{R'^3}\right\} \tag{11-29}$$

$$E_\theta=\frac{qd\sin\theta}{4\pi\epsilon_0}\left[\frac{1}{R^3}-\frac{(a/d)^3}{R'^3}\right] \tag{11-30}$$

이다. 구의 표면에서는, 접선성분이 당연히 그래야 하듯이, $E_\theta(a)=0$이다. 그러나 $E_r(a)\neq 0$이고, 이것이 표면에서의 법선성분이기 때문에, 전하의 면적밀도는

$$\sigma_f(\theta)=\epsilon_0 E_n=\epsilon_0 E_r(a,\theta)=\frac{-q(d^2-a^2)}{4\pi a(a^2+d^2-2ad\cos\theta)^{3/2}} \tag{11-31}$$

으로 주어진다. 이번에도 총 유도전하는 영상전하와 같다는 것을 보일 수 있다. (2-16), (1-100), (2-22)를 사용하여,

$$q_{유도} = -\frac{q(d^2 - a^2)}{4\pi a}\int_0^{2\pi}\int_0^{\pi}\frac{a^2 \sin\theta\, d\theta\, d\varphi}{(a^2 + d^2 - 2ad\cos\theta)^{3/2}}$$

$$= -\frac{q(d^2 - a^2)a}{2}\int_{-1}^{1}\frac{d\mu}{(a^2 + d^2 - 2ad\mu)^{3/2}} \tag{11-32}$$

를 얻는다. 적분은 표에서 구하여

$$\left.\frac{1}{ad(a^2 + d^2 - 2ad\mu)^{1/2}}\right|_{-1}^{1} = \frac{1}{ad}\left(\frac{1}{|d - a|} - \frac{1}{|d + a|}\right) \tag{11-33}$$

이다. 이 경우, $d > a$이고, (11-33)은 $2/[d(d^2 - a^2)]$이 되어 예상했던대로

$$q_{유도} = -\frac{a}{d}q = q' \tag{11-34}$$

이다.

전하 q는, 이것의 영상전하 q'과의 Coulomb 힘에 의해서 구를 향해서 끌려올 것이다. 그들이 떨어져 있는 거리는 $D = d - d' = (d^2 - a^2)/d$이므로, (2-3)에 의해

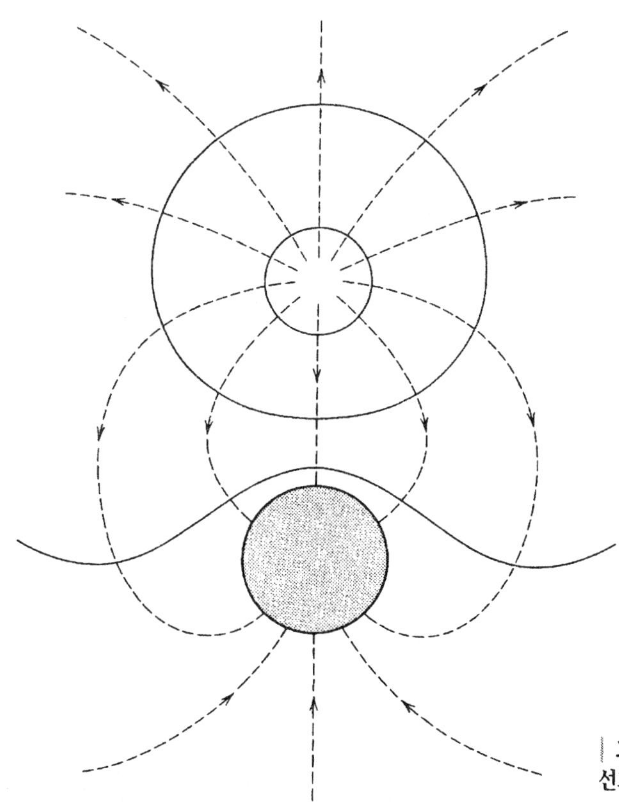

그림 11-4 그림 11-3의 계에 대한 등퍼텐셜선과 전기장선.

$$\mathbf{F} = -\frac{adq^2\hat{\mathbf{z}}}{4\pi\epsilon_0(d^2 - a^2)^2} \tag{11-35}$$

이다. $d \gg a$이면, 이 힘은 근사적으로 거리의 세제곱으로 변한다.

이 경우 등퍼텐셜면과 **E**의 선에 대한 일반적인 모습이 그림 11-4에 그려져 있다.

예제

점전하 그리고 전하를 갖지 않은 절연된 도체구. 이 문제는 앞의 문제를 변형한 것이다. 이 도체구는 처음에 전기적 중성이라고 가정하고, 더 이상 정해진 퍼텐셜로 유지되어 있지 않다. q가 존재할 때, 이 구는 여전히 알짜 전하를 영으로 가져야 한다. 앞의 예에서는 구가 무엇인가에 연결되어 전하를 얻을 수 있었지만, 이번에는 더 이상 무엇인가에 연결되어 있지 않기 때문이다. 이 구는 또한 등퍼텐셜체적임에 틀림없다. 앞의 예제에서와 마찬가지로 우선 같은 크기의 영상전하 $q' = -(a/d)q$가 같은 위치에 있다고 하자. 이렇게 하면 구 표면을 일정한 등퍼텐셜(영)로 만들 것이다. 그러나 구를 중성으로 유지하기 위하여, 다른 (영상)전하 $q'' = -q' = (a/d)q$를 어딘가에 넣어야 한다. 이것을 넣을 유일한 곳은, 그리고 구 표면을 등퍼텐셜면으로 유지시킬 수 있는 장소는 중심이다. 그러므로 우리는 그림 11-5처럼 세 전하의 계를 갖게 된다. 이 전하분포는 모든 요구조건을 만족하므로, 구 밖의 모든 곳에서 올바른 퍼텐셜과 전기장을 만들어 줄 것이다. 이 예제의 특성에 관한 대부분의 계산은 연습문제로 남겨 놓겠다. 그러나 구의 최종 퍼텐셜은 쉽게 구할 수 있다. 그림에 나타낸 결과와 (6-5)를 결합하면

$$\phi_{구} = \phi(a) = \frac{q''}{4\pi\epsilon_0 a} = \frac{q}{4\pi\epsilon_0 d} \tag{11-36}$$

가 되고, 이것은 흥미롭게도 이 구가 없었다면 q가 구의 중심에서 만들었을 퍼텐셜이다.

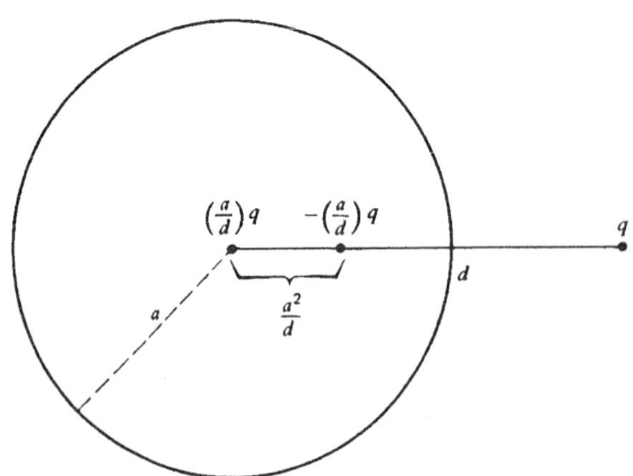

그림 11-5 점전하 q와 전하를 갖지 않은 절연된 도체구에 대한 영상전하.

예제

점전하와 반무한 평면 유전체. 여기에서의 상황은 그림 11-1과 비슷하나, x가 음인 빗금 친 지역이 도체가 아니라 l.i.h. 유전체로 채워져 있다는 점이 다르다. 바로 이전의 예제에서와 마찬가지로, 퍼텐셜은 미리 지정되어 있지 않다. 이번에는 $x = 0$ 면에서의 경계조건이 **E**의 성분들에 의해서 만족되어야 하고, 이 경계조건은 (10-65)에 $\sigma_f = 0$을 넣어 주어진다:

$$\hat{\mathbf{n}} \cdot (\epsilon_2 \mathbf{E}_2 - \epsilon_1 \mathbf{E}_1) = \epsilon_0 E_{2x} - \epsilon E_{1x} = 0 \qquad E_{2y} = E_{1y} \qquad E_{2z} = E_{1z} \tag{11-37}$$

영역 1은 유전체($x < 0$)로, 영역 2는 진공($x > 0$)으로 잡았고, 그림 11-1에는 여기에 해당되는 $\hat{\mathbf{n}}$도 나타내었다.

진공에서는 그림 11-1에서와 같이 동일한 전하들로 시도하겠고, 당장 $d' = d$라고 가정하겠다. 그러면 (11-12)에서와 같이

$$\phi_2 = \frac{1}{4\pi\epsilon_0}\left\{\frac{q}{\left[(x-d)^2+y^2+z^2\right]^{1/2}} + \frac{q'}{\left[(x+d)^2+y^2+z^2\right]^{1/2}}\right\} \tag{11-38}$$

을 얻고, 이것으로부터 전기장 성분은

$$E_{2x} = \frac{1}{4\pi\epsilon_0}\left\{\frac{(x-d)q}{\left[(x-d)^2+y^2+z^2\right]^{3/2}} + \frac{(x+d)q'}{\left[(x+d)^2+y^2+z^2\right]^{3/2}}\right\} \tag{11-39}$$

$$E_{2y} = \frac{y}{4\pi\epsilon_0}\left\{\frac{q}{\left[(x-d)^2+y^2+z^2\right]^{3/2}} + \frac{q'}{\left[(x+d)^2+y^2+z^2\right]^{3/2}}\right\} \tag{11-40}$$

이 되며, E_{2z}는 (11-40)의 앞쪽에 있는 y를 z로 대체함으로써 얻을 수 있다.

유전체 안에서의 퍼텐셜을 구하려면, q'이 유전체 안에 있기 때문에, 위에서와 똑같은 전하배치를 사용할 수 없고, 가상의 전하가 이 영역 밖에 놓여 있어야 한다. 우리가 바랄 수 있는 한 큰 요행을 바라며, 그림 11-6에서와 같이 단 하나의 점전하 q''을 q의 위치에 놓아보도록 하겠다. 이것은 유전체가 있는 곳에 퍼텐셜

$$\phi_1 = \frac{q''}{4\pi\epsilon_0\left[(x-d)^2+y^2+z^2\right]^{1/2}} \tag{11-41}$$

을 만들어 줄 것이고, 여기에 해당되는 전기장 성분은

$$E_{1x} = \frac{(x-d)q''}{4\pi\epsilon_0\left[(x-d)^2+y^2+z^2\right]^{3/2}} \tag{11-42}$$

$$E_{1y} = \frac{yq''}{4\pi\epsilon_0\left[(x-d)^2+y^2+z^2\right]^{3/2}} \tag{11-43}$$

이며, E_{1z}는 역시 (11-43)의 분자에 있는 y를 z로 바꾸면 된다. 이제 전기장 성분에 대한

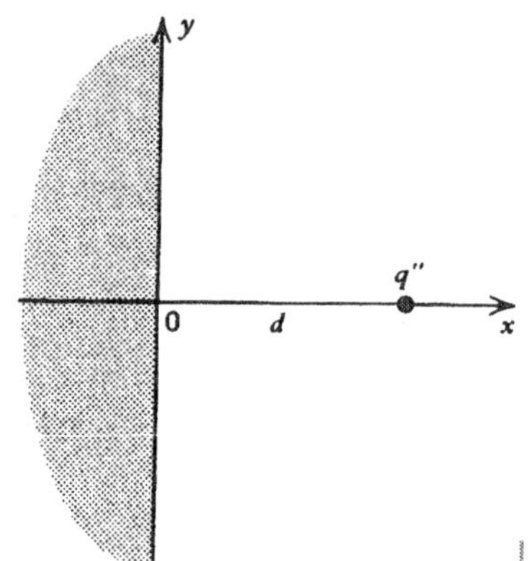

그림 11-6 유전체에서의 퍼텐셜을 계산하기 위해 사용되는 영상전하.

경계조건을 만족시킬 준비가 되었다.

(11-37)의 첫 번째 식은 $\epsilon_0 E_{2x}(0, y, z) = \epsilon E_{1x}(0, y, z)$로

$$\epsilon_0(-q + q') = \epsilon(-q'') \tag{11-44}$$

이 되고, (11-37)의 두 번째 식은 $E_{2y}(0, y, z) = E_{1y}(0, y, z)$로

$$q + q' = q'' \tag{11-45}$$

이 되며, $E_{2z}(0, y, z) = E_{1z}(0, y, z)$도 마찬가지이다. $\epsilon/\epsilon_0 = \kappa_e$를 상기하면서 (11-44)와 (11-45)를 풀면,

$$q' = -\left(\frac{\kappa_e - 1}{\kappa_e + 1}\right)q \qquad q'' = \frac{2q}{\kappa_e + 1} \tag{11-46}$$

이며, 이것으로 어떻게든 문제를 완전히 다 풀었다.

그러므로 그림 11-7에 보인 두 벌의 영상전하를 갖게 된다. 숫자 표시한 네모의 의미는 그 그림에 나타낸 전하들로 그 (네모 친)영역에서 ϕ를 계산하라는 것이다. 그러므로 이 문제의 완전한 해는 (11-46)의 q'과 q''을 (11-38)부터 (11-43)에 넣어 구한다.

$x = d$에 있는 q에 작용하는 힘은 (11-39)와 (11-40)의 q'에 의한 기여만 사용하여 구할 수 있다. 그것은

$$\mathbf{F} = q\mathbf{E}(d,0,0) = \frac{qq'\hat{\mathbf{x}}}{4\pi\epsilon_0(2d)^2} = -\left(\frac{\kappa_e - 1}{\kappa_e + 1}\right)\frac{q^2\hat{\mathbf{x}}}{16\pi\epsilon_0 d^2} \tag{11-47}$$

이 되고, q와 유전체에 유도된 영상전하 q'과의 Coulomb 인력과 같다. 물리적으로 보면 실제로는 q와 유전체에 작용하는 구속면전하 사이의 인력이다. 이 면전하의 밀도는 (10-8), (10-50), (10-52), (11-42)와 (11-46)을 이용하여 구하고

$$\sigma_b(y, z) = P_{1n} = (\kappa_e - 1)\epsilon_0 E_{1x}(0, y, z) = -\left(\frac{\kappa_e - 1}{\kappa_e + 1}\right)\frac{qd}{2\pi(d^2 + y^2 + z^2)^{3/2}} \tag{11-48}$$

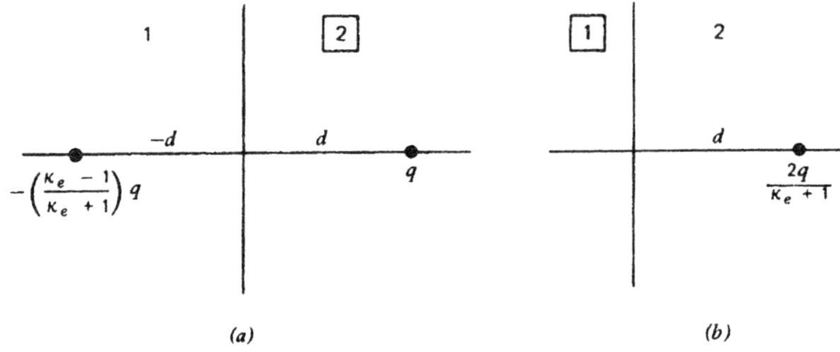

그림 11-7 (a)유전체 밖과 (b) 유전체 안에서의 퍼텐셜을 구해 주는 전하.

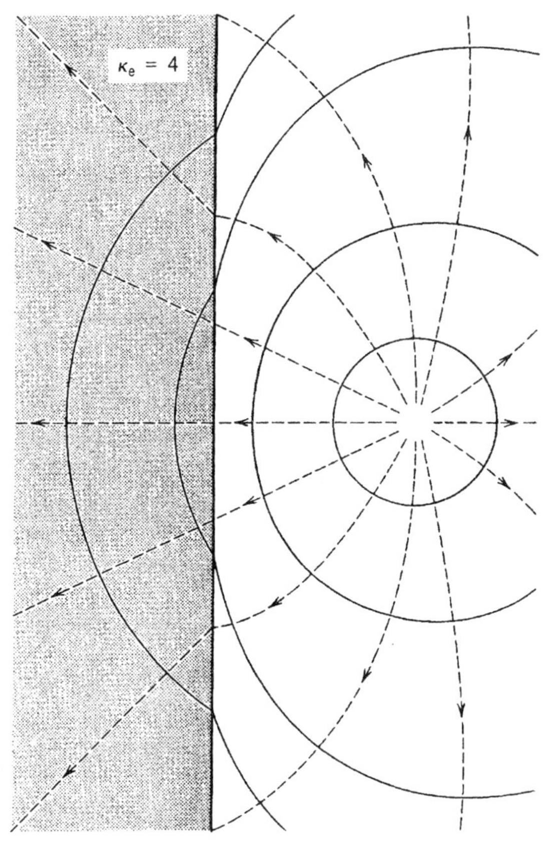

그림 11-8 점전하와 반무한평면 유전체에 대한 등퍼텐셜선과 **E**의 선.

이 되며, 예상대로 음이다. (11-17), (11-18)을 (11-48)과 비교하면, 유전체면에 유도된 총 구속전하량은 영상전하 q'과 같다는 것을 알게 된다.

이 계에 대한 등퍼텐셜곡선과 **E**의 선을 그림 11-8에 나타내었다. 예상대로 **E**의 선은 유전체의 표면을 지나면서 굴절된다.

11-3 "지난 것들에 대한 추억"

가끔 지나간 문제들의 풀이를 적절히 해석하여 전혀 새로워 보이는 문제의 해법에 적응시켜 사용할 수 있다. 이러한 경우를 두 가지 예를 들어 설명해 보겠다. 이 두 문제는 5장의 한 예제와 관련이 있다.

예제

균일한 무한 선전하와 접지된 반무한 평면 도체. 단위길이당 일정한 전하 λ를 갖는 무한대로 긴 선전하가, 전체 공간의 절반을 차지하며 접지된 도체의 면에 평행으로 a만큼 떨어져 놓여 있다고 해보자. 이 선을 z축과 평행이라고 잡고, 도체면은 yz평면, x축은 선전하를 통과하도록 선택하면, 그림 11-9에 나타낸 xy평면을 갖는 배치를 갖게 된다. 경계조건은 도체면에서 퍼텐셜이 일정하여야 하며, 이것을 영으로 놓는 것이다. 즉, $\phi(0, y, z) = 0$. 그림 11-9와 그림 11-1의 유사성으로부터, 또한 여기에서의 경계조건은 (11-11)과 동일하기 때문에, 이 경우 사용하게 될 영상전하는 $x = -a$에 놓여 있고 $-\lambda$인 다른 무한 선전하라고 하면 잘 추측한 것이 될 수 있다. 그런데 이것은 그림 5-7의 전하분포와 꼭 같다. 그 때 모든 곳에서의 퍼텐셜은 (5-34)가 되었고, 등퍼텐셜선과 **E**의 선은 그림 5-8에 나타내었다. (거기에서 등퍼텐셜면은 실제로 원통(축이 z축과 평행)모양이었고, 그 축들은 xz평면에 놓여 있었다.) (5-38) 이후의 논의에서 지적했던 것처럼 yz평면($x = 0$)은 $\phi = 0$인 등퍼텐셜면이고, 이것은 이 문제에서 만족되어야 할 바로 그 경계조건 (11-11)이다. 이렇게 해는 이전의 결과로부터 구해진다. 그러나 (5-34)는 그림 11-9의 빗금치지 않은 진공 영역, 즉 $-\pi/2 \leq \varphi \leq \pi/2$에서만 사용할 수 있다. 그러므로 이 문제에 대한 등퍼텐셜면과 역선은 그림 5-8의 오른쪽 절반에 있는 곡선들로만 주어진다. 결론적으로, 이 예제에 이용할 수 있는 해를 우리는 이미 가지고 있었다.

그림 5-7 그대로의 계에 대해 구했던 것을 가지고 더 나아갈 수도 있다. 한 등퍼텐셜 원통이 둘러싸고 차지하는 부피를 도체로 대체하였다고 가정해보자. 그 도체 표면은 요구되는대로 등퍼텐셜면이고, 대체되기 전의 그 표면에 대응되는 퍼텐셜을 갖는다. **E**의 선은 이미 등퍼텐셜면과 수직이기 때문에, 전기장도 요구되는대로 도체에 수직이 될 것이다. 원통에는 (6-4)로 주어지는 면전하가 있을 것이지만, 쉽게 알 수 있듯이, (그림 5-8의 오른쪽 절반에서의 표면을 가정하여) 원통 위의 단위길이당 총 전하는 여전히 λ가 될 것이다. 도체 바로 바깥에 있는 Gauss 적분면을 생각해보자. **E**의 값은 여전히 (5-35)와 (5-36)으로부터 구할 것이고, 그러면 (4-1)의 Gauss 법칙의 면적분은, 마치 선전하가 거기에 있는 것과 같을 것이다. 그러나 Gauss 법칙은 면적분을 면 내의 전하 나누기 ϵ_0과 (그 전하분포와 관계없이) 같게 놓기 때문에, 단위길이당 총 전하는 λ가 될 것이고, 이것은 도체 표면에 있는 총 전하가 될 것이다. 즉 도체 밖에서는 아무 것도 변한 것이 없고, 다른 곳에서는 여전히 (5-34)를 사용할 수 있다. [안에서는

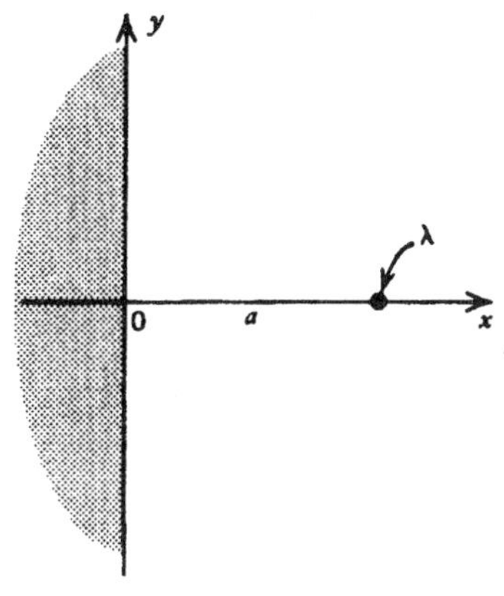

| 그림 11-9 | 균일한 무한 선전하가 지면에 수직이며 접지된 반무한 평면 도체에 평행이다.

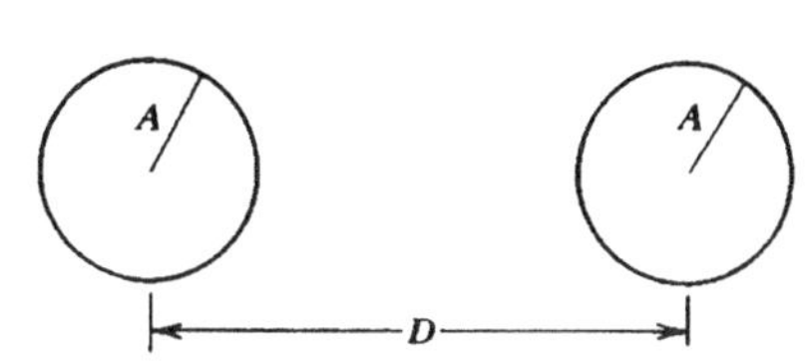

| 그림 11-10 | 두 평행 원통 도체의 단면도.

물론 변한다. 전기장은 이제 영이고 ϕ는 (6-1)에 의해 상수이다.] 마찬가지의 논의를 그림 5-8의 왼쪽 부분에도 적용할 수 있다. 이제 다음 예제를 고려해볼 준비가 되었다.

예제

두 평행한 원통 도체의 전기용량. 두 개의 무한히 긴 도체 원통이 있고 그들의 축은 평행이다. 문제를 간단히 하기 위하여, 원통의 반지름은 A로 같다고 가정하고, 축들은 그림 11-10처럼 거리 D만큼 떨어져있다 하자. 이 원통들을 그림 5-8의 적절한 등퍼텐셜로 간주하면, 원통들은 단위길이당 $-\lambda$와 $+\lambda$의 전하를 가지게 될 것이다. 우리는 이러한 배치를 이전의 문제와 관련지어 퍼텐셜차를 구하려고 한다. (5-38)에서는 그림 5-8 원의 반지름이 $a/\sinh\eta$이고 원의 중심은 원점에 대하여 $a\coth\eta$의 위치라고 구했었다. 여기서 $\eta = 2\pi\epsilon_0\phi/\lambda$이다. 그러므로 ϕ가 전하 λ의 오른쪽 원통의 퍼텐셜이라면

$$A = \frac{a}{\sinh\eta} \tag{11-49}$$

$$\frac{D}{2} = a\coth\eta = A\cosh\eta \tag{11-50}$$

가 된다. 나중 식으로 η에 대하여 풀면, 이 원통의 퍼텐셜은

$$\phi = \frac{\lambda}{2\pi\epsilon_0}\cosh^{-1}\left(\frac{D}{2A}\right) \tag{11-51}$$

로 구해진다. 다른 원통의 퍼텐셜은 $-\phi$이므로, 이 둘 사이의 퍼텐셜차는

$$\Delta\phi = 2\phi = \frac{\lambda}{\pi\epsilon_0}\cosh^{-1}\left(\frac{D}{2A}\right) \tag{11-52}$$

가 될 것이다. 이 계의 길이 L에 들어 있는 전하는 λL이므로, (6-28)로부터 길이 L의 전기용량은

$$C = \frac{\lambda L}{\Delta\phi} = \frac{\pi\epsilon_0 L}{\cosh^{-1}(D/2A)} \tag{11-53}$$

이 될 것이다.

$A \ll D$면, 두 가는 도선에 해당될 텐데, $\cosh^{-1}u \simeq \ln 2u - (1/4u^2) - \cdots$의 전개식으로부터 (11-53)의 근사로써

$$C \simeq \frac{\pi\epsilon_0 L}{\ln(D/A) - (A/D)^2} \simeq \frac{\pi\epsilon_0 L}{\ln(D/A)} \tag{11-54}$$

을 얻게 되고, 이것이 흔히 알려진 표현식이다. [연습문제 6-15를 이 경우에 적용시키면 이 결과와 일치할 것이다.]

이제 Laplace 방정식을 푸는 좀 더 체계적인 방법을 고려해보기로 하자.

11-4 직각좌표계에서의 변수분리

(11-3)을 직각좌표로 표현할 때 (1-46)을 사용하면

$$\frac{\partial^2\phi}{\partial x^2} + \frac{\partial^2\phi}{\partial y^2} + \frac{\partial^2\phi}{\partial z^2} = 0 \tag{11-55}$$

이 된다. 이 방정식의 해가 각 단일 변수의 함수의 곱이라고 가정하여 풀고자 한다:

$$\phi(x, y, z) = X(x)Y(y)Z(z) \tag{11-56}$$

이것을 (11-55)에 대입하고 XYZ로 나누면,

$$\frac{1}{X}\frac{d^2X}{dx^2} + \frac{1}{Y}\frac{d^2Y}{dy^2} + \frac{1}{Z}\frac{d^2Z}{dz^2} = 0 \tag{11-57}$$

을 얻게 되고,

$$\frac{1}{X}\frac{d^2X}{dx^2} + \frac{1}{Y}\frac{d^2Y}{dy^2} = -\frac{1}{Z}\frac{d^2Z}{dz^2} \tag{11-58}$$

라고 쓸 수 있다. (11-58)의 좌변은 x와 y만의 함수인 반면, 우변은 z만의 함수이다. 그런데 (11-58)이 의미하는 바는 x, y, z중 어느 것이나 또는 모든 x, y, z에 대하여 양변은 같아져야 한다는 것이다. (좌우변은 독립적으로 변할 수 있다.) 양변이 같을 수 있는 유일한 조건은 같은 상수가 되는 것뿐이다. 이 상수를 $-\gamma^2$으로 쓰자. 그러면,

$$\frac{1}{Z}\frac{d^2Z}{dz^2} = \gamma^2 \tag{11-59}$$

이 된다. 이 과정을 반복하여,

$$\frac{1}{X}\frac{d^2X}{dx^2} = \alpha^2 \qquad \frac{1}{Y}\frac{d^2Y}{dy^2} = \beta^2 \tag{11-60}$$

으로 구한다. 여기서 α^2와 β^2도 상수이다. 이 상수들은 독립적이지 않고, (11-59)와 (11-60)을 (11-57)에 대입할 때

$$\alpha^2 + \beta^2 + \gamma^2 = 0 \tag{11-61}$$

이 된다. $d^2X/dx^2 = \alpha^2 X$은 당장에 적분되어

$$X(x) = a_1 e^{\alpha x} + a_2 e^{-\alpha x} \tag{11-62}$$

로 구해진다. 여기서 a_1과 a_2는 적분상수이다. 마찬가지로

$$Y(y) = b_1 e^{\beta y} + b_2 e^{-\beta y} \tag{11-63}$$

$$Z(z) = c_1 e^{\gamma z} + c_2 e^{-\gamma z} \tag{11-64}$$

이다. 이 세 함수의 곱은, (11-61)을 만족시키면, (11-55)의 해가 된다. 이 조건때문에 α^2, β^2, γ^2은 모두 양수이거나, 모두 음수일 수 없다. 다시 음미해 보면, a, β, γ는 모두 실수이거나, 모두 허수일 수 없고, 하나가 실수이면 다른 것 중의 적어도 하나는 허수이어야 한다. 따라서, X, Y, Z 함수들 중의 적어도 하나는 그 변수에 대하여 지수함수적이고, 적어도 하나는 사인함수적이다.

분명히, (11-61)을 만족하는 α, β, γ의 조합은 많이 있을 것이고, 각 조합은 하나의 해가 될 것이며, 그러므로 많은 가능성이 있을 것이다. 동시에 적분상수 a_1, a_2, b_1, ⋯은 특정 α, β, γ에 따라 다르고, 그래서 $a_1(\alpha)$, $a_2(\alpha)$, $b_1(\beta)$, ⋯의 형태로 써야 한다. Laplace 방정식은 선형방정식이므로, (11-56) 형태인 해의 합도 해가 될 것이다. 이러한 가능성을 모두 합하면 직각좌표계에서 Laplace 방정식에 대한 가장 일반적인 해를

$$\phi(x, y, z) = \sum\left[a_1(\alpha)e^{\alpha x} + a_2(\alpha)e^{-\alpha x}\right]\left[b_1(\beta)e^{\beta y} + b_2(\beta)e^{-\beta y}\right]\left[c_1(\gamma)e^{\gamma z} + c_2(\gamma)e^{-\gamma z}\right] \tag{11-65}$$

라고 쓸 수 있고, 여기서 합은 α, β, γ의 모든 값에 대하여 취해지며, (11-61)을 만족해야 한다. 의심할 여지없이 이 조건을 만족하는 α, β, γ의 조합의 수는 무한대로 많이 있을 수 있기 때문에, 일반해는 무한대로 많은 적분상수를 포함하고 있게 된다. (11-65)를 적용하는 기본적인 요점은 ϕ가 주어진 경계조건을 만족하도록 이들 상수를 정해야 한다는 것이다. 이렇게 구해지기만 하면, 문제는 완전히 풀린 것이고, 11-1절의 정리에 의해 ϕ에 관한 그 해는 유일한 것이 될 것이다. 이 방법을 사용하는데 있어, 우리는 (11-65)로부터 시작하여 체계적인 방식으로 한 단계씩 경계조건을 만족시켜 나아갈 것이다. 어림잡는 일 따위는 필요치 않다. 이것은 역

시 특별한 예제를 통하여 잘 성명할 수 있겠다.

예제

다음 세 가지 방식으로 감싸인 공간을 생각해보자: (1) $x = 0$이며 y는 양에 해당되는 yz평면의 절반을 차지하는 반무한 평면의 도체(그러므로 $0 \le y \le \infty$, $-\infty \le z \le \infty$); (2) $x = L$에 있는 마찬가지인 평면; (3) 이들 둘 사이에 있는 xz평면상의 띠 (그러므로 $0 \le x \le L$). 이런 식으로 정의된 공간을 그림 11-11*a*에 나타내었고, 이것을 xy평면에 사영 내린 것은 그림 11-11*b*에 나타내었다.

다음의 경계조건을 가정하자:

$$x = 0\text{에서} \qquad \phi(0, y, z) = 0 \tag{11-66}$$

$$x = L\text{에서} \qquad \phi(L, y, z) = 0 \tag{11-67}$$

$$y = \infty\text{에서} \qquad \phi(x, \infty, z) = 0 \tag{11-68}$$

$$y = 0\text{에서} \qquad \phi(x, 0, z) = f(x) \tag{11-69}$$

여기서 $f(x)$는 주어진 함수로 (3)의 띠에서 퍼텐셜이 x만을 따라 미리 주어진 방식으로 변한다. 이런 경계조건은, 반무한 평면판은 접지되어있고 xz평면상의 띠 (3)에는 전지를 적절히 연결하여 $f(x)$로 유지시킨 배치이다. (11-68)은, 원천전하로부터 무한대의 거리에서는 퍼텐셜이 영이 되는 일반적인 조건에 해당된다.

우리가 퍼텐셜을 구하고자 하는 공간은 z의 전체 영역에 걸쳐있으나, 경계조건은 z에 무관하기 때문에, 여기에서의 상황은 실제로 z에 무관하여 정말로 이차원 문제로써 $\phi =$

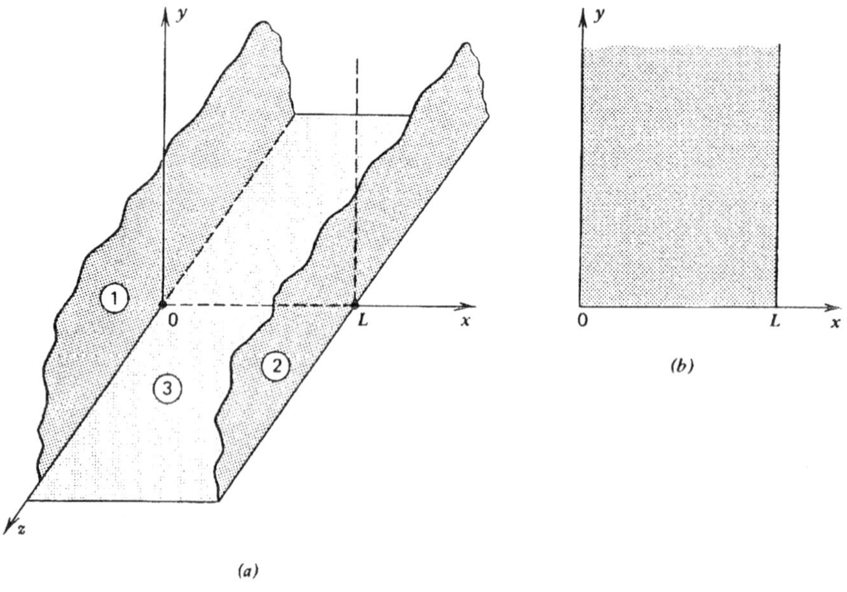

그림 11-11 (a) yz면에 평행한 두 개의 반무한 도체평면. (b) xy면에의 사영.

$\phi(x, y)$이다. 그러므로 (11-65)로부터 $\gamma = 0$이 유일하게 허용된 값이며, (11-65)는

$$\phi = \sum_{\alpha^2+\beta^2=0} \left[A_1(\alpha)e^{\alpha x} + A_2(\alpha)e^{-\alpha x}\right]\left[b_1(\beta)e^{\beta y} + b_2(\beta)e^{-\beta y}\right] \tag{11-70}$$

이 된다. 여기에서 $A_1(\alpha) = a_1(\alpha)[c_1(0) + c_2(0)]$ 등으로 놓았다. [사실은 $\gamma = 0$이면 (11-59)는 적분되어 $Z(z) = c_1' + c''_2 z$가 될 것이나, 해가 z에 무관하려면 c''_2은 영이 되어야 한다. 이렇게 하여도 (11-70)의 형태로 될 것이다.] $\alpha^2 + \beta^2 = 0$이므로, $\alpha^2 = -\beta^2$이 되고, 그러므로 $\alpha = -i\beta$이다. 여기서 $i = \sqrt{-1}$ 이다. 그러므로 합해져야 할 독립변수는 β 하나뿐이며,

$$\phi = \sum_{\beta} \left[A_1(\beta)e^{i\beta x} + A_2(\beta)e^{-i\beta x}\right]\left[b_1(\beta)e^{\beta y} + b_2(\beta)e^{-\beta y}\right] \tag{11-71}$$

로 쓸 수 있다. (11-65)로부터 (11-71)로의 이 과정은 이 문제가 z에 무관하다는 사실만을 따랐을 뿐이다. 이것도 일반적인 의미에서 "경계조건"이다. 이제 구체적으로 ϕ를 구하게 되는 경계조건을 조사해보자.

(11-68)과 (11-71)을 비교할 때, β가 양의 값이면 $e^{\beta y}$의 항은 무한대에서 영이 되지 아니하므로 나타나서는 안 된다. 그러므로 $b_1(\beta)$는 영이어야 한다. 한편, β가 음이면 $b_2(\beta)$가 영이 되어야 한다. 두 경우 모두 실제로 가능한 항은 하나뿐으로 $e^{-|\beta|y}$처럼 거동할 것이다. 구체적으로 $\beta > 0$으로 택하겠다. 그러므로 $b_1(\beta) = 0$이 되어야 하고, 그러면 (11-71)은

$$\phi = \sum_{\beta>0} b_2(\beta)\left[A_1(\beta)e^{i\beta x} + A_2(\beta)e^{-i\beta x}\right]e^{-\beta y} \tag{11-72}$$

가 된다. [β는 영이 될 수 는 없다. 그러면 (11-68)이 만족 되지 않기 때문이다.] $b_2(\beta)A_1(\beta) = A_\beta$, $b_2(\beta)A_2(\beta) = B_\beta$로 정의하면, (11-72)는 더 간단히

$$\phi = \sum_{\beta>0} \left(A_\beta e^{i\beta x} + B_\beta e^{-i\beta x}\right)e^{-\beta y} \tag{11-73}$$

로 쓸 수 있다. 여기에 (11-66)을 사용하면

$$\phi(0, y) = 0 = \sum_{\beta>0} \left(A_\beta + B_\beta\right)e^{-\beta y} \tag{11-74}$$

가 된다. 임의의 y에 대해서 이것이 영이 될 수 있는 유일한 방법은, $e^{-\beta y}$가 항상 양의 값이기 때문에, 합의 각 항이 따로 영이 되는 것이다. 그래서 $A_\beta + B_\beta = 0$이고, 그러면 $A_\beta = -B_\beta$이다. (11-73)의 괄호 안에 있는 항은 $A_\beta(e^{i\beta x} - e^{-i\beta x}) = 2iA_\beta \sin \beta x$처럼 쓸 수 있고, 이제 ϕ는

$$\phi = \sum_{\beta>0} 2iA_\beta \sin \beta x e^{-\beta y} \tag{11-75}$$

이다. (ϕ는 실수이어야 하므로 A_β 자체는 허수이어야 한다.)

(11-67)을 (11-75)에 적용하면

$$\phi(L, y) = 0 = \sum_{\beta>0} 2iA_\beta \sin \beta L e^{-\beta y} \tag{11-76}$$

이고, 이것으로 $\sin \beta L = 0$이고 그러므로 $\beta L = n\pi$, 혹은

$$\beta = \frac{n\pi}{L} \tag{11-77}$$

이며, 여기서 (β가 양이므로) n은 양의 정수이다. 그러면 β에 대한 합은 실제로 n에 대한 합이되며, 이것으로 나타내는 것이 편리하겠다. 또한 $2iA_\beta = A_n$으로 놓고, (11-77)을 사용하여, (11-76)은

$$\phi(x, y) = \sum_{n=1}^{\infty} A_n \sin\left(\frac{n\pi x}{L}\right) e^{-(n\pi y)/L} \tag{11-78}$$

처럼 쓸 수 있다. 이제 남은 일은 상수인 계수 A_n을 구하는 것이다. 이 때 필요한 경계조건이 하나 남아 있다.

(11-78)에 $y = 0$을 넣고, 그 결과를 (11-69)에 따라 $f(x)$로 놓으면,

$$\phi(x,0) = f(x) = \sum_{n=1}^{\infty} A_n \sin\left(\frac{n\pi x}{L}\right) \tag{11-79}$$

가 되어 $f(x)$를 Fourier 급수로(사인 항만으로) 전개한 문제가 되었다.

$$\int_0^L \sin\left(\frac{m\pi x}{L}\right) \sin\left(\frac{n\pi x}{L}\right) dx = \int_0^L \cos\left(\frac{m\pi x}{L}\right) \cos\left(\frac{n\pi x}{L}\right) dx = \frac{1}{2} L\delta_{mn} \tag{11-80}$$

은 직접 적분하여 쉽게 증명할 수 있는데, 이 중 첫 번째 것을 사용하여 전개 계수를 쉽게 구할 수 있다. 이 적분은 (8-27)로부터 알고 있듯이, $m \neq n$일 때 영이고 $m = n$일 때는 $\frac{1}{2}L$이다. (11-80)은 일반적으로 삼각함수의 직교성 및 규격화특성이라고 알려져 있다. 이 적분이 영일 때, 그 함수들은 "직교"한다고 말한다. 이 결과를 (11-79)와 결합하면 원하는 어느 계수라도 다음과 같이 "골라낼" 수 있다. (11-79)의 양변에 $\sin(m\pi x/L)$을 곱한 후 x의 범위 L에 대하여 적분하면

$$\begin{aligned}\int_0^L f(x) \sin\left(\frac{m\pi x}{L}\right) dx &= \sum_n A_n \int_0^L \sin\left(\frac{m\pi x}{L}\right) \sin\left(\frac{n\pi x}{L}\right) dx \\ &= \sum_n A_n \cdot \frac{1}{2} L\delta_{mn} = \frac{1}{2} LA_m\end{aligned}$$

을 얻는데, 이 때 합에 들어 있는 각 항 중 $m = n$을 제외하고는 모두 영이라는 사실을 이용하였다. 첨자를 다시 n으로 바꾸고 A_n에 대하여 풀면

$$A_n = \frac{2}{L} \int_0^L f(x) \sin\left(\frac{n\pi x}{L}\right) dx \tag{11-81}$$

을 얻는다. $f(x)$가 주어지기만 하면, (11-81)에 표시된 적분을 하여 계수 A_n을 정할 수 있

고, 그리고는 A_n을 (11-78)에 대입하게 된다. 그 결과는 올바른 퍼텐셜로써 유일한 값이 될 것이고, 그로부터 합을 계산함으로써 어느 지점에서라도 ϕ를, 그리고는 **E**를 구할 수 있다.

예제

특별한 경우. 구체적인 예로 $f(x) = \phi_0 =$ 상수인 경우를 가정해보자. 이것은 xy평면에 있는 띠를 일정한 퍼텐셜로 유지시켜놓은 것으로, 이 도체가 전지에 연결되어 있는 경우이다. (이 도체 띠는 얇은 유전체로 양쪽 도체판과 절연해 놓아야 한다.) 이것을 (11-81)에 넣어

$$A_n = \frac{2}{L}\int_0^L \phi_0 \sin\left(\frac{n\pi x}{L}\right) dx = \phi_0 \frac{2}{n\pi}(1 - \cos n\pi) \tag{11-82}$$

를 얻는다. n이 홀수이면 $(1 - \cos n\pi) = 2$이고, n이 짝수이면 0이므로, n이 짝수일 때 $A_n = 0$이고 n이 홀수이면 $A_n = \phi_0(4/n\pi)$이다. 그래서 (11-78)의 일반해는 이 특별한 경우에

$$\phi(x, y) = \phi_0 \frac{4}{\pi} \sum_{n\,\text{홀수}} \frac{1}{n} \sin\left(\frac{n\pi x}{L}\right) e^{-(n\pi y)/L} \tag{11-83}$$

이 된다. 이 합은 더 이상 간단하게 할 수 없고, 어느 정해진 곳에서의 ϕ를 구하려면 일반적으로는 수치계산을 하여야한다. 보통 이것이 대단한 문제는 아니다. $1/n$과 지수항에 나타나는 n때문에, 뒤에 계속되는 항들은 점점 덜 중요해지고, 적절한 정확도를 달성하기 위해서 합에는 많은 항이 필요치 않다.

(11-83)을 이용하여 임의 장소에서의 전기장은 $\mathbf{E} = -\nabla\phi$를 이용하여 계산할 수 있고,

$$E_x = -\phi_0 \frac{4}{L} \sum_{n\,\text{홀수}} \cos\left(\frac{n\pi x}{L}\right) e^{-(n\pi y)/L} \tag{11-84}$$

$$E_y = \phi_0 \frac{4}{L} \sum_{n\,\text{홀수}} \sin\left(\frac{n\pi x}{L}\right) e^{-(n\pi y)/L} \tag{11-85}$$

와 $E_z = -\partial\phi/\partial z = 0$으로 구해진다. 이 표현식들은 모두 바르게 V/m의 단위를 갖는다. $x = 0, L$에서 $E_y = 0$인 점도 주목하라. 이것은 이들 도체면에서의 접선성분이기 때문에 당연히 그래야 한다. E_x가 그곳에서 반드시 영이 될 필요는 없는데, 이는 법선성분이기 때문이다. 사실 (6-4)를 이용하여 이들 도체면에서의 면전하밀도를 위치의 함수로 구할 수 있다.

11-5 구좌표계에서의 변수분리

(1-105)를 사용하면 (11-3)을

$$\frac{1}{r^2}\frac{\partial}{\partial r}\left(r^2\frac{\partial\phi}{\partial r}\right) + \frac{1}{r^2\sin\theta}\frac{\partial}{\partial\theta}\left(\sin\theta\frac{\partial\phi}{\partial\theta}\right) + \frac{1}{r^2\sin^2\theta}\frac{\partial^2\phi}{\partial\varphi^2} = 0 \qquad (11\text{-}86)$$

으로 쓸 수 있다. 이 방정식의 일반해는 직각좌표계에서 설명했던 것과 같이 변수분리를 체계적으로 적용하여 구할 수 있다. 그 결과는 더 복잡하다: 여기에서는 퍼텐셜 ϕ가 각도 φ에 무관한 경우만으로 한정해도 괜찮을 것 같다. 즉, 축에 관한 대칭을 생각해본다. 그렇더라도 이 부류에 속하는 경우는 여전히 많이 있다. 만일 $\phi = \phi(r, \theta)$라면, (11-86)은 다소 간단해져서

$$\frac{\partial}{\partial r}\left(r^2\frac{\partial\phi}{\partial r}\right) + \frac{1}{\sin\theta}\frac{\partial}{\partial\theta}\left(\sin\theta\frac{\partial\phi}{\partial\theta}\right) = 0 \qquad (11\text{-}87)$$

이 된다. (11-56)과 마찬가지로

$$\phi(r,\theta) = R(r)T(\theta) \qquad (11\text{-}88)$$

형태의 해를 찾도록 한다. 이것을 (11-87)에 대입하고, 그 결과를 곱 RT로 나누며, r만의 함수와 θ만의 함수를 등식으로 놓으면,

$$\frac{1}{R}\frac{d}{dr}\left(r^2\frac{dR}{dr}\right) = -\frac{1}{T\sin\theta}\frac{d}{d\theta}\left(\sin\theta\frac{dT}{d\theta}\right) = \text{상수} = K \qquad (11\text{-}89)$$

가 되는데, 각 항이 서로 다른 독립변수의 함수이기 때문에, 따로 상수 K와 같아야 한다. 그러면 두 방정식이 만들어지는데, 하나는 R에 대한 것이고 다른 하나는 T에 대한 것이다. 첫 번째 것의 미분을 하면, R은

$$r^2\frac{d^2R}{dr^2} + 2r\frac{dR}{dr} - KR = 0 \qquad (11\text{-}90)$$

을 만족해야 한다. 이것을 풀 때, $R = \alpha r^l$의 형태로 시도한다. 여기서 α와 l은 상수이다. 이 시해를 (11-90)에 대입하면, $[l(l + 1) - K]R = 0$이 나온다. R이 영으로 되는 것은 원치 않기 때문에(그러면 모든 곳에서 $\phi = 0$이 된다),

$$K = l(l + 1) \qquad (11\text{-}91)$$

이어야 한다. 이것을 (11-89)의 두 번째 식과 같게 놓으면, T에 관한 방정식은

$$\frac{1}{\sin\theta}\frac{d}{d\theta}\left(\sin\theta\frac{dT_l}{d\theta}\right) + l(l + 1)T_l = 0 \qquad (11\text{-}92)$$

이 된다. 여기서 첨자 l을 붙였는데 해가 이 상수와 연관되어 있음을 표시하는 것이다. T_l은 물리량 ϕ의 일부분으써, 이치에 맞는 함수이어야 한다. 즉, 이것은 유한하며, 일가함수이고, θ의 전범위에 걸쳐 연속적이어야 한다. 이것을 조사하는 일은 우리로써는 너무 멀리 범위를 벗어

나는 것이다. 그러나 위의 조건은 l이 영이나 양의 정수라면 가능하다는 것은 보일 수 있다. 즉,

$$l = 0, 1, 2, 3, \ldots \tag{11-93}$$

이다. 사실, T_l은 8장에서 이미 마주쳤던 Legendre 다항식과 동일하다는 것을 알 수 있다. 그림 8-1로 돌아가 보면, θ_i와 r_i는 바로 고정된 방향 $\hat{\mathbf{r}}$에 대한 q_i의 위치에 해당되는 구좌표이다. R_i는 원천점으로부터 장점까지의 거리이고 그 그림의 r은 정해진 상수이다. 따라서 (8-12)에서 $1/r^{l+1}$은 상수 G_l로 쓸 수 있고, θ_i와 r_i에 붙은 첨자 i를 떼어내 여기서 사용하고 있는 것과 같은 표기로 표현하면

$$\frac{1}{R_i} = \sum_{l=0}^{\infty} G_l r^l P_l(\cos\theta) \tag{11-94}$$

를 얻는다. 우리는 이미 (1-114)로부터 이것이 Laplace 방정식의 한 해인 것을 알고 있으며, 그러므로 $\phi = 1/R_i$는 (11-87)의 해이어야 한다. 이제 (11-94)를 (11-87)에 대입하면

$$\sum_{l=0}^{\infty} G_l r^l \left[l(l+1)P_l + \frac{1}{\sin\theta}\frac{d}{d\theta}\left(\sin\theta\frac{dP_l}{d\theta}\right)\right] = 0 \tag{11-95}$$

을 얻게 된다. 일반적으로 이 합이 영이 될 수 있으려면 각 항이 영이되어야 하는데, 이는 r이 임의이기 때문이다. 그래서 각 l에 대해 괄호 안의 식은 영이 되어야 한다. 이것을 (11-92)와 비교하면, T_l과 P_l은 같은 미분방정식을 만족하는 것을 알 수 있으므로, T_l은 기껏해야 P_l에 상수를 곱한 것으로 잡을 수 있다. 그런 상수는 (11-88)의 $R(r)$에 흡수시킬 것이고, 그래서 간단히 $T_1(\theta) = P_l(\cos\theta)$라 하겠다. 그러면 (11-88)을 $R_l(r)P_l(\cos\theta)$로 쓸 수 있고, 가능한 각 l에 대한 선형 미분방정식 (11-87)에는 이러한 형태의 해가 존재할 것이므로, (11-87)의 일반해는

$$\phi(r,\theta) = \sum_{l=0}^{\infty} R_l(r)P_l(\cos\theta) \tag{11-96}$$

의 형태로 쓸 수 있다. 그러나 여전히 R_l의 일반형을 구해야 한다.

R_l이 만족하는 방정식은 (11-90)과 (11-91)에서 구한 것처럼

$$r^2\frac{d^2R_l}{dr^2} + 2r\frac{dR_l}{dr} - l(l+1)R_l = 0 \tag{11-97}$$

이고, 여기서 l은 (11-93)을 만족한다. 이번에는 $R_l = \alpha_l r^n$의 형태를 가정하여 좀 더 일반적으로 이 방정식의 해를 구해보자. 여기서 α_l은 상수이고 n은 정수이다. 이것을 (11-97)에 대입하면 $n(n+1) - l(l+1) = 0$이 되어야 한다. 이 식은 두 해 $n = l, -(l+1)$를 가지므로, (11-97)의 일반해는

$$R_l(r) = A_l r^l + \frac{B_l}{r^{l+1}} \tag{11-98}$$

의 형태가 되며, 여기서 A_l과 B_l은 적분상수이다. 이것을 (11-96)에 대입하여 드디어 축대칭을

갖는 경우의 Laplace 방정식의 일반해

$$\phi(r,\theta) = \sum_{l=0}^{\infty}\left(A_l r^l + \frac{B_l}{r^{l+1}}\right)P_l(\cos\theta) \tag{11-99}$$

를 얻게 되었다.

(8-10)에서 보았듯이, Legendre 급수의 처음 몇 개 항은

$$P_0(\cos\theta) = 1 \qquad P_1(\cos\theta) = \cos\theta \qquad P_2(\cos\theta) = \tfrac{1}{2}(3\cos^2\theta - 1) \tag{11-100}$$

이고, 더 큰 차수는 (8-11)의 회귀공식

$$(l+1)P_{l+1}(\cos\theta) = (2l+1)\cos\theta P_l(\cos\theta) - lP_{l-1}(\cos\theta) \tag{11-101}$$

로부터 구할 수 있다.

앞 절에서는 (11-80)으로 나타내어지는 삼각함수의 직교성이 직각좌표계에서의 전개계수를 구하는데 큰 도움이 된다는 것을 알았다. Legendre 급수도 마찬가지의 직교 성질을 가지고 있으며, 계수를 구하는데 역시 도움이 된다. (2-22)를 이용하여

$$\int_0^{\pi} P_l(\cos\theta)P_m(\cos\theta)\sin\theta\, d\theta = \int_{-1}^{1} P_l(\mu)P_m(\mu)\, d\mu = \frac{2}{2l+1}\delta_{lm} \tag{11-102}$$

을 보일 수 있다. 이 성질을 적용할 때, 나중에 매우 유용할 결과를 유도할 수 있다. 합

$$\sum_{l=0}^{\infty} C_l P_l(\cos\theta) = 0 \tag{11-103}$$

을 생각해보자. C_l은 상수이다. 이 합은 임의의 θ에 대해 영이 되어야 하므로, 각 항이 자체로 영이 되어야만, 즉 모든 C_l이 영이 되어야한다는 점을 쉽게 받아들일 수 있다. 이 사실이 옳다는 것을 쉽게 보일 수 있다. (11-103)에서 $\cos\theta = \mu$로 놓고, $P_m(\mu)d\mu$를 곱하고 μ를 -1에서부터 $+1$까지 적분하며 (11-102)를 사용하면,

$$\sum_{l=0}^{\infty} C_l \int_{-1}^{1} P_l(\mu)P_m(\mu)\, d\mu = \sum_l C_l\left(\frac{2}{2l+1}\right)\delta_{lm} = \frac{2C_m}{2m+1} = 0$$

을 얻게 되는데, 합에서 $l = m$ 이외의 항은 영이 되었다. 그래서 예상하던 대로 모든 m에 대하여 $C_m = 0$이다. 첨자를 m에서 l로 다시 바꾸어

$$\sum_{l=0}^{\infty} C_l P_l(\cos\theta) = 0\text{이면,} \qquad C_l = 0 \tag{11-104}$$

을 보였다.

이제 몇 가지 구체적인 예를 생각해보자.

예제

균일하던 전기장 내에 접지된 도체구 넣기. 처음에는 전기장 $\mathbf{E}_0$이 완전히 균일하였다고 가

정하고, 이후에 반지름 a인 도체구를 그 안에 넣고 퍼텐셜을 영으로 유지시킨다고 하자. 전기장 $\mathbf{E}_0$은, 예를 들면, 평행판 축전기를 가지고 만들 수 있는데, 극판 사이의 간격이 이 구의 크기에 비해 매우 크면 된다. 그림 11-12처럼, z축은 $\mathbf{E}_0$의 방향으로 선택하여 $\mathbf{E}_0 = E_0\hat{\mathbf{z}}$이 되도록하고, 원점은 구의 중심에 잡자. 이 경우의 해를 구하기 전이더라도, 결과로써 구하게 될 $\mathbf{E}$의 선은 일반적으로 그림의 곡선처럼 생길 것이라고 예측할 수 있는데, 이는 전기장선이 도체 표면에서 수직이어야 하기 때문이다. 이 상황에서는 분명히 축대칭을 가지고 있고, ϕ는 r과 θ만의 함수로써, (11-99)가 합당하다. 이미 (6-1)에 의해 $r < a$에서는 $\phi = 0$임을 알고 있으므로, $r \geq a$에 대해서만 ϕ를 고려하면 되겠다. 그러기 위해 경계조건을 결정할 필요가 있다.

도체구 표면에서 ϕ는 영이다. 그러므로 조건 중의 하나는

$$\phi(a,\theta) = 0 \tag{11-105}$$

이다. 구로부터 매우 먼 극한에서는 원래의 전기장이 구의 존재에 의해 영향 받지 않을 것이라고 예상 되므로, $r \to \infty$에 따라 $\mathbf{E}(r, \theta) \to E_0\hat{\mathbf{z}}$이다. 즉, 이 극한에서 ϕ는 균일한 전기장에 맞는 퍼텐셜 형태가 되어야 한다. 그런데 $\mathbf{E} = -\nabla\phi$이므로, r이 큰 경우 $E_z = E_0 = -\partial\phi/\partial z$이고, 극한 표현으로써 $\phi = -E_0 z$이다. 그러므로 먼 경계에서의 조건은

$$\phi(r,\theta) \xrightarrow[r\to\infty]{} -E_0 z = -E_0 r\cos\theta \tag{11-106}$$

이다.

(11-99)에 $r = a$를 넣고 (11-105)를 사용하여

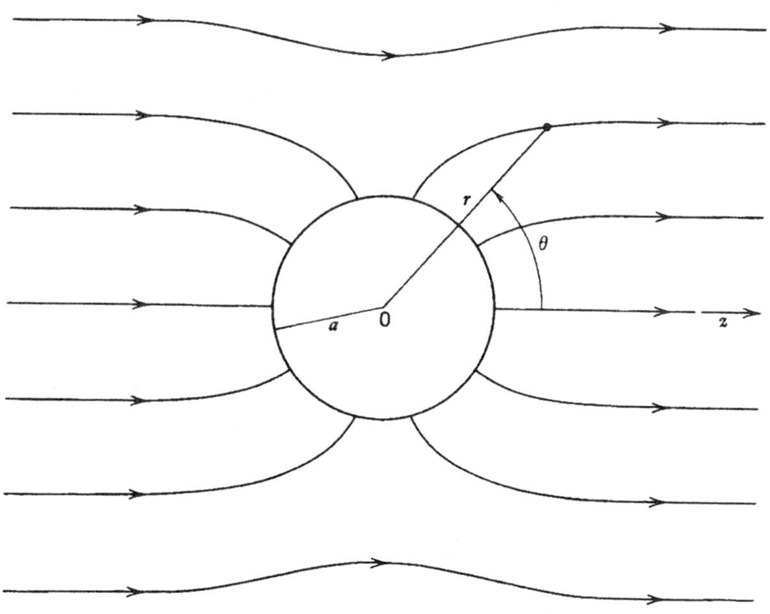

그림 11-12 | 균일했던 전기장 안에 들어가게 된 접지된 도체구에 대한 $\mathbf{E}$의 선.

$$\sum_{l=0}^{\infty}\left(A_l a^l + \frac{B_l}{a^{l+1}}\right)P_l(\cos\theta) = 0 \qquad \textbf{(11-107)}$$

이 된다.

(11-104)에 의하면 괄호 속의 식은 영이 되어야 하므로 $B_l = -a^{2l+1}A_l$이고, 그러면 (11-99)는

$$\phi = \sum_{l=0}^{\infty} A_l\left(r^l - \frac{a^{2l+1}}{r^{l+1}}\right)P_l(\cos\theta) \qquad \textbf{(11-108)}$$

이 된다. 여기에 (11-106)을 적용하면

$$\sum_{l=0}^{\infty} A_l r^l P_l(\cos\theta) = -E_0 r\cos\theta = -E_0 r P_1(\cos\theta) \qquad \textbf{(11-109)}$$

를 얻게 되고, 여기서 (11-100)을 사용하였다. 편의상 합에서 $l = 1$ 항을 분리해 내면, (11-109)는

$$(A_1 + E_0) r P_1(\cos\theta) + \sum_{l\neq 1}^{\infty} A_l r^l P_l(\cos\theta) = 0 \qquad \textbf{(11-110)}$$

의 형태를 취한다. 이것은 모든 r에 대해 만족되어야 하므로, 특히 정해진 상수 r_0에 대해서도 성립한다. 그러면 (11-110)은 (11-104)의 형태이고, $A_1 = -E_0$이되고 $A_l = 0$ $(l \neq 1)$이 되어서 계수를 다 계산한 셈이다. 결과적으로 (11-108)의 합에서 $l = 1$의 한 항만이 남게 되고, ϕ에 대한 최종 유일해의 표현식은

$$\phi(r,\theta) = -E_0 r\cos\theta + \frac{a^3 E_0\cos\theta}{r^2} \qquad \textbf{(11-111)}$$

이다. 이 결과로써 우리 문제의 해는 다 구해졌고, 원하는 어느 장점에서라도 ϕ와 **E**를 구할 수 있다.

(11-106)에서 보았지만, (11-111)의 첫 항은 원래의 균일한 전기장에 해당된다. 둘째 항은 구의 존재로 인해 생기는 퍼텐셜 부분을 나타내고 있다. (8-48)과 비교하면, 이것은 쌍극자 항이고 이 구의 쌍극자모멘트는

$$p = 4\pi\epsilon_0 a^3 E_0 \qquad \textbf{(11-112)}$$

이라는 것을 알 수 있다. 그러므로 도체구는 원래의 전기장에 비례하는 쌍극자모멘트를 얻게 되었고, 사실상 분극 되었다. 유도된 쌍극자모멘트와 외부 전기장의 비를 **편극성** *polarizability* α라 부르고, 여기서는

$$\alpha = \frac{p}{E_0} = 4\pi\epsilon_0 a^3 = 3\epsilon_0 V_s \qquad \textbf{(11-113)}$$

가 되었다. V_s는 구의 부피이다. 이 쌍극자모멘트의 기원은 구의 표면에 생기는 자유전하의 면적밀도임에 틀림없다. 이것을 쉽게 구할 수 있다. **E**의 지름성분은

$$E_r = -\frac{\partial \phi}{\partial r} = \left(1 + \frac{2a^3}{r^3}\right) E_0 \cos\theta \tag{11-114}$$

이다. 구의 표면에서 이것은 법선성분이고, 면전하밀도는 (6-4)로부터

$$\sigma_f(\theta) = \epsilon_0 E_r(a, \theta) = (3\epsilon_0 E_0)\cos\theta \tag{11-115}$$

로 얻을 수 있고, 이것은 $\cos\theta$에 비례한다. 이 결과는 (10-27)에 주어진 전하밀도와 같은 형태이고 그림 10-9에 나타내어져 있다. 면전하는 두 반구에서 반대 부호를 가지고 있고, 이것이 전체적으로 전하 분리를 유발하여 쌍극자모멘트를 갖게 한다. [(8-22)의 면적분형에서 (11-115)를 이용하여 **p**를 계산하면, (11-112)를 직접 증명할 수 있다. 같은 결과를 연습문제 8-8에서도 얻을 수 있다.] 이 구는 원래 집어넣기 전에는 중성이었다. 이것이 여전히 영인지는 (11-115)와 (2-16)을 결합하여 알짜 전하를 구하면 알게 된다.

$$Q_{f,총} = \int \sigma_f \, da = \int_0^{2\pi}\int_0^{\pi} (3\epsilon_0 E_0 \cos\theta)(a^2 \sin\theta \, d\theta \, d\varphi) = 0$$

을 얻게 되어 이 구는 여전히 중성이다.

E의 다른 성분은

$$E_\theta = -\frac{1}{r}\frac{\partial \phi}{\partial \theta} = -\left(1 - \frac{a^3}{r^3}\right) E_0 \sin\theta \tag{11-116}$$

이다. 이것은 구의 표면에서 접선성분이므로 당연히 $E_\theta(a, \theta) = 0$이어야 한다.

(11-111)로 주어진 ϕ는 (11-99)의 $P_1(\cos\theta)$ 항으로부터만 각도 의존성을 가지므로, 이 구는 쌍극자모멘트만을 갖는다고 할 수 있다. 즉, (11-115)의 전하분포는 홀극모멘트는 만들지 않고, 사중극이나 더 고차항도 영이다. 이 사실도 연습문제 8-8의 사중극모멘트에 대해 직접 증명할 수 있었다.

(11-114)와 (11-116)으로부터 구한 **E**의 선은 그림 11-12에 그려져 있다.

예제

균일하던 전기장 내에 유전체구 넣기. 이 문제는 앞의 예제와 같으나, 접지된 도체구 대신 대전되지 않은 유전체 구를 집어넣는다. 이 구는 더 이상 정해진 퍼텐셜에 있지 않고 ϕ도 그 안에서 꼭 상수이어야 하지는 않기 때문에 앞의 예제와 경계조건이 다르다. 우선 구 밖의 영역 ($r > a$)과 구 안의 영역 ($r < a$)을 구분하여 따져보는 것이 편리하겠다. 이들 영역에 적용하게 될 퍼텐셜과 전기장은 각각 첨자 o와 i로 표시하겠다.

먼 거리에서 이 전기장은 다시 균일하여야 하므로, 경계조건은 (11-106)과 똑같다:

$$\phi_o(r, \theta) \xrightarrow[r\to\infty]{} -E_0 r \cos\theta \tag{11-117}$$

구의 표면에서 (11-105)는 더 이상 적용되지 않는다. 그리고 구 표면은 유전체와 진공 사

이의 불연속면이고, 거기에서 **E**의 접선성분과 **D**의 법선성분은 연속이다. 이 조건들을 (10-56)에서는 **E**로만 나타내었다. 그 때 $\sigma_f = 0$이고, E_r과 E_θ는 각각 법선 및 접선성분이기 때문에 (10-56)은 ϕ의 미분으로써

$$\left(-\epsilon_0 \frac{\partial \phi_o}{\partial r}\right)_{r=a} = \left(-\epsilon \frac{\partial \phi_i}{\partial r}\right)_{r=a} \qquad \textbf{(11-118)}$$

$$\left(-\frac{1}{r}\frac{\partial \phi_o}{\partial \theta}\right)_{r=a} = \left(-\frac{1}{r}\frac{\partial \phi_i}{\partial \theta}\right)_{r=a} \qquad \textbf{(11-119)}$$

처럼 쓸 수 있다. 여기서 2 영역은 바깥이고 1영역은 안쪽이다. 끝으로 이전에 다루지 않았던 조건이 하나 더 있다. 이것은 나름대로 일반적인 "경계조건"으로, 원점 ($r = 0$)에서의 조건이다. 가정에 의해 구 안에는 자유 점전하가 없으므로, 원점에는 아무 것도 없을 것이다. 점전하가 있는 경우에만 그 곳에서 퍼텐셜이 무한대가 되기 때문에, 점전하가 없는 이 경우는

$$r = 0\text{에서 } \phi\text{는 유한함} \qquad \textbf{(11-120)}$$

이 요구된다.

앞의 예제와 똑같은 방식으로 이 문제를 접근하지 말고, 우리의 경험을 살려 작업을 좀 줄여보도록 하자. 유전체는 전기장에 의하여 분극될 것이고 쌍극자모멘트를 얻게 될 것이라고 예상할 수 있으며, 그러면 (11-99)의 $l = 1$ 항만이 살아남아 있음직하다. 따라서 바깥에서의 퍼텐셜은

$$\phi_o = \left(-A_o r + \frac{B_o}{r^2}\right)\cos\theta \qquad \textbf{(11-121)}$$

라고 가정해보자. 여기서 A_o과 B_o은 상수이다. 그러면 (11-118)의 경계조건은 좌변에서 $\cos\theta$를 가질 것이므로, 우변에서도 마찬가지라고 예상해볼 수 있다. 따라서 구 안의 퍼텐셜에 대해서도 (11-121)과 같은 일반형을 선택해보자. 그래서

$$\phi_i = \left(-A_i r + \frac{B_i}{r^2}\right)\cos\theta \qquad \textbf{(11-122)}$$

로 쓰고, 여기서도 A_i과 B_i는 상수이다. 이 네 개의 상수가 어떻게든 모든 조건을 만족하도록 할 수 있다면, 이 문제의 유일한 해는 구해진 것이다.

(11-117)과 (11-121)을 결합하면, $A_o = E_0$임을 알겠고, 이제

$$\phi_o = \left(-E_0 r + \frac{B_o}{r^2}\right)\cos\theta \qquad \textbf{(11-123)}$$

가 된다. 또한 (11-122)에서 $B_i \neq 0$이면 $1/r^2$ 항은 $r \to 0$에 따라 $\phi \to \infty$이므로 (11-120)에 의해 허용되지 않는다. 그러므로 이 항은 퍼텐셜의 안쪽 형태에는 나타날 수 없고, 그래서 $B_i = 0$이어야 하고 (11-122)는

$$\phi_i = -A_i r\cos\theta \tag{11-124}$$

가 된다. 이들 표현식을 (11-118)과 (11-119)에 대입하면, 다음 두 방정식이 나온다:

$$E_0 + \frac{2B_o}{a^3} = \kappa_e A_i \qquad -E_0 a + \frac{B_o}{a^2} = -A_i a$$

여기서 $\epsilon/\epsilon_0 = \kappa_e$이다. 이들을 풀면 $A_i = 3E_0/(\kappa_e + 2)$와 $B_o = [(\kappa_e - 1)/(\kappa_e + 2)]a^3E_0$을 구하게 되고, 퍼텐셜들은

$$\phi_o = -E_0 r\cos\theta + \left(\frac{\kappa_e - 1}{\kappa_e + 2}\right)\frac{a^3E_0\cos\theta}{r^2} \tag{11-125}$$

$$\phi_i = -\left(\frac{3E_0}{\kappa_e + 2}\right)r\cos\theta \tag{11-126}$$

이며, 이 문제는 다 풀린 것이다.

구 안에서의 전기장은 $\mathbf{E}_i = -\nabla\phi_i = E_i\hat{\mathbf{z}}$이고, $\mathbf{E}_0 = E_0\hat{\mathbf{z}}$이기 때문에

$$\mathbf{E}_i = \left(\frac{3}{\kappa_e + 2}\right)\mathbf{E}_0 \tag{11-127}$$

이고 $\kappa_e > 1$이므로 $|\mathbf{E}_i| < |\mathbf{E}_o|$이다. 그러므로 내부전기장은 일정하고 원래의 외부장에 평행이나 외부장보다 약하다. 결과적으로 유전체 구는 균일하게 분극될 것이고, 분극은 (10-50), (10-52), (11-127)에 의해

$$\mathbf{P} = \left(\frac{\kappa_e - 1}{\kappa_e + 2}\right)3\epsilon_0\mathbf{E}_0 \tag{11-128}$$

로 얻어진다. 이 P에 구의 부피를 곱하여 얻게 되는 총 쌍극자모멘트의 크기는

$$p = 4\pi\left(\frac{\kappa_e - 1}{\kappa_e + 2}\right)a^3\epsilon_0E_0 \tag{11-129}$$

이다. 이것으로 (11-125)를 나타내면

$$\phi_o = -E_0 r\cos\theta + \frac{p\cos\theta}{4\pi\epsilon_0 r^2} \tag{11-130}$$

처럼 되고, 여기서 두 번째 항은 예상대로 (8-48)과 정확히 같다.

(11-127)의 양변에서 $\mathbf{E}_0$을 빼면 흥미롭고도 유익한 방식으로 다시 쓸 수 있다. (11-128)을 이용하여 $\mathbf{E}_i - \mathbf{E}_0 = [(1 - \kappa_e)/(\kappa_e + 2)]\mathbf{E}_0 = -\mathbf{P}/3\epsilon_0$으로 구하고, 그래서

$$\mathbf{E}_i = \mathbf{E}_0 - \frac{\mathbf{P}}{3\epsilon_0} \tag{11-131}$$

이다. 이것은 내부에서의 합성 전기장을 $\mathbf{E}_i = \mathbf{E}_0 + \mathbf{E}_{loc}$로 쓸 수 있음을 말하며, 이것은

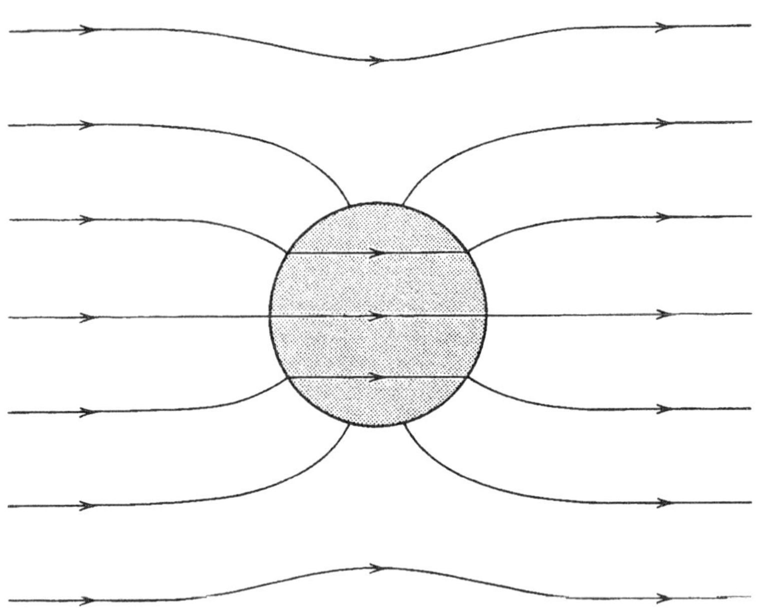

그림 11-13 균일하던 전기장 안에 들어가게 된 유전체구에 대한 **E**의 선.

원래의 외부 진공장과 국소장(분극에 비례하며 방향은 반대) $\mathbf{E}_{loc}$의 합이다. [이전에 (10-67)에서 비슷한 결과를 구했었다.] 이 내부장의 원인은 물론 유전체 표면에 나타나는 구속전하이고, 그 표면에서 **P**는 불연속이며, (10-8)로부터 그 밀도는 $\sigma_b = \mathbf{P}\cdot\hat{\mathbf{n}}' = \mathbf{P}\cdot\hat{\mathbf{r}} = P\cos\theta$로 주어진다. 이것은 (10-27) 및 그림 10-9와 같은 전하분포이다.

(11-130)은 분명히, 밖에서의 퍼텐셜이 외부장에 기인하는 것과, 분극된 구의 기여의 합으로 볼 수 있다. (11-126), (11-127), (11-131)을 결합하여 ϕ_i에 대한 비슷한 결과를

$$\phi_i = -E_i r\cos\theta = -E_0 r\cos\theta + \left(\frac{P}{3\epsilon_0}\right) r\cos\theta \qquad (11\text{-}132)$$

로 얻을 수 있다.

이것의 특별한 경우가 재미있다. $\kappa_e \to \infty$로 보내면, $\mathbf{E}_i \to 0$, $p \to 4\pi\epsilon_0 a^3 E_0$, $\phi_i \to 0$, $\phi_o \to$ (11-111)이 된다. 이들은 (6-1), (11-105), (11-112)에서 알 수 있듯이 꼭 바로 앞 예제의 도체구에 대한 결과에 해당된다. 그러므로 정전기 효과에 관한 한, 도체는 유전상수가 무한대인 물질처럼 행동한다.

이 계에 대해 구한 **E**의 선은 그림 11-13에 나타내었다.

예제

균일한 영구분극을 가지고 있는 구. 어느 구가 균일한 분극 $\mathbf{P} = P\hat{\mathbf{z}}$($P$는 상수)를 가지고 있고 외부장은 없다고 하자. 이 계는 바로 10-4절에서 다루었었고, 거기에서는 z축 상에서만

ϕ와 **E**를 구했었다. (11-130)과 (11-132)에서 사용한 형태로 즉각 완전한 해를 쓸 수 있고, $E_0 = 0$으로 놓기 때문에 p와 P는 각각 영구쌍극자모멘트와 분극으로 이해할 수 있고,

$$\phi_o = \frac{p\cos\theta}{4\pi\epsilon_0 r^2} \qquad \phi_i = -E_i r\cos\theta = \left(\frac{P}{3\epsilon_0}\right) r\cos\theta \tag{11-133}$$

를 얻는다. 첫 번째 표현식은, z축에서의 값으로 짐작할 수 있듯이 구 밖 모든 곳에서의 전기장이 쌍극자장임을 말해준다. 마찬가지로 두 번째 표현식은 구 안의 모든 곳에서 전기장이 균일함을 알려주고 있다. 사실

$$\mathbf{E}_i = -\frac{\mathbf{P}}{3\epsilon_0} \tag{11-134}$$

로 주어지고, z축에서는 앞에서 구한 (10-37)과 일치한다.

많은 국소장이 분극과 비례하는 것으로 알려져 있고 그 방향은 분극과 반대이기 때문에, $\mathbf{E}_{loc}$은 일반적인 형태

$$\mathbf{E}_{loc} = -N\left(\frac{\mathbf{P}}{\epsilon_0}\right) \tag{11-135}$$

로 쓰는 것이 보통이다. 여기서 N은 단위 없는 상수로 **소극인자** *depolarizing factor*라 부른다. 이미 이러한 것 두 가지를 알고 있다. 평행면을 가지고 있는 무한 판에 대해 $N = 1$이고, 구에 대해서는 (10-67)과 (11-134)에서 구한 것처럼 $N = \frac{1}{3}$이다. 연습문제 11-26에서는 원통인 경우 $N = \frac{1}{2}$임을 보일 텐데, 이것은 연습문제 10-12로부터도 추측할 수 있다.

11-6 구대칭 문제에 대한 Poisson 방정식의 해

(11-1)을 (11-55)와 결합하거나, (11-86)과 결합하면, 직각좌표계나 구좌표계로 나타낸 Poisson 방정식이 된다. 이 절에서는 쉽게 설명하기 위하여, 전적으로 구대칭을 갖는 문제에 국한하여 다루겠고, 이 때 ϕ는 r만의 함수, $\phi = \phi(r)$이다. 그러면 ρ도 반드시 r만의 함수이어야 하고,

$$\frac{1}{r^2}\frac{d}{dr}\left(r^2\frac{d\phi}{dr}\right) = -\frac{\rho(r)}{\epsilon_0} \tag{11-136}$$

을 얻는다.

예제

균일한 전하밀도를 가지고 있는 구. 반지름 a인 구가 안에서는 $\rho =$ 상수인 밀도로 전하를 가지고 있고, 밖에서는 $\rho = 0$이라고 해보자. 우리는 (11-136)을 이용하여 모든 곳에서의 ϕ를 구하고자 한다. 구 밖에서 이 방정식은 $d(r^2 d\phi_o/dr)/dr = 0$이 되고, 두 번 적분하여

$$\phi_o(r) = A_o + \frac{B_o}{r} \tag{11-137}$$

을 얻게 된다. 여기서 A_o과 B_o는 적분상수이다. [이것은 또한 (11-99)에서 모든 각도 의존항을 떨어내어 얻게 된다. 즉, $l = 0$만을 사용한다.] 구 안에서 (11-136)은

$$\frac{d}{dr}\left(r^2 \frac{d\phi_i}{dr}\right) = -\frac{\rho r^2}{\epsilon_0}$$

이 되고, 이것도 쉽게 두 번 적분하여

$$\phi_i(r) = -\frac{\rho r^2}{6\epsilon_0} + A_i + \frac{B_i}{r} \tag{11-138}$$

가 된다. A_i와 B_i는 상수이다. 이제 남은 문제는 경계조건으로부터 적분상수들을 계산하는 것이다.

모든 전하는 정해진 부피 안에 들어있기 때문에, (5-10)과 관련된 논의로부터, ϕ가 무한대에서 영이 되게 하고자 한다. 즉, $r \to \infty$에 따라 $\phi_o \to 0$이며, (11-137)에서 $A_o = 0$이고, 그러므로 $\phi_o = B_o/r$이다. 원점에는 점전하가 없기 때문에, (11-120)이 여전히 유효하고, (11-138)에서 $B_i = 0$이다. (9-29)로부터 ϕ는 $r = a$에서 연속이므로, $\phi_o(a) = \phi_i(a)$이며, 이로부터 $A_i = (B_o/a) + (\rho a^2/6\epsilon_0)$을 얻는다. 이제 ϕ_i를

$$\phi_i(r) = \frac{\rho}{6\epsilon_0}(a^2 - r^2) + \frac{B_o}{a} \tag{11-139}$$

의 형태로 만들었다. 끝으로 표면전하는 없으므로, (9-26)에 의해 $r = a$에서 $E_n = E_r$로써 연속이다. 그래서 $-(\partial\phi_o/\partial r)_{r=a} = -(\partial\phi_i/\partial r)_{r=a}$이고, 이것으로부터 $(B_o/a^2) = (\rho a/3\epsilon_0)$, 그래서 $B_o = \rho a^3/3\epsilon_0$을 얻는다. 이것을 (11-137) ($A_o = 0$으로)과 (11-139)에 넣으면,

$$\phi_o(r) = \frac{\rho a^3}{3\epsilon_0 r} \qquad \phi_i(r) = \frac{\rho}{6\epsilon_0}(3a^2 - r^2)$$

를 얻고, 이것은 (5-22)와 (5-23)에서 같은 예제를 다른 방법으로 논의했던 결과와 정확히 같다.

연습문제

11-1 11-1절의 정리를 다시 생각해보자. 만일 **E**의 법선성분이 경계면의 모든 곳에서 미리 주어져 있다면, ϕ_1과 ϕ_2는 같을 필요는 없고 기껏해야 상수만큼 다를 수 있다는 것을 증명하라.

11-2 (11-19)는, q와 (11-17)로 표현된 유도전하 사이의 Coulomb 합성력임을 직접 적분으로 증명하여라.

11-3 그림 11-14에서처럼 서로 수직으로 만나는 두 접지된 도체판 부근의 xy평면에 점전하

q가 있다. z축은 두 판의 접합선을 따라 놓여 있다. q와 함께, $x \geq 0$, $y \geq 0$, $-\infty \leq z \leq \infty$인 진공 영역에서의 퍼텐셜을 정해줄 영상전하를 구하고 이것이 옳다는 것을 입증하라. 진공영역에서 $\phi(x, y, z)$를 구하라. $E_y(x, y, z)$를 구하라. E_y가 접선성분이 되는 도체 면에서 이것이 영이 됨을 보여라. E_y를 이용하여 면전하밀도를 구하는데 적절한 도체 판에서의 σ_f를 구하라. σ_f의 부호는 무엇인가? (귀띔: 기하광학으로부터 평면거울에 나타나는 복수 영상에 관한 지식을 상기하라.)

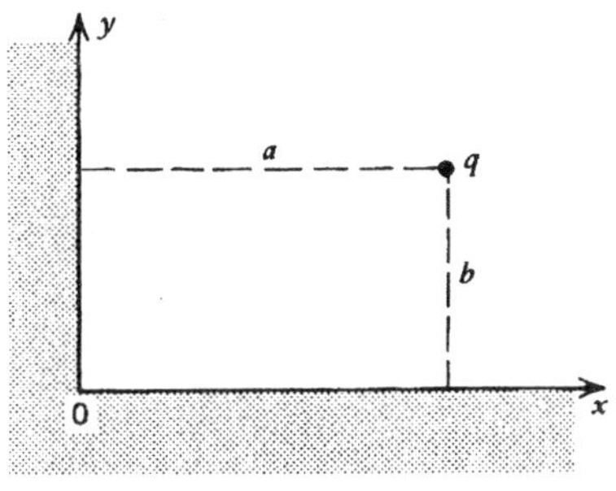

그림 11-14 연습문제 11-3에 관한 기하적인 배치.

11-4 그림 11-14에서 두 도체 판 사이의 각도가 90°가 아니라 60°이며, q는 이 각도를 이등분하는 선상에 놓여있다고 해보자. (즉, $a = b$로 놓고 각도를 바꾸어라.) q와 함께, 진공 영역에서의 ϕ를 정해줄 영상전하를 구하고 이것이 옳다는 것을 입증하라. q에 작용하는 합성력의 방향은 어디인가?

11-5 그림 11-1의 q가 점쌍극자 $\mathbf{p} = p\hat{\mathbf{y}}$로 대체되었다고 해보자. $\mathbf{p}$에 작용하는 힘을 구하라.

11-6 그림 11-2의 등퍼텐셜 곡선 세 개 중 가운데 것이 x축과 만나는 점이 전하와 도체의 중간지점에 위치한다고 해보자. 이 곳에서 ϕ와 $\mathbf{E}$를 구하라.

11-7 (11-35)는 (11-29)와 (11-30)을 사용하여서도 구할 수 있음을 증명하라.

11-8 그림 11-3의 구좌표계를 사용하여, 이 구 밖에서의 퍼텐셜을 구하는데, 전하분포는 그림 11-5의 것을 취하라. 결과가 (11-36)이 됨을 보여라. $\mathbf{E}$를 구하고 q에 작용하는 힘도 구하라. σ_f를 구하고 구에 유도된 총 전하가 영임을 보여라.

11-9 그림 11-3의 도체구가 이번에는 절연되어 있고 총 전하는 Q이다. 구의 퍼텐셜을 구하고 q에 작용하는 힘을 구하라.

11-10 (11-48) 바로 다음에서 유전체에 들어있는 총 구속면전하는 영상전하량과 같음을 알았다. 이 결과를 (10-13)과 어떻게 일치시키겠는가?

11-11 그림 11-9의 계에 대하여, 다음을 구하라: 도체에 유도된 전하의 면밀도, 선전하에 평행한 단위길이당의 총 유도전하, 선전하에 작용하는 단위길이당의 힘.

11-12 그림 11-10의 한 원통에 작용하는 단위길이당 인력이

$$F_e = -\frac{\pi\epsilon_0 L(\Delta\phi)^2}{2[\cosh^{-1}(D/2A)]^2(D^2 - 4A^2)^{1/2}}$$

로 주어짐을 보여라.

11-13 반지름이 A인 원 단면을 가지고 있는 긴 도선이 지상 h 높이의 두 기둥에 걸쳐 있다. 도선의 늘어짐이나 지구표면의 곡률은 무시하고, 이 계의 단위길이당 전기용량을 구하라. 균일하게 대전된 이 도선 단위길이에 작용하는 지구 방향으로의 인력을 구하라.

11-14 일정한 밀도 λ를 갖는 무한히 긴 선전하가 이것에 축이 평행한 반지름 A의 도체 원통에서 거리 D만큼 떨어져 있다. 이 선전하가 만드는 퍼텐셜은 이 실제의 선전하와 $-\lambda$의 영상전하가 만드는 것과 동일함을

보이는데, 이 영상전하는 원통 축으로부터 선전하 쪽으로 A^2/D의 거리에 있다. 원통의 퍼텐셜은 얼마인가?

11-15 그림 11-11의 계에 대해 $x = 0$면에서의 면전하밀도를 구하라.

11-16 (11-84)의 E_x는 $y = 0$에 대해 영임을 증명하라. [귀띔: $\cos u = \frac{1}{2}(e^{iu} + e^{-iu})$가 도움이 될 것이다.]

11-17 이 문제는 이차원 문제이다. xy평면에 있는 정사각형을 고려하는데, 꼭지점이 (0, 0), (a, 0), (a, a), (0, a)에 있다. 이 정사각형 안에는 전하도 없고 물질도 없다. y축에 수직인 변은 퍼텐셜이 영이다. $x = a$인 변은 일정한 퍼텐셜 ϕ_0을 가지고 있고, $x = 0$인 변은 일정한 퍼텐셜 $-\phi_0$을 가지고 있다. 정사각형 안 모든 곳에서의 $\phi(x, y)$를 구하라. 정사각형 중심에서 **E**를 구하고 이 지점에서 **E**의 (ϕ_0/a)에 대한 비를 유효숫자 네 자리까지 계산하여라.

11-18 그림 1-41의 위치와 방향을 갖는, 한 변이 L인 정육면체 내의 모든 곳에서 퍼텐셜 ϕ를 구하라. 정육면체의 안에는 전하도 없고 물질도 들어있지 않다. $z = L$인 면에서의 퍼텐셜은 일정한 값 ϕ_0이고, 다른 모든 면에서는 영이다. 정육면체 중심에서 ϕ를 유효숫자 네 자리까지 계산하여 $0.1667\phi_0$임을 보여라.

11-19 Laplace 방정식의 해는 $X(x) + Y(y) + Z(z)$ 형태인 항들의 합으로 쓸 수 있음을 보여라. 만일 이것이 정말로 해라면, 이 함수나 이것의 적절한 미분이 어떻게 연계되는지 보여라. $X(x)$의 일반형을 구하고 이것에 해당되는 전기장을 설명하여라.

11-20 (a) $l = 0, 1, 2$에 대해 $\int_{-1}^{1} P_l^2(\mu)d\mu$를 직접 계산하고 (11-102)가 옳다는 것을 보여라. (b) P_l이 만족하는 미분방정식 (11-92)를 변수 $\mu = \cos\theta$로 나타낼 때

$$\frac{d}{d\mu}\left[(1-\mu^2)\frac{dP_l}{d\mu}\right] + l(l+1)P_l = 0 \tag{11-140}$$

이 됨을 보여라. (c) $l \neq m$에 대해 (11-102)로 표현되는 직교성은 (11-140)의 결과로부터 나온 것임을 보이고, P_l이 유한하고 이것의 미분이 $\mu = \pm 1$에서 유한하다는 사실로부터 온 결과임을 다음과 같은 순서로 보여라: (11-140)에 P_m을 곱하라; $P_m(\mu)$가 만족하는 미분방정식을 쓰고 여기에 P_l을 곱하라; 이 두 표현식을 서로 뺀 결과를 μ에 대하여 -1에서부터 $+1$까지 적분하는데, 필요하면 부분적분하라.

11-21 (11-111)에 해당되는, 즉 균일하던 전기장에 도체구가 있는 경우에 대하여, **E**의 선에 대한 방정식을 구하라.

11-22 (11-106) 대신에 먼 곳에서 $\phi \to -E_0 r\cos\theta + \phi_0$($\phi_0$은 상수)이어야 한다고 하자. 이렇게 하여도 전기장은 여전히 균일하기 때문에 대체할 수 있다. 이러한 조건 하에서 ϕ를 구하라. 답이 (11-111)과 다르다면, 이 결과를 어떻게 설명할 수 있겠는가?

11-23 접지된 커다란 도체에 반지름 a의 구형 공동이 있다. 전하 q가 공동의 중심에서 b만큼 떨어진 공동 안에 있다. 구좌표계의 원점을 공동의 중심에 두고 z축을 전하가 있는 위치를 지나도록 잡아서 공동 내 모든 곳에서의 퍼텐셜 ϕ를 구하라. 공동의 중심에서 **E**를 구하라. 공동의 벽에 유도되는 면전하밀도를 구하라. 그 벽에 유도되는 총 전하량은 얼마인가?

11-24 평면 극좌표 (ρ, φ)로 표현되는 이차원 Laplace 방정식을 변수분리로 풀어라. 그래서 일반해는

$$\phi = A + B\ln\rho + \sum_{m=1}^{\infty}\left(A_m\rho^m + \frac{B_m}{\rho^m}\right) \times (C_m\cos m\varphi + D_m\sin m\varphi) \quad (11\text{-}141)$$

의 형태임을 보여라. 여기서 m은 양의 정수이고, φ는 가능한 전체 범위를 포함한다. (귀띔: ϕ는 유일해이어야 한다.)

11-25 무한히 긴 접지된 원통 도체는 그 단면이 반지름 a인 원이고 그 축은 z축에 일치한다. 이것을 균일하던 전기장 $\mathbf{E}_0 = E_0\hat{\mathbf{x}}$에 넣었다. 원통의 축은 $\mathbf{E}_0$에 수직이다. 원통의 바깥 모든 곳에서 ϕ를 구하라. 면전하 밀도를 구하고 원통은 계속 중성이 유지됨을 보여라.

11-26 앞 문제의 원통이 도체가 아니라 이번에는 유전체이다. 모든 곳에서의 ϕ를 구하라. 안에서의 $\mathbf{E}$와 $\mathbf{P}$를 구하고, 이 경우 소극인자는 1/2임을 증명하라.

11-27 반지름 a의 원이 xy평면에 놓여있고 그 중심이 원점이다. $x > 0$인 반원 부분의 경계는 퍼텐셜이 일정한 ϕ_0으로 유지되고, $x < 0$인 반원 부분의 경계는 일정한 퍼텐셜 $-\phi_0$으로 유지된다. 원 내부의 모든 곳에서 ϕ를 구하라. 원의 중심에서 $\mathbf{E}$를 구하라.

11-28 (11-99)가 비록 축대칭을 갖는 문제에 대한 일반해의 형태라고 할지라도, 계수 A_l과 B_l을 θ의 일반 값에 대해 구하는 것은 쉽지 않다. 그래서 가끔 다음의 과정을 사용하기도 한다. (11-99)는 θ의 모든 값에 대하여 그대로 적용되기 때문에, 같은 계수를 가지고 특정한 $\theta = 0$에서도 적용된다. 이 방향은 양의 z축으로 바로 대칭축이다. 그러면 $r = z$이고 $P_l(\cos\theta) = P_l(1) = 1$이어서, (11-99)는

$$\phi(z) = \sum_{l=0}^{\infty}\left(A_l z^l + \frac{B_l}{z^{l+1}}\right) \qquad (z > 0) \quad (11\text{-}142)$$

이 된다. 그러므로 ϕ를 z축에서 풀 수 있다면, 그것을 (11-142)와 비교하여 A_l과 B_l을 구할 수 있고, 이들 계수를 (11-99)에 다시 넣을 때 그 결과는 θ의 모든 값에 대하여 올바른 ϕ의 표현식이 된다. 가끔 $\phi(z)$를 급수전개하여 항별로 비교하여 확인하여야 한다. 이 과정의 한 예로, 그림 3-8의 정해진 길이를 갖는 균일한 선전하를 생각해보자. 이것에 대한 퍼텐셜은 (5-30)으로 주어져 있다. $L_2 = L_1 = L$을 가정하고, $r > L$일 때, ϕ는

$$\phi(r,\theta) = \frac{\lambda}{2\pi\epsilon_0}\sum_{l\,\text{짝수}}\left(\frac{L}{r}\right)^{l+1}\frac{P_l(\cos\theta)}{(l+1)}$$

의 형태로 쓸 수 있음을 보여라. 여기서 합은 $l = 0$을 포함하는 모든 짝수의 l에 대하여만 행해진다.

11-29 반지름 a의 원고리가 xy평면에 놓여있고 그 중심이 원점이다. 이 고리는 원둘레에 일정한 선전하밀도 λ를 가지고 있다. $\phi(r, \theta)$를 구하는데, 모든 r에 대해 $P_l(\cos\theta)$의 급수로 나타내어라. (앞 문제 참조)

11-30 두 동심구로 구성된 계가 있는데, 안쪽 반지름은 a이고 바깥쪽 반지름은 b이다. 이들 사이의 공간은 구대칭을 갖는 전하분포 $\rho = \rho_0(r/a)^n$으로 채워져 있다. 여기서 ρ_0은 상수이며 $n > 0$이다. 안쪽 구는 일정한 퍼텐셜 ϕ_1로 유지되고, 바깥 구는 일정한 퍼텐셜 ϕ_2로 유지된다. (11-136)을 사용하여 $a \le r \le b$에 대한 ϕ를 구하라.

11-31 두 개의 무한 도체판이 xy평면에 평행이다. 그 중 하나는 $z = 0$에 놓여 있고, 일정한 퍼텐셜 ϕ_0으로 유지된다. 다른 것은 $z = d$에

있으며 일정한 퍼텐셜 ϕ_d로 유지된다. 이들 사이의 공간은 체적밀도 $\rho = \rho_0(z/d)^n$의 전하로 채워져 있다. $0 \le z \le d$에 대하여 Poisson 방정식을 풀어 ϕ를 구하라. 각 판에서의 면전하밀도를 구하라.

11-32 그림 4-7의 동축 원통을 생각해보자. 안쪽 원통은 일정한 퍼텐셜 ϕ_a로 유지되고, 바깥 원통은 일정한 퍼텐셜 ϕ_b로 유지된다. 그들 사이에는 일정한 전하밀도의 원통 껍질이 존재하고 나머지 공간은 진공이다. 즉 체적전하밀도 ρ_{ch}가 $a \le \rho < \rho_1$에서는 영이고, $\rho_1 \le \rho \le \rho_2$에서는 $A\epsilon_0$이며, $\rho_2 < \rho \le b$에서는 영이다. 여기서 A는 상수이다. $a \le \rho \le b$에서 Poisson 방정식을 풀어 ϕ를 구하라.

11-33 여기서는 유한한 공간을 차지하는 원천 전하계에 대한 몇 가지 결과식을 제시하겠다. (1-111), (1-122), (1-123), (1-141), (3-3)을 이용하여 다음을 쉽게 증명할 수 있다:

$$\int_{V'} \nabla'\left(\frac{\rho}{R}\right) d\tau' = 0$$

$$\mathbf{E} = -\frac{1}{4\pi\epsilon_0}\int_{V'} \frac{(\nabla'\rho)}{R}\, d\tau'$$

$$\int_{V'} \nabla' \times \left(\frac{\mathbf{E}}{R}\right) d\tau' = 0$$

11-34 가끔 다른 책에서, 점전하와 반무한 유전체의 예제에서 사용한 영상전하에 대한 표현식이 우리가 얻었던 것과 다르게 나오는 것을 볼 수 있다. (11-41)의 분모에서 ϵ_0으로 나타내었듯이, 우리는 유전체가 차지한 공간에서 진공의 성질을 사용하였다. 다른 관점에서는 q''을 포함하는 계산에 관한 한, 유전체가 모든 공간을 효과적으로 채우고 있다고 가정한다. 그러므로 (11-41)은 여전히 사용할 수 있지만, 대신 분모에 ϵ을 쓴다. 이렇게 한다면, q''은 (11-46)에 주어진 것에 κ_e를 곱하여 구해진다는 것을 보여라. 그럼에도 불구하고 유전체 안에서의 퍼텐셜과 전기장은 이전과 정확히 같다는 것을 보여라.

제 12 장 전류

정전기학에서는 정지해 있는 전하 사이의 관계를 다룬다. 다음으로 고려하게 될 전자기학의 주요 분야로써, 정자기학은 운동하는 전하 사이의 힘에 관련되어 있다. 전하의 흐름을 **전류**라 하며, 이 장에서는 전류를 일반적으로 기술하는 유용한 방도를 꾀하고자 한다. 또한 특별한 종류의 전류, 즉 도체 내에서의 전류에 대한 특성을 논의하겠다.

12-1 전류와 전류밀도

만일 누군가 P점에 멈춰 서서 그 지점을 통과하는 전하를 관찰한다고 해보자. 이 전하는 금속 도선을 따라 운동하고 있을 수 도 있고, 공간을 운동하는 하전입자 선속일 수도 있다. 어느 경우든, 우리의 관찰자는 Δt의 시간간격동안 Δq의 전하가 P점을 통과하는 것을 보았다고 하자. 그러면 이 시간동안의 **평균전류** $\langle I \rangle$는 전하의 평균 흐름률로써

$$\langle I \rangle = \frac{\Delta q}{\Delta t} \tag{12-1}$$

라고 정의할 수 있다. 나중에 Δq나 $\langle I \rangle$를 측정하는 정확한 방법에 관해 언급하겠지만, 만일 전류가, 예를 들어, 양성자(전하량은 e)의 흐름에 기인한다고 해보면, 측정과정이라는 것은 단순히 개수를 세는 과정이라고 생각할 수 있다. 그래서 이 시간동안 N개의 양성자가 통과하였다면, $\Delta q = Ne$이고 $\langle I \rangle = Ne/\Delta t$이다. (12-1)에서 짐작할 수 있겠지만, 전류의 "방향"은 양전하의 흐름으로 정의된다. 운동하는 전하의 부호가, 전자처럼, 음이면, $\langle I \rangle$의 방향은 그 운동 방향과 반대이다. 그 이유는 간단하다. 어느 지점 부근이 처음에 중성이었다고 해보자. 즉, 같은 분량의 양전하와 음전하가 존재하는 것이다. 그런데, 만일 음전하가 이 지역에서 빠져나간다면, 그것은 여분의 양전하를 얻은 것이나 마찬가지이고, 전체적인 효과로 보면 마치 양의 전하가 이 영역으로 들어온 것이나 같다.

전하의 흐름이 시간적으로 균일하지 않다면, 전하 흐름의 순간적인 비율로써 **순간전류** I를 정의할 수 있다:

$$I = \frac{dq}{dt} \tag{12-2}$$

흔히 전류가 시간에 대해 일정한 경우에 관심을 갖게 될 텐데, 이 때 I = 상수이고 $\langle I \rangle = I$이다. 이것을 **정상전류** *steady, stationary currents*라 하고, 균일한 전하 흐름률을 의미하는 것이다.

2-2절에서 지적했듯이 전하의 단위는, **암페어** *ampere* (A)라 부르는 전류의 단위를 통하여

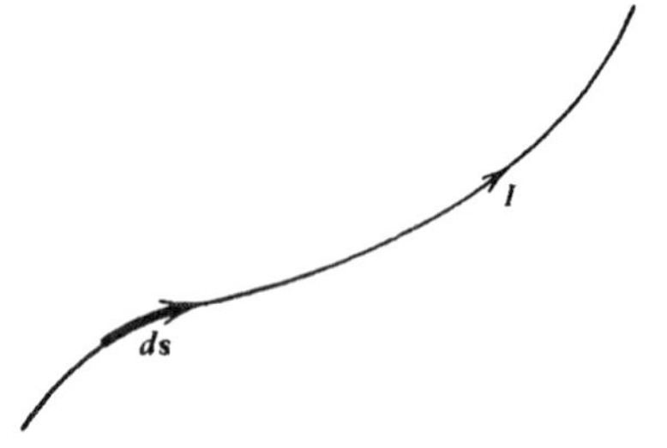

그림 12-1 세선전류.

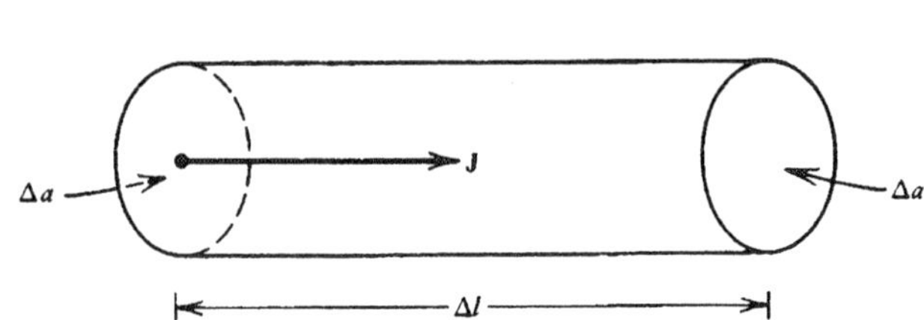

그림 12-2 체적전류밀도의 계산.

정의된다. 그러므로 (12-1)에 의해 1 C = 1 A · s이다. 암페어 자체는 전류 사이의 힘으로 정의되는데, 다음 장에서 정확하게 정의하겠다.

전류는 그림 12-1에서처럼 경로를 따라가는 것으로 생각하는 것이 편리한데, 화살표는 I의 방향을 나타내고 $d\mathbf{s}$는 I쪽으로 선을 따라가는 변위벡터이다. 이상적으로는 전하의 흐름이 매우 얇은 도선을 따라 흐른다든지, 단면적이 매우 작은 선속으로 흐르는 경우이다. 그러한 전류를 **세선전류** *filamentary current*라 한다. 그러나 전하의 흐름이 부피나 면적에 걸쳐 분포하여 있는 경우도 고려할 필요가 있고, 여기에 알맞은 설명법도 필요하다. 이것은 **전류밀도** *current density*를 도입하여 가능하다.

이런 것 중의 첫 번째가 체적전류밀도 $\mathbf{J}$이다. 그 방향은 전하 흐름의 방향과 같고, 크기는 흐름 방향에 수직으로 세워 놓은 면적을 통과하는 전류의 단위면적당 값, 즉 단위시간당 단위면적당 전하량으로 주어진다. 그림 12-2의 상황을 고려하면 이 정의를 제대로 설명할 수 있고, 동시에 유용한 관계식도 얻을 수 있다. $\mathbf{J}$에 수직인 왼쪽의 작은 면적 Δa를 시간 Δt동안 통과하는 전하량 Δq를 구해보자. (12-1)에 의해, $\Delta q = \langle I \rangle \Delta t = \langle J \rangle \Delta a \Delta t$이고 여기서 $\langle J \rangle$는 단위면적당의 평균 전류이다. 그러나 Δa를 통과하는 모든 전하는 길이 Δl인 원통의 부피 $\Delta\tau$ 안에 들어가게 된다. 즉, (2-14)를 사용하면 $\Delta q = \rho \Delta\tau = \rho \Delta l \Delta a$라고도 할 수 있으며, 여기서 ρ는 체적전하밀도이다. Δq에 대한 이 두 표현식을 등식으로 놓으며, 공통인자 Δa를 상쇄시키면, $\langle J \rangle = \rho(\Delta l/\Delta t) = \rho\langle v \rangle$가 된다. 여기서 $\langle v \rangle$는 전하의 평균 속력이다. 이 관계식은 분명히 평균적으로 뿐 아니라, 순간적으로도 적용된다. 그리고 $\mathbf{J}$의 방향은 흐름의 방향과 같아서, 즉 $\mathbf{v}$와 같으므로,

$$\mathbf{J} = \rho\mathbf{v} \tag{12-3}$$

로 쓸 수 있다. 운동하는 전하들이 서로 다른 밀도 ρ_i, 다른 속도 $\mathbf{v}_i$를 가지는 여러 종류로 되어 있다면, Δt동안 통과하는 i번째 종류의 전하량은 $\Delta q_i = \rho_i|\mathbf{v}_i|\Delta a \Delta t$가 될 것이다. 그러면 모든 종류에 대한 전체 값은 $\Delta q = \Sigma_i \rho_i|\mathbf{v}_i|\Delta t \Delta a$가 될 것이고, (12-3)은 자연스럽게 일반화되어

$$\mathbf{J} = \sum_i \rho_i \mathbf{v}_i \tag{12-4}$$

가 된다. 이 두 결과를 비교하면, (12-3)을 그대로 사용할 수 있음을 알수 있는데, 이 때 ρ는 전

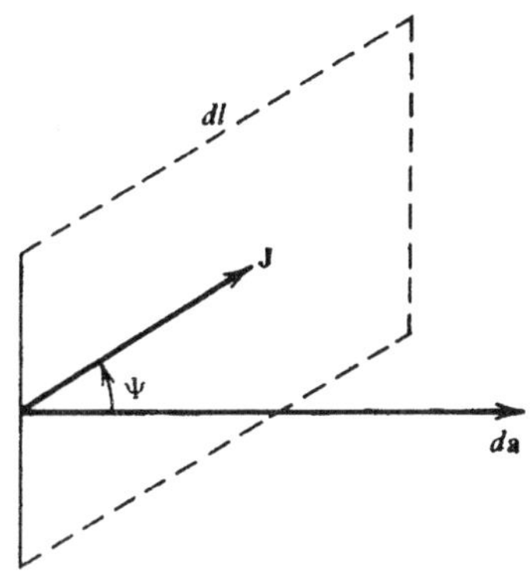
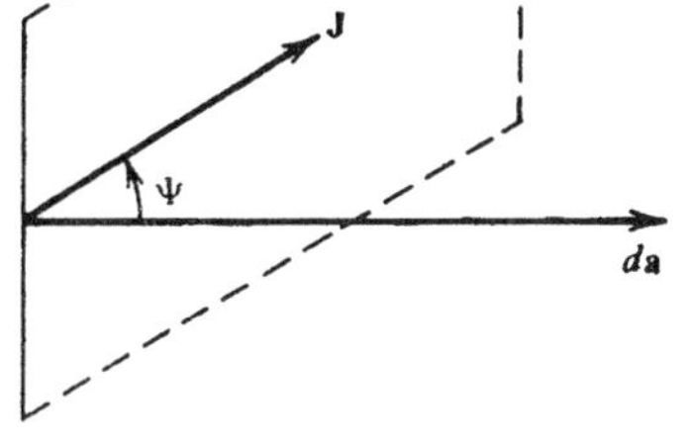

| 그림 12-3 | 전류밀도와 체적요소가 평행이 아니다.

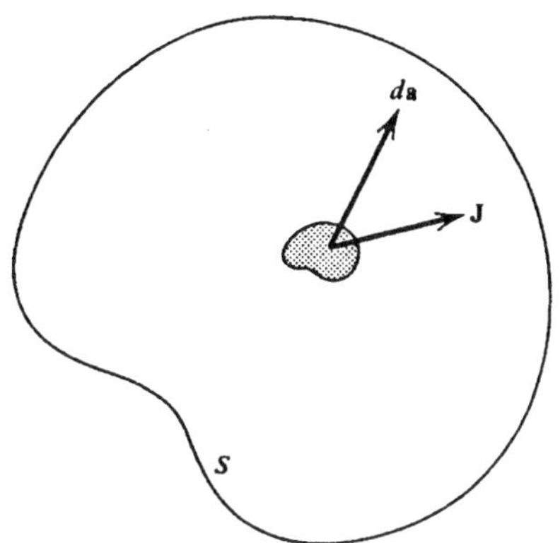

| 그림 12-4 | 면적 S를 통해 흐르는 전하의 총 흐름률을 계산하기.

체 체적전하밀도로 잡고 **v**는 평균 속도로 잡되, 밀도 ρ_i들은 분포확률이라 하면 된다. 이것은 점질량들의 집합에 대한 질량중심의 속도를 계산할 때와 마찬가지이다.

이번에는 **J**와 면적요소 $d\mathbf{a}$가 그림 12-3처럼 평행하지 않다고 해보자. Δt동안 $d\mathbf{a}$를 통과하는 전하량을 그림 12-2에서 사용했던 방법대로 구할 수 있다. 이제 총 전하는 높이 dl인 기울어 있는 원통 안에 들어 있게 되고, 그 부피는 $dl \cos \Psi \; da$이고, (12-3)을 사용하여 $dq = \rho \, dl \cos \Psi \; da = \rho v \cos \Psi \; da \, dt = \rho \mathbf{v} \cdot d\mathbf{a} \, dt = \mathbf{J} \cdot d\mathbf{a} \, dt$로 주어진다. 그러므로 $d\mathbf{a}$를 통과하는 전하의 흐름률은

$$\left(\frac{dq}{dt}\right)_{d\mathbf{a}\text{를 통과}} = \mathbf{J} \cdot d\mathbf{a} \tag{12-5}$$

일 것이다. 그림 12-4의 임의 면적 S를 생각해보면, 이곳을 통하여 흐르는 전하의 흐름률을 구할 수 있는데, 이 때 (12-5)로 주어지는 기여를 모든 면적 요소 $d\mathbf{a}$에 대해 더해주면 된다. 그러므로

$$\left(\frac{dq}{dt}\right)_{S\text{를 통과}} = \int_S \mathbf{J} \cdot d\mathbf{a} \tag{12-6}$$

를 얻게 되고, 이것을 흔히 전하의 선속 *flux*라 한다. (12-6)에서 S는 열린 면일 수도 있고, 닫힌 면일 수도 있다.

만일, 어떤 이유에서든지, 운동전하가 면을 따라서만 제한적으로 흐른다고 생각할 수 있으면, **면전하밀도 K**를 정의할 수 있다. 그 방향은 전하 흐름의 방향과 같고, 크기는 면 위에 놓여 있으며 흐름에 수직인 선을 통과하는 단위길이당의 전류로 정의한다. 이 정의는 그림 12-5a에 도식적으로 그려져 있다. 그림 12-5b에는 **K**가 ds 선에 직각이 아닌 경우를 그려 놓았다. 단위벡터 $\hat{\mathbf{t}}$는 ds에 직각으로 그렸고, **K**처럼 면 위에 놓여 있으므로 면에 접선벡터이다. (12-3)과 (12-5)를 얻은 것과 비슷한 방법을 사용하여

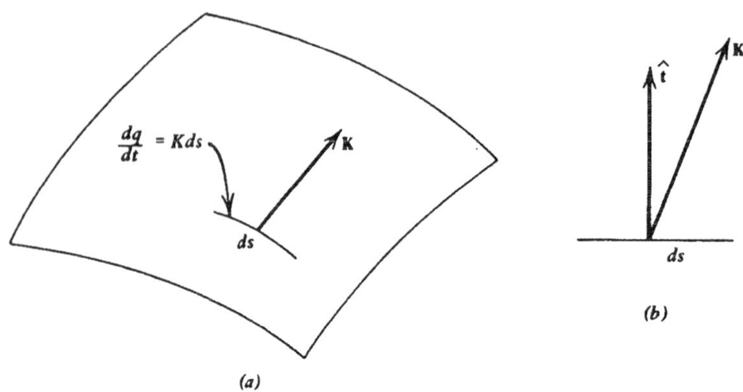

그림 12-5 (a) 면전류밀도 **K**의 정의. (b) **K**가 선 *ds*에 수직이 아니다.

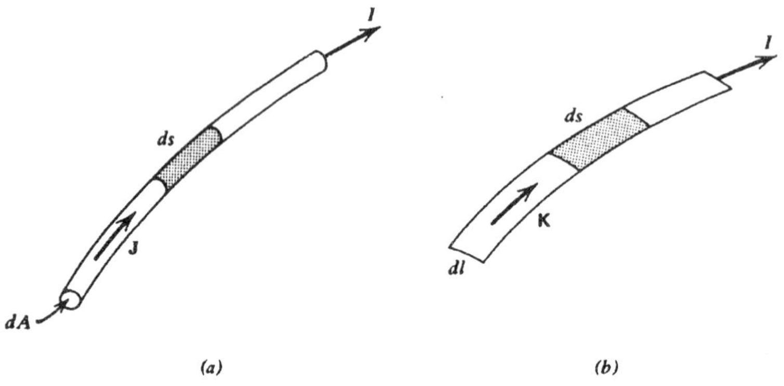

그림 12-6 전류요소의 등가량을 계산하기.

$$\mathbf{K} = \sigma \mathbf{v} \tag{12-7}$$

$$\left(\frac{dq}{dt}\right)_{ds\text{를 통과}} = |\mathbf{K} \cdot \hat{\mathbf{t}}|\, ds \tag{12-8}$$

를 보일 수 있고, 여기서 σ는 면전하밀도이다.

마찬가지로, 세선전류에 대하여

$$I = \lambda |\mathbf{v}| \tag{12-9}$$

라 구할 수 있고, 여기서 λ는 흐름의 선전하밀도이다.

앞으로의 논의에서 **전류요소** *current element*라고 알려진 물리량을 계속하여 다루게 될 것이므로, 여기에 소개해 두는 것이 유용하겠다. 그것은 그림 12-1의 세선전류에 대하여 $I\, d\mathbf{s}$라는 곱으로 간단히 정의된다. 퍼진전류에 대해서도 이것과 마찬가지의 것을 구하기 위해, 그림 12-6*a*를 고려해보자. 여기서 dA는 가느다란 선의 작은 단면적이다. 흐름이 이 단면적에 수직이므로, (12-5)로부터 $I = J\, dA$이고, 그래서 $I\, ds = J\, dA\, ds = J\, d\tau$이며, 여기서 $d\tau$는 음영표시 해놓은 체적요소이다. **J**와 d**s**는 이 경우 평행이므로, $I\,d\mathbf{s} = \mathbf{J}\,d\tau$가 된다. 마찬가지로 면전류에 대해서는 여기에 해당되는 $I\,d\mathbf{s} = \mathbf{K}\,da$가 되고, da는 그림 12-6b에 음영표시한 요소의 면적 $dl\,ds$이다. 그러므로 전류요소에 대하여 다음의 등가 표현식

$$I\,d\mathbf{s} = \mathbf{J}\,d\tau = \mathbf{K}\,da \tag{12-10}$$

를 구했다. 이들 결과는 또한 "체적"전류밀도나 "면적"전류밀도라는 이름에 대한 이유를 말해주고 있다.

12-2 연속방정식

2장의 도입부에서 언급하기를 모든 실험이 나타내는 바에 의하면 알짜 전하는 **보존된다**는 것이다. 이 전하보존에 대한 기본 법칙은 바로 앞에서 소개한 물리량을 통해서 편리한 정량적 방법으로 표현할 수 있다. 그림 12-4에서 면 S가 부피 V를 감싸는 닫혀있는 정지면이라 해보자. 표면 S를 통해서 밖으로 흐르는 전하의 총 비율은 V 안에서 줄어들고 있는 총 전하의 비율과 같아야 할 것이다. 왜냐하면 총량은 일정해야 하기 때문이다. 그러므로 Q가 V 안의 총 전하라면, (12-6), (2-14), (1-59)로부터

$$-\frac{dQ}{dt} = \oint_S \mathbf{J}\cdot d\mathbf{a} = -\frac{d}{dt}\int_V \rho\,d\tau = -\int_V \frac{\partial\rho}{\partial t}\,d\tau = \int_V \nabla\cdot\mathbf{J}\,d\tau \tag{12-11}$$

를 구하게 된다. 세 번째 표현식에서 네 번째로 갈 수 있었던 것은 V가 일정한 모양과 크기의 부피로써 V에 대한 유한적분에 포함되는 어느 적분 한계라도 시간에는 무관하기 때문이다. 여기에 덧붙여 ρ는 시간 뿐 아니라 위치의 함수일 수도 있으므로 적분 안에 남겨놓았다. (12-11)의 이 두 표현식을 결합하면

$$\int_V\left(\nabla\cdot\mathbf{J} + \frac{\partial\rho}{\partial t}\right)d\tau = 0 \tag{12-12}$$

을 얻게 된다. 전하의 보존은 주어진 부피의 어느 한 부분에서만 성립하는 것이 아니라 모든 지점에서 성립하기 때문에, 이 적분은 어디에라도 있을 수 있는 아주 작은 부피까지 모함하여, 어느 임의의 부피에 대해서도 성립하여야 한다. 그러므로 (12-12)는 어느 곳에서라도 피적분함수가 영이기만 하면 항상 성립될 수 있다. 즉,

$$\nabla\cdot\mathbf{J} + \frac{\partial\rho}{\partial t} = 0 \tag{12-13}$$

이다. 이 중요한 결과를 **연속방정식** *equation of continuity*라 하며, 알짜 전하가 보존되어야 한다는 근본적인 실험 결과를 수학적으로 표현한 것이다. 여기에서 지적하고자 하는 것은, 전자와 양전자같은 "쌍창생"이나 "쌍소멸"의 과정도 이 결과에 어긋나지 않는다는 점이다. 그 이유는 이들 현상에서도 같은 분량의 양과 음전하가 "생성"되거나 "소멸"하기 때문이다. 많은 입자가 만들어지는 좀 더 복잡한 핵물리나 고에너지물리의 반응에서도 마찬가지의 결과가 얻

어진다. 이 모든 경우 알짜 전하는 보존된다.

이제 (12-13), (9-6), (9-24)를 결합하면, 불연속면에서 전류밀도가 만족하는 경계조건을

$$\hat{\mathbf{n}} \cdot (\mathbf{J}_2 - \mathbf{J}_1) = J_{2n} - J_{1n} = -\frac{\partial \sigma}{\partial t} \tag{12-14}$$

처럼 얻게 된다. 물리적으로 이 조건이 표현하는 것은, 표면에서 없어지는 것보다 더 많은 전하가 표면으로 가져와지면, 전하는 그 곳에 쌓여야 한다는 것이다. 그 반대도 성립한다.

정상전류의 특별한 경우에, 모든 것은 시간에 대해 일정하여 $\partial\rho/\partial t$나 $\partial\sigma/\partial t$는 모두 영이 될 것이고, 바로 앞에서의 두 결과는

$$\nabla \cdot \mathbf{J} = 0 \tag{12-15}$$

$$\hat{\mathbf{n}} \cdot (\mathbf{J}_2 - \mathbf{J}_1) = J_{2n} - J_{1n} = 0 \tag{12-16}$$

으로 간단해 진다.

모든 전하는 보존되기 때문에 ρ와 $\mathbf{J}$는 분명 총 전하밀도와 전류밀도이다. 이번에는 그들의 성분을 조사해보자. 우선 밀도가 ρ_b인 구속전하부터 살펴보자. 어느 물질을 분극시키는 과정에서 일반적으로 구속전하는 움직일 것이고, 10-1절에서 보았듯이 구속전하 전류밀도 $\mathbf{J}_b$를 정의할 수 있다. 분극의 과정은 구속전하의 분리나 쌍극자의 재배치만을 고려하기 때문에, 구속전하는 (10-13)에 나타낸 것처럼 보존되어야 한다. 그러므로 구속전하에 대한 별도의 연속방정식이 있어야 하고, 그것은

$$\nabla \cdot \mathbf{J}_b + \frac{\partial \rho_b}{\partial t} = 0 \tag{12-17}$$

이다. (10-10)에 주어진 것처럼 $\rho_b = -\nabla \cdot \mathbf{P}$로 쓰면,

$$\nabla \cdot \mathbf{J}_b - \frac{\partial}{\partial t}\nabla \cdot \mathbf{P} = \nabla \cdot \left(\mathbf{J}_b - \frac{\partial \mathbf{P}}{\partial t}\right) = 0$$

으로도 되며, 이것은 모든 곳에서 성립하여야 하므로

$$\mathbf{J}_b = \frac{\partial \mathbf{P}}{\partial t} \tag{12-18}$$

이어야 한다. 그래서 구속전류밀도를 알아내게 되었다. 이 전류는 흔히 **분극전류밀도** *polarization current density*라 부르며, 이것은 분극 과정의 결과이다.

(12-13)에 의해 총 전하는 보존되므로, 그리고 (12-17)에 의해 구속전하도 보존되므로, 자유전하 역시 보존되어야 하며

$$\nabla \cdot \mathbf{J}_f + \frac{\partial \rho_f}{\partial t} = 0 \tag{12-19}$$

로 쓸 수 있다. 이것은 (12-14)에서 구했던 방법대로 정확히 하여

$$\hat{\mathbf{n}} \cdot (\mathbf{J}_{f2} - \mathbf{J}_{f1}) = J_{f2n} - J_{f1n} = -\frac{\partial \sigma_f}{\partial t} \tag{12-20}$$

에 이르게 된다. 정상전류의 특별한 경우에 이 식들은

$$\nabla \cdot \mathbf{J}_f = 0 \quad \text{및} \quad \hat{\mathbf{n}} \cdot (\mathbf{J}_{f2} - \mathbf{J}_{f1}) = 0 \tag{12-21}$$

이 된다. 자유전하와 그로 인한 자유전류는 우리가 조절할 수 있는 것이기 때문에, 가장 관심을 갖는 대상이며, 따라서 나중에 이 문제를 집중하여 다루겠다. 자유전류는 두 부류로 넓게 나누어 **전도전류** *conduction current*와 **대류전류** *convection current*로 분류한다. 그러나 이들 사이의 구분에 대한 정의에는 다소의 오해가 있다. 대충 말하자면, 전도전류는 도체 내의 전하 운동과 관련이 있다. 즉, 그 물질의 내재적 성질로 인해 이미 운동 전하를 가지고 있는 것이다. 가장 흔한 예로는 금속 안에서의 전류를 들 수 있는데, 반도체나 전해질 용액에서의 전류도 이 부류에 포함시킬 수 있다. 후자의 경우 용액 구성의 결과로 양음의 이온이 전하운송체로 미리 만들어진다. 한편, 대류전류는 빈 공간을 통해 지나는 물리적 흐름 속에서의 하전 입자 운동과 관련이 있다. 이런 것에는 이온선속, 진공관 내의 전자선속, 태양풍 내의 하전입자 같은 것들이 있다. 이 부류에는 또한 거시적 하전 물체의 물리적 운동도 포함시킬 수 있는데, 마찰에 의한 대전으로 양전하를 가지고 있는 유리조각을 이리저리 움직여서도 얻을 수 있겠다. 그러나 우리에게 가장 중요한 부류는 전도전류이고, 이것을 좀 더 자세히 공부해보자.

12-3 전도전류

이 경우의 대표적인 모형으로 편의상 금속 도선 안의 전류를 생각해볼 수 있다. (6-1)에서는, 완전히 **정적**상태인 경우로써, 도체 내부에서 $\mathbf{E} = 0$임을 알았다. 이제 도선에서 전하가 운동할 때는 정적인 상황이 아니므로 (정상상태일 수는 있어도), 도체 내에서는 당연히 $\mathbf{E} \neq 0$일 수 있다. 사실 전하가 운동한다는 것 자체가 전하에 힘이 작용한다는 것이고, 다시 말하면 $\mathbf{E}$ 값이 영이 아님을 암시해 준다. 따라서 이 도체는 이제 등퍼텐셜체적이라고 생각할 수 없다.

실험적으로는 도체에 초기 퍼텐셜차를 걸어주면 도체에 전류가 존재할 것이나, 이후 따로 떼어 놓으면 결국 전류는 멈출 것이며, 그 도체는 정전기적 평형상태를 다시 얻게 되고 이 내용은 이미 6장에서 논의하였다. 우리는 또한 외부 원천으로 도체계에 에너지를 **지속적**으로 공급할 때에만, 일정한 퍼텐셜차를 걸게 되어 일정한 전류를 유지할 수 있다는 것도 알고 있다. 그리하여 보통 회로의 **닫힌 경로**를 전하들이 순환할 때, 어느 곳에선가 이들에 일이 하여진다. 전하가 이 닫힌 경로를 한 바퀴 돌 때 전하량 q에 하여진 일을 W_q라 한다면, 이 둘의 비를 **기전력** *electromotive force* $\mathscr{E}$ 라 부르고, 간단히 *emf*라 하기도 한다. (3-1)을 사용하면

$$\mathscr{E} = \frac{W_q}{q} = \frac{1}{q}\oint_C \mathbf{F}_q \cdot d\mathbf{s} = \oint_C \mathbf{E} \cdot d\mathbf{s} \tag{12-22}$$

가 된다. 그러나 (5-5)로부터 알고 있듯이, 우리에게 익숙한 보존적 전기장은 이와 같은 경우

에 전하에 알짜 일을 할 수 없고, 그러므로 회로 내의 어디엔가 **비보존적** *nonconserwative* **전기장** $\mathbf{E}_{nc}$의 원천이 있어야 한다. 그러면 (12-22)는

$$\mathscr{E} = \oint_C \mathbf{E}_{nc} \cdot d\mathbf{s} \tag{12-23}$$

처럼 쓸 수 있다. (전기장은 V/m로 측정할 수 있으므로, *emf*의 단위는 V로써, 퍼텐셜이나 퍼텐셜차와 마찬가지이다.) 나중에 이 비보존적 전기장이 어떻게 만들어지는가에 관해 논의하겠지만, 지금으로써는 가장 흔하고 잘 알려진 이 원천이 전지라는 점을 지적하면 충분하겠다. 전지는 그것을 통과하는 전하에 일을 하여주고, 이 에너지의 근원은 본질적으로 전지 내에서 일어나는 모종의 화학작용에 기인한다. 그러므로 어떤 점에서 전지는 펌프와 유사하다. 펌프는 보존적 중력장에 맞서 유체에 일을 하여 끌어올린다. 전지는 비보존장을 만드는 국지적 원천이므로, (12-23)의 $\mathbf{E}_{nc}$는 전하의 경로가 전지 내에 있을 때만 영이 아니고, 회로의 다른 모든 곳에서는 $\mathbf{E}_{nc} = 0$이다. 이 경우 원천 자체의 *emf*는 비례[specific 단위전하에 대한] 물리량이라고 말할 수 있고, 그 값은 (12-23)으로부터

$$\mathscr{E}_{\text{원천}} = \int_{\text{원천}} \mathbf{E}_{nc} \cdot d\mathbf{s} \tag{12-24}$$

로 얻어질 것이다. 그러므로 간단히 하기 위하여, 우리의 논의를 도체 영역에 국한하기로 한다. 거기에서는 비보존 전기장이 없고 그러므로 전지의 밖에 관한 한, $\mathbf{E} = -\nabla\phi$이며 그래서 $\nabla \times \mathbf{E} = 0$이다.

$\mathbf{E}$는 운동전하에 힘을 작용하므로 $\mathbf{J}_f$와 $\mathbf{E}$ 사이에는 어떤 함수관계가 있을 것이다. 즉, $\mathbf{J}_f = \mathbf{J}_f(\mathbf{E})$라고 쓸 수 있다고 예상된다. 또한 당분간은 $\mathbf{J}_f(0) = 0$이라고 가정하여 우리의 논의에서 초전도체는 제외하겠다. $\mathbf{J}_f$와 $\mathbf{E}$ 사이의 이 관계는 매우 복잡할 수 있고 물질에 따라 다를 것이다. 비슷한 상황은 10-6절에서 유전체에 대한 $\mathbf{P}$와 $\mathbf{E}$ 사이의 관계를 논할 때 다루어졌었고, 그 때와 비슷한 분류 계획을 세울 수 있다. 그러나 우리는 즉시 **선형 등방성 도체** *linear isotropic conductor*의 경우로 들어가도록 하고, 그러면

$$\mathbf{J}_f = \sigma \mathbf{E} \tag{12-25}$$

라고 쓸 수 있다. 여기서 비례인자 σ를 **전도도** *conductivity*라 한다. (이 표기는 표준이므로 혼동이 있어서는 안 되겠다. 매우 드문 경우지만 표면전하밀도와 전도도가 한 표현식에서 동시에 나타나면, 표면전하밀도를 σ_{ch}로 쓰겠다.) 12-25식은 $\mathbf{D} = \epsilon\mathbf{E}$와 마찬가지로 구성 방정식고, 오직 실험에 의해서만 이 식이 어떤 주어진 물질에 적당한지 아닌지를 결정할 수 있다. (12-25)에서 σ는 전기장 $\mathbf{E}$에 무관한 것으로 되어 있지만, 여전히 위치나 온도 같은 다른 변수에는 의존할 수 있다. σ의 단위는 $1\ (\Omega \cdot \text{m})^{-1}$로 부르고 $\mathbf{J}_f$는 A/m^2이고 $\mathbf{E}$는 V/A이므로, $1\ \Omega = 1$ V/A로 쉽게 구해진다.

(12-25)를 적용할 때, 정상전류에 대한 (12-21)의 경계조건을 $\mathbf{E}$로 나타낼 수 있다:

$$\hat{\mathbf{n}} \cdot (\sigma_2 \mathbf{E}_2 - \sigma_1 \mathbf{E}_1) = 0 \tag{12-26}$$

또한 모든 영역에서 $\nabla \times \mathbf{E} = 0$이기 때문에, $\hat{\mathbf{n}} \times (\mathbf{E}_2 - \mathbf{E}_1) = 0$은 여전히 성립한다. 그러므로 그림 10-14에서 유전체에 대하여 알아냈던 것과 비슷한 상황이 되었고, 서로 다른 전도도를 갖는 두 도체사이의 경계면을 지나면서 $\mathbf{E}$의 선은 굴절된다.

만일 물질이 균질이라면, σ = 상수로 위치에 무관하다. 다른 관점으로 σ는 물질의 고유성질이고 실험으로 구해지거나, 혹은 물리학의 다른 분야에서 물질 내 원자의 성질을 계산하여 얻을 수 있다. 여기서는 주어진 물리량으로 생각한다. 모든 물질이 선형이거나, 등방성이거나, 균질이지는 않지만, σ = 상수로 놓은 (12-25)의 가정은 금속이나 전해질 용액에는 잘 맞는다.

만일 도체가 l.i.h.이고 동시에 정상전류가 흐른다면, (12-21), (12-25), (5-3), (1-45)를 결합하여 $\nabla \cdot \mathbf{J}_f = 0 = \nabla \cdot (\sigma \mathbf{E}) = \sigma \nabla \cdot \mathbf{E} = -\sigma \nabla^2 \phi$를 얻을 수 있다. 즉, $\nabla^2 \phi = 0$으로 퍼텐셜은 Laplace 방정식을 만족할 것이다. 이 결과는 Laplace 방정식을 푸는 실험적 방법을 제공해 준다; 도체 영역의 경계에서 ϕ의 요구되는 경계값을 주고, 전류밀도 $\mathbf{J}_f$의 크기와 방향을 측정하여, $\mathbf{E} = \mathbf{J}_f/\sigma$로부터 $\mathbf{E}$의 값을 구할 수 있다.

l.i.h. 도체에 대한 $\mathbf{J}_f = \sigma \mathbf{E}$의 관계는 Ohm의 법칙이라고 알려진 거시적인 경험 관계식과 동등하다. 이것은 사실 Ohm의 법칙의 미시적 형식이라고도 불린다. 이것이 어떻게 나오는지는 그림 12-7에 그려진 상황을 분석하여 알아볼 수 있다. 이 그림은 길이가 l이고 단면적이 A이며 총 전류가 I인 균일한 도체의 일부분이다. 양 끝 사이의 퍼텐셜차의 크기를 $|\Delta\phi|$라 하면, (5-3)과 (1-38)에 의해 $E = |\Delta\phi|/l$의 크기가 되는데, 일정한 전류와 길이를 갖는 이 영역에서는 $\nabla\phi$가 상수이기 때문에 이렇게 할 수 있다. 마찬가지로 전류가 단면적을 통해 균일하게 흐른다고 가정하면, 전류밀도는 $J_f = I/A$인데, 이 근사는 매우 정확하다는 것을 알게 될 것이다.

이들을 (12-25)에 대입하면, $I/A = \sigma|\Delta\phi|/l$, 혹은 $I = (\sigma A/l)|\Delta\phi|$이다. 그래서 이들 거시 물리량 사이의 관계식을 얻게 되었고 전류가 퍼텐셜차에 비례한다는 것을(혹은 거꾸로) 알게 되었다. 보통 이 관계는

$$I = \frac{|\Delta\phi|}{R} \tag{12-27}$$

의 형식으로 쓰는데, 여기서 비례인자는

$$R = \frac{l}{\sigma A} \tag{12-28}$$

이다. 12-27식은 Ohm이 실험적으로 발견한 사실인데, 이것이 Ohm의 법칙이라고 알려져 있

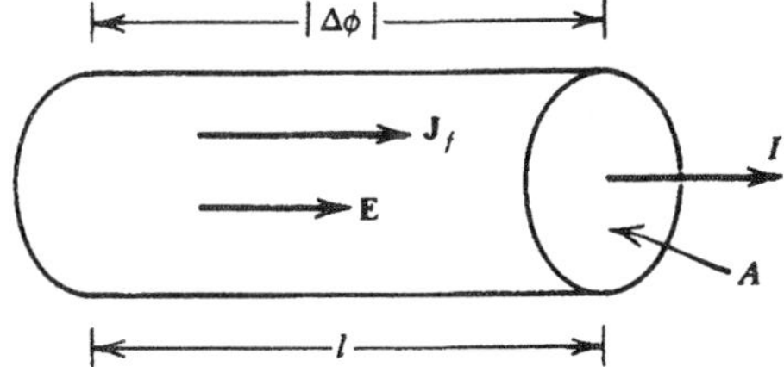

그림 12-7 총 I의 전류가 흐르는 도체의 일부분.

다. 물리량 R을 **저항** *resistance*라 부르는데, Ω의 단위(그러니까, V/A)로 측정한다. 그러므로 l.i.h. 도체에 대해 (12-25)와 (12-27) 사이의 동등성을 증명한 셈이고, 동시에 (12-28)로 저항을 계산하는 방법을 제시하게 되었다. 전도도의 역수 $1/\sigma$는 **비저항** *resistivity*라 하고 주로 ρ로 표기한다!

그림을 보아 알 수 있듯이, $\mathbf{J}_f$는 이 균일한 도체를 따라 세로(longitadinal) 방향을 향하는데, $\mathbf{E}$와 평행이다. 그러므로 $\mathbf{E}$는 표면에서 접선방향이고, $\mathbf{E}$의 접선성분은 (9-21)에 의해 연속이어야 하므로, 도체 밖에서도 전기장의 접선성분이 있을 것이며, $\mathbf{E} = \mathbf{J}_f/\sigma$로 주어진다. 이것은 정적인 경우와 확연히 다른데, 정적인 경우 도체 내에서 $\mathbf{E} = 0$일 뿐 아니라, (6-2)와 그림 6-1b에서 보았듯이 전기장은 표면에 수직이어야 한다.

이 절의 끝으로 위의 결과를 이용하여 다음의 예에서 흥미롭고도 다소 예상치 못한 관계식을 얻게 된다.

예제

비저항과 전기용량 사이의 관계. 임의 모양의 두 도체가 있다고 해보자. 이들을 활용할 수 있는 두 가지 방법을 고려하겠다.

1. 축전기로써 — 이 도체들 사이의 공간을 유전율 ϵ의 l.i.h. 유전체로 채우고, 그림 12-8a처럼 두 도체에는 크기가 같고 부호가 반대인 전하를 넣었다. 그리고 전기용량을 구하고자 한다. (6-38)로부터

$$\Delta\phi = \int_{+}^{-} \mathbf{E} \cdot d\mathbf{s} \tag{12-29}$$

를 두 극판 사이의 어느 경로를 따라서든지 적분하여 퍼텐셜차를 구할 수 있다. 양극의 자유전하 Q는 (2-16), (10-56), (6-1)을 이용하여 그 표면 S에 대한 적분

$$Q = \int_S \sigma_f \, da = \int_S \epsilon \mathbf{E} \cdot d\mathbf{a} = \epsilon \int_S \mathbf{E} \cdot d\mathbf{a} \tag{12-30}$$

로 쓸 수 있다. 이들을 (6-38)에 넣어 전기용량은

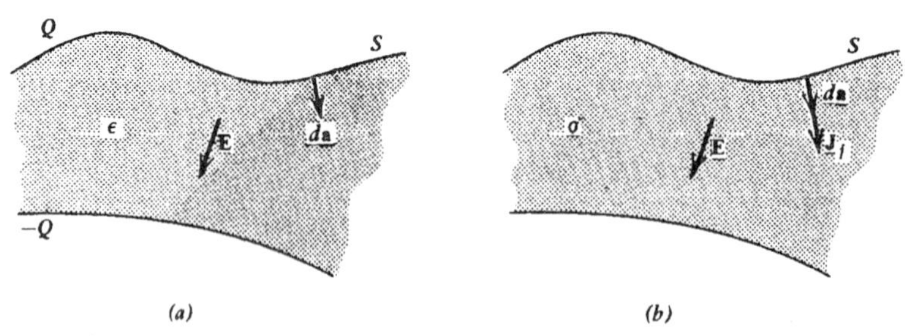

그림 12-8 두 도체를 (a) 축전기 및 (b) 저항으로 사용함.

$$C = \frac{\epsilon \int_S \mathbf{E} \cdot d\mathbf{a}}{\int_+^- \mathbf{E} \cdot d\mathbf{s}} \tag{12-31}$$

로 구해진다.

2. 저항으로써 — 이번에는 그림 12-8*b*에서처럼 두 도체 사이의 공간에 유전체 대신 전도도 σ의 l.i.h. 도체를 채워보자. 전에 사용하였던 것처럼 각 극판을 같은 퍼텐셜로 두어 극판 사이에 동일한 퍼텐셜 차 $\Delta\phi$를 유지시킨다. 위에서 알고 있듯이, 이런 환경에서 ϕ는 Laplace 방정식을 만족하고, 경계조건은 이 두 경우 동일하므로 11-1절의 유일성정리에 따라 $\phi(\mathbf{r})$은 둘 다 같을 것이다. 즉 퍼텐셜차는 이번에도 (12-29)로 주어질 것이고, 적분경로의 모든 지점에서 정확히 같은 $\mathbf{E}$ 값을 가질 것이다. 극판 사이를 통과하는 총 전류 I는 동일한 위 극판에 대한 표면적분으로 구해지는데, (12-6)과 (12-25)를 사용하여

$$I = \int_S \mathbf{J}_f \cdot d\mathbf{a} = \int_S \sigma \mathbf{E} \cdot d\mathbf{a} = \sigma \int_S \mathbf{E} \cdot d\mathbf{a} \tag{12-32}$$

의 결과를 얻는다. (12-29)와 (12-32)를 (12-27)에 넣으면, 이 계의 저항이

$$\frac{1}{R} = \frac{\sigma \int_S \mathbf{E} \cdot d\mathbf{a}}{\int_+^- \mathbf{E} \cdot d\mathbf{s}} \tag{12-33}$$

로 주어짐을 알 수 있다.

(12-31)과 (12-33)을 비교하여 $1/R\sigma = C/\epsilon$을 알 수 있고

$$RC = \frac{\epsilon}{\sigma} \tag{12-34}$$

이 된다.

이것은 이 계의 두 특성이 서로 무관하지 않고 실제로 이러한 간단한 방식으로 관계가 있음을 보여주는 것이다. [(12-34)의 관계식은 전형적인 열역학적 결과를 생각나게 하는데, 한 계의 거시적 특성 개개의 절대값을 제시하지 않아도 그들 사이의 관계는 나타내어지기 때문이다.] 이 꽤 일반적인 식으로 C를 간접적으로 측정할 수 있는데, 이는 전류계와 전압계로 저항을 비교적 쉽게 측정할 수 있기 때문이다. 한편 C의 직접 측정은 일반적으로 훨씬 어렵다.

12-4 에너지 관계

앞 절에서 언급하기를, 도체 내에서 정상전류를 유지하는 것은 이 계에 에너지가 지속적으로 유지되는 경우에만 가능하다고 했었다. 그러나 정상상태에서는 모든 것이 시간에 대해 일정

하고, 전기에너지의 축적은 불가능하다. 따라서 전기에너지로 공급되는 것은 다른 형태의 에너지로 전환되어야 하는데, 사실 소모되는 전기에너지는 도체 몸체 내에서 열로 만들어지는 것으로 관찰되었다. 이것을 다음처럼 정량적으로 나타내보겠다. (5-45)와 (5-46)으로부터 전기장에 의하여 전하 Δq에 하여진 일은 $\Delta W = -\Delta q \Delta\phi$라고 알고 있고, 여기서 $\Delta\phi$는 퍼텐셜 변화이다. 그러므로 이 계에 하여진 전기 일의 율은 (12-1)에 의해 $\Delta W/\Delta t = -(\Delta q/\Delta t)\ \Delta\phi = -I\ \Delta\phi$이고, 여기서는 정상전류이기 때문에 이렇게 쓸 수 있다. 또한 정상상태에서 이것은 에너지가 열로 전환되는 비율임에 틀림없다. 단위부피당 열의 발생률을 w라 한다면, 그림 12-7에서 사용된 모양의 부피 Al을 사용하여

$$w = \frac{(\Delta W/\Delta t)}{Al} = \left(\frac{I}{A}\right)\left(-\frac{\Delta\phi}{l}\right) = J_f E$$

로 구해진다. $\mathbf{J}_f$와 $\mathbf{E}$는 평행이므로, (12-25)를 사용하여 이것은

$$w = \mathbf{J}_f \cdot \mathbf{E} = \sigma \mathbf{E}^2 = \frac{\mathbf{J}_f^2}{\sigma} \tag{12-35}$$

로 쓸 수 있다. w라는 물리량은 단위부피당의 일률 "흩어지기 *dissipation*"이라고 불리기도 한다. 일률의 단위는 1 W = 1 J/s이므로, w는 W/m^{3}으로 측정될 것이다.

12-5 미시적 관점

우리가 방금 얻은 이 결과는, 에너지 보존에 관한 거시적 법칙과 전류나 퍼텐셜차의 의미를 직접 결합하여 구했기 때문에, 전적으로 일반적이다. 그럼에도 불구하고, 그 기원이 불분명한 듯하여, 도체 내 운동전하의 미시적 거동에 관한 평균의 의미로 어떤 "설명"이 필요하다는 감이 든다. "왜" 열이 발생하는가 하는 이 질문은, 우선 "왜" 도체는 저항을 갖는가 하는 질문과 관계가 있다. 이 질문에 대한 좀 더 포괄적인 논의는 부록 B에 남겨 놓겠지만, 이 두 질문에 대한 어느 정도의 정량적 대답은 미시적 관점으로부터 쉽게 얻을 수 있다.

우선, 만일 전기장만이 운동하는 자유전하에 힘을 작용한다고 해보면, 전하들은 일정한 가속도 $\mathbf{a} = \mathbf{F}_q/m = q\mathbf{E}/m$을 갖게 될 것이다. 여기서 m은 전하 운반체의 질량이다. 그러나 계속 가속되면 속도가 끝도 없이 증가할 텐데, 이런 현상은 관측되지 않는다. 정상전류란 (12-3)에 의해, 일정한 속도를 갖게 됨을 말하고, 그러면 가속도는 영일 것이며, 알짜 힘이 영임을 의미한다. 그러므로 전하의 운동 방향에 있는 전기력은, 적어도 평균적으로라도, 운동의 반대 방향에 있는 다른 힘에 의해 상쇄되어야 한다. 이 힘의 기원에 대해 이해하기 위해, 금속의 특별한 경우를 생각해보자. 금속에서의 자유전하 운반체는 전자로 $-e$의 전하량을 가지고 있다. 전자는 완전히 빈 공간이 아닌 금속 이온 속을 돌아다니는데, 이온들은 결정체의 규칙적인 망으로 정렬되어 있다. 전자들은 분명히 이들 이온과 충돌할 것이고 (서로 충돌할 뿐 아니라), 그러면서 속도는 바뀔 것이다. 충돌과 충돌 사이에 전자들은 전기장에 의해 가속되나, 충돌 중에 이 과정은 갑작스럽게 변할 것이다. 그러므로 다른 힘이라는 것의 기원은 이 충돌이고, 우

리가 관심을 갖는 것은 이 힘의 **평균효과**이다. 역학에서 "마찰"에 관련된 비슷한 효과를 다룰 때처럼, 이 충돌의 전체적인 효과를 속도에 비례하고 방향이 속도에 반대인 힘이 주어지는 것으로 설명하려 한다. 그래서 이 역학적인 힘을 $\mathbf{F}_{q,\,m} = -\xi\mathbf{v}$로 쓴다. 여기서 ξ는 적절한 비례인자이다. 알짜 힘은 전기력과 역학적인 힘의 합으로써

$$\mathbf{F}_{총} = m\mathbf{a} = -e\mathbf{E} - \xi\mathbf{v} \tag{12-36}$$

가 될 것이다. 이 운동방정식은 가속도 $\mathbf{a} = 0$인 상황을 만족시켜야 하므로, 그럼으로써 속도가 일정해질 것이므로, (12-36)으로부터

$$\mathbf{v}_d = -\frac{e\mathbf{E}}{\xi} \tag{12-37}$$

가 된다. 이 속도를 보통 **유동속도** *drift velocity*라고 부른다. 역학에서는 이것이 주로 **종속도**라고 알려져 있는데, 예를 들어 지구 근처에서 낙하하는 물체가 공기의 점성(저항) 항력(끌림)을 받는 경우이다. n이 단위부피당 전자의 수라면, 자유전하밀도는 $\rho_f = n(-e)$일 것이고, 이것을 (12-37)과 함께 (12-3)에 대입하면, 정상 자유전류의 값은

$$\mathbf{J}_f = \rho_f\mathbf{v}_d = \left(\frac{ne^2}{\xi}\right)\mathbf{E} \tag{12-38}$$

로 구해진다. 그런데 이것은 바로 (12-25)로 주어진 Ohm의 법칙의 형태이고, 이 간단한 미시적 관점으로부터 일반 형태를 설명하였을 뿐 아니라, 식들을 비교하여 전도도에 관한 표현식도 구했다:

$$\sigma = \frac{ne^2}{\xi} \tag{12-39}$$

정성적으로 보아 이 결과는 이치에 맞는 특성을 가지고 있다. 이것은 운반체 개수의 밀도에 비례하고, "마찰"항 ξ에 역비례 한다. 그래서 충돌효과가 작을수록 주어진 $\mathbf{E}$에 대해 전류는 커질 것이다. 또한 이 식은 전하량의 제곱에 비례하는데, 그래서 실제로는 전하운반체의 부호에는 무관함을 알 수 있다. σ를 더 계산하는 것은 ξ를 계산할 수 있기 전에는 불가능하다. 그러나 이것은 고체물리학의 자세한 계산 및 충돌 분석과 관련이 있으므로, 우리가 여기에서 더 이상 추구할 수 없다. 한편으로는 σ의 **측정치**를 이용하여 ξ인자를 구할 수는 있다.

우리는 방금 충돌의 전체적인 효과가 어떻게 측정된 전류의 **유한한** 값을 설명할 수 있는지 알았다. 또한 충돌이 있기 때문에 어떻게 (12-35)에 의해 전기에너지가 열로 전환되는지에 관한 정성적인 설명도 할 수 있다. 충돌이 전자 속도의 방향을 바꾸기도 할 뿐 아니라 그 크기도 바꾸어, 전자의 운동에너지와 매달려 있는 이온의 운동에너지를 변화시키기도 한다. 그래서 전기장에 의해 만들어진 **질서를 갖는** 전자 운동으로부터 결정체 구성 이온의 **무질서한** 막운동 진동으로의 에너지 변환이 있게 된다. 열역학에서 잘 알려져 있듯이, 이러한 종류의 과정은 비가역과정이다. 그래서 충돌의 알짜 효과는 금속결정체의 무질서 에너지를 증가시키게 될 것이다. 그런데 무질서 운동에서의 이 증가가 **열**발생과 관련이 있다. 이것이 바로 관찰된

것이고, 또한 유한한 전도도에 이르게 된 미시적 과정의 필요한 귀결이라는 것을 알 수 있게 되었다.

12-6 정전기적 평형의 도달

6장으로부터 알고 있듯이, 도체 표면이나 도체 안에 자유전하를 넣으면 이 계는 일반적으로 평형에 있지 아니할 것이고, 전류를 흘려 재조정하여 최종적으로 정전기적 평형에 이르도록 하여 모든 전하가 표면 위에 있게 되고 도체는 등퍼텐셜체적이 될 것이다. 그러나 우리는 이 과정의 자세한 내용을 모르며, 또한 전형적인 경우로 이렇게 되는데 걸리는 시간이 얼마인지도 모르고 있다. 앞에서 방금 얻어낸 결과를 이용하여 이 과정의 본성을 알아낼 수 있으며, 이때 관련된 전류는 결국에는 영이 되므로 비정상적인 상태에 관련된다.

l.i.h.인 전도성 유전체를 생각해보자. 이것에 대해 $\mathbf{J}_f = \sigma\mathbf{E}$와 $\mathbf{D} = \epsilon\mathbf{E}$라 쓸 수 있다. 자유전하밀도는 시간에 따라 변할 수 있으므로, (12-19)와 위의 관계식들을 이용하여, 또한 (10-41)도 함께 써서, ρ_f만을 포함하는 식을 얻는다:

$$-\left(\frac{\partial \rho_f}{\partial t}\right) = \nabla\cdot\mathbf{J}_f = \nabla\cdot(\sigma\mathbf{E}) = \nabla\cdot\left(\frac{\sigma\mathbf{D}}{\epsilon}\right) = \frac{\sigma}{\epsilon}\nabla\cdot\mathbf{D} = \frac{\sigma}{\epsilon}\rho_f$$

그러므로 ρ_f는 미분방정식

$$\frac{\partial \rho_f}{\partial t} = -\frac{\sigma}{\epsilon}\rho_f \tag{12-40}$$

를 만족하며,

$$\rho_f(t) = \rho_f(0)e^{-\sigma t/\epsilon} = \rho_f(0)e^{-t/\tau} \tag{12-41}$$

의 해를 갖는다. 여기서 $\tau = \epsilon/\sigma$이며, $\rho_f(0)$는 초기값이다. 이 결과가 말해주는 것은 l.i.h. 물질에서의 자유전하밀도는 줄어들기만 한다는 것이다. [물론 증가하게 할 수는 있다. 그러나 그때는 $\mathbf{J}_f = \sigma\mathbf{E}$로 주어지는 전도과정이 아닌 다른 수단에 의할 뿐이다. 그렇게 하는 예로 전자펄스를 주사하면 물체 안에서 멈추게 된다. 그러나 펄스가 멈춘 후에는 만들어진 전하밀도가 (12-41)에 나타낸대로 지수함수적으로 소멸하게 된다.]

그러므로 평형($\rho_f = 0$)이 만들어지는 유일한 원인이 전도 과정뿐인 한, 평형으로의 도달은 지수함수적으로 소멸하며 이루어진다는 것을 알게 되었다. 전하밀도는 $\tau = \epsilon/\sigma$의 시간 안에 $1/e$의 인자만큼 줄어들 것이다. 이 특별한 거동은 흔히 **완화** *relaxation*이라는 이름으로 알려져 있다. 그래서 τ는 **완화시간** *relaxation time*이라 하고, 그 값은 평형에 도달하는데 필요한 어림값이다.

사실 우리가 얻은 단순한 결과는 전도성이 나쁜 유전체에만 적용된다. 금속처럼 매우 좋은 도체의 경우 사정은 훨씬 더 복잡해진다. 이 경우 전기장은 시간적으로 매우 빠르게 변해서 자기효과도 함께 고려해야 한다. 거기에 다른 현상까지 고려해야 하는데 17, 21, 26장에나 되어서야 논의하겠다. 도체의 모양과 크기는 최종 평형에 도달하는 시간에 영향을 미치고, 이 시간은 τ보다 훨씬 길다고 알려져 있다. 왜 그러한지는 전형적인 금속의 경우에 τ를 어림계산하여 짐작할 수 있다. 대부분의 금속인 경우 $\epsilon \simeq \epsilon_0$이고, 구리에 대해 $\sigma \simeq 5.8 \times 10^7/\Omega \cdot m$이므로 $\tau = \epsilon/\sigma \simeq (8.85 \times 10^{-12})/(5.8 \times 10^7) \approx 10^{-19}$ s이다. 이것은 매우 짧은 시간이고, 충돌 사이의 평균시간(약 10^{-14} s으로, 실험과 (12-39)의 개선된 형태로부터 이끌어 냄) 보다 훨씬 작다. 유한한 전도도의 물리적 기원으로는 충돌을 가정하고 있으므로, 전도성에 의존하는 효과가 그런 훨씬 짧은 시간에 일어난다는 것은 이치에 맞지 않고, 따라서 (12-41)과 같은 단순한 표현식이 실제로 금속에서의 사정을 잘 나타낼 수 있다고 하는 것도 사리에 맞지 않는다.

만일 유전체에 있는 구속전하가 10장에서 설명된 평형상태의 분포를 가지고 있지 않다면, 그들도 평형을 향해 어떤 방법으로든지 완화될 것이다. 그러나 여기에서는 일반적으로 전도가 완화의 원인으로 유효하지 않거나, 혹은 무시된다. 그래서 주된 완화의 과정은 어떻게든 열요동과 관계가 있다. 이 자체로 커다란 연구분야이며 그 자세한 내용을 고려할 수 있는 입장에 있지도 아니하므로, 이러한 현상이 있다는 것을 아는 것만으로 만족하겠다.

연습문제

12-1 어느 주어진 시간에 계가 $\mathbf{J} = A(x^3\hat{\mathbf{x}} + y^3\hat{\mathbf{y}} + z^3\hat{\mathbf{z}})$의 전류밀도를 가지고 있다. 여기서 A는 양의 상수이다. (a) A는 어떤 단위로 재어지는가? (b) 이 순간에 (2, −1, 4) m인 지점에서의 전하밀도의 변화율은 얼마인가? (c) 원점에 중심을 둔 반지름 a의 구 안에 들어있는 총 전하 Q를 생각해보자. 지금 이 순간 Q가 시간에 따라 변하는 비율은 얼마인가? Q는 증가하고 있는가, 감소하고 있는가?

12-2 (12-7), (12-8), (12-9)를 증명하라.

12-3 총 전하 Q가 반지름 a인 구 안에 균일하게 분포되어 있다. 이 구가 한 지름에 대하여 일정한 각속력 ω로 돌고 있다. 전하분포는 회전에 의해 영향 받지 않는다고 가정하고 구 안의 모든 곳에서 $\mathbf{J}$를 구하라. (구좌표로 나타내는데, 극축은 회전축과 일치하도록 잡아라.) 공간에 고정된 반지름 a인 반원을 통과해 흐르는 총 전류를 구하라. 그 반원의 밑변은 회전축에 있다.

12-4 반지름 a의 유전체 구가 균일하게 분극 되어 있다. 이것이 $\mathbf{P}$에 평행한 지름에 대하여 일정한 각속력 ω로 돌고 있다. $\mathbf{P}$는 회전에 의해 영향 받지 않는다고 가정하고 전류를 구하라. 이 결과를 적절한 좌표에 대한 함수로 그래프를 그려라. 공간에 고정된 반지름 a인 반원을 통과해 흐르는 총 전류를 구하라. 그 반원의 밑변은 회전축에 있다.

12-5 원점에 중심을 둔 반지름 a인 구가 l.i.h. 전도성 물질로 만들어져 있다. 표면에서의 퍼텐셜은 구좌표에서 $\phi_0 \cos\theta$로 유지되고 있다. ϕ_0은 상수이다. 내부의 모든 곳에서 자유전류밀도 $\mathbf{J}_f$를 구하라.

12-6 저항값이 R_1과 R_2인 두 개의 "저항기"가 그림 12-9a에서처럼 저항을 무시할 수 있는 도체에 의해 서로 연결되어 있고, 두 단자 T와 T'에 연결되어 있다. 즉 "직렬"로

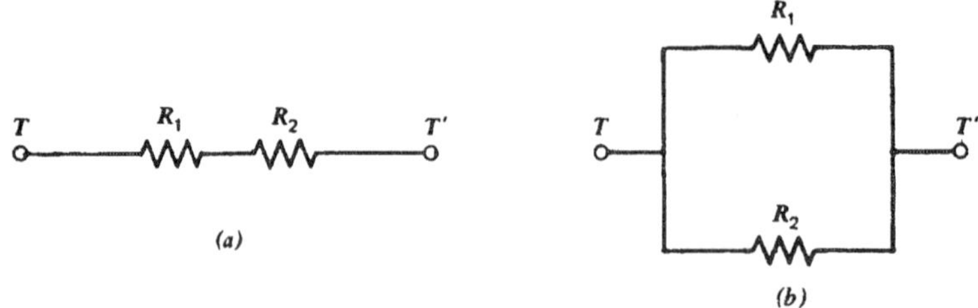

그림 12-9 (a) 직렬로 연결된 저항기. (b) 병렬로 연결된 저항기.

연결되어 있다. 퍼텐셜차 $\Delta\phi$가 두 단자에 걸쳐 걸려있다면, 이 결합은 저항이 $R_s = R_1 + R_2$인 하나의 저항기와 동등함을 보여라. 마찬가지로 (b)에 보여준 "병렬"연결의 등가저항은 $1/R_p = (1/R_1) + (1/R_2)$로 구해질 수 있음을 보여라.

12-7 긴 직선 도선에 정상전류 I가 흐르고 있다. 이 도선의 단면은 반지름이 a인 원인데 전류는 그 단면에 결쳐 균일하게 분포해 있다. 길이 l의 이 도선을 생각해보는데, 이것의 저항은 R이다. 도선 바로 바깥의 진공 영역에서 전기장을 구하고, 주어진 양으로 나타내라. (도선은 전체적으로 중성이다.)

12-8 전도도가 영이 아닌 어떤 물질을 생각해보자. 이 물질은 유전적 성질이나 전도성에 있어 선형이고 등방적이라고 가정하라. 정상상태의 자유전류가 흐른다고 가정하라. (a) 이것이 균질의 물질이 아니라면, 자유전하의 체적밀도는

$$\rho_f = \mathbf{J}_f \cdot \nabla\left(\frac{\epsilon}{\sigma}\right) \qquad (12\text{-}42)$$

로 주어짐을 보여라. (b) 두 물질 사이의 불연속면에서는 자유전하밀도가

$$\sigma_{fch} = J_n\left(\frac{\epsilon_2}{\sigma_2} - \frac{\epsilon_1}{\sigma_1}\right) \qquad (12\text{-}43)$$

로 주어짐을 보여라. (모든 완전 회로는, 도선과 전지의 단자 연결 같은 접촉면을 가지고 있으므로, 이 계에는 전하의 축적이 있을 것이고 이것은 시간적으로 일정할 것이다. 이 전하의 분포가 이 계에 정상전류를 흐르게 하는 전기장의 원천이다.)

12-9 두 개의 큰 평행 도체판이 거리 d만큼 떨어져 있다. 이들 판 사이의 공간에는 두 가지의 l.i.h. 물질이 채워져 있는데, 그 분리면은 극판과 평행이다. 첫 번째 물질(σ_1, ϵ_1)의 두께는 x이고 두 번째 물질(σ_2, ϵ_2)의 두께는 $d - x$이다. 극판 사이에는 정상전류가 흐르고 있으며, 판들은 일정한 퍼텐셜 ϕ_1과 ϕ_2로 유지되고 있다. 두 매질 사이의 분리면에서 퍼텐셜을 구하고, 그 곳에서의 자유면전하밀도를 구하라.

12-10 그림 6-12의 동축 원통 사이의 공간에 l.i.h. 전도성 물질이 채워져 있다. 원통들 사이에 퍼텐셜차 $\Delta\phi$가 걸려있다면, 길이 L짜리 이 계에 대한 두 원통 사이의 전류를 구하라.

12-11 두께 d인 무한으로 넓은 전도성 유전체 판의 두 면이 평행이라고 해보자. 또한, 두 금속 원통이 있는데, 반지름은 각각 A이고 그들 축은 평행이며 축들은 D의 거리만큼 떨어져 있다. 이들 원통이 유전체를 뚫고 지나가는데, 축들이 유전체 판 면에 수직이다. 이들 도체 "전극" 사이에 퍼텐셜차 $\Delta\phi$가 걸려있을 때, 한 도체에서 다른 도체

로 흐르게 될 전류를 구하라.

12-12 반지름 a의 매우 긴 도선이 아주 깊은 호수의 바닥 부근에 매달려 있다. 호수 바닥은 평평하며 좋은 도체라고 가정하라. 도선은 바닥에 평행이고 바닥으로부터 h의 높이에 있다. 물의 전도도가 σ일 때, 길이 L인 이 계에 대하여 도선과 바닥 사이의 비저항을 구하라.

12-13 (12-35)를 균일한 도체의 전체 부피에 대하여 적분할 때, 총 열발생률을 I^2R로 쓸 수 있음을 보여라.

12-14 어느 완전 회로가 한 쪽에 emf $\mathscr{E}$의 원천을 가지고 있다면, 정상전류 I는 $I = \mathscr{E}/R$로 주어짐을 보여라. 여기서, R은 전체 회로의 총 저항이다. (앞 문제를 참조.)

12-15 어느 축전기가 emf $\mathscr{E}$의 전지에 의해 대전되고 있을 때, 회로에 생겨나는 열의 양이 축전기의 최종 정전기 에너지와 같음을 직접 적분으로 보여라.

12-16 한 변이 0.1 m인 두 개의 정사각형 금속판이 서로 평행이며 10^{-2} m 떨어져 있다. 극판 사이의 공간은 전도도 $10^{-3}(\Omega \cdot \mathrm{m})^{-1}$의 물로 채워져 있다. 극판 사이에 150 V의 퍼텐셜차가 유지되어 있을 때, 물의 온도 변화율을 구하라. (테두리효과는 무시하고, 물 밖으로의 열 손실도 없다.)

12-17 지름이 2.5 mm인 구리도선에 10 A의 전류가 흐르고 있다. 구리 원자 하나당 자유전자 하나를 가정하여 유동속도의 크기를 구하라. [구리의 밀도는 8.92 g/(cm)^3, 원자량은 63.5 g/mole, Avogadro 수는 6.02×10^{23}/mole이다.]

12-18 12-5절에서 미시적 관점으로 논의한 바에 따르면, 금속에서는 운동전자들 끼리의 충돌이나 이온과의 충돌이 저항의 존재와 관련이 있다고 했었다. 이 관점에 따르면, 도체의 온도가 증가할 때 비저항에는 어떤 영향이 있을 것이라고 생각하느냐?

12-19 ϵ/σ가 시간의 단위를 가지고 있음을 증명하라.

12-20 유리에 대한 완화시간을 구하라. 유리의 비저항은 10^{12} $\Omega \cdot \mathrm{m}$이고 상대유전율은 4.0이다.

12-21 어느 축전기의 극판 사이 공간이 유한한 전도도의 물질로 채워져 있고, 결국 그 물체의 총 저항은 R이다. 극판 상의 전하가 RC의 시간동안 처음 값의 $1/e$로 줄어든다는 것을 보여라. 여기서 C는 전기용량이다. [이 결과와 (12-34), (12-41)의 유사성에 주목하라. 그러나 물론 서로 다른 과정을 말하고 있다. — 아니면 그들은 같은 것인가?]

제 13 장 AMPÈRE의 법칙

흥미롭게도 오늘날 자기 *magnetism*이라 불리는 일반적인 주제도 어떤 천연 광물이 다른 물질을 끌어당긴다는 관찰에서부터 시작되었다. 그 명칭은 아마도 이 주제가 소아시아의 고대 도시 Magnesia와 관련이 있을 것이라고 생각되는데, 이런 물질이 이 근방에서 발견되었기 때문일 것이다. 수세기 동안 이 주제는 전기와 무관하다고 생각되었다. 그러나 그동안에도 사람들은 지구의 자기적 성질을 알아내었고 나침반도 발명하였다. 전기와 자기에 대한 연관성의 첫 번째 징후는 1819년 Oersted가 **전기 전류가 자기 나침반 바늘**에 힘을 작용한다는 것을 우연히 발견하여 알려졌다. Oersted의 결과에 대한 소문을 듣고 Ampère도 곧바로 전류는 다른 전류에도 힘을 작용한다는 사실을 발견하였다. 그는 이 힘에 관하여 체계적으로 연구하였고, 1820-1825년 사이에 독창적이고도 정밀한 일련의 실험을 통하여, 전류 사이의 기본적인 힘의 법칙에 관한 형태를 이끌어 내었다. 50여년이 지난 후 Maxwell은 Ampère의 업적에 관하여 "과학에서의 가장 빛나는 성과 가운데 하나"라고 평하였다.

우리는 이러한 정상상태 전류 사이의 힘을 출발점으로 삼겠다. 그리고는 자기 물질에 관한 설명이나 물질의 영향에 대한 일반론은 나중으로 남겨 놓겠다. 전류가 관련되어 있기 때문에, 전하는 멈추지 않고 운동하고 있다. 그러나 앞 장에서 보았듯이, 전하들은 **정상전류**에서는 일정한 평균속력으로 움직이고 있다. 이러한 상황에서는 관련된 힘도 시간적으로 일정할 것이다. 그러므로 이러한 주제를 **정자기학** *magnetostatics*라고 부르는 것도 타당하다.

13-1 두 완전회로 사이의 힘

2-2절에서 Coulomb 법칙을 도입할 때는 개별적인 점전하를 다루었다. 이것과 유사하게 여기에서는 전류의 "작은 조각"을 고려하고 이들 사이의 힘을 조사하겠다. 이와 관련하여 자연스럽게 떠오르는 생각은 (12-10)의 전류요소인데, 이것은 전류의 크기 뿐 아니라 위치마다 방향도 나타내어 준다. 그러나 실험실에서는 당연히 **완전히 닫힌회로**로 정상전류를 만들어야 하기 때문에, 근본적인 실험법칙으로써, 완전한 닫힌회로를 취하여, 두 닫힌회로 간의 **총 힘**을 나타내어야 할 것이다. 일단 이렇게 해 놓으면, 가상적인 전류요소 사이의 힘을 나타내는 공식을 이끌어 낼 수 있다. 이것이 우리가 하려는 것이다.

이상적인 두 완전회로 C와 C'을 고려해보자. 이들에는 각각 정상 세선전류 I와 I'이 흐른다. 우리가 마음속에 가지고 있는 상황을 그림 13-1에 보였다. 우리가 원하는 것은 C'이 C에 작용하는 총 힘, $\mathbf{F}_{C'\to C}$이다. 이 회로가 이상적이라 함은 그림에 전지가 포함되어 있지 않다는

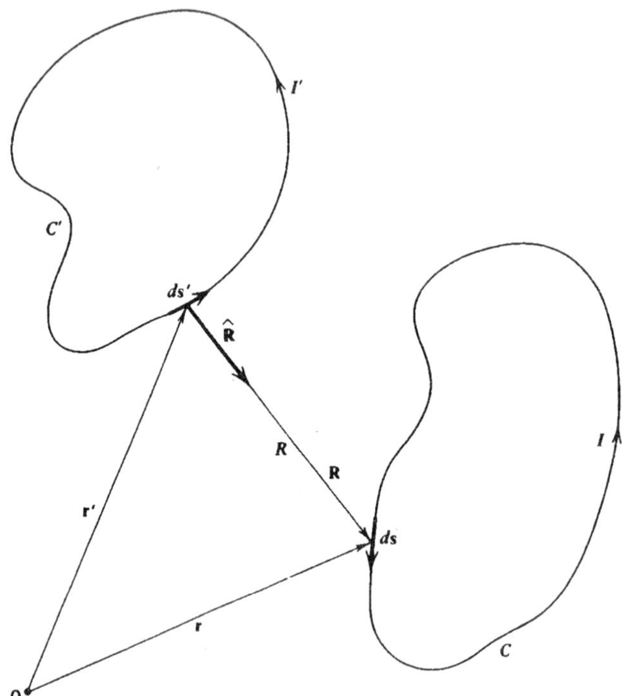

그림 13-1 Ampère의 법칙을 설명하는 데 사용되는 두 회로 사이의 관계.

의미에서이다. 필요한 전지는 상당히 멀리 떨어져 있다고 가정하고, 전지를 회로에 연결하는 도선은 바짝 꼬아 놓아야 한다. 이렇게 하지 않았더니 Ampère의 초기 실험에서는 매우 가까운 두 반대방향의 전류가 아무런 힘도 작용하지 않는 것으로 나왔다. 어찌되었든, 총 힘은 전류요소 $I d\mathbf{s}$와 $I' d\mathbf{s}'$으로 나타내어진다. 이 전류요소의 위치는 임의의 원점으로부터 $\mathbf{r}$, $\mathbf{r}'$으로 주어지고, 상대위치벡터는 보통 하던 대로 "원천점"으로부터 "장점"까지 그려서 $\mathbf{R} = \mathbf{r} - \mathbf{r}'$이라고 정의한다. (그림 13-1을 그림 2-2와 비교해보면 좋겠다.) 전류가 차지하지 않은 남은 공간은 진공이라고 가정하겠다.

C'이 C에 작용하는 총 힘에 대한 기본적인 실험법칙은

$$\mathbf{F}_{C' \to C} = \frac{\mu_0}{4\pi} \oint_C \oint_{C'} \frac{I\, d\mathbf{s} \times (I'\, d\mathbf{s}' \times \hat{\mathbf{R}})}{R^2} \tag{13-1}$$

이라고 쓸 수 있고, 이것이 Ampère 법칙이다. 이 식은 이중 선적분의 형태인데, 각 적분은 각 회로에 대해 계산된다. (13-1)은 일반적인 공식임을 암시하고 있는데, Ampère가 한 것 같은 특별하고도 간단한 회로에 대해 몇 번 실험해 놓고는 우리더러 이것을 믿어야 한다고 강요하고 있는 듯하다. 그러나 13-1식은 아주 많은 특별한 경우에 대해 실험한 결과를 일반화한 것이다.

(13-1)에 나타나는 인수 $\mu_0/4\pi$는 비례상수인데, 사용할 단위계에 따라 다른 값을 갖는다. μ_0의 단위차원은 힘/(전류)^{2}인데, 우리가 사용하고 있는 SI 단위계에서는 (그러니까 MKSA 단위로) 정확하게

$$\begin{aligned}\mu_0 &= 4\pi \times 10^{-7}\,\mathrm{N/A^2}\\ &= 4\pi \times 10^{-7}\,\mathrm{H/m}\end{aligned} \tag{13-2}$$

로 **정의한다**. 상수 μ_0은 **자유공간의 투자율** *permeability*라 하는데, 보통 나중 것의 형태로 쓰며, 두 가지를 비교해서 1 H(henry) = 1 J/A^{2}임을 알 수 있다. N과 m는 이미 나름대로의 정의로 결정되어 있으므로, μ_0에 관한 이 정의는 (13-1)에서 정의되지 않고 남아 있던 전류의 단위를 확정지어 준다. 그러므로 (13-2)는 본질적으로 암페어(A)를 정의하고, 그 다음으로는 쿨롱(C)을 정의해 주는 것이다.

C와 상호작용하는 전류가 여러 개 있으면, 각 전류가 주는 힘은 (13-1)과 같이 주어질 것이고, C에 작용하는 총 힘은 그들의 벡터합

$$\mathbf{F}_C = \mathbf{F}_{C\text{에 작용하는 힘}} = \sum_{C'} \mathbf{F}_{C' \to C} \tag{13-3}$$

가 될 것이다. (13-1)과 (13-3)을 일반화하여, (12-10)의 퍼져있는 전류에 대해서도 적용할 수는 있지만, 일단 계속해서 세선전류만을 다루는 것이 좋겠다.

(13-1)의 피적분함수는 방향의 개념이 들어 있으므로, (2-15)로 표현되는 Coulomb 법칙보다 복잡하다. 이 피적분함수는 세 물리량 $I\,d\mathbf{s}$, $I'\,d\mathbf{s}'$, $\hat{\mathbf{R}}$의 상대적인 배치에 따라 다르다. 또한 피적분함수에서 이 두 회로와 관계되는 물리량이 비대칭적으로 생겼다는 점에 유의하자. 그러고 보니 좀 걱정스러운 점이 있는데, 만일 C와 C'의 역할이 맞바뀌면, C가 C'에 작용하는 힘이 C'이 C에 작용하는 힘과 크기가 같고 방향이 반대로 되지 않아, 이 거시적인 완전회로에 Newton의 제 3 법칙을 적용했을 때 위배되는 것이 아닌가 하고 의아스러운 생각이 들기 때문이다. 그러나 이 대칭성은 계산 결과를 다시 써보면 명백해진다. (1-30), (1-141), (1-38)을 사용하여,

$$\begin{aligned}\frac{I\,d\mathbf{s} \times (I'\,d\mathbf{s}' \times \hat{\mathbf{R}})}{R^2} &= II'\,d\mathbf{s}'\left(d\mathbf{s} \cdot \frac{\hat{\mathbf{R}}}{R^2}\right) - \frac{II'\hat{\mathbf{R}}(d\mathbf{s} \cdot d\mathbf{s}')}{R^2}\\ &= -II'\,d\mathbf{s}'\left[d\mathbf{s} \cdot \nabla\left(\frac{1}{R}\right)\right] - \frac{II'\hat{\mathbf{R}}(d\mathbf{s} \cdot d\mathbf{s}')}{R^2}\\ &= -II'\,d\mathbf{s}'\,d_C\left(\frac{1}{R}\right) - \frac{II'\hat{\mathbf{R}}(d\mathbf{s} \cdot d\mathbf{s}')}{R^2}\end{aligned} \tag{13-4}$$

로 쓸 수 있음을 알게 된다. 여기서, $d_C(1/R)$은 C를 따라가는 변위에 대한 $(1/R)$의 변분을 나타낸다. (13-4)를 (13-1)에 대입하면, 총 힘은

$$\mathbf{F}_{C' \to C} = -\frac{\mu_0 II'}{4\pi}\oint_{C'} d\mathbf{s}' \oint_C d_C\left(\frac{1}{R}\right) - \frac{\mu_0 II'}{4\pi}\oint_C\oint_{C'} \frac{(d\mathbf{s} \cdot d\mathbf{s}')\hat{\mathbf{R}}}{R^2} \tag{13-5}$$

로도 쓸 수 있는데, 첫 번째 식에서는 C에 대한 적분을 먼저 하고 C'의 적분은 나중에 한다. C에 대한 적분은 스칼라의 미분을 닫힌 경로를 따라 적분하는 형태인데, 적분의 끝점과 시작

점이 일치하므로

$$\oint_C d_C\left(\frac{1}{R}\right) = \left(\frac{1}{R}\right)_f - \left(\frac{1}{R}\right)_i = \left(\frac{1}{R}\right)_i - \left(\frac{1}{R}\right)_i = 0$$

이 되어 (13-5)의 첫 번째 식은 없어진다. 그러면

$$\mathbf{F}_{C' \to C} = -\frac{\mu_0 II'}{4\pi}\oint_C\oint_{C'}\frac{(d\mathbf{s}\cdot d\mathbf{s}')\hat{\mathbf{R}}}{R^2} \tag{13-6}$$

이 남게 되어, 총 힘이 다르게 표현되었다. 사실상, (13-6)은 진공에서의 Ampère 법칙의 변형으로 간주할 수 있다. 이런 형식으로 보니, 두 회로는 좀 더 대칭적으로 보이는데, 다만 $\hat{\mathbf{R}}$은 분명한 방향이 있으므로 예외이다. (13-6)을 사용하여 C로 인해 C'에 미치는 힘을 계산한다면,

$$\mathbf{F}_{C \to C'} = -\frac{\mu_0 I'I}{4\pi}\oint_{C'}\oint_{C}\frac{(d\mathbf{s}'\cdot d\mathbf{s})\hat{\mathbf{R}}'}{R'^2} \tag{13-7}$$

을 얻게 될 것이다. 여기서 $\mathbf{R}' = \mathbf{r}' - \mathbf{r}$이다. $R' = |\mathbf{r}' - \mathbf{r}| = R$이므로 $\hat{\mathbf{R}}' = -\hat{\mathbf{R}}$이고, 또한 (1-16)에 의해 $d\mathbf{s}' \cdot d\mathbf{s} = d\mathbf{s} \cdot d\mathbf{s}'$이다. 그러므로 (13-6)과 (13-7)을 비교할 때

$$\mathbf{F}_{C \to C'} = -\mathbf{F}_{C' \to C} \tag{13-8}$$

임을 알 수 있고, 이것은 총 힘에 관해 우리가 기대하던대로이다.

무엇보다도, 완전회로에 작용하는 총 힘은 실험실에서 측정할 수 있는 양인데, 이 계산에 의하면 이 힘에 대한 표현식에는 많은 모호성이 남아 있다. 사실, 완전회로에 대한 적분값이 영이 되는 어느 함수라도 (13-1)의 피적분함수에 더하여 Ampère 법칙의 새로운 변형을 수없이 많이 쓸 수 있다. 그러나 오랜 경험에 의하면 이렇게 한다고 해도 아무 것도 따로 얻는 것이 없고, (13-1)로 주어지는 공식이 가장 유용하며, 앞으로 알게 될 많은 이유로 사람들이 가장 선호한다.

우리는 정적인 상황을 고려하고 있다. 즉, 회로는 고정된 위치에 정지해 있다. C가 평형상태에 있으려면 C에 작용하는 다른 역학적인 힘 $\mathbf{F}_{C,m}$이 있어야 하고, 그럼으로써 알짜 힘은 영이 되는 것이다. 즉,

$$\mathbf{F}_{C' \to C} + \mathbf{F}_{C,m} = 0 \tag{13-9}$$

이 되어야 한다. C'에도 마찬가지이다.

전에도 말했지만, (13-1)의 Ampère 법칙은 많은 특수한 경우를 일반화한 것이다. 보통 그러하듯이, 이 법칙이 유용하다고 인정되려면, 이 법칙을 특별한 경우에 적용하여 계산한 결과가 실험실에서 비교적 용이하게 검증될 수 있어야 한다. (13-1)을 사용하는 한 예증으로, 이것을 특별히 간단하면서도 중요한 경우에 적용해보겠다.

13-2 무한히 긴 두 개의 평행 전류

무한히 긴 두 개의 직선전류 I와 I'을 고려해보자. 이들은 서로 평행이고 거리가 ρ만큼 떨어져 있다. 좀 더 구체적으로 원통좌표를 사용하기로 하고, 그림 13-2처럼 z축은 원천전류 I'에 일치하도록 선택한다. 각 전류는 물론 닫힌회로의 일부이다. 이들을 닫는 부분은 무한대에서 굽어있다고 (커다란 반원처럼) 가정한다. 이 부분은 너무나 멀리 떨어져 있어서 (13-1)의 분모에 있는 R^2에 의해 그 기여를 무시할 수 있다. 그림으로부터 $\mathbf{r} = \rho\hat{\boldsymbol{\rho}} + z\hat{\mathbf{z}}$이고 $\mathbf{r}' = z'\hat{\mathbf{z}}$이므로, $\mathbf{R} = \mathbf{r} - \mathbf{r}' = \rho\hat{\boldsymbol{\rho}} + (z - z')\hat{\mathbf{z}}$이며 $R^2 = \rho^2 + (z - z')^2$이다. 또한 이 경우 ρ와 $\hat{\boldsymbol{\rho}}$는 일정하므로, $ds = d\mathbf{r} = dz\,\hat{\mathbf{z}}$이며 $ds' = d\mathbf{r}' = dz'\,\hat{\mathbf{z}}$이다. 이들과 $\hat{\mathbf{R}} = \mathbf{R}/R$이라는 사실을 이용하고, (1-76)과 (1-26)을 사용하면,

$$\frac{d\mathbf{s} \times (d\mathbf{s}' \times \hat{\mathbf{R}})}{R^2} = \frac{dz\,dz'\,\hat{\mathbf{z}} \times \{\hat{\mathbf{z}} \times [\rho\hat{\boldsymbol{\rho}} + (z - z')\hat{\mathbf{z}}]\}}{R^3} = -\frac{\rho\,dz\,dz'\,\hat{\boldsymbol{\rho}}}{[\rho^2 + (z - z')^2]^{3/2}} \tag{13-10}$$

을 구하게 된다. 이것을 (13-1)에 대입하면,

$$\mathbf{F}_{C' \to C} = -\frac{\mu_0 I I' \rho\hat{\boldsymbol{\rho}}}{4\pi} \int_{-\infty}^{\infty} dz \int_{-\infty}^{\infty} \frac{dz'}{[\rho^2 + (z - z')^2]^{3/2}} \tag{13-11}$$

을 얻는데, 적분의 한계는 C와 C'회로에 걸쳐 있다. z'에 대한 적분을 하는 동안 z는 일정하게 잡고 있으므로, $t = z' - z$로 대입하고 이에 따라 $dt = dz'$으로 적분에 대입하면, z'에 대한 적분은 (3-7)과 (3-8)에 의해

$$\int_{-\infty}^{\infty} \frac{dt}{(\rho^2 + t^2)^{3/2}} = \frac{2}{\rho^2}$$

로 된다. 그러므로 (13-11)은

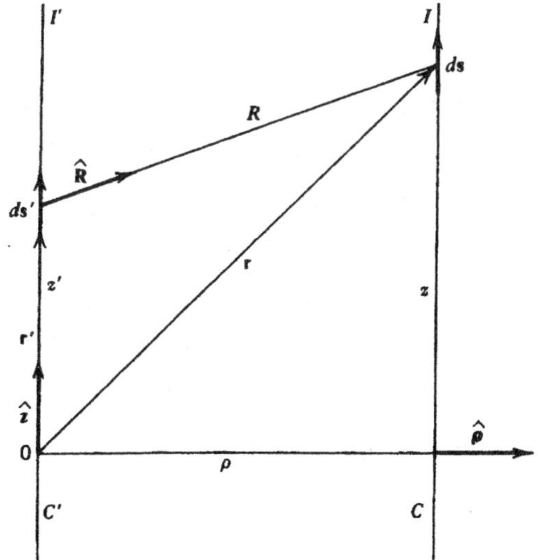

그림 13-2 무한히 긴 두 평행 전류 사이의 힘을 계산.

$$\mathbf{F}_{C' \to C} = -\frac{\mu_0 II'\hat{\boldsymbol{\rho}}}{2\pi\rho}\int_{-\infty}^{\infty} dz \tag{13-12}$$

가 된다. 이제 z에 관한 적분을 C에 걸쳐 하려한다면, 힘은 무한대가 될 것이다. 그럼에도 불구하고, 피적분함수가 z에 관계 없음을 알아챘다면 여전히 유용한 결과를 얻을 수 있는데, 길이 dz에 작용하는 힘이 $d\mathbf{F} = -(\mu_0\ II'\hat{\boldsymbol{\rho}}/2\pi\rho)dz$로 주어질 것이라는 점이다. 그래서 단위길이 당의 힘 $\mathbf{f}_C$라는 것을 도입한다면, 그것은

$$\mathbf{f}_C = \frac{d\mathbf{F}}{dz} = -\frac{\mu_0 II'\hat{\boldsymbol{\rho}}}{2\pi\rho} \quad \text{(평행 전류)} \tag{13-13}$$

로 쓸 수 있다. $\mathbf{f}_C$는 크기가 일정하고, 전류의 곱에 비례하며, 간격 ρ에 역비례하며, 두 전류에 수직인 방향이다. 사실, (13-13)에서 $\hat{\boldsymbol{\rho}}$의 계수는 음이기 때문에, 그림 13-2에서 보듯이 C에 작용하는 힘이 C'을 향하는 인력이다.

그림 13-2에서는 I와 I'이 같은 방향을 향하는 것으로 가정했었다. 만일 I와 I'이 반대방향을 향한다면, 선분요소가 전류요소와 같은 방향으로 정의되었기 때문에, $d\mathbf{s}$나 $d\mathbf{s}'$ 중의 하나는 반대 부호를 갖게 될 것이다. 그러면 (13-10)으로부터 이중 가위곱의 부호가 바뀔 것이고, (13-13)은

$$\mathbf{f}_C = \frac{\mu_0 II'\hat{\boldsymbol{\rho}}}{2\pi\rho} \quad \text{(반평행 전류)} \tag{13-14}$$

로 되며, C에 미치는 힘은 척력이다.

이 결과의 정성적 특성을 요약해보면, 평행("같은") 전류는 끌어당기고, 반평행("다른") 전류는 밀어낸다고 말할 수 있다. 이것은 점전하 사이의 정전기 힘(같은 전하는 밀고 다른 전하는 당기는)을 상기해본다면, "반대적"인 성향이다.

(13-14)의 특별한 경우로 관심이 끌리는 것은 전류 값이 같은 경우이다. 즉, $I = I'$일 때,

$$\mathbf{f}_C = \frac{\mu_0 I^2\hat{\boldsymbol{\rho}}}{2\pi\rho} \tag{13-15}$$

이 된다. 실제적으로 이 배치는, 그림 13-2의 매우 긴 직선 평행 도선 C와 C'이 같은 전류를 가지며 무한대에서 서로 연결되어 닫힌회로를 구성하도록하면 만들 수 있다. 이 경우 확실히 크기가 같고 방향이 반대인 전류를 갖게 되어 (13-15)를 적용할 수 있다. 그런데 (13-2)에서 정의된 μ_0을 고려해보면, (13-15)에는 더 이상 어떤 임의적인 요소도 남아 있지 않고, I의 절대치는 역학적인 물리량 $\mathbf{f}_C$와 ρ를 결정함으로써 A(암페어)로 구할 수 있다. 즉, (13-15)는 I를 측정하는데 사용할 수 있다. 이것이 암페어 값을 실제적으로 결정하는 본질적인 방법이다. 일단 어떤 전류라도 이러한 방식으로 정해지면, 원리상 어느 다른 I'의 값도 이러한 배치를 이용하여 구할 수 있다. 이 때, (13-13)이나 (13-14)는 측정가능한 단위길이당의 힘을 나타낸다.

13-3 전류요소 사이의 힘

유한적분의 특성과 그 값을 보고 피적분함수에 관한 결론을 이끌어 낸다는 것은 어리석은 일일지라도, 전에 (7-29)를 얻은 예에서처럼 그렇게 해본 적도 있으므로, 이번에도 다시 시도해 보겠다. (13-1)의 형식은

$$\mathbf{F}_{C' \to C} = \oint_C \oint_{C'} d\mathbf{F}_{e' \to e} \tag{13-16}$$

으로 쓸 수 있고, 피적분함수

$$d\mathbf{F}_{e' \to e} = \frac{\mu_0}{4\pi} \frac{I\,d\mathbf{s} \times (I'\,d\mathbf{s}' \times \hat{\mathbf{R}})}{R^2} \tag{13-17}$$

은 자연스럽게 전류요소 $I'\,d\mathbf{s}'$에 의해 전류요소 $I\,d\mathbf{s}$에 작용하는 힘이라고 해석할 수 있겠다. 이것을 여전히 Ampère 법칙의 다른 변형이라고 할 수 있고, 실제로 매우 자주 그렇게 취급되고 있다. 전에 지적했듯이, 전류요소를 가지고는 직접 실험으로 확인할 수 없다. 그러나 운동하는 전하 문제로 일반화하여 증명할 수 있고, 우리가 나중에 하려고 하는 모든 것과 잘 일치한다. 이러한 형태로써의 (13-17)은 우리가 찾고 싶어 하던 Coulomb 법칙에 더 가까운 유사형인데, 전류요소들 사이의 거리 R에 대한 역제곱의 의존성을 보면 더욱 그러하다.

그러나 Coulomb 법칙과는 다르게 $d\mathbf{F}_{e' \to e}$는 일반적으로 전류요소를 연결하는 선을 따라가는 방향에 있지 아니하고, 그 방향은 $\hat{\mathbf{R}}$로 주어진다. 그 때문에 (13-17)은 Newton 제 3법칙을 만족시키지 못한다. 그러나 (13-8)에서 보았듯이, 제 3법칙은 전체 전류에 대하여는 성립한다. 이 사실을 보이기 위해 $I\,d\mathbf{s}$에 의해 $I'd\mathbf{s}'$에 작용하는 힘을 계산하여보자. 앞에서도 보았듯이, 이것은 (13-17)에서 프라임 붙은 것과 붙지 않은 것을 교환하고, 동시에 $\hat{\mathbf{R}}$을 $-\hat{\mathbf{R}}$로 대체하여 구할 수 있다. 이렇게 하면,

$$d\mathbf{F}_{e \to e'} = -\frac{\mu_0}{4\pi} \frac{I'\,d\mathbf{s}' \times (I\,d\mathbf{s} \times \hat{\mathbf{R}})}{R^2} \tag{13-18}$$

을 얻는다. 여기서 여전히 $\mathbf{R} = \mathbf{r} - \mathbf{r}'$이다. (13-17)과 (13-18)을 더하면, 그리고 (1-30)을 사용하여,

$$d\mathbf{F}_{e' \to e} + d\mathbf{F}_{e \to e'} = \frac{\mu_0 II'}{4\pi R^2} [\hat{\mathbf{R}} \times (d\mathbf{s}' \times d\mathbf{s})] \tag{13-19}$$

를 구하게 되고, 이것은 (13-8)과는 다르게 일반적으로 영이 아니다. 이 합은 그림 13-2에서처럼 $d\mathbf{s}'$과 $d\mathbf{s}$가 평행이거나, $\hat{\mathbf{R}}$이 $d\mathbf{s}'$과 $d\mathbf{s}$가 만드는 평면에 수직일 경우에만 영이다.

좀 더 대칭적인 (13-6)의 형식으로 같은 계산을 해본다면, 전류요소 사이의 힘에 관한 다른 가능한 형태를 얻게 되고, 그것은

$$d\mathbf{F}'_{e' \to e} = -\frac{\mu_0}{4\pi} \frac{[(I\,d\mathbf{s}) \cdot (I'\,d\mathbf{s}')]\hat{\mathbf{R}}}{R^2} \tag{13-20}$$

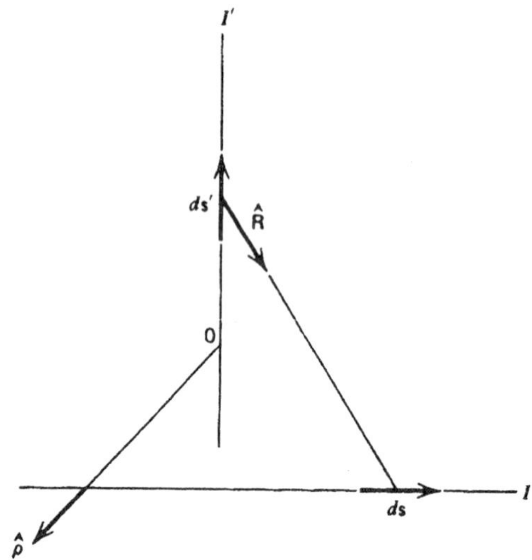

그림 13-3 "교차"하는 전류요소.

이다. 이 힘은 전류요소를 연결하는 선을 따라 놓여 있다. 또한 이 형태가 제 3 법칙을 만족한다는 사실을 쉽게 증명할 수 있다. 즉,

$$d\mathbf{F}'_{e' \to e} + d\mathbf{F}'_{e \to e'} = 0 \qquad (13\text{-}21)$$

이다.

(13-17)과 (13-20)을 가지고 완전회로 사이의 총 힘을 계산할 때는 같은 결과에 도달하겠지만, 전류요소에 적용하면 다른 결과가 된다. 예를 들어 그림 13-2의 전류 I가 지면 안으로 들어가며 I'은 그대로인 경우를 생각해보자. 그러면 이 "교차"하는 전류들은 그림 13-3처럼 보일 수 있겠다. 이 경우 ds와 ds'은 서로 수직이므로 (13-20)은 $d\mathbf{F}'_{e' \to e} = 0$으로 되지만, (13-17)로부터는 $d\mathbf{F}'_{e' \to e} \neq 0$이다. 이렇게 불일치하는 이유는 (13-1)에서 (13-5)로 진행해가며, 사실상 완전회로에 대해서는 영이 되어 없어지는 항이 생겼기 때문이다. 그러나 피적분함수에 그 항이 들어 있을 때는 영이 아니다. 이 과정이 (13-4)에 분명히 나타나 있다.

(13-20)은 보기에도 더 대칭적이고, 그 힘의 방향이 두 전류요소를 연결하는 선 상에 있으며, (13-21)에서처럼 바람직한 성질을 가지고 있음에도 불구하고, 전류요소 사이의 힘에 관한 형식으로는 왜 (13-20)보다는 (13-17)을 인정하고 있는가? 앞으로 실험과 비교하게 될 내용은 잠시 밀어놓아 두더라도, (13-20)이 본질적적으로 문제가 있어서 받아들이기에 적절하지 않음을 알 수 있다. (13-20)은 $d\mathbf{s} \cdot d\mathbf{s}'$에 비례하기 때문에 전류요소들 사이의 코사인과 관련이 있다. 그러면 이 힘은 $I\,d\mathbf{s}$와 다른 무엇(이 전류요소와는 무관한 것, 즉 장)의 곱의 형태로 나타낼 수 없다. 장에 근거를 둔 이론을 전개해 나아갈 때, 이러한 곱의 특성은 필수적이므로, (13-20)을 버리기로 한다. 한편, (13-17)은 새로운 장을 도입하는데 필요한 형식을 갖추고 있다. 곧 이 과정을 밟아 나아갈 텐데, (13-17)과 함께 (13-1)의 형태를 정자기학의 근본 법칙으로 채택하겠다.

연습문제

13-1 (13-6)을 그림 13-2의 계에 적용하여 (13-12)를 다시 얻을 수 있음을 직접 보여라.

13-2 자기력의 크기가 얼마나 될지 감을 잡기 위하여, 매우 긴 10 A의 두 반평행 전류가 1 cm 떨어져 있을 때, 두 전류 사이의 단위길이당 힘을 구해보아라. 연습문제 12-17에서 나온 구리 도선 단위길이의 무게에 대한 이 힘의 비를 구하라.

13-3 그림 13-4에 보인 무한히 긴 두 직선 전류를 생각해보자. I'은 y축에 일치하게 놓여 있다. I는 yz평면에 평행이고 이 평면으로부터 ρ만큼 떨어져 있으며, $y = z = 0$에서 x축을 지난다. 이 전류는 그림에 보인대로 xy 평면과 α의 각도를 이루고 있다. C'의 I'에 의해서 C의 I에 작용하는 힘이 $-\frac{1}{2}\mu_0 II' \cot\alpha\,\hat{\mathbf{x}}$임을 보여라.

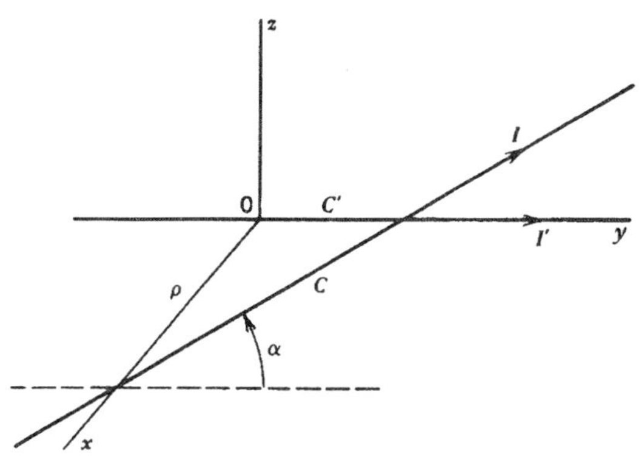

그림 13-4 | 연습문제 13-3의 두 전류.

13-4 그림 13-5의 두 전류를 생각해보자. 모든 전류는 동일한 평면에 놓여 있다. C'은 무한히 길다. 길이가 b인 직사각형의 변은 C'에 평행이다. C에 작용하는 총 힘을 구하라. 이 힘은 인력인가 척력인가?

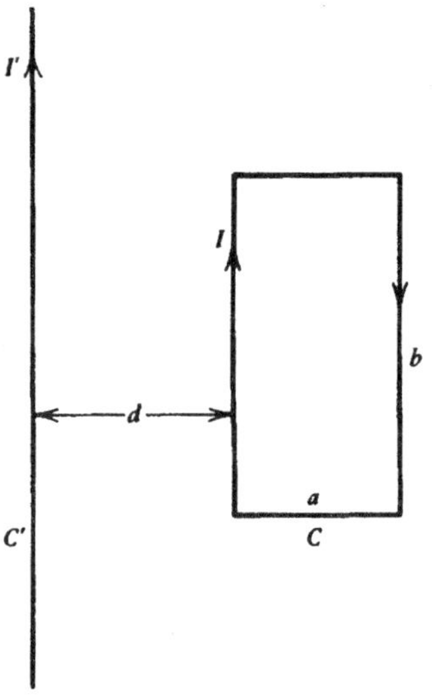

그림 13-5 | 연습문제 13-4의 회로.

13-5 무한히 넓은 판 전류가 xy평면에 일치하게 놓여 있다. 면전류밀도는 $\mathbf{K}' = K'\hat{\mathbf{y}}$로 여기서 K'은 상수이다. 전류 I가 흐르고 있는 매우 긴 도선이 y축에 평행하며 양의 z축을 원점으로부터 d되는 거리에서 지난다. 이 도선에 작용하는 단위길이당의 힘을 구하라.

13-6 I'의 전류가 매우 긴 원통에 균일하게 분포되어 흐르고 있는데, 이 원통의 단면은 반지름이 a인 원이다. 원통의 축은 z축과 일치한다. I'은 양의 z축 방향으로 흐른다. 매우 긴 전류 I는 z축에 평행인 선을 따라 흐르고 있다. 이것도 양의 z축 방향으로 흐른다. I는 원점에서 d 되는 거리에서 x축을 지난다. 전류 I에 작용하는 단위길이당의 힘을 구하라. [(3-16)을 이용할 필요가 있을 것이다.]

13-7 반지름 a인 원고리가 xy평면에 놓여 있고, 그 중심은 원점에 있다. 전류 I'이 이 고리에 흐르는데, 흐르는 방향은 이 고리를 양

의 z 축에서 내려다보았을 때 반시계방향이다. 매우 긴 전류 I는 x축에 평행으로 양의 방향으로 흐르는데, 이 전류는 원점에서 거리 d 되는 양의 z축 상 일점을 지나간다. 전류 I가 흐르는 회로 C에 작용하는 총 힘을 구하라.

13-8 반지름이 a인 두 원에 전류가 같은 방향으로 흐르고 있다. 전류 I'이 흐르는 한 원은 xy평면에 놓여 있고 중심은 원점에 있다. 전류 I가 흐르는 다른 원은 xy평면에 평행으로 놓여 있으되, 그 중심은 원점에서 d의 거리로 양의 z축 위에 있다. 전류 I가 흐르는 원에 작용하는 힘을 구하라. 답은 원통좌표 φ와 φ'으로 나타내는데, 적분형태로 남겨두어라.

13-9 네 개의 매우 긴 직선 도선이 모두 같은 값의 전류 I를 가지고 있다. 이들은 모두 z축에 평행이고 xy평면을 $(0, 0)$, $(a, 0)$, (a, a), $(0, a)$에서 지나고 있다. 첫 번째와 세 번째 것의 전류는 양의 z 방향으로 흐르고, 다른 두 개에는 음의 z 방향으로 흐르고 있다. (a, a)에 해당되는 전류에 작용하는 단위길이당의 힘을 구하라.

제 14 장 자기유도

Ampère 법칙은 "원격작용"의 또 다른 예이다. 3장을 시작할 때, Coulomb 법칙도 비슷한 특성을 갖는다고 했었고, 전기장을 일종의 중간자적인 역할로써 도입하여 전하들 사이의 상호작용을 두 부분으로 나누는 것이 유용하다고 결론지었다. 이제 전류 사이의 힘에 대해서도 같은 일을 하고자 한다. 이러한 목적으로 사용하게 될 장은, 역사적인 이유로 "자기유도 *magnetic induction*"이라 부른다. "자기장 *magnetic field*"라는 용어는 일반적으로 또 다른 벡터장에 대하여 사용하는데, 나중에 물질의 효과를 포함시키면서 그 때 가서 정의하겠다.

14-1 자기유도의 정의

Coulomb 법칙으로부터 전기장으로 넘어가는 과정을 회상해보면, 3-1절에서 어느 전하에 작용하는 힘을 전하량과 전기장이라 부르는 물리량의 곱으로 쓸 수 있었다. 이번에는 (13-1)을 다소 유사한 양식으로

$$\mathbf{F}_{C' \to C} = \oint_C I\, d\mathbf{s} \times \left(\frac{\mu_0}{4\pi} \oint_{C'} \frac{I'\, d\mathbf{s}' \times \hat{\mathbf{R}}}{R^2} \right) \tag{14-1}$$

처럼 다시 쓸 수 있다. 괄호 안에 있는 인자는 **r**에 있는 전류요소 $I\,d\mathbf{s}$와 무관하며, 다른 전류요소의 분포에 의존한다. 괄호 안에 있는 양을 $\mathbf{B}(\mathbf{r})$로 나타내 (1-137)을 사용하면,

$$\mathbf{B}(\mathbf{r}) = \frac{\mu_0}{4\pi} \oint_{C'} \frac{I'\, d\mathbf{s}' \times \hat{\mathbf{R}}}{R^2} = \frac{\mu_0}{4\pi} \oint_{C'} \frac{I'\, d\mathbf{s}' \times \mathbf{R}}{R^3} \tag{14-2}$$

이고

$$\mathbf{F}_{C' \to C} = \oint_C I\, d\mathbf{s} \times \mathbf{B}(\mathbf{r}) \tag{14-3}$$

이 된다. 이러한 방식으로 정의한 벡터장 **B**를 **자기유도** *magnetic induction*이라 부른다. 이것은 가끔 **자기선속밀도** *magnetic flux density*라고도 알려져 있으며, 간단히 **B**장이라고도 한다. 또한 (14-2)는 일반적으로 Biot-Savart 법칙이라고 알려져 있다.

(14-3)에서 보면 **B**의 단위는 1 N/A·m일 것이다. 그러나 보통 이렇게 결합해서는 사용하지 않고, **B**의 표준 단위로는 일반적으로 1 T(tesla) = 1 Wb(weber)/m^2 중 하나를 사용한다. 비교해보면 1 Wb = 1 J/A = 1 V·s임을 알 수 있다.

이러한 과정을 통해서 벡터장 **B**를 도입하였고, **r**의 장점에 힘을 받을 전류요소가 없더라도 (14-2)에 의해서 장을 계산할 수는 있다. **E**와 마찬가지로, **B**장은 단순히 수학적 편의성 때문

에 도입하였다고 간주할 수 있는데, 그 이유는 **B**를 계산함으로써, 만일 회로 C가 그곳에 있었더라면 받게 되었을 힘이 얼마일지를 알려주는, 일종의 보증서 역할을 하기 때문이다. 한편, 3-4절에서 논의하였던 것처럼 **B**는 그 자체로써 실질적인 물리적 실재로 간주할 수 있다.

원천 회로가 여러 개 있으면, 주어진 C_i에 대한 **B**를 (14-2)를 이용하여 구할 수 있고, **r**에서의 합성 자기유도는 각 회로의 기여를 벡터로 합하면 구해진다. 즉,

$$\mathbf{B}_{총} = \mathbf{B}(\mathbf{r}) = \sum_i \frac{\mu_0}{4\pi} \oint_{C_i} \frac{I_i\, d\mathbf{s}_i \times \hat{\mathbf{R}}_i}{R_i^2} \tag{14-4}$$

이고, 여기서 $\mathbf{R}_i = \mathbf{r} - \mathbf{r}_i$는 i번째 회로의 전류요소 $I_i d\mathbf{s}_i$의 위치벡터 $\mathbf{r}_i$로 나타내었다. C의 $I\,d\mathbf{s}$는 (14-4)에 포함되어 있지 않은 점에 유의하라. 즉, 한 전류요소가 그 자신에 자기력을 작용한다고 상상할 필요는 없다.

(14-3)은 완전회로 C에 작용하는 총 힘으로 나타내었지만, 피적분함수는 **r**에 놓여 있는 전류요소 $I\,d\mathbf{s}$에 작용하는 힘 $d\mathbf{F}$로 주어진다고 해석하는 것도 자연스러운 일이다. 즉,

$$d\mathbf{F} = I\,d\mathbf{s} \times \mathbf{B}(\mathbf{r}) \tag{14-5}$$

이다. 이 힘은 전류요소와 자기유도 모두에 수직이며, (1-22)로 알 수 있듯이, 이들이 평행일 때 영이고, 서로 수직일 때 최대이다. $d\mathbf{F}$에 관한 이러한 방향 특성을 그림 14-1에 나타내었다. 이것은 그림 1-14에 보인 가위곱의 정의에 부합한다.

마찬가지로, (14-2)의 피적분함수는 원천점 $\mathbf{r}'$에 있는 전류요소 $I'\,d\mathbf{s}'$이 만드는 자기유도 $d\mathbf{B}(\mathbf{r})$이 총 자기유도에 주는 기여라고 해석할 수 있다. 즉,

$$d\mathbf{B}(\mathbf{r}) = \frac{\mu_0}{4\pi} \frac{I'\,d\mathbf{s}' \times \hat{\mathbf{R}}}{R^2} = \frac{\mu_0}{4\pi} \frac{I'\,d\mathbf{s}' \times \mathbf{R}}{R^3} \tag{14-6}$$

이다. 이 표현식은 Biot-Savart 법칙의 또 다른 형태이다. (14-6)이 주는 방향 관계는 그림 14-

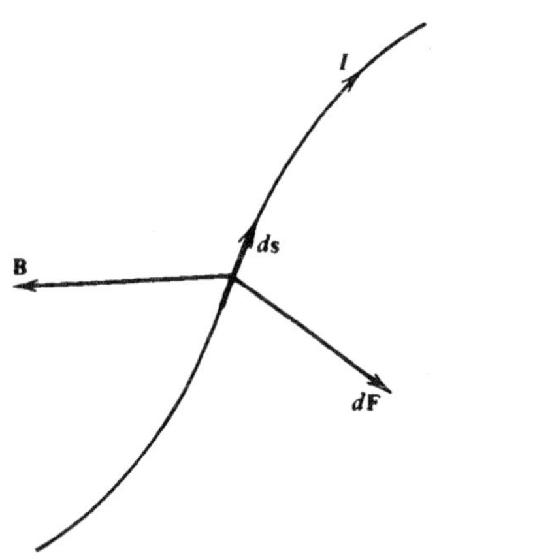

그림 14-1 자기유도 **B**로 인해 전류요소에 작용하는 힘.

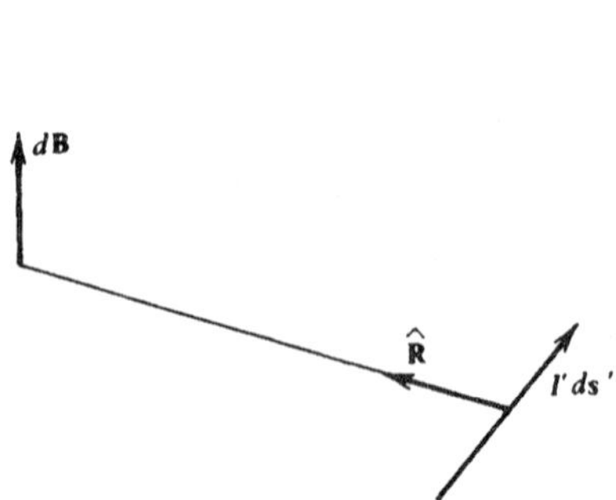

그림 14-2 전류요소와 그것이 만드는 자기유도 사이의 기하학적인 관계.

2에 그려져 있다. $d\mathbf{B}$는 $d\mathbf{s}'$과 $\hat{\mathbf{R}}$이 만드는 평면에 수직이고, $d\mathbf{s}'$에 수직인 선분 위의 일점에서는 크기가 최대이고, $d\mathbf{s}'$에서 똑바로 앞쪽이나 뒤쪽에서는 영이 된다. 그림 14-2를 정성적으로 표현하는 데는 오른손규칙이 편리하겠다: 오른손의 엄지를 $I'\,d\mathbf{s}'$ 방향으로 놓아라. 그러면 나머지 네 손가락이 자연스럽게 감기는 쪽이 $d\mathbf{B}$의 방향이다.

지금까지 우리가 해온 모든 것은 세선전류의 형태로 설명되었다. 그러나 잘 알고 있듯이, 주어진 상황을 부피나 면적에 걸쳐 전류가 분포해 있는 것으로 묘사하면 편리할 때가 많다. 우리가 구한 결과를 그러한 경우에 쉽게 적용시킬 수 있다. 이 때 전류요소는 (12-10)에서 구한 것과 동등하다. 예를 들어, 원천전류를 체적전류밀도 $\mathbf{J}'(\mathbf{r}')$으로 나타내면, (14-2)와 (14-6)에 해당되는 유사한 결과는

$$\mathbf{B}(\mathbf{r}) = \frac{\mu_0}{4\pi}\int_{V'} \frac{\mathbf{J}'(\mathbf{r}') \times \hat{\mathbf{R}}}{R^2}\, d\tau' \tag{14-7}$$

$$d\mathbf{B} = \frac{\mu_0}{4\pi}\frac{\mathbf{J}' \times \hat{\mathbf{R}}\, d\tau'}{R^2} \tag{14-8}$$

가 될 것이며, 이 때 전류를 포함하는 전체 체적 V'에 대해서 적분한다. 마찬가지로 (14-3)과 (14-5)는

$$\mathbf{F} = \int_V \mathbf{J}(\mathbf{r}) \times \mathbf{B}(\mathbf{r})\, d\tau \tag{14-9}$$

$$d\mathbf{F} = \mathbf{J} \times \mathbf{B}\, d\tau \tag{14-10}$$

가 되고, 여기서 $\mathbf{F}$는 체적 V 안에 들어 있으면서 전류분포가 $\mathbf{J}(\mathbf{r})$로 주어지는 모든 전류에 작용하는 총 힘이다.

(12-10)을 다시 이용하여, 표면전류가 관련되는 경우에는 해당 표현식들을

$$\mathbf{B}(\mathbf{r}) = \frac{\mu_0}{4\pi}\int_{S'} \frac{\mathbf{K}'(\mathbf{r}') \times \hat{\mathbf{R}}}{R^2}\, da' \tag{14-11}$$

$$d\mathbf{B} = \frac{\mu_0}{4\pi}\frac{\mathbf{K}' \times \hat{\mathbf{R}}\, da'}{R^2} \tag{14-12}$$

$$\mathbf{F} = \int_S \mathbf{K}(\mathbf{r}) \times \mathbf{B}(\mathbf{r})\, da \tag{14-13}$$

$$d\mathbf{F} = \mathbf{K} \times \mathbf{B}\, da \tag{14-14}$$

로 얻게 된다.

끝으로, 위에서 언급한 모든 경우가 모두 가능하다면, 주어진 곳에서의 총 $\mathbf{B}$는 (14-4), (14-7), (14-11)로부터의 다양한 기여를 모두 더하면 될 것이고, 이렇게 구한 합성 $\mathbf{B}$가 (14-3), (14-5), (14-9), (14-10), (14-13), (14-14)에서 적절히 사용될 것이다.

12-2절에서 논의한 여러 부류의 전류에 대해서는 아직 아무런 적용도 하지 않았다. 실제로 자기유도 $\mathbf{B}$는 무슨 원천이든 상관없이 모든 전류로부터 만들어진다는 것을 기본 가설로 하고 있다. 나중에 알게 되겠지만, 지금까지 취급해 온 것과 다른 유형의 전류를 도입할 필요가 있

을 것이다.

전기장의 경우에서처럼, (14-2)같은 식은 전류분포가 주어지기만 하면, **B**를 계산하는 "재료"로 간주할 수 있다. 이제 그러한 직접적인 계산의 몇 가지 예를 들어보자.

14-2 유한한 길이의 직선전류

유한 길이의 정상 세선전류 I'이 만드는 **B**를 구해보자. 원점은 장점 P로부터의 수직거리가 전류를 만나는 지점으로 택하고, 원통좌표를 사용하겠다. 이러한 상황이 그림 14-3a에 그려져 있다. 이것은 분명히 완전회로가 아니고 회로의 일부분이다. 그러나 이와 같은 경우가 유용하기도 하다. 왜냐하면 더 복잡한 완전회로는 종종 이와 같은 부분들로 구성되어 있다고 생각할 수 있기 때문이다. 그래서, 일단 각 부분에 대해서 **B**를 구할 수 있다면, (14-4)에서 암시하듯이 벡터합으로 합성 자기유도를 구할 수 있다.

그림으로부터 $\mathbf{r} = \rho\hat{\boldsymbol{\rho}}$이고 $\mathbf{r}' = z'\hat{\mathbf{z}}$이므로, $\mathbf{R} = \mathbf{r} - \mathbf{r}' = \rho\hat{\boldsymbol{\rho}} - z'\hat{\mathbf{z}}$이고 $R^2 = \rho^2 + z'^2$이며 $d\mathbf{s}' = dz'\hat{\mathbf{z}}$이다. 그러므로 $d\mathbf{s}' \times \mathbf{R} = \rho\, dz'\hat{\mathbf{z}} \times \hat{\boldsymbol{\rho}} = \rho\, dz'\hat{\boldsymbol{\varphi}}$로 구해지고, 그러면 $\hat{\boldsymbol{\varphi}}$가 일정하므로 (14-2)는

$$\begin{aligned}\mathbf{B} &= \frac{\mu_0 I'\rho\hat{\boldsymbol{\varphi}}}{4\pi}\int_{-L_1}^{L_2}\frac{dz'}{(\rho^2+z'^2)^{3/2}} = \frac{\mu_0 I'\rho\hat{\boldsymbol{\varphi}}}{4\pi}\left[\frac{z'}{\rho^2(\rho^2+z'^2)^{1/2}}\right]_{-L_1}^{L_2} \\ &= \hat{\boldsymbol{\varphi}}\frac{\mu_0 I'}{4\pi\rho}\left[\frac{L_2}{(\rho^2+L_2^2)^{1/2}} + \frac{L_1}{(\rho^2+L_1^2)^{1/2}}\right]\end{aligned} \tag{14-15}$$

이 된다. 이 결과는 또한 그림 14-3b에 정의된 각도 α_1과 α_2로도 나타낼 수 있고,

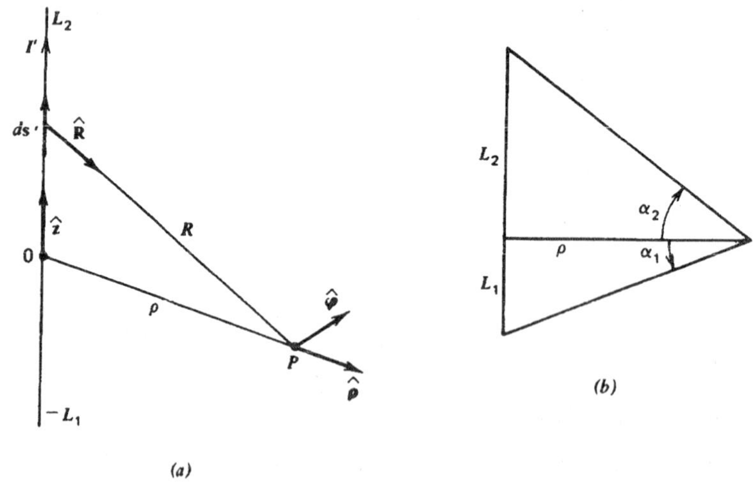

그림 14-3 | 유한한 길이를 갖는 직선 전류가 만드는 **B**의 계산.

$$\mathbf{B} = \hat{\boldsymbol{\varphi}}\frac{\mu_0 I'}{4\pi\rho}(\sin\alpha_2 + \sin\alpha_1) \tag{14-16}$$

이 된다. 그러므로 자기유도는 언제나 전류와 장점의 위치벡터가 구성하는 평면에 수직이다.

$L_2 \to \infty$와 $L_1 \to \infty$로 취함으로써(또는 $\alpha_2 \to \pi/2$와 $\alpha_1 \to \pi/2$) 무한히 긴 직선 전류에 대한 **B**를 구할 수 있다. 그 결과는

$$\mathbf{B} = \frac{\mu_0 I'}{2\pi\rho}\hat{\boldsymbol{\varphi}} \tag{14-17}$$

이다. 이 표현식을 이용하여, 이번의 계산방법과 앞 장에서의 방법을 비교해볼 수 있다. 그림 13-2처럼 z축에 평행인 무한히 긴 전류가 P를 지난다면, 이 전류의 길이 $d\mathbf{s}$에 작용하는 힘은 (14-17), (14-5), (1-76)을 결합하여

$$d\mathbf{F} = I\,dz\,\hat{\mathbf{z}} \times \frac{\mu_0 I'\hat{\boldsymbol{\varphi}}}{2\pi\rho} = -\frac{\mu_0 II'\,dz\,\hat{\boldsymbol{\rho}}}{2\pi\rho}$$

가 되는데, 바로 (13-13)에서 직접 계산하여 이르게 된 결과이다.

(14-17)에 주어진 **B**의 크기는 전류로부터의 거리에 역비례한다. 그러므로 **B**가 일정한 면은 원통으로, 그 축은 전류와 일치한다. 주어진 원통의 반지름은 $\rho = \mu_0 I'/2\pi B$로부터 정해진다. **B**는 $\hat{\boldsymbol{\varphi}}$의 방향을 향하므로, 원통에 수직인 그러니까 I'에 수직인 평면에 있는 **B**의 선은 원이다. 그러므로 무한히 긴 직선 전류로 생기는 **B**에 관한 모습은 그림 14-4에 보인 것과 같다. 이 그림은 I'이 지면에 수직이며 전류가 앞으로 나오도록 그렸다.

14-3 원전류가 축에 만드는 자기유도

세선전류에 관한 또 다른 예로, 그림 14-5에 보인 반지름 a의 원둘레를 따라 도는 전류 I'을 생각해보자. 좀 더 구체적으로 이 원은 xy 평면에 놓여있다하고 원의 중심에 원점을 두도록

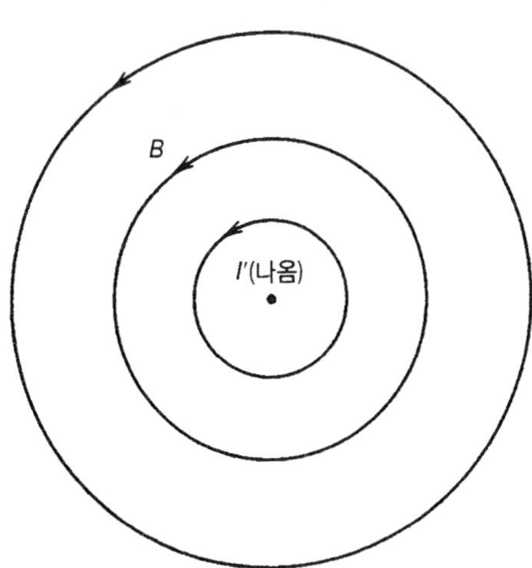

그림 14-4 무한히 긴 직선 전류가 지면 앞으로 나오고 있을 때의 **B**의 선.

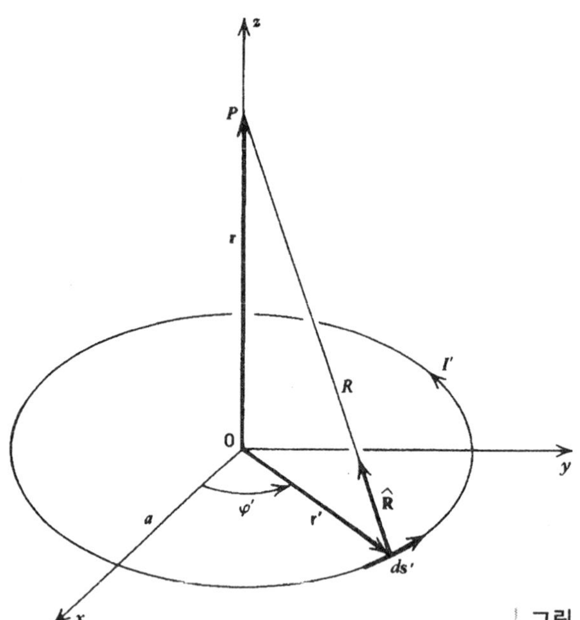

그림 14-5 원 전류에 의한 자기유도의 축 성분 계산.

하자. 장점은 z 축 위의 일점으로 선택하였는데, 이 점은 전류가 감싸는 면적에 수직인 선 위에 있다.

$\mathbf{r} = z\hat{\mathbf{z}}$이고 $\mathbf{r}' = x'\hat{\mathbf{x}} + y'\hat{\mathbf{y}} = a(\cos\varphi'\hat{\mathbf{x}} + \sin\varphi'\hat{\mathbf{y}})$이다. 여기서 원첨점의 위치를 나타내기 위하여 극좌표인 φ'을 사용하였으나, 원천점의 위치벡터는 상수인 직각좌표 단위벡터로 나타내었다. 그러면, $\mathbf{R} = -a\cos\varphi'\hat{\mathbf{x}} - a\sin\varphi'\hat{\mathbf{y}} + z\hat{\mathbf{z}}$이고 $R^2 = a^2 + z^2$이다. 더구나 $d\mathbf{s}' = d\mathbf{r}' = a\,d\varphi'(-\sin\varphi'\hat{\mathbf{x}} + \cos\varphi'\hat{\mathbf{y}})$임으로, (1-28)을 사용하여

$$d\mathbf{s}' \times \mathbf{R} = a\,d\varphi'[z(\cos\varphi'\hat{\mathbf{x}} + \sin\varphi'\hat{\mathbf{y}}) + a\hat{\mathbf{z}}]$$

가 된다. 이 결과를 (14-2)에 넣어서

$$\mathbf{B}(z) = \frac{\mu_0 I' a}{4\pi}\int_0^{2\pi}\frac{[z(\cos\varphi'\hat{\mathbf{x}} + \sin\varphi'\hat{\mathbf{y}}) + a\hat{\mathbf{z}}]\,d\varphi'}{(a^2+z^2)^{3/2}} = \frac{\mu_0 I' a^2}{2(a^2+z^2)^{3/2}}\hat{\mathbf{z}} \tag{14-18}$$

로 구해지는데, 여기서 x와 y 성분은 적분하여 영이 되었다. 그래서 그림 14-5에서 대칭성을 생각해보면 명백한 일이지만, 자기유도는 순전히 z축을 향한다. 원의 중심($z = 0$)에서 자기유도는 단순히

$$\mathbf{B}_{중심} = \frac{\mu_0 I'}{2a}\hat{\mathbf{z}} \tag{14-19}$$

이다. 원으로부터 먼 $z \gg a$인 곳에서는 (14-18)을 근사하면

$$\mathbf{B}(z) \simeq \frac{\mu_0 I' a^2}{2z^3}\hat{\mathbf{z}} \tag{14-20}$$

가 되는데, 거리 z에 대하여 세제곱으로 반비례한다. 이러한 특성은, (10-35)에서 본 것과 같은, 쌍극자의 전기장과 유사하다. 이 유사성은 우연에 의한 것이 아닌데, 자세한 것은 19장에서 배우게 된다. 이제 이 결과를 응용하는 문제를 보기로 하자.

예제

이상적인 솔레노이드의 축 성분 자기유도. 길이 L의 원통이 있는데, 반지름은 a이다. 여기에 도선을 균일하게 감는데, 모두 N "번" 감았다. 이러한 구조를 솔레노이드 *solenoid*라 하는데, 그림 14-6에 나타내었다(그림의 단면에는 몇 번 감은 것만 보였다). 이 도선이 매우 가늘다 가정하고, 또한 바짝 붙여서 감아 놓았다면, 일차적 근사로써 감은 도선 사이의 간격은 무시할 수 있고, 그러면 이 구조는 반지름이 a인 원형의 세선전류가 N 개 있는 것과 동일하다. (이것을 "이상적인" 솔레노이드라 한다.) 축 위 P점에서의 **B**는 (14-18)로 주어지는 각 원고리전류의 기여를 더하여 구할 수 있다. 한쪽 끝으로부터 z_0 떨어진 거리에 있는 길이 dz_0인 작은 일부분을 고려해보자. $n = N/L$을 단위길이당의 감은 수라고 한다면, 이 작은 부분에는 $dN = n\,dz_0$ 개의 원고리가 들어있게 되고, 각 원고리는 근사적으로 장점 P로부터 같은 거리 $z = z_P - z_0$에 있다. 그러면 (14-18)에 의해, P에서의 **B** 크기에 이들이 주는 기여는

$$dB = \frac{\mu_0 I' a^2 n\, dz_0}{2\left[a^2 + (z_P - z_0)^2\right]^{3/2}} \tag{14-21}$$

이 될 것이다. 그러면 P에서의 총 **B**는

$$B = \int_0^L \frac{\mu_0 I' a^2 n\, dz_0}{2\left[a^2 + (z_P - z_0)^2\right]^{3/2}} = \frac{\mu_0 I' n a^2}{2} \int_{-z_P}^{L - z_P} \frac{dz'}{(a^2 + z'^2)^{3/2}}$$

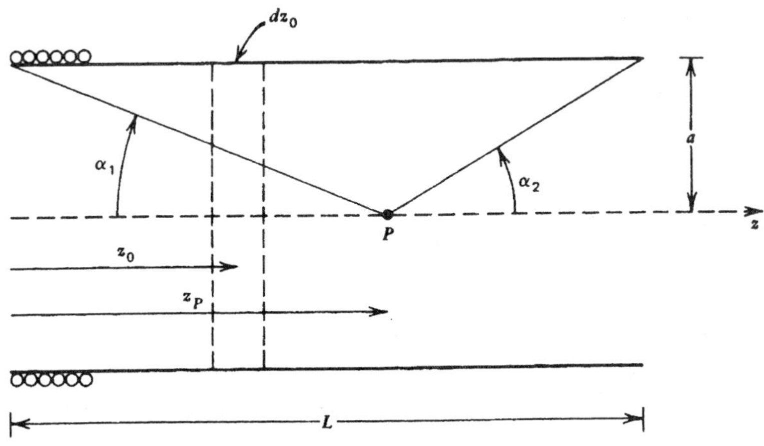

그림 14-6 z축을 따라 놓여 있는 이상적인 솔레노이드의 단면.

$$= \frac{\mu_0 n I'}{2}\left\{\frac{(L - z_P)}{\left[a^2 + (L - z_P)^2\right]^{1/2}} + \frac{z_P}{\left(a^2 + z_P^2\right)^{1/2}}\right\} \tag{14-22}$$

이 될 것이다. 여기서 $z' = z_0 - z_P$로 놓았고, (14-15) 적분의 주어진 값을 이용하였다. 이 결과는 그림에 정의된 각 α_1과 α_2로 매우 간단하게 표현될 수 있다. 즉,

$$B = \tfrac{1}{2}\mu_0 n I'(\cos\alpha_2 + \cos\alpha_1) \tag{14-23}$$

이다. 솔레노이드가 무한으로 길다면, α_1과 α_2는 모두 영으로 근접할 테고 (14-23)은

$$B = \mu_0 n I' \tag{14-24}$$

로 단순화할 수 있다. 이것은 P의 위치에 무관하다.

14-4 균일한 전류가 흐르는 무한 평면판

전류가 연속적으로 분포한 예로, 일정한 면전류밀도 $\mathbf{K}'$이 흐르는 무한 평면판을 생각해보자. (14-11)을 이용하여 임의 장점에서의 $\mathbf{B}$ 값을 구하고자 한다. 이 판을 xy 평면에 일치시켜 놓고 $\mathbf{K}'$은 y 방향에 있다고 가정하면 $\mathbf{K}' = K'\hat{\mathbf{y}}$이며, K'은 상수이다. 그림 14-7에서 보는 것처럼, $\mathbf{r} = x\hat{\mathbf{x}} = y\hat{\mathbf{y}} + z\hat{\mathbf{z}}$, $\mathbf{r}' = x'\hat{\mathbf{x}} + y'\hat{\mathbf{y}}$, $\mathbf{R} = (x - x')\hat{\mathbf{x}} + (y - y')\hat{\mathbf{y}} + z\hat{\mathbf{z}}$, $R^2 = (x - x')^2 + (y - y')^2 + z^2$이고 $da' = dx'dy'$이다. 그러므로 $\mathbf{K}' \times \mathbf{R} = K'\hat{\mathbf{y}} \times \mathbf{R} = K'[z\hat{\mathbf{x}} + (x' - x)\hat{\mathbf{z}}]$이고, (14-11)은

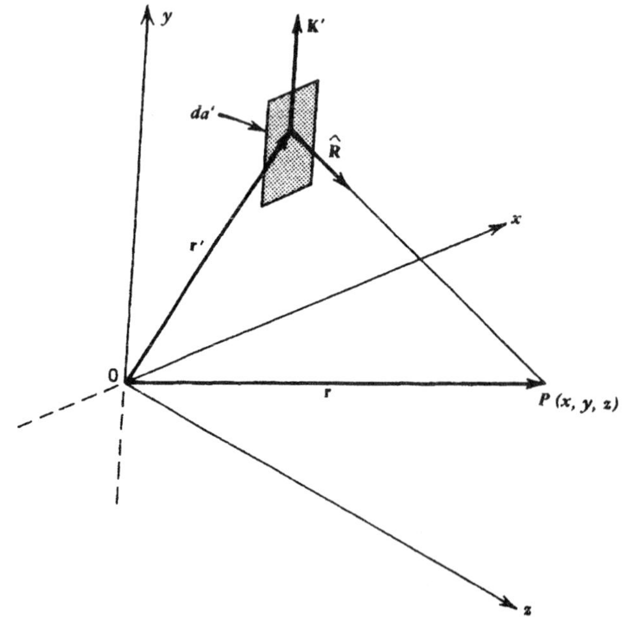

그림 14-7 균일한 무한 평면판 전류에 의한 B의 계산.

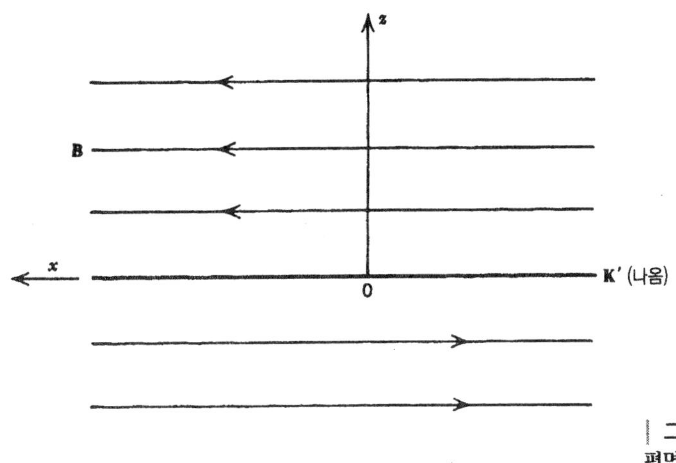

| 그림 14-8 | 지면에 수직인 균일한 무한 평면판 전류에 의한 **B**의 선.

$$\begin{aligned}\mathbf{B} &= \frac{\mu_0 K'}{4\pi}\int_{-\infty}^{\infty}\int_{-\infty}^{\infty}\frac{[z\hat{\mathbf{x}} + (x'-x)\hat{\mathbf{z}}]\,dx'\,dy'}{[(x-x')^2 + (y-y')^2 + z^2]^{3/2}} \\ &= \frac{\mu_0 K'}{4\pi}\int_{-\infty}^{\infty}\int_{-\infty}^{\infty}\frac{(z\hat{\mathbf{x}} + X'\hat{\mathbf{z}})\,dX'\,dY'}{(X'^2 + Y'^2 + z^2)^{3/2}}\end{aligned} \tag{14-25}$$

이 된다. 여기서 $X' = x' - x$이고 $Y' = y' - y$이다. 즉시 알 수 있듯이, 피적분함수가 X'에 대하여 홀함수이기 때문에 $\hat{\mathbf{z}}$ 성분은 영이다. 그러면 적분은 바로 (3-11)과 같은 형태가 되어, 간단히 (3-12)와 (3-13)의 σ/ϵ_0을 $\mu_0 K'$으로 대체하고 $\hat{\mathbf{z}}$를 $\hat{\mathbf{x}}$로 바꾸면,

$$\mathbf{B} = \pm\tfrac{1}{2}\mu_0 K'\hat{\mathbf{x}} = \tfrac{1}{2}\mu_0 K'\left(\frac{z}{|z|}\right)\hat{\mathbf{x}} \tag{14-26}$$

가 된다. 그러므로 **B**의 크기는 장점의 위치에 무관하다. 자기유도는 전류판에 평행이고 전류 방향과 직각을 이루며, 자기유도의 부호는 판의 양쪽에서 반대이다. 이러한 내용이 그림 14-8에 요약되어 있는데, **B**의 선은 xz 면에 그려져 있고 $\mathbf{K}'$은 지면에 수직으로 지면에서 앞으로 나오고 있다.

14-5 운동하는 점전하

체적전류밀도를 (12-3)에 준 $\rho'\mathbf{v}'$으로 쓴다면, (14-7)은

$$\mathbf{B}(\mathbf{r}) = \frac{\mu_0}{4\pi}\int_{V'}\frac{\rho'\mathbf{v}' \times \hat{\mathbf{R}}\,d\tau'}{R^2} \tag{14-27}$$

이 된다. ρ'으로 표시된 전하분포가 매우 작은 체적 안에 들어 있다고 해보자. 그렇다면 $\mathbf{r}'$은 실제적으로 모든 체적요소 $d\tau'$에 대해서 같을 것이고, $\mathbf{r}'$은 일정하다고 잡을 수 있으며, $\hat{\mathbf{R}}$과

R^2도 상수라고 할 수 있다. 또한 모든 전하가 같은 속도 $\mathbf{v}'$을 가진다고 가정하면, 이 모든 상수 인자들을 적분 밖으로 꺼내고, (14-27)은

$$\mathbf{B}(\mathbf{r}) = \frac{\mu_0}{4\pi}\frac{\mathbf{v}' \times \hat{\mathbf{R}}}{R^2}\int_{V'}\rho'\, d\tau' = \frac{\mu_0}{4\pi}\frac{q'\mathbf{v}' \times \hat{\mathbf{R}}}{R^2} \tag{14-28}$$

이 될 것이다. 여기서 q'은 전체 전하이다. 그러나 이러한 조건 하에서는 q'을 점전하라고 간주할 수 있으므로, (14-28)은 운동하는 점전하가 만드는 자기유도이다.

(14-28)을 (14-6)과 비교하여, **B**의 이 값은 바로 전류요소

$$I'\, d\mathbf{s}' = q'\mathbf{v}' \tag{14-29}$$

이 만드는 것과 같다는 것을 알 수 있다. 즉, 운동하는 점전하는 전류요소와 동등한 것임을 알아내었고, (14-29)는 이 연관 관계를 정량적으로 보여주는 것이다. 이 결과를 이전의 표현식들에 적용시킬 수 있다. 예를 들어, 이 등식을 (14-5)와 결합하면, 그리고 힘은 $d\mathbf{F}$ 대신 $\mathbf{F}$라고 쓰면, 운동하는 점전하에 작용하는 자기력은

$$\mathbf{F}_{\text{자기}} = q\mathbf{v} \times \mathbf{B} \tag{14-30}$$

라고 주어질 것이다. 여기서 **B**는 전하가 있는 곳에서의 자기유도이다. 마찬가지로 (13-17)을 이용하여, $\mathbf{v}$의 속도로 운동하는 점전하 q가 속도 $\mathbf{v}'$인 다름 점전하 q'에 의해 받는 자기력을

$$\mathbf{F}_{q' \to q} = \frac{\mu_0 qq'}{4\pi}\frac{\mathbf{v} \times (\mathbf{v}' \times \hat{\mathbf{R}})}{R^2} \tag{14-31}$$

로 나타낼 수 있다. 끝으로 q에 작용하는 전기력 (3-1)에 (14-30)을 더하면, 총 전자기력

$$\mathbf{F} = q(\mathbf{E} + \mathbf{v} \times \mathbf{B}) \tag{14-32}$$

를 구하게 된다. 이 중요한 결과는 흔히 Lorentz 힘이라 불린다.

지금까지 논의한 자기학의 모든 것은 정상 전류에 기초하였고, (14-28)과 (14-31)은 일정 속도에, 즉 가속도가 영이거나 매우 작은 경우에 적용된다고 예상할 수 있다. 가속하는 전하가 만드는 장은 이것과 다르다고 알려져 있으며, 보통 "복사 *radiation*"로 설명되는 현상을 일으킨다. 더구나 운동하는 전하가 일정한 속도를 갖는다고 할지라도, 속도가 "작은" 경우에만 (14-28)과 (14-31)을 사용할 수 있다. 현재로써는 우리가 다루는 속도가 작은 것인지 명확하지 않고, 얼마나 작아야 "작은" 것인지 모르겠지만, 29장 결과의 일부를 미리 인용하면 간단히 $|\mathbf{v}| \ll c$이어야 한다. 여기서 c는 진공에서의 광속이다. [우리는 시간에 대해 일정한 자기유도만을 다루어 왔지만, (14-28)에 주어진 것같은 고정된 지점 $\mathbf{r}$에서의 **B**는, q'이 운동함에 따라 R과 $\hat{\mathbf{R}}$이 변할 것이기 때문에, 시간에 의존한다.]

B의 원천은 어찌 되었든 전류라는 것을 알았다. 4장과 5장에서 **E**에 대하여 했던 것처럼, 전류에 대한 이런 정보도 자기유도에 관한 원천 미분방정식으로 표현하고자 한다. 즉, 다음 두 장에서는 다른 정보들과 함께 $\nabla \times \mathbf{B}$와 $\nabla \cdot \mathbf{B}$를 계산하고자 한다.

연습문제

14-1 그림 13-4에서 두 전류가 x축 위의 중간 지점에서 만드는 자기유도를 구하라.

14-2 그림 14-3의 장점 P가 그림의 $z = 0$이 아닌 임의의 z 값을 갖는 위치에 있다고 해 보자. 그 곳에서의 **B**는 여전히 (14-16)의 형태로 쓸 수 있음을 보여라. 이 때, α_1과 α_2는 P에서 I' 선에 내린 수선으로부터 아래쪽과 위쪽으로 잰 각도이다.

14-3 두 개의 무한히 긴 직선전류가 z축에 평행이다. 전류 I_1이 흐르고 있는 것은 (x_1, y_1) 점에서 , 전류 I_2가 흐르는 것은 (x_2, y_2) 점에서 xy평면을 지나고 있다. 임의의 장점 (x, y, z)에서 이들이 만드는 합성 자기유도 **B**를 구하라.

14-4 한 변이 a인 정사각형이 xy평면에 놓여 있고 원점은 정사각형의 중심에 있다. 이 정사각형 둘레를 따라 전류 I'이 흐를 때, z축 위 임의의 지점에서의 자기유도를 구하라. 사각형의 중앙에서는 자기유도 값이 $2\sqrt{2}\,\mu_0 I'/\pi a$로 됨을 증명하라.

14-5 길이가 L이고 N 번 감겨 있는 이상적인 솔레노이드가 정사각형의 단면을 가지고 있다. 즉, 한 번 감은 모양은 한 변이 a인 정사각형이다. 여기에 전류 I'이 흐를 때 이 솔레노이드의 중앙에 만들어지는 자기유도를 구하라. 솔레노이드가 무한히 길다고 하면 자기유도는 어떻게 되겠는가?

14-6 반지름이 a인 두 개의 원 고리가 xy평면에 평행이고, 그들의 중심은 z 축 위에 있으며, 두 고리는 거리 d 만큼 떨어져 있다. 각 고리에는 전류가 I'씩 흐르며, 전류 방향은 동일하다. 원점을 중간으로 잡고 축 위의 자기장 성분 $B_z(z)$를 구하라. 원점에서의 B_z는 얼마인가? dB_z/dz를 중간점에서 계산할 때 영이 됨을 보여라. $d = a$이면 중간점에서 B_z의 이차 미분도 영이 됨을 보여라. 이 조건에서 $B_z(0)$ 값은 얼마인가? 원점에서는 d^3B_z/dz^3도 영이 됨을 보여라. $d = a$인 이와 같은 구조를 Helmholtz 코일이라 하며, 작은 공간에서 근사적으로 일정한 자기유도를 만들 때 사용된다.

14-7 그림 14-9에 보인 전류는 xy평면에 놓인 원호를 따라 흐르고 있다. 이 원호의 곡률 중심은 원점에 있다. z축 위 임의의 지점에서 **B**를 구하라. 답을 확인하는 조치로, 적절한 조건 하에서 그 결과가 (14-18)이 됨을 보여라.

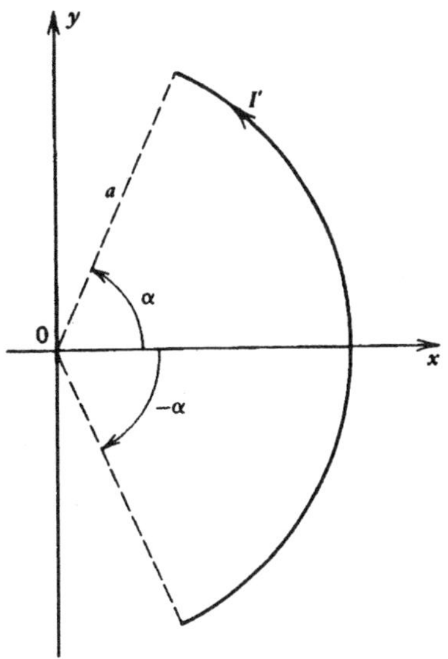

그림 14-9 연습문제 14-7의 전류.

14-8 어느 도선이 반지름 a인 원통 표면 위에 나선 모양으로 감겨 있는데, 나선 사이의 각도는 α이고, 전부 N 번 감겨 있다. 도선에 전류 I'이 흐른다면, 나선의 중앙에 만들어지는 축 성분 자기유도가

$$\tfrac{1}{2}(\mu_0 NI'/a)(1 + \pi^2 N^2 \tan^2 \alpha)^{-(1/2)}$$

임을 보여라.

14-9 무한대의 평면 판전류가 xy평면과 일치하게 놓여 있다. 이것의 면전류밀도는 $\mathbf{K}' = K'\hat{\mathbf{y}}$로 K'은 상수이다. 다른 무한 평면 판전류도 xy평면과 평행이며, $z = d$에서 z축과 만난다. 이 두 번째 전류밀도는 $\mathbf{K}' = -K'\hat{\mathbf{y}}$이다. 임의 장소에서의 $\mathbf{B}$를 구하라.

14-10 위 문제에서 두 번째 판의 면전류가 $\mathbf{K}' = K'\hat{\mathbf{y}}$로 주어지면 $\mathbf{B}$는 얼마인가?

14-11 반지름이 a인 유전체 원판이 균일한 면전하밀도 σ를 가지고 있다. 이 원판이 중심을 지나며 원판에 수직인 축에 대하여 일정한 각속력 ω로 회전하고 있다. 회전으로 인하여 전하 분포는 변하지 않는다고 가정했을 때, 회전축 위 임의의 위치에서 $\mathbf{B}$를 구하라. 원판 중앙에서의 $\mathbf{B}$는 얼마인가?

14-12 반지름이 a인 구의 총 전하 Q가 전체 체적에 대하여 균일하게 분포하고 있다. 이 구가 지름을 축으로 하여 일정한 각속력 ω로 회전하고 있다. 회전으로 인하여 전하 분포는 변하지 않는다고 가정했을 때, 구 중심에서의 $\mathbf{B}$를 구하라.

14-13 반지름이 a인 유전체 구가 균일하게 분극되어 있다. 이 구가 분극 방향에 평행인 지름을 축으로 하여 일정한 각속력 ω로 회전하고 있다. 회전으로 인하여 분극은 영향받지 않는다고 가정했을 때, 축과 구면이 만나는 곳, 즉 "북극"에서의 $\mathbf{B}$를 구하라. 구 중심에서의 $\mathbf{B}$는 얼마인가?

14-14 무한대로 긴 원통의 단면의 반지름은 a이고, 전류 I'이 흐르고 있으며 이 전류는 단면적에 걸쳐 균일하게 분포하고 있다. 원통의 축은 z축과 일치하게 놓여있으며 I'은 양의 z 방향으로 흐른다. 장점을 x축 위에 잡고, 원통의 안과 밖 모든 x에서 $\mathbf{B}$를 구하라.

14-15 그림 14-10에 나타낸 회로에서 곡선 부분들은 같은 중심 C를 갖는 반원이다. 직선 부분은 수평이다. 현재 C에 있는 점전하 q가 수직 아래 방향으로 속도 $\mathbf{v}$로 운동하고 있다. q에 작용하는 자기력을 구하라.

14-16 그림 14-11은 짧고 두꺼운 솔레노이드를 보여주고 있다. 반지름이 a와 b인 두 동축 원통 사이에 도선은 N 번 균일하게 감겨 있다. 감은 선 사이의 간격은 무시하고, 전류 I'이 만드는 자기유도의 축 성분이

$$B(z) = \frac{\mu_0 NI'}{4l(b-a)} \times \left((l+z)\ln\left\{ \frac{b + \left[b^2 + (l+z)^2\right]^{1/2}}{a + \left[a^2 + (l+z)^2\right]^{1/2}} \right\} \right.$$

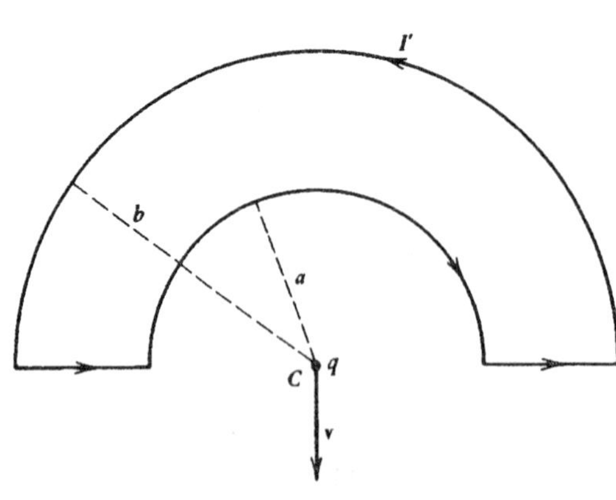

그림 14-10 연습문제 14-15의 회로.

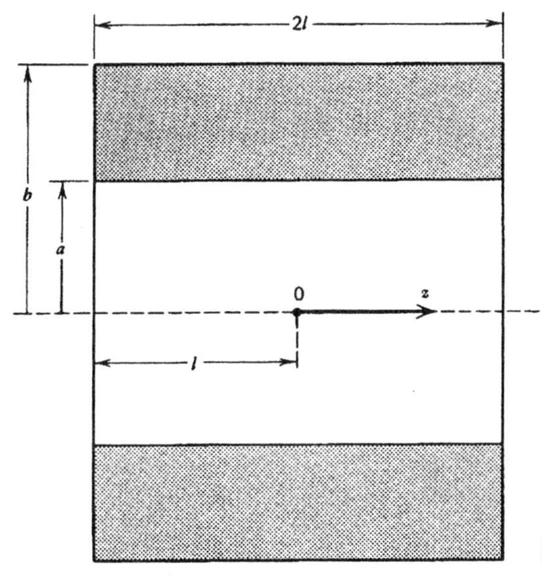

그림 14-11 연습문제 14-16의 솔레노이드.

$$+(l-z)\ln\left\{\frac{b+\left[b^2+(l-z)^2\right]^{1/2}}{a+\left[a^2+(l-z)^2\right]^{1/2}}\right\}\Bigg)$$

로 주어짐을 보여라.

14-17 분포하고 있는 모든 원천 전류가 유한한 체적 V'을 차지하고 있다면, **B**에 관한 (14-7)의 표현식은

$$\mathbf{B}(\mathbf{r}) = \frac{\mu_0}{4\pi}\int_{V'}\frac{\nabla'\times\mathbf{J}'(\mathbf{r}')}{R}\,d\tau'$$

의 형태로 변환될 수 있음을 보여라. 이것은 균일하지 않은 원천 전류가 자기유도를 만들 경우 어떤 역할을 하는지 보여주는 결과이다. 이 형태를 일반적으로 사용하기에는 편리하지 않다.

14-18 **B**가 일정한 영역에 정상 전류 I가 흐르는 닫힌 세선회로 C가 놓여 있다. C에 작용하는 총 힘이 영임을 보여라. 이번에는 C가 평면회로이고, 이 평면이 **B**의 방향에 평행이라 해보자. 이 경우 C에 작용하는 토크는 영이 아님을 보이고, 이 토크는 C의 면에 평행임을 보여라.

제 15 장 AMPÈRE 법칙의 적분형

우리가 고려하고자 하는 첫 번째 원천 미분 표현식은 $\nabla \times \mathbf{B}$에 관한 것이다. (1-73)으로 주어지는 벡터의 커얼에 관한 일반 정의를 보면, 닫힌 경로에 대한 **B**의 선적분을 생각해보게 된다.

15-1 적분형의 도출

우리는

$$\oint_C \mathbf{B} \cdot d\mathbf{s} = \mu_0 I_{\text{enc}} \tag{15-1}$$

을 증명하고자 한다. 여기서 적분은 임의의 닫힌 경로 C에 대하여 계산되고, I_{enc}는 이 경로가 감싸는 면적을 통과하는 총 전류이다. 경로 C는 어떤 닫힌 곡선이라도 괜찮고, 실제적인 회로와 일치시킬 필요도 없다. (15-1)의 표현식은 **Ampère 법칙의 적분형**이라고 알려져 있고, 보통 **Ampère의 회로법칙**이라고도 불린다.

간단하게 생각하기 위해 우리는 처음에 전류 I'이 흐르는 하나의 세선전류 C'에 의해 **B**가 만들어 지는 것으로 가정하였고, 그래서 **B**는 (14-2)에 의해 주어진다고 하였다. 이 표현식을 (15-1)의 좌변에 넣으면,

$$\oint_C \mathbf{B} \cdot d\mathbf{s} = \frac{\mu_0 I'}{4\pi} \oint_C \oint_{C'} \frac{d\mathbf{s} \cdot (d\mathbf{s}' \times \hat{\mathbf{R}})}{R^2} = -\frac{\mu_0 I'}{4\pi} \oint_C \oint_{C'} \frac{(-d\mathbf{s} \times d\mathbf{s}') \cdot \hat{\mathbf{R}}}{R^2} \tag{15-2}$$

로 구해진다. 여기에서 (1-29)를 이용하여 피적분함수에서 점곱과 가위곱을 교환하였다. 1-7절로부터 가위곱의 크기는 두 벡터를 변으로 하는 평행사변형의 면적과 같다고 배웠고, 그러면 (4-3)에 의해 (15-2)를 입체각으로 분석해야 한다.

일반적인 상황은 그림 15-1과 같이 나타낼 수 있다. 적분 경로 C에 있는 주어진 점 P를 생각해보자. 그 점에서 원천 회로 C'은 총 입체각 Ω로 둘러싸일 것이다. C에 대해 적분한다는 것은, 점 P로 하여금 일련의 연속적인 변위를 갖게 하는 것이고, 그 변위 중의 하나가 $d\mathbf{s}$이다. P를 $d\mathbf{s}$ 만큼 옮겨 놓으면, 원천 회로 C'을 보는 시야는 일반적으로 이전의 P에서 보던 것과 달라질 것이다. 그래서 C'이 새로운 P 점으로부터 둘러싸이는 입체각은 새로운 값 $\Omega' = \Omega + d\Omega$로 변할 것이다. 그러니까 $d\Omega$는 P점을 $d\mathbf{s}$ 만큼 옮김으로써 P에서 C'을 둘러싸는 입체각이 변화한 값을 말한다. 그러나 P는 고정되어 있다고 생각하고, C'의 모든 곳에 크기가 같고 방향이 반대인 변위($-d\mathbf{s}$)를 주면 동일한 상대 변화 값을 얻을 수 있다. (이것을 확인하는 쉬운 방

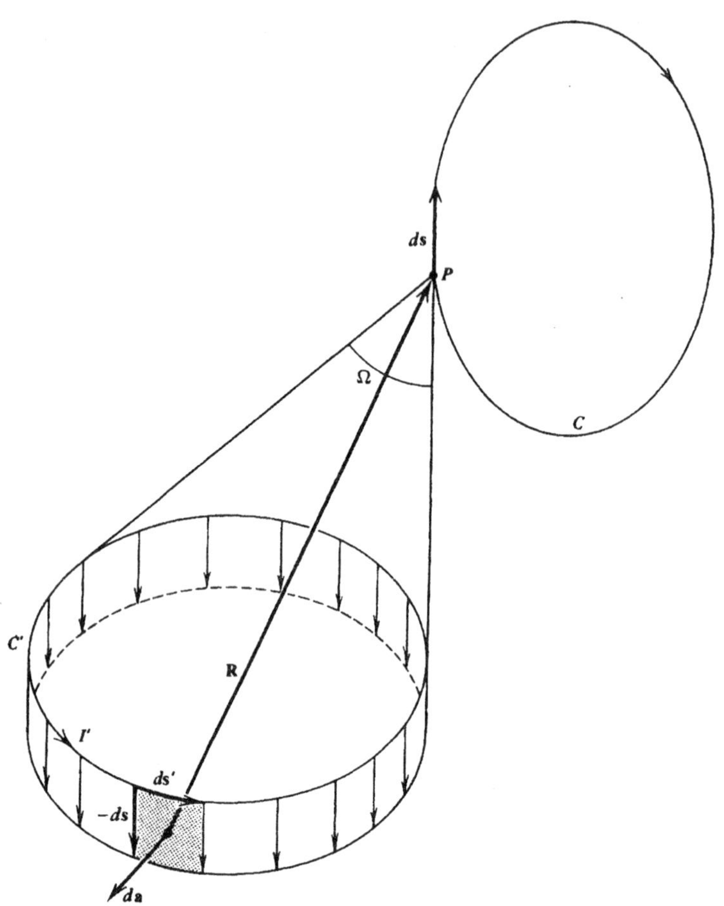

그림 15-1 C' 회로의 변위에 의해 P에서 둘러싸이는 입체각의 변화를 계산함.

법이 있다. 이 책을 눈으로부터 적당한 거리에 띠운 다음, (1) 책은 고정시켜 놓고 머리를 뒤로 움직이거나 (2) 머리는 고정시켜 놓고 책을 같은 거리만큼 멀리 가져가면서 보이는 모습(입체각)을 비교해보면 된다.) 그러므로 $d\Omega$는 P점을 고정시켜 놓고 C'의 모든 점을 $-d\mathbf{s}$만큼 옮김으로써 생기는 입체각의 변화라고도 말할 수 있다. 그림에는 C'의 새로운 위치와 배치도 나타내었다. $-d\mathbf{s} \times d\mathbf{s}' = d\mathbf{a}$는 두 변이 $-d\mathbf{s}$와 $d\mathbf{s}'$인 (음영을 칠한)면적이므로, (4-3)에 의해, (15-2)의 적분 안에 있는 항은 바로, $d\mathbf{a} \cdot \hat{\mathbf{R}}/R^2$ = P로부터 $d\mathbf{a}$를 둘러싸 바라보는 입체각 = $d\mathbf{s}'$를 $-d\mathbf{s}$만큼 이동시킴으로 인해 생겨난 P에 관하여 둘러싸인 입체각의 변화이다. 그래서 (15-2)에서 C'에 대한 적분을 할 때, C'의 모든 $d\mathbf{s}'$이 기여하는 것을 더하면 되는데,

$$\oint_{C'} \frac{(-d\mathbf{s} \times d\mathbf{s}') \cdot \hat{\mathbf{R}}}{R^2} = d\Omega \tag{15-3}$$

가 된다. 여기서, 다시 한 번, $d\Omega$는 P가 $d\mathbf{s}$ 만큼 변위를 가짐으로써 P에서 바라본 입체각이 변화한 값이다. 그러나 이것은 (15-3)에서 P는 고정시켜 놓고 C'을 변화시켜 가면서 C'에 대

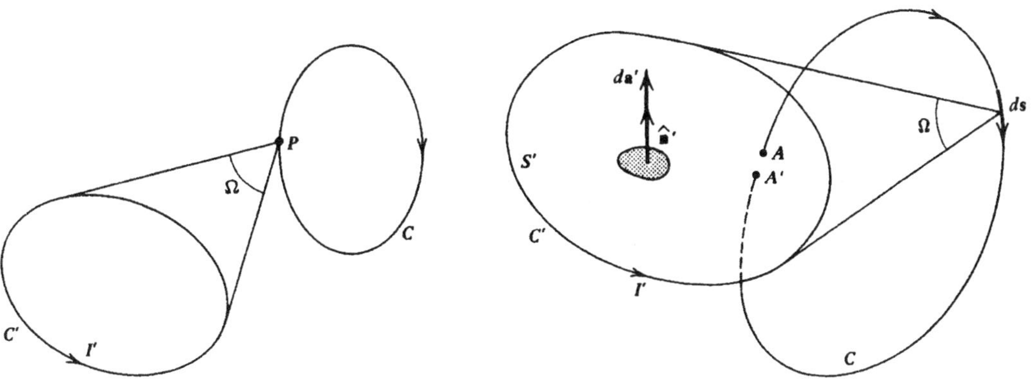

그림 15-2 경로 C는 회로 C'을 연결하지 않는다.

그림 15-3 경로 C는 회로 C'을 연결한다.

하여 더하여 동등한 계산을 한 것이다. (15-3)을 (15-2)에 넣고 C에 대하여 적분하면,

$$\oint_C \mathbf{B} \cdot d\mathbf{s} = -\frac{\mu_0 I'}{4\pi}\oint_C d\Omega = -\frac{\mu_0 I'}{4\pi}\Delta\Omega \tag{15-4}$$

를 얻게 된다. 여기서 $\Delta\Omega$는 닫힌 경로 C에 대하여 더할 때 C 위의 여러 점에서 본 C'의 둘러싸인 입체각의 **총 변화량**이다. 이때, 다음 두 가지 경우를 고려해 보아야겠다.

1. 경로 C가 C' 회로와 연결되지 않는 경우. 상대적인 배치는 그림 15-2처럼 생겼다. P에서 출발하여 한 바퀴를 완전히 돈 후, 다시 P로 되돌아오면, 나중의 입체각은 처음 값과 같아지므로 $\Delta\Omega = 0$이고, (15-4)는

$$\oint_C \mathbf{B} \cdot d\mathbf{s} = 0 \tag{15-5}$$

   이 된다.

2. 경로 C가 C' 회로와 연결되는 경우. 적분경로가 원천 전류를 감싸서 그림 15-3처럼 생겼다. C'이 둘러친 면적 S'의 바로 위에 시작점 A를 선택하고, 끝점 A'은 S'의 바로 아래에 잡으며, A와 A'이 일치하도록 극한을 취하면 입체각의 변화량을 쉽게 구할 수 있다. 우선, C'이 둘러친 면적 S'의 법선벡터 $\hat{\mathbf{n}}'$의 방향은, 그림 1-24의 표준적인 오른손규칙을 따르도록, I'의 방향에 의해 정하도록 하자.

   (a) 시작점 A에서, 그림 15-4a로부터 $d\mathbf{a}'$과 $\hat{\mathbf{R}}$ 사이의 각도는 $\Psi_A = 90° - \delta$이고 δ는 아주 작은 값이며 양수이다. 그러면 A에서 $d\mathbf{a}'$에 의해 둘러싸인 입체각은, (4-3)으로 주어진 것처럼, $da' \cos \Psi_A / R^2 = da' \cos(90° - \delta)/R^2$이고 양수일 것이다. A가 S'면에 가까이 감에 따라 $\delta \to 0$이고, A에서 C'에 의해 둘러싸인 입체각의 모든 기여는 양수이며, A는 전체 공간의 절반을 "보게"될 것이므로,

$$\Omega_{A\text{에 대해}} = \Omega_{\text{시작점}} = +2\pi \tag{15-6}$$

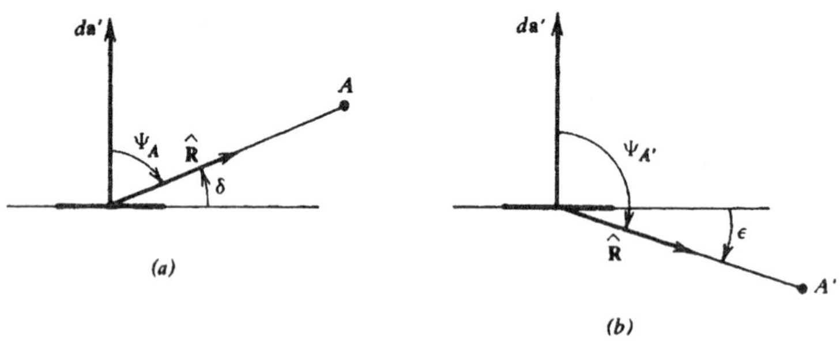

그림 15-4 (a) 시작점 A와 (b) 끝점 A'의 배치.

가 된다. (이 사실에 대하여 확신을 갖고 싶으면, 이 지면 위의 A 점에 눈을 가져갔다고 생각해 보라. 그리고는 눈을 지면에 일치할 만큼 가까이 접근시켜보라.)

(b) 끝점 A'에서. 그림 15-4b에서 보는 것처럼, $d\mathbf{a}'$과 $\hat{\mathbf{R}}$사이의 각도는 $\Psi_A = 90° + \epsilon$이고 ϵ은 양수이고 매우 작은 값이다. 그러면 A'에서 $d\mathbf{a}'$에 의해 둘러싸인 입체각은 $da' \cos(90° + \epsilon)/R^2$이고 음수일 것이다. A'이 면에 가까이 감에 따라 $\epsilon \to 0$이고, 입체각의 모든 기여는 음수이며, A'은 전체 공간의 절반을 "보게"될 것이므로,

$$\Omega_{A'\text{에 대해}} = \Omega_{\text{끝점}} = -2\pi \tag{15-7}$$

가 된다.

(15-7)과 (15-6)을 결합하여, 이 경우에 대한 입체각의 총 변화량을

$$\Delta\Omega = \Omega_{\text{끝점}} - \Omega_{\text{시작점}} = (-2\pi) - (2\pi) = -4\pi \tag{15-8}$$

로 구하게 될 것이고, 그럼으로써 (15-4)는

$$\oint_C \mathbf{B} \cdot d\mathbf{s} = \mu_0 I' \tag{15-9}$$

이 되는데, 이것은 경로 C가 둘러싸는 면을 통과하는 전류에 μ_0을 곱한 것이다. (15-5)와 (15-9)를 비교하면, $\mathbf{B}$의 선적분 값은 적분경로가 전류를 감쌀 경우에만 영이 아님을 알 수 있다.

C를 따라가는 적분 방향을 바꾸면, 시작점과 끝점으로써의 A와 A'은 서로 바뀔 것이고, $\Delta\Omega$는 $+4\pi$가 되어 적분값은 $-\mu_0 I'$이 될 것이며, 이것은 전류 I'이 음수인 셈이라고 쳐도 된다. 이 부호에 관한 내용은 그림 15-5로 요약될 수 있다. C를 따라가는 적분 방향을 일단 선택하면, 이것에 맞는 법선벡터 $\hat{\mathbf{n}}$에 대한 양의 방향이 그림 1-24처럼 정해진다. 전류 I'이, 그림 (a)처럼, C가 둘러싸는 면을 법선벡터와 같은 방향으로 지나가면, 이 전류는 $\mu_0 I'$에 양의 기여를 할 것이고, 그림 (b)처럼 전류가 C를 반대 방향으로 지나가면 $-\mu_0 I'$로 음의 기여를 하게 된다. (그림 15-5a는 그림 15-3에 해당된다는 점에 주목하라.)

원천 전류가 여러 개라면 $\mathbf{B}$에 대한 표현식은 (14-4)와 같이 될 것이고, 그러면 각 전류 I_i는, 그것이 C를 통과할 것인지, 지나가는 방향이 어떠한지에 따라, 0 혹은 $\pm\mu_0 I'$으로 기여할 것

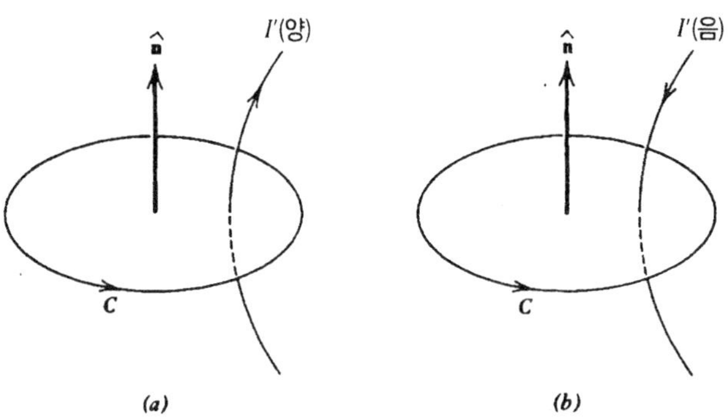

그림 15-5 C에 관한 적분의 방향과 관련된 전류의 부호 약속.

이다. 그래서

$$\oint_C \mathbf{B} \cdot d\mathbf{s} = \sum_{\substack{\text{둘러} \\ \text{싸인} \\ i}} \mu_0 I_i = \mu_0 I_{\text{enc}} \tag{15-10}$$

가 되고, 여기서 I_{enc}는 적분경로가 둘러싸는 알짜 전류이다. 이리하여 우리는 처음에 (15-1)로 나타낸 Ampère 법칙을 적분형태로 구하였다. [이 결과식은 (4-1)의 Gauss 법칙과 어떤 "유사성"을 갖는다는 점에 주목하자.] 여기에서 이 결과식이 암시하는 점 몇 가지를 지적해보자. 적분경로로 감싸이지 않은 전류는 적분 값에는 기여하지 않을지라도, 어느 특별한 지점에서의 **B** 값에는 분명히 영향을 준다. 또한, 감싸이는 전류의 위치는 적분 값에 영향을 미치지 않을지라도, 전류가 C 내를 돌아다닌다고 할 때, 적분경로 위 어느 특정 지점에서의 **B** 값에는 영향을 미칠 수 있다.

(12-6)을 이용하여 I_{enc}를 전류밀도 **J**로 나타내면 (15-10)은 또 다른 유용한 형식으로 쓰일 수 있다. (여기서는 표기를 간단히 하기 위해 원천 전류밀도에서 프라임 부호를 떼도록 하겠다.) (1-67)의 Stokes 정리를 사용하여

$$\oint_C \mathbf{B} \cdot d\mathbf{s} = \mu_0 \int_S \mathbf{J} \cdot d\mathbf{a} = \int_S (\nabla \times \mathbf{B}) \cdot d\mathbf{a} \tag{15-11}$$

를 얻는데, 여기서 S는 C가 감싸는 열린 면이다. C는 임의로 잡을 수 있으므로, (15-11)은 어느 작은 면적에 대해서도 성립할 수 있고, 그러면 피적분함수들을 등식으로 놓아 우리가 원하는 원천 방정식

$$\nabla \times \mathbf{B} = \mu_0 \mathbf{J} \tag{15-12}$$

를 얻게 된다. 이 기본적인 식은 완전회로 사이의 Ampère 힘의 법칙과 동등한 것이다. 정전기장과 대조하여 금방 알 수 있는 것은, $\nabla \times \mathbf{B}$가 항상 영은 아니기 때문에, 자기유도는 보존장이 아니라는 점이다.

(15-12)를 사용하여, 불연속면에서 **B**의 접선성분이 만족시키는 경계조건을 구할 수 있다.

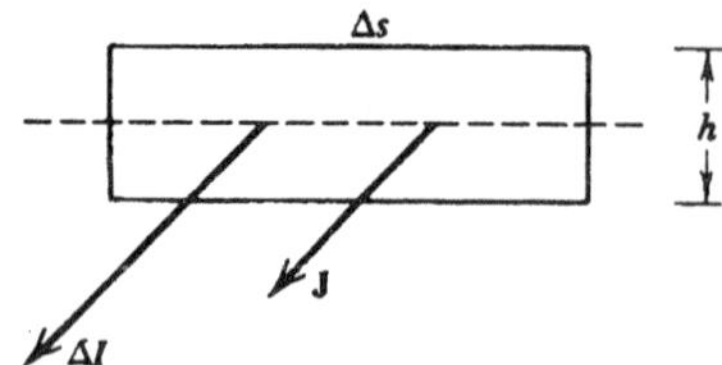

그림 15-6 전이층에 만든 작은 면적요소.

(15-12)를 (9-13)에 넣으면,

$$\hat{\mathbf{n}} \times (\mathbf{B}_2 - \mathbf{B}_1) = \lim_{h \to 0} (\mu_0 h \mathbf{J}) \tag{15-13}$$

를 얻는다. 이 결과를 설명하기 위해 그림 15-6 (그림 9-5와 비교하라)에 보인 것처럼 전류의 흐름에 수직인 전이층의 작은 면적요소를 고려해보자. 이 면적을 지나가는 총 전류 ΔI는 (12-6)에 주어진 것처럼 $\Delta I = Jh\,\Delta s$이다. 전이층의 두께가 영으로 줄어들어감에 따라, 즉 $h \to 0$일 때, 이 총 전류는 밀도가 K인 면전류로 모이게 되고, 상수인 총량은 그림 12-5a에 보인 것처럼 $\Delta I = K\,\Delta s$로 쓸 수 있다. ΔI에 대한 위 두 식을 비교하여 $hJ \to K$임을 알 수 있고, 두 벡터는 같은 방향에 있으므로

$$\mathbf{K} = \lim_{h \to 0} (h\mathbf{J}) \tag{15-14}$$

이다. 그래서 (15-13)은

$$\hat{\mathbf{n}} \times (\mathbf{B}_2 - \mathbf{B}_1) = \mu_0 \mathbf{K} \tag{15-15}$$

가 되고, 이것이 우리가 원하던 경계조건이다. (9-18)에서처럼, 접선성분으로 직접 써보면,

$$\mathbf{B}_{2t} - \mathbf{B}_{1t} = \mu_0 \mathbf{K} \times \hat{\mathbf{n}} \tag{15-16}$$

의 형태로 사용할 수 있는데, 여기서 법선과 접선벡터의 관계는 그림 9-5에 나타내어져 있다.

15-2 적분형의 응용

4-2절에서 Gauss 법칙을 적용할 때와 마찬가지로, 주어진 문제가 충분한 대칭성을 가지고 있을 경우 (5-1)을 사용하여 **B**장을 계산할 수 있다. 주된 작업은 적분 계산에 적절한 경로를 선택하는 일이다. 제대로 찾아낸 경로라면, 그 경로에서 **B**의 크기가 일정하고, 적분할 때 지나가는 방향과 **B**가 평행이거나 수직이어서, 적분하기도 쉽고, **B**의 위치에 따른 함수 의존성이 알려져 있지 않은 경우의 어려움도 피할 수 있다. 이러한 과정을 다음의 몇 가지 예를 들어서 설명해보겠다.

예제

무한히 긴 직선 전류. 그림 15-7에 보인 반지름 a의 단면을 갖는 무한히 긴 원기둥에 전류

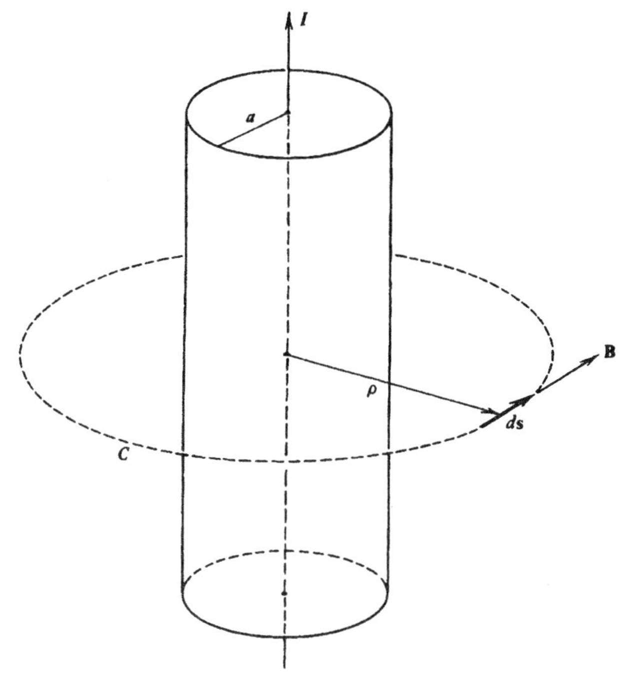

| 그림 15-7 | 긴 직선 전류의 일부분.

I가 균일하게 분포되어 있다고 가정해보자. 그림 14-2에서와 같은 전류가 만드는 **B**의 일반적인 방향성을 생각해보면, 그리고 이 문제의 일반적인 "대칭성"을 고려해보면, **B**는 I의 방향에 수직인 평면에 놓여 있고, 점선으로 보인 반지름 ρ인 원에 접하며, 그 크기는 기껏해야 ρ에 의존하고, z와 φ에는 무관할 것이다. 즉, **B**의 일반형은 $\mathbf{B} = B_\varphi(\rho)\hat{\boldsymbol{\varphi}}$이다. 이러한 고려는 장점이 원통의 내부에 있건 외부에 있건 상관없이 적용된다. 그러므로 어떤 ρ 값에 대해서도, 반지름 ρ의 원을 적분경로로 선택하기로 하고, 가정해 놓은 **B**의 방향과 같은 방향으로 돌아가면서 적분하기로 한다. 그러면 (1-82)에 의해 $d\mathbf{s} = \rho\, d\varphi\hat{\boldsymbol{\varphi}}$일 것이고, (15-1)은

$$\oint_C \mathbf{B} \cdot d\mathbf{s} = \int_0^{2\pi} B_\varphi \hat{\boldsymbol{\varphi}} \cdot \rho\, d\varphi\, \hat{\boldsymbol{\varphi}} = 2\pi\rho B_\varphi = \mu_0 I_{\text{enc}} \tag{15-17}$$

가 된다. 여기서 ρ와 $B_\varphi(\rho)$는 원 위에서 일정하다. 그러므로

$$B_\varphi(\rho) = \frac{\mu_0 I_{\text{enc}}}{2\pi\rho} \tag{15-18}$$

이다.

1. 원통의 바깥에서. $\rho > a$이고, C는 분명히 총 전류 I를 감싸므로 $I_{\text{enc}} = I$이고 (15-18)은

$$B_\varphi(\rho) = \frac{\mu_0 I}{2\pi\rho} \qquad (\rho > a) \tag{15-19}$$

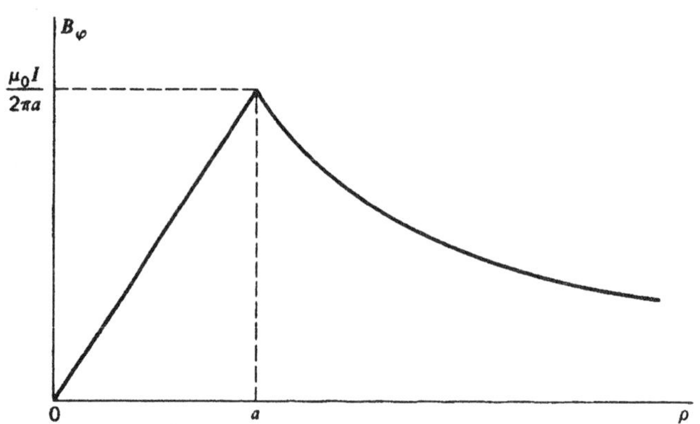

그림 15-8 무한히 긴 직선 전류에 의한 B_φ를 전류 축으로부터의 거리 ρ의 함수로 나타냄.

가 된다. 원천 전류에 대하여 프라임 부호를 떼어낸 사실을 고려하면서, 이것을 (14-17)과 비교할 때, 무한히 긴 직선전류 밖에서의 자기유도는, 전류가 원통의 축을 따라 흐르는 아주 가는 세선전류로 취급한 결과와 같다.

2. 원통의 안에서. $\rho < a$이고, 그러면 C는 모든 전류를 감싸지 않고, C가 감싸는 면적을 전체 단면적으로 나눈 만큼의 부분만을 감싼다. 그래서 $I_{enc}/I = \pi\rho^2/\pi a^2$으로 $I_{enc} = I(\rho^2/a^2)$이므로 (15-18)은

$$B_\varphi(\rho) = \frac{\mu_0 I\rho}{2\pi a^2} \qquad (\rho < a) \tag{15-20}$$

가 된다. [(15-19)와 (15-20)의 결과는 연습문제 14-14에서 구한 것과 일치한다. 그러나 여기에서는 훨씬 쉽게 얻어내었다.]

또한 두 표현식은 원통의 표면에서 동일한 값 $B_\varphi(a) = \mu_0 I/2\pi a$를 가지므로 B_φ는 표면을 지나면서 연속이다. 이것은 (15-16)과 일치하는데, 이 경우 **B**는 접선성분만 가지고 있고 원통에는 표면전류 **K**가 없기 때문이다. B_φ의 ρ에 대한 의존성은 그림 15-8에 나타내었다.

예제

균일한 무한 평면판 전류. 그림 15-9에는 무한 평면판을 옆에서 본 모습을 그려놓았는데, **K**는 지면에서 나오고 있다. $|\mathbf{K}| = K$로 일정하다고 가정한다. 이 전류분포는 많은 평행 도선이 동일한 전류를 흘리면서 바짝 붙어있는 것으로 근사할 수 있다. 수평과 비교할 때 위아래 구분을 할 필요도 없고, 지면에서 나오거나 들어가는 것도 구분이 없으므로, 그림 14-2를 다시 살펴보면, **B**는 **K**에 수직이며 판면과 평행이고, 판의 양쪽에서 반대 방향을 향한다는 것을 알 수 있다. 그러나 **B**는 아직 판으로부터의 수직거리 D에 의존할런지도 모른다. 따라서, 그림에 보인 직사각형의 점선을 적분경로로 선택할 수 있는데, 수평인 두

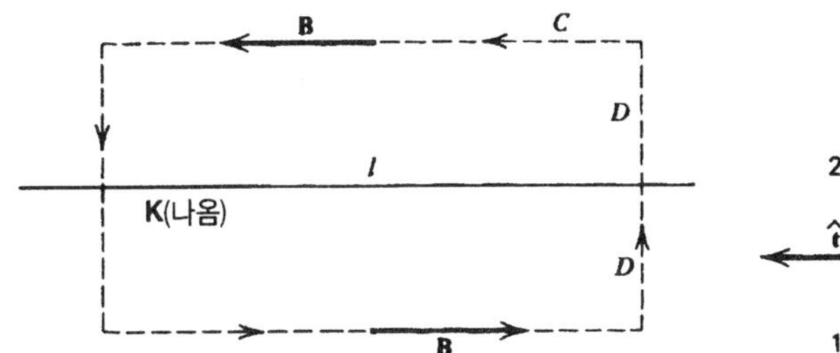

| 그림 15-9 | 균일한 무한 평면판 전류가 만드는 **B**를 구하는 적분경로.

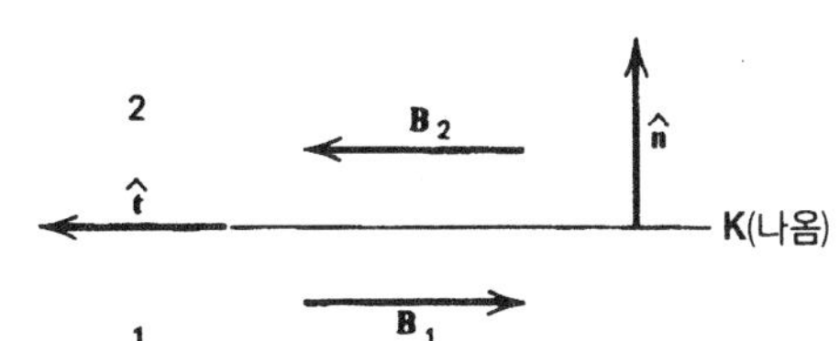

| 그림 15-10 | **B**의 경계조건을 증명하기 위해 사용된 기하적인 관계.

변은 길이가 l이고 판으로부터 같은 거리 D만큼 떨어져 있다. 이 두 변은 길이가 $2D$인 두 수직선으로 연결되어 있다. 수평인 변에서 **B**는 $d\mathbf{s}$와 평행이므로, $\mathbf{B}\cdot d\mathbf{s} = B(D)\ ds$이고 $B(D)$는 상수이다. 수직인 변에서는 **B**와 $d\mathbf{s}$가 원래 만들 때부터 수직이므로, $\mathbf{B}\cdot d\mathbf{s} = 0$이고, 이 두 변이 적분에 기여하는 것은 없다. 아직 $B(D)$의 함수형태를 알고 있지 못하므로 이렇게 하는 것이 좋겠다. $|\mathbf{K}|$는 단위길이당의 전류이므로 이 경로에 대해 $I_{\text{enc}} = Kl$이고, (15-1)은

$$\oint_C \mathbf{B}\cdot d\mathbf{s} = 2Bl = \mu_0 I_{\text{enc}} = \mu_0 Kl$$

가 되며, 그래서

$$B = \tfrac{1}{2}\mu_0 K \tag{15-21}$$

이다. 이것은 (14-26)에서 직접 적분으로 계산한 것과 정확히 일치한다. **B**의 크기가 전류판으로부터의 거리에 무관하다는 결과를 다시 얻게 된 것이다.

또한 이 결과는 (15-16)의 경계조건과도 일치하는데, 그림 15-10으로부터 $\mathbf{B}_{2t} - \mathbf{B}_{1t} = B\hat{\mathbf{t}} - (-B\hat{\mathbf{t}}) = 2B\hat{\mathbf{t}} = \mu_0\mathbf{K}\times\hat{\mathbf{n}} = \mu_0 K\hat{\mathbf{t}}$이므로 위에서와 같은 $B = \frac{1}{2}\mu_0 K$이다.

예제

무한히 긴 이상적인 솔레노이드. 원통에 감은 코일은 아주 가깝게 붙어 있고, 도선은 매우 가늘며, 감은 도선 사이의 간격은 무시할 수 있다고 가정하겠다. 그렇다면 효과적으로 면밀도 K의 판전류가, 그림 15-11에 표시한 것처럼, 원통 주위를 돌아 흐르는 것으로 생각할 수 있다. 단위길이당 n번 감겨 있고, 도선에는 I의 전류가 흐른다면, 단위길이당의 전류는 nI가 될 것이고, 그래서

$$K = nI \tag{15-22}$$

이다. 또한 솔레노이드가 무한히 길다고 가정하면, **B**는 원통의 축에 평행할 것이며, 방향은 그림에 보인대로 일 것이다. 그림에서 $\mathbf{B}_i$는 솔레노이드 안에서의 자기유도이고, $\mathbf{B}_o$는 밖에서의 자기유도이다. 솔레노이드가 무한히 길기 때문에, 한 z 값은 다른 z 값과 구분

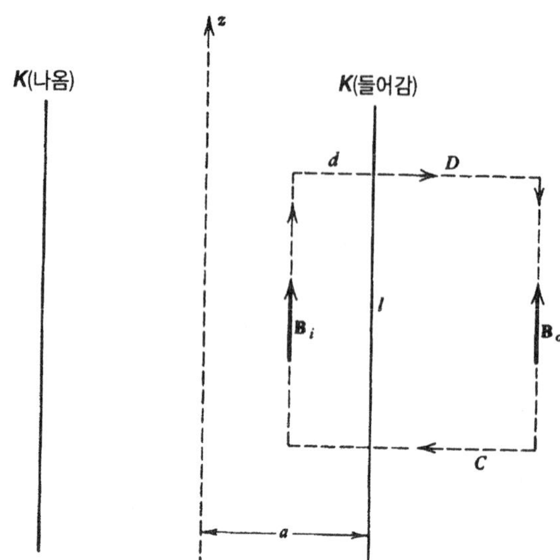

| 그림 15-11 | 무한히 긴 이상적인 솔레노이드가 만드는 **B**를 구하기 위한 적분경로.

되지 않고, 따라서 이 두 자기유도 값은 틀림없이 z에 무관하다. 이번에도 적분경로는 그림의 점선같은 직사각형을 선택하겠다. 수직변의 길이는 l이고, 돌아가는 방향은 $\mathbf{B}_i$에는 평행이나 $\mathbf{B}_o$에는 반평행이다. 내부에서의 수직변은 전류 판으로부터 d, 외부에서의 수직변은 D만큼 떨어져 있다. 수평변의 길이는 $d + D$이고, 수평변에서 $d\mathbf{s}$는 $\mathbf{B}$와 수직이기 때문에 $\mathbf{B} \cdot d\mathbf{s} = 0$이고 적분에는 기여하기 않는다. 또한 $I_{\text{enc}} = Kl = nIl$이다. 그러면 (15-1)은

$$\oint_C \mathbf{B} \cdot d\mathbf{s} = B_i l - B_o l = \mu_0 K l = \mu_0 n I l$$

이 되고,

$$B_i - B_o = \mu_0 K = \mu_0 n I \tag{15-23}$$

이다. 이 결과는 d나 D에 무관하다. 또한, (15-16)에서 1 영역을 솔레노이드의 바깥쪽으로 잡고 2영역을 안쪽으로 잡으면, (15-23)과 잘 일치한다.

(15-23)은 D에 무관하기 때문에, $D \to \infty$에서도 해당되는 식일 것이다. 그러나 솔레노이드를 뒤로 아주 멀리 물러서서 바라본다고 상상해보면, 서로 반대방향으로 흐르는 전류는 결국 서로 겹쳐져서, Ampère의 실험적인 결과에 의해 그 효과는 무시할만 할 것이다. 그러므로 $D \to \infty$에 대해 $B_o = 0$이고, 이 경우 (15-23)은

$$B_i = \mu_0 K = \mu_0 n I \tag{15-24}$$

가 된다. 이것을 (15-23)에 다시 넣어보면, (15-23)이 어느 D에 대해서도 성립하므로,

$$\mathbf{B}_o = 0 \quad (\text{어디에서나}) \tag{15-25}$$

로 구해진다. 더구나 (15-23)과 (15-24)는 d에도 무관하므로,

$$\mathbf{B}_i = \mu_0 K \hat{\mathbf{z}} = \mu_0 n I \hat{\mathbf{z}} \quad (\text{어디에서나}) \tag{15-26}$$

라고 결정할 수 있다. 즉, 무한히 긴 이상적인 솔레노이드에 대해, 자기유도는 전부 내부에 국한되고, 내부 단면에 걸쳐 균일하다. 또한 원통의 반지름 a에도 무관하다. [(15-24)의 결과는 이전의 (14-24)와 일치한다. 그러나 이전의 결과는 축에서만 구한 것이고, 이번에는 내부의 모든 곳에서 성립된다.]

예제

토로이드 코일 Toroid coil. 그림 15-12처럼 원환체에 도선이 균일한 간격으로 감겨 있고 전류 I가 흐른다. 단면은 원이거나 사각형이거나 상관없다. (이러한 구조는 일정한 길이의 솔레노이드를 구부려서 끝과 끝을 마주댄 도넛 모양이라고 상상할 수 있다. 이 경우는 (15-1)로부터 **B**에 관한 모든 것을 구할 수 없다. 그래서 도넛의 중심에 대한 반지름 ρ인 원 경로를 고려하겠다. 그 원은 도넛의 중앙 축을 포함하는 평면에 있다. 그러한 원 경로인 경우에는 언제라도 $d\mathbf{s} = \rho\, d\varphi \hat{\boldsymbol{\varphi}}$이고, 그러면 (15-1)은

$$\oint_C \mathbf{B} \cdot d\mathbf{s} = \oint_C \mathbf{B} \cdot \hat{\boldsymbol{\varphi}} \rho\, d\varphi = B_\varphi \cdot 2\pi\rho = \mu_0 I_{\text{enc}}$$

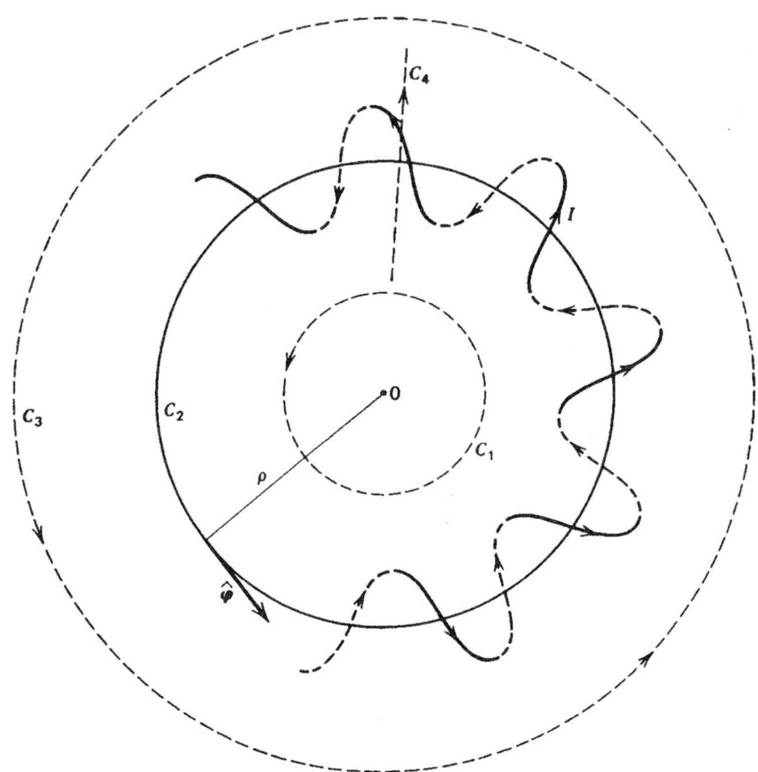

그림 15-12 토로이드가 만드는 자기유도를 계산하는데 사용되는 적분경로.

가 되어

$$B_\varphi = \frac{\mu_0 I_{enc}}{2\pi\rho} \tag{15-27}$$

이다. 여기서 대칭성에 의해 B_φ는 ρ에만 의존할 것이고 원 경로에서는 일정할 것이므로 위와 같이 계산 되었다.

도넛의 안쪽 경계 보다 중심에 가까운 경로 C_1에 대해 $I_{enc} = 0$이므로 $B_\varphi = 0$이다. 도넛의 내부에 있는 C_2같은 경로에 대해서는 $I_{enc} = NI$로 여기서 N은 총 감은 수 인데, (15-27)은

$$B_\varphi = \frac{\mu_0 NI}{2\pi\rho} \tag{15-28}$$

가 된다. 경로가 C_3처럼 완전히 도넛의 바깥쪽에 있게 되면 $I_{enc} = NI - NI = 0$이 된다. 그림 15-5에 의해 지면에서 나오는 모든 전류에 대해 안으로 들어가는 같은 양의 전류도 있기 때문에 영이다. 그러므로 토로이드의 내부에서만 $B_\varphi \neq 0$이다.

토로이드의 단면의 크기가 그 반지름에 비해 작으면, 모든 C_2에 대해 $\rho \simeq$ 상수이고, 그러면 B_φ도 단면에 걸쳐 근사적으로 일정하다.

이 계산에 의하면 B_ρ나 B_z에 대해서는 아무 것도 알 수 없다. 이들은 (14-2)의 Biot-Savart 법칙으로 직접 계산하여 구해야 한다. 여기서는 이렇게 하지 않겠고, 이들 크기가 B_φ/N 정도로 나온다는 것을 언급하는 정도로 만족하겠다. 그러므로 매우 여러 번 감고 빽빽하게 감음으로써 이 성분들을 무시할 수 있게 된다. 그러나 이러한 것은 그림 15-13에 보인 C_4 적분경로를 고려하여 믿을만한 해설을 붙일 수 있다. 이 경로는 토로이드의 축에 수직인 평면에 놓여 있으며, 즉 φ가 일정한 평면에 있으며, 토로이드를 완전히 감싼다. C_4의 흔적은 그림 15-12에도 나타나 있다. 감은 수 N이 유한하면, 간격 사이의 벌어진 각도도 유한하므로, C_4가 둘러싸는 평면에는 정확히 하나의 도선이 통과하게 된다. 그러

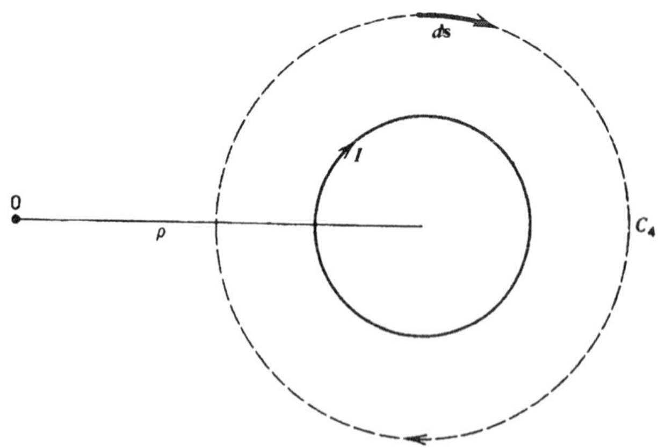

그림 15-13 토로이드의 축에 수직인 평면에서의 적분경로.

므로 $I_{enc} = I$다. $d\mathbf{s}$는 (1-82)에서 $d\varphi = 0$으로 놓아, $d\mathbf{s} = d\rho\hat{\boldsymbol{\rho}} + dz\,\hat{\mathbf{z}}$이고, (15-1)은

$$\oint_{C_4} \mathbf{B} \cdot d\mathbf{s} = \oint_{C_4} \left(B_\rho\, d\rho + B_z\, dz\right) = \mu_0 I \tag{15-29}$$

가 된다. 이것이 영은 아니므로, B_ρ나 B_z, 혹은 둘 다, 적어도 C_4의 일부분에서, 영이어서는 안 된다. 한편 이 적분 값은 (15-28)과 비교하여 알 수 있듯이, B_φ보다 N배만큼 작다. 그러므로 적절히 비교 가능한 경로에 대해 B_ρ와/나 B_z는 대충 B_φ/N 정도의 크기가 된다.

15-3 ∇ × B의 직접 계산

B의 커얼이 (15-12)로 구해지는 것은 이미 알고 있지만, 이렇게 얻을 때는 다소 간접적이었다. **B**를 정의하는 기본식에 커얼을 직접 적용하여도 같은 결과가 나오는지 알아보는 것은 흥미로운 일이다. 전류분포가 연속적인 것으로 취급하여 (14-7)을 사용하는 것이 편리하겠다. 이 표현식에 커얼을 취하면

$$\nabla \times \mathbf{B}(\mathbf{r}) = \nabla \times \frac{\mu_0}{4\pi}\int_{V'} \frac{\mathbf{J}'(\mathbf{r}') \times \hat{\mathbf{R}}\, d\tau'}{R^2} = \frac{\mu_0}{4\pi}\int_{V'} \nabla \times \left[\frac{\mathbf{J}'(\mathbf{r}) \times \hat{\mathbf{R}}}{R^2}\right] d\tau' \tag{15-30}$$

을 얻는데, 여기서 두 번째에서 세 번째 식으로 쓸 수 있는 이유는, 적분의 한계가 원천점의 좌표 (x', y', z')에 의존하는 반면, ∇은 장점의 좌표 (x, y, z)에 대한 미분이기 때문이다. 이제 (1-119)를 사용하여 적분 안에 들어있는 것은

$$\begin{aligned} &\mathbf{J}'(\mathbf{r}')\left[\nabla \cdot \left(\frac{\hat{\mathbf{R}}}{R^2}\right)\right] - \left(\frac{\hat{\mathbf{R}}}{R^2}\right)[\nabla \cdot \mathbf{J}'(\mathbf{r}')] + \left(\frac{\hat{\mathbf{R}}}{R^2} \cdot \nabla\right)\mathbf{J}'(\mathbf{r}') - [\mathbf{J}'(\mathbf{r}') \cdot \nabla]\left(\frac{\hat{\mathbf{R}}}{R^2}\right) \\ &= \mathbf{J}'(\mathbf{r}')\left[\nabla \cdot \left(\frac{\hat{\mathbf{R}}}{R^2}\right)\right] - [\mathbf{J}'(\mathbf{r}') \cdot \nabla]\left(\frac{\hat{\mathbf{R}}}{R^2}\right) \end{aligned} \tag{15-31}$$

이 된다. 여기서 좌변의 두 번째와 세 번째 항은 영이 되었는데, **J**′이 **r**′의 성분들에만 의존하므로 **J**′에 ∇의 어느 성분을 취하더라도 영이기 때문이다. (15-31)에서 우변의 두 번째 항에서는 (1-132)를 이용하여 ∇를 ∇′으로 바꿀 수 있다. 이렇게 하면 피적분함수를 프라임 부호가 붙은 것으로 바꾸어 적분할 수 있게 된다. 첫째 항은 바꾸지 않고 남겨두겠다. 이렇게 하여 (15-30)에 넣으면,

$$\nabla \times \mathbf{B} = \frac{\mu_0}{4\pi}\int_{V'} \mathbf{J}'(\mathbf{r}')\left[\nabla \cdot \left(\frac{\hat{\mathbf{R}}}{R^2}\right)\right] d\tau' + \frac{\mu_0}{4\pi}\int_{V'} [\mathbf{J}'(\mathbf{r}') \cdot \nabla']\left(\frac{\hat{\mathbf{R}}}{R^2}\right) d\tau' \tag{15-32}$$

을 얻는다. 여기에서 (1-129)를 사용하여 두 번째 항을 다시 쓰면

$$\int_{V'} [\mathbf{J}' \cdot \nabla']\left(\frac{\hat{\mathbf{R}}}{R^2}\right) d\tau' = -\int_{V'} \left(\frac{\hat{\mathbf{R}}}{R^2}\right)(\nabla' \cdot \mathbf{J}')\, d\tau' + \oint_{S'} \left(\frac{\hat{\mathbf{R}}}{R^2}\right)(\mathbf{J}' \cdot d\mathbf{a}') \tag{15-33}$$

으로 영이 됨을 보일 수 있다. 우리는 정상 전류만을 다루고 있으므로, (12-15)에 의해 $\nabla' \cdot J' = 0$이고, 체적적분 항은 영이 된다. 또한 원천 전류분포는 유한한 부피를 채우고 있으므로, 경계면 S'은 항상 충분히 크게 잡을 수 있어서 S'의 모든 점에서 $\mathbf{J}'(\mathbf{r}') = 0$이고, 면적적분 항도 없어진다. 그래서 (15-33)의 적분은 영이고, (15-32)는

$$\nabla \times \mathbf{B} = \frac{\mu_0}{4\pi}\int_{V'} \mathbf{J}'(\mathbf{r}')\left[\nabla \cdot \left(\frac{\hat{\mathbf{R}}}{R^2}\right)\right] d\tau' \tag{15-34}$$

으로 된다. 우변의 x성분은 정확히 (4-23)과 같은 형태인데, 다만 ρ/ϵ_0을 $\mu_0 J_x'$으로 바꾸면 된다. (4-23)을 적분한 결과는 (4-26)으로 구해졌는데, 여기서도

$$\frac{\mu_0}{4\pi}\int_{V'} J_x'(\mathbf{r}')\left[\nabla \cdot \left(\frac{\hat{\mathbf{R}}}{R^2}\right)\right] d\tau' = \mu_0 J_x'(\mathbf{r}) \tag{15-35}$$

이 되고, (15-34)의 y와 z성분도 마찬가지 표현식이 된다. 이들을 합하고, 끝으로 표준 표기법의 약속과 일치하도록 $\mathbf{J}'$에서 프라임부호를 떼어내면

$$\nabla \times \mathbf{B} = \mu_0\left[J_x(\mathbf{r})\hat{\mathbf{x}} + J_y(\mathbf{r})\hat{\mathbf{y}} + J_z(\mathbf{r})\hat{\mathbf{z}}\right] = \mu_0 \mathbf{J}(\mathbf{r}) = (\nabla \times \mathbf{B})_{\mathbf{r}\text{에서}}$$

를 얻게된다. 이것은 (15-12)로 구했던 것과 정확히 같다.

연습문제

15-1 반지름 a의 원이 xy평면에 놓여 있고, 원의 중심은 원점에 있다. 양의 z축 위 한 점에서 이 원에 의해 둘러싸인 입체각 Ω를 구하라.

15-2 무한히 긴 직선 전류 I가 만드는 자기유도 $\mathbf{B}$를 생각해보자. 이 전류에 수직인 평면 위의 닫힌 경로 C를 적당히 선택하되, 전류는 둘러싸지 않는 것으로 하여라. 직접 적분에 의해 (15-5)가 옳다는 것을 보여라.

15-3 그림 15-11의 솔레노이드의 z축에 수직인 평면 위에 반지름이 $\rho < a$인 원을 고려하여, 그 원에 대해 (15-1)을 적용하고 내부에서 $B_\varphi = 0$임을 보여라.

15-4 그림 15-11의 솔레노이드의 z축에 수직인 평면 위에 반지름이 $\rho > a$인 원을 고려하여, 그 원에 대해 (15-1)을 적용하고, 도선 사이의 간격이 영이 아니고 유한하다면, 그 원에 대한 B_φ의 평균치는 $\mu_0 I/2\pi\rho$임을 보여라.

15-5 토로이드에 관해 (15-28)로 구한 것과 같은 B_φ를 만들어줄 다른 전류분포를 찾아보아라.

15-6 반지름 b의 원형 단면을 갖는 토로이드에 코일이 N번 감겨 있다. 토로이드 중앙 축의 반지름이 a라 하자. 즉 이것은 중심에서 단면의 중앙까지의 거리이다. 단면 어느 곳에서의 B_φ라도 단면 중앙에서의 B_φ와 비교하여 2% 미만의 오차를 갖는데 필요한 b/a의 비를 구하라.

15-7 그림 6-12의 무한히 긴 동축 원통 도체를 생각해보자. 내부 도체에는 $\hat{\mathbf{z}}$ 방향으로 총 전류 I가 흐르고 외부 도체에는 I가 $-\hat{\mathbf{z}}$ 방

향으로 흐르고 있다. 전류는 각 도체의 단면에 걸쳐 균일하게 분포해 흐른다고 가정하자. 모든 곳에서의 **B**를 구하고 그 결과를 ρ의 함수로 그래프 그려라.

15-8 어떤 **B**장이 원통좌표로 다음과 같이 주어져 있다: $0 < \rho < a$에서 $\mathbf{B} = 0$, $a < \rho < b$에서 $\mathbf{B} = (\mu_0 I/2\pi\rho)[(\rho^2 - a^2)/(b^2 - a^2)]\hat{\boldsymbol{\varphi}}$, $b < \rho$에서 $\mathbf{B} = (\mu_0 I/2\pi\rho)\hat{\boldsymbol{\varphi}}$. 모든 곳에서의 전류밀도 **J**를 구하라. 그러한 **B**를 어떻게 만들 수 있겠는가?

15-9 매우 긴 원통형 하전입자의 선속을 생각해 보자. 이 선속의 단면은 원으로 반지름이 a이고, 균일한 전하밀도 ρ_{ch}를 가지며, 입자들은 동일한 일정 속도 **v**를 갖는다. 선속 안과 밖에서의 **B**를 구하는데, 답은 주어진 양들로 나타내어라.

15-10 두 개의 무한히 긴 원통면이 동축으로 구성되어 있고, 공동의 축은 z축이다. 반지름이 a인 안쪽 면에는 $\mathbf{K}_1 = K_1\hat{\boldsymbol{\varphi}}$의 전류가 흐르고, 반지름이 b인 바깥 면에는 $\mathbf{K}_2 = K_2\hat{\boldsymbol{\varphi}}$가 흐른다. K_1과 K_2는 상수이다. 모든 곳에서의 **B**를 구하라.

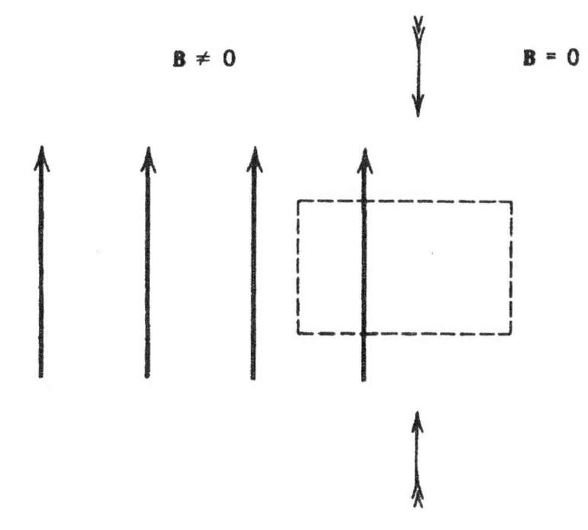

그림 15-14 연습문제 15-11에서 제시된 **B**의 선

15-11 그림 15-14에 나타낸 지역에는 전류가 없고 **B**는 균일하다. (15-1)을 그림의 점선 직사각형에 적용하여, 화살로 나타낸 지역에서 자기유도가 갑자기 영으로 떨어질 수 없다는 사실을 보여라. 그림 6-10에 보인 일반적인 성질이 **B**의 변화에도 적용되어 (15-1)과 모순 되지 않음을 정성적으로 보여라.

15-12 (15-12)는 연습문제 14-17에 주어진 **B**에 대한 표현식에 커얼을 직접 계산하여 얻을 수 있음을 보여라.

제 16 장 벡터퍼텐셜

자기유도에 대한 남아 있는 원천 미분방정식으로 우리가 원하는 것은 $\nabla \cdot \mathbf{B}$에 관한 것이다. 이것은 $\nabla \times \mathbf{B}$보다 훨씬 쉽게 얻을 수 있다. 이것을 구한 후, 새로운 벡터장으로 이전과 똑같은 정보를 표현할 수 있음을 알게 될 것이다.

16-1 B의 다이버전스

이 경우 직접적인 접근방식이 매우 용이하다. (14-2)에서 세선전류를 가지고 설명한 **B**의 정의를 사용하면,

$$\nabla \cdot \mathbf{B} = \nabla \cdot \left[\frac{\mu_0}{4\pi} \oint_{C'} \frac{I' \, d\mathbf{s}' \times \hat{\mathbf{R}}}{R^2} \right] = \frac{\mu_0 I'}{4\pi} \oint_{C'} \nabla \cdot \left[\frac{d\mathbf{s}' \times \hat{\mathbf{R}}}{R^2} \right] \tag{16-1}$$

이 되는데, 여기서 적분의 한계는 $\mathbf{r}'$에만 의존하지만 ∇연산자는 $\mathbf{r}$의 성분에만 작용하기 때문에 적분 안에 넣었다. (1-116)을 사용하여 피적분함수를 다시 쓰면

$$\nabla \cdot \left[d\mathbf{s}' \times \left(\frac{\hat{\mathbf{R}}}{R^2} \right) \right] = \left(\frac{\hat{\mathbf{R}}}{R^2} \right) \cdot (\nabla \times d\mathbf{s}') - d\mathbf{s}' \cdot \left[\nabla \times \left(\frac{\hat{\mathbf{R}}}{R^2} \right) \right] \tag{16-2}$$

처럼 된다. $d\mathbf{s}'$은 $\mathbf{r}'$ 성분만의 함수이므로, ∇에 관한 한 상수로 취급할 수 있고, 그래서 $\nabla \times d\mathbf{s}' = 0$이다. 또한 (1-147)에 의하면 $\nabla \times (\hat{\mathbf{R}}/R^2) = 0$이다. 그러므로 (16-2)는 영과 같고 (16-1)은 바로

$$\nabla \cdot \mathbf{B} = 0 \tag{16-3}$$

이 된다. 이것은 세선전류 원천이 여러 개인 경우에 **B**를 (14-4)로 주더라도 분명히 그대로 성립한다. 퍼져있는 전류의 경우에도 성립할지는 연습문제로 남겨둔다.

일단 (16-3)이 성립하므로, 우리는 곧바로 **B**의 법선성분이 만족하게 될 경계조건을 구할 수 있다. (9-6)과 (9-7)로부터 불연속면에서

$$\hat{\mathbf{n}} \cdot (\mathbf{B}_2 - \mathbf{B}_1) = B_{2n} - B_{1n} = 0 \tag{16-4}$$

이 되어, **B**의 법선성분은 항상 연속이다.

이 중요한 $\nabla \cdot \mathbf{B} = 0$이라는 결과는 Maxwell 방정식 중의 하나이다. 이 식을 바꿀만한 어떤 정당한 이유도 없다는 것을 알게 될 것이다. 정적 상태에 있지 않은 장의 경우에도 마찬가지로 성립하며, (16-4)도 일반적으로 옳다. (16-3)을 설명하기 위해 (4-10)으로 주어지는 전기장

에 대한 유사한 식, 즉 $\nabla \cdot \mathbf{E} = \rho/\epsilon_0$과 비교하여보자. 이 식에서 ρ는 알짜 전하밀도로써 전하는 부호를 가지고 있는 개별적인 단위로 존재하며, 두 부호의 전하 중 어느 것이 다른 것보다 더 많으면 $\rho \neq 0$이 되어, 우변에 남아 있게 된다. 그러나 자기의 경우 (16-3)에서는 그러한 상황은 벌어지지 않고, 전하와 유사한 개별적인 단위로써의 **자하** *magnetic charge*는 있을 수 없다. 그러한 자하를 **자기 홀극** *magnetic monopole*이라 부른다. 양자역학에서의 필요조건과 부합하려면 자기 홀극은 존재해야하는 것으로 알려져 있지만, 이것을 찾으려는 모든 실험적인 탐사는 성공하지 못했다. 따라서 자기 홀극이 모호성 없이 실제로 존재하는 것으로 밝혀지기 전까지는 계속 $\nabla \cdot \mathbf{B} = 0$이라고 해야 한다. 그리고 기억해두어야 할 것은 **B**의 원천은 오직 그리고 언제나 전류라는 점이다.

(16-3)을 (1-59)의 다이버전스 정리와 결합하면

$$\oint_S \mathbf{B} \cdot d\mathbf{a} = 0 \tag{16-5}$$

으로 구해진다. 이 식이 말해주고 있는 것은 임의의 닫힌 면을 지나는 **B**의 선속이 항상 영이라는 점이다. 이것을 **B**의 선을 사용하여 표현해보면, 어느 닫힌 면을 통과하는 알짜 **B**의 선은 없다는 것인데, 즉 이 면을 나가는 선의 수가 들어오는 선의 수와 같다는 것이다. 그러므로 일반적인 상황이 항상 그림 16-1과 같을 것이다. 이것은 전기장의 경우와 대조 되는데, 전기장 **E**의 선은 그림 8-7 같이 전하에서 시작할 수도 있고 끝날 수도 있다.

그럼에도 불구하고, 어느 닫히지 않은 표면에 대한 면적분을 고려하는 것이 매우 유용한 경우가 있다. 어느 면적을 지나는 **자기선속** *magnetic flux*를 Φ라고 한다면,

$$\Phi = \int_S \mathbf{B} \cdot d\mathbf{a} \tag{16-6}$$

를 정의로 삼겠다. 이것은 영이 아닐 수도 있다. **B**가 Wb/m^2로 측정되므로 자기선속의 단위는 Wb(weber)이다.

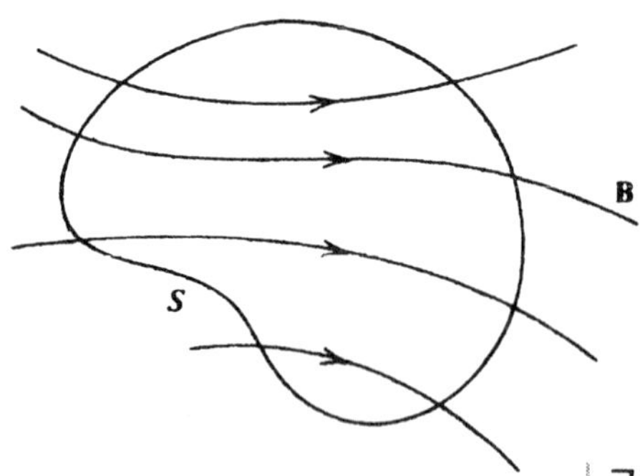

그림 16.1 닫힌 면 S를 통과하는 알짜 선속은 영이다.

16-2 벡터퍼텐셜의 정의와 특성

(16-3)을 (커얼의 다이버전스는 항상 영이라는) 일반적인 벡터 정리인 (1-49)와 비교해보면

$$\mathbf{B}(\mathbf{r}) = \nabla \times \mathbf{A}(\mathbf{r}) \tag{16-7}$$

라고 쓸 수 있지 않을까하는 생각에 이르게 된다. 이런 식으로 정의된 벡터장 $\mathbf{A}(\mathbf{r})$을 벡터퍼텐셜 *vector potential*이라 한다. 이것은 여러 가지 점에서 스칼라퍼텐셜 ϕ와 유사한 모습을 하고 있다는 것을 알게 될 것이다. (16-7)로부터 $\mathbf{A}$의 단위는 1 Wb/m = 1 V·s/m이다.

(16-7)이 유용하려면, 주어진 원천 전류분포로 $\mathbf{A}$를 계산하는 구체적인 방식을 알 수 있어야 한다. 그러기 위해 $\mathbf{B}$의 정의식이 실제로 이러한 형태로 쓰일 수 있다는 것을 보이는 직접적인 접근법을 사용하겠다. (1-141)과 (1-118)을 사용하면

$$\frac{d\mathbf{s}' \times \hat{\mathbf{R}}}{R^2} = -d\mathbf{s}' \times \nabla\left(\frac{1}{R}\right) = \nabla \times \left(\frac{d\mathbf{s}'}{R}\right) - \frac{(\nabla \times d\mathbf{s}')}{R} = \nabla \times \left(\frac{d\mathbf{s}'}{R}\right) \tag{16-8}$$

으로 구하게 되고, 여기서 이전처럼 $\nabla \times d\mathbf{s}' = 0$을 이용하였다. 이것을 (14-2)에 넣으면,

$$\mathbf{B} = \frac{\mu_0 I'}{4\pi}\oint_{C'} \nabla \times \left(\frac{d\mathbf{s}'}{R}\right) = \nabla \times \left(\frac{\mu_0 I'}{4\pi}\oint_{C'} \frac{d\mathbf{s}'}{R}\right) \tag{16-9}$$

을 얻게 되는데, ∇은 $\mathbf{r}$의 성분에만 연산된다는 사실을 사용하였다. (16-9)는 (16-7)의 형태를 가지고 있다는 것을 알 수 있고, 비교하여 세선전류에 대해 $\mathbf{A}$를

$$\mathbf{A}(\mathbf{r}) = \frac{\mu_0}{4\pi}\oint_{C'} \frac{I' d\mathbf{s}'}{R} \tag{16-10}$$

으로 정의할 수 있다. 세선전류가 여러 개 있다면, (14-4)의 각 항에 (16-8)을 적용하여, 합성 $\mathbf{A}$는

$$\mathbf{A}(\mathbf{r}) = \sum_i \frac{\mu_0}{4\pi}\oint_{C_i} \frac{I_i\, d\mathbf{s}_i}{R_i} \tag{16-11}$$

로 주어지고, 여기서 $\mathbf{R}_i = \mathbf{r} - \mathbf{r}_i$이다. 그리하여 $\mathbf{B}$는 (16-7)의 형태로 나타낼 수 있다는 것을 성공적으로 증명하였고, 동시에 $\mathbf{A}$의 계산법을 알아내었다. 각 전류요소 $I_i d\mathbf{s}_i$가 $\mathbf{A}$에 기여할 때 그 방향은 각 요소의 방향으로 정해진다는 점을 유의해두어라.

만일 전류가 세선전류처럼 갇혀 있는 것이 아니라 퍼져서 분포한다면, 동등한 식 (12-10)을 (16-10)에 적용시킬 수 있다. 그러면 체적전류와 면적전류에 의해 만들어지는 벡터퍼텐셜은 각각

$$\mathbf{A}(\mathbf{r}) = \frac{\mu_0}{4\pi}\int_{V'} \frac{\mathbf{J}(\mathbf{r}')\, d\tau'}{R} \tag{16-12}$$

$$\mathbf{A}(\mathbf{r}) = \frac{\mu_0}{4\pi}\int_{S'} \frac{\mathbf{K}(\mathbf{r}')\, da'}{R} \tag{16-13}$$

로 주어질 것이고, 한편 운동하는 점전하에 의한 것은 (14-29)를 (16-10)에 연결시켜

$$\mathbf{A}(\mathbf{r}) = \frac{\mu_0}{4\pi}\frac{q\mathbf{v}}{R} \tag{16-14}$$

로 얻게 될 것이다. [14-5절처럼 (16-14)는 $|\mathbf{v}| \ll c$인 경우에만 사용할 것이다.]

이 모든 것의 근간을 이루는 일반적인 아이디어는 위 표현식을 이용하여 **A**를 먼저 구하고 나서 (16-7)에 의해 미분으로 **B**를 계산하려는 것이다. 그리하여 이런 방식으로의 과정은 정전기학에서 사용하던 것과 비슷하다.

A의 다이버전스를 구해보는 것도 흥미롭다. (16-10)에 ∇을 점곱으로 취하면,

$$\nabla \cdot \mathbf{A} = \nabla \cdot \left(\frac{\mu_0}{4\pi} \oint_{C'} \frac{I' \, d\mathbf{s}'}{R} \right) = \frac{\mu_0 I'}{4\pi} \oint_{C'} \nabla \cdot \left(\frac{d\mathbf{s}'}{R} \right) \tag{16-15}$$

을 얻게 되고, (1-115), (1-141), (1-16)을 사용하여

$$\nabla \cdot \left(\frac{d\mathbf{s}'}{R} \right) = d\mathbf{s}' \cdot \nabla \left(\frac{1}{R} \right) + \frac{1}{R}(\nabla \cdot d\mathbf{s}') = -\nabla' \left(\frac{1}{R} \right) \cdot d\mathbf{s}' \tag{16-16}$$

으로 구하고, 여기서도 평상시처럼 $\nabla \cdot d\mathbf{s}' = 0$을 사용하였다. (16-16)을 (16-15)에 넣으며 (1-67)을 사용하면

$$\nabla \cdot \mathbf{A} = -\frac{\mu_0 I'}{4\pi} \oint_{C'} \nabla' \left(\frac{1}{R} \right) \cdot d\mathbf{s}' = -\frac{\mu_0 I'}{4\pi} \int_{S'} \left[\nabla' \times \nabla' \left(\frac{1}{R} \right) \right] \cdot d\mathbf{a}'$$

을 얻는다. 그러나 여기서의 피적분함수는 (1-48)에 의해 항상 영이므로

$$\nabla \cdot \mathbf{A} = 0 \tag{16-17}$$

이다. (16-17)은 세선전류가 하나만 있을 때 구한 것이나, 원천 전류가 둘 이상으로 **A**가 (16-11)로 주어지는 경우에도 여전히 타당하다.

전류분포가 알려지면 **A**를 계산할 수 있는 적분 형태 (16-12)를 가지고 있다 하더라도, 주어진 정보가 다른 형태인 경우에는 **A**가 만족하는 미분방정식을 알고 있으면 유용하겠다. 11장의 예에서처럼 ϕ의 경우 이러한 사실을 잘 알고 있다. (16-7)의 양변에 커얼을 취하면, 그리고 (1-120), (16-17), (15-12)를 사용하여

$$\nabla \times \mathbf{B} = \nabla \times (\nabla \times \mathbf{A}) = \nabla(\nabla \cdot \mathbf{A}) - \nabla^2 \mathbf{A} = -\nabla^2 \mathbf{A} = \mu_0 \mathbf{J}$$

를 얻게 되고, 그러면

$$\nabla^2 \mathbf{A} = -\mu_0 \mathbf{J} \tag{16-18}$$

인데, 이것은 직각좌표로

$$\nabla^2 A_x = -\mu_0 J_x \qquad \nabla^2 A_y = -\mu_0 J_y \qquad \nabla^2 A_z = -\mu_0 J_z \tag{16-19}$$

이다. 이것을 (11-1)과 비교하면, **A**의 각 직각좌표 성분이 Poisson 방정식을 만족하는 것을 알 수 있다.

우리의 관점을 다소 바꾸어 1-20절 Helmholtz 정리의 의미로 볼 때, (16-7)과 (16-17)은 **A**에 관한 두 개의 원천 방정식이라고 간주할 수 있다. 그러면 불연속면에서의 특성으로써 **A**의 성분이 만족해야하는 경계조건을 당장 알아낼 수 있다. (16-17)과 (9-6)으로부터

$$\hat{\mathbf{n}} \cdot (\mathbf{A}_2 - \mathbf{A}_1) = A_{2n} - A_{1n} = 0 \tag{16-20}$$

이고, 그러므로 법선성분이 연속이다. (16-7)을 (9-13)에 넣으면,

$$\hat{\mathbf{n}} \times (\mathbf{A}_2 - \mathbf{A}_1) = \lim_{h \to 0} (h\mathbf{B}) = 0 \tag{16-21}$$

을 구하게 된다. 전이층에서 **B**가 무슨 다른 역할을 할지라도, 전이층의 두께가 영이 됨에 따라 **B**는 분명히 그대로 유한할 것으로 예상되어, 즉 $h \to 0$에 따라 $h\mathbf{B} \to 0$이기 때문에 위와 같이 된다. 그러므로 **A**의 접선성분도 연속이다. 그러면 벡터의 모든 성분이 연속인 셈이므로, 그 벡터 자체는 경계면을 지나면서 연속이고

$$\mathbf{A}_2 = \mathbf{A}_1 \tag{16-22}$$

이라고 결론지을 수 있다. 이것은 (9-29)에서의 스칼라퍼텐셜 ϕ에 대한 연속성과 완전히 유사한 성질이다.

자기선속 Φ도 벡터퍼텐셜로 나타낼 수 있다. (16-7)을 (16-6)의 정의식에 넣고, (1-67)의 Stokes 정리를 사용하면

$$\Phi = \int_S (\nabla \times \mathbf{A}) \cdot d\mathbf{a} = \oint_C \mathbf{A} \cdot d\mathbf{s} \tag{16-23}$$

가 되고, 이것은 Φ를 구하고자 하는 면적을 감싸는 곡선에 대한 **A**의 선적분으로 나타낸 것이다. Φ가 다른 해로부터 쉽게 얻어지거나, 주어진 문제의 대칭성이 좋아서 편리한 경로 C를 잡을 수 있는 경우라면, (16-23)은 때때로 **A**를 계산하는 대안이 된다.

물리학에서 일반적으로 "퍼텐셜"이라고 불리는 양들은, 그 절대치에 관련하여 모호한 점을 지니고 있다. 그 이유는 퍼텐셜은 보통 다른 물리량을 미분하여 도입하기 때문이다. 스칼라퍼텐셜의 경우, (5-10)과 관련하여 논의하였듯이, 스칼라 상수를 더하는 만큼 미정으로 남아 있다. 벡터퍼텐셜의 경우에도 비슷한 상황이나, 이러한 모호성이 더 복잡하게 적용된다. (16-7)을 사용하여 (16-9)에서 (16-10)으로 가는 과정을 다시 살펴보며, (1-48)에서 스칼라의 그래디언트의 커얼은 항상 영이라는 벡터의 일반적인 결과식을 상기하면, (16-10)에는 임의 스칼라의 그래디언트를 더할 수 있고, 그렇더라도 자기유도는 여전히 같게 된다. 이 점을 구체적으로 이해하기 위해, **A**가 "적당한" 벡터퍼텐셜로써 $\mathbf{B} = \nabla \times \mathbf{A}$에 사용할 때 옳은 값을 준다고 가정해보자. 이번에 $\mathbf{A}^\dagger$는 다른 함수로써

$$\mathbf{A}^\dagger(\mathbf{r}) = \mathbf{A}(\mathbf{r}) + \nabla\chi(\mathbf{r}) \tag{16-24}$$

로 주어진다고 해보자. 여기서 $\chi(\mathbf{r})$은 임의의 스칼라장이다. $\mathbf{A}^\dagger$에 대응되는 자기유도 $\mathbf{B}^\dagger$는 (16-7)과 (1-48)로부터

$$\mathbf{B}^{\dagger} = \nabla \times \mathbf{A}^{\dagger} = \nabla \times \mathbf{A} + \nabla \times \nabla\chi = \nabla \times \mathbf{A} = \mathbf{B} \tag{16-25}$$

로 될 것이다. 그래서 두 자기유도는 동일하다. 그런데 원래의 직설적인 (16-10) 정의로부터 직접 $\nabla \cdot \mathbf{A} = 0$이라는 특성이 나왔고, (16-22)의 바람직한 연속조건에 이르게 되었으며, 또한 (16-18)에서 얻은 간단한 미분방정식도 갖게 되었었다. 따라서 우리가 사용하고자 하는 어떤 벡터퍼텐셜이더라도 이와 같은 조건을 만족시켜야 한다는 것은 매우 합당한 일이다. 즉, $\mathbf{A}^{\dagger}$가 올바른 $\mathbf{B}$를 주어야할 뿐 아니라, $\mathbf{A}^{\dagger}$는 (16-17)도 만족시킬 필요가 있다:

$$\nabla \cdot \mathbf{A}^{\dagger} = 0 \tag{16-26}$$

이것은 분명히 χ를 선택하는데 있어 어떤 제약을 가하게 될 것이다. 이 제약이 무엇인지는 (16-24)를 (16-26)에 대입하고, (16-17)과 (1-45)를 사용하여 알 수 있다. $\nabla \cdot \mathbf{A}^{\dagger} = 0 = \nabla \cdot \mathbf{A} = \nabla \cdot \nabla\chi = \nabla^2\chi$이므로

$$\nabla^2\chi = 0 \tag{16-27}$$

이다. 즉, (16-24)에서 아무런 스칼라 함수나 사용하고자 하는 것이 아니라, 부가적으로 χ가 Laplace 방정식을 만족시켜야 한다. [(16-24)의 표현식은 **게이지 변환** *gauge transformation*이라 알려진 한 예인데, 일반론에 대한 전개를 모두 마친 후 22장에서 다시 생각해보겠다. (16-26)의 필요조건과 이에 따른 (16-27)은 소위 Coulomb 게이지이다.]

정자기학에서의 벡터퍼텐셜은, 정전기학에서의 스칼라퍼텐셜과의 유사성으로부터 기대하듯이, 그렇게 유용하지는 않다. 명백히 간단한 경우일지라도 한 가지 문제점이 있는데, $\mathbf{A}$를 해석적인 형태로나, 적어도 우리에게 익숙한 적절한 형태로, 표현할 수 없다는 점이다. 벡터퍼텐셜이 가장 유용한 경우는 시간의존적 문제를 논의할 때이다. 그렇지만, 지금 까지 고려한 일반적인 특성을 설명하기 위해 몇 가지 특정 문제를 예로 들어보겠다.

16-3 균일한 자기유도

$\mathbf{B}$를 다른 수단으로 알아내었다면, (16-7)을 (16-17)과 관련지어 사용하여 $\mathbf{A}$를 얻을 수 있다. 극단적인 예로 $\mathbf{B} = B\hat{\mathbf{z}}$($B$는 상수)인 균일한 자기유도를 고려해보자. (1-43)을 사용하여 (16-7)을 직각좌표로 쓰면, 세 개의 방정식

$$\frac{\partial A_z}{\partial y} - \frac{\partial A_y}{\partial z} = 0 \qquad \frac{\partial A_x}{\partial z} - \frac{\partial A_z}{\partial x} = 0 \qquad \frac{\partial A_y}{\partial x} - \frac{\partial A_x}{\partial y} = B \tag{16-28}$$

를 얻는데, 이것을 조사하여 풀어보자. 처음 두 식을 만족시키려면, A_x와 A_y를 z에 무관한 것으로 잡고 A_z는 기껏해야 z의 함수이면 된다. 그러나 (16-17)을 명심하면서, A_z = 일정으로 잡는 것이 아마도 더 간단할 것이다. 그러면 (16-28)의 세 번째 방정식은 다음 조건들로 만족될 것이다: (a) $A_x = 0$, $A_y = Bx$이거나, (b) $A_x = -By$, $A_y = 0$, 혹은 (c) $A_x = -\frac{1}{2}By$, $A_y = \frac{1}{2}Bx$, 등등. (c)는 (a)와 (b)의 합의 절반이다. 또한 이 세 경우 모두 $\nabla \cdot \mathbf{A} = 0$을 만족시

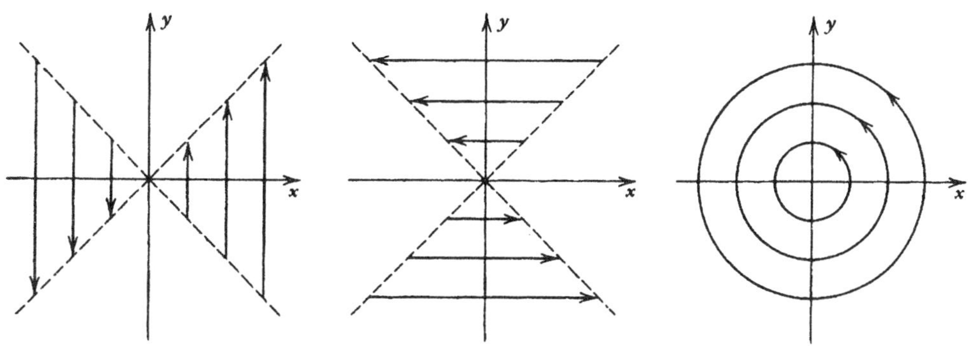

그림 16.2 동일한 균일 자기유도를 설명해주는 여러 가지 벡터퍼텐셜.

킨다. 분명히 더 많은 해가 있을 수 있으나, **A**에는 많은 임의성이 있다는 점을 지적하기에는 이것으로도 충분하겠다. 이들은 모두 같은 **B**를 주지만, 서로 다른 함수라는 점을 강조하기 위해, xy 평면에 **A**의 사영을 내린 모습을 그림 16-2에 (원점을 적당히 잡고) 순서대로 나타내었다. (c)는 $A^2 = A_x^2 + A_y^2 = \frac{1}{4}B^2(x^2 + y^2)$으로 쉽게 구할 수 있고, 이것은 원의 방정식이다.

A에 모호성이 있다는 것은, 물리적 의미로는, 균일한 **B**를 다양한 방법으로 만들 수 있다는 사실을 반영한 것이다. 예를 들어 균일한 자기유도는 (15-26)의 솔레노이드 안에서 만들 수 있거나, (15-21)에서와같은 무한대 전류판으로도 만들고, 연습문제 14-9에서와 같이 두 전류판 사이의 공간 등에서 만들 수 있다. 그러므로 일반적으로 **A**의 대칭적 특성은, (16-12)에서 직접 계산에 의해 구할 수 있는 것처럼, 원천 분포의 해당 대칭성으로부터 온 것이다.

균일한 자기유도를 나타내는 벡터퍼텐셜의 아주 흔하고도 유용한 표현식은 (c)를 기본으로 하여 벡터 형식으로

$$\mathbf{A} = \tfrac{1}{2}\mathbf{B} \times \mathbf{r} \qquad (\mathbf{B} = \text{일정}) \tag{16-29}$$

로 쓴다. 이 형식으로 쓰면 **A**는 **B** 방향의 선택과 무관하다.

16-4 직선 전류

14-2 절에서는 그림 14-3에 보인 유한한 길이의 직선 전류가 만드는 **B**값을 구했었다. 이번에는 같은 전류 분포를 고려하여 벡터퍼텐셜을 구해보자. 이전처럼 $d\mathbf{s}' = dz'\hat{\mathbf{z}}$, $R^2 = \rho^2 + z'^2$ 이고 전류는 I라면, (16-10)은

$$\begin{aligned}\mathbf{A} &= \hat{\mathbf{z}}\frac{\mu_0 I}{4\pi}\int_{-L_1}^{L_2}\frac{dz'}{(\rho^2 + z'^2)^{1/2}} = \hat{\mathbf{z}}\frac{\mu_0 I}{4\pi}\ln\left[\frac{(\rho^2 + L_1^2)^{1/2} + L_1}{(\rho^2 + L_2^2)^{1/2} - L_2}\right] \\ &= \hat{\mathbf{z}}\frac{\mu_0 I}{4\pi}\ln\left[\frac{(\rho^2 + L_2^2)^{1/2} + L_2}{(\rho^2 + L_1^2)^{1/2} - L_1}\right]\end{aligned} \tag{16-30}$$

가 된다. 여기서 (5-29)와 (5-30)에 $z = 0$을 넣어 사용하였다. **A**의 특성을 논의하기에 앞서, 이 결과식이 옳은 **B**를 주는지 점검해보자. (16-30)을 (16-7), (1-88)과 결합할 때, **A**의 성분 중 $A_z(\rho)$만이 영이 아님을 주지하면, $B_\rho = B_z = 0$이고,

$$\begin{aligned} B_\varphi &= -\frac{\partial A_z}{\partial \rho} \\ &= \frac{\mu_0 I\rho}{4\pi}\left\{\frac{1}{(\rho^2+L_2^2)^{1/2}\left[(\rho^2+L_2^2)^{1/2}-L_2\right]} - \frac{1}{(\rho^2+L_1^2)^{1/2}\left[(\rho^2+L_1^2)^{1/2}+L_1\right]}\right\} \\ &= \frac{\mu_0 I}{4\pi\rho}\left[\frac{L_2}{(\rho^2+L_2^2)^{1/2}} + \frac{L_1}{(\rho^2+L_1^2)^{1/2}}\right] \end{aligned} \tag{16-31}$$

인데, 이것은 바로 (14-15)에서 구했던 것이다.

(16-30)에서 A_z가 ρ에 대해서 로그함수로 의존성을 갖는 성질은, (5-30)에서 선전하의 퍼텐셜이 바로 그랬던 것과 같다. 그리므로 그 때와 같은 난관에 봉착한다. 예를 들어, L_2와 L_1을 무한대로 보내 무한히 긴 전류의 극한을 취하면, (5-32)에 의해

$$\mathbf{A} \simeq \hat{\mathbf{z}}\frac{\mu_0 I}{2\pi}\ln\left[\frac{(4L_2L_1)^{1/2}}{\rho}\right] \tag{16-32}$$

로 구해질 것이다. 이 식은 매우 긴 직선 전류에 대한 **A**의 ρ의존성을 보여주고 있는데, 길이가 무한대로 가면 **A**도 무한대가 된다. (5-28)에서 ϕ에 대해 그랬던 것처럼, 벡터퍼텐셜의 영점을 다르게 잡아

$$\mathbf{A} = \hat{\mathbf{z}}\frac{\mu_0 I}{2\pi}\ln\left(\frac{\rho_0}{\rho}\right) \tag{16-33}$$

로 쓸 수 있다. ρ_0은 무한히 긴 전류로부터의 거리인데, 이 지점에서 **A**가 영이 되도록 잡았다. 무한대에서 영이 되도록 할 수는 없기 때문에 이렇게 한 것이다. 그러나 계의 특성상 **A**의 모호성이 사라지는 특별한 경우도 있다.

예제

반평행인 두 개의 긴 전류. 양의 z 방향으로 흐르는 전류 I와, 그것에 평행이며 음의 z 방향으로 흐르는 $-I$의 전류로 구성되어 있는 계를 생각해보자. 두 전류는 그림 16-3에 보인 것처럼 $2a$의 거리만큼 떨어져 있다. (그림 5-6과 비교해보라.) L_2와 L_1이 충분히 커서 (16-32)를 사용할 수 있다고 가정하면, P에서의 총 퍼텐셜은

$$\mathbf{A} = \hat{\mathbf{z}}\frac{\mu_0 I}{2\pi}\left\{\ln\left[\frac{(4L_2L_1)^{1/2}}{\rho_+}\right] - \ln\left[\frac{(4L_2L_1)^{1/2}}{\rho_-}\right]\right\} = \hat{\mathbf{z}}\frac{\mu_0 I}{4\pi}\ln\left(\frac{\rho_-^2}{\rho_+^2}\right) \tag{16-34}$$

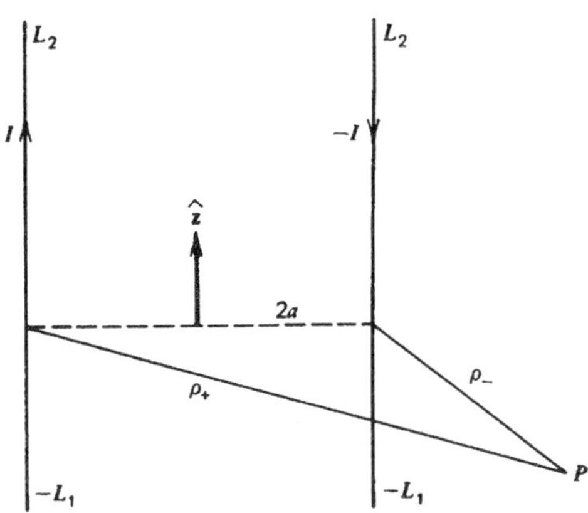

그림 16.3 반평행인 두 개의 긴 전류.

이 되는데, 여기서 ρ_+와 ρ_-는 각 전류로부터의 거리이다. 이 식에는 L_2와 L_1이 이제 나타나 있지 않으므로, 이 값들을 아무런 문제 없이 무한대로 보낼 수 있고, 그래서 이 경우의 서로 반대로 향하여 흐르는 전류에 대해서는 모호성이 없는 유한한 (16-34)의 결과를 얻게 되었다. 방금 한 계산 대신 (16-33)을 가지고 시작하여 구하더라도 마찬가지의 결과를 얻게 된다는 점을 지적해둔다.

구체적으로는 우리가 사용하고 있는 좌표계로 ρ_+와 ρ_-를 계산해야 한다. 이것을 보이기 위해, 전류는 z축에 평행이고 xz평면에 놓여 있으며 I는 x축의 a를 자르고 $-I$는 $-a$를 자른다고 해보자. 그러면 배치된 모습은 그림 5-7에서 λ를 I로 바꾸어 놓기만 하면, 정확하게 같은 것이 된다. 그래서 (5-34)를 사용하여 이 경우의 벡터퍼텐셜을

$$\mathbf{A}(\rho, \varphi) = \hat{\mathbf{z}} \frac{\mu_0 I}{4\pi} \ln\left(\frac{a^2 + \rho^2 + 2a\rho\cos\varphi}{a^2 + \rho^2 - 2a\rho\cos\varphi}\right) \tag{16-35}$$

처럼 쓸 수 있다. 그러면 A_z가 일정한 면은 (5-37)과 (5-38)로 주어지는 것과 같을 텐데, 다만 λ/ϵ_0를 $\mu_0 I$로 바꾸기만 하면 된다. 즉, A_z = 일정은

$$\frac{\rho_-^2}{\rho_+^2} = e^{4\pi A_z/\mu_0 I} = \text{일정} \tag{16-36}$$

에 해당되고, 직각좌표로는

$$(x - a\coth\eta)^2 + y^2 = \left(\frac{a}{\sinh\eta}\right)^2 \tag{16-37}$$

이 된다. 여기서, $\eta = 2\pi A_z/\mu_0 I$이다. 그러므로 A_z가 일정한 면은 원통이고 그 축은 z축에 평행이며, 원통이 xy평면을 자른 모습은 (16-37)이 나타내는 원이다. 이 원들은 사실 그림 5-8의 실선으로 나타낸 곡선들이다. 앞에서와 같이 원의 중심이 양의 x축에 있으면 $A_z > 0$에 해당되고, 음의 x축에 있으면 $A_z < 0$에 해당된다. yz평면 ($x = 0$, 혹은 $\varphi = 90°$)은 $A_z = 0$인 면이다.

자기유도 **B**는 (16-35)와 (16-7)로부터, 그리고 (1-88)도 이용하여 계산할 수 있다. 그 결

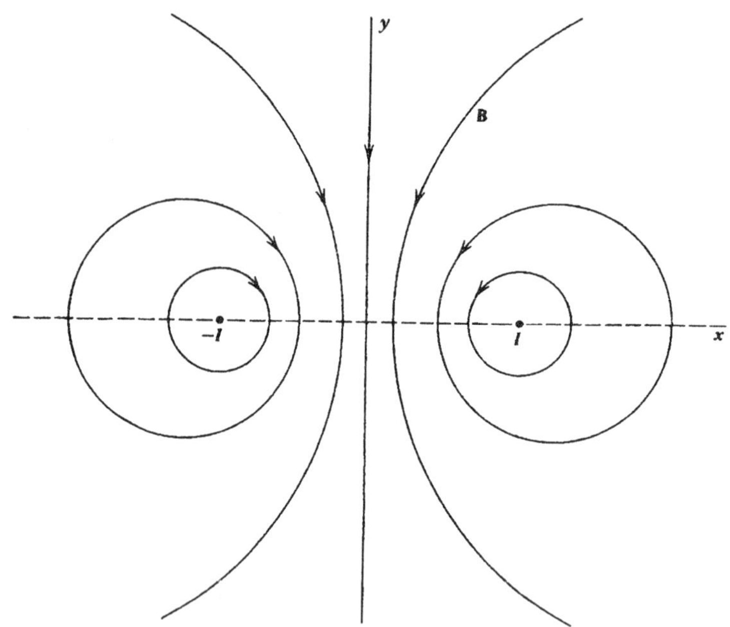

그림 16.4 반평행인 두 개의 무한히 긴 직선 전류가 만드는 **B**의 선.

과는

$$B_\rho = \frac{1}{\rho}\frac{\partial A_z}{\partial \varphi} = -\frac{\mu_0 I a\left(a^2+\rho^2\right)\sin\varphi}{\pi\rho_+^2\rho_-^2} \tag{16-38}$$

$$B_\varphi = -\frac{\partial A_z}{\partial \rho} = \frac{\mu_0 I a\left(\rho^2-a^2\right)\cos\varphi}{\pi\rho_+^2\rho_-^2} \tag{16-39}$$

$$B_z = 0 \tag{16-40}$$

이다. 그러므로 **B**는 완전히 xy평면에 놓여 있다. $\mathbf{B}_\rho$의 위치에 관한 의존성은 (5-36)의 $-E_\varphi$와 같고, B_φ의 경우는 (5-35)의 E_ρ와 같다는 점에 유의해보자. 사실 이 두 장을 형식상 $\mathbf{B} = (\mu_0\epsilon_0 I/\lambda)\hat{\mathbf{z}} \times \mathbf{E}$로 연결지을 수 있다. 이것은 (1-76)의 도움으로 쉽게 증명할 수 있다. 이 경우의 **B**의 선은 그림 5-8에 점선으로 나타낸 **E**의 선에 수직이다. 그러나 이 그림에서 **E**의 선에 수직인 곡선은 바로 그 그림의 실선인 등퍼텐셜 원이다. 그러므로 **B**의 선 자체는 (16-36)과 (16-37)로 표현되는 것과 같은 형태의 원이고 그림 16-4에 보였다.

B의 선을 직접 계산하여 같은 결과를 구할 수 있다. 자기유도의 선의 방향은 (5-39)와 같은 식으로 주어질 것이므로

$$d\mathbf{s}_{li} = k\mathbf{B} \tag{16-41}$$

이다. 여기서 k는 상수이다. 이것을 xy 평면에서 ρ와 φ의 좌표로 나타내면, (5-41)과 마찬가지로

$$\frac{1}{\rho}\frac{d\rho}{d\varphi} = \frac{B_\rho}{B_\varphi} \tag{16-42}$$

를 얻게 된다. 이 경우 (16-38)과 (16-39)를 이 식에 넣으면

$$\frac{1}{\rho}\frac{d\rho}{d\varphi} = -\frac{(a^2+\rho^2)\sin\varphi}{(\rho^2-a^2)\cos\varphi}$$

혹은

$$\frac{(\rho^2-a^2)\,d\rho}{\rho(a^2+\rho^2)} = -\frac{\sin\varphi\,d\varphi}{\cos\varphi} \tag{16-43}$$

로 구해진다. 이 식은 적분표를 이용하여 계산되고

$$\rho^2 + a^2 = \mathscr{K} a\rho\cos\varphi \tag{16-44}$$

로 주어지며, 여기서 $\mathscr{K}$는 단위차원이 없는 상수인데, 그 값으로 자기유도의 주어진 어느 선을 정할 수 있다. (16-44)를 직각좌표로 나타내면,

$$\left(x - \tfrac{1}{2}\mathscr{K}a\right)^2 + y^2 = a^2\left(\tfrac{1}{4}\mathscr{K}^2 - 1\right) \tag{16-45}$$

이 되는데, 이것은 **B**의 선이 원임을 말해주고, 원의 중심은 x축 위의 $\frac{1}{2}\mathscr{K}a$에 있으며, 반지름은 $a(\frac{1}{4}\mathscr{K}^2 - 1)^{1/2}$로써, 다시 한 번 그림 16-4가 된다.

16-5 무한히 긴 이상적인 솔레노이드

이 계가 만드는 **B**는 (15-25)와 (15-26)에서 구했으므로, 그 결과를 이용하고 (16-23)을 수단으로 하여 **A**를 계산하겠다. 그림 16-5는 솔레노이드를 한 쪽 끝에서 본 모습으로 (15-22)의 등가 면전류 K가 주위를 돌고 있다. 솔레노이드의 축은(z축) **B**나 마찬가지로 지면 앞으로 나오는 방향이다. (16-13)에 의해 각 전류요소 $\mathbf{K}\,da'$은 그 방향으로 **A**에 기여하는데, 그림 16-6에 보인 두 대칭적인 $\mathbf{K}_1 da_1'$과 $\mathbf{K}_2 da_2'$이 각각 기여하는 $d\mathbf{A}_1$과 $d\mathbf{A}_2$를 따져보면, $\hat{\boldsymbol{\rho}}$성분은 상쇄되고 $\hat{\boldsymbol{\varphi}}$성분만 남게 될 것이다. 그래서 **A**는 $\hat{\boldsymbol{\varphi}}$성분만 갖는다고 결론지을 수 있고, **A**의 선은 이 면에서 원이 된다. 그래서

$$\mathbf{A} = A_\varphi(\rho)\hat{\boldsymbol{\varphi}} \tag{16-46}$$

라고 쓸 수 있는데, 무한히 긴 솔레노이드이기 때문에 A_φ는 z에 무관하고, 대칭성 때문에 φ에 무관하다. 그러므로 (16-23)에 사용되는 알맞은 적분경로 C는 반지름이 ρ인 원이고, 그래서 $d\mathbf{s} = \rho\,d\varphi\hat{\boldsymbol{\varphi}}$이다. 그러면

$$\oint_C \mathbf{A}\cdot d\mathbf{s} = \oint_C \mathbf{A}\cdot\hat{\boldsymbol{\varphi}}\rho\,d\varphi = 2\pi\rho A_\varphi = \Phi$$

를 얻게 되어,

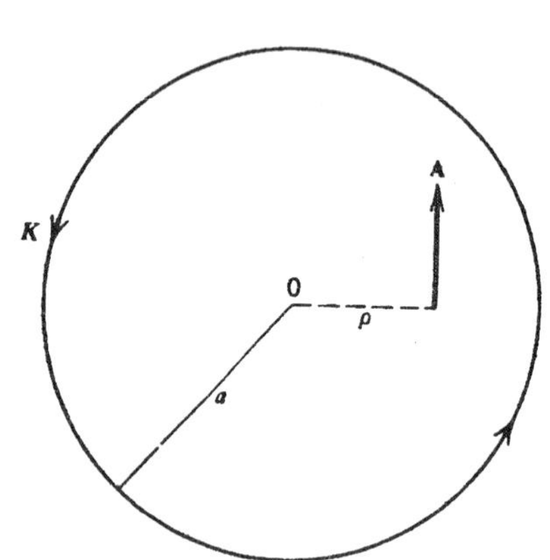

| 그림 16.5 | 긴 이상적 솔레노이드를 끝에서 본 모습.

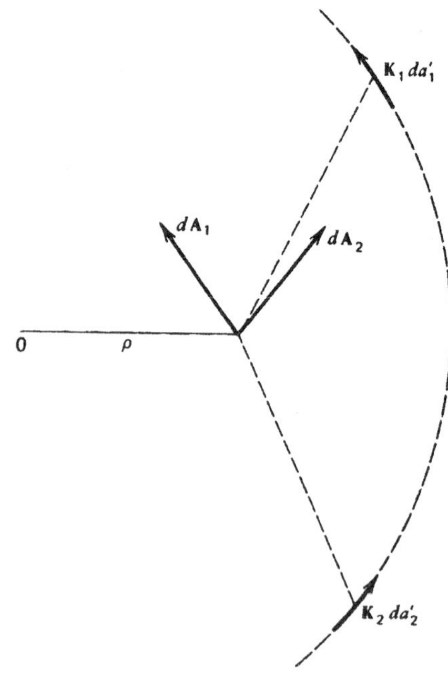

| 그림 16.6 | 대칭적으로 배치되어 있는 두 전류밀도가 만드는 합성 벡터퍼텐셜은 $\hat{\boldsymbol{\varphi}}$ 성분만 갖는다.

$$A_\varphi(\rho) = \frac{\Phi}{2\pi\rho} \tag{16-47}$$

가 된다.

1. 솔레노이드의 안. $\rho < a$이고, $\mathbf{B}_i$는 균일하기 때문에, (15-26)에 의해, 선속은

$$\Phi = \int_S B_i \hat{\mathbf{z}} \cdot da\,\hat{\mathbf{z}} = \mu_0 n I \int_S da = \mu_0 n I \pi \rho^2 \tag{16-48}$$

이다. 이것을 (16-47)에 대입할 때

$$A_\varphi(\rho) = \tfrac{1}{2}\mu_0 n I \rho \qquad (\rho < a) \tag{16-49}$$

가 된다.

2. 솔레노이드의 밖. $\rho > a$이고, $\mathbf{B}_o = 0$이기 때문에, 둘러싸인 선속은 (16-48)에서 $\rho = a$를 넣어 얻어낸 $\Phi = \mu_0 n I \pi a^2$으로 일정한 값이다. 이것을 (16-47)에 대입하면

$$A_\varphi(\rho) = \tfrac{1}{2}\mu_0 n I\left(\frac{a^2}{\rho}\right) \qquad (\rho > a) \tag{16-50}$$

이다. (16-49)와 (16-50)은 $\rho = a$에서 $\frac{1}{2}\mu_0 n I a$가 되고, 이것은 (16-22)에 나타낸 $\mathbf{A}$의 연속성과 잘 일치한다.

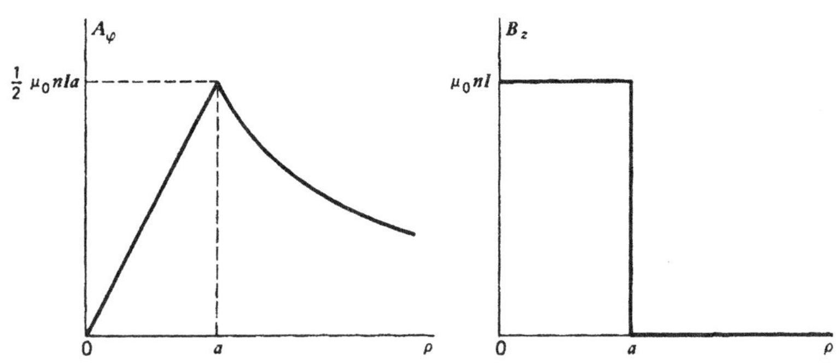

그림 16.7 이상적인 긴 솔레노이드의 벡터퍼텐셜과 자기유도를 축으로부터의 거리 ρ의 함수로 나타내었다.

그림 16-7에는 A_φ와 B_z를 ρ의 함수로 보여주고 있는데, 이들의 거동을 대조시켜 보겠다. 이 결과가 흥미로운 것은, 솔레노이드 바깥쪽에서의 자기유도는 영인데, 벡터퍼텐셜은 영이 아니기 때문이다. 이러한 관점이 분명히 드러내 주는 사실은, 정말로 중요한 것은 **A** 자체의 값이 아니라 $\mathbf{B} = \nabla \times \mathbf{A}$로 주어지는 **A**의 변화량이라는 점이다. 여기에서 무슨 일이 일어나고 있는지 살펴보자. (1-88)로부터 (16-46) 형식의 **A**가 가지게 되는 영이 아닌 **B**의 유일한 성분은 $B_z = \partial(\rho A_\varphi)/\rho\partial\rho$라는 것을 알 수 있다. 솔레노이드의 안에서는 (16-49)로부터 $\rho A_\varphi = \frac{1}{2}\mu_0 nI\rho^2$이므로 $B_{zi} = \mu_0 nI$가 되어 (15-26)과 일치한다. 그러나 밖에서는 (16-50)으로 $\rho A_\varphi = \frac{1}{2}\mu_0 nIa^2$이 일정하여, 우리가 알고 있듯이 $B_z = 0$이다.

또한 이 경우에 **A**의 선은 원으로써, 그림 16-2c와 정성적으로 잘 부합한다. 이 그림의 모양은 균일한 자기유도에 대한 하나의 가능한 묘사로써 추론한 것이었다.

연습문제

16-1 (16-3), (16-7), (16-17)의 결과는 세선전류를 가정하여 얻은 것이다. 분포되어 있는 정상전류를 가정하더라도 같은 결과임을 보여라.

16-2 무한히 긴 이상적인 솔레노이드 내부에 들어 있는 작은 원통에 (16-5)를 적용하여보아라. 원통의 축은 솔레노이드의 축과 일치한다고 가정하여 $B_\rho = 0$임을 보여라.

16-3 어떤 자기유도가 $\mathbf{B} = (\alpha x/y^2)\hat{\mathbf{x}} + (\beta y/x^2)\hat{\mathbf{y}} + f(x, y, z)\hat{\mathbf{z}}$의 형태를 갖는다. α와 β는 상수이다. 함수 $f(x, y, z)$에 대한 가능한 것으로써 가장 일반적인 형태를 구하라. 전류밀도 **J**를 구하고 이것이 정상 전류분포에 해당된다는 것을 보여라.

16-4 (16-29)가 z 방향의 자기유도에만 적용되는 것이 아니라, 일정한 자기유도라면 어느 경우에라도 적절한 벡터퍼텐셜임을 보여라. 또한 (16-29)가 (16-17)을 만족함을 보여라.

16-5 16-3절의 각 벡터퍼텐셜을 다른 것으로 변환시키는 χ를 구하고 그러한 각 χ가 (16-27)을 만족함을 보여라.

16-6 (16-30)에 이르게 하는 계산을 다시 해보는

데, 장점이 (0, ρ)가 아니라 이번에는 (z, ρ)에 대해서 구하라. 그렇게 구한 **A**가 연습문제 14-2에서 얻은 것과 같은 **B**가 됨을 보여라.

16-7 $\nabla \cdot \mathbf{B} = 0$은 항상 성립한다. 또한, 전류가 없는 곳에서는 $\nabla \times \mathbf{B} = 0$이다. 이들 식은 **B**의 어떤 미분이 어떻게 관계되는지를 말해준다. 이들 관계식은, 일반해를 정확하게 구하자니 너무 어렵고 특수한 해는 너무 쉬운 경우에, 근사 표현식을 얻기 위하여 사용할 수 있다. 예를 들어 전류가 흐르고 있는 원을 생각해보자. z축 위에서의 자기유도는 (14-18)로 꽤 쉽게 구했다. 일반적인 장점에 대해서는 (14-2)로부터 출발하여, 적분을 구하게 되는데 이것은 타원함수로 표현될 것이다. z축 가까운 곳에 대한 이 적분은, 피적분함수를 ρ의 작은 값에 대하여 급수전개하여 근사할 수 있다. 그러나 다른 접근 방법을 생각해보자. (14-18)로부터 시작하여, B_ρ에 대한 Taylor 급수 전개를 $B_\rho(\rho, z) \simeq B_\rho(0, z) + (\partial B_\rho/\partial \rho)_0 \rho$로 쓰자. (14-18)과 $\nabla \cdot \mathbf{B} = 0$을 이용하여, z축을 벗어난 지점이지만 축과 가까운 곳에서 B_ρ에 대한 이 근사식을 계산하여라. 마찬가지로 $B_z(\rho, z)$에 대한 근사 표현식을 구하라.

16-8 반지름 a인 원이 xy평면에 놓여 있고 원점은 원의 중심에 있다. 전류 I가 원을 따라 흐르는데, 극각 φ'이 증가하는 방향으로 흐른다. 임의의 장점 (x, y, z)에 만들어지는 **A**의 표현식을 구하라. 이것을 직각좌표 성분으로 쓰고 φ'에 대한 적분으로 나타내어라. 적분을 계산하지는 말아라. 이번에는 장점이 축 위에 있다 하고 적분을 하여, z축 위의 임의 장점에서 **A**를 구하라. 이제 **A**에 대한 일반적인 표현식으로 돌아가서, **B**의 성분에 대한 적분 표현식을 구하고, 장점이 축 위에 있을 때 (14-18)이 됨을 보여라.

16-9 변의 길이가 $2a$인 정사각형이 xy평면 위에 놓여 있고 원점은 사각형의 중심에 있다. 변들은 축과 평행이고, 전류 I가 둘러 흐르는데 양의 z축에서 보았을 때 반시계 방향이다. 정사각형 안의 임의 점에서 **A**를 구하라. 중심에서의 **A**는 얼마인가?

16-10 그림 14-9에 보인 원호에 흐르는 전류에 의해 z축에 만들어지는 **A**를 구하라. 이 결과는 왜 연습문제 14-7에서 구한 **B**의 값을 옳게 나타내지 못하는가?

16-11 무한히 긴 원통의 단면은 반지름이 a인 원이고 그 축은 z축에 있다. 정상 전류 I가 단면에 걸쳐 균일하게 분포하여 있고, 양의 z 방향으로 흐른다. (16-23)을 사용하여 모든 곳에서의 **A**를 구하라. 만일 원통의 바깥에서 **A**를 (16-23)의 형태로 쓴다면, z축 위에서의 **A**는 얼마인가?

16-12 반지름이 a인 원통의 표면 위에 도선이 나선 모양으로 감겨 있고, 나선 간격의 각도가 α이다. 감은 수는 꼭 N이다. 도선에 전류 I가 흐른다면, 나선의 중심에 만들어지는 벡터퍼텐셜의 축 성분은

$$(\mu_0 I/2\pi) \times$$

$$\ln\left\{ N\pi \tan\alpha + \left[1 + (N\pi \tan\alpha)^2\right]^{1/2}\right\}$$

임을 보여라. 이것은 길이가 원통과 같은 도선에 전류 I가 축과 평행으로 흐르되 원통의 바깥 표면으로 흘러서 만든 것과 같음을 보여라. 왜 그러해야 하는지 보여라.

16-13 연습문제 15-7에 설명된 동축 원통에 크기가 같고 방향이 반대인 전류가 흐를 때 **A**를 구하라. 답을 축에서의 값 $\mathbf{A}_0$으로 나타내어라. 바깥 원통의 외부에서 $\mathbf{A} = 0$으로

만들 수 있다면, 그렇게 해 보아라. 그러면 이 때 해당되는 $\mathbf{A}_0$ 값을 구하라.

16-14 무한 평면 전류판이 xy평면과 일치되게 놓여 있다. 전류밀도는 일정한 크기 K를 가지고 있고, 양의 y 방향으로 흐른다. 모든 곳에서의 벡터퍼텐셜 $\mathbf{A}$를 구하라. 이것을 무한대에서 영으로 만들 수 없다면, 전류판에서의 값으로 표현하여라.

16-15 반지름 a인 구에 총 전하 Q가 들어 있는데, 체적에 걸쳐 균일하게 분포되어 있다. 이것이 지름에 대하여 일정한 각속력 ω로 회전하게 되었다. 회전으로 인하여 전하분포가 달라지지 않는다고 가정하여 회전축상의 임의 지점에서 $\mathbf{A}$를 구하라.

16-16 (16-44)에서 $\mathbf{B}$가 양의 x축을 원점에서 가장 먼 곳으로 자를 때 $\mathscr{X}$를 $\mathbf{B}$의 크기로 나타내어라. 이 원에 해당되는 일정한 크기의 A_z는 얼마가 되겠는가?

16-17 평행이며 반대 방향으로 전류가 흐르는 무한히 긴 두 선에 대하여 구했던 결과는 우리가 생각하는 것만큼 우연한 것은 아니다. 전류가 z 방향만을 향하는 분포를 생각해보자. 이 경우 항상 $\mathbf{B} = \nabla A_z \times \hat{\mathbf{z}}$로 쓸 수 있음을 보이고, 그러면 $\mathbf{B}$의 선은 항상 A_z가 일정한 면에 평행임을 보여라. 이 결과를 반평행인 무한히 긴 두 전류에 대해 적용하고, 그림 16-4에 보인 $\mathbf{B}$의 방향과 일치함을 보여라.

16-18 물리적으로 볼 때 선속 Φ는 게이지에 무관할 것으로 예상된다. 왜 그런가? 정말로 그러하다는 것을 보여라.

제 17 장 Faraday의 유도 법칙

지금까지 우리가 얻은 전반적이고도 일반적인 결과는 벡터장에 대한 네 개의 원천 미분방정식으로 요약할 수 있다. 이들은 (4-10), (5-4), (15-12), (16-3)으로

$$\nabla\cdot\mathbf{E}=\frac{\rho}{\epsilon_0}\qquad \nabla\cdot\mathbf{B}=0$$
$$\nabla\times\mathbf{E}=0\qquad \nabla\times\mathbf{B}=\mu_0\mathbf{J}\tag{17-1}$$

로 주어진다. 여기에 덧붙여 전하 보존을 나타내주는 (12-13)과, 점전하에 작용하는 힘을 전기장과 자기유도로 표현해주는

$$\nabla\cdot\mathbf{J}+\frac{\partial\rho}{\partial t}=0\qquad \mathbf{F}=q(\mathbf{E}+\mathbf{v}\times\mathbf{B})\tag{17-2}$$

가 있다.

(17-1)은 **E**에 관한 두 개의 식과 **B**에 관한 두 개의 식이 완전히 독립된 두 벌로 구성되어 있다. 그리하여 두 장의 벡터들 사이에는 아무런 관련이 없다는 것을 암시하고 있다. Faraday는 이들 장 사이에는 사실 관련성이 있을 것이라고 느꼈거나 어렴풋이 알아챘던 것 같다. 그래서 이것을 증명하려고 많은 실험을 시도하였다. 1831년경에 드디어 이 입증에 성공하였는데, 상황이 시간에 따라 변하는 경우에만, 즉 비정상상태에서만 입증 하였다. 이 결과는 Henry에 의해서도 독립적으로 밝혀졌다. 그래도 그것을 보통 Faraday의 유도 법칙 *Faraday's law of induction*, 혹은 간단히 Faraday 법칙이라 부른다.

(17-1)의 모든 방정식은 정적인*static* 장만을 조사하여 구한 것이었다. 연속방정식을 유도할 때에만 잠시 동안 시간의존성을 구체적으로 고려하였었다. 시간에 따라 변하는 현상으로 나아가기 위해, 우리는 이치에 닿는 일만 할 것이고, 또한 실험에 의해 반드시 수정해야만 하는 경우가 아니라면 (17-1)식들은 비정상 상태인 경우에도 여전히 성립한다고 가정하겠다. 이 장에서는 새로운 상황에 맞추기 위해 (17-1)식 중의 한 개가 바뀌어야 한다는 점을 알게 될 것이다.

17-1 Faraday 법칙

우리는 Faraday가 했던 실험과 본질적으로 같은 상황을 고려하겠는데, 그것을 다소 단순화시켜보겠다. 그림 17-1에 보인 것같이 도선으로 만든 닫힌 회로 C가 있다고 하자. 또한 자기유도 **B**도 존재하여 C가 감싸는 S를 관통하는 선속 Φ도 있다. C를 돌아보는 방향을 그림에 화

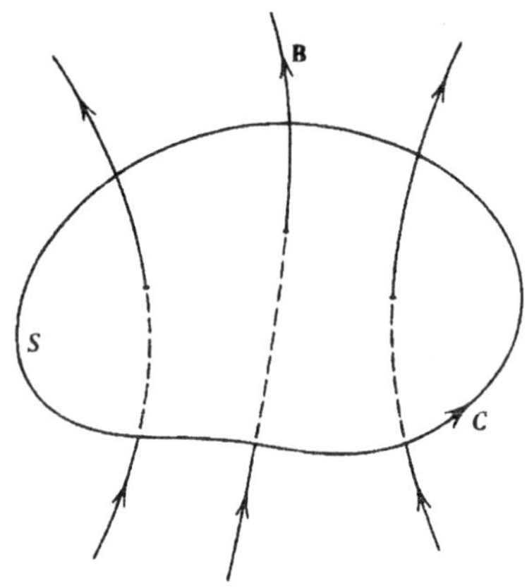

그림 17-1 이 회로를 지나는 선속은 양이다.

살표로 나타낸 것처럼 임의로 선택하면, 이것은 그림 1-24의 면적요소 $d\mathbf{a}$의 방향을 정의한 셈이 될 것이며, 그러면 (16-6)으로부터 Φ를 구할 수 있다. 그림에 보인대로 선택하면 Φ는 양수이다. 회로에는 전지도 없고 다른 어떤 기전력의 원천도 없다고 가정하겠다.

C를 통과하는 선속이 일정하여 $d\Phi/dt = 0$이면, 회로에는 전류가 흐르지 않는다. 그러나 Faraday는, C를 통과하는 선속이 일정하지 않아 $d\Phi/dt \neq 0$이면, 회로 C에는 전류가 만들어진다는 것을 알아내었다. 이 전류는 선속의 변화에 의해 "유도 *induced*"되었다 하고, 따라서 이것을 **유도전류** *induced current*라 부른다. 전류의 수치 값은 회로의 저항에 따라 달라진다는 것이 알려져 있으므로, 이 실험의 정량적인 결과를 유도전류 대신 **유도기전력** *induced emf* $\mathscr{E}_{\text{ind}}$로 표현하는 것이 더 좋겠다. 즉, (12-22)에서 정의한대로 단위전하당 하여진 일로 나타내는 것이다. 이것은

$$\mathscr{E}_{\text{ind}} = -\frac{d\Phi}{dt} \tag{17-3}$$

로 알려져 있으며, 이것이 Faraday 법칙이다. $\mathscr{E}_{\text{ind}}$는 V(volt)로 측정되므로, 이것은 보통 **유도전압**, 혹은 그냥 **전압**이라 부르기도 한다. 또 다른 이름으로는 **유도기전** *electromotance*가 있다.

선속 Φ는 다양한 방법으로 변화시킬 수 있다: 자기유도 **B**가 시간에 따라 바뀔 수 있다. 회로의 모양과 크기가 변하여 둘러싸는 면적이 바뀔 수 있다. 회로가 병진 회전 운동을 하여 다른 값의 **B**를 감쌀 수도 있다. 혹은 이러한 여러 가지의 효과가 함께 나타날 수도 있다. 여러 가지의 실험을 통하여 $d\Phi/dt$의 원인이 무엇이든지 상관없이 (17-3)은 성립한다는 것이 알려졌다. 또한 **B**가 S의 모든 부분에서 영이 아닐 필요는 없다. 즉, S의 일부분에서는 영일 수도 있다. 그래도 (17-3)은 여전히 성립한다. 더구나 Faraday 법칙은 물질이 존재하는 경우에도 (17-3)의 형태를 유지한다고 알려져 있다. 물질의 자기적 효과는, 20장까지 가기 전에는 체계적으로 다루지 않을 것이므로, 그 때까지 물질은 "비자기적 *nonmagnetic*"이라고 가정하겠다. 즉, 자기적 특성은 진공과 같다고 가정하겠다.

(17-3)의 음의 부호는, C를 돌아가는 원래의 선택된 방향과 비교하여, 유도기전력의 "방향"

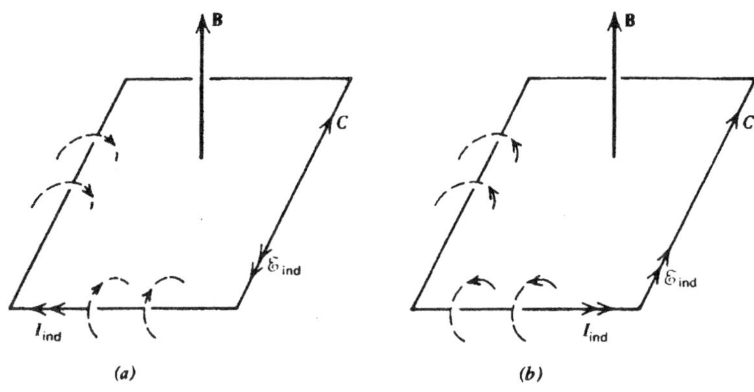

그림 17-2 **B의 크기가 (*a*) 증가 (*b*) 감소하고 있을 때의 유도전류 방향.**

을 나타낸다. 이러한 방향규칙은 Lenz 법칙이라고 더 잘 알려져 있다. 유도기전력은 (유도전류도) 이것을 만드는 **변화에 거스르는** 방향성을 가지고 있다. 기억해두어야 할 주제어는 거스르다와 변화이다. 여기에서 중요한 것은 Φ 자체의 값이나 부호가 아니라, 이것이 변화하는 방식이다. (Lenz 법칙은 Le Châtelier 원리의 한 예라고 볼 수 있다. 이 원리는 정적 평형상태에 있는 계가 이 상태를 변화시키려는 외부 요인에 어떻게 반응하는지에 관해서 설명해 준다.) Lenz 법칙에 관한 설명으로 간단한 응용 배치를 생각해보자. 모양 크기 위치가 고정되어 있는 한 회로에 대해서 Φ는 **B**가 바뀔 경우에만 변화할 수 있다. 이것을 그림 17-2에 보였는데, C를 돌아가는 방향은 구체적으로 그림에 나타낸 것처럼 Φ가 양이 되도록 선택한다. 우선 $|\mathbf{B}|$가 증가한다고 해보자. 그러면 $d\Phi/dt$는 양이 될 것이고 $\mathcal{E}_{\text{ind}}$는 (17-3)에 의해 음이 될 것이다. 즉 $\mathcal{E}_{\text{ind}}$는 C를 돌아가는 원래의 선택 방향을 거스른다는 것을 의미한다. 그림에는 (*a*)에 쌍화살표로 그 방향을 나타내었다. 이것은 또한 유도전류 I_{ind}의 방향이기도 하고, 그림에도 표시하였다. [$\mathcal{E}_{\text{ind}}$는, 그림에서 표시하여 암시한 것처럼, 한 군데에 국한된 것으로 생각할 필요가 없다. (17-3)이 말하려는 것은 거시적인 회로에 전체적으로 미치는 효과이다.] 앞에서의 결론이 어떻게 Lenz 법칙에 맞는지 살펴보자. Φ가 증가하고 있기 때문에, 유도전류는 선속을 줄이려함으로써 이 변화에 거스르기를 "원할"것이고, 선속을 줄이는 것은 면적의 법선방향에 반대인 **B**의 선을 생성시킴으로써 가능하다. 즉 회로 안으로 들어가는 **B**의 선을 만드는 것이다. I_{ind}가 만드는 **B**의 선의 일반적인 방향은 (14-6)에 의해 오른손규칙을 사용하여 정해진다. 그림에는 점선의 곡선으로 나타내었는데, 이것이 정말로 C를 지나가는 선속을 줄이는 경향을 준다. 그러므로 이 두 가지의 설명은 정성적으로 동등한 결론이 된다. 그림의 (*b*)에서는 $|\mathbf{B}|$가 감소한다고 가정했을 때의 결과를 나타낸 것이다. Φ는 여전히 양의 값이지만, 감소하고 있으므로 $d\Phi/dt$가 음이고 $\mathcal{E}_{\text{ind}}$는 양이다. 즉, 처음에 선택한 C의 방향과 같은 방향을 의미한다. 이번에는 감싼 면적을 관통하는 선속이 증가하는 경향을 갖는 **B**의 선을 만들도록 I_{ind}의 방향이 정해졌다. 즉 Lenz 법칙에 따라 **변화에 거스르게** 정해졌다.

이제 Faraday 법칙을 전자기장으로 재기술하려 하는데, 그 전에 쉽게 분석이 가능한 한 예

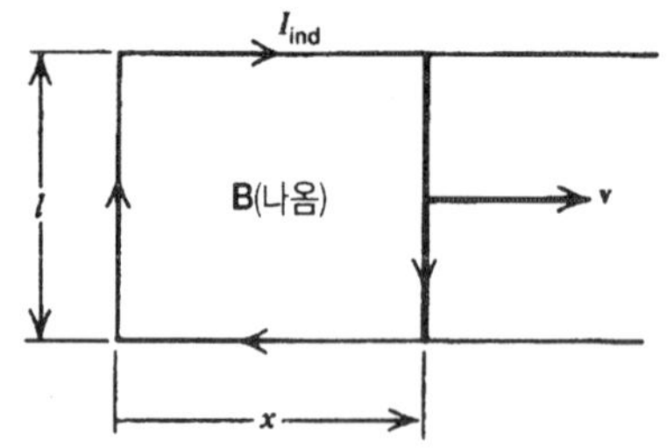

| 그림 17-3 | 도체 막대가 일정한 속도로 오른쪽으로 움직인다.

제를 살펴보자.

예제

그림 17-3은 U자형 모양으로 구부러진 도체 위에 올려놓은 다른 도체 막대를 보여주고 있다. 외부 요인에 의해 이 막대는 오른쪽으로 일정 속도 **v**를 가지고 움직이고 있다. 일정한 자기유도 **B**가 존재하는데, 이것은 지면에 수직이며 지면에서 나오는 방향이다. 회로 C는 변의 길이가 l과 x인 직사각형이다. C 주위를 도는 방향은 반시계방향으로 잡자. 그러면 면적의 양의 방향은 지면에서 나오는 쪽이다. C를 통과하는 선속은 (16-6)으로부터

$$\Phi = \int_S \mathbf{B} \cdot d\mathbf{a} = Blx \tag{17-4}$$

로 구해진다. (17-3)으로 구하는 유도기전력은

$$\mathscr{E}_{\text{ind}} = -\frac{d\Phi}{dt} = -Bl\frac{dx}{dt} = -Blv \tag{17-5}$$

이고 음, 즉 시계방향이다. 이 방향은 그림에 나타낸 대로 I_{ind}의 방향이기도 하다. Lenz 법칙을 어기는지 확인해보자. x가 증가함에 따라 Φ도 증가하며, 그러면 I_{ind}는 Φ를 줄이고 "싫어할" 텐데, 그러려면 회로 내의 **B**의 선을 지면으로 들어가도록 만들어야 한다. 위에서의 I_{ind}는 그것에 잘 일치하도록 구해졌고 그림에도 보인대로이다. v가 일정하기 때문에 유도기전력의 크기도 일정하다. 그러나 x가 증가함에 따라, 회로에는 더 많은 도체가 포함되고, 그러면 저항도 증가할 것이다. 따라서 회로에 의해서 둘러싸이는 면적이 증가할수록 유도전류는 감소할 것이다.

(12-23)으로부터 유도기전력이 존재한다는 것은, 노선을 따라 비보존적인 유도전기장 *induced eledcric field* $\mathbf{E}_{\text{ind}}$가 존재하는 것으로 해석할 수 있다. 그래서 (17-3)을

$$\oint_C \mathbf{E}_{\text{ind}} \cdot d\mathbf{s} = -\frac{d\Phi}{dt} \tag{17-6}$$

의 형식으로도 쓸 수 있다. (9-21)에서 전기장의 접선성분은 연속이라는 것을 알고 있다. 다음

절에서는 이 사실이 여전히 옳다는 것을 보게 될 것이다. 그러므로 도선 바로 바깥쪽에서의 전기장은 안쪽에서와 같을 것이고 그래서 (17-6)은 회로의 바로 가까운 바깥의 경로에 대해서도 성립한다. 사실 (17-6)은 이미 도선의 특성을 담고 있지 않으며, 앞 문장에 비추어 보면 (17-6)은 유도전기장을, 변화하는 선속과 관련시키는, **일반적인 물리 법칙**을 기술한 것으로 보아도 괜찮겠다. 그래서 이 식은, 유도전류를 보여주는 회로가 있든 없든 상관없이, 어떤 닫힌 경로에도 적용할 수 있다. 더구나 공간의 어느 곳에서라도 총 전기장 $\mathbf{E}$는 보존적 부분 $\mathbf{E}_c$와 비보존적 부분 $\mathbf{E}_{\text{ind}}$의 합으로 쓸 수 있다. 즉, $\mathbf{E} = \mathbf{E}_c + \mathbf{E}_{\text{ind}}$으로

$$\oint_C \mathbf{E} \cdot d\mathbf{s} = \oint_C \mathbf{E}_c \cdot d\mathbf{s} + \oint_C \mathbf{E}_{\text{ind}} \cdot d\mathbf{s} \tag{17-7}$$

이다. 그러나 우변의 첫 번째 적분은 보존장에 대한 것이므로 (5-5)에 의해 영이다. 그러므로 (17-7)과 (17-6)을 결합할 때, 총 전기장과 선속의 변화를 관련짓는 표현식

$$\oint_C \mathbf{E} \cdot d\mathbf{s} = -\frac{d\Phi}{dt} = -\frac{d}{dt}\int_S \mathbf{B} \cdot d\mathbf{a} \tag{17-8}$$

를 얻는다. (17-8)은 Faraday 유도 법칙을 장 벡터의 형식으로 나타낸 최종 식으로 생각할 수 있고, 이것은 어떤 닫힌 경로에 대해서도, 또 Φ를 변화시킬 수 있는 어떤 수단에 대해서도 성립한다. 선속을 변화시키는 가능성은 다양하므로, 매질이 정지해 있는지 운동하는지에 따라 두 개의 커다란 부류로 나누어 (17-8)을 논의하는 것이 바람직하겠다.

17-2 정지한 매질

우리가 고려하고 있는 여러 부분이 운동하지 않고 있으면, 경계선 C는 그 모양이나 크기가 갑자기 변하지 않을 것이고, 그래서 Φ가 시간에 따라 변할 수 있는 가능성은 $\mathbf{B}$가 시간에 따라 변하는 것뿐이다. 즉, $\mathbf{B} = \mathbf{B}(\mathbf{r}, t)$이다. 그래서 (1-67)을 사용하면, (17-8)은

$$\oint_C \mathbf{E} \cdot d\mathbf{s} = -\frac{d}{dt}\int_S \mathbf{B} \cdot d\mathbf{a} = -\int_S \frac{\partial \mathbf{B}}{\partial t} \cdot d\mathbf{a} = \int_S (\nabla \times \mathbf{E}) \cdot d\mathbf{a}$$

가 되고, 그러므로

$$\int_S \left(\nabla \times \mathbf{E} + \frac{\partial \mathbf{B}}{\partial t} \right) \cdot d\mathbf{a} = 0 \tag{17-9}$$

이다. 그러나 (17-8)과 (17-9)는 어느 임의의 경로와 그에 수반되는 면적 S에 대해서도 성립하기 때문에, 미소 부분에 대해서도 성립할 것이고, (17-9)의 피적분함수는 어디에서라도 영이 되어야 한다. 그래서

$$\nabla \times \mathbf{E} = -\frac{\partial \mathbf{B}}{\partial t} \tag{17-10}$$

이다. 이것은 정지한 매질에 대한 Faraday 법칙의 미분 형식이다. (17-10)으로 말미암아 드디

어 전기와 자기를 그 장 벡터를 가지고 연관시켰다.

(17-10)을 또 다른 방식으로 표현할 수 있다. 여전히 $\nabla \cdot \mathbf{B} = 0$이고, 그러므로 (16-7)처럼 $\mathbf{B} = \nabla \times \mathbf{A}$이다. 이것을 (17-10)에 넣으면, $\nabla \times \mathbf{E} = -\partial(\nabla \times \mathbf{A})/\partial t = -\nabla \times (\partial \mathbf{A}/\partial t)$가 되고,

$$\nabla \times \left(\mathbf{E} + \frac{\partial \mathbf{A}}{\partial t}\right) = 0 \tag{17-11}$$

이다. 또한 (1-48)로부터 커얼이 영인 물리량은 스칼라의 그래디언트로 쓸 수 있고, 그래서 $\mathbf{E} + (\partial \mathbf{A}/\partial t) = -\nabla\phi$, 혹은

$$\mathbf{E} = -\nabla\phi - \frac{\partial \mathbf{A}}{\partial t} \tag{17-12}$$

라고 결론지을 수 있다. 이것은 $\mathbf{E}$가 일반적으로 스칼라와 벡터퍼텐셜 모두에 의존한다는 것을 보여주고 있다. 정적인 경우, $\partial \mathbf{A}/\partial t = 0$이고, (17-12)는 $\mathbf{E} = -\nabla\phi$가 되며, 다시 보존적 전기장이 되었다. 그러나 일반적으로 ϕ가 항상 정전기에서의 스칼라퍼텐셜과 똑같다고 기대할 수는 없다.

이제는 $\nabla \times \mathbf{E}$가 영이 아닐 수 있으므로, 불연속면에서 $\mathbf{E}$의 접선성분의 거동을 재조사해 보아야 하겠다. 이전의 (9-21) 결과는 $\nabla \times \mathbf{E} = 0$에 의해 구했었다. (17-10)을 (9-18)에 넣으면,

$$\mathbf{E}_{2t} - \mathbf{E}_{1t} = \lim_{h \to 0} \left\{ h \left[\left(-\frac{\partial \mathbf{B}}{\partial t} \right) \times \hat{\mathbf{n}} \right] \right\}$$

이 된다. 전이층의 두께가 영으로 줄어들어도, $\partial \mathbf{B}/\partial t$는 분명히 유한할 것으로 예상할 수 있으므로, $h \to 0$에 따라 $h(\partial \mathbf{B}/\partial t) \to 0$이다. 그래서 위 식의 우변은 영이고

$$\mathbf{E}_{2t} = \mathbf{E}_{1t} \tag{17-13}$$

로 구해진다. 이것이 말해주는 것은 전기장의 접선성분은 여전히 연속이라는 것이고, (9-22) 아래 부분에서의 괄호 속 설명과 일치한다. 이후에 나오게 될 내용에서도 이 결론을 바꿀만한 이유는 찾을 수 없을 것이다.

예제

교류 자기유도 B안에 있는 고정된 고리. 실제의 회로가 관련된 정지된 계의 예로써, 그림 17-4에 보인, 두 변이 a와 b인 직사각형 고리를 생각해보자. z축은 고리 면에 놓여 있고, a 변에 평행이며, 원점은 사각형의 중앙에 있다. 고리의 면은 yz면과 φ의 각도만큼 틀어져 있는데, 그래서 고리 면의 법선벡터 $\hat{\mathbf{n}}$은 xy평면에 있으면서 x축과 같은 각도 φ를 이루고 있다. 또한 자기유도 $\mathbf{B}$가 존재하여 x축을 향하며 $\mathbf{B} = \hat{\mathbf{x}}B_0 \cos(\omega t + \alpha)$로 주어져 있다. 이 자기유도는 공간적으로 고리의 면적에 걸쳐 일정하며, 시간적으로 보아 조화진동하고 있다. 위상각 α는 초기조건으로 정해진다. $\omega = 2\pi\nu$는 각진동수이고 s^{-1} 혹은 rad/s로 측

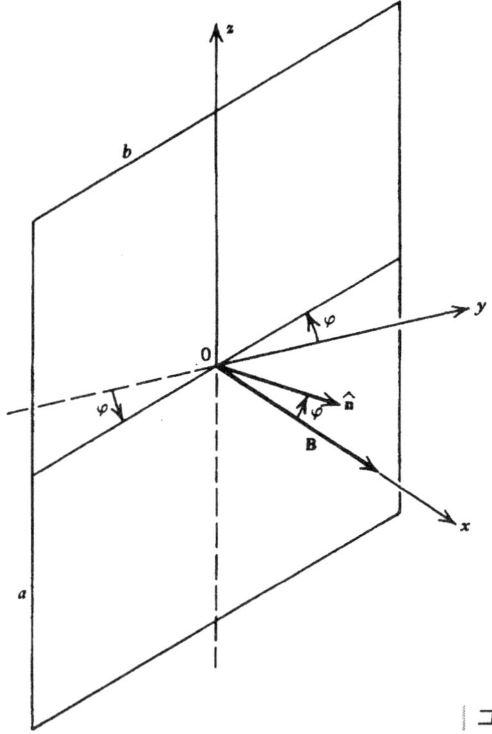

그림 17-4 교류 자기유도 안에 있는 고정된 사각형 고리.

정된다. ν는 보통의 진동수로 단위시간당의 진동수이고 Hz(hertz)로 측정되는데, 1 Hz = 1 s^{-1}이다. 고리를 지나가는 선속은 (16-6)으로부터 구해

$$\Phi = \int_S \mathbf{B} \cdot \hat{\mathbf{n}}\, da = B_0 \cos\varphi \cos(\omega t + \alpha) \int_S da = B_0 ab \cos\varphi \cos(\omega t + \alpha) \tag{17-14}$$

가 된다. 여기서 ab는 고리의 면적이다. 그러면 (17-8)로 주어지는 유도기전력은

$$\mathscr{E}_{\text{ind}} = \oint_C \mathbf{E} \cdot d\mathbf{s} = \omega B_0 ab \cos\varphi \sin(\omega t + \alpha) \tag{17-15}$$

인데, 이것은 진동수에 비례하고, $\sin(\omega t + \alpha)$로 변하므로 **B**와는 90°의 위상차를 갖는다. 예를 들어, 선속이 영이면서 변화율이 최대일 때 $\mathscr{E}_{\text{ind}}$는 최대이다. 고리를 하나의 도선으로 N번 감아 구성하였다면, 한 번 감을 때마다 유도기전력이 (17-15)로 주어질 것이고 그래서 이 코일의 총 기전력은 N 배만큼 클 것이다. 그 이유는 단위전하가 전체 회로를 돌아나갈 때 단위전하에 하여진 일이 그만큼 더해지기 때문이다. 그래서 총 기전력은 $N\omega B_0 ab \cos\varphi \sin(\omega t + \alpha)$이다.

예제

무한히 긴 원통형의 공간에 **B**가 원통좌표로

$$\mathbf{B} = \begin{cases} B_0 \cos(\omega t + \alpha)\hat{\mathbf{z}} & (\rho \le a) \\ 0 & (\rho > a) \end{cases} \tag{17-16}$$

으로 주어져 있다. B_0은 상수이다. 즉, **B**는 원의 면적에서는 공간적으로 일정하나 시간적으로는 단조화진동하고 있다. 이런 자기유도는 무한히 긴 솔레노이드의 감은 도선을 통해 교류전류가 흐를 때 만들어진다. (17-10)을 적용하면, $\nabla \times \mathbf{E} = \omega B_0 \sin(\omega t + \alpha)\hat{\mathbf{z}}$이다. 이 문제의 원통형 대칭성과 이전의 경험을 살려 **E**는 xy평면에 있을 것이라고 예상할 수 있고, $\mathbf{E} = E_\varphi(\rho)\hat{\boldsymbol{\varphi}}$의 형태를 갖는다. 즉, 반지름 ρ인 원에 접한다. 따라서 그러한 원을 적분경로로 선택할 수 있고, 그러면 어느 ρ에 대해서도

$$\begin{aligned} \oint_C \mathbf{E} \cdot d\mathbf{s} &= \oint_C E_\varphi \hat{\boldsymbol{\varphi}} \cdot \rho \, d\varphi \, \hat{\boldsymbol{\varphi}} = 2\pi\rho E_\varphi \\ &= \int_S (\nabla \times \mathbf{E}) \cdot d\mathbf{a} = \omega B_0 \sin(\omega t + \alpha) \int da_z \end{aligned} \tag{17-17}$$

이며, 여기서 (1-67)과 (1-53)을 사용하였다. 면적적분은 (17-16)에 의해, $\rho \le a$인 때는 $\pi\rho^2$이고, $\rho > a$인 때는 πa^2이다. 이들을 (17-17)에 대입하면,

$$E_\varphi = \frac{1}{2}\omega B_0 \rho \sin(\omega t + \alpha) \qquad (\rho \le a) \tag{17-18}$$

$$E_\varphi = \frac{1}{2}\omega B_0 \left(\frac{a^2}{\rho}\right) \sin(\omega t + \alpha) \qquad (\rho > a) \tag{17-19}$$

가 된다. 그림 17-5에는 $|E_\varphi|$의 최대값, 즉 진폭을 ρ의 함수로 나타내었다. 바로 앞의 예제에서처럼 E_φ는 **B**의 변화율에 따라, **B**와는 90°의 위상차를 갖는다. 이러한 일반적인 방식으로 만들어지는 유도 전기장은 베타트론 *betatron*이라 알려진 하전입자 가속기 작동의 기본원리이다.

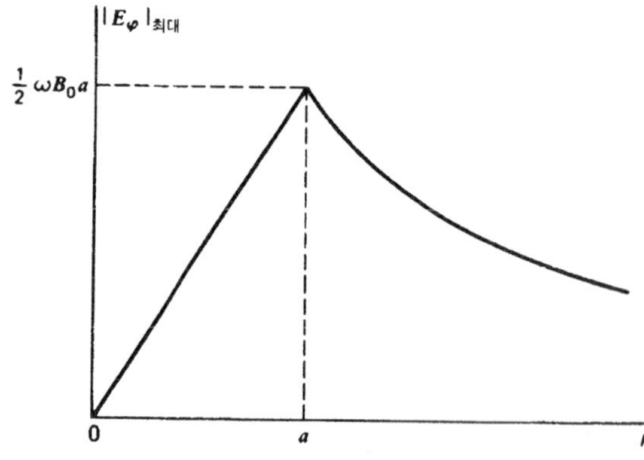

그림 17-5 교류 자기유도를 포함하는 반지름 a의 원통이 만드는 유도전기장을 축으로부터의 거리의 함수로 그렸다.

17-3 운동하는 매질

Faraday 법칙을 응용하는 많은 흥미롭고도 실제적인 문제는, 회로의 일부나 전부가 움직이거나, "매질 *medium*"이 운동할 때 나타난다. 우리의 적분경로 C가 매질의 특정 지점을 통과하고 있다고 상상해보자. 그러면 이들 지점이 바뀌어가면서 적분경로 C도 따라서 옮겨갈 테고, 그 때문에 Φ도 변할 것이다. 동시에 $\mathbf{B}$도 시간에 따라 변할 수 있다. 그러므로 $d\Phi/dt$를 계산하려면, C의 나중 모양이 감싸는 면을 통과하는 선속을 처음 모양이 감싸는 선속과 비교해야 한다. 즉,

$$\frac{d\Phi}{dt} = \lim_{\Delta t \to 0} \frac{\Delta\Phi}{\Delta t} = \lim_{\Delta t \to 0} \frac{1}{\Delta t}\left[\int_{S(t+\Delta t)} \mathbf{B}(t+\Delta t) \cdot d\mathbf{a}(t+\Delta t) - \int_{S(t)} \mathbf{B}(t) \cdot d\mathbf{a}(t)\right] \quad (17\text{-}20)$$

를 계산해야 한다. 그림 17-6은 둘러싸는 곡선 C의 처음과 나중 위치를 나타내고 있다. $C(t)$의 선분요소 $d\mathbf{s}$는 이 운동의 결과로 $\mathbf{v}\Delta t$만큼 옮겨갔다. $d\mathbf{s}$는 이러한 과정 동안 면적요소

$$d\mathbf{a}_s = d\mathbf{s} \times \mathbf{v}\Delta t \quad (17\text{-}21)$$

를 쓸고 지나간다. 이 면적요소를 음영으로 칠해 보였다. 또한 $|d\mathbf{a}_s|$는 $C(t)$와 $C(t + \Delta t)$를 연결하는 "옆"면의 면적 S_s의 일부분이므로, 총면적

$$S_{총} = S(t) + S_s + S(t + \Delta t) \quad (17\text{-}22)$$

는 닫힌 체적을 감싼다. 이 체적을 지나는 $\mathbf{B}$의 총 선속은 (16-5)에 의해 영이다. (17-20) 괄호 속의 첫 번째 항을 계산하기 위해, $t + \Delta t$의 시간에 (16-5)를 그림 17-6의 체적에 적용해보기로 한다. 그러면

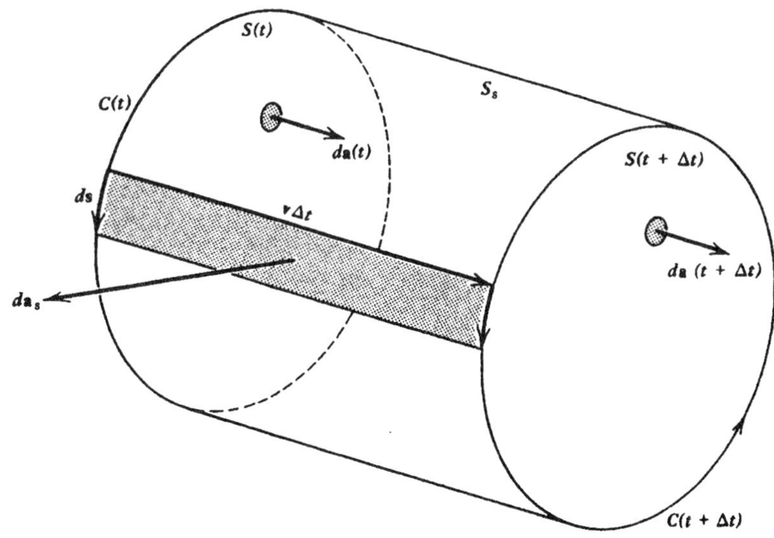

그림 17-6 | 시간 t와 나중 시간 $t + \Delta t$ 때의 경계선 C. 선분요소 $d\mathbf{s}$는 면적 $d\mathbf{a}_s$를 쓸고 지나간다.

$$\oint_{S_{총}} \mathbf{B}(t+\Delta t)\cdot d\mathbf{a} = 0 = -\int_{S(t)} \mathbf{B}(t+\Delta t)\cdot d\mathbf{a}(t) + \int_{S_s} \mathbf{B}(t+\Delta t)\cdot d\mathbf{a}_s + \int_{S(t+\Delta t)} \mathbf{B}(t+\Delta t)\cdot d\mathbf{a}(t+\Delta t) \tag{17-23}$$

인데, 여기서 첫째 항에 음의 부호가 붙은 이유는, $d\mathbf{a}(t)$가 체적의 안쪽을 향하기 때문이다. 한편 (1-56)에서 정의한 면적분은 밖으로 나가는 방향이 양이다. **B** 값은 모두 $t+\Delta t$에서 계산되지만, 면적은 그림 17-6에 정의된 모양으로 표기되었다. 결국에는 $\Delta t \to 0$으로 보낼 것이기 때문에, **B**를 급수

$$\mathbf{B}(t+\Delta t) = \mathbf{B}(t) + \frac{\partial \mathbf{B}}{\partial t}\Delta t + \ldots$$

로 전개하는 것이 적절하고, Δt에 대한 일차항만을 남겨두겠다. 이 표현식을 (17-23)의 첫 번째와 두 번째 적분에만 대입하고, (17-21), (1-23), (1-29)를 사용하여

$$\int_{S(t+\Delta t)} \mathbf{B}(t+\Delta t)\cdot d\mathbf{a}(t+\Delta t) - \int_{S(t)} \mathbf{B}(t)\cdot d\mathbf{a}(t) = \Delta t\left\{\int_{S(t)} \frac{\partial \mathbf{B}}{\partial t}\cdot d\mathbf{a}(t) + \oint_{C(t)} [\mathbf{B}(t)\times \mathbf{v}(t)]\cdot d\mathbf{s}\right\} + (\Delta t)^2 \text{ 차수의 항들} \tag{17-24}$$

을 얻게 된다. 여기서, (17-21)을 대입한 후, (17-23)의 S_s에 대한 적분을 C에 대한 적분으로 쓸 수 있는데, 이 때 관련된 양들이 모두 처음의 경계선 $C(t)$에서 계산되기 때문이다. 이제 (17-24)를 (17-20)에 대입하고 $\Delta t \to 0$으로 하면, 원래부터 $(\Delta t)^2$와 그 이상 차수의 항은 없애고,

$$\frac{d\Phi}{dt} = \int_S \frac{\partial \mathbf{B}}{\partial t}\cdot d\mathbf{a} + \oint_C (\mathbf{B}\times\mathbf{v})\cdot d\mathbf{s} \tag{17-25}$$

가 남게 될 것이다. 첫 번째 항은 **B**의 시간 변화에 관한 것으로 이제까지 잘 알려져 있는 것이고, 두 번째 것이 운동으로 인하여 생겨난 항이 된다. 이제 (17-25)를 (17-3)과 (17-8)에 대입하면, 운동하는 계에서의 유도기전력과 전기장에 대한 선적분을 얻게 된다. 이 물리량들에 프라임 부호를 붙이면, 그리고 (1-23)을 다시 사용하면,

$$\mathscr{E}' = \oint_C \mathbf{E}'\cdot d\mathbf{s} = -\int_S \frac{\partial \mathbf{B}}{\partial t}\cdot d\mathbf{a} + \oint_C (\mathbf{v}\times\mathbf{B})\cdot d\mathbf{s} \tag{17-26}$$

로 구하게 되고, (1-67)을 이용하여

$$\int_S \nabla\times(\mathbf{E}' - \mathbf{v}\times\mathbf{B})\cdot d\mathbf{a} = -\int_S \frac{\partial \mathbf{B}}{\partial t}\cdot d\mathbf{a} \tag{17-27}$$

로 쓸 수 있는데, (17-27)은 임의의 경계선에 대하여도 성립하므로

$$\nabla\times(\mathbf{E}' - \mathbf{v}\times\mathbf{B}) = -\frac{\partial \mathbf{B}}{\partial t} \tag{17-28}$$

이다.

바로 앞의 이 세 방정식에는, 서로 다른 계에 속하는 물리량들이 들어 있는데, 그 다른 계에서 측정되는 물리량들이 포함되어 있다는 점을 기억하는 것이 중요하다. 프라임이 붙은 물리량들은 운동하는 계에 있는 사람이 관찰하는 것이고, 그러므로 관찰자는 그 (움직이는)계에 관하여 정지해 있다. 한 편, $\mathbf{v}$, $\mathbf{B}$, $\partial\mathbf{B}/\partial t$의 물리량들은 프라임이 붙지 않은 계 (이것을 보통 실험실계라고 한다)에서 정지해 있는 관찰자가 측정하는 것이다. 프라임이 붙지 않은 것들이 나타나는 이유는, 본래 그림 17-6에 근거를 두고 C의 운동을 바라보는 사람의 관점에서 식들이 도출되었기 때문이다.

이러한 내용을 주의하여, (17-28)에서 커얼의 연산을 받는 양에 대한 해석을 할 수 있는데, 이들 두 관찰자가 점전하 q에 작용하는 힘을 어떻게 묘사하는지 고려하면 된다. 정지해 있는 관찰자의 관점에서 전하 q는 자기유도 $\mathbf{B}$ 안에서 $\mathbf{v}$의 속도로 운동하며, 그 전하에 작용하는 힘은 (17-2)에 주어진대로 $\mathbf{F} = q(\mathbf{E} + \mathbf{v} \times \mathbf{B})$이다. 여기서 $\mathbf{E}$는 이 계에서의 전기장이다. 프라임이 붙은 계와 함께 운동하는 관찰자에게 전하 q는 정지해 있다. 그러므로 (17-2)에 의해 나타낼 수 있는 유일한 전자기력은 $\mathbf{F}' = q\mathbf{E}'$이다. 여기서 $\mathbf{E}'$은 움직이는 계에서의 전기장이다. 우리가 지속적으로 그래왔듯이, 상대가속도가 영이거나 무시할 수 있는 경우라면, 이들 계는 관성계로 간주할 수 있다. 그러면 역학에서 알고 있듯이 두 계에서의 힘이 같아질 것이고 $\mathbf{F}' = \mathbf{F}$이다. 이렇게 등식으로 놓으면, 두 계에서의 장들은

$$\mathbf{E}' = \mathbf{E} + \mathbf{v} \times \mathbf{B} \tag{17-29}$$

로 관련되어 진다. (17-28)에서 커얼을 취해주게 되는 변수는 사실상 프라임이 붙지 않은 계에서의 전기장이고, 그래서 이 방정식은

$$\nabla \times \mathbf{E} = -\frac{\partial \mathbf{B}}{\partial t} \tag{17-30}$$

로 쓸 수 있다. 이것은 정지한 매질의 경우에 대해 구했던 (17-10)과 정확히 같다. 즉, 이러한 형식으로 썼을 때, Faraday 법칙은 매질의 운동에 무관한 형태가 된다. [29장에서 상대속도 $\mathbf{v}$가 진공에서의 광속 정도로 빨라지면, (17-29)는 어떻게든 수정되어야 한다. 그러나 (17-30)에 관한 결론은 변하지 않을 것이다.]

(17-26)과 (17-29)에서 속도 $\mathbf{v}$에 의존하는 항은 보통 "운동 *motional*"항이라고 알려져 있고, $\mathbf{B}$의 시간 변화에 의존하는 다른 항은 "변환 *transformer*"항이라 알려져 있다. 어떤 문제는 움직이는 계의 관찰자 관점에서 풀고 이해하는 것이 가장 쉬울 수 있다. 그래서 운동기전력과 운동전기장에 대한 표현식

$$\mathscr{E}'_m = \oint_C \mathbf{E}'_m \cdot d\mathbf{s} = \oint_C (\mathbf{v} \times \mathbf{B}) \cdot d\mathbf{s} \tag{17-31}$$

$$\mathbf{E}'_m = \mathbf{v} \times \mathbf{B} \tag{17-32}$$

을 사용한다. 이런 부류의 예를 몇 개를 살펴보도록 하자.

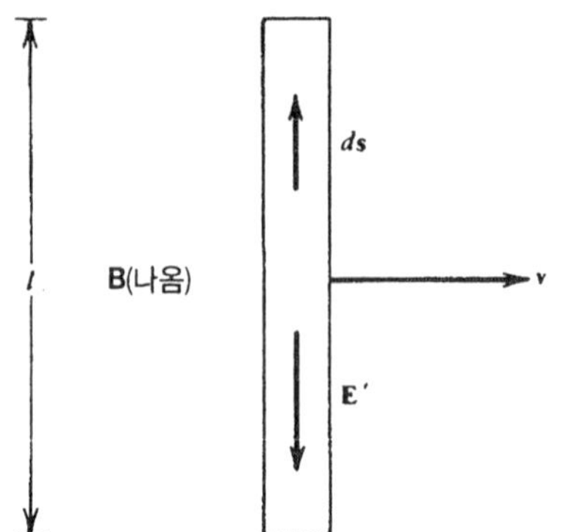

| 그림 17-7 | 그림 17-3의 막대와 함께 운동하는 관찰자가 본 전기장.

예제

그림 17-3에서 설명한 계를 다시 조사해보자. 이 계는 이미 Faraday 법칙을 사용하여 (17-3)의 거시적인 형식으로 분석해보았고, 유도기전력은 결국 (17-5)로 구해졌다. 이 예에서 **B**는 시간에 대해 일정하므로, 기전력은 순전히 운동항에 의해 주어졌음이 틀림없다. 움직이는 유일한 부분은 미끄러지는 막대뿐이기 때문에, (17-32)에 의하면 이 부분만이 $\mathbf{E}' \neq 0$인 유일한 구간이다. 또한 **B**와 **v**는 서로 수직이므로, **E**′은 그림 17-7에서처럼 움직이는 막대를 따라 향해 있고, 그 크기는 일정한 $E' = Bv$이다. 그림에는 $d\mathbf{s}$도 나타내었는데, 이 방향은 회로를 돌아가는 양의 방향으로 선택했던 것이다. 즉, (17-4)에서 Φ를 계산할 때 기준으로 삼았던 방향이다. 그러면 **E**과 $d\mathbf{s}$는 서로 반대를 향하여 $\mathbf{E}' \cdot d\mathbf{s} = -E'ds = -Bv\,ds$이고 (17-31)은

$$\mathscr{E}_m' = -\int_{막대} Bv\,ds = -Blv \tag{17-33}$$

가 되고 이것은 (17-5)와 일치한다. 유도전류의 방향은 **E**′과 같을 것이므로, 그림 17-7과 그림 17-3으로부터, I_{ind}는 시계방향을 가질 것이고 이것은 Lenz 법칙과 일치한다. (17-5)에서는 비록 유도기전력으로 바른 값을 구했지만, 유도기전력이 "어디에 있는지"는 알 수 없었다. 그러나 이번에는 유도기전력의 원인이 분명 움직이는 도체 막대 내에서의 상황에 기인하는 것으로 생각할 수 있다. 더구나 이 예에서는 유도전류의 기원으로는, 정지한 관찰자가 볼 때, 운동하는 전하가 자기유도 내에서 받는 자기력에 기인하는 것으로 설명할 수 있다.

예제

앞 예제의 변형된 문제로 그림 17-8처럼 길이 l의 도체 막대가 일정 속도로 움직이는데, 속도의 방향은 막대에 수직이며 일정한 **B**와도 수직인 경우를 생각해보겠다. 이 경우 완전한 회로는 구성되어 있지 않기 때문에, 유도전류도 흐를 수 없다. 사실 이 계가 최종 정

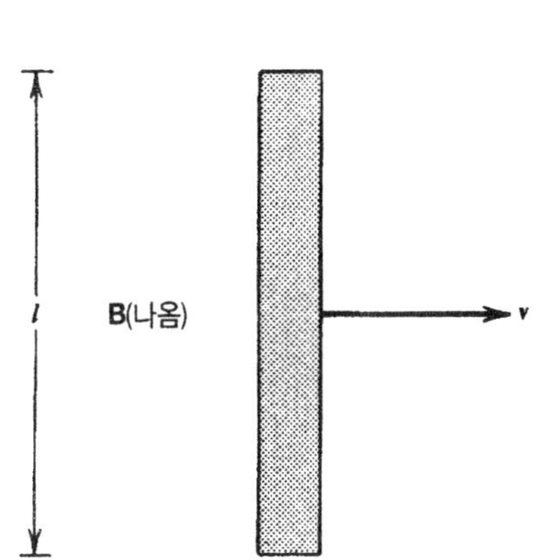

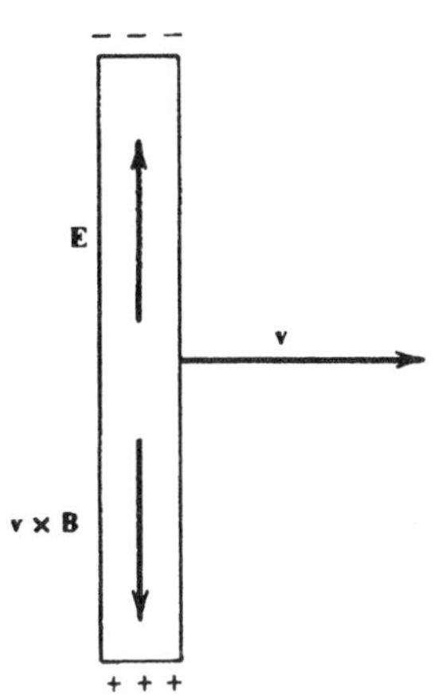

그림 17-8 움직이는 도체. 그러나 회로의 일부는 아님.

그림 17-9 정지한 관찰자가 보는 상황.

상상태에 있게 되면, 막대에는 전류가 전혀 있을 수 없고, 그러므로 (12-25)에 의해 $\mathbf{E}' = 0$이다. 그러나 (17-29)는

$$\mathbf{E} = -\mathbf{v} \times \mathbf{B} \tag{17-34}$$

로 주어져, 정지한 관찰자는 전기장을 보게 되는데, 그 크기는 $E = Bv$이고 방향은 그림 17-9에 나타낸 것처럼 막대를 따라 위쪽을 향하게 된다. 그리고 이것은 이 관찰자의 관점에서 그린 것이다. 이 전기장은 어디에선가로부터 온 것일 텐데, 이 물질이 균질이므로, 막대의 끝에 있는 면전하로부터만 생길 수 있다. 그리고 전하들의 부호는 그림에 보인 것과 같을 것이다. 더구나 프라임이 붙지 않은 관찰자는 막대의 양 끝 사이에 퍼텐셜차가 있다고 단정할 텐데, (5-11)과 (17-34)로부터 구하여

$$\Delta\phi = \int_{+}^{-} \mathbf{E} \cdot d\mathbf{s} = El = Blv \tag{17-35}$$

가 된다. [이 값의 수치는 앞 예제의 (17-33)에서 준 운동기전력과 같지만, 여기서는 완전히 다른 개념으로 말하고 있는 것이다.]

면전하의 원인은 무엇일까? 운동의 처음 단계 동안, 도체 내의 움직일 수 있는 전하들은 $q\mathbf{v} \times \mathbf{B}$의 자기력을 막대의 아래쪽으로 받게 된다. 이렇게 하여 전하가 분리되어, 양전하는 막대의 아래로, 음전하는 막대의 위로 향할 것이다. 그러나 이렇게 분리된 전하들은 위로 향하는 전기장을 만들 것이고, 이것이 내부의 주어진 전하에 작용하는 총 힘을 감소시킬 것이다. 결국 충분한 분량의 전하가 분리되어, 이들이 만든 위쪽으로의 전기장이 아래쪽으로의 자기력을 상쇄시킬 것이다. 이것이 (17-34)가 묘사하는 최종 평형상태이다.

양끝의 전하의 개수는 두 관찰자 모두에게 같을 것이다. 왜냐하면, 수를 세기만 하는 행위는 둘 다에게 동등하기 때문이다. 그러므로 운동하는 관찰자는, 정지한 관찰자가 본

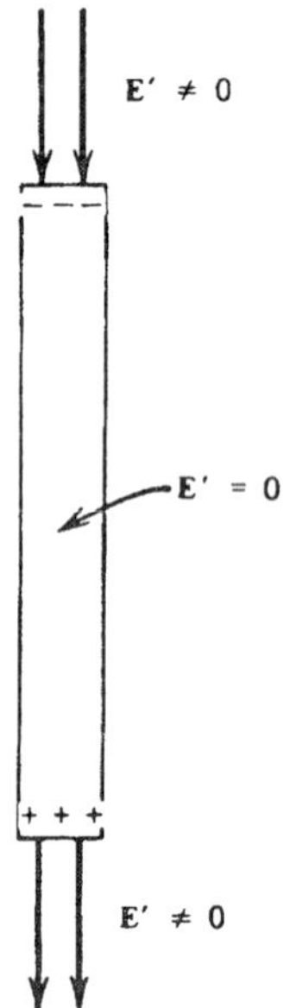

그림 17-10 막대와 같이 움직이는 관찰자가 본 상황.

것과 같은 양끝의 전하분포를 보게 된다. 그러나 이 계에서 $\mathbf{E}' = 0$이기 때문에 막대는 등퍼텐셜체적으로 보일 것이며, 그리하여 양끝 사이의 퍼텐셜차는 $\Delta\phi' = 0$이 될 것이고 (17-35)와 대조된다. 그리고 이것은 계에 전류가 흐르지 말아야한다는 조건과 부합된다. 그러나 이들 면전하는 막대의 바깥 전지역에 $\mathbf{E}' \neq 0$인 전기장을 만들 것이므로, 최종적인 모습은 정성적으로 그림 17-10처럼 보일 것이다. 표면에서의 $\mathbf{E}'$ 값은 (6-4)의 표면전하밀도로부터 구한다. 그리하여 이 예는 귀중한 사실을 말해주고 있는데, 서로 다른 관찰자가 주어진 상황을 장으로 나타낼 때 반드시 같은 방식으로 묘사할 필요는 없으며, 그들이 상대적으로 표현하는 것은 상대운동에 따라 다르다는 점이다.

이 막대가 도체가 아니고 유전체라면, 움직일 수 있는 전하가 없을 것이고, 그림 17-9 같은 상황이 되지 않는다. 그리고 $\mathbf{E}'$은 영이 되지 않을 가능성이 매우 크다. 이 경우, 움직이는 유전체는 분극될 수 있다. 이러한 몇 가지의 예를 연습문제에서 고려할 것이다.

예제

회전하는 고리. 그림 17-4의 고리를 다시 생각해보는데, 그 크기와 놓인 모습은 같다. 그러나 이번에 $\mathbf{B} = B_0\hat{\mathbf{x}}$는 시간에 대해 일정하고, 고리는 강체로써 z축에 대해 일정한 각속력 ω로 회전한다. 그래서 φ는 시간의 함수로써 $\varphi = \omega t + \varphi_0$의 형태이고 여기서 φ_0은 $t = 0$일 때의 각도이다.

우선 전반적인 관점에서 (17-3)으로부터 유도기전력을 구해보자. 선속은 (17-14)를 얻을 때 사용한 것과 같은 방법으로 구하여

$$\Phi = \int_S \mathbf{B} \cdot \hat{\mathbf{n}}\, da = B_0 ab \cos\varphi = B_0 ab \cos(\omega t + \varphi_0) \tag{17-36}$$

이다. 이것을 (17-3)에 대입하여 유도기전력은

$$\mathscr{E}_{\text{ind}} = \omega B_0 ab \sin(\omega t + \varphi_0) \tag{17-37}$$

으로 구해진다. 이번에도 하나의 도선을 N 번 감아 고리를 형성하였다면, 한 번 감을 때마다 기전력은 (17-37)로 주어지고, 코일의 총 기전력은 N 배 커질 것이다. 그래서

$$\mathscr{E}_{\text{ind}} = N\omega B_0 ab \sin(\omega t + \varphi_0) \tag{17-38}$$

이 된다. 여기서 논의하고 있는 것은 발전기의 초보적인 형식이다. 그리고 이런 식으로 Faraday 법칙을 적용하여, 오늘날 이 세상에서 만들어지고 있는 대부분의 전기에너지를 설명하게 된다.

(17-15)와 (17-37)로 주어지는 유도기전력을 비교해보면 그 형태는 분명히 비슷해 보이지만, 여기에 관련된 물리적 원인은 매우 다르다. 앞의 것은 정지한 코일에 자기유도가 변하여 만들어진 것이고, 이번 것은 일정한 자기유도 내에서 운동하는 코일 때문에 생긴 것이다.

이 예를 운동전기장으로 살펴보는 것이 좋겠다. 그림 7-11은 어느 순간에 고리를 바라본 것이다. 회전의 각속도는 $\boldsymbol{\omega} = \omega\hat{\mathbf{z}}$이고, 원점을 고리의 중앙으로 잡았을 때 $\mathbf{r}$은 고리 위 한 지점의 위치벡터이다. 화살표는 고리를 돌아가는 양의 방향을 나타내는데, 이렇게 잡으면 그림 17-4의 법선벡터 $\hat{\mathbf{n}}$은 지면에서 나오게 된다. 강체가 회전할 경우에 어느 점의 속도는 $\mathbf{v} = \boldsymbol{\omega} \times \mathbf{r}$로 주어지고, $\mathbf{B}$를 $\mathbf{B} = B_0\hat{\mathbf{x}}$로 주면, 운동전기장 $\mathbf{E}'_m$은 (17-32), (1-30), (1-20)으로부터

$$\mathbf{E}'_m = \mathbf{v} \times \mathbf{B} = -(\mathbf{B} \cdot \mathbf{r})\boldsymbol{\omega} = -B_0 x\omega\hat{\mathbf{z}} \tag{17-39}$$

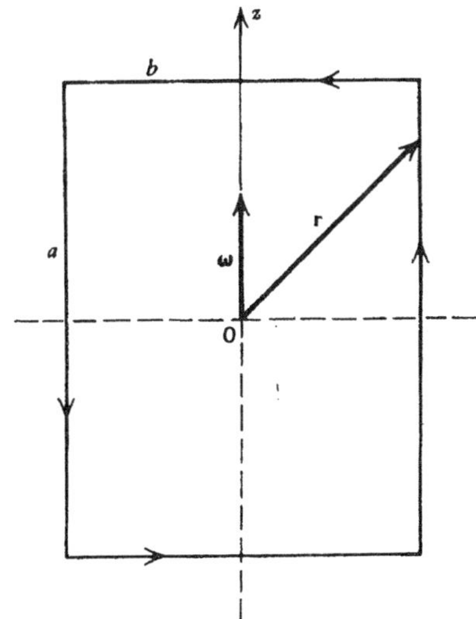

그림 17-11 사각형 고리가 일정한 자기유도 안에서 회전하고 있다.

로 구해진다. 이 표현식을 (17-31)에 넣고 고리에 대하여 적분해야 한다. 그림 17-11로부터 길이가 b인 수평 부분에 대한 $d\mathbf{s}$는 $\hat{\mathbf{z}}$에 수직이므로, 이 부분에서 $\mathbf{E}'_m \cdot d\mathbf{s} \sim \hat{\mathbf{z}} \cdot d\mathbf{s} = 0$이고 적분에는 기여하지 않을 것이다. 길이가 a인 두 수직 변에서는 $d\mathbf{s} = dz\,\hat{\mathbf{z}}$이고, 왼쪽 변과 오른쪽 변의 x 좌표를 x_l과 x_r이라 하면, (17-39)를 (17-31)에 대입할 때

$$\mathscr{E}'_m = \int_{a/2}^{-(a/2)} (-B_0 x_l \omega\, dz) + \int_{-(a/2)}^{a/2} (-B_0 x_r \omega\, dz) = \omega B_0 a (x_l - x_r) \qquad (17\text{-}40)$$

을 얻게 된다. 그림 17-4로 돌아가서 살펴보면 $x_r = -\frac{1}{2} b \sin \varphi$와 $x_l = \frac{1}{2} b \sin \varphi$이므로 $x_l - x_r = b \sin \varphi$로 (17-40)은

$$\mathscr{E}'_m = \omega B_0 ab \sin \varphi = \omega B_0 ab \sin(\omega t + \varphi_0) \qquad (17\text{-}41)$$

이 되어 (17-37)과 정확히 같다. (17-39)와 같은 운동전기장은 고리의 모든 곳에 부여되어 있지만, 각속도와 평행인 부분만이 유도기전력에 기여한다. 다른 부분에서는 유도전기장은 항상 변위에 수직이며, 그래서 전하가 회로를 돌아다닐 때 전하에 일을 하지 않는다.

예제

단극발전기 homopolar generator. Faraday는 흥미로운 고안을 해내었다. 반지름 a의 도체 원판이 일정한 각속력 ω로 회전하고 있는데, 이 원판에는 수직으로 균일한 자기장 $\mathbf{B}$가 걸려있다. 그림 17-12에 나타낸 것처럼 $\mathbf{B}$와 $\boldsymbol{\omega}$는 지면 안으로 들어가도록 잡았다. 0에 있는 중앙축과 원판의 가장자리 P에는 미끄럼접촉단자가 연결되어 있다. 회로는 도선과 저항 R로 완성되어 있다. 원판 중앙의 원점에 대한 위치벡터 $\mathbf{r}$지점의 속도는 $\mathbf{v} = \boldsymbol{\omega} \times \mathbf{r}$이고 접선방향이다. 그러므로 (17-32)로부터 운동전기장이 생길 것이고

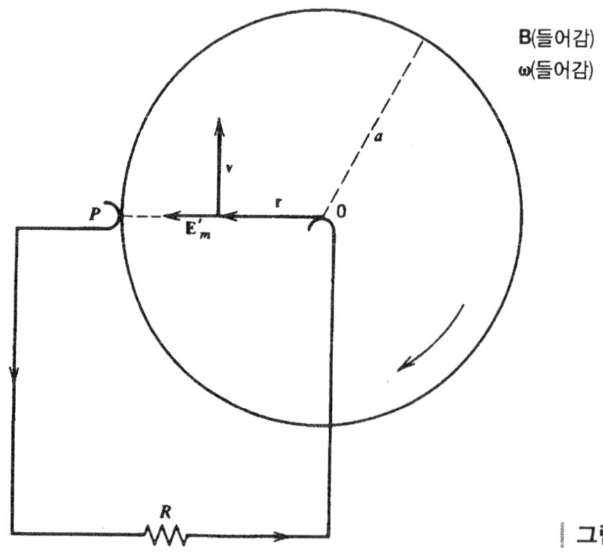

그림 17-12 | 단극발전기.

$$\mathbf{E}'_m = (\boldsymbol{\omega} \times \mathbf{r}) \times \mathbf{B} = \omega B\mathbf{r} \tag{17-42}$$

이 되며 반지름 방향이다. 이것을 (17-31)에 넣을 때, 유도기전력에 기여하는 유일한 부분은 원판의 0에서 P까지이다. $d\mathbf{s} = d\mathbf{r}$이므로

$$\mathscr{E}'_m = \int_0^P \mathbf{E}'_m \cdot d\mathbf{s} = \int_0^a \omega Br\, dr = \tfrac{1}{2}\omega Ba^2 \tag{17-43}$$

이 된다. 결과적으로 외부 회로에서의 전류 방향은, $\mathbf{E}'_m$의 일반적인 의미에 의해, 그림에 보인 것처럼 된다. 이와 같은 장치는 제작이 가능하고 또 작동도 하겠지만, 적당한 값의 기전력을 얻으려면, 원판의 크기도 커야하고 회전속력도 빨라야 하기 때문에, 일반적으로는 실용성이 없다. 이러한 배치 대신에, 전지와 같은 외부 기전력을 사용하고 미끄점접촉을 이용하여 전류를 만들어주면, 원판은 회전하게 될 것이고, 이것이 **단극전동기** *homopolar motor*가 된다.

17-4 인덕턴스

Faraday 법칙을 시작할 때는 (17-3)의 형식이 계 전체를 나타내기에 적합하였지만, 우리는 곧바로 이것을 장으로 변환하였었다. 그러나 응용 할 경우에는 계의 특성을 전체적으로 다루는 것이 편리하다. 이것은 마치 전기용량이 유용한 개념이라고 보는 것과 같다. 그래서 우리는 이러한 실용적인 자세로 되돌아 가보고자 한다. 자기선속 Φ를 다시 살펴봄으로써 계의 또 다

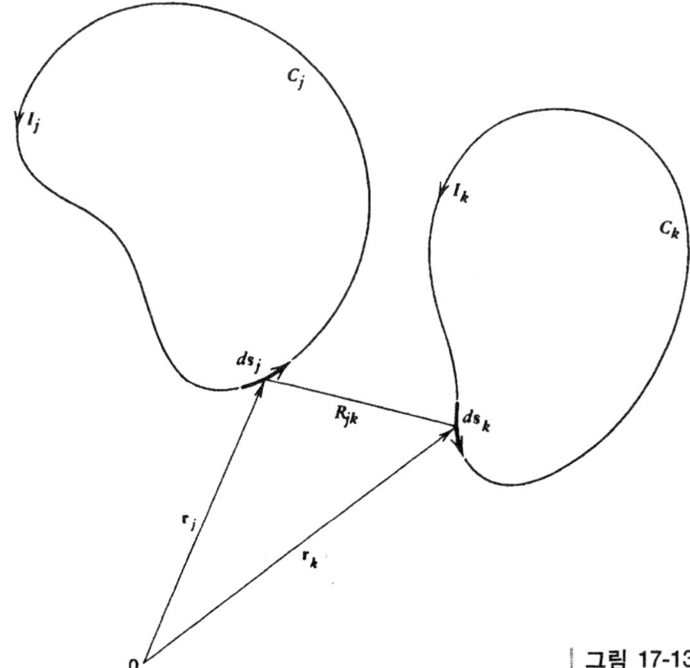

그림 17-13 | 두 세선회로의 전류요소와 그 위치.

른 기하적인 특성으로 **인덕턴스** *inductance*를 도입하게 된다.

그림 17-13에는 두 세선회로 C_j와 C_k가 보이는데, 각각에는 전류 I_j와 I_k가 흐른다. 원점을 임의로 잡았고, 선분요소 $d\mathbf{s}_j$와 $d\mathbf{s}_k$는 그들의 위치벡터 $\mathbf{r}_j$, $\mathbf{r}_k$와 함께 나타나 있다. $R_{jk} = |\mathbf{r}_j - \mathbf{r}_k|$이다. 전류 I_k는 C_j가 둘러싸는 표면 S_j의 모든 곳에 자기유도 $\mathbf{B}_k$를 만들 것이고, C_j에서의 선속 $\Phi_{k\to j}$는 (16-6)으로부터 구할 수 있다. 그러나 여기에서 선속은 (16-23)을 이용한 벡터퍼텐셜로 나타내는 것이 더 유용하겠다. 그러므로 $\mathbf{A}_k(\mathbf{r}_j)$를 회로 C_k가 회로 C_j의 모든 곳 $\mathbf{r}_j$에 만드는 벡터퍼텐셜이라 한다면, C_k에 기인하여 C_j를 통과하는 선속은 (16-23)과 (16-10)에 의해서

$$\Phi_{k\to j} = \oint_{C_j} \mathbf{A}_k(\mathbf{r}_j)\cdot d\mathbf{s}_j = \frac{\mu_0}{4\pi}\oint_{C_j}\oint_{C_k}\frac{I_k\, d\mathbf{s}_j\cdot d\mathbf{s}_k}{R_{jk}} \tag{17-44}$$

로 주어질 것이다. C_j를 지나가는 이 선속은 C_k의 전류 I_k에 비례함을 알 수 있다. 이 때의 비례상수 인자를 M_{jk}의 기호로 나타내고, 이것을 회로 j와 k의 **상호인덕턴스** *mutual inductance* 라 하면,

$$\Phi_{k\to j} = M_{jk} I_k \tag{17-45}$$

$$M_{jk} = \frac{\mu_0}{4\pi}\oint_{C_j}\oint_{C_k}\frac{d\mathbf{s}_j\cdot d\mathbf{s}_k}{R_{jk}} \tag{17-46}$$

로 쓸 수 있다. (17-46)을 보면 상호인덕턴스는 순전히 기하적인 요소로써 두 회로의 크기와 상대적인 배치를 연관시켜주는 것이며, 원리상 두 회로에 대한 이중적분으로 계산할 수 있다. μ_0은 (13-2)에서 H/m의 단위로 정의되었으므로, 상호인덕턴스의 단위는 1 H(henry)가 되리라는 것을 알 수 있다.

마찬가지로, C_j의 전류 I_j에 기인한 C_k에서의 선속을 계산하면,

$$\Phi_{j\to k} = M_{kj} I_j \tag{17-47}$$

$$M_{kj} = \frac{\mu_0}{4\pi}\oint_{C_k}\oint_{C_j}\frac{d\mathbf{s}_k\cdot d\mathbf{s}_j}{R_{kj}} \tag{17-48}$$

로 구해진다. 그러나 $d\mathbf{s}_k\cdot d\mathbf{s}_j = d\mathbf{s}_j\cdot d\mathbf{s}_k$이고, $R_{kj} = R_{jk} = |\mathbf{r}_j - \mathbf{r}_k|$이므로, 그리고 (6-19)와 연관된 비슷한 논의를 사용하면, 적분의 순서는 이중적분의 값에 영향을 미치지 않으므로,

$$M_{kj} = M_{jk} \tag{17-49}$$

이다. 이것은, C_k의 전류 I_0에 의해 C_j를 통과하는 선속이 C_j를 흐르는 같은 전류 I_0에 의해 C_k를 통과하는 선속과 같다는 것을 말해주고 있다.

(17-46)으로부터 알 수 있는 점은, 상호인덕턴스는 양수일 수도 있고 음수일 수도 있다는 것인데, C_j와 C_k를 돌아가는 방향을 임의적이고도 독립적으로 선택할 수 있기 때문이다.

한 회로에서의 전류의 변화로 인하여 다른 회로에 발생하는 전체적인 유도기전력은, 편리한대로 상호인덕턴스를 사용하여 쓸 수 있다. (17-45)를 (17-3)에 대입하면

$$\mathscr{E}_{k\to j} = -\frac{d\Phi_{k\to j}}{dt} = -M_{jk}\frac{dI_k}{dt} \tag{17-50}$$

가 되는데, 이렇게 쓸 수 있는 것은 두 회로가 정지해 있다고 가정하여 M_{jk}가 상수이기 때문이다. C_k에 유도되는 기전력은 (17-50)에서 j와 k를 교환하여 얻을 수 있다.

C_j를 통과하는 합성 **B**를 만드는 회로가 여러 개라면, (14-4) 혹은 (16-11)에 의해 총 선속은 (17-45)같은 항을 여러 개 합한 것이 될 것이고,

$$\Phi_j = \sum_k \Phi_{k\to j} = \sum_k M_{jk} I_k \tag{17-51}$$

이다. 마찬가지로 다른 회로들에 의해서 만들어지는 C_j에서의 총 유도기전력은 (17-51)과 (17-3)으로부터

$$\mathscr{E}_{j,\text{상호}} = -\frac{d\Phi_j}{dt} = -\sum_k M_{jk}\frac{dI_k}{dt} \tag{17-52}$$

이다.

(17-46)은 원리상 상호인덕턴스를 계산할 수 있게 해주는 처방이지만, 이것을 직접 응용하려하면 보통 복잡한 적분에 봉착하고 만다.

예제

축이 일치하는 두 평행 고리. 그림 17-14에는 xy평면에 놓인 반지름 a인 원 C_j가 보인다. 그

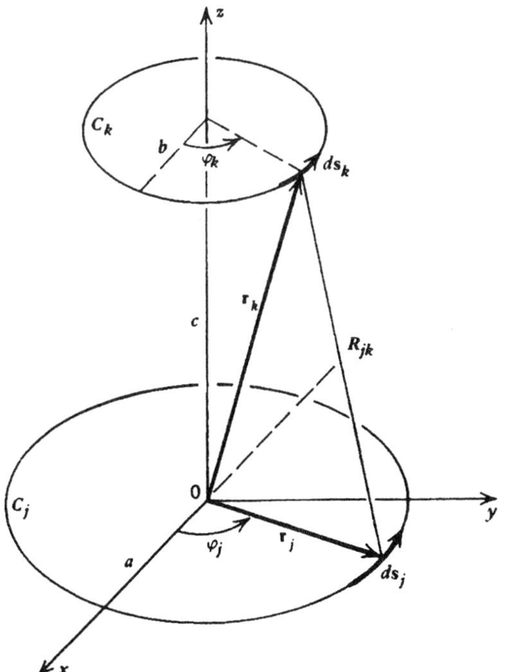

그림 17-14 | 축이 일치하는 두 개의 평행 고리.

중심은 원점에 있다. 다른 원 C_k는 반지름이 b이고 xy평면에 평행이며, 그 중심은 원점에서 거리 c인 z축 상에 있다. 계산에 필요한 위치벡터는 $\mathbf{r}_j = a\cos\varphi_j\hat{\mathbf{x}} + a\sin\varphi_j\hat{\mathbf{y}}$, $\mathbf{r}_k = b\cos\varphi_k\hat{\mathbf{x}} + b\sin\varphi_k\hat{\mathbf{y}} + c\hat{\mathbf{z}}$이므로

$$d\mathbf{s}_j = d\mathbf{r}_j = a\,d\varphi_j(-\sin\varphi_j\hat{\mathbf{x}} + \cos\varphi_j\hat{\mathbf{y}})$$
$$d\mathbf{s}_k = d\mathbf{r}_k = b\,d\varphi_k(-\sin\varphi_k\hat{\mathbf{x}} + \cos\varphi_k\hat{\mathbf{y}})$$
$$R_{jk} = |\mathbf{r}_j - \mathbf{r}_k| = \left[c^2 + a^2 + b^2 - 2ab\cos(\varphi_j - \varphi_k)\right]^{1/2}$$
$$d\mathbf{s}_j \cdot d\mathbf{s}_k = ab\cos(\varphi_j - \varphi_k)\,d\varphi_j\,d\varphi_k$$

이다. 이들을 (17-46)에 대입하면, 결과는

$$M_{jk} = \frac{\mu_0 ab}{4\pi}\int_0^{2\pi}\int_0^{2\pi}\frac{\cos(\varphi_j - \varphi_k)\,d\varphi_j\,d\varphi_k}{\left[c^2 + a^2 + b^2 - 2ab\cos(\varphi_j - \varphi_k)\right]^{1/2}} \tag{17-53}$$

가 된다. (17-53)을 써내려가는 것은 쉬운 일이지만, 기초 함수만으로는 표현할 수 없고 타원함수를 사용하여야 한다. 그래서 그대로 남겨두도록 한다.

많은 경우에 상호인덕턴스를 구하는 문제는, 이것을 (17-45)에 의해 단위전류당의 선속이라고 정의함으로써 더욱 쉽게 다룰 수 있다. 그래서 이 방법을 사용하려면, 일반적으로 이미 알고 있는 **B**로부터 (16-6)의 정의를 사용하여 Φ를 계산할 수 있어야 한다.

예제

긴 솔레노이드 위에 감은 짧은 코일. 단위길이당 n_s 번 감겨 있는 무한히 긴 솔레노이드가 있다고 해보자. 또 다른 코일이 이 솔레노이드 위에 바짝 감겨져 있는데, 그림 17-15처럼 길이 l_c에 총 N_c 번 감겨 있다고하자. 그러면 코일의 단위길이당 감긴 수는 $n_c = N_c/l_c$일 것이다. 이 경우, 솔레노이드의 도선에 I_s의 전류가 흐른다면, **B**를 어떻게 구하는지 알고 있다. 안에서의 균일한 자기유도 값은 (15-26)으로 주어져 $\mathbf{B}_s = \mu_0 n_s I_s\hat{\mathbf{z}}$이다. 코일이 솔레노이드 위에 단단히 감겨 있다면, 그 단면적은 거의 솔레노이드의 단면적 S와 같다고 놓을 수 있다. 그러면 $\mathbf{B}_s$는 S의 면과 수직일 것이므로, 코일 한 바퀴 감은 것에 대한 선속은

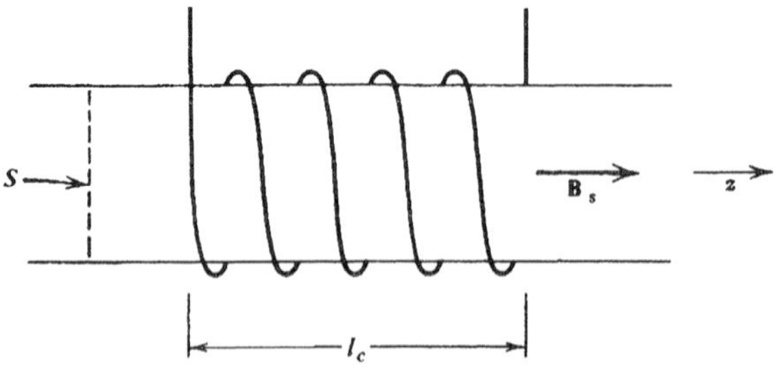

그림 17-15 긴 솔레노이드 위에 감은 코일.

$\Phi_I = B_s S = \mu_0 n_s S I_s$이고, N_c 번 감은 것에 대한 총 선속은 $\Phi_c = N_c \Phi_I = \mu_0 n_s N_c S I_s$가 될 것이다. 이것을 (17-45)에 대입하면, 이 계의 상호인덕턴스는

$$M_{cs} = \frac{\Phi_c}{I_s} = \mu_0 n_s N_c S = \mu_0 n_s n_c l_c S \tag{17-54}$$

로 구해진다. (17-49)에 의해 $M_{sc} = M_{cs}$이므로, 이 결과를 이용하여, 코일에 전류가 I_c 흐를 때 솔레노이드에 만들어지는 선속 Φ_s를 구할 수 있다. 이것은 $\Phi_s = M_{sc} I_c = \mu_0 n_s n_c l_c S I_c$로 주어질 것이다.

물론, 회로 C_j가 자신을 통과하는 선속 $\Phi_{j \to j}$를 만들 수도 있다. 이 경우에 나타나는 비례상수는 **자체인덕턴스** *self-inductance*, 혹은 더 간단히 인덕턴스라 한다. 그림 17-16을 사용하여, 전에 (17-44)부터 (17-46)까지를 구했던 것처럼 해보면,

$$\Phi_{j \to j} = L_{jj} I_j \tag{17-55}$$

$$L_{jj} = L_j = L = \frac{\mu_0}{4\pi} \oint_{C_j} \oint_{C_j} \frac{d\mathbf{s}_j \cdot d\mathbf{s}_j'}{R_{jj}} \tag{17-56}$$

을 구하게 된다. 여기서 이중적분은 같은 회로에 대해 두 번 행해지고, $d\mathbf{s}_j$와 $d\mathbf{s}_j'$은 C_j에서 따로 취급되는 선분요소이다. (17-56)에도 나타낸 것처럼, 혼동되지만 않는다면, 자체인덕턴스의 첨자 중 하나 또는 모두를 생략하기도 한다. 그림 17-16과 그림 14-2를 비교하여보면, 우리가 지속적으로 사용하고 있는 부호에 관한 약속에 의해, $\Phi_{j \to j}$는 항상 양이므로, (17-55)의 자체인덕턴스 L_{jj}는 항상 양의 값이다.

전류 I_j가 변하면, 회로 자체의 선속이 변하기 때문에, (17-3)에 의해 회로에는 유도기전력이 생길 것이다. 보통 이것을 **자체유도기전력** *self-induced emf*, 혹은 **되먹임 기전력** *back emf*라 하고

$$\mathscr{E}_{j,\text{자체}} = -L_{jj} \frac{dI_j}{dt} = -L \frac{dI_j}{dt} \tag{17-57}$$

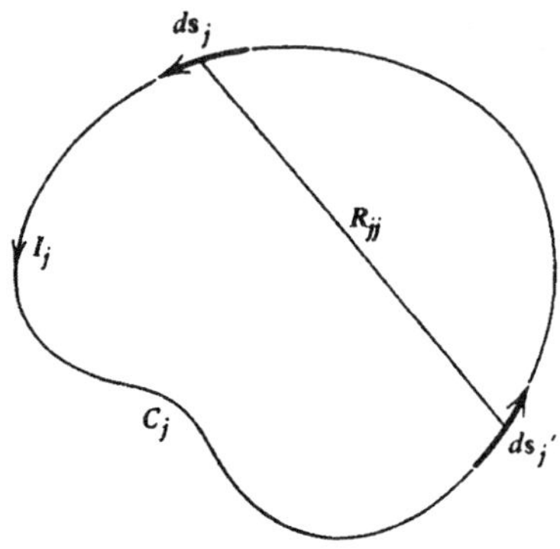

그림 17-16 자체인덕턴스의 계산.

로 주어진다.

끝으로, 만일 주변에 다른 회로들이 있으면, C_j의 총 선속은 (17-51)과 (17-55)의 합이 될 것이고, 유도되는 총 기전력도 자체유도기전력과 상호유도기전력의 합이 될 것이다. 그러므로

$$\Phi_j = \sum_k M_{jk} I_k \tag{17-58}$$

$$\mathscr{E}_j = -\sum_k M_{jk} \frac{dI_k}{dt} \tag{17-59}$$

라고 쓸 수 있다. 여기서 첨자 k는 j가 될 수 있고, 다른 회로를 표시하는 것이 될 수도 있으며, 첨자가 같을 때는

$$M_{jj} = L_{jj} = L_j \tag{17-60}$$

의 기호를 쓰면 된다.

(17-56)은 생긴 모습도 멋지며 공식으로 계산할 때는 유용하기도 하지만, 두께가 영인 진정한 세선전류에 대해서는 자체인덕턴스가 무한대가 된다는 점에서 성립하지 않을 것이다. 이런 일은 이중적분을 할 때, $d\mathbf{s}_j$와 $d\mathbf{s}_j'$가 일치하게 되자마자, $R_{jj} = 0$이 되고, 적분이 발산하여 발생한다. 이렇게 되는 물리적 이유는 도선 가까운 곳에서 $|\mathbf{B}| \sim 1/\rho$ 이어서 $\rho \to 0$에 따라 무한대가 되고, 선속도 무한대가 되기 때문이다. 그러나 전류가 퍼져 분포하는 실제적인 도선에 대해서는, (17-56)을 일반화하여 식을 만들려고 애쓰기보다는, (17-55)로 돌아가서 선속과 전류의 비율로써의 자체인덕턴스를 구하면 된다. 또는 다음 장에서 설명하게 될 에너지 방법을 사용해도 된다. 우리는 (17-55)를 적용하는 유일한 예를 고려해보겠다.

예제

이상적인 솔레노이드. 이전의 예에서와 마찬가지로, 자기유도는 $B = \mu_0 nI$로 주어지고, 단면적 S에 대해 균일하다. 그러므로 한 번 감은 도선마다 선속은 $BS = \mu_0 nSI$이 될 것이다. 길이 l의 솔레노이드를 고려해보면, 감은 수는 nl이고 총 선속은 $\mu_0 n^2 SlI$가 될 것이다. 이것을 (17-55)에 대입하면, $L = \Phi/I$이고,

$$L = \mu_0 n^2 lS \tag{17-61}$$

를 얻는다. $L \sim lS$로 나왔는데, 이것은 솔레노이드의 이 길이 부분의 부피이다. 또한 $L \sim n^2$인데, 이것은 $B \sim n$이고 감은 수도 $\sim n$이기 때문이다.

연습문제

17-1 그림 17-2에 보인 C를 통과하는 양의 방향을 반대로 선택해보라. 이 때 (17-3)으로 구하는 유도기전력의 방향이 본문에서 논의된 두 가지 경우에 대한 것과 같아짐을 보여라.

17-2 어떤 영역에서 자기유도가 시간의 함수 $\mathbf{B} = B_0(t/\tau)\hat{\mathbf{z}}$로 주어진다. B_0와 τ는 상수이다. $\mathbf{A}$를 구하라. 스칼라퍼텐셜은 영이라고 가정하고, $\mathbf{A}$에 대한 앞의 결과를 이용하여 $\mathbf{E}$를 구하라. 이 $\mathbf{E}$를 이용하여 (17-8)의 좌변을 계산하고, 이것이 우변과 같아짐을 직접 보여라.

17-3 그림 13-5의 무한히 긴 직선 회로에 전류가 $I = I_0 e^{-\lambda t}$로 주어졌다. I_0과 λ는 상수이다. 이 그림의 사각형 회로에 만들어지게 될 유도기전력을 구하라. 유도기전력의 방향은 어떻게 되는가?

17-4 일정한 전류 I가 흐르는 무한히 긴 직선 도선이 z 축에 일치하도록 놓여 있다. 반지름 a의 원 고리가 xz평면에 놓여 있는데 그 중심은 x축 상의 b 지점에 있다. 이 고리를 통과하는 선속을 구하라. 이제 이 고리가 일정한 속력 v로 움직이는데, x축에 평행하며 I에서 멀어지고 있다할 때, 이 고리에 유도 되는 기전력을 구하라. 유도전류의 방향은 어떠한가?

17-5 그림 17-4의 고리는 $\varphi = \omega t + \varphi_0$로 회전하고 있으며, 동시에 $\mathbf{B}$도 같은 진동수로 변하여 $\mathbf{B} = \hat{\mathbf{x}} B_0 \cos(\omega t + \alpha)$일 때, 이 고리에 유도되는 기전력을 구하라. 이 유도기전력이 항상 영이 되는 상수 φ_0과 α를 선택할 수 있겠는가?

17-6 어떤 닫힌 회로의 총 저항이 R이다. 이 회로를 지나는 총 선속이 Φ_i에서 Φ_f로 변하고 있다면, 이 회로를 통해 흐르는 총 전하는 $Q = (\Phi_i - \Phi_f)/R$로 주어짐을 보여라. 이 결과는 시간에도 무관하고, Φ가 변하는 방법에도 무관함에 유의하자.

17-7 반지름이 a인 비자성 원통이 있는데 이것의 유전상수는 κ_e이다. 이 원통의 축과 평행이며 균일한 자기유도 $\mathbf{B}$가 있을 때, 이 원통이 축에 대하여 일정한 각속도 $\boldsymbol{\omega}$($\mathbf{B}$에 평행)로 회전한다면, 원통 내에 만들어지는 분극은 얼마이며, 원통의 길이 l에 대한 면전하는 얼마인가?

17-8 반지름 a인 구각이 z 축에 대하여 일정한 각속도 $\boldsymbol{\omega}$로 회전하고 있다. 균일한 자기유도가 xz평면에 있으며 회전축과 α의 각을 이루고 있다. 구 위의 모든 곳에서 유도되는 전기장을 구하라.

17-9 지름이 1 m인 단극발전기가 분당 3600 회전의 각속력으로 0.1 T의 자기유도 안에서 돌고 있다. 이 때 만들어지는 $\mathscr{E}'_m$의 값을 구하라.

17-10 길이가 l인 어느 금속 막대가 한 끝을 지나는 축에 대하여 일정한 각속력 ω로 회전하고 있다. 막대가 쓸고 지나가는 원이 균일한 자기유도 $\mathbf{B}$에 수직이라면, 막대의 양끝 사이에 유도되는 기전력을 구하라. 정상상태에 이르렀다고 가정하라.

17-11 어느 전도성 유체가 수평의 도랑 안을 v의 속력으로 흐르고 있다. 이 도랑은 깊이가 w이고 폭이 l인데, 이것이 놓여 있는 지역에서 지구자기장에 의한 자기유도의 수직 성분이 B_d이다. 두 개의 금속전극이 도랑의 두 수직 벽에 서로 마주보며 놓여 있다. 이 전극은 사각형 모양으로 두 변이 a와 b이며, 도랑의 바닥으로부터 d되는 같은 높

이에 있고 긴 변이 수평이다. 다음을 구하라. (a) 전극 사이의 직육면체 안에 들어 있는 액체 막대의 저항, (b) 전극 사이의 유도기전력, (c) 전극이 저항 없는 도선으로 연결되어 있을 경우 전류, (d) 해수의 경우로 $\sigma = 4/\Omega \cdot \text{m}$이며, $B_d = 5.5 \times 10^{-5}$ T, w = 2 m, l = 5 m, $a = b$ = 0.5 m, v = 3 m/s, d = 0.25 m일 때, (a), (b), (c)의 수치.

17-12 연습문제 17-4의 원 고리가 회전을 하는데, 이번에는 고리의 중심이 반지름 b인 원을 그린다. 이 궤적의 중심은 원점에 있고 고리의 면은 z축에 평행을 유지한다. 즉, 고리의 각속도는 $\boldsymbol{\omega} = \omega\hat{\mathbf{z}}$이다. 움직이는 고리에서의 $\mathbf{E}'$을 구하라. 고리 주위를 도는 $\oint \mathbf{E}' \cdot d\mathbf{s}$를 구하라. 실험실에 고정된 관찰자의 관점에서 이 결과를 설명해보아라.

17-13 비자성 바늘 모양의 유전체 먼지 입자 두 개가 균일한 $\mathbf{B}$에 직각을 이루는 속도 $\mathbf{v}$로 운동하고 있다. 각 입자의 부피는 V이며, 거리 R만큼 떨어져 있는데, 이 거리는 입자의 크기에 비해 매우 크다. 입자들의 축은 $\mathbf{v}$와 $\mathbf{B}$ 모두에 수직인 방향으로 향해 있다. 중력 이외로 입자들이 서로 작용하는 힘을 구하라. 인력인가 척력인가?

17-14 전자기 "에디(eddy) 전류" 제동장치는 두께가 d인 원판으로 전도도가 σ인데, 이것의 중심을 지나고 판에 수직인 축에 대하여 회전하고 있다. 균일한 $\mathbf{B}$가 판면에 수직으로 걸려 있는데, 축으로부터 ρ만큼 떨어진 지역의 작은 면적 a^2에만 국한되어 있다. 판의 각속력이 ω인 순간에 원판을 감속시키려하는 토크는 $\sigma\omega B^2\rho^2a^2d$로 근사됨을 보여라.

17-15 반지름이 a이며 전도도가 σ인 매우 얇은 도체 판이 xy평면에 놓여 있고 원점은 그 중심에 있다. 공간적으로 균일한 자기유도도 주어져 있고 $\mathbf{B} = B_0 \cos(\omega t + \alpha)\hat{\mathbf{z}}$이다. 판에 만들어지는 유도전류밀도 $\mathbf{J}_f$를 구하라.

17-16 앞의 두 연습문제는 도체에서 Faraday 법칙의 결과로 만들어지는 전류와 관련된 문제인데, 이 전류를 "에디(eddy) 전류"라 이름 붙였다. 이 전류가 시간에 따라 변하는 자기유도로부터 생겨났다면, 이 특성을 나타내는 미분방정식을 얻을 수 있다. (17-10)과 (12-25)를 결합하는 것으로부터 시작하여, (1-120)을 적용하여, 정상전류인 경우, 에디전류는 방정식 $\nabla^2\mathbf{J}_f = \sigma\mu_0(\partial\mathbf{J}_f/\partial t)$를 만족시킴을 보여라.

17-17 H는 인덕턴스의 단위로써 매우 크다. 그것이 얼마나 큰지 알아보기 위해, 길이가 1 m이고 지름이 2 cm이며 600번 감긴 솔레노이드에 (17-61)을 적용시켜보아라.

17-18 (17-46)을 이용하여 그림 13-5의 회로에 대한 상호인덕턴스를 구하라. 이 결과가 연습문제 17-3과 일치하는가? (귀띔: 직선 부분은 $-L$에서 L까지라 하고 L이 매우 큰 값이라 가정하여 계산한 다음, 가능한 한 가장 나중에 $L \to \infty$의 극한을 취하라.)

17-19 그림 17-17에 보인 매우 긴 두 개의 반평행 무한 전류와 사각형은 모두 한 평면에 놓여 있다. 길이가 b인 변은 전류의 방향과 평행이다. 반대로 향하는 전류를 갖는 회로와 이 사각형 사이의 상호인덕턴스를 구하라. 적절한 극한에서 이 결과는 앞의 연습문제의 결과와 같음을 증명하라.

17-20 N 번 감은 토로이드 코일의 중앙 반지름은 a이고 단면은 반지름이 b인 원이다. 자체 인덕턴스가 $\mu_0 N^2[b - (b^2 - a^2)^{1/2}]$임을 보여라.

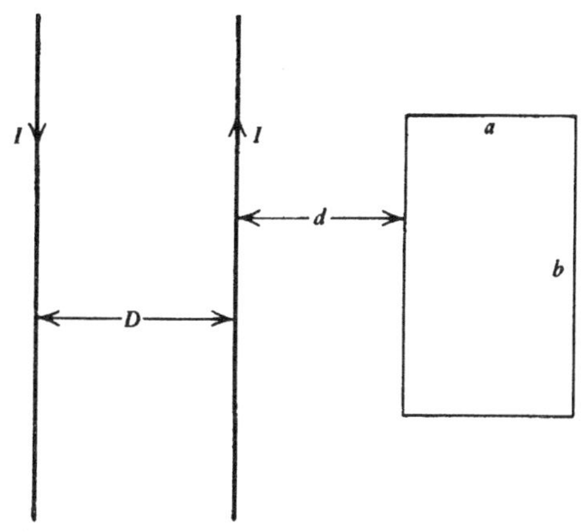

그림 17-17 | 연습문제 17-19의 전류와 사각형.

17-21 N 번 감은 토로이드 코일의 중앙 반지름은 a이고 정사각형인 단면의 한 변은 b이다. 자체인덕턴스를 구하라.

17-22 토로이드코일의 단면의 크기가 이것의 중앙 반지름 보다 작을 경우, 앞의 두 문제에서 자체인덕턴스를 단면적 S로 나타냈을 때, 두 결과는 근사적으로 동일한 값이 됨을 증명하여라.

17-23 속이 비어 있는 무한히 긴 원통 도체 두 개가 서로 평행이다. 각각의 반지름은 A이고 평행축은 D만큼 떨어져 있어서 그 단면은 그림 11-10처럼 생겼다. 각 원통에는 전류량이 같고 방향이 반대인 전류 I가 흐르고 있다. 연습문제 16-17을 사용하고 (16-40)에 따라, 이 계의 길이 l에 대한 자체인덕턴스는 같은 길이 l의 전기용량과 연관되어 있음을 보이고, 이 관계식으로부터 L을 구하라.

17-24 무한히 긴 두 개의 동축 도체 원통 껍질에 크기가 같고 방향이 반대인 전류가 흐르고 있다. 안쪽 껍질의 반지름은 a이고 바깥쪽 것의 반지름은 b일 때, 이 계의 길이 l에 대한 자체인덕턴스를 구하라.

17-25 그림 17-14에서 $c \gg a$와 $c \gg b$를 가정하면 (17-53)은 근사적으로 $\pi\mu_0 a^2 b^2/2c^3$이 됨을 보여라.

17-26 코일 1을 지나는 모든 선속이 코일 2를 지난다고 가정할 수 있는 상황을 고려해보자. 예를 들어, 단위길이당 n_1 번 감긴 단면적 S_1의 매우 긴 솔레노이드가 있을 때, 그 위에 단위길이당 n_2 번 감긴 단면적 S_2의 매우 긴 다른 솔레노이드를 감고, 감은 도선이 매우 가늘어서 $S_2 \simeq S_1$인 경우가 여기에 해당된다. 또한, 한 토로이드코일 위에 다른 토로이드코일을 바짝 감아놓은 경우도 해당된다. 이런 조건에서는 상호인덕턴스 M_{12}는 개별적인 자체인덕턴스 L_1, L_2와 $|M_{12}| = \sqrt{L_1 L_2}$의 관계를 갖는 것을 보여라. 이 관계식은 두 코일이 가질 수 있는 상호인덕턴스의 상한치이다. 그러나 실제의 경우, 주어진 코일 내에 만들어진 모든 선속이 다른 코일을 통과할 수 없고 이러한 상황은 그림 17-14의 원 고리들을 보면 확실히 알 수 있다. 그러면 상호인덕턴스는 위에 주어진 값보다 적을 것이다. 이 경우 관계식을 $|M_{12}| = k\sqrt{L_1 L_2}$로 쓰는 것이 관례이다. 이 때 k는 1보다 작은 수치인데, **결합계수** *coefficient of coupling*이라 부른다.

제 18 장 자기에너지

7장에서는 주어진 전하분포를 구성하는 데 필요한 가역과정의 일을 통하여 정전기에너지를 계산하였다. 그런데 회로에 전류를 수립하는 데에도 일은 필요하며, 여기서는 이것을 구하는 것이 목적이다. 그럼으로써 계에 자기에너지를 부여할 수 있다. 그러나 자기에서는 정전기에서의 점전하같은 것이 존재하지 않기 때문에, 다른 방식으로 시도하여야 한다. 이 에너지를 계의 전체적인 변수로 얻게 되면, 이 에너지를 자기유도로 나타낼 수 있고, 에너지는 공간에 걸쳐 퍼져있는 것으로 생각할 수 있다.

18-1 자유전류계의 에너지

우선 여러 회로에 전류가 흐르는 계를 생각해보자. 즉, 우리가 계산하려는 것은 사실상 **자유전류** *free current*, 특히 전도전류의 에너지이다. 초기조건으로 모든 전류는 영인데, 나중에는 j번째 전류가 I_j에 도달되는 상황이 되도록 만드는 경우의 필요한 가역적인 일을 구하고자 한다. 여기서 $j = 1, 2, \ldots, N$으로 N은 회로의 총 수이다. 13장에서 배워 알고 있듯이, 이들 회로들 사이에는 인력 혹은 척력이 작용한다. 이들 회로는 모두 완벽하게 강체이고 위치도 고정되어 있는 것으로 가정하여, 회로가 변형된다든지 운동한다든지 하여 가질 수 있는 역학에너지를 고려할 필요가 없도록 하겠다. 물론, (12-35)에 의해, 전류가 존재한다는 사실 자체만으로도 전기에너지가 열로 변환될 수 있다는 것을 알 수 있다. 이 에너지는 전지 같은 외부 요인에 의해 공급되어야 하지만, 전류를 수립하는데 필요한 **가역적인** *reversible* 일이 아니다. 그러므로 여기에서는 제외하도록 한다.

각 C_j의 전류가 아직 최종 전류값 I_j에 이르지 못하고 전류가 채워지는 과정 중의 중간 단계에 전류값은 i_j라고 해보자. 어느 시간 간격 dt 동안 전류의 어떠한 변화라도 C_j를 지나는 선속에 $d\Phi_j$의 변화를 만들 것이고, (17-3)에 의해 유도기전력을 만들 것이다.

이 계를 계속 유지시키려면, 외부 요인은 이 값과 크기가 같으며 방향은 반대인 기전력을 공급해주어야 한다. 이 시간 동안 전하 $dq_j = i_j dt$가 지나갈 것이므로, 외부 요인이 한 일은 $dW_{\mathrm{ext},\,j} = \mathscr{E}_{\mathrm{ext}}\, dq_j = -\mathscr{E}_{j,\,\mathrm{ind}}\, i_j\, dt = i_j\, d\Phi_j$가 될 것이다. 그러므로 외부 요인이 한 일로써 자기에너지의 변화는 일반적인 표현식으로

$$dW_{\mathrm{ext},\,j} = i_j\, d\Phi_j \tag{18-1}$$

가 된다. 이것을 모든 전류에 대하여 더하면, 총 일은

$$dW_{\text{ext}} = dU_m = \sum_{j=1}^{N} i_j \, d\Phi_j \tag{18-2}$$

가 되고, 여기서 dU_m은 자기에너지의 증가분이다.

강체 회로는 모양과 상대 위치가 일정하므로 (17-46)으로부터 인덕턴스가 일정할 것이고, 그러면 (17-58)에 의해 선속을 변화시킬 수 있는 유일한 요인은 전류를 변화시키는 것이다. 그래서

$$d\Phi_j = \sum_{k=1}^{N} M_{jk} \, di_k \tag{18-3}$$

이다. (18-2)와 (18-3)을 결합하면,

$$dU_m = \sum_{j=1}^{N} \sum_{k=1}^{N} M_{jk} i_j \, di_k \tag{18-4}$$

를 얻는데, 이제 전류를 초기값 영으로부터 최종값 I_j까지 증가시켜가면서 더해야 하겠다. 이러한 증가 과정으로는 여러 가지 방법을 생각해볼 수 있겠다. 예를 들어, 한 번에 회로 하나씩 최종 전류값으로 증가시키거나, 모두를 동시에 한꺼번에 증가시키거나, 일부는 증가시키고 나머지는 나중에 증가시키는 등이다. 어느 경우든지, 에너지에 대한 최종 결과는 최종 상태에만 의존할 것이고, 그 최종 상태에 이르는 과정에는 무관할 것이다. 이것은 상태함수에 대한 열역학적 논의에서 우리에게 잘 알려진 과정이다. 따라서 우리는 모든 전류를 한꺼번에 증가시키는 간단한 과정을 이용하겠고, 한번에 하나의 전류만을 변화시지는 방법으로 같은 결과를 얻는 과제는 연습문제에 남겨 놓겠다.

어느 순간 t에 각 전류는 최종값의 일부분인 $i_j(t) = f(t)I_j$라고 가정해보자. 각 전류는 모두 같은 분수율 *fraction* f를 가지고 있다고 하겠다. 즉, $f(t)$는 j에 무관하고 초기값 영으로부터 최종값인 1까지에 걸쳐있다. 그러면 $di_k = I_k \, df$이고, (18-4)는

$$dU_m = \sum_j \sum_k M_{jk} I_j I_k f \, df \tag{18-5}$$

가 된다. 초기 상태에서 최종 상태까지의 이러한 변화를 더하여, 그리고 에너지의 영점을 전류가 없는 초기상태에 대해 $U_m = 0$으로 잡으면, 자기에너지가

$$U_m = \sum_j \sum_k M_{jk} I_j I_k \int_0^1 f \, df = \frac{1}{2} \sum_{j=1}^{N} \sum_{k=1}^{N} M_{jk} I_j I_k \tag{18-6}$$

로 주어짐을 알 수 있다. (18-6)은 f가 시간에 따라 변하는 자세한 방식에는 무관하다. 물론, 이러한 변화는 매우 천천히 일어나서 그 과정이 항상 가역적으로 간주될 수 있어야 한다.

(18-6)은 (17-58)을 다시 이용하여 전류와 선속으로

$$U_m = \frac{1}{2}\sum_j I_j \Phi_j \tag{18-7}$$

라고 쓸 수 있다. 여기서 Φ_j는 C_j를 통과하는 총 선속으로 모든 원천과 그 자체로부터 만들어지는 것이다.

예제

두 회로. $N = 2$로하고, (17-60)과 (17-49)를 사용하여 (18-6)을

$$\begin{aligned} U_m &= \tfrac{1}{2}\left(M_{11}I_1^2 + M_{12}I_1I_2 + M_{21}I_2I_1 + M_{22}I_2^2\right) \\ &= \tfrac{1}{2}L_1I_1^2 + M_{12}I_1I_2 + \tfrac{1}{2}L_2I_2^2 \end{aligned} \tag{18-8}$$

로 쓸 수 있다. 첫 번째 항은 회로 1에만 의존하며 그 회로 자신의 자체인덕턴스를 거슬러 가며 전류 I_1을 수립하는데 필요한 일을 나타낸다. 이것은 적절히 L_1의 "자체에너지 *self-energy*"라고 설명할 수 있다. 이 설명은 세 번째 항에도 마찬가지로 적용할 수 있다. 그러므로 하나의 고립된 인덕턴스의 경우 전류 I가 흐를 때, 그 에너지는

$$U_m = \tfrac{1}{2}LI^2 \tag{18-9}$$

라고 쓸 수 있다. (18-8)의 가운데 항은 두 전류를 모두 포함하고 있으며, 한 회로에 생기는 선속의 변화는 다른 회로에 유도기전력을 만든다는 사실에 기인한다. 이 항은 두 전류의 "상호작용에너지 *interaction energy*"를 나타낸다고 생각할 수 있다. [(18-6) 내지 (18-8)을, 정전기장 내 도체의 경우에 대한 (7-16) 내지 (7-18)과 비교해보면 흥미롭다.]

지금까지의 결과는 세선전류에 관해서는 적절한 것이었다. 이번에는 전류가 퍼져서 분포하는 중요한 경우까지 포함하도록 하여 다시 써 보이겠다. (18-7)의 선속 Φ_j를 (16-23)을 이용하여 다시 쓰면,

$$U_m = \frac{1}{2}\sum_j \oint_{C_j} \mathbf{A}(\mathbf{r}_j) \cdot I_j\, d\mathbf{s}_j \tag{18-10}$$

를 얻게 되고, 여기서 $\mathbf{A}(\mathbf{r}_j)$는 C_j의 전류요소 $I_j\, d\mathbf{s}_j$가 있는 곳 $\mathbf{r}_j$에서의 총 벡터퍼텐셜이다. C_j에 대하여 적분을 하면 C_j의 모든 전류요소로부터 U_m에 기여하는 것을 구하게 되고, 끝으로 j에 대해 더하면 전체 계의 모든 요소로부터의 기여를 얻게 된다. 그러므로 (12-10)의 첫 번째 등식을 이용하고, 여기서는 자유전류를 다루고 있다는 점을 잊지 않으며, 전류를 포함하고 있는 모든 공간에 대하여 적분하면, (18-10)을

$$U_m = \frac{1}{2}\int_V \mathbf{J}_f(\mathbf{r}) \cdot \mathbf{A}(\mathbf{r})\, d\tau \tag{18-11}$$

로 다시 쓸 수 있다. 사실 적분영역을 전체 공간으로 확장할 수 있는데, 그렇더라도 전류가 없

는 영역에서는 어차피 $\mathbf{J}_f = 0$으로 (18-11)에 아무 기여도 하지 않기 때문에 괜찮다. 그래서 자기에너지의 최종 형태로

$$U_m = \frac{1}{2}\int_{\text{모든공간}} \mathbf{J}_f(\mathbf{r}) \cdot \mathbf{A}(\mathbf{r})\, d\tau \tag{18-12}$$

라고 쓸 수 있다. 이 결과를 (7-10)과 비교하여보면, 스칼라퍼텐셜이 전하계 에너지의 결정에 하는 역할을, 여기서는 벡터퍼텐셜이 전류계에 대하여 마찬가지로 역할을 하고 알 수 있다. (18-12)의 결과는, (18-7)과 마찬가지로, 에너지는 전류와 관련이 있으며 전류가 있는 곳에 에너지가 "국한되어"있다라는 관점에서 적절한 형태이다.

면전류가 있으면, (12-10)의 또 다른 등식을 사용하여 이것이 에너지에 주는 기여를

$$U_m = \frac{1}{2}\int_{\text{모든공간}} \mathbf{K}_f(\mathbf{r}) \cdot \mathbf{A}(\mathbf{r})\, da \tag{18-13}$$

로 쓸 수 있다.

예제

무한히 긴 이상적인 솔레노이드. (15-22)에서 이 계는 솔레노이드의 바깥 표면 주위를 도는 면전류 $K = nI$로 나타낼 수 있다고 배웠다. 그래서 그림 16-5에 맞추어 $\mathbf{K}_f = nI\hat{\boldsymbol{\varphi}}$로 쓸 수 있다. 마찬가지로 (16-46)과 (16-50) 이후 부분에서 구했듯이 표면($\mathbf{K}_f \neq 0$)에서의 벡터퍼텐셜은 $\mathbf{A} = \frac{1}{2}\mu_0 nI\bar{a}\hat{\boldsymbol{\varphi}}$이다. 여기서 반지름을 $\bar{a}$로 썼다. 이것을 (18-13)에 대입하고, 길이 l인 솔레노이드의 에너지를 구할 때, 적분 면적은 $2\pi\bar{a}l$이 되고, 피적분함수는 상수가 되어

$$U_m = \frac{1}{2}\int\left(\frac{1}{2}\mu_0 n^2 I^2 \bar{a}\right) da = \frac{1}{2}\mu_0 n^2(\pi\bar{a}^2)lI^2 \tag{18-14}$$

이다. 이것을 (18-9)와 비교하면, 그리고 단면적이 $S = \pi\bar{a}^2$임을 주지하면, 인덕턴스는 $L = \mu_0 n^2 Sl$임을 알 수 있고, 이것은(17-61)에서 선속을 계산하여 구한 것과 정확히 같다.

18-2 자기유도로 나타낸 에너지

(18-12) 다음에 간단히 지적하였듯이, (18-12)의 형태는 에너지를 전류와 관련이 있는 것으로, 또한 에너지는 전류가 있는 곳에 국한되는 것으로 해석하기에 적절했었다. 이러한 전류요소와 그들의 상대적인 배치의 중요함에 주목하면, 이 해석은 Ampère 법칙의 원격작용 특성과 일치한다. 그러나 우리의 주된 관심은 자기 현상도 장으로 묘사하는 것으로써, 이제 에너지를 장으로 나타내고자 한다.

지금은 자유전류만을 다루고 있으므로, (15-12)를 사용하여 $\mathbf{J}_f = (\nabla \times \mathbf{B})/\mu_0$로 쓰겠다. 그러면 (18-12)는

$$U_m = \frac{1}{2\mu_0}\int (\nabla \times \mathbf{B}) \cdot \mathbf{A}\, d\tau \tag{18-15}$$

가 된다. 피적분함수는 (1-116), (16-7), (1-17)을 사용하여 다시 써서

$$\mathbf{A} \cdot (\nabla \times \mathbf{B}) = \mathbf{B} \cdot (\nabla \times \mathbf{A}) - \nabla \cdot (\mathbf{A} \times \mathbf{B}) = \mathbf{B}^2 - \nabla \cdot (\mathbf{A} \times \mathbf{B}) \tag{18-16}$$

가 된다. 이것을 (18-15)에 대입하며 (1-59)의 다이버전스 정리를 사용하여 체적적분 중의 하나를 면적분으로 쓰면,

$$U_m = \frac{1}{2\mu_0}\int_V \mathbf{B}^2\, d\tau - \frac{1}{2\mu_0}\oint_S (\mathbf{A} \times \mathbf{B}) \cdot d\mathbf{a} \tag{18-17}$$

로 구하게 된다. (18-12)의 적분이 모든 공간에 대하여 취하여 졌으므로, (18-17)에서 V는 매우 커다란 체적으로 간주할 수 있고, S도 매우 커다란 경계면으로 간주할 수 있다. 그러면, V는 무한대가 되고, S는 무한히 먼 곳으로 물러나게 될 것이다. 전류분포는 항상 유한한 체적 내에 들어있다고 가정하겠다. 그리하여 S가 매우 멀어지면, 전체 전류분포는 거리가 R 떨어져 있는 매우 작은 부피에 들어 있는 것으로 보인다. (16-12)와 (14-7)을 되돌아 보면, $R \to \infty$에 따라, 우리에게 불리하게 예상해 보더라도

$$\mathbf{A} \sim \frac{1}{R} \qquad \mathbf{B} \sim \frac{1}{R^2} \qquad \mathbf{A} \times \mathbf{B} \sim \frac{1}{R^3} \tag{18-18}$$

로써, 피적분함수의 크기는 R^3으로 감소한다. 그러나 다음 장에서 알게 되겠지만, 이 예상은 심하게 비관적으로 잡은 것이고, 사실은 먼 거리에서 전류분포는 닫힌 고리로 보일 것이고, 이 경우

$$\mathbf{A} \sim \frac{1}{R^2} \qquad \mathbf{B} \sim \frac{1}{R^3} \qquad \mathbf{A} \times \mathbf{B} \sim \frac{1}{R^5} \tag{18-19}$$

가 될 것이다. 적분 면적은 R^2으로 증가하므로, 매우 큰 R에 대해

$$\oint_S (\mathbf{A} \times \mathbf{B}) \cdot d\mathbf{a} \sim \frac{1}{R^5} \cdot R^2 \sim \frac{1}{R^3} \underset{R \to \infty}{\to} 0 \tag{18-20}$$

이다. 그래서 (18-17)의 체적 V가 모든 공간을 포함하도록 증가시키면, 면적분은 (18-20)에 의해 없어질 것이고, 에너지에 대한 표현식은 간단히

$$U_m = \int_{\text{모든공간}} \frac{\mathbf{B}^2}{2\mu_0}\, d\tau \tag{18-21}$$

가 된다. [(18-18)이 적용될지라도, 대응되는 (7-27)의 경우에서처럼 면적분은 여전히 없어질 것이다.]

(18-21)의 결과는 전기장의 결과인 (7-28)과 동일한 일반형으로 나타나 있다. 그래서 같은 방식으로 해석할 수 있는데, 즉 자기에너지가 전체 공간에 걸쳐 **에너지밀도** u_m으로 연속분포하며

$$u_m = \frac{\mathbf{B}^2}{2\mu_0} \tag{18-22}$$

이고, 총 자기에너지는

$$U_m = \int_{\text{모든공간}} u_m\, d\tau \tag{18-23}$$

처럼 쓸 수 있다는 것이다. u_m의 단위는 J/m^{3}이다.

(7-30) 이후에서 논의되었듯이, (18-21)의 표현식을 반드시 이러한 방식으로 해석할 필요는 없다. 그러나 이렇게 해석하는 것이 자연스럽고, 나중에 나오는 모든 것과 잘 일치하며 유용하다.

또한 (7-28)이 전기용량의 계산에 적용되었다는 사실을 기억해보아라. 마찬가지로, (18-21)을 이용하면 (18-9)와 결합하여 인덕턴스를 계산할 수 있다. 즉, **B**를 다른 수단으로 구했으면, 이것으로 에너지를 계산하고, 그러면 U_m이 I^2에 비례하는 것으로 나올 것이고, 그리하여 L이 $L = 2U_m/I^2$으로 구해진다. 이 방법은 예를 들어서 잘 설명할 수 있다.

예제

무한히 긴 이상적인 솔레노이드. 이 계를 사용하여 이미 (18-13)을 설명한 바 있다. (15-26)과 (15-25)를 (18-22)에 사용하면 내부에서의 에너지밀도는 $u_m = \frac{1}{2}\mu_0 n^2 I^2$로 일정하고 외부에서는 $u_m = 0$이다. 길이가 l이고 단면적이 S인 솔레노이드를 생각해보면, 체적은 Sl이 될 것이고, (18-23)은

$$U_m = \int \frac{1}{2}\mu_0 n^2 I^2\, d\tau = \frac{1}{2}\mu_0 n^2 I^2 Sl$$

이 되고, 이것은 (18-14)와 완전히 일치한다. 그러므로 이전에 두 번이나 구해보았듯이 자체인덕턴스는 동일한 $L = \mu_0 n^2 Sl$이다.

예제

동축선. 그림 18-1은 이전의 그림 6-12에서와 똑같은 두 개의 동축 원통 도체계를 보여주고 있다. 내부 도체의 반지름은 a이고, 외부 도체의 안쪽 반지름은 b이며 바깥쪽 반지름은 c이다. 두 도체에는 크기가 같고 방향이 반대인 전류를 흘려보내고 있으며, 이 전류는 단면적을 통해 균일하게 분포하여 있다. 도체 사이의 공간은 진공이다. 안쪽 도체의 전류 방향을 z축으로 잡겠다. 여기서 **B**의 값들이 필요한데, (15-1)의 Ampère 법칙의 적분형으로 구할 수 있다. 이 계의 대칭성으로 보아 **B**는 $\mathbf{B} = B_\varphi(\rho)\hat{\boldsymbol{\varphi}}$의 형태를 가지고 있음을 알겠고, 그러므로 적분경로는 반지름 ρ의 원으로 선택하는 것이 적절하겠다. 그러면 (15-1)의 계산은 바로 (15-17)과 같고, 어느 ρ에 대해서라도 (15-18)을 사용할 수 있다. 즉,

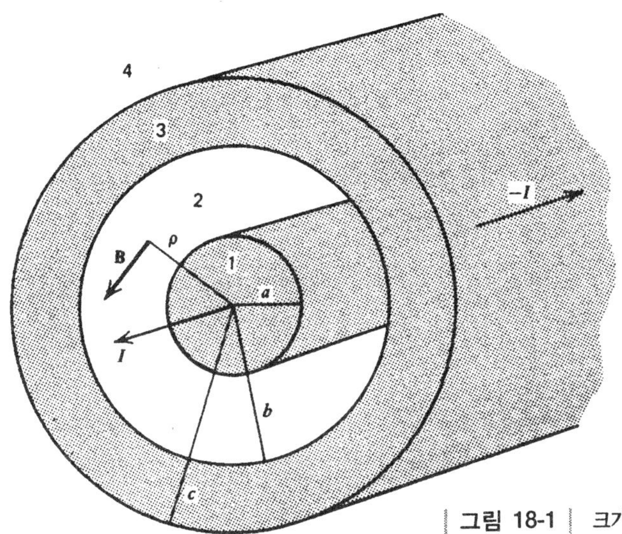

그림 18-1 크기가 같고 방향이 반대인 전류가 흐르는 동축선.

$$B_\varphi(\rho) = \frac{\mu_0 I_{\text{enc}}}{2\pi\rho} \tag{18-24}$$

이고, 이제 남은 것은 주어진 경로에 대해 I_{enc}를 계산하는 일이다. 주어진 경로는 그림에 1, 2, 3, 4로 나타낸 네 개의 영역을 따로 나누어서 다루는 것이 편리하다. 이들 영역은, 각각 안쪽 도체, 도체 사이의 공간, 바깥쪽 도체, 그리고 계의 바깥 공간이다. 이렇게 하면 각 영역이 계의 전체 자체인덕턴스에 어떻게 기여하는지를 분명히 알게 된다.

1. $(0 \le \rho \le a)$ 여기서는 $I_{\text{enc}}/I = (\pi\rho^2/\pi^2 a^2) = \rho^2/a^2$이므로 (18-24)는 (15-20)에서처럼

$$B_{\varphi 1} = \frac{\mu_0 I\rho}{2\pi a^2} \tag{18-25}$$

이다. 이 경우 $\mathbf{B}^2 = B_\varphi^2$이므로, (18-22)로부터 구한 에너지밀도는

$$u_{m1} = \frac{\mu_0 I^2\rho^2}{8\pi^2 a^4} \tag{18-26}$$

이다. 체적요소는 (1-83)으로부터 $d\tau = \rho\, d\rho\, d\varphi\, dz$이고, 이 계의 길이 l에 대하여 적분하면, 이 부분과 관련된 에너지는

$$U_{m1} = \int_0^l \int_0^{2\pi} \int_0^a \frac{\mu_0 I^2\rho^2}{8\pi^2 a^4} \rho\, d\rho\, d\varphi\, dz = \frac{\mu_0 l I^2}{16\pi} \tag{18-27}$$

로 구해진다. B_φ는 $\rho \to 0$에 따라 무한대가 아니라 영이 되므로, 이 결과는 유한하다.

2. $(a \le \rho \le b)$ 여기서는 $I_{\text{enc}} = I$이고 위에서 계산한 것과 같이 하여

$$B_{\varphi 2} = \frac{\mu_0 I}{2\pi\rho} \tag{18-28}$$

$$u_{m2} = \frac{\mu_0 I^2}{8\pi^2\rho^2} \tag{18-29}$$

$$U_{m2} = \frac{\mu_0 l I^2}{4\pi} \ln\left(\frac{b}{a}\right) \tag{18-30}$$

로 구해진다.

3. $(b \le \rho \le c)$ 여기서는 $I_{\text{enc}} = I - I[\pi(\rho^2 - b^2)/\pi(c^2 - b^2)] = I(c^2 - \rho^2)/(c^2 - b^2)$ 이므로

$$B_{\varphi 3} = \frac{\mu_0 I}{2\pi(c^2 - b^2)}\left(\frac{c^2}{\rho} - \rho\right) \tag{18-31}$$

$$u_{m3} = \frac{\mu_0 I^2}{8\pi^2(c^2 - b^2)^2}\left(\frac{c^4}{\rho^2} - 2c^2 + \rho^2\right) \tag{18-32}$$

$$U_{m3} = \frac{\mu_0 l I^2}{4\pi(c^2 - b^2)^2}\left[c^4 \ln\left(\frac{c}{b}\right) - \frac{1}{4}(c^2 - b^2)(3c^2 - b^2)\right] \tag{18-33}$$

이다.

4. $(c < \rho)$ 여기서는 $I_{\text{enc}} = I - I = 0$이다. 그러므로 $B_{\varphi 4}$, u_{m4}, U_{m4}는 모두 영이다.

그래서 총 에너지는 (18-27), (18-30), (18-33)을 더하여 구할 수 있고, 이것을 (18-9)와 결합할 때, 길이 l의 총 자체인덕턴스는

$$L = \mu_0 l\left\{\frac{1}{8\pi} + \frac{1}{2\pi}\ln\left(\frac{b}{a}\right) + \frac{1}{2\pi(c^2 - b^2)^2}\left[c^4 \ln\left(\frac{c}{b}\right) - \frac{1}{4}(c^2 - b^2)(3c^2 - b^2)\right]\right\} \tag{18-34}$$

가 된다. 이것은 분명히 전체 값에 대한 각 영역의 기여를 나타내어 보여주는 형태로 되어 있다. 대부분의 실제적인 경우에, (18-34)의 가운데 항이 인덕턴스의 주된 요인이 된다.

18-3 회로에 작용하는 자기력

잘 알고 있듯이, 전류가 흐르는 두 회로는 일반적으로 서로에게 힘을 작용하며, 이 힘은 원리상 Ampère 법칙으로 계산할 수 있다. 그러나 7-4절의 정전기력에서 보았듯이, 힘을 에너지로 나타내는 것이 바람직할 경우도 자주 있다. 여기에서는 자기력에 대하여 그렇게 해보고자 한다.

간단히 하기 위하여 두 회로만을 고려하겠는데, 이렇게 하더라도 일반적인 모습을 모두 설명하기에 충분하다. 일반적인 상황은 그림 13-1에 보인 것과 같은데, 사실 여기에서부터 자기학을 시작하였었다. (13-9)에서 보았듯이, 이 계가 평형에 있으려면, C에 작용하는 자기력 $\mathbf{F}_m$은 (용수철이나 꺾쇠 같은) 외부요인에 의해 주어지는 크기가 같고 방향이 반대인 역학적인 힘 $\mathbf{F}_{\text{mech}}$로 균형을 이루어야 한다.

C의 각 부분의 위치벡터 $\mathbf{r}$이 천천히 변화하여 모든 부분에서 동일한 $d\mathbf{r}$만큼 변위를 갖는다

고 생각해보자. 즉, 전체 회로가 이만큼 병진이동 했지만 회전은 하지 않았다고 하자. 다른 회로 C'은 고정되어 있으며, 두 전류는 전지에 의해 유지되고 있다. (따라서, 이들 회로를 완전히 고립되어 있는 것으로 다룰 수는 없다.) 이러한 조건 하에서 역학적인 힘이 한 일은 가역적일 것이고, 전체 계의 총 에너지의 변화량과 같을 것이다. 즉, $dU_t = \mathbf{F}_{\text{mech}} \cdot d\mathbf{r}$이다. 그러나 가속도가 영이거나 거의 영이면, 회로 C는 평형상태인 채로 있을 것이고, (혹은 평형으로부터 무한소만큼 다를 것이고), 그러면 여전히 $\mathbf{F}_m = -\mathbf{F}_{\text{mech}}$일 것이고

$$dU_t = -\mathbf{F}_m \cdot d\mathbf{r} \tag{18-35}$$

이라고 쓸 수 있다. 이것을 (1-38)과 비교하면

$$\mathbf{F}_m = -\nabla U_t \tag{18-36}$$

임을 알 수 있다. 이것은 (7-36)의 일차원 결과와 비슷하다. 이것이 근본적인 결과이지만, 우리는 할 수만 있다면, 자기력을 자기에너지만의 변화와 관련시키고자 한다. 우선 총 에너지의 변화는 자기에너지의 변화 dU_m과 전지의 에너지 변화 dU_B의 합이라는 점에 주목하자. 그래서

$$dU_t = dU_m + dU_B \tag{18-37}$$

이다. 7-4절의 유사한 정전기 경우에서 보았듯이, 이 변위를 만들어내는 두 가지 가능한 조건을 드러내어보면 유용하고도 도움이 되겠다.

1. 전류가 일정한 경우. 한 회로가 다른 회로에 대해서 운동할 때, 그들을 지나는 선속은 일반적으로 바뀌게 된다. 이 변화가 기전력을 유도하게 되는데, 전류를 일정하게 유지시키기 위해서는, 선속 변화의 부호에 따라, 전지가 이들 기전력에 대항하여 일을 하든지, 혹은 전지에 일이 하여질 것이다. (18-7)을 이용하여 전류 I와 I'의 에너지를 $U_m = \frac{1}{2}(I\Phi + I'\Phi')$으로 쓸 수 있다. I와 I'이 일정하면, $dU_m = \frac{1}{2}(I\,d\Phi + I'd\Phi')$이다. 앞에서 외부 요인(전지)이 해야 할 일은 (18-2)에서 구했었다. 그러나 이 경우 전류는 이미 최종 값으로 일정하므로, (18-2)의 dU_m은 여기에서 말하고 있는 dU_m과 같지 않다. 전지가 하는 일은 어느 것이더라도, 전지의 에너지 감소를 의미하므로

$$dU_B = -dW_{\text{ext}} = -(I\,d\Phi + I'\,d\Phi') = -2\,dU_m \tag{18-38}$$

이 된다. 여기서 부호는 회로의 에너지 부호와 반대이고 크기는 두 배이다. 이것을 (18-37)에 대입하면 이번 경우에 $dU_t = -dU_m$이고, 그래서 (18-36)은

$$\mathbf{F}_m = (\nabla U_m)_I \qquad (\text{일정한 전류}) \tag{18-39}$$

가 된다. 여기서 그래디언트에 붙은 첨자 I는, 모든 전류를 일정하게 유지한 채 미분한다는 점을 지시하는 것이다.

(18-39)로 나타낸 힘은 U_m의 그래디언트와 같은 방향이므로, 힘은 계의 자기에너지를 증가시키는 쪽을 향하는 경향이 있다. 그러므로 전류를 일정하게 하는 평형상태($\mathbf{F}_m = 0$)는 자기에너지의 최대값에 해당된다. 그러면 (18-7)로부터 일정한 전류를 갖는 회로들은

병진운동을 하여 가능한 한 많은 선속을 감싸도록 위치를 조정하려는 경향을 띨 것이다. 다음 장에서는 회전이 가능할 때에도 비슷한 결론에 이른다는 것을 알게 된다.

지금 사용하고 있는 표기법으로 (18-8)의 에너지 표현식은 $U_m = \frac{1}{2}LI^2 + MII' + \frac{1}{2}L'I'^2$로 쓸 수 있고, 여기서 M은 상호인덕턴스이다. 여기서는 강체인 회로의 병진운동만을 고려하고 있으므로, 회로의 모양은 변하지 않을 것이고, 그래서 자체인덕턴스는 (17-56)에 의해 일정할 것이다. 그러므로 M은 변위에 의해 영향을 받는 유일한 것으로 (18-39)는

$$\mathbf{F}_m = II' \nabla M \tag{18-40}$$

이다. x 성분은

$$F_{mx} = II' \frac{\partial M}{\partial x} \tag{18-41}$$

로 주어진다. 이것에 대해 좀 더 자세히 논의하기 전에, 변위를 만들어 내는 다른 가능성을 생각해보자.

2. 선속이 일정한 경우. 위에서 언급하였듯이, 회로들이 옮겨가게 되면, 다른 것에 의해 방해받지 않는 한, 선속이 변할 수 있을 것이다. 그러나 이러한 과정 중에 전류가 적절히 조정될 수 있다면, Φ와 Φ'을 일정하게 유지한 채 그렇게 할 수 있다. 그러면 이 때 수반되는 자기에너지의 변화는 (18-7)로부터 구하여

$$dU_m = \tfrac{1}{2}(\Phi\, dI + \Phi'\, dI') \tag{18-42}$$

이 될 것이다. 또한 (18-1)로부터 전지의 에너지 변화는 필요치 않고, 그래서 $dU_B = 0$이다. 그럼에도 불구하고 (12-35)에서 설명한 것처럼, 에너지가 열로 비가역적이며 지속적으로 변환되기 때문에, 에너지는 감소할 것이다. 여기서는 이런 사실에 관심이 없으므로 무시한다. 이제 이번의 경우 (18-37)은 $dU_t = dU_m$이 되어, (18-36)은

$$\mathbf{F}_m = -(\nabla U_m)_\Phi \qquad (\text{선속은 일정}) \tag{18-43}$$

의 형태를 취한다. [전에 구했었던 유사한 (7-45)와 (7-37)를 상기해보아라.]

전반적인 물리적 상황은 동일하고, 계산하는 과정만이 다르기 때문에, (18-43)은 (18-41)과 같은 표현식이 되어야 한다. 안타깝게도 (18-8)은 전류로 나타내어져 있다. 그러나 (18-43)을 효과적으로 사용하기 위해 U_m에 대한 표현식을 선속으로 나타내고 싶다. 이 경우 (17-58)과 (17-60)을 적용하여 $\Phi = LI + MI'$과 $\Phi' = MI + L'I'$을 얻는다. 이들을 전류에 대하여 풀면

$$I = \frac{L'\Phi - M\Phi'}{LL' - M^2} \qquad I' = \frac{-M\Phi + L\Phi'}{LL' - M^2} \tag{18-44}$$

이 된다. 이들을 $U_m = \frac{1}{2}(I\Phi + I'\Phi')$에 대입하면, (18-7)로부터 얻은 것처럼

$$U_m = \frac{1}{LL' - M^2}\left(\frac{1}{2}L'\Phi^2 - M\Phi\Phi' + \frac{1}{2}L\Phi'^2\right) \tag{18-45}$$

가 된다. (18-43)에 맞추어, M을 제외한 모든 것을 일정하게 고정시켜 놓고 이 표현식을 미분하여

$$\left(\frac{\partial U_m}{\partial x}\right)_\Phi = \frac{1}{(LL' - M^2)^2}\left[ML'\Phi^2 - (LL' + M^2)\Phi\Phi' + ML\Phi'^2\right]\frac{\partial M}{\partial x}$$

$$= -II'\frac{\partial M}{\partial x}$$

을 구하게 된다. 이 때 (18-44)를 사용하였다. 그러므로 (18-43)의 x 성분은

$$F_{mx} = -\left(\frac{\partial U_m}{\partial x}\right)_\Phi = II'\frac{\partial M}{\partial x}$$

가 되어, (18-39)를 적용하여 (18-41)에서 구한 것과 같을 것이다. y와 z 성분에 대해서도 마찬가지의 표현식이 있을 것이므로, 회로 C에 작용하는 힘에 대한 일반적인 결과로써 (18-40)에 이르게 된다.

예제

Ampère 법칙. (18-40)은 겉보기에는 달라 보일지라도 Ampère 법칙이 나타내는것과 동일한 것을 표현하고 있다. 이 점을 쉽게 알아볼 수 있다. 이 문제에 적절한 (17-48)의 형태를 (18-40)에 대입하여

$$\mathbf{F}_m = \frac{\mu_0 II'}{4\pi}\nabla\oint_C\oint_{C'}\frac{d\mathbf{s}\cdot d\mathbf{s}'}{R} \tag{18-46}$$

을 얻게 된다. 우리가 마음속에 그리고 있는 C의 강체로써의 병진운동은 선분요소 $d\mathbf{s}$와 $d\mathbf{s}'$에 아무런 영향을 미치지 못할 것이고 이중적분의 한계에도 변화가 없을 것이다. 사실 ∇ 연산자에 관한 한, 유일한 변수는 R이다. 그래서 미분과 적분의 순서를 바꿀 수 있고, (1-141)을 사용하여

$$\mathbf{F}_m = \frac{\mu_0 II'}{4\pi}\oint_C\oint_{C'}(d\mathbf{s}\cdot d\mathbf{s}')\nabla\left(\frac{1}{R}\right) = -\frac{\mu_0 II'}{4\pi}\oint_C\oint_{C'}\frac{(d\mathbf{s}\cdot d\mathbf{s}')\hat{\mathbf{R}}}{R^2}$$

을 얻게 된다. 이것은 바로 (13-6)으로 나타낸 Ampère 법칙의 한 형식이며, C에 작용하는 총 힘을 계산하는 (13-1)과 동등한 것이다.

예제

서로 겹치는 두 개의 긴 솔레노이드. 두 개의 긴 이상적인 솔레노이드가 있는데, 그림 18-2 처럼 하나가 다른 것 안으로 x만큼 뻗어 들어가 있다고 하자. 도선은 매우 가늘다고 가정

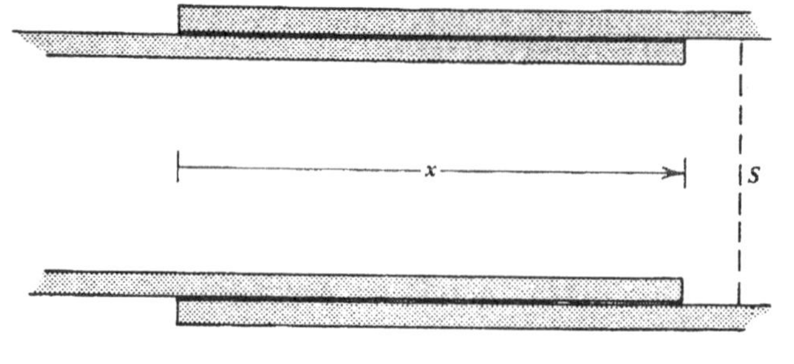

그림 18-2 서로 겹치는 두 개의 긴 솔레노이드.

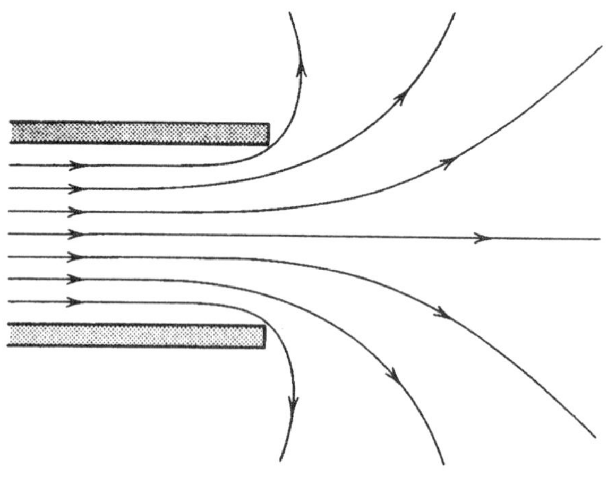

그림 18-3 솔레노이드 끝 부분에서 **B**의 선이 보여주는 일반적인 모습.

하고, 두 솔레노이드의 단면적은 S로 서로 같다고 하겠다. 이 경우 솔레노이드는 무한히 길다고 할 수는 없고, 겹치는 영역에서 이들이 만드는 **B**는, 먼 내부 영역에서의 자기유도와 같다고 할 수 없다. 나중에 알게 되겠지만, 끝 부분에서의 **B**의 선은, 사실상 그림 18-3에 도식적으로 나타낸 것처럼, 축에서 멀어져 갈수록 급격히 퍼져나간다. 그래서 **B**의 모든 선이 다른 솔레노이드의 먼 쪽 도선을 지나지는 않는다. 그럼에도 불구하고, x가 충분히 큰 값이라면, 이러한 "테두리 효과"는 무시하여, 겹치는 영역에 들어있는 선속만을 가지고 상호인덕턴스를 구할 수 있다. 그러므로 그림 17-15를 기본으로 하여 구한 이전의 결과를 사용할 수 있다. 내부 솔레노이드는 단위길이 당 n 번 감았다 하고, 거기에 흐르는 전류는 I라고 하자. 바깥쪽 것에 대해서는 n'과 I'이다. 그러면 상호인덕턴스는 (17-54)로부터 구하여 $M = \mu_0 nn'Sx$이다. (18-41)에 이것을 사용하여 힘은

$$F_{mx} = \mu_0 nn'SII' = \frac{SBB'}{\mu_0} \tag{18-47}$$

로 구해진다. 이 형태는 각 솔레노이드가 만드는 자기유도를 가지고 나타내었는데, (15-24)를 사용하여 얻었다. 이 힘의 방향은 어떠한가? I와 I'이 각 솔레노이드에서 같은 쪽으로 돌고 있다면, 한 솔레노이드에서 다른 것에 만든 선속은 양이 될 것이고 M은 (17-45)에 의해 양이 된다. 그러면 $\partial M/\partial x$은 양이 될 것이고, F_{mx}는 양이며, 내부 솔레노이드는 바

깥 것의 안쪽으로 끌려들어갈 것이다. 이것은 평행인 두 전류는 서로 끌어당긴다는 (13-14) 이후의 정성적인 설명과 일치한다. I와 I'이 반대쪽으로 돌면, 한 솔레노이드가 다른 것이 있는 곳에 만든 선속은 우리의 부호 약속에 따라 음이며, M을 음으로 만든다. 그러면 $\partial M/\partial x$와 F_{mx}는 둘 다 음이 될 것이다. 그러므로 내부 솔레노이드는 바깥 것에 의해 밀려나며, 이것은 "다른" 전류는 서로 민다는 정성적인 설명과 일치한다. 그러나 전류가 돌아가는 방향에 따라 상대적인 부호를 붙이기로 정한다면, 이러한 내용은 모두 (18-47)에 들어 있다. 따라서 전류가 같은 방향으로 돈다면, II'은 양으로, F_{mx}도 양이며, 전류가 서로 반대로 돈다면 $II' < 0$이고 $F_{mx} < 0$으로, 위에서 말한 모든 것과 일치한다. 또한 이러한 동일한 내용을 자기유도로 훌륭하게 나타내어

$$F_{mx} = \frac{S}{\mu_0}\mathbf{B} \cdot \mathbf{B}' \tag{18-48}$$

으로 쓸 수 있다. 이렇게 하여도 F_{mx}의 부호는 자동적으로 바르게 나온다.

이전에는 대전된 평행판 축전기의 한 판에 작용하는 힘을 고려함으로써, (7-50)에서 도체의 단위면적 당 힘이 표면의 바깥 쪽으로 존재한다는 것을 알아내었고(장력), 이것은 수치로 보아 표면에서의 에너지밀도와 같았다. 서로 반대 전하로 대전된 평행판 축전기와 닮은 예를 통해서 여기에서도 비슷한 결과를 얻을 수 있을 것이다.

예제

반대 방향으로 전류가 흐르는 두 개의 판. 그림 18-4는 두 개의 긴 평행 판의 옆모습을 보여주고 있다. 판에는 일정한 밀도 K의 면전류가 흐르는데, 한 판에서는 지면 밖으로, 다

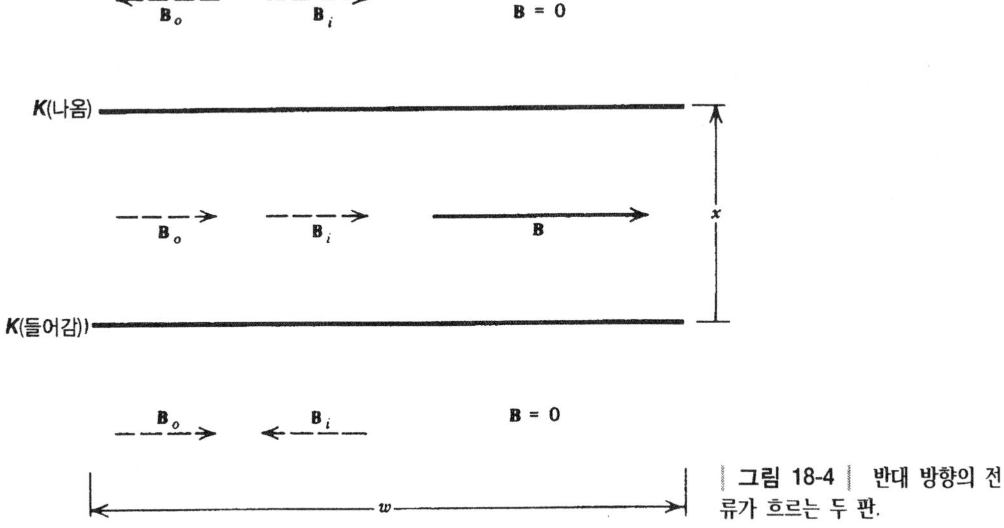

그림 18-4 반대 방향의 전류가 흐르는 두 판.

른 판에서는 지면 안으로 서로 반대 방향으로 흐르고 있다. 판의 폭 w이고 판 사이의 거리는 x로 그림에 나타내어져 있다. 판이 매우 길고 $w \gg x$이면, 테두리효과는 무시할 수 있고, 판들을 무한 평면 판으로 다룰 수 있다. 이 경우 (14-26)으로부터 각 판이 만드는 **B**는 $\frac{1}{2}\mu_0 K$의 크기를 가지고 있다는 것을 알고 있으며, 방향은 K에 수직이고, 그러므로 지면 상에 있다. 또한 각 판이 만드는 **B**는 각 판의 양쪽에서 서로 반대이다. 그림에는 이러한 자기유도를 점선화살표로 나타내었고 원천 전류에 따라 "o"(나오는) 혹은 "i"(들어가는)로 표시하였다. 합성 자기유도 $\mathbf{B} = \mathbf{B}_o + \mathbf{B}_i$는 실선 화살표로 나타내었는데, 판 사이의 영역에서만 $\mathbf{B} \neq 0$으로 그 크기는 일정한 $\mu_0 K$이다. 이것을 (18-22)에 넣으면 에너지밀도는 판 사이에서 $u_m = \frac{1}{2}\mu_0 K^2$으로 일정하고 나머지 영역에서는 영이다. 그러므로 길이 l인 이 계의 부피는 wlx로써, (18-23)으로부터 자기에너지를

$$U_m = \int \tfrac{1}{2}\mu_0 K^2 \, d\tau = \tfrac{1}{2}\mu_0 K^2 wlx \tag{18-49}$$

로 얻게 된다. 윗 판에 작용하는 자기력은, x가 증가하는 쪽에 해당되는데, (18-39)로부터 구하여

$$\mathbf{F}_m = \frac{\partial U_m}{\partial x}\hat{\mathbf{x}} = \frac{1}{2}\mu_0 K^2 (wl)\hat{\mathbf{x}} \tag{18-50}$$

가 된다. 이 힘은 양의 $\hat{\mathbf{x}}$ 방향인데, 그러므로 척력이다. 이것은 반대 방향으로 흐르는 전류들에 대하여 우리가 예상하던대로이다. 또한 $\mathbf{F}_m$은 판의 면적 wl에 비례하는데, 그러므로 단위면적 당의 힘을 f_m으로 도입하여,

$$f_m = \frac{|\mathbf{F}_m|}{wl} = \frac{1}{2}\mu_0 K^2 = u_m \tag{18-51}$$

로 쓸 수 있다. 그리하여 이 크기는 자기에너지밀도와 똑같다. 이 경우 $\hat{\mathbf{x}}$는 $\mathbf{B} \neq 0$인 영역으로부터 $\mathbf{B} = 0$인 영역으로 향하는 법선벡터로써 단위면적 당의 힘을 벡터로

$$\mathbf{f}_m = f_m \hat{\mathbf{x}} = u_m \hat{\mathbf{x}} \tag{18-52}$$

라고 쓸 수 있다. 이 힘의 방향은 판을 $\mathbf{B} = 0$인 영역으로 움직이게 하려는 경향을 가지고 있고, 그래서 적당히 압력이라고 말할 수 있다.

관련되는 모든 것을 결합하여 f_m은 다양하게

$$f_m = u_m = \frac{B^2}{2\mu_0} = \frac{1}{2}\mu_0 K^2 = \frac{1}{2}KB \tag{18-53}$$

로 쓸 수 있고, 여기서 K와 B는 f_m을 알고자하는 위치에서 계산한다. 이들 결과는 모두 정전기에서 구했던 것과 매우 비슷하다. 정전기에서는 (7-49), (7-50), (7-52)로 나타내었다.

지금까지 회로들은 완전히 강체라고 가정했었다. 만일 물질의 내부력이 충분히 크지 않아

서 자기력과 균형을 맞추지 못한다면, 회로를 구성하는 도체는 찌그러질 것이다. 이러한 변형은 일반적으로 새로운 내부 탄성력이 충분히 만들어져 계가 새로운 평형상태의 배치를 만들 때까지 계속된다.

연습문제

18-1 전류요소 $i\,d\mathbf{s}$에 작용하는 힘은 (14-5)에 의해 $d\mathbf{F} = i\,d\mathbf{s} \times \mathbf{B}$이다. 모든 요소 $d\mathbf{s}$가 같은 변위 $d\mathbf{r}$을 갖고 전류 i는 일정하게 유지된다고 하자. 외부 인자에 의해 하여진 일을 구하고, 이것이 $i\,d\Phi$임을 직접 보여라. 여기서 $d\Phi$는 선속의 변화이다.

18-2 전류가 $0 < i < I$의 중간 단계에 있을 때의 자체인덕턴스 L을 생각해보자. 전류를 di만큼 증가시키는데 필요한 일을 구하라. 이러한 일의 증가분을 전류 영인 처음 단계에서 전류 I인 최종 단계까지 모두 더하여 (18-9)를 다시 구하라.

18-3 (18-4)를 더하는데 사용하였던 방법 대신에 U_m을 다음의 방식으로 계산하여라. 모든 전류를 영으로부터 시작하여, 다른 것은 그대로 영을 유지한 채 i_1을 영으로부터 I_1까지 증가시킨다. 그리고는 I_1을 최종값으로 두고, i_2를 영으로부터 I_2까지 증가시키고, 나머지도 마찬가지로 한다. 이러한 방식으로 (18-6)을 다시 얻을 수 있음을 보여라.

18-4 (18-8)로 주어진 두 회로의 에너지가 양수임에 틀림없다는 사실을 이용하여, $|M_{12}| \le \sqrt{L_1 L_2}$임을 증명하라. 이것은 연습문제 17-26에서 다른 방법으로 논의되었다.

18-5 자체인덕턴스 L, 저항 R, 기전력 $\mathscr{E}_b$의 전지가 모두 직렬로 연결되어 있다. 에너지를 고려하여 전류 i는 미분방정식 $L(di/dt) + Ri = \mathscr{E}_b$를 만족함을 보여라. 이제 $i \neq 0$인데 회로에서 전지를 꺼다고 해보자. 그 경우의 방정식을 풀고, 이 계의 완화시간을 구하라.

18-6 진공에서 **E**와 **B**가 적절한 단위계에서 동일한 수치를 갖는다고 생각해보자. 즉, $E = x$ V/m이고 $B = x$ T이다. 각각의 에너지밀도에 대하여 u_m/u_e의 비를 구하고 이 수치를 검토해 보아라.

18-7 기다란 비자성 원통 도체의 반지름은 b이고, 이 원통에서 축을 따라 반지름 a의 원통을 뚫어 놓았다. 즉, 이것은 그림 18-1처럼 생겼는데, 2 영역은 도체이고 나머지 영역은 진공이다. 전류 I는 단면적을 통하여 균일하게 분포하여 있다. 이 도체의 길이 l에 대하여 자기유도와 관련된 자기에너지를 구하라.

18-8 조밀하게 N 번 감은 토로이드코일의 중앙 반지름은 b이고, 원단면의 반지름은 a이다. 도선에 전류 I가 흐를 때 자기에너지를 구하고, 이것으로부터 자체인덕턴스를 구하여, 연습문제 17-20에서 구한 것과 같은 결과가 나옴을 보여라. $a \ll b$이면, 이 L은 길이 $2\pi b$인 긴 이상적인 솔레노이드의 L과 근사적으로 같아짐을 보여라. 이것은 이치에 맞는가?

18-9 어떤 조건에서 그림 18-1의 동축선 1 영역의 자체인덕턴스가 2 영역의 기여보다 커지겠는가?

18-10 동축선을 만드는 일반적인 방법은 매우 얇

은 도체를 사용하여 외부도체로 삼는 것이다. 즉 그림 18-1에서 반지름 c와 b를 거의 같게 놓는 것이다. 이러한 조건에서 자체인덕턴스에 주는 외부 도체의 기여는 근사적으로 $(\mu_0 l/8\pi b)(c-b)$임을 보이고, (18-34)가 연습문제 17-24에 대하여 구한 결과와 일치함을 보여라.

18-11 계에 둘 이상의 회로가 있는 경우에 (18-29)와 (18-40)을 일반화하라.

18-12 (18-41)을 이용하여 그림 13-5의 C에 작용하는 힘을 구하라. 그리고 이 결과는 연습문제 13-4에 대해 얻은 것과 같음을 증명하라.

18-13 연습문제 17-4의 원고리에 이번에는 I'의 전류가 흘러 M을 양으로 만든다. 이 고리에 작용하는 힘을 구하라.

18-14 그림 17-14의 반지름 b인 원에 작용하는 힘을 구하라. 답에는 적분을 그대로 남겨 놓되, 적절한 조건에서는 연습문제 13-8의 결과가 됨을 증명하라.

18-15 연습문제 17-25의 결과를 이용하여, 그림 17-14의 두 원이 서로 멀리 떨어져 있는 경우, 반지름 b인 원에 작용하는 힘을 구하라.

18-16 길고 유연한 길이 l인 용수철의 한쪽 끝을 고정시키고 수직으로 걸어 놓았다. 이것은 단위길이 당 n 번 감겨 있고, 원 단면의 반지름은 a이다. 질량 m인 물체가 다른 쪽 끝에 매달려 있다. 용수철에 적절한 전류 I가 흐르면, 용수철을 늘어나거나 압축되지 않고도 그 물체를 지탱할 수 있다. 용수철 자체의 질량은 무시하고, $I=(1/na)(2mg/\pi\mu_0)^{1/2}$임을 보여라. (18-39)와 (18-43)을 이용하여 두 가지 방법으로 이 계산을 해보아라.

18-17 길이 l의 길고 가는 코일의 단면적은 S이고 단위길이 당 n 번 감겨 있으며 코일에는 전류 I가 흐르고 있다. 이것이 반지름 a인 큰 원고리 안에서 축을 따라 놓여 있다. 원고리에는 I'의 전류가 흐르고 있다. 만일 코일의 중심이 원고리의 중심으로부터 축을 따라 δ만큼 변위를 가지고 있다면, 코일에 작용하는 힘을 δ의 함수로 구하라.

18-18 자체인덕턴스가 L이고 반지름이 r인 원고리에 I의 전류가 흐르고 있다. 이 반지름을 증가시키려고 할 때 작용하는 힘이 $\frac{1}{2}I^2(\partial L/\partial r)$임을 보여라. 이 고리가 부서질 때의 장력을 T라 할 때, T가 $(I^2/4\pi)(\partial L/\partial r)$보다 크지 않으면 이 도선은 부서지리라는 것을 보여라.

18-19 진공에서의 자기유도 값이 얼마일 때 1 기압의 자기압력이 되겠는가?

18-20 매우 길며 얇은 반지름 a인 원통 껍질에 I의 전류가 축 방향으로 흐른다. 이 껍질 단위면적 당의 힘을 구하라. 이 힘은 껍질을 폭발하게 할까, 쪼그라들게 할까? 이 껍질의 길이 l에 미치는 총 힘은 얼마인가?

제 19 장 자기 다중극

8장에서는 유한한 전하분포 바깥의 한 곳에서 스칼라퍼텐셜이 계의 여러 다중극 모멘트로 어떻게 표현될 수 있는지에 관해서 배웠었다. 각 다중극 모멘트는 전하분포의 특별한 세부 모습에 따라 다르다. 이 장에서는 임의의 전류분포에 대하여 비슷한 것을 하려고 한다.

19-1 벡터퍼텐셜의 다중극 전개

그림 19-1에는 일반적인 배치가 그려져 있다. 그림 8-1과 비교해보라. 전류분포 $\mathbf{J}(\mathbf{r}')$은 어느 부피 V'안에 들어있다. 원점은 임의로 잡겠지만, V' 안에 두든지 V'에 가깝게 놓겠다. 위치가 $\mathbf{r}$인 장점 P에서의 벡터퍼텐셜을 구하고자 하는데, 장점의 위치는 $\hat{\mathbf{r}}$방향에 원점 0로부터 거리 r만큼 떨어져 있다. 이 퍼텐셜은 (16-12)에 의해

$$\mathbf{A}(\mathbf{r}) = \frac{\mu_0}{4\pi}\int_{V'} \frac{\mathbf{J}(\mathbf{r}')\, d\tau'}{R} \tag{19-1}$$

로 주어지는데, 여기서

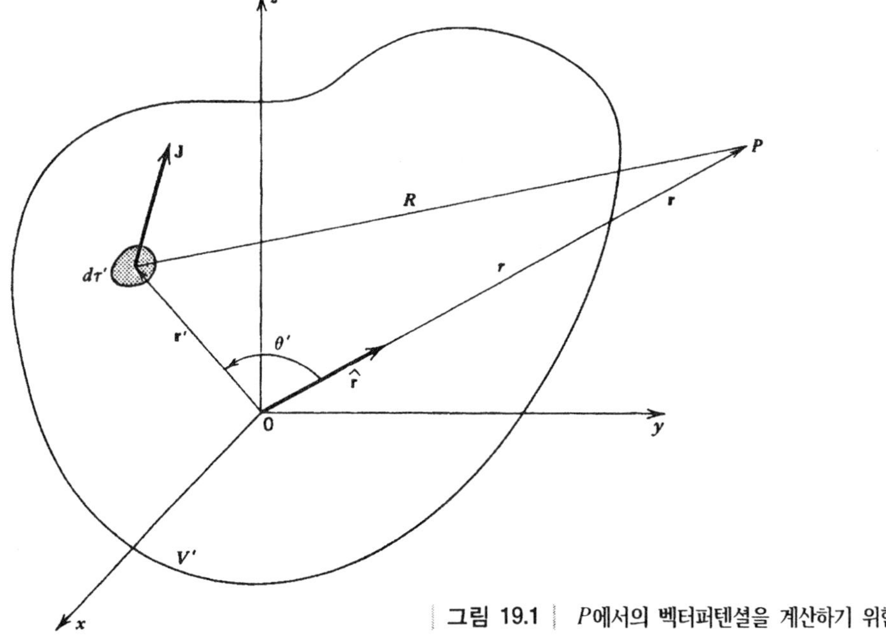

그림 19.1 P에서의 벡터퍼텐셜을 계산하기 위한 기하적 배치.

$$R = |\mathbf{r} - \mathbf{r}'| = \left(r^2 + r'^2 - 2rr'\cos\theta'\right)^{1/2} \tag{19-2}$$

로 그림에서 코사인법칙을 적용하여 얻었다.

전에 했던 것처럼, P는 V' 밖의 먼 곳이라고 가정하여, V'의 어느 부분에 대해서라도 $r > r'$이 되도록 한다. 그러면 (8-12)로 주어지는 전개를 사용할 수 있고, (19-1)을

$$\mathbf{A}(\mathbf{r}) = \frac{\mu_0}{4\pi}\sum_{l=0}^{\infty}\frac{1}{r^{l+1}}\int_{V'}\mathbf{J}(\mathbf{r}')r'^{l}P_l(\cos\theta')\,d\tau' \tag{19-3}$$

으로 쓸 수 있다. 이것이 일반적인 벡터퍼텐셜의 다중극 전개이다. (8-10)과 (8-14)를 사용하여 처음 몇 항을 써보면

$$\begin{aligned}\mathbf{A}(\mathbf{r}) &= \mathbf{A}_M(\mathbf{r}) + \mathbf{A}_D(\mathbf{r}) + \mathbf{A}_Q(\mathbf{r}) + \dots \\ &= \frac{\mu_0}{4\pi r}\int_{V'}\mathbf{J}(\mathbf{r}')\,d\tau' + \frac{\mu_0}{4\pi r^2}\int_{V'}\mathbf{J}(\mathbf{r}')(\hat{\mathbf{r}}\cdot\mathbf{r}')\,d\tau' \\ &\quad + \frac{\mu_0}{4\pi r^3}\int_{V'}\frac{1}{2}\mathbf{J}(\mathbf{r}')\left[3(\hat{\mathbf{r}}\cdot\mathbf{r}')^2 - r'^2\right]d\tau' + \dots\end{aligned} \tag{19-4}$$

인데, 여기서의 항들이 각각 홑극 항, 쌍극자 항, 사중극 항이다. 정전기의 경우에서와 마찬가지로, 장점 거리에 대한 의존성은 연속적으로 $1/r$, $1/r^2$, $1/r^3$ 등으로 나간다. 그래서 전류분포로부터 멀어짐에 따라, 전개의 고차 항은 점점 덜 중요해진다. 이 항들은 $\hat{\mathbf{r}}\cdot\mathbf{r}' \sim \cos\theta'$에 의해 아직은 장점 P와 원천점 모두를 포함한다. 우리는 이들을 장점만을 포함하는 어떤 것과 전류분포의 특성만을 가지고 있는 다른 어떤 것의 곱으로 나타내고자 한다. 이들을 항별로 따로 논의하는 것이 편리하겠다.

1. 홑극 항

정전기의 경우 홑극 항은 전하분포의 홑극모멘트, 즉 알짜 전하에 비례하는 것으로 나타났다. 그러나 자기의 경우, (16-4) 이후에 논의했듯이, 그리고 이로부터 예상할 수 있듯이, 홑극 항은 실제로 영이 될 것이다. $\mathbf{A}_M$ 적분의 x 성분을 생각해보자. (1-115)의 $\mathbf{A}$를 $\mathbf{J}$로 대체하고, u는 x'으로 대체하면,

$$\nabla'\cdot(x'\mathbf{J}) = \mathbf{J}\cdot\hat{\mathbf{x}} + x'\nabla'\cdot\mathbf{J} = \mathbf{J}\cdot\hat{\mathbf{x}} = J_x$$

인데, 정상전류의 경우 $\nabla'\cdot\mathbf{J} = 0$이기 때문에 한 항은 영이 되었다. 그리고는 다이버전스 정리 (1-59)를 사용하면

$$\int_{V'}J_x\,d\tau' = \int_{V'}\nabla'\cdot(x'\mathbf{J})\,d\tau' = \oint_{S'}x'\mathbf{J}\cdot d\mathbf{a}'$$

을 얻게 된다.

전류들은 공간적으로 갇혀 있기 때문에, S'의 모든 곳에서 $\mathbf{J} = 0$이고, 그래서 마지막 적분은 영이 되고

$$\int_{V'} J_x \, d\tau' = 0$$

이다. y와 z 성분에 대해서도 마찬가지이므로, 이들을 모두 모아서 갇혀 있는 정상전류에 대해

$$\int_{V'} \mathbf{J}(\mathbf{r}') \, d\tau' = 0 \tag{19-5}$$

를 얻게 된다. 이 적분은 항상 영이므로

$$\mathbf{A}_M(\mathbf{r}) = 0 \tag{19-6}$$

이다. 그래서 앞서의 가설이 증명되었고, 벡터퍼텐셜의 전개에서 첫 번째 나타나는 항은 언제나 쌍극자 항이다. [이것으로 앞에서 (18-18) 대신 (18-20)을 사용했던 것이 정당화 되었다.]

(19-5)의 증명은 형식적으로 옳은 것이지만, 이 같은 결과를 다른 방법으로 얻어보는 것도 좋겠다. 정상전류가 분포한다고 할 때, 전류는 닫힌 경로를 따라 흐른다. 그리고 전하는 그림 12-6a에 보인 것처럼 마치 세선관 내에서 움직인다고 생각할 수 있다. 그러면 j 번째 고리에 해당하는 전류 I_j에 대하여, (19-4)의 첫 번째 적분에의 기여는 (12-10)의 등식으로부터 모든 전류요소 $I_j d\mathbf{s}_j$의 합, 즉 $\oint I_j d\mathbf{s}_j$이 될 것이다. 전체 전류 분포는 세선전류로 나누어져 있는데, 이러한 모든 닫힌 세선전류에 대하여 합하여

$$\int_{V'} \mathbf{J}(\mathbf{r}') \, d\tau' = \sum_j I_j \oint_{C_j} d\mathbf{s}_j = 0$$

를 얻게 되는데, 여기서 영이 되는 이유는, $d\mathbf{s}_j$에 대한 적분이 한 점만의 연속적인 변위에 대한 합이고, 그러면 이것은 알짜 변위이며, 한 점을 어느 닫힌 경로에서 잡게될 때, 알짜 변위는 영이다. 즉, $\oint d\mathbf{s}_j = 0$이다. 이 계산은 연습문제 1-25에서 좀 더 정식으로 증명되었다.

2. 쌍극자 항

편의상 쌍극자 항에 들어 있는 적분을 $\mathscr{D}$라는 기호로 나타내자.

$$\mathscr{D} = \int_{V'} \mathbf{J}(\mathbf{r}')(\hat{\mathbf{r}} \cdot \mathbf{r}') \, d\tau' \tag{19-7}$$

이 적분에서 장점을 어떻게든지 분리하여 곱으로 표기하는 과정은 다소 복잡하나, 스칼라량을 가지고 계산하면 좀 쉽다. $\mathbf{C}$가 임의의 상수벡터라고 한다면, $\mathbf{C} \cdot \mathscr{D}$의 스칼라곱을 만들 수 있다. 그 다음에 적분을 동일한 두 부분으로 나누는데, 적분 안에서 $\frac{1}{2}(\mathbf{J} \cdot \hat{\mathbf{r}})(\mathbf{C} \cdot \mathbf{r}')$을 한 번은 더하고 한 번은 빼서, 결과적으로

$$\mathbf{C} \cdot \mathscr{D} = \int_{V'} (\mathbf{C} \cdot \mathbf{J})(\hat{\mathbf{r}} \cdot \mathbf{r}') \, d\tau' = (\mathbf{C} \cdot \mathscr{D})_+ + (\mathbf{C} \cdot \mathscr{D})_- \tag{19-8}$$

의 두 적분의 합으로 쓸 수 있다. 여기서

$$(\mathbf{C} \cdot \mathscr{D})_+ = \frac{1}{2} \int_{V'} [(\mathbf{C} \cdot \mathbf{J})(\hat{\mathbf{r}} \cdot \mathbf{r}') + (\mathbf{J} \cdot \hat{\mathbf{r}})(\mathbf{C} \cdot \mathbf{r}')] \, d\tau' \tag{19-9}$$

$$(\mathbf{C} \cdot \mathscr{D})_- = \frac{1}{2} \int_{V'} [(\mathbf{C} \cdot \mathbf{J})(\hat{\mathbf{r}} \cdot \mathbf{r}') - (\mathbf{J} \cdot \hat{\mathbf{r}})(\mathbf{C} \cdot \mathbf{r}')] \, d\tau' \tag{19-10}$$

인데, 이들을 따로 고려해보겠다.

$\mathbf{C}$는 정의할 때부터 상수라고 했었고, $\hat{\mathbf{r}}$은 원천점에 대한 미분에 관한 한, 즉 ∇'에 관한 한 상수이다. 그러므로 (1-113)으로부터

$$\nabla'(\mathbf{C}\cdot\mathbf{r}') = \mathbf{C} \qquad \text{및} \qquad \nabla'(\hat{\mathbf{r}}\cdot\mathbf{r}') = \hat{\mathbf{r}} \tag{19-11}$$

이 나온다. 이들과 (1-111)을 사용하여, (19-9)의 대괄호 안에 든 부분을

$$\begin{aligned}\mathbf{J}\cdot[\mathbf{C}(\hat{\mathbf{r}}\cdot\mathbf{r}') + \hat{\mathbf{r}}(\mathbf{C}\cdot\mathbf{r}')] &= \mathbf{J}\cdot[(\hat{\mathbf{r}}\cdot\mathbf{r}')\nabla'(\mathbf{C}\cdot\mathbf{r}') + (\mathbf{C}\cdot\mathbf{r}')\nabla'(\hat{\mathbf{r}}\cdot\mathbf{r}')] \\ &= \mathbf{J}\cdot\nabla'[(\mathbf{C}\cdot\mathbf{r}')(\hat{\mathbf{r}}\cdot\mathbf{r}')]\end{aligned} \tag{19-12}$$

처럼 쓸 수 있다. 맨 끝의 항은 $\mathbf{J}\cdot\nabla'\mathscr{S}$의 형태를 가지고 있는데, $\mathscr{S}$는 $(\mathbf{C}\cdot\mathbf{r}')(\hat{\mathbf{r}}\cdot\mathbf{r}')$로써 스칼라이다. 그러므로 정상전류에 대해 (1-115)와 (12-15)를 사용하여 (19-12)는

$$\mathbf{J}\cdot\nabla'\mathscr{S} = \nabla'\cdot(\mathscr{S}\mathbf{J}) - \mathscr{S}(\nabla'\cdot\mathbf{J}) = \nabla'\cdot[(\mathbf{C}\cdot\mathbf{r}')(\hat{\mathbf{r}}\cdot\mathbf{r}')\mathbf{J}] \tag{19-13}$$

로 쓸 수 있고, 이것이 (19-9)의 피적분함수의 최종 형태이다. 이제 (19-13)을 (19-9)에 대입하고 (1-59)를 사용하면 느디어

$$(\mathbf{C}\cdot\mathscr{D})_+ = \tfrac{1}{2}\oint_{S'}(\mathbf{C}\cdot\mathbf{r}')(\hat{\mathbf{r}}\cdot\mathbf{r}')(\mathbf{J}\cdot d\mathbf{a}') \tag{19-14}$$

를 구하게 된다. 여기서 S'은 V'을 감싸는 면이다. 그러나 V'은 모든 전류를 감싸고 있으므로, S'의 모든 면적요소 $d\mathbf{a}'$에서 $\mathbf{J} = 0$이다. 그러므로

$$(\mathbf{C}\cdot\mathscr{D})_+ = 0 \tag{19-15}$$

이다.

(19-10)의 괄호 안에 들어 있는 항은 (1-30)과 (1-16)을 사용하여

$$\mathbf{C}\cdot[\mathbf{J}(\hat{\mathbf{r}}\cdot\mathbf{r}') - \mathbf{r}'(\mathbf{J}\cdot\hat{\mathbf{r}})] = \mathbf{C}\cdot[\hat{\mathbf{r}}\times(\mathbf{J}\times\mathbf{r}')] \tag{19-16}$$

처럼 쓸 수 있다. 이것을 (19-10)에 넣고 (19-15)를 사용하면, (19-8)은

$$\mathbf{C}\cdot\mathscr{D} = \tfrac{1}{2}\int_{V'}\mathbf{C}\cdot[\hat{\mathbf{r}}\times(\mathbf{J}\times\mathbf{r}')]\,d\tau' = \mathbf{C}\cdot\left\{\tfrac{1}{2}\int_{V'}[\hat{\mathbf{r}}\times(\mathbf{J}\times\mathbf{r}')]\,d\tau'\right\} \tag{19-17}$$

이 된다. $\mathbf{C}$는 완전히 임의인 벡터이므로, $\mathscr{D}$가 중괄호 안에 든 것과 같으면 (19-17)은 언제라도 성립한다. 더구나 적분이 프라임 붙은 변수에 대한 것인 한, $\hat{\mathbf{r}}$은 상수이고 적분 밖으로 꺼낼 수 있다. 이렇게 하여

$$\mathscr{D} = \hat{\mathbf{r}}\times\tfrac{1}{2}\int_{V'}\mathbf{J}\times\mathbf{r}'\,d\tau' = \left(\tfrac{1}{2}\int_{V'}\mathbf{r}'\times\mathbf{J}\,d\tau'\right)\times\hat{\mathbf{r}} \tag{19-18}$$

로 구해진다. 끝으로, (19-18), (19-7), (19-4)를 결합하면, 쌍극자 항은

$$\mathbf{A}_D(\mathbf{r}) = \frac{\mu_0}{4\pi r^2}\left[\tfrac{1}{2}\int_{V'}\mathbf{r}'\times\mathbf{J}(\mathbf{r}')\,d\tau'\right]\times\hat{\mathbf{r}} \tag{19-19}$$

로 쓸 수 있다. 이것은 장점의 위치에만 관계된 양과, 전류분포의 특성에만 의존하는 어떤 양

과의 곱으로 나타내어져, 우리가 원하던 형태이다.

괄호 안에 있는 양은 기호

$$\mathbf{m} = \tfrac{1}{2}\int_{V'} \mathbf{r}' \times \mathbf{J}(\mathbf{r}')\, d\tau' \tag{19-20}$$

으로 주어지는데, 전류분포의 **자기쌍극자모멘트** *magnetic dipole moment*라고 부른다. [어떤 책에서는 $\mathbf{m}$을 (19-20)의 우변에다가 μ_0을 곱한 것으로 정의하는데, 요즈음에는 잘 쓰지 않는다. 그렇더라도 잘 알아두자.] 이 정의로 하여 쌍극자 항은

$$\mathbf{A}_D(\mathbf{r}) = \frac{\mu_0}{4\pi}\frac{\mathbf{m}\times\hat{\mathbf{r}}}{r^2} = \frac{\mu_0}{4\pi}\frac{\mathbf{m}\times\mathbf{r}}{r^3} \tag{19-21}$$

로 쓸 수 있다. 그림 19-2에 보인 것처럼, $\mathbf{A}_D$는 $\mathbf{m}$과 $\mathbf{r}$이 만드는 평면에 수직이고, 그 크기는 $A_D = \mu_0 m \sin\Psi / 4\pi r^2$이 될 것이다. $\sin\Psi$가 나타나는 것은 약간 의외라고 생각할는지 모르겠다. (8-48)로 주어지는 정전기 경우의 유사성으로 보아 "쌍극자"퍼텐셜이라고 불리는 퍼텐셜에서는 $\cos\Psi$가 나타나기를 기대할 수도 있기 때문이다. 그러나 다음 절에서 자기유도를 계산하게 될 때, 장을 가지고 비교하게 되면 이 유사성은 그대로 정확하다는 것을 알게 된다.

다행스럽게도 우리가 다루는 문제에서는 쌍극자 항만으로 충분하여, (19-4)의 사중극 항을 더 이상 논의하지는 않겠다.

3. 원점 선택의 효과

(19-20)에서 정의된 자기모멘트 $\mathbf{m}$은 $\mathbf{r}'$의 절대값에 의존한다. 그리고 만일 다른 좌표계를 선

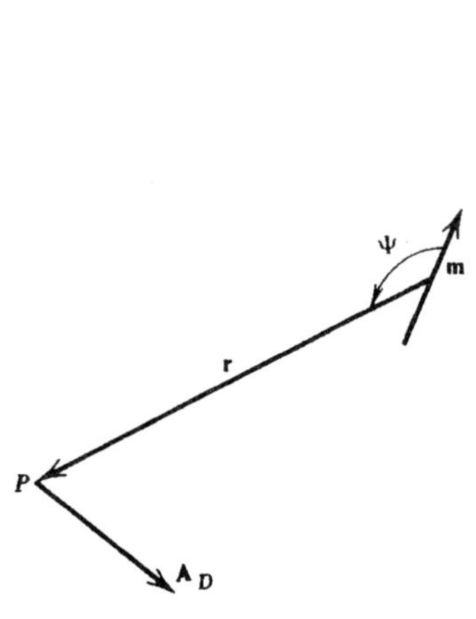

그림 19.2 자기쌍극자와 그것이 만드는 벡터퍼텐셜 사이의 관계.

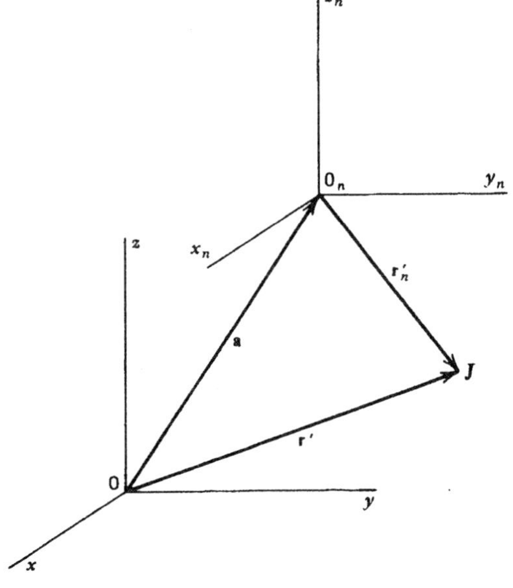

그림 19.3 새로운 원점은 이전 것으로부터 **a**만큼 이동되었다.

택하면, $\mathbf{r}'$은 분명히 바뀔 것이고, 아마도 $\mathbf{m}$도 바뀔 것이다. 정전기의 경우에는 (8-43)에서 전기쌍극자모멘트가 원점의 선택에 무관하다는 것을 알게 되었고, 그럼으로써 전기홀극모멘트가 영인 경우 이것은 전하분포의 유일한 (좌표 선택에 관계 없는) 특성임도 알게 되었다. (19-6)에서 자기의 경우 홀극 항은 항상 영이므로, $\mathbf{m}$은 마찬가지로 원점의 선택에 무관할 것이라고 기대할 수 있다. 그림 19-1의 원점 0를 택하는 대신, 새로운 원점 0_n을 잡기로 하는데, 이것은 축을 회전시키지 않고 그림 19-3처럼 변위 $\mathbf{a}$만큼 병진 이동시키기로 하자. 그러면 그림으로부터 $\mathbf{J}$의 예전 위치벡터와 새 위치벡터는 $\mathbf{r}'_n = \mathbf{r}' - \mathbf{a}$의 관계를 갖는다. 이것을 (19-20)에 넣어 새 좌표축에서의 자기쌍극자모멘트를 구해보면,

$$\mathbf{m}_n = \tfrac{1}{2}\int_{V'}(\mathbf{r}' - \mathbf{a}) \times \mathbf{J}\,d\tau' = \tfrac{1}{2}\int_{V'}\mathbf{r}' \times \mathbf{J}\,d\tau' - \tfrac{1}{2}\mathbf{a} \times \int_{V'}\mathbf{J}\,d\tau' = \mathbf{m}$$

을 얻게 되는데, $\mathbf{a}$에 곱해진 적분은 (19-5)에 의해 영이다. 그러므로 $\mathbf{m}_n = \mathbf{m}$이고, 자기쌍극자모멘트는 전류분포가 주어지기만 하면 (좌표선택에 관계없이) 언제라도 유일하게 정해지는 특성이다. 그리고 이것을 계산하기 위한 좌표는 편의로 선택하여 사용할 수 있다.

19-2 자기쌍극자장

장점이 전류분포로부터 아주 멀리 떨어져 있는 경우, (19-21)의 $\mathbf{A}_D$의 표현식은 벡터퍼텐셜에서 가장 중요한 항이 된다. 이것의 특성을 조사하기 위해서는, 8-2절에서처럼, (19-21)이 공간의 모든 곳에서 성립한다고 가정하는 것이 좋다. 그러면 이것을 바로 자기쌍극자장이라고 부를 수 있고, 이것은 원점에 있는 (가상의) **점쌍극자** $\mathbf{m}$이 만들어 낸 것이라고 생각할 수 있다. 우리는 나중에 이런 방식으로 생각해볼 수 있는 특별한 전류분포를 고려해볼 텐데, 지금으로써는 점쌍극자가 만드는 자기유도 $\mathbf{B}$를 구하는데 집중해보겠다. 장점 P의 위치를 나타내기 위해 구좌표를 사용하고, z축은 $\mathbf{m}$의 방향으로 잡겠다. 이렇게 하면 그림 19-4같은 배치가 된다. 그러면 $\mathbf{m} = m\hat{\mathbf{z}}$이고 (19-21)은

$$\mathbf{A}_D(\mathbf{r}) = \frac{\mu_0 m}{4\pi r^2}\hat{\mathbf{z}} \times \hat{\mathbf{r}} = \frac{\mu_0 m \sin\theta}{4\pi r^2}\hat{\boldsymbol{\varphi}} \tag{19-22}$$

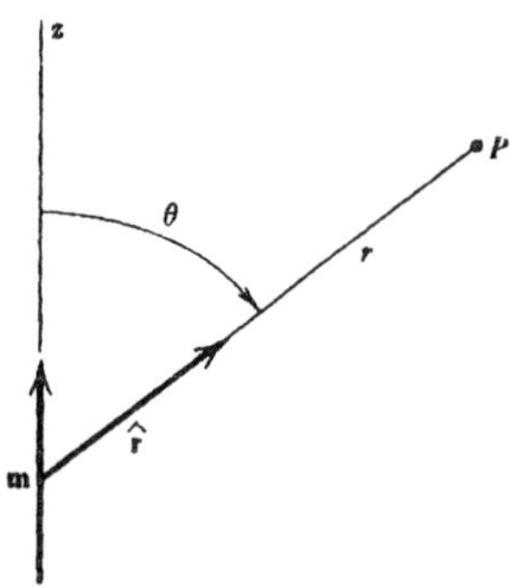

그림 19.4 자기쌍극자가 만드는 장의 계산.

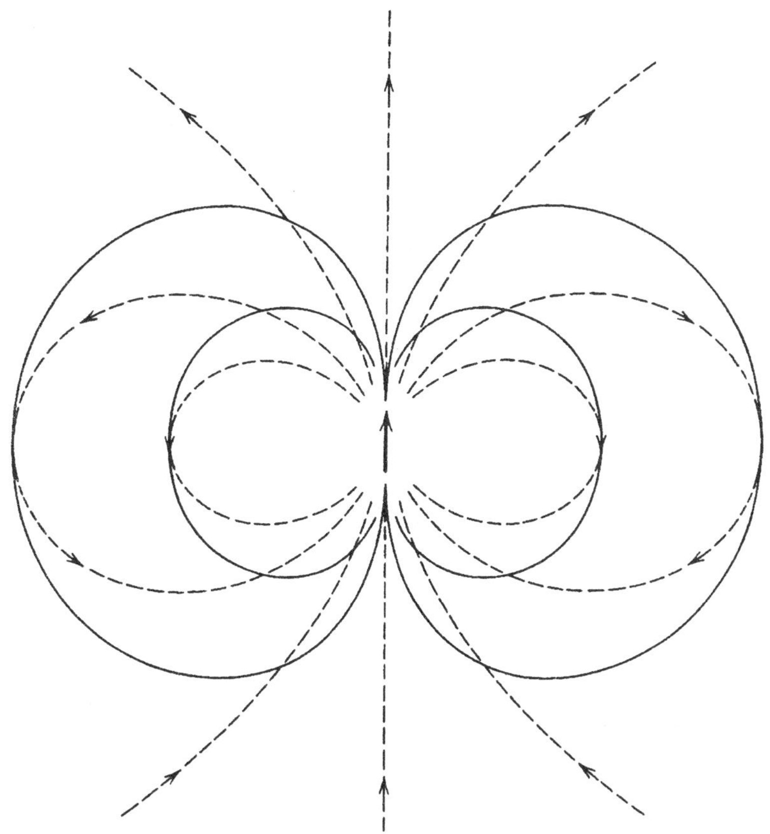

| 그림 19.5 | 자기쌍극자의 장. **B**의 선은 점선이다. 각 실선은 크기가 일정한 벡터장인데, 오른쪽에서는 지면 안으로 들어가고 왼쪽에서는 지면 밖으로 나온다.

가 된다. 즉, 영이 되지 않는 $\mathbf{A}_D$의 성분은 $A_{D\varphi}$뿐이다. $A_{D\varphi}$를 일정한 값으로 하는 곡선은

$$r^2 = \left(\frac{\mu_0 m}{4\pi A_{D\varphi}}\right)\sin\theta = C_D \sin\theta \tag{19-23}$$

으로 주어지는데, 여기서 어느 주어진 곡선을 정해주는 상수 C_D는 $A_{D\varphi}$ 값에 따라 다르다. 이들 곡선을 그림 19-5에 실선으로 나타내었다. 그러나 $\mathbf{A}_D$의 방향은 그림의 오른쪽에서는 지면으로 들어가고, 그림의 왼쪽에서는 지면에서 나온다.

자기유도는 $\mathbf{B} = \nabla \times \mathbf{A}_D$로부터 구한다. (19-22)와 (1-104)를 사용하여, **B**의 성분을 구해보면

$$B_r = \frac{1}{r\sin\theta}\frac{\partial}{\partial\theta}\left(\sin\theta A_{D\varphi}\right) = \left(\frac{\mu_0 m}{4\pi}\right)\frac{2\cos\theta}{r^3}$$

$$B_\theta = -\frac{1}{r}\frac{\partial}{\partial r}\left(rA_{D\varphi}\right) = \left(\frac{\mu_0 m}{4\pi}\right)\frac{\sin\theta}{r^3} \tag{19-24}$$

가 되고 $B_\varphi = 0$이다. 그러므로 **B**는 **m** 및 장점으로 구성된 평면에 놓여 있고, $\mathbf{A}_D$는 이 면에 수직이다.

(19-24)를 전기쌍극자장의 대응되는 결과 (8-50)과 비교해보면, 이들은 각 쌍극자모멘트의 크기에 비례하고, 동일한 각도와 거리 의존성을 갖는다. 사실상 이들은 단순히 $\mathbf{B} = \mu_0\epsilon_0(m/p)\mathbf{E}$로 관계된다는 것을 쉽게 알 수 있다. 따라서 그림 19-5에 점선으로 나타낸 **B**의 선은, (8-52)와 똑같은 형태의 식으로 주어질 것이고, 그림 8-7에 보인 **E**의 점선과 똑같을 것이다.

19-3 세선전류

지금까지 우리는 퍼져서 분포하고 있는 전류에 집중하여 공부했다. 이 결과는 (12-10)을 사용하여 $\mathbf{J}\,d\tau'$을 $I\,d\mathbf{s}'$으로 바꾸어서, 금방 세선전류에 적용될 수 있다. 그러므로 (19-20)으로부터 한 세선회로 C'의 자기쌍극자모멘트는

$$\mathbf{m} = \frac{I}{2}\oint_{C'} \mathbf{r}' \times d\mathbf{s}' \qquad (19\text{-}25)$$

로 주어질 것이다. 그리고 이 적분을 할 때는 편리한대로 어느 좌표라도 선택할 수 있다.

예제

평면에 놓인 세선전류. 회로가 한 평면에 놓여 있으면, 적분은 간단하고도 유용한 의미를 갖게 된다. 원점을 이 평면 내에 잡으면, 그림 19-6과 같이 된다. $\mathbf{r}' \times d\mathbf{s}'$은 고리의 면에 수직이고, 크기 $|\mathbf{r}' \times d\mathbf{s}'|$은 그림 1-15에서 보았던 것처럼, $\mathbf{r}'$과 $d\mathbf{s}'$을 두 변으로 하는 평행사변형의 면적이다. 이 두 그림을 비교해보면, 그림 19-6의 음영 칠한 부분의 면적은 그 평행사변형 면적의 절반이다. 즉, 이 면적을 $d\mathbf{a}'$이라 하면 $\frac{1}{2}\mathbf{r}' \times d\mathbf{s}' = d\mathbf{a}'$이고 (19-25)의 적분은

$$\tfrac{1}{2}\oint_{C'} \mathbf{r}' \times d\mathbf{s}' = \int d\mathbf{a}' = \mathbf{S} = S\hat{\mathbf{n}} \qquad (19\text{-}26)$$

이 된다. 여기서 **S**는 전류가 감싸는 총 면적벡터이고, $\hat{\mathbf{n}}$은 이 면의 법선벡터이며 그림 1-24에서 정의된 일반적인 약속으로 주어진다. 그러므로 (19-25)는 단순히

$$\mathbf{m} = I\mathbf{S} = IS\hat{\mathbf{n}} \qquad (19\text{-}27)$$

이 되면, 그래서 면에 놓인 세선전류의 자기쌍극자모멘트의 크기는 바로 감싸도는 전류와 감싸인 면적의 곱이다. 이 결과는 회로의 모양에 무관함에 유의하라.

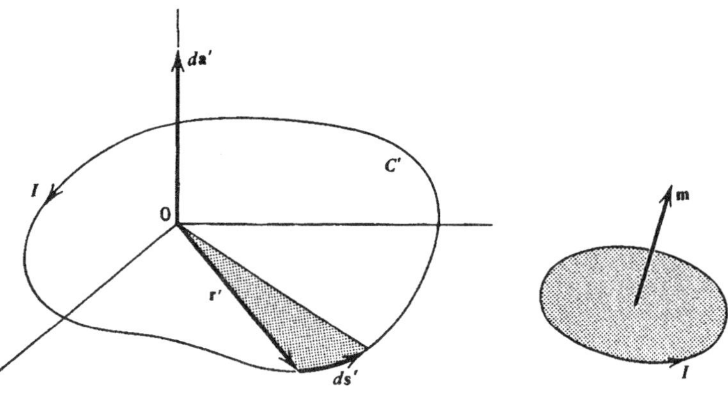

그림 19.6 평면에 놓인 세선전류.

그림 19.7 전류고리의 자기쌍극자모멘트는 고리 면에 수직이다.

예제

면에 놓인 원 고리. 고리가 반지름 a인 원이라면, $m = I\pi a^2$이다. 그러면 먼 거리에서의 축성분 자기유도 B_z는 (19-24)에서 $\theta = 0$, $r = z$로 놓고 구할 수 있다. 그 결과는 $B_z = \mu_0 I a^2/2z^3$으로 (14-20)에서 구한 것과 정확히 같다.

이와 같은 면 회로를 보통 **전류고리** *current loop* 혹은 **전류회오리** *current whirl*이라 부른다. 이것은 먼 곳에 쌍극자 벡터퍼텐셜과 자기유도를 생성시킨다. [물론, 가까운 곳에서는 자세한 전류분포가 더욱 중요해지며, (19-1)의 정확한 표현식으로 되돌아가서 계산해야 한다.] 그러므로 매우 작은 전류회오리를 점자기쌍극자에 대한 원형으로 삼을 수 있고, 이것의 자기모멘트는, 그림 19-7에 보인 것처럼, 그 면에 수직이다.

어느 계가 많은 세선회로로 구성되어 있다면, j 번째 회로의 쌍극자모멘트 $\mathbf{m}_j$는 (19-25)로부터 구할 수 있고, 전체 계의 쌍극자모멘트는 이들 항의 벡터합이 될 것이다. 즉,

$$\mathbf{m} = \sum_j \mathbf{m}_j = \sum_j \tfrac{1}{2} I_j \oint_{C_j} \mathbf{r}_j \times d\mathbf{s}_j \tag{19-28}$$

이다. 특히, 이들이 모두 면 회로라면, 각 $\mathbf{m}_j$는 (19-27)의 형태이고, 총량은

$$\mathbf{m} = \sum_j \mathbf{m}_j = \sum_j I_j \mathbf{S}_j \tag{19-29}$$

가 될 것이다.

예제

이상적인 솔레노이드. 14-3절의 예에서 N 번 감은 이상적인 솔레노이드는(도선 간격은 무시할 수 있다) N 개의 서로 평행인 원 고리전류에 각각 전류 I가 같은 방향으로 흐르는 것

으로 다룰 수 있다. 그래서 단면적이 S라면, 각 고리의 쌍극자모멘트는 (19-27)에 의해 $IS\hat{\mathbf{z}}$가 될 것이다. 여기서 $\hat{\mathbf{z}}$는 축의 방향이다. 그러면 (19-29)의 모든 $\mathbf{m}_j$는 평행일 것이고, 솔레노이드의 총 쌍극자모멘트는 고리 하나의 값을 N 배 한 것으로

$$\mathbf{m} = NSI\hat{\mathbf{z}} = nlSI\hat{\mathbf{z}} \tag{19-30}$$

이다. 따라서 솔레노이드로부터 먼 곳에 만들어지는 자기유도는 (19-24)에서 $m = NSI$로 놓아 구할 수 있다(이렇게 하여 그림 18-3을 본질적으로 정당화할 수 있다).

19-4 외부 자기유도 내에 있는 전류분포의 에너지

8-4절에서는 두 무리로 구별된 전하("계"와 "외부")에 관련된 에너지 관계를 논의하기 위해 꽤 많은 노력을 기울였었다. 그 때의 결론은 많은 경우 이 에너지의 일부만이 실제적으로 유용하고 그것은 (8-60)의 상호작용 에너지라는 점이었다. 여기에서도 자기의 경우에 대한 비슷한 상황을 고려하고자 한다.

관련된 전류들은 두 무리로 쉽게 분별하여 나뉠 수 있다고 가정하자. 이 전류분포의 한 부분은 (우리가 관심을 갖고 있는 "계"로써) 분명한 물리적 실재인데, 이것은 ("외부" 원천으로써의) 다른 전류분포의 영향 하에 놓여있다. 이 외부 전류분포는 계가 있는 곳의 모든 지점에 자기유도 $\mathbf{B}_0(\mathbf{r})$을 만든다. 여기에서도 두 무리의 내부에너지는 무시하고, 자기 **상호작용에너지** *interaction energy* U_{m0}이라 할 수 있는 부분에만 관심을 갖겠다. 그러면 우선 문제가 되는 것은 U_{m0}에 대한 적절한 표현식을 어떻게 구하는가이다. 회로가 두 개 있는 경우 상호작용에너지는 (18-8)의 가운데 항으로 주어진다고 알고 있는데, 이것은 $M_{12}I_1I_2 = I_1\Phi_{2\to1}$으로 여기서 (17-45)에 의해 $\Phi_{2\to1}$은 2가 만들고 1을 통과하는 선속이다. 그래서 이것을 지금의 경우에 적용시킬 때, I를 계의 전류라 하고 Φ_0은 외부 원천에 의해 만들어진 선속이라 하여, 상호작용 에너지를

$$U_{m0} = I\Phi_0 \tag{19-31}$$

라 쓸 수 있다. 또한 이것은 (16-6)을 사용하여 외부 자기유도 $\mathbf{B}_0$으로

$$U_{m0} = I\int_S \mathbf{B}_0(\mathbf{r}) \cdot d\mathbf{a} \tag{19-32}$$

라고 표현될 수 있다. 여기서 S는 계의 전류가 감싸는 면적이다.

이제 (19-31)과 (19-32)를 가지고 용이하게 일반화할 수 있다. 우리 계의 j 번째 회로의 전류를 I_j라하고, 외부에서 만들어져서 이 회로를 지나는 선속을 Φ_{0j}라하면, 이 부분에 대한 상호작용에너지는 $I_j\Phi_{0j}$가 될 것이고, 그러면 총 상호작용에너지는

$$U_{m0} = \sum_j I_j\Phi_{0j} = \sum_j I_j\int_{S_j} \mathbf{B}_0(\mathbf{r}_j) \cdot d\mathbf{a}_j \tag{19-33}$$

가 될 것이다. 여기서는 이것을 사용할 필요가 없지만, 분포하는 전류에 대하여 U_{m0}을 적절히

변환시켜볼 가치가 있다. 이렇게 하려면 전류요소를 도입해야 하는데, (16-23)을 사용하여 선속을 외부에서 만든 벡터퍼텐셜 $\mathbf{A}_0$으로 써서

$$U_{m0} = \sum_j \oint_{C_j} \mathbf{A}_0(\mathbf{r}_j) \cdot I_j \, d\mathbf{s}_j \tag{19-34}$$

라 할 수 있다. 그러면 (18-10)으로부터 (18-11)로 변환하였듯이, 세선전류를 기술하던 것으로부터 분포하는 전류에 대한 표현으로 바꿀 수 있다. 이러한 방식으로 우리가 보통 표현하는 자기 상호작용에너지의 식을

$$U_{m0} = \int_V \mathbf{J}(\mathbf{r}) \cdot \mathbf{A}_0(\mathbf{r}) \, d\tau \tag{19-35}$$

로 얻게 된다. 여기서 적분은 우리 계의 전류 $\mathbf{J}$를 포함하는 전체 공간에 대해 계산된다.

8-4절에서처럼, 우리의 논의를 다음의 중요한 경우로 국한하도록 하자. 외부 원천이 아주 멀리 있고 우리 계는 그 크기가 매우 작아서, 계의 전하분포 구간에서 $\mathbf{B}_0$가 아주 많이 변하지 않는다고 하자. 그러면 첫 번째 근사로써 $\mathbf{B}_0$을 상수로 취급하여 적분 안에서 꺼낼 수 있다. 그래서 (19-33)의 모든 $\mathbf{r}_j$를 같은 값 $\mathbf{r}$(계를 대표하는 위치벡터)로 놓으면, (19-33)은

$$U_{m0D} = \mathbf{B}_0(\mathbf{r}) \cdot \left(\sum_j I_j \int_{S_j} d\mathbf{a}_j \right) = \mathbf{B}_0(\mathbf{r}) \cdot \left(\sum_j I_j \mathbf{S}_j \right) = \mathbf{m} \cdot \mathbf{B}_0(\mathbf{r}) = \mathbf{m} \cdot \mathbf{B}_0 \tag{19-36}$$

이 된다. 여기서 $\mathbf{m}$은 (19-29)에 의해 전체 계의 자기쌍극자모멘트이다. 그리하여 이 쌍극자 상호작용에너지는 이 계를 대표하는 쌍극자모멘트와 외부 자기유도의 곱으로써의 형태를 갖는다.

$\mathbf{B}_0$을 급수로 전개하면, 분명히 U_{m0}을 더 정확히 근사 계산 할 수는 있지만, 이것은 너무 복잡하여 계속 진행하지는 않겠다. 그러나 스칼라퍼텐셜에 대해서는 (8-61)에서 바로 그렇게 했었다. (8-70)의 유사성을 고려해보면 상호작용에너지 전개에서의 다음 항을 예상해볼 수는 있다. 이것은 외부 자기유도의 공간미분과 자기사중극모멘트의 적절한 성분의 곱으로 나타내어질 것이다.

$\mathbf{B}_0$이 위치에 의존한다면, 쌍극자 $\mathbf{m}$을 다른 장소로 옮겨가서 에너지를 변화시킬 수 있다. 즉, 쌍극자에 작용하는 병진운동의 힘 $\mathbf{F}_D$는 영이 아닐 수 있다. 우리는 계를 분명한 물리적 실재로 다루고 있으므로, 계는 일정한 전류분포로 특징 지워진다고 가정하여야 할 것이다. 그러면 힘을 구하기 위해 사용할 적절한 표현식은 일정한 전류에 대한 (18-39)이다. (19-36)을 여기에 넣으면

$$\mathbf{F}_D = \nabla U_{m0D} = \nabla(\mathbf{m} \cdot \mathbf{B}_0) \tag{19-37}$$

이 된다. 여기서 미분은 쌍극자의 위치벡터 $\mathbf{r}$의 성분에 대해 취해진다. $\mathbf{m}$이 상수라는 사실로 인해 이 식을 좀 더 유용한 형태로 쓸 수 있다. (1-112)를 사용하면, (19-37)은

$$\mathbf{F}_D = \mathbf{B}_0 \times (\nabla \times \mathbf{m}) + \mathbf{m} \times (\nabla \times \mathbf{B}_0) + (\mathbf{B}_0 \cdot \nabla)\mathbf{m} + (\mathbf{m} \cdot \nabla)\mathbf{B}_0 \tag{19-38}$$

로 쓸 수 있다. $\mathbf{m}$은 상수이기 때문에 첫 번째와 세 번째 항은 영이 된다. 처음 가정할 때부터

모든 외부 원천은 계의 밖 다른 곳에 있다고 하였으므로, **m**이 있는 위치에는 원천 전류 $\mathbf{J}_0$이 없다. 그러면 (15-12)에 의해 $\nabla \times \mathbf{B}_0 = 0$이고, (19-38)은

$$\mathbf{F}_D = (\mathbf{m} \cdot \nabla)\mathbf{B}_0 \tag{19-39}$$

로 된다. 이것은 우리가 예상하듯이, 병진운동을 시키는 힘은 외부 자기유도가 위치 함수로써의 의존성을 가지고 있기 때문이라는 점을 보여주고 있다. (19-37)과 (19-39)는, 전기쌍극자의 대응되는 (8-77), (8-79)와 완전히 유사하다는 점을 알아두자. 더구나, (19-39)는 연습문제 14-18의 결과와 일치하는데, 그 문제는 균일한 외부 자기유도 내에 있는 세선회로에 작용하는 알짜 힘이 없다는 것을 보이는 문제였다.

그러나 전기와 자기의 유사성이 분명히 깨어지는 경우가 한 군데 있는데, 바로 (19-36)과 (8-73)으로 주어지는 각각의 상호작용에너지 $\mathbf{m} \cdot \mathbf{B}_0$과 $-\mathbf{p} \cdot \mathbf{E}_0$의 부호가 서로 다르게 나타난다는 것이다. 외부장 내에서 자기쌍극자의 소위 에너지라고 불리는 물리량이

$$U_D' = -\mathbf{m} \cdot \mathbf{B}_0 = -mB_0 \cos \Psi \tag{19-40}$$

라는 사실은 너무도 당연한 것이다. 여기서 Ψ는 **m**과 $\mathbf{B}_0$ 사이의 각도이다. 왜 그런가? (19-40)을 사용한다는 사실은 근본적으로 관점을 완전히 바꾼다는 것을 말한다. 우리는 힘에 관한 표현식을, 역학에서 사용하는 것과 완전히 마찬가지로 퍼텐셜에너지의 음의 그래디언트로 쓰려는 것이다. 즉, (19-37)을

$$\mathbf{F}_D = -\nabla U_D' \tag{19-41}$$

의 형태로 쓰려는 것이 목적이다. 그리고는 U_D'을 보통 말하는 퍼텐셜에너지라고 해석하려는 것이다. (19-40)으로 선택하여도 괜찮다는 것은 쉽게 알 수 있는데, (19-41)이 $\mathbf{F}_D = -\nabla(-\mathbf{m} \cdot \mathbf{B}_0) = \nabla(\mathbf{m} \cdot \mathbf{B}_0)$로 되기 때문이다. 이렇게 하면 힘에 관한 올바른 표현으로 되돌아가게 된다. 그러므로 이러한 이미에서 U'_D을 쌍극자의 에너지라고 생각하여도 적절하겠다. U'_D은 흔히 **배향에너지** *orientational energy*라고도 하는데, 이것이 퍼텐셜에너지의 역할을 한다는 점을 강조하기 위한 용어이다. 마찬가지로 (19-31)부터 (19-35)까지의 부호를 바꾸고 재해석할 수 있다. 예를 들어, 회로가 가능한 한 많은 선속을 감싸려고 재조정하려는 경향은, (18-39) 이후에서 알게 되었지만, (19-31)에 음의 부호를 붙이면 $-I\Phi_0$가 되어 그 경향을 알 수 있다. 이것은 계가 퍼텐셜에너지를 줄여서 평형에 이르려고 하는 일반적인 경향과 부합한다. 그림 19-8은 (19-40)으로 주어지는 U_D'을 Ψ의 함수로 보여주고 있다. 에너지 변화의 범위는 유한하며 $\Psi = 0$에서 최소로 **m**과 $\mathbf{B}_0$이 평행으로 안정적평형에 해당되고, $\Psi = \pi$에서는 최대로 **m**과 $\mathbf{B}_0$이 서로 반대로 향해 불안정한 평형에 해당된다.

U_D'와 같은 퍼텐셜은 각도에 의존하는데, 이것은 계에 토크 $\boldsymbol{\tau}$가 존재한다는 것을 의미한다. (19-40)과 (8-73)의 유사성으로 인해 (8-75)의 기호를 간단히 바꾸어 외부 자기유도 내의 자기쌍극자에 작용하는 토크에 관한 중요한 표현식을 얻을 수 있다. 즉,

$$\boldsymbol{\tau} = \mathbf{m} \times \mathbf{B}_0 \tag{19-42}$$

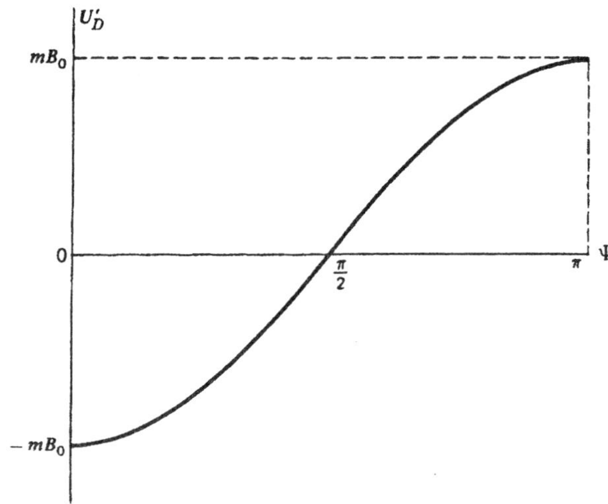

그림 19.8 외부 자기유도 내에 있는 쌍극자의 배향에너지를 각도의 함수로 나타냄.

이다. 이 토크는 $\mathbf{F}_D$와 달리 균일한 $\mathbf{B}_0$에서도 존재한다. 이것은 연습문제 14-18의 결과와 다시 한 번 일치한다. 이전과 마찬가지로 어느 중간의 각도 Ψ에서 평형을 유지하기 위해서는, 이 자기 토크는 크기가 같고 방향이 반대인 역학적인 토크 $\boldsymbol{\tau}_{\text{mech}}$에 의해 균형이 이루어져야 한다. 즉,

$$\boldsymbol{\tau} + \boldsymbol{\tau}_{\text{mech}} = 0 \tag{19-43}$$

이다.

이 절에서의 모든 결과는 완전히 일반적인 방법으로 구한 것으로써, 어떤 부류의 전류분포에 관한 쌍극자모멘트에 대해서도 적용할 수 있다. 그럼에도 불구하고, 점자기쌍극자의 원형인 작은 전류고리에 작용하는 힘을 고려함으로써, 어떻게 이 결과들이 직접 구해질 수 있는지를 알아보는 것은 의미있는 일이다.

예제

외부 자기유도 안에 들어 있는 작은 전류고리. 그림 19-9와 같이 세선전류 I가 흐르는 원의 반지름은 a이고 이 원은 xy평면에 놓여 있으며 원점은 중심에 있다. 이것의 쌍극자모멘트는 (19-27)로부터 얻어

$$\mathbf{m} = I\pi a^2\hat{\mathbf{z}} \tag{19-44}$$

이다. 외부 자기유도 내에서 이 고리에 작용하는 힘은 (14-3)으로 주어지며

$$\mathbf{F} = I\oint_C d\mathbf{s} \times \mathbf{B}_0(\mathbf{r}) \tag{19-45}$$

이다. 상수 단위벡터가 관련되어 있기 때문에 직각좌표로 계산하는 것이 편리하겠지만, 힘의 성분은 C에 대한 적분을 쉽게 하기 위하여 방위각 φ로 나타내겠다. 그러면 $\mathbf{r} = x\hat{\mathbf{x}} + y\hat{\mathbf{y}} = a\cos\varphi\hat{\mathbf{x}} + a\sin\varphi\hat{\mathbf{y}}$이므로 $d\mathbf{s} = d\mathbf{r} = a\,d\varphi(-\sin\varphi\hat{\mathbf{x}} + \cos\varphi\hat{\mathbf{y}})$이고, (1-28)을 사

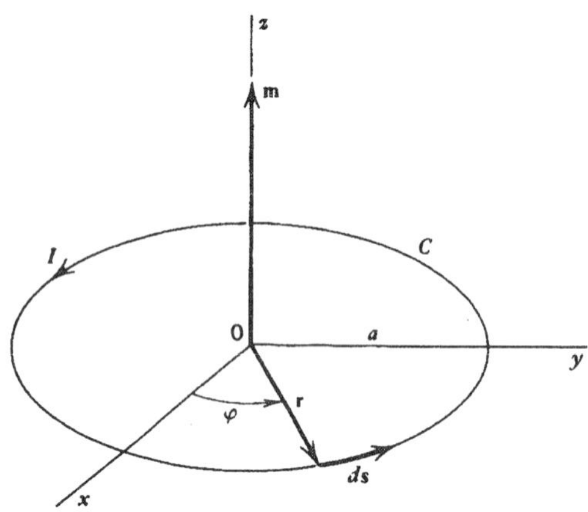

그림 19.9 원형 세선전류고리.

용하면

$$d\mathbf{s} \times \mathbf{B}_0 = a\,d\varphi\left[\hat{\mathbf{x}}B_{0z}\cos\varphi + \hat{\mathbf{y}}B_{0z}\sin\varphi - \hat{\mathbf{z}}\left(B_{0x}\cos\varphi + B_{0y}\sin\varphi\right)\right] \tag{19-46}$$

이다. 이 고리는 매우 작고 $\mathbf{B}_0$은 이 고리 부근에서 천천히 변하므로, $\mathbf{B}_0$의 성분을 원점에 대하여 급수로 전개하여, 첫 번째 근사로써 영이 되지 않는 항만을 취하는 것이 적절하겠다. 그러면

$$B_{0z}(\mathbf{r}) = B_{0z}(0) + x\left(\frac{\partial B_{0z}}{\partial x}\right) + y\left(\frac{\partial B_{0z}}{\partial y}\right) = B_{0z}(0) + a\left[\cos\varphi\left(\frac{\partial B_{0z}}{\partial x}\right) + \sin\varphi\left(\frac{\partial B_{0z}}{\partial y}\right)\right] \tag{19-47}$$

로 쓸 수 있고, 여기서 미분은 쌍극자가 있는 원점에서 계산되므로 상수이고, $B_{0z}(0)$도 마찬가지로 상수이다. (19-47)에서 $z(\partial B_{0z}/\partial z)$항은 없어지는데, 고리가 xy평면에 놓여 있어서 $z = 0$이기 때문이다. (19-47)을 (19-46)에 대입하고 x 성분을 구해보면

$$(d\mathbf{s} \times \mathbf{B}_0)_x = a\,d\varphi\left\{B_{0z}(0)\cos\varphi + a\left[\left(\frac{\partial B_{0z}}{\partial x}\right)\cos^2\varphi + \left(\frac{\partial B_{0z}}{\partial y}\right)\cos\varphi\sin\varphi\right]\right\} \tag{19-48}$$

가 된다. (19-45)에서 필요한 완전한 한바퀴 C의 적분은 φ를 0에서 2π까지에 대해 계산된다. (19-48)을 (19-45)에 대입하고, 적절한 적분값

$$\int_0^{2\pi}\cos\varphi\,d\varphi = \int_0^{2\pi}\sin\varphi\,d\varphi = \int_0^{2\pi}\cos\varphi\sin\varphi\,d\varphi = 0$$
$$\int_0^{2\pi}\cos^2\varphi\,d\varphi = \int_0^{2\pi}\sin^2\varphi\,d\varphi = \pi \tag{19-49}$$

를 이용하면, 힘의 x 성분은

$$F_x = I\oint_C (d\mathbf{s} \times \mathbf{B}_0)_x = I\pi a^2\left(\frac{\partial B_{0z}}{\partial x}\right) = m_z\left(\frac{\partial B_{0z}}{\partial x}\right) \tag{19-50}$$

이 되며, 여기에 (19-44)도 넣었다. 똑같은 방법으로 계산하면 나머지 힘의 두 성분은

$$F_y = m_z\left(\frac{\partial B_{0z}}{\partial y}\right) \tag{19-51}$$

$$F_z = -m_z\left[\left(\frac{\partial B_{0x}}{\partial x}\right) + \left(\frac{\partial B_{0y}}{\partial y}\right)\right] \tag{19-52}$$

가 된다. 이들은 (19-39)의 성분처럼 생기지는 않지만, 우리는 이용 가능한 정보를 아직 다 사용하지 않았으므로 더 조사해 보아야겠다. 외부 원천 전류는 고리로부터 꽤 떨어져 있기 때문에, 고리가 있는 곳에서 $\mathbf{J}_0 = 0$이고 (15-12)에 의해 $\nabla \times \mathbf{B}_0 = 0$이며, (1-43)으로부터 $(\partial B_{0z}/\partial x) = (\partial B_{0x}/\partial z)$ 및 $(\partial B_{0z}/\partial y) = (\partial B_{0y}/\partial z)$이다. 더구나 (16-3)에 의해 $\nabla \cdot \mathbf{B}_0 = 0$이므로 (1-42)에 의해 $(\partial B_{0x}/\partial x) + (\partial B_{0y}/\partial y) = -(\partial B_{0z}/\partial z)$이다. 이들 관계식을 (19-50)−(19-52)에 대입하고, $\mathbf{m}$이 (19-44)에 의해 z 성분만 가지고 있다는 사실을 상기하면, 힘의 성분들은

$$F_x = m_z\left(\frac{\partial B_{0x}}{\partial z}\right) = (\mathbf{m} \cdot \nabla)B_{0x}$$

$$F_y = m_z\left(\frac{\partial B_{0y}}{\partial z}\right) = (\mathbf{m} \cdot \nabla)B_{0y}$$

$$F_z = m_z\left(\frac{\partial B_{0z}}{\partial z}\right) = (\mathbf{m} \cdot \nabla)B_{0z}$$

로 쓸 수 있다. 여기서 (1-41)과 (1-20)이 사용되었다. 이 표현식들은 바로 $\mathbf{F} = (\mathbf{m} \cdot \nabla)\mathbf{B}_0$의 직각좌표 성분들이고, 정확히 (19-39)이다.

토크의 직접 계산도 비슷한 방식으로 할 수 있다. 전류요소에 작용하는 힘은 (14-5)에 의해 $d\mathbf{F} = I\,d\mathbf{s} \times \mathbf{B}_0$로 주어지므로, 전류요소에 작용하는 토크는 $d\boldsymbol{\tau} = \mathbf{r} \times d\mathbf{F} = \mathbf{r} \times (I\,d\mathbf{s} \times \mathbf{B}_0)$이다. 이것을 전체 회로에 대해 더하면

$$\boldsymbol{\tau} = \int d\boldsymbol{\tau} = I\oint_C [\mathbf{r} \times (d\mathbf{s} \times \mathbf{B}_0)] \tag{19-53}$$

을 얻게 된다. (1-30)으로부터 괄호 속에 든 것은 $d\mathbf{s}(\mathbf{r} \cdot \mathbf{B}_0) - \mathbf{B}_0(\mathbf{r} \cdot d\mathbf{s})$이다. $d\mathbf{s} = d\mathbf{r}$이므로 $\mathbf{r} \cdot d\mathbf{s} = d(\frac{1}{2}\mathbf{r} \cdot \mathbf{r}) = d(\frac{1}{2}r^2)$이다. $\mathbf{B}_0$을 상수로 놓는 일차 근사를 이용하면, 두 번째 항이 (19-53)에 주는 기여는 $-I\oint \mathbf{B}_0\, d(\frac{1}{2}r^2) = -I\mathbf{B}_0 \oint d(\frac{1}{2}r^2) = 0$일 것이다. 여기서 스칼라의 미분을 닫힌 경로에 대해 적분하면, (13-4) 이후에서 보았듯이, 영이 된다는 결과를 이용하였다. 남아있는 항을 (19-53)에 넣고 (1-124)를 이용하면,

$$\boldsymbol{\tau} = I\oint_C (\mathbf{r} \cdot \mathbf{B}_0)\, d\mathbf{s} = I\int_S d\mathbf{a} \times \nabla(\mathbf{r} \cdot \mathbf{B}_0) \tag{19-54}$$

을 얻는다. $\mathbf{B}_0$을 상수로 취할 것이므로 이것은 (19-11)의 첫 부분인 $\mathbf{C}$와 같다. 그래서 $\nabla(\mathbf{r} \cdot \mathbf{B}_0) = \mathbf{B}_0$이다. 이것을 (19-54)에 넣고 $\mathbf{B}_0$을 적분 밖으로 꺼내며 (19-27)을 이용하면,

$$\tau = \left(I \int_S d\mathbf{a} \right) \times \mathbf{B}_0 = I\mathbf{S} \times \mathbf{B}_0 = \mathbf{m} \times \mathbf{B}_0$$

을 얻는데, 이것은 매우 일반적으로 고려하여 구한 (19-42)와 정확히 같다.

연습문제

19-1 반지름 a인 원통을 따라 감겨있는 닫힌 경로에 일정한 전류 I가 흐르고 있다. 이 회로의 한 점의 위치벡터는 원통좌표로 $\mathbf{r} = a\hat{\boldsymbol{\rho}} + b \sin n\varphi \hat{\mathbf{z}}$라고 주어진다. 여기서 b는 상수이고 n은 ≥ 2인 양의 정수이다. 이 전류분포에 대한 자기쌍극자모멘트 $\mathbf{m}$을 구하라.

19-2 xy 평면에 놓여 있는 평면 회로에 전류 I가 흐르고 있으며, 이 회로는 다음과 같이 만들어져 있다. 원통좌표를 사용하여, 원점에서 $\varphi = 0$으로부터 시작하여 $\rho = \rho_0 \varphi^n$이다. 여기서 ρ_0은 상수이며 $n > 1$이다. 즉 나선이 형성되어 있다. 이러한 모양은 각도가 φ_0이 될 때 까지 계속된다. 그리고는 전류는 직선을 따라 원점으로 되돌아온다. 이 전류분포에 대한 자기쌍극자모멘트를 구하라.

19-3 반지름이 a이고 길이가 l인 원통에 총 전하 Q가 전체 부피에 대하여 균일하게 분포되어 있다. 이 원통을 축에 대하여 일정한 각속도 $\boldsymbol{\omega}$로 회전시킨다. 회전으로 인하여 전하분포가 영향 받지 않는다고 가정하고, 이 계의 자기쌍극자모멘트를 구하라.

19-4 반지름이 a인 유전체 구의 표면 전체에 일정한 면전하밀도 σ가 들어 있다. 이 구를 지름축에 대하여 일정한 각속도 $\boldsymbol{\omega}$로 회전시킨다. 회전으로 인하여 전하분포가 영향 받지 않는다고 가정하고, 이 계의 자기쌍극자모멘트를 구하라.

19-5 점쌍극자 $\mathbf{m}$이 원점에 놓여 있으되, 좌표축에 대하여 어느 특별한 방향을 가지고 있지는 않다. (즉, $\mathbf{m}$은 어느 축과도 평행이 아니다.) 직각좌표에서의 어느 위치 $\mathbf{r}$에서의 퍼텐셜 $\mathbf{A}$를 구하고, $\mathbf{B}$의 직각좌표 성분을 구하라. $\mathbf{B}$는

$$\mathbf{B}(\mathbf{r}) = \frac{\mu_0}{4\pi r^3}[3(\mathbf{m} \cdot \hat{\mathbf{r}})\hat{\mathbf{r}} - \mathbf{m}] \quad (19\text{-}55)$$

의 형태로 쓰일 수 있음을 보이고 (8-84)와 비교하라.

19-6 그림 17-14의 동축 원들이 아주 멀리 떨어져 있어서 그들을 쌍극자로 취급할 수 있다고 가정하자. 그들의 상호인덕턴스를 구하고 연습문제 17-25와 비교하여라.

19-7 반지름 a와 b인 두 원고리가 동일한 평면에 놓여 있다. 그들의 중심 사이의 거리 c는 매우 커서 쌍극자근사가 가능하다고 가정하고, 그들의 상호인덕턴스를 구하라.

19-8 (a) 두 변이 a와 b인 작은 직사각형 고리에 전류 I가 흐르고 있다. 이 고리는 xy 평면에 놓여 있으며 그 중심은 원점에 있다. 어느 위치 $\mathbf{r}(r \gg a, r \gg b)$에서의 $\mathbf{A}$를 구하라. (b) 위 결과를 이용하여 같은 위치에서의 $\mathbf{B}$를 구하라. (c) 어느 점쌍극자 $\mathbf{M} = M\hat{\mathbf{x}}$가 양의 y축에 놓여 있는데, 원점에서 c만큼 떨어져 있고 $c \gg a$, $c \gg b$이다. 고리에 의해서 $\mathbf{M}$에 작용하는 힘과 토크를 구하라. 모든 답은 직각좌표로 나타내어라.

19-9 (19-35)를 사용하여, 훌극은 상호작용에너

지에 기여하지 않는다는 것을 보여라. 이것은 (8-62)와 유사하다.

19-10 점쌍극자 $\mathbf{m}_1$이 $\mathbf{r}_1$에 놓여 있고, 다른 점쌍극자 $\mathbf{m}_2$가 $\mathbf{r}_2$에 놓여 있다. 직접 계산을 하거나, 정전기로부터의 대응되는 결과를 가지고 원용하여, $\mathbf{m}_1$이 만드는 자기유도 내에서 $\mathbf{m}_2$의 퍼텐셜에너지가 쌍극자-쌍극자 상호작용에너지

$$U'_{DD} = \frac{\mu_0}{4\pi R^3}\left[(\mathbf{m}_1 \cdot \mathbf{m}_2) - 3(\mathbf{m}_1 \cdot \hat{\mathbf{R}})(\mathbf{m}_2 \cdot \hat{\mathbf{R}})\right] \tag{19-56}$$

로 주어짐을 보여라. 여기서 $\mathbf{R} = \mathbf{r}_2 - \mathbf{r}_1$이다. 마찬가지로 $\mathbf{m}_2$에 작용하는 힘 $\mathbf{F}_2$를 구하라.

19-11 두 쌍극자 $\mathbf{m}_1$과 $\mathbf{m}_2$가 동일한 평면에 놓여 있다. $\mathbf{m}_1$은 고정되어 있고 $\mathbf{m}_2$는 평면 내에서 자유롭게 회전한다. $\mathbf{m}_1$, $\mathbf{m}_2$가 $\mathbf{R}$과 각각 α_1, α_2의 각도를 이룬다면, 평형상태에 도달했을 때 이 각도들이 만족하게되는 관계식을 구하라.

19-12 반지름이 a인 원 고리가 xy평면에 놓여있고, 원점은 원의 중심에 있다. 이 고리를 양의 z축에서 보았을 때 시계방향으로 전류 I가 돌아 흐른다. 그리고 어느 점쌍극자 $\mathbf{m} = m\hat{\mathbf{z}}$가 z축 위에 있다. $\mathbf{m}$에 작용하는 힘의 z 성분을 구하라.

19-13 그림 17-4의 평면 직사각형 고리를 생각해보자. 그림에 보인 외부 $\mathbf{B}$가 균일하다하고, 고리에는 $\hat{\mathbf{n}}$에 의해 양의 방향이라고 정해지는 전류 I가 흐른다고 가정하자. 이 고리가 회전하지 않도록 하기 위하여 외부 인자가 작용해 주어야하는 토크를 구하라.

19-14 앞 문제 고리의 $\hat{\mathbf{n}}$ 방향을 뒤집기 위해, 즉 φ를 180° 증가시키기 위해 외부 인자가 해 주어야하는 일의 양은 얼마인가? 이것을 두 가지 방법으로 계산하여라.

19-15 벡터퍼텐셜의 다중극 전개는, $\mathbf{A}$를 세선전류로 나타내는 (16-11)의 표현식으로부터 시작할 수도 있다. 이렇게 하면 (19-21)을 다시 얻을 수 있고, $\mathbf{m}$은 (19-28)로 주어짐을 보여라.

19-16 그림 8-5b의 유사성으로부터 자기사중극자의 원형에 관한 간단한 모형을 고안해 낼 수 있다. 이것은 두 개의 평행 고리로 구성되어 있으며, 전류는 반대 방향으로 흐르고 분리 거리는 작은 값이다. 특히, 두 개의 자기쌍극자가 같은 쌍극자모멘트 $\pm m\hat{\mathbf{z}}$로 $z = \pm a$에 놓여 있다고 해보자. 이 계의 총 쌍극자모멘트는 영이다. 먼 거리에서 벡터퍼텐셜이 $\mathbf{A} = \hat{\boldsymbol{\varphi}}6\mu_0 ma \sin\theta \cos\theta/4\pi r^3$으로 근사됨을 보여라. $\mathbf{B}$의 성분들을 계산하고, (8-55)로 주어지는 선형 전기사중극자의 표현식과 완전히 유사함을 보여라.

제 20 장 물질이 존재할 때의 자기

지금까지는 전류에 관련된 자기력을 고려할 때, 공간은 진공이거나 "자성이 없는" 도체를 포함하고 있다고 가정하였었다. 여기서는 모든 부류의 물질을 고려사항에 포함시켜 일반화해 보겠다. 10장에서 그러했던 것처럼 물질을 원자나 분자, 즉 하전 입자의 집합체로써의 미시적인 관점으로 생각해보는 것이 좋겠다.

20-1 자화

우리는 이전에 원자와 분자가 양과 음의 전하로 구성되어 있고, 전체적으로는 전기적 중성이라고 가정하였다. 이번에는 이러한 모습을 확장하여 이들 전하 중 적어도 일부분은 멈추어 있지 않고, 계속 운동한다고 가정하겠다. 추측하건대, 이들 전하는 닫힌 경로를 따라 운동할 것이다. 이 운동의 본성은 원자나 분자계의 결과론적인 구조로 결정될 것이다. 먼 거리에서 이들 운동하는 전하는 전류회오리, 혹은 자기쌍극자처럼 보일 것이다. 이렇게 계속적으로 회전하는 전류를 보통 **Ampère 전류** *Ampèrian current*라 부르는데, Ampère가 물질의 자기적 특성을 설명하기 위하여 처음으로 이런 전류의 존재를 가정했었다. 이제 우리는 여러 가지 가능성을 상상해볼 수 있겠다.

B = 0이면, 전하들은 제멋대로 돌아다녀서 **알짜** 전류회오리를 영으로 만들 수 있다. 즉, 각 전하의 쌍극자모멘트는 (19-28)에 의해 벡터적으로 더해지게 될 때, 모두 결합하여 영이 되는 것이다. 이번에는 외부 전류를 만든다든지 하여, 어떻게든 **B** ≠ 0이 되도록 했다 하자. 그러면 (19-42)로부터 이 외부장이 쌍극자에 토크를 작용하여, 쌍극자들을 자기유도의 방향으로 정렬하려는 경향을 보일 것이다. 이러한 토크의 영향으로 운동하는 전하의 경로는 많이 바뀌어, 결과적으로 새로운 배치를 하게 되고, 알짜 쌍극자모멘트는 영이 아닐 것이다. 이러한 모멘트는 **B**장에 의해 적절히 **유도되었다** *induced*라고 기술할 수 있으며, 그 물질은 **자화되었다** *magnetized*라고 한다.

외부 자기유도가 없는 경우에도, 원자나 분자는 이미 그 쌍극자모멘트가 영이 아닌 구조를 가질 수도 있다. 즉, **영구자기쌍극자모멘트** *permanent magnetic dipole moment*를 갖는 것이다. (이것이 여기서의 논의에 본질적인 것은 아닐지라도, 그러한 영구 쌍극자는 고전역학이나 전자기학을 기본으로 하여서는 설명될 수 없다는 사실에 유의하자. 이것은 계의 내재적인 각운동량, 혹은 "스핀 *spin*"과 관련이 있고, 이는 본질적으로 양자역학의 결과이다. 그러나 여기에서 그러한 영구쌍극자에 대해 설명하려는 것은 우리의 과업이 아니다. 그 대신 이들의 존재만을 받아들이고 이들을 거시적인 방법으로 설명하도록 하겠다. 그래서 이들이 우리의 기본적인 방정식에 포함되도록 하겠다.)

어느 물질이 영구 쌍극자를 포함하고 있다 할지라도, **B** = 0이면 그들이 여전히 막방향으로 분포하여서 물질 한 조각의 총 쌍극자모멘트가 영이 될 수 있다. 즉, 그 물질은 **자화되어 있지 않다** *unmagnetized*. 이제 **B** ≠ 0이면, 이들 쌍극자에는 토크가 작용하게 되고, 이들을 회전시켜서 자기유도 방향으로 정렬시키려는 경향을 갖게 될 것이다. 일반적으로 이러한 정렬의 경향은 열요동이나 충돌과 관련된 막과정에 의해 상쇄될 것이나, 우리는 여전히 알짜 효과로써 장의 방향으로 알짜 쌍극자모멘트가 만들어질 것으로 예상할 수 있으며, 물질은 역시 자화될 것이다.

어떤 물질은 심지어 **B**장이 없는 경우에도 영구 쌍극자가, 적어도 부분적으로라도, 정렬하는 특성을 가지고 있다. 이러한 물질은 **영구자화되었다**고하고, 그 물질을 **영구자석** *permanent magnet*이라 한다.

앞 장에서 보았듯이 분자들은, 특히 **B**의 존재로 인하여 찌그러지게 되었을 때, 고차의 다중극모멘트를 가질 수 있다. 이 효과는 (19-3)으로 나타내어질 것이다. 그러나 이러한 고차 항이 **A**와 **B**에 주는 기여는 쌍극자 항에 비하여 거리에 따라 훨씬 빨리 감소하고 각도에 관해서는 더 복잡하게 의존한다. 그렇기 때문에 물질의 **평균적** 특성을 기술하고자 하는데, 이 경우 물질의 가장 중요한 특징은 쌍극자모멘트와 관련이 있다. 그러므로 우리가 고려하려는 모든 것을 다음처럼 정리하겠다.

가설

자기적 특성에 관한 한, 중성 물질은 자기쌍극자의 집합과 동등하다.

이제 이 가설을 정량적인 형태로 나타내어야 하겠다. 이렇게 하기 위하여 **자화** *magnetization* **M**을 정의하는데, 이것은 단위체적당 자기쌍극자모멘트이다. 그러면 **r**에 있는 작은 체적 $d\tau$의 쌍극자모멘트 $d\mathbf{m}$은

$$d\mathbf{m} = \mathbf{M}(\mathbf{r})\, d\tau \tag{20-1}$$

이 될 것이다. 그러므로 체적 V인 물질의 총 쌍극자모멘트는

$$\mathbf{m}_{총} = \int_V \mathbf{M}(\mathbf{r})\, d\tau \tag{20-2}$$

이다. 이 정의와 (19-20)으로부터 **M**의 단위는 1 A/m임을 알 수 있다.

(20-1)의 정의는 $d\tau$가 충분히 커서 많은 물질을 포함하며, 그럼으로써 **M**을 위치에 관해 천천히 변화하는 함수로 간주할 수 있음을 암시하고 있다. 동시에 $d\tau$는 거시적인 규모로 보았을 때는 작아야 한다. **M**을 도입하게 된 경위를 보면 **M**과 **B** 사이에는 함수관계가 성립하리라는 것은 짐작할 수 있다. 이 점에 관해서는 나중에 좀 더 자세히 다루기로하고, 현재로써는 **M**을 물질을 다루는 거시적 기술 방법의 한 부분이라고 취급하겠다. 그리고 이것이 존재함으로써

생기는 결과에 대해 조사해보겠다.

20-2 자화전류밀도

그림 20-1에 보인 자화된 물체가 이 물체의 바깥 **r**인 장점에 만드는 벡터퍼텐셜을 구해보자. 체적 $d\tau'$의 쌍극자모멘트는 (20-1)에 주어진 것처럼 $d\mathbf{m}' = \mathbf{M}(\mathbf{r})d\tau'$이고 이것이 **r**에서의 벡터 퍼텐셜에 주는 기여는 (19-21)로부터

$$d\mathbf{A} = \frac{\mu_0}{4\pi}\frac{d\mathbf{m}' \times \hat{\mathbf{R}}}{R^2} = \frac{\mu_0}{4\pi}\frac{\mathbf{M}(\mathbf{r}') \times \hat{\mathbf{R}}\, d\tau'}{R^2} \tag{20-3}$$

로 구해진다. (19-21)에서는 **m**이 원점에 놓여 있다고 했기 때문에 그 식에서의 **r**은 여기서는 $\mathbf{R} = \mathbf{r} - \mathbf{r}'$이다. 총 퍼텐셜은 (20-3)을 물질의 체적 V'에 대해 적분하여 얻어지는데, (1-141)을 사용하여

$$\mathbf{A}(\mathbf{r}) = \int_{V'} \frac{\mu_0}{4\pi}\frac{\mathbf{M}(\mathbf{r}') \times \hat{\mathbf{R}}\, d\tau'}{R^2} = \frac{\mu_0}{4\pi}\int_{V'} \mathbf{M}(\mathbf{r}') \times \nabla'\left(\frac{1}{R}\right) d\tau' \tag{20-4}$$

이 된다. 이제 (1-118)을 이용하여 피적분함수를

$$\mathbf{M} \times \nabla'\left(\frac{1}{R}\right) = \frac{\nabla' \times \mathbf{M}}{R} - \nabla' \times \left(\frac{\mathbf{M}}{R}\right) \tag{20-5}$$

로 다시 쓸 수 있고, 이것을 (20-4)에 넣고 (1-123)과 (1-52)를 사용하여

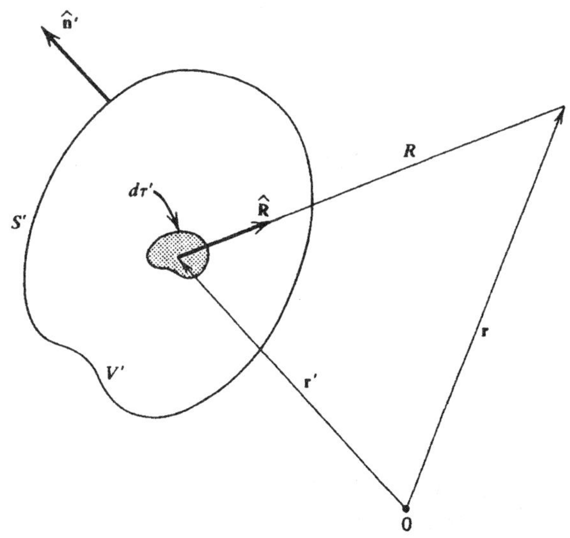

그림 20-1 자화된 물체 밖의 장점에서 벡터퍼텐셜 계산하기.

$$\mathbf{A}(\mathbf{r}) = \frac{\mu_0}{4\pi}\int_{V'} \frac{(\nabla' \times \mathbf{M})\, d\tau'}{R} + \frac{\mu_0}{4\pi}\int_{V'} \left[-\nabla' \times \left(\frac{\mathbf{M}}{R}\right)\right] d\tau'$$
$$= \frac{\mu_0}{4\pi}\int_{V'} \frac{(\nabla' \times \mathbf{M})\, d\tau'}{R} + \frac{\mu_0}{4\pi}\oint_{S'} \frac{\mathbf{M} \times \hat{\mathbf{n}}'\, da'}{R} \qquad (20\text{-}6)$$

을 얻는다. 여기서 S'은 체적 V'을 감싸는 면적이고, $\hat{\mathbf{n}}'$은 그림에 보인 것처럼 밖으로 향하는 법선벡터이다. (16-12), (16-13)과 비교할 때, 이것은 체적에 걸쳐 분포하고 있는 체적전류밀도 $\mathbf{J}_m$과, 감싸는 표면에 흐르는 면전류밀도 $\mathbf{K}_m$이 만들게 되는 벡터퍼텐셜과 꼭 같다는 것을 알게 된다. 여기서

$$\mathbf{J}_m = \nabla' \times \mathbf{M} \qquad (20\text{-}7)$$

$$\mathbf{K}_m = \mathbf{M} \times \hat{\mathbf{n}}' \qquad (20\text{-}8)$$

이고, 그러면 우리가 예상하는대로

$$\mathbf{A}(\mathbf{r}) = \frac{\mu_0}{4\pi}\int_{V'} \frac{\mathbf{J}_m(\mathbf{r}')\, d\tau'}{R} + \frac{\mu_0}{4\pi}\oint_{S'} \frac{\mathbf{K}_m(\mathbf{r}')\, da'}{R} \qquad (20\text{-}9)$$

이 된다. (식 10-7 내지 10-9와 비교해보라.)

물질이 그 바깥에 주는 효과를 고려하는 한, 그 물질을 체적전류밀도 및 면전류밀도로 대체할 수 있다는 것을 알게 되었다. 이 밀도들은 (20-7)과 (20-8)에 의해 자화 $\mathbf{M}$과 관련된다. 지금까지의 개념상의 전개에 이르게 된 여러 가지의 과정을 그림 20-2에 요약하여 나타내었다. (그림 10-2와 비교해보아라.) 그러면, 장점에서의 총 벡터퍼텐셜은 (20-6)으로 주어진 것과, 있을 수 있는 다른 전류에 의한 벡터퍼텐셜을 더한 것이 될 것이다.

(20-7)과 (20-8)에서 프라임 부호를 떼고 간단히

$$\mathbf{J}_m = \nabla \times \mathbf{M} \quad \text{및} \quad \mathbf{K}_m = \mathbf{M} \times \hat{\mathbf{n}} \qquad (20\text{-}10)$$

으로 적는 것이 보통이다. 이 때의 미분은 원천점 좌표에 대해 계산하고, $\hat{\mathbf{n}}$은 밖으로 향하는 법선벡터라는 점을 알고 있기만 하면 된다. $\mathbf{M} \times \hat{\mathbf{n}}$은 $\hat{\mathbf{n}}$에 수직이므로 표면과 접한다는 사실을 알아두자. 그래야만 표면전류로 나타내게 된다. 이것은 또한 $\mathbf{M}$의 접선성분이기도 한데, 그래서 표면전류가 된다. ($\mathbf{K}_m$은 표면에서의 $\mathbf{M} \times \hat{\mathbf{n}}$의 값으로 정해진다는 사실을 잊지 않는 것이 중요하다.)

이들 물리량에 붙은 m이라는 첨자는 이들이 보통 **자화전류밀도** *magnetization current density*라 불린다는 사실을 의미한다. 이들은 또한 Ampère 전류밀도, 혹은 구속(bound)전류밀도

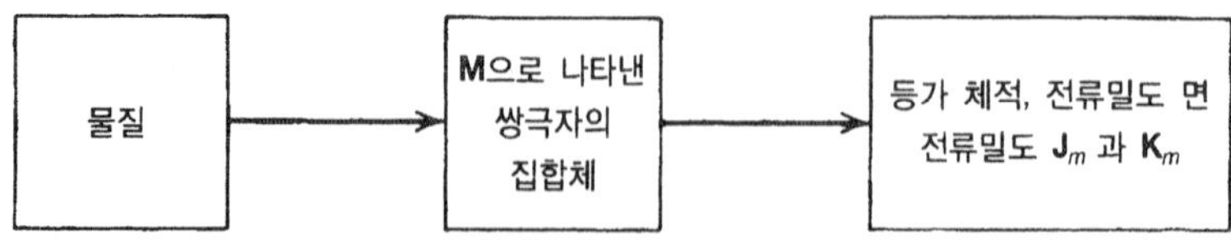

그림 20-2 물질을 등가 전류밀도로 대체하는 개념도.

라고도 한다. 그러나 구속전류밀도라는 표현은 사용하지 않겠다. 그 이유는 (12-18)에서 이 용어를 분극전류밀도에 반영시키면서 구속전하의 변위에 관련시켜 이미 사용하였기 때문이다.

이러한 결과는 (20-6)의 표현식과 이것의 일반형 (20-9)를 형식적으로 비교하여 얻게 되었다. 이 전류들은 직접 "물리적" 방법으로 이해될 수 있고 계산될 수도 있는데, 여기서는 정성적으로만 고려해보겠다. 하나의 극단적인 예로, 자화가 균일한 물질을 생각해보자. 즉, 그림 20-3은 위에서 내려다본 모습으로, 전류들이 모두 같은 방향으로 돌아 동일한 쌍극자가 모두 정렬하여 이 자화를 생성시킨다. 그림에서 점선으로 표시한 어느 내부 지점의 인근 지역을 생각해보면, 한 방향의 회오리 전류는 인접한 회오리의 전류에 의해 상쇄되는 것을 볼 수 있다. 그러므로 균일하게 자화된 물질의 내부에서 자화전류는 영이고 이는 (20-7)과 일치한다. 그러나 표면에서는 인근에 상쇄시키는 전류가 없기 때문에, 그리고 회오리 전류가 도는 방향이 모두 같으므로, 효과적으로 그림에 화살표로 나타낸 것처럼 표면을 돌아가는 전류 $\mathbf{K}_m$이 존재한다. 이 경우에 $\mathbf{M}$은 지면에서 나오는 방향이므로, (20-8)에 의해 주어진 $\mathbf{K}_m$의 방향은, 그림에서 전류회오리를 고려하여 추론한 방향과 똑같다.

이번에는 $\mathbf{M}$이 물질 내에서 균일하지 않은 경우를 생각해보겠다. 예를 들어 각 회오리의 전류가 다를 수 있다. 점선에 둘러싸인 지역을 고려해 보면, 일반적으로 부근의 다른 전류가 완전히 상쇄시키지 못할 것이고, 그 안에는 결과적으로 전류가 남아 있을 것이다. 이것이 바로 (20-7)이 설명하려는 바이고, 사실 이러한 묘사는 $\mathbf{J}_m = \nabla' \times \mathbf{M}$을 유도해내는 또 다른 정량적인 방법으로 사용될 수 있다. 물론, $\mathbf{M}$이 균일하지 않은 이러한 경우에도 면전류 $\mathbf{K}_m$는 여전히 존재한다.

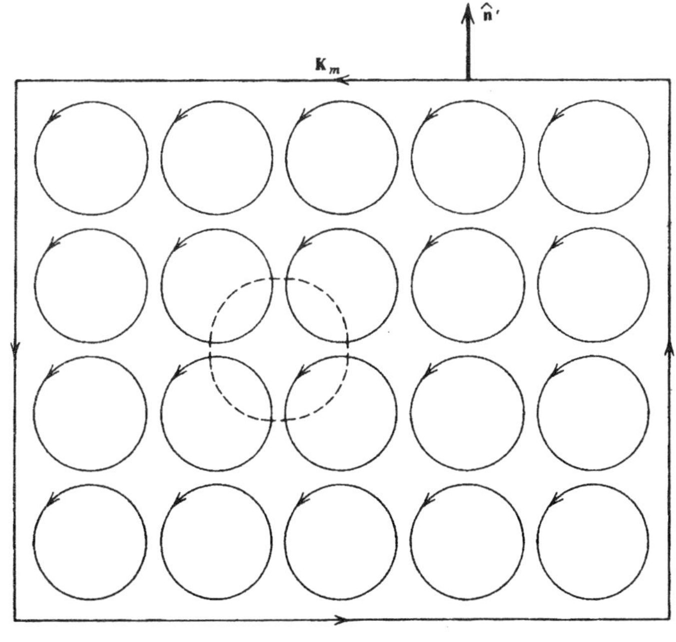

그림 20-3 균일한 자화에 대한 자화면전류의 기원.

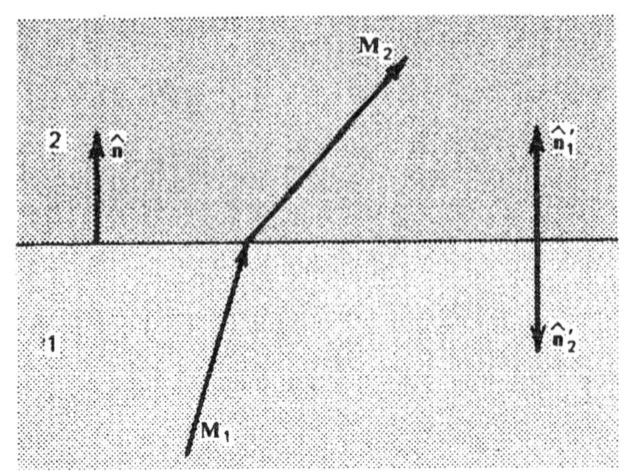

그림 20-4 두 자회된 물질 사이의 경계.

그림 20-4에 나타낸 것처럼 두 개의 자화된 물질이 공통의 경계를 가지고 있는 경우를 보자. 각 물질은 접면에서 접선성분을 가지고 있기 때문에, (20-8)로 주어지는 면전류를 만들 것이다. 알짜 면전류밀도는 이들의 합으로

$$\mathbf{K}_{m\text{알짜}} = \mathbf{K}_{m1} + \mathbf{K}_{m2} = \mathbf{M}_1 \times \hat{\mathbf{n}}'_1 + \mathbf{M}_2 \times \hat{\mathbf{n}}'_2 \tag{20-11}$$

이 될 것이다. 여기서, $\hat{\mathbf{n}}'_1$과 $\hat{\mathbf{n}}'_2$은 각 매질에서 밖으로 향하는 법선벡터이다. 우리가 보통 하듯이 1에서 2로 향하는 법선벡터 $\hat{\mathbf{n}}$을 도입하면, 그림으로부터 $\hat{\mathbf{n}}'_1 = \hat{\mathbf{n}}$이며 $\hat{\mathbf{n}}'_2 = -\hat{\mathbf{n}}$이고, (20-11)은

$$\mathbf{K}_{m\text{알짜}} = (\mathbf{M}_1 - \mathbf{M}_2) \times \hat{\mathbf{n}} = \hat{\mathbf{n}} \times (\mathbf{M}_2 - \mathbf{M}_1) \tag{20-12}$$

이 된다.

본질적으로 일관된 결과가 나타남을 보이기 위해, 유한한 체적의 자화된 물질 한 조각을 생각해보자. 그리고 그림 20-5*a*에 보인 것처럼 구속전하가 물질을 통과하여 한 평면을 지나가는 비율을 구해보도록 하자. 평면이 물질과 만나는 면적을 S라 하면, $\hat{\mathbf{n}}$은 여기에 수직이고, C는 그림 (*b*)에 보인 것 같은 둘러싸는 곡선이다. 음영 칠한 부분에서 왼쪽으로 이 평면을 통과해 지나가는 전하의 총 비율은 (12-6), (12-8)과 그림 12-5에 의해

$$\frac{dq}{dt} = \int_S \mathbf{J}_m \cdot d\mathbf{a} + \oint_C \mathbf{K}_m \cdot \hat{\mathbf{t}}\, ds \tag{20-13}$$

로 주어진다. 여기서 $\hat{\mathbf{t}}$는 당연히 ds에 수직으로 그렸다. (20-10)을 여기에 넣으며 (1-67)과 (1-29)를 사용하면,

$$\frac{dq}{dt} = \oint_C \mathbf{M} \cdot d\mathbf{s} + \oint_C (\mathbf{M} \times \hat{\mathbf{n}}') \cdot \hat{\mathbf{t}}\, ds = \oint_C \mathbf{M} \cdot d\mathbf{s} + \oint_C \mathbf{M} \cdot (\hat{\mathbf{n}}' \times \hat{\mathbf{t}})\, ds \tag{20-14}$$

가 된다. 여기서 $\hat{\mathbf{n}}'$은 $\mathbf{K}_m$이 계산되는 위치에서 물질의 표면에 수직인 법선벡터이다. 그러나 그림으로부터 $(\hat{\mathbf{n}}' \times \hat{\mathbf{t}})ds = -d\mathbf{s}$임을 알 수 있으므로, (20-14)의 두 적분은 상쇄되어 $dq/dt = 0$이다. 그러므로 자화전류가 알짜 전하를 이동시키지는 않는다. 이것은 바로 우리가 예상하던

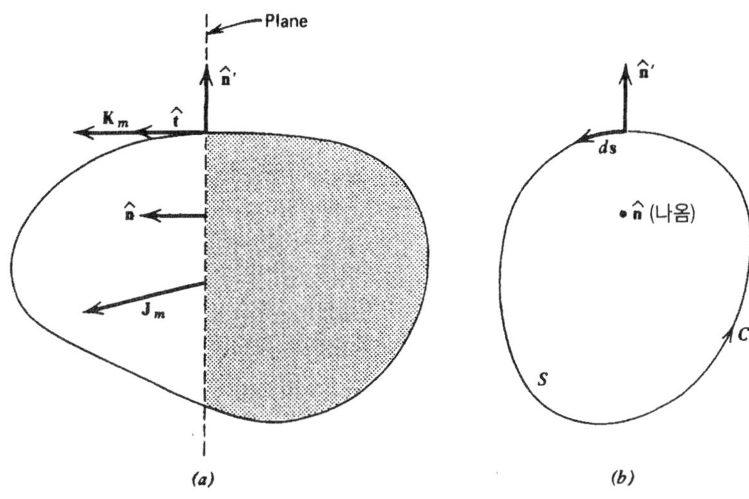

그림 20-5 평면을 지나는 총 구속전류의 계산.

바인데, 그렇지 않으면 자화된 물질 한 조각이 저절로 전하를 이동시킨다는 얘기인데, 이것은, 자화란 원래 있던 전류회오리를 **재배치**(reorientation)하기 때문에 생긴다고 한, 이전의 생각과 일치하지 않는 것이다.

물질의 바깥에 만들어지는 자기유도는 (20-6)으로부터 $\mathbf{B} = \nabla \times \mathbf{A}$를 이용하여 구할 수 있다. 또는 다른 방법으로, (20-7)과 (20-8)로 구한 전류밀도를 (14-7)과 (14-11)에 사용하여

$$\mathbf{B}(\mathbf{r}) = \frac{\mu_0}{4\pi}\int_{V'} \frac{\mathbf{J}_m(\mathbf{r}') \times \hat{\mathbf{R}}\, d\tau'}{R^2} + \frac{\mu_0}{4\pi}\oint_{S'} \frac{\mathbf{K}_m(\mathbf{r}') \times \hat{\mathbf{R}}\, da'}{R^2} \tag{20-15}$$

로 구해진다.

지금까지는 물질의 바깥 진공 영역에서 벡터퍼텐셜과 해당 자기유도를 고려하여 여러 결과를 구했었다. 이렇게 하여 **B**를 알아내는 데에 아무런 어려움이 없었고, 이 자기유도는, 운동하는 전하에 작용하는 힘을 재어보든지, 작은 전류고리에 작용하는 토크를 측정하여 알 수 있다. 물질 **내부**에서의 상황은 어떠할까? 내부에서는 전류고리에 작용하는 토크를 측정하기가 쉽지 않아서, 우선 물질에 구멍을 뚫고 고리를 집어넣어야 한다. 이러는 과정 중에 일부 체적 전류를 제거해야 하고 일부 새로운 면전류를 도입하게 되기 때문에 처음의 배치가 바뀌게 되리라고 예상할 수 있다. 우리는 정전기에서 이와 비슷한 문제점에 직면했었고, 10-3절에서는 이것에 관해 장황하게 논의했었다. 그 때 사용하였던 것과 같은 논거를 가지고 이 문제를 돌파할 수 있을 것이고, 적절히 항들과 기호들을 바꾸어, 똑같은 결론에 도달하게 될 것이다. 다만 우리가 하여야할 실용적이고도 합리적인 일은, 물질을 등가의 자화전류밀도로 대체한다는 것이 개념적으로 부합되어야한다는 것이고, 모든 곳에서의 **A**와 **B**를 계산하는 **정의**로써 (20-9)와 (20-15)가 사용될 수 있다고 가정하는 것이다.

그럼에도 불구하고, 아직도 의심이 가는 것은, (10-26)에서의 **E**와 (10-45) 이후의 **D**에 대해

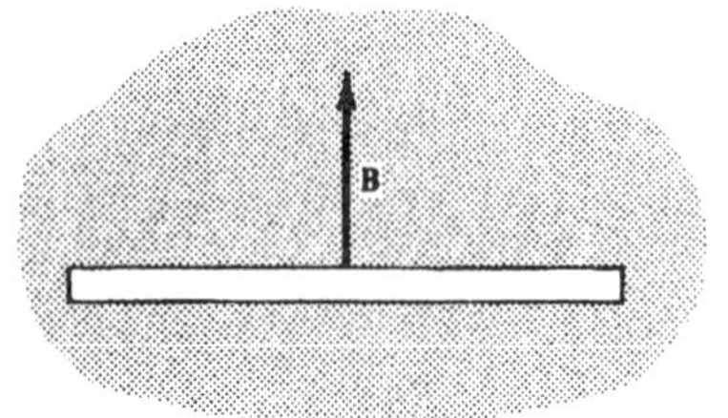

그림 20-6 물질 내에서의 B를 측정하는데 사용되는 공동.

했던 것과 똑같은 의미로, **B**에도 **공동 정의** *cavity definition*을 할 수 있겠느냐 하는 것이다. 즉, 우리는 물질의 내부에 적절한 모양의 구멍을 뚫고, 그 공동에 작은 전류고리 같은 것을 넣은 다음, 공동 안의 진공 영역에서 고리에 작용하는 토크를 측정하여 물질 내에서의 **B**를 구하고자 한다. 이전에 했었던 것처럼, **B**가 만족하는 경계조건에 관한 지식을 사용할 수 있다. 여기에 관련되어 **B**의 법선성분은 (16-4)에 주어진 것처럼 연속이라는 것이다. 그러나 이것은 (10-45) 이후에서 **D**에 대한 공동정의를 구하려고 사용하였던 바로 그 경계조건이다. 그러므로 무엇을 하여야 하는지 정확히 알게 되었다. 적절한 공동이란 낮은 직각 원기둥으로, 그림 20-6에 보인 것처럼 밑면이 **B**의 방향에 수직이 되도록 물질에서 파낸 것이다. 이렇게 만들면 수직 성분만이 관여되기 때문에, 공동에서의 **B**값은 물질내에서의 값과 같게 된다. 즉, $\mathbf{B}_c = \mathbf{B}$이다.

끝으로, 지금까지의 결과를 해설해 줄 수 있는 간단한 예를 들어보도록 하자. 좀 더 복잡한 문제들은 다음 절에서 논의하겠다.

예제

균일하게 자화된 무한히 긴 원통. 그림 20-7*a*에 보인 것처럼, 단면이 원인 무한히 긴 원통이 축 방향으로 균일하게 자화되어 있다. (20-10)으로부터 자화전류를 구할 수 있다. **M**은 일정하기 때문에, $\mathbf{J}_m = \nabla \times \mathbf{M} = 0$이고, 체적전류는 없다. 그림 20-7은 밖으로 향하는 법

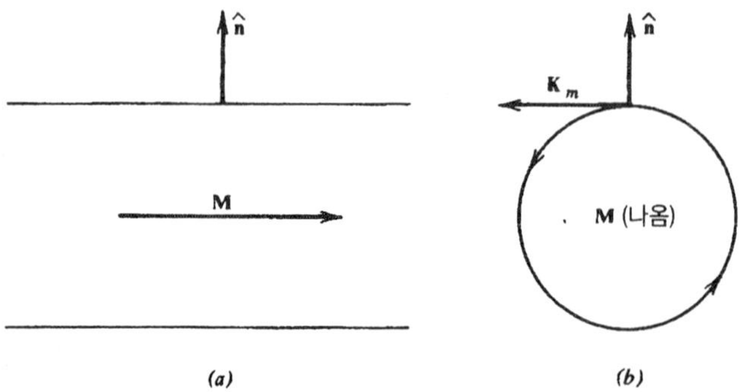

그림 20-7 균일하게 자화된 원통의 (a) 옆 모습과 (b) 앞 모습.

선벡터 $\hat{\mathbf{n}}$을 보여주고 있는데, 이것은 $\mathbf{M}$과 수직이다. 면전류의 크기는 일정하여 $K_m = M$임을 알 수 있으며, 그림 (*b*)에 나타낸 방향으로 원통을 돌고 있다. 그러나 이와 같은 면전류는 그림 15-11에 그려놓은 것처럼 무한히 긴 솔레노이드와 꼭 같은 것이다. 이러한 솔레노이드에 대해서는 이미 자기유도를 계산하여 놓았다. 내부에서의 $\mathbf{B}$의 크기는 (15-24)로 주어져 있고, 그러므로 이 경우 $B_i = \mu_0 K_m = \mu_0 M =$ 상수이다. 그러나 밖에서는 $\mathbf{B}_o = 0$이다. $\mathbf{B}_i$는 $\mathbf{M}$과 마찬가지로 축 방향을 향하므로, 드디어 이 문제의 완전한 해로써

$$\mathbf{B}_i = \mu_0 \mathbf{M} \tag{20-16}$$

이라고 쓸 수 있다.

20-3 균일하게 자화된 구

이번에는 반지름이 a인 구가 일정한 자화 $\mathbf{M}$을 가지고 있다고 해보자. 그림 20-8에 보인 것처럼, z축은 $\mathbf{M}$의 방향으로 잡고 원점은 구의 중심에 놓자. 즉, $\mathbf{M} = M\hat{\mathbf{z}}$이다. $\mathbf{M}$이 일정하므로 (20-7)에 의해 $\mathbf{J}_m = 0$이다. 그림에서 밖을 향하는 법선벡터는 $\hat{\mathbf{n}}' = \hat{\mathbf{r}}'$이므로 면전류밀도는 (20-8)로부터 구해

$$\mathbf{K}_m = M\hat{\mathbf{z}} \times \hat{\mathbf{r}}' = M \sin\theta' \hat{\boldsymbol{\varphi}}' \tag{20-17}$$

이 된다. 여기서 (1-94)와 (1-92)를 사용하였다. 그러므로 이 경우 그림 20-9에 나타낸 것처럼, 면전류는 구의 "위도"를 따라 흐르고 있고, "극"에서는 영이며 "적도"에서는 최대이다. (20-17)을 (20-15)에 넣고, (1-100)을 사용하여 $da' = a^2 \sin\theta'\, d\theta'\, d\varphi'$이라고 쓰며 $\hat{\mathbf{R}} = \mathbf{R}/R$로 하면, $\mathbf{B}$는 일반적으로

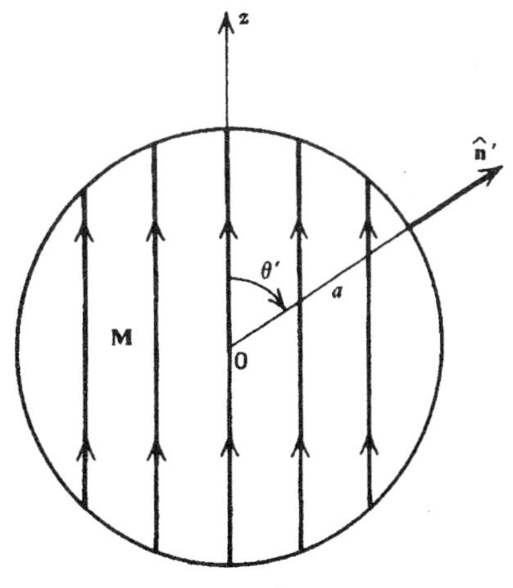

그림 20-8 균일하게 자화된 구.

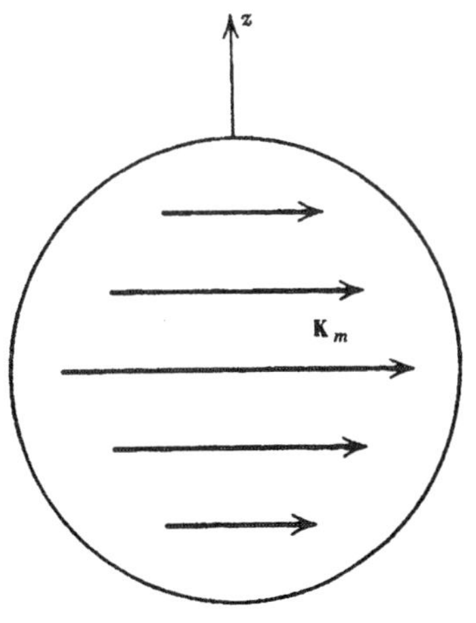

그림 20-9 균일하게 자화된 구의 등가 면전류.

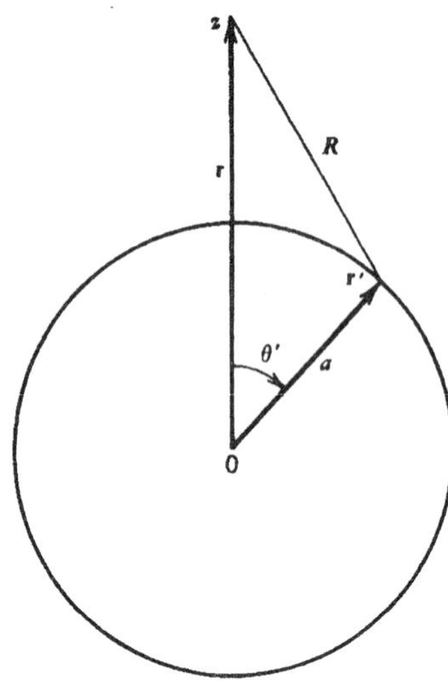

그림 20-10 축 위의 한 점에서 자기유도 계산하기.

$$\mathbf{B}(\mathbf{r}) = \frac{\mu_0 M a^2}{4\pi} \int_0^{2\pi} \int_0^{\pi} \frac{(\hat{\boldsymbol{\varphi}}' \times \mathbf{R}) \sin^2\theta' \, d\theta' \, d\varphi'}{R^3} \tag{20-18}$$

이라고 주어진다.

이 예를 간단히 하기 위하여 (20-18)을 양의 z축 위에 있는 장점에 대하여 계산해보겠다. 나중에 이 문제를 전혀 다른 방법으로 풀어볼 것이다. 그림 20-10으로부터 $\mathbf{r} = z\hat{\mathbf{z}}$, $\mathbf{r}' = a\hat{\mathbf{r}}'$, $\mathbf{R} = z\hat{\mathbf{z}} - a\hat{\mathbf{r}}'$, $R = (z^2 + a^2 - 2za\cos\theta')^{1/2}$, $\hat{\boldsymbol{\varphi}} \times \mathbf{R} = z\sin\theta'\hat{\mathbf{r}}' + (z\cos\theta' - a)\hat{\boldsymbol{\theta}}' = a\sin\theta'\hat{\mathbf{z}} + (z - a\cos\theta')(\hat{\mathbf{x}}\cos\varphi' + \hat{\mathbf{y}}\sin\varphi')$이다. 여기서 (1-94), (1-92)와 (1-93)을 사용하였다. 이들을 (20-18)에 넣으면, $\hat{\mathbf{x}}$와 $\hat{\mathbf{y}}$ 성분은 φ'에 대하여 적분할 때 (19-49)에 의해 영이 된다. 그러므로 $\mathbf{B}$는 z 성분만을 갖고, 이는 그림 20-9에 보인 전류분포의 대칭성으로부터 자명하다. 그래서 영이 되지 않는 유일한 성분은

$$B_z(z) = \frac{\mu_0 M a^3}{4\pi} \int_0^{2\pi} \int_0^{\pi} \frac{\sin^3\theta' \, d\theta' \, d\varphi'}{(z^2 + a^2 - 2za\cos\theta')^{3/2}} \tag{20-19}$$

이다. φ'에 대한 적분은 2π이다. $\sin^2\theta' = 1 - \cos^2\theta'$을 이용하고, (2-22)에 의해 적분변수를 바꾸면,

$$B_z(z) = \frac{\mu_0 M a^3}{2} \int_{-1}^{1} \frac{(1 - \mu^2)\, d\mu}{(z^2 + a^2 - 2za\mu)^{3/2}} \tag{20-20}$$

가 된다. 이 적분은 표에서 찾아

$$-\frac{2(z^2 + a^2 - 2za\mu)^{1/2}}{3z^3a^3}\left[z^2 + a^2 + za\mu + \frac{3z^2a^2(\mu^2 - 1)}{2(z^2 + a^2 - 2za\mu)}\right]\Bigg|_{-1}^{1}$$

$$= \frac{2}{3z^3a^3}\{(z^2 + a^2)[|z + a| - |z - a|] - za[|z + a| + |z - a|]\} \tag{20-21}$$

이 되고, 예전처럼 두 가지 경우로 나누어 생각해볼 수 있다.

1. 구의 밖. 여기서는 $z > a$이므로, $|z - a| = z - a$이고 (20-21)은 $4/3z^3$이 되고, 이것을 (20-20)에 넣어서 구 밖에서의 자기유도는

$$B_{zo}(z) = \frac{2\mu_0 Ma^3}{3z^3} \tag{20-22}$$

가 된다. 이것을 (20-2)의 구에 대한 총 쌍극자모멘트

$$\mathbf{m} = \tfrac{4}{3}\pi a^3 \mathbf{M} \tag{20-23}$$

로 나타내면, 좀 더 이해하기 쉽게 된다. 그래서 (20-22)를

$$B_{zo}(z) = \frac{\mu_0}{4\pi}\frac{2m}{z^3} \tag{20-24}$$

이라고도 쓸 수 있다. 이 결과를 (19-24)와 비교할 때 z축에 있는 장점에 대해 $\theta = 0$과 $r = z$를 넣으면, (20-24)는 총 모멘트가 m인 점쌍극자로부터 구한 것과 꼭 같다.

2. 구의 안. 여기서는 $z < a$이므로, $|z - a| = a - z$이고 (20-21)은 $4/3a^3$이 된다. 이것을 (20-20)에 넣으면, 구 안에서의 자기유도는

$$B_{zi}(z) = \tfrac{2}{3}\mu_0 M \tag{20-25}$$

이 된다. 이것은 일정하고 자화와 평행이다. 구나 원통 모두 일정한 자화를 가지고 있는

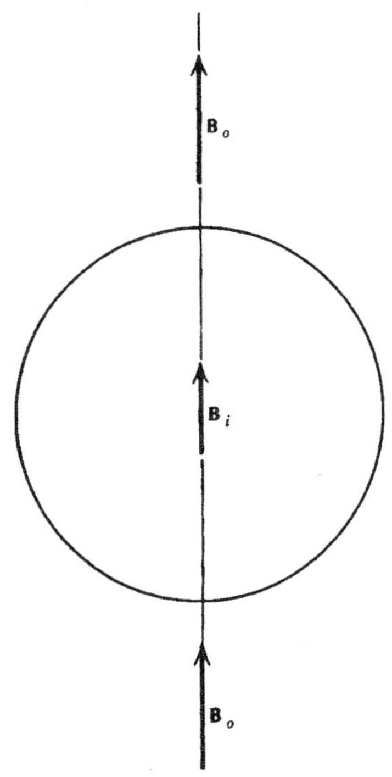

그림 20-11 균일하게 자화된 구에 의해 축에 만들어진 자기유도.

데도, 여기에서의 $\frac{2}{3}$의 인자는 (20-16)에서의 원통에 대해 구한 1과 다르다. 인자의 수치 값이 다른 것은 분명히 기하적인 모습이 다르기 때문이다.

위의 결과는 z가 음인 곳에서도 마찬가지로 성립하는데, 이것은 연습문제로 남겨 놓겠다. 즉, B_{zo}는 언제나 양의 방향에 있고 B_{zi}는 상수로써 모든 z에 대해 (20-25)로 주어진다. 그림 20-11에는 이렇게 구한 $\mathbf{B}$의 방향을 나타내었다. 이들 결과는 10-4절에서 균일하게 분극된 구에 대한 $\mathbf{E}$의 결과와 비슷하다는 점을 상기해보자. 그러면 이 문제에 관한 다른 것도 비슷하게 나올 것이라고 예상할 수 있다. 즉, 구의 바깥 모든 곳에서의 자기유도는 (20-23)으로 주어지는 총 쌍극자모멘트가 만드는 쌍극자장이고, 내부에서는 $\mathbf{B}_i$가 일정하여 $\frac{2}{3}\mu_0\mathbf{M}$이 된다. 이것은 다음 장에서 아주 다른 방법으로 증명하겠지만, 사실이 그렇다고 판명되었다.

구의 표면($z = a$)에서는 (20-22)에 의해 $B_{zo}(a) = \frac{2}{3}\mu_0 M = B_{zi}(a)$이다. 이것은 당연히 그래야 하는데, 이 두 장은 모두 법선성분이고 (16-4)에 의해 같아야 하기 때문이다.

20-4 H 장

14-1절에서 자기유도를 정의할 때, $\mathbf{B}$는 모든 전류에 의해 정해진다는 점을 강조하였었다. 그러므로 (15-12)로 주어지는 $\nabla \times \mathbf{B} = \mu_0\mathbf{J}$에서 $\mathbf{J}$는 총 전류밀도를 의미한다. (20-10)에서는 전류밀도 $\mathbf{J}_m = \nabla \times \mathbf{M}$를 구했었는데, 이것은 물질의 존재와 관련이 있다. 10-5절에서 전하에 대하여 유용하게 분류했던 것처럼, 운동하는 전하로부터 생기는 전류를 두 가지의 큰 부류인 **자화전류** *magnetization current*와 **자유전류** *free current*로 나누는 것이 좋겠다. 이들 각 밀도를 $\mathbf{J}_m$과 $\mathbf{J}_f$로 나타내겠다. 자화전류는 물질의 조성과 관련이 있는 것으로써, 일반적으로 말해 이것은 실질적으로 조절할 수 없다. 자유전류는, 12-2절의 끝부분에서 논의하였지만, 전지를 가지고 도선에 전류를 흘려보낸다든지, 하전입자를 흘려보냄으로 대류전류를 이용한다든지 하여, 우리가 조절할 수 있다. 총 전류밀도는 이들 둘의 합으로

$$\mathbf{J}_{총} = \mathbf{J} = \mathbf{J}_f + \mathbf{J}_m \tag{20-26}$$

이라고 쓸 수 있다. 이것을 (15-12)에 넣고 (20-10)을 사용하면, $\nabla \times \mathbf{B} = \mu_0\mathbf{J} = \mu_0(\mathbf{J}_f + \nabla \times \mathbf{M})$이라 할 수 있고,

$$\nabla \times \left(\frac{\mathbf{B}}{\mu_0} - \mathbf{M}\right) = \mathbf{J}_f \tag{20-27}$$

로 쓸 수 있다. 이 식의 형태는, 우변에 자유전류밀도만이 나타나 있음으로써, 새로운 벡터장

$$\mathbf{H} = \frac{\mathbf{B}}{\mu_0} - \mathbf{M} \tag{20-28}$$

을 정의하는 것이 유용하리라는 점을 시사한다. 그러면 (20-27)은

$$\nabla \times \mathbf{H} = \mathbf{J}_f \tag{20-29}$$

가 된다. 벡터 **H**를 자기장 *magnetic field*라 하고, 가끔 **H**장이라고도 한다. **H**의 주된 특성과 이것을 도입하는 중요한 이유는 이것의 커얼이 자유전류밀도에만 의존한다는 사실에 있다. **H**의 단위차원은 **M**과 같아서 A/m로 측정된다. (20-29)는 전류요소들 사이의 힘에 관한 Ampère 법칙에 물질의 자기적 효과를 더하여 표현한 것으로 생각할 수 있다.

H를 정의하였으므로 그 특성 중 일부를 쉽게 정할 수 있다. 불연속면에서의 접선성분에 관한 거동은, 원천방정식 (20-29)를 (9-13)과 (9-18)에 넣고 (15-14)와 비슷한 관계식을 자유전류에 대해 사용하여 구할 수 있다. 그 결과는 경계조건으로써 다음의 두 동등한 방식으로 표현할 수 있다:

$$\hat{\mathbf{n}} \times (\mathbf{H}_2 - \mathbf{H}_1) = \mathbf{K}_f \tag{20-30}$$

$$\mathbf{H}_{2t} - \mathbf{H}_{1t} = \mathbf{K}_f \times \hat{\mathbf{n}} \tag{20-31}$$

여기서, $\mathbf{K}_f$는 자유 면전류밀도이다. 그러므로 **H**의 접선성분은 자유(전도) 면전류밀도가 있을 때에만 불연속이다. 이것은 **B**와 대조적인데, **B**의 접선성분은, (15-15)와 (15-16)에서 보았듯이, 어떤 종류라도 면전류밀도가 있기만 하면 불연속이다.

H에 대한 Ampère 법칙의 적분형은 (20-29), (1-67), (12-6)을 사용하여 구할 수 있다. 결과는

$$\oint_C \mathbf{H} \cdot d\mathbf{s} = \int_S \mathbf{J}_f \cdot d\mathbf{a} = I_{f,\text{enc}} \tag{20-32}$$

인데, 여기서 $I_{f,\text{enc}}$는 임의의 적분 경로 C가 감싸는 면적 S를 관통하는 알짜 자유전류이다.

20-29식을 이용하여 **H**에 관한 공동정의를 만들어낼 수 있다. 즉, 적절한 모양을 갖는 공동 내의 진공에서 측정을 함으로써 물질 내에서의 **H**를 구하려는 계획이다. 물질 내에는 자유 전류가 없다고 가정하자. 그러면 $\nabla \times \mathbf{H} = 0$이고, (20-31)에 의해 접선성분은 연속이다. 이것은 (10-26)에서 **E**의 공동정의의 기본이 되었던 경계조건과 정확히 같은 형식이다. 그래서 우리가 해야할 일이 무엇인지 금방 알게 되었다. 그림 20-12에 보인 것처럼, 물질을 긴 바늘 모양으로 파내어 공동을 만들었다고 상상해보자. 이 바늘의 방향은 **H**의 방향에 평행이다. 이 생긴 모습으로 인해 접선성분만이 관련이 있고, 이것이 연속이기 때문에 공동 내에서의 자기장 $\mathbf{H}_c$는 물질 내에서의 자기장과 같다. 즉, $\mathbf{H}_c = \mathbf{H}$이다. 한편 공동 내에서의 자기유도 $\mathbf{B}_c$는 운동하는 전하에 작용하는 힘을 측정하거나 작은 전류고리에 작용하는 토크로부터 정할 수 있다. 공동 안에는 물질이 없으므로 $\mathbf{M}_c = 0$이고, (20-28)로부터 $\mathbf{H}_c = \mathbf{B}_c/\mu_0$임을 알 수 있다. 그러므로 물질 내에서의 장은

$$\mathbf{H} = \mathbf{H}_c = \frac{\mathbf{B}_c}{\mu_0} \tag{20-33}$$

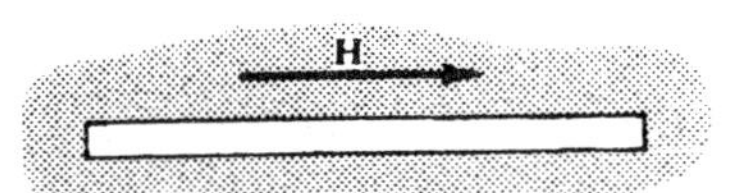

그림 20-12 물질 내에서의 **H**를 측정하는 데 사용되는 공동.

으로 주어진다.

1-20절에서 Helmholtz 정리가 말해주는 바에 의하면, 자기장에 대한 다이버전스를 포함하는 원천 미분방정식 하나가 더 필요하다는 것이다. 이것은 (20-28)을 (16-3)과 결합하여 쉽게 구할 수 있다. $\nabla \cdot \mathbf{B} = 0 = \nabla \cdot [\mu_0(\mathbf{H} + \mathbf{M})] = \mu_0(\nabla \cdot \mathbf{H} + \nabla \cdot \mathbf{M})$이므로

$$\nabla \cdot \mathbf{H} = -\nabla \cdot \mathbf{M} \tag{20-34}$$

이다. 이것은 **H**가 물질의 Ampère 전류뿐 아니라 자유전류에도 관련된 원천을 가질 수 있음을 보여주는 것이다. 이러한 점에 관해서는 나중에 다시 거론하겠다.

H의 법선성분이 만족하게 되는 경계조건은 **B**의 법선성분이 연속이라는 사실로부터 쉽게 얻을 수 있다. (20-28)을 (16-4)에 대입할 때

$$\hat{\mathbf{n}} \cdot (\mathbf{H}_2 - \mathbf{H}_1) = -\hat{\mathbf{n}} \cdot (\mathbf{M}_2 - \mathbf{M}_1) \tag{20-35}$$

혹은

$$H_{2n} - H_{1n} = -(M_{2n} - M_{1n}) \tag{20-36}$$

이 된다.

우리의 결과는, 특히 (20-29)처럼, 간단해 보이지만, 세 벡터 **B**, **M**, **H**를 관련지을 수 있어야 하므로, 현재로써는 그리 유용하지 못하다. 그럼에도 불구하고, 이전의 몇가지 예는 다시 살펴볼만한 가치가 있다.

예제

무한히 긴 이상적인 솔레노이드. 여기에는 장을 만드는 자유전류가 존재한다. 다른 모든 곳은 진공이므로 $\mathbf{M} = 0$이고 $\mathbf{H} = \mathbf{B}/\mu_0$이다. 그래서 이전의 결과 (15-25)와 (15-26)을 사용할 수 있고, $\mathbf{H}_o = 0$이며 솔레노이드 안에서는

$$\mathbf{H}_i = \frac{\mathbf{B}_i}{\mu_0} = nI\hat{\mathbf{z}} \tag{20-37}$$

이다. 여기서 n은 일 미터당의 감은 수이고 $\hat{\mathbf{z}}$는 솔레노이드 축 방향이다. (이 결과에 의해 **H**의 단위를 가끔 A · 회/m로도 쓴다.) 이 문제에는 **H**의 접선성분에 불연속성이 존재한다. 솔레노이드의 안(1)에서 밖(2)으로 나가는 방향을 $\hat{\mathbf{n}}$이라 잡으면, 그리고 (15-22)와 그림 15-11로부터 $\mathbf{K}_f = nI\hat{\boldsymbol{\varphi}}$라고 쓰면, (20-31)은 $\mathbf{H}_{2t} - \mathbf{H}_{1t} = 0 - \mathbf{H}_i = nI\hat{\boldsymbol{\varphi}} \times \hat{\mathbf{n}} = -nI\hat{\mathbf{z}}$이고, 그러므로 $\mathbf{H}_i = nI\hat{\mathbf{z}}$로 (20-37)과 일치한다. 경계조건을 이러한 방식으로 적용하면 이 경우의 $\mathbf{H}_i$를 빨리 구할 수 있게 된다는 점에 주목하자.

예제

균일하게 자화된 무한히 긴 원통. 이 문제에는 자유전류가 없다. **B**에 대한 해는 위에서 구하였고, 결과는 $\mathbf{B}_o = 0$과 $\mathbf{B}_i = \mu_0\mathbf{M}$이다. 원통 밖에서는 $\mathbf{M}_o = 0$이므로 $\mathbf{H}_o = 0$이다. 원

통 안에서는 (20-28)로부터 $\mathbf{H}_i = (\mathbf{B}_i/\mu_0) - \mathbf{M}_i = \mathbf{M} - \mathbf{M} = 0$이다. 그래서 이 문제는 앞에서 구한 이상적인 솔레노이드와 닮은 것임에도 불구하고, 모든 곳에서 $\mathbf{H} = 0$이다. 이 두 예에서의 실제적인 차이점은 자유전류의 유무에 있다. **M**이 균일하기 때문에, $\nabla \cdot \mathbf{M} = 0$이고, (20-34)에 의해 $\nabla \cdot \mathbf{H} = 0$이다. **M**은 법선성분도 없으므로, 이 결과는 (20-36)과도 일치한다. [원통이 무한히 길지 않다면, **M**의 법선성분은 물질과 진공이 분리되는 원통의 끝 면에서 불연속일 것이다. 그러면, (20-36)으로부터 **H**의 원천이 존재할 것으로 예상할 수 있으며, 그래서 유한한 길이의 원통인 경우 $\mathbf{H} \neq 0$이다.]

예제

균일하게 자화된 구. 이 예에서도 자유전류는 없다. 앞 절에서는 자화전류로부터 직접 계산하여 축에서의 **B**를 구하였다. 이 결과와 (20-28)을 이용하여 **H**를 구할 수 있다. 구의 밖에서 $\mathbf{M}_o = 0$이고, (20-24)와 (20-22)로부터

$$H_{zo}(z) = \frac{B_{zo}}{\mu_0} - 0 = \frac{1}{4\pi}\frac{2m}{z^3} = \frac{2Ma^3}{3z^3} \tag{20-38}$$

이 된다. 구의 안에서는, $\mathbf{M}_i = M\hat{\mathbf{z}}$이고, (20-25)로부터

$$H_{zi}(z) = \frac{B_{zi}}{\mu_0} - M = -\frac{1}{3}M \tag{20-39}$$

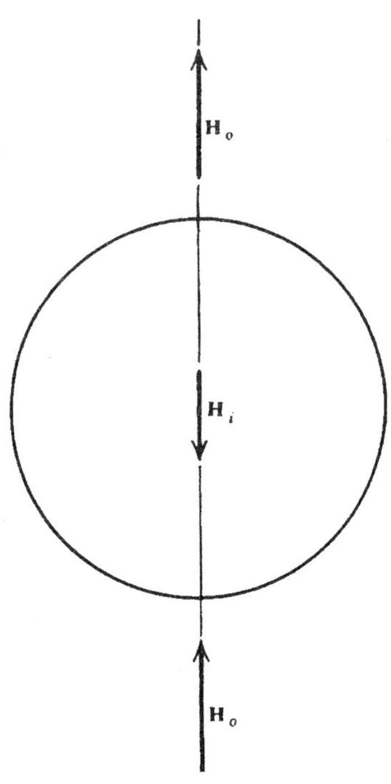

그림 20-13 균일하게 자화된 구에 의해 축에 만들어진 자기장.

으로 구해진다. 그러므로 이 경우 구의 안팎 모두에서 $\mathbf{H} \neq 0$이고, 사실 구의 안에서는 그림 20-13에 나타낸 것처럼 **B**와 **M** 모두에 반대방향이다. 구의 표면($z = a$)에서 (20-38)은 $H_{zo}(a) = \frac{2}{3}M$이 되므로, **H**의 법선성분은 불연속이다. 그러나 이 경우 $\hat{\mathbf{n}} = \hat{\mathbf{z}}$로 잡으면, (20-36)은 $H_{2n} - H_{1n} = H_{zo}(a) - H_{zi}(a) = \frac{2}{3}M - (-\frac{1}{3}M) = M = -(0 - M) = -(M_{2n} - M_{1n})$이 되어, 모든 것이 잘 일치한다.

위의 두 예는, 자유전류가 없다는 점과 균일한 자화가 존재한다는 점으로 특징 지워진다. 그러나 한 경우에서는 $\mathbf{H} = 0$이고 다른 경우는 $\mathbf{H} \neq 0$이다. 이들 사이의 실제적인 차이점은 무엇일까? 두 경우 모두 내부에서는 $\nabla \cdot \mathbf{M} = 0$이지만, 구의 경우는 **M**의 법선성분이 분명히 불연속이고, 무한히 긴 원통의 경우는 그러하지 않다는 점에서 다르다. 그리고 구의 경우 $\mathbf{H} \neq 0$라는 사실은 어떻게든지 이 차이점과 관련이 있어야한다. 이것을 (20-36)만으로 설명하기보다는 좀 더 체계적이고 유용하게 나타낼 수 있기를 바란다. 더구나, 이 예들과 10장에서 논의한 정전기 문제 사이에는, 특히 균일하게 자화된 구와 분극된 구 사이에는, 따져보기는 성가시지만, 공통점이 있다. 그리고 이들 문제는 어떻게든 관련이 있을 것이라는 심증이 간다. 사실이 그러하다.

자유전류가 없는 경우, (20-29), (20-31), (20-34), (20-35)의 결과는

$$\begin{aligned} \nabla \times \mathbf{H} &= 0 \qquad & \nabla \cdot \mathbf{H} &= -\nabla \cdot \mathbf{M} \\ \mathbf{H}_{2t} - \mathbf{H}_{1t} &= 0 \qquad & \hat{\mathbf{n}} \cdot (\mathbf{H}_2 - \mathbf{H}_1) &= \hat{\mathbf{n}} \cdot \mathbf{M}_1 \end{aligned} \tag{20-40}$$

이 된다. 여기서는 간단히 하기 위하여 2 영역을 진공으로 잡았고, 그리하여 $\mathbf{M}_2 = 0$이다. 마찬가지로 **자유전하가 없는 경우**, 정전기의 결과 (5-4), (9-21), (10-39), (10-10), (9-26), (10-12)는

$$\begin{aligned} \nabla \times (\epsilon_0 \mathbf{E}) &= 0 \qquad & \nabla \cdot (\epsilon_0 \mathbf{E}) &= -\nabla \cdot \mathbf{P} = \rho_b \\ (\epsilon_0 \mathbf{E}_{2t}) - (\epsilon_0 \mathbf{E}_{1t}) &= 0 \qquad & \hat{\mathbf{n}} \cdot (\epsilon_0 \mathbf{E}_2 - \epsilon_0 \mathbf{E}_1) &= \hat{\mathbf{n}} \cdot \mathbf{P}_1 = \sigma_b \end{aligned} \tag{20-41}$$

의 형태로 쓸 수 있다. 우리는 또한 **P**와 **M**이 각각 해당되는 단위체적당의 쌍극자모멘트임을 알고 있다. 이 두 벌의 식들을 비교하여, 그 유사성으로부터, 전하밀도에 대한 자기에 있어서의 대응되는 정의는

$$\rho_m = -\nabla \cdot \mathbf{M} \qquad \sigma_m = \hat{\mathbf{n}} \cdot \mathbf{M} \tag{20-42}$$

임을 알 수 있는데, 그럼으로써 (20-40) 방정식 중 두 개는

$$\nabla \cdot \mathbf{H} = \rho_m \qquad \hat{\mathbf{n}} \cdot (\mathbf{H}_2 - \mathbf{H}_1) = \sigma_m \tag{20-43}$$

이 된다. 이들은 (20-41)의 대응되는 식들과 닮아 있다. 그래서 ρ_m을 **자하** *magnetic charge* (“pole”)**의 체적밀도**, σ_m을 **자하의 면밀도**라 할 수 있고, 이들을 자기장 **H**의 원천으로 간주할 수 있다. 이들이 하는 역할은, $\epsilon_0\mathbf{E}$를 계산할 때 대응되는 전하가 하던 것과 같은 것이다. 16-1절로부터 알고 있듯이, 자하는 실제로 존재하지 않고, (20-42)로 정의된 밀도란 **허구의 자하**를 말한

다. 그렇다고 해서 이렇게 제한적인 문제를 논의하는 데 있어 유용하지 않다는 것은 아니다.

이러한 유사성을 더욱 진전시킬 수 있다. $\nabla \times \mathbf{E} = 0$이라는 사실로부터 $\mathbf{E}$를 정전기 퍼텐셜로, 즉 $\mathbf{E} = -\nabla\phi$로 쓸 수 있게 되었다는 점을 생각해보라. 마찬가지로, 여기서는 $\nabla \times \mathbf{H} = 0$이라는 사실로 인해, (1-48)을 이용하여 **자기스칼라퍼텐셜** *magnetic scalar potential* ϕ_m을

$$\mathbf{H} = -\nabla\phi_m \tag{20-44}$$

로 도입할 수 있다. 이것을 (20-43)에 대입하고 (1-45)를 이용하면, ϕ_m은 Poisson 방정식

$$\nabla^2\phi_m = -\rho_m \tag{20-45}$$

을 만족한다. 한편, ρ_m이 영인 영역에서는 Laplace 방정식을 만족한다:

$$\nabla^2\phi_m = 0 \tag{20-46}$$

이것은 (11-1) 및 (11-3)에서와 유사한데, 특히 (11-1)에서는 $\rho_f = 0$인 경우만을 고려하고 있으므로 $\nabla^2(\epsilon_0\phi) = -\rho = -\rho_b$로 쓴 셈이다. 구하고자 하는 함수가 Laplace 방정식을 만족해야 한다는 것이 유일한 필요조건이므로, ϕ를 구할 때 거론하였던 11-1절의 유일성정리는, ϕ_m에 대해서도 성립할 것이다.

우리가 지금까지 알아낸 것은, 많은 정자기 문제는 정전기 문제에서 하였던 것과 똑같이 풀 수 있다는 점이다. 그러므로 11장에서 개발된 많은 방법은 여기에서도 적용될 수 있다. 특히 어느 유사한 정전기문제를 이미 풀어 놓았다면, $\epsilon_0\mathbf{E} \to \mathbf{H}$, $\epsilon_0\phi \to \phi_m$, $\mathbf{P} \to \mathbf{M}$ 등으로 대체하여 그 해를 차용할 수 있다. 예를 들어, ϕ_m을 구하는 적분은, 주어진 자화의 분포로부터 (5-7)과 (5-8)을 바꾸어서, 다음과 같은 식으로 쓸 수 있다:

$$\begin{aligned}\phi_m(\mathbf{r}) &= \frac{1}{4\pi}\int_{V'}\frac{\rho_m(\mathbf{r}')\,d\tau'}{R} + \frac{1}{4\pi}\int_{S'}\frac{\sigma_m(\mathbf{r}')\,da'}{R} \\ &= -\frac{1}{4\pi}\int_{V'}\frac{\nabla'\cdot\mathbf{M}\,d\tau'}{R} + \frac{1}{4\pi}\int_{S'}\frac{(\hat{\mathbf{n}}'\cdot\mathbf{M})\,da'}{R}\end{aligned} \tag{20-47}$$

예제

균일하게 자화된 구. 이 문제를 금번의 새로운 관점에서 재조명해보자. $\mathbf{M} = M\hat{\mathbf{z}}$는 일정하기 때문에, $\rho_m = -\nabla\cdot\mathbf{M} = 0$이고, 그러므로 체적자하밀도는 없다. 그러나 (20-42)에서 $\hat{\mathbf{n}}$은 그림 20-8의 $\hat{\mathbf{n}}' = \hat{\mathbf{r}}'$이므로, 일반적으로 면적자하밀도는 영이 아니고

$$\sigma_m = M\hat{\mathbf{z}}\cdot\hat{\mathbf{r}}' = M\cos\theta' \tag{20-48}$$

으로 주어진다. 이것은 균일하게 분극된 구의 구속 면전하밀도에 대한 (10-27)의 형태와 정확히 같고 그 경우는 그림 10-9에 그려져 있다. 이 예에서 $\mathbf{H}$의 원천은 구 면에서 $\mathbf{M}$의 법선성분의 불연속성에 기인함을 알 수 있고, 그림 20-13과 10-11을 비교하여, 내부에서는 $\mathbf{H}_i$가 어째서 $\mathbf{M}$과 반대 방향인지 알 수 있다. 11-5절의 마지막 예제에서 균일하게 분극된 구에 대한 완전한 해 (11-133)을 구했었고, 구 밖 모든 곳에서의 전기장은 구의 총 쌍극자

모멘트에 해당되는 쌍극자장이었다. 한편, 구의 안 모든 곳에서의 전기장은 균일하였고 (11-134)에 의해 $\mathbf{E}_i = -(\mathbf{P}/3\epsilon_0)$로 주어졌다. 이제 균일하게 자화된 구에 관해서도 똑같은 것을 말할 수 있다. 구 밖에서 자기장은 (20-23)의 모멘트에 해당되는 쌍극자장이고, 구 안에서의 자기장 벡터는 일정하여

$$\mathbf{B}_i = \tfrac{2}{3}\mu_0\mathbf{M} \qquad \mathbf{H}_i = -\tfrac{1}{3}\mathbf{M} \tag{20-49}$$

와 같을 것이다. 이것은 축 위의 점에서 구한 (20-25)와 (20-39)의 결과와 일치한다.

(11-135)에서 보았듯이, 많은 내부 전기장, 혹은 국소 전기장은 분극에 비례하나 반대방향으로 나왔다. 비슷한 형식의 정자기 문제에서도 마찬가지의 결과가 되리라는 점은 분명하다. 따라서 보통

$$\mathbf{H}_{\text{loc}} = -N_m\mathbf{M} \tag{20-50}$$

으로 쓸 수 있고, 여기서 N_m은 **자기소거인자** *demagnetizing factor*로써 단위가 없는 상수이다. (20-49)로부터 구에 대해 $N_m = \frac{1}{3}$이다. 연습문제에서는 무한대 판에 대해 $N_m = 1$, 원통에 대해서는 $N_m = \frac{1}{2}$임를 증명하게 될 것이다. 이것은 정전기에서와 똑같다.

역사적으로 보면, 정자기 문제에 관해 우리가 방금 요약하고 설명한 접근방법은 꽤 광범위하게 적용되어, 많은 계산에서 자하를 사용해 왔다. 바로 그러한 이유로 **H**는 일찍부터 강조되어 왔고, 자기장 *magnetic field*라는 이름을 얻게 되었다. 이 장이라는 이름을 **B**에 붙여 주는 것이 이치에 맞는다고 기대하였을 것이다. 그러나 자하의 사용은 언제라도 자유전류가 없을 때에만 성립한다는 사실을 잊어서는 안 된다. 그리고 물론 자하가 존재한다는 실험적인 증거는 어디에도 없다. 오늘날의 관점에 의하면, 모든 자기효과는 궁극적으로 전류에 기인한다. 앞에서 설명한 자하를 사용하는 일은 때때로 유용할 수는 있겠지만 허구이며, 일반적으로 영구자석을 포함하는 계산과 관련된, 제한적인 경우에만 적용할 수 있다. 그러면 원리상 자하를 사용하여 계산할 수 있는 문제는, 몇 가지 예에서도 보았듯이, 자기전류를 사용하여서도 할 수 있다. 이렇게 하여 좀 더 어려울런지 모르겠지만, 계산은 가능하다. (자유전류가 없어야만 한다는 위에서의 지적에도 불구하고, 자기 스칼라퍼텐셜을 세선자유전류와 관련된 경우로 확장하여 사용할 수 있다. 그러나 ϕ_m은 장점에서 전류에 의해 둘러싸인 입체각에 의존하는 것으로 판명되었다. 입체각은 다가함수가 될 수 있기 때문에, ϕ_m를 사용하는데 문제가 야기될 수 있다. 그로 인해 위에서 암시된 많은 간편성을 쉽사리 잃게 된다. 따라서 우리는 이것을 더 이상 사용하려고 추구하지 않겠다.)

이번에는 간단한 예를 하나 더 고려해보겠는데, 이것이 이후의 주요 주제가 된다.

예제

무한히 긴 일정한 직선 전류. 자유전류 I가 z축에 일치하여 있고 양의 z 방향으로 흐른다고 해보자. 우선 매질은 존재하지 않는다고 가정한다. 우리가 잘 알고 있는 대칭성에 의해

H는 $\mathbf{H} = H_\varphi(\rho)\hat{\boldsymbol{\varphi}}$의 형태를 가질 것이고, Ampère의 적분형 (20-32)를 사용할 수 있으며, xy 평면에 있는 반지름 ρ의 원에 대해 적분하겠다. 그래서 $\oint \mathbf{H} \cdot d\mathbf{s} = 2\pi\rho H_\varphi = I_{f,\,\mathrm{enc}} = I$, 따라서 $H_\varphi = I/2\pi\rho$이다. 그리고 $\mathbf{M} = 0$이기 때문에

$$\mathbf{H} = \frac{I}{2\pi\rho}\hat{\boldsymbol{\varphi}} \quad \text{및} \quad \mathbf{B} = \frac{\mu_0 I}{2\pi\rho}\hat{\boldsymbol{\varphi}} \tag{20-51}$$

이다. 이제 극단적인 예로, 모든 공간이 철과 같은 확실한 자기물질로 채워져 있다고 해 보자. (철은 도체이기 때문에 도선 주위에는 얇은 절연체 물질이 존재하여야 한다.) 그렇다면 어떻게 될까? 자유전류 I를 계속 변화하지 않게 유지시키면, 그리고 물질이 충분히 등방적이어서 축에 관한 대칭성이 여전히 살아 있다면, (20-32)를 똑같이 적용하여 **H**는 (20-51)에 주어진 것과 정확히 같은 결과가 된다. 즉, 이 경우에 **H**는 물질의 존재에 의해 영향 받지 않는다. 그러나 **M**은 영이 아닐 것이라고 예측할 수 있겠고, 그러면 (20-28)에 의해 **B** 값이 사실상 상당히 많이 바뀔 것이다. 또한 자화가 자기장에 따라 어떻게 의존하는지 모르는 한 **B**를 정확히 계산할 수 없다는 점도 분명하다. 이제 이것을 고려하여야 하겠다.

20-5 선형 등방성 균질의 자기물질

20-1절에서 자화를 도입했던 방식을 생각해보면, **M**과 **B** 사이에 함수관계가 존재한다고 가정해야 한다. 즉, $\mathbf{M} = \mathbf{M}(\mathbf{B})$라 쓰게 되고, 이 관계식의 정확한 형태는 물질에 따라 다를 것이라고 예상되며, 실험으로 정해져야 할 것이다. 논리적으로는 그래야 하겠지만, 보통은 그렇게 되지 않는다. 그 대신 **M**과 **H** 사이의 관계를 $\mathbf{M} = \mathbf{M}(\mathbf{H})$로 쓰는 것으로부터 시작한다. 여기에는 근본적으로 두 가지 이유가 있다. 하나는 주로 역사적인 문제로써, 처음부터 **B**보다는 **H**에 더 큰 중요성이 부여되었으며, 그렇게 하는 것이 합당한 것처럼 보였다. 이 보다 더 구체적인 이유는 바로 앞의 예제에서 제시되었듯이, 자유전류가 일정하게 유지되기만 하면 그리고 적절한 기하적인 모습을 하고 있으면, 물질이 존재하더라도 **H**는 바뀌지 않는다. 실험실에서는 자유전류를 마음대로 바꿀 수 있으므로 이것은 바람직한 상황이고, **M**을 **H**의 함수로 측정 가능하다고 간주하는 것이 좋겠다.

모든 물질에 대해 각각 $\mathbf{M}(\mathbf{H})$의 함수형태를 구해야 하는 것은 또 다른 문제로 남아 있다. 이것은 실험으로 구하든지, 물리학의 다른 분야에서 계산으로 구하게 된다. 다행스럽게도, 10-6절의 유전체에 대한 경우에서처럼, 대부분의 자기 물질을 몇 가지로 분류하여 이론을 쉽게 만들 수 있고, 더욱 유용하게 할 수 있다.

$\mathbf{H} = 0$이며 $\mathbf{M} \neq 0$이면, 그 물질은 외부장이 없는 데도 불구하고 자화된다는 것이다. 이것을 **영구자화** *permanent magnetization*이라 하고 이런 물질을 **영구자석** *permanent magnet*이라 한다. $\mathbf{M}(0) = 0$인 많은 물질에서 **M**의 **H**에 대한 의존성은 매우 비선형적이고 때로는 그 관

계식이 일가함수가 아니기도 하다. 그러한 많은 물질은 실제적인 목적에서 매우 중요하며, 사실 첫 번째 부류에 속하는 물질이 두 번째에 속하기도 한다. 이 절에서는 이 문제를 더 이상 다루지 않겠지만, 20-7절에서 다시 거론하겠다.

10-6절에서 요약한 다양한 단순화 분류작업을 여기서 반복하지는 않겠고, 우리는 직접 가장 간단한 경우로 나아가겠다. 즉, **선형 등방성 균질의 자기 물질** *linear isotropic homogeneous magnetic material*에 대해 알아보자. 이러한 물질들의 자화는 자기장에 비례하고 자화의 방향도 자기장에 평행으로,

$$\mathbf{M} = \chi_m \mathbf{H} \tag{20-52}$$

이다. 여기서 χ_m은 **자기감수율** *magnetic susceptibility*라 불리고, 물질의 특성을 나타내는 상수이다. 실질적으로 이 부류에 속하는 모든 물질은 $|\chi_m| \ll 1$이며, 전기의 경우와는 대조적으로, χ_m으로는 양음 모두 가능하다. $\chi_m > 0$이면 그 물질은 **상자성** *paramagnetic*이라 하고, $\chi_m < 0$이면 **반자성** *diamagneitc*이라 한다. 부록 B에 자세히 논의되어 있듯이, 모든 물질은 그 자기감수율에 반자성의 기여를 가지고 있으며, 이것은 외부에서 걸어준 자기장이 구성 전자의 궤도 운동에 변화를 만들어내어서 생겨나는 일이다. 그러나 상자성 물질에서는 영구자기쌍극자모멘트에 기인한 매우 커다란 상자성 자기감수율에 의해 반자성은 압도당한다.

(20-52)와 (20-28)을 결합하여

$$\mathbf{B} = \mu_0(1 + \chi_m)\mathbf{H} = \kappa_m \mu_0 \mathbf{H} = \mu \mathbf{H} \tag{20-53}$$

을 얻게 되고, 여기서

$$\kappa_m = 1 + \chi_m = \text{상대투자율 } \textit{relative permeability} \tag{20-54}$$

$$\mu = \kappa_m \mu_0 = \text{(절대)투자율} \textit{(absolute) permeability} \tag{20-55}$$

이다. 그러므로 이번의 공통적인 (그러나 보편적이지는 않은) 경우에, **B**와 **H**는 평행이다. $\mathbf{B} = \mu \mathbf{H}$ 혹은 $\mathbf{H} = \mathbf{B}/\mu$의 관계식은 **구성방정식**의 또 다른 예이기는 하나, 전자기학의 근본방정식에는 들어가지 않는다. 그러나 대조적으로 (20-28)은 근본식이다.

이 경우 (20-52)와 (20-53)에서 **H**를 소거하여 **M**과 **B**를 쉽게 관련지을 수 있고,

$$\mathbf{M} = \frac{\chi_m}{\kappa_m \mu_0}\mathbf{B} = \frac{\chi_m}{(1 + \chi_m)\mu_0}\mathbf{B} \tag{20-56}$$

로 구해진다. 그러므로 **M**도 **B**의 선형함수이다.

μ는 상수이므로, $\nabla \cdot \mathbf{B} = 0 = \nabla \cdot (\mu \mathbf{H}) = \mu \nabla \cdot \mathbf{H}$이고, 그래서

$$\nabla \cdot \mathbf{H} = 0 \tag{20-57}$$

이며, 그러므로 (20-52)로부터

$$\nabla \cdot \mathbf{M} = 0 \tag{20-58}$$

이다. 이것은 물론 (20-34)와 일치하며, (20-42)에 의해, l.i.h. 자기물질에는 자하의 체적밀도가

있을 수 없다는 것을 말해준다.

이와 같은 물질에서는 자유전류밀도와 자화전류밀도 또한 쉽게 연관되어진다. (20-52)에 커얼을 취하고 (20-10), (20-29), (20-54)를 사용하면,

$$\mathbf{J}_m = \chi_m \mathbf{J}_f = (\kappa_m - 1)\mathbf{J}_f \tag{20-59}$$

가 되고, 총 전류밀도는 (20-26)에 의해

$$\mathbf{J} = (1 + \chi_m)\mathbf{J}_f = \kappa_m \mathbf{J}_f \tag{20-60}$$

가 된다. χ_m은 양음 어느 부호라도 가능하므로, 자화전류는 자유전류의 반대방향에 있을 수도 있다. 그러나 κ_m은 양이므로, 총 전류는 항상 자유전류와 같은 방향이다. 또한 $\mathbf{J}_f = 0$이면, $\mathbf{J}_m$과 $\mathbf{J}$ 모두 영이다. 그래서 자유전류가 없는 l.i.h. 자기 물질 내 모든 곳에서는 자화전류도 없다. $\mathbf{J}_f = 0$이면, $\nabla \times \mathbf{H} = 0$이고, 이것은 (20-57)과 함께, 자유전류가 없는 물질 내에서는 $\mathbf{H}$의 원천도 없다는 것을 말해준다.

(20-53)을 적용할 때, 자기적 성질의 불연속면에서 경계조건은 $\mathbf{B}$나 $\mathbf{H}$ 어느 것을 선택하든, 이 중 하나의 벡터로 쓰여질 수 있다. (16-4)와 (20-30)을 사용하여, 이들을

$$\hat{\mathbf{n}} \cdot (\mathbf{B}_2 - \mathbf{B}_1) = 0 \qquad \hat{\mathbf{n}} \times \left(\frac{\mathbf{B}_2}{\mu_2} - \frac{\mathbf{B}_1}{\mu_1} \right) = \mathbf{K}_f \tag{20-61}$$

라고 쓸 수 있고, 또한 동등하게

$$\hat{\mathbf{n}} \cdot (\mu_2 \mathbf{H}_2 - \mu_1 \mathbf{H}_1) = 0 \qquad \hat{\mathbf{n}} \times (\mathbf{H}_2 - \mathbf{H}_1) = \mathbf{K}_f \tag{20-62}$$

라고 쓸 수 있다. 이들 관계식으로부터, $\mathbf{K}_f = 0$일지라도, $\mathbf{B}$(와 $\mathbf{H}$)의 선은 일반적으로 경계면의 양쪽에서 서로 다른 방향을 가질 것이다. 즉 경계에서 굴절된다.

예제

무한히 긴 이상적인 솔레노이드. 보통 때처럼, 솔레노이드는 단위길이당 n 번 감겨있고 단면적은 S이며, (자유)전류 I가 흐른다고 가정하자. 여기에 덧붙여 이번에는 그 내부가 l.i.h. 자기 물질로 채워져 있고 그 상대투자율은 κ_m이라 하자. 이 경우 (20-32)로 주어지는 $\mathbf{H}$에 대한 Ampère 법칙의 적분형을 사용하는 것이 적절할 것이다. 이 방정식으로는 15-2절의 예제에서 하였던 것과 똑같이 하여 다시 (20-37)을 얻게될 것이다. 즉 자기장은 단면적에 걸쳐 균일할 것이고

$$\mathbf{H} = nI\hat{\mathbf{z}} \tag{20-63}$$

으로 주어지며, 밖에서는 영이다. 그러므로 $\mathbf{H}$는 물질이 존재한다고 해도 영향 받지 않는다. 이제 자기유도 $\mathbf{B}$는 (20-53)으로 주어지고

$$\mathbf{B} = \kappa_m \mu_0 \mathbf{H} = \kappa_m \mu_0 nI\hat{\mathbf{z}} \tag{20-64}$$

이며, (15-26)과 비교하여 알 수 있듯이 κ_m의 인자만큼 증가하였다. 따라서 감은 회수마다

선속은 BS로써 그 인자만큼 증가하였고 $\kappa_m \mu_0 nSI$와 같을 것이다. 이제 길이 l의 솔레노이드를 생각해보면, 거기에는 nl 번 감겨 있을 것이고, 총 선속은 $\kappa_m \mu_0 n^2 SlI$일 것이다. 그래서 자체인덕턴스는 (17-55)로 주어져 $L = \Phi/I$이고,

$$L = \kappa_m \mu_0 n^2 lS = \kappa_m L_0 \tag{20-65}$$

가 될 것이다. 여기서 (17-61)을 사용하여 내부가 진공으로 채워져 있을 때의 자체인덕턴스 L_0으로 나타내었다. 그러므로 물질이 존재하여 자체인덕턴스는 증가하였고, 그 비율 $L/L_0 = \kappa_m$은 물질의 상대투자율과 꼭 같다.

예제

일반적인 자체인덕턴스. 방금 위의 예제에서 얻은 최종 결과 $L = \kappa_m L_0$이 간편하다는 점과, 고려하고 있는 특정 계의 세부적인 특성과 무관하다는 점으로 보아, 이것이 실제로 어느 경우의 자체인덕턴스에도 성립하는 일반적인 관계식일 수도 있다는 생각이 든다. 사실이 그러하다는 것을 보일 수 있다. $\mathbf{J}_f$로 나타낸 어떤 자유전류 분포가 주어져있다 하고, 모든 공간이 진공이라고 가정하자. 그러면 $\mathbf{H}_0$에 대한 원천방정식은 (20-29)와 (20-57)로부터 $\nabla \times \mathbf{H}_0 = \mathbf{J}_f$와 $\nabla \cdot \mathbf{H}_0 = 0$이 될 것이고, 이들을 $\mathbf{H}_0$에 대하여 풀 수 있다. 이 때 해당되는 자기유도는 $\mathbf{B} = \mu_0 \mathbf{H}_0$이고 회로를 통과하는 선속은 $\Phi_0 = \int \mathbf{B}_0 \cdot d\mathbf{a} = \mu_0 \int \mathbf{H}_0 \cdot d\mathbf{a}$가 될 것이다. 이번에는 자기장이 있는 모든 공간이 상대투자율 κ_m인 l.i.h. 자기물질로 채워져 있다고 해보자. 이러한 조건은 필수적인데, 그래야만 $\mathbf{M}$의 법선성분이 영이 아닌 불연속면이 없어지게 된다. 이 $\mathbf{M}$의 법선성분이 존재하게 되면 자유전류 이외로 $\mathbf{H}$의 원천이 개입되기 때문이다. $\mathbf{J}_f$를 불변으로 유지시켜 놓으면, 풀게 될 방정식은 이전과 정확히 같다. 그래서 $\mathbf{H}$는 바뀌지 않을 것이고, $\mathbf{H} = \mathbf{H}_0$이다. 그러나 (20-53)에서 알 수 있듯이, 이러한 조건에서는 $\mathbf{B}$가 κ_m만큼 증가할 것이고 $\mathbf{B} = \kappa_m \mu_0 \mathbf{H} = \kappa_m \mu_0 \mathbf{H}_0 = \kappa_m \mathbf{B}_0$이 된다. 그러면 동일한 면적에 대해 적분할 때, 새로운 선속은 $\Phi = \kappa_m \Phi_0$이 될 것이고, 인덕턴스는 $L = \Phi/I = \kappa_m \Phi_0 / I$이다. 그래서

$$L = \kappa_m L_0 \tag{20-66}$$

가 다시 얻어졌는데, 이번에 이 결과는 일반적인 것이다.

예제

동축선. 그림 20-14에서, 반지름 a인 무한히 긴 원통형 도체(1 영역)는 비자성이고 총 전류 I가 그 단면을 따라 균일하게 분포하고있다 하자. 또한 반지름이 b인 동축선의 외부 도체는, 문제를 간단히 하기 위해, 무한소로 얇은 도체 껍질이라 하고, 거기에는 표면에 $-I$의 전류가 흐른다고 가정하자. 이들 도체 사이의 영역 2는 l.i.h. 부도체 자기 물질로 채워져 있고, 이 물질의 투자율은 $\mu = \kappa_m \mu_0$이다. 영역 3은 계 밖의 모든 (진공) 공간이다. 이제

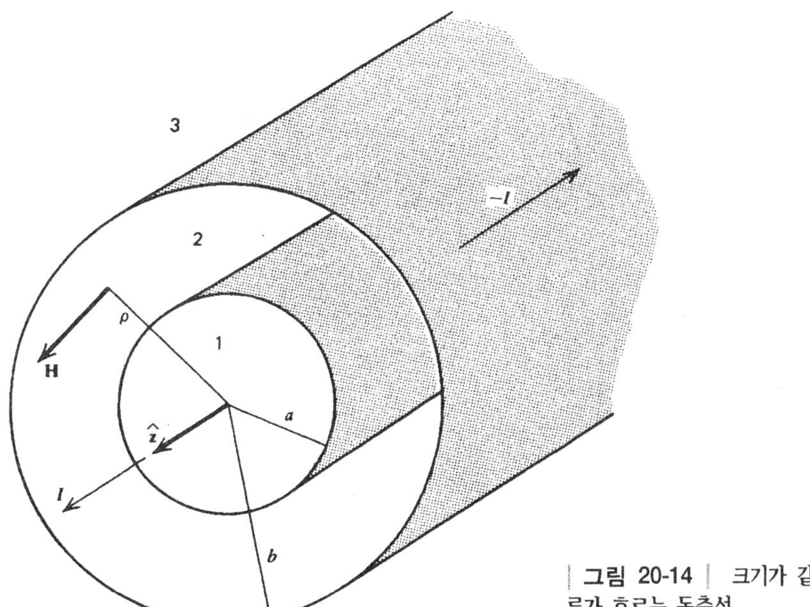

| 그림 20-14 | 크기가 같고 방향이 반대인 전류가 흐르는 동축선.

모든 곳에서의 자기장 벡터를 구해보자.

원통 대칭으로 인해, **H**는 평상시처럼 $\mathbf{H} = H_\varphi(\rho)\hat{\boldsymbol{\varphi}}$의 형태를 가질 것이고, (20-32)의 Ampère 법칙을 사용하여 계산할 수 있다. 그런데 이 계는 그림 18-1에서 $c = b$로 놓으면 같은 문제가 되며, 그 때의 4 영역을 이번에는 3 영역이라 하면 된다. 지난번에는 진공의 경우에 대해서 이 문제를 풀어보았는데, 여기서는 **H**를 구하기 위해 그 때의 결과를 μ_0으로 단순히 나누어 차용할 수 있다. 또는 단순히 같은 계산을 반복할 수도 있겠다. 그래서 (18-25), (18-28)과 (18-33) 아래에 있는 결과를 가지고

$$H_{\varphi 1} = \frac{I\rho}{2\pi a^2} \qquad H_{\varphi 2} = \frac{I}{2\pi\rho} \qquad H_{\varphi 3} = 0 \tag{20-67}$$

을 구하게 된다. 이들을 그림 20-15에 ρ의 함수로 나타내었다. 확인 과정의 하나로, 필요한 경계조건이 만족되는지 보아야겠다. **H**는 어느 면에서라도 접선성분만 가지므로, 여기에 관련된 식은 (20-31)이다. 그림으로부터 $\rho = a$에 자유 면전류밀도가 없기 때문에, 당연히 H_φ는 연속이다. $\rho = b$에서는 H_φ가 불연속이고, 이것은 그 곳에서 $\mathbf{K}_f$가 영이 아니라는 사실로 인해 그래야 한다. 그림 20-14와 그림 12-5로부터

$$\mathbf{K}_f = -\frac{I}{2\pi b}\hat{\mathbf{z}} \tag{20-68}$$

가 구해진다. 영역 2에서 3으로 가면서 따져보면, $\hat{\mathbf{n}} = \hat{\boldsymbol{\rho}}$이고, (20-31)은 $\mathbf{H}_{3t}(b) - \mathbf{H}_{2t}(b) = -H_{\varphi 2}(b)\hat{\boldsymbol{\varphi}} = -(I/2\pi b)\hat{\boldsymbol{\varphi}} = \mathbf{K}_f \times \hat{\mathbf{n}} = -(I/2\pi b)\hat{\mathbf{z}} \times \hat{\boldsymbol{\rho}} = -(I/2\pi b)\hat{\boldsymbol{\varphi}}$가 되며, $\rho = b$에서의 경계조건은 만족된다. 그리고 H_φ의 불연속성에 대한 원인도 분명해졌다.

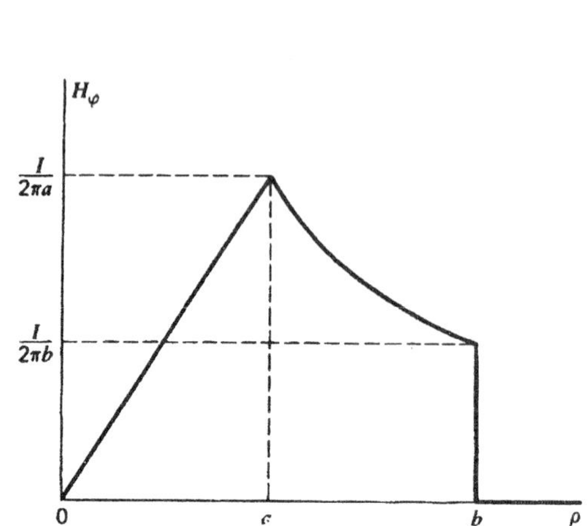

| 그림 20-15 | 동축선이 만드는 자기장을 축으로부터 거리의 함수로 나타냄.

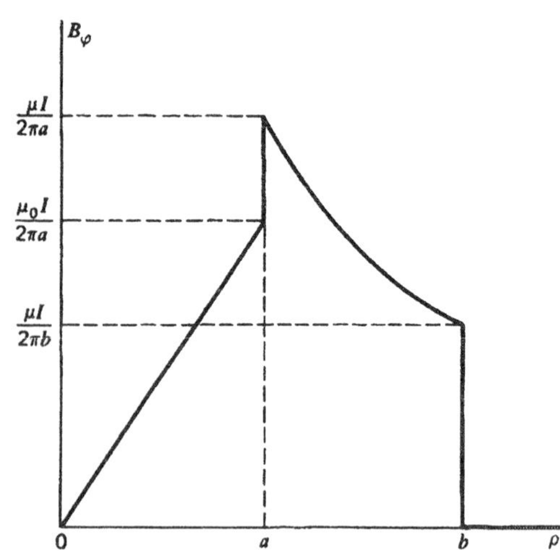

| 그림 20-16 | 동축선이 만드는 자기유도를 축으로부터 거리의 함수로 나타냄.

이제 (20-53)과 (20-67)로부터 **B**를 구하는데, $\mu_1 = \mu_3 = \mu_0$과 $\mu_2 = \mu$를 사용하여

$$B_{\varphi 1} = \frac{\mu_0 I\rho}{2\pi a^2} \qquad B_{\varphi 2} = \frac{\mu I}{2\pi\rho} \qquad B_{\varphi 3} = 0 \tag{20-69}$$

으로 얻게 된다. 이들을 그림 20-16에 ρ의 함수로 나타내었다. B_φ도 $\rho = b$에서 불연속인 것을 알 수 있다. 그러나 이것은 영역 2에 진공이 있을 때의 값 $\mu_0 I/2\pi b$가 아니다. 더구나 B_φ는 $\rho = a$에서도 불연속이다. 그렇지만 거기에서 H_φ는 연속이었다. 이 차이점은 자화면전류가 존재하기 때문임에 틀림없다. 그러나 이 사실은 **M**을 구하기 전까지는 정량적으로 증명할 수 없다. (사실 우리는 H_φ가 경계조건을 만족했기 때문에 B_φ도 만족해야 한다는 것을 잘 알고 있다. 그럼에도 불구하고 자세히 계산해보는 것도 가치있는 일이다.)

(20-67)과 (20-52)로부터, $\chi_{m1} = \chi_{m3} = 0$과 $\chi_{m2} = \chi_m$을 이용하여,

$$M_{\varphi 1} = 0 \qquad M_{\varphi 2} = \frac{\chi_m I}{2\pi\rho} \qquad M_{\varphi 3} = 0 \tag{20-70}$$

을 얻는다. 이들 결과는 그림 20-17에 ρ의 함수로 나타내었다. **M**은 a와 b에서 불연속이고, 그러므로 (20-12)에 의해 알짜 자화면전류 $\mathbf{K}_m$을 갖게 된다. 그러나 이들을 계산하기 전에, 이 결과를 다른 방법으로 점검해볼 수 있다. (20-70)과 (1-87)로부터 $\nabla \cdot \mathbf{M}_2 = \rho^{-1}(\partial M_{\varphi 2}/\partial\varphi) = 0$로 구해지는데, 이것은 (20-58)에 의해 당연히 그래야 한다. 부도체 영역 2에는 자유전류가 없으므로, (20-59)로부터 (20-10)으로 주어진 $\mathbf{J}_{m2} = \nabla \times \mathbf{M}_2$가 영이 되어야 한다는 것을 알고 있다. 이것은 (20-70)과 (1-88)로부터 증명할 수 있고, $J_{m2\rho} = -\partial M_{\varphi 2}/\partial z = 0$, $J_{m2\varphi} = 0$이며, $J_{m2z} = \rho^{-1}[\partial(\rho M_{2\varphi})/\partial\rho] = \rho^{-1}[\partial(\chi_m I/2\pi)/\partial\rho] = 0$으로 구해진다.

면전류를 계산하려면 (20-10)에서의 $\hat{\mathbf{n}}$은 물질을 포함하는 영역으로부터 밖으로 향하는

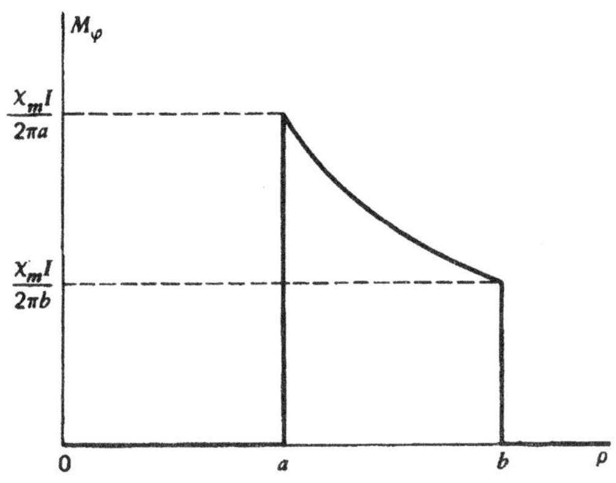

| 그림 20-17 | 동축선에 의한 자화를 축으로부터 거리의 함수로 나타냄.

법선벡터임을 잊지 말아야 한다. 그러므로 $\rho = a$에서, $\hat{\mathbf{n}} = -\hat{\boldsymbol{\rho}}$로,

$$\mathbf{K}_{m2}(a) = M_{\varphi 2}(a)\hat{\boldsymbol{\varphi}} \times (-\hat{\boldsymbol{\rho}}) = \frac{\chi_m I}{2\pi a}\hat{\mathbf{z}} \tag{20-71}$$

로 구해진다. $\rho = b$에서는 $\hat{\mathbf{n}} = \hat{\boldsymbol{\rho}}$로,

$$\mathbf{K}_{m2}(b) = M_{\varphi 2}(b)\hat{\boldsymbol{\varphi}} \times \hat{\boldsymbol{\rho}} = -\frac{\chi_m I}{2\pi b}\hat{\mathbf{z}} \tag{20-72}$$

가 된다. 한 편, $\mathbf{B}$에 대한 경계조건은 (15-16)과 (20-26)의 유사형

$$\mathbf{B}_{2t} - \mathbf{B}_{1t} = \mu_0 \mathbf{K} \times \hat{\mathbf{n}} = \mu_0 \mathbf{K}_f \times \hat{\mathbf{n}} + \mu_0 \mathbf{K}_m \times \hat{\mathbf{n}} \tag{20-73}$$

으로 주어지는데, 이것을 적용하려면, 이 식에서 $\hat{\mathbf{n}}$은 1 영역에서 2 영역으로 그려진 단위 법선벡터임을 잊지 말자. 그러므로 항상 작은 번호 영역에서 큰 번호 영역으로 가면, 그림 20-14로부터 (20-73)에서는 항상 $\hat{\mathbf{n}} = \hat{\boldsymbol{\rho}}$를 사용할 수 있다.

$\rho = a$에서, $\mathbf{K}_f = 0$이고, (20-73), (20-71), (20-54), (20-55)에 의해 $\mathbf{B}_{2t} - \mathbf{B}_{1t} = \mu_0 \mathbf{K}_{m2}(a) \times \hat{\mathbf{n}} = (\mu_0 \chi_m I/2\pi a)\hat{\mathbf{z}} \times \hat{\boldsymbol{\rho}} = [\mu_0(\kappa_m - 1)I/2\pi a]\hat{\boldsymbol{\varphi}} = [(\mu - \mu_0)I/2\pi a]\hat{\boldsymbol{\varphi}}$로 구하게 되는데, 이것은 (20-69) 및 그림 20-16과 정확히 일치한다. 그러나 $\rho = b$에서는 $\mathbf{K}_f$가 영이 아니고 (20-68)로 주어지므로, 여기에 적용되는 (20-73)은 $\mathbf{B}_{3t} - \mathbf{B}_{2t} = (\mu_0 I/2\pi b)(-\hat{\mathbf{z}} - \chi_m \hat{\mathbf{z}}) \times \hat{\boldsymbol{\rho}} = -[\mu_0(1 + \chi_m)I/2\pi b]\hat{\boldsymbol{\varphi}} = -(\mu I/2\pi b)\hat{\boldsymbol{\varphi}}$가 되고, 이것은 또한 (20-69)에 나타낸 값과 정확히 일치하며 그림 20-16과도 일치한다.

이제야 우리는 어떻게든 이 지루한 예로부터 우리가 할 수 있는 거의 모든 것을 짜내었고, 모든 관련된 물리량이 계산 가능하다는 것을 알게 되었으며, 이 특정 경우 이전에 얻어 놓았던 적용가능한 모든 일반 결과를 잘 만족시키는 것을 알게 되었다.

20-6 에너지

자유전류를 갖는 계의 자기에너지에 대한 (18-12)의 결과를 생각해보자.

$$U_m = \frac{1}{2}\int_{\text{전체 공간}} \mathbf{J}_f \cdot \mathbf{A}\, d\tau \tag{20-74}$$

전기의 경우에는, (10-78) 이후의 장황한 논의 끝에, 에너지에 대한 유용한 정의는 자유전하와 관련되어 있다고 결론지었는데, 그 이유는 이것이, 우리가 조절할 수 있는 전하의 조작에 의해서 계에 에너지를 넣어주거나 계로부터 에너지를 회수할 수 있는, 가역적인 일을 나타내주기 때문이다. 동일한 입장에서 계의 자기에너지라고 부르기에 적절한 양은 자유전류분포의 에너지라고 결론지을 수 있는데, 그 이유도 이것이, 우리가 조절할 수 있는 전류와 관련된, 가역적인 일을 나타내주기 때문이다. 그리고 이 정의는 물질이 존재하는 경우에도 여전히 사용할 수 있다.

최종 결과에 대한 제한조건을 제대로 알아보려면, 처음부터 다시 시작하는 것이 좋겠다. (18-1)은 선속에 작은 변화를 만들기 위해서 외부인자가 하여야 하는 일인데 이것은 Faraday 법칙의 일반적 적용에만 기초하기 때문에, 그 출발점으로 알맞다고 하겠다. 편의상 자기에너지와 선속의 변화량을 δU_m과 $\delta\Phi_j$로 쓰기로 한다면, (18-2)와 (16-23)으로부터

$$\delta U_m = \sum_j i_j\, \delta\Phi_j = \sum_j i_j \oint_{C_j} \delta\mathbf{A}_j \cdot d\mathbf{s}_j \tag{20-75}$$

로 구하게 된다. 여기서 $\delta\mathbf{A}_j$는 계의 j 번째 부분에 생긴 벡터퍼텐셜의 변화량이다. 물질이 존재하게 되면, (20-15) 같은 곳에서 설명하였듯이, 자화전류는 자기유도를 만들기 때문에 선속에 기여하게 된다. 통상적으로 그러하듯이, 전류를 고정시키는 역학적인 힘이나 구속력이 있다고 가정하여 순수한 역학적인 일은 개입하지 않는다고 하겠다.

이번에는, (18-10)에서 (18-11)로의 과정과 똑같은 방식으로, 합을 전류밀도로 다시 쓸 수 있다. 그래서

$$\delta U_m = \int_V \mathbf{J}_f \cdot \delta\mathbf{A}\, d\tau = \int_V (\nabla \times \mathbf{H}) \cdot \delta\mathbf{A}\, d\tau \tag{20-76}$$

가 되고 여기서 (20-29)를 사용하였다. 이 표현식에서 V는 자유전류가 차지하는 전체 체적이다. 그러나 $\mathbf{J}_f = 0$인 영역은 적분에 기여하지 않을 것이므로, 적분구간을 전체 공간으로 확장해도 된다. 그래서

$$\delta U_m = \int_{\text{전체공간}} (\nabla \times \mathbf{H}) \cdot \delta\mathbf{A}\, d\tau \tag{20-77}$$

가 된다. 그런데 (16-7)에 의해 $\nabla \times \mathbf{A} = \mathbf{B}$이므로, $\nabla \times (\mathbf{A} + \delta\mathbf{A}) = \mathbf{B} + \delta\mathbf{B}$이고, 그러므로 (1-117)에 의해 $\nabla \times \delta\mathbf{A} = \delta\mathbf{B}$이다. 이제 피적분함수는 (1-116)과 (16-7)을 사용하여

$$(\nabla \times \mathbf{H}) \cdot \delta\mathbf{A} = \mathbf{H} \cdot (\nabla \times \delta\mathbf{A}) - \nabla \cdot (\delta\mathbf{A} \times \mathbf{H}) = \mathbf{H} \cdot \delta\mathbf{B} - \nabla \cdot (\delta\mathbf{A} \times \mathbf{H}) \tag{20-78}$$

로 다시 쓸 수 있다. 이것을 (18-16)과 비교하고, (18-15)에서 (18-21)까지 어떻게 진행하였는지 상기하면, 여기에서도 똑같이 처리하여

$$\delta U_m = \int_{\text{전체공간}} \mathbf{H} \cdot \delta \mathbf{B}\, d\tau \tag{20-79}$$

를 얻게 될 것이다. 끝으로 에너지의 영점을 $\mathbf{B} = 0$에 해당되도록 맞추면, 총 에너지 U_m은 이것을 적분의 하한 값 $\mathbf{B} = 0$에서부터 상한 값까지 계산하여

$$U_m = \int_{\text{전체공간}} \int_0^{\mathbf{B}} \mathbf{H} \cdot \delta \mathbf{B}\, d\tau \tag{20-80}$$

로 얻을 수 있다.

일반적으로 (20-80)에서 $\mathbf{H}$의 $\mathbf{B}$에 관한 의존성이 알려지기 전까지는 더 이상 계산할 수 없다. 그리고 이 관계식은 매우 복잡할 수도 있다. 다음 절에서는 이러한 상황을 간략하게 살펴보도록 하겠다. 그러나 중요한 선형 등방성 자기물질의 경우에 대해서는, (20-53)을 사용하여 $\mathbf{H} \cdot \delta\mathbf{B} = \mathbf{H} \cdot \delta\mathbf{B}/\mu = \delta(\mathbf{B}^2/2\mu)$로 쓸 수 있고, 그래서

$$\int_0^{\mathbf{B}} \mathbf{H} \cdot \delta \mathbf{B} = \int_0^{\mathbf{B}} \delta\left(\frac{\mathbf{B}^2}{2\mu}\right) = \frac{\mathbf{B}^2}{2\mu} = \frac{1}{2}\mathbf{H} \cdot \mathbf{B}$$

이며, 자유전류에 하여진 총 가역 일로써의 (20-80)은

$$U_m = \int_{\text{전체공간}} \tfrac{1}{2}\mathbf{H} \cdot \mathbf{B}\, d\tau \tag{20-81}$$

이 된다. 이것은 평상시처럼 자기에너지밀도 *magentic energy density*

$$u_m = \tfrac{1}{2}\mathbf{H} \cdot \mathbf{B} \tag{20-82}$$

를 도입하여 해석할 수 있으며, 그러면

$$U_m = \int_{\text{전체공간}} u_m\, d\tau \tag{20-83}$$

로 쓸 수 있다. [(10-84)와 (10-85)를 비교해보라.] (20-53)을 사용하면 이것을

$$u_m = \frac{\mathbf{B}^2}{2\mu} = \frac{1}{2}\mu \mathbf{H}^2 \tag{20-84}$$

라고도 쓸 수 있으며, 이것은 물론 $\mu = \mu_0$일 때 진공에 대한 (18-22)로 된다.

18-2절에서는 에너지 표현식을 유용하게 적용하여 자체인덕턴스를 계산하는 방법을 보였다. 어떤 수단에 의해서든 장을 구했다면, (20-83)을 계산할 수 있고, 이것을 (18-9)와 등식으로 놓아, L을 $L = 2U_m/I^2$으로부터 구할 수 있다.

예제

동축선. 그림 20-14 같은 계를 생각해보자. 이 계에 대한 $\mathbf{H}$와 $\mathbf{B}$는 이미 구해놓았다. 간단히 하기 위하여, 물질을 포함하고 있는 2 영역이 L에 주는 기여만을 계산해보겠다. 이 영

역에서의 에너지밀도는 (20-82), (20-67), (20-69)로부터 구한 것처럼

$$u_{m2} = \frac{1}{2} H_{\varphi 2} B_{\varphi 2} = \frac{\mu I^2}{8\pi^2 \rho^2} \tag{20-85}$$

이다. (1-83)에 의해 $d\tau = \rho\, d\rho\, d\varphi\, dz$이므로, 길이 l의 이 영역이 포함하는 총 에너지는

$$U_{m2} = \int_0^l \int_0^{2\pi} \int_a^b \frac{\mu I^2}{8\pi^2 \rho^2} \rho\, d\rho\, d\varphi\, dz = \frac{\mu I^2 l}{4\pi} \ln\left(\frac{b}{a}\right) \tag{20-86}$$

가 될 것이다. 그러므로 이것이 자체인덕턴스에 주는 기여는

$$L_2 = \frac{\mu l}{2\pi} \ln\left(\frac{b}{a}\right) \tag{20-87}$$

이다. 이것을 (18-34)의 가운데 항과 비교하면, 이것의 진공 값에 대한 비가 $L_2/L_{20} = \mu/\mu_0 = \kappa_m$이고, 자유전류를 일정하게 유지시켜 놓은 이 경우에 대해 (20-66)과 완전히 일치한다.

물질의 존재로 인하여, 일반적으로 **B**와 **H**는 변하게 될 것이고, 따라서 (20-81)로 주어지는 자기에너지도 바뀐다고 예상할 수 있다. (10-89) 이후에 전기의 경우에 대해서 논의한 것처럼, 이 변화는 일반적으로 물질을 장 안에 도입하는 과정에 따라 달라질 것이고, 일반적 논의는 매우 복잡할 수 있다. 그러나 에너지 변화가 물질과 직접 관련되는 특수한 경우가 있다. 하나의 예증으로 이것을 고려해보자.

처음에 모든 공간은 진공이라고 가정하고, 이 공간에 $\mathbf{H}_0$과 $\mathbf{B}_0 = \mu_0 \mathbf{H}_0$의 장을 만드는 자유 원천 전류가 분포해 있다고 하자. 이제 이 자유 원천 전류를 그 크기와 위치가 고정되어 있도록 해놓았다고 가정하고, 기존의 $\mathbf{B}_0$ 안에 체적 V의 물질을 끼워 넣었다고 하자. 이 물질의 존재로 인하여 생겨난 장의 새로운 값을 **B**와 **H**라 한다면, (20-81)로 얻게 되는 계의 에너지 변화량은

$$U_{mm} = U_m - U_{m0} = \frac{1}{2} \int_{\text{전체공간}} (\mathbf{H} \cdot \mathbf{B} - \mathbf{H}_0 \cdot \mathbf{B}_0)\, d\tau \tag{20-88}$$

로 주어질 것이며, 이 변화는 순전히 물질의 존재로 인하여 생겨났다고 할 수 있다. 이 계산은 꽤 한참을 하여야 할 텐데, 여기서는 단순히 결과만을 주겠다:

$$U_{mm} = \frac{1}{2} \int_V \mathbf{M} \cdot \mathbf{B}_0\, d\tau \tag{20-89}$$

이것은 물질의 체적만을 포함하고 있기 때문에, 에너지는 물질 안에 가두어져 있는 것으로 생각하는 것이 이치에 맞겠다. 그래서 이 에너지를 물질의 에너지라고 표현해도 된다. 그래서 물질에 관련되어

$$u_{mm} = \tfrac{1}{2}\mathbf{M} \cdot \mathbf{B}_0 = \tfrac{1}{2}\chi_m \mu_0 \mathbf{H} \cdot \mathbf{H}_0 \tag{20-90}$$

를 에너지밀도라고 받아들일 수 있다. 이 결과가 정전기에서의 (10-92), (10-93)과 유사함에 유의해보라. 다만 부호가 다를 뿐이다. 이들 표현식은 (20-52)에서 제시된 것처럼 자기장에 의해서 자화가 만들어지는 상황에 알맞다.

한편 이들 에너지와, (19-40)에 주어진 외부 자기유도 내에서 영구쌍극자가 갖게 되는 (퍼텐셜) **상호작용에너지** *interaction energy* 사이에는, 차이점이 있다는 것을 기억해 두어야 한다. 작은 체적 $d\tau$를 고려해보면, 그 쌍극자모멘트는 (20-1)로 주어질 테고, 상호작용에너지는, 외부 자기유도를 (19-40)의 $\mathbf{B}_0$ 대신 $\mathbf{B}_{\text{ext}}$로 쓸 때,

$$du'_D = du'_{m,\text{ext}} = -\mathbf{M} \cdot \mathbf{B}_{\text{ext}}\, d\tau \tag{20-91}$$

가 될 것이다. 그러면 총 상호작용에너지는 (20-91)을 물질의 체적 V에 대해 적분하여

$$U'_{m,\text{ext}} = -\int_V \mathbf{M} \cdot \mathbf{B}_{\text{ext}}\, d\tau \tag{20-92}$$

로 얻을 수 있다. 예를 들어, $\mathbf{B}_{\text{ext}}$가 물질이 있는 공간에 걸쳐 많이 변하지 않는다면, 적분 밖으로 꺼낼 수 있고, (20-2)를 이용하여 $U'_{m,\text{ext}} = -\mathbf{m} \cdot \mathbf{B}_{\text{ext}}$로 구하게 되는데, 이것은 (19-40)과 일치한다.

물질이 자화되어 있을 때, 일반적으로 자기유도에 의해 자화전류에는 힘이 작용할 것이다. 그 물질이 강체가 아니라면, 이들 힘의 영향으로 변형될 것이다. 이 효과를 **자기변형** *magnetostriction*이라 한다. 이 효과는 일반적으로 미미하므로 여기에서는 더 이상 다루지 않겠고, 완전한 강체만을 고려하겠다.

18-3절에서 보았듯이, 에너지에 대한 고려는 자기력을 논의하는데 유용하다. 이 주제를 일반적으로 다루는 것은 복잡하므로, 여기에서는 이 아이디어를 다음 한 예를 통해서만 설명하겠다.

예제

긴 솔레노이드 안에 있는 투자성 막대. 총 길이 l이고 단면적은 S이며, 단위길이당 n 번 감겨 있는 긴 솔레노이드가 있다고 하자. 전류 I는 그림 20-18에 나타낸 것처럼 흐르고 있다. 또한 단면적이 솔레노이드와 같고 투자율이 μ인 원통형 막대가 솔레노이드 안에 z만큼 들어가 있다고 하자. 솔레노이드의 전류는 계속 일정하게 유지된다고 가정하고, 이 막대에 작용하는 힘을 구하고자 한다. 18-3절에서 서로 관통하고 있는 두 솔레노이드의 예와 관련하여 알고 있듯이, 그림 18-3에 표시된 솔레노이드와 막대의 끝에서 장이 퍼져나가는 현상과 관련된 "테두리효과"를 무시하기만 해도, 상당히 간단하게 해를 구할 수 있다. $|\chi_m| \ll 1$이므로, 막대가 있다고 해도 자기장은 실질적으로 영향 받지 않고, 일차적 근사로써 (20-63)으로부터 취하여 $\mathbf{H} = nI\hat{\mathbf{z}}$가 된다. 막대가 차지하지 않은 길이가 $l - z$이고 체적이 $(l - z)S$인 진공 영역에서의 에너지밀도 u_{m0}은 (20-84)로부터 얻어 $u_{m0} = \frac{1}{2}\mu_0 n^2 I^2$이다. 마찬가지로 물질이 차지하고 있는 체적 zS인 공간의 에너지밀도는 $u_{mM} = \frac{1}{2}\mu n^2 I^2$

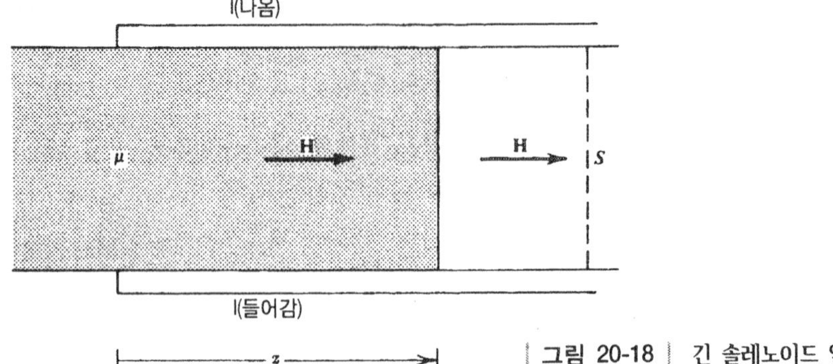

그림 20-18 긴 솔레노이드 안에 있는 투자성 막대.

이다. 이들 상수를 (20-83)에 넣으면, 이 배치에 관한 총 에너지를

$$U_m(z) = \tfrac{1}{2}n^2I^2S\left[\mu z + \mu_0(l - z)\right] \tag{20-93}$$

로 구하게 된다. 힘은 (18-39)를 사용하여 계산하게 되는데, 전류를 일정하게 유지시키고 있으므로,

$$\begin{aligned}\mathbf{F}_m &= (\nabla U_m)_I = \tfrac{1}{2}(\mu - \mu_0)n^2I^2S\hat{\mathbf{z}} \\ &= \tfrac{1}{2}\chi_m\mu_0 n^2I^2S\hat{\mathbf{z}}\end{aligned} \tag{20-94}$$

가 된다. 이 결과는 흥미로운 많은 특성을 가지고 있다.

(20-94)에서 χ_m 이외의 다른 것은 모두 양의 값이므로, $\mathbf{F}_m$의 부호는 χ_m에 의해 정해진다. 들어 있는 물질이 상자성으로 $\chi_m > 0$이면, 솔레노이드는 **안쪽으로 당겨질** 것이고, 그 물질이 반자성으로 자기감수율이 음이면, 밀려날 것이다. [이것은 유사한 정전기 결과 (10-99)와 대조된다. 유전체 판은 축전기 극판 사이에서 항상 끌려들어 간다. 이것은 정상상태의 전기장에 대해서 모든 전기감수율이 양의 값이라는 사실을 말해주고 있다.] 부호의 차이가 주는 효과를 정성적으로 이해할 수 있다. 물질이 상자성이면, (20-52)에 의해 **M**은 **H**와 평행일 것이다.. 그러면 이와 관련된 면전류 $\mathbf{K}_m$은 그림 20-7*b*에 나타낸 것처럼 I와 같은 방향으로 돌게 된다. 그러므로 두 개의 평행한 전류가 있는 셈이고, 그들은 (13-14) 다음에서 지적하였듯이, 서로 끌어당길 것이며, 이것은 (20-94)에서 구한 부호와 일치한다. 한편 반자성 물질에서는 **M**은 **H**의 반대 방향에 있을 것이므로, 여기에 해당되는 면전류는 I의 방향과 반대로 흐르게 된다. 그러므로 이러한 "다른" 전류는 서로 밀어낼 것이다.

$\mathbf{F}_m$은 l이나 z에 무관하지만, 단면적 S에는 비례한다. 그래서 단위면적당의 힘 $\mathbf{F}_m$을

$$\mathbf{f}_m = \frac{\mathbf{F}_m}{S} = \frac{1}{2}(\mu - \mu_0)n^2I^2\hat{\mathbf{z}} \tag{20-95}$$

처럼 도입할 수 있다. 이것은 두 영역에서의 에너지밀도의 형태로 나타내어 좀 더 이해하기 좋게 만들 수 있다:

$$\mathbf{f}_m = (u_{mM} - u_{m0})\hat{\mathbf{z}} \tag{20-96}$$

즉, 단위면적당 힘의 크기는 두 영역에서의 에너지밀도의 차이와 꼭 같으며, 계의 총 자기에너지가 증가하도록 물질을 움직이게 하며 그 힘의 방향이 정해진다. 이것은 계가 자기에너지를 증가 "시키려"는 일반적인 경향과 관련된 이전의 모든 결과와 일치한다.

더구나 (20-96)은 (18-52) 이후에 표현된 (그리고 다소 다른 부류의 예로부터 구한) 아이디어와 일치하기도 한다. 그것은 단위면적당의 자기력은 적절히 압력으로 나타내어진다는 것이었다. 효과적으로 보면, 주어진 영역의 표면에서 단위면적당 힘은, 그 영역 내에서의 에너지밀도 곱하기 그 영역에서 밖으로 향하는 법선벡터와 관련이 있다. 그렇다면 이 경우, 진공영역에 대한 경계면에서의 압력항을 $\mathbf{f}_{m0} = u_{m0}(-\hat{\mathbf{z}})$라 쓰게 되고, 반면 물질에 대해서는 $\mathbf{f}_{mM} = u_{mM}(+\hat{\mathbf{z}})$이다. 그러면 두 공간 사이의 경계면에서 단위면적당의 합성력은 $\mathbf{f}_m = \mathbf{f}_{mM} + \mathbf{f}_{m0} = (u_{mM} - u_{m0})\hat{\mathbf{z}}$가 된다. 이것은 바로 (20-96)이다.

20-7 강자성물질

지금까지는 l.i.h. 매질만을 다루어 왔다. 이들에 대해서는 $\mathbf{B} = \mu\mathbf{H}$라 쓸 수 있고, 여기서 μ는 물질의 특성상수이다. 많은 물질들을 이 관계식으로 잘 설명할 수 있지만, 기술적으로 중요한 꽤 많은 다른 물질들은 현저히 다른 모습을 보여준다. 이 절에서는 간단하게나마 이들의 주요 특성을 생각해보기로 한다.

이들 물질을 보통 **강자성** *ferromagnetic* 물질이라 부르는데, 주기율표 상에서 인접하고 있는 철, 코발트, 니켈로 대표되기 때문에 그렇게 부른다. 그러나 많은 합금이나 비금속도 이 범주로 분류된다. 특정 성질은 물질마다 달라서 실험으로 정해야 하겠지만, 일반적인 모습은 아주 비슷하여, 우리는 주로 이 일반적인 성질에 집중하여 공부하겠다. 본질적으로 이들 물질에는 **B**와 **H** 사이에 간단한 관계식이 성립하지 않는다.

또한 보통 알려져 있기로, 자기적 성질은 개별적인 시료의 과거 상태에 따라 다르다는 것이다. 그럼에도 불구하고, 시료가 어떤 정상적인 거동을 보이는 상태에 있다고 할 수 있다. 보통 외부장을 자주 반전시켜 가면서 세기를 줄여 가면 이러한 상태에 도달할 수 있는데, 우리는 이러한 조치를 해 놓았다고 가정하겠다. (이러한 특별한 처방이 필요한 이유는 곧 분명해진다.)

일반적으로 우리가 하려는 것은 외부 자유전류가 만드는 외부장 **H**를 작용시켜, **B**를 **H**의 함수로 측정하려는 것이다. 그렇게 하려면 시료는 **B**와 **H**를 편리하고도 모호하지 않게 측정하고 계산할 수 있는 모양이어야만 한다. 특히, 외부에서 걸어준 전류만 알면 **H**를 구할 수 있기를 바란다. 예를 들어, 시료로써 철심을 넣은 긴 솔레노이드를 이용하려 한다면, 양 끝에는 불연속성이 존재하여 **M**의 법선성분, 즉 "자하"의 면밀도 효과를 걱정하여야 할 것이다. 그러나 (20-42)에서 보았듯이 면밀도는 **M** 값에 따라 다르고, 이것은 **B**와 **H** 사이의 관계를 $\mathbf{B} = \mu_0(\mathbf{H} + \mathbf{M})$으로 연결시켜준다. 이 과정은 문제를 상당히 복잡하게 만들기 때문에, 우리는 시료가 끝면을 갖지 않는 모양으로 선택하기를 원할 테고, 곧 고리나 토로이드 모양을 생각해내게 된다. 물질 주위에 바짝 감아서 토로이드를 만들 경우, 15-2절의 마지막 예제에서 보았듯이, **H**가 내부에만 국한되어 있다고 가정하여도 좋은 근사가 될 수 있으며, **H**는 N 번 감겨 있는 토로이드 코일에 흐르는 전류 I를 가지고 구할 수 있다. 이러한 장치를 Rowland 고리라 한다.

(20-32)에 주어진 Ampère 법칙의 적분형을 사용하여 **H**를 구할 수 있다. 이 계산은 (15-28)을 구하게 된 과정 및 그림 15-12와 본질적으로 같다. 반지름 ρ의 원 경로에 대하여, $d\mathbf{s} = \rho\, d\varphi\hat{\boldsymbol{\varphi}}$이고 (20-32)는

$$\oint_C \mathbf{H} \cdot d\mathbf{s} = \int H_\varphi(\rho)\rho\, d\varphi = 2\pi\rho H_\varphi(\rho) = I_{f,\text{enc}} = NI \tag{20-97}$$

이 된다. 그래서

$$H_\varphi(\rho) = \frac{NI}{2\pi\rho} \tag{20-98}$$

이다. 고리의 원 단면의 반지름을 a라 하고 토로이드의 중앙 반지름을 b라 하며, $b \gg a$라고 가정하겠다. 이 경우 $H_\varphi(\rho)$는 근사적으로 일정할 것이고

$$H = \frac{NI}{2\pi b} \tag{20-99}$$

와 같다. 그러면 M과 B도 $S = \pi a^2$의 단면에 걸쳐 근사적으로 일정할 것이고, S를 지나는 선속은

$$\Phi = SB \tag{20-100}$$

가 될 것이다.

이것은 전형적인 방법으로 측정 될 수 있다. 외부에서 조절 가능한 I를 작은 양만큼 변화시킨다. 그러면 (20-99)에 의해 자기장도 $\Delta H = N\Delta I/2\pi b$만큼 변화할 것이다. 이것은 알려진 토로이드의 특성으로부터 계산할 수 있다. 이 변화에 부응하여 자기유도와 선속도 ΔB와 $\Delta\Phi = S\Delta B$만큼씩 바뀔 것이다. 선속의 변화는 토로이드 주위에 또 다른 코일을 감아 측정할 수 있는데, 유도전류의 결과로써 이 코일을 지나가는 총 전하 ΔQ_c로부터 구할 수 있다. 이 회로의 저항을 R_c라 하면, (12-2)와 (17-3)으로부터 ΔQ_c의 크기는

$$\Delta Q_c = \int i_{c\,\text{유도}}\, dt = \int \frac{|\mathscr{E}_{\text{ind}}|\, dt}{R_c} = \frac{1}{R_c}\int \frac{d\Phi}{dt}\, dt = \frac{\Delta\Phi}{R_c}$$

로 구해진다. 이것은 연습문제 17-6의 결과와 일치하며, $\Delta B = R_c\,\Delta Q_c/S$로 주어져 ΔB를 계산할 수 있다. 이러한 방식으로 작은 단계씩 변화시켜 가며 자기유도 B를 H의 함수로 나타내는 곡선을 얻을 수 있다.

H를 단조롭게 증가시켜 가면서 이와 같은 과정을 진행하면, 그 결과는 전형적으로 B 대 H

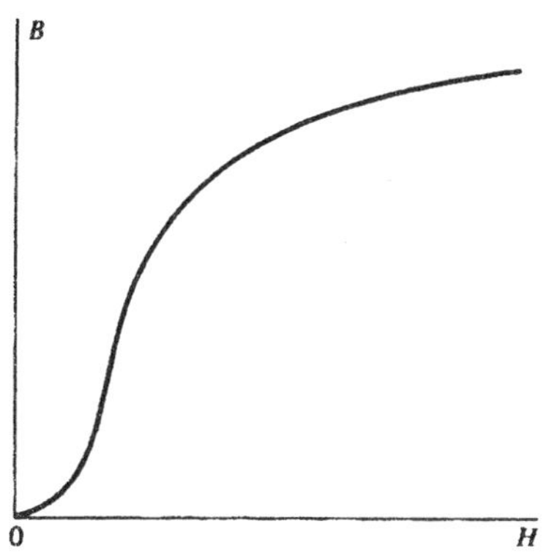

그림 20-19 강자성 물질에 대한 B 대 H의 전형적인 곡선.

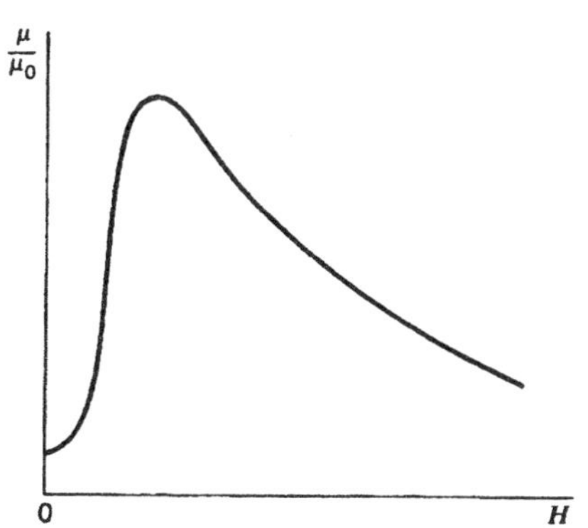

그림 20-20 강자성 물질에 대한 상대투자율 대 H.

의 곡선이 되고 일반적으로는 그림 20-19에 나나낸 것처럼 생겼다. 이와 같은 것을 **자화곡선** *magnetization curve*라 한다. 이 명칭은 종종 M 대 H의 곡선에도 붙여주는데, 본질적으로는 같은 정보를 담고 있다. 이것은 언뜻 보아도 상당히 비선형적임을 알 수 있다. $H \to \infty$에 따라 쌍극자들은 모두 정렬하기 때문에, H는 궁극적으로 일정한 값 M_s에 접근하는데, 이 값을 **포화자화** *saturation magnetization*이라 한다. 그러면 관계식 $B = \mu_0(H + M) \to \mu_0 H + \mu_0 M_s = \mu_0 H +$ 상수와 $B - H$ 곡선은 일정한 기울기 μ_0을 갖는 직선형이 된다. 많은 물질에 있어서 이 정도가 되게 하는데 필요한 H의 값은 비현실적으로 매우 크다.

(20-53)에서 $\mu = B/H$를 정의할 때, 선형 관계식을 따르는 계를 염두에 두고 있었지만, μ에 관한 이 정의를 이 경우로 확장시켜 같은 식을 계속하여 쓸 수 있다. μ를 그림 20-19 같은 곡선에서 구하면, 그 결과는 그림 20-20에 보인 것처럼 된다. 최대값은 일반적으로 수천 정도의 크기에 이르는데, 이 값은 물질에 따라 매우 다양하다. μ/μ_0의 비도 H가 매우 커짐에 따라 극한 값 1로 접근한다. 어찌 되었든 이런 식으로 정의된 μ는 절대로 일정하지는 않다. 그래도 이것은 여전히 물질을 기술하는 유용하고도 편리한 수단이 될 수 있다. (많은 강자성 물질은 결정체이다. 그래서 자화곡선은 H가 걸리는 방향에 따라 일반적으로 다르다고 알려져 있다.)

그림 20-19에서 가정한 것처럼 H를 무한정 증가시키는 대신, 이번에는 그림 20-21에 나타낸 최대값 H_1 (그래서 대응되는 B_1)까지만 증가시켜보자. 그리고는 H를 감소시키기로 하자. 화살표의 방향으로 표시해 놓았듯이, 이 곡선이 경로를 되짚어가지 않는 것을 볼 수 있다. B는 처음에 증가할 때만큼 그렇게 가파르게 감소하지 않는다. 이와 같은 거동은 **이력** *hysteresis*(그리스어로 "지연 된다"라는 뜻)이라 알려져 있다. 그러므로 B와 H 사이의 관계식은 비선형일 뿐 아니라, 일가 함수도 아니라는 것을 알 수 있다. H를 계속 감소시켜 $H = 0$이 되도록 하면, 그림에 나타낸 것처럼 $B \neq 0$이다. 남아 있게 되는 이 B_r 값을 **잔류자기유도**, **잔류자기** *remanence*, 또는 **보자력**이라 한다. 사실상 B를 영으로 보내기 위해서는 H장을 반대방향으로 걸어주어야 하며, $H = -H_c$일 때 $B = 0$이 된다. 이 H_c 값을 **보자력** *coercive force*라 부른다. 이제 이러한

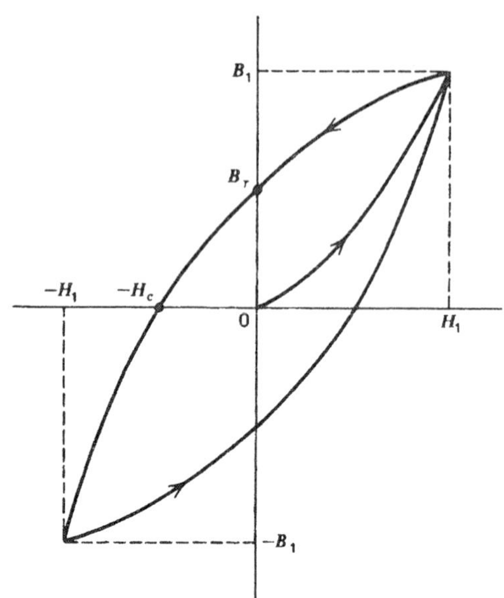

그림 20-21 이력곡선.

과정을 계속하여 H를 $-H_1$까지 감소시킨 다음 다시 방향을 바꾸어 증가시켜 $+H_1$이 되게 하면, B 대 H의 곡선은 닫힌 곡선이 되는데, 이것을 이력곡선 *hysteresis loop*라 한다.

H의 방향을 바꾸기 전에 $H_2 > H_1$까지 보냈다면, 그림 20-22에 보인 것처럼, 다른 모양의 이력곡선을 얻게 될 것이고, 이때의 잔류자기와 보자력은 달라질 것이다. 최대값을 H_3까지 보내도 마찬가지이다. 다시 말해, $B-H$ 공간 전체는 이력곡선들로 채워질 수 있으며, 하나의 주어진 μ의 수치 값은, 해당되는 조건이 좀 더 자세하게 주어지지 않는 한, 별로 중요한 의미를 갖지 않는다. 이력곡선들의 끝 점들은 그림 20-19의 단조함수적 자화곡선을 따라간다는 것을 알 수 있다. 또한 시료를 $B=0$인 때 $H=0$인 초기 상태에 도달하게 하려면, 장의 세기를 점차적으로 감소시킨 교류를 작용시켜야 한다고 했던 이유를 알게 되었다. 끝으로, H_4 같은 값에서 H를 작은 순환으로 돌리면, 그림에 나타낸 작은 이력곡선을 따라가게 된다는 것을 알게 된다.

자기이력이 생기는 계에서는, 계가 한 바퀴를 완성하게 될 때 에너지가 열로 비가역적으로 변환하게 된다. 여기에서는 자기에너지에서 열로의 변환에 해당된다. 이것은 전도도 때문에 만들어지는 열과는 별도로 발생하는 것인데, 전도도에 의한 것은 (12-35)로 나타내어져 있다. 이 효과를 입증하려면 이전에 구했던 (20-79)의 일반적인 결과식을 사용하면 된다.

외부 인자로부터 요구 되는 에너지의 물질 단위체적당 값을 δw_m이라 하면, (20-79) 피적분 함수는 $\delta w_m\, d\tau$라 쓸 수 있고, 그러면

$$\delta w_m = \mathbf{H}\cdot\delta\mathbf{B} \tag{20-101}$$

가 된다. 이것은 그림 20-23에서 음영으로 나타낸 부분의 면적인데, 여기서는 우리가 등방성 물질만을 다루고 있어서 **B**와 **H**가 서로 평행이기 때문이다. 계가 이력곡선을 한 바퀴 돌았다

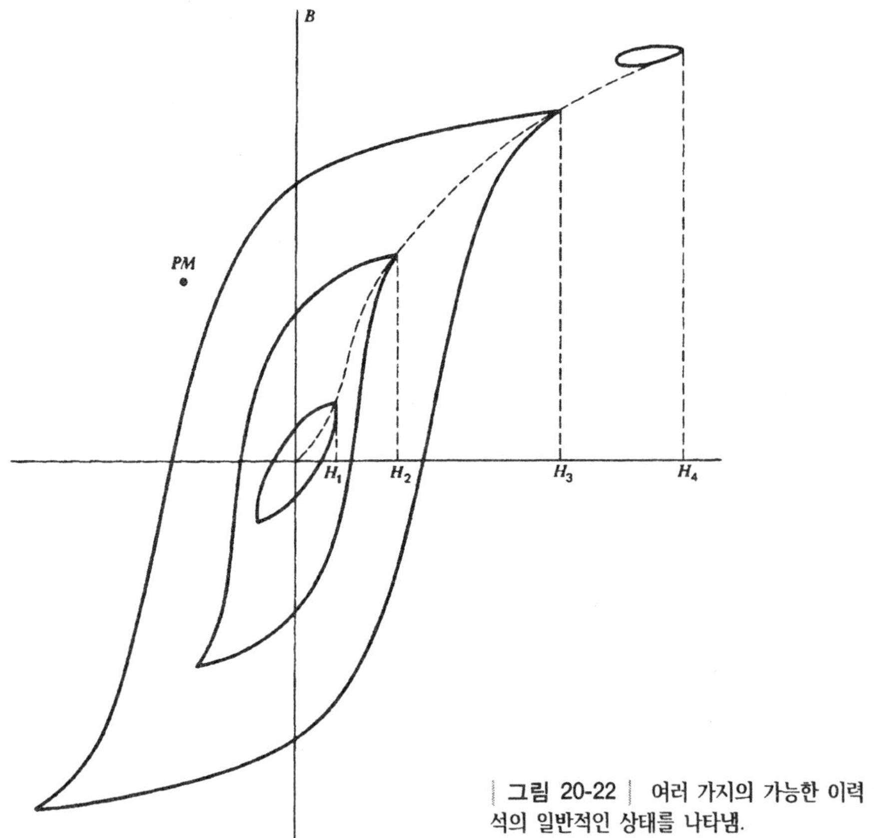

| 그림 20-22 | 여러 가지의 가능한 이력 곡선. *PM*은 영구자석의 일반적인 상태를 나타냄.

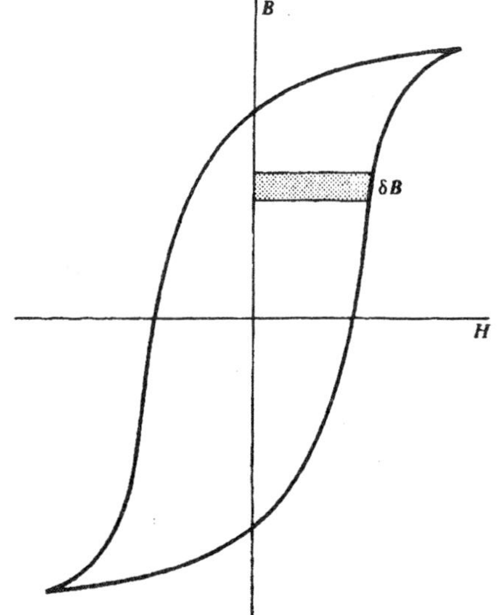

| 그림 20-23 | $H\delta B$를 면적으로 해석함.

고 가정해보면, 단위체적 당 하여진 일은 (20-101) 같은 항의 합이 될 것이다:

$$w_m = \oint_{\text{순환}} \mathbf{H} \cdot \delta \mathbf{B} = \oint_{\text{순환}} H \delta B \tag{20-102}$$

이것은 수치로 보면 이력곡선이 감싸는 면적과 같고 w_m은 영이 아니며 양의 값이다. 계의 초기 상태와 나중 상태가 같기 때문에, 상태만의 함수로써의 자기에너지는 변하지 않았을 것이다. 그러므로 (20-102)로 주어진 단위체적당의 일은, 일이 열로 비가역적으로 변환된 것을 의미한다고 하여야 한다. 이 결과는 또한 물질만을 포함하는 형식으로 나타낼 수 있다. (20-28)에 의해 **B**는 항상 $\mu_0(\mathbf{H} + \mathbf{M})$과 같으므로,

$$\delta w_m = \mathbf{H} \cdot \delta \mathbf{B} = \mu_0 \delta\left(\tfrac{1}{2}\mathbf{H}^2\right) + \mu_0 \mathbf{H} \cdot \delta \mathbf{M} \tag{20-103}$$

이 된다. 이것을 (20-102)에 넣을 때, 첫 번째 항은 (13-4)같은 곳에서 보았듯이 영이 될 것이고, 결국

$$w_m = \oint_{\text{순환}} \mu_0 \mathbf{H} \cdot \delta \mathbf{M} \tag{20-104}$$

이다. (20-103)의 마지막 항 $\mu_0 \mathbf{H} \cdot \delta \mathbf{M}$은 물질의 단위체적에 공급된 일을 나타내며, 자기계를 열역학적으로 기술하는 시발점이 된다.

20-8 자기 회로

앞 절에서의 결과를 다시 써보면, 무언가를 암시하는 유용한 것을 얻을 수 있다. 우리는 계속해서 $B = \mu H$라고 쓰겠고, μ는 무엇이 되었든 적절한 값이다. 그러면 (20-97), (20-99), (20-100)으로부터

$$\Phi = \frac{\mu SNI}{2\pi b} = \frac{NI}{(l/\mu S)} = \frac{NI}{\mathscr{R}} = \frac{1}{\mathscr{R}} \oint_C \mathbf{H} \cdot d\mathbf{s} \tag{20-105}$$

를 얻게 된다. 여기서 $l = 2\pi b$는 토로이드를 한 바퀴 도는 경로 C의 길이이고,

$$\mathscr{R} = \frac{l}{\mu S} \tag{20-106}$$

이다. 여기에서 연습문제 12-14의 결과를 생각해보면, 총 저항 R과 기전력 $\mathscr{E}$를 포함하는 완전회로에서 에너지를 고려하여 구한 전류의 정상상태 값은

$$i = \frac{\mathscr{E}}{R} = \frac{1}{R} \oint_C \mathbf{E} \cdot d\mathbf{s} \tag{20-107}$$

임을 증명할 수 있었다. 이 때 (12-28)에 의해 $R = l/\sigma A$이고 A는 도체의 단면적이며 σ는 전도도이다. 이들 표현식을 비교해보면, 닮은 점을 발견할 수 있고, 유사성에 의해 이러한 계를 **자기회로** *magnetic circuit*이라 부른다. 또한 유사성으로부터 대응되는 용어를 사용하는데, **기자력** *magnetomotive force, mmf* $\mathscr{M}$은

$$\mathscr{M} = \oint_C \mathbf{H} \cdot d\mathbf{s} = NI \tag{20-108}$$

로 정의하고, $\mathscr{R}$은 **자기저항** *reluctance*라 한다. 그러면 (20-105)는

$$\Phi = \frac{\mathscr{M}}{\mathscr{R}} \tag{20-109}$$

로 쓸 수 있으므로, 이것은 (20-107)과 닮아있다. 또한 (20-106)으로부터 투자율 μ는 자기저항을 결정하는 역할을 하는데, 이것은 σ가 저항을 정하는 역할과 같다.

이 두 경우 사이의 부합성이 정확하지는 않다. 전기 회로에서 전류를 구성하는 운동 전하는 도체 밖으로 빠져나가지 않는다. 반면, 일반적인 자기 회로에서 **B**의 선은 물질 주위의 공간으로 빠져나갈 수 있다. 이러한 선속의 "누출"은 (20-109)를 응용하는데 있어 정량적으로 커다란 오차를 가져올 수 있다. 그렇다 하더라도, 자기 회로에 관한 이 논의 방법은 유용하다고 입증되었고, 특히 전반적인 특성을 이해하는데 도움을 준다.

이러한 아이디어를 주로 이용하는 분야는 자석을 설계하고 생산하는 곳이다. 이들은 일반적으로 두 가지 주요 분류로 나뉜다: **전자석** *elctromagnet*의 경우 자기장은 감은 도선에 흐르는 전류로 만들어지고, **영구자석** *permanent magnet*은 강자성 물질을 이용하는데, 영구자석은 자유전류가 없을 때도 자기유도를 갖게 된다. 우리는 이들 각각을 살펴볼 텐데, 편의상 토로이드 모양을 갖는 것만 고려하겠다.

이들 자석은 일반적으로 실험적인 목적으로 자기장을 만들기 위해 제작되기 때문에, 우리가 연구하려는 시료를 집어 넣을 공간이 필요하다. 그러기 위해서는 그림 20-24에 보인 것처럼 자석물질의 한 조각을 잘라내어 길이 l_0의 "틈"을 만든다. 이 틈의 간격은 작다고 가정한다. 그래야만 연습문제 15-11에서 논의된 **B**의 "가장자리" 특성을 무시할 수 있다. 전기장에 대한 이 성질은 그림 6-10에서 설명했었다. 이러한 방식으로 물질에 있는 모든 **B**의 선은 틈의

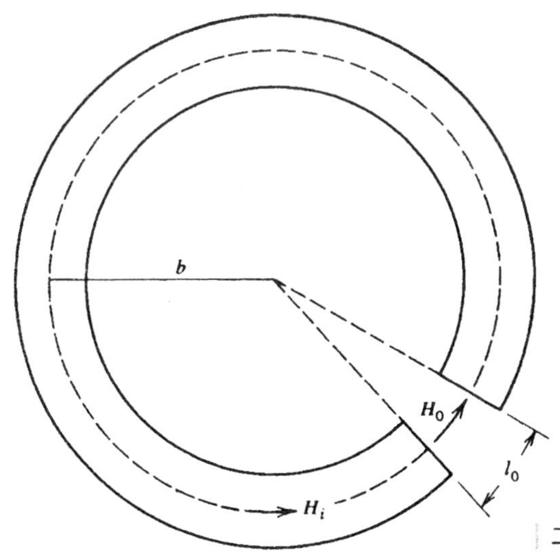

그림 20-24 길이 l_0의 틈을 갖는 토로이드 모양의 자석.

안에도 마찬가지로 모두 들어 있다고 가정할 수 있고, 그럼으로써 (20-100)에 의해 Φ를 상수로 취급할 수 있으며, 있을 수도 있는 유효단면적 S의 변화에 대해 염려할 필요도 없어진다.

예제

전자석. 앞에서와 같이 $l = 2\pi b$인 토로이드에서, 길이 $l - l_0$인 물질 내의 자기장은 H_i라 하고, 길이 l_0인 틈에서는 H_0이라 하면, (20-108)의 기자력(mmf)은

$$\oint_C \mathbf{H} \cdot d\mathbf{s} = H_i(l - l_0) + H_0 l_0 = NI \tag{20-110}$$

으로 구해진다. 틈을 구성하는 면은 **B**가 면에 수직이 되도록 잘라냈다고 가정하자. **B**의 법선성분은 연속이기 때문에, $B_i = B_0 = \Phi / S$이다. 또한, $H_i = B_i / \mu$이고 $H_0 = B_0 / \mu_0$이다. 그러므로 (20-110)은 Φ와 NI로써

$$\Phi\left[\frac{(l - l_0)}{\mu S} + \frac{l_0}{\mu_0 S}\right] = NI \tag{20-111}$$

라고 쓸 수 있다. 이것은 역시 (20-105)의 형태를 가지고 있고, 여기서 이 회로의 총 자기저항은

$$\mathcal{R} = \frac{(l - l_0)}{\mu S} + \frac{l_0}{\mu_0 S} = \mathcal{R}_i + \mathcal{R}_0 \tag{20-112}$$

으로 주어진다. 즉, 각각의 자기저항은, 저항이 직렬로 연결될 때처럼 더해진다. 또한 여러 가지 특성을 가지고 있는 회로에 이 자기저항의 아이디어를 일반화하여

$$\mathcal{R} = \oint_C \frac{ds}{\mu S} \tag{20-113}$$

라 할 수 있다.

틈이 매우 좁다면($l_0 \ll l$), (20-112)를

$$\mathcal{R} \simeq \frac{l}{\mu S} + \frac{l_0}{\mu_0 S} \tag{20-114}$$

로 근사할 수 있다. 특히, $\mu \approx 5000\mu_0$정도인 철같은 물질이라면, 첫 번째 항은 보통 무시할 수 있고, $\mathcal{R}$을 다시 한 번 근사하여

$$\mathcal{R} \simeq \frac{l_0}{\mu_0 S} \tag{20-115}$$

이다. 그래서 여기에 해당되는 (20-111)의 근사식은

$$\Phi \simeq NI\frac{S\mu_0}{l_0} \tag{20-116}$$

이 될 것이다. 이 마지막 결과식은 μ 값에 따라 다르고 l과 l_0의 상대적인 길이에 따라 다르기 때문에, 항상 확실하게 맞는 것은 아니다. 그래서 사용하기 전에 확실하게 점검해보아야 한다. 어찌 되었든 (20-115)가 말해주는 것은 대부분의 자기저항이 틈에서의 진공(혹은 공기)에 기인한다는 것이고, 철은 훨씬 "투과적"이라는 것이다. 또한 $B_i = B_0$이므로, $H_i/H_0 = \mu_0/\mu$이고, 그래서 $H_i \ll H_0$이며 (20-110)은 $\mathcal{M} = NI \simeq H_0 l_0$이 된다. 이것이 말해주는 것은, 틈은 비록 공간적으로 좁지만, 선속을 만드는 대부분의 기자력은 실질적으로 틈을 "가로질러" 걸려있다는 점이다.

예제

영구자석. 이 경우 $I = 0$이다. 그러나 (20-110)의 표현식은 여전히 유효하여,

$$H_i = -\frac{l_0 H_0}{(l - l_0)} \simeq -H_0 \frac{l_0}{l} \tag{20-117}$$

로 구해진다. 이 식이 말해주는 것은 두 영역에서의 자기장이 서로 반대방향이라는 점이다. 틈에서는 $\mathbf{M} = 0$이고 $H_0 = B_0/\mu_0$이므로 $\mathbf{H}$와 $\mathbf{B}$는 같은 방향이다. 그러나 $B_i = B_0$이므로, 자석 내에서 $\mathbf{H}_i$와 $\mathbf{B}_i$는 반대 방향이다. 그러므로 영구자석은 그림 20-22의 $B - H$ 곡선에서 제 이 사분면에 한 점으로 나타낼 수 있고, 그 그림에 PM이라고 표시하였다.

더구나 $B_i = B_0 = \mu_0 H_0 = \mu_0(H_i + M_i)$이어서

$$M_i = \frac{B_i l}{\mu_0(l - l_0)} \simeq \frac{B_i}{\mu_0}\left(1 + \frac{l_0}{l}\right) \tag{20-118}$$

이 되고, 이것은 B_i와 같은 방향으로 우리가 기대하던대로이다. $\mathbf{H}$의 부호의 변화는 물질과 진공을 분리하는 면에서 발생하는데, 이것은 이 표면에서 $\mathbf{M}$이 불연속이기 때문이다. 즉, 이것은 (20-42)와 (20-43)으로 기술된 "자하"의 면밀도로부터 발생한 것이다. 물질 내에서 $\mathbf{M}_i$와 $\mathbf{H}_i$는 반대방향을 향하므로, 흔히 "자기소거 *demagnetizing*"장이라 말한다.

연습문제

20-1 부록 A에서 알게 되겠지만, 분자의 영구자기쌍극자모멘트는 그 크기가 대충 Bohr 마그네톤 $\mu_e = eh/4\pi m_e = 9.27 \times 10^{-24}$ $A \cdot m^2$ 정도이다. 여기서 h는 Planck 상수이고 m_e는 전자의 질량이다. 이상기체의 각 분자는 μ_e의 영구 모멘트를 가지고 있다고 가정하자. 이 기체가 100°C 1 기압에서 가질 수 있는 최대 자화를 구하라.

20-2 두께가 d인 커다란 판의 양면은 평행이고, 이 면들은 z축에 수직이다. 이 판의 물질은 $\mathbf{M} = M(1 + \alpha z)\hat{\mathbf{z}}$로 자화되어 있다. 여기서 M과 α는 양의 상수이다. $\mathbf{M}$의 선을 스케치하라. $\mathbf{J}_m$과 $\mathbf{K}_m$을 구하라. $\mathbf{M}$이 $\mathbf{M} = M(1 + \alpha x)\hat{\mathbf{z}}$로 주어지는 경우에 같은 계산을 반복하라.

20-3 한 변의 길이가 a인 정육면체가 그림 1-41과 같은 위치와 방향으로 놓여 있다. 정육면체 내의 물질은 $\mathbf{M} = -(M/a)y\hat{\mathbf{x}} + (M/a)x\hat{\mathbf{y}}$로 주어지는 자화를 가지고 있다. 여기서 M은 상수이다. 전류밀도 $\mathbf{J}_m$과 $\mathbf{K}_m$을 구하고, 그 방향을 스케치하라.

20-4 길이가 l이고 단면의 반지름이 a인 원통이 있는데, 그 축은 z방향으로 놓여 있다. 이것은 $\mathbf{M} = M\hat{\mathbf{x}}$로 자화되어 있다. M은 상수이다. $\mathbf{J}_m$과 $\mathbf{K}_m$을 구하고, 그 방향을 스케치하라.

20-5 반지름이 a인 구의 중심이 원점에 놓여 있다. 이것의 자화는 균일하지 않고 $\mathbf{M} = (\alpha z^2 + \beta)\hat{\mathbf{z}}$로 주어져 있다. α와 β는 상수이다. α와 β의 단위는 무엇인가? 자화전류밀도 $\mathbf{J}_m$과 $\mathbf{K}_m$을 구좌표로 표현하여 구하라.

20-6 B_z에 대해 (20-22)와 (20-25)로 주어진 크기와 방향은 z가 음의 값일 때에도 성립함을 증명하고, 그러면 그림 20-11과 일치함도 보여라.

20-7 길이가 l이고 단면의 반지름이 a인 원통이 있는데, 그 축은 z 방향으로 놓여 있고 중심은 원점에 있다. 이것은 균일한 자화 $\mathbf{M} = M\hat{\mathbf{z}}$를 가지고 있다. 양의 z축 모든 곳에서의 $\mathbf{B}$와 $\mathbf{H}$를 구하라. 그 결과를 사용하여 매우 얇은 원판 $l \ll a$의 극한에 관하여 논의해보아라. $z \gg l$인 바깥 지점에서의 $\mathbf{B}$를 구하라. 원판 안에서의 $\mathbf{B}$와 $\mathbf{H}$를 구하라.

20-8 반지름이 a이고 무한히 긴 원통이 있는데, 그 축은 z 방향으로 놓여 있다. 이것의 자화는 원통좌표로 $\mathbf{M} = M_0(\rho/a)^2\hat{\boldsymbol{\varphi}}$라고 주어져 있다. M_0은 상수이다. $\mathbf{J}_m$과 $\mathbf{K}_m$을 구하라. 옮겨진 총 전하량이 영임을 보여라. 원통의 안 과 바깥 모든 곳에서 $\mathbf{B}$와 $\mathbf{H}$를 구하라.

20-9 반지름이 a인 구의 중심이 원점에 놓여 있다. 이것의 자화는 구좌표로 $\mathbf{M} = M(r)\hat{\mathbf{r}}$이며 $M(0)$은 유한한 값으로 주어져 있다. $\mathbf{J}_m$과 $\mathbf{K}_m$을 구하라. 어디에도 자유전류가 없다면, 구 안에서의 $\mathbf{B}$를 구하라. 구 안에서의 $\mathbf{H}$를 구하라. 구 면에서의 $\mathbf{H}$와 구면 바로 바깥에서의 $\mathbf{H}$도 구하라.

20-10 (20-33)을 사용하려면, $\mathbf{B}$를 측정할 수 있어야 한다. $\mathbf{B}$를 결정하기 위해 운동하는 점전하와 (14-30)을 사용하고자 한다면, 힘을 한 번만 측정하여서는 충분치 않다. 그래서 두 번을 측정하겠는데, 서로 수직인 속도 $\mathbf{v}_1$과 $\mathbf{v}_2$에 대해 각각 힘 $\mathbf{F}_1$과 $\mathbf{F}_2$를 구했다면, $\mathbf{B}$는

$$\mathbf{B} = \frac{1}{2qv_1^2v_2^2}\left\{ v_2^2\mathbf{F}_1 \times \mathbf{v}_1 + v_1^2\mathbf{F}_2 \times \mathbf{v}_2 + [\mathbf{v}_1 \cdot (\mathbf{F}_2 \times \mathbf{v}_2)]\mathbf{v}_1 \right.$$

$$+\left[\mathbf{v}_2 \cdot (\mathbf{F}_1 \times \mathbf{v}_1)\right]\mathbf{v}_2 \}$$

로 구해짐을 보여라.

20-11 자하는 존재하지 않기 때문에, 자화되어 있는 유한한 크기의 시료 한 조각에 대한 총 자하의 세기(알짜 자하)는 영일 것이라고 예상된다. 이것이 옳다는 것을 보여라.

20-12 (20-2)로 주어진 어느 계의 총 자기쌍극자 모멘트는 자하로

$$\mathbf{m} = \int_V \rho_m \mathbf{r}\, d\tau + \oint_S \sigma_m \mathbf{r}\, da$$

처럼 쓸 수 있음을 보이고, (8-22) 같은 것과 비교하라. [귀띔 : (19-8)과 (19-11)을 생각해보아라.]

20-13 두께가 d이고 매우 커다란 판 모양의 물질이 있는데, 그 표면들은 평행이며 z축에 수직이다. 이 판은 균일하게 자화되어 $\mathbf{M} = M\hat{\mathbf{z}}$이다. 여기에 해당되는 자하 분포를 구하고, 이것을 이용하여 모든 곳에서의 $\mathbf{H}$를 구하라. 이 경우의 자기소거인자는 얼마인가? 그 결과는 연습문제 20-7의 마지막 부분과 부합하는가?

20-14 연습문제 20-4의 원통에 대하여 자하 분포를 구하라. 모든 곳에서의 ϕ_m을 구하라. 이 경우 자기소거인자가 $\frac{1}{2}$임을 보여라. (l은 무한대라고 가정하라.)

20-15 반지름이 a와 b인 어느 구 껍질이 균일하게 자화되어 $a \le r \le b$의 구간에서 $\mathbf{M} = M\hat{\mathbf{z}}$이다. 원점을 구의 중심에 잡고, 양의 z축 모든 곳에서의 ϕ_m을 구하라. 양의 z 값에 대하여 H_z를 구하고 z의 함수로 스케치하라. H_z가 적절한 경계조건을 만족함을 증명하라.

20-16 길이가 l이고 단면의 반지름이 a인 원통이 영구자화 $\mathbf{M}$을 가지고 있다. 균일한 외부 자기유도 $\mathbf{B}$도 존재한다. $\mathbf{M}$은 $\mathbf{B}$의 존재로 인해 영향 받지 않는다고 가정하고, 원통에 작용하는 총 토크를 구하라. 연습문제 20-12의 결과를 이용하여 토크를 자하 분포로 나타내고, 이 결과는 "점자하" q_m에 $q_m\mathbf{B}$의 힘이 작용하는 것으로 해석할 수 있음을 보여라. 다른 모든 곳이 진공이라면, 다른 점자하 q'_m에 의한 $\mathbf{B}$는 $\mathbf{B} = \mu_0 q'_m \hat{\mathbf{R}}/4\pi R^2$로 주어짐을 보이고, 그럼으로써 자하에 관한 Coulomb 법칙을 $\mathbf{F}_{q'_m \to q_m} = \mu_0 q_m q'_m \hat{\mathbf{R}}/4\pi R^2$의 형태로 유도할 수 있음을 보여라.

20-17 자기감수율의 표를 살펴보면, 일반적으로 χ_m의 수치값을 곧바로 찾을 수 없을 것이다. 그 대신 보통 **질량자기감수율** $\chi_{m,\text{ mass}}$이나 **몰자기감수율** $\chi_{m,\text{ molar}}$을 보게 된다. 이들은 $\chi_{m,\text{ mass}} H$와 $\chi_{m,\text{ molar}} H$가 각각 단위질량당 자기모멘트나 단위몰당의 자기모멘트가 되도록 정의된다. χ_m이 이들과 어떻게 연관되는지 구하라. 질량밀도 d와 분자량 A의 기호를 사용할 필요가 있을 것이다.

20-18 전도도가 σ인 l.i.h. 물질이 정상상태에 있는 경우를 생각해보자. 그러면 $\mathbf{H}$의 각 성분은 Laplace 방정식, $\nabla^2 H_x = 0$ 등을 만족함을 보여라.

20-19 $\mathbf{B}$의 선은 불연속면에서 "굴절"될 수 있다. 경계에는 자유 면전류가 없다고 가정하고, $\mathbf{B}$의 방향을 지정해주는 각도는 법선벡터로부터 재는 것으로 하자. 즉, 유사한 전기의 경우인 그림 10-14 같이 생겼다. (a) 굴절의 법칙이 $\kappa_{m1} \cot \alpha_1 = \kappa_{m2} \cot \alpha_2$임을 보여라. (b) 두 매질 모두에 대해 $|\chi_m| \ll 1$이면, $\mu_1 \simeq \mu_2 \simeq \mu_0$이고 벗어난 각도 $\delta = \alpha_2 - \alpha_1$는 매우 작을 것이다. δ에 관한 근사 표현식을 구하라. $\alpha_1 = 45°$이며 1 영역은 진공이고, 2 영역은 상자성물질로써 $\chi_{m2} = 2.2 \times 10^{-5}$(알루미늄)인 경우의 이 근사값을 구하라. (c) $|\chi_m|$이 매우 작지 않다면,

(a)의 결과를 사용하여야 한다. 극단적인 예로 $\alpha_1 = 45°$이며 1 영역은 진공이고, 2 영역은 다음의 두 경우와 같을 때 δ를 계산하라: (i) $\chi_{m2} = -0.95$로 거의 "이상적인" 반자성 ($\chi_m = -1$이면, $\mathbf{B} = 0$이다); (ii) $\chi_{m2} = 500$으로 적당한 강자성.

20-20 물질이 균질이 아닐 때 (20-59), (20-60)과 유사한 표현식을 구하고, 자유전류밀도가 없을 때에도 자화전류밀도는 존재할 수 있음을 보여라. 마찬가지로, 이 경우에 자하의 체적밀도에 대한 표현식을 구하라.

20-21 반지름이 a이고 상대투자율이 κ_m인 구가, 이전에는 균일하였던 자기장 $\mathbf{H}_0 = H_0\hat{\mathbf{z}}$에 놓여 있다. 모든 곳에서의 $\mathbf{H}$를 구하라.

20-22 반지름이 a와 b인 어느 구 껍질의 상대투자율은 $a \leq r \leq b$의 구간에서 χ_m이다. 다른 모든 곳은 진공이다. 이것을 이전에는 균일하였던 자기장 $\mathbf{H}_0 = H_0\hat{\mathbf{z}}$에 놓았다. 구 안 공동에서의 자기장을 H_i라고 할 때 H_i/H_0으로 정의 되는 "차폐인자"는 $9\kappa_m[(\kappa_m + 2)(2\kappa_m + 1) - 2(\kappa_m - 1)^2(a/b)^3]^{-1}$로 주어짐을 보여라.

20-23 매우 긴 직선전류 I가 반무한 l.i.h. 자기 물질의 평면에 평행이며, 거리 d 만큼 떨어져 있다. 진공 영역에서의 자기장은, 이 전류와, 물질의 안쪽으로 d 만큼 들어간 곳에 위치한 영상전류 I'의 합성으로써 구할 수 있음을 보여라. I와 같은 위치에 다른 전류 I''이 있다면, 물질 안에서의 $\mathbf{H}$를 바르게 나타내게 될 텐데, 이 전류 I''을 구하라. I와 물질 사이의 단위길이당 힘은 얼마인가? 이 힘은 인력인가 척력인가?

20-24 동축선에 관해 논의할 때, 안쪽 도체 (1 영역)은 자성이 없다고 가정 했었다. 만일 이것이 반자성으로 $\chi_{md} < 0$의 감수율을 가지고 있고 다른 모든 것은 그대로라 하자. 1 영역의 모든 곳에서 $\mathbf{H}$, $\mathbf{B}$, $\mathbf{M}$, $\mathbf{J}_m$를 구하고 그래프로 그려라. $\rho = a$에서 적절한 경계조건이 만족됨을 증명하라.

20-25 20-5절의 끝 부분에서 논의했던 것과 같은 동축선을 고려해보되, 도체 사이의 2 영역이 비균질의 물질로 채워져 있다고 하자. 이 물질은 $\kappa_m = \kappa(\rho/a)$이고, κ는 상수이다. 이 영역에서의 $\mathbf{H}$, $\mathbf{B}$를 구하고, 이 영역의 길이 l이 자체인덕턴스에 주는 기여 L_2도 구하여라.

20-26 20-5절의 끝 부분에서 논의했던 것과 같은 동축선을 고려해보되, 도체사이의 2 영역이 다음과 같은 두 가지의 l.i.h. 물질로 채워져 있다고 하자. $a < \rho < c$에서는 투자율이 κ_{m1}이고, $c < \rho < b$에서는 κ_{m2}이다. 이 영역의 길이 l이 자체인덕턴스에 주는 기여 L_2를 구하여라.

20-27 질량밀도가 d인 상자성 액체가 U자 모양의 관에 채워져 있다. 이 관의 단면은 반지름이 a인 원이다. 이 U자 관의 한 쪽 팔에 $\mathbf{H}_0$의 장이 걸려있을 때, 이 액체는 $\mathbf{H}_0 \neq 0$인 영역 쪽으로 h만큼 올라간다고 알려져 있다. $\chi_m \ll 1$이라고 가정하고, 모든 테두리효과는 무시하여, 감수율에 관한 표현식을 구하라.

20-28 매우 긴 직선 도선에 전류 I가 흐르고 있다. 이 도선에 평행인 다른 긴 도선이 있는데, 이것의 단면은 반지름이 a인 원이고 상대투자율은 κ_m이며, 첫 번째 도선과는 b만큼 떨어져 있다. $b \gg a$이다. 이들 사이의 단위길이당 힘이 근사적으로 $(\kappa_m - 1)\mu_0 a^2 I^2 / 2(\kappa_m + 1)\pi b^3$로 주어짐을 보여라.

20-29 어느 전자석이 토로이드 모양으로 제작되었는데, 단면은 직사각형이다. 이 단면의 폭은 2 cm이고 안쪽 반지름은 7 cm, 바깥쪽 반지름은 8cm이다. 코일의 감은 수는

1000이고 철심에는 0.25 mm 길이의 틈이 나 있다. 고리에 만들어진 선속이 2.60 × 10^{-4} Wb일 때, 철심의 투자율은 $4250\mu_0$이다. 다음을 구하라: 자기유도; 자기저항; 도선에 흐르는 전류; 틈에서의 자기장과 철심에서의 자기장; 틈을 "가로지르는" 총 기자력의 분수값.

20-30 토로이드 자기회로에 저장되는 에너지는 $\frac{1}{2}\mathscr{R}\Phi^2$의 형태로 쓰일 수 있음을 보여라.

20-31 전자석의 틈을 구성하는 한 면이 다른 면 쪽으로 인력을 받을 때 주어지는 힘에 관한 표현식을 구하라. 연습문제 20-29 경우의 수치로 이 힘을 계산하라. 그리고는 단위면적당의 이 힘을 기압으로 나타내보아라.

20-32 20-6절의 마지막 예제 바로 앞에서 지적한 바에 의하면, 자기물질에 작용하는 힘은 구속된 자화전류에 미치는 자기력에 기인한다 할 수 있다. 그러므로 그림 20-18의 투자성 막대에 작용하는 힘이 z 방향이라는 것은 이상한 일이다. 왜냐하면 자기장과 유도자화 모두 균일하며 이 방향에 있다고 가정했었기 때문이다. 이 가정대로라면 자기력은 솔레노이드 축에 수직일 것이다. 알짜 힘의 기원은 바로 우리가 무시한 것에서 찾을 수 있다. "모서리효과", 혹은 그림 18-3에 그려놓은 실제적인 자기유도선의 곡률이 바로 그것이다. 곡선모양의 장선이 만드는 구속 면전류에 작용하는 알짜 힘은 정말로 z 방향이라 사실을 정성적으로 보이고, 이 힘의 부호는 에너지를 고려하여 구한 (20-94)의 부호와 일치함도 보여라.

제 21 장 Maxwell 방정식

17장 시작 부분에서 요약한 이래로 Faraday 법칙을 추가하였고, 물질의 자기적 효과를 포함시킨 결과 **H**를 정의하기에 이르렀다. 그러므로 현재로써는 전반적인 결과를 (10-41), (16-3), (17-30), (20-29)로 주어지는

$$\nabla \cdot \mathbf{D} = \rho_f \qquad \nabla \cdot \mathbf{B} = 0$$
$$\nabla \times \mathbf{E} = -\frac{\partial \mathbf{B}}{\partial t} \qquad \nabla \times \mathbf{H} = \mathbf{J}_f \tag{21-1}$$

로 요약할 수 있다. 이들 장 벡터는 (10-40)과 (20-28)을 통하여 서로 관련이 있고 물질과도 연관된다: $\mathbf{D} = \epsilon_0\mathbf{E} + \mathbf{P}$, $\mathbf{H} = (\mathbf{B}/\mu_0) - \mathbf{M}$. 여기에 덧붙여, 자유전하의 보존을 설명해주는 연속방적식

$$\nabla \cdot \mathbf{J}_f + \frac{\partial \rho_f}{\partial t} = 0 \tag{21-2}$$

도 있다. 이전에 지적하였듯이, 이들 방정식은 장들이 시간에 따라 변하더라도 여전히 유효하다. 비록 시간에 무관한(Faraday 법칙은 예외로) 상황을 기술하는 원격작용의 법칙으로부터 이들 방정식을 얻기는 했어도, 이들은 유효하다.

Maxwell이 전자기 이론에 끼친 위대한 공헌은, (21-1)식 중 두 개는 (21-2)로 기술되는 전하보존과 모순된다는 점을 처음으로 지적한 것이었고, 그 다음에는 또 다른 "전류"를 도입함으로 이 모순 상황을 풀 수 있다는 점을 입증한 것이었다.

21-1 변위전류

(1-49)에서 나타내었듯이, 어느 벡터의 커얼의 다이버전스는 항상 영이다. (21-1)에 있는 **H**의 커얼에 다이버전스를 계산하면서 (21-2)를 사용하면

$$\nabla \cdot (\nabla \times \mathbf{H}) = \nabla \cdot \mathbf{J}_f = -\frac{\partial \rho_f}{\partial t} \tag{21-3}$$

을 얻는다. 일반적으로 $(\partial \rho_f/\partial t) \neq 0$으로 예상되므로, (21-3)과 (1-49)의 필요조건 사이에는 근본적인 모순이 있다.

이러한 상황을 바로잡기 위해서, Maxwell은 사실상 $\nabla \times \mathbf{H}$방정식이 아직은 옳지 않다고 가정하였고, 그 식에는 다른 "전류밀도"가 있어야 한다고 했다. 즉, 이 방정식은 실제로

$$\nabla \times \mathbf{H} = \mathbf{J}_f + \mathbf{J}_d \tag{21-4}$$

의 형태이어야 한다고 가정한다. 여기서 $\mathbf{J}_d$는 부가적으로 필요한 항이다. 우리의 목표는 $\mathbf{J}_d$를 구하는 것이다.

(21-4)를 (1-49)에 대입하고, (21-2) 및 $\nabla \cdot \mathbf{D} = \rho_f$를 사용하면,

$$\nabla \cdot (\nabla \times \mathbf{H}) = 0 = \nabla \cdot \mathbf{J}_f + \nabla \cdot \mathbf{J}_d = -\frac{\partial \rho_f}{\partial t} + \nabla \cdot \mathbf{J}_d = -\frac{\partial}{\partial t}\nabla \cdot \mathbf{D} + \nabla \cdot \mathbf{J}_d$$

를 얻고, 편미분의 순서를 바꿀 수 있기 때문에

$$\nabla \cdot \left(\mathbf{J}_d - \frac{\partial \mathbf{D}}{\partial t}\right) = 0 \tag{21-5}$$

이다. 그러므로 $\mathbf{J}_d$는 어찌되었든 간에 (21-5)를 만족해야 한다. 물론 가장 간단한 가정은 괄호 안에 있는 항을 영으로 놓는 것이다. 따라서 Maxwell은

$$\mathbf{J}_d = \frac{\partial \mathbf{D}}{\partial t} \tag{21-6}$$

라고 가정하였고, 그래서 (21-4)를

$$\nabla \times \mathbf{H} = \mathbf{J}_f + \frac{\partial \mathbf{D}}{\partial t} \tag{21-7}$$

로도 쓸 수 있고, 이제 (21-2)와 완벽하게 일치한다. 또한 (21-5)는 일반적으로 $\mathbf{J}_d = (\partial \mathbf{D}/\partial t) + \nabla \times \mathbf{G}$라고 쓰더라도 만족될 수 있다. 여기서 $\mathbf{G}$는 임의의 벡터이다. 그러나 아직까지 이렇게 해야 할 필요가 있다고는 알려져 있지 않고, 이 부가적인 항을 가지고 다니는 것은 필요도 없이 복잡하기만 할 뿐이다.

이 새로운 전류밀도 $\mathbf{J}_d$는 Maxwell에 의해 **변위전류** *displacement current*라 불리게 되었다. 이것은 중요한 결과를 초래하며, 실험 결과와 일치하려면 꼭 필요한 것이다. 또한 24장에서 알게 되겠지만 전자기파가 존재하려면 필수적인 것이다.

$\nabla \times \mathbf{H}$의 형태가 변했기 때문에, 이것에 의존하는 일반적인 결과에 어떻게 영향을 미칠지 조사해보아야겠다. 우선 $\mathbf{H}$에 관한 Ampère 법칙의 적분형은 (21-7)과 (1-67)의 Stokes 정리를 결합하여

$$\begin{aligned}\oint_C \mathbf{H} \cdot d\mathbf{s} &= \int_S (\mathbf{J}_f + \mathbf{J}_d) \cdot d\mathbf{a} = \int_S \mathbf{J}_f \cdot d\mathbf{a} + \int_S \frac{\partial \mathbf{D}}{\partial t} \cdot d\mathbf{a} \\ &= I_{f,\mathrm{enc}} + I_{d,\mathrm{enc}}\end{aligned} \tag{21-8}$$

가 된다. 여기서 $I_{d,\mathrm{enc}}$는 적분경로가 감싸는 총 변위전류이다. $\mathbf{D}$가 일정할 때, $\partial \mathbf{D}/\partial t = 0$이고 (21-8)은 이전의 표현식 (20-32)가 된다.

$\nabla \times \mathbf{H}$에 의존하는 또 다른 중요한 결과는 불연속면에서 $\mathbf{H}$의 접선성분에 관한 경계조건이다. (21-7)을 일반식 (9-13)에 넣으면

$$\hat{\mathbf{n}} \times (\mathbf{H}_2 - \mathbf{H}_1) = \lim_{h \to 0} \left[h \left(\mathbf{J}_f + \frac{\partial \mathbf{D}}{\partial t} \right) \right] \tag{21-9}$$

를 얻는다. 앞에서와 같이 자유전류에 대한 (15-14)와 비슷한 식을 사용하여 $\lim_{h \to 0}(h\mathbf{J}_f) = \mathbf{K}_f$를 얻을 수 있다. 특히, (17-13)에 앞서 했던 것과 똑같이, 전이층의 두께가 영으로 줄어들어감에 따라 $\partial \mathbf{D}/\partial t$는 유한한 값에 머물러있을 것으로 예상되며, 그래서 $h \to 0$에 따라 $h(\partial \mathbf{D}/\partial t) \to 0$이고 (21-9)는 $\hat{\mathbf{n}} \times (\mathbf{H}_2 - \mathbf{H}_1) = \mathbf{K}_f$가 될 것이다. 이것은 (20-30)과 똑같다. 그러므로 변위전류를 도입했다고 하여 경계조건이 변하지는 않았고, **H**의 접선성분은 자유 표면 전류가 존재할 경우에만 바뀔 것이다.

예제

축전기의 대전. 그림 21-1은 반지름 a의 원형 극판을 가지고 있는 평행판 축전기의 옆모습을 보여주고 있다. 문제를 간단히 하기 위해 극판 사이는 진공이라고 가정하고, 평소대로 극판 사이의 간격은 반지름과 비교하여 매우 좁아서 전기장 **E**는 균일하며 극판 사이의 공간에 가두어져 있다고 하겠다. 전기장은 (6-4)에 의해 주어지고 $\mathbf{E} = (\sigma_f/\epsilon_0)\hat{\mathbf{z}} = (q/\epsilon_0 \pi a^2)\hat{\mathbf{z}}$이며, 면밀도 σ_f, 총 전하량 q, 극판 면적 πa^2으로 나타내어져 있다. 그래서 극판 사이 영역에서

$$\mathbf{D} = \epsilon_0 \mathbf{E} = \frac{q}{\pi a^2}\hat{\mathbf{z}} \tag{21-10}$$

이다.

이 결과는 전하량이 상수이며 극판면에 균일하게 분포하여 있는 정전기적 경우에 해당된다. 그런데 이번에는 축전기가 dq/dt의 일정한 율로 대전되고 있다고 가정해보자. 그림에 나타낸 대로 z축에 놓인 가늘고도 긴 도선에 $I = dq/dt$의 전류를 흘려보낸다고 생각하면 이렇게 대전시킬 수 있다. 그러나 우리는 이 경우에도, 전하가 여전히 극판에 균일하게 분포하여 (21-10)을 계속 사용할 수 있는 것처럼 이 문제를 다루고자 한다. 즉, 전하는 본질적으로 극판면에 즉각적으로 분포한다고 가정하겠다. 이것이 실제적으로 의미하

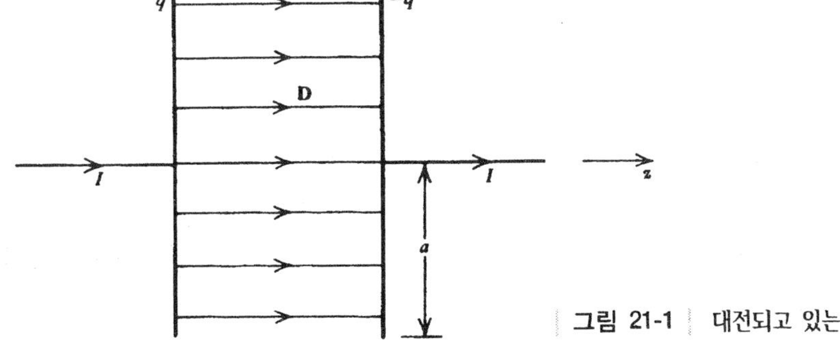

그림 21-1 대전되고 있는 평행판 축전기의 옆모습.

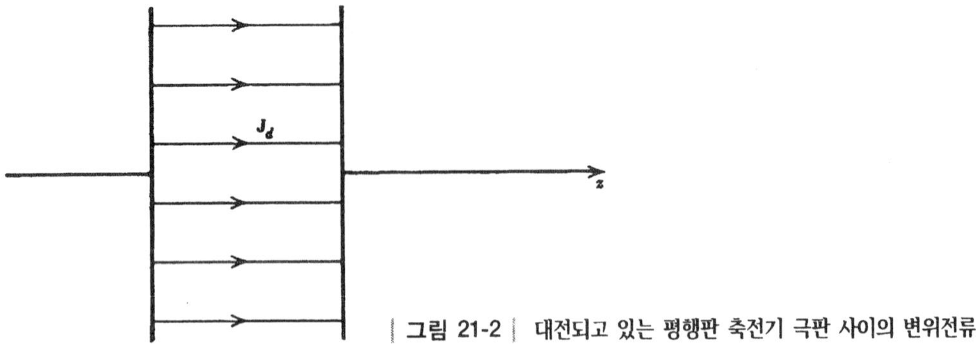

| 그림 21-2 | 대전되고 있는 평행판 축전기 극판 사이의 변위전류.

는 바는, 축전기는 낮은 율로 대전되어, 겨우 분간할 수 있을 정도의 전하량이, 12-6절에서 논의된 이완시간과 비교할 때, 긴 시간에 걸쳐 극판에 첨가된다는 것이다. 좋은 도체의 경우 이완시간은 10^{-14}s 정도로 짧을 수 있다고 하였으므로, I가 아주 작아서 전하분포는 항상 정전기적 평형 상태의 분포와 거의 같다고 가정하는 데는 어려움이 없을 것이다. 즉, 우리는 준정적과정으로 다루고 있는 것이다.

q는 일정하지 않기 때문에, (21-6)과 (21-10)으로부터 얻는 변위전류는

$$\mathbf{J}_d = \frac{\partial \mathbf{D}}{\partial t} = \frac{I}{\pi a^2}\hat{\mathbf{z}} \tag{21-11}$$

이다. 그러므로 그림 21-2에 보인 것처럼 극판 사이에는 균일한 전류밀도의 등가량이 존재한다. 여기서 우리는 "등가"라는 어휘를 사용하였는데, 극판 사이의 진공 영역에서 실제의 전하가 옮겨가는 것이 아니기 때문이다. 그러나 (21-7)에 의해 자기장의 원천 항으로는 존재한다. (21-11)과 (12-6)으로부터 극판 사이의 총 "전류"는

$$I_d = \int_S \mathbf{J}_d \cdot d\mathbf{a} = \int_S \frac{I}{\pi a^2}\hat{\mathbf{z}} \cdot d\mathbf{a} = I \tag{21-12}$$

이고, 이것은 축전기로 옮겨지는 실제 전류의 총량과 같기 때문에, 수치적으로 등가이다.

(21-8)을 사용하여 $\mathbf{H}$를 계산할 수 있다. 극판은 원형이라 하고, 전류는 z축을 따라 흐른다고 하면, z축에 대하여 축대칭이 있으므로, $\mathbf{H}$는 $\mathbf{H} = H_\varphi(\rho)\hat{\boldsymbol{\varphi}}$의 형태를 가질 것이다. 그러므로 축에 중심을 두고 축에 수직인 반지름 ρ의 원을 적분경로로 잡으면, (21-8)의 선적분은 보통 대로 $H_\varphi 2\pi\rho$가 되고

$$H_\varphi(\rho) = \frac{I_{f,\text{enc}} + I_{d,\text{enc}}}{2\pi\rho} \tag{21-13}$$

가 될 것이다. 여기서 그림 21-3에 보인 것처럼 공간을 네 영역으로 나누면 좋을 것 같다. 1 영역은 축전기 극판 사이의 공간이며, 2 영역은 극판과 일치하는 두 평행면에 의해 둘러싸인 공간의 남은 부분이다. 3과 4 영역은 공간의 나머지 부분이며 그 곳에서 I는 영이 아니다.

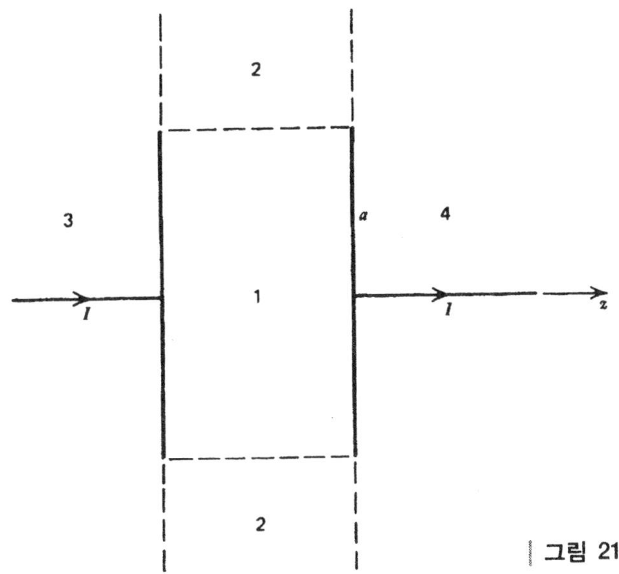

| 그림 21-3 | 자기장을 계산하는 데 사용되는 영역.

3과 4 영역에서 $I_{d,\,\mathrm{enc}} = 0$이나 $I_{f,\,\mathrm{enc}} = I$로

$$H_{\varphi 3}(\rho) = H_{\varphi 4}(\rho) = \frac{I}{2\pi\rho} \qquad \text{(21-14)}$$

를 얻는다. 2 영역에 있는 경로에 대해서는 (21-12)에 의해 $I_{d,\mathrm{enc}} = I_d = I$이나 $I_{f,\,\mathrm{enc}} = 0$이므로

$$H_{\varphi 2}(\rho) = \frac{I}{2\pi\rho} \qquad (\rho > a) \qquad \text{(21-15)}$$

이다. (21-14)와 (21-15)는 똑같아 보이지만, 실제전류와 변위전류라는 서로 다른 원천을 사용하여 구하였다. 끝으로 $\rho \le a$인 1 영역에 대해서는 $I_{f,\,\mathrm{enc}} = 0$이고 $I_{d,\,\mathrm{enc}}/I_d = I_{d,\,\mathrm{enc}}/I = \pi\rho^2/\pi a^2 = \rho^2/a^2$이므로 (21-13)은 또 다른 익숙해 보이는 표현식

$$H_{\varphi 1}(\rho) = \frac{I_d\rho}{2\pi a^2} = \frac{I\rho}{2\pi a^2} \qquad (\rho \le a) \qquad \text{(21-16)}$$

이 된다.

우선 $\rho > a$의 값을 생각해보면 위의 결과로부터, 3에서 2 영역으로, 그리고는 2에서 4 영역으로 가면서, **H**의 접선성분은 연속임을 알 수 있는데, 이것은 이 가상의 경계에는 자유전류가 없기 때문에 (20-31)로부터 예상하던대로이다. 한편, 이 축대칭의 경우에 대한 이 특별한 계산에 변위전류를 포함시키지 않았다면, 2 영역에서는 (그리고 1 에서도) $\mathbf{H} = 0$이라고 했을 것이다. 그랬다면, 3 영역과 실제전류가 존재하지 않는 2 영역 사이의 경계를 지나면서 **H**의 접선성분에 불연속이 있다고 했을 것인데, 이것은 우리가 경험하고 예상하는 모든 것과 직접적으로 모순이 된다. Maxwell도 이 문제를 고려했었고, 이와 같은

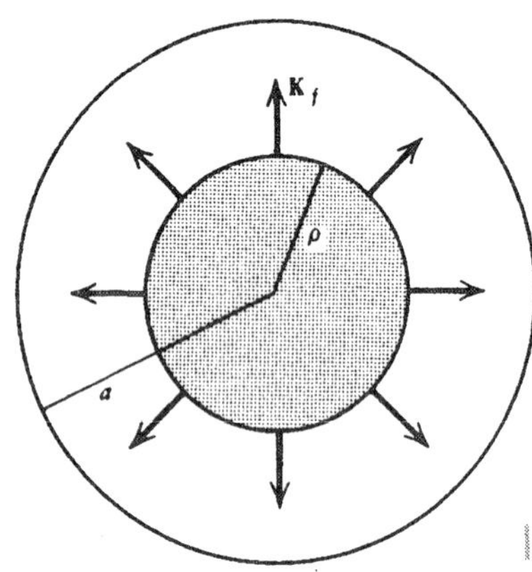

그림 21-4 대전되고 있는 축전기의 극판에서 면전류밀도의 계산.

논거를 통해서 변위전류 존재의 필요성을 믿게 되었다.

이제 $\rho < a$의 값을 생각해보면, 3에서 1 영역으로 가면서 **H**의 접선성분은 불연속이다. 그리고 (21-16)과 (21-14)로부터, 그 차는

$$\mathbf{H}_1 - \mathbf{H}_3 = \frac{I}{2\pi\rho}\left(\frac{\rho^2}{a^2} - 1\right)\hat{\boldsymbol{\varphi}} \tag{21-17}$$

이고, (20-31)에 따라 이것은 $\mathbf{K}_f \times \hat{\mathbf{n}}$과 같아야 한다. 이 경우에는 $\mathbf{K}_f \times \hat{\mathbf{n}}_{3\to1} = \mathbf{K}_f \times \hat{\mathbf{z}}$이다. 이것을 입증하려면, $\mathbf{K}_f$를 알아야 하고, 이것은 그림 21-4의 도움으로 구할 수 있다. Δt의 시간 동안 $\Delta q = I\Delta t$의 전하가 극판으로 옮겨진다. 우리의 가정에 의하면 이 전하는 극판에 "즉시적으로" 그리고 균일하게 퍼진다. 대칭성에 의해 $\mathbf{K}_f$는 반지름 방향임에 틀림없고, 그러므로 $\mathbf{K}_f = K_f(\rho)\hat{\boldsymbol{\rho}}$의 형태를 갖는다. 그림에 보인 것처럼, 반지름 ρ인 원을 통과하는 면전류는 음영 칠한 원의 바깥 극판의 나머지 부분으로 전하를 퍼뜨릴 것이다. 그러므로 Δt 동안, 이 원을 지나가는 총 전하량은 그림 12-5a로부터 구하듯이

$$\int K_f\, ds\, \Delta t = K_f\, \Delta t\, 2\pi\rho = \Delta\sigma_f\left(\pi a^2 - \pi\rho^2\right)$$
$$= \frac{\Delta q}{\pi a^2}\left(\pi a^2 - \pi\rho^2\right) = I\,\Delta t\left(1 - \frac{\rho^2}{a^2}\right)$$

이며, 그러므로 $K_f = (I/2\pi\rho)[1 - (\rho^2/a^2)]$이고, 그래서

$$\mathbf{K}_f = K_f(\rho)\hat{\boldsymbol{\rho}} = \frac{I}{2\pi\rho}\left(1 - \frac{\rho^2}{a^2}\right)\hat{\boldsymbol{\rho}} \tag{21-18}$$

이다. (1-76)을 사용하여 $\mathbf{K}_f \times \hat{\mathbf{z}} = K_f\hat{\boldsymbol{\rho}} \times \hat{\mathbf{z}} = -K_f\hat{\boldsymbol{\varphi}} = (I/2\pi\rho)[(\rho^2/a^2) - 1]\hat{\boldsymbol{\varphi}}$를 구하게 되고, 이것은 바로 (21-17)의 우변이다. 그래서 경계조건은 정확하게 만족되었고, **H**의 원천으로써 변위전류를 포함시키지 못했더라면 이렇게 되지 않았으리라는 점을 다시 한 번 강조해 둔다.

$\mathbf{J}_f = 0$이면, $\nabla \times \mathbf{H} = \partial\mathbf{D}/\partial t$이고 여전히 $\mathbf{H}$의 원천은 있을 수 있다. 이 형태로 보면, 이 식과 (21-1)로 주어진 Faraday 법칙 사이에는 모종의 유사성이 있다. 이것을 다소 있는 그대로 말하면 다음과 같다: Faraday 법칙은 변화하는 자기장벡터에 의해 만들어지는 전기장을 기술하며, (21-7)은 변화하는 전기장벡터로부터 만들어지는 자기장을 기술하고 있다.

21-2 Maxwell 방정식의 일반적인 형태

드디어 여기에 이르러서, 전자기학을 거시적으로 기술하는 오늘날의 학문분야가 완성되었고, (21-1)식을 (21-7)로 확장하여 다음과 같이 요약할 수 있다.

$$\nabla \cdot \mathbf{D} = \rho_f \tag{21-19}$$

$$\nabla \times \mathbf{E} = -\frac{\partial \mathbf{B}}{\partial t} \tag{21-20}$$

$$\nabla \cdot \mathbf{B} = 0 \tag{21-21}$$

$$\nabla \times \mathbf{H} = \mathbf{J}_f + \frac{\partial \mathbf{D}}{\partial t} \tag{21-22}$$

이들 식은 Maxwell 방정식이라 알려져 있고, 이들은 항상 성립한다고 가정하겠다. [(21-20)과 (21-22)는 각각 세 성분을 가지고 있으므로, 이들은 실제로 모두 여덟 개의 스칼라식에 해당된다.]

이들 식의 물리적인 내용을 깨닫는 것은 가치 있는 일이다. 21-19식은 점전하들 사이의 힘에 관한 Coulomb 법칙과 물질의 전기적인 효과를 요약해 놓은 것이고, (21-20)은 Faraday 유도법칙을 나타내고 있는데, 이것은 정적 장에 관한 Coulomb 법칙과도 부합한다. 세 번째 식인 (21-21)은 전류 사이의 힘에 관한 Ampère 법칙의 결과이며, 또한 자유 자하는 존재하지 않는다는 사실을 반영한다. 마지막의 (21-22)는 전류 사이의 힘에 관한 Ampère 법칙에다 물질의 자기적 효과와 또한 자유 전하의 보존도 포함하고 있다. 전하보존에 관한 효과는 연속방정식 (21-2)가 (21-22), (21-19), (1-49)로부터 유도될 수 있다는 사실에 따른 것으로, 더 이상 따로 분리해서 쓸 필요가 없다.

이들 원천 미분방정식들은 물론 (10-40)과 (20-28)의 정의식으로 보충해 주어야한다. 이들 정의식은 장 벡터들의 쌍을 연결지워주며, 물질을 기술하기 위해 쌍극자모멘트의 해당 체적 밀도를 사용한다:

$$\mathbf{D} = \epsilon_0 \mathbf{E} + \mathbf{P} \tag{21-23}$$

$$\mathbf{H} = \frac{\mathbf{B}}{\mu_0} - \mathbf{M} \tag{21-24}$$

불연속면에서의 경계조건은 Maxwell 방정식과 9장의 일반적인 결과로부터 언제라도 구할 수 있지만, 여기에 따로 정리해 놓는 것이 유용하고도 편리하겠다. 이들은 (10-42), (9-16)과

(17-13), (16-4), (20-30)과 (20-31)로 주어진다:

$$\hat{\mathbf{n}} \cdot (\mathbf{D}_2 - \mathbf{D}_1) = \sigma_f \tag{21-25}$$

$$\hat{\mathbf{n}} \times (\mathbf{E}_2 - \mathbf{E}_1) = 0 \quad \text{or} \quad \mathbf{E}_{2t} = \mathbf{E}_{1t} \tag{21-26}$$

$$\hat{\mathbf{n}} \cdot (\mathbf{B}_2 - \mathbf{B}_1) = 0 \tag{21-27}$$

$$\hat{\mathbf{n}} \times (\mathbf{H}_2 - \mathbf{H}_1) = \mathbf{K}_f \quad \text{or} \quad \mathbf{H}_{2t} - \mathbf{H}_{1t} = \mathbf{K}_f \times \hat{\mathbf{n}} \tag{21-28}$$

이들 식에서 $\hat{\mathbf{n}}$은 항상 1 영역으로부터 2 영역으로 그려진다는 사실을 기억해두어라. (많은 책에서는, 특히 고급 책에서, 자유 전하나 자유 전류를 나타내는 첨자 f를 생략한다. 그래서 독자들은 첨자가 없더라도 이것이 의미하는 바를 기억해둘 필요가 있다. 보통 이들 모든 식에서 ρ, $\mathbf{J}$, σ, $\mathbf{K}$로 쓴다. 그러나 편의상 우리는 이렇게 생략하지 않고 첨자를 계속 붙여서 사용하도록 하겠다.)

이들 방정식은 모두 장 벡터의 거동을 기술하고 있다. 장과, 장이 하전입자에 미치는 영향 사이의 기본적인 관련성은 (14-32)로 주어지는 점전하 q에 작용하는 Lorentz 힘으로 나타내어진다:

$$\mathbf{F} = q(\mathbf{E} + \mathbf{v} \times \mathbf{B}) \tag{21-29}$$

여기서 $\mathbf{v}$는 전하의 속도이다.

보통 Maxwell 방정식을 두 개의 벡터—하나는 전기, 다른 하나는 자기—만으로 표현하는 것이 편리할 때가 있다. 예를 들어, (21-23)과 (21-24)를 사용하여, (21-19)부터 (21-22)까지에서 **D**와 **H**를 소거하여, Maxwell 방정식을 **E**와 **B**만으로 나타낸다:

$$\nabla \cdot \mathbf{E} = \frac{1}{\epsilon_0}(\rho_f - \nabla \cdot \mathbf{P}) \tag{21-30}$$

$$\nabla \times \mathbf{E} = -\frac{\partial \mathbf{B}}{\partial t} \tag{21-31}$$

$$\nabla \cdot \mathbf{B} = 0 \tag{21-32}$$

$$\nabla \times \mathbf{B} = \mu_0\left(\mathbf{J}_f + \nabla \times \mathbf{M} + \epsilon_0 \frac{\partial \mathbf{E}}{\partial t} + \frac{\partial \mathbf{P}}{\partial t}\right) \tag{21-33}$$

이들 중 두 개는 이전 것과 다르지 않지만, 다른 두 개는 물질의 특성이 분명히 나타나 있기 때문에 이전처럼 압축되어 나타나 있지 않다. 그럼에도 불구하고, 이들은 쉽게 이해할 수 있는 형태로 되어 있다. (21-30)의 괄호 안에 있는 항은 분명 총 전하밀도인데, (10-38)에서 볼 수 있는 것처럼 자유전하밀도와 구속전하밀도의 합으로 쓰여 있다. 마찬가지로, (21-33)의 괄호 안에 있는 항은 총 전류밀도 $\mathbf{J}_{\text{총}}$을 나타내고 있다. 처음 두 항은 자유전류밀도와 (20-10)의 자화전류밀도를 나타내고 있다. 나중 둘은 함께 변위전류밀도인데, 보는 바와 같이 두 가지 기여로 되어 있다: $\epsilon_0(\partial\mathbf{E}/\partial t)$는 물질이 없더라도 존재하는데 보통 **진공 변위전류밀도**라 부르고, $\partial\mathbf{P}/\partial t$는 (12-18)의 앞에서 본 것으로 구속전하의 운동과 관련된 분극전류밀도이다. **P**와 **M**이 영구분극과 영구자화를 나타내는 것이 아니라면, 이들 방정식은 추가적인 **E**와 **B**의 의존성을 가지게 된다. 즉 $\mathbf{P} = \mathbf{P}(\mathbf{E})$와 $\mathbf{M} = \mathbf{M}(\mathbf{B})$의 가능성은 여전히 남아 있게 되고, 이들의 함수 관계가 알려지기 전까지는 이들 방정식의 사용에는 제한이 있게 된다.

경계조건도 모두 **E**와 **B**로 표현할 수 있고, 그 형태를 바꾸어

$$\hat{\mathbf{n}} \cdot (\mathbf{E}_2 - \mathbf{E}_1) = \frac{1}{\epsilon_0}\left[\sigma_f - \hat{\mathbf{n}} \cdot (\mathbf{P}_2 - \mathbf{P}_1)\right] \tag{21-34}$$

$$\hat{\mathbf{n}} \times (\mathbf{B}_2 - \mathbf{B}_1) = \mu_0\left[\mathbf{K}_f + \hat{\mathbf{n}} \times (\mathbf{M}_2 - \mathbf{M}_1)\right] \tag{21-35}$$

이 되고, 이전의 결과 (10-12), (20-12)와 일치한다.

비슷한 방식으로, 기본 방정식들은 원한다면 (**E**, **H**), (**D**, **B**), (**D**, **H**)의 쌍으로 쓸 수 있고, 이 때 나타나게 되는 항들은 같은 방식으로 설명할 수 있다.

Maxwell 방정식의 소위 적분형은 (1-59)의 다이버전스 정리와 (1-67)의 Stokes 정리를 (21-19) 내지 (21-22)와 결합하여 얻게 되는데, 그 결과는

$$\oint_S \mathbf{D} \cdot d\mathbf{a} = \int_V \rho_f \, d\tau \tag{21-36}$$

$$\oint_C \mathbf{E} \cdot d\mathbf{s} = -\int_S \frac{\partial \mathbf{B}}{\partial t} \cdot d\mathbf{a} \tag{21-37}$$

$$\oint_S \mathbf{B} \cdot d\mathbf{a} = 0 \tag{21-38}$$

$$\oint_C \mathbf{H} \cdot d\mathbf{s} = \int_S \mathbf{J}_f \cdot d\mathbf{a} + \int_S \frac{\partial \mathbf{D}}{\partial t} \cdot d\mathbf{a} \tag{21-39}$$

이다.

조금만 살펴보면 이전의 여러 곳에서 구했던 일반적인 모든 결과들은, 여기에 요약한 방정식들로부터 구할 수 있다는 점을 믿게 될 것이다. 이럴 때는 보통 우리가 원래 구했던 방식과는 반대되는 방향으로 접근하게 된다.

끝으로, Maxwell 방정식이 선형미분방정식이라는 점을 강조하고 싶다. 따라서 이들 방정식의 해로써 두 개 이상의 전자기장이 알려져 있다면, 이들 장의 합도 해가 될 것이다. 이것을 보통 전자기장의 중첩특성이라 부르거나, 중첩원리 *superposition principle*이라 한다.

21-3 선형 등방성 균질의 매질에 대한 Maxwell 방정식

선형 등방성 균질의 매질을 다룰 때 중요하고도 특별하며 간단한 경우를 보게 된다. 매질의 모든 성질을 다루면서 그 물질이 l.i.h.인 경우에만 국한하기로 한다. 그러면 (10-51)과 (20-53)의 구성방정식을 사용하여

$$\mathbf{D} = \epsilon \mathbf{E} \qquad \mathbf{B} = \mu \mathbf{H} \tag{21-40}$$

라고 쓸 수 있다. 또, 자유전류는 (12-25)로 주어져 $\mathbf{J}_f = \sigma \mathbf{E}$일 것이다. 물리량 ϵ, μ, σ는 스칼

라량이고 물질의 특성값이다. 그런데 물질의 전도도에 의한 전류 말고도 다른 자유전류가 발생할 수 있다. 예를 들어, 물질에는 외부 원천으로부터 입사한 하전입자의 빔이 있을 수 있다. 그러므로 전도도 이외의 원천으로부터 생기는 자유전류밀도를 $\mathbf{J}_f'$이라 한다면, 이것을 $\sigma\mathbf{E}$에 더하여 총 자유전류로

$$\mathbf{J}_f = \sigma\mathbf{E} + \mathbf{J}_f' \tag{21-41}$$

라고 쓸 수 있다. (21-41)은 명심하여야 할 일반적인 가능성을 나타내고는 있지만, 실제로 응용할 때는 거의 필요로 하지 않는다. 그렇더라도 완벽하게 기술하기 위하여 $\mathbf{J}_f'$를 계속 포함시키도록 하겠다.

이들 표현식을 (21-19)부터 (21-22)까지에 넣으면, **E**와 **B**만으로 표현할 수 있고,

$$\nabla \cdot \mathbf{E} = \frac{\rho_f}{\epsilon} \tag{21-42}$$

$$\nabla \times \mathbf{E} = -\frac{\partial \mathbf{B}}{\partial t} \tag{21-43}$$

$$\nabla \cdot \mathbf{B} = 0 \tag{21-44}$$

$$\nabla \times \mathbf{B} = \mu\sigma\mathbf{E} + \mu\mathbf{J}_f' + \mu\epsilon\frac{\partial \mathbf{E}}{\partial t} \tag{21-45}$$

가 된다. 여기에 해당되는 경계조건으로 형태가 바뀌는 것만 써보면

$$\hat{\mathbf{n}} \cdot (\epsilon_2\mathbf{E}_2 - \epsilon_1\mathbf{E}_1) = \sigma_f \tag{21-46}$$

$$\frac{\mathbf{B}_{2t}}{\mu_2} - \frac{\mathbf{B}_{1t}}{\mu_1} = \mathbf{K}_f \times \hat{\mathbf{n}} \tag{21-47}$$

이 된다.

마찬가지로 방정식들을 **E**와 **H**만으로 표현해보면

$$\nabla \cdot \mathbf{E} = \frac{\rho_f}{\epsilon} \tag{21-48}$$

$$\nabla \times \mathbf{E} = -\mu\frac{\partial \mathbf{H}}{\partial t} \tag{21-49}$$

$$\nabla \cdot \mathbf{H} = 0 \tag{21-50}$$

$$\nabla \times \mathbf{H} = \sigma\mathbf{E} + \mathbf{J}_f' + \epsilon\frac{\partial \mathbf{E}}{\partial t} \tag{21-51}$$

을 얻게 되고

$$\hat{\mathbf{n}} \cdot (\mu_2\mathbf{H}_2 - \mu_1\mathbf{H}_1) = 0 \tag{21-52}$$

도 따라 온다.

이전 절의 방정식들과 비교해보면, 이들 결과는 항상 성립하는 것이 아니고, 자주 성립할 뿐이다.

이러한 제한된 경우에 대해 Maxwell 방정식의 적분형은 (21-36)부터 (21-39)까지를 얻었던 방식과 같은 방식으로 구해질 수 있다. 물론 일반적인 중첩원리도 이들 물질에 적용된다.

21-4 Poynting 정리

이제 Maxwell 방정식으로 기술되는 일반적인 이들 장에 대한 에너지를 재고해볼 때가 되었다. (12-35) 이전의 결과를 다시 생각해보면, 단위체적당 전자기에너지가 열로 흩어지는 율은 $w = \mathbf{J}_f \cdot \mathbf{E}$이다. 그러므로 이 표현식을 임의 체적 V에 대해 적분해보면, 전자기에너지의 총 손실률 $\mathscr{W}$는

$$\mathscr{W} = \int_V w\, d\tau = \int_V \mathbf{J}_f \cdot \mathbf{E}\, d\tau \tag{21-53}$$

이 될 것이다. 우리는 이것을 장 벡터로 표현하고자 한다. (21-22)에 주어진 $\mathbf{J}_f$를 이용하면,

$$\mathscr{W} = \int_V \mathbf{E} \cdot (\nabla \times \mathbf{H})\, d\tau - \int_V \mathbf{E} \cdot \frac{\partial \mathbf{D}}{\partial t}\, d\tau \tag{21-54}$$

라고도 쓸 수 있다. (1-116)을 (21-20)과 결합하면, 첫 번째 피적분함수를

$$\mathbf{E} \cdot (\nabla \times \mathbf{H}) = \mathbf{H} \cdot (\nabla \times \mathbf{E}) - \nabla \cdot (\mathbf{E} \times \mathbf{H}) = -\mathbf{H} \cdot \frac{\partial \mathbf{B}}{\partial t} - \nabla \cdot (\mathbf{E} \times \mathbf{H})$$

라고 쓸 수 있다. 이것을 (21-54)에 넣고, 다이버전스 정리 (1-59)를 사용하며, 항들을 옮겨놓으면,

$$-\int_V \left(\mathbf{E} \cdot \frac{\partial \mathbf{D}}{\partial t} + \mathbf{H} \cdot \frac{\partial \mathbf{B}}{\partial t} \right) d\tau = \mathscr{W} + \oint_S (\mathbf{E} \times \mathbf{H}) \cdot d\mathbf{a} \tag{21-55}$$

를 얻게 된다. 이것은 Poynting의 정리라고 알려져 있다.

지금까지 우리가 다루어 온 것은 완벽하게 일반적인 것이었다. 그러나 매질이 완전히 l.i.h. 라고 가정하면, 해석이 쉬워진다. (21-40)을 사용하면 $\mathbf{E} \cdot (\partial \mathbf{D} / \partial t) = \epsilon \mathbf{E} \cdot (\partial \mathbf{E} / \partial t) = \partial(\frac{1}{2} \epsilon \mathbf{E}^2) / \partial t$이고, 마찬가지로 $\mathbf{H} \cdot (\partial \mathbf{B} / \partial t) = \partial[(\mathbf{B}^2 / 2\mu)] / \partial t$이다. 이것들을 (21-55)에 대입하고, 경계가 정해져 있는 체적 V를 다루는 경우에는 미분과 적분의 순서를 바꿀 수 있다는 점을 상기하면, 그리고 $\mathscr{W}$에 관한 적분 표현식 (21-53)을 다시 집어넣으면, 드디어

$$-\frac{\partial}{\partial t} \int_V \left(\frac{1}{2} \epsilon \mathbf{E}^2 + \frac{\mathbf{B}^2}{2\mu} \right) d\tau = \int_V \mathbf{J}_f \cdot \mathbf{E}\, d\tau + \oint_S (\mathbf{E} \times \mathbf{H}) \cdot d\mathbf{a} \tag{21-56}$$

로 구하게 된다. 좌변의 피적분함수는 바로 (10-85)와 (20-84)의 표현식의 합으로, 전에 각각 전기에너지밀도와 자기에너지밀도라고 하던 것들이다. 장들이 시간에 따라 변하는 이번의 경우에도 이 항들을 정확히 같은 방식으로 해석하는 것이 이치에 맞을 텐데, 그렇게 가정하면, 피적분함수는 총 전자기에너지밀도

$$u = u_e + u_m = \frac{1}{2}\epsilon \mathbf{E}^2 + \frac{\mathbf{B}^2}{2\mu} \tag{21-57}$$

가 될 것이고, 이것을 적분을 하면 바로 체적 V 안에 들어 있는 총 전자기에너지가 될 것이다. 따라서 (21-56)의 좌변은 이 에너지의 감소율을 나타내주고 있다. 이것은 어디로 없어지는가? 우변의 첫 번째 항은 이 에너지가 열로 변환되는 율이다. 이제 에너지보존법칙을 인용하면, 열로 변환되지 않은 에너지는 무엇이든지 간에 경계면 S를 통해서 체적 V로부터 밖으로 나가는 것이여야 한다. 남아 있는 항은 바로 표면에 대한 적분의 형태이기 때문에,

$$\oint_S (\mathbf{E} \times \mathbf{H}) \cdot d\mathbf{a} = \left(\frac{dU}{dt}\right)_{S\text{를 통과}} \tag{21-58}$$

는 경계면을 통과해 나가는 에너지 흐름율이라고 해석할 수 있다. 이제 우리가 하고자 하는 것은 (21-58)의 **피적분함수**를 마찬가지로 해석하는 것이다. 그래서

$$\mathbf{S} = \mathbf{E} \times \mathbf{H} \tag{21-59}$$

는 단위면적당 전자기에너지의 흐름율이라고 잡으면 될 것이다. 즉, 이것은 **에너지흐름밀도** *energy current density*, 혹은 **일률선속** *power flux*으로 W/m^2으로 측정된다. 물리량 **S**를 Poynting 벡터라고 부른다. 이것의 방향은 에너지의 순간적 흐름의 방향과 같다. 즉, 이것은 에너지 흐름의 방향을 "향"한다. 전체 적분으로써 물리적 의미가 있는 것을 **피적분함수**만 꺼내어 이렇게 해석하는 것이 추상적이긴 하나, 이것은 분명 그럴듯한 해석이고, 특히 Maxwell 방정식의 시간의존 해에 적용할 때, 잘 맞고 유용하다.

이 결과의 거의 대부분은 시간에 따라 변하는 장에 응용되지만, **S**에 대한 이 해석이 **정상상태**(steady-state)의 장, 즉 시간에 무관한 장에 관련된 간단한 경우에 적용할 때에도 합리적이며 일관되어 있는지 예를 통해 공부해보자.

예제

일정한 전류를 가지고 있는 원통. 그림 21-5에 보인 것처럼 길이가 l이고 반지름이 a인 긴 직선 도체 원통의 일부분을 생각해보자. 일정한 전류 I가 z 방향으로 흐른다고 가정하고, 이 전류는 단면적에 걸쳐 균일하게 분포하여 $\mathbf{J}_f = \mathbf{J}_f\hat{\mathbf{z}}$는 일정하다. 우리는 도체의 표면 바로 바깥에서 **S**를 구하고자 한다.

이것은 그림 12-7과 (12-28) 다음의 문단에 설명한 상황과 비슷한데, 원통 바로 바깥에서의 전기장은 도체 안에서의 전기장과 같으며 $\mathbf{E} = J_f/\sigma$로 축에 평행이다. (15-19)에서는 원통 밖에서의 **B**를 구했고, 이 경우 바로 바깥에서의 자기장은 $\mathbf{H} = \mathbf{B}/\mu_0$이 될 것이다. 즉,

$$\mathbf{H} = \frac{I}{2\pi a}\hat{\boldsymbol{\varphi}} = \frac{1}{2}J_f a\hat{\boldsymbol{\varphi}} \tag{21-60}$$

인데, 여기서 $J_f = I/\pi a^2$을 사용하였다. 이 표현식을 (21-59)에 대입하고, (1-76)을 사용하여

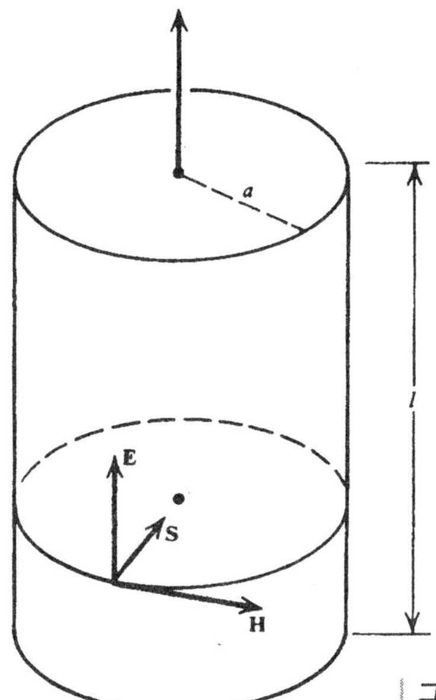

그림 21-5 일정한 전류가 흐르는 원통에 대한 장과 Poynting 벡터.

$$\mathbf{S} = \frac{J_f}{\sigma}\hat{\mathbf{z}} \times \frac{1}{2}J_f a\hat{\boldsymbol{\varphi}} = -\frac{J_f^2 a}{2\sigma}\hat{\boldsymbol{\rho}} \tag{21-61}$$

가 된다. 그림에서 보면 **S**는 표면에 수직이고 지름방향의 안쪽을 향한다. S는 상수이고 정상상태의 에너지흐름은 도체의 안쪽을 향한다. 면적요소 $d\mathbf{a}$는 표면으로부터 밖으로 향한다. 또한 **S**는 원통의 끝 면에는 평행이다. 그러므로 에너지가 체적 안으로 흘러들어가는 총 율은

$$-\oint \mathbf{S} \cdot d\mathbf{a} = S\int da = S(2\pi al) = \frac{J_f^2}{\sigma}(\pi a^2 l) = \frac{J_f^2}{\sigma} \times (\text{체적}) \tag{21-62}$$

으로 주어지고, 여기서 (21-61)이 사용되었으며 $\pi a^2 l$은 도체의 체적이다. 이것을 (12-35)와 비교하면, (21-62)가 말해주는 도체 안으로 흐르는 에너지의 총 율은, 체적 안에서 열로 흩어지는 에너지의 율과 정확히 같다는 것을 알게 된다. 이것은 바로 우리가 가정하였던 정상상태 상황에서 요구되는 것이다. 이 에너지의 궁극적인 원천은 전지같은 장치인데, 이것은 전하가 회로를 완전히 한 바퀴 돌 때 지속적으로 일을 해 주어 도체 양 끝에 퍼텐셜차를 유지시켜 준다. 여기에서 **S**와 관련하여 묘사하고 있는 것은 원천으로부터 장의 형태로 옮겨가는 에너지이다. 이 장들은 공간에 분포하는 전하와 전류로써 전체 공간에 수립되어 있다. 에너지 흐름은 도체 표면을 통하여 수직으로 흘러가는데, 꼭 알맞은 양만큼이 열로 변환되는 것이다. 그러므로 Poynting 벡터에 주어진 해석으로, 이 경우와 관련된 과정에 대해 완전하고도 내재적으로 부합하는 묘사를 갖게 되었다.

21-5 전자기 운동량

우리는 방금 에너지밀도와 에너지 흐름이 어떻게 전자기장에 기인하는지 알게 되었다. 운동량도 전자기장과 관련을 가질 수 있으며, 사실 그렇게 되어서 다행이다. 두 점전하 간에 서로 작용하는 Coulomb 힘은 크기가 같고 방향이 반대라는 것을 알고 있고, 이것은 Newton의 제 3 법칙과 부합한다. 반면, (13-17)로 주어지는 전류요소들 사이의 힘은 (13-19)에서 보았듯이 일반적으로 크기가 같지 않고 방향도 반대가 아니어서, 이들 힘은 제 3 법칙을 만족하지 않는다. 역학으로부터 알고 있듯이, 입자계의 점 질량 사이의 힘은 크기가 같고 방향이 반대이고, 이 사실은 고립된 계의 **선운동량보존**을 유도하는 처음 단계에서 기본이 되었다. 이 운동량보존 특성은 근본적이면서도 광범위한 일반원리이다. 그런데 전자기장이 존재할 때는 (13-17)의 기본적인 전자기 힘의 법칙으로 인해, 운동량보존 법칙이 더 이상 유효한 일반원리가 아니라고 결론 맺게 된다면 지극히 혼란스러운 일이다. 우리의 목표는 이것을 어떻게 존속시키느냐 하는 것이다. 문제를 간단히 하기 위하여 진공의 경우만을 다루겠다.

체적 V를 차지하는 자유전하와 자유전류를 생각해보자. 이들의 밀도를 ρ_f와 $\mathbf{J}_f$로 나타내겠다. 체적 $d\tau$안에 들어 있는 전하와 전류에 작용하는 힘을 $d\mathbf{F}$라 하면, (21-29)를 (2-14), (12-3)과 결합하여

$$d\mathbf{F} = \left(\rho_f \mathbf{E} + \mathbf{J}_f \times \mathbf{B}\right) d\tau \tag{21-63}$$

로 얻게 된다. 그러면 단위체적당의 힘을

$$\mathbf{f}_v = \frac{d\mathbf{F}}{d\tau} = \rho_f \mathbf{E} + \mathbf{J}_f \times \mathbf{B} \tag{21-64}$$

로 도입할 수 있다. 계 전체에 작용하는 총 전자기력은 (21-63)을 전체 분포에 대하여 적분하여

$$\mathbf{F} = \int_V \mathbf{f}_v \, d\tau = \int_V \left(\rho_f \mathbf{E} + \mathbf{J}_f \times \mathbf{B}\right) d\tau \tag{21-65}$$

로 얻을 수 있고, 이제 우리들의 평상시 관례대로 이것을 완전히 장들만으로 나타내려고 한다.

(21-30)과 (21-33)에서 **P**와 **M**을 각각 영으로 놓고, 그 결과를 이용하여 (21-65)의 피적분함수를

$$\mathbf{f}_v = \epsilon_0 \mathbf{E}(\nabla \cdot \mathbf{E}) + \frac{1}{\mu_0}(\nabla \times \mathbf{B}) \times \mathbf{B} - \epsilon_0 \frac{\partial \mathbf{E}}{\partial t} \times \mathbf{B} \tag{21-66}$$

로 쓸 수 있다. (21-31)과 (21-32)에 의해

$$-\epsilon_0 \mathbf{E} \times \frac{\partial \mathbf{B}}{\partial t} - \epsilon_0 \mathbf{E} \times (\nabla \times \mathbf{E}) + \frac{1}{\mu_0} \mathbf{B}(\nabla \cdot \mathbf{B}) = 0$$

의 형태로 쓸 때, 이 영을 위 식에 더함으로써 이 표현식을 **E**와 **B**에 관해 더욱 대칭적으로 만들 수 있다. 이렇게 하면서 (1-23)을 사용하면

$$\mathbf{f}_v + \epsilon_0 \frac{\partial}{\partial t}(\mathbf{E} \times \mathbf{B}) = \epsilon_0 [\mathbf{E}(\nabla \cdot \mathbf{E}) - \mathbf{E} \times (\nabla \times \mathbf{E})] + \frac{1}{\mu_0}[\mathbf{B}(\nabla \cdot \mathbf{B}) - \mathbf{B} \times (\nabla \times \mathbf{B})] \tag{21-67}$$

을 얻게 된다. 무었을 구했는지 알아보기 위해, 우변의 첫 번째 괄호 안에 든 항의 x 성분을 계산해보자. 직접적인 방법으로 계산하여

$$[\mathbf{E}(\nabla \cdot \mathbf{E}) - \mathbf{E} \times (\nabla \times \mathbf{E})] \cdot \hat{\mathbf{x}} = \frac{\partial}{\partial x}\left(E_x^2 - \frac{1}{2}E^2\right) + \frac{\partial}{\partial y}(E_x E_y) + \frac{\partial}{\partial z}(E_x E_z)$$

로 쓸 수 있고, **B**와 관련된 항에 대해서도 마찬가지의 결과가 될 것이다. 이 때

$$T_{ij} = \epsilon_0\left(E_i E_j - \frac{1}{2}E^2 \delta_{ij}\right) + \frac{1}{\mu_0}\left(B_i B_j - \frac{1}{2}B^2 \delta_{ij}\right) \tag{21-68}$$

로 정의되는 양을 도입하면, 좀 더 압축하여 쓸 수 있다. 여기서는 (8-27)에서 정의된 Kronecker 델타함수를 사용하였고, 첨자 i와 j는 독립적으로 x, y, z를 취하게 된다. 이 정의를 사용하여 (21-67)의 x 성분을

$$\left[\mathbf{f}_v + \epsilon_0 \frac{\partial}{\partial t}(\mathbf{E} \times \mathbf{B})\right]_x = \frac{\partial T_{xx}}{\partial x} + \frac{\partial T_{xy}}{\partial y} + \frac{\partial T_{xz}}{\partial z} = \nabla \cdot \mathbf{X} \tag{21-69}$$

의 형식으로 쓸 수 있다. 여기서 벡터 **X**는 $\mathbf{X} = T_{xx}\hat{\mathbf{x}} + T_{xy}\hat{\mathbf{y}} + T_{xz}\hat{\mathbf{z}}$이다. ($T_{ij}$를 Maxwell 변형력텐서 *stress tensor*라고 부르는데, 이 절 이후에는 사용하지 않을 것이다.) 이제 (21-69)를 체적 V에 대해 적분하면서 다이버전스 정리를 사용하면

$$\int_V \left[\mathbf{f}_v + \epsilon_0 \frac{\partial}{\partial t}(\mathbf{E} \times \mathbf{B})\right]_x d\tau = \int_V \nabla \cdot \mathbf{X}\, d\tau = \oint_S \mathbf{X} \cdot d\mathbf{a} \tag{21-70}$$

를 얻는다. 이제 적분의 영역을 확장하여 모든 공간을 포함하도록 해보자. 이것은 가능한 일인데, ρ_f와 $\mathbf{J}_f$는 어차피 V의 밖에서는 영이기 때문이다. ρ_f와 $\mathbf{J}_f$의 모든 원천은 유한한 공간에 들어 있기 때문에, 먼 거리 R에서는 (7-26)과 (18-19)에서 보았듯이, 기껏해야 $\mathbf{E} \sim 1/R^2$이고 $\mathbf{B} \sim 1/R^3$이다. 한편 적분의 표면적은 R^2으로 증가한다. T_{ij}의 성분은 장 성분의 곱을 포함하고 있고, (21-69)로부터 **X**는 R이 증가함에 따라, 적분 표면적이 증가하는 것보다 훨씬 더 빨리 감소하는 것을 알 수 있다. 그러므로 그 면적 적분은 영이 될 것이고 (21-70)은

$$\int_{\text{모든공간}} \left[\mathbf{f}_v + \epsilon_0 \frac{\partial}{\partial t}(\mathbf{E} \times \mathbf{B})\right]_x d\tau = \oint_{\text{모든공간}} \mathbf{X} \cdot d\mathbf{a} = 0 \tag{21-71}$$

이 될 것이다. 이 적분의 y와 z 성분에 대해서도 같은 값을 얻게 될 것이고, 그래서 벡터 적분은 영이되어

$$\int_{\text{모든공간}} \left[\mathbf{f}_v + \epsilon_0 \frac{\partial}{\partial t}(\mathbf{E} \times \mathbf{B})\right] d\tau = \mathbf{F} + \frac{\partial}{\partial t}\int_{\text{모든공간}} \epsilon_0(\mathbf{E} \times \mathbf{B})\, d\tau = 0 \tag{21-72}$$

이다. 여기서 (21-65)를 사용하여 전하와 전류에 작용하는 총 힘을 다시 집어넣었다. **F**는 전하와 전류를 나르는 운송체에 작용한다. 즉 장 내의 물질에 작용한다. 물질은 역학적인 성질을 가지고 있고, 역학에 의하면 **F**는 물질의 운동량의 시간 변화율과 같다. 즉, $\mathbf{F} = d\mathbf{p}_{물질}/dt$이다. 이것을 (21-72)에 대입하고, 두 번째 항에서 시간에 대한 편미분과 전미분이 더 이상 구별이 되지 않는다는 점에 유의하면(적분은 전체 공간에 대해 수행되기 때문), (21-72)는

$$\frac{d}{dt}\left[\mathbf{p}_{물질} + \int_{모든공간} \epsilon_0(\mathbf{E}\times\mathbf{B})\,d\tau\right] = 0 \tag{21-73}$$

로 쓸 수 있다. 그러면 괄호 안의 양은 상수이다. 그러나 이것이 바로 우리가 전체 계의 총운동량의 보존을 표현하는 방식이다. 그래서 적분을 전자기장의 운동량으로 해석할 수 있고,

$$\mathbf{p}_{전자기장} = \int_{모든공간} \epsilon_0\mathbf{E}\times\mathbf{B}\,d\tau \tag{21-74}$$

로 쓴다. 그러면 피적분함수는 운동량밀도 **g**라고 해석하는 것도 매우 당연한 일이다:

$$\mathbf{g} = \epsilon_0\mathbf{E}\times\mathbf{B} = \mu_0\epsilon_0\mathbf{S} \tag{21-75}$$

이 경우 $\mathbf{B} = \mu_0\mathbf{H}$이므로 **S**는 Poynting 벡터이다.

역학에서 한 점질량의 각운동량 **l**은 선운동량 **p**와 위치벡터 **r**을 가지고 $\mathbf{l} = \mathbf{r}\times\mathbf{p}$로 정의하므로, 비슷하게 계산하여 전자기장과 관련된 각운동량밀도 $\mathscr{L}$을

$$\mathscr{L} = \mathbf{r}\times\mathbf{g} = \epsilon_0\mathbf{r}\times(\mathbf{E}\times\mathbf{B}) \tag{21-76}$$

으로 정의할 수 있다.

연습문제

21-1 어느 평행판 축전기는 두 장의 원형 극판으로 되어 있다. 극판의 면적은 S이고 극판 사이는 진공이다. 이 축전기는 일정한 기전력 $\mathscr{E}$에 연결되어 있다. 그러면 극판들은 천천히 진동하는데, 평행은 그대로 유지하되 극판 사이의 간격이 $d = d_0 + d_1 \sin\omega t$로 변한다. 변위전류에 의해서 만들어지는 극판 사이의 자기장 **H**를 구하라. 이번에는, 축전기를 전지로부터 떼어내고, 그 다음에 극판이 같은 방식으로 진동하는 경우에, **H**를 구하라.

21-2 무한히 긴 원통형 축전기가 있는데, 반지름은 a와 $b(b > a)$이며 단위길이당 자유전하 λ_f를 가지고 있다. 극판 사이의 공간은 자성을 띠지 않은 유전체로 채워져 있고, 이것의 전도도는 σ이다. 유전체 내의 어느 곳에서라도 전도전류는 변위전류에 의해 상쇄되어, 그 내부에는 자기장이 만들어지지 않음을 보여라. 축으로부터 ρ의 거리에 있는 곳에서 단위체적당 에너지흩어짐의 율을 구하라. 유전체의 길이 l당의 에너지흩어짐의 총 율을 구하고, 이것이 축전기의 전자기에너지의 감소율과 같음을 보여라.

21-3 Maxwell 방정식의 일반형을 다음의 각 쌍만으로 나타내어라: (**E**, **H**), (**D**, **B**), (**D**, **H**). 즉, (21-30)부터 (21-33)까지의 식과 비슷한 식을 이들 각 쌍에 대하여 구하는 것이다.

21-4 경계조건의 일반형을 다음의 각 쌍만으로 나타내어라: (**E**, **H**), (**D**, **B**), (**D**, **H**). 즉, (21-34), (21-26), (21-27), (21-35)와 비슷한 것을 이들 각 쌍에 대하여 구하는 것이다.

21-5 (21-29)의 Lorentz 힘과 진공에 대한 Maxwell 방정식으로부터 시작하여, (2-3)의 Coulomb 법칙을 유도하라.

21-6 어떤 자유전하와 자유전류 (ρ_1, $\mathbf{J}_1$)의 분포로 말미암아 전자기장 $\mathbf{E}_1$, $\mathbf{B}_1$, $\mathbf{H}_1$, $\mathbf{D}_1$이 생겨났다고 해보자. 즉, 이들은 Maxwell 방정식의 해이다. 마찬가지로, 다른 (ρ_2, $\mathbf{J}_2$)의 분포에 의해 $\mathbf{E}_2$, $\mathbf{B}_2$, $\mathbf{H}_2$, $\mathbf{D}_2$가 만들어진다고 해보자. $\mathbf{E} = \mathbf{E}_1 + \mathbf{E}_2$ 등도 총 원천분포 $\rho_1 + \rho_2$와 $\mathbf{J}_1 + \mathbf{J}_2$에 대한 Maxwell 방정식의 해임을 보여서 중첩특성을 직접 증명하라.

21-7 선형 등방성이기는 하나 비균질인 매질에 대해 Maxwell 방정식을 **E**와 **B**의 형태로 나타내어라.

21-8 아래에는 진짜 전자기장이 주어져 있다. 즉, 진공 중에서 Maxwell 방정식의 해이다. (나중에 이 장들을 어떻게 얻는지 알게 된다.)

$$E_y = -H_0\mu_0\omega\left(\frac{a}{\pi}\right)\sin\left(\frac{\pi x}{a}\right)\sin(kz-\omega t)$$

$$H_x = H_0 k\left(\frac{a}{\pi}\right)\sin\left(\frac{\pi x}{a}\right)\sin(kz-\omega t)$$

$$H_z = H_0\cos\left(\frac{\pi x}{a}\right)\cos(kz-\omega t)$$

다른 모든 성분은 영이고 $0 \le x \le a$이다. H_0, a, k, ω는 상수이고 $\mu_0\epsilon_0\omega^2 = k^2 + (\pi/a)^2$이다. (a) 직접 대입하여, 자유전하와 자유전류를 포함하지 않은 진공에 대해 이 장들이 Maxwell 방정식을 만족시킴 증명하라. (b) 변위전류를 구하라. (c) Poynting 벡터를 구하라. (d) $x = 0$인 yz평면에 완벽한 도체 벽이 있다. 음의 x에 대해 모든 장은 영이라고 가정하여, 이 벽의 위치의 함수로 자유 면전하밀도와 자유 면전류밀도를 구하라.

21-9 그림 21-3의 1 영역 경계면에서 Poynting 벡터를 구하라. 에너지가 1 영역에 들어오는 총 율을 구한 다음, 이것이 축전기 에너지가 변하는 율과 같음을 보여라.

21-10 그림 20-14의 매우 긴 동축선을 전지와 저항 사이에서 전도선으로 사용한다고 해보자. 기전력 $\mathscr{E}$인 전지의 두 단자는 동축선의 한쪽 끝에서 두 도체에 연결되어 있고, 다른 쪽 끝에서 두 도체는 저항 R인 저항기에 연결되어 있다. 도체 사이의 영역에서 **S**를 구하라. 동축선의 단면을 통과해 지나가는 총 전력은 $\mathscr{E}^2/R$과 같음을 보이고 이를 설명하라. 전지의 연결을 반대로 바꾸면 에너지 흐름의 방향도 바뀔까?

21-11 반지름 a인 도체 구가 균일하게 자화되어 있고, 자화의 크기는 M이다. 이것은 또한 알짜 전하 Q를 가지고 있다. 이 계의 전자기장의 총 각운동량을 구하라.

21-12 l.i.h. 매질을 생각해보는데, 우리의 관심 영역에서 ρ_f와 $\mathbf{J}_f$는 둘 다 영이다.

$$\begin{aligned}\mathbf{E}' &= C\left[\mathbf{E}\cos\alpha + (\mu\epsilon)^{-1/2}\mathbf{B}\sin\alpha\right]\\ \mathbf{B}' &= C\left[-(\mu\epsilon)^{1/2}\mathbf{E}\sin\alpha + \mathbf{B}\cos\alpha\right]\end{aligned} \qquad (21\text{-}77)$$

의 변환에 대하여 Maxwell 방정식은 불변임을 보여라. 여기서 C는 단위가 없는 상수이고, α는 임의의 각도이나 상수이다. 즉, **E**와 **B**가 Maxwell 방정식을 만족하면, **E**′과 **B**′도 Maxwell 방정식을 만족함을 보이면 된다. 특정 값 $\alpha = \pi/2$를 고려해볼 때, 이 경우에는 장 **E**와 **B**를 교환할 수 있음을 보여라. 이 마지막 것의 내용을 설명하기 위해 간단히 스케치해보아라. (16-40) 이후에서 구한 관계식은 이들 결과와 부합하는가? 이 특성은 흔히 전자기장의 **이중성**(duality)이라 불린다.

제 22 장 스칼라퍼텐셜 및 벡터퍼텐셜

앞 장에서는 전자기학을 장 벡터 자체로 요약하였다. 그러나 우리가 이전에 보았던 많은 것은 스칼라퍼텐셜과 벡터퍼텐셜을 도입하여 단순화할 수 있었는데, 이들 퍼텐셜이 좀 더 일반적인 상황에서도 유용하게 적용될 수 있는지 의문을 가져보는 것은 당연한 일이다. 이 주제를 장을 다룰때와 유사한 방식으로 수식화하는 것이 가능하다고 알려져 있다. 좀 더 일반적인 이들 퍼텐셜은 주어진 원천으로부터 전자기장을 만드는 과정에 관련되어 가장 많이 사용되나, 28장 이전에는 광범위하게 사용되지는 않을 것이다. 그렇더라도 여기서는 일반론으로 논의해 주는 것이 좋겠다.

22-1 일반론으로써의 퍼텐셜

$\nabla \cdot \mathbf{B} = 0$이라는 방정식은 원래부터 (16-7)에서 벡터퍼텐셜 $\mathbf{A}$를 도입하는데 사용되었는데, (21-21)에 나타난 형태를 보더라도 여전히 바뀌지 않았다. 여기에서부터 시작해보자. 그러니까

$$\mathbf{B}(\mathbf{r}, t) = \nabla \times \mathbf{A}(\mathbf{r}, t) \tag{22-1}$$

라고 써서 (21-21)을 항상 만족시킬 수 있다. (22-1)과 (16-7)의 차이점은 이제는 $\mathbf{B}$와 $\mathbf{A}$가 위치 $\mathbf{r}$ 뿐 아니라 시간 t의 함수일 수 있다고 가정하는데 있다.

(22-1)을 (21-20)에 대입하면 $\nabla \times \mathbf{E} = -\partial(\nabla \times \mathbf{A})/\partial t = -\nabla \times (\partial \mathbf{A}/\partial t)$를 얻고, 그래서

$$\nabla \times \left(\mathbf{E} + \frac{\partial \mathbf{A}}{\partial t} \right) = 0 \tag{22-2}$$

이 된다. (1-48)에 의하면 괄호 안에 들어 있는 항은 항상 스칼라의 그래디언트로 쓸 수 있다. 즉 $\mathbf{E} + (\partial \mathbf{A}/\partial t) = -\nabla\phi$이며, 그래서

$$\mathbf{E} = -\nabla\phi - \frac{\partial \mathbf{A}}{\partial t} \tag{22-3}$$

이다. 물론 이것은 (17-12)와 같은 형태인데, 둘 다 똑같은 방식으로 유도되었기 때문이다. 여기에서도 스칼라퍼텐셜 ϕ는 일반적으로 위치와 시간 모두의 함수라고 가정해야 한다.

그러므로 Maxwell 방정식 중의 둘은 $\mathbf{E}$와 $\mathbf{B}$를 (22-1)과 (22-3)의 형태로 쓰면 항상 만족될 것이다. 나머지 둘은 $\mathbf{A}$와 ϕ가 원천으로부터 어떻게 구해지는지를 말해주게 될 것이다. $\mathbf{E}$와 $\mathbf{B}$에 대한 이들 표현식을 (21-30)과 (21-33)에 대입하면,

$$\nabla^2\phi + \frac{\partial}{\partial t}\nabla \cdot \mathbf{A} = -\frac{1}{\epsilon_0}(\rho_f - \nabla \cdot \mathbf{P}) \tag{22-4}$$

$$\nabla^2\mathbf{A} - \mu_0\epsilon_0\frac{\partial^2\mathbf{A}}{\partial t^2} - \nabla\left(\nabla\cdot\mathbf{A} + \mu_0\epsilon_0\frac{\partial\phi}{\partial t}\right) = -\mu_0\left(\mathbf{J}_f + \nabla\times\mathbf{M} + \frac{\partial\mathbf{P}}{\partial t}\right) \tag{22-5}$$

를 얻게 된다. 이 때 (1-45)와 (1-120)을 사용하였다. 적절한 경계조건을 만족하는 이들 방정식의 해를 구할 수 있으면, 이들을 얻게 된 방식으로부터 우리가 알게 되는 것은, **A**와 ϕ로부터 구한 **E**와 **B**는 자동적으로 모든 Maxwell 방정식의 해가 되리라는 것이다.

이들 방정식과 관련되어 어려워진 점은, **A**와 ϕ가 각 방정식에 모두 나타나 이들 방정식이 분리되어 있지 않다는 것이다. 특히 **P**와 **M**이 영구쌍극자모멘트(이들은 장에 의해 영향 받지 않는다)의 분포에 해당되는 것이 아니라면, **P**와 **M**은 **E**와 **B**의 함수라고 가정해야 할 것이고, 그러면 이들은 **A**와 ϕ의 함수이기도 하다. 따라서 특정 함수 관계가 주어져 있지 않다면, 이들 일반적인 방정식으로는 더 이상 진전을 이룰 수 없다. 그럼에도 불구하고 한 벌의 방적식 (22-1), (22-3), (22-4), (22-5)는 항상 성립하는 것으로 가정하겠다.

물성이 불연속인 면에서는 경계조건에 관한 모종의 결론을 여전히 이끌어 낼 수 있다. (16-21)은 $\mathbf{B} = \nabla\times\mathbf{A}$로부터 얻은 당연한 결과이었는데, 이와 관련하여 사용된 논의는 **B**가 시간의 함수일지라도 여전히 유효하다는 것이다. 그 이유는 **B**에 대해 요구되었던 유일한 조건은 **B**가 유한하여야 한다는 것뿐이었기 때문이다. (22-1)은 여전히 성립되므로, **A**의 접선성분은 항상 연속이라고 결론내릴 수 있다:

$$\mathbf{A}_{2t} = \mathbf{A}_{1t} \tag{22-6}$$

우리는 아직 $\nabla\cdot\mathbf{A}$에 대한 특정 표현식을 가지고 있지 않다. 그러므로 **A**의 법선성분에 관한 거동에 대해서는 확신할 수 없다. 그러나 법선성분이 (16-20)과 같이 정해진다고 기대한다 해도 이치에 어긋나는 것은 아니며, 그러므로 이것도 연속일 것이다.

9-5절에서는 정전기퍼텐셜이 연속이라고 단정했었다. 이번에는 간단한 $\mathbf{E} = -\nabla\phi$보다는 (22-3)이 적용된다. 그러나 이전의 논의를 재고해보면, 전이층의 두께가 영으로 감에 따라 $\partial\mathbf{A}/\partial t$는 그대로 유한하여야 한다는 조건을 적용할 때, ϕ가 연속이라는 것을 다시 알게 될 것이다:

$$\phi_2 = \phi_1 \tag{22-7}$$

끝으로, 우리의 결과를 점검하는 차원에서, 모든 시간미분을 영으로 놓는 정상상태의 경우로 되돌아 가보면, 그리고 (16-17)로 주어진 것처럼 $\nabla\cdot\mathbf{A} = 0$을 이용하면, (22-4)와 (22-5)는 $\nabla^2\phi = -\rho/\epsilon_0$와 $\nabla^2\mathbf{A} = -\mu_0\mathbf{J}$가 된다. 이것은 이전의 결과 (11-1), (10-38), (16-18)과 정확히 같다. 그러므로 일반화된 스칼라퍼텐셜과 벡터퍼텐셜의 특성은 정상상태의 경우에도 적용할 수 있고 이전의 결과로 귀착된다.

22-2 선형 등방성 균질 매질에 대한 퍼텐셜

21-3절에서처럼 완전한 l.i.h. 매질을 다루게 되면 상당히 단순화시킬 수 있게 된다. 그러면 구성방정식 (21-40)을 적용할 수 있고, 자유전류에 대한 (21-41)도 마찬가지이다. 이 경우 Maxwell 방정식을 (21-42)부터 (21-45)까지의 형태로 시작하는 것이 다소 편리하다. (22-1)과 (22-3)을 사용하면, 이들 식 중 가운데 것 둘은 만족될 것이고, **E**와 **B**에 대한 이들 표현식을 (21-42)와 (21-45)에 대입할 때,

$$\nabla^2\phi + \nabla\cdot\frac{\partial \mathbf{A}}{\partial t} = -\frac{\rho_f}{\epsilon} \tag{22-8}$$

$$\nabla^2\mathbf{A} - \mu\sigma\frac{\partial \mathbf{A}}{\partial t} - \mu\epsilon\frac{\partial^2\mathbf{A}}{\partial t^2} - \nabla\left(\nabla\cdot\mathbf{A} + \mu\epsilon\frac{\partial\phi}{\partial t} + \mu\sigma\phi\right) = -\mu\mathbf{J}_f' \tag{22-9}$$

를 얻게 된다. (22-8)은 이 식에 적절한 항을 더하고 빼고 하여 (22-9)와 매우 닮은 형태로 만들 수 있다. 그래서 이것을

$$\nabla^2\phi - \mu\sigma\frac{\partial\phi}{\partial t} - \mu\epsilon\frac{\partial^2\phi}{\partial t^2} + \frac{\partial}{\partial t}\left(\nabla\cdot\mathbf{A} + \mu\epsilon\frac{\partial\phi}{\partial t} + \mu\sigma\phi\right) = -\frac{\rho_f}{\epsilon} \tag{22-10}$$

으로 쓸 수 있다.

이들 방정식들이 **A**와 ϕ에 대해서 풀어야할 것들이다. 그러나 각 식은 **A**와 ϕ 모두를 가지고 있는데, 이들을 어떻게든지 분리할 수 있으면 좋겠다. 1-20절의 Helmholtz 정리를 상기해 보면, 모든 곳에서 $\nabla\times\mathbf{A}$와 $\nabla\cdot\mathbf{A}$가 둘 다 주어지기 전까지는 **A**벡터를 완전히 정할 수 없을 것이다. 지금까지는 (22-1)에 의해 $\nabla\times\mathbf{A}$만을 지정해 놓았다. 따라서 우리는 어떤 편리한 방식에 의해서든지 $\nabla\cdot\mathbf{A}$를 선택할 여유를 가지고 있다. (22-9)와 (22-10)을 비교해보면, 한 가지 간단한 방법은

$$\nabla\cdot\mathbf{A} + \mu\epsilon\frac{\partial\phi}{\partial t} + \mu\sigma\phi = 0 \tag{22-11}$$

이 되도록 정해버리는 것이다. 그러면

$$\nabla^2\mathbf{A} - \mu\sigma\frac{\partial \mathbf{A}}{\partial t} - \mu\epsilon\frac{\partial^2\mathbf{A}}{\partial t^2} = -\mu\mathbf{J}_f' \tag{22-12}$$

$$\nabla^2\phi - \mu\sigma\frac{\partial\phi}{\partial t} - \mu\epsilon\frac{\partial^2\phi}{\partial t^2} = -\frac{\rho_f}{\epsilon} \tag{22-13}$$

이다. (22-11)이라는 필요조건은 Lorentz 조건이라고 알려져 있다. 이 특별한 선택이 갖는 장점은 **A**와 ϕ에 대한 방정식들을 각각 독립적으로 만들어 주었을 뿐 아니라, 결과적으로 생겨난 네 개의 식이 (**A**의 각 성분당 하나씩 있고 ϕ에 대해서도 하나가 있어서 네 개다.) 동일한 일반형을 갖는 미분방정식이라는 점이다. 그래서 남은 일은 단 하나의 일반적인 문제를 푸는 것이다.

그러므로 여기에서 전개해놓은 수식화 과정으로부터 우리가 예상할 수 있는 것은, 퍼텐셜을 수단으로 하여 전자기장의 문제를 푸는 데 사용하는 일반적인 과정이 다음과 같을 것이라는 점이다. 외부 원천과 경계조건은 주어진다고 가정한다. 즉 $\rho_f(\mathbf{r}, t)$와 $\mathbf{J}'_f(\mathbf{r}, t)$의 함수들이 알려져 있다하자. 그러면 (22-12)와 (22-13)을 $\mathbf{A}$와 ϕ에 대해 풀게 될 테고, 이 때 (22-11)의 Lorentz 조건은 분명히 만족되어야 한다. 그런 다음 $\mathbf{E}$와 $\mathbf{B}$를 (22-1)과 (22-3)으로부터 구하고, 적절한 경계조건도 잘 만족시켜야 한다. 이러한 방식으로 구한 $\mathbf{E}$와 $\mathbf{B}$는 Maxwell 방정식을 만족할 것이며, 그럼으로써 완전한 해를 구했다고 할 것이다. 원한다면, $\mathbf{D} = \epsilon\mathbf{E}$와 $\mathbf{H} = \mathbf{B}/\mu$를 구할 수 있고, 또한 모든 곳에서의 분극과 자화를 $\mathbf{P} = (\kappa_e - 1)\epsilon_0\mathbf{E}$와 $\mathbf{M} = [(\kappa_m - 1)/\kappa_m\mu_0]\mathbf{B}$로부터 계산할 수 있다.

실제로 이러한 퍼텐셜이 가장 중요하게 사용되는 상황은 비전도성 매질에 관한 것이다. 이러한 매질이 우리에게도 중요하므로, 이 경우 어떤 결과가 나오는지 살펴보자. $\sigma = 0$일 때, (21-41)에 의해 $\mathbf{J}'_f = \mathbf{J}_f$이고, (22-11) 내지 (22-13)은

$$\nabla \cdot \mathbf{A} + \mu\epsilon\frac{\partial \phi}{\partial t} = 0 \tag{22-14}$$

$$\nabla^2\mathbf{A} - \mu\epsilon\frac{\partial^2 \mathbf{A}}{\partial t^2} = -\mu\mathbf{J}_f \tag{22-15}$$

$$\nabla^2\phi - \mu\epsilon\frac{\partial^2 \phi}{\partial t^2} = -\frac{\rho_f}{\epsilon} \tag{22-16}$$

가 된다. D'Alembert 연산자

$$\Box^2 = \nabla^2 - \mu\epsilon\frac{\partial^2}{\partial t^2} \tag{22-17}$$

를 정의하여 이들을 흔히 좀 더 압축된 형태

$$\Box^2\mathbf{A} = -\mu\mathbf{J}_f \qquad \Box^2\phi = -\frac{\rho_f}{\epsilon} \tag{22-18}$$

로 쓴다. 이들을 보니 (11-2)와 (16-18)의 Poisson 방정식이 생각난다.

만일 $\partial\phi/\partial t$가 전이층 내에서 유한한 값으로 유지된다면, (22-14)와 (9-7)로부터 $\mathbf{A}$의 법선성분이 불연속면을 지나면서 연속임을 알 수 있다. 즉

$$A_{2n} - A_{1n} = 0 \tag{22-19}$$

이다. 이것을 (22-6)과 결합하면 $\mathbf{A}$ 자체가 연속으로

$$\mathbf{A}_2 = \mathbf{A}_1 \tag{22-20}$$

이며, (16-22)에서 구한 것처럼 정상상태의 경우와 같다.

22-3 게이지 변환

16-2절의 끝부분에서 $\mathbf{B} = \nabla \times \mathbf{A}$라는 필요조건에는 벡터퍼텐셜을 정하는 데 있어 아직 약간의 모호성이 남아 놓고 있다고 했었다. 그리고 (16-24)와 (16-25)에서 새로운 퍼텐셜 $\mathbf{A}^\dagger$를

$$\mathbf{A}^\dagger = \mathbf{A} + \nabla\chi \tag{22-21}$$

로 정의하여도 자기유도 $\mathbf{B}$는 동일하다는 것도 알고 있다. 이것은 여기에서도 여전히 성립된다는 것을 알게 된다. 이번에는 스칼라 χ가 위치 뿐 아니라 시간의 함수가 되리라고 예상할 수 있을 텐데, 그래서 $\chi = \chi(\mathbf{r}, t)$라고 쓰겠다. 그러나 $\mathbf{E}$는 이제 스칼라퍼텐셜 뿐 아니라 벡터퍼텐셜에도 의존한다. 그리고 우리는 물론 동일한 전기장을 얻고자 한다. (22-21)을 (22-3)에 대입하면,

$$\mathbf{E} = -\nabla\phi - \frac{\partial}{\partial t}(\mathbf{A}^\dagger - \nabla\chi) = -\nabla\left(\phi - \frac{\partial\chi}{\partial t}\right) - \frac{\partial\mathbf{A}^\dagger}{\partial t} = -\nabla\phi^\dagger - \frac{\partial\mathbf{A}^\dagger}{\partial t} \tag{22-22}$$

를 얻게 된다. 여기서

$$\phi^\dagger = \phi - \frac{\partial\chi}{\partial t} \tag{22-23}$$

로 놓았다. 그러므로 스칼라퍼텐셜도 바꾸어 놓으면, (22-3)의 형태는 보전된다. 즉, 우리가 ($\mathbf{A}$, ϕ)의 퍼텐셜을 사용하든, ($\mathbf{A}^\dagger$, $\phi^\dagger$)의 퍼텐셜을 사용하든, 동일한 $\mathbf{E}$와 $\mathbf{B}$의 장을 얻게 되는 것이다. (22-21)과 (22-23)으로 정의되는 이러한 종류의 변환을 **게이지변환** *gauge transformation*이라 한다. 그래서 Maxwell 방정식은 게이지변환, 혹은 "게이지의 변화"에 대해서 불변(invariant) 임을 알아낸 것이다. 그러나 두 벌의 퍼텐셜은 모두 Lorentz 조건을 만족하는 것이 바람직하므로, χ에는 모종의 제한조건이 있다. (22-21)과 (22-23)을 (22-14)에 대입하면,

$$\nabla \cdot \mathbf{A}^\dagger + \mu\epsilon\frac{\partial\phi^\dagger}{\partial t} - \nabla^2\chi + \mu\epsilon\frac{\partial^2\chi}{\partial t^2} = 0 \tag{22-24}$$

이 된다. 그러므로

$$\nabla^2\chi - \mu\epsilon\frac{\partial^2\chi}{\partial t^2} = \Box^2\chi = 0 \tag{22-25}$$

이면, $\mathbf{A}^\dagger$와 $\phi^\dagger$는 (22-14)도 만족시킬 것이다. [정상상태의 장인 경우, (22-14)와 (22-25)는 이전의 결과 (16-26)과 (16-27)로 된다.]

이러한 가정 하에서 $\mathbf{A}^\dagger$와 $\phi^\dagger$는 $\mathbf{A}$와 ϕ가 만족시키는 것과 동일한 미분방정식을 만족시킨다는 것도 쉽게 증명할 수 있다:

$$\Box^2\mathbf{A}^\dagger = -\mu\mathbf{J}_f \qquad \Box^2\phi^\dagger = -\frac{\rho_f}{\epsilon} \tag{22-26}$$

이 모든 필요조건을 충족시키는 퍼텐셜을 다룰 때, 우리는 Lorentz 게이지를 사용하고 있다고

말한다.

연습문제

22-1 (22-8)과 (22-9)는, Maxwell 방정식으로 돌아가서 유도하기 보다는, (22-4)와 (22-5)로부터 시작하여 얻을 수 있음을 보여라.

22-2 자유전하 및 자유전류와 분극, 자화가 모두 위치와 시간의 함수로 주어져 있다면, 퍼텐셜들이 만족하는 일반식들은 진공에 맞는 Lorentz 조건의 형태를 이용하여 분리할 수 있음을 보여라. 이 조건하에서 **A**와 ϕ가 만족시키는 미분방정식을 구하라.

22-3 선형등방성 매질이지만 균일하지 않은 경우에 대해 퍼텐셜이 만족시키는 방정식을 구하라.

22-4 전도도를 포함하고 있는 (22-11)의 Lorentz 조건으로부터, **A**의 법선성분이 만족시키는 경계조건을 구하라.

22-5 l.i.h. 비전도성 매질을 고려해보자. $\nabla \cdot \mathbf{A} = 0$이 되게 할 필요가 있다면, 우리는 Coulomb 게이지를 사용하고 있다 말한다. 이 경우 **A**와 ϕ가 만족시키는 미분방정식을 구하라.

22-6 $\rho_f = 0$이며 $\mathbf{J}_f = 0$인 l.i.h. 비전도성 영역에서 **E**와 **B**의 장은 벡터퍼텐셜만으로, 즉 ϕ를 일정하다고 하여 (보통 영으로 잡는다), 완벽하게 구해질 수 있음을 보여라.

22-7 한 영역을 고려해보는데, $\rho_f = 0$이며 $\mathbf{J}_f = 0$이고 $\mathbf{M} = 0$이나, **P**는 위치와 시간의 함수로 주어져 있다. (22-4)와 (22-5)가 만족될 수 있음을 보이고, 전자기장은 단 하나의 벡터 $\boldsymbol{\pi}_e$로 구해질 수 있음도 보여라. 여기서 $\boldsymbol{\pi}_e$는 $\mathbf{A} = \mu_0\epsilon_0(\partial\boldsymbol{\pi}_e/\partial t)$, $\phi = -\nabla \cdot \boldsymbol{\pi}_e$, $\nabla^2\boldsymbol{\pi}_e - \mu_0\epsilon_0(\partial^2\boldsymbol{\pi}_e/\partial t^2) = -\mathbf{P}/\epsilon_0$을 만족시킨다. 이 벡터 $\boldsymbol{\pi}_e$를 Hertz 벡터, 혹은 분극퍼텐셜이라 한다. **E**와 **B**를 $\boldsymbol{\pi}_e$만으로 나타내고, **P**도 (간단히 할 수 있다면) 그렇게 해보아라.

22-8 이 연습문제의 기본정신은 앞 문제와 유사하다. $\rho_f = 0$, $\mathbf{J}_f = 0$, 이고 $\mathbf{P} = 0$이나, **M**은 위치와 시간의 함수라고 가정해보자. 이번에는 전자기장이 단 하나의 벡터 $\boldsymbol{\pi}_m$으로부터 얻어지는데, 이것은 방정식 $\nabla^2\boldsymbol{\pi}_m - \mu_0\epsilon_0(\partial^2\boldsymbol{\pi}_m/\partial t^2) = -\mu_0\mathbf{M}$을 만족시킨다. **A**, ϕ, **E**와 **B**를 $\boldsymbol{\pi}_m$으로 나타낸 표현식을 구하여라.

제 23 장 단위계—혼란에 빠진 학생들을 위한 안내

지금까지 우리는 SI 단위계만을 사용하여 왔는데, 이것은 효과적으로 유리화된 MKSA 계의 단위와 같다. 우리는 앞으로도 계속해서 SI 단위계를 사용할 것이다. MKSA 단위계를 사용한다는 의미는 임의로 선택 정의한 네 개의 물리량 m, kg, s, A를 근거로 하겠다는 것이다. 그러나 처음에 전기와 자기가 따로 따로 발전하였다는 역사적 이유에 주로 근거하여, 다른 단위계가 사용되어 왔고, 아직도 여전히 사용되고 있다. 특히 좀 더 고급한 물리학을 다루는 분야인 양자물리학 같은 주제나, 양자물리학이 물질의 미시적 특성에 적용될 경우에 그러하다. 그 결과 MKSA 단위로만 계산하도록 훈련한 학생들은 다음의 두 질문을 대할 때 자주 곤란에 직면하게 된다: 이 방정식은 어떤 단위계로 나타내어졌는가. 이 문제를 풀기 위해 어떤 수치를 넣어야 하는가? 이 장의 내용은 이들 질문에 답하는 방법을 안내하기 위한 것이다. 그러나 여러 가지 단위계에 관해서 철저하게 논의하자는 것은 아니고, 주로 이들이 어떻게 연유하였는가를 지적하고, 다른 단위계가 기본방정식의 형태에 미치는 효과와, 다른 단위로 무엇을 하겠다는 것인지 등에 관해 설명하겠다. 그러므로 내용이 적은 이 장은 어떤 의미에서 지엽적인 것이 되겠지만, 전자기학을 가장 일반적인 형태로 나타내는 과업을 막 끝낸 이 시점에서 이들 질문을 생각해보는 것은 도움이 되겠다.

23-1 다른 단위계의 기원

다른 단위계가 어떻게 생겨났는지를 알아보기 위해서는, 두 개의 기본적인 실험 결과—하나는 정전기적이고 다른 것은 정자기적인—를 고려하면 충분하다. Coulomb 법칙 (2-3)으로부터, 두 점전하 사이의 힘의 크기가

$$F = C_e \frac{qq'}{R^2} \tag{23-1}$$

의 형태를 갖고 있다는 것은 알고 있다. 여기서 C_e는 비례상수로 그 수치는 사용하는 단위계에 따라 다르다. 이전에는 $C_e = 1/4\pi\epsilon_0$으로 표기하기로 선택했었다. 마찬가지로, Ampère 법칙에서 구한 두 평행 전류 사이의 단위길이당 힘의 크기는, (13-13)과 (13-14)로 주어져

$$\frac{dF}{dz} = 2C_m \frac{II'}{\rho} \tag{23-2}$$

로 쓸 수 있다. 여기서 C_m은 비례상수로 이전에는 $C_m = \mu_0/4\pi$로 썼다. 한편 모든 단위계에서 전류의 정의로는 (12-2)의 $I = dq/dt$를 사용한다.

만일 이들 식에서 항상 동일한 역학 단위를 사용한다면, 위의 관계되는 두 힘은 같은 단위차원을 갖게 될 것이고, $C_e qq'/R^2$과 $C_m II'$을 함께 사용할 때에도 같은 단위차원을 가져야 한다. 그래서 그 비

$$\frac{C_e}{C_m} = c^2 \tag{23-3}$$

은 (거리/시간)^{2}의 차원을 가져야 한다. 즉, c는 속력의 차원을 갖는다. 이 비의 값은 여러 번 측정되어 왔고 그 실험결과는

$$c = 3 \times 10^8 \text{ m/s} \tag{23-4}$$

이고, 이것은 진공에서 측정한 빛의 속력과 같다. 현재 알려진 가장 정확한 c 값은 2.99792458 × 10^8 m/s이지만 우리가 사용하기에는 (23-4)로 주어진 값이면 충분히 정확하다 하겠다(다음 장에서 보면 알겠지만, 이 비와 광속이 같다는 사실은 우연의 일치가 아니다). 우리는 C_e와 C_m에 준 값에 이미 이 수치 결과를 참작한 셈이고, $C_e/C_m = (4\pi\epsilon_0)^{-1}/(\mu_0/4\pi) = (\mu_0\epsilon_0)^{-1} = (9 \times 10^9)/(10^{-7}) = (3 \times 10^8 \text{ m/s})^2$로 구해진다. 이 때 (2-5)와 (13-2)를 사용하였다. 이것은 (23-3) 및 (23-4)와 일치한다. 즉, 우리가 사용하고 있는 MKSA 계에서는

$$\mu_0\epsilon_0 = \frac{1}{c^2} \tag{23-5}$$

라는 기본 결과가 성립한다.

전자기학에서 사용하는 여러 단위계는 이들 상수를 선택하는 방식이 근본적으로 서로 다르다. C_e나 C_m 중의 하나는 분명히 임의로 선택할 수 있으나, 그렇다면 다른 하나의 값은 (23-3)의 요구조건에 의해 정해진다.

우리가 관심을 갖는 다른 단위계들은 기본적으로 CGS 계를 사용한다. 여기서는 모든 것이 길이, 질량, 시간에 대한 세 개의 기본 단위를 임의로 선택하여 나타내어진다. 이들은 각각 cm, g, s이다. 그러면 역학 단위는 보통 하던대로 정의로부터 구해진다. 힘의 단위는 1g × 1 cm/s^2 = 1 dyne이다. 일이나 에너지의 단위는 단위힘에 단위변위를 곱한 것으로 1 dyne · cm = 1 erg이다. 일률의 단위는 1 erg/s 등이다.

단위계 사이의 또 다른 구별은 이들이 "유리화" 되어있는가 그렇지 않은가에 관한 것이다. 실제로 이것이 의미하는 바는, 유리화 되어있는 계에서는 Maxwell 방정식에 인자 4π(무리수)가 나타나지 않는다는 것이다. 반면, 우리가 앞으로 보게 되겠지만, 유리화 되어있지 않은 단위계를 사용할 경우 4π는 나타난다. 21-19식 내지 21-23식은 우리가 유리화된 MKSA 계를 사용하고 있다는 것을 보여준다(유리화 되어있는 계를 사용한다고 해서 4π가 사라지게 된다는 것이 아니고, 4π는 Maxwell 방정식으로부터 구한 결과의 다른 모든 곳에 찾아진다는 것을 의미한다. 그러므로 어떤 형태를 사용하는가는 다소 취향의 문제이다).

23-2 정전기단위계 및 전자기단위계

만일 Coulomb 법칙이 근본적인 실험 결과라고 생각되어 전자기학의 단위계를 다루는 출발점으로 삼기에 최적이라고 해보자. 그러면 이러한 선호 경향에 따라 이 식을 가능한 한 간단한 모습이 되도록 하는 것이 당연할 것이다. 이것은 분명 $C_e = 1$로 선택하면 된다. 그러면 (23-3)에 의해 C_m은 $1/c^2$으로 잡아야 할 것이고, (23-1)과 (23-2)는

$$F = \frac{qq'}{R^2} \qquad \frac{dF}{dz} = \frac{2II'}{c^2\rho} \qquad \text{(esu)} \tag{23-6}$$

이 될 것이다. 이러한 과정에 의해 **정전기단위계** *electrostatic system of units*(esu)를 얻게 되었다. (23-6)의 첫 번째 식으로부터 두 동일한 단위전하는 1 cm 떨어져 서로 밀면서 1 dyne의 힘을 작용하리라는 것을 알 수 있다. 이러한 방식으로 정의된 전하량의 단위를 statcoulomb이라 한다(이 명칭은 electrostatic으로부터 왔다). 그러면 전류의 단위는 1 statcoulomb/s = 1 statampere가 될 것이고, 퍼텐셜차의 단위는 1 erg/statcoulomb = 1 statvolt가 될 것이다. 이러한 과정을 계속하여 statfarad, statohm, 등을 정의할 수 있겠고, 이러한 방식으로 일관되고도 완전한 기술을 할 수 있다. 그러나 여기에서 어떻게 **B**를 정의하고 **E**와 관련지을지를 정해야 한다. 이것은 이 단위계에서 Faraday의 법칙을 $\nabla \times \mathbf{E} = -\partial\mathbf{B}/\partial t$라고 씀으로써, 혹은 동등하게 Lorentz 힘을 $q(\mathbf{E} + \mathbf{v} \times \mathbf{B})$라고 씀으로써 정할 수 있다. 그러나 이 단위계는 이러한 단순한 형태로는 거의 사용되지 않고, 그래서 더 이상 설명하지 않겠다. 그럼에도 불구하고 한 가지 지적하고자 하는 것은, 이 단위계로 측정되는 물리량을 아주 흔히 보게 될 것이라는 점이다. 그러나 그 양들을 statampere, statfarad 등으로 나타내지 않고, 그저 "정전기단위" 혹은 간단히 "esu"로 측정되었다고 말한다.

이번에는 우리가 정전기 보다는 정자기에 더 관심이 있고 경험도 많다고 해보자. 그러면 (23-2)의 표현식이 더 적당한 출발점이라고 느끼게 될 것이고, 이것을 가능한 한 간단히 하고 싶을 것이다. 이것은 $C_m = 1$로 선택하여 $C_e = c^2$으로 하면 되고, (23-1)과 (23-2)는

$$F = \frac{c^2qq'}{R^2} \qquad \frac{dF}{dz} = \frac{2II'}{\rho} \qquad \text{(emu)} \tag{23-7}$$

가 된다. 이러한 과정에 의해 **전자기단위계** *electromagnetic system of units* (emu)를 얻게 되었다. 그러면 (23-7)의 두 번째 표현식에 의해 1 cm 떨어져 있는 두 개의 긴 동일한 단위 평행 전류는 서로 당길 것이고 그 힘은 2 dyne/cm일 것이다. 이러한 방식으로 정의된 전류의 단위를 abampere라 한다(이 명칭은 absolute로부터 왔다). 단위전하는 1 abcoulomb = 1 abampere · s일 것이고, 이러한 과정을 계속하여 abvolt, abfarad 같은 것을 얻게 된다; 또한 매우 자주 간단히 "전자기단위", 혹은 "emu"라는 용어를 사용한다. 다시 한 번 **E**와 **B**의 정의는 $\nabla \times \mathbf{E} = -\partial\mathbf{B}/\partial t$나 $q(\mathbf{E} + \mathbf{v} \times \mathbf{B})$라고 써서 관련되어 진다. 실제적으로 전자기단위계는 순전히 이러한 형식으로는 결코 사용되지 않는다. 한편 아직도 아주 많이 사용되며, 우리에게 필요한 것

은 다음 절에서 다루겠다.

23-3 Gauss 단위계

이것은 유리화되지 않은 CGS 단위계로, 전기적인 물리량은 정전기단위계로 측정되고 자기적 물리량은 전자기단위계로 측정된다는 점에서 혼합되어 있다. 여기서는 이 단위계를 소개하는 것이 목적이므로, 이 단위계에서 기본 방정식들이 가정하는 형태를 인용하는 것으로 충분하겠다. Maxwell 방정식은 일반적으로

$$\nabla\cdot\mathbf{D}=4\pi\rho_f \qquad \nabla\cdot\mathbf{B}=0$$
$$\nabla\times\mathbf{E}=-\frac{1}{c}\frac{\partial\mathbf{B}}{\partial t} \qquad \nabla\times\mathbf{H}=\frac{4\pi}{c}\mathbf{J}_f+\frac{1}{c}\frac{\partial\mathbf{D}}{\partial t} \tag{23-8}$$

이고, 여기서 여러 가지 장 벡터들은

$$\mathbf{D}=\mathbf{E}+4\pi\mathbf{P} \qquad \mathbf{H}=\mathbf{B}-4\pi\mathbf{M} \tag{23-9}$$

로 관련되어 지며, Lorentz 힘은

$$\mathbf{F}=q\left(\mathbf{E}+\frac{\mathbf{v}}{c}\times\mathbf{B}\right) \tag{23-10}$$

이다. [(23-8)로부터 연속방정식은 여전히 $\nabla\cdot\mathbf{J}_f+(\partial\rho_f/\partial t)=0$의 형태이다.]

구성방정식이 적용되는 곳이라면 여러 방정식들은

$$\mathbf{D}=\epsilon\mathbf{E} \qquad \mathbf{H}=\mathbf{B}/\mu \qquad \mathbf{J}_f=\sigma\mathbf{E}$$
$$\mathbf{P}=\chi_e\mathbf{E} \qquad \mathbf{M}=\chi_m\mathbf{H} \tag{23-11}$$

로 쓰고

$$\epsilon=1+4\pi\chi_e \qquad \mu=1+4\pi\chi_m \tag{23-12}$$

이다. 퍼텐셜을 포함하는 표현식들은

$$\mathbf{B}=\nabla\times\mathbf{A} \qquad \mathbf{E}=-\nabla\phi-\frac{1}{c}\frac{\partial\mathbf{A}}{\partial t} \tag{23-13}$$

이 되는 것을 쉽게 알 수 있고, 에너지 공식들은

$$u=\frac{1}{8\pi}(\mathbf{E}\cdot\mathbf{D}+\mathbf{B}\cdot\mathbf{H}) \qquad \mathbf{S}=\frac{c}{4\pi}(\mathbf{E}\times\mathbf{H}) \tag{23-14}$$

이다. 여기서 첫 번째 식은 선형 매질에 대해 성립한다.

위에서 알 수 있듯이 모든 장 벡터 **E**, **D**, **B**, **H**, **P**, **M**는 동일한 단위차원을 가지고 있다. 물론 이렇다고 해서 각 단위의 이름을 다르게 붙이지 못할 이유는 없다. 특히 자기 물리량에 대해서 서로 다른 이름들이 널리 보급되어, 다음과 같이 일상적으로 사용되고 있다: **B**는 gauss

로; $\mathbf{H}$는 oersted로; $\mathbf{M}$도 oersted로 (다음 절 참조); Φ는 1 gauss $\cdot$ cm^2 = 1 maxwell로.

또한 (23-9)에 의하면 진공에서는 $\mathbf{D} = \mathbf{E}$, $\mathbf{H} = \mathbf{B}$이다. ϵ, μ, χ_e, χ_m은 모두 단위가 없다. 이들의 수치에 대해서는 다음 절에서 논의하겠다.

더구나 "수정된" Gauss 단위계를 사용하는 것이 드문 일은 아니다. 이것은 앞에서 설명한 것과 똑같이 생겼으나, 예외적으로 전하를 여전히 statcoulomb (esu)로, 전류는 abampere (emu)로 측정한다. 효과적으로는 전류에 관한 어떤 기호라도, 그 기호에 c를 곱한 것으로 대체하면 된다. (예를 들어, $\mathbf{J}_f \to c\mathbf{J}_f$) 이것에 의해 영향을 받지 않는 유일한 Maxwell 방정식은 Ampère의 법칙이며, 따라서 연속방정식도 그러하고, 이들은

$$\nabla \times \mathbf{H} = 4\pi \mathbf{J}_f + \frac{1}{c}\frac{\partial \mathbf{D}}{\partial t} \qquad \nabla \cdot \mathbf{J}_f + \frac{1}{c}\frac{\partial \rho_f}{\partial t} = 0 \tag{23-15}$$

이 된다.

끝으로, Heaviside-Lorentz 단위계는 단순히 유리화된 Gauss 계이다. 이것을 사용할 때는 효과적으로 (23-8) 내지 (23-12)에 있는 모든 4π를 1로 대체하면 된다. 예를 들어, $\nabla \cdot \mathbf{D} = \rho_f$이고 $\mathbf{D} = \mathbf{E} + \mathbf{P}$이다. 그러나 인자 c는 그대로 남긴다.

만일 어떤 단위계를 사용하고 있는지 밝히지 않았다면, 친숙한 결과식 (Maxwell 방정식이 바람직하겠는데) 몇 개를 살펴보면, 보통 어떤 단위계를 사용하는지 추론할 수 있다.

23-4 Gauss 단위계의 대처법

원리상 Gauss 계에서 원하는 어떤 결과라도 Maxwell 방정식 (23-8)에서 시작하여 필요한 대로 (23-9) 내지 (23-13) 표현식을 사용하여 유도할 수 있다. 이렇게 하는 것이 항상 편리한 것은 아니고, Gauss 계에서 주어진 결과를 해당 MKSA 계로 변환하거나 그 반대로 할 수 있는 방법이 있다면 바람직하겠다. 표 23-1은 이렇게 하는 방안을 마련해주고 있다. 이 표를 사용하려면, 어떤 공식을 한 단위계에서 사용하고 있다면, 표에서 그 단위계의 열에 있는 기호를 다른 단위계에 있는 해당 기호로 대체하면 된다. 역학에 관련된 물리량을 타나내는 부호는 본질적으로 변하지 않는다.

예제

(21-19)로 주어진 $\nabla \cdot \mathbf{D} = \rho_f$를 변환하여보자. 표를 이용하면 $\nabla \cdot [(\epsilon_0/4\pi)^{1/2}\mathbf{D}] = (4\pi\epsilon_0)^{1/2}\rho_f$을 얻게 되고, 이것은 (23-8)에 인용된대로 $\nabla \cdot \mathbf{D} = 4\pi\rho_f$가 된다.

예제

(23-14)에 주어진 Poynting 벡터에 대한 표현식을 MKSA 형식으로 변환하여보자. $\mathbf{S}$는 에너지 흐름이므로 바뀌지 않고, Gauss 단위계 열로부터 MKSA 단위계로 가면서

표 23.1 방정식에서의 기호 변환하기.

본질적으로 역학 물리량을 나타내는 기호(길이, 질량, 시간, 힘, 일, 에너지, 일률 등)는 바뀌지 않는다. (미분량도 바뀌지 않는다.) MKSA 단위계로 적힌 식을 해당되는 Gauss 단위계로 변환하려면, MKSA 단위계라고 표시된 열 아래에 열거된 기호를 Gauss 단위계 아래에 있는 것으로 대체하라. Gauss 단위계에서의 식을 MKSA 단위계의 식으로 변환할 때는 표의 오른쪽에서 왼쪽으로 가면서 바꾸어라.

물리량	MKSA 단위계	Gauss 단위계
전기용량	C	$4\pi\epsilon_0 C$
전하	q	$(4\pi\epsilon_0)^{1/2}q$
전하밀도	ρ, (σ, λ)	$(4\pi\epsilon_0)^{1/2}\rho$, (σ, λ)
전도도	σ	$4\pi\epsilon_0\sigma$
전류	I	$(4\pi\epsilon_0)^{1/2}I$
전류밀도	$\mathbf{J}$, $(\mathbf{K})$	$(4\pi\epsilon_0)^{1/2}\mathbf{J}$, $(\mathbf{K})$
유전상수	κ_e	ϵ
쌍극자모멘트(전기)	$\mathbf{p}$	$(4\pi\epsilon_0)^{1/2}\mathbf{p}$
쌍극자모멘트(자기)	$\mathbf{m}$	$(4\pi/\mu_0)^{1/2}\mathbf{m}$
변위	$\mathbf{D}$	$(\epsilon_0/4\pi)^{1/2}\mathbf{D}$
전기장	$\mathbf{E}$	$(4\pi\epsilon_0)^{-1/2}\mathbf{E}$
인덕턴스	L	$(4\pi\epsilon_0)^{-1}L$
자기장	$\mathbf{H}$	$(4\pi\mu_0)^{-1/2}\mathbf{H}$
자기선속	Φ	$(\mu_0/4\pi)^{1/2}\Phi$
자기유도	$\mathbf{B}$	$(\mu_0/4\pi)^{1/2}\mathbf{B}$
자화	$\mathbf{M}$	$(4\pi/\mu_0)^{1/2}\mathbf{M}$
투자율	μ	(1) $\kappa_m\mu_0$, 그러면 (2) $\kappa_m \to \epsilon$
투자율(상대)	κ_m	μ
유전율	ϵ	(1) $\kappa_e\epsilon_0$, 그러면 (2) $\kappa_e \to \epsilon$
분극	$\mathbf{P}$	$(4\pi\epsilon_0)^{1/2}\mathbf{P}$
저항	R	$(4\pi\epsilon_0)^{-1}R$
비저항	ρ	$(4\pi\epsilon_0)^{-1}\rho$
스칼라퍼텐셜	ϕ	$(4\pi\epsilon_0)^{-1/2}\phi$
광속	$(\mu_0\epsilon_0)^{-1/2}$	c
감수율	χ_e, (χ_m)	$4\pi\chi_e$, (χ_m)
벡터퍼텐셜	$\mathbf{A}$	$(\mu_0/4\pi)^{1/2}\mathbf{A}$

$$\mathbf{S} = \frac{(\mu_0\epsilon_0)^{-1/2}}{4\pi}\left[(4\pi\epsilon_0)^{1/2}\mathbf{E}\times(4\pi\mu_0)^{1/2}\mathbf{H}\right] = \mathbf{E}\times\mathbf{H}$$

를 얻는다. 이것은 바로 (21-59)이다.

표 23-1을 이용하면서 가끔은 잘못된 결과가 나오는 경우가 있는데, Gauss 단위계로 진공에 대해 풀어 놓은 방정식에 이 표를 적용할 때 그러하다. 그 이유는 이 경우 **D** = **E**, **H** = **B** 이기 때문에 이 기호들을 바꾸어서 사용하는 경향이 있는데, 그러면 이들 쌍의 각각에 대하여 표 23-1에 열거된 변환 인자가 달라져 모호해진다. 예를 들어, 그러한 상황에서 장을 벡터퍼텐셜과 연결하는 식을 **H** = ∇ × **A**처럼 쓰는 일이 아주 흔히 일어난다. 그러면 이것은 직접 해당 MKSA 식인 **B** = ∇ × **A**로 변환되지 않았음을 표로부터 곧 알 수 있다. 그러나 진공의 경우 이것은 μ_0**H** = ∇ × **A**가 되어 괜찮다.

한 단위계에서 다른 단위계로 식의 형태를 변환하는 것은 주어진 물리량의 수치를 변환하는 것과는 다르다. 예를 들어, 데이터의 수치는 Gauss 단위계로 주어져 있는데, 이것을 MKSA 공식에 해당되는 값으로 넣을 필요가 있다. 그러려면 수치 변환표가 필요한데, 표 23-2는 그러한 대부분의 목적에 알맞은 것이다. 각 행에 기재된 것은 주어진 물리량을 다른 단위로 나타낸 것이다. 즉, 각 행에 있는 값들은 동일하다. 여러 곳에 나타나는 3이라는 인자는 $c = 3 \times 10^8$ m/s을 쓰면서 생겨났다. 그렇다고 10의 멱수까지 따라가는 것은 아니다. 또 다른 변환이 필요하면, 1을 적절한 비로 나타내어 곱하면서 단위를 상쇄시켜가는 흔한 방법으로 얻을 수 있다. 예를 들어, $1 = 10^3$ g/kg이라고 쓸 수 있다.

MKSA 계에서는 **H**와 **M**을 둘 다 A/m로 측정하지만, oersted로의 변환 인자는 서로 다르다. 이것은 (23-9)에 있는 4π때문에 생긴 결과이다. **D**와 **P**에 대해서도 마찬가지로 말할 수 있다. 자화를 oersted 대신 gauss로 나타내는 것도 드문 일은 아니다. 그렇게 나타내더라도 대부분의 경우 사람들은 사실은 "oersted"를 의미하는 것이고, 단위 명칭을 (oersted로)바꾸고 **M**에 대해 표에 주어진 인자를 사용하여 진행해 나아갈 수 있다. 때로는 진짜로 "gauss"를 의미하기도 한다. 이럴 때는 보통 (19-20)의 표현식에 μ_0을 곱한 것을 자기쌍극자모멘트의 MKSA 정의라고 말하려는 의도를 마음속에 두고 있다고 할 수 있다. 이로 인해 자기벡터들 사이의 관계를 (21-24)가 아니라 **B** = μ_0**H** + **M**로 택하게 된다. 그런 경우 **B**와 **M**을 같은 단위로 측정하는 것이 적절할 것이다. 그러나 이것은 매우 드문 경우이다.

투자율, 유전상수, 감수율의 수치를 살펴보면, 이들은 대부분 Gauss 단위로 주어진다. 두 단위계에 있어서 이들 특성값 사이의 수치 관계는

$$\kappa_{e\,\mathrm{MKSA}} = \left(\frac{\epsilon}{\epsilon_0}\right)_{\mathrm{MKSA}} = \epsilon_{\mathrm{Gauss}} \tag{23-16}$$

$$\kappa_{m\,\mathrm{MKSA}} = \left(\frac{\mu}{\mu_0}\right)_{\mathrm{MKSA}} = \mu_{\mathrm{Gauss}} \tag{23-17}$$

$$\chi_{\mathrm{MKSA}} = 4\pi\chi_{\mathrm{Gauss}} \tag{23-18}$$

이다. 여기서 맨 끝의 관계식은 χ_e와 χ_m 모두에 적용된다. (연습문제 20-17도 보아라.)

표 23.2 수치에 대한 변환표.

물리량	MKSA 단위계	Gauss 단위계
길이	1 meter(m)	10^2 centimeters (cm)
질량	1 kilogram(kg)	10^3 grams(g)
시간	1 second(s)	1 second(s)
힘	1 newton(N)	10^5 dynes
일, 에너지	1 joule(J)	10^7 ergs
일률	1 watt(W)	10^7 ergs/second
전기용량(C)	1 farad(F)	9×10^{11} statfarads
전하(q)	1 coulomb(C)	3×10^9 statcoulombs
전하밀도(ρ)	1 C/m^3	3×10^3 statcoulomb/cm^3
전도도(σ)	$1(\Omega\text{-m})^{-1}$	9×10^9 (statohm-cm)$^{-1}$
전류(I)	1 ampere(A)	3×10^9 statamperes $= 10^{-1}$ abamperes
전류밀도(**J**)	1 A/m^2	3×10^5 statampere/cm^2
변위(**D**)	1 C/m^2	$12\pi \times 10^5$ statvolt/cm
전기장(**E**)	1 volt/m(V/m)	$\frac{1}{3} \times 10^{-4}$ statvolt/cm
인덕턴스(L)	1 henry(H)	$\frac{1}{9} \times 10^{-11}$ stathenrys
자기장(**H**)	1 A/m	$4\pi \times 10^{-3}$ oersted
자기선속(ϕ)	1 weber(Wb)	10^8 maxwells
자기유도(**B**)	1 A/m^2 = 1 tesla(T)	10^4 gauss
자화(**M**)	1 A/m	10^{-3} oersted
분극(**P**)	1 C/m^2	3×10^5 statvolt/cm
퍼텐셜(ϕ)	1 volt(V)	$\frac{1}{300}$ statvolt
저항(R)	1 ohm(Ω)	$\frac{1}{9} \times 10^{-11}$ statohms

연습문제

23-1 (23-6)을 사용하여 statcoulomb의 차원을 cm, g, s로 나타내어라. (23-7)을 사용하여 abampere에 대해서도 마찬가지로 구하여라.

23-2 1 statcoulomb/cm^2 = 1 statvolt/cm임을 보여라. 또한 1 statfarad = 1 cm, 1 statohm = 1 s/cm도 보여라.

23-3 (23-8) 내지 (23-13)의 모든 식은 해당되는 MKSA 식에 표 23-1을 적용하여 구할 수 있음을 보여라.

23-4 Gauss 단위 형식으로 나타낸 식들로부터 시작하여, l.i.h. 매질에 대해 **A**와 ϕ가 만족하는 미분방정식을 유도하고 Lorentz 조건도 유도하라. 이들은 표 23-1을 사용하여 구한 것과 같음을 증명하라.

23-5 (23-8)과 (23-9)를 사용하여 평행판 축전기의 전기용량을 구하라. 이 평행판 축전기 극판의 면적은 A이고 간격은 d이며 극판

사이는 진공이다. 이 결과가 표 23-1 및 연습문제 23-2와 일치함을 증명하라.

23-6 (23-8)을 이용하여 유도기전력을 Gauss 단위로 쓸 때 $\mathscr{E} = -c^{-1}(d\Phi/dt)$임을 보여라. 자체인덕턴스도 보통대로 $\mathscr{E} = -L(dI/dt)$ 라고 정의 된다면, (17-55)의 유사형은 $L = \Phi/cI$가 되어야 함을 보여라. 그리고는 인덕턴스의 1 Gauss 단위가 1 stathenry = 1 s^2/cm임을 보여라. 이번에는 (23-8)과 (23-9)를 사용하여 어느 이상적인 솔레노이드의 길이 l에 대한 자체인덕턴스를 구하는데, 이것은 무한히 길며 단면적이 S이고 단위 길이당 n 번 감겨 있다. 이 결과는 표 23-1 및 위의 차원에 관한 결과와 일치함을 증명하라.

23-7 (23-8)과 (23-11)을 이용하여 선형 등방성 매질에 대해 Poynting 정리를 유도하고 그럼으로써 (23-14)에 인용한 결과가 적절했음을 보여라.

23-8 표 23-2를 사용하는 간단한 문제로써, **H**와 **M**이 평행이고 각각 α A/m와 β A/m의 값을 갖는다고 해보자. α와 β는 수치이다. B를 Wb/m^2으로, B를 gauss로, H와 M을 oersted로 구하라. H와 M에 대해 방금 구한 값을 (23-9)에 넣었을 때, B에 대한 변환 인자를 직접 사용하여 구한 것과 같은 B를 얻을 수 있음을 보여라.

23-9 (23-16) 내지 (23-18)이 옳다는 것을 증명하라. (귀띔: 앞 연습문제에서처럼 적절한 양에 대하여 특정 수치를 선택하고 모두를 변환하여라.)

제 24 장 평면파

원리상 주어진 경계조건을 만족하는 Maxwell 방정식의 어느 해라도, 적절한 전하와 전류 분포에 의해 만들어지는 전자기장이라고 간주할 수 있다. 그러나 실제에 있어서는 Maxwell 방정식을 닥치는 대로 풀려고 하지 않겠고, 그 대신 원하는 형태의 해를 찾든지, 당장 관심이 가는 특별한 상황에 맞는 개념을 찾아야겠다. 우선 이 후자의 과정에 대한 몇 가지 예를, 시간에 의존하는 장에 대하여 논의해보고, 이 때 그러한 장은 어떻게 만들어지는가에 관한 의문은 잠시 접어두기로 한다.

25-7절과 부록 B의 일부분을 제외하고 이 책의 나머지 부분에서, 우리는 모든 특성에 있어 선형 등방적이며 균질인 매질만을 다루기로 한다.

24-1 E와 B의 분리된 방정식

우리가 관심을 가지고 있는 영역에는 외부 자유전하나 자유전류가 없다고 가정하면서 시작해보자. 즉, $\rho_f = 0$, $\mathbf{J}'_f = 0$이라고 잡자. 그러면 (21-42)부터 (21-45)까지는

$$\nabla \cdot \mathbf{E} = 0 \tag{24-1}$$

$$\nabla \times \mathbf{E} = -\frac{\partial \mathbf{B}}{\partial t} \tag{24-2}$$

$$\nabla \cdot \mathbf{B} = 0 \tag{24-3}$$

$$\nabla \times \mathbf{B} = \mu\sigma\mathbf{E} + \mu\epsilon\frac{\partial \mathbf{E}}{\partial t} \tag{24-4}$$

가 된다.

이들 장 중의 하나를 다음과 같은 방식으로 소거할 수 있다. (24-2)에 커얼을 취하고, (1-120), (24-1), (24-4)를 이용하면,

$$\nabla \times (\nabla \times \mathbf{E}) = \nabla(\nabla \cdot \mathbf{E}) - \nabla^2\mathbf{E} = -\nabla^2\mathbf{E} = -\frac{\sigma}{\partial t}\nabla \times \mathbf{B}$$

$$= -\mu\sigma\frac{\partial \mathbf{E}}{\partial t} - \mu\epsilon\frac{\partial^2 \mathbf{E}}{\partial t^2}$$

혹은

$$\nabla^2\mathbf{E} - \mu\sigma\frac{\partial \mathbf{E}}{\partial t} - \mu\epsilon\frac{\partial^2 \mathbf{E}}{\partial t^2} = 0 \tag{24-5}$$

이 된다. 정확히 같은 방법으로 $\nabla \times (\nabla \times \mathbf{B})$는

$$\nabla^2 \mathbf{B} - \mu\sigma \frac{\partial \mathbf{B}}{\partial t} - \mu\epsilon \frac{\partial^2 \mathbf{B}}{\partial t^2} = 0 \tag{24-6}$$

이 된다. **E**와 **B**는 따로 동일한 방정식을 만족함을 알 수 있다. 그러므로 만일 **E**와 **B**의 여섯 개 직각좌표성분 중의 어느 하나를 $\psi(\mathbf{r}, t)$라 하면,

$$\nabla^2 \psi - \mu\sigma \frac{\partial \psi}{\partial t} - \mu\epsilon \frac{\partial^2 \psi}{\partial t^2} = 0 \tag{24-7}$$

임을 알 수 있다. 그러므로 사실상 우리는 단 하나의 스칼라 방정식만을 풀면 된다.

그러나 바로 앞의 이 결론은, (24-7)의 여섯 개 임의의 해 아무것이나 선택하여, 아무런 방식으로든지 E_x, E_y, . . ., B_z라 부르고는 이들이 가능한 전자기장이라고 간주 할 수 있다는 것을 의미하지는 않는다. 그 이유는 이들 장이 여전히 Maxwell 방정식을 만족하여야 하기 때문이며, 그래서 **E**와 **B**에는 제한이 따른다. 이러한 임의성은 (24-5)부터 (24-7)까지를 얻을 때 Maxwell 방정식을 미분했기 때문에 생겨났는데, 미분이라는 과정은 항상 정보의 손실을 초래하기 마련이다. 그럼에도 불구하고 우리는 이러한 방법을 계속 사용하려 한다. 그렇더라도 궁극적으로는 (24-1)부터 (24-4)까지를 만족시켜야 한다.

지금부터는 문제를 조금 단순화하는 것이 좋겠다.

24-2 비전도 매질에서의 평면파

우선 매질이 비전도성이어서 $\sigma = 0$이라고 해보자. 그러면 (24-7)은

$$\nabla^2 \psi - \mu\epsilon \frac{\partial^2 \psi}{\partial t^2} = 0 \tag{24-8}$$

의 형태를 취할 것이다. 이것은 삼차원 파동방정식 *three-dimensional wave equation*이라고 알려

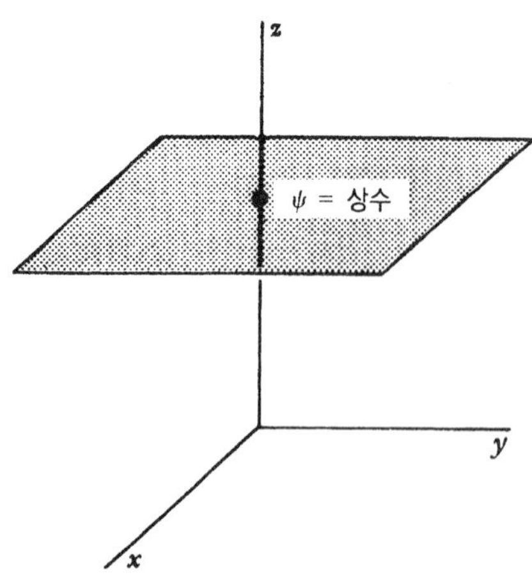

그림 24-1 ψ가 일정한 평면으로, xy 평면에 평행이다.

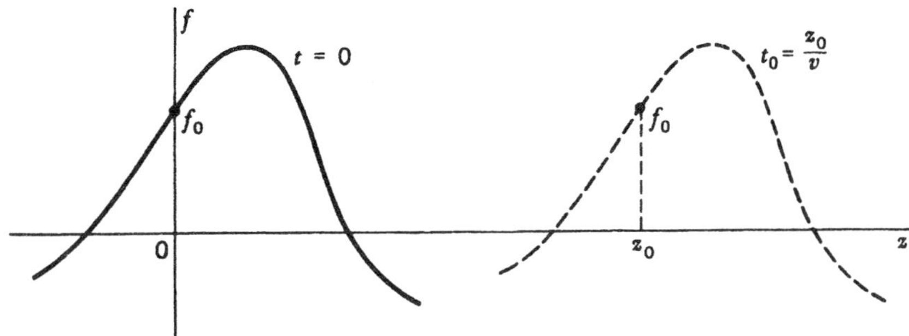

그림 24-2 $t = 0$에서의 모양이 시간 t_0에는 거리 z_0만큼 움직였다.

져 있다. 나중에 (24-8)로 다시 돌아오겠지만, 우선 특수한 형태의 함수로 $\psi = \psi(z, t)$를 살펴보도록하자. 즉, 어느 t에 대해서라도 ψ는 x와 y에 무관하여, z의 어느 값에 대하여도 ψ는 해당 무한 평면(xy 평면에 평행인)에서 상수이다. 그러한 평면 중의 하나를 그림 24-1에 나타내었다. 이 경우 (24-8)은

$$\frac{\partial^2 \psi}{\partial z^2} - \mu\epsilon \frac{\partial^2 \psi}{\partial t^2} = 0 \tag{24-9}$$

가 되며, 이것은 **일차원 파동방정식**이다.

원론적으로 **파동** *wave*라는 용어는 전파하는, 혹은 이동해 나아가는 형식 pattern(혹은 형태 form)을 묘사하는데 사용된다. 그러면 함수 $f(z, t) = f(z - vt)$는, z와 t를 $z - vt$의 결합으로만 나타내어, 양의 z 방향으로 일정한 속도 v로 진행하는 파라고 생각할 수 있다. (f는 z가 상수인 평면에서 일정하기 때문에 **평면파** *plane wave*라고 불린다.) 바로 앞의 내용은 그림 24-2를 이용하여 증명할 수 있다. $t = 0$, $z = 0$에서의 f 값을 생각해보자: $f(0) = f_0$. 나중 시간 t_0 때 위치 z_0에서 f는 다시 같은 값 f_0이 되도록 하자. 그러려면 변수는 역시 영이어야 한다. 즉, $f(z_0 - vt_0) = f_0 = f(0)$으로

$$z_0 = vt_0 \tag{24-10}$$

이다. 다시 말하면, $z = 0$, $t = 0$에 나타나는 특별한 모습 $f = f_0$은 이제 (24-10)에 의해 주어지는 새로운 위치 z_0으로 옮겨 갔다. 즉, 일정한 속도 v로 진행하여 새로운 지점에 이르렀다. $t = 0$에서의 다른 f 값에 대해서도 마찬가지임을 알 수 있고, 알짜 효과로써 전체적인 모양이 양의 z 방향으로 vt_0만큼 이동하였다. 마찬가지로 $g(z + vt)$는 임의 모양의 파동이 음의 z 방향으로 이동하는 모습을 나타내준다. 이것은 속력 v로 즉, $-v$의 속도로 이동한 것이다.

이제 (24-9)의 완전한 일반해는

$$\psi(z, t) = f(z - vt) + g(z + vt) \tag{24-11}$$

의 형태로 쓸 수 있음을 보이고자 한다. 여기서 f와 g는 임의의 함수이다. 이것을 보이기 위해 $w = z - vt$로 놓고 $f = f(w)$로 쓰면

$$\frac{\partial f}{\partial z}=\frac{df}{dw}\frac{\partial w}{\partial z}=\frac{df}{dw} \quad \text{및} \quad \frac{\partial^2 f}{\partial z^2}=\frac{d^2 f}{dw^2}\frac{\partial w}{\partial z}=\frac{d^2 f}{dw^2}$$

임을 알게 되고, 한편

$$\frac{\partial f}{\partial t}=\frac{df}{dw}\frac{\partial w}{\partial t}=-v\frac{df}{dw} \quad \text{및} \quad \frac{\partial^2 f}{\partial t^2}=-v\frac{d^2 f}{dw^2}\frac{\partial w}{\partial t}=v^2\frac{d^2 f}{dw^2}$$

이다. 이들을 (24-9)에 대입하면

$$\left(1-v^2\mu\epsilon\right)\frac{d^2 f}{dw^2}=0$$

을 얻게 되는데, 이것은 $v^2\mu\epsilon = 1$인 경우, 혹은

$$v=\frac{1}{\sqrt{\mu\epsilon}} \tag{24-12}$$

이라면, $f(z - vt)$가 해임을 보여주는 것이다. 마찬가지로, $g(z + vt)$는 (24-9)의 해가됨을 보일 수 있는데, 이 때 v는 (24-12)와 같은 표현식으로 주어진다. 그러므로 전자기장은 평면파의 형태로써 z 방향으로 전파하며, 파동의 속력은 오직 매질의 전자기적 특성인 곱 $\mu\epsilon$만으로 결정된다는 것을 알아내었다.

(24-12)는 다른 방식으로 써도 편리하다. (10-53), (20-55), (23-5)를 사용하면,

$$v=\frac{c}{n} \tag{24-13}$$

$$n=\sqrt{\kappa_e\kappa_m} \tag{24-14}$$

로 쓸 수 있다. 여기서 n은 매질의 **굴절률** *index of refracrion*이라 부르고, 단위차원이 없는 양이다. 진공에 대해서는 $n = 1$이고 파동 속도는 간단히 c가 되는데, 이것은 (23-4) 이후에서 지적하였듯이, 진공에서 측정된 광속과 같다. 이 결과는 Maxwell에 의해 처음으로 알려졌고, 그 이후 광파는 실제로 전자기파라는 믿음에 대한 강력한 증거로 제시 되었다. Maxwell 시대 이후에 이러한 생각을 뒷받침하는 훨씬 더 많은 증거가 쌓이게 되었고, 오늘날에는 아주 많이 알려져, 이제 보편적인 것으로 받아들여지게 되었다. 더구나 전자기파에 관한 개념은 실험적으로 뿐만 아니라 이론적으로도 확장되어 가시광선만을 기술하던 수준을 넘어있다.

(24-12)를 (24-9)에 대입하면 파동방정식을

$$\frac{\partial^2\psi}{\partial z^2}=\frac{1}{v^2}\frac{\partial^2\psi}{\partial t^2} \tag{24-15}$$

의 형태로 쓸 수 있다. (24-11)이 이 방정식의 일반적인 해를 나타내어준다는 사실은 알고 있지만, 우리에게는 너무 일반적이어서, 좀 더 구체적인 해를 생각해보기로 한다. 우리가 알아내고자 하는 형태에 대한 아이디어를 얻기 위해, (24-15)로부터 시작하여 변수분리법으로 시도해보자. 11-4와 11-5절에서 보았듯이 이 방법은 매우 도움이 된다. 우선, $\psi(z, t) = Z(z)T(t)$를

가지고 시도해보자. 이것을 (24-15)에 대입하고, ZT로 나누고는 보통의 방법대로 계산해 나아가면,

$$\frac{1}{Z}\frac{d^2Z}{dz^2} = \frac{1}{v^2T}\frac{d^2T}{dt^2} = \text{상수} = -k^2$$

를 얻게 되는데, 그러면 두 미분방정식

$$\frac{d^2Z}{dz^2} + k^2Z = 0 \quad \text{및} \quad \frac{d^2T}{dt^2} + \omega^2T = 0 \tag{24-16}$$

을 구하게 된다. 여기서

$$k^2 = \frac{\omega^2}{v^2} \tag{24-17}$$

이다. (24-16)의 일반해는 $Z_k(z) = \alpha_k e^{ikz} + \beta_k e^{-ikz}$와 $T_k(t) = \gamma_k e^{i\omega t} + \delta_k e^{-i\omega t}$로 쓸 수 있고, 여기서 α_k, β_k, γ_k, δ_k는 상수이며, $i = \sqrt{-1}$이다. 이들 두 결과식을 함께 곱하면, 어느 특정 k (그리고 (24-17)로 주어지는 해당 ω)에 대한 파동방정식의 해를 얻게 된다. k로써는 여러 값이 가능하므로, 그리고 (24-15)는 선형 미분방정식이므로, 위의 형태를 가지고있는 여러 해의 합도 해가 될 수 있다. 그러므로 곱 Z_kT_k를 모든 k 값에 대해 더하면, 파동방정식에 대한 일반해를 얻게 된다. 그것은

$$\begin{aligned}\psi(z,t) &= \sum_k \left[\alpha_k\delta_k e^{i(kz-\omega t)} + \beta_k\gamma_k e^{-i(kz-\omega t)}\right] \\ &+ \sum_k \left[\alpha_k\gamma_k e^{i(kz+\omega t)} + \beta_k\delta_k e^{-i(kz+\omega t)}\right]\end{aligned} \tag{24-18}$$

의 형태를 갖는다. 지수항의 변수는 (24-17)을 사용하면 모두 $kz \mp \omega t = k[z \mp (\omega/k)t] = k(z \mp vt)$의 형태임을 알 수 있고, 그래서 ψ는 실제로 (24-11)처럼 생긴 모습이 되었다. 사실 (24-18)의 첫 번째 항은 f를 두 번째 항은 g를 나타낸다. 그러므로 일차원 파동방정식의 해는 사인형 평면파의 중첩으로 쓸 수 있음을 알게 되었다.

(24-18)의 복잡성을 좀 더 줄여줄 수 있다. $e^{i(kz-\omega t)}$를 포함하는 항을 생각해보자. 이유는 곧 밝혀지겠지만, ω는 항상 양의 값으로 잡겠다. 이제 k도 양이라면, 이 형태는 $v = \omega/k$의 속력을 가지고 양의 z 방향으로 진행하는 평면파를 나타낸다. k가 음이면, $k = -|k|$로 쓸 수 있고, $e^{-i(|k|z+\omega t)}$의 형을 취하게 되고, 이것은 $v = \omega/|k|$의 속력을 가지고 음의 z 방향으로 진행하는 평면파이다. 그러므로 (24-18)의 합에서 첫 번째 항에 관한 한, $e^{i(kz-\omega t)}$의 한 가지 형태만을 필요로 하며, k의 (양 혹은 음) 부호가 파동의 진행방향을 말해줄 것이다. (24-18)의 다른 지수 항들은 다만 앞에서 말한 것의 복소수공액으로 나름대로의 적절한 형태를 가지고 있다. 따라서 어느 특정 k(그리고 해당 ω)를 갖는 전형적인 평면파 하나만의 거동을 공부하면 충분할 것이다. 그 형태를

$$\psi(z,t) = \psi_0 e^{i(kz-\omega t)} \tag{24-19}$$

로 잡을 수 있다. 여기서 ψ_0은 상수이다. 일반해는 (24-18)에서 보았던 것처럼 이러한 항들의 합으로 구성할 수 있다. [(24-19)는 물리학에서 평면파를 나타내는 일반적인 방식이다. 그러나 어떤 책에서는 지수 항을 $e^{i(\omega t - kz)}$로, 즉 (24-19)의 복소수공액으로 쓰기도 한다. 또한 $\sqrt{-1}$을 나타내는 기호로 i 대신 j를 사용하기도 한다. 일반적으로 말하자면, 다른 기호들로 나타낸 결과들은 경우에 따라 i를 $-i$나 $\pm j$로 대체하여 비교할 수 있다.]

ψ는 **E**나 **B**의 성분이 될 것이기 때문에, 이것은 물리량으로써 실수가 되어야 한다. 그러나 사인이나 코사인 보다는 지수함수가 다루기에는 더 편리하므로, ψ를 (24-19)의 형태로 쓰는 것이 보통이며, 이것을 우리들의 관례로 삼겠다. ψ(혹은 **E**나 **B**)가 복소수로 구해져 있다면, 물리적으로 의미있는 해는 실수부를 취하면 된다. 즉,

$$\psi_{\text{물리적}} = \text{Re}\,\psi = \text{Re}\left[\psi_0 e^{i(kz-\omega t)}\right] \tag{24-20}$$

(이러한 약속은 파동방정식이 선형이기 때문에 가능한데, 그러면 ψ의 실수부나 허수부도 따로 해이다.) ψ_0 자체는 보통 복소수이기 때문에, 실수부에 대한 구체적인 형태를 구해 놓는 것이 좋겠나. ψ_0를 실수부 ψ_{0R}과 허수부 ψ_{0I}로

$$\psi_0 = \psi_{0R} + i\psi_{0I} \tag{24-21}$$

처럼 쓰고,

$$e^{iu} = \cos u + i \sin u \qquad e^{-iu} = \cos u - i \sin u \tag{24-22}$$

를 사용하면, (24-19)는 $\psi = (\psi_{0R} + i\psi_{0I})[\cos(kz - \omega t) + i \sin(kz - \omega t)]$가 됨을 알 수 있고, 그러면

$$\text{Re}\,\psi = \psi_{0R} \cos(kz - \omega t) - \psi_{0I} \sin(kz - \omega t) \tag{24-23}$$

이다. 복소수를 나타내는 또 다른 편리한 방법은 실수인 진폭 ψ_{0a}와 위상각 ϑ를 사용하는 것이다:

$$\psi_0 = \psi_{0a} e^{i\vartheta} \tag{24-24}$$

이들 여러 양들은

$$\begin{gathered} \psi_{0R} = \psi_{0a} \cos\vartheta \qquad \psi_{0I} = \psi_{0a} \sin\vartheta \\ \psi_{0a} = \left(\psi_{0R}^2 + \psi_{0I}^2\right)^{1/2} \qquad \tan\vartheta = \frac{\psi_{0I}}{\psi_{0R}} \end{gathered} \tag{24-25}$$

에 의해 서로 관련된다. (24-24)를 (24-19)에 대입할 때, 이것은 $\psi = \psi_{0a} e^{i(kz - \omega t + \vartheta)}$가 되고, 그래서

$$\text{Re}\,\psi = \psi_{0a} \cos(kz - \omega t + \vartheta) \tag{24-26}$$

이다. 이 형태는 매우 편리하여 흔히 사용된다. 그러므로 진폭 ψ_0이 복소수라는 것은 사인형 평면파에 위상인자 ϑ가 존재한다는 의미가 된다.

식 24-26은 사인형 평면파가 공간과 시간 모두에 있어 주기적이란 점을 보여주고 있다. 공간적인 주기 λ를 **파장** *wavelength*라 하고, 시간적인 주기 T는 진동수 ν와 $T = 1/\nu$의 관계를 갖는다. 이들 양은 다음과 같이 k와 ω에 관련된다. 코사인의 주기는 2π이기 때문에 (24-26)은 그 변수가 2π씩 변할 때마다 반복될 것이다. 그러므로 t가 고정되었을 때, $\Delta|(kz - \omega t + \vartheta)| = 2\pi = |k\,\Delta z| = |k|\lambda$이고, 그래서 $|k| = 2\pi/\lambda$이다. 마찬가지로 위치가 고정되어 있을 때, $\Delta|(kz - \omega t + \vartheta)| = 2\pi = \omega\,\Delta t = \omega T$이고 그래서 $\omega = 2\pi/T = 2\pi\nu$이다. 그러므로 관계식은

$$|k| = \frac{2\pi}{\lambda} \qquad \omega = 2\pi\nu = \frac{2\pi}{T} \tag{24-27}$$

이다. (24-17)로부터 $|k| = \omega/v$이고 (24-27)을 이것과 결합하면, 사인형 평면파에 대한 친근한 관계식

$$v = \nu\lambda \tag{24-28}$$

를 구하게 된다. k라는 양은 **전파상수** *propagation constant*라 부르고 m^{-1}의 단위로 측정된다. ω는 (각)진동수이며 (rad)/s의 단위이고, ν는 (17-14) 이전에서 논의했듯이 Hz의 단위를 갖는다. 이들 관계식을 가지고 평면파를 표기하는 방법에는 여러 가지가 있을 수 있으나, 표기를 절약한다는 차원에서 일반적으로 (24-19)의 형태를 계속 사용하겠다.

지수함수의 변수 $kz - \omega t$를 파동의 **위상** *phase*라 한다. 그래서 속도 v는 이 위상이 정해진 값을 가진 채 진행하는 시간 비율이다. 따라서 v는 **위상속도** *phase velocity*라 알려져 있다.

파동의 세 특성 값 (k, ω, v)는 이전의 결과 (24-17)과 관련이 있다. v는 (24-12)에 주어진 것처럼 매질의 성질에 의해 정해진다. 그러므로 나머지 둘 (k와 ω)는 독립적으로 선택될 수 없다. 보통 ω(혹은 ν)는 파동을 생성시키는 원천에 의해 결정되는데, 진동수가 파동을 특징짓는 독립변수로 간주되는 것이 관례이다. 그러면 k는 종속변수가 된다.

(24-19) 형태로써의 ψ에 집중하기로 하였으므로, **E**와 **B**의 모든 성분도 이런 형태가 될 것이다. 즉, 사인형 평면파에 대하여

$$\mathbf{E} = \mathbf{E}_0 e^{i(kz - \omega t)} \qquad \mathbf{B} = \mathbf{B}_0 e^{i(kz - \omega t)} \tag{24-29}$$

가 될 것이다. 여기서 $\mathbf{E}_0$과 $\mathbf{B}_0$은 적절한 상수벡터진폭으로써 Maxwell 방정식을 만족시키도록 관련되어져야 한다. 이러한 형태로 말미암아 이들 방정식을 단순화하여 쓸 수 있다. ψ는 z와 t만의 함수이므로, (24-19)로부터

$$\frac{\partial\psi}{\partial x} = \frac{\partial\psi}{\partial y} = 0 \qquad \frac{\partial\psi}{\partial z} = ik\psi \qquad \frac{\partial\psi}{\partial t} = -i\omega\psi \tag{24-30}$$

로 구하게 되고, 그리하여 $\nabla\cdot\mathbf{E} = \partial E_z/\partial_z = ikE_z$이고 $\nabla\cdot\mathbf{B} = ikB_z$이다. 마찬가지로 $\nabla\times\mathbf{E} = ik(-E_y\hat{\mathbf{x}} + E_x\hat{\mathbf{y}})$이며 $\nabla\times\mathbf{B}$에 대해서도 해당 표현식을 얻을 수 있다. 또한 $\partial\mathbf{B}/\partial t = -i\omega\mathbf{B}$이다. 이들 표현식을 (24-1)부터 (24-4)까지에 넣고 $\sigma = 0$으로 놓으며, 그리고 (24-12)를 사용

하면, 비전도성 매질에서 z 방향으로 진행하는 평면파에 대한 Maxwell 방정식은

$$kE_z = 0 \qquad kB_z = 0$$
$$k(-E_y\hat{\mathbf{x}} + E_x\hat{\mathbf{y}}) = \omega\mathbf{B} \qquad k(-B_y\hat{\mathbf{x}} + B_x\hat{\mathbf{y}}) = -\frac{\omega}{v^2}\mathbf{E} \tag{24-31}$$

가 된다. $E_z = \hat{\mathbf{z}} \cdot \mathbf{E}$와 $-E_y\hat{\mathbf{x}} + E_x\hat{\mathbf{y}} = \hat{\mathbf{z}} \times \mathbf{E}$, 그리고 **B**에 대해서도 마찬가지의 표현식이 된다는 점에 주목하면, 이들을 좀 더 압축하여 유용하게 쓸 수 있다. 즉, (24-31)은

$$k\hat{\mathbf{z}} \cdot \mathbf{E} = 0 \qquad k\hat{\mathbf{z}} \cdot \mathbf{B} = 0 \tag{24-32}$$
$$k\hat{\mathbf{z}} \times \mathbf{E} = \omega\mathbf{B} \qquad k\hat{\mathbf{z}} \times \mathbf{B} = -\frac{\omega}{v^2}\mathbf{E}$$

로 쓸 수 있다. 또한 전파 방향은 k의 부호에 따라 $\pm\hat{\mathbf{z}}$로 주어진다는 점도 기억해 두라.

$k = 0$이라고 해보자. 그러면 $E_z \neq 0$이며 $B_z \neq 0$일 수 있다. 그러나 (24-17)로부터 이 경우에 $\omega = 0$이란 것도 알게 된다. 그래서 실제로 **정적** *static* 상태의 문제이다. 이러한 상황은 분명히 가능하지만, 여기서는 이것이 우리의 주된 관심사는 아니다.

비정적 *nonstatic* 상태인 경우 $\omega \neq 0$이고, $k \neq 0$이다. 그러면 (24-32)의 처음 두 식으로부터 $E_z = 0$이며 $B_z = 0$이어야 한다. 그러므로 **E**와 **B** 둘 다 전파 방향으로는 성분을 가지고 있지 않다. 즉, **E**와 **B**는 전파 방향에 수직이다. 다른 말로 하자면, 전자기 평면파는 **횡파** *transverse wave*이다. $k\hat{\mathbf{z}} \times \mathbf{E} = \omega\mathbf{B}$로부터 **B**는 **E**에 수직이며, 이는 또한 (24-32)의 마지막 식으로부터도 알 수 있다. 이 모든 것으로부터 이들 벡터의 한 벌은 서로 수직임을 의미한다. 이러한 상황은 k가 양인 경우에 대해 그림 24-3에 그려져 있다. 이 그림에서 Poynting 벡터 $\mathbf{S} = \mathbf{E} \times \mathbf{H} = (\mathbf{E} \times \mathbf{B})/\mu$ 자체는 전파 방향에 있음을 나타내었다. (24-17)을 사용하여 (24-32)의 세 번째 식을 풀면

$$\mathbf{B} = \frac{k}{\omega}\hat{\mathbf{z}} \times \mathbf{E} = \frac{1}{v}\hat{\mathbf{z}} \times \mathbf{E} \tag{24-33}$$

로 구하는데, 이것은 장들의 크기가

$$|\mathbf{B}| = \frac{|k|}{\omega}|\mathbf{E}| = \frac{1}{v}|\mathbf{E}| = \sqrt{\mu\epsilon}\,|\mathbf{E}| = \frac{n}{c}|\mathbf{E}| \tag{24-34}$$

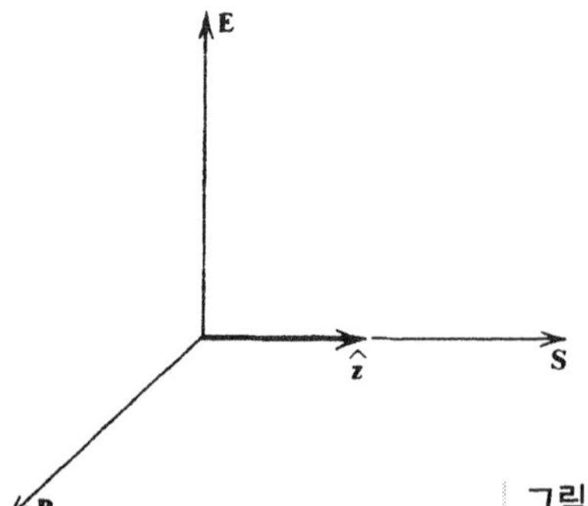

그림 24-3 평면 횡파에 대한 장 벡터, 전파 방향, 에너지흐름 사이의 관계.

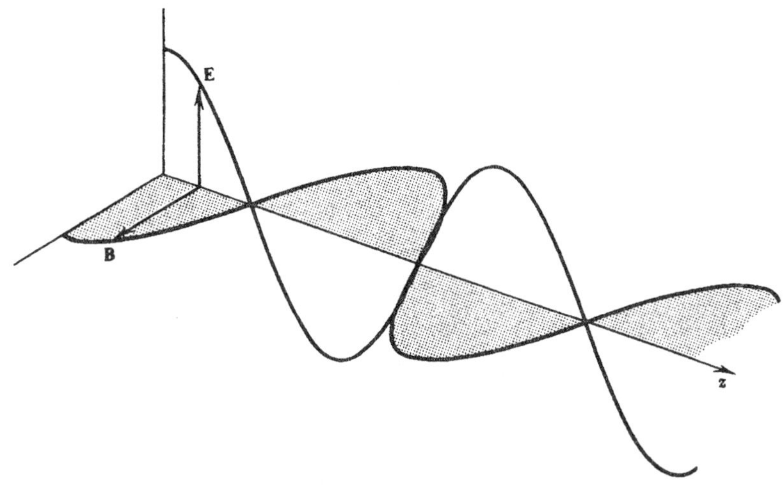

그림 24-4 어떤 주어진 시간에 평면 횡파의 장.

로 관련되어진다는 것을 말해 준다. 즉, 진공에 대해 $|\mathbf{B}|/|\mathbf{E}| = 1/c$이다.

(24-29)를 보면 위의 관계식은 벡터 진폭 $\mathbf{E}_0$과 $\mathbf{B}_0$에 대해서도 성립하는데, 이것은 지수인자가 양변에서 상쇄되기 때문이다. 또한 $\mathbf{E}_0$이 복소수 형태, $\mathbf{E}_0 = \mathbf{E}_{0a}e^{i\vartheta}$를 가지게 되면, 이들 관계식이 실수 진폭 $\mathbf{E}_{0a}$과 $\mathbf{B}_{0a}$에 대해서도 성립한다. 따라서 (24-26)에서처럼, 해의 실수부를 취해보면

$$\mathbf{E}_{\text{실수}} = \mathbf{E}_{0a}\cos(kz - \omega t + \vartheta) \qquad \mathbf{B}_{\text{실수}} = \mathbf{B}_{0a}\cos(kz - \omega t + \vartheta) \tag{24-35}$$

를 얻게 될 것이다. 코사인의 변수는 두 경우 모두 같으므로, 두 장은 **동위상** *in phase*라고 한다. 즉, 이들은 같이 영이 되었다가 같이 최대가 된다. 그림 24-4에는 어느 정해진 시간에 양의 k에 대하여 이러한 상황을 그려 놓은 것이다. 즉, 이 그림은 진행방향을 따라가는 거리의 함수로 장의 "사진"을 보여주고 있다. 고정된 위치(z = 상수)에 있는 관찰자에게 (24-35)로 나타내어지는 장의 시간 의존성은, 이 그림이 양의 z 방향으로 v의 속력으로 진행한다고 상상하면 시각화될 수 있겠다. [간단히 하기 위하여 $\mathbf{E}$(그리고 $\mathbf{B}$)는 한 평면에 놓여 있다고 가정하였다. 즉, 이것은 **선형 편광** *linearly polarized*되어 있다. 이것에 관해서는 24-7절에서 다시 다루겠다.]

(24-32)의 마지막 식, $k\hat{\mathbf{z}} \times \mathbf{B} = -(\omega/v^2)\mathbf{E}$는 구체적으로 사용하지 않았지만, 이것이 (24-33)과 일치한다는 것은 쉽게 증명할 수 있다.

24-3 도체 매질에서의 평면파

이번에는 $\sigma \neq 0$을 가정한다. 그러나 여전히 $\rho_f = 0$과 $\mathbf{J}'_f = 0$이라 하겠다. 이제 $\mathbf{E}$와 $\mathbf{B}$의 어느 성분에 대해서라도 적절한 방정식은 (24-7)이다. 이것은 $\psi = \psi(z, t)$일 때,

$$\frac{\partial^2\psi}{\partial z^2} - \mu\sigma\frac{\partial\psi}{\partial t} - \mu\epsilon\frac{\partial^2\psi}{\partial t^2} = 0 \tag{24-36}$$

이 된다. 이 식을 (24-19) 형태의 평면파로 풀고자하는데, 이것을 (24-36)에 대입할 때 k와 ω는 이번에는 (24-17)이 아니라

$$k^2 = \omega^2\mu\epsilon + i\omega\mu\sigma \tag{24-37}$$

의 **분산관계** *dispersion relation*으로 관련되어 진다. 우리가 다루고 있는 장은 시간에 대해서 조화적으로 변화하고 있으므로, 즉 시간적으로는 감쇠하지 않으므로, ω가 실수이어야 하며 또한 양의 값이다. 그러므로 (24-37)은 k가 복소수량이어야만 만족된다. 따라서 k는

$$k = \pm(\alpha + i\beta) \tag{24-38}$$

의 형태를 갖는 것으로 가정하겠다. 여기서 α와 β는 실수이며 양의 값이다. 이것을 (24-37)에 대입하여

$$\alpha^2 - \beta^2 + 2i\alpha\beta = \omega^2\mu\epsilon + i\omega\mu\sigma \tag{24-39}$$

를 얻게 된다. 실수부와 허수부는 따로 등식이 성립되어야 하므로,

$$\alpha^2 - \beta^2 = \omega^2\mu\epsilon \tag{24-40}$$

$$2\alpha\beta = \omega\mu\sigma \tag{24-41}$$

를 얻게 되고, 여기서 μ, ϵ, σ는 실수라고 가정하였다. 이 점에 대해서는 24-8절에서 다시 다루겠다. 위 식들을 α와 β에 대해서 풀 수 있고, 그 결과는

$$\alpha = \omega\sqrt{\frac{\mu\epsilon}{2}}\left[\sqrt{1 + \left(\frac{\sigma}{\omega\epsilon}\right)^2} + 1\right]^{1/2} \tag{24-42}$$

$$\beta = \omega\sqrt{\frac{\mu\epsilon}{2}}\left[\sqrt{1 + \left(\frac{\sigma}{\omega\epsilon}\right)^2} - 1\right]^{1/2} \tag{24-43}$$

이다. ($\sigma = 0$일 때 $\alpha = \omega\sqrt{\mu\epsilon} = \omega/v$이고 $\beta = 0$이 되는데 당연히 그래야 한다.)

이들 결과를 흔히 단위 없는 매개변수 Q로 타나내는데, 이렇게 쓰는 이유는 나중에 설명하겠다. 이것은

$$Q = \frac{\omega\epsilon}{\sigma} \tag{24-44}$$

로 정의하여

$$\alpha = \omega\sqrt{\frac{\mu\epsilon}{2}}\left[\sqrt{1 + \frac{1}{Q^2}} + 1\right]^{1/2} \tag{24-45}$$

$$\beta = \omega\sqrt{\frac{\mu\epsilon}{2}}\left[\sqrt{1+\frac{1}{Q^2}}-1\right]^{1/2} \tag{24-46}$$

이 된다. 또한 k를

$$k = |k|e^{i\Omega} \tag{24-47}$$

의 형태로 쓰는 것이 유용한 경우가 많은데, 그러면 (24-22)와 (24-38)을 사용하여 $k = \alpha + i\beta = |k|(\cos\Omega + i\sin\Omega)$가 되고, 그래서

$$\alpha = |k|\cos\Omega \qquad \beta = |k|\sin\Omega \tag{24-48}$$

$$|k| = \left(\alpha^2+\beta^2\right)^{1/2} = \omega\sqrt{\mu\epsilon}\left[1+\frac{1}{Q^2}\right]^{1/4} \tag{24-49}$$

$$\tan\Omega = \frac{\beta}{\alpha} = Q\left[\sqrt{1+\frac{1}{Q^2}}-1\right] = \sqrt{1+Q^2}-Q \tag{24-50}$$

이다. 이들 모든 결과식은 꽤 복잡하게 생겼는데, 이제 이 식들의 의미는 무엇이며, 특히 전파 상수 k가 복소수라는 점의 물리적 중요성은 무엇인지 알아보도록 하자.

$k = \alpha + i\beta$를 (24-19)에 대입하면서 $i^2 = -1$을 사용하면,

$$\psi = \psi_0 e^{-\beta z}e^{i(\alpha z-\omega t)} \tag{24-51}$$

가 된다. 이런 형태의 함수는 진폭이 일정하지 않고 전파 방향의 거리에 따라 감소하는데, $e^{-\beta z}$의 인자로 인해 **감쇠진행파** *damped traveling wave*라 부른다. $\sigma \neq 0$일 때에만 $\beta \neq 0$이므로 이런 항이 생기는 원인은 전도도가 존재하기 때문이다. 이것은 분명히 파동 에너지의 손실과 관련이 있을 것이고, 에너지의 저항적 흩어짐 때문인데, 이 내용은 잠시 뒤에 좀 더 자세히 고찰해보겠다. 전파항의 형태를 (24-11)의 f와 비교해보면 이 경우의 속도는

$$v = \frac{\omega}{\alpha} = \frac{1}{\sqrt{\mu\epsilon}}\left\{\frac{2}{\left[1+\left(1/Q^2\right)\right]^{1/2}+1}\right\}^{1/2} \tag{24-52}$$

로 주어짐을 알 수 있다. 그리고 일반적으로 (24-12)에 의해 $v < (\mu\epsilon)^{-1/2}$ 또는 $v < v_{비도체}$임도 알게 되었다. 그러므로 매질의 전도도가 주는 또 다른 효과는 파동을 좀 천천히 진행하도록 한다는 것이다. 파장은 (24-27)을 구할 때 사용하였던 방법으로 구할 수 있는데,

$$\lambda = \frac{2\pi}{\alpha} = \frac{2\pi v}{\omega} = \frac{2\pi}{\omega\sqrt{\mu\epsilon}}\left\{\frac{2}{\left[1+\left(1/Q^2\right)\right]^{1/2}+1}\right\}^{1/2} \tag{24-53}$$

이다. 이것은 물론 (24-28)과도 일치한다. v가 감소하기 때문에 $\lambda < \lambda_{비도체}$임을 알 수 있는데, 동일한 $\mu\epsilon$ 값을 갖는 비도체 매질에서 갖게 되는 파장과 비교하여, 동일한 진동수의 파장은 도체 내에서 더 짧아진다.

(24-44)에 주어진 Q는 진동수 ω에 의존하므로 (24-52)에 의해 파동속도 v는 더 이상 일정하

지 않고 진동수의 함수이다. 즉, $v = v(\omega)$이다. 이러한 현상을 **분산** *dispersion*이라 부르는데, 전도 물질은 **분산성 매질**이라고 알려진 부류 중의 한 예이다. 이 현상의 주된 영향을 알아보기 위해, (24-18)의 첫 번째 합과 같은 사인형 진행파의 중첩으로 나타낸 좀 더 복잡한 파동을 다루기로 해보자. k는 더 이상 일정하지 않고 ω의 함수이기 때문에, 합에 들어 있는 파동의 각 성분은 다른 속력으로 진행할 것이다. 그래서 나중 시간에 주어진 z에서의 중첩된 파동의 수치는 달라질 것이고, 중첩된 파의 **모양**은 변하게 될 것이다. 이런 것을 설명할 때, 중첩은 파동이 진행해 감에 따라 그 모양을 변화시킨다고 말한다.

(24-51)의 감쇠인자 $e^{-\beta z}$로부터 진폭이 $1/e$의 인자만큼 감소하는 진행거리는 $\Delta z = 1/\beta$임을 알 수 있다. 이것을 일반적으로 δ라 쓰고, **감쇠거리** *attenuation distance*, 혹은 **침투깊이** *skin depth*라 하는데, 파동이 δ의 몇 배 정도를 진행한 후에는 본질적으로 없어진다고 생각할 수 있으므로, 감쇠현상을 나타내는 좋은 지표이다. 이 값은 (24-41), (24-52), (24-53), (24-28)을 사용하여 여러 가지 방법으로 표기할 수 있다:

$$\delta = \frac{1}{\beta} = \frac{2\alpha}{\mu\sigma\omega} = \frac{2}{\mu\sigma v} = \frac{4\pi}{\mu\sigma\omega\lambda} = \frac{2}{\mu\sigma\nu\lambda} \tag{24-54}$$

여기서 λ는 매질에서의 파장이다.

확신을 갖기 위해, 음의 z 방향으로 진행하는 파동에 대해서도 앞에서 말한 모든 결과가 적절한지 점검해보아야 한다. $k = -(\alpha + i\beta)$를 (24-19)에 대입하면

$$\psi = \psi_0 e^{\beta z} e^{-i(\alpha z + \omega t)} \tag{24-55}$$

가 되고, 이것을 (24-11)과 비교하면, 이것은 (24-52)에서 구한 것과 같은 동일한 속력 $v = \omega/\alpha$로 옳은 방향으로 진행하는 파동을 나타내준다. 특히, 이번에는 z 값이 감소하고 있기 때문에, 지수인자 $e^{\beta z}$는 파동이 진행해감에 따라 감소할 것이며, 그러므로 이것도 여전히 감쇠하는 모습을 나타내준다.

지금까지의 결과를 설명하고 생각해보는 또 다른 흥미롭고 유용한 방식이 있다. (24-19), (24-11), (24-13) 사이의 순전히 형식적인 비교만으로, 우리는 항상 "파동속도 *wave velocity*" V와 "굴절률 *index of refraction*" N을

$$V = \frac{\omega}{k} = \frac{\omega}{\alpha + i\beta} = \frac{\omega}{|k|} e^{-i\Omega} \tag{24-56}$$

$$\begin{aligned} N &= \frac{c}{V} = \frac{ck}{\omega} = \left(\frac{c\alpha}{\omega}\right) + i\left(\frac{c\beta}{\omega}\right) = \frac{c}{v} + i\left(\frac{c\beta}{\omega}\right) \\ &= n' + i\left(\frac{c\beta}{\omega}\right) \end{aligned} \tag{24-57}$$

와 같이 정의할 수 있다. 여기서 $n' = c/v$를 보통 굴절률이라 부르는데, (24-14)에 주어진 것처럼 비전도성 매질에 대해 맞는 값이 되기 때문이다. 그러므로 흡수성 매질($\beta \neq 0$)은 **복소수 굴절률**을 갖는다고 말할 수 있으며, 허수부가 나타내는 것은 감쇠현상과 관련이 있다.

지금까지 전도도의 효과에 관해서 우리가 결론지은 모든 것은 어느 한 성분 ψ의 거동에 기초한 것이었다. 이제 **E**와 **B**장 사이의 관계에 대해서 다시 생각해보자. (24-29) 이후의 작업을 죽 돌아보면, k가 실수이어야 한다는 조건에 의존하는 것은 아무 것도 없었다. 그러므로 (24-32) 형태로써의 Maxwell 방정식은 여전히 유효하나, 예외적으로 마지막 식은 (24-4)에서 왔으므로 이제

$$k\hat{\mathbf{z}} \times \mathbf{B} = -(\mu\epsilon\omega + i\mu\sigma)\mathbf{E} \tag{24-58}$$

의 형식을 취하게 된다. 그러므로 장들은 여전히 파동의 진행방향에 횡파이고, (24-33)에 의해

$$\mathbf{B} = \frac{k}{\omega}\hat{\mathbf{z}} \times \mathbf{E} \tag{24-59}$$

이다. 그래서 (24-58)이 만족되는지를 살펴보는 것이 모든 필요한 일이다. (24-59)를 (24-58)에 대입하고 (1-30)과 $\hat{\mathbf{z}} \cdot \mathbf{E} = 0$을 사용하면, 이것은 $(k^2 - \mu\epsilon\omega^2 - i\mu\sigma\omega)\mathbf{E} = 0$이 되고, 이것은 (24-37)의 분산관계로 인해 $\mathbf{E} \neq 0$이어도 만족된다. 이제 k는 복소수이고, (24-47)의 형태를 (24-59)에 사용하면, 이제 장들은

$$\mathbf{B} = \frac{|k|}{\omega}e^{i\Omega}\hat{\mathbf{z}} \times \mathbf{E} \tag{24-60}$$

으로 관련되어 진다. 위상인자 $e^{i\Omega}$의 중요성을 알아보기 위해, **E**와 **B**의 실수부를 구하겠다. (24-29)의 $\mathbf{E}_0$을 다시 $\mathbf{E}_{0a}e^{i\vartheta}$로 써보면($\mathbf{E}_{0a}$는 실수), 그리고 (24-38)도 사용하여

$$\begin{aligned} \mathbf{E} &= \mathbf{E}_{0a}e^{-\beta z}e^{i(\alpha z - \omega t + \vartheta)} \\ \mathbf{B} &= \frac{|k|}{\omega}\hat{\mathbf{z}} \times \mathbf{E}_{0a}e^{-\beta z}e^{i(\alpha z - \omega t + \vartheta + \Omega)} \end{aligned} \tag{24-61}$$

를 얻는다. 그래서

$$\begin{aligned} \mathbf{E}_{\text{실수}} &= \mathbf{E}_{0a}e^{-\beta z}\cos(\alpha z - \omega t + \vartheta) \\ \mathbf{B}_{\text{실수}} &= \frac{|k|}{\omega}\hat{\mathbf{z}} \times \mathbf{E}_{0a}e^{-\beta z}\cos(\alpha z - \omega t + \vartheta + \Omega) \end{aligned} \tag{24-62}$$

이고, $\mathbf{B}_{\text{실수}}$의 진폭은 $\mathbf{B}_{0a} = (|k|/\omega)\hat{\mathbf{z}} \times \mathbf{E}_{0a}$으로 쓸 수 있다. 이들 표현식을 (24-35)와 비교하면, 도체 매질에서는 **E**와 **B**가 더 이상 동위상이 아님을 알 수 있고, 위상차 Ω는 (24-50)에 의해 양수이다. 이것이 의미하는 바는 **E**와 **B**가 더 이상 함께 최대 최소에 이르지 않고, 함께 영이 되지도 않는다는 것이다. 이들을 정량적으로 비교해볼 수 있다. 코사인의 변수인 위상이 전기장에 대해 어느 주어진 위치 z_0과 시간 t_E에 P라는 정해진 값을 갖는다고 해보자. 즉, $P = \alpha z_0 - \omega t_E + \vartheta$이다. 그러면 자기유도는 위상이 같은 값일 때 그 같은 위치 z_0과 시간 t_B에서 동일한 상대치에 이를 것이다. 즉 $P = \alpha z_0 - \omega t_B + \vartheta + \Omega$이다. 이들 표현식을 등식으로 놓으면, 두 시간은

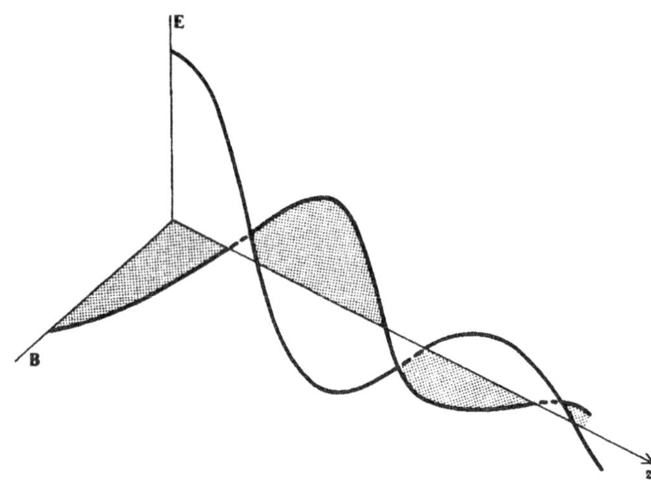

| 그림 24-5 | 주어진 시간에 도체 내에서 감쇠하는 평면파의 장들.

$$t_B = t_E + \frac{\Omega}{\omega} > t_E \tag{24-63}$$

로 관련되어짐을 알 수 있다. 이것은 그 같은 위치에서 **B**가 **E**보다 더 나중 시간에 최대값에 이름을 말해주고 있다. 즉, **B**는 시간의 함수로 **E**를 따라간다. 한편, 주어진 시간 t_0에 **B**와 **E**가 같은 위상을 갖는 위치는

$$z_B = z_E - \frac{\Omega}{\alpha} < z_E \tag{24-64}$$

로 주어짐을 알 수 있고, **B**는 위치의 함수로 **E**를 앞서간다고 말할 수 있다. 그림 24-5에는 이 효과를 감쇠와 함께 그려놓았다. 이것은 주어진 시간에 관한 상황이고 k는 양수이다. (이 그림을 그림 24-4와 비교해보아야 한다.)

(24-62)로부터 나오는 또 다른 효과는 상대적인 크기의 변화이다. (24-49)를 사용하여

$$\frac{|\mathbf{B}_{실수}|}{|\mathbf{E}_{실수}|} = \frac{|k|}{\omega} = \sqrt{\mu\epsilon}\left(1 + \frac{1}{Q^2}\right)^{1/4} \tag{24-65}$$

가 된다. 이 비율의 값은 비도체에 적용되는 (24-34)에서 얻은 $\sqrt{\mu\epsilon}$의 값보다 크다. 그러므로 도체에서 **B**의 크기를 **E**의 크기에 견주어 볼 때 비도체에서의 비교값보다 상대적으로 더 크다.

[사실 순전히 형식적인 의미에서, 아무것도 변하지 않았다고 주장해도 정당하다. (24-56)을 (24-32)에 사용하면, $\mathbf{B} = (k/\omega)\hat{\mathbf{z}} \times \mathbf{E} = (\hat{\mathbf{z}} \times \mathbf{E})/V$라고 쓸 수 있고, 이것을 (24-33)과 비교할 때, 두 경우 모두에서 (복소수) **B**는 단순히 $\hat{\mathbf{z}} \times \mathbf{E}$를 적절한 "파동속도"로 나눈 것과 같다는 것을 알 수 있다.]

지금까지의 결과는 다소 복잡하기는 했어도 정확한 것이었다. 그러나 두 가지 극단적인 경

우로 근사를 취하는 것은 편리할 뿐더러 유용하기도 하다. 이러한 과정은 (24-44)에 정의된 단위 없는 매개변수 Q로 나타내는 것이 가장 쉽다. 우선 Q는 보는 바와같이 물리적 해석이 단순한 보잘 것 없는 것은 아니다. 시간에 대해 조화함수로 변화하는, 즉 $e^{-i\omega t}$에 비례하는 전기장에 관해 변위전류의 크기는 $|\partial\mathbf{D}/\partial t| = |\epsilon\partial\mathbf{E}/\partial t| = \epsilon\omega|\mathbf{E}|$이나, 전도전류의 크기는 $|\mathbf{J}_f| = \sigma|\mathbf{E}|$이다. 이제 (24-44)의 분자 분모에 $|\mathbf{E}|$를 곱하면,

$$Q = \frac{|\partial\mathbf{D}/\partial t|}{|\mathbf{J}_f|} \tag{24-66}$$

라고도 쓸 수 있다. 그래서 Q는 변위전류와 전도전류 사이의 상대적인 중요성을 측정하는 도구라고 간주할 수 있다. (연습문제 24-29도 보아라.) 주어진 진동수에 대하여 Q 값을 이용하여 어떤 물질을 "부도체 *insulator*" 혹은 "좋은 도체 *good conductor*"로 특징짓는 것은 유용한 일이다. (24-44)로부터 작은 전도도와/나 큰 진동수에 대하여 Q는 클 것이고, 이 때는 부도체를 다루고 있는 것이다. 한편, 큰 전도도와/나 작은 진동수에 대하여 Q는 매우 작을 것이고, 이때는 좋은 도체를 다루고 있는 것이다. 이것은 보통 금속에 적용하는 경우이다. 따라서 극한의 경우로써 해당 $Q \gg 1$과 $Q \ll 1$을 취할 수 있다. 그래서 이전의 결과를 근사하여 적절하고도 사용하기에 다소 용이한 공식을 얻게 될 것이다. 이전 절의 경우와 거의 같은 것으로부터 시작해보자.

1. "부도체" (Q $\gg$ 1)

이 경우 $1/Q^2 \ll 1$이고, $(1+)^n \simeq 1 + nx$의 근사를 ($x \ll 1$에 대하여) 사용할 수 있다. 이렇게 하여, 비전도체에 대해 정해졌던 유한한 값에 추가로 일차 수정항을 취한다면, 혹은 비전도체인 경우에는 없었던 양에는 일차항을 그대로 취하면, 이전의 결과는 근사적으로

$$\alpha = \omega\sqrt{\mu\epsilon}\left(1 + \frac{1}{8Q^2}\right) \qquad \beta = \frac{1}{\delta} = \frac{\omega\sqrt{\mu\epsilon}}{2Q} = \frac{\sigma}{2}\left(\frac{\mu}{\epsilon}\right)^{1/2} \tag{24-67}$$

$$|k| = \omega\sqrt{\mu\epsilon}\left(1 + \frac{1}{4Q^2}\right) \qquad \tan\Omega = \frac{1}{2Q} = \frac{\sigma}{2\omega\epsilon} \tag{24-68}$$

$$v = \frac{1}{\sqrt{\mu\epsilon}}\left(1 - \frac{1}{8Q^2}\right) \qquad \lambda = \frac{2\pi}{\omega\sqrt{\mu\epsilon}}\left(1 - \frac{1}{8Q^2}\right) \tag{24-69}$$

$$\frac{|\mathbf{B}|}{|\mathbf{E}|} = \sqrt{\mu\epsilon}\left(1 + \frac{1}{4Q^2}\right) \tag{24-70}$$

이 된다. 물론 이들 결과와 이전 절의 정확한 결과 사이에는 작은 차이만이 있을 뿐이다.

2. "좋은 도체" ($Q \ll 1$)

마찬가지 방법으로 계산하여 (Q만의 차수를 수정항으로 하는) 근사 표현식 구하면

$$\alpha = \left(\frac{1}{2}\mu\sigma\omega\right)^{1/2}\left(1 + \frac{1}{2}Q\right) \qquad \beta = \frac{1}{\delta} = \left(\frac{1}{2}\mu\sigma\omega\right)^{1/2}\left(1 - \frac{1}{2}Q\right) \tag{24-71}$$

$$|k| = (\mu\sigma\omega)^{1/2} \qquad \tan\Omega = 1 - Q \tag{24-72}$$

$$v = \left(\frac{2\omega}{\mu\sigma}\right)^{1/2}\left(1 - \frac{1}{2}Q\right) \qquad \lambda = 2\pi\left(\frac{2}{\mu\sigma\omega}\right)^{1/2}\left(1 - \frac{1}{2}Q\right) \tag{24-73}$$

$$\frac{|\mathbf{B}|}{|\mathbf{E}|} = \left(\frac{\mu\sigma}{\omega}\right)^{1/2} = \left(\frac{\mu\epsilon}{Q}\right)^{1/2} \tag{24-74}$$

이 된다. 실제에 있어서는 이들을 더 근사하여 수정항마저도 떼어버리고

$$\alpha = \beta = \left(\frac{1}{2}\mu\sigma\omega\right)^{1/2} \tag{24-75}$$

$$\tan\Omega = 1,\ \text{그러므로}\ \Omega = \frac{\pi}{4}\ \text{혹은}\ 45° \tag{24-76}$$

$$v = \left(\frac{2\omega}{\mu\sigma}\right)^{1/2} = \left(\frac{2Q}{\mu\epsilon}\right)^{1/2} = \sqrt{2Q}\,v_{\text{비전도체}} \tag{24-77}$$

$$\delta = \left(\frac{2}{\mu\sigma\omega}\right)^{1/2} = \frac{\lambda}{2\pi} \tag{24-78}$$

로 얻게 된다. (24-74)와 (24-70)을 비교해 보면, 좋은 도체에서는, 부도체에서와 비교하여, $|\mathbf{B}|$가 $|\mathbf{E}|$보다 상대적으로 매우 크다는 것을 알 수 있다. 한편 도체에서의 위상차는 (24-76)에 의해 실질적으로 항상 $\pi/4$이다. 마찬가지로, (24-77)에 의해, 좋은 도체인 경우의 파동속력은 아주 작다는 것을 알 수 있고, (24-78)은 도체에서는 침투깊이(감쇠거리)가 파장 정도의 크기라는 것을 말해주고 있다. 이것은 부도체에서보다 매우 작은 것으로 나왔다.

여기서 수치예를 들면 도움이 될 것이다. 구리와 같은 전형적인 금속은 $\sigma \simeq 6 \times 10^7(\Omega \cdot \text{m})^{-1}$와 $\epsilon \simeq \epsilon_0$의 값을 갖는다. 그러므로 (24-44)로부터

$$Q = \frac{2\pi\nu\epsilon}{\sigma} \simeq \left(\frac{2\pi\epsilon_0}{\sigma}\right)\nu = 9 \times 10^{-19}\nu \simeq 10^{-18}\nu$$

를 구하게 되고, $Q \ll 1$이려면 $\nu \ll 10^{18}$ Hz이어야 한다. 이 근사는 자외선 영역에 도달하기 전까지의 진동수에서 유효하다는 것을 의미한다. 자외선 영역 이후에서는 어찌 되었든 양자역학적 효과와 맞닥뜨리게 된다. 즉, $Q \ll 1$의 경우는 보통의 금속에 매우 적합하다.

(24-78)에서 같은 σ 값을 사용하고 $\mu \simeq \mu_0$으로 잡으면, 침투깊이 δ는 $(6.5 \times 10^{-2})/\nu^{1/2}$ m가 된다. 낮은 진동수에서는 이 값이 매우 커서 감쇠는 거의 일어나지 않는다. 그러나 마이크로영역의 낮은 한계치($\nu \simeq 3 \times 10^9$ Hz)에 이르게 되면 $\delta \simeq 10^{-6}$ m가 되어, 장은 본질적으로 이 작은 거리 내에서만 영이 아니다. 이것이 "침투깊이 *skin depth*"라는 용어의 어원이다.

24-4 대전된 매질에서의 평면파

이제 경험을 좀 쌓았으므로 좀 더 복잡한 경우를 생각해볼 수 있겠다. 매질 내에 자유전하분포 ρ_f가 존재한다고 가정해보자. 그러나 여전히 $\mathbf{J}'_f = 0$라고 하겠는데, 이것이 영이 아닌 경우는 매우 드물기 때문에 이렇게 가정하겠다. 그러면 (24-1) 대신에 (21-42)에 의해 $\nabla \cdot \mathbf{E} = \rho_f/\epsilon$를 사용해야 한다. 그러므로 일반적으로 $\nabla \cdot \mathbf{E} \neq 0$이다. (24-2)부터 (24-4)까지의 나머지 식들은 변함이 없다. 이전에 사용했던 것과 같은 방법으로 $\mathbf{B}$를 소거하면, (24-5) 대신

$$\nabla^2\mathbf{E} - \mu\sigma\frac{\partial \mathbf{E}}{\partial t} - \mu\epsilon\frac{\partial^2\mathbf{E}}{\partial t^2} = \nabla(\nabla \cdot \mathbf{E}) \tag{24-79}$$

를 얻게 된다. 한편, $\nabla \cdot \mathbf{B} = 0$은 항상 성립하므로, $\mathbf{B}$만이 만족하는 식은, 여전히 (24-6)이다:

$$\nabla^2\mathbf{B} - \mu\sigma\frac{\partial \mathbf{B}}{\partial t} - \mu\epsilon\frac{\partial^2\mathbf{B}}{\partial t^2} = 0 \tag{24-80}$$

여기에서도 장은 z와 t만의 함수인 경우를 고려하겠다. 그러면 공간 미분이 영이 아닌 것은 z에 관한 미분뿐이다. 그래서 (24-79)는

$$\frac{\partial^2\mathbf{E}}{\partial z^2} - \mu\sigma\frac{\partial \mathbf{E}}{\partial t} - \mu\epsilon\frac{\partial^2\mathbf{E}}{\partial t^2} = \frac{\partial^2 E_z}{\partial z^2}\hat{\mathbf{z}} \tag{24-81}$$

가 된다. 이 식의 x 성분은

$$\frac{\partial^2 E_x}{\partial z^2} - \mu\sigma\frac{\partial E_x}{\partial t} - \mu\epsilon\frac{\partial^2 E_x}{\partial t^2} = 0$$

이고, E_y에 대해서도 비슷한 식이 될 것이다. 그러므로 E_x, E_y에 대한 식과 (24-80)으로부터 얻는 $\mathbf{B}$의 세 성분에 대한 식은 여전히 (24-7)의 형태이다. 다르게 생긴 유일한 식은 (24-81)의 z 성분이다:

$$\frac{\partial^2 E_z}{\partial z^2} - \mu\sigma\frac{\partial E_z}{\partial t} - \mu\epsilon\frac{\partial^2 E_z}{\partial t^2} = \frac{\partial^2 E_z}{\partial z^2}$$

이것은

$$\frac{\partial}{\partial t}\left(\frac{\sigma}{\epsilon}E_z + \frac{\partial E_z}{\partial t}\right) = 0 \tag{24-82}$$

으로 된다. 여기에서 괄호 안에 들어 있는 항은 기껏해야 z의 함수이다. 이 함수를 $a(z)$라 하면, 위 방정식의 일반해는 $E_z = (\epsilon/\sigma)[a(z) + b(z)e^{-\sigma t/\epsilon}]$이다. 이 성분의 한 부분은 (12-41)과 동일한 완화시간 ϵ/σ를 가지고 지수함수적으로 영으로 감쇠한다. 이것은 분명히 파동은 아니다. 다른 부분은 정적 상태의 장을 나타내주고 있는데, 이것은 위치의 함수일 수는 있다. 그러할 가능성은 있지만, 파동의 전파를 고려하는 입장에서는 흥미를 끌지 않는 항으로, 이 부분을 계속 가지고 갈 필요 없이 단순히 $E_z = 0$이라 하겠다. 그러므로 대전된 l.i.h. 매질에서의

진행파는 여전히 횡파이며, 모든 관련 성분은 (24-7)을 만족한다고 결론지을 수 있다. 따라서 지난 두 절의 모든 결론은 이 경우에도 적용되며, 더 이상 이것을 다룰 필요는 없고, 진행파에 대해서는 (24-1)부터 (24-4)까지를 계속 사용할 수 있다.

24-5 임의 방향으로의 평면파

지금까지는 문제를 간단히 하기 위하여, 어느 특정 방향으로 진행하는 평면파만을 생각했었고, 그 방향을 z축으로 선택했었다. 앞으로의 유용성을 위해, 이 결과를 일반화하여 주어진 좌표축에 대하여 임의의 방향으로 진행하는 평면파를 기술해보는 것이 좋겠다.

앞에서는 $\psi = \psi(z, t)$라고 썼고, 그러면 ψ는 그림 24-1에 보인 것처럼 z축에 수직인 무한 평면의 모든 지점에서 일정했었다. 이번에는 ψ가 시간 t와 원점으로부터 주어진 평면까지의 거리 ζ에만 의존하는 $\psi = \psi(\zeta, t)$를 다루고자 한다. 이러한 상황을 그림 24-6에 평면의 측면도를 그려서 설명해놓았는데, 평면의 방향은 그 법선벡터 $\hat{\mathbf{n}}$으로 나타내었고, $\mathbf{r}$은 평면 위에 놓인 임의의 점의 위치벡터이다. 그림으로부터 일정한 거리 ζ는

$$\zeta = \hat{\mathbf{n}} \cdot \mathbf{r} \tag{24-83}$$

로 주어짐을 알 수 있고, 그래서 위 식은 평면의 방정식이다. 그러므로 일정한 k로 전파하는 평면파에 대하여

$$\psi = \psi_0 e^{i(k\zeta - \omega t)} = \psi_0 e^{i(k\hat{\mathbf{n}}\cdot\mathbf{r} - \omega t)} \tag{24-84}$$

이다. 법선벡터 $\hat{\mathbf{n}}$을 항상 파동의 전파 방향으로 잡으면, k는 양수로 잡을 수 있고 **전파벡터** *propagation vector* $\mathbf{k}$를

$$\mathbf{k} = k\hat{\mathbf{n}} = k\hat{\mathbf{k}} \tag{24-85}$$

로 정의할 수 있고, 그러면 $\mathbf{k}$(이것의 해당 단위벡터는 $\hat{\mathbf{k}} = \hat{\mathbf{n}}$) 방향으로 진행하는 평면파는

$$\psi = \psi_0 e^{i(\mathbf{k}\cdot\mathbf{r} - \omega t)} \tag{24-86}$$

로 쓸 수 있다. 이것을 직각좌표로 나타내면

$$\mathbf{k} = k_x\hat{\mathbf{x}} + k_y\hat{\mathbf{y}} + k_z\hat{\mathbf{z}} \tag{24-87}$$

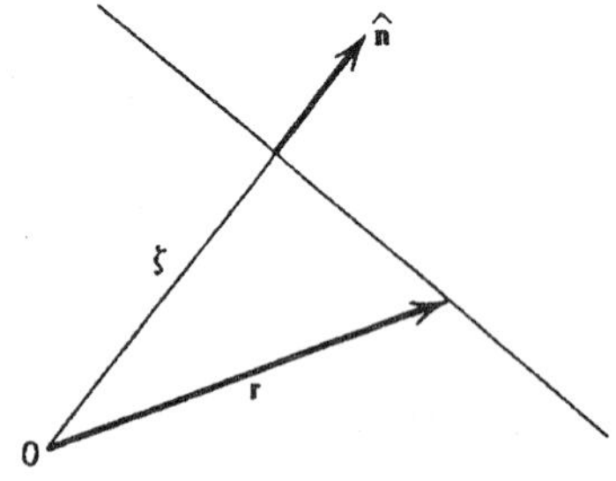

그림 24-6 임의 방향 $\hat{\mathbf{n}}$으로 진행하는 평면파.

로 쓸 수 있고, 그럼으로써

$$\psi = \psi_0 e^{i[(k_x x + k_y y + k_z z) - \omega t]} \tag{24-88}$$

이다. ψ는 **E**나 **B**의 성분일 수 있으므로 (24-29)의 일반형은

$$\mathbf{E} = \mathbf{E}_0 e^{i(\mathbf{k}\cdot\mathbf{r}-\omega t)} \qquad \mathbf{B} = \mathbf{B}_0 e^{i(\mathbf{k}\cdot\mathbf{r}-\omega t)} \tag{24-89}$$

일 것이고, 이제 이러한 일반적인 방식으로 쓰인 전자기장에 대해 Maxwell 방정식이 어떻게 되는지 알아볼 필요가 있다.

우리가 가정한 (24-88)의 형태로 나타낸 (24-30)의 유사형은 이번에는

$$\frac{\partial \psi}{\partial x} = ik_x\psi \qquad \frac{\partial \psi}{\partial y} = ik_y\psi \qquad \frac{\partial \psi}{\partial z} = ik_z\psi \qquad \frac{\partial \psi}{\partial t} = -i\omega\psi \tag{24-90}$$

가 된다. 이것은 델 연산자를 $\nabla = i\mathbf{k} = ik\hat{\mathbf{k}}$로 대체하는 것과 동등하다는 것을 의미한다. 그래서 (24-1)부터 (24-4)까지의 Maxwell 방정식은

$$\begin{aligned} \mathbf{k}\cdot\mathbf{E} &= 0 & \mathbf{k}\cdot\mathbf{B} &= 0 \\ \mathbf{k}\times\mathbf{E} &= \omega\mathbf{B} & \mathbf{k}\times\mathbf{B} &= -(\mu\epsilon\omega + i\mu\sigma)\mathbf{E} \end{aligned} \tag{24-91}$$

가 된다. 이것은 (24-32)의 처음 세 개와 같으며, 네 번째 것은 (24-58)에서 $k\hat{\mathbf{z}}$를 $\mathbf{k} = k\hat{\mathbf{k}}$로 대체한 것과 정확히 같고, 우리가 예상하던대로이다. 그러므로 장들은 여전히

$$\mathbf{B} = \frac{k}{\omega}\hat{\mathbf{k}}\times\mathbf{E} \tag{24-92}$$

로 관련되어 진다. 여기서 k와 ω는 (24-37)의 분산관계에 의해 연결되어지고, 앞 절에서의 모든 결과는 $\hat{\mathbf{z}}$를 $\hat{\mathbf{k}}$로, kz를 $\mathbf{k}\cdot\mathbf{r}$로 간단히 대체하여 일반적인 경우로 전환할 수 있다.

나중을 위해 **H**와 **E** 사이의 구체적인 관계를 알아두는 것이 좋겠다. 이것은 (24-92)로부터 구할 수 있는데, $\mathbf{H} = \mathbf{B}/\mu$이므로, (24-60)을 사용하여

$$\mathbf{H} = \frac{k}{\mu\omega}\hat{\mathbf{k}}\times\mathbf{E} = \frac{|k|}{\mu\omega}e^{i\Omega}\hat{\mathbf{k}}\times\mathbf{E} \tag{24-93}$$

를 얻게 된다. 특별히 중요한 비전도성 매질의 경우에, (24-17)과 (24-12)에 의해 $|k|/\omega = 1/v = \sqrt{\mu\epsilon}$로 쓸 수 있고, 그래서

$$\mathbf{H} = \frac{\hat{\mathbf{k}}\times\mathbf{E}}{\mu v} = \left(\frac{\epsilon}{\mu}\right)^{1/2}\hat{\mathbf{k}}\times\mathbf{E} = \frac{\hat{\mathbf{k}}\times\mathbf{E}}{Z} \tag{24-94}$$

이다. 여기서

$$Z = \left(\frac{\mu}{\epsilon}\right)^{1/2} = \left(\frac{\kappa_m\mu_0}{\kappa_e\epsilon_0}\right)^{1/2} = \left(\frac{\kappa_m}{\kappa_e}\right)^{1/2} Z_0 \tag{24-95}$$

는 **파동 임피던스**_wave impedance_라 부른다. $Z_0 = (\mu_0/\epsilon_0)^{1/2} = \mu_0 c = 377\ \Omega$은 자유공간의 임

피던스로 알려져 있다.

24-6 복소수해 및 시간평균 에너지 관계식

이미 충분히 설명하였지만, 해를 복소수 형태로 구하는 것이 편리할 때가 많다. 그러나 (24-62)에서 그랬듯이 의미 있는 물리량을 얻으려면 해의 실수부를 취한다는 점을 항상 잊지 말아야 한다. 때에 따라서는 실수부를 구하는 것이 불편하므로, 이전의 결과를 다시 쓰는 것이 바람직하며, 그럼으로써 복소수해를 직접 대입할 수 있다. 그러나 우리는 사인형 시간 의존성을 갖는 장에 대해서만, 즉 $e^{-i\omega t}$에 비례하는 것에만, 이렇게 할 것이다. 이것을 평면파에 적용할 수는 있지만, 꼭 그렇게 해야 하는 것은 아님을 기억해두는 것이 중요하다.

$\mathbf{E}_c$, $\mathbf{B}_c$, $\mathbf{H}_c$, $\mathbf{D}_c$는 복소수 형태로 구했던 해를 나타낸다고 하자. 그러면 물리적인 실수 전기장과 자기장은

$$\mathbf{E} = \mathrm{Re}(\mathbf{E}_c) = \mathrm{Re}\left(\mathbf{E}_0 e^{-i\omega t}\right) \tag{24-96}$$

$$\mathbf{H} = \mathrm{Re}(\mathbf{H}_c) = \mathrm{Re}\left(\mathbf{H}_0 e^{-i\omega t}\right) \tag{24-97}$$

이다. 이전에는 이들을 $\mathbf{E}_{\text{실수}}$ 등으로 썼다. $\mathbf{E}_0$과 $\mathbf{H}_0$은 $\mathbf{r}$만의 함수이다. 이제 이들을 실수부와 허수부로 쓰면, 즉

$$\mathbf{E}_0 = \mathbf{E}_R + i\mathbf{E}_I \qquad \mathbf{H}_0 = \mathbf{H}_R + i\mathbf{H}_I$$

이면, ($\mathbf{E}_R$, $\mathbf{E}_I$, $\mathbf{H}_R$, $\mathbf{H}_I$는 모두 실수) (24-96)은

$$\begin{aligned}\mathbf{E} &= \mathrm{Re}\left[(\mathbf{E}_R + i\mathbf{E}_I)(\cos\omega t - i\sin\omega t)\right] \\ &= \mathbf{E}_R\cos\omega t + \mathbf{E}_I\sin\omega t\end{aligned} \tag{24-98}$$

가 되고, (24-97)은

$$\mathbf{H} = \mathbf{H}_R\cos\omega t + \mathbf{H}_I\sin\omega t \tag{24-99}$$

가 된다. (24-98)과 (24-99)를 (21-59)에 대입하면, Poynting 벡터는

$$\begin{aligned}\mathbf{S} = \mathbf{E}\times\mathbf{H} &= (\mathbf{E}_R\times\mathbf{H}_R)\cos^2\omega t + (\mathbf{E}_I\times\mathbf{H}_I)\sin^2\omega t \\ &\quad + \left[(\mathbf{E}_R\times\mathbf{H}_I) + (\mathbf{E}_I\times\mathbf{H}_R)\right]\sin\omega t\cos\omega t\end{aligned} \tag{24-100}$$

로 구해진다. 이것은 일반적으로 시간에 따라 변화하는 함수이다.

여러 상황에서 우리의 주요 관심사는 순간적인 에너지 흐름이 아닌 경우가 많다. 그 주된 이유는 에너지 흐름이 너무 빨리 변동하여 측정기구가 따라가지 못하기 때문이다. 그래서 에너지 흐름의 시간평균 $\langle\mathbf{S}\rangle$가 일반적으로 훨씬 의미가 있다. (24-100)으로부터 이것은

$$\langle\mathbf{S}\rangle = \tfrac{1}{2}\left[(\mathbf{E}_R\times\mathbf{H}_R) + (\mathbf{E}_I\times\mathbf{H}_I)\right] \tag{24-101}$$

로 주어짐을 알 수 있다. 여기서

$$\langle \cos^2 \omega t \rangle = \langle \sin^2 \omega t \rangle = \tfrac{1}{2} \qquad \langle \sin \omega t \cos \omega t \rangle = 0 \tag{24-102}$$

을 사용하였다. 바로 위의 결과는 (19-49)로부터 얻었는데, 삼각함수의 한 주기에 대해 평균하기 위해서 각각의 적분을 2π로 나누었다. 24-101식은 기본적인 결과이지만, 좀 더 편리한 형식으로 쓸 수 있다.

$\mathbf{H}_c^* = \mathbf{H}_c$의 복소수공액 $= \mathbf{H}_c$의 i를 $-i$로 대체한 것 $= \mathbf{H}_0^* e^{i\omega t} = (\mathbf{H}_R - i\mathbf{H}_I)e^{i\omega t}$라 하자. 이제

$$\begin{aligned} \mathbf{E}_c \times \mathbf{H}_c^* &= \left[(\mathbf{E}_R + i\mathbf{E}_I)e^{-i\omega t} \times (\mathbf{H}_R - i\mathbf{H}_I)e^{i\omega t}\right] \\ &= \left[(\mathbf{E}_R \times \mathbf{H}_R) + (\mathbf{E}_I \times \mathbf{H}_I)\right] + i\left[(\mathbf{E}_I \times \mathbf{H}_R) - (\mathbf{E}_R \times \mathbf{H}_I)\right] \end{aligned} \tag{24-103}$$

을 고려해 보자. (24-101)과 (24-103)을 비교해보면

$$\langle \mathbf{S} \rangle = \tfrac{1}{2}\mathrm{Re}(\mathbf{E}_c \times \mathbf{H}_c^*) \tag{24-104}$$

임을 알 수 있다. 그래서 Poynting 벡터의 시간평균값을 순전히 Maxwell 방정식의 이들 두 복소수해로 나타내는 데에 성공하였다. 그리하여 실수부를 우선 구할 필요 없이 이것을 직접 계산할 수 있다.

동일한 계산 형식을 통해서 에너지밀도도 구할 수 있다. 그 결과는

$$\langle u_e \rangle = \langle \tfrac{1}{2}\epsilon \mathbf{E}^2 \rangle = \tfrac{1}{4}\epsilon \mathbf{E}_c \cdot \mathbf{E}_c^* \tag{24-105}$$

$$\langle u_m \rangle = \left\langle \frac{1}{2}\mu \mathbf{H}^2 \right\rangle = \frac{1}{4}\mu \mathbf{H}_c \cdot \mathbf{H}_c^* = \frac{1}{4\mu}\mathbf{B}_c \cdot \mathbf{B}_c^* \tag{24-106}$$

이다.

이들 중요한 결과를 얻었으므로, 더 이상 실제 장이나 복소수 장을 구별할 필요도 없다. 따라서 앞으로 우리는 계속해서 Maxwell 방정식의 복소수 해를 다루겠지만, 이들을 $\mathbf{E}_c$와 $\mathbf{H}_c$로 쓰지 않고 간단히 $\mathbf{E}$와 $\mathbf{H}$ 등으로 표기하겠다. 특별한 목적으로 실제로 실수부가 필요한 경우에는, 그 점을 구체적으로 밝히겠다.

예제

평면파에 대한 에너지 관계식. 우선 $\sigma = 0$인 경우를 생각해보자. (24-94)를 (24-104)에 대입하면서 (24-95), (1-30), 그리고 (24-91)로부터 $\mathbf{k} \cdot \mathbf{E} = 0$을 사용하면,

$$\langle \mathbf{S} \rangle = \frac{1}{2}\left(\frac{\epsilon}{\mu}\right)^{1/2} \mathrm{Re}\left[\mathbf{E} \times (\hat{\mathbf{k}} \times \mathbf{E}^*)\right] = \frac{1}{2}\left(\frac{\epsilon}{\mu}\right)^{1/2} (\mathbf{E} \cdot \mathbf{E}^*)\hat{\mathbf{k}} \tag{24-107}$$

를 얻는다. 여기서 $\mathbf{E} \cdot \mathbf{E}^*$는 실수이다. 이번에는 (24-89)와 (24-94)를 사용하면, (24-107)은

$$\langle \mathbf{S} \rangle = \frac{1}{2}\left(\frac{\epsilon}{\mu}\right)^{1/2} |\mathbf{E}_0|^2 \hat{\mathbf{k}} = \frac{1}{2}\left(\frac{\mu}{\epsilon}\right)^{1/2} |\mathbf{H}_0|^2 \hat{\mathbf{k}} \tag{24-108}$$

로도 쓸 수 있고, 여기서 $\mathbf{E} \cdot \mathbf{E}^* = \mathbf{E}_0 \cdot \mathbf{E}_0^* = |\mathbf{E}_0|^2$을 사용하였고, $\mathbf{H}$에 대해서도 마찬가지

다. 이 결과로부터 에너지흐름은 전파의 방향 $\hat{\mathbf{k}}$에 있을 뿐더러, **E**나 **H** 크기의 제곱에 비례한다는 것을 알 수 있다.

같은 방법으로 에너지밀도는

$$\langle u_e \rangle = \tfrac{1}{4}\epsilon \mathbf{E} \cdot \mathbf{E}^* = \tfrac{1}{4}\epsilon |\mathbf{E}_0|^2 = \tfrac{1}{4}\mu |\mathbf{H}_0|^2 = \langle u_m \rangle \tag{24-109}$$

로 구하게 되고, 전기와 자기의 평균밀도는 같다는 것도 알게 되었다. 그러면 총 평균에너지밀도는

$$\langle u \rangle = \langle u_e \rangle + \langle u_m \rangle = \tfrac{1}{2}\epsilon |\mathbf{E}_0|^2 = \tfrac{1}{2}\mu |\mathbf{H}_0|^2 \tag{24-110}$$

이 된다. 이것으로부터 (24-108)을

$$\langle \mathbf{S} \rangle = \frac{\langle u \rangle}{\sqrt{\mu\epsilon}} \hat{\mathbf{k}} = \langle u \rangle v \hat{\mathbf{k}} = \langle u \rangle \mathbf{v} \tag{24-111}$$

처럼 쓸 수 있고, 여기서 (24-12)를 사용하였다. 그러므로 평균에너지흐름은 평균에너지밀도와 파동속도의 곱이다. 이것은 (12-3)으로 주어지는 전류밀도에 대한 유사한 결과 $\mathbf{J} = \rho \mathbf{v}$와 일치하며, 단위면적당의 질량흐름이 질량밀도와 유체속도의 곱으로 나타내지는 유체운동학과도 유사하다.

$\sigma \neq 0$인 전도성 매질에서는 (24-93)을 사용하여야 하며, 이것을 (24-104)에 대입할 때

$$\begin{aligned} \langle \mathbf{S} \rangle &= \frac{|k|}{2\mu\omega} \operatorname{Re}\left[\mathbf{E} \times (\hat{\mathbf{k}} \times \mathbf{E}^*) e^{-i\Omega}\right] \\ &= \frac{|k| \cos\Omega}{2\mu\omega} e^{-2\beta\zeta} |\mathbf{E}_0|^2 \hat{\mathbf{k}} = \frac{\alpha e^{-2\beta\zeta}}{2\mu\omega} |\mathbf{E}_0|^2 \hat{\mathbf{k}} = \frac{e^{-2\beta\zeta}}{2\mu v} |\mathbf{E}_0|^2 \hat{\mathbf{k}} \end{aligned} \tag{24-112}$$

를 얻게 된다. 여기서는 (24-22), (24-48), (24-52), (24-89), (24-85), (24-83), (24-38)을 이용했으며, ζ는 전파 방향으로의 거리로 잰다. 마찬가지로 평균 총 에너지밀도는

$$\langle u \rangle = \frac{\alpha^2}{2\mu\omega^2} e^{-2\beta\zeta} |\mathbf{E}_0|^2 = \frac{e^{-2\beta\zeta}}{2\mu v^2} |\mathbf{E}_0|^2 \tag{24-113}$$

이 되고, (24-49)와 (24-40)을 추가적으로 사용하였다. 이 경우 $\langle \mathbf{S} \rangle = \langle u \rangle v \hat{\mathbf{k}}$인데, 비전도 매질에 대해 (24-111)로 주어지는 것과 같다.

$\langle \mathbf{S} \rangle$와 $\langle u \rangle$는 둘 다 $e^{-2\beta\zeta}$에 비례하는 것으로 나왔는데, 전자기장의 감쇠인자의 두 배로 감소한다. 이것은 둘 다 전자기장 크기의 제곱에 비례한다는 사실로부터 나온 결과이다. 이 에너지는 전도도로부터 생기는 물질의 저항성 열 때문에 잃게 되는 것이다.

24-7 편광

지금까지는 (24-89)의 형태를 가정하여 많은 결과들은 얻었는데, $\mathbf{E}_0$과 $\mathbf{B}_0$에 대해서는 특별히 정해놓은 것이 없었다. 다만 이들은 상수 벡터이며, (24-92)에서 구한 것처럼 $\mathbf{B}_0 = (k/\omega)\hat{\mathbf{k}} \times$

$\mathbf{E}_0$에 의해 서로 연관되어 있고, 둘 다 전파 방향에 수직인 평면에 놓여있다. 파동의 특성은 이 평면에서의 진폭의 성질에 따라 정해진다. $\mathbf{B}_0$은 언제나 $\mathbf{E}_0$으로부터 구할 수 있으므로, $\mathbf{E}_0$을 주로 다루겠다.

논의를 조금 간단히 하기 위해, 양의 z축이 파동의 전파 방향에 놓이도록 축들을 선택하기로 하자. 그러면 횡파면은 xy 평면이다. 그러나 x나 y축은 진폭벡터에 대해 어느 특별한 방향이 되도록 잡지는 않겠다. 예를 들어, x나 y 어느 축도 $\mathbf{E}_0$을 따라가도록 선택하지는 않겠다. $\mathbf{E}_0$은 이 평면에 놓여 있으므로 이것을 성분으로 분해하여

$$\mathbf{E}_0 = E_{0x}\hat{\mathbf{x}} + E_{0y}\hat{\mathbf{y}} \tag{24-114}$$

로 쓰겠다. E_{0x}와 E_{0y}는 일반적으로 복소수이므로, (24-24)의 형태로

$$E_{0x} = E_1 e^{i\vartheta_1} \qquad E_{0y} = E_2 e^{i\vartheta_2} \tag{24-115}$$

처럼 쓸 수 있다. 그래서 (24-29)로 주어지는 $\mathbf{E}$는

$$\mathbf{E} = \left(E_1 e^{i\vartheta_1}\hat{\mathbf{x}} + E_2 e^{i\vartheta_2}\hat{\mathbf{y}}\right)e^{i(kz-\omega t)} \tag{24-116}$$

가 된다. 문제를 간단히 하기 위해, k는 실수라고 가정한다. 이것이 기본적인 결론에 영향을 미치지 않으리라는 것을 알게 될 것이다. 그래서 (24-116)의 실수부를 취하여 전기장을 구하면

$$\begin{aligned} E_x &= E_1 \cos(kz - \omega t + \vartheta_1) \\ E_y &= E_2 \cos(kz - \omega t + \vartheta_2) \end{aligned} \tag{24-117}$$

이 된다. 이제 전기장의 표현은 진폭 (E_1, E_2)와 위상 $(\vartheta_1, \vartheta_2)$의 상대적 크기에 따라 달라지게 되었다.

$-E_1 \le E_x \le E_1$이며 $-E_2 \le E_y \le E_2$이므로, (24-117)에 의하여 전기장벡터의 끄트머리는 언제나 그림 24-7에 나타낸 점선 직사각형 안에 놓이게 된다. 이번에는 (24-117)의 $\mathbf{E}$를 가지고 물리적인 전기장을 나타내고 있으며, (24-116)의 복소수 표현식을 사용하지 않는다. z축으로 주어지는 전파 방향은 지면으로부터 나오고 있다.

우리가 정해진 위치에 있다고 상상해보자. 그러면 시간이 지나감에 따라, (24-117)로부터 $\mathbf{E}$의 성분이 변화하는 것을 알 수 있겠고, 그래서 $\mathbf{E}$ 자체도 변하고 $\mathbf{E}$의 끄트머리는 점선 직사각형 안의 어떤 경로를 따라갈 것이다. 이 경로(혹은 "궤도")는 (24-117)에서 $(kz - \omega t)$를 소거함으로써 구할 수 있다.

$$\frac{E_x}{E_1} = \cos(kz - \omega t)\cos\vartheta_1 - \sin(kz - \omega t)\sin\vartheta_1$$

$$\frac{E_y}{E_2} = \cos(kz - \omega t)\cos\vartheta_2 - \sin(kz - \omega t)\sin\vartheta_2$$

이고, 그러면

$$\frac{E_x}{E_1}\sin\vartheta_2 - \frac{E_y}{E_2}\sin\vartheta_1 = -\cos(kz - \omega t)\sin(\vartheta_1 - \vartheta_2)$$

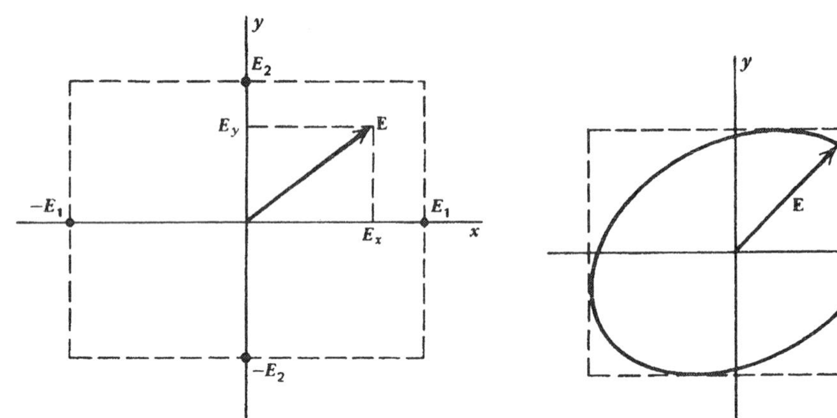

| 그림 24-7 | 전파 방향을 가로지르는 횡파면에 놓인 전기장의 성분.

| 그림 24-8 | 타원편광 된 전기장.

$$\frac{E_x}{E_1}\cos\vartheta_2 - \frac{E_y}{E_2}\cos\vartheta_1 = -\sin(kz-\omega t)\sin(\vartheta_1-\vartheta_2)$$

이다. 이들을 제곱하고 각 변을 더하면

$$\left(\frac{E_x}{E_1}\right)^2 - 2\left(\frac{E_x}{E_1}\right)\left(\frac{E_y}{E_2}\right)\cos(\vartheta_1-\vartheta_2) + \left(\frac{E_y}{E_2}\right)^2 = \sin^2(\vartheta_1-\vartheta_2) \tag{24-118}$$

을 얻게 된다. 이 이차방정식은 일반적으로 타원의 방정식이고 (E_x와 E_y 모두 유한한 값이므로), 전기장은 **타원편광** *elliptically polarized* 되어있다고 말한다. 그러므로 전기장의 끄트머리가 그리는 경로는 그림 24-8과 같이 생겼을 것이다. 자기유도 **B**는 언제나 **E**에 수직이므로, **B**도 타원형으로 편광되어 있을 것이다. 그 타원은 **E**의 타원에 대해서 90°돌아가 있을 것이다.

타원의 주축의 값이나 축에 대한 그 방향은 분명히 진폭 E_1과 E_2 그리고 두 성분의 상대위상에 따라 달라진다. 위상에 관해서는 (24-118)이 위상차의 절대치 $|\vartheta_1 - \vartheta_2|$에만 의존하기 때문에 상대위상에 의존한다. 이제 특별한 경우 몇 가지를 살펴보는 것이 좋겠다.

1. $\vartheta_1 - \vartheta_2 = 0$

이 경우 (24-118)은 $[(E_x/E_1) - (E_y/E_2)]^2 = 0$이 되고

$$\frac{E_x}{E_1} = \frac{E_y}{E_2} \tag{24-119}$$

이다. 이것은 직선의 방정식으로 그림 24-9에 나타낸 대각선을 따라 놓여 있다. **E**의 끄트머리는 항상 이 직선 상에 놓여있고, 이 장은 **선편광** *linearly polarized* 되어있다고 말한다. 이것은 (24-117)에서 $\vartheta_1 = \vartheta_2$일 때 두 성분이 동위상이 되어 역시 확인할 수 있다. 즉, 두 성분은 함께 최대가 되고 최소가 되며, 함께 영이 된다. 이와 같은 관계에 의해 그림에 보인 직선이 되

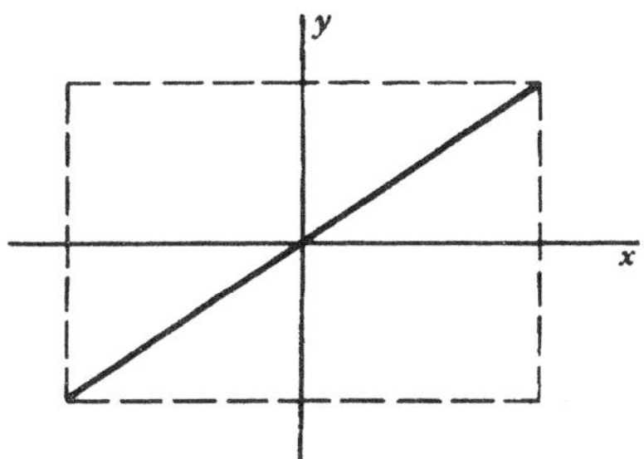

그림 24-9 x와 y성분 사이의 위상차가 영인 선편광 된 전기장.

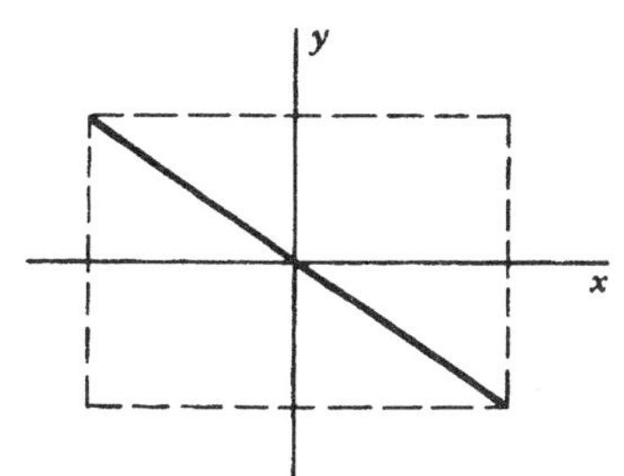

그림 24-10 x와 y성분 사이의 위상차가 π인 선편광 된 전기장.

는 것이다.

2. $|\vartheta_1 - \vartheta_2| = \pi$

이번에는 (24-118)이 $[(E_x/E_1) + (E_y/E_2)]^2 = 0$로 되어

$$\frac{E_x}{E_1} = -\frac{E_y}{E_2} \tag{24-120}$$

이다. 이 경우 전기장은 역시 선형 편광 되어있으나 , E_x와 E_y가 항상 반대 부호를 가지고 있어서, **E**가 쫓아가는 선은 그림 24-10에 나타낸 것처럼 다른 대각선에 놓여 있다.

3. $|\vartheta_1 - \vartheta_2| = \pi/2$

(24-118)은

$$\left(\frac{E_x}{E_1}\right)^2 + \left(\frac{E_y}{E_2}\right)^2 = 1 \tag{24-121}$$

이 되어, 타원의 장축과 단축이 그림 24-11에 보인 것처럼 좌표축을 따라 놓여 있다. 이것의 특별한 경우로 $E_1 = E_2 = E_0$일 때 (24-121)은 원의 방정식 $E_x^2 + E_y^2 = E_0^2$이 된다. 그러면 전기장은 **원편광** *circularly polarized* 되어있다고 한다.

방금 알아본 것처럼 타원의 모양은 위상차 $\vartheta_1 - \vartheta_2$의 부호에는 무관하다. 그러나 경로가

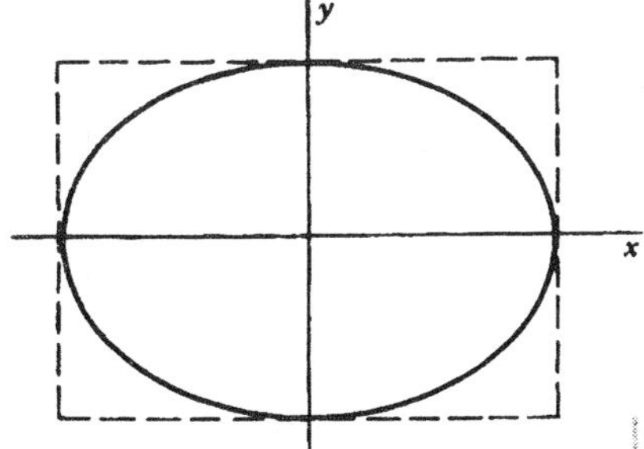

그림 24-11 x와 y성분 사이의 위상차가 $\pi/2$인 타원편광 된 전기장.

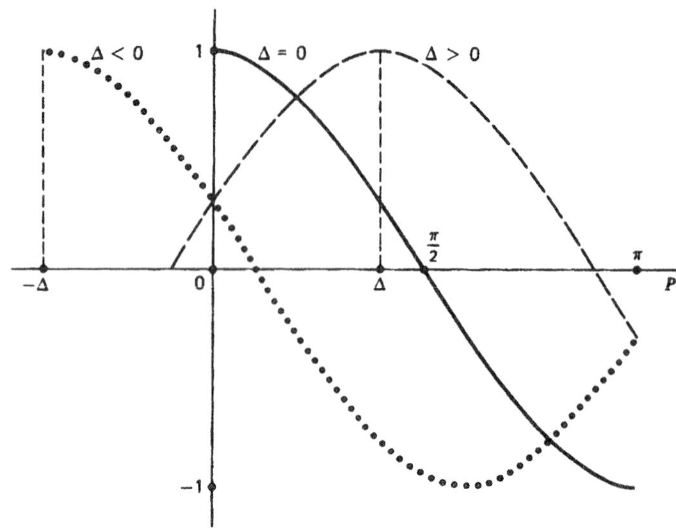

그림 24-12 여러 Δ 값에 대한 cos(P − Δ).

따라가는 방향은 부호에 따라 다르고, 이제 이것을 생각해보겠다. 위상차 Δ를 구체적으로

$$\vartheta_1 - \vartheta_2 = \Delta \tag{24-122}$$

라고 써서 도입하는 것이 편리하겠고, 또한 E_x와 관련된 위상에 대해

$$P = kz - \omega t + \vartheta_1 \tag{24-123}$$

로 약기하기로 한다면, (24-117)은

$$E_x = E_1 \cos P \qquad E_y = E_2 \cos(P - \Delta) \tag{24-124}$$

가 된다. 이들 표현식은 그림 24-12를 참조하여 분석하는 것이 좋겠는데, 이 그림은 코사인 항의 일부분을 P의 함수로 그려놓았다. 실선은 $\cos P$로 $\Delta = 0$에 해당된다. 대쉬선(---)은 $\Delta > 0$에 대한 $\cos(P - \Delta)$를 보여주고 있는데, 이것은 P의 함수로써 실선에 뒤쳐진다. 점선(···)은 음의 Δ에 대한 $\cos(P - \Delta)$를 보여주고 있는데, 이것은 P의 함수로써 $\Delta = 0$의 선을 앞선다. 이제 증가하는 P의 함수로써 (24-124)를 생각해보면, $\Delta > 0$일 때 E_y는 E_x에 뒤쳐진다. 즉, E_x가 최대값에 이른 다음에 E_y는 최대값이 된다. 또, E_x가 영이 된 다음에 E_y는 영이 된다. 이러한 거동을 그림 24-13에 보였는데, z축은 이 면에 수직이며 지면 밖으로 나오기 때문에, 타원은 전파 방향의 반대쪽에서 보았을 때 반시계방향으로 따라가고 있다. (그러니까 전파 방향으로 볼 때는, 즉 지면으로부터 바깥쪽을 바라볼 경우는 시계방향이 된다.) Δ가 음이면, E_y는 E_x를 앞서가는데, 그러면 돌아가는 방향은 위의 경우와 반대가 되고, 이것을 그림 24-14에 나타내었다.

(24-123)을 보면 P는 z와 t에 따라 변하는데, 서로 다른 식으로 바뀐다. 따라서 이들을 따로 생각해보는 것이 좋겠다.

t가 정해진 값이라고 해보자. 즉, 위치 z의 함수로 관찰한다고 생각하는 것이다. 이것은 마

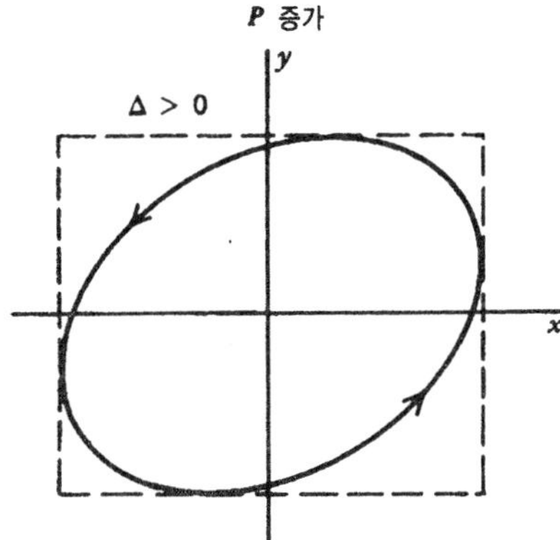

그림 24-13 | 전파 방향의 반대쪽에서 보았을 때 시계반대방향으로 따라가는 타원.

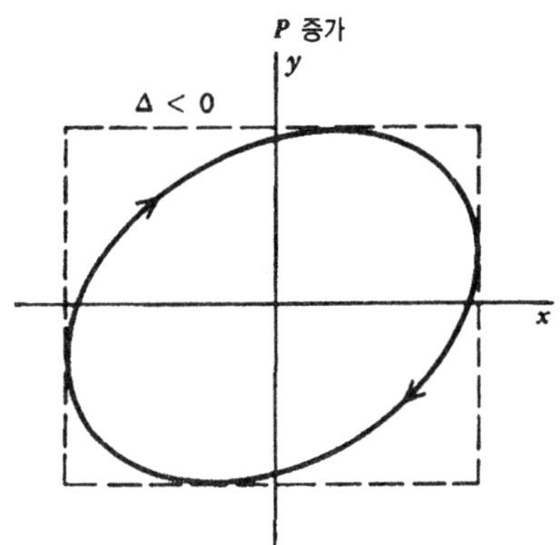

그림 24-14 | 전파 방향의 반대쪽에서 보았을 때 회전 방향이 시계방향이다.

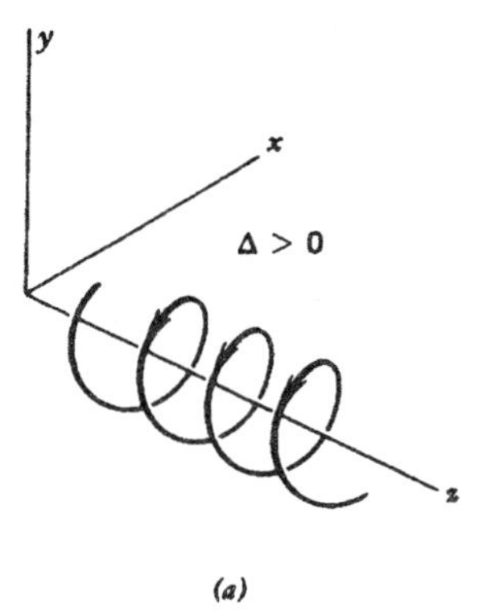

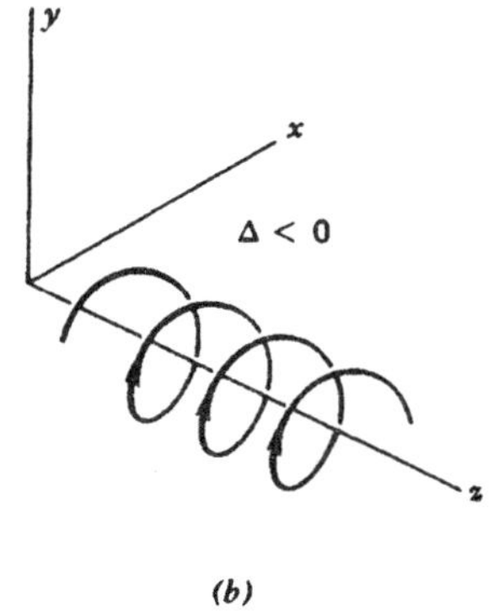

그림 24-15 | (a) 양나선성과 (b) 음나선성을 갖는 원편광파동.

치 파동의 사진을 바라보는 것이나 마찬가지이다. 그러면 z가 증가함에 따라 P도 증가하고 위 그림들은 직접 적용될 수 있다. 즉, $\Delta > 0$이면, 전파 방향으로 바라보면서 (지면의 밖으로) 전기장은 시계방향으로 돌아가는 것으로 보일 것이다. 반면 Δ가 음이면 반시계방향일 것이다. 원편광 된 파동인 경우에 대해서는 그림 24-15처럼 보인다. 회전방향을 정의하는 통상적인 오른손규칙을 사용하여, (a)는 회전에 있어 양의 방향이라고 할 수 있고, (b)는 음의 방향이다. $\Delta > 0$에 해당되는 (a)와 같은 파동은 **양나선성** *positive helicity*의 파동이라고 말하면 되고, 음의 위상차에 대해서는 **음나선성** *negative helicity*라고 하면 되겠다.

한편, 정해진 위치 (z = 상수)에 있는 관찰자를 고려해보자. t가 증가함에 따라, (24-123)에 의해 P는 감소한다. 그림 24-12를 이용하여 그림 24-13과 24-14를 어떻게 만들었는지 생각해보면, 그림에서 "P 증가"를 "P 감소"로 바꿀 경우 타원의 회전 방향을 반대로 해야 할 것이다. 그러면 지면을 바라보면서, 즉 전파 방향의 반대쪽에서 바라보면서, 관찰자는 $\mathbf{E}$가 양의 Δ에 대해서는 시계방향의 타원을 따라, 음의 Δ에 대해서는 반시계방향을 따라 돌아가는 것을 보게 된다. (다시 말해서 관찰자는 원천을 향해서 바라보고 있는 것인데, 이것이 가장 타당할 것이다.) 이런 경우들에 대한 편광을 각각 **우편광** *right-hande*(양), **좌편광** *left-handed*(음)이라 한다.

어떠한 관점이 되었든지, 상관관계는 같은 것으로 나왔다: 양의 위상차 Δ는 양의 회전방향에 해당되고, 음의 위상차는 음의 회전방향에 해당 된다.

24-8 물질의 전자기적 매개변수는 상수인가?

지금까지 우리는 평면파의 전파 특성은 매질을 나타내주는 매개변수, μ, ϵ, σ와 관련이 있을 수 있다는 것을 알아내었다. 구체적인 예로 (24-14)에서 비전도성 메질의 굴절률이 아주 간단히 $n = \sqrt{\kappa_e \kappa_m}$로 주어진다는 것을 알았다. 이 관계식은 많은 물질에 대해 매우 잘 맞는다. 그러나 불일치하는 예도 있다. 물의 경우를 보자. 표에서 물에 관한 이들 값을 찾아보면, $\kappa_m \simeq 1$이고 $\kappa_e \simeq 80$이며, 그래서 $n \simeq 9$이다. 그러나 빛에 대한 물의 굴절률이 $4/3 = 1.33$로 주어진다는 사실은 잘 알려져 있다. 여기서 나타난 분명한 차이점에 관한 해답은, 우리가 수식화해 놓은 전자기학의 거시적인 이론은 κ_e와 κ_m에 대하여 예상되는 값을 주지 못한다는 데 있고, 이들 값을 제대로 얻으려면 실험에 의존해야 한다는 것이다. 다시 말하면, 실제로는 Maxwell 방정식으로 예측하는 결과가 **항상** 옳다고 가정하고, 이들 결과가 실험치와 잘 맞도록 μ, ϵ, σ 값을 **추정**하는 것이다. 이러한 방식으로, 주어진 물질에 대해 이들 매개변수는 실제로 상수가 아니고, 흔히 **진동수**에 관해 매우 강한 의존성을 가지고 있다는 것을 알아내었다. (여기서는 온도나 압력 같은 것에 관한 가능한 의존성은 고려하지 않겠다.) 위 예에서는 물에 대한 유전상수로 **정적**인 경우의 값을 사용하였지만, 적절한 것은 광파동의 매우 큰 진동에 해당되는 유전상수이어야 한다.

진동수에 관하여 이러한 변화를 주어야 하는 궁극적인 이유는 물질이 원자로 되어 있다는 본성에 기인한다. 장에 의해서 분극된 원자의 전하는 관성을 가지고 있다. 이 관성에 의해서 전자기력에의 응답은 진동수에 의존하게 된다. 특히 관성과 감쇠력의 영향은 걸어준 힘과 계의 응답 사이에 위상차를 유발시킬 수도 있다. 그래서 이 매개변수들을 복소수로 쓰는 것이 적절하다고 알려져 있다. 부록 B에서는 이러한 효과를 자세한 원자적 관점으로 고려해 놓았다. 그러나 여기에서는, 이미 고려해본 미시적 관점으로부터의 간단한 경우로 물질의 전도도에만 국한하여 생각해보겠다.

12-5 절에서는 유한한 전도도의 미시적 기원에 대하여 (12-36)의 운동방정식으로 논의하였었는데, 거기에서 전하 $-e$를 갖는 전자에 작용하는 알짜 힘은 전기력과 역학적인 "마찰"력(전반적인 매개변수 ξ로 나타냄)의 합으로 설명하였었다:

$$\mathbf{F}_{총} = m\mathbf{a} = -e\mathbf{E} - \xi\mathbf{v} \tag{24-125}$$

정적 상태의 전도도 값은 (σ_0라 하겠다) (12-39)에 의해

$$\sigma_0 = \frac{ne^2}{\xi} \tag{24-126}$$

으로 구했었다. 여기서 n은 단위체적 당의 전자수이다. 이제 이와 똑같은 취급법을, 시간적으로 변화하는 평면파 전기장 하에 물질이 놓여 있는 경우에 대해 적용하고자 한다.

(24-89)를 (24-125)에 대입하여,

$$m\mathbf{a} = m\frac{d\mathbf{v}}{dt} = -e\mathbf{E}_0 e^{i(\mathbf{k}\cdot\mathbf{r}-\omega t)} - \xi\mathbf{v} \tag{24-127}$$

을 얻는다. 정적 상태의 해와 동등하게, 여기에서도 주어진 위치에서의 응답이 힘 함수와 같은 시간 변화를 갖도록 하자. 즉, $\mathbf{v} = \mathbf{v}_0 e^{-i\omega t}$ 형태의 해를 가정하여 이 방정식을 풀자는 것이다. 여기서 $\mathbf{v}_0$는 시간에 무관하다. 이것을 (24-127)에 대입할 때, $m(d\mathbf{v}/dt) = -im\omega\mathbf{v} = -e\mathbf{E} - \xi\mathbf{v}$를 얻게 되고, 그래서

$$\mathbf{v} = \frac{-e\mathbf{E}}{\xi - im\omega} \tag{24-128}$$

이다. 자유전류밀도는 (12-38)에 사용된 것과 같은 방법으로

$$\mathbf{J}_f = \rho_f\mathbf{v} = n(-e)\mathbf{v} = \frac{ne^2\mathbf{E}}{\xi - im\omega} \tag{24-129}$$

로 구할 수 있다. 전도도의 정의에 의해서, 이것은 $\mathbf{J}_f = \sigma\mathbf{E}$로 쓰게 될 것이고, 전도도는

$$\sigma = \sigma(\omega) = \frac{ne^2}{\xi - im\omega} = \frac{(ne^2/\xi)}{1 - i(m\omega/\xi)} = \frac{\sigma_0}{1 - i(\sigma_0 m\omega/ne^2)} \tag{24-130}$$

임을 알게 된다. 여기서 (24-126)을 사용하였다. 첫째, 전도도는 진동수의 함수로 나오게 되었고, 진동수에 의존하는 항은 하전입자의 관성(m)과 저항력(ξ) 모두를 포함하고 있다는 것을 알 수 있다. 또한 σ는 $\omega = 0$의 정적 상태에 대해 σ_0으로 적절히 수렴함에도 주목하자. 둘째, σ는 복소수이고, 이것이 의미하는 바는, 지금까지 우리가 알고 있는 바대로 전류밀도와 전기장의 위상이 맞지 않는다는 것이다. [사실 역학과의 유사성에 의해서, (24-125)는 단순히 복원력이 없는 감쇠 "조화진동자"의 운동방정식이다. 이것은 구속되지 않은 전자에 대해 적절한 것이며, 그렇다면 일반적으로 변위와 속도는 더 이상 걸어준 진동힘과 위상이 맞지 않는다.]

전도도의 실수부와 허수부는, (24-130)의 분자 분모에 분모의 복소수공액을 곱하여 구하게 되고,

$$\sigma = \sigma_R + i\sigma_I = \frac{\sigma_0}{\left[1 + (\sigma_0 m\omega/ne^2)^2\right]}\left[1 + i\left(\frac{\sigma_0 m\omega}{ne^2}\right)\right] \tag{24-131}$$

로 얻게 된다. 전도도가 복소수라는 점의 물리적 의미를 좀 더 조사해보기 위해, 고정된 위치 $\mathbf{r}$에서 살펴 보기로 하자. 그러면 (24-89)의 $\mathbf{E}$와, 그에 따른 $\mathbf{J}_f$는

$$\mathbf{E} = \mathbf{E}_0' e^{-i\omega t} \qquad \mathbf{J}_f = (\sigma_R + i\sigma_I)\mathbf{E}_0' e^{-i\omega t} \tag{24-132}$$

의 형태로 쓸 수 있다. 간단히 생각하기 위해 $\mathbf{E}_0'$은 실수라고 하자. 그러면 물리적으로 의미

있는 양은 (24-132)의 실수부에 의해 주어지고, (24-22)를 이용하여

$$\mathbf{E}_{\text{실수}} = \mathbf{E}_0' \cos \omega t$$
$$\mathbf{J}_{f\text{실수}} = (\sigma_R \cos \omega t + \sigma_I \sin \omega t)\mathbf{E}_0' \quad (24\text{-}133)$$

로 구하게 된다. 그러므로 복소수 전도도의 실수부는 걸어준 전기장과 동위상인 전류성분을 만들어 주고, 걸어준 전기장과 위상이 완전히 다른 *out of phase* 전류성분은 허수성분 σ_I에 의해 만들어진다. [(24-131)로부터 σ_R과 σ_I는 모두 양의 값임을 쉽게 알 수 있다.]

이제 복소수의 전도도가 매질의 전파 특성에 미치는 영향을 조사해볼 수 있다. 분산관계식 (24-37)에서 물리량들이 실수이어야 한다는 조건은 없었으며, (24-38)을 사용할 때에도 마찬가지였다. 그러나 (24-39)를 (24-131)에 연결지울 때, $\alpha^2 - \beta^2 + 2i\alpha\beta = \omega^2\mu\epsilon + i\omega\mu(\sigma_R + i\sigma_I)$임을 알 수 있고, 그래서 (24-40)과 (24-44) 대신, α와 β는

$$\alpha^2 - \beta^2 = \omega^2\mu\epsilon - \omega\mu\sigma_I \qquad 2\alpha\beta = \omega\mu\sigma_R \quad (24\text{-}134)$$

의 관계를 갖는다. 더 나아가, 앞에서처럼 이들을 α와 β에 대하여 풀 수는 있으나, 더 쉬운 방법이 있다. 첫 번째 표현식은 $\alpha^2 - \beta^2 = \omega^2\mu[\epsilon - (\sigma_I/\omega)]$처럼 쓸 수 있고, (24-40), (24-41)과 비교할 때, $\sigma \to \sigma_R$과 $\epsilon \to \epsilon - (\sigma_I/\omega)$로 간단히 대체하여 (24-42)와 (24-43)을 여전히 사용할 수 있다는 것을 알게 된다.

유전율과 전도도의 이 관계식은 가끔 분산관계식 (24-37)을

$$k^2 = \omega^2\mu\left(\epsilon + i\frac{\sigma}{\omega}\right) \quad (24\text{-}135)$$

의 형태로 쓰여 강조되기도 한다. 그래서 파동의 전파에 관한 한, 전도도가 존재한다는 것은 (일반적으로 복소수인) 항 $i\sigma/\omega$을 ϵ에 더함으로써 간단하게 처리할 수 있다.

이들 일반적인 결과를 가지고 더 나아가느니, 매개변수 ξ의 상대적인 크기에 의해서 정해지는 다음의 두 극단적인 경우를 생각해보자. 이 변수는 계 내의 "마찰", 즉 전반적인 충돌 효과의 척도가 된다.

1. "큰 마찰" ($m\omega/\xi \ll 1$ 혹은 $\omega \ll ne^2/\sigma_0 m$)

(24-130)으로부터 $\sigma \simeq \sigma_0 \simeq$ 상수임을 알 수 있고, 전도도는 기본적으로 항상 실수이며 정적 상태의 값과 같다. 금속에 대하여 이것은 아주 잘 성립한다고 알려져 있다. 연습문제 12-17의 구리에 대해 인용한 수치를 사용하여, $n \simeq 8.5 \times 10^{28}\ \text{m}^{-3}$으로 구하였다. $\sigma_0 \simeq 6 \times 10^7\ (\Omega \cdot \text{m})^{-1}$을 이용하고 전자의 전하와 질량으로 1.60×10^{-19} C과 9.11×10^{-31} kg을 사용하면, 진동수 ν에 대한 이 요구조건은 $\nu \ll 6 \times 10^{12}$ Hz로 구해진다. 이 조건은 마이크로파 영역 깊숙한 데까지 만족되는 것으로, 금속은 우리가 24-3절에서 추측하였듯이, 전도도가 일정하며 실수라고 취급하여도 무방하다.

2. "작은 마찰" ($m\omega/\xi \gg 1$ 혹은 $\omega \gg ne^2/\sigma_0 m$)

이 때는 (24-130)의 분모에서 1을 무시할 수 있고, 그러면

$$\sigma \simeq i\left(\frac{ne^2}{m\omega}\right) \tag{24-136}$$

이고, 전도도는 순전히 허수로 $\sigma_R = 0$이며, 전류밀도와 전기장은 (24-133)에 의해 정확히 90° 만큼 위상이 어긋난다. 이와 같은 상황은 **입자밀도가 낮은 이온화된 기체, 즉 플라즈마** *plasma* 에서 나타난다. 매질이 갖는 희박한 본성 때문에, 충돌의 효과는 매우 작고 그래서 ξ는 매우 작다. (24-136)을 직접 분산관계식 (24-37)에 넣으면,

$$k^2 = \omega^2\mu\epsilon\left(1 - \frac{ne^2}{m\epsilon\omega^2}\right) = \omega^2\mu\epsilon\left(1 - \frac{\omega_P^2}{\omega^2}\right) \tag{24-137}$$

으로 구하게 된다. 여기서

$$\omega_P^2 = \frac{ne^2}{m\epsilon} \tag{24-138}$$

이라고 썼으며, $\nu_P = \omega_P/2\pi$는 **플라즈마 진동수** *plasma frequency*라 한다. 실제로 그러한 매질에 대해서 $\mu \simeq \mu_0$이고 $\epsilon \simeq \epsilon_0$이며, 이들 표현식은 용이하게

$$k^2 \simeq \left(\frac{\omega}{c}\right)^2\left(1 - \frac{\omega_P^2}{\omega^2}\right) \qquad \omega_P^2 \simeq \frac{ne^2}{m\epsilon_0} \tag{24-139}$$

로 근사할 수 있다. k^2에 대한 표현식에 음의 부호가 있기 때문에, 두 가지 별개의 경우를 따져봐야 한다.

$\omega > \omega_P$이면, $k^2 > 0$이고 k는 실수이다. 그러므로 감쇠하지 않는 진행파가 되며, (24-84)의 형태가 될 것이고, (24-139)로부터 구한 위상속도는

$$v = \frac{\omega}{k} = \frac{c}{\left[1 - (\omega_P/\omega)^2\right]^{1/2}} \tag{24-140}$$

가 된다. 이것은 c 값 보다 큰데, 진공 특성을 갖는 비분산성 매질에 적용된다.

$\omega < \omega_P$이면, $k^2 < 0$이고 k는 순전한 허수이다. 이 경우 k를 (24-139)에서 구한 것처럼

$$k = i\beta_P = i(\omega/c)\left[(\omega_P/\omega)^2 - 1\right]^{1/2} \tag{24-141}$$

의 형태로 쓸 수 있는데, 그러면 (24-84) 형태의 해는

$$\psi = \psi_0 e^{-\beta_P\zeta} e^{-i\omega t} \tag{24-142}$$

로 된다. 이것은 진행파가 아니고, 진폭은 거리에 따라 지수함수적으로 감소하면서, 사인형으로 진동하는 장의 성분이다. 플라즈마 진동수가 매우 크다면, $\psi \to 0$이고, 그러면 장은 매질을 관통하지 못 할 것이다. 그러므로 플라즈마는 "고주파통과" 여과기 *high-pass filter*라고 할 수

있는데, 감쇠가 아니라 전파하는 파동을 얻으려면 진동수는 플라즈마진동수 보다 커야한다는 의미에서 그러하다.

중성 금속의 몸체에 들어있는 전도전자를 낮은 입자밀도의 플라즈마로 기술하려고 하지는 않겠지만, 너무 낮지만 않으면 충분히 높은 진동수에 대해서는 충돌효과를 이기고 이 경우의 조건에 맞는다. 그래서 금속에 대한 ν_P의 크기를 계산해보는 것이 재미있겠다. 구리에 대해서 이미 사용하였던 같은 수치를 쓰면, (24-139)로부터 $\nu_P = 2.6 \times 10^{16}$ Hz를 구하게 된다. ν_P의 값이 이렇게 극히 커다랗다는 사실이 말해주는 것은 대표적인 금속은 전자기 스펙트럼의 자외선 영역 그 안쪽에 이르기 전까지는 "투명 *transparent*"하기를 기대할 수 없다는 점이다. 이 결과는 금속의 성질에 대한 다른 결과와 완전히 부합한다. 플라즈마의 다른 예는 연습문제에서 생각해보겠다.

연습문제

24-1 (24-11)의 형태를 (24-9)에 직접 대입하여 해가 된다는 것을 증명하였었다. 마찬가지로 z와 t에 대한 변수분리를 이용하여 (24-18)의 구체적인 형태를 구하기도 하였다. (24-9)에 관한 또 다른 접근방식은 다음과 같다. 새로운 변수 $\xi = z + vt$와 $\eta = z - vt$를 정의하고 (24-9)를 ξ와 η로 나타내어라. 이번에도 v를 (24-12)로 준다면, 결과식의 해는 $\psi = f(\eta) + g(\xi)$의 형태임을 보여라.

24-2 중첩원리의 결과 나타나는 현상은, 즉 여러 해들의 합도 해라는 사실은, 간섭 *interference* 라는 용어로 특징 지워질 수 있다. 예를 들어, 두 평면파 ψ_1과 ψ_2를 고려해보는데, 이들 각각은 (24-19)의 형태로써 같은 k와 ω 값을 갖는다. 즉, 이 두 파동은 같은 속도로 같은 방향으로 진행하고 있다. 그러나 진폭과 위상이 다르다고 해보자. 즉, $\psi_{01} = \psi_{1a}e^{i\vartheta_1}$과 $\psi_{02} = \psi_{2a}e^{i\vartheta_2}$라 하자. 이들의 합 $\psi = \psi_1 + \psi_2$를 구하라. ψ_1, ψ_2, ψ의 실수부를 구하라. 이들이 같은 진폭 ($\psi_{1a} = \psi_{2a} = \psi_a$)을 갖는 특별한 경우, Re $\psi = 2\psi_a \cos\frac{1}{2}[(\vartheta_1 - \vartheta_2)] \cos[kz - \omega t + \frac{1}{2}(\vartheta_1 + \vartheta_2)]$임을 보이고, 이 결과를 설명하라. $|\vartheta_1 - \vartheta_2| = \pi$라면 Re ψ는 무엇인가? 중첩에서 개별적인 파동 사이의 관계를 고려하여 어떻게 이런 일이 일어나는지를 설명하라.

24-3 간섭의 또 다른 예로, 앞 연습문제의 ψ_2가 이번에는 음의 z 방향으로 전파한다고 해보자. 파동들이 동일한 실수인 양의 진폭을 가지고 있다면, Re $\psi = 2\pi_a \cos kz \cos \omega t$임을 보여라. 이것은 **정지파** *standing wave*이다. t를 편의대로 잡고 Re ψ를 z의 함수로 그려라. z를 편의대로 잡고 Re ψ를 t의 함수로 그려라.

24-4 (24-53) 이후에 지적했던 것처럼, 분산성 매질에서 진행하는 평면파의 중첩은 진행하면서 일반적으로 그 형태가 변한다. 한 예로 진폭이 실수이며 동일한 두 파동을 생각해보자. 그들의 전파상수와 진동수는 거의 같고, 양의 z 방향으로 진행한다고 하자. 즉, 그들의 합은

$$\psi = \psi_0 e^{i[(k+dk)z-(\omega+d\omega)t]} + \psi_0 e^{i[(k-dk)z-(\omega-d\omega)t]}$$

의 형태를 갖는다.

$$\text{Re}\,\psi =$$
$$2\psi_0 \cos[(dk)z - (d\omega)t]\cos(kz - \omega t)$$
$$= \psi_m \cos(kz - \omega t) \qquad (24\text{-}143)$$

임을 보여라. 여기서 ψ_m을 "변조 *modulation*" 이라 한다. 그러므로 (23-143)은 평균 전파상수 k와 평균 진동수 ω를 갖는 파동의 형태를 가지고 있다. 그 진폭은 일정하지 않고, 그 자체가 파동으로써 군속도 *group velocity*

$$v_G = \frac{d\omega}{dk} \qquad (24\text{-}144)$$

로 진행한다. 주요 파동의 공간적 주기 (파장) λ는 얼마인가? ψ_m의 파장 λ_m은 얼마인가? λ_m/λ의 비를 구하라. $t = 0$과 약간 나중 시간에서의 (24-143)을 스케치하고, Re ψ의 형태가 변화하였음을 증명하라. 그 스케치의 어느 물리적 특성이 위상속도 $v = \omega/k$로 진행하고, 어느 특성이 군속도 v_G로 진행하는지 구별해보아라. (24-144)에는 왜 "군"속도라는 이름이 붙었는지 생각해보아라. (이 특별한 결과는 맥놀이 *beat*라 부르는 좀 더 일반적인 현상의 한 예이다.)

24-5 진공에서의 평면파동 전자기파가 $\mathbf{E} = \hat{\mathbf{y}}E_0 e^{i(kz - \omega t)}$로 주어져 있다. E_0은 실수이다. 반지름이 a이고 도선이 N 번 감겨 있는 원고리가 있는데, 이것의 저항은 R이고, 그 중심은 원점에 있다. 고리의 방향은 그 지름이 z축에 놓여있고 고리의 면이 y축과 θ의 각도를 만들도록 향해있다. 고리에 유도되는 기전력을 시간의 함수로 구하라. $a \ll \lambda$를 가정하라. (왜 이렇게 가정하는가?)

24-6 전하량 q 질량 m인 입자가 $\mathbf{u}$의 속도로 진행하고 있는데, 이 입자는 자유공간에서 z축으로 진행하는 평면 전자기파의 장 내에 놓여있다. 이 입자에 작용하는 힘을 구하라. 입자가 파동과 같은 방향으로 진행하는 특별한 경우에는 어떻게 되겠는가? 힘의 방향은 어떠한가? (가능하다면) 어떤 조건에서 이 경우 힘이 없어지겠는가?

24-7 해수 전도도의 대표값은 $\sigma = 4\ (\Omega \cdot \text{m})^{-1}$이다. $\epsilon \simeq \epsilon_0$, $\mu \simeq \mu_0$으로 잡고 다음 진동수 ν의 각각에 대하여 Q, v, δ와 비 E/cB의 크기, Ω를 구하라: 10^2, 10^7, 10^{10}, 10^{15} Hz. (이 진동수들은 대충 "전력", "라디오", "마이크로파", "가시광선"에 해당 된다.) 가시광선에 대하여 이렇게 구한 δ는 분명 엉뚱한 값이다. 왜 그런가? 이러한 이상한 값을 얻게 된 이유로는 어떤 것이 가능할까?

24-8 도체의 굴절률 n을 Q의 함수로 구하라. 좋은 도체의 극한에서 그 결과가 $n^2 = \kappa_e \kappa_m / 2Q$로 됨을 보여라.

24-9 태양으로부터 지구 대기에 쪼여지는 복사의 평균값을 태양상수라 하는데, 그 값은 1340 W/m^{2}이다. 복사는 선형 평광된 평면파라고 가정하고, $\mathbf{E}$와 $\mathbf{B}$의 크기를 구하라.

24-10 (24-105)와 (24-106)을 증명하라.

24-11 도체 매질에서의 평면파에 대해 $\langle u_m \rangle / \langle n_e \rangle$의 비를 구하라. 그리고는 절연체와 좋은 도체의 극한 경우에 대해 이 비의 근사 표현식을 구하라.

24-12 실수의 전도도를 가지고 있는 도체 내에서 평면파가 양의 z 방향으로 진행하고 있다. (a) 저항성 열에 의한 단위체적당의 순간 전력손실과 시간 평균 전력손실을 z의 함수로 구하라. (b) $z = 0$과 $z \to \infty$ 사이에서 단위면적당의 총 전력손실을 구하라. (c) 임의의 z에서 Poynting 벡터의 시간 평균을 구하라. (d) (b)의 결과값과 $z = 0$에서 계산한 (c) 결과의 크기를 비교하라. 그 답은 이치에 맞는가? 설명하라.

24-13 두 개의 서로 수직이며 독립적인 파동이

중첩되어 만든 어느 평면파를 생각해보자. 즉, $\mathbf{E} = \hat{\mathbf{x}}E_\alpha e^{i(kz - \omega t + \vartheta_\alpha)} + \hat{\mathbf{y}}E_\beta e^{i(kz - \omega t + \vartheta_\beta)}$의 형태를 하고 있다. k는 실수이다. $\langle\mathbf{S}\rangle$를 구하고, 이것이 성분들에 대한 평균 Poynting 벡터의 합과 같음을 보여라.

24-14 두 개의 서로 평행이며 독립적인 파동이 중첩되어 만든 평면파를 생각해보자. 즉,

$\mathbf{E} = \hat{\mathbf{x}}E_\alpha e^{i(kz - \omega t + \vartheta_\alpha)} + \hat{\mathbf{x}}E_\beta e^{i(kz - \omega t + \vartheta_\beta)}$

의 형태를 하고 있다. k는 실수이다. $\langle\mathbf{S}\rangle$를 구하고, 이것이 각 성분에 대한 평균 Poynting 벡터의 합과 같지 않음을 보여라. (이것이 "간섭"의 효과이다.)

24-15 비전도성 매질에서 모두 같은 방향으로 진행하고 있는 평면파들의 중첩을 생각해보자. 그러므로 실수인 장은 (24-35)와 같은 항의 합일 것이다. 즉, $\mathbf{E} = \Sigma_k E_{0k} \cos(kz - \omega_k t + \vartheta_k)$이다. 전기에너지밀도의 시간 평균이 각 성분의 평균 에너지밀도의 합이 됨을 보여라.

24-16 연습문제 22-6에서 자유전하와 자유전류가 없는 비전도성 l.i.h. 매질 영역에서의 **E**와 **B**는 벡터퍼텐셜 **A**만으로 구할 수 있음을 알았으며, 그래서 $\phi = 0$으로 잡았다. (a) **A**가 만족해야하는 두 개의 방정식은 무엇인가? (실제로는 네 개의 스칼라 방정식이 있다.) (b) 이들 방정식의 해를 구하는데, **A**는 $\hat{\mathbf{k}}$ 방향으로 진행하는 평면파이다. (c) 이 **A**로부터 **E**와 **B**를 구하고, 이렇게 구한 것들은 교과서 내용 중에서 구한 것과 같음을 보여라. 즉, 이들은 (24-91)에서 $\sigma = 0$으로 놓은 방정식들을 만족한다.

24-17 어떤 평면파가 $\mathbf{k} = 314\hat{\mathbf{x}} + 314\hat{\mathbf{y}} + 444\hat{\mathbf{z}}$ m^{-1}의 전파벡터를 가지고 있다. 이 파가 진공 중을 전파하고 있다고 가정하고, 파장, 진동수, xyz축과 만드는 각도를 구하라.

24-18 $\mathbf{E} = \gamma[(3 + 2i)\hat{\mathbf{x}} + (3 + 4i)\hat{\mathbf{y}}]e^{i(kz - \omega t)}$의 평면파 가 주어져 있다. γ는 양의 상수이고, k는 양의 실수이다. 다음을 구하라: E_1, E_2, ϑ_1, ϑ_2, Δ, 그리고 타원의 주축과 x축 사이의 각 φ. 이 파동의 나선성은 양인가 음인가? 이것의 편광 방향은 우편광인가 좌편광인가?

24-19 우원편광파 전기장의 형태는 $\mathbf{E}_+ = E_0(\hat{\mathbf{x}} - i\hat{\mathbf{y}})e^{i(kz - \omega t + \vartheta)}$로 쓸 수 있음을 보여라. 좌원편광파이면 이에 해당하는 표현식은 어떻게 되는가?

24-20 선편광파는 진폭이 동일한 우, 좌 원편광파의 중첩으로 쓸 수 있음을 보여라. 선편광파에 대한 $\langle\mathbf{S}\rangle$는 각 원편광 성분의 평균 Poynting 벡터의 합과 같음을 보여라.

24-21 $\epsilon \simeq \epsilon_0$인 플라즈마에 대해 플라즈마 진동수는 $\nu_P = 8.97n^{1/2}$ Hz로부터 구할 수 있음을 보여라. 다른 중요한 플라즈마로 (a) $n \simeq 10^{18}$ m^{-3}인 전형적인 기체방전과 (b) $n \simeq 10^{10}$ m^{-3}인 전리층에 대한 ν_P를 구하라.

24-22 이온화된 기체에는 전자 뿐 아니라 운동할 수 있는 이온들도 있다. 왜 이온들이 전도도에 미치는 기여와 그로 인한 플라즈마 진동수에의 기여를 무시할 수 있었는가?

24-23 어떤 물질의 전도도가 순전히 허수로써 (24-136)의 경우와 같다면, 단위체적당의 평균 에너지 분산 비 $\langle w\rangle$는 영임을 보여라. 이 결과는 충돌이 효과적으로 무시되었다는 가정과 부합하는가?

24-24 전도도가 (24-136)으로 주어지는 계에 대하여 총 전류밀도 $\mathbf{J}_f = \sigma\mathbf{E} + (\partial\mathbf{D}/\partial t)$를 구하고, 이것은 전도전자가 없을 경우 보다 적다는 것을 보여라. 어떻게 이러한지 설명하여라.

24-25 플라즈마 진동수는 (24-138)에서 순전히 형

식적인 방식으로 정의되었었다. 그러나 이것은 계의 자연진동수라고 이해할 수 있다. 이 동일한 표현식은 다음의 두 가지 방식으로 유도될 수 있다. (a) $e^{-i\omega_P t}$에 비례하는 ρ_f에 대한 진동 해를 $\nabla \cdot \mathbf{J}_f + (\partial \rho_f/\partial t) = 0$, $\mathbf{J}_f = \sigma \mathbf{E}$, $\nabla \cdot \mathbf{E} = \rho_f/\epsilon$와 결합할 때, 그 결과는 다시 (24-138)임을 증명하라. (b) 동수의 양이온과 전자가 서로 작은 거리 x만큼 상대변위를 갖는다고 해보자. 그에 따라 생기는 한 전하의 표면전하밀도가 다른 것에 의해 받는 힘을 구하고, 해당 운동 방정식은 (24-138)로 주어지는 진동수 ω_P의 단조화진동자의 식이 됨을 보여라.

24-26 (a) (24-137)의 분산관계를 갖는 계에 대해 (24-144)로 정의되는 군속도 v_G를 구하라. $\omega > \omega_P$에 대해 v_G를 ω의 함수로 그래프 그려라. 위상속도와 군속도의 곱은 $vv_G = (\mu\epsilon)^{-1}$임을 보여라. (b) 분산관계가 $k^2 = f(\omega^2)$의 형태라면, f가 $f = A\omega^2 + B$(A와 B는 상수)인 경우 곱 vv_G는 일정함을 보여라.

24-27 어느 계가 (24-137)로 나타내어진다 하고 $\omega > \omega_P$라 하자. $\langle u_e \rangle$, $\langle u_m \rangle$, $\langle u_m \rangle / \langle u_e \rangle$, $\langle u \rangle$, $\langle \mathbf{S} \rangle$를 구하고, $\langle \mathbf{S} \rangle = \langle u \rangle v_U \hat{\mathbf{k}}$임을 보여라. 여기서 v_U는 에너지 흐름의 속력이라고 해석할 수 있다. $v_G < v_U < (\mu\epsilon)^{-1/2} < v$를 보여라.

24-28 가장 일반적인 경우로써 매질이 모두 복소수의 특성값을 갖는 가능성을 생각해보자. 즉, $\mu = \mu_R + i\mu_I$, $\epsilon = \epsilon_R + i\epsilon_I$, $\sigma = \sigma_R + i\sigma_I$이다. k는 여전히 (24-38)의 형태로 (α와 β는 실수로) 쓸 수 있음을 보여라. α와 β를 구하라. 이번에는 아주 제한적인 비전도체를 고려하여, 여전히 감쇠 ($\beta \neq 0$)가 있을 수 있음을 보이고, **E**와 **B** 사이의 위상차도 여전히 존재함을 ($\beta/\alpha \neq 0$) 보여라.

24-29 Q라는 기호는 원래 "특성계수 *quality factor*"에 대한 약어로써 도입되었었다. (24-66)에서 Q에 대한 유용한 해석을 알아내었지만, 이해하는 데에 도움이 되는 두 가지 다른 표현방식이 있다. (a) Q가 다음 두 양의 비임을 보여라: (12-41)에서 구한 도체 매질의 이완시간과 진동의 시간 주기 T. (b) δ/λ를 Q만의 함수로 나타내고, $Q \gg 1$일 때 이것이 $Q = \pi\delta/\lambda$가 됨을 보여라. (c) 바로 앞의 결과를 이용하여 Q의 물리적 의미를 암기하는 데 편리한 다음의 방식을 정당화 하여라: "Q는 (거의) 자유진동자가 계속 유지될 때의 진동수와 같다."

24-30 그림 24-12를 잘 살펴보면, Δ가 그림에 보인 구간 밖의 값을 가질게 될 때에는 앞서고 뒤따르는 것에 관한 우리의 결론이 바뀔는지 의문이 간다. 타원편광에 관한 논의에 대해, Δ는 $-\pi$에서 π까지의 구간으로 제한할 수 있음을 보여라. 그래서 (24-122)로부터 구한 Δ가 이 구간 밖에 있도록 나오면, 2π의 적당한 정수배 값은 더하거나 빼서 이 구간 안으로 들어오도록 하면 된다. 적절한 예에 대한 간단한 스케치를 해서 이러한 사실을 설명해보아라.

24-31 두 쌍 ($\mathbf{E}_1$, $\mathbf{H}_1$)과 ($\mathbf{E}_2$, $\mathbf{H}_2$)로 나타내어지는 별개의 전자기장을 생각해보자. 매질은 모든 성질에 있어서 l.i.h.라 가정하고, $\mathbf{J}'_f = 0$이며, 이들 두 장은 시간에 대해 사인형 함수로, 즉 $e^{-i\omega t}$에 비례한다고 하자. 둘 다 동일한 진동수이다. Maxwell 방정식으로부터 $\nabla \cdot (\mathbf{E}_1 \times \mathbf{H}_2 - \mathbf{E}_2 \times \mathbf{H}_1) = 0$이 나오는 것을 보여라. 이 결과는 Lorentz 공리 *lemma*라고 알려져 있는데, (시간적인 동일성만 빼고 다른 것은) 독립적인 이들 전자기장은 이러한 방식으로 관계되어짐을 말해주고 있다.

제 25 장 평면파동의 반사와 굴절

24장에서는 무한히 뻗어 있는 평면파동을 고려하였고, 그래서 파동은 무한의 매질에서 진행한다고 생각할 수 있었다. 실제적인 상황에서는 파동은 궁극적으로 전자기 특성이 다른 매질을 만나게 될 것이다. 예를 들어 공기 중의 가시광선이 유리조각에 쪼이는 것처럼 말이다. 일반적으로 입사파는 두 번째 매질에 어느 정도까지 침투할 것이고, 이 때 우리가 알고자 하는 것은 결과적으로 정상상태에 이르게 되었을 때 전반적인 상황은 어떻게 될 것인가 하는 것이다. 이 문제는 불연속면에서 전자기장 벡터가 만족해야하는 경계조건을 사용하여 풀 수 있다는 것을 알게 될 것이다. 그리고 이들 경계조건은 Maxwell 방정식으로부터 직접 얻었다는 점을 기억하라.

25-1 반사와 굴절의 법칙

두 매질 사이의 경계는 무한 평면이라고 가정하자. 또한 경계면에는 자유전하나 자유전류가 존재하지 않는다고 하자. 그러면 (21-25)부터 (21-28)까지로 주어지는 경계조건은 단순히 (1) **D**와 **B**의 법선성분은 연속이며, (2) **E**와 **H**의 접선성분은 연속이다. 곧 알게 되겠지만 두 번째 것만이 필요하다. 법선성분과 관련된 첫 번째 것을 사용하여도 새로운 정보는 얻을 수 없는데, 이 사실을 보이는 문제는 연습문제에 남겨 놓았다.

그러므로 우리가 시각화할 수 있는 가장 일반적인 경우는 전자기적 특성이 $(\mu_1, \epsilon_1, \sigma_1)$인 매질 1에서 진행하는 입사파가 $(\mu_2, \epsilon_2, \sigma_2)$로 기술되는 매질 2에 들어가는 것이다. 두 매질이 모두 도체라면 일반적인 해는 매우 쉽게 얻을 수 있지만, 결과가 복소수이기 때문에 실제로 일어나는 현상을 이해하고 해석하는 데 모호함을 주는 경향이 있다. 따라서 당분간 두 매질은 비전도성이라고 가정하기로 하고, 그러면 모든 전파벡터는 실수이다. 전도도의 영향은 25-6절에서 간략히 고려하겠다. 우리는 다른 사람들의 경험을 이용하여, 경계조건이 다음 세 파동의 존재만을 가정하여도 만족될 수 있다는 사실로부터 즉시 시작하겠다. 그 세 파동이란 매질 1에서의 **입사파** *incident wave*, 역시 매질 1에서의 **반사파** *reflected wave*, 매질 2에서의 **굴절파** *reflected wave*이다. 이들 파동을 구분하기 위해 그 각각에 i, r, t라는 첨자를 사용하겠다.

(24-89)를 사용하여 이들 파동의 전기장을

$$\mathbf{E}_i = \mathbf{E}_{0i} e^{i(\mathbf{k}_i \cdot \mathbf{r} - \omega_i t)} \qquad \mathbf{E}_r = \mathbf{E}_{0r} e^{i(\mathbf{k}_r \cdot \mathbf{r} - \omega_r t)}$$
$$\mathbf{E}_t = \mathbf{E}_{0t} e^{i(\mathbf{k}_t \cdot \mathbf{r} - \omega_t t)} \tag{25-1}$$

로 쓸 수 있다. 여기서

$$k_i^2 = \left(\frac{\omega_i}{v_1}\right)^2 = \left(\frac{n_1\omega_i}{c}\right)^2 \qquad k_r^2 = \left(\frac{\omega_r}{v_1}\right)^2 = \left(\frac{n_1\omega_r}{c}\right)^2 \qquad k_t^2 = \left(\frac{\omega_t}{v_2}\right)^2 = \left(\frac{n_2\omega_t}{c}\right)^2 \tag{25-2}$$

이고, (24-17)과 (24-13)을 사용하여 해당 매질의 위상속도와 굴절률을 도입하였다. 진동수에 대한 특별한 가정은 하지 않았다는 점에 주목하라. 자기장에 대해서도 비슷한 식을 쓸 수 있다.

(25-1)에서 시간의 원점 ($t = 0$)은 임의이다. $\mathbf{r}$은 임의의 원점에 대한 어느 지점의 위치벡터를 나타낸다. 그러나 문제를 간단히 하기 위하여 원점은 분리면에 놓여있는 것으로 하겠다. 그러면 경계면 위의 한 지점의 위치벡터 $\mathbf{r}_B$도 그 면에 놓여있다. 이들은 모두 그림 25-1에 그려져 있다. 경계면에서의 법선벡터 $\hat{\mathbf{n}}$은 이전의 약속에 의해 매질 1에서 매질 2로 나타내어져 있다.

매질 1에서의 주어진 위치에서 총 전기장은 $\mathbf{E}_1 = \mathbf{E}_i + \mathbf{E}_r$일 것이고, 매질 2에서는 $\mathbf{E}_2 = \mathbf{E}_t$일 것이다. $\mathbf{r} = \mathbf{r}_B$인 경계면 위에서의 위치에서 $\mathbf{E}_{1\,\text{접선}} = \mathbf{E}_{2\,\text{접선}}$이어야 한다. 즉,

$$\left[\mathbf{E}_{0i}e^{i(\mathbf{k}_i\cdot\mathbf{r}_B-\omega_i t)} + \mathbf{E}_{0r}e^{i(\mathbf{k}_r\cdot\mathbf{r}_B-\omega_r t)}\right]_{\text{접선}} = \left[\mathbf{E}_{0t}e^{i(\mathbf{k}_t\cdot\mathbf{r}_B-\omega_t t)}\right]_{\text{접선}} \tag{25-3}$$

이고, 이것은 t의 모든 값과 가능한 모든 $\mathbf{r}_B$에 대하여 성립한다. 이 때 t와 $\mathbf{r}_B$는 독립적으로 변할 수 있다. 진폭 $\mathbf{E}_0$들의 상대적인 값에 상관없이, 지수함수의 모든 값이 동일하지 않으면 (25-3)은 만족될 수 없음은 자명하다. 그러므로 우선 $\omega_i = \omega_r = \omega_t = \omega$임을 알 수 있겠고, 그래서 세 파동 모두는 같은 진동수 ω를 가져야한다. 그러면 (25-2)는

$$k_i^2 = k_r^2 = \left(\frac{n_1\omega}{c}\right)^2 = k_1^2 \qquad k_t^2 = \left(\frac{n_2\omega}{c}\right)^2 = k_2^2 \tag{25-4}$$

으로 간단해 진다. 마찬가지로, $\mathbf{k}_i\cdot\mathbf{r}_B = \mathbf{k}_r\cdot\mathbf{r}_B = \mathbf{k}_t\cdot\mathbf{r}_B$이어야한다. 이들을 서로 빼서 쌍으로

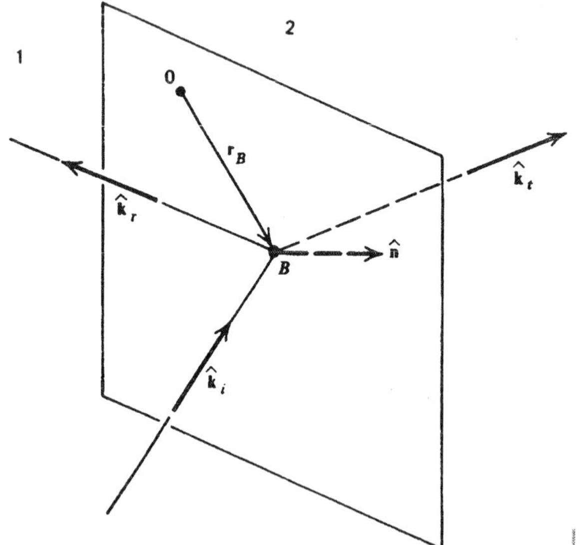

그림 25-1 | 두 매질 사이의 경계면에서의 관계.

묶어 두 개의 독립적인 식으로 만들면 좋다:

$$(\mathbf{k}_i - \mathbf{k}_r) \cdot \mathbf{r}_B = 0 \qquad (\mathbf{k}_i - \mathbf{k}_t) \cdot \mathbf{r}_B = 0 \tag{25-5}$$

이것은 이들 전파벡터의 차가 $\mathbf{r}_B$에 수직이어야 함을, 그럼으로써 경계면에 수직임을 보여주고 있는 것이다. 또한 $(\mathbf{k}_r - \mathbf{k}_t) \cdot \mathbf{r}_B = 0$이기 때문에, $\mathbf{k}_r$, $\mathbf{k}_t$의 쌍에 대해서도 마찬가지이다. (25-5)의 첫 번째 식은 입사 전파벡터와 반사 전파벡터를 관련시켜주므로 **반사 법칙** *law of reflection*이라 할 수 있고, 마찬가지로, 두 번째 식은 입사파와 투과(굴절)파를 연결시켜주므로 **굴절 법칙** *law of refraction*이다.

$\hat{\mathbf{n}}$과 입사벡터 $\mathbf{k}_i$로 정의되는 평면을 **입사면** *plane of incidence*라 하고, 그림 25-2에 나타내었다. $\mathbf{k}_i$가 법선벡터와 만드는 각 θ_i는 **입사각** *angle of incidence*이다. $\mathbf{k}_i$는 성분으로 분해할 수 있는데, 한 성분은 법선성분이고, 다른 하나는 불연속면에 평행인 접선 방향 단위벡터 $\hat{\boldsymbol{\tau}}$로 정의할 수 있다. 이 단위벡터는 불연속면에 평행이며 입사면에 있다. 그러므로

$$\mathbf{k}_i = k_{in}\hat{\mathbf{n}} + k_{i\tau}\hat{\boldsymbol{\tau}} \tag{25-6}$$

로 쓸 수 있다. 다른 벡터들은 반드시 입사면에 있을 필요는 없는데, 그러면 세 번째 단위벡터를 도입하여 성분으로 쓸 수 있다. 이 세 번째 단위벡터는 $\hat{\mathbf{n}} \times \hat{\boldsymbol{\tau}}$로, 1과 2 사이의 면 위에 있고, 그림 25-3에 보인 것처럼 $\hat{\mathbf{n}}$, $\hat{\boldsymbol{\tau}}$ 모두에 수직이다. 그러므로 다른 두 전파벡터를

$$\mathbf{k}_r = k_{rn}\hat{\mathbf{n}} + k_{r\tau}\hat{\boldsymbol{\tau}} + k_{rc}\hat{\mathbf{n}} \times \hat{\boldsymbol{\tau}} \qquad \mathbf{k}_t = k_{tn}\hat{\mathbf{n}} + k_{t\tau}\hat{\boldsymbol{\tau}} + k_{tc}\hat{\mathbf{n}} \times \hat{\boldsymbol{\tau}} \tag{25-7}$$

로 쓸 수 있다. 한편 $\mathbf{r}_B$는 순전히 경계면 위에 있으므로, 그래서 법선성분이 없으므로

$$\mathbf{r}_B = r_{B\tau}\hat{\boldsymbol{\tau}} + r_{Bc}\hat{\mathbf{n}} \times \hat{\boldsymbol{\tau}} \tag{25-8}$$

로 쓸 수 있다.

(25-6)부터 (25-8)까지를 (25-5)에 대입하고, 단위벡터들은 서로 수직으로 $\hat{\mathbf{n}} \cdot \hat{\boldsymbol{\tau}} = 0$ 등이 된다는 것을 기억하면,

$$(k_{i\tau} - k_{r\tau})r_{B\tau} - k_{rc}r_{Bc} = 0 \qquad (k_{i\tau} - k_{t\tau})r_{B\tau} - k_{tc}r_{Bc} = 0 \tag{25-9}$$

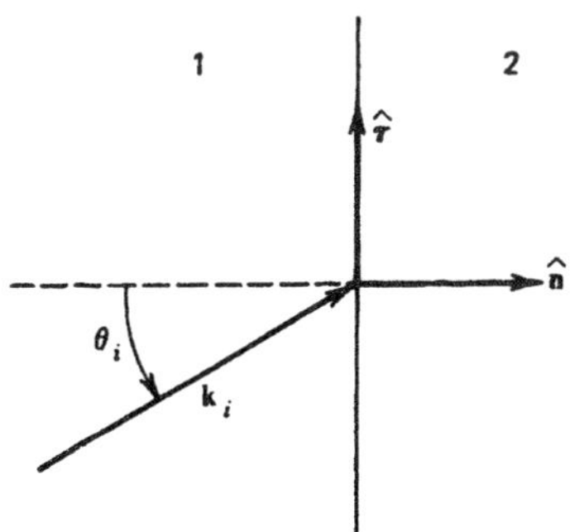

그림 25-2 | 이것은 입사면이다.

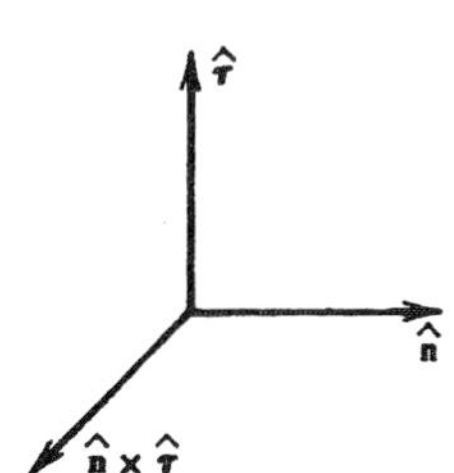

그림 25-3 | 서로 수직인 세 개의 단위벡터.

를 얻는다. $\mathbf{r}_B$는 임의이기 때문에, (25-9)는 $r_{B\tau} = 0$이며 $r_{Bc} \neq 0$인 특수한 경우에도 성립해야 한다. 그러면 (25-9)는 $k_{rc} = k_{tc} = 0$을 줄 것이고, 그래서 $\mathbf{k}_r$과 $\mathbf{k}_t$는 그림 25-2의 평면에 수직인 성분을 가지고 있지 않다. 다시 말하면, 세 전파벡터 모두는 동일한 평면에 놓여 있다. 즉, 셋 모두 입사면에 놓여있다. 이제 $r_{B\tau}$는 영이 아닐 수 있으므로, (25-9)로부터

$$k_{r\tau} = k_{i\tau} \qquad k_{t\tau} = k_{i\tau} \tag{25-10}$$

임을 알 수 있고, 그래서 모든 $\mathbf{k}$는 같은 접선성분을 갖는다. (25-10)은 반사 법칙과 굴절 법칙에 대한 두 번째 형식이라고 간주할 수 있다. 이제 법선성분에 대해서 배울 수 있게 되었다.

$k_{rc} = 0$임을 기억하면, (25-7), (25-4), (25-10), (25-6)으로부터 $k_{rn}^2 = k_r^2 - k_{r\tau}^2 = k_i^2 - k_{r\tau}^2 = k_i^2 - k_{i\tau}^2 = k_{in}^2$을 얻게 되고, 그러므로 $k_{rn} = \pm k_{in}$이다. 양의 부호를 선택하면, 그림 25-2로부터 반사파가 입사파처럼 면을 향해서 진행하게 될 텐데, 그러나 반사파는 그림 25-1처럼 면으로부터 멀어지려 할 것이다. 그러므로 $k_{rn} = -k_{in}$ 이어야 한다. 마찬가지로 $k_{tn}^2 = k_t^2 - k_{t\tau}^2 = k_2^2 - k_{i\tau}^2$로 구하게 된다. 그러므로 반사와 굴절의 법칙에 대한 세 번째 형식은

$$k_{rn} = -k_{in} \qquad k_{tn}^2 = k_2^2 - k_{i\tau}^2 \tag{25-11}$$

이다.

$\mathbf{k}_i$는 (25-4)에 의해 크기 k_1을 갖는 벡터이고 그림 25-2로부터

$$k_{in} = k_1 \cos\theta_i \qquad k_{i\tau} = k_1 \sin\theta_i \tag{25-12}$$

이므로 (25-11)과 (25-10)으로부터 $k_{rn} = -k_1 \cos\theta_i$, $k_{r\tau} = k_1 \sin\theta_i$이다. $\mathbf{k}_r$도 크기 k_1을 가지고 있으므로, 반사각 *angle of reflection* θ_r을

$$k_{rn} = -k_1 \cos\theta_r \qquad k_{r\tau} = k_1 \sin\theta_r \tag{25-13}$$

로 정의할 수 있고, 그림 25-4a에 나타내었다. $\mathbf{k}_r$의 성분에 대한 이들 다른 표현식을 비교하여

$$\theta_r = \theta_i \tag{25-14}$$

임을 알 수 있다. 그러므로 반사각은 입사각과 같다. 이 오래고도 잘 알려진 광학의 법칙은 Maxwell 방정식의 직접적인 귀결이다.

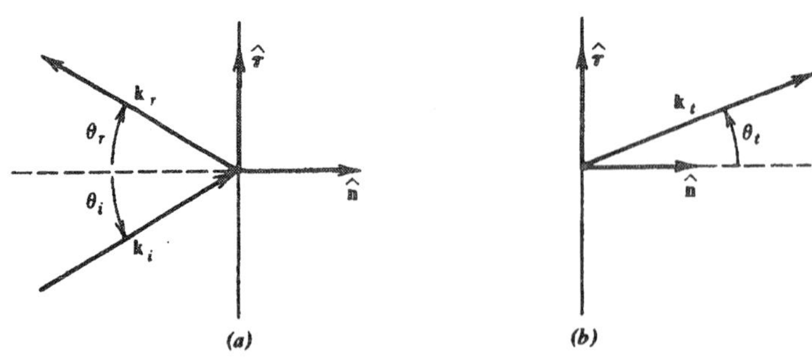

그림 25-4 (a) θ_r은 반사각이다. (b) θ_t는 굴절각이다.

투과파에 대해서는 (25-10), (25-11), (25-12), (25-4)로부터

$$k_{t\tau} = k_1 \sin\theta_i \tag{25-15}$$

$$k_{tn}^2 = k_2^2 - k_1^2 \sin^2\theta_i = k_2^2\left[1 - \left(\frac{n_1}{n_2}\right)^2 \sin^2\theta_i\right] \tag{25-16}$$

로 구하게 된다. 이들 결과는 n_1/n_2 비의 어느 값에 대해서건, 어느 입사각에 대해서건 성립한다.

많은 경우에 크기 k_2를 갖는 $\mathbf{k}_t$에 대한 굴절각 *angle of refraction* θ_t를

$$k_{t\tau} = k_2 \sin\theta_t \qquad k_{tn} = k_2 \cos\theta_t \tag{25-17}$$

로 정의하는 것이 유용하겠다. 이것은 그림 25-4*b*에 그려놓았다. (25-17)을 (25-15)과 (25-16)으로 주어지는 굴절 법칙과 결합하며 (25-4)를 이용하면,

$$n_1 \sin\theta_i = n_2 \sin\theta_t \tag{25-18}$$

$$\cos^2\theta_t = 1 - \left(\frac{n_1}{n_2}\right)^2 \sin^2\theta_i \tag{25-19}$$

에 이르게 되는데, $\cos^2\theta_t = 1 - \sin^2\theta_t$임을 알고 있으므로 이것들은 본질적으로 일치하는 것이다. (25-18)의 첫 번째 식은 Snell의 굴절법칙으로 알려져 있는데, Snell에 의해 실험적으로 발견되었다. 이것은 입사각과 굴절각을 두 매질의 굴절률에 관련시킨 것인데, 경계조건을 통하여 나타난 Maxwell 방정식의 귀결이다.

(25-17)에 의해서 $\sin\theta_t$와 $\cos\theta_t$의 두 값은 정의되었지만, 이들이 항상 실제적인 물리량 각도 θ_t가 되지는 않는다. 어떻게 이런 일이 일어나게 되는지, 또 우리가 이것으로 무엇을 해야 하는지를 알아보자. 우리는 (25-18)로부터 $\sin\theta_t = (n_1/n_2)\sin\theta_i$를 알고 있다. $n_1 < n_2$이면, $\sin\theta_t < \sin\theta_i \le 1$이고 $\cos^2\theta_t = 1 - \sin^2\theta_t > 0$이다. 그러므로 θ_t는 실수인 각도이고 $\theta_t < \theta_i$이다. 이 경우가 그림 25-5에 그려져 있다. $k_2/k_1 = n_2/n_1 > 1$임에 주목하자. $n_1 > n_2$이면, 여전히 $\sin\theta_t = (n_1/n_2)\sin\theta_i > \sin\theta_i$이고 일반적으로 $\theta_t > \theta_i$이나, $k_2/k_1 < 1$이다. 그러나 또한 $\sin\theta_i \le n_2/n_1 < 1$이 되기만 한다면, $\sin\theta_t \le 1$임에 틀림없고, 그러면 θ_t는 실수 각도가 될 것이다. 임계각 *critical angle* θ_c를

$$\sin\theta_c = \frac{n_2}{n_1} \tag{25-20}$$

로 정의하는 것이 유용하며, 그러면

$$\sin\theta_t = \frac{\sin\theta_i}{\sin\theta_c} \qquad (n_1 > n_2) \tag{25-21}$$

로 쓸 수 있다. 그러므로 $\theta_i < \theta_c$에 대해 $\sin\theta_t < 1$이고, $\theta_t > \theta_i$이다. 이 경우가 그림 25-6에 그려져 있다. (두 각도 θ_i와 θ_t 중 큰 것은 항상 작은 굴절률의 매질 안에 있다.) $\theta_i = \theta_c$이면, $\sin\theta_t$

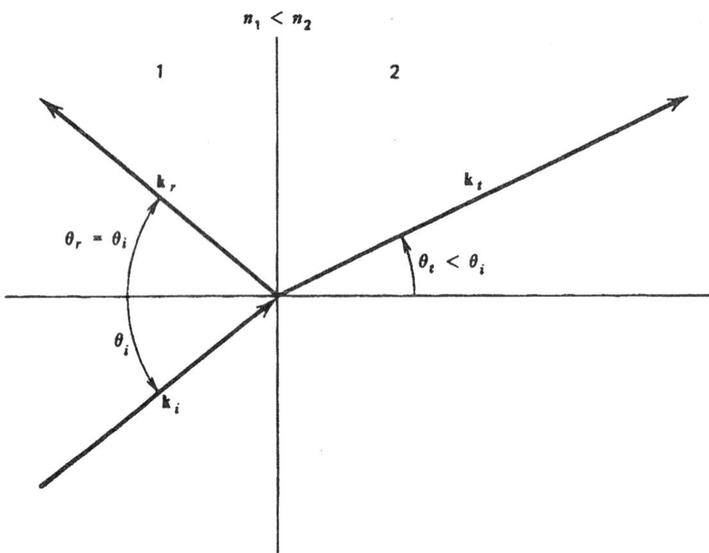

| 그림 25-5 | $n_1 < n_2$인 경우 반사 법칙과 굴절 법칙에 의해 연관되는 세 전파벡터.

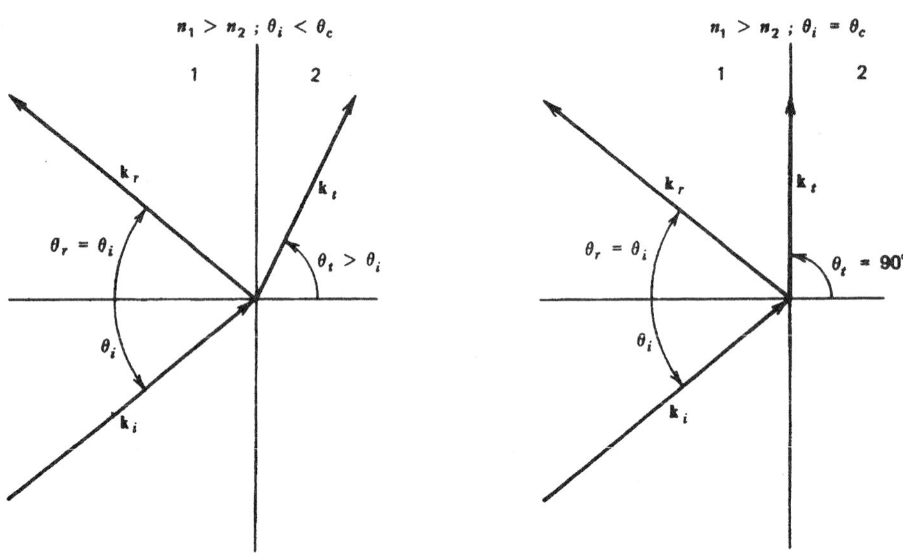

| 그림 25-6 | $n_1 < n_2$이며 입사각이 임계각 보다 작은 경우, 반사 법칙과 굴절 법칙에 의해 연관되는 세 전파벡터.

| 그림 25-7 | 입사각이 임계각과 같을 때의 세 전파벡터.

= 1이고 $\theta_t = 90°$이며, 굴절파동은 그림 25-7에 보인 것처럼 경계면에 평행이다. 여전히 $k_2/k_1 < 1$이다.

θ_i는 마음대로 선택할 수 있기 때문에, 분명히 $\theta_i > \theta_c$가 되도록 할 수도 있다. 그러면 (25-

21)은 $\sin\theta_t > 1$임을 말하고 있고, 그러면 $\cos^2\theta_t = 1 - \sin^2\theta_t < 0$이다. 이것은 각도가 실수라면 불가능한 경우이고, 앞의 그림 세 개와 같은 것은 그릴 수 없다. (θ_t가 복소수이고 $\theta_t = \frac{1}{2}\pi + ix$의 형태라면, 이것을 여전히 각도라고 해석할 수는 있다. 어떻게 이렇게 되는지를 보이기 위해, 24-22식을 이용하여 사인을 $\sin\theta_t = (e^{i\theta_t} - e^{-i\theta_t})/2i = [e^{i(\pi/2)-x} - e^{-i(\pi/2)+x}]/2i = \frac{1}{2}(e^{-x} + e^{x}) = \cosh x \geq 1$처럼 계산한다.) 그러므로 이 경우 θ_t를 가지고 계속 계산하는 것은 효과적이지 않다. 그러나 (25-15)와 (25-16)은 언제라도 유효하기 때문에, 이들을 수단으로 하여 $\mathbf{k}_t$의 성분을 θ_i로써 계산할 수 있다. 결론적으로 이 경우를 다루는데 있어 원리상 어려움은 없다. 이들 두 가지의 분명한 부류를 따로 논의하는 것이 좋다고 알려져 있다. 그리고 $n_1 > n_2$이며 $\theta_i > \theta_c$인 경우에 대한 자세한 고려는 25-4절에서 다룰 때까지 연기하도록 하겠다.

지금까지의 모든 결과는 단 하나의 경계조건인 (25-3)에 있는 지수함수 전파항으로부터만 얻은 것이었다. 그리고 우리는 여전히 장 자체에 대해 필요한 관계식을 구해야 한다. $\mathbf{E}_i$는 $\mathbf{k}_i$

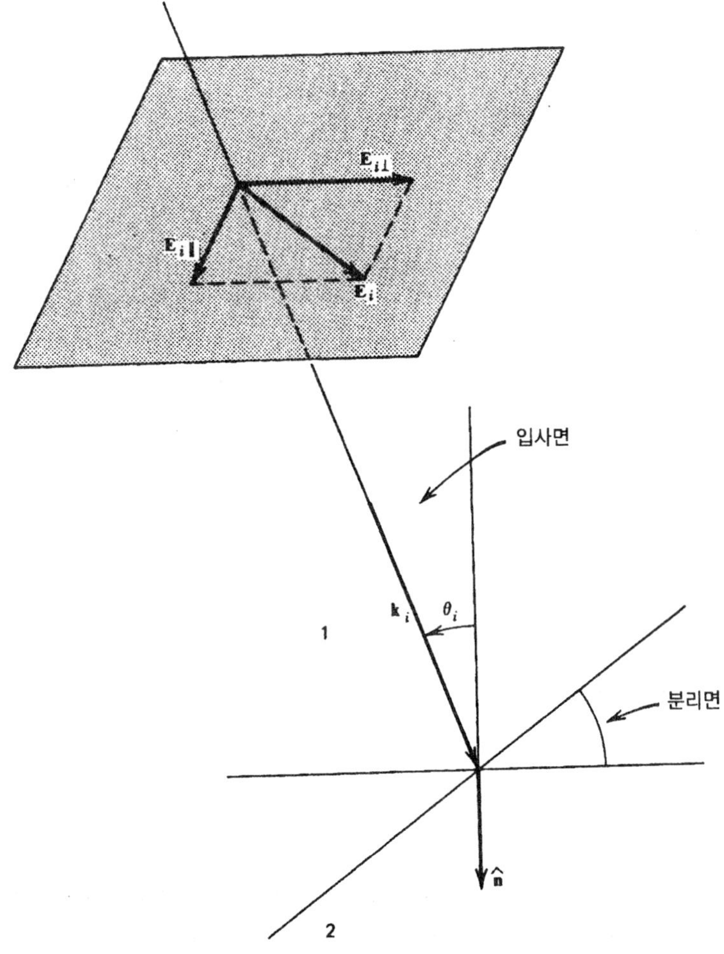

그림 25-8 입사면과 평행이고 수직인 $\mathbf{E}_i$ 성분들의 정의.

에 수직인 평면에 놓여 있어야 하나, 그림 25-2의 입사면에 관해서는 특별한 방향을 가질 필요는 없다. 임의의 입사각을 갖는 경우 $\mathbf{E}_i$의 임의의 방향에 관한 일반적인 배치 모습을 그림 25-8에 나타냈다. 회색으로 칠해 놓은 평면은 $\mathbf{k}_i$에 수직이고 그럼으로 해서 이 평면은 $\mathbf{E}_i$를 포함하고 있다. 이 평면은 또한 $\mathbf{k}_i$와 $\hat{\mathbf{n}}$이 정의하는 입사면에 수직이다. 그래서 $\mathbf{E}_i$는 벡터합으로

$$\mathbf{E}_i = \mathbf{E}_{i\perp} + \mathbf{E}_{i\parallel} \tag{25-22}$$

로 쓸 수 있다. 여기서 $\mathbf{E}_{i\perp}$은 입사면에 수직인 성분이고, $\mathbf{E}_{i\parallel}$은 입사면에 평행인 성분이다. 이 두 성분은 두 매질 사이의 분리면에서 서로 다르게 행동하는 것으로 알려져 있다. 그래서 두 경우를 따로 고려하는 것이 바람직하겠다. 이들 각각이 어떻게 영향받는지를 알아낸 다음에, 다시 결합하여 총 반사장과 굴절장을 구할 수 있다. 즉,

$$\mathbf{E}_r = \mathbf{E}_{r\perp} + \mathbf{E}_{r\parallel} \qquad \mathbf{E}_t = \mathbf{E}_{t\perp} + \mathbf{E}_{t\parallel} \tag{25-23}$$

으로 쓸 수 있을 것이다.

25-2 입사면에 수직인 E

우리는 여러 전기장들 간의 관계에 대한 사전 지식을 가지고 있지 않으므로, 문제를 분명히 하기 위해, 경계면에서의 특정 위치와 특정 시간에 전기장들은 모두 지면에서 (그림 25-9) 나오는 방향이라고 가정하겠다. 이들 상대적인 방향에 대한 가정이 잘못 되었다면, 최종 결과는 그 부호로 잘못된 사실을 나타내어줄 것이다. 해당되는 $\mathbf{H}$의 방향은 $\mathbf{E} \times \mathbf{H}$가 전파의 방향 $\hat{\mathbf{k}}$에 있어야 한다는 조건으로부터 구할 수 있다. 이러한 방식으로 정한 배치를 그림 25-9에 보였다. 그림을 분명히 보이기 위해 $\mathbf{E}$들과 $\mathbf{H}$들을 두 매질 사이의 경계면에서 조금 떨어뜨려 그려 놓았으나, 실제로 이들은 경계조건이 적용되는 면에서의 상황을 나타내는 것이다.

전기장들은 모두 경계면에 평행이고 또한 서로 평행이므로, 모두 접선성분이고 $\mathbf{E}_{1\,\text{접선}} = \mathbf{E}_{2\,\text{접선}}$의 조건은 간단히

$$E_i + E_r = E_t \tag{25-24}$$

가 된다. 모든 자기장 벡터들은 입사면에 놓여 있고, 그 면에서의 단위 접선벡터는 $\hat{\boldsymbol{\tau}}$이고, 다른 경계조건 $\mathbf{H}_{1\,\text{접선}} = \mathbf{H}_{2\,\text{접선}}$은

$$(\mathbf{H}_i + \mathbf{H}_r) \cdot \hat{\boldsymbol{\tau}} = \mathbf{H}_t \cdot \hat{\boldsymbol{\tau}} \tag{25-25}$$

가 된다. 바로 이 결과는

$$\mathbf{H} = \frac{\hat{\mathbf{k}} \times \mathbf{E}}{Z} \quad \text{및} \quad \hat{\boldsymbol{\tau}} = \frac{\mathbf{E}_i \times \hat{\mathbf{n}}}{E_i} \tag{25-26}$$

을 이용하여 전기장으로 나타낼 수 있는데, 이것은 (24-94)와 그림 25-9를 조사하여 얻을 수 있고 $\mathbf{E}_i$가 지면에서 나오고 있다는 사실도 이용하면 된다. 그러므로 어느 자기장이든지 그 접선성분은

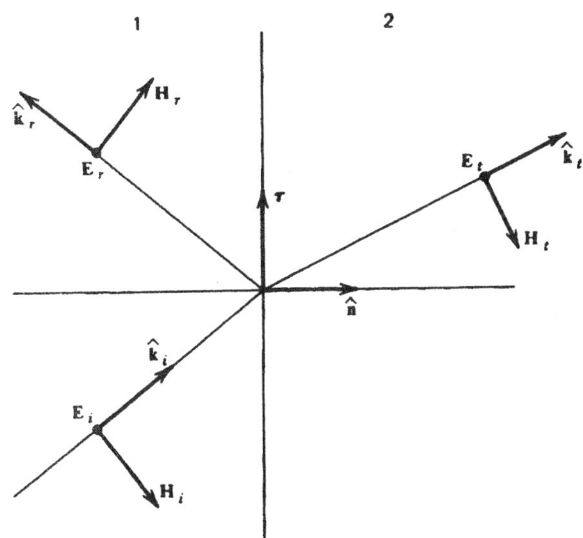

| 그림 25-9 | $\mathbf{E}_i$는 입사면에 수직이다.

$$\mathbf{H} \cdot \hat{\boldsymbol{\tau}} = \frac{1}{ZE_i}(\hat{\mathbf{k}} \times \mathbf{E}) \cdot (\mathbf{E}_i \times \hat{\mathbf{n}}) = -\frac{E}{Z}(\hat{\mathbf{k}} \cdot \hat{\mathbf{n}}) \tag{25-27}$$

의 형태를 가지게 되고, 이 때 (1-106), $\hat{\mathbf{k}} \cdot \mathbf{E}_i = 0$(이들은 수직이다), $\mathbf{E} \cdot \mathbf{E}_i = EE_i$(이들은 평행이다)를 이용하였다. 임피던스에 관한 적절한 값은, 매질 1에서의 입사파와 반사파에 대하여는 $Z_1 = (\mu_1/\epsilon_1)^{1/2}$이고, $\mathbf{H}_t$에 대하여는 $Z_2 = (\mu_2/\epsilon_2)^{1/2}$이다. 이것을 참작하면서, (25-27)을 (25-25)에 대입하면,

$$\frac{1}{Z_1}\left[E_i(\hat{\mathbf{k}}_i \cdot \hat{\mathbf{n}}) + E_r(\hat{\mathbf{k}}_r \cdot \hat{\mathbf{n}})\right] = \frac{E_t}{Z_2}(\hat{\mathbf{k}}_t \cdot \hat{\mathbf{n}}) \tag{25-28}$$

을 얻게 된다.

E_i는 임의이기 때문에, 의미 있는 양은 두 비 E_r/E_i와 E_t/E_i이고, 이들은 (25-24)와 (25-28)의 두 식으로부터 구할 수 있다. 그 결과는

$$\left(\frac{E_r}{E_i}\right)_\perp = \frac{Z_2(\hat{\mathbf{k}}_i \cdot \hat{\mathbf{n}}) - Z_1(\hat{\mathbf{k}}_t \cdot \hat{\mathbf{n}})}{Z_2(\hat{\mathbf{k}}_i \cdot \hat{\mathbf{n}}) + Z_1(\hat{\mathbf{k}}_t \cdot \hat{\mathbf{n}})} \tag{25-29}$$

$$\left(\frac{E_t}{E_i}\right)_\perp = \frac{2Z_2(\hat{\mathbf{k}}_i \cdot \hat{\mathbf{n}})}{Z_2(\hat{\mathbf{k}}_i \cdot \hat{\mathbf{n}}) + Z_1(\hat{\mathbf{k}}_t \cdot \hat{\mathbf{n}})} \tag{25-30}$$

이고, 여기서 (25-4)에서 구한 $\hat{\mathbf{k}}_r \cdot \hat{\mathbf{n}} = -\hat{\mathbf{k}}_i \cdot \hat{\mathbf{n}}$과 (25-11)로 주어지는 반사 법칙을 사용하였다. 이들 비는 이 경우에 대한 일반해로써, n_1/n_2와 θ_i의 어느 값에 대해서나 유효하다. 이 점을 강조하기 위하여 이 식들을 순전히 θ_i로 표현할 수 있는데, 이 때 (25-12)로부터 $\hat{\mathbf{k}}_i \cdot \hat{\mathbf{n}} = k_{in}/k_1 = \cos\theta_i$와 (25-16)으로부터 구한 $\hat{\mathbf{k}}_t \cdot \hat{\mathbf{n}} = k_{tn}/k_2$를 사용하여

$$\left(\frac{E_r}{E_i}\right)_\perp = \frac{Z_2\cos\theta_i - Z_1\left[1-(n_1/n_2)^2\sin^2\theta_i\right]^{1/2}}{Z_2\cos\theta_i + Z_1\left[1-(n_1/n_2)^2\sin^2\theta_i\right]^{1/2}} \tag{25-31}$$

$$\left(\frac{E_t}{E_i}\right)_\perp = \frac{2Z_2\cos\theta_i}{Z_2\cos\theta_i + Z_1\left[1-(n_1/n_2)^2\sin^2\theta_i\right]^{1/2}} \tag{25-32}$$

를 얻는다. 수직 입사($\theta_i = 0$)의 특별한 경우에 이들은

$$\left(\frac{E_r}{E_i}\right)_\perp = \frac{Z_2 - Z_1}{Z_2 + Z_1} \qquad \left(\frac{E_t}{E_i}\right)_\perp = \frac{2Z_2}{Z_2 + Z_1} \tag{25-33}$$

로 된다.

또한 이들 결과식을 흔히 입사각 θ_i와 굴절각 θ_t로 나타낸다. θ_t는 $n_1 < n_2$일 때, 혹은 $n_1 > n_2$이면서 $\theta_i \le \theta_c$인 경우에만 실수이므로, 다음의 표현식들은 이러한 경우에만 제한된다. 그러면 (25-29)와 (25-30)은

$$\left(\frac{E_r}{E_i}\right)_\perp = \frac{Z_2\cos\theta_i - Z_1\cos\theta_t}{Z_2\cos\theta_i + Z_1\cos\theta_t} \qquad \left(\frac{E_t}{E_i}\right)_\perp = \frac{2Z_2\cos\theta_i}{Z_2\cos\theta_i + Z_1\cos\theta_t} \tag{25-34}$$

가 된다. 이들은 흔히

$$\frac{Z_1}{Z_2} = \left(\frac{\mu_1\epsilon_2}{\mu_2\epsilon_1}\right)^{1/2} = \frac{\mu_1 n_2}{\mu_2 n_1} = \frac{\mu_1\sin\theta_i}{\mu_2\sin\theta_t} \tag{25-35}$$

를 사용하여 다른 형태로 쓰인다. 위 식은 (24-95), (24-12), (24-13), (25-18)로부터 얻었다. (25-34)에 있는 각 표현식의 분자와 분모를 Z_2로 나누고, (25-35)를 이용하여, 그 비들은

$$\left(\frac{E_r}{E_i}\right)_\perp = \frac{\mu_2\tan\theta_t - \mu_1\tan\theta_i}{\mu_2\tan\theta_t + \mu_1\tan\theta_i} \qquad \left(\frac{E_t}{E_i}\right)_\perp = \frac{2\mu_2\tan\theta_t}{\mu_2\tan\theta_t + \mu_1\tan\theta_i} \tag{25-36}$$

로도 쓸 수 있다. (25-33)으로부터 구한 수직 입사에 대한 결과는

$$\left(\frac{E_r}{E_i}\right)_\perp = \frac{\mu_2 n_1 - \mu_1 n_2}{\mu_2 n_1 + \mu_1 n_2} \qquad \left(\frac{E_t}{E_i}\right)_\perp = \frac{2\mu_2 n_1}{\mu_2 n_1 + \mu_1 n_2} \tag{25-37}$$

이다. θ_i와 θ_t가 둘 다 영으로 접근함에 따라 (25-18)의 Snell 법칙은 근사적으로

$$\frac{n_1}{n_2} = \frac{\sin\theta_t}{\sin\theta_i} \simeq \frac{\theta_t}{\theta_i} \simeq \frac{\tan\theta_t}{\tan\theta_i} \tag{25-38}$$

가 되기 때문에, 이들은 (25-36)과 일치한다.

매우 중요하며 특별한 경우로 $\mu_1 = \mu_2$일 때 (비자성 매질을 포함하여) 이들은 일반적으로

$$\left(\frac{E_r}{E_i}\right)_\perp = -\frac{\sin(\theta_i - \theta_t)}{\sin(\theta_i + \theta_t)} \qquad \left(\frac{E_t}{E_i}\right)_\perp = \frac{(n_1/n_2)\sin 2\theta_i}{\sin(\theta_i + \theta_t)} \tag{25-39}$$

로 쓸 수 있으며, 수직 입사에 대해 이들은

$$\left(\frac{E_r}{E_i}\right)_\perp = -\left(\frac{n_2 - n_1}{n_2 + n_1}\right) \qquad \left(\frac{E_t}{E_i}\right)_\perp = \frac{2n_1}{n_2 + n_1} \tag{25-40}$$

으로 된다. (25-39)의 식들은 보통 Fresnel 방정식이라 불린다. Maxwell 방정식이나 빛의 전자기이론이 개발되기 오래 전에, Fresnel은 빛의 탄성고체이론으로부터 이 식들을 유도해 내었다. (그가 이렇게 할 수 있었던 것이 그렇게 놀랄만한 일은 아닐 것이다. 왜냐하면 한 매질 내의 탄성파가 다른 특성의 다른 매질에 입사하면, 만족해야할 경계조건이 있을 것이기 때문이다. 예를 들어, 한 파동이 팽팽한 줄을 따라 진행하고 있다면, 변위는 연결 지점에서 연속이어야 한다고 해야 할 것이다. 그렇지 않으면 줄은 끊어질 것이다.)

Fresnel 방정식을 θ_i의 함수로써 구한 결과의 일반형을 $n_1 < n_2$에 대하여 그림 25-10과 25-

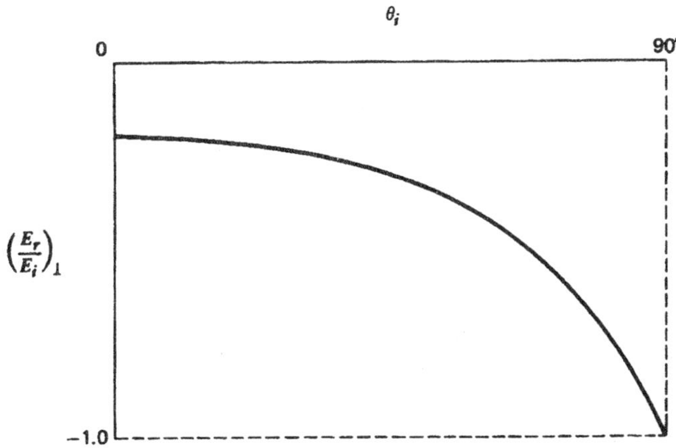

| 그림 25-10 | $n_1 < n_2$에 대해 Fresnel 방정식으로 주어지는 반사 전기장의 입사 전기장에 대한 비.

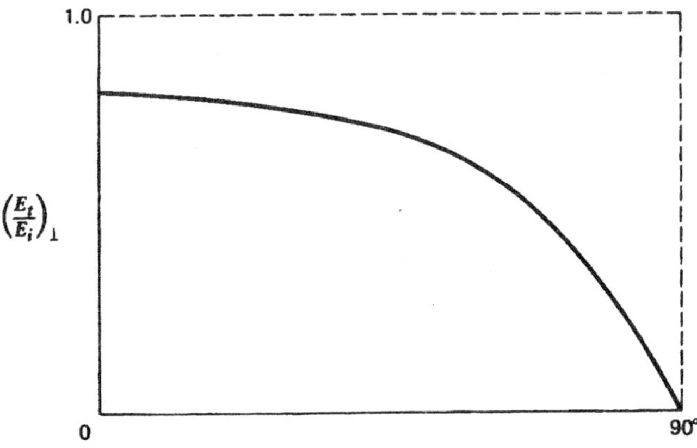

| 그림 25-11 | $n_1 < n_2$에 대해 Fresnel 방정식으로 주어지는 투과 전기장의 입사 전기장에 대한 비.

11에 보였다. $(E_r/E_i)_\perp$의 비는 모든 θ_i 값에 대하여 음이라는 점에 주목하자. 이것은 또한 (25-39)로부터도 알 수 있는데, $n_1 < n_2$일 때 $\theta_i > \theta_t$이고 그래서 $\sin(\theta_i - \theta_t) > 0$이기 때문이다. 이것이 의미하는 바는 $\mathbf{E}_r$은 실제로 우리가 가정하였던 방향에 반대라는 것이다. 즉, 반사파는 굴절률이 큰 매질의 경계면에서 반사될 때 위상이 180°바뀐다. 한편, $(E_t/E_i)_\perp$는 항상 양이므로, 투과파는 위상의 변화를 겪지 않는다. (그러므로 실제 상황을 제대로 표현하려면, 그림 25-9에서 $\mathbf{H}_r$의 방향은 뒤집어주어야 하고, $\mathbf{E}_r$은 지면 안으로 들어가야 한다. 그림의 나머지 부분은 변함 없다.)

$n_1 > n_2$이며 $\theta_i \leq \theta_c$라면, 그림 25-6에서 처럼 $\theta_i < \theta_t$이다. 그러면 $\sin(\theta_i - \theta_t)$는 음이 될 것이며, 그래서 (25-39)의 $(E_r/E_i)_\perp$는 항상 양이 될 것이고, $(E_t/E_i)_\perp$는 이전처럼 양이다. 그러므로 낮은 굴절률의 매질에서 반사될 때는 입사각이 임계각 보다 작기만 하다면, 위상 변화는 없다.

(25-39)에 의해, 그리고 그림 25-11에서 보인 것처럼 면에 스쳐 입사할 경우 ($\theta_i = 90°$), 투과파는 항상 영이다.

25-3 입사면에 평행인 E

앞 절에서와 비슷한 방식으로 접근해보자. 모든 자기장은 지면 안으로 들어간다고 가정한다. 그러면 그림 25-12에 표시해 놓은 것 같은 상황이 된다. $\mathbf{H} = \hat{\mathbf{k}} \times \mathbf{E}/Z$와 $\hat{\mathbf{k}} \cdot \mathbf{E} = 0$으로부터, 그리고 그림을 잘 살펴보아, (25-26)과 비슷한

$$\mathbf{E} = Z\mathbf{H} \times \hat{\mathbf{k}} \quad \text{및} \quad \hat{\boldsymbol{\tau}} = \frac{\hat{\mathbf{n}} \times \mathbf{H}_i}{H_i} \tag{25-41}$$

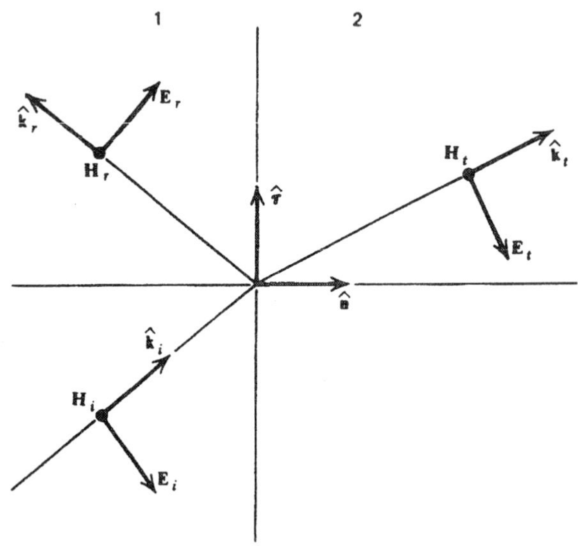

그림 25-12 | $\mathbf{E}_i$는 입사면에 평행이다.

를 구하게 되고, 그러면 $\hat{\mathbf{k}} \cdot \mathbf{H}_i = 0$(서로 수직이다)이기 때문에

$$\mathbf{E} \cdot \hat{\boldsymbol{\tau}} = -ZH(\hat{\mathbf{k}} \cdot \hat{\mathbf{n}}) = -E(\hat{\mathbf{k}} \cdot \hat{\mathbf{n}}) \tag{25-42}$$

이며, E와 H의 값은 인자 Z에 의해 관련되어 진다.

따라서 $\mathbf{E}$의 접선성분에 관한 경계조건($\mathbf{E}_1 \cdot \hat{\boldsymbol{\tau}} = \mathbf{E}_2 \cdot \hat{\boldsymbol{\tau}}$)은 (25-11)과 (25-4)를 사용하여

$$E_i(\hat{\mathbf{k}}_i \cdot \hat{\mathbf{n}}) + E_r(\hat{\mathbf{k}}_r \cdot \hat{\mathbf{n}}) = (E_i - E_r)(\hat{\mathbf{k}}_i \cdot \hat{\mathbf{n}}) = E_t(\hat{\mathbf{k}}_t \cdot \hat{\mathbf{n}}) \tag{25-43}$$

에 이르게 된다. $\mathbf{H}$들은 항상 접선성분이고 평행이기 때문에, $\mathbf{H}_{1\,접선} = \mathbf{H}_{2\,접선}$의 조건은

$$H_i + H_r = H_t = \frac{E_i + E_r}{Z_1} = \frac{E_t}{Z_2} \tag{25-44}$$

가 된다. 식 25-43과 25-44는 이제 두 비 E_r/E_i와 E_t/E_i에 대해 풀 수 있다. 이렇게 하면서 꽤 많은 대수와 삼각함수를 사용하여, 이전 절에서 사용하였던 것과 같은 방법으로 다음의 모든 결과를 얻을 수 있다.

모든 n_1/n_2와 θ_i의 값에 적용할 수 있는 일반해는

$$\left(\frac{E_r}{E_i}\right)_{\parallel} = \frac{Z_1(\hat{\mathbf{k}}_i \cdot \hat{\mathbf{n}}) - Z_2(\hat{\mathbf{k}}_t \cdot \hat{\mathbf{n}})}{Z_1(\hat{\mathbf{k}}_i \cdot \hat{\mathbf{n}}) + Z_2(\hat{\mathbf{k}}_t \cdot \hat{\mathbf{n}})} = \frac{Z_1 \cos\theta_i - Z_2\left[1 - (n_1/n_2)^2 \sin^2\theta_i\right]^{1/2}}{Z_1 \cos\theta_i + Z_2\left[1 - (n_1/n_2)^2 \sin^2\theta_i\right]^{1/2}} \tag{25-45}$$

$$\left(\frac{E_t}{E_i}\right)_{\parallel} = \frac{2Z_2(\hat{\mathbf{k}}_i \cdot \hat{\mathbf{n}})}{Z_1(\hat{\mathbf{k}}_i \cdot \hat{\mathbf{n}}) + Z_2(\hat{\mathbf{k}}_t \cdot \hat{\mathbf{n}})} = \frac{2Z_2 \cos\theta_i}{Z_1 \cos\theta_i + Z_2\left[1 - (n_1/n_2)^2 \sin^2\theta_i\right]^{1/2}} \tag{25-46}$$

이다. θ_t가 실수의 각도($n_1 < n_2$, 혹은 $n_1 > n_2$이면서 $\theta_i \le \theta_c$)일 때, 이들은

$$\left(\frac{E_r}{E_i}\right)_{\parallel} = \frac{Z_1 \cos\theta_i - Z_2 \cos\theta_t}{Z_1 \cos\theta_i + Z_2 \cos\theta_t} = \frac{\mu_1 \sin 2\theta_i - \mu_2 \sin 2\theta_t}{\mu_1 \sin 2\theta_i + \mu_2 \sin 2\theta_t} \tag{25-47}$$

$$\left(\frac{E_t}{E_i}\right)_{\parallel} = \frac{2Z_2 \cos\theta_i}{Z_1 \cos\theta_i + Z_2 \cos\theta_t} = \frac{4\mu_2 \cos\theta_i \sin\theta_t}{\mu_1 \sin 2\theta_i + \mu_2 \sin 2\theta_t} \tag{25-48}$$

이고, 여기에 덧붙여 $\mu_1 = \mu_2$일 때, 다른 두 Fresnel 방정식

$$\left(\frac{E_r}{E_i}\right)_{\parallel} = \frac{\tan(\theta_i - \theta_t)}{\tan(\theta_i + \theta_t)} \qquad \left(\frac{E_t}{E_i}\right)_{\parallel} = \frac{2\cos\theta_i \sin\theta_t}{\sin(\theta_i + \theta_t)\cos(\theta_i - \theta_t)} \tag{25-49}$$

를 얻게 된다.

수직 입사인 경우의 다양한 표현식들은

$$\left(\frac{E_r}{E_i}\right)_{\parallel} = \frac{Z_1 - Z_2}{Z_1 + Z_2} = \frac{\mu_1 n_2 - \mu_2 n_1}{\mu_1 n_2 + \mu_2 n_1} \quad \text{및} \quad \frac{n_2 - n_1}{n_2 + n_1} \qquad (\mu_1 = \mu_2) \tag{25-50}$$

$$\left(\frac{E_t}{E_i}\right)_{\parallel} = \frac{2Z_2}{Z_1 + Z_2} = \frac{2\mu_2 n_1}{\mu_1 n_2 + \mu_2 n_1} \quad \text{및} \quad \frac{2n_1}{n_2 + n_1} \qquad (\mu_1 = \mu_2) \tag{25-51}$$

이다. 이들 바로 앞의 결과에서 부호가 분명이 불일치한다. 그림 25-2와 25-8을 다시 살펴보면, $\hat{\mathbf{k}}_i$와 $\hat{\mathbf{n}}$이 같은 방향에 있을 때 수직 입사에 대하여, 정해진 입사면은 존재하지 않으므로, $\mathbf{E}$가 입사면에 수직이니 평행이니 하는 구분이 없게 된다. 그러면 두 경우의 결과는 같은 것이 되어야 한다. (25-51)은 (25-33), (25-37), (25-40)의 해당 표현식과 일치하지만, E_r/E_i에 대한 다양한 형태는 모두 음의 부호만큼 다르다. 이것은 두 경우에 대한 우리의 원래의 부호 약속에 의한 결과이다. 그림 25-9에서 $\mathbf{E}_r$과 $\mathbf{E}_i$는 평행인 것으로 가정했었고, 그래서 E_r/E_i를 양수로 다루었었다. $n_1 < n_2$에 대해서는 우리가 알아보았듯이 이것은 실제로 음으로 나왔다. 한편 그림 25-12에서는 처음부터 $\mathbf{E}_r$과 $\mathbf{E}_i$가 반대방향이라고 생각했었고 E_r/E_i의 비는 다시 양으로 다루었었다. 즉, 부호의 차이는 두 경우의 취급에 있어서의 차이점을 반영한 것이었다. 그러나 각 경우는 본질적으로 일치하며, 그래서 서로 부합하는 것이다.

Fresnel 방정식 (25-49)로 주어지는 비의 그래프를 $n_1 < n_2$에 대하여 그림 25-13과 25-14에 보였다. 그림 25-14를 먼저 살펴보면, 투과파의 위상 변화가 없다는 점에서 그림 25-11과 비슷한 것을 알 수 있다. 그리고 면에 스쳐 입사하는 경우 이번에도 영이 된다. 이것은 이전의 경우에도 일어났던 현상이므로, 전자기복사가 유전체면에 스쳐 입사하는 경우는 항상 완전히 반사한다고 결론지을 수 있다. (이 사실은 지금 당장 입증할 수 있는데, 종이의 거친 면으로부터 반사하는 어느 광원을 보면서 입사각을 점차적으로 90°가 되도록 해보면 알 수 있다.)

그림 25-13으로부터는 이전에 일어나지 않았던 경우를 볼 수 있다. 반사파가 영이 되는 각도 θ_P가 존재한다는 것이 바로 그것이다. 이렇게 되는 조건은 (25-49)에서 보면 $(E_r/E_i)_\parallel$의 분모가 무한대가 되는 것에 해당되는데, 즉 $\theta_P + \theta_{tP} = 90°$인 경우이다. 이때 θ_{tP}는 이 조건에 해당되는 굴절각이다. 그러면 (25-18)의 굴절 법칙은 $n_1 \sin\theta_P = n_2 \sin\theta_{tP} = n_2 \sin(90° - \theta_P) = n_2 \cos\theta_P$가 되는데, 이는

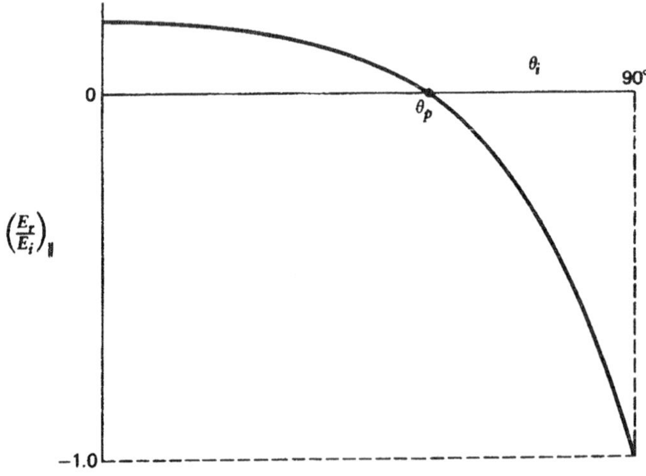

그림 25-13 $n_1 < n_2$에 대해 Fresnel 방정식으로 주어지는 반사 전기장의 입사 전기장에 대한 비.

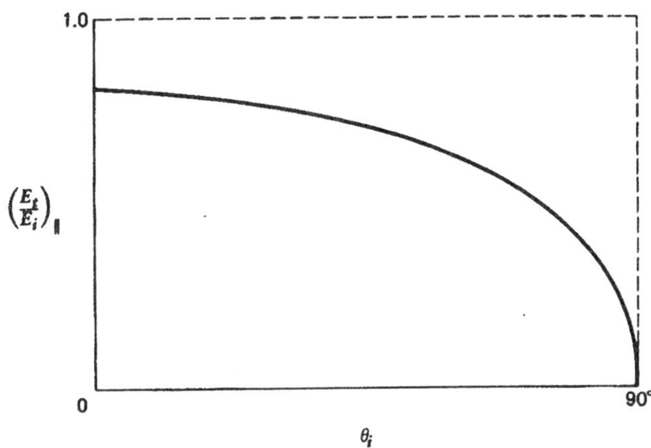

| 그림 25-14 | $n_1 < n_2$에 대해 Fresnel 방정식으로 주어지는 투과 전기장의 입사 전기장에 대한 비.

$$\tan\theta_p = \frac{n_2}{n_1} \tag{25-52}$$

이고, 이 결과는 Brewster 법칙이라고 알려져 있다. θ_P는 다음의 이유로 편광각 *polarizing angle*이라 알려져 있다. 어떤 입사파가 편광되지 않다고 해보자. 즉 이 파의 전기장은 $\mathbf{E}_\perp$과 $\mathbf{E}_\parallel$의 성분을 가지고 있고, 둘 다 영이 아니다. 이 파가 편광각 θ_P로 입사하면, $\mathbf{E}_\perp$ 성분만이 반사될 것이다. 즉 반사파는 이 성분만 가질 것이고, 그래서 편광될 것이다. 반사할 때 빛의 편광은 바로 이런 식으로 실험에 의해 Malus가 처음으로 발견하였는데, 그는 프랑스 파리의 Luxemburg 궁의 창으로부터 반사되는 햇빛을 관찰하여 알아내었다. 오늘날 우리에게 이것은 빛이 전자기파의 본성을 가지고 있다는 또 하나의 증거이다.

또한 그림 25-13으로부터 알 수 있는 것은 $\theta_i > \theta_P$일 때 $(E_r/E_i)_\parallel$의 비가 음이라는 것이다. 이것은 입사각이 편광각을 막 지나가면서, 반사파의 위상이 갑자기 뒤집어진다는, 즉 180 ° 변한다는 것을 의미한다.

25-4 전반사($n_1 > n_2$, $\theta_i > \theta_c$)

이 명칭이 붙은 이유는 곧 알게 될 것이다. 이 경우 θ_t는 실수 각도값이 아니다. 그러나 여러 결과들은 이미 순전히 θ_i로 나타내었었고, 우리는 이것을 직접 사용할 수 있다. 좌표계에 대하여 좀 더 구체적이면 결과를 해석하기에 좋겠다. xy평면은 분리면이 되도록 잡고, xz평면은 입사면이 되도록 하자. 이것을 그림 25-15에 나타내었고, 여기에서 y축은 지면에서 나오고 있다. 이렇게 선택하며 $k_\tau = k_x$, $k_n = k_z$이고, 그러면 입사 전기장은

$$\mathbf{E}_i = \mathbf{E}_{0i}e^{i(\mathbf{k}_i\cdot\mathbf{r}-\omega t)} = \mathbf{E}_{0i}e^{i[k_1(x\sin\theta_i + z\cos\theta_i)-\omega t]} \tag{25-53}$$

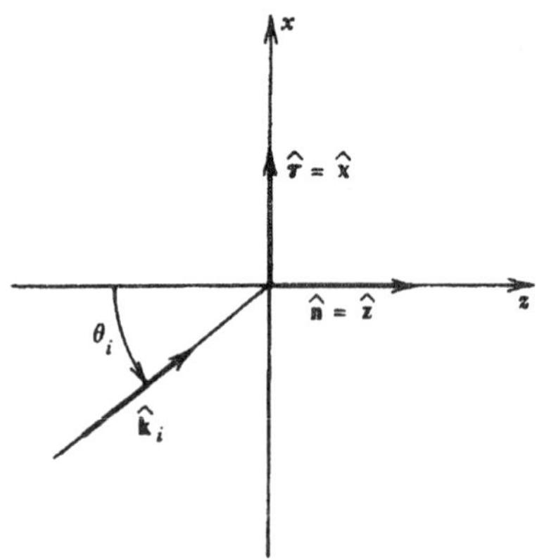

| 그림 25-15 | 전반사를 기술하기 위한 좌표계.

의 형태를 갖게 된다. 여기서 (25-12)를 사용하였다. 투과파는

$$\mathbf{E}_t = \mathbf{E}_{0t} e^{i(\mathbf{k}_t \cdot \mathbf{r} - \omega t)} = \mathbf{E}_{0t} e^{i(k_{tx} x + k_{tz} z - \omega t)} \tag{25-54}$$

로 주어질 것이고, (25-15)로부터 $k_{tx} = k_{t\tau} = k_1 \cos \theta_i$이다. (25-16)의 괄호 안에 있는 양은 이제 음이고, 그래서 k_{tn}^2은 (25-20)을 사용하여

$$k_{tn}^2 = k_{tz}^2 = -k_2^2 \left[\left(\frac{n_1}{n_2} \right)^2 \sin^2 \theta_i - 1 \right] = -k_2^2 \left[\left(\frac{\sin \theta_i}{\sin \theta_c} \right)^2 - 1 \right] = -K^2 \tag{25-55}$$

로 다시 쓰는 것이 좋겠다. 그러므로 $k_{tz} = \pm iK$이고 $e^{ik_{tz}z} = e^{\mp Kz}$로 만든다. 이 지수함수에서 양의 부호는 파동이 양의 z축 방향으로 진행할수록 끝도 없이 증가하게 할 것이다. 그래서 이것은 버리고, $k_{tz} = iK$로 쓰면서

$$K = k_2 \left[\left(\frac{n_1}{n_2} \right)^2 \sin^2 \theta_i - 1 \right]^{1/2} = \left(\frac{n_2 \omega}{c} \right) \left[\left(\frac{\sin \theta_i}{\sin \theta_c} \right)^2 - 1 \right]^{1/2} \tag{25-56}$$

라 하겠다. 여기서 (25-4)를 다시 사용하였다. 이러한 여러 가지 결과를 (25-54)에 대입하면, 낮은 굴절률의 매질에서의 투과 전기장에 대한 표현식으로

$$\mathbf{E}_t = \mathbf{E}_{0t} e^{-Kz} e^{i(k_1 x \sin \theta_i - \omega t)} \tag{25-57}$$

를 얻게 된다. 이것은 x 방향, 즉 분리면에 평행으로 진행하는 파동이다. 그러나 그 진폭은 z 방향(전파방향)에 수직인 위치가 되면서 감소한다. 이 파동의 속력은

$$v_{2x} = \frac{\omega}{k_1 \sin \theta_i} = \frac{c}{n_1 \sin \theta_i} = \frac{(c/n_2)}{(n_1/n_2) \sin \theta_i} = \left(\frac{\sin \theta_c}{\sin \theta_i} \right) v_2 \tag{25-58}$$

로, 여기서 v_2는 이 매질에서의 정상적인 전파속력이다. $\theta_i > \theta_c$이므로 $v_{2x} < v_2$이고 이 파동은 보통의 평면파보다 더 천천히 진행한다. (25-57)은 파동의 값이 진행방향에 수직인 면에서 일정하지 않다는 점에서 평면파가 아니다. 더구나 v_{2x}는 매질의 특성에만 의존하는 상수가 아니고, 입사각에 따라서도 다르다.

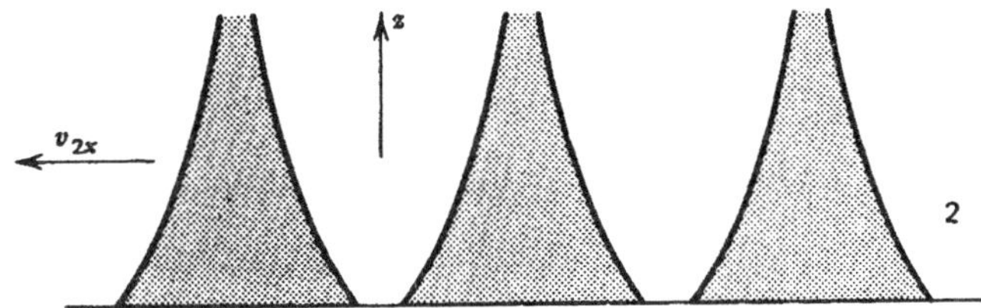

그림 25-16 소멸파의 거동을 도식화함.

진폭은 관통하는 깊이가 증가함에 따라 감소하여,

$$\delta_z = \frac{1}{K} = \frac{(\lambda_2/2\pi)}{\left[(n_1/n_2)^2 \sin^2\theta_i - 1\right]^{1/2}} \tag{25-59}$$

로 주어지는 투과깊이 *penetration depth*에서 1/e만큼으로 감소한다. 여기서 $\lambda_2 = 2\pi/k_2 = 2\pi c/n_2\omega$는 이 매질에서의 정상적인 평면파의 파장이다. 지금 묘사하고 있는 파동은 흔히 **소멸파** *evanescent wave*라고 부르며, 그 특성은 그림 25-16에 매우 도식적으로 나타내어져 있다. 이 그림에는 나타나 있지 않지만, 이 파동은 진폭이 일정한 평면이, 위상이 일정한 명면에 수직이라는 말로 특징 지워질 수 있다. 이번에는 반사 전기장에 대하여 알아보자.

(25-56)을 사용하여, (25-31)과 (25-45)는

$$\left(\frac{E_r}{E_i}\right)_\perp = \frac{Z_2\cos\theta_i - iZ_1(K/k_2)}{Z_2\cos\theta_i + iZ_1(K/k_2)} \qquad \left(\frac{E_r}{E_i}\right)_\parallel = \frac{Z_1\cos\theta_i - iZ_2(K/k_2)}{Z_1\cos\theta_i + iZ_2(K/k_2)} \tag{25-60}$$

처럼 쓸 수 있음을 알 수 있다. 이 식은 모두 동일한 일반형

$$\frac{E_r}{E_i} = \frac{A - iB}{A + iB} = \frac{(A^2 + B^2)^{1/2} e^{-i\varphi}}{(A^2 + B^2)^{1/2} e^{i\varphi}} = e^{-2i\varphi} \tag{25-61}$$

를 가지고 있음에 주목하자. 여기서 $\tan\varphi = B/A$이다. 그러므로 이 두 경우에 $|E_r/E_i| = 1$이고, 그래서 반사파는 입사파와 같은 진폭을 갖는다. 다음 절에서 알게 되겠지만, 반사에너지는 입사에너지와 같다. 그래서 **전반사** *total reflection*이라는 명칭이 붙게 되었다.

그러나 위에서 나타낸 비의 인자 $e^{-2i\varphi}$의 의미는, 입사파에 대한 반사파의 위상에 있어 상대적인 변화 2φ가 존재한다는 것이다. (25-60), (25-56), (25-35)로부터 구한 각도 φ는

$$\tan\varphi_\perp = \frac{Z_1(K/k_2)}{Z_2\cos\theta_i} = \left(\frac{\mu_1 n_2}{\mu_2 n_1}\right)\frac{\left[(n_1/n_2)^2\sin^2\theta_i - 1\right]^{1/2}}{\cos\theta_i} \tag{25-62}$$

$$\tan\varphi_\parallel = \frac{Z_2(K/k_2)}{Z_1\cos\theta_i} = \left(\frac{\mu_2 n_1}{\mu_1 n_2}\right)\frac{\left[(n_1/n_2)^2\sin^2\theta_i - 1\right]^{1/2}}{\cos\theta_i} \tag{25-63}$$

으로 주어진다. 이 각도들은 서로 다르고, 사실

$$\tan\varphi_\perp = \left(\frac{\mu_1 n_2}{\mu_2 n_1}\right)^2 \tan\varphi_\parallel \tag{25-64}$$

이다. 그러므로 $\mu_1 = \mu_2$인 경우, $n_2 < n_1$이기 때문에 $\tan\varphi_\perp < \tan\varphi_\parallel$이고, 그러므로 $\varphi_\perp < \varphi_\parallel$이다. 그림 25-8에서 $\mathbf{E}_i$를 포함하는 면이 그림 24-7에 보인 평면과 비슷하기 때문에, 선형 편광된 파동이 임계각보다 큰 각으로 입사하면, 그 수직과 평행성분은 서로 다른 위상변화를 가지고 반사될 것이고, 따라서 합성된 반사파는 타원편광될 것이며 24-7절에서 사용한 것과 같은 방법으로 분석할 수 있다.

25-5 에너지 관계식

이제 우리는 입사에너지의 흐름이 어떻게 반사파와 투과파로 나누어지는지 알아볼 차례가 되었다. 평균 입사 일률의 흐름은 $\langle \mathbf{S}_i \rangle$로 주어질 텐데, 이것은 경계면에 수직인 성분과 그 면에 평행인 성분을 가질 것이다. 물리적으로 관심을 갖게 되는 것은 아마도 법선성분이 될 텐데, 이 성분이 원래의 매질로 반사되어 되돌아오는 것이기 때문이다. 그래서 법선성분들 사이의 비의 크기로써 일률에 대한 반사계수 *reflection coefficient*를 정의하겠다:

$$R = \left|\frac{\langle \mathbf{S}_r \rangle \cdot \hat{\mathbf{n}}}{\langle \mathbf{S}_i \rangle \cdot \hat{\mathbf{n}}}\right| \tag{26-65}$$

이제 (24-107)로부터

$$\langle \mathbf{S} \rangle \cdot \hat{\mathbf{n}} = \tfrac{1}{2}(\epsilon/\mu)^{1/2}|\mathbf{E}|^2(\hat{\mathbf{k}} \cdot \hat{\mathbf{n}}) \tag{25-66}$$

으로 구하게 된다. 입사파와 반사파는 같은 매질 내에 있으므로, 각각의 $(\epsilon/\mu)^{1/2}$는 같은 값 $(\mu_1/\epsilon_1)^{1/2}$을 갖는다. 또한 반사 법칙 (25-11)과 (25-14)에 의해 $|\hat{\mathbf{k}}_r \cdot \hat{\mathbf{n}}| = |\hat{\mathbf{k}}_i \cdot \hat{\mathbf{n}}| = \cos\theta_r = \cos\theta_i$이다. 이 모든 것을 고려하여, (25-65)와 (25-66)으로부터

$$R = \left|\frac{E_r}{E_i}\right|^2 \tag{25-67}$$

로 구하게 되며, 이미 이들 전기장의 비를 얻어 놓았으므로 쉽게 R을 계산할 수 있다.

이런 식으로 (25-34)와 (25-47)로부터

$$R_\perp = \left(\frac{Z_2\cos\theta_i - Z_1\cos\theta_t}{Z_2\cos\theta_i + Z_1\cos\theta_t}\right)^2 \tag{25-68}$$

$$R_\parallel = \left(\frac{Z_1\cos\theta_i - Z_2\cos\theta_t}{Z_1\cos\theta_i + Z_2\cos\theta_t}\right)^2 \tag{25-69}$$

가 되고 여러 가지로 나타내었던 전기장의 비를 가지고 비슷한 표현식을 얻을 수 있다. 예를 들어, 수직 입사하며 $\mu_1 = \mu_2$인 경우, (25-40)과 (25-50)은 둘 다

$$R_{수직} = \left(\frac{n_2 - n_1}{n_2 + n_1}\right)^2 \qquad (\mu_1 = \mu_2) \tag{25-70}$$

이 되게 해준다. 특별한 경우로 전형적인 유리와 공기에 대한 $n_2/n_1 = 1.5$를 고려해보면, (25-70)은 $R_{수직} = 0.04$가 되어 수직 입사인 경우 입사에너지의 4 퍼센트 가량이 반사된다.

마찬가지로 일률에 대한 **투과계수** *transmission coefficient* T를

$$T = \left|\frac{\langle \mathbf{S}_t \rangle \cdot \hat{\mathbf{n}}}{\langle \mathbf{S}_i \rangle \cdot \hat{\mathbf{n}}}\right| = \frac{Z_1 \cos\theta_t}{Z_2 \cos\theta_i}\left|\frac{E_t}{E_i}\right|^2 \tag{25-71}$$

로 정의할 수 있는데, 여기서 (25-66), (25-12), (25-17)과, (24-95)를 사용하였다. 예를 들어 (25-68)과 (25-69)에 해당하는 경우는 (25-34)와 (25-48)로부터

$$T_\perp = \frac{4Z_1 Z_2 \cos\theta_i \cos\theta_t}{(Z_2 \cos\theta_i + Z_1 \cos\theta_t)^2} \tag{25-72}$$

$$T_\parallel = \frac{4Z_1 Z_2 \cos\theta_i \cos\theta_t}{(Z_1 \cos\theta_i + Z_2 \cos\theta_t)^2} \tag{25-73}$$

로 구할 수 있고, 수직 입사($\theta_i = \theta_t = 0$)에 대해서는 (25-51)과 (25-71)에 의해

$$T_{수직} = \frac{4n_1 n_2}{(n_2 + n_1)^2} \qquad (\mu_1 = \mu_2) \tag{25-74}$$

가 된다. 이 경우 (25-35)에 의해 $Z_1/Z_2 = n_2/n_1$를 사용하였다.

이들 세 쌍의 식들은 모두

$$R + T = 1 \tag{25-75}$$

을 만족함을 쉽게 보일 수 있다. 이는 또한 (25-29), (25-30), (25-45), (25-46)으로 기술되는 가장 일반적인 경우에도 성립함을 보일 수 있다. 이 결과는 에너지보존이라는 사실을 나타내고 있는 것인데, 본질적으로 모든 입사에너지는 반사파나 투과파로 나뉘고, 이 과정 중에 아무것도 잃지 않기 때문이다.

전반사의 특별한 경우에, (25-61)식은 즉시 $R = |E_r/E_i|^2 = 1$임을 보일 수 있는데, 이전에 지적하였듯이 입사파는 모두 반사된다. 그러므로 이 경우 T는 영이 되어야한다. 이것에 관한 자세한 증명은 연습문제로 남겨 놓겠다. 어떤 관점에서 이것은 모순된 것처럼 보인다. 투과장은 분명히 영이 아니고, 그럼으로 해서 평균 에너지밀도 $\langle u_e \rangle$와 $\langle u_m \rangle$도 영이 아닌데, 그렇다면 두 번째 매질로는 아무 에너지도 투과할 수 없다고 하는 것이 이상해 보인다. 이 경우의 우리 논의는 **정상상태** *steady-state*에만 국한하여왔는데, 정상상태에 있을 때의 모든 파동은 시간적으로 그 특성이 변화하지 않으며 R과 T 같은 양은 일정하다. 이 계의 반사와 굴절이 어떻게 시작되는지를 상상해본다면 (예를 들어 광선을 켬으로써), 처음의 잠정적인 거동은 계가 궁극적으로 안착하게 되는 나중의 정상상태와 틀림없이 다르다. 초기 에너지가 두 번째 매질로 투과되는 원천으로 우리가 고려해야 하는 것은 이러한 시작단계의 과정인데, 지금은 이것을 자세

히 고려해 볼 입장이 아니다.

25-6 도체 표면에서의 반사

유전체 내의 파동이 금속 같은 도체 매질에 입사할 때는 중요한 상황이 발생한다. 우리는 24-3절로부터 (도체내로의) 투과파가 저항적 열손실 때문에 감쇠할 것이라는 사실을 알고 있다. 그러나 얼마나 많은 입사에너지가 도체 안으로 들어갈지는 아직 모르고 있다.

여기서는 수직 입사만을 다루어도 충분할 것이다. 이 경우 입사장이 입사면에 평행인지 수직인지 사이의 구분은 필요 없다. 이번에도 그림 25-15와 같이 특정 좌표계를 선택하여 xy평면을 분리면과 일치시키도록 하자. 모든 전기장들은 x축 방향에 있다고 가정하면, 그림 25-17과같이 된다. 단위 전파벡터들은

$$\hat{\mathbf{k}}_i = -\hat{\mathbf{k}}_r = \hat{\mathbf{k}}_t = \hat{\mathbf{z}} \tag{25-76}$$

가 된다는 것을 알 수 있겠고, 그러면 전기장들은

$$\begin{aligned} &\mathbf{E}_i = \hat{\mathbf{x}} E_{0i} e^{i(k_1 z - \omega t)} \qquad \mathbf{E}_r = \hat{\mathbf{x}} E_{0r} e^{i(-k_1 z - \omega t)} \\ &\mathbf{E}_t = \hat{\mathbf{x}} E_{0t} e^{i(k_2 z - \omega t)} \end{aligned} \tag{25-77}$$

의 형태를 가질 것이다. 여기서 (25-4), (24-38), (24-57)에 의해서

$$k_1 = \frac{n_1 \omega}{c} \qquad k_2 = \alpha_2 + i\beta_2 = \frac{N_2 \omega}{c} \tag{25-78}$$

이다. 두 번째 매질에 대한 α_2와 β_2는 (24-42)와 (24-43) 혹은 (24-45)와 (24-46)으로부터 구할 수 있다. 자기장들은 (24-93)으로 주어지는 일반적인 관계식 $\mathbf{H} = (k/\mu\omega)\hat{\mathbf{k}} \times \mathbf{E}$로부터 구할 수 있고, (25-76)을 사용하여

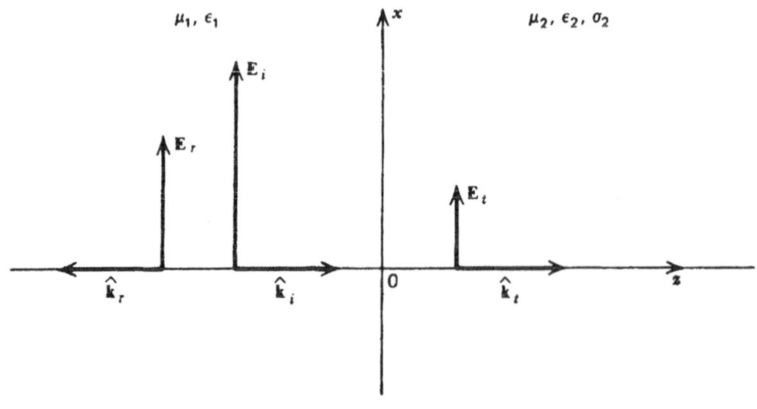

그림 25-17 도체 표면에서의 반사를 논의하는데 사용되는 좌표계.

$$\mathbf{H}_i = \hat{\mathbf{y}}\frac{k_1}{\mu_1\omega}E_i \qquad \mathbf{H}_r = -\hat{\mathbf{y}}\frac{k_1}{\mu_1\omega}E_r \qquad \mathbf{H}_t = \hat{\mathbf{y}}\frac{k_2}{\mu_2\omega}E_t \tag{25-79}$$

가 된다.

E와 **H**의 접선성분이 같아야한다는 경계조건은 $z = 0$과 모든 t에 대해서 성립한다. (25-77)과 (25-79)를 사용하여 얻는 결과의 양변에서 $e^{-i\omega t}$의 공통인자를 상쇄시키면, 두 식

$$E_{0i} + E_{0r} = E_{0t} \qquad \frac{k_1}{\mu_1\omega}(E_{0i} - E_{0r}) = \frac{k_2}{\mu_2\omega}E_{0t} \tag{25-80}$$

에 이르게 되고, 두 비에 대하여 풀 때,

$$\frac{E_{0r}}{E_{0i}} = \frac{1 - (\mu_1/\mu_2)(k_2/k_1)}{1 + (\mu_1/\mu_2)(k_2/k_1)} = \frac{1 - (\mu_1/\mu_2)(c/n_1\omega)(\alpha_2 + i\beta_2)}{1 + (\mu_1/\mu_2)(c/n_1\omega)(\alpha_2 + i\beta_2)} \tag{25-81}$$

$$\frac{E_{0t}}{E_{0i}} = \frac{2}{1 + (\mu_1/\mu_2)(k_2/k_1)} = \frac{2}{1 + (\mu_1/\mu_2)(c/n_1\omega)(\alpha_2 + i\beta_2)} \tag{25-82}$$

가 된다. 이 두 비는 모두 복소수이므로 반사와 투과 전기장 각각은 입사장과 비교하여 그 위상이 바뀌게 된다.

이것은 복소수 굴절률 N_2를 (25-78)에 의해 도입하여 흥미로운 방법으로 나타낼 수 있는데, 즉

$$\frac{E_{0r}}{E_{0i}} = \frac{n_1 - (\mu_1/\mu_2)N_2}{n_1 + (\mu_1/\mu_2)N_2} \qquad \frac{E_{0t}}{E_{0i}} = \frac{2n_1}{n_1 + (\mu_1/\mu_2)N_2} \tag{25-83}$$

으로 구해진다. 이것은 이전에 (25-37)에서 구한 것과 정확히 같은 형태인데, 복소수 굴절률이 실제 어떻게 물리적으로 의미 있는 방식으로 쓰이는지를 보여준다. 이들 비는 흔히 (24-57)에서처럼 $N_2 = n_2 + i(c\beta_2/\omega)$로 씀으로써 실수 굴절률로 나타내어지게 된다. 즉,

$$\frac{E_{0r}}{E_{0i}} = \frac{[n_1 - (\mu_1/\mu_2)n_2] - i(\mu_1/\mu_2)(c\beta_2/\omega)}{[n_1 + (\mu_1/\mu_2)n_2] + i(\mu_1/\mu_2)(c\beta_2/\omega)} \tag{25-84}$$

$$\frac{E_{0t}}{E_{0i}} = \frac{2n_1}{[n_1 + (\mu_1/\mu_2)n_2] + i(\mu_1/\mu_2)(c\beta_2/\omega)} \tag{25-85}$$

이다. 실제로 관심이 가는 많은 경우에, $\mu_1 \simeq \mu_2$로 잡아 이들을 더 근사할 수 있다.

이제 (25-67)과 (25-84)로부터 일률에 대한 반사계수를 구할 수 있고,

$$R = \frac{[n_1 - (\mu_1/\mu_2)n_2]^2 + (\mu_1/\mu_2)^2(c\beta_2/\omega)^2}{[n_1 + (\mu_1/\mu_2)n_2]^2 + (\mu_1/\mu_2)^2(c\beta_2/\omega)^2} \tag{25-86}$$

이 된다. 특별한 경우로 $\beta_2 \to \infty$에 대해 $R \to 1$이다. 이 극한의 특성이 말해주는 것은 매우 강하게 흡수되는 파일수록 매우 강하게 반사된다는 것이다. 이러한 특성의 좋은 예는 금의 광학적 성질로부터 찾을 수 있다. 이 금속은 반사할 때 누렇게 보이는데, 매우 얇게 만들어 빛을

쪼여보면, 황색에서 적색에 걸친 부분은 실질적으로 모두 흡수된다. 그 결과 투과광은 스펙트럼 중 초록에서 청색 부분만을 가지게 될 것이다. 그래서 금박을 투과해서 보게 되면 초록같이 보일 것이다. 마찬가지 효과를 구리에서도 관찰할 수 있다.

이 절에서의 지금까지의 모든 결과는 정확한 것이나, 중요한 극한에 대해 R을 근사해보는 것이 유용하겠다.

예제

"좋은 도체" (금속). (24-75)에서 $\alpha_2 \simeq \beta_2 \simeq (\frac{1}{2}\mu_2\sigma_2\omega)^{1/2}$로 구했는데, 그러면 $n_2 = c\alpha_2/\omega \simeq c\beta_2/\omega \simeq c(\mu_2\sigma_2/2\omega)^{1/2} = (\kappa_{m2}\kappa_{e2}\sigma_2/2\omega\epsilon_2)^{1/2} = (\kappa_{m2}\kappa_{e2}/2Q_2)^{1/2} \gg 1$인데, 좋은 도체에 대해서는 $Q \ll 1$이기 때문이다. 그러므로

$$R \simeq \frac{[n_1 - (\mu_1/\mu_2)n_2]^2 + (\mu_1/\mu_2)^2 n_2^2}{[n_1 + (\mu_1/\mu_2)n_2]^2 + (\mu_1/\mu_2)^2 n_2^2} = \frac{1 + [1 - (\mu_2 n_1/\mu_1 n_2)]^2}{1 + [1 + (\mu_2 n_1/\mu_1 n_2)]^2} \tag{25-87}$$

으로 쓸 수 있다. 전형적인 유전체인 경우 $n_1 \approx 1$이므로, 그리고 μ_2/μ_1이 1 정도의 크기라면, $\mu_2 n_1/\mu_1 n_2 = x \ll 1$로 잡을 수 있고, (25-87)을 x의 급수로 전개할 수 있다. x에 대해 영이 아닌 첫 번째 항만을 취하면 $R = [1 + (1 - x^2)]/[1 + (1 + x)^2] \simeq (2 - 2x)/(2 + 2x) = (1 - x)/(1 + x) \simeq (1 - x)(1 - x) \simeq 1 - 2x$를 얻게 되고, 그래서 좋은 도체에 대해

$$R \simeq 1 - \frac{2\mu_2 n_1}{\mu_1 n_2} = 1 - 2\left(\frac{\kappa_{e1}\kappa_{m2}}{\kappa_{m1}}\right)^{1/2}\left(\frac{2\omega\epsilon_0}{\sigma_2}\right)^{1/2} \tag{25-88}$$

이 된다. 여기서 결과식을 간단히 하기 위하여 (24-14)를 사용하였다. 이 다소 복잡한 표현식은 $R = 1 -$ (작은 값)이라는 일반형으로 되어 있으므로, 좋은 도체에 대해 R은 1에 가까울 것이다. 그래서 금속의 경우에서 보통 관찰하듯이 기본적으로 모든 에너지는 반사될 것이다. 좋은 도체 안으로 흘러들어가는 적은 에너지는 유도전류와 관련된 열손실에 의해 재빨리 흩어져버린다.

도체 매질에 임의의 각도로 입사하는 경우에 대한 결과는 수직 입사에 대해 사용하였던 방법과 비슷하게 하여 구할 수 있다. 그것은 대단히 복잡한 결과가 되지만, 좋은 도체에 대해서는 투과파가 경계면에 거의 수직으로 진행한다고 알려져 있다. $\sigma \to \infty$의 극한에서, 그 진행 방향은 수직이고, 그래서 효과적으로 수직 입사한 것과 같은 일이 일어난다.

25-7 변하는 굴절률

우리가 앞에서 논의한 두 매질은 둘 다 균일하다고 가정하였고, 그러므로 그들의 성질은 위치에 무관하였다. 그러나 그렇지 않은 경우도 있을 수 있다. 예를 들어, 입사파가 연속적인 일련

의 판으로 구성되어 있는 계에 입사하는 경우로써, 이 판들은 각기 성질이 다를 수 있다. 그러면 경계면마다 경계조건이 만족되어야 한다. 이러한 예로써 가장 전형적인 것은 연습문제에서 설명될 것이다. 다른 가능성으로 두 번째 매질이 위치에 따라 연속적으로 변하는 굴절률을 가질 수 있고, 이 문제가 보여줄 수 있는 몇 가지 결과를 아주 간단히 살펴보기로 한다.

특별한 예로, 어느 플라즈마의 경우를 고려해보기로 하는데, 플라즈마의 굴절률은 (24-140), (24-139), (24-13)으로부터

$$n_P = \left(1 - \frac{n_e e^2}{m\epsilon_0\omega^2}\right)^{1/2} \tag{25-89}$$

로 구할 수 있고, 여기서 전자수의 밀도는 n_e로 썼다. 실제로 전파가 가능할 때 ($\omega > \omega_P$), $n_P < 1$이다. 이제 n_e가 일정한 것이 아니고 위치에 따라 변한다고 해보자. 그러면 n_P도 위치의 함수일 것이다.

전리층이 이러한 경우의 예에 해당된다. 전리층이란 지구 대기의 일부로써, 이곳에서는 공기 분자가 태양으로부터 오는 복사에 의해 이온화되어 있다. 일반적으로 말하자면, 전자 밀도 n_e는 고도에 따라 증가하며, 따라서 n_P는 고도에 따라 감소한다. 전리층은 대기의 일부로써 안정적이지 않고, 그 두께, 이온의 양, 아래쪽 경계의 위치 등이 수시간마다 상당히 바뀐다. 따라서 우리는 여기서 단순화된 경우만을 다루겠는데, 그래도 주요 효과를 설명하는 데는 충분하다.

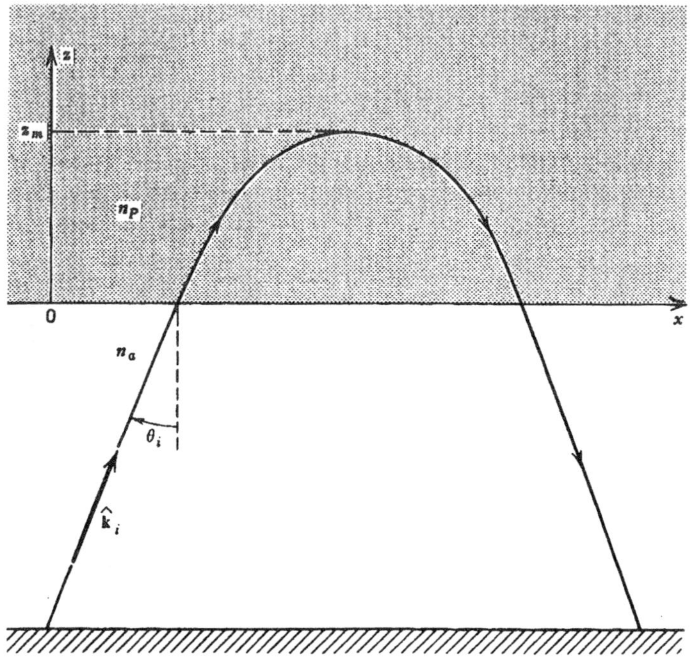

그림 25-18 전리층에서 파동의 전파.

플라즈마와 이온화되어 있지 않은 매질 사이에는 분명한 경계가 있다고 가정하자. 이번에도 그림 25-18에 보인 것처럼 그 경계면을 xy면으로 선택하고, z축은 위쪽 방향으로 잡겠다. (그림에는 반사파를 그리지 않았다.) n_e는 고도가 증가함에 따라 증가하는 것으로 가정하고($z > 0$), 따라서 n_P는 z에 따라 감소하며 1 보다는 작다고 하겠다. $\hat{\mathbf{k}}_i$ 방향의 파가 굴절률 n_a의 공기 속을 진행하다가 입사각 θ_i로 경계면에 입사한다. 여기서 Snell의 법칙 (25-18)이 본질적으로 말해주는 것은, 투과파를 따라 가보면 $n \sin \theta$라는 값이 일정하다는 것인데, 즉, 이 값이 "보존"된다는 것이다. 그러므로 투과파가 플라즈마 안쪽의 거리 z인 곳에서 z축과 만드는 각도를 $\theta_P(z)$라고 한다면,

$$n_a \sin\theta_i = n_P(z)\sin\theta_P(z) = \text{상수} \tag{25-90}$$

가 될 것이다. $n_a > 1 > n_P(z)$이고 n_P는 감소하고 있으므로, 이 식으로부터 $\theta_P(z)$는 침투한 거리에 따라 증가한다는 것을 알 수 있다. 즉, $\hat{\mathbf{k}}_t$는 수평방향으로 점차적으로 방향을 돌려서, 그림에 보인인 것처럼 곡선 경로를 따를 것이다. 궁극적으로 이것은 최대 높이 z_m에 이를 것이고, 거기에서 $\hat{\mathbf{k}}_t$는 수평이며, 그 후에는 방향을 바꾸어서 그림의 대칭적인 경로를 따른 다음, 결국은 같은 θ_i의 각도를 가지고 공기층으로 나와서 지구로 돌아오게 된다. (라디오파 전송을 할 때, 원래의 출발점과 되돌아오는 지점 사이의 거리를 "도약거리 *skip distance*"라 하는데, 이것은 수백 킬로미터에 달할 수도 있다.) 이제 입사파는 플라즈마에 의해서 효과적으로 "반사"되었다고 할 수 있다.

z_m의 고도에서 $\theta_P(z_m) = 90°$이고 그래서 (25-90)은 $n_a \sin\theta_i = n_P(z_m)$이 된다. 이것을 (25-89)와 결합하면

$$n_e(z_m) = \frac{m\epsilon_0\omega^2}{e^2}\left(1 - n_a^2\sin^2\theta_i\right) \tag{25-91}$$

을 구하게 되고, 이것은 특정 z_m 값에서의 n_e를 계산하는데 사용될 수 있다.

25-8 복사압

21-5절에서 진공에서의 전자기장을 운동량과 관련지을 수 있다고 했었고, 운동량밀도는 (21-75)로 주어져 $\mathbf{g} = \mu_0\epsilon_0\mathbf{S}$라고 했었다. 이것을 평면파에 적용하고자 한다면, 보통 이 물리량의 시간 평균에 주로 관심을 가지게 될 것이고,

$$\langle\mathbf{g}\rangle = \mu_0\epsilon_0\langle\mathbf{S}\rangle = \frac{\langle\mathbf{S}\rangle}{c^2} \tag{25-92}$$

가 될 것이다. 24-6절의 예제로부터 평면파에 대하여 $\langle\mathbf{S}\rangle$는 영이 아니고, 방향은 전파방향 쪽이라고 알고 있다. 그러므로 $\langle\mathbf{g}\rangle$도 영이 아니며, 역시 전파방향 쪽이다.

반사와 관련된 경우에, 입사파는 어떤 비율로 경계면에 운동량을 전달해 올 것이고, 한 편 반사파는 다른 비율로 경계면에서 운동량을 가져갈 것이다. 그 결과 매질 1에서 전자기장의

운동량은 변할 것이고, 역학에 의하면 이것은 매질 2가 전자기장에 힘을 "작용"한다는 것을 의미한다. 그러나 Newton의 제 3 법칙에 의해 매질 2에 작용하는 힘은 바로 그 힘과 크기는 같고 방향이 반대가 된다. 그러므로 입사 전자기장은 그 장을 반사시키는 매질에 힘을 작용한다고 결론지을 수 있다. 이 효과는 일반적으로 **복사압** *radiation pressure*라는명칭으로 부른다. 이것은 우리가 이미 알고 있는 결과로부터 쉽게 계산할 수 있다. (이 복사압의 근원을 따지자니, 기체분자운동론에서 기체를 담고 있는 상자의 벽에 기체가 작용하는 압력이 생각난다. 여기에서의 계산은 운동론에서의 계산과 매우 흡사하다는 것을 인식하게 될 것이다.)

그림 25-19*a*에 보인 것처럼, 비스듬한 원통 안에 들어 있는 입사 전자기장을 생각해보자. 이 원통의 단면적은 ΔA이고 옆면의 길이는 $c\,\Delta t$로 Δt는 작은 시간 간격이다. 원통의 체적은 $\Delta\tau = c\,\Delta t\,\Delta A\,\cos\,\theta_i$이다. 이 시간 동안 이 부피 안에 든 전자기장이 가지고 가는 모든 운동량은 경계면에 입사할 것이다. 수직힘을 계산하려면 운동량의 수직성분이 관여되므로, 이 시간동안의 초기 수직운동량은 (25-92)를 사용하여

$$G_{in} = \langle \mathbf{g}_i \rangle \cdot \hat{\mathbf{n}}\,\Delta\tau = \frac{\langle \mathbf{S}_i \rangle \cdot \hat{\mathbf{n}}\,\Delta t\,\Delta A \cos\theta_i}{c} \tag{25-93}$$

로 구해진다. 그림 25-19*b*에는 반사되는 복사에 대하여 비슷한 그림이 그려져 있는데, 진행거리 $c\,\Delta t$가 같기 때문에, 이 체적 안의 전자기장의 운동량은 동일한 입사장의 운동량에 해당된다. 그러므로 매질 1에서 이 장의 나중 수직운동량은

$$G_{fn} = \frac{\langle \mathbf{S}_r \rangle \cdot \hat{\mathbf{n}}\,\Delta t\,\Delta A \cos\theta_i}{c} \tag{24-94}$$

이다. $\langle \mathbf{S}_r \rangle$과 $\hat{\mathbf{n}}$ 사이의 각도가 90°보다 크므로 이것은 음이다. 그러면 매질 1에서 장의 수직운동량의 변화는 $\Delta G_{1n} = G_{fn} - G_{in} = (\Delta t\,\Delta A\,\cos\,\theta_i/c)[\langle \mathbf{S}_r \rangle \cdot \hat{\mathbf{n}} - \langle \mathbf{S}_i \rangle \cdot \hat{\mathbf{n}}]$이고, 이것은 부호를 구체적으로 고려해 준다면

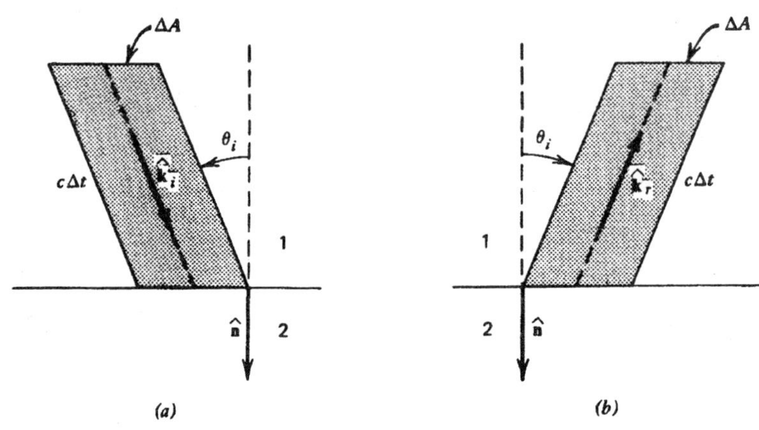

그림 25-19 복사압 계산하기. (a) **입사파**. (b) **반사파**.

$$\Delta G_{1n} = -\frac{\Delta t\,\Delta A\cos\theta_i}{c}\left[|\langle \mathbf{S}_r\rangle\cdot\hat{\mathbf{n}}| + |\langle \mathbf{S}_i\rangle\cdot\hat{\mathbf{n}}|\right] \tag{25-95}$$

이 된다. 매질 1의 전기장에 작용하는 평균 힘을 $\mathbf{F}_{em}$, 그리고 매질 2에 작용하는 힘을 $\mathbf{F}_2$라 한다면, $\mathbf{F}_2 = -\mathbf{F}_{em}$이다. 특히 역학에 의하면, 시간 간격 Δt동안 수직운동량의 변화는 $\Delta G_{1n} = \mathbf{F}_{em}\cdot\hat{\mathbf{n}}\Delta t = -\mathbf{F}_2\cdot\hat{\mathbf{n}}\Delta t = -F_{2n}\Delta t$이고 그러므로

$$F_{2n} = \frac{\Delta A\cos\theta_i}{c}\left[|\langle \mathbf{S}_r\rangle\cdot\hat{\mathbf{n}}| + |\langle \mathbf{S}_i\rangle\cdot\hat{\mathbf{n}}|\right] \tag{25-96}$$

이다. 이 값은 양이고 그러므로 매질 2에 작용하는 힘으로, $\hat{\mathbf{n}}$방향에 있다. 이것은 면적 ΔA에 비례하므로, 압력 $P(\theta_i)$를 $F_{2n}/\Delta A$로 정의할 수 있고,

$$\begin{aligned} P(\theta_i) &= \frac{\cos\theta_i}{c}\left[|\langle \mathbf{S}_r\rangle\cdot\hat{\mathbf{n}}| + |\langle \mathbf{S}_i\rangle\cdot\hat{\mathbf{n}}|\right] \\ &= \frac{(1+R)\cos\theta_i}{c}|\langle \mathbf{S}_i\rangle\cdot\hat{\mathbf{n}}| = (1+R)\cos^2\theta_i\frac{|\langle \mathbf{S}_i\rangle|}{c} \end{aligned} \tag{25-97}$$

를 얻는다. 여기서 (25-65)와 (1-15)를 사용하였다. 진공에서는 입사파에 대해 (24-111)로부터 $|\langle \mathbf{S}_i\rangle| = \langle u_i\rangle c$이므로 평균 에너지밀도로 나타내는 것이 더 편리하다. 그래서 (25-97)은

$$P(\theta_i) = (1+R)\cos^2\theta_i\langle u_i\rangle \tag{25-98}$$

가 된다.

P의 최대값은 $\theta_i = 0$과 $R = 1$에 해당하고, 이것은 완벽한 도체 ($\sigma \to \infty$)에 수직 입사하는 것으로

$$P_{최대} = 2\frac{|\langle \mathbf{S}_i\rangle|}{c} = 2\langle u_i\rangle \tag{25-99}$$

이다. 한편 복사에 대한 완전 흡수체를 고려해보면 $R = 0$인데, 이것은 도체는 아니고, 이상적으로 완전한 "흑체 *black object*"이다. 그러면 수직 입사에 대해 $P_{흑체} = |\langle \mathbf{S}_i\rangle|/c = \langle u_i\rangle = \frac{1}{2}P_{최대}$이다.

복사압에 대한 수치는 보통 만나는 상황에서는 아주 작다. 예를 들어, 지구에 입사하는 태양복사 값은 연습문제 24-9에서 인용한 것처럼 1340 W/m^{2}이다. 이것을 (25-99)에 넣으면, 해당되는 최대 복사압은 8.9×10^{-6} N/m^2 = 8.8×10^{-11} 기압으로 구해진다. 이 값이 매우 작음에도 불구하고, 가시광선에 대한 복사압은 측정이되었고, (25-99)는 1903년에 일찌감치 입증되었다. 혜성의 꼬리는 항상 태양으로부터 멀어진다는 사실을 한 때는 완전히 태양 복사의 압력으로 설명하였었다. 그러나 오늘날에는 이 효과의 일부분만이 복사압의 기여에 의한 것이라고 알려져 있다.

연습문제

25-1 **D**와 **B**의 법선성분이 연속이라는 사실을 사용한다고 해도 **E**가 입사면에 수직인 경우에 대해서는 새로운 정보를 주지 않음을 증명하라. **E**가 입사면에 평행인 경우에 대해서도 같은 증명을 반복하여라.

25-2 H_r/H_i와 H_t/H_i의 비에 대하여 (25-29), (25-30), (25-45), (25-46)과 유사한 표현식을 구하라.

25-3 $n_1 > n_2$인 경우에 대하여 편광각은 임계각보다 작음을 보여라.

25-4 (25-52)에서 구한 편광각에 대한 표현 식 $\tan\theta_P = n_2/n_1$은 $\mu_1 = \mu_2$라는 가정도 포함하고 있었다. 매질 1과 2가 비도체라는 제한 말고는 모든 특성이 임의인 일반적인 경우를 생각해보자. (a) θ_i가 $\tan^2\theta_i = n_2^2(\mu_1^2 n_2^2 - \mu_2^2 n_1^2)[\mu_2^2 n_1^2(n_2^2 - n_1^2)]^{-1}$으로 주어질 때 $(E_r/E_i)_\parallel = 0$임을 보여라. (b) $(E_r/E_i)_\perp = 0$이기 위한 $\tan^2\theta_i$의 해당 표현식을 구하라. (c) 이번에는 매질 1이 진공이라고 가정하고 $\kappa_{e2} > \kappa_{m2}$일 때 평행인 경우에 대해 편광각이 존재할 수 있음을 보여라. (d) 매질 1이 진공일 때 수직인 경우에 대해 해당되는 조건을 구하라.

25-5 전반사의 경우에 대하여 비 $(E_t/E_i)_\perp$와 $(E_t/E_i)_\parallel$를 구하고 이들을 입사각으로 표현하여라. 이들 각각은 일반형 $A_t e^{-i\varphi_t}$로 쓸 수 있음을 보이고, 비 $(\tan\varphi_{t\perp}/\tan\varphi_{t\parallel})$을 구하라. 입사파가 선편광 되어 있다면, 투과 전기장은 일반적으로 어떤 종류의 편광이겠는가?

25-6 전반사의 경우에 대하여 $\langle \mathbf{S}_t \rangle$를 구하고, T가 영이 되어야한다는 조건에서 요구되는 대로 $\langle \mathbf{S}_t \rangle \cdot \hat{\mathbf{n}} = 0$임을 보여라.

25-7 (a) 전반사의 경우에 대하여

$$\tan(\varphi_\parallel - \varphi_\perp) = \frac{(\mu_1 n_2/\mu_2 n_1)\left[(\mu_2 n_1/\mu_1 n_2)^2 - 1\right]\cos\theta_i\left[(n_1/n_2)^2\sin^2\theta_i - 1\right]^{1/2}}{\left[(n_1/n_2)^2 - 1\right]\sin^2\theta_i}$$

을 보여라. (b) 어떤 입사파가 굴절률 4.5인 비자성 매질 안에서 진행하고 있다. 두 번째 매질은 비자성 유리로 굴절률은 1.5이다. 입사파는 선편광 되어 있는데, 입사면에 수직, 평행인 $\mathbf{E}_{0i}$의 성분이 같다. 전반사된 파가 원편광 되도록 해주는 θ_i를 구하라. (c) 이 유리에 대한 전반사에 의해서 원편광된 파를 얻을 수 있는 입사 매질의 굴절률의 최소값을 구하고 이 때 해당되는 입사각도 구하라.

25-8 (25-29), (25-30)의 쌍과 (25-45), (25-46) 쌍이 (25-75)를 만족하는 R과 T의 표현식이 된다는 것을 증명하라.

25-9 그림 25-20은 두 매질을 분리하는 평면에

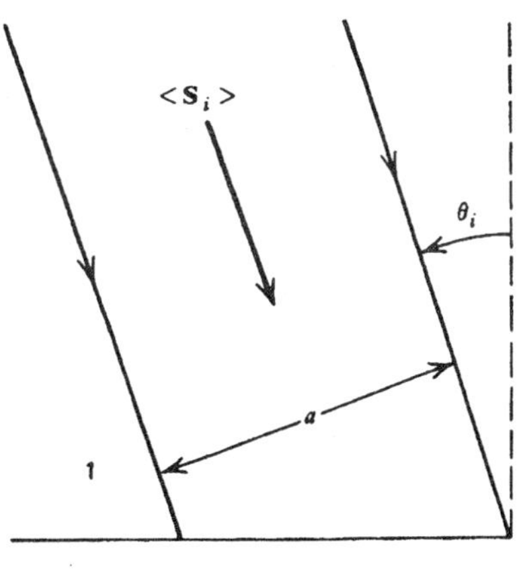

그림 25-20 연습문제 25-9의 입사광선.

입사하는 광선을 보여주고 있는데, 이 광선은 면적이 $a \times b$인 직사각형의 단면적을 가지고 있다. (이것이 평면파는 아니지만, 만일 파장이 a와 b에 비해 매우 작으면, 평면파의 성질을 가지고 있다고 해도 좋은 근사가 된다.) (a) 투과 광선의 공간적 크기는 어떻게 되는가? (b) 총 입사 일률 P_i를 $\langle \mathbf{S}_i \rangle$로 나타내면 얼마인가? 총 투과일률 P_t를 $\langle \mathbf{S}_t \rangle$로 나타내면 얼마인가? (c) 투과계수를 $T' = P_t / P_i$로 정의하면, 이것은 본문에서의 정의에 사용된 T와 어떻게 비교되는가?

25-10 좋은 도체에 대하여 $E_{0r}/E_{0i} \simeq -1[1 - 2\pi(\mu_2/\mu_1)(\delta_2/\lambda_1)(1-i)]$임을 보여라. 여기서 δ_2는 도체에서의 침두깊이이고, λ_1은 입사매질에서의 파장이다. 이 문제의 나머지 부분에서는 완전한 도체($\sigma_2 \to \infty$)를 가정하라. 문제를 간단히 하기 위하여 E_{0i}를 실수라고 가정하고, $\mathbf{E}_{1\,실수}$, 즉 입사 매질에서의 총 물리적 전기장을 구하라. 그리고 이것은 정지파로 도체면에 마디가 있음을 보여라. 마찬가지로 $\mathbf{H}_{1\,실수}$도 정지파로 도체면에는 배가 있음을 보여라. $\mathbf{H}_{1\,실수}$은 시간적으로 $\mathbf{E}_{1\,실수}$을(에) 앞서 가는가 뒤처지는가? 얼마나 그러한가? $\langle u_e \rangle$와 $\langle u_m \rangle$을 구하고, 총 에너지밀도 $\langle u \rangle$는 위치에 무관함을 보여라. $\mathbf{S}_1$을 구하고, 이것도 정지파로 도체면에 마디가 있음을 보여라. $\langle \mathbf{S}_1 \rangle$을 구하고 그 결과를 해석해보아라. 면전류밀도 $\mathbf{K}_f$가 존재하여야 함을 보이고 계산하라.

25-11 좋은 도체에 대한 비 E_{0t}/E_{0i}의 가장 낮은 차수의 근사값을 구하라. $\mathbf{E}_t$와 $\mathbf{E}_i$ 사이에 위상차가 존재한다면, 계산하라. 그리고 $\mathbf{E}_t$가 $\mathbf{E}_i$를(에) 앞서가는지 뒤처지는지 말하라.

25-12 좋은 도체에 대하여 반사계수는 근사적으로 $R \simeq 1 - 4\pi(\mu_2/\mu_1)(\delta_2/\lambda_1)$의 형태로도 쓰일 수 있음을 보여라. 여기서 δ_2는 도체에서의 침투깊이이고, λ_1은 입사 매질에서의 파장이다.

25-13 (25-71)로 주어지는 기본적인 정의를 사용하여, 좋은 도체에 수직 입사하는 경우에 대하여 T를 계산하고, 그 결과는 (25-75) 및 앞 연습문제의 결과와 일치함을 보여라.

25-14 그림 25-21을 보라. 임피던스가 Z_1인 매질을 진행해 가던 평면파가 $z = 0$에서 임피던스가 Z_2인 두 번째 매질에 수직 입사한다. 이 두 번째 매질의 두께는 L이며, 그

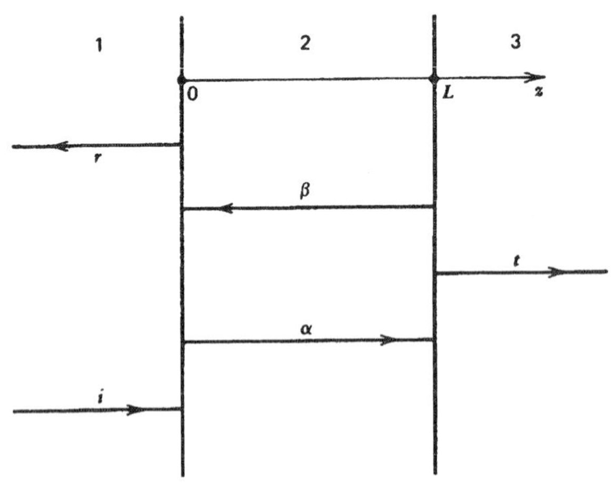

그림 25-21 연습문제 25-14의 파동과 매질.

뒤에는 임피던스가 Z_3인 다른 매질이 있고 그것은 공간의 나머지 부분을 채우고 있다. (a) 입사매질에서 반사와 입사 전기장 크기의 비가

$$\frac{E_{0r}}{E_{0i}} = \frac{Z_2(Z_3 - Z_1)\cos k_2 L - i(Z_2^2 - Z_1 Z_3)\sin k_2 L}{Z_2(Z_3 + Z_1)\cos k_2 L - i(Z_2^2 + Z_1 Z_3)\sin k_2 L}$$

로 주어짐을 보여라. (그림에 표시된 것처럼 다섯 개의 합성파동이 필요할 것이다. 즉, 이 파동들은 최종 정상상태에 있다. 경계조건은 양쪽 경계에서 동시에 만족되어야 함을 잊지 말라.) (b) $Z_1 \neq Z_3$라면, L이 매질 2에서의 파장의 홀수 배이며 $Z_2 = (Z_1 Z_3)^{1/2}$일 때, 반사파가 영이 됨을 보여라. (c) $Z_1 = Z_3 \neq Z_2$일 때, 반사파가 영이 되는 해당 조건을 구하라. (d) 파장이 5×10^{-7} m인 빛이 진공에서 커다란 유리판으로 수직 입사하는데, 이 유리는 비자성이고 굴절률이 1.5이다. 유리에 비자성 물질을 한 층 입혀서 빛이 반사되지 않게 하려고 할 때, 그 박막이 가져야 하는 굴절률과 박막의 최소 두께를 구하라.

25-15 모든 곳에서 $\hat{\mathbf{k}}$의 방향에 접하는 곡선을 광선 *ray*라 한다. 그림 25-18은 그러한 곡선을 보여주고 있다. (a) 곡선을 따라가며 측정한 거리를 s라 한다면, (25-90)으로부터 $d\theta_P/ds = -(\tan\theta_P/n_P)(dn_P/ds) = -(\sin\theta_P/n_P)(dn_P/dz)$임을 보여라. (b) 이 결과는 그림 25-18에 보인 것같은 광선의 일반적인 모습과도 부합함을 보여라. (c) θ_P가 90°가 되면 광선은 왜 계속 수평으로 진행하지 않고, 그림에 보인 것처럼 굽어져 내려오는가? (d) n_P의 z에 대한 의존성을 구하라. 이렇게 되면 플라즈마 내의 경로는 반지름 a인 원의 호가 될 것이다.

25-16 지구에 떨어지는 모든 태양복사가 흡수된다고 가정하여, 복사압에 의한 총 힘과 태양에 의한 중력의 비를 구하여라. (지구의 질량은 5.98×10^{24} kg, 지구의 반지름은 6.37×10^6 m이고 지구와 태양 사이의 평균 거리는 1.49×10^{11} m이다.)

25-17 어떤 각도 θ_i의 입사에 대해서도 완전히 반사시키는 경계면에서의 복사압은 (25-98)로부터 구해져 $P(\theta_i) = 2\cos^2\theta_i \langle u_i \rangle$가 된다. 동일한 진동수와 동일한 $\langle u_i \rangle$ 값의 입사파들이 어느 표면의 한쪽에 등방적으로 쪼여지고 있다. "등방적으로 *isotropically*"란 모든 각도 θ_i로의 입사가 나타나고 어느 각도로의 입사도 동일하게 있을 수 있음을 의미하는 말로, $\hat{\mathbf{k}}_i$가 어느 입체각요소 $d\Omega_i$에 있을 확률은 $d\Omega_i$에 비례한다. 이 표면에서의 총 복사압을 구하고, 이것을 그 표면에서의 총 에너지밀도 $\langle u \rangle_{총}$로 표현하여라. $\langle u \rangle_{총}$은 입사파와 반사파를 모두 포함한다.

25-18 복사압의 개념을 유도할 때, 우리는 운동량에 관한 매우 일반적인 개념만을 사용하였고 운동량 변화의 의미만을 사용했었다. 이것의 미시적인 관점에서의 접근은, 투과 전자기장이 두 번째 매질 내의 하전 입자에 작용하는 힘을 조사하면 가능하다. 특별한 경우를 제외하고는 이렇게 계산하는 것은 어렵지만, 결과적으로 복사압은 전기장의 영향 하에서 운동하는 하전 입자에 작용하는 자기력으로부터 생긴다고 할 수 있다. 이와 같은 일반적인 이론은 사용하고 있는 모형에는 무관해야 한다. 21-5절의 전자기 운동량에 관한 내용을 복습하여, 위에 인용한 결론이 본질적으로 옳다는 것을 확인하여 보아라.

제 26 장 한정된 영역 내의 장

이전의 두 장에서는 Maxwell 방정식의 시간의존 해를 무한히 뻗어 있는 평면파로 구하여 고려했는데, 그렇기 때문에 그 해는 반드시 한정되지 않은 영역에서만 가능하다. 좀 더 현실적인 경우로, 우리가 장을 구하고자 하는 영역 부근에는 어떤 종류이든지 경계(벽)가 있을 것이라고 예상할 수 있다. 그러한 상황에서는 일반적으로 해가 평면파일 수 없음은 분명하다. 평면파는 어느 한 무한평면에서 정해진 값의 장을 가지고 있으나, 경계가 있는 경우에는 그렇지 않은데, 이 때에도 장은 Maxwell 방정식의 해가 되어야 함을 물론이고, 영역의 한계에서 경계조건을 만족해야할 것이다.

우리가 한정된 영역을 도입하여 생각하는 순간부터, 영역의 모양 및 경계 구성물질이라는 두 가지 측면에 있어서의 여러 가지 가능성이 존재함이 분명하다. 따라서 몇 가지 경우만으로 제한하여 고려하는 것이 좋겠다. 모든 경계면은 완전한 금속이라고 가정하겠는데, 이렇게 함으로써 경계조건은 꽤 간단해 질 수 있다(이와 비슷한 가정을 역학에서도 사용하고 있다. 진동하는 줄이나 면을 공부할 때, 경계지역이 완벽하게 고정되어 있다는 가정이 바로 그것이다). 우리가 고려하게 될 첫 번째 문제는 **도파로** *wave guide*를 따라 전달되는 전자기에너지에 관한 것이다. (매일 경험하는 일로, 긴 직선 관을 통해 사물을 볼 수 있다는 간단한 사실로부터 우리는 이미 알고 있다.) 또한 **공명공동기** *resonant cavity*도 고려할 것이다. 이것은 완전도체로 둘러싸인 어떠한 모양의 상자를 말한다.

26-1 완전도체 표면에서의 경계조건

완전도체 *perfect conductor*라는 용어가 의미하는 바는, 도체가 $\sigma \to \infty$를 가짐을 말한다. 혹은, 더 정확히 $Q = \epsilon\omega/\sigma \to 0$을 의미한다. 우리가 이미 (24-78) 다음의 문단에서 알아보았듯이, 일반적인 도체의 경우 매우 큰 진동수의 경우에서 조차도 $Q \ll 1$이고, 그러므로 금속면에 대해서 $Q = 0$으로 놓는 것은 일차적으로 매우 좋은 근사가 될 것이다. 우리는 시간에 대해 조화함수로 변하는, 즉 $e^{-i\omega t}$에 비례하는 장만을 고려하려 할 것이므로, (24-18)로 주어지는 일반적인 중첩의 형태로부터, 평면파 성분의 거동을 고려함으로써 도체 내에서의 장을 조사해볼 수 있다. 25-6절에서는 장이 도체 표면에 수직으로 입사하는 경우를 다루었다. 그 절의 끝 부분에서, 전도도가 무한대인 극한에서는 도체 내의 파동은 입사각에 관계없이 표면에 대해 수직으로 진행한다는 점을 지적하였었다. 이들 결과를 (24-61), (24-54), (24-84)와 결합하여, 도체 내에서의 전기장에 대해 중첩의 한 성분이

$$\mathbf{E}_\tau = \mathbf{E}_{0\tau} e^{-\zeta/\delta} e^{i(\alpha\zeta - \omega t + \vartheta)} \tag{26-1}$$

의 일반형을 갖는다는 것을 알 수 있다. 여기서 ζ는 도체 내의 위치이고, δ는 침투깊이이다. 첨자 τ가 지칭하는 것은 $\mathbf{E}_\tau$가 도체 표면에 평행이라는 것인데, 이것이 그림 25-3의 전파방향 $\hat{\mathbf{n}}$에 수직으로 가로지르기 때문이다. 그러므로 표면에서 $\mathbf{E}_\tau$는 접선성분일 것이다. (24-78)에서는 좋은 도체에 대하여 $\delta = (2/\mu\sigma\omega)^{1/2}$로 구하였는데, 그러므로 $\sigma \to \infty$에 따라 $\delta \to 0$이다. 따라서 (26-1)로부터 $\sigma \to \infty$에 따라 $\zeta \neq 0$의 어느 값에 대해서라도 $\mathbf{E}_\tau \to 0$임을 알 수 있다. 즉, 완전도체 내의 어느 지점에서라도 전기장은 영이다. $\mathbf{E}$의 접선성분은 (21-26)에 의해 항상 연속이기 때문에, 표면의 바로 바깥에서 $\mathbf{E}_{\text{접선}} = 0$임을 알 수 있다. 즉, $\mathbf{E}$는 완전도체의 표면에서 접선성분을 가지고 있지 않고, 그러므로 $\mathbf{E}$는 표면에 수직이어야 한다.

도체 내에서의 $\mathbf{B}$는 (24-92)에서 $\mathbf{B} = (k/\omega)\hat{\mathbf{k}} \times \mathbf{E}_\tau$로 주어지고, 여기서는 $\hat{\mathbf{k}} = \hat{\mathbf{n}}$이므로, $\mathbf{B}$도 가로지르는 방향이 있을 것이고, $\sim e^{-\zeta/\delta}$이다. 따라서 내부에서의 $\mathbf{B}$의 가로지르는 성분도 $\sigma \to \infty$에 따라 영이 될 것이다. $\mathbf{B}$는 법선성분을 가지고 있지 않기 때문에, (21-27)로 주어지는 법신성분의 연속조건은 도체 바로 바깥에서 $\mathbf{B}_{\text{법선}} = 0$임을 말해주고 있다. 그러므로 완진 도체의 표면과 바로 그 바깥에서 $\mathbf{B}$는 법선성분을 가지지 않는다. 즉, 이것은 표면에 접해야 한다. 마찬가지로 도체 내에서 $\mathbf{D}$와 $\mathbf{H}$의 모든 성분은 $\sim e^{-\zeta/\delta}$일 것이고 $\sigma \to \infty$에 따라 영이 될 것이다.

이들 결론은 (24-18)의 중첩의 각 성분에 대하여 성립하기 때문에, 장 벡터의 모든 성분은 완전도체 내에서 영이 되리라는 것을 알게 되었다. 이로 인하여 (21-25)부터 (21-28)까지로 주어지는 일반적인 경계조건을 단순화할 수 있다. 매질 1을 도체가 되도록 하고 매질 2를 인접한 영역으로 잡으면, $\mathbf{D}_1$, $\mathbf{E}_1$, $\mathbf{B}_1$, $\mathbf{H}_1$은 모두 영으로 놓을 수 있다. 그런 다음 첨자 2를 떼어 버리면, 경계조건은

$$\hat{\mathbf{n}} \cdot \mathbf{D} = \sigma_f \qquad \hat{\mathbf{n}} \times \mathbf{E} = 0 \qquad \hat{\mathbf{n}} \cdot \mathbf{B} = 0 \qquad \hat{\mathbf{n}} \times \mathbf{H} = \mathbf{K}_f \tag{26-2}$$

가 된다. 여기서 $\hat{\mathbf{n}}$은 도체의 표면으로부터 밖으로 향하는 단위 법선벡터이다. (이것은 $\hat{\mathbf{n}}$을 항상 1 영역으로부터 2 영역으로 그리겠다던 약속 때문이다.) 반복해서 말하자면, 완전도체의 표면에서 $\mathbf{E}$는 면에 수직이고 $\mathbf{B}$는 면에 접한다. 즉 $\mathbf{E}$는 접선성분을 가지고 있지 않지만, $\mathbf{B}$는 법선성분을 가지고 있지 않다. 전도도는 무한대이기 때문에, $\mathbf{E}_{\text{접선}} = 0$일지라도 유한한 표면전류밀도 $\mathbf{K}_f$를 가질 수 있다. 사실 $\mathbf{H}_{\text{접선}}$이 도체 안에서는 영일지라도 표면에서는 영이 되지 않도록 해주는 것은 바로 이 표면전류이다. 마찬가지로 $\mathbf{D}_{\text{법선}}$은 도체 내부에서는 영일지라도 표면에서는 영이 아닐 수 있기 때문에, 면전하밀도 σ_f가 존재한다.

26-2 도파로의 전파 특성

그림 26-1은 한 도파로 *wave guide*를 보여주고 있는데, z방향으로는 무한히 뻗어 있고 xy 평면에서의 단면은 임의 모양이지만, 단면적은 일정하다. 경계 벽은 완전도체라고 가정하며, 내

부를 채우는 물질은 l.i.h.인 비도체로써 주어진 μ와 ϵ으로 나타내어진다고 하겠다. ψ를 **E**와 **B**의 어느 한 성분이라 하면, (24-7)과 (24-12)로부터 이것은

$$\nabla^2\psi - \frac{1}{v^2}\frac{\partial^2\psi}{\partial t^2} = 0 \tag{26-3}$$

의 방정식을 만족함을 알 수 있다. 여기서 $v^2 = 1/\mu\epsilon$이고 v는 매질에서의 평면파의 속력이다. 우리는 (26-3)의 해로써 z방향으로, 즉 도파로의 축을 따라 진행하는 파동의 형태를 구하려고 한다. 즉,

$$\psi(x, y, z, t) = \psi_0(x, y)e^{i(k_g z - \omega t)} \tag{26-4}$$

를 가정한다. 이것은 진폭 ψ_0이 단면에서 일정하지 않고 위치에 따라 변하는 값이기 때문에 평면파가 아니라는 점에 유의하자. k_g라는 양은 **도파로 전파상수** *guide propagation constant*이고

$$k_g = \frac{2\pi}{\lambda_g} \tag{26-5}$$

로 쓸 수 있다. 여기서 λ_g는 **도파로 파장**이고 도파로를 따라가는 공간적 주기이다.

(26-4)를 (26-3)에 대입하고 공동 지수인자를 상쇄시키면, 진폭이 만족시키는 방정식을

$$\frac{\partial^2\psi_0}{\partial x^2} + \frac{\partial^2\psi_0}{\partial y^2} + k_c^2\psi_0 = 0 \tag{26-6}$$

으로 구하게 된다. 여기서

$$k_c^2 = k_0^2 - k_g^2 \tag{26-7}$$

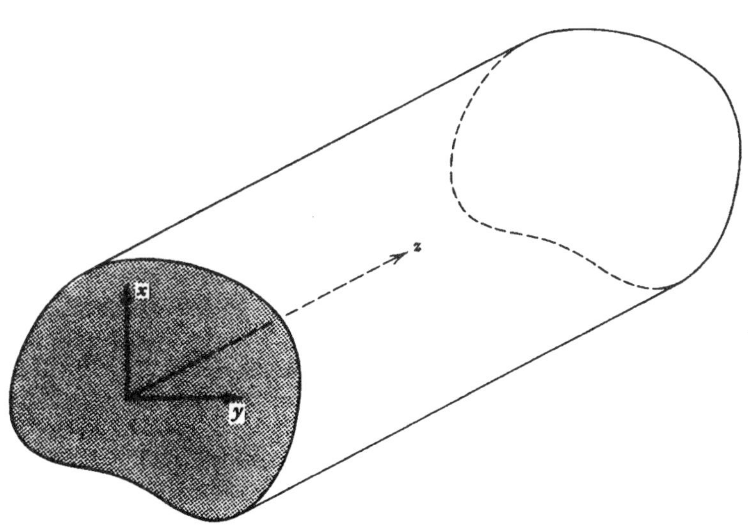

그림 26-1 단면이 임의 모양이고 단면적이 일정한 도파로.

$$k_0 = \frac{\omega}{v} = \frac{2\pi}{\lambda_0} \tag{26-8}$$

이다. ψ_0이 각진동수 ω를 갖는 평면파라면, (24-17)과 (24-27)로부터 k_0과 λ_0은 각각 전파상수와 파장이라는 것을 알 수 있다. 이러한 이유로 도파로의 내부가 진공으로 채워져 있을 때, λ_0을 흔히 자유공간 파장이라 부른다. 흔히 k_c를

$$k_c = \frac{2\pi}{\lambda_c} \tag{26-9}$$

로 쓰는 것이 편리한데, 그러면 (26-7)을

$$\frac{1}{\lambda_c^2} = \frac{1}{\lambda_0^2} - \frac{1}{\lambda_g^2} \tag{26-10}$$

로도 쓸 수 있다.

(26-6)을 푸는 것만으로는 충분치 않은 데, 해당 성분이 (26-2)도 만족해야 하기 때문이다. 일반적으로 이들 경계조건들은 임의의 k_c 값에 대해 동시에 만족될 수 없고, 특정 k_c 값과 이에 해당되는 정해진 λ_c의 값에 대해서만 만족될 수 있다. 그러므로 어느 특별한 문제를 고려하기 이전에라도, 어떤 k_c 값만이 **허용되는** 그 계의 **고유치** *eigenvalues*를 구하게 될 것이라고 예상할 수 있다. 우리가 맞닥뜨리게 될 이러한 허용된 값이란 어떤 물리적 의미를 가질까?

이 도파로의 특정 **모우드** *mode*, 즉 어느 특별한 k_c 값을 고려해보자. 또한 어느 주어진 진동수 ω를 가정해보면, k_g는 (26-7)에 의해 $k_g^2 = k_0^2 - k_c^2$으로 주어진다. 여기에 두 가지 흥미로운 가능성이 있다. $k_0 > k_c$이면, 그래서 (26-10)에 의해 $\lambda_0 < \lambda_c$이면, $k_g^2 > 0$이고 k_g는 실수이며 파동은 도파로를 따라 진행할 것이다. 한편 $k_0 < k_c$이면, 그래서 $\lambda_0 > \lambda_c$이면, $k_g^2 < 0$이고 k_g는 순허수로써 $k_g = i|k_g|$로 쓸 수 있을 것이다. 이것을 (26-4)에 대입하면, ψ는 $\psi = \psi_0 e^{-|k_g|z} e^{-i\omega t}$의 형태를 가질 것이며, 이것은 파동이라기보다 "교란"받으며 조화함수로 진동하고 있는데, 도파로를 따라 z가 증가하는 방향으로 나아감에 따라 그 크기가 줄어든다. 그러므로 도파로에 대해서는 $k_0 > k_c$, 혹은 $\lambda_0 < \lambda_c$인 경우에만 전파하는 파동을 얻을 것이다. 이러한 이유로 λ_c를 이 특별한 모우드에 대한 **차단파장** *cutoff wavelength*라고 부른다.

이것을

$$k_c = \frac{\omega_c}{v} \tag{26-11}$$

로 정의된 **차단진동수** *cutoff frequency* ω_c로도 나타낼 수 있다. 그러면 (26-7)은

$$k_g^2 = \frac{1}{v^2}\left(\omega^2 - \omega_c^2\right) \tag{26-12}$$

으로 쓸 수 있다. 그러면 파동의 전파는 $\omega > \omega_c$인 경우에만, 즉 걸어준 진동수가 차단진동수보다 큰 경우에만 가능하다. 그러므로 도파로는 고진동수 통과필터 *high-pass filter*로써도 기능

을 할 수 있다. 이는 (24-139)에 의해 플라즈마에 대해서 구했던 것과 같은 의미에서 그렇게 부르게 되었다. (26-12)를 (24-137)과 비교해볼 때, 도파로의 분산관계는 그 형태에 있어 플라즈마의 분산관계와 같고, 플라즈마 진동수 ω_P에 해당되는 유한한 모우드에 대한 차단진동수도 그러하다.

26-3 도파로 내에서의 장

Maxwell 방정식을 사용하여 계속해보자. 도파로 내에는 자유전하나 자유전류가 없다고 가정하고 있으므로 (21-48)부터 (21-51)까지는

$$\nabla\cdot\mathbf{E}=0 \qquad \nabla\cdot\mathbf{H}=0$$
$$\nabla\times\mathbf{E}=-\mu\frac{\partial\mathbf{H}}{\partial t} \qquad \nabla\times\mathbf{H}=\epsilon\frac{\partial\mathbf{E}}{\partial t} \tag{26-13}$$

가 된다. **E**와 **H**의 각 성분은 (26-4)의 일반형을 가지고 있다고 가정하기 때문에,

$$\mathbf{E}=\mathscr{E}(x,y)e^{i(k_g z-\omega t)} \tag{26-14}$$
$$\mathbf{H}=\mathscr{H}(x,y)e^{i(k_g z-\omega t)} \tag{26-15}$$

일 것이고, 그러므로 E_α가 **E**의 한 성분이라 할 때, $\partial E_\alpha/\partial z = ik_g E_\alpha$이고 $\partial E_\alpha/\partial t = -i\omega E_\alpha$이며, **H**의 성분에 대해서도 마찬가지의 표현식이 된다. 진폭 $\mathscr{E}$와 $\mathscr{H}$는 x와 y에만 의존하지만, 장들이 횡파라고(즉, z 성분을 가지고 있지 않다고) 가정하지는 않고 있다는 점을 잘 기억해 두는 것이 중요하다. 다시 말하면, $\mathscr{E}$는

$$\mathscr{E}(x,y)=\mathscr{E}_x(x,y)\hat{\mathbf{x}}+\mathscr{E}_y(x,y)\hat{\mathbf{y}}+\mathscr{E}_z(x,y)\hat{\mathbf{z}} \tag{26-16}$$

의 일반형을 가지고 있고, 여기에서 별개의 성분 $\mathscr{E}_x$, $\mathscr{E}_y$, $\mathscr{E}_z$는 서로 다른 방식으로 x와 y의 의존성을 가질 수 있다.

(26-14)와 (25-15)를 (26-13)에 대입하고, 공통의 지수인자를 상쇄시키면, 다음 여덟 개의 스칼라 방정식을 얻게 된다:

$$\frac{\partial\mathscr{E}_x}{\partial x}+\frac{\partial\mathscr{E}_y}{\partial y}+ik_g\mathscr{E}_z=0 \tag{26-17}$$
$$\frac{\partial\mathscr{H}_x}{\partial x}+\frac{\partial\mathscr{H}_y}{\partial y}+ik_g\mathscr{H}_z=0 \tag{26-18}$$
$$\frac{\partial\mathscr{E}_z}{\partial y}-ik_g\mathscr{E}_y=i\omega\mu\mathscr{H}_x \tag{26-19}$$
$$ik_g\mathscr{E}_x-\frac{\partial\mathscr{E}_z}{\partial x}=i\omega\mu\mathscr{H}_y \tag{26-20}$$
$$\frac{\partial\mathscr{E}_y}{\partial x}-\frac{\partial\mathscr{E}_x}{\partial y}=i\omega\mu\mathscr{H}_z \tag{26-21}$$

$$\frac{\partial \mathscr{H}_z}{\partial y} - ik_g\mathscr{H}_y = -i\omega\epsilon\mathscr{E}_x \tag{26-22}$$

$$ik_g\mathscr{H}_x - \frac{\partial \mathscr{H}_z}{\partial x} = -i\omega\epsilon\mathscr{E}_y \tag{26-23}$$

$$\frac{\partial \mathscr{H}_y}{\partial x} - \frac{\partial \mathscr{H}_x}{\partial y} = -i\omega\epsilon\mathscr{E}_z \tag{26-24}$$

(26-20)과 (26-22) 사이에서 $\mathscr{H}_y$를 소거하여 $\mathscr{E}_x$에 대해 풀고, (26-7)과 (26-8)을 사용하여,

$$\mathscr{E}_x = \frac{i}{k_c^2}\left(k_g\frac{\partial \mathscr{E}_z}{\partial x} + \omega\mu\frac{\partial \mathscr{H}_z}{\partial y}\right) \tag{26-25}$$

로 구한다. 마찬가지로 (26-19)와 (26-23)으로부터

$$\mathscr{E}_y = \frac{i}{k_c^2}\left(k_g\frac{\partial \mathscr{E}_z}{\partial y} - \omega\mu\frac{\partial \mathscr{H}_z}{\partial x}\right) \tag{26-26}$$

로 구하고

$$\mathscr{H}_x = \frac{i}{k_c^2}\left(-\omega\epsilon\frac{\partial \mathscr{E}_z}{\partial y} + k_g\frac{\partial \mathscr{H}_z}{\partial x}\right) \tag{26-27}$$

$$\mathscr{H}_y = \frac{i}{k_c^2}\left(\omega\epsilon\frac{\partial \mathscr{E}_z}{\partial x} + k_g\frac{\partial \mathscr{H}_z}{\partial y}\right) \tag{26-28}$$

도 (26-19) – (26-23)과 (26-20) – (26-22)의 쌍으로부터 각각 구한다. 이들 결과는 $\boldsymbol{\mathscr{E}}$와 $\boldsymbol{\mathscr{H}}$의 네 개의 모든 횡파성분이 서로 독립적임이며, 두 개의 종파성분의 미분으로부터 구할 수 있음을 말해주고 있다. 이로 인해 우리들의 계산은 틀림없이 단순해 졌다.

그러나 (26-25)로부터 (26-28)까지를 구하면서, 여덟 개의 Maxwell 방정식 중에서 네 개만을 사용하였다. (26-25)와 (26-26)을 (26-17)에 대입하면,

$$\frac{\partial^2 \mathscr{E}_z}{\partial x^2} + \frac{\partial^2 \mathscr{E}_z}{\partial y^2} + k_c^2\mathscr{E}_z = 0 \tag{26-29}$$

인 경우라야 만족될 것임을 알게 된다. 이것은 이미 (26-6)으로부터 알고 있는 사실이다. 이와 동일한 결과를 (26-24)로부터 구할 수 있다. 마찬가지로 (26-18)과 (26-21)은

$$\frac{\partial^2 \mathscr{H}_z}{\partial x^2} + \frac{\partial^2 \mathscr{H}_z}{\partial y^2} + k_c^2\mathscr{H}_z = 0 \tag{26-30}$$

이면 만족될 것이고, 이것은 다시 (26-6)과 일치한다.

(26-25)부터 (26-28)까지의 표현식 각각은 합의 형태로 되어 있으므로, 그 일반적인 횡파성분들을 두 개의 독립적인 파동의 중첩으로 간주할 수 있고, 그 둘 중의 하나는 $\mathscr{E}_z \neq 0$이며 $\mathscr{H}_z = 0$에 해당되는 파동이며, 다른 하나는 $\mathscr{E}_z = 0$이며 $\mathscr{H}_z \neq 0$에 해당되는 파동이다. 따라서 해를 두 부류로 나누는 것이 편리하겠고, 따로 생각해보는 것이 좋겠다. $\mathscr{E}_z = 0$이면 $\boldsymbol{\mathscr{E}}$는 온전

히 xy평면에 놓여 있게 되고 전파방향에 수직이다. 그러한 파동을 **가로전기장** *transverse electric* 모우드, 혹은 TE 모우드라 한다. 마찬가지로 $\mathscr{H}_z = 0$의 경우는 **가로자기장** *transverse magnetic* 모우드, 혹은 TM 모우드에 해당된다. (만일 $\mathscr{E}_z$와 $\mathscr{H}_z$가 모두 영이라면, 이것에 해당되는 모우드는 **가로전자기모우드** *transverse electromagnetic mode*, 혹은 TEM 모우드라고 한다. 이 경우는 따로 취급할 필요가 있고, 나중으로 미루겠다.)

도파로 문제의 풀이에 대한 결과를 단계적 과정의 형태로 요약할 수 있다.

TE모우드에 대해: (1) $\mathscr{E}_z = 0$으로 놓고 $\mathscr{H}_z$를 (26-30)의 일반해로 구하라. 혹은 (26-30)을 다른 적절한 좌표계로(원통좌표계처럼) 나타낸 다음 구하라. (2) $\mathscr{H}_z$에 대한 이 표현식을 (26-25) 내지 (26-28)에 대입하여 진폭의 횡파성분을 구하라. (3) 이 결과를 (26-14)와 (26-15)에 대입하여 **E**와 **H**장을 구한다. (4) **E**와 **H**에 대한 표현식(또는 동등하게 $\boldsymbol{\mathscr{E}}$와 $\boldsymbol{\mathscr{H}}$)이 $\mathbf{E}_{\text{접선}} = 0$과 $\mathbf{H}_{\text{법선}} = 0$이라는 (26-2)의 두 경계조건을 만족하는지 확인하라. (이 경우의 접선성분 E_z는 이미 영이라는 점에 유의하라.) (5) 물리적인 장을 구하고자 한다면, **E**와 **H**에 대한 결과식의 실수부를 취하라. (6) 원한다면, 면전하밀도와 면전류밀도를 구할 수 있는 데, 남아있는 경계조건 $\hat{\mathbf{n}} \cdot \mathbf{D} = \sigma_f$과 $\hat{\mathbf{n}} \times \mathbf{H} = \mathbf{K}_f$를 경계면에서 계산하면 된다. [가끔 (2)단계 전에 (4)단계를 하는 것이 편리할 때가 있다.]

TM 모우드에 대해서는 $\mathscr{H}_z = 0$를 가지고 동일한 기본과정을 따라하고 $\mathscr{E}_z$는 (26-29)로부터 구하면 된다. 이 경우 도파로 내에서의 $\mathscr{E}_z$는 일반적으로 영이 아니나, 표면에서는 접선성분만 갖기 때문에 그곳에서의 $\mathscr{E}_z$는 영이 되도록 해야 한다.

이러한 과정을 수행해 나아갈 때, 얻어진 장들은 자동적으로 Maxwell 방정식을 만족시켜줄 것이다. 이는 Maxwell 방정식들이 기본 모오드의 결과를 얻는데 사용되기 때문이다. 더구나 다양한 특정 모우드를 정해주는 고유치 k_c도 이 계산 과정 중에 구해지게 되는데, 그 이유는 다음과 같다. (26-29)나 (26-30)의 일반해를 구할 때, 적분상수가 관련될 것이다. 그러면 경계조건은 이들 상수 중의 어떤 값들에 대해서만 만족될 것이고, 이들이 k_c의 허용된 값을 정하게 된다. (잠시 뒤에 자세히 알게 되겠지만, k_c를 구하는 방법은, 11-4절에서 Laplace 방정식을 풀 때의 과정을 상기시켜줄 것이다.)

문제를 풀려면 도파로 단면의 모양이 정해져야 하지만 그 전에 이 절의 결과를 좀 더 압축되고 세련된 형태로 나타낼 수 있다. 이것은 연습문제로 남겨 놓겠다. 여기서는 당장 구체적이고도 중요한 예를 고려해보는 것이 좋겠다.

26-4 사각형 도파로

이 도파로의 단면은 직사각형으로, 두 변이 a와 b이고 단면이 그림 26-2처럼 xy평면에 놓여 있다. (26-29)와 (26-30)을 보면, 어떤 부류의 모우드든지 (26-6) 형태의 방정식을 풀어야 한다는 것을 알 수 있다. 변수분리를 사용하여 $\psi_0(x, y) = X(x)\,Y(y)$로 쓴다. 그러면 11-4절에서 설명한 것과 같이 분리된 식

그림 26-2 사각형 도파로의 단면.

$$\frac{1}{X}\frac{d^2X}{dx^2} = -\frac{1}{Y}\frac{d^2Y}{dy^2} - k_c^2 = \text{상수} = -k_1^2 \tag{26-31}$$

을 구하게 되고, 그래서 $(d^2X/dx^2) + k_1^2 X = 0$과 $(d^2Y/dy) + k_2^2 Y = 0$이 되며, 여기서

$$k_1^2 + k_2^2 = k_c^2 \tag{26-32}$$

이고 k_2^2도 상수이다. 이들을 삼각함수로 풀면,

$$\psi_0(x, y) = (C_1 \sin k_1 x + C_2 \cos k_1 x)(C_3 \sin k_2 y + C_4 \cos k_2 y) \tag{26-33}$$

로 구하게 되며, 여기서 C들은 적분상수이다. ψ_0에 대한 이 표현식에는 전부 여섯 개의 상수가 있는데, 관심을 가지는 모우드가 무엇이냐에 따라 (26-33)은 H_z나 E_z 중의 하나가 된다.

예제

TE 모우드. 여기서는 $\mathscr{E}_z = 0$으로 놓고

$$\mathscr{H}_z = (C_1 \sin k_1 x + C_2 \cos k_1 x)(C_3 \sin k_2 y + C_4 \cos k_2 y) \tag{26-34}$$

로 쓴다. $\mathscr{H}_z$는 접선성분이기 때문에, 경계에서 영이 될 필요가 없고, 따라서 (26-34) 자체로부터는 많은 것을 얻어낼 수 없다. 반면, $\mathscr{E}_x$와 $\mathscr{E}_y$는 경계의 적당한 부분에서 접선성분이 되어 나타날 수도 있으나, 그곳에서 영이 되어야한다. 이것을 먼저 구하는 것이 좋겠다. (물론 $\mathscr{H}_x$와 $\mathscr{H}_y$도 경계의 어떤 부분에서 법선성분을 가지게 될지 모르지만, 그곳에서 영이 되어야 한다. 우리는 이 조건으로 대신 다룰 수 있다. 그러나 같은 결과가 되리라는 것을 알게 될 것이다.)

$\mathscr{E}_z = 0$으로 하고 (26-34)를 (26-25)와 (26-26)에 대입할 때

$$\mathscr{E}_x = \frac{i\omega\mu k_2}{k_c^2}(C_1 \sin k_1 x + C_2 \cos k_1 x)(C_3 \cos k_2 y - C_4 \sin k_2 y) \tag{26-35}$$

$$\mathscr{E}_y = -\frac{i\omega\mu k_1}{k_c^2}(C_1 \cos k_1 x - C_2 \sin k_1 x)(C_3 \sin k_2 y + C_4 \cos k_2 y) \tag{26-36}$$

를 얻게 된다. 그림 26-2로부터 $\mathscr{E}_x$가 접선성분이되어 나타나면 안되는 부분이 있다. 즉 $y = 0$과 $y = b$에서 $\mathscr{E}_x$는 영이 되어야 한다. 마찬가지로 $\mathscr{E}_y$는 $x = 0$과 $x = a$에서 영이 되어야 한다. $x = 0$과 $y = 0$에 대해서 먼저 계산해 보면

$$\mathscr{E}_x(x,0) = 0 = \frac{i\omega\mu k_2 C_3}{k_c^2}(C_1 \sin k_1 x + C_2 \cos k_1 x) \tag{26-37}$$

$$\mathscr{E}_y(0, y) = 0 = -\frac{i\omega\mu k_1 C_1}{k_c^2}(C_3 \sin k_2 y + C_4 \cos k_2 y) \tag{26-38}$$

을 얻게 되고, $C_3 = 0$과 $C_1 = 0$이 되어야 한다. 그러므로 이 단계에서 (26-34), (26-35), (26-36)은 간단히 되어

$$\mathscr{H}_z = C_2 C_4 \cos k_1 x \cos k_2 y \tag{26-39}$$

$$\mathscr{E}_x = -\frac{i\omega\mu k_2}{k_c^2} C_2 C_4 \cos k_1 x \sin k_2 y \tag{26-40}$$

$$\mathscr{E}_y = \frac{i\omega\mu k_1}{k_c^2} C_2 C_4 \sin k_1 x \cos k_2 y \tag{26-41}$$

이다.

다른 두 면에서 만족되어야 할 경계조건이 여전히 남아 있다. (26-40)에서 $\mathscr{E}_x(x, b) = 0$의 필요조건으로부터 $\sin k_2 b = 0$이 되어야 하고, 그러면 $k_2 b = n\pi$ (n은 정수)이다. 마찬가지로 $\mathscr{E}_y(a, y) = 0$에 의해 $k_1 a = m\pi$ (m은 정수)의 조건을 갖게 된다. 즉,

$$k_1 = \frac{m\pi}{a} \qquad k_2 = \frac{n\pi}{b} \tag{26-42}$$

로 구해진다. 그러므로 (26-32)에 의해 허용된 k_c^2의 값은

$$k_c^2 = k_{c\,mn}^2 = \pi^2\left[\left(\frac{m}{a}\right)^2 + \left(\frac{n}{b}\right)^2\right] \tag{26-43}$$

으로 나타내어진다. 차단파장과 차단진동수는 (26-43)을 (26-9)와 (26-11)에 넣어 구할 수 있다. 여기에 해당되는 도파로 전파상수와 파장은 (26-7)과 (26-5)로부터 구하여

$$k_g^2 = \left(\frac{2\pi}{\lambda_g}\right)^2 = k_0^2 - \pi^2\left[\left(\frac{m}{a}\right)^2 + \left(\frac{n}{b}\right)^2\right] \tag{26-44}$$

이다.

아직 정해지지 않은 것은 $\mathscr{H}_z$에 대한 임의의 진폭 C_2C_4이다. 이것을 $C_2C_4 = \mathscr{H}_0$이라 놓으면, (26-42)를 사용하여 (26-39) 내지 (26-41)을 좀 더 구체적으로 쓸 수 있다. 또한 (26-39)를 (26-27)과 (26-28)에 사용하여 나머지 진폭들도 구할 수 있다. 이렇게 하여 직사각형 도파로에서 일반적인 TE 모우드의 진폭을 구하면

$$\mathscr{E}_x = -\frac{i\omega\mu}{k_c^2}\left(\frac{n\pi}{b}\right) H_0 \cos\left(\frac{m\pi x}{a}\right) \sin\left(\frac{n\pi y}{b}\right) \tag{26-45}$$

$$\mathscr{E}_y = \frac{i\omega\mu}{k_c^2}\left(\frac{m\pi}{a}\right) H_0 \sin\left(\frac{m\pi x}{a}\right) \cos\left(\frac{n\pi y}{b}\right) \tag{26-46}$$

$$\mathscr{E}_z = 0 \tag{26-47}$$

$$\mathscr{H}_x = -\frac{ik_g}{k_c^2}\left(\frac{m\pi}{a}\right)H_0 \sin\left(\frac{m\pi x}{a}\right)\cos\left(\frac{n\pi y}{b}\right) \tag{26-48}$$

$$\mathscr{H}_y = -\frac{ik_g}{k_c^2}\left(\frac{n\pi}{b}\right)H_0 \cos\left(\frac{m\pi x}{a}\right)\sin\left(\frac{n\pi y}{b}\right) \tag{26-49}$$

$$\mathscr{H}_z = H_0 \cos\left(\frac{m\pi x}{a}\right)\cos\left(\frac{n\pi y}{b}\right) \tag{26-50}$$

가 된다. 여기서 k_c와 k_g는 (26-43)과 (26-44)로부터 구한다.

위 결과를 점검해 보면, 그림 26-2로부터 $\mathscr{H}_x$는 $x = 0$과 $x = a$에서 법선성분이 되겠지만 그 곳에서 영이 되어야 한다. (26-48)로부터 정말로 그렇게 된다는 것을 알 수 있다. 마찬가지로 (26-49)는 $y = 0$과 $y = b$에서 $\mathscr{H}_y = 0$임을 말해 주고, 이는 당연히 그래야 한다. [이것은 실제로 그리 놀랄만한 일이 아니다. 연습문제 중의 한 문제에 의하면 TE 모우드에서의 횡파성분들은 $\boldsymbol{\mathscr{H}}_{횡} = (k_g/\omega\mu)\hat{\mathbf{z}} \times \boldsymbol{\mathscr{E}}_{횡}$로 관련되어 있는데, 서로 수직이기 때문이다. 그러므로 $\boldsymbol{\mathscr{E}}_{횡}$가 면에 수직이 되어 있다면, $\boldsymbol{\mathscr{H}}_{횡}$은 위에서 구한대로 자동적으로 접선이 될 것이다. TM 모우드에 대해서도 마찬가지의 결과가 성립된다.]

이들 각각의 진폭인자에 전파항을 곱해야 하며 물리적으로 의미 있는 장을 구하려면 실수부를 취해야한다. 예를 들어, (26-45)와 (26-14)를 결합할 때,

$$E_x = -\frac{i\omega\mu}{k_c^2}\left(\frac{n\pi}{b}\right)H_0 \cos\left(\frac{m\pi x}{a}\right)\sin\left(\frac{n\pi y}{b}\right)e^{i(k_g z - \omega t)} \tag{26-51}$$

를 얻는다. $-i = e^{-i(1/2)\pi}$이기 때문에, 지수인자는 $\exp i[k_g z - (\omega t + \pi/2)]$로 쓸 수 있으며, 이것이 말해주는 것은, (26-50)과 비교할 때 E_x가 H_z를 90° 앞선다는 점이다. 마찬가지로 (26-48)과 (26-49)에 따라 H_x와 H_y는 H_z보다 90° 앞서고, (26-46)에 의해 E_y는 H_z에 비해 같은 양만큼 뒤진다.

지금까지 m과 n은 정수라고 한 것 이외에는 구체적으로 말하지 않았었다. 무엇보다 (26-45)내지 (26-50)을 보면, m과(이나) n이 음수일 때, 장의 진폭은 바뀌지 않는 것을 알 수 있다. 그러니까 m과 n은 양수이거나 영이라고 제한할 수 있다. m과 n이 둘 다 영이면, (26-50)에 의해 $\mathscr{H}_z = H_0 =$ 상수이지만, 다른 성분은 분명히 영이 된다. 한편 (26-44)에 의해 $k_g = k_0 = \omega/\upsilon$이다. 그래서 장은 $H_z = H_0 e^{i(k_0 z - \omega t)}$의 형태가 될 것인데, 이것은 한 성분만을 가지고 있는 **종파** *longitudinal*장으로 도파로의 축을 따라 진행하며 평면파의 특성인 υ의 속력을 가질 것이다. 그러나 (26-43)에 의해 $k_c^2 = 0$이고, (26-25) 내지 (26-28)을 얻기 위해 k_c^2으로 나누었기 때문에, 이 경우에는 실제로 이들을 사용할 수 없다. 따라서 (26-13)의 Maxwell 방정식으로 돌아가야 한다. 그러면 $\nabla \cdot \mathbf{H} = 0 = \partial H_z/\partial z = ik_0 H_z$를 얻게 되고, 그래서 $k_0 = 0$이고 따라서 $\omega = 0$이다. 이것은 $H_z =$ 상수가 되게 하고, $\mathbf{E} = 0$으로 취한 (26-13)의 나머지 부분과 일치한다. 그러므로 $m = n = 0$에 대한 해는 단순히 일정

한 자기장이 도파로의 축을 따라 놓여 있는 것이다. 이것은 충분히 가능한 일이나, 별로 관심이 가지 않는다.

요약하여, m과 n은 $m \geq 0$과 $n \geq 0$이나 $m = n = 0$은 아닌 것으로 제한할 수 있다. 그러므로 전파의 어느 주어진 TE 모우드는 독립적으로 부여된 정수 m과 n의 쌍으로 특성화 할 수 있다. 이것을 TE_{mn} 모우드로 나타내는 것이 관례이다.

일반적인 TE의 경우는 매우 복잡하기 때문에, 특히 간단한 경우만을 좀 더 자세히 고려해보기로 하자.

예제

TE_{10} 모우드. $a > b$라 가정하고 가장 작은 k_c(그러니까 가장 큰 차단파장 λ_c)를 갖는 모우드를 찾아보자. 이것은 (26-43)에 의해 $m = 1$과 $n = 0$에 해당될 것이고, TE_{10} 모우드가 된다. 그러면 $k_{c10} = \pi/a$이므로 $\lambda_c = 2a$이고 (26-9)와 (26-11)에 의해 $\omega_c = \pi v/a$이다. 그러므로 차단파장은 단면의 큰 치수의 두 배이다. 즉, "더 큰" 파동을 도파로 안에 "밀어넣을" 수는 없다. 도파로 전파상수는 (26-44)와 (26-8)로부터

$$k_g = \left[\left(\frac{\omega}{v}\right)^2 - \left(\frac{\pi}{a}\right)^2\right]^{1/2} \tag{26-52}$$

로 구해진다. (26-45) 내지 (26-50)으로부터 얻게 되는 장의 진폭은

$$\mathscr{E}_y = i\omega\mu\left(\frac{a}{\pi}\right)H_0 \sin\left(\frac{\pi x}{a}\right) \tag{26-53}$$

$$\mathscr{H}_x = -ik_g\left(\frac{a}{\pi}\right)H_0 \sin\left(\frac{\pi x}{a}\right) \tag{26-54}$$

$$\mathscr{H}_z = H_0 \cos\left(\frac{\pi x}{a}\right) \tag{26-55}$$

인 한편, $\mathscr{E}_x = \mathscr{E}_z = 0$이고 $\mathscr{H}_y = 0$이다. 이것을 (26-14)와 (26-15)에 넣고, 간단히 하기 위하여 H_0을 실수라고 가정하며, 결과적인 표현식의 실수부를 취하면, 영이 되지 않는 장의 유일한 성분은

$$E_y = -H_0\omega\mu\left(\frac{a}{\pi}\right)\sin\left(\frac{\pi x}{a}\right)\sin(k_g z - \omega t) \tag{26-56}$$

$$H_x = H_0 k_g\left(\frac{a}{\pi}\right)\sin\left(\frac{\pi x}{a}\right)\sin(k_g z - \omega t) \tag{26-57}$$

$$H_z = H_0 \cos\left(\frac{\pi x}{a}\right)\cos(k_g z - \omega t) \tag{26-58}$$

이 된다.

E_y 값은 y와 무관한 것을 알 수 있다. 그러므로 전기장은 주어진 x 값에서 일정한 크기

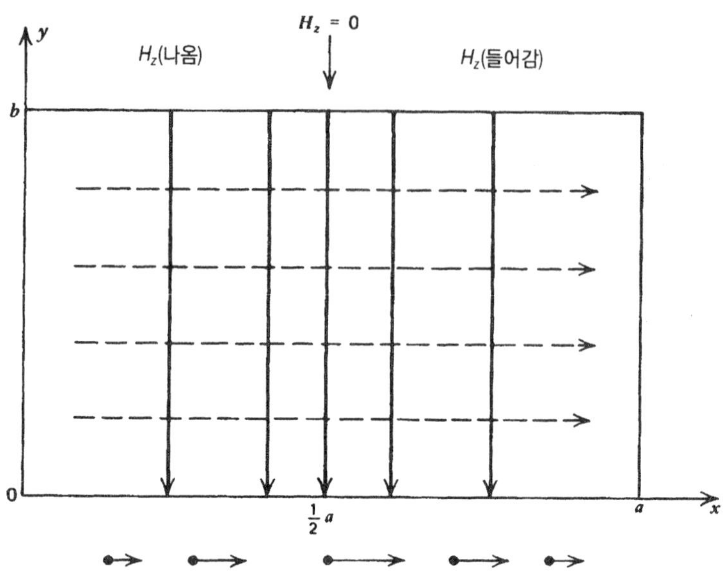

| 그림 26-3 | 주어진 시간에 단면에서 TE_{10} 모우드의 장.

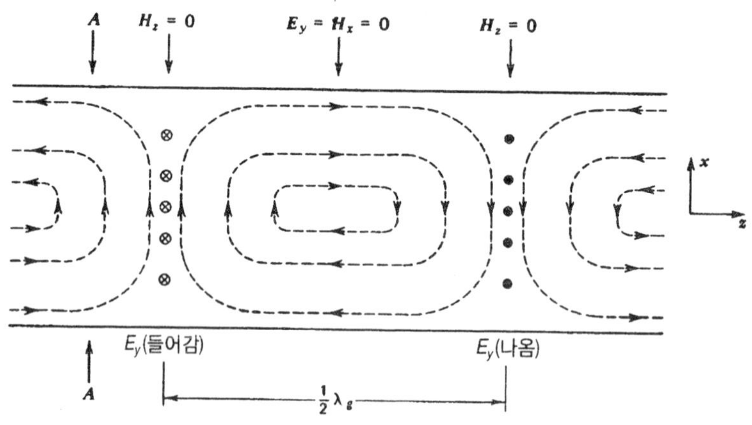

| 그림 26-4 | 주어진 시간에 xz평면에서 TE_{10} 모우드의 장.

를 갖는 직선이다. 그러나 크기는 x에 따라 변하고 $x = \frac{1}{2}a$인 중앙에서 최대이다. H_x의 선도 마찬가지로 중앙에 최대가 있는 직선이다. 한편 H_z의 값은 중앙에서 영이고 양쪽에서 반대부호를 갖는다. 그림 26-3에는 주어진 시간에 xy평면에서의 E_y와 H_x를 보여주고 있다. 그곳에서 H_0과 $\sin(k_g z - \omega t)$는 둘 다 양수라고 가정하였다. 실선은 E_y를 나타내고 점선은 H_x를 나타낸다. 아래쪽에 표시한 화살표는 위치에 따른 H_x의 변화를 표시한 것이다. 만일 $\cos(k_g z - \omega t)$를 양수로 하는 z의 위치에 있다면(이러한 상황이 그림에 그려져 있는데), H_z의 선은 (26-58)에서 구한 것처럼 (z축은 지면에서 나오므로) 그림의 왼쪽 반에서는 지면 밖으로 나오고 , 오른쪽 반에서는 지면으로 들어간다. 도파로를 따라 도파로 파

장의 절반만큼을 더 내려온 거리에서, $k_g z - \omega t$는 $k_g \Delta z = (2\pi/\lambda_g)(\lambda_g/2) = \pi$만큼의 변화를 가질 것이고, 그래서 그림 26-3의 모든 장의 방향은, (25-56) 내지 (26-58)로부터 알 수 있듯이, 반대가 될 것이다.

E_y와 H_x는 둘 다 $\sin(k_g z - \omega t)$에 비례하고 H_z는 $\cos(k_g z - \omega t)$로 변하기 때문에, E_y와 H_x는 $|H_z|$가 최대일 때 영이다. 마찬가지로 $|E_y|$와 $|H_x|$는 $H_z = 0$일 때 최대이다. 주어진 시간에서 장들의 관계는 그림 26-4에 그려져 있다. 이것은 도파로의 단면인데, xz평면에 평행이며 y축은 지면 밖으로 나온다. 이 경우 점선은 이 면에서의 합성벡터 **H**를 보여주고 있다. 그러면 그림 26-3에 나타낸 상황은, 그림 26-4에 A라고 화살표로 표시된 위치에서 z축에 수직인 평면에 해당된다.

여기에서의 장들은 실제로 파동이기 때문에, 시간에 따른 이들의 거동은, 우리가 한 위치에 고정하여 있으며 이들 그림이 양의 z 방향으로 진행한다고 상상해보면 시각적으로 이해할 수 있겠다. 이들은 도파로 속력 v_g로 움직일 것이고, 이것은 (26-52)로부터

$$v_g = \frac{\omega}{k_g} = \frac{v}{\left[1 - (\pi v/a\omega)^2\right]^{1/2}} \tag{26-59}$$

로 구해진다. 이것으로부터 $v_g > v$인데, v는 도파로 내부의 물질에서의 평면파 속력이다. 진공인 경우 $v_g > c$이다.

식 26-57과 26-58을 보면, H_x와 H_z는 일반적으로 도파로 내의 주어진 위치에서 서로 다른 진폭을 갖는다. 24-7절의 논의를 생각해보면, 이것은 총 자기장 **H**가 시간의 함수로 볼 때 타원편광됨을 의미한다.

D의 법선성분과 **H**의 접선성분은 영이 아니므로, (26-2)에 의해 도파로의 벽에는 자유면전하와 전류가 존재함에 틀림없다. 위의 결과로부터 이들을 계산할 수 있다. 예를 들어, $y = 0$인 면에서 도체에서 수직으로 나가는 법선벡터는 $\hat{\mathbf{n}} = \hat{\mathbf{y}}$이고

$$\sigma_f = \hat{\mathbf{n}} \cdot \mathbf{D} = \epsilon E_y = -H_0 \omega \mu \epsilon \left(\frac{a}{\pi}\right) \sin\left(\frac{\pi x}{a}\right) \sin\left(k_g z - \omega t\right) \tag{26-60}$$

으로 구해지며, $y = b$인 면에는 $\hat{\mathbf{n}} = -\hat{\mathbf{y}}$로, σ_f는 같은 크기를 가지나 부호는 반대이다. $E_x = 0$이기 때문에 x축에 수직인 면에서는 면전하가 존재하지 않는다. (26-60)을 보면, σ_f는 시간에 대해 진동하며, 특히 부호가 바뀐다. 물리적으로 볼 때, 이것은 면에서의 자유전하의 흐름 때문에 생기는 일이다. 즉, 틀림없이 면전류가 존재하는 것이다. 이 전류는 $\mathbf{K}_f = \hat{\mathbf{n}} \times \mathbf{H}$와 (26-57), (26-58)로부터 비슷한 방법으로 계산할 수 있다.

예제

TM 모우드. 이 경우는 $\mathscr{H}_z = 0$으로 놓고 $\mathscr{E}_z$는 (26-33)에 주어진 ψ_0에 대한 표현식과 같게 놓는다. 그러면 (26-32)가 다시 적용된다. 이 경우는 사실 더 간단한데, $\mathscr{E}_z$가 접선성분이 될 수도 있으므로 $x = 0$과 a에서 그리고 $y = 0$과 b에서 영이 되어야 한다. 앞에서와 같

은 방법으로 진행시켜보면, 이번에는 $C_2 = C_4 = 0$이어야 하고, k_1, k_2, k_c는 다시 한번 (26-42)와 (26-43)으로 주어진다. 즉, 사각형 도파로에 대한 TE와 TM 모우드는 동일한 차단파장을 갖게 된다. 그러나 장의 분포모습은 다를 것이라고 예상할 수 있다. $C_1C_3 = E_0$으로 놓으면, TM 계산의 출발점으로 (26-33)은

$$\mathscr{E}_z = E_0 \sin\left(\frac{m\pi x}{a}\right)\sin\left(\frac{n\pi y}{b}\right) \tag{26-61}$$

가 된다. 이것을 사용하여 (26-25) 내지 (26-28)을 가지고 다른 장의 진폭을 계산할 수 있다. $m = n = 0$은 $\mathscr{E}_z$, 그리고는 다른 모든 장의 성분을 영으로 만든다. 그래서 TM_{00} 모우드는 존재하지 않는다. 더구나 $m = 0$이거나 $n = 0$이면, $\mathscr{E}_z = 0$이고 모든 장도 영이다. 그러므로 TM_{m0}이나 TM_{0n}도 불가능하다. 이것이 TE 경우와 대조되는 점이다.

물론 단면의 모양이 직사각형이 아닌 도파로도 있을 수 있다. 예를 들어 단면이 원이 경우가 있다. 그러한 경우라도 앞에서 직사각형 도파로에 대하여 기술하였던 것과 같은 체계적인 방식으로 논의할 수 있다. 수학적인 세부사항은 다르지만 (일반적으로 더 어렵다), 그 원리는 정확히 같다. 그러나 우리는 이런 것은 하지 않겠고, 그 대신 다른 부류의 모우드를 고려해보겠다.

26-5 TEM파

(26-30) 다음의 문단에서 지적하였듯이, TEM 모우드는 $\mathscr{E}_z$와 $\mathscr{H}_z$가 모두 영이 되는 경우이다. (26-25)부터 (26-28)까지를 살펴보면, 모든 성분이 영이 된다고 결론내리고 싶은 마음이 든다. 그러한 모우드는 가능하지 않다. 하지만, 이들 표현식을 얻을 때 우리는 이들을 모두 k_c^2으로 나누었다. 그래서 다시 Maxwell 방정식으로 돌아가서 (26-17)부터 (26-24)까지를 살펴보는 것이 가장 좋겠다. 그 식들에서 $\mathscr{E}_z = 0$과 $\mathscr{H}_z = 0$으로 놓으면,

$$\frac{\partial \mathscr{E}_x}{\partial x} + \frac{\partial \mathscr{E}_y}{\partial y} = 0 \qquad \frac{\partial \mathscr{E}_y}{\partial x} - \frac{\partial \mathscr{E}_x}{\partial y} = 0 \tag{26-62}$$

$$\frac{\partial \mathscr{H}_y}{\partial x} - \frac{\partial \mathscr{H}_x}{\partial y} = 0 \qquad \frac{\partial \mathscr{H}_x}{\partial x} + \frac{\partial \mathscr{H}_y}{\partial y} = 0 \tag{26-63}$$

$$\mathscr{H}_x = -\frac{k_g}{\omega\mu}\mathscr{E}_y = -\frac{\omega\epsilon}{k_g}\mathscr{E}_y \tag{26-64}$$

$$\mathscr{H}_y = \frac{k_g}{\omega\mu}\mathscr{E}_x = \frac{\omega\epsilon}{k_g}\mathscr{E}_x \tag{26-65}$$

가 된다. (26-64)와 (26-65)의 두 식으로부터 $k_g/\omega\mu = \omega\epsilon/k_g$임을 알수 있고, 그러면 (26-8)과 (24-12)에 의해서

$$k_g^2 = \omega^2 \mu \epsilon = \frac{\omega^2}{v^2} = k_0^2 \tag{26-66}$$

이다. 그러면 (26-7)은 $k_c^2 = 0$임을 말해 준다. $k_g = k_0$이므로, TEM파는 도파로를 따라 평면파가 진행하는 것과 같은 속력 v로 전파할 것이다. $k_c = 0$이므로, 차단파장은 무한대이고, TEM파는 어느 진동수 어느 파장으로라도 존재할 수 있다.

$\mathscr{E}$만이 전파방향에 수직인 성분을 가지므로, $\mathscr{E} = \mathscr{E}_x \hat{\mathbf{x}} + \mathscr{E}_y \hat{\mathbf{y}}$의 형태를 가지고 $\mathscr{H}$에 대해서도 비슷한 표현이 있을 것이다. 그러면 (26-64)와 (26-65)는 간단히

$$\mathscr{H} = \frac{k_g}{\omega\mu} \hat{\mathbf{z}} \times \mathscr{E} = \frac{\hat{\mathbf{z}} \times \mathscr{E}}{Z} \tag{26-67}$$

로도 쓸 수 있다. 여기서 $Z = (\mu/\epsilon)^{1/2}$은 평면파 임피던스이다. (26-67)을 (24-94)와 비교하면, TEM파는 가두어져 있지 않은 평면파와 비슷한 특성을 갖는다. 이러한 이유 때문에 TEM파는 **주모우드** *principal mode*라고도 알려져 있다.

(26-64)와 (26-65)를 (26-63)의 첫 번째 식에 대입하면, (26-62)의 첫 번째 식이 된다는 것을 알 수 있다. 이것은 두 번째 식에 대해서도 성립한다. 즉, (26-62)가 만족되면, (26-63)도 만족될 것이다. $\mathscr{E}_x$와 $\mathscr{E}_y$는 (26-14)에 의해 x와 y만의 함수임을 고려하여, 스칼라함수 $\phi(x, y)$를 도입하고, $\mathscr{E}_x = -\partial\phi/\partial x$와 $\mathscr{E}_y = -\partial\phi/\partial y$를 정의한다. 즉

$$\mathscr{E} = -\nabla\phi \tag{26-68}$$

이다. 그러면 (26-62)의 두 번째 식은, $\partial^2\phi/\partial y\,\partial x = \partial^2\phi/\partial x\,\partial y$이기 때문에, 만족됨을 알겠고, 첫 번째 식은

$$\frac{\partial^2\phi}{\partial x^2} + \frac{\partial^2\phi}{\partial y^2} = 0 \tag{26-69}$$

이 된다. 이것은 바로 Laplace 방정식의 이차원 형태이다. 그러므로 적절한 이차원 정전기 퍼텐셜 문제(전기장이 완전도체의 표면에 수직)의 어느 해를 취해, 이 장을 $\mathscr{E}$라 부르고, 그런 다음 (26-67)로부터 $\mathscr{H}$를 구하면, (26-14)와 (26-15)의 결과를 이용하여 이 계에 대한 가능한 TEM 모우드를 구할 수 있다. 이러한 방식으로 얻은 이차원 장의 모양은 매질의 특성 평면파 속력 v로 도파로를 따라 진행하게 된다.

그러나 문제는 다소 더 복잡하다. 만일 $\mathscr{E}$가 표면에 수직이라면, 스칼라 퍼텐셜 ϕ의 그래디언트도 (26-68)에 의해 표면에 수직이다. 그러면 1-9절에서 보았듯이, 그림 1-18에서처럼 ϕ는 표면에서 일정해야 한다. 즉, 도체 표면은 등퍼테셜면이 되어야한다. 그러나 11-1절에서 Laplace 방정식의 해는, 경계의 모든 곳에서 같은 값을 가지며, 그 영역 내의 모든 곳에서 동일한 상수값을 갖는다고 했다. 만일 그러하다면, $\nabla\phi = 0$이고, 그러면 (26-68)과 (26-67)에 의해 $\mathscr{E} = 0$이며 $\mathscr{H} = 0$이고, TEM 모우드는 아주 없어지게 될 것이다. 그러므로 그림 26-1에 보인 것 같은 속이 빈 관 형태의 도파로는 TEM 모우드를 가질 수 없다.

그러나 도파로가 그림 11-10의 두 평행도선 같이 적어도 두 개의 도체로 구성되어 있으면, TEM모우드는 있을 수 있다. 그 이유는, 경계면이 둘 이상의 부분을 갖게 되면, 퍼텐셜 ϕ는 표면의 한 부분에서는 일정한 값을 갖고, 다른 부분에서는 다른 일정한 값을 갖기 때문이다. 그러한 경우에 ϕ는 도체 사이의 영역에서 일정할 필요는 없고, $\mathscr{E} = -\nabla\phi$는 영이 아닐 수 있고, 그럼으로써 TEM모우드를 가능하게 할 수 있다.

이러한 아이디어를 기술하기 위하여, 매우 중요한 형태의 도파로로써 가장 간단한 TEM모우드를 고려해보자.

예제

동축선. 이것은 그림 26-5에 보인 서로 다른 반지름 a와 b의 두 동축 원통으로 구성되어 있다. 원통의 축에 수직인 평면에서 평면 극좌표 ρ와 φ를 사용하겠다. 이 좌표계에서(26-69)의 일반해는 (11-141)로 주어진다. 우리는 ϕ가 각도에 무관한 경우만을 고려하겠는데, 그러면

$$\phi = A + B \ln \rho \tag{26-70}$$

임을 알겠고, 여기에서 A와 B는 상수이다. 이것을 (26-68)에 대입하고 (1-85), (26-67), (1-76)을 이용하면

$$\mathscr{E} = -\frac{B}{\rho}\hat{\boldsymbol{\rho}} \qquad \mathscr{H} = -\frac{B}{Z\rho}\hat{\boldsymbol{\varphi}} \tag{26-71}$$

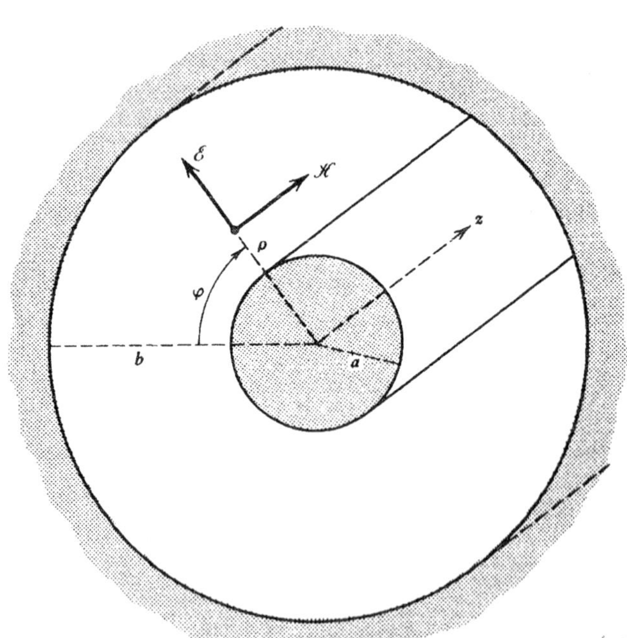

그림 26-5 동축선 주모우드에서의 장들.

가 된다. 그래서 그림에 나타내 놓았듯이, $\mathscr{E}$는 지름성분만을 갖고, $\mathscr{H}$는 φ성분만을 갖는다. 이것을 (26-14)와 (26-15)에 대입하고 (26-66)을 사용하면, 파동의 장들이

$$\mathbf{E} = -\frac{B}{\rho}\hat{\boldsymbol{\rho}}e^{i(k_0 z - \omega t)} \qquad \mathbf{H} = -\frac{B}{Z\rho}\hat{\boldsymbol{\varphi}}e^{i(k_0 z - \omega t)} \tag{26-72}$$

로 주어짐을 알 수 있다.

두 도체 사이의 퍼텐셜차는 (5-11)로부터 구할 수 있고

$$\Delta\phi = \int_a^b \mathbf{E}\cdot d\mathbf{s} = -B\ln\left(\frac{b}{a}\right)e^{i(k_0 z - \omega t)} = \Delta\phi_0 e^{i(k_0 z - \omega t)} \tag{26-73}$$

가 된다. 이것의 최대치는 $\Delta\phi_0 = -B\ln(b/a)$이고, 그래서 (26-72)는

$$\mathbf{E} = \frac{\Delta\phi_0 e^{i(k_0 z - \omega t)}}{\rho\ln(b/a)}\hat{\boldsymbol{\rho}} \tag{26-74}$$

로도 쓸 수 있다.

내부 도체에 흐르는 전류는 (21-39)로부터 구할 수 있는데, 적분경로를 단면의 평면 내에 선택할 때 $(\partial\mathbf{D}/\partial t)\cdot d\mathbf{a} = 0$임에 주목하면,

$$\oint_C \mathbf{H}\cdot d\mathbf{s} = -\frac{2\pi B}{Z}e^{i(k_0 z - \omega t)} = I_f = I_{f0}e^{i(k_0 z - \omega t)} \tag{26-75}$$

가 된다. 여기서 전류의 최대값은 $I_{f0} = -2\pi B/Z$이다. ($\rho = b$인 표면에는 크기가 같고 반대부호인 전류가 흐른다. 이는 만일 적분경로를 $\rho > b$인 도체 내에 잡으면, 완전도체 내에서는 $\mathbf{H} = 0$이므로, $\mathbf{H}$의 선적분이 영이 되어야하기 때문인데, 그러면 그 경로로 둘러싸인 알짜 전류는 있을 수 없다.) (26-75)를 사용하여 자기장을 전류로 나타낼 수 있는데,

$$\mathbf{H} = \frac{I_{f0}e^{i(k_0 z - \omega t)}}{2\pi\rho}\hat{\boldsymbol{\varphi}} \tag{26-76}$$

이 된다.

(26-73)과 (26-75)로부터 전류와 퍼텐셜은 동위상임을 알 수 있는데, 그러므로 그들의 비는 일정하고

$$\frac{\Delta\phi}{I_f} = \frac{\Delta\phi_0}{I_{f0}} = \frac{Z}{2\pi}\ln\left(\frac{b}{a}\right) = Z_c \tag{26-77}$$

로 주어진다. 여기서 Z_c는 동축선의 특성임피던스라 불린다.

26-6 공명공동

그림 26-1의 도파로에서 길이 L만큼의 일부분만 취하였다고 해보자. 그리고는 열린 양 끝을 완전도체로 막았다고 하자. 이렇게 하여 완전도체 벽으로 둘러싸인 입체를 얻을 수 있다. 여

기서는 추가적인 경계조건이 도입될 것이기 때문에 더 이상 진행파 형태의 장을 구하게 되리라고 예상할 수 없다. 적어도 새로운 경계에서의 조건으로 인하여 발생하는 반사가 있을 수 있을 것이다. 연습문제 25-10과 24-3을 생각해보면, 진동은 어느 유한 특성 진동수에 해당되는 정지파 형태의 장을 갖게될 것이라고 예상할 수 있다. 그러면 전체 장은 이들 표준모우드의 중첩으로 간주할 수 있다. (이것은 진동하는 줄에 관한 역학문제와 매우 흡사하다. 유한한 길이의 줄 양 끝이 완벽하게 고정되어 있다고 함으로써, 표준모우드는 입사와 반사 진행파의 중첩으로 인한 정지파의 형태를 갖게 된다. 줄이 갖는 임의의 변위는 이들 정지파의 적절한 중첩으로 얻을 수 있다.)

이러한 부류의 계는 **공명공동** *resonant cavity*, 혹은 **공동공명자** *cavity resonator*라고 알려져 있다. 그들의 모양과 크기는 다양하지만, 장을 구하는 일반적인 원리는 똑같고, 특정 예를 통해서 가장 쉽게 입증할 수 있다.

그림 26-6에 보인 것처럼 변의 길이가 a, b, c이며 완전도체의 직사각형들로 둘러싸인 영역을 고려해보자. 원점은 한 꼭지점에 있다. 이 공동은 μ와 ϵ으로 기술되는 l.i.h. 비도체 물질로 채워져 있다. 장의 각 성분은 여전히 (26-3)의 파동방정식을 만족하지만, 더 이상 (26-4) 형태의 해를 가정하지는 않겠다. 그러나 (24-16)에 이르게 된 취급방법으로부터, 시간 변화는 항상 $e^{-i\omega t}$로 분리될 수 있음은 자명하다. 그래서 (26-4) 대신 ψ는

$$\psi(\mathbf{r}, t) = \psi_0(\mathbf{r})e^{-i\omega t} \tag{26-78}$$

처럼 쓸 수 있다고 가정하겠다. 이것을 (26-3)에 대입할 때, ψ_0이 만족하는 방정식

$$\nabla^2\psi_0 + k_0^2\psi_0 = 0 \tag{26-79}$$

에 이르게 된다. 여기서 역시 $k_0^2 = (\omega/v)^2$이다. (이 결과식은 사실상 모든 종류의 좌표계에 대해 성립하고, 흔히 시간에 의존하지 않는 파동방정식이라고 부른다.)

(26-79)는 변수분리에 의해 직각좌표계로 풀 수 있다. $\psi_0 = X(x)Y(y)Z(z)$로 쓰면, 그리고 (26-6)으로부터 (26-33)으로 가는 것과 같은 방법을 따라가면,

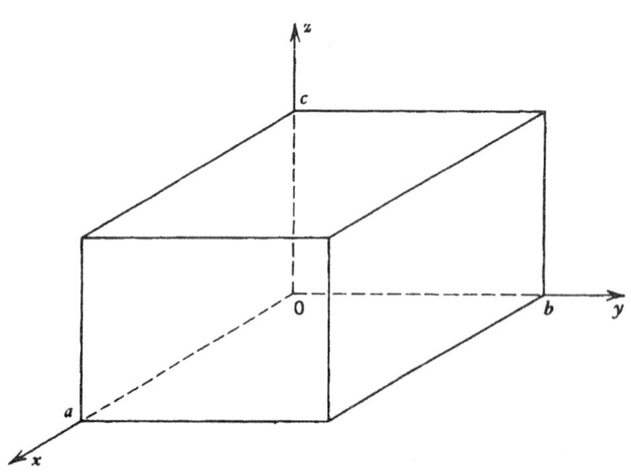

그림 26-6 직육면체 공명공동.

$$\psi_0(\mathbf{r}) = (C_1 \sin k_1 x + C_2 \cos k_1 x)(C_3 \sin k_2 y + C_4 \cos k_2 y) \times (C_5 \sin k_3 z + C_6 \cos k_3 z) \tag{26-80}$$

로 구하게 되며, 여기서

$$k_1^2 + k_2^2 + k_3^2 = k_0^2 \tag{26-81}$$

이고, C들은 상수이다. 이것은 (26-80)을 (26-79)에 직접 대입하여 입증할 수도 있다. 이 형태를 (26-78)과 결합하여 전기장에 대한 한 성분을

$$E_x = (C_1 \sin k_1 x + C_2 \cos k_1 x)(C_3 \sin k_2 y + C_4 \cos k_2 y) \times (C_5 \sin k_3 z + C_6 \cos k_3 z) e^{-i\omega t} \tag{26-82}$$

로 쓸 수 있다. $y = 0, b$ 그리고 $z = 0, c$면에서 E_x는 접선성분일 것이므로 영이 되어야 한다. 그러려면 $C_4 = C_6 = 0$이어야 하며,

$$k_2 = \frac{n\pi}{b} \qquad k_3 = \frac{p\pi}{c} \tag{26-83}$$

임을 알 수 있다. 여기서 n과 p는 정수이다. 그러므로

$$E_x = (C_1' \sin k_1 x + C_2' \cos k_1 x) \sin k_2 y \sin k_3 z e^{-i\omega t} \tag{26-84}$$

가 되고, $C_1' = C_1C_3C_5$이며 $C_2' = C_2C_3C_5$이다. 마찬가지로

$$E_y = \sin k_1 x (C_3' \sin k_2 y + C_4' \cos k_2 y) \sin k_3 z e^{-i\omega t} \tag{26-85}$$

$$E_z = \sin k_1 x \sin k_2 y (C_5' \sin k_3 z + C_6' \cos k_3 z) e^{-i\omega t} \tag{26-86}$$

와

$$k_1 = \frac{m\pi}{a} \tag{26-87}$$

가 된다. (26-83)과 (26-87)을 (26-81)에 대입하며 (26-8)을 사용하면, 이 공동에서의 가능한 진동수는

$$\left(\frac{\omega}{v}\right)^2 = \pi^2\left[\left(\frac{m}{a}\right)^2 + \left(\frac{n}{b}\right)^2 + \left(\frac{p}{c}\right)^2\right] \tag{26-88}$$

로 주어진다. 정수 m, n, p 중의 어느 두 개라도 영이 되면, **E**의 모든 성분은 영이 될 것이고, **H**의 모든 성분도 마찬가지이다.

전기장은 여전히 Maxwell 방정식을 만족하여야 하고, 특히 $\nabla \cdot \mathbf{E} = 0$이어야 한다. (26-84)부터 (26-86)까지를 이 식에 대입하면

$$\begin{aligned} &-(k_1C_2' + k_2C_4' + k_3C_6') \sin k_1 x \sin k_2 y \sin k_3 z \\ &+ [(k_1C_1' \cos k_1 x \sin k_2 y \sin k_3 z) + (k_2C_3' \sin k_1 x \cos k_2 y \sin k_3 z) \\ &+ (k_3C_5' \sin k_1 x \sin k_2 y \cos k_3 z)] = 0 \end{aligned} \tag{26-89}$$

을 얻는다. 잠깐만 생각해 보면, $C_1' = C_3' = C_5' = 0$이 아니고 $k_1C_2' + k_2C_4' + k_3C_6' = 0$이 아닌 한, x, y, z의 모든 값에 대하여(이들은 독립적으로 선택할 수 있다) 이 표현식을 영으로 만들 수는 없다는 사실을 믿게 될 것이다. $C_2' = E_1$, $C_4' = E_2$, $C_6' = E_3$로 놓으면, 바로 앞에 있는 조건은

$$k_1E_1 + k_2E_2 + k_3E_3 = 0 \tag{26-90}$$

으로 쓸 수 있다. 그러면 전기장 성분에 대한 표현식이 드디어

$$E_x = E_1 \cos k_1x \sin k_2y \sin k_3z e^{-i\omega t} \tag{26-91}$$

$$E_y = E_2 \sin k_1x \cos k_2y \sin k_3z e^{-i\omega t} \tag{26-92}$$

$$E_z = E_3 \sin k_1x \sin k_2y \cos k_3z e^{-i\omega t} \tag{26-93}$$

로 된다. 그래서 E_1, E_2, E_3는 각 성분의 최대값이다.

k_1, k_2, k_3를 성분으로 갖는 벡터 $\mathbf{k}$를 정의하고, E_1, E_2, E_3 성분으로 $\mathbf{E}_0$을 정의하면, (26-90)은

$$\mathbf{k} \cdot \mathbf{E}_0 = 0 \tag{26-94}$$

로 쓸 수 있고, 이것은 (24-91)의 평면파에 대하여 구한 결과와 매우 흡사하다. 그러므로 주어진 모우드에 대하여 $\mathbf{E}_0$은 벡터 $\mathbf{k} = (m\pi/a)\hat{\mathbf{x}} + (n\pi/b)\hat{\mathbf{y}} + (p\pi/c)\hat{\mathbf{z}}$에 수직이어야 한다.

자기장은 $\nabla \times \mathbf{E} = -\mu(\partial \mathbf{H}/\partial t) = i\omega\mu\mathbf{H}$로부터 구할 수 있다. 예를 들어

$$i\omega\mu H_x = \frac{\partial E_z}{\partial y} - \frac{\partial E_y}{\partial z} = (k_2E_3 - k_3E_2) \sin k_1x \cos k_2y \cos k_3z e^{-i\omega t} \tag{26-95}$$

로 구해진다. $k_2E_3 - k_3E_2$는 $\mathbf{k} \times \mathbf{E}_0$의 x 성분이므로, $\mathbf{H}_0$의 벡터를

$$\mathbf{H}_0 = \frac{1}{\omega\mu}\mathbf{k} \times \mathbf{E}_0 \tag{26-96}$$

로 정의하는 것이 바람직하겠다. 그 이유는, 이것의 직각좌표 성분을 H_1, H_2, H_3라 하면 (26-95)를

$$H_x = -iH_1 \sin k_1x \cos k_2y \cos k_3z e^{-i\omega t} \tag{26-97}$$

처럼 쓸 수 있기 때문이다. (26-96)은 (24-93)의 첫 번째 표현식으로 주어지는 평면파와 유사하다는 점에 주목하자. 그래서 서로 수직인 벡터 $\mathbf{k}$, $\mathbf{E}_0$, $\mathbf{H}_0$을 공동의 정지파 모우드 각각과 관련지을 수 있다.

마찬가지로 $\mathbf{H}$의 다른 두 성분은

$$H_y = -iH_2 \cos k_1x \sin k_2y \cos k_3z e^{-i\omega t} \tag{26-98}$$

$$H_z = -iH_3 \cos k_1x \cos k_2y \sin k_3z e^{-i\omega t} \tag{26-99}$$

로 구해진다. $x = 0$과 $x = a$, 즉 H_x가 법선성분인 벽에서 $H_x = 0$임을 알 수 있고, 마찬가지로 H_y와 H_z도 $y = 0$, b와 $z = 0$, c에서 각각 영이 된다. 그러므로 $\mathbf{E}$가 Maxwell 방정식을 만

족시키도록 만들어져 있으면, $\mathbf{H}$에 적용된 경계조건도 자동적으로 만족된다. 또한 아직 사용하지 않은 나머지 두 개의 Maxwell 방정식, 즉 $\nabla \cdot \mathbf{H} = 0$과 $\nabla \times \mathbf{H} = \epsilon(\partial \mathbf{E}/\partial t)$도 만족된다는 것을 쉽게 증명할 수 있다. [(26-96), (26-94), (26-81)뿐 아니라, $\mathbf{k} \cdot \mathbf{H}_0 = 0$도 사용할 필요가 있다. 이 중 (26-81)은 $\mathbf{k} \cdot \mathbf{k} = k_0^2 = \omega^2/v^2 = \omega^2\mu\epsilon$로도 쓸 수 있다.]

$\mathbf{E}$의 각 성분은 $e^{-i\omega t}$로 변하지만 $\mathbf{H}$의 성분들은 $-ie^{-i\omega t} = e^{-i[\omega t + (1/2)\pi]}$에 비례한다. 따라서 이 정지파에서 전기장과 자기장은 동위상이 아니고, $\mathbf{H}$가 $\mathbf{E}$를 90°만큼 앞선다.

어느 주어진 $\mathbf{k}$는 주어진 한 모우드, 즉 (26-83)과 (26-87)에 의한 한 벌의 주어진 정수 m, n, p에 대응된다. 그러면 (26-94)에 의해 $\mathbf{E}_0$ 벡터는 $\mathbf{k}$에 수직이 되도록 선택되어야 한다는 것이다. 그러나 그렇게 선택하는 데는 서로 독립적인 두 방향이 존재한다. 그러므로 $\mathbf{k}$의 가능한 한 값에 대하여 $\mathbf{E}_0$의 편광으로는 두 가지 독립적인 방향이 가능하며, 따라서 (26-88)로 주어지는 각각의 허용된 진동수에 대하여 두 가지 서로 다른 모우드가 존재한다. 이러한 성질을 겹침(축퇴) *degeneracy*라고 하는데, 전자기 정지파의 근본적이면서도 중요한 특성이다. 만일, a, b, c가 모두 다르면, (26-88)로 주어지는 다양한 진동수는 일반적으로 다를 것이다. 그러나 치수 사이에 간단한 관계가 있게 되면, 정수들을 다르게 선택하더라도 같은 진동수를 만들 수 있고, 그러면 겹침을 가질 수 있다. 그러나 이 경우는 다른 방식으로 생긴 겹침이다. 극단적인 예를 들어, $a = b = c$인 정육면체를 고려해보자. 그러면 (26-88)은

$$\left(\frac{\omega}{v}\right)^2 = \left(\frac{\pi}{a}\right)^2 (m^2 + n^2 + p^2) \tag{26-100}$$

이 된다. 즉, 동일한 $m^2 + n^2 + p^2$을 주는 정수의 모든 조합은 동일한 진동수를 갖게 될 것이고, 모우드들은 겹치게 될 것이다.

연습문제

26-1 $\mathscr{E}_\tau = \mathscr{E}_x \hat{\mathbf{x}} + \mathscr{E}_y \hat{\mathbf{y}}$를 $\mathscr{E}$의 횡파성분이라 하고 $\mathscr{H}_\tau$에 대해서도 마찬가지라 하자. TE 모우드에 대하여 $\mathscr{H}_\tau = (ik_g/k_c^2)\nabla\mathscr{H}_z$, $\mathscr{H}_\tau = (\hat{\mathbf{z}} \times \mathscr{E}_\tau)/Z_e$임을 보여라. 여기서 $Z_e = (k_0/k_g)Z = (\lambda_g/\lambda_0)Z$이다. TM모우드에 대해서도 해당 관계식을 구하라.

26-2 앞 문제의 결과를 이용하여, 도파로의 경계에서 영이되는 (26-6)의 어느 해라도 TM 모우드가 됨을 보여라. 마찬가지로 경계에서 $\hat{\mathbf{n}} \cdot \nabla\psi_0 = 0$인 (26-6)의 해는 TE모우드가 됨을 보여라.

26-3 도파로를 따라가는 전파에 대하여 군속도를 (24-144)에서처럼 $v_G = d\omega/dk_g$로 정의한다고 해보자. v_G를 ω의 함수로 구하고 v와 비교하라. $v_G v_g = v^2 = 1/\mu\epsilon$임을 보이고, 연습문제 24-26의 결과와 비교하라.

26-4 사각형 도파로의 안은 진공이고 $a = 8$ cm $b = 6$ cm이다. 진동수 $\nu = 4 \times 10^9$ Hz의 파동이 도파로를 따라 전파된다면, 어떠한 모우드가 가능하겠는가?

26-5 단면이 정사각형인 도파로를 고려해보자. TE_{10}은 전파가 가능하나, TE_{11}, TM_{11}, 혹은

더 고차의 모우드가 가능하지 않도록 하기 위해서는 한 변의 길이 a는 어떠한 조건을 만족해야 하는가?

26-6 속이 빈 사각형 도파로의 내부를 l.i.h. 비자성 비도체 유전체로 채웠다. 내부가 진공일 때보다, 차단진동수는 $\kappa_e^{1/2}$의 인자만큼 작아진다는 것을 보여라. 이 유전체로 채운 도파로가 주어진 진동수에서 진공의 경우와 같은 방식으로 작동하도록 만들고자 한다면, 즉 차단진동수를 똑같도록 하고 싶다면, 도파로는 커져야하는가 작아져야 하는가? a와 b의 치수는 얼마의 비로 바뀌어야 하는가?

26-7 사각형 도파로의 TE_{10}모우드에 대하여: (a) $\langle u\rangle$를 구하라; (b) $\langle \mathbf{S}\rangle$를 구하라; (c) 위의 시간평균 결과의 도파로 단면에 대한 적분으로부터 공간평균값 $\langle\langle u\rangle\rangle$와 $\langle\langle \mathbf{S}\rangle\rangle$를 구하라; (d) 에너지흐름의 속력 v_U를 $\langle\langle \mathbf{S}\rangle\rangle = \langle\langle u\rangle\rangle v_U\hat{\mathbf{z}}$로 정의하고(이 정의가 이치에 맞는가?) v_U를 연습문제 26-3에서 구한 군속도와 비교하라.

26-8 사각형 도파로의 TE_{10}모우드에 대하여 면전류밀도 $\mathbf{K}_f$를 구하라. 주어진 시간에 도파로를 따라가는 전류를 적어도 한 공간주기에 대하여 스케치하라.

26-9 내부가 진공인 사각형 도파로가 TE_{10}모우드로 작동한다고 해보자. $y = 0$인 면에서 단위면적 당의 시간평균 전기력 $\langle \mathbf{f}_e\rangle$를 구하라.

26-10 사각형 도파로에 대하여, H_0은 실수라고 가정하고, TE_{20}모우드에 대하여 모든 실수장 성분을 구하라. TE_{11}에 대해서도 같은 계산을 하라.

26-11 사각형 도파로의 TE모우드에서 실수 장성분에 대한 일반적인 표현식을 구하라. (E_0은 실수라고 가정하라.)

26-12 사각형 도파로 내의 일반적인 TM모우드에 대한 Poynting벡터의 시간평균을 구하라. 도파로 단면적에 대해 적분하여 도파로를 따라 전송되는 총 일률을 구하라.

26-13 사각형 도파로는, 전자기장을 순전히 벡터 퍼텐셜 $\mathbf{A}$로 나타내는 연습문제 22-6의 조건을 만족시킨다. TE_{mn}모우드에 대하여 $\mathbf{A}$를 구하고, 이것이 $\nabla \cdot \mathbf{A} = 0$을 만족시킴을 보여라.

26-14 사각형 도파로에서의 TE_{mn}모우드와 TM_{mn}모우드의 중첩을 구하라. 이것은 $\mathbf{E}$가 y방향에 횡파가 되도록, 즉 $E_y = 0$이 되도록 할 것이고, 반면 $\mathbf{E}$와 $\mathbf{H}$의 다른 모든 성분들은 영이 아니도록 만들 것이다.

26-15 원통형 도파로를 고려해보자. 즉 단면은 반지름이 a인 원이고, z축을 이 원통의 축과 일치시키도록 하자. (26-3)을 원통좌표로 쓰고, ψ의 z와 t에 관한 의존성은 (26-4)로 주어진다고 가정하여, ψ_0에 대한 미분방정식을 구하라. 이 방정식을 변수분리로 풀고, ψ_0은 $\psi_0 = C_m J_m(k_c\rho)e^{im\varphi}$의 형태를 가짐을 보여라. 여기서 C_m은 상수이고 m은 정수이다. [귀띔: ψ_0는 φ에 관한 일가함수이어야 한다. 즉, $\psi_0(\varphi + 2\pi) = \psi_0(\varphi)$이다.] 또한, $J_m(\eta)$는 Bessel 미분방정식

$$\frac{d^2J_m}{d\eta^2} + \frac{1}{\eta}\frac{dJ_m}{d\eta} + \left(1 - \frac{m^2}{\eta^2}\right)J_m = 0$$

을 만족시키며, J_m은 Bessel 함수이다. m에 해당되는 TM모우드에 대한 k_c를 정하는 조건을 구하라.

26-16 본문에서 논의한 동축선의 모우드에 대한 $\langle \mathbf{S}\rangle$를 구하라. 동축선을 따라 전송되는 총 일률을 구하고, 이것을 Z_c가 포함된 형태로 나타내어라.

26-17 본문에서 논의한 동축선의 모우드에 대하여 내부 도체에서의 면전류밀도를 구하라. 내부 도체에서의 면전류밀도는 면전하밀도와 파속의 곱과 같음을 보여라.

26-18 인덕턴스 L과 전기용량 C를 가지고 있는 길이 l의 동축선을 생각해보자. $Z_c = (L/C)^{1/2}$를 보여라. (결과가 l에 무관함에 유의하라. 따라서 L과 C는 흔히 단위길이당의 값으로 나타내어진다.)

26-19 동축선에 대한 TEM모우드는 (11-141)의 각도 의존항, 즉 $\phi = (A_m\rho^m + B_m\rho^{-m})(C_m \cos m\varphi + D_m \sin m\varphi)$으로부터 얻을 수 있는데, 이 경우 TEM모우드는 존재하지 않음을 보여라.

26-20 육면체 공동에 대한 정수 m, n, p는 양수이거나 영으로 제한 될 수 있음을 보여라. [(26-94)를 잊지 말라.]

26-21 한 변이 a인 정육면체 공동을 생각해보자. 가장 낮은 진동수는 정수 m, n, p에 관하여 삼중으로 겹침을 보여라. $m = n = 1, p = 0$인 모우드에 대하여 **E**와 **H**의 모든 성분들을 구하라. 주어진 순간에 장선을 스케치하라. 공동 내부에서의 $\langle \mathbf{S} \rangle$와 총 전자기 에너지를 구하라.

26-22 길이가 l이고 반지름이 a인 원단면을 갖는 원통형 공동을 생각해보자. 원통의 축은 z축에 놓여 있고, 두 끝면은 $z = 0$과 $z = l$에 있다. 이 공동에 대한 가능한 진동수를 구하라. (이렇게 하기 위하여 모든 장 성분을 구할 필요는 없다. 또한 연습문제 26-15를 보라.)

26-23 Hertz 벡터 $\boldsymbol{\pi}_e$는 연습문제 22-7에서 소개되었다. TM모우드는 $\pi_e\hat{\mathbf{z}}$형태의 Hertz 벡터로 기술될 수 있음을 보이고, 내부가 진공인 사각형 도파로에 대해 π_e를 구하라.

제 27 장 회로와 송전선

지금까지 우리가 주로 관심을 가지고 강조해 온 점은 전자기 현상을 장으로 기술한다는 것이었다. 그리고 거시적인 상황을 고려하여 결과를 얻고, 그것을 장으로 다시 쓰는 접근방식을 흔히 사용하였다. 예를 들어, (18-6)으로부터 (18-21)로 가는 방식이 그러하다. 한편 통신장치 같은 많은 실용적인 응용의 측면에서는, 저항, 축전기, 유도기 같은 부품의 거시적 배치(회로 *circuit*이라 한다)를 강조하고 있다. 여기서의 주요 관심사는 이러한 계에서의 전류와 퍼텐셜차(흔히 전위차 *voltage*라 부른다)이고, 장으로써의 관점은 일반적으로 고려하지 않는다. 회로는 실제적으로 중요하기 때문에, 회로에 대한 연구는 많이 발전되었고, 이 분야에 기여한 책이 많이 있다. 그러나 여기에서의 간단한 논의는 그 범위가 매우 좁을 수 밖에 없다.

우리들의 첫 번째 목표는 이런 계에 대한 적절한 거시적 방정식을 구하는 것이다. 앞으로 보게 되겠지만, 이들은 일반적으로 미분방정식으로 표현된다. 다양한 접근방법이 가능하지만, 가장 간단하고 보편적으로 Kirchhoff 법칙이라고 알려진 몇 개의 방정식을 사용한다. 회로에 관한 이러한 기본적인 이론은 사실 Maxwell 방정식보다 역사가 오래 되었으며, 전하와 에너지에 관한 보존법칙과 밀접하게 관련되어 있다.

이러한 계는 흔히 두 가지의 넓은 부류로 나누는 것이 좋다. 한 가지는, 여러 가지 회로 부품이 별개의 물리적 대상이 되어 도선으로 서로 연결되어 있다고 생각하고, 그들의 전자기학적 특성은 무시하는 것이다. 그러한 계는 일괄 변수를 갖는 것으로 표현할 수 있다. 다른 부류는, 변수를 회로의 특정 부분에 지정할 수 없고, 이들 변수가 일반적으로 그리고 집단적으로 각 개별적인 부분과 관련을 갖는 것이다—그래서 이들은 **분포변수**라 한다. 이들 두 부류의 예를 고려해보겠다.

27-1 Kirchhoff 법칙

먼저 직류(DC)회로를 나타내기에 적합한 정상전류를 고려해보자. (12-15)로부터 이것은 $\nabla \cdot \mathbf{J} = 0$을 의미하고, 발산정리에 의해

$$\oint_S \mathbf{J} \cdot d\mathbf{a} = 0 \tag{27-1}$$

이다. 이것을 그림 27-1의 상황에 적용해보자. 여기에서 모든 전류 $I_1, I_2, \ldots, I_n$은 도선에 흐르는 세선전류라고 가정하고, 닫힌 면 S는 전류가 흘러들어오거나 흘러 나가는 접합점 P를 둘러싸고 있다. 이 경우 (27-1)은

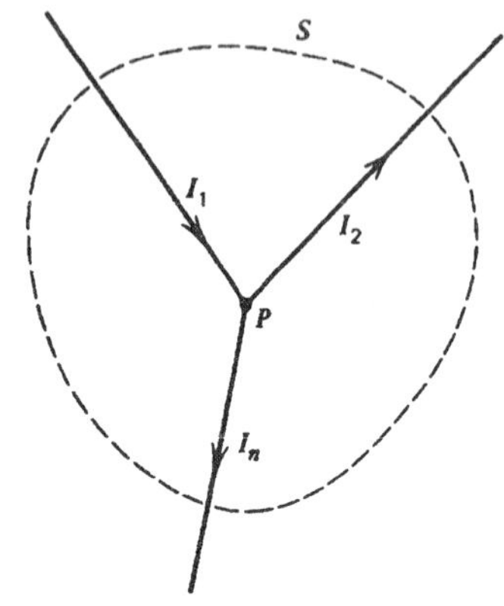

| 그림 27-1 | 접합점에서의 전류.

$$\sum_{j=1}^{n} I_j = 0 \tag{27-2}$$

이 된다. 이 때 전류에는 적절한 부호를 지정해준다. 이 결과를 Kirchhoff의 제 1 법칙, 혹은 **접합점정리** *junction theorem*이라고 한다. 이 식이 말해주는 것은, 어느 접합점에서의 전류의 대수합은 영이라는 것인데, 정상상태에서는 전하가 그곳에 쌓일 수 없기 때문에 당연하고, 분명히 전하보존을 표현하고 있다.

전하를 하나 취하여 회로 내의 완전한 고리를 한 바퀴 돌아보면, 퍼텐셜의 알짜 변화는 영이 되어야 한다. 이는 퍼텐셜이라는 것이 일가함수로써 한 바퀴 돌아 제자리로 왔을 때, 처음 값과 나중 값이 일치해야 하기 때문이다. 즉, 그동안 겪게 되는 모든 퍼텐셜변화 (혹은 "전위차 *voltage*" V_j)의 합은 더해서 영이 되어야 한다:

$$\sum_{j} V_j = 0 \tag{27-3}$$

이것이 Kirchhoff의 제 2 법칙, 혹은 **고리정리** *loop theorem*이고, 퍼텐셜차는 단위 전하에 하여진 일로 정의하였기 때문에 이것은 에너지보존과 관계가 있다.

이 회로에 저항이 있다면, 12-3절과 12-4절에서 알아보았듯이 열로 흩어지는 에너지가 있을 수 있으며, 정상상태를 유지하기 위해서는 회로가 전지 같은 비보존적 기전력의 원천을 포함하고 있어야 한다.

DC회로에서 계의 미지수에 대하여 풀기 위하여 우리는 전형적으로 Kirchhoff 법칙을 사용하여 충분한 수의 독립된 방정식을 얻어야 한다. 기전력과 저항이 주어져 있다면, 이들 미지수는 일반적으로 전류이다. 보통은 전류에 임의로 방향을 주고 (27-2)와 (27-3)을 사용하여 계산한다. 주로 맞닥뜨리게 되는 어려움은 전압에 적절한 부호를 붙이는 일이다. 또한 전류가 시간에 의존할 때도 주요 문제가 된다(이 경우도 쉽게 설명된다).

이 장에서의 시간의존 전류(AC 회로)에 관한 논의는 "천천히" 변하는 전류로 제한할 것이다. "천천히"가 무엇을 의미하는지 알아보기 위하여, 특정 Maxwell 방정식 (21-22)

$$\nabla \times \mathbf{H} = \mathbf{J} + \frac{\partial \mathbf{D}}{\partial t} \tag{27-4}$$

를 생각해보자. (어찌 되었든 자유전류만을 고려하고 있으므로 **J**에서 첨자 f를 떼어버렸다.) 회로이론에서의 기본 근사는 변위전류 $\partial \mathbf{D}/\partial t$를 무시하는 것이다. 남아 있는 식의 양변에 다이버전스를 취하면 $\nabla \cdot (\nabla \times \mathbf{H}) = 0 = \nabla \cdot \mathbf{J}$를 얻는다. 그러므로 이 근사에서 (27-1)은 여전히 성립되고, 다시 (27-2)에 이르게 된다. 이번에 다른 점이 있다면, 이 식이 시간에 의존하는 전류의 순간 값에 대하여도 성립한다는 것이다:

$$\sum_j I_j(t) = 0 \tag{27-5}$$

변위전류를 무시한다는 사실의 물리적 의미는 무엇일까? 다음 장에서 알게 되겠지만, 이 항을 포함시키면 전자기파의 복사에 관련이 있게 된다. 이것은 이전의 관점에서 볼 때, 우리가 무시하였던 추가적인 에너지 손실이다. 나중에 증명하겠지만, 이것은 $l \ll \lambda$를 가정함을 의미한다. 여기서 l은 계의 최대 치수이고 λ는 파장이다. 따라서 어느 두 개의 크기가 같고 방향이 반대인 전류요소 $\pm I d\mathbf{s}$는 근사적으로 동위상이 될 것이다. 그 이유는 이 전류요소들이 파장보다 훨씬 짧은 거리로 떨어져 있기 때문에, 먼 곳에 그들이 만드는 장은 상쇄될 것이고, 복사와 이에 관련된 에너지 손실은 없을 것이다. 다른 관점에서 보면, 회로는 물리적 크기가 너무 작아서, 전자기신호가 전파되는 데 필요한 시간을 무시할 수 있다는 의미이다.

이 이론에 미치는 한계값을 추정해보기 위해, $\lambda = c/\nu$로부터 파장을 계산할 수 있다. "전력"에 사용되는 60 Hz와 라디오파의 대표값 10^6 Hz에 대하여 해당되는 파장은 5×10^6 m와 300 m이다. 그러나 마이크로파 진동수 10^{10} Hz에 대해 파장은 겨우 3 cm로 이 경우에는 분명히 염려가 된다. 그러므로 표준적인 AC회로분석을 매우 높은 진동수에서 무리하게 사용할 수는 없지만, 전력이나 대부분의 통신계에 대해서는 분명 적절히 사용할 수 있다고 결론짓겠다.

시간의존성이 Kirchhoff의 제 2 법칙에 미치는 주된 효과는 Faraday 법칙, $\mathscr{E}_{\text{ind}} = -d\Phi/dt$로 설명되는 유도기전력의 존재에 있다. 그래서 우리는 다음의 네 가지 전위차의 원천을 다루겠다: 발전기, 전력공급장치, 전지로부터 생겨나는 비보존적 기전력; 저항기에 걸쳐 있는 퍼텐셜차; 축전기에 걸쳐 있는 퍼텐셜차; 상호-, 자체-인덕턴스와 관련된 유도기전력. 전파시간은 무시하고 있기 때문에, 모든 값은 회로 전체에서 동시간에 계산한다. 그러면 어느 전하가 회로를 완전히 한 바퀴 돌았을 때 퍼텐셜의 알짜 변화는 없을 것이라는 사실은 여전히 성립될 것이고, 다시 한 번 (27-3)에 이르게 된다. 그러나 이번에는 퍼텐셜이 순간 값들이다:

$$\sum_j V_j(t) = 0 \tag{27-6}$$

(27-6)의 항들에 옳은 부호를 주는 문제는, 포함된 각 전류에 대한 방향, 각 dI/dt에 대한 부호, 고리를 돌아가는 방향을 고려하여 해결할 수 있다. 이렇게 하여 세워놓은 가정과 잘 일치하면, 각 요소에서의 상황에 조심스럽게 주의를 기울여 관련된 전위차를 명백하게 계산할 수 있다. 이 모든 것을 다음의 한 예를 통해서 설명해보도록하자.

예제

RL 회로. 그림 27-2는 직렬로 연결된 기전력 $\mathscr{E}$의 전지, 저항 R, 인덕턴스 L을 보여주고 있다. 이 회로는 또한 스위치 S를 포함하고 있다. 일반적인 경우를 논의하기 위해 스위치를 닫으면, 전류 I는 그림에 보인 방향으로 흐르고, $dI/dt > 0$이라고 가정하자. P에서부터 시작한다고 상상하여 고리를 I와 같은 방향으로 돌아보자. (12-27)로부터 R을 지나면서 퍼텐셜차의 크기는 IR이고, (12-25)로부터 $\mathbf{E}$의 방향은 I와 같다. 그러므로 R을 지나면서 감소한다. 그래서 나중 값에서 처음 값을 빼서 구하게 되는 변화량은 음수가 될 것이다. 이것은 전위차로써 $V_R = -IR$이 된다. L에 유도된 기전력은 Lenz 법칙으로부터 변화에 반대하는 경향으로 방향을 갖는다고 알고 있다. $dI/dt > 0$이라고 가정하였으므로, 전위차 V_L은 I를 감소시키려 할 것이고 I에 반대방향일 것이다. 그러므로 (17-57)을 사용하여, $V_L = -L(dI/dt)$라 할 수 있다. +로 표시된 전지의 단자는 약속에 의해 퍼텐셜이 높은 단자이다. 이것이 의미하는 바는 이 단자를 통해 지나는 전하에는 일이 하여져, 퍼텐셜을 증가시키게 된다는 것이다. 그러므로 여기에 해당되는 전위차는 $V_B = \mathscr{E}$이다. 이들 결과를 (27-6)에 넣으면, $V_R + V_L + V_B = 0 = -IR - L(dI/dt) + \mathscr{E}$를 얻게 되고, 그러면

$$L\frac{dI}{dt} + RI = \mathscr{E} \tag{27-7}$$

이다. 상수 계수를 가지고 있는 이 일계 미분방정식을 사용하여, 초기조건이 알려지기만 하면, 전류를 시간의 함수로 구할 수 있다.

(27-7)의 동차형, 즉 우변이 영인 형태의 일반해는 $I = Ke^{-Rt/L}$로 K는 적분상수이다. (27-7) 자체로써의 비동차방정식의 특수해는 분명히 $I = \mathscr{E}/R$이다. 그러므로 일반해는 이들 두 해의 합으로

$$I(t) = \frac{\mathscr{E}}{R} + Ke^{-Rt/L} \tag{27-8}$$

이다. 이제 남은 작업은 K를 정하는 일이다.

예를 들어, 처음에 스위치 S가 열려 있었는데, $t = 0$때 스위치를 갑자기 닫아서 기전력

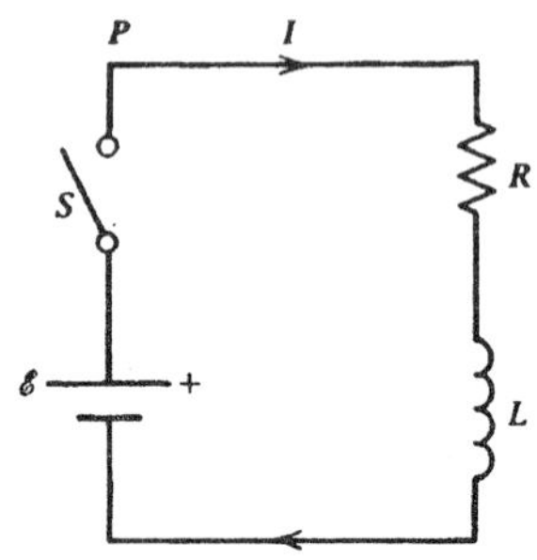

그림 27-2 RL회로.

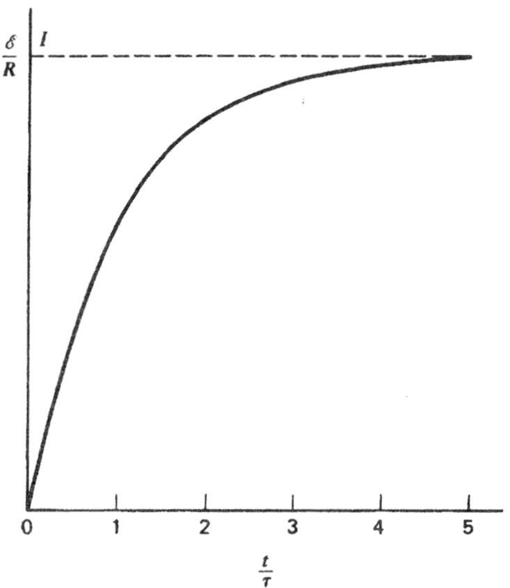

그림 27-3 RL회로에서 시간에 따라 증가하는 전류.

$\mathscr{E}$가 즉각적으로 회로에 공급된다고 해보자. 이것을 (27-8)에 대입할 때, $K = -\mathscr{E}/R$이 구해진다. 그래서 그 이후의 전류는

$$I(t) = \frac{\mathscr{E}}{R}(1 - e^{-Rt/L}) \tag{27-9}$$

이다. 그림 27-3은 이 전류를 시간의 함수로 보여주고 있다. 단위차원이 없는 변수 t/τ가 사용되고 있는데, 여기서 $\tau = L/R$는 이 계의 **시간상수** *time constant*, 혹은 **완화시간** *relaxation time*이라 한다. (다른 초기조건이 사용된 연습문제 18-5에서도 이 τ 값을 구했었다.) $t \to \infty$에 따라 전류는 최종 정상상태의 값 $\mathscr{E}/R$에 접근하게 된다. 이 조건에서는 $dI/dt \to 0$으로 $V_L \to 0$이 되고, 그래서 유도기에는 전위차가 걸쳐있지 않게 되며, 이 경우 전류는 순전히 회로의 저항값에 의해서만 결정된다.

27-2 직렬 RLC회로

이번에는 그림 27-4의 약간 더 까다로운 회로를 생각해본다. 축전기 C가 추가되었고, 걸어준 기전력은 시간의 함수일 수 있어서 $\mathscr{E} = \mathscr{E}(t)$이다. 이전처럼 I는 그림에 보인 방향이라고 가정하고 $dI/dt > 0$이라 하자. 여전히 $V_R = -IR$, $V_L = -L(dI/dt)$이지만, "발전기"의 전압은 $V_G = \mathscr{E}(t)$라고 쓸 수 있다. 축전기 극판의 전하는 그림에서처럼 $\pm q$라고 가정하고, q를 양수로 잡으면, (6-28)로부터 $V_C = \Delta\phi = -q/C$로 구하게 된다. (이것은 실제로 q가 음이 되더라도 크기나 부호에 있어서 옳을 것이다.) 이들을 (27-6)에 넣으면, $V_R + V_L + V_C + V_G = 0 = -IR - L(dI/dt) - (q/C) + \mathscr{E}$가 되고, 그리하여

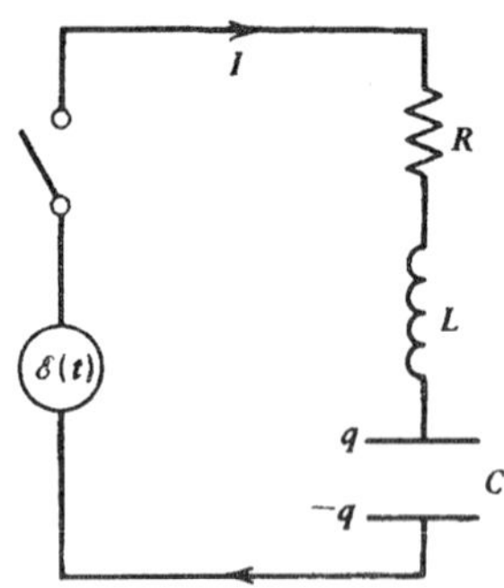

| 그림 27-4 | 직렬 RLC회로.

$$L\frac{dI}{dt} + RI + \frac{q}{C} = \mathscr{E}(t) \tag{27-10}$$

가 된다. 우리는 주로 전류에 대하여 관심에 있으므로, 이 식을 시간에 대하여 한 번 미분하고, $I = dq/dt$를 사용하여

$$L\frac{d^2I}{dt^2} + R\frac{dI}{dt} + \frac{I}{C} = \frac{d\mathscr{E}}{dt} \tag{27-11}$$

를 얻게 된다. 그래서, Kirchhoff의 제 2 법칙을 적용하여 상수 계수를 갖는 2계 미분방정식에 귀착하게 되었다.

(27-11)은 강제(외력을 받고 있는) 감쇠 단조화 진동자의 운동에 대한 역학에서의 방정식과 매우 흡사하다. 따라서 그와 유사한 성질을 예상할 수 있다. 예를 들어 이러한 진동자에 주기적인 힘을 갑자기 작용시키면, 초기 반응(변위)은 주기적이지 않을 것이다. 그러나 오랜 시간이 흐른 뒤에, 변위는 시간에 대해 주기적으로 변할 것이며, 운동의 진동수는 작용한 힘의 진동수와 같게 될 것이다. 그 해의 비주기적인 부분은 결국 감쇠하게 되는데, 이것을 **과도** *transient*현상이라 하며, 오랫동안 지속되는 주기적인 부분은 **정상상태** *steady state*라 부른다. 이 두 부류의 성질을 따로 살펴보는 것이 좋겠다.

1. 과도 반응

과도(감쇠)반응은 주기적인 형태뿐 아니라 일반적으로 $\mathscr{E}(t)$의 어느 형태에 대해서라도 발생할 수 있는데, 이것이 (27-11)의 동차방정식 형태의 해에 해당되기 때문이다. 그러한 경우의 간단한 예로써, 외부 기전력을 전지로 공급하여 $\mathscr{E}$ = 상수이라고 가정해보자. 그러면 $d\mathscr{E}/dt = 0$이고 (27-11)은

$$L\frac{d^2I}{dt^2} + R\frac{dI}{dt} + \frac{I}{C} = 0 \tag{27-12}$$

이 된다. 기본적인 과정으로써 지수함수적인 해를 살펴보자. 즉 $I = ae^{\gamma t}$의 해로 시도해보자. 여기서 a와 γ는 상수이다. 이것을 (27-12)를 대입해보면, $[L\gamma^2 + R\gamma + (1/C)]ae^{\gamma t} = 0$이 된다. 전류는 어찌되었든 존재할 것이므로 $a \neq 0$의 조건이 필요하다. 그러면 괄호 속은 영이 되

어야 한다. 이러한 필요조건에 의해 γ가 정해지고, 이것은

$$\gamma = -\frac{R}{2L} \pm \left[\left(\frac{R}{2L}\right)^2 - \frac{1}{LC}\right]^{1/2} = -\frac{R}{2L} \pm \delta \tag{27-13}$$

로 구해진다. 그래서 γ에는 두 가지 값이 가능하다. (27-13)의 양음 부호에 해당되는 각각을 γ_+와 γ_-로 표기하겠다. 각 가능한 γ에 대해 관련된 상수 a가 존재하므로, (27-12)의 일반해는

$$\begin{aligned} I(t) &= a_+ e^{\gamma_+ t} + a_- e^{\gamma_- t} \\ &= \left(a_+ e^{\delta t} + a_- e^{-\delta t}\right) e^{-Rt/2L} \end{aligned} \tag{27-14}$$

의 형태를 가질 것이다. 여기에서 알려지지 않은 미지수는 a_+와 a_-뿐이고, 이들을 초기조건으로부터 구할 수 있다.

한 예로, $t = 0$에서 축전기는 대전되어 있지 않고, 이전에 열려 있던 스위치를 재빨리 닫는다고 해보자. 이에 해당되는 초기조건은 $I = 0$과 $q = 0$이다. 우선 $I(0) = 0 = a_+ + a_-$을 알 수 있다. 다른 독립 식은 (27-10)으로부터 얻을 수 있는데, $L(dI/dt)_{t=0} = \mathscr{E}$이다. (27-14)를 미분하고, $t = 0$에서 계산하여, 바로 앞에서의 식과 결합하면, $L(a_+\gamma_+ + a_-\gamma_-) = \mathscr{E}$가 된다. 이 두 식을 a들에 대하여 풀면 $a_+ = -a_- = \mathscr{E}/[L(\gamma_+ - \gamma_-)] = \mathscr{E}/2L\delta$로 구하게 되고, 그리하여

$$I(t) = \frac{\mathscr{E}}{2L\delta}\left(e^{\delta t} - e^{-\delta t}\right) e^{-Rt/2L} \tag{27-15}$$

이다. 이 해의 특성은 이제 δ에 의존하게 되었고, 이것은 다시 R, L, C의 상대적인 값에 의존하게 된다.

예를 들어, 흔히 나타나는 상황은 R이 매우 작거나 영이 되는 경우이다. 이 때, (27-13)의 괄호 안에 있는 것은 음이 될 것이고, δ는 허수가 될 것이며, $\delta = i\omega_n$으로 놓는 것이 편리하겠다. 여기서

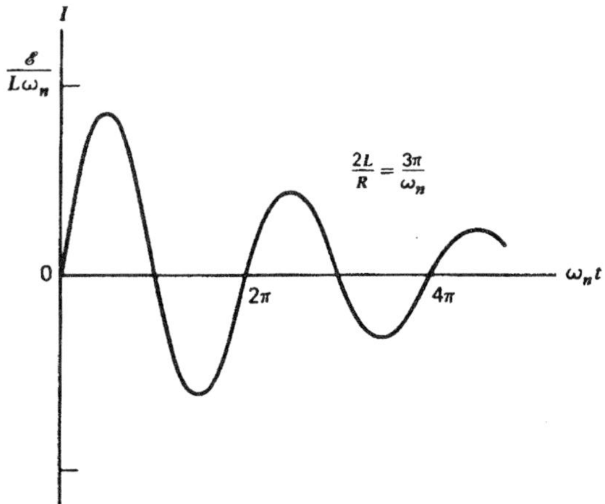

그림 27-5 저감쇠전류.

$$\omega_n = \left[\frac{1}{LC} - \left(\frac{R}{2L}\right)^2\right]^{1/2} \tag{27-16}$$

이다. 그러면 (27-15)는

$$I(t) = \frac{\mathscr{E}}{L\omega_n} e^{-Rt/2L} \sin \omega_n t \tag{27-17}$$

가 된다. 이것은 자연진동수 ω_n으로 진동하는 전류인데, 진폭은 시간에 관해 지수함수적으로 감소한다. 그림 27-5는 이 전류를 시간의 함수로 보여주고 있다. 이 성질은 분명히 역학계의 "저감쇠(underdamped)" 경우에 해당된다. 비슷하게, 과감쇠(overdamped)와 임계감쇠(critically damped)의 경우에 해당되는 상황을 알아낼 수 있고, 이들을 연습문제에서 다룰 것이다.

2. 정상상태 반응

이번에는 걸어준 기전력 차체가 시간에 대해 진동하는 함수라고 가정해보자. 특히,

$$\mathscr{E}(t) = \mathscr{E}_0 \cos \omega t \tag{27-18}$$

로 가정한다. 여기서 $\mathscr{E}_0$은 상수이다. 또한 그림 27-4의 스위치는 $t = 0$되기 오래전에 닫혀서, 과도전류는 오래전에 이미 감쇠해버렸다. 여기서는 (27-11)의 비등차형에 대한 특수해를 구하고자 한다.

$\mathscr{E} = \mathrm{Re}[\mathscr{E}_0 e^{i\omega t}]$로 쓸 수 있다는 점에 주목하면, (27-11)이 선형이고 실수 계수를 가지고 있기 때문에, 어떤 해의 실수부나 허수부는 별도로 미분방정식의 해가 될 것이다. 그러므로24-2 절처럼, 우선 복소수로 다루는 것이 편리하겠고, 약속에 의해, 실수부를 취하면 물리적 의미가 있는 전류가 된다. 따라서 기전력을

$$\mathscr{E}(t) = \mathscr{E}_0 e^{i\omega t} \tag{27-19}$$

로 쓰겠고, $\mathscr{E}_0$을 실수라고 가정하겠다. (회로이론에서는 일반적으로 사인꼴의 시간 의존성을 $e^{i\omega t}$로 사용한다. 이는 물리학의 다른 분야에서 흔히 $e^{-i\omega t}$로 쓰는 것과 대조적이다. 우리는 $e^{i\omega t}$의 표기를 사용하겠지만, 이 장에서만 그리 하겠다.) 이제 $I = I_0 e^{i\omega t}$형의 해를 가지고 시도해 보겠는데, I_0는 상수로 복소수가 되는 것을 나중에 알게 된다. 이것을 (27-11)에 대입하고 (27-19)를 사용하여

$$\left[-\omega^2 L + i\omega R + (1/C)\right] I_0 e^{i\omega t} = i\omega \mathscr{E}_0 e^{i\omega t}$$

를 얻게 되는데, 공동의 인자 $e^{i\omega t}$를 상쇄시켜 I_0을

$$I_0 = \frac{\mathscr{E}_0}{Z} \tag{27-20}$$

으로 쓸 수 있게 된다. 여기서

$$Z = R + i\left(\omega L - \frac{1}{\omega C}\right) = R + iX \tag{27-21}$$

이다. Z는 임피던스 *impedance*라 하고 X는 리액턴스 *reactance*라 한다. 또한 $X = X_L + X_C$로 쓰면, $X_L = \omega L$와 $X_C = -1/\omega C$는 각각 유도리액턴스와 용량리액턴스이다.

임피던스가 복소수라는 점의 물리적 의미는 정상상태 전류가 걸어준 기전력과 동위상이 아니라는 것이다. 이것은 $Z = R + iX = |Z|e^{i\vartheta}$로 쓰고 실수부와 허수부를 등식으로 놓아서 구체적으로 보일 수 있는데, 즉

$$|Z| = (R^2 + X^2)^{1/2} = \left[R^2 + \left(\omega L - \frac{1}{\omega C}\right)^2\right]^{1/2} \tag{27-22}$$

$$\tan\vartheta = \frac{X}{R} = \frac{\omega L - (1/\omega C)}{R} \tag{27-23}$$

가 되고, 그럼으로써

$$I(t) = I_0 e^{i\omega t} = \frac{\mathscr{E}_0}{|Z|} e^{i(\omega t - \vartheta)} \tag{27-24}$$

이다. 그리하여 실수량은

$$\mathscr{E}(t) = \mathscr{E}_0 \cos\omega t \qquad I(t) = \frac{\mathscr{E}_0}{|Z|}\cos(\omega t - \vartheta) \tag{27-25}$$

이다. 여기서 알 수 있는 것으로, $\vartheta > 0$이면, 전류는 기전력에 시간적으로 뒤지는 것이고, $\vartheta = 0$이거나 $\vartheta < 0$이면 각각 동위상이거나 앞서는 것이다. 이들 경우는 X_L이 X_C보다 크거나, 같거나, 작은 것에 해당된다. 주어진 회로 변수들에 대하여, (27-23)으로부터

$$\omega_0 = \frac{1}{\sqrt{LC}} \tag{27-26}$$

일 때 $\vartheta = 0$임을 알 수 있다. 이것은 (27-16)에서 구한 자연진동수 ω_n과 같지는 않으나, 저항이 매우 작은 경우 이 둘은 거의 같아질 것이다.

(27-20)의 형태로부터, 임피던스는 저항이 일반화된 것임을 알 수 있다. 그러나 임피던스는 걸어준 진동수의 함수로써, 계의 전자기적 변수만으로 특성 지워지는 것은 아니다. 이것이 의미하는 바는 정상상태의 전류는 진동수에 따라 다른 값이 된다는 것이다. 전류를 최대치가 되게 하는 진동수가 **공명진동수** *resonance frequency*이고 $|Z|$의 최소값에 해당된다. (27-22)로부터 이것은 $X = 0$에 해당되고, 공명진동수가 정확히 ω_0임을 말해주는데, 이 때 전류는 걸어준 기전력과 동위상이라고 했었다. 공명이 일어날 때, 전류는 간단히 $\mathscr{E}/R$이다.

저항은 공명의 "뾰쪽함 *sharpness*"를 정해준다. 즉, 진동수가 ω_0으로부터 변화함에 따라 전류가 공명값으로부터 얼마나 빨리 감소하는지를 말해준다. 이것은 차원 없는 양 Q를 도입하여 나타내면 편리한데, Q는 공명에서의 유도리액턴스와 저항의 비로써 정의한다:

$$Q = \frac{\omega_0 L}{R} = \frac{1}{R}\left(\frac{L}{C}\right)^{1/2} \tag{27-27}$$

그러면 임피던스의 크기는

$$|Z| = R\left[1 + \left(\frac{Q\omega}{\omega_0}\right)^2\left(1 - \frac{\omega_0^2}{\omega^2}\right)^2\right]^{1/2} \tag{27-28}$$

처럼 쓸 수 있다. 그림 27-6은 몇 개의 Q 값에 대한 전류의 진폭을 ω/ω_0의 함수로 보여주는 것이다. Q를 작게 만들기 위해 저항을 증가시키면, 공명의 뾰족함이 어떻게 감소하는지 아주 분명히 알 수 있다. Q가 매우 크면, Q와 공명곡선의 너비 사이의 근사 관계식을 얻을 수 있다. (27-28)은 꽤 복잡하므로, 간단히 제곱근 안의 두 번째 항이 어떤 진동수에서 1이 되는가를 찾아보면 충분할 것이다. 그러면 전류는 최대값으로부터 $\sqrt{2}$의 인자만큼 낮아질 것이다. $(Q\omega/\omega)^2[1 - (\omega_0^2 - \omega^2)^2] = 1$로 놓으면 $(\omega/\omega_0)^2$에 대해 풀 수 있고, $(\omega/\omega_0)^2 = 1 + (1/2Q^2) \pm (1/Q)[1 + (1/4Q^2)]^{1/2}$로 구해지는데, Q가 매우 크면 $(\omega/\omega_0)^2 \simeq 1 \pm (1/Q)$가 된다. 여기에 해당되는 진동수 변화량을 $|\Delta\omega|$로 도입하고, 공명이 매우 뾰족하다고 가정하며, 양의 부호를 사용하면,

$$\left(\frac{\omega}{\omega_0}\right)^2 = \left(\frac{\omega_0 + |\Delta\omega|}{\omega_0}\right)^2 \simeq 1 + \frac{2|\Delta\omega|}{\omega_0} = 1 + \frac{1}{Q}$$

을 얻게 되고, 그래서

$$Q \simeq \frac{\omega_0}{2|\Delta\omega|} \tag{27-29}$$

가 된다. $2|\Delta\omega|$를 공명곡선의 총 "폭(width)"에 대한 근사로 택할 수 있고, 그러면 위 식에서

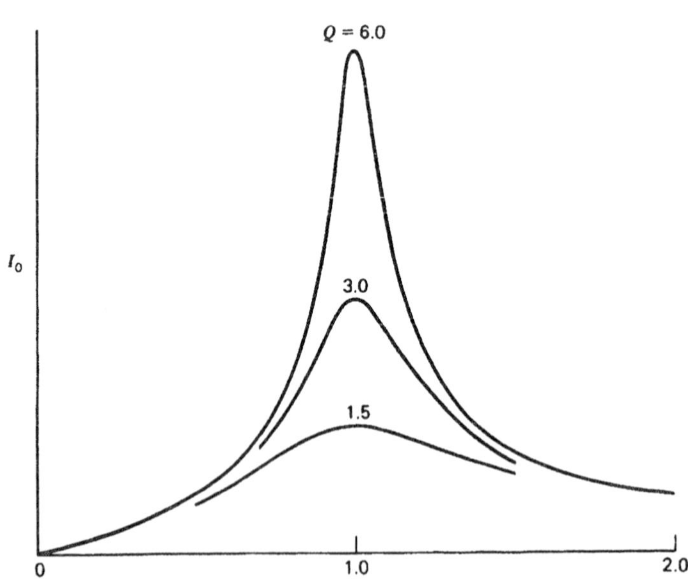

그림 27-6 여러 Q 값에 대한 공명곡선.

는 Q와 폭 사이의 간단한 관계식을 얻은 것이다. 어떤 회로의 Q가 클수록 공명은 뚜렷해질 것이고, 그 반대도 성립한다. (이 Q가 24-3절에서 도입한 Q와 어떻게 비슷한 것인지에 관한 의문은 연습문제로 남겨 놓겠다.)

기전력이 진동할 때의 전류에 대한 가장 일반적인 해는, 기본적인 미분방정식의 동차와 비동차 형태 해의 합으로 주어질 것이다. 즉, $I(t)$는 (27-14)와 (27-24)의 합으로 주어질 것이다. 적분상수 a_+와 a_-는 적용 가능한 초기조건으로부터 계산할 수 있을 것이고, 물론 이들이 (27-15)가 될 필요는 없을 것이다.

27-3 복잡한 경우

임피던스는 저항을 일반화한 개념으로 매우 유용하다고 입증되어 있다. 예상할 수 있겠지만, 저항을 결합하는 것과 똑같이 임피던스도 결합할 수 있고, 결과식도 매우 흡사하다.

그림 27-7a에는 두 개의 임피던스가 직렬로 연결되어 있는데, 각각에는 동일한 전류 I가 흐르고 있다. (27-20)에 의해 각 전위차는 $V_1 = Z_1I$와 $V_2 = Z_2I$로, 이 결합에 걸려있는 총 전위차는 $V = V_1 + V_2 = (Z_1 + Z_2)I = Z_{\text{eff}}I$이며, 여기서 $Z_{\text{eff}} = Z_1 + Z_2$이다. 그러므로 이 결합은 Z_{eff} 값을 갖는 하나의 임피던스와 동일하다. 이것은 분명 둘 이상의 경우에 일반화 할 수 있다. 그래서 회로 중 직렬로 연결되어 있는 부분의 등가임피던스는

$$Z_s = Z_1 + Z_2 + Z_3 + \ldots \tag{27-30}$$

이다.

그림 27-7b에 보인 병렬연결도 비슷한 방법으로 분석할 수 있다. V_1과 V_2 전위차는 (27-6)에 의해 동일한 값 V로 같다. 그러므로 각 전류는 $I_1 = V_1/Z_1 = V/Z_1$과 $I_2 = V_2/Z_2 = V/Z_2$이다. 전체 전류는 (27-5)에서 구해 $I = I_1 + I_2 = [(1/Z_1) + (1/Z_2)]V = V/Z_{\text{eff}}$이다. 즉, 병렬결합에 대해 임피던스는 역수로 더해져서, 효과적인 임피던스가

$$\frac{1}{Z_p} = \frac{1}{Z_1} + \frac{1}{Z_2} + \frac{1}{Z_3} + \ldots \tag{27-31}$$

로 주어진다. (이들 결과는 연습문제 12-6에서 저항만으로 구한 결합법칙과 똑같다는 점에 주목하자.)

이들 결과를 사용하는데 있어 실제적으로 조심해야 할 경우가 하나 있는데, 임피던스가 복

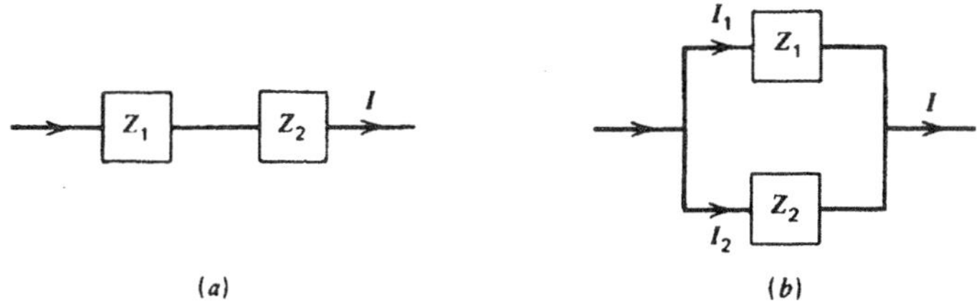

그림 27-7 (a) **직렬연결된 임피던스.** (b) **병렬연결된 임피던스.**

소수로써 실수부와 허수부가 별도로 더해진다는 것을 잊지 말아야 한다는 점이다. 예를 들어, (27-30)은

$$Z_s = (R_1 + R_2 + R_3 + \ldots) + i(X_1 + X_2 + X_3 + \ldots) \tag{27-32}$$

로 쓰일 수 있을 것이고, 그 크기는

$$|Z_s| = \left[(R_1 + R_2 + R_3 + \ldots)^2 + (X_1 + X_2 + X_3 + \ldots)^2\right]^{1/2} \tag{27-33}$$

이다.

(27-31)에 의해 임피던스의 역수로써의 어드미턴스 *admittance* Y를 정의하는 것이 편리하다고 알려져 있다. 즉,

$$Y = \frac{1}{Z} = \frac{1}{R + iX} = \frac{R - iX}{R^2 + X^2} = G - iB \tag{27-34}$$

이다. 어드미턴스의 실수부와 허수부 G와 B는 각각 컨덕턴스 *conductance*와 서셉턴스 *susceptance*라 한다. 이렇게 하여 (27-20)을

$$I_0 = Y\mathscr{E}_0 \tag{27-35}$$

로 쓸 수 있고, 이것은 때때로 유용하게 쓰인다.

이들 결과를 사용하여, 흔히 좀 더 복잡한 회로를 단계적으로 직렬 혹은 병렬의 개별적인 부분으로 결합하여 분석할 수 있다.

예제

직렬-병렬 회로. 그림 27-8 회로의 효과적인 임피던스를 구하고자 한다. 저항 R_L은 그 갈래회로에 있을 수 있는 모든 저항뿐 아니라 유도기의 저항도 포함하고 있다. R_L과 L은 직렬이다. 이들은 C와 병렬이며, 이들의 전체 결합은 R과 직렬이다. (27-21)과 (27-30)에 의해, 첫 번째 쌍은 $R_L + i\omega L$의 임피던스를 갖는다. C의 임피던스는 $-i/\omega C$이므로, (27-31)을 사용할 수 있고, 그런 다음 (27-30)을 다시 사용하여 전체 회로의 임피던스를 구하게 된다:

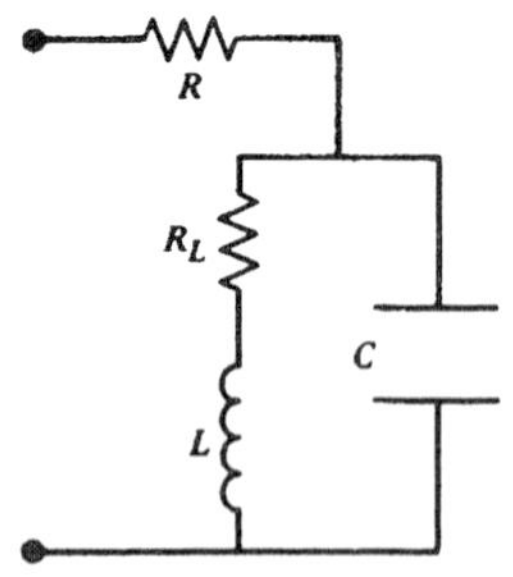

| 그림 27-8 | 직렬-병렬 회로.

$$Z = R + \cfrac{1}{\cfrac{1}{(R_L + i\omega L)} + \cfrac{1}{(-i/\omega C)}}$$

$$= R + \frac{(R_L + i\omega L)}{1 + i\omega C(R_L + i\omega L)} \tag{27-36}$$

$$= R + \frac{R_L + i\omega\left[L(1 - \omega^2 LC) - CR_L^2\right]}{(1 - \omega^2 LC)^2 + (\omega C R_L)^2}$$

이 회로를 발전기에 연결할 때, (27-36)에 발전기의 임피던스를 더해야 계의 온전한 임피던스를 얻게 되며, (27-24)에 의해 전류를 구하게 된다.

R_L이 아주 작아서 무시할 수 있으면, 흥미로운 특별한 경우가 된다. 그러면 (27-36)으로부터

$$|Z| = \left[R^2 + \frac{\omega^2 L^2}{(1 - \omega^2 LC)^2}\right]^{1/2} \tag{27-37}$$

로 구하게 된다. 이제 $\omega^2 = \omega_0^2 = 1/LC$이면, $|Z|$는 무한대가 되고, 전류는 영이 될 것이다. 진동수가 이 값이 아니면, 전류는 영이 아닐 것이고, 진동수의 함수로써의 전류의 곡선은 정성적으로 그림 27-6을 뒤집어 놓은 형태처럼 될 것이다. 이것도 공명현상이나 이전의 것과는 매우 다르다. 이 성질을 가끔 **반공명** *antiresonance*라 부른다.

어떤 회로에는 일부러 계의 상호인덕턴스가 생기도록 만든다. 예를 들어 17-4절의 두 번째 예제에서처럼 한 코일을 다른 코일 위에 감는다. 어떤 때는 두 코일이 가까이에 있기만 해도 상호인덕턴스가 존재하게 된다. 이렇게 하면 한 코일에 의해 만들어진 자기선속이 다른 코일을 관통하게 된다. 어찌 되었든 (17-50)으로 나타내어지는 유도전위차를 고려해야 한다. 여기에서의 표기법으로 $V_{k\to j} = -M_{jk}(dI_k/dt)$이다. (27-6)의 Kirchhoff 법칙을 사용할 때, 이들 전위차를 포함시켜야 한다. 일반적으로는 문제가 없지만, 상호인덕턴스는 양 혹은 음이 될 수 있기 때문에, 부호에 대해 모호할 수 있다. 일반적으로 우리가 알아야 할 것은, 감은 도선의 물리적 배치인데, 그림으로써 Lenz의 법칙을 사용하여, 가정해 놓은 전류의 방향과 dI_k/dt의 부호에 대해, 유도전위차의 방향을 구할 수 있다. 이 모든 작업을 모순 되지 않도록 해 놓으면, 여러 고리 방정식을 쓸 수 있고, 전류를 계산하게 된다.

예제

결합된 회로. 그림 27-9의 두 직렬회로가 적절한 부호의 상호인덕턴스에 의해 결합되어 있다고 하자. 문제를 간단히 하기 위해, 각 회로에는 저항도 없고 기전력도 걸려있지 않다고 하겠다. (그래도 각 회로에 전류를 만들려면, 한때는 존재하였던 기전력이 차단되었다고 가

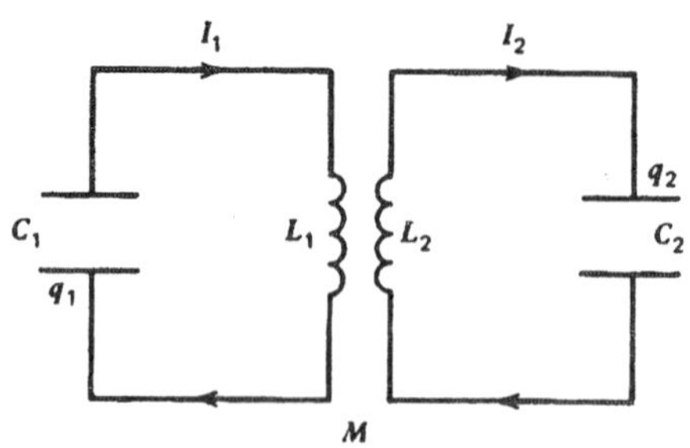

| 그림 27-9 | 두 개의 결합된 회로.

정하면 된다.) 각 회로에 Kirchhoff 법칙을 적용하는 과정은 (27-10)을 얻을 때 사용하던 것과 같지만, 여기에 $V_{M1} = -M(dI_2/dt)$와 $V_{M2} = -M(dI_1/dt)$를 더하면 된다. 여기서 (17-49)에 의해 $M = M_{12} = M_{21}$이다. 이것을 (27-10)에 포함시키고, R과 $\mathscr{E}$를 영으로 놓으면, 각 회로에 하나씩 두 개의 방정식

$$L_1\frac{dI_1}{dt} + M\frac{dI_2}{dt} + \frac{q_1}{C_1} = 0$$

$$L_2\frac{dI_2}{dt} + M\frac{dI_1}{dt} + \frac{q_2}{C_2} = 0$$

을 얻게 된다. 전류만으로 나타내기 위해, 다시 한 번 미분하여

$$L_1\frac{d^2I_1}{dt^2} + M\frac{d^2I_2}{dt^2} + \frac{I_1}{C_1} = 0$$

$$L_2\frac{d^2I_2}{dt^2} + M\frac{d^2I_1}{dt^2} + \frac{I_2}{C_2} = 0 \tag{27-38}$$

을 얻는다. 이들 방정식을 보면, 두 개의 결합된 역학적 진동자에 적용한 식이 생각난다. 즉, 방정식을 풀어서 계의 표준모우드와 기본진동수를 찾는데, 그 해는 두 전류가 동일한 진동수를 갖게 된다. 따라서

$$I_1 = ae^{i\omega_n t} \qquad I_2 = be^{i\omega_n t} \tag{27-39}$$

의 형으로 시도한다. 여기서 a와 b는 상수이다. 이들을 (27-38)에 대입하면, 식들은

$$\begin{aligned}(1 - \omega_n^2 L_1C_1)a - \omega_n^2 MC_1 b &= 0\\ -\omega_n^2 MC_2 a + (1 - \omega_n^2 L_2C_2)b &= 0\end{aligned} \tag{27-40}$$

이 된다. 이 동차방정식들은 계수들의 행렬식이 영인 경우에만, 즉,

$$\begin{aligned}&(1 - \omega_n^2 L_1C_1)(1 - \omega_n^2 L_2C_2) - \omega_n^4 M^2 C_1C_2\\ &= C_1C_2(L_1L_2 - M^2)\omega_n^4 - (L_1C_1 + L_2C_2)\omega_n^2 + 1 = 0\end{aligned} \tag{27-41}$$

인 때에만 의미 있는 해를 가지게 된다. 이것은 ω_n^2에 대한 이차식이고 그 근은

$$\omega_n^2 = \frac{(L_1C_1 + L_2C_2) \pm \left[(L_1C_1 + L_2C_2)^2 - 4C_1C_2(L_1L_2 - M^2)\right]^{1/2}}{2C_1C_2(L_1L_2 - M^2)} \qquad (27\text{-}42)$$

이다. 연습문제 17-26의 결과에 의하면 $L_1L_2 - M^2 > 0$이므로, ω_n^2으로는 가능한 두 양수 값이 있을 수 있다. 제곱근에 사용된 부호에 따라 이들을 ω_+^2과 ω_-^2으로 부르자. [간단한 점검과정으로 (27-42)에서 $M = 0$으로 놓아볼 수 있고, 그러면 $\omega_+^2 = 1/L_2C_2$이고 $\omega_-^2 = 1/L_1C_1$이다. 즉, 기본진동수는 결합되지 않은 각 회로의 진동수이다.]

ω_+^2과 ω_-^2은 양수이므로, 제곱근을 취할 때, (27-39)에 사용할 수 있는 가능한 ω_n으로는 네 개의 실수 값이 있음을 알 수 있다. 이들은 $\pm\omega_+$과 $\pm\omega_-$이다. 각 항에는 상수의 계수를 곱해줄 수 있으므로, 각 전류는 네 항의 합으로 쓸 수 있다:

$$I_1 = a_1e^{i\omega_+t} + a_2e^{-i\omega_+t} + a_3e^{i\omega_-t} + a_4e^{-i\omega_-t}$$
$$I_2 = b_1e^{i\omega_+t} + b_2e^{-i\omega_+t} + b_3e^{i\omega_-t} + b_4e^{-i\omega_-t} \qquad (27\text{-}43)$$

그러므로 각 전류는 일반적으로 두 전류의 진동 성분을 가지고 있다.

여기에 나타나는 여덟 개의 적분상수 ($a_1, a_2, \ldots, b_4$)가 모두 독립은 아닌데, (27-43)을 사용하여 (27-38)이 여전히 만족되어야 하기 때문이다. 실제로, 적절한 ω_n^2을 (27-40) 중의 한 식에 대입할 때, 각 대응되는 쌍의 비를 구할 수 있다. 그러므로 네 개의 독립 상수만을 갖게 되는데, 이들은 전류와 전하의 초기값으로부터 계산할 수 있다. (27-42)를 보아 예상할 수 있듯이 관련된 계산은 "분명하지만 지루할" 것이다. 그래서 여기서는 이것을 가지고 더 이상 애쓰지 말고, 간단한 경우에 대한 계산을 연습문제로 남겨놓겠다.

27-4 송전선

지금까지는 회로가 아주 작다고 가정하여 전압과 전류의 순간적인 값이 위치와 무관하다고 할 수 있었다. 그러나 전력계와 통신계에 적용되는 많은 경우에 회로는 아주 커서 이러한 가정은 더 이상 합당하다고 할 수 없고, 관련된 물리량은 시간 뿐 아니라 위치에 따라 다르다. 전형적인 예를 그림 27-10에 보였다. 여기에는 길이 l인 두 개의 긴 평행 도체가 있다. 이들은

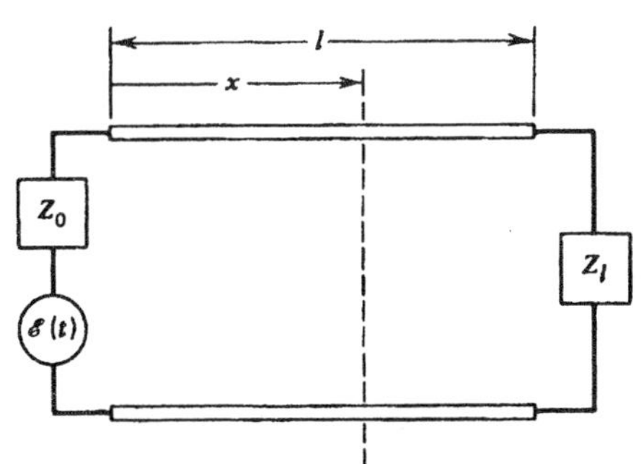

그림 27-10 송전선의 전형적인 예.

균일한 단면을 가지고 있으나, 단면적이 같을 필요는 없다. 도체들은 그림에서처럼 공간적으로 떨어져 있을 필요도 없고, 그림 18-1의 동축선에서처럼 한 도체가 다른 것을 감싸고 있을 수도 있다. 한 끝($x = 0$)에서 이들은 기전력 $\mathscr{E}(t) = \mathscr{E}_0 e^{i\omega t}$와 임피던스 Z_0에 연결되어 있다. 다른 끝($x = l$)에서는 부하 임피던스 Z_l과 연결되어 있다. 우리는 선을 따라 분포하는 정상상태 전압과 전류를 구하고자 한다.

전류와 전압이 위치에 따라 변할 것이기 때문에, 인덕턴스와 전기용량 같은 물리량이 정해진 위치에 집중되어 있다고 가정할 수 없고, 일반적으로 양 끝 사이에 균일하게 분포되어 있다. R'을 모든 에너지 손실의 원천으로부터 오는 모든 저항이라 하고 L'을, 이 도선 쌍의 단위길이당 인덕턴스라고 한다면, 길이 dx의 직렬 임피던스는 (27-12)에 의해 $(R' + i\omega L')dx$일 것이다.두 개의 도체가 관련되어 있으므로, 단위길이당 전기용량 C'도 있을 것이다. 또한 도체 사이에 절연이 불완전하다면, 그들 사이에는 전류 누출이 있을 수 있고, 이것을 단위길이당의 콘덕턴스 G'으로 나타낼 수 있다. 즉, 전체적인 선을 체계적으로 그림 27-11에 보인 것 같이 미소 회로의 연속이라고 말할 수 있다. 한 축전기의 어드미턴스는 $Y_C = 1/Z_C = 1/X_C = i\omega C$인데 병렬연결의 어드미턴스는 더해지므로, 두 도체 사이의 (갈래)어드미턴스는 $(G' + i\omega C')dx$이다.

이 선에 전체적으로 Kirchhoff 법칙을 적용할 수는 없지만, 미소 부분에는 할 수 있다. x에서의 전류를 $I(x)$라 한다면, $x + dx$에서의 전류는 송전선을 가로지르는 전류만큼 작아진다. 이것은 (27-35)에 의해 $YV(x)$이고, 여기서 $V(x)$는 도체 사이의 전압이다. 그러므로 $I(x + dx) = I(x) - YV(x) = I(x) - (G' + i\omega C')V\,dx = I(x) + (\partial I/\partial x)dx$를 얻게 되고, 그래서

$$\frac{\partial I}{\partial x} = -(G' + i\omega C')V \tag{27-44}$$

이다. 고리정리를 그림의 점선으로 닫힌 고리에 적용해보면, $-(R' + i\omega L')I\,dx - V(x + dx) + V(x) = 0$으로 구하게 되고, 그래서

$$\frac{\partial V}{\partial x} = -(R' + i\omega L')I \tag{27-45}$$

이다. (27-45)를 미분하고, 거기에 (27-44)를 대입하면, V만을 포함하는 미분방정식을 얻을 수

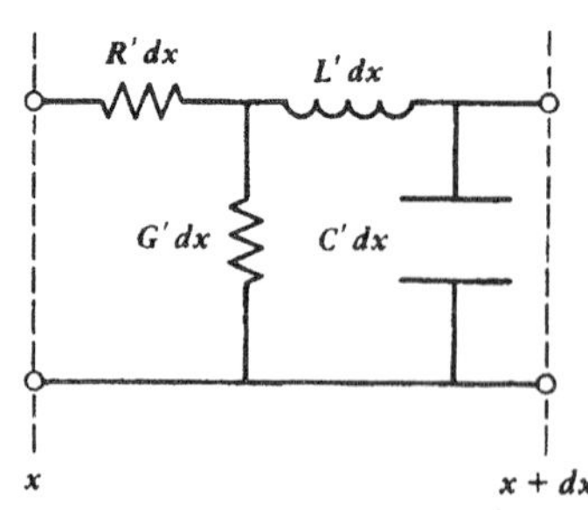

그림 27-11 송전선의 미소 부분을 도식적으로 나타냄.

있다:

$$\frac{\partial^2 V}{\partial x^2} - \gamma^2 V = 0 \tag{27-46}$$

여기서

$$\gamma = \alpha + i\beta = [(R' + i\omega L')(G' + i\omega C')]^{1/2} \tag{27-47}$$

이다. 마찬가지로

$$\frac{\partial^2 I}{\partial x^2} - \gamma^2 I = 0 \tag{27-48}$$

을 구하게 되고, 그래서 전류와 전압은 각각 같은 형의 미분방정식을 만족한다.

우리는 정상상태의 해만을 찾고 있으므로, 이들 함수를

$$V(x, t) = V_0(x)e^{i\omega t} \qquad I(x, t) = I_0(x)e^{i\omega t} \tag{27-49}$$

의 형태로 쓰겠다. 그러면 공간에만 의존하는 진폭도 같은 형의 방정식을 만족하는 것으로 구해진다:

$$\frac{d^2 V_0}{dx^2} - \gamma^2 V_0 = 0 \qquad \frac{d^2 I_0}{dx^2} - \gamma^2 I_0 = 0 \tag{27-50}$$

I_0에 대한 일반해는 당장

$$I_0(x) = a_1 e^{\gamma x} + a_2 e^{-\gamma x} \tag{27-51}$$

로 쓸 수 있다. 여기서 a_1과 a_2는 적분상수이다. 이것을 (27-44)에 대입하고, (27-49)를 사용하면, 전압 진폭에 대한 일반적인 결과를

$$V_0(x) = Z_i(-a_1 e^{\gamma x} + a_2 e^{-\gamma x}) \tag{27-52}$$

로 구하게 된다. 여기서

$$Z_i = \left[\frac{R' + i\omega L'}{G' + i\omega C'}\right]^{1/2} \tag{27-53}$$

을 송전선의 **특성임피던스** *characteristic impedance*라 하고, Ω의 단위로 잰다.

이들 해의 물리적 의미는 쉽게 알아낼 수 있다. 예를 들어 (27-51)의 두 번째 항과 (27-49)를 결합하며, (27-47)을 사용하면, $a_2 e^{i\omega t - \gamma x} = a_2 e^{-\alpha x} e^{i(\omega t - \beta x)}$를 얻는다. 이것을 (24-51)과 비교할 때, 그리고 표기의 차이를 고려하여, 이것은 오른쪽으로 (x가 증가하는 방향으로) 진행하는 감쇠파동임을 알 수 있고, 속력 v와 파장 λ는

$$v = \frac{\omega}{\beta} \qquad \lambda = \frac{2\pi}{\beta} \tag{27-54}$$

로 주어진다. 마찬가지로, 첫 번째 항은 $a_1 e^{\alpha x} e^{i(\omega t + \beta x)}$이 되며 이것은 왼쪽으로 ($x$가 감소하는 방향으로) 진행하는 감쇠파동이다. 이 두 파동은 동일한 감쇠인자 α와 동일한 속력 v를 가지

고 있다. (27-47)로부터 α와 β는 일반적으로 송전선의 특성값일 뿐 아니라 진동수의 함수임을 알 수 있다. 그러므로 파동속력도 진동수의 함수일 것이고, 그래서 송전선은 분산성매질의 한 예라고 할 수 있다.

α와 β는 (27-47)로부터 구할 수 있는데, (24-42)와 (24-43)을 얻었던 것과 동일한 방법을 사용한다. 그 결과는

$$\alpha = \frac{1}{\sqrt{2}}\left\{(R'G' - \omega^2 L'C') + \left[(R'^2 + \omega^2 L'^2)(G'^2 + \omega^2 C'^2)\right]^{1/2}\right\}^{1/2} \tag{27-55}$$

$$\beta = \frac{1}{\sqrt{2}}\left\{-(R'G' - \omega^2 L'C') + \left[(R'^2 + \omega^2 L'^2)(G'^2 + \omega^2 C'^2)\right]^{1/2}\right\}^{1/2} \tag{27-56}$$

이다.

적분상수는 단자에서의 조건을 고려하여 구할 수 있다. 입력단자에서는($x = 0$) 진폭에 (27-6)을 적용하여, $\mathscr{E}_0$, Z_0, 그리고 송전선을 가로지르는 고리를 사용할 수 있다. 이렇게 하여 $\mathscr{E}_0 - Z_0 I_0(0) - V_0(0) = 0 = \mathscr{E}_0 - Z_0(a_1 + a_2) - Z_i(-a_1 + a_2)$로 구하고, 그리하여

$$(Z_i - Z_0)a_1 - (Z_i + Z_0)a_2 = -\mathscr{E}_0 \tag{27-57}$$

이 된다. 마찬가지로, 부하가 걸려있는 단자에서는 $Z_l I_0(l) - V_0(l) = 0$이고, 그래서

$$(Z_i + Z_l)e^{\gamma l}a_1 - (Z_i - Z_l)e^{-\gamma l}a_2 = 0 \tag{27-58}$$

이다. 이 두 방정식을 a_1과 a_2에 대하여 풀면

$$a_1 = \frac{\mathscr{E}_0 \Gamma_l e^{-2\gamma l}}{(Z_i + Z_0)(1 - \Gamma_0 \Gamma_l e^{-2\gamma l})} \tag{27-59}$$

$$a_2 = \frac{\mathscr{E}_0}{(Z_i + Z_0)(1 - \Gamma_0 \Gamma_l e^{-2\gamma l})} \tag{27-60}$$

이고, 여기서

$$\Gamma_0 = \frac{Z_i - Z_0}{Z_i + Z_0} \qquad \Gamma_l = \frac{Z_i - Z_l}{Z_i + Z_l} \tag{27-61}$$

은 각각 입력 및 출력 **반사계수** *reflection coefficient*이다.

이들 결과를 (27-51)과 (27-52)에 대입하면, 전류와 전압진폭에 대한 완전한 표현식

$$I_0(x) = \frac{\mathscr{E}_0 e^{-\gamma x}\left[1 + \Gamma_l e^{-2\gamma(l-x)}\right]}{(Z_i + Z_0)(1 - \Gamma_0 \Gamma_l e^{-2\gamma l})} \tag{27-62}$$

$$V_0(x) = \frac{\mathscr{E}_0 Z_i e^{-\gamma x}\left[1 - \Gamma_l e^{-2\gamma(l-x)}\right]}{(Z_i + Z_0)(1 - \Gamma_0 \Gamma_l e^{-2\gamma l})} \tag{27-63}$$

가 구해진다.

첫 번째 예로, 무한히 긴 송전선을 생각해보자. 그러면 $l \to \infty$에 따라 $e^{-2\gamma l} \sim e^{-2\alpha l} \to 0$이

다. 마찬가지로, $l - x$가 양수이므로 $e^{-2\gamma(l-x)} \to 0$이다. 그러면 (27-62)는 $I_0(x) = \mathscr{E}_0 e^{-\gamma x}/(Z_i + Z_0)$이 된다. 그래서 초기 진폭은 $I_0(0) = \mathscr{E}_0/(Z_i + Z_0)$이고, 순전히 입력임피던스 Z_0와 송전선의 특성임피던스 Z_i만에 의해서 정해진다. 이것은 송전선 임피던스가 이 경우에는 Z_0과 직렬로 간단히 연결되어 있는 것처럼 작용함을 보여주고 있다. 알짜 결과는 송전선을 따라 (27-54)에 의해 주어진 속력 v로 진행하는 감쇠하는 파동일 것이다.

(27-62)와 (27-63)은 정확하지만, 물리적 의미는 그리 분명하지 않다. 이들 결과는 분모를 $1/(1 - y) = 1 + y + y^2 + y^3 + \ldots$로 급수전개함으로써 유용한 해석을 얻을 수 있다. 급수전개하여 (27-62)는

$$I_0(x) = \frac{\mathscr{E}_0}{(Z_i + Z_0)}\left[e^{-\gamma x} + \Gamma_l e^{-\gamma(2l-x)} + \Gamma_0\Gamma_l e^{-\gamma(2l+x)} + \Gamma_0\Gamma_l^2 e^{-\gamma(4l-x)} + \Gamma_0^2\Gamma_l^2 e^{-\gamma(4l+x)} + \Gamma_0^2\Gamma_l^3 e^{-\gamma(6l-x)} + \ldots\right] \quad (27\text{-}64)$$

로 쓸 수 있다. 이제 전체적으로 $e^{i\omega t}$를 곱하여 총 전류를 구해보면, 각 항은 진행파를 나타낸다는 것을 알 수 있다. 그러므로 전체 전류는 양쪽 방향으로 진행하는 파동의 중첩이다. 각 성분 파동의 진폭은 반사계수의 여러 곱에 비례한다. 이제 Γ들은 입사 진폭이 송전선에서 반사되어 되돌아오는 부분값이다. 각 지수의 괄호 부분은 해당 파동이 진행하는 거리이다. 예를 들어 전개 항들 중 여섯 번째 것은 총 다섯 번 (세 번은 부하 걸린 단자에서, 두 번은 입사 단자에서) 반사한 파에 해당된다. 이것은 송전선을 다섯 번 지나다녔고, 이제 부하 단자로부터 입력 단자로 되돌아가가며 $l - x$의 거리를 진행한 것이다. 이것은 파동이 반사를 충분히 많이 한 후, 드디어 정상상태가 어떻게 얻어질 수 있는지를 보여주고 있다. 부하 임피던스가 특성 임피던스와 같으면, 즉 $Z_l = Z_i$이면, $\Gamma_l = 0$이고 반사는 없다. 이 경우 (27-62)는 무한 송전선과 똑같은 결과가 된다.

많은 송전선의 경우 단위길이당의 저항과 전도도는 매우 작아서, 근사를 하여 결과를 간단히 할 수 있다. $\omega L' \gg R'$과 $\omega C' \gg G'$을 가정하고, 일차 수정항만의 효과를 살펴보자. 이때 (27-55)와 (27-56)을 다루는 것보다, (27-47)로 돌아가 살펴보는 것이 좋겠고,

$$\begin{aligned}\gamma = \alpha + i\beta &= i\omega\sqrt{L'C'}\left[\left(1 - \frac{iR'}{\omega L'}\right)\left(1 - \frac{iG'}{\omega C'}\right)\right]^{1/2} \\ &\simeq i\omega\sqrt{L'C'}\left(1 - \frac{iR'}{2\omega L'}\right)\left(1 - \frac{iG'}{2\omega C'}\right) \\ &\simeq i\omega\sqrt{L'C'}\left[1 - \frac{i}{2\omega}\left(\frac{R'}{L'} + \frac{G'}{C'}\right)\right]\end{aligned}$$

을 얻는다. 그래서

$$\alpha \simeq \frac{\sqrt{L'C'}}{2}\left(\frac{R'}{L'} + \frac{G'}{C'}\right) \qquad \beta \simeq \omega\sqrt{L'C'} \quad (27\text{-}65)$$

이 되고, 파동속력은 (27-54)에 의해

$$v \simeq \frac{1}{\sqrt{L'C'}} \tag{27-66}$$

이다. 이 근사에서 파속과 감쇠상수는 둘 다 진동수와 무관하고, 파속은 송전선이 저항을 가지고 있지 않은 것처럼 정해진다.

마찬가지로, (27-53)으로부터 얻은 특성임피던스는

$$Z_i \simeq \sqrt{\frac{L'}{C'}}\left[1 + \frac{i}{2\omega}\left(\frac{G'}{C'} - \frac{R'}{L'}\right)\right] \simeq \sqrt{\frac{L'}{C'}} \tag{27-67}$$

인데, 많은 경우 송전선을 저항이 없는 것으로 다룰 수 있기 때문이고, 그러면 Z_i는 근사적으로 순수한 저항이 된다.

예제

이중 송전선. 송전선의 매우 일반적인 예는 그림 11-10의 단면이 보여주는 것 같이 두 평행 도선으로 구성되어 있다. (11-53), (10-73), 연습문제 17-23, (20-66)으로부터

$$C' = \frac{\pi\epsilon}{\cosh^{-1}(D/2A)} \qquad L' = \frac{\mu}{\pi}\cosh^{-1}\left(\frac{D}{2A}\right) \tag{27-68}$$

를 얻고, $A \ll D$이면,

$$C' = \frac{\pi\epsilon}{\ln(D/A)} \qquad L' = \frac{\mu}{\pi}\ln\left(\frac{D}{A}\right) \tag{27-69}$$

를 사용할 수 있다. 여기서 A는 도선의 단면이고 D는 중심 사이의 거리이다.

어느 경우이든지, (27-66)으로부터 $v = 1/\sqrt{\mu\epsilon}$로 구하게 되는데, 이것은 (24-12)에 의해 주어지는 것처럼 μ와 ϵ으로 특정 지워지는 매질에 대한 평면파의 속력과 같다. (27-67)로부터 구한 송전선 임피던스는

$$Z_i = \frac{1}{\pi}\sqrt{\frac{\mu}{\epsilon}}\cosh^{-1}\left(\frac{D}{2A}\right) \simeq \frac{1}{\pi}\sqrt{\frac{\mu}{\epsilon}}\ln\left(\frac{D}{A}\right) \tag{27-70}$$

가 된다.

간단히 하기 위해, 송전선의 저항을 완전히 무시하여 $\alpha = 0$이라 하고, $Z_0 = Z_i$로 가정하여 $\Gamma_0 = 0$이라 하자. 그러면 (27-63)은

$$V_0 = \tfrac{1}{2}\mathscr{E}_0\left[e^{-i\beta x} - \Gamma_l e^{-2i\beta l + i\beta x}\right]$$

이 된다. 또한 Z_l은 실수이고 그래서 Γ_l도 실수라 가정하겠다. 바로 앞의 결과에 $e^{i\omega t}$를 곱하고 실수부를 취하면, 전압은

$$V = \tfrac{1}{2}\mathscr{E}_0\left[\cos(\omega t - \beta x) - \Gamma_l\cos(\omega t + \beta x - 2\beta l)\right] \tag{27-71}$$

가 된다.

송전선의 부하 단자가 열려 있으면, Z_l은 무한대이고, $\Gamma_l = -1$이 되고 (27-71)은

$$V = \tfrac{1}{2}\mathscr{E}_0[\cos(\omega t - \beta x) + \cos(\omega t + \beta x - 2\beta l)]$$
$$= \mathscr{E}_0 \cos\beta(x - l)\cos(\omega t - \beta l) \tag{27-72}$$

이 된다. 이것은 전압이 모든 지점에서 사인꼴로 진동하는 정지파인데, 진폭도 선을 따라 사일꼴로 변하고 있다. 특히, $x = l$에서의 열린 끝에서는 최대값이고, 그러므로 이곳은 전압의 배(antinode)이다. 전압이 영인 곳도 있다. 이곳을 마디(node)라 부르고, 그런 위치는 $\beta(l - x) = n_0\pi/2$에서 n_0이 홀수인 조건으로부터 주어진다. 인접한 마디 사이의 거리 Δx는 $\beta\Delta x = \Delta n_0\pi/2 = \pi$ 또는 $\Delta x = \pi/\beta = \lambda/2$로 구할 수 있고, 마디 (그리고 배)들은 반파장만큼씩 떨어져 있음을 보여준다.

마찬가지로, 만일 부하 단자가 합선된 회로로써 $Z_l = 0$이면, $\Gamma_l = 1$이고 (27-71)로부터 얻은 전압은

$$V = \mathscr{E}_0 \sin\beta(x - l)\sin(\omega t - \beta l)$$

이다. 이것은 또다른 정지파로 전압 마디가 합선된 회로 끝에 있고, 마디 (그리고 배) 사이의 거리는 동일한 반파장이다. 그러므로 이러한 관점에서 이중송전선은 열려있거나 닫혀있는 파이프 오르간처럼 작용한다.

이러한 방식으로 사용되는 두 평행 도선을 흔히 Lecher 도선이라 부른다.

예제

동축선. 또 다른 매우 흔한 송전선은 동축선으로 그림 6-12와 그림 18-1에 그려져 있다. (6-45)로부터 그리고 (18-34)의 중요한 값만으로

$$C' = \frac{2\pi\epsilon}{\ln(b/a)} \qquad L' = \frac{\mu}{2\pi}\ln\left(\frac{b}{a}\right)$$

로 구해지고, 그러므로 $v = 1/\sqrt{L'C'} = 1/\sqrt{\mu\epsilon}$이므로 파동은 이번에도 광속으로 진행한다. 특성 임피던스는

$$Z_i = \frac{1}{2\pi}\sqrt{\frac{\mu}{\epsilon}}\ln\left(\frac{b}{a}\right)$$

이다. 이것은 (26-77)과 정확히 같은 임피던스로, 앞에서는 동축선을 TEM모우드의 전송에 대한 도파로로 다루었다.

연습문제

27-1 그림 27-2의 RL회로에서 $R = 4\ \Omega$, $L = 1.5$ H, 전지의 기전력은 12 V이다. 스위치가 닫힌 후 (a) 0.25 s, (b) 1.0 s, (c) 3.0 s 후의 시간에 전류와 V_R, V_L의 크기를 구하라.

27-2 그림 27-2에서 유도기 L을 축전기 C로 대체했다고 하자. Kirchhoff 법칙을 이용하여 축전기 전하를 구할 수 있는 미분방정식을 구하라. $t = 0$에서 스위치가 닫히기 전에 C에는 q_0의 전하가 있었다. 나중 시간에 대한 q를 구하라. 이 계의 완화시간은 얼마인가? 어떠한 조건에서 해당 전류가 그림에 보인 전류에 반대 방향을 갖겠는가?

27-3 (27-10)은 에너지보존으로 유도될 수 있음을 보여라. 즉 전기에너지와 자기에너지를 더한 것의 시간 변화율이, 기전력으로 공급한 전력에서 저항소모율을 뺀 것과 같음을 보여라.

27-4 $(R/2L)^2 > (1/LC)$이면, δ는 실수이고 직렬 RLC회로는 **과감쇠** *overdamped*되었다고 한다. (27-15)를 주었던 것과 같은 초기조건에 대해 q를 시간의 함수로 구하라. 아주 오랜 시간 후에 q는 얼마가 되겠는가?

27-5 $(R/2L)^2 = 1/LC$이면, 직렬 RLC회로는 **임계감쇠** *critically damped*되었다고 한다. $\delta = 0$이므로 (27-14)는 $I = (a_+ + a_-)e^{-Rt/2L} = ae^{-Rt/2L}$이 되고, 그래서 적분상수는 하나 뿐이다. 2계 미분방정식의 일반해에는 두 개가 필요한 것과 대조된다. 이 경우 (27-12)의 일반해는 $I = (a + bt)e^{-Rt/2L}$의 형태를 가짐을 보여라. 여기서 a와 b는 상수이다. (27-15)를 주었던 것과 같은 초기조건에 대해 q를 시간의 함수로 구하라. 스위치가 닫힌 후 $2L/R$의 시간에 $|V_R|$은 최대치를 가짐을 보이고, 그 최대치를 구하라.

27-6 저감쇠 직렬 RLC회로에서 $\mathscr{E} = \mathscr{E}_0 \cos \omega t$를 고려하는데 $\omega \neq \omega_n$이다. $t = 0$에서 축전기는 대전되어 있지 않고, 이전에 열려 있던 스위치가 갑자기 닫혔다. 나중 시간에 전류를 구하라. 그 해는 $t \to \infty$에 따라 (27-24)나 (27-25)로 바르게 나오는가?

27-7 (27-25)로 기술되는 계에서, 기전력으로 공급되는 시간 평균 전력은 $(\mathscr{E}_0^2/2|Z|)\cos \vartheta$임을 보여라. 이와 관련하여 $\cos \vartheta$는 **전력인자** *power factor*라 한다. 어떤 조건이 전력인자를 영으로 만들겠는가? 그러한 상황을 발생시키려면 물리적으로 무슨 일이 일어나는가?

27-8 (a) 상대위상을 정하는 방정식을 $\tan \vartheta = Q(\omega/\omega_0)[1 - (\omega/\omega_0)^2]$로 쓸 수 있음을 보여라. 이것을 사용하여, 주어진 ϑ에 대해 Q의 값이 클수록, 해당되는 ω 값은 작아질 것임을 보여라. (b) 축전기에 걸려 있는 전압을 진동수의 함수로 간주하면, 그 최대 진폭은 $\omega = \omega_0[1 - (1/2Q^2)]^{1/2}$일 때 나타남을 보여라.

27-9 계가 공명에 있거나 공명과 가까울 때, Q는 2π 곱하기 회로의 총에너지의 시간 평균 나누기 사이클당 흩어지는 평균에너지와도 같음을 보여라. 이 결과는 24장에서 정의된 Q의 해석(연습문제 24-29의 마지막 문장)과 어떻게 비교되는가?

27-10 어떤 직렬 RLC회로가 L''의 유도기를 하나 더 가지고 있고, 이것은 전체 조합과 병렬이다. 이 새로운 계의 합성 임피던스를 구하라.

27-11 저항 R과 유도기 L이 병렬로 연결되어 구성된 회로에 실수 전류 $I = I_0 \cos(\omega t +$

ϵ)이 흐르고 있다. 이 회로에 걸려있는 전압 $V(t)$를 구하라.

27-12 그림 27-8의 회로에서, L이 포함되어 있는 갈래의 R_L을 제거하여 이것을 C가 포함된 갈래에 넣는다고 해보자. Z를 구하라. 이 결과는, (27-37)에서 R_L을 무시하였을 때의 결과로 바르게 나옴을 보여라. $\omega^2 LC = 1$일 때, 그 결과와 (27-36) 둘 다 동일한 $|Z|$ 값이 됨을 보여라.

27-13 그림 27-9의 결합된 회로의 특별한 경우로 $L_1 = L_2 = L$과 $C_1 = C_2 = C$를 고려해보자. $t = 0$에서의 초기조건은 $I_1 = I_2 = 0$, $q_1 = q_0$, $q_2 = 0$이다. (실제적으로 어떻게 이러한 조건을 얻을 수 있을까?) 나중 시간에 전류와 전하를 구하라.

27-14 기전력 $\mathscr{E}_0 e^{i\omega t}$를 제공하는 발전기의 내부 임피던스는 Z_0이다. 이것을 부하와 직렬로 연결하는데, 부하의 임피던스 Z_l은 변할 수 있다. 부하로 옮겨가는 시간 평균 전력은 $Z_l = Z_0^*$일 때 최대임을 보여라.

27-15 어떤 송전선은 저항이 그것의 직렬연결된 유도리액턴스와 비교하여 크고, 용량리액턴스는 누출 컨덕턴스보다 크다. 이 경우 α, β, v, Z_i를 가장 낮은 차수의 근사로 구하라.

27-16 전선의 물리량들이 진동수와 무관하다고 가정하여, "뒤틀림 없는" 송전선을 얻을 수 있다. 즉, $L'G' = R'C'$이면, 전파에 관련된 양들은 진동수에 무관하다. α, v, Z_i를 계산하여 정말로 이렇게 됨을 보여라. (실제에 있어서 이것은 일반적으로 허용할 수 없을 정도의 커다란 L'과/이나 G' 값을 요구한다.)

27-17 흔히 전압과 전류를 송전선 입력 값, 즉 $x = 0$에서의 값으로 표현하는 것이 편리할 때가 있다. (27-62)와 (27-63)은

$$V_0(x) = \frac{V_0(0)\cosh[\gamma(l-x)+\phi]}{\cosh(\gamma l+\phi)}$$

$$I_0(x) = \frac{V_0(0)\sinh[\gamma(l-x)+\phi]}{Z_i\cosh(\gamma l+\phi)}$$

로 쓸 수 있음을 보여라. 여기서 $\tanh\phi = Z_i/Z_l$이다. 또한 효과적인 입력 임피던스는 보통 송전선 상수와 부하 임피던스로

$$\begin{aligned} V_0(0)/I_0(0) &= Z_i\coth(\gamma l+\phi) \\ &= Z_i(Z_l + Z_i\tanh\gamma l)/ \\ &\quad (Z_l\tanh\gamma l + Z_i) \end{aligned}$$

처럼 쓸 수 있음을 보여라.

27-18 송전선이 누전회로 ($Z_l = 0$)로 끝날 때와 열린회로 ($Z_l \to \infty$)인 때의 입력 임피던스를 각각 Z_{sc}와 Z_{oc}라 한다면, 특성임피던스는 정확히 $Z_i = (Z_{sc}Z_{oc})^{1/2}$로 주어짐을 보여라.

27-19 Lecher 도선의 경우에 대하여, 전압 마디는 전류 마디이고 그 반대도 성립함을 보여라.

27-20 크기가 얼마쯤 되는지 짐작해보기 위해, 내부가 진공인 동축송전선의 Z_i를 60 Ω으로 만드는데 필요한 b/a의 비를 구해보라.

27-21 송전선의 주어진 지점을 지나 통과하는 시간 평균 전력이 $\langle P\rangle = \mathrm{Re}(\frac{1}{2}I_0V_0^*)$이다. (동의할 수 있겠는가?) $\alpha = 0$이고 Z_i가 실수이면, $\langle P\rangle \sim (1 - |\Gamma_l|^2)$임을 보여라. 즉 최대로 전송되는 전력은 $Z_l = Z_i$일 때 나타남을 보여라.

27-22 문제를 간단히 하기 위해, 모든 임피던스는 실수이고 $\gamma = i\beta$라 하자. 송전선의 위치에 따라 달라지는 전압의 진폭이 일반적으로 $|V_0|^2 = A[1 + \Gamma_l^2 - 2\Gamma_l\cos 2\beta(l - x)]$로 나타내어짐을 보여라. 여기서 A는 상수이다. 최소치가 영이 아닌 이런 유형의 정지파에 대해, 유용하며 측정 가능한 물

리량은 전압정지파비율 V_{SWR}이며, 이것은 $V_{SWR} = |V_0|_{max}/|V_0|_{min}$로 정의된다.

$$V_{SWR} = \frac{1 + |\Gamma_l|}{1 - |\Gamma_l|} \quad 및 \quad |\Gamma_l| = \frac{V_{SWR} - 1}{V_{SWR} + 1}$$

임을 보이고, 이들은 Γ_l이 양 혹은 음 모두에 대해 옳다는 것도 보여라. (두 번째 결과식은 $|\Gamma_l|$을 측정하는 편리한 방법이며, 그래서 부하 임피던스를 구하는 방법이다.) 이들 결과는 Lecher 도선계에 대해 구했던 것과 일치함을 보여라. $\Gamma_l = 0$일 때의 V_{SWR}에 대해 구한 값을 설명해보아라. 인접한 최대치 (그리고 인접한 최소치) 사이의 간격이 $\lambda/2$임을 보여라.

제 28 장 복사

24장부터 26장까지에서는 시간의존 전자기장을 진행파와 정지파의 형태로 고려했었다. 그러한 장을 어떻게 만드는지에 관해서는 염려하지 않았었고, 원리상 "적절한" 전하와 전류분포로 만들 수 있을 것이라고 희망했었다. 여기서는 파동형태로의 전자기장이 어떻게 만들어질 수 있는가에 관해 고려하고자 한다. 전자기학에서의 이 부분을 흔히 **복사** *radiation*이라는 용어로 부른다. 복사의 일반적인 주제는 다양한 문제에 걸쳐있지만, 매우 복잡할 수 있다. 따라서 우리는 대표적이고 적당히 간단하며 그러나 중요한 몇몇 예에만 한정하여 다루어보겠다.

파동을 어떻게 취급하였던가를 생각해보면, Maxwell 방정식을 사용하여 **E**와 **B**(혹은 **H**)장 자체를 취급함으로써, 아주 잘 해내었음을 알 수 있다. 즉, 22장에서 논의하였던 일반적인 시간의존 벡터퍼텐셜과 스칼라퍼텐셜을 사용할 필요가 없었다. 그러나 전자기복사 만들기는 이들 퍼텐셜 **A**와 ϕ로 훨씬 용이하게 다룰 수 있다.

28-1 뒤쳐진 퍼텐셜

우리는 진공의 특성을 갖는 영역만으로 제한하기로 한다. 그러면 $\mu\epsilon = \mu_0\epsilon_0 = 1/c^2$라 할 수 있다. 전하와 전류밀도에 관해 첨자 f를 떼어내 표기를 다소 간단히 하면, 퍼텐셜을 결정하는 방정식은 (22-14)부터 (22-16)까지로부터

$$\nabla^2\mathbf{A} - \frac{1}{c^2}\frac{\partial^2\mathbf{A}}{\partial t^2} = -\mu_0\mathbf{J} \tag{28-1}$$

$$\nabla^2\phi - \frac{1}{c^2}\frac{\partial^2\phi}{\partial t^2} = -\frac{\rho}{\epsilon_0} \tag{28-2}$$

$$\nabla\cdot\mathbf{A} + \frac{1}{c^2}\frac{\partial\phi}{\partial t} = 0 \tag{28-3}$$

이 되고, 장들은 (22-1)과 (22-3)에 의해

$$\mathbf{B} = \nabla\times\mathbf{A} \tag{28-4}$$

$$\mathbf{E} = -\nabla\phi - \frac{\partial\mathbf{A}}{\partial t} \tag{28-5}$$

로부터 얻게 된다. 이들 방정식들은 Maxwell 방정식과 완전히 동등하다는 점을 상기하라.

또한 이전에는 모든 시간미분이 영인 **정적인**(static) 경우의 퍼텐셜에 대한 해를 구했었다는

것을 기억해 두자. 이들은 (16-12)와 (5-7)로 주어져

$$\mathbf{A}(\mathbf{r}) = \frac{\mu_0}{4\pi}\int_{V'} \frac{\mathbf{J}(\mathbf{r}')\,d\tau'}{R} \tag{28-6}$$

$$\phi(\mathbf{r}) = \frac{1}{4\pi\epsilon_0}\int_{V'} \frac{\rho(\mathbf{r}')\,d\tau'}{R} \tag{28-7}$$

이고, 여기서 $R = |\mathbf{r} - \mathbf{r}'|$이다. 시간의존 퍼텐셜의 해는 정적 상황에서는 (28-6)과 (28-7)로 되어야함을 알고 있다. 불행히도, (28-6)의 $\mathbf{J}(\mathbf{r}')$을 $\mathbf{J}(\mathbf{r}', t)$로 단순히 대체하여 시간의존 해를 구할 수는 없다. 그 이유는 **A**에 대한 미분방정식의 시간미분 때문이다.

(28-1)과 (28-2)를 세련되고도 일반적인 방법으로 풀 수도 있으나, 꽤 복잡하다. 더 간단한 방법을 사용하여 옳은 결과를 얻는 것이 좋겠고, 이것이 이해를 돕는 데 더 가치가 있다. 전하요소 $\Delta q = \rho\Delta\tau'$으로부터 ϕ에 주는 기여를 구하려 하는데, 체적 $\Delta\tau'$가 매우 작아서 Δq를 점전하로 취급할 수 있다고 하겠다. 그러면 모든 전하요소의 기여를 더하여, 총 스칼라퍼텐셜을 구할 수 있다. $\Delta\tau'$의 밖에는 전하가 없으므로 (28-2)는 동차 파동방정식

$$\nabla^2\phi - \frac{1}{c^2}\frac{\partial^2\phi}{\partial t^2} = 0 \tag{28-8}$$

이 된다. 점전하와 관련된 구대칭으로 인해, $\phi(\mathbf{r}, t)$는 실제로 상대 거리 R에만 의존하며 각도에는 무관하다. 즉, $\phi = \phi(R, t)$이다. (1-139)를 사용하여 $\nabla\phi = (\partial\phi/\partial R)\hat{\mathbf{R}} = (\partial\phi/\partial R)(\mathbf{R}/R)$로 구하고, 그 다음 (1-115), (1-139), 그리고 연습문제 1-12를 연속적으로 사용하여

$$\nabla^2\phi = \nabla\cdot\nabla\phi = \nabla\cdot\left[\frac{1}{R}\left(\frac{\partial\phi}{\partial R}\right)\mathbf{R}\right] = \nabla\left[\frac{1}{R}\left(\frac{\partial\phi}{\partial R}\right)\right]\cdot\mathbf{R} + \frac{1}{R}\left(\frac{\partial\phi}{\partial R}\right)\nabla\cdot\mathbf{R}$$

$$= \left\{\frac{\partial}{\partial R}\left[\frac{1}{R}\left(\frac{\partial\phi}{\partial R}\right)\right]\frac{\mathbf{R}}{R}\right\}\cdot\mathbf{R} + \frac{3}{R}\left(\frac{\partial\phi}{\partial R}\right) = \frac{\partial^2\phi}{\partial R^2} + \frac{2}{R}\frac{\partial\phi}{\partial R}$$

을 얻는다. 그래서 (28-8)은

$$\frac{\partial^2\phi}{\partial R^2} + \frac{2}{R}\frac{\partial\phi}{\partial R} - \frac{1}{c^2}\frac{\partial^2\phi}{\partial t^2} = \frac{1}{R^2}\frac{\partial}{\partial R}\left(R^2\frac{\partial\phi}{\partial R}\right) - \frac{1}{c^2}\frac{\partial^2\phi}{\partial t^2} = 0 \tag{28-9}$$

이 된다. [(1-105)로부터, 지름거리를 R로 하며 ϕ는 각도에 무관하다고 하여 ∇^2를 구좌표로 전개한 결과와, 위의 결과는 정확히 같다는 점에 유의하자.] 이제

$$\phi(R, t) = \frac{\chi(R, t)}{R} \tag{28-10}$$

로 놓으면, 그리고 이것을 (28-9)에 대입하면, χ는 일차원 파동방정식

$$\frac{\partial^2\chi}{\partial R^2} - \frac{1}{c^2}\frac{\partial^2\chi}{\partial t^2} = 0 \tag{28-11}$$

을 만족한다. (24-9), (24-11), (24-12)에서, 이 방정식의 해는 $\chi = f(R - ct) + g(R + ct)$의 형

태를 갖는다고 했었고, 여기서 f와 g는 변수 $R \mp ct$의 결합만으로 된 함수이다. 마찬가지로 $t \mp (R/c)$의 결합만으로 되어 있다고 해도 된다. 그러면 ϕ는 (28-10)으로부터

$$\phi(R, t) = \frac{f[t-(R/c)]}{R} + \frac{g[t+(R/c)]}{R} \tag{28-12}$$

의 형태를 갖는다. (28-12)의 각 항은 **구면파** *spherical wave*로써, Δq의 위치에 대하여 지름방향으로 c의 속력으로 진행하며, 이 전하에 중심을 둔 반지름 R의 구면에서 일정한 진폭을 갖는다. f는 Δq로부터 바깥쪽으로 진행하는 파동을 나타내며, g는 안쪽으로 진행하는 파동이다. (28-12)는 원천이 없는 (28-8)의 해로 얻었지만, f와 g는 $R \simeq 0$에 존재하는 전하 Δq에 의해 정해지는 해이어야 한다.

무엇보다도, (28-12)의 ϕ는 변화하는 원천 때문에 생긴 퍼텐셜이어야 한다. 함수 g가 안으로 들어오는 파동으로써 포함되어 있는데, 이것은 t보다 늦은 시간에 원천에 도착할 것이고, 엄밀히 R/c의 시간만큼 늦을 것이며, g 값은 Δq에 매우 가까운 점에서 적절한 올바른 값이어야 할 것이다. 그러나 이것이 의미하는 바는, g는 이미 그 이전 시간 t에 거리 R만큼 떨어진 곳에서 바른 값이었다는 점이다. 즉, g로 나타내어지는 "결과"는 전하에 의한 "원인" 이전에 반드시 발생하여야 (혹은 알려져 있어야) 한다. 이것은 이러한 사건의 논리적인 순서에 어긋나기 때문에, 물리적인 기반에서 g항은 버려야 한다. 그래서 $\phi = f[t-(R/c)]/R$로 써야 한다. 거의 점전하인 Δq의 바로 가까운 곳에 접근함에 따라, 즉 $R \to 0$에 따라 퍼텐셜은 점전하의 순간 전하량과 순간 위치에서의 퍼텐셜이 되어야 한다. 이것은 (28-7)로부터 알 수 있듯이 $\Delta q(t)/4\pi\epsilon_0 R$이다. 그러므로 $f[t-(R/c)]$는 $R \to 0$에 대하여 $f(t) = \Delta q(t)/4\pi\epsilon_0$의 형태를 가져야 한다. 혹은, γ를 f의 일반적인 변수라 할 때,

$$f(\gamma) = \frac{\Delta q(\gamma)}{4\pi\epsilon_0} \tag{28-13}$$

처럼 되어야 한다. 그러므로 f의 형태는, 그리고 이에 따라 정해지는 ϕ의 형태는 결국

$$\phi(\mathbf{r}, t) = \frac{1}{4\pi\epsilon_0 R}\Delta q\left(t - \frac{R}{c}\right) = \frac{1}{4\pi\epsilon_0 R}\rho\left(\mathbf{r}', t - \frac{R}{c}\right)\Delta\tau' \tag{28-14}$$

이다. 이 결과가 말해주는 것은, 장점 $\mathbf{r}$에서 시간 t때의 스칼라퍼텐셜은 앞선 시간 $t - R/c$ 때의 전하 값에 의존한다는 것이다. 그리고 시간차 R/c는 정확히 구면파가 장점에 도착하는데 걸리는 시간이다. 그러므로 전하는 퍼텐셜을 즉시적으로 만들지 않으며, 이 효과가 장점에서 느껴지는 데에는 파동의 진행시간에 해당되는 유한한 시간이 필요하다. 이 시간 $t' = t - (R/c)$는 보통 **뒤쳐진**(지연) **시간** *retarded time*이라 불린다.

전하요소가 스칼라퍼텐셜에 주는 기여를 구했으므로, 전하분포에 의한 총 스칼라퍼텐셜을 구할 수 있다. 이 때 전하를 담고 있는 모든 체적 V'에 대해 (28-14)를 가정한다. 결과는

$$\phi(\mathbf{r}, t) = \frac{1}{4\pi\epsilon_0}\int_{V'} \frac{\rho[\mathbf{r}', t-(R/c)]\, d\tau'}{R} \tag{28-15}$$

이다. 각 전하요소는 그 자체의 뒤쳐진 시간에서 계산되어져야 함을 알 수 있다. 주어진 장점 $\mathbf{r}$에 대해 상대거리 $R = |\mathbf{r} - \mathbf{r}'|$은 원천점의 위치 $\mathbf{r}'$에 따라 변할 것이기 때문에, 이 시간은 전하요소 마다 다를 것이다. R이 분모에 나타나기 때문에 (28-15)는 R에 직접적으로 의존하고, 또한 R은 전하밀도 ρ의 시간변수에 나타나기도 하므로 간접적으로 의존하기도 한다.

(28-1)의 직교좌표 성분은 (28-2)와 같은 형태를 가질 것이다. 즉

$$\nabla^2 A_x - \frac{1}{c^2}\frac{\partial^2 A_x}{\partial t^2} = -\mu_0 J_x$$

이다. 이들 각 방정식은 (28-15)와 같은 결과에 도달하게 될 것이고, 그리고는 벡터적으로 더해져서 $\mathbf{A}$는

$$\mathbf{A}(\mathbf{r}, t) = \frac{\mu_0}{4\pi}\int_{V'} \frac{\mathbf{J}[\mathbf{r}', t - (R/c)]\, d\tau'}{R} \tag{28-16}$$

으로 주어질 것이다.

(28-15)와 (28-16)의 결과는 **뒤쳐진 퍼텐셜** *retarded potential*이라고 알려져 있다. 이들은 흔히 피적분함수의 원천항에 괄호를 쳐서

$$\mathbf{A} = \frac{\mu_0}{4\pi}\int_{V'} \frac{[\mathbf{J}]\, d\tau'}{R} \qquad \phi = \frac{1}{4\pi\epsilon_0}\int_{V'} \frac{[\rho]\, d\tau'}{R} \tag{28-17}$$

으로 약기하기도 하는데, 그럼으로써 이들을 뒤쳐진 시간에 계산하라고 환기시켜 준다. (28-15)와 (28-16)은 전하와 전류밀도가 시간에 무관한 정적인 경우에 (28-6)과 (28-7)로 올바로 환원된다. [(28-12)의 g항에 의한 퍼텐셜은 **앞선 퍼텐셜** *advanced potential*이라 한다.]

28-2 조화진동하는 원천에 대한 다중극 전개

여기에서는 미리 알려진 원천을 포함하고 있는 유한한 영역 밖의 진공 한 지점에 만들어지는 장을 구하는 문제로 한정하겠다. 즉, $\mathbf{J}(\mathbf{r}', t')$와 $\rho(\mathbf{r}', t')$는 위치와 시간에 관해 알려진 함수라고 가정하겠다. 특히, 원천이 시간에 대해 각진동수 ω로 조화함수적으로 변하는 중요한 경우만을 고려하겠고, 그래서

$$\mathbf{J}(\mathbf{r}', t) = \mathbf{J}_0(\mathbf{r}')e^{-i\omega t} \qquad \rho(\mathbf{r}', t) = \rho_0(\mathbf{r}')e^{-i\omega t} \tag{28-18}$$

로 쓰겠다. 여기서 $\mathbf{J}_0$과 ρ_0은 (24-19)와 관련하여 논의하였듯이 복소수 함수이다. 그러므로 이들을 실수 진폭과 위상으로 쓰자면

$$\mathbf{J}_0(\mathbf{r}') = \hat{\mathbf{j}}|\mathbf{J}_0(\mathbf{r}')|e^{i\vartheta_c} \qquad \rho_0(\mathbf{r}') = |\rho_0(\mathbf{r}')|e^{i\vartheta_{ch}} \tag{28-19}$$

이고, 여기서 $\hat{\mathbf{j}}$는 $\mathbf{J}_0$의 방향이다. 그러면 물리적인 전류와 전하를 나타내는 실수 성분은

$$\mathbf{J}_{실수} = \hat{\mathbf{j}}|\mathbf{J}_0|\cos(\omega t - \vartheta_c) \qquad \rho_{실수} = |\rho_0|\cos(\omega t - \vartheta_{ch}) \tag{28-20}$$

이 될 것이다.

이전의 결과를 따라 (28-18)에서의 t를 $t-(R/c)$로 대체하고

$$k=\frac{\omega}{c}=\frac{2\pi}{\lambda} \tag{28-21}$$

로 놓으면, (28-15)와 (28-16)은

$$\phi(\mathbf{r},t)=\frac{e^{-i\omega t}}{4\pi\epsilon_0}\int_{V'}\frac{e^{ikR}\rho_0(\mathbf{r}')\,d\tau'}{R} \tag{28-22}$$

$$\mathbf{A}(\mathbf{r},t)=\frac{\mu_0 e^{-i\omega t}}{4\pi}\int_{V'}\frac{e^{ikR}\mathbf{J}_0(\mathbf{r}')\,d\tau'}{R} \tag{28-23}$$

이 된다. 이들 퍼텐셜은 시간적으로 조화함수로 변할 것이고 (**E**와 **B**도), 원천과 같은 진동수를 가진다는 것을 알 수 있다. 이 사실은 우리의 계산을 다소 간단히 해 줄 것이고, 모든 시간미분은 $-i\omega$로 대체할 수 있다. 즉,

$$\frac{\partial\psi}{\partial t}=-i\omega\psi \tag{28-24}$$

로, 여기서 ψ는 ϕ뿐 아니라 **A**, **E**, **B**의 어느 성분이라도 될 수 있다.

사실 이 경우 (28-3)의 Lorentz 조건은 $\nabla\cdot\mathbf{A}-(i\omega/c^2)\phi=0$이 되므로

$$\phi=-i\frac{c^2}{\omega}\nabla\cdot\mathbf{A} \tag{28-25}$$

이고, 그래서 모든 것을 벡터퍼텐셜로 표현할 수 있다. 이제 (28-25)를 (28-5)에 대입하고, (28-4), (28-24), (1-120)을 사용하면,

$$\begin{aligned}\mathbf{E}&=-\nabla\phi+i\omega\mathbf{A}=i(c^2/\omega)\left[\nabla(\nabla\cdot\mathbf{A})+(\omega^2/c^2)\mathbf{A}\right]\\&=i(c^2/\omega)\left[\nabla\times\mathbf{B}+\nabla^2\mathbf{A}+(\omega^2/c^2)\mathbf{A}\right]\end{aligned} \tag{28-26}$$

를 얻는다. **E**와 **B**를 구하고자 하는 지점에서 전류밀도 $\mathbf{J}=0$이므로 (28-1)은 $\nabla^2\mathbf{A}+(\omega^2/c^2)\mathbf{A}=0$이 된다. 그래서 (28-26)의 마지막 두 항은 없어지고

$$\mathbf{E}=i\frac{c^2}{\omega}\nabla\times\mathbf{B}=i\frac{c}{k}\nabla\times\mathbf{B} \tag{28-27}$$

이 된다. 실제로 이 결과는 놀랄만한 것이 못 된다. 왜냐하면, 이것은 다만 Maxwell 방정식 중의 하나이기 때문이다. (24-4)에서 $\sigma=0$으로 놓으면 $\nabla\times\mathbf{B}=\mu_0\epsilon_0(\partial\mathbf{E}/\partial t)=-i(\omega/c^2)\mathbf{E}$가 되는데 이것이 바로 (28-27)이다. 요약하면, (28-23)으로 주어진 벡터퍼텐셜 **A**만을 고려하면 된다는 것을 알아내었고, 일단 **A**가 구해졌으면, **B**는 (28-4)로부터 얻으며, 그러면 **E**는 (28-27)로부터 얻는다.

일반적으로 (28-23)의 적분은 다루기가 어렵다. 그래서 8장과 19장에서 전기와 자기 다중극

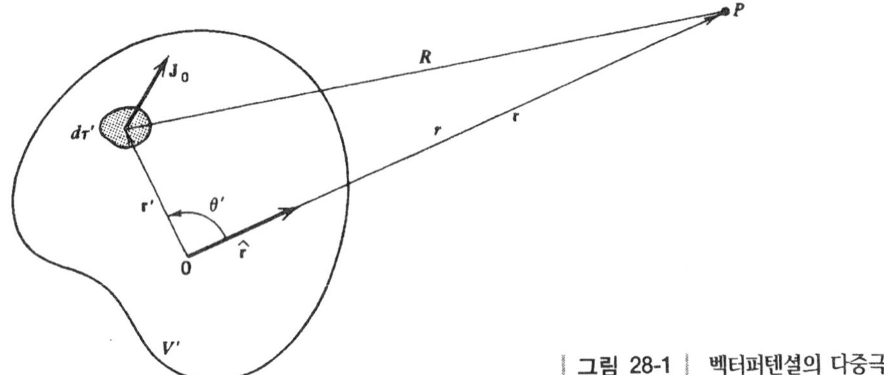

그림 28-1 벡터퍼텐셜의 다중극 전개와 관련됨.

자를 논의할 때 사용하였던 것과 같은 방법으로 피적분함수를 전개하는 것이 유용하다고 알려져 있다. 좌표의 원점은 원천이 차지하고 있는 공간 내의 임의의 편리한 위치로 잡겠고, 그리하여 그림 28-1과같은 배치가 되며, 여기서 $\mathbf{r}$은 장점 P의 위치벡터이다. (그림 19-1, 그림 8-1과 비교하라.) 또한 (19-2)와 (8-4)에 의해

$$R = |\mathbf{r} - \mathbf{r}'| = (r^2 + r'^2 - 2rr'\cos\theta')^{1/2} = r(1+\eta)^{1/2} \tag{28-28}$$

로 쓸 수 있고, 여기서

$$\eta = -2\left(\frac{r'}{r}\right)\cos\theta' + \left(\frac{r'}{r}\right)^2 = -\frac{2(\hat{\mathbf{r}}\cdot\mathbf{r}')}{r} + \left(\frac{r'}{r}\right)^2 \tag{28-29}$$

이다. r은 원천의 체적 V'의 치수와 비교하여 크다고 가정하겠고, 그래서 r'/r에 선형인 항만을 취하면 우리의 계산으로는 충분하겠다. 그러면

$$\eta \simeq -\frac{2(\hat{\mathbf{r}}\cdot\mathbf{r}')}{r} \tag{28-30}$$

으로 쓸 수 있고, (8-6)의 전개를 사용하여

$$\frac{1}{R} \simeq \frac{1}{r}\left(1 - \frac{1}{2}\eta\right) \tag{28-31}$$

로 쓸 수 있다. 이제 e^{ikR}을 고려해보자. 이것도 적절한 방법으로 전개하고자 한다.

(28-21)에 의해 $kR = 2\pi R/\lambda$이고, 그러므로 이것은 본질적으로 거리 R을 파장의 단위로 재는 것이다. 우리가 밀집된 원천을 다루고 있다면, $R \approx r$이고, e^{ikR}을 kR의 급수로 전개하여 처음 몇 항만을 취하려 한다면, 불필요하게도 장점이 원천에 가까워야 한다는 제한을 하게 될 것이다. 그러나 D가 원천체적 V'의 대표적인 치수라면, $R - r$의 변화량은 D 크기 정도가 될 것이다. 여기서 $D \ll \lambda$로 가정한다해도 이치에 크게 어긋나지는 않을 것이므로, 이러한 식으로 파장의 크기에 비하여 원천의 크기가 작은 경우로 국한하도록 하겠다. 그러나 r을 λ에 비교하는 어떤 가정도 할 필요는 없다. 즉, 우리가 실제 하고자하는 것은 단순히 e^{ikR}보다는

$e^{ik(R-r)}$을 전개하려는 것이다. 이 전개를 하기 전에, $D \ll \lambda$의 가정을 표현하는 또 다른 방법을 고려해보자.

위치벡터가 $\mathbf{r}' = \mathbf{r}_0' e^{-i\omega t}$의 형태로 조화적으로 진동하는 계에 대하여, 속도는 $\mathbf{v}' = d\mathbf{r}'/dt = -i\omega\mathbf{r}'$이 될 것이고, 그러면 속력의 최대값은 $v \approx \omega D$일 것이다. $D \ll \lambda$를 가정하면, $v/c \approx \omega D/c \approx D/\lambda \ll 1$이 된다. 즉, 모든 전하와 전류가, 원천-관찰자 사이의 거리 및 모든 관측 시간 동안의 파장과 비교하여, 작은 체적 속에 밀집하여 들어있을 수 있다는 가정은, "천천히 운동하는" 전하의 "비상대론적" 극한을 다룬다고 가정하는 것과 동일하다. 즉, 전하의 속력이 c와 비교하여 작다고 가정하는 것이다. 천천히 운동하는 이러한 제한을 이 장에서 다루는 모든 물질에 적용하겠다. 그러나 마지막 절에서는 파장과 비슷한 크기를 갖는 원천을 다루는 근사적인 수단도 알게 될 것이다.

e^{ikR}를 적절히 전개하기 위하여, 이것을 η로 표현할 필요가 있다. 우선 $kR = kr + k(R - r)$라 쓰고, (28-28)을 사용하여 $k(R - r) = kr[(1 + \eta)^{1/2} - 1] \simeq \frac{1}{2}kr\eta$를 얻는다. 이것을 e^{ikR}에 대입하고 $e^u \simeq 1 + u$의 전개를 사용하여, 일차 항만을 취하면,

$$\begin{aligned} e^{ikR} &= e^{ikr}e^{ik(R-r)} \simeq e^{ikr}e^{i\frac{1}{2}kr\eta} \\ &\simeq e^{ikr}\left(1 + \tfrac{1}{2}ikr\eta\right) \end{aligned} \tag{28-32}$$

가 된다. 이것을 (28-31)과 결합하여 근사식

$$\frac{e^{ikR}}{R} \simeq \frac{e^{ikr}}{r}\left\{1 - \frac{1}{2}(1 - ikr)\eta\right\} \tag{28-33}$$

를 얻는다. 끝으로, (28-30)으로 주어지는 η에 대한 표현식을 (28-33)에 넣으면

$$\frac{e^{ikR}}{R} \simeq \frac{e^{ikr}}{r}\left\{1 + (1 - ikr)\left(\frac{\hat{\mathbf{r}} \cdot \mathbf{r}'}{r}\right)\right\} \tag{28-34}$$

으로 구해지는데, 이것을 (28-23)에 대입할 때 벡터퍼텐셜의 바람직한 전개식

$$\mathbf{A} = \mathbf{A}_{\mathrm{I}} + \mathbf{A}_{\mathrm{II}} \tag{28-35}$$

가 된다. 여기서

$$\mathbf{A}_{\mathrm{I}} = \frac{\mu_0 e^{i(kr-\omega t)}}{4\pi r}\int_{V'} \mathbf{J}_0(\mathbf{r}')\, d\tau' \tag{28-36}$$

$$\mathbf{A}_{\mathrm{II}} = \frac{\mu_0(1 - ikr)e^{i(kr-\omega t)}}{4\pi r^2}\int_{V'} (\hat{\mathbf{r}} \cdot \mathbf{r}')\mathbf{J}_0(\mathbf{r}')\, d\tau' \tag{28-37}$$

인데, r은 프라임이 붙은 적분변수에 관해서는 상수이기 때문에 적분 밖으로 꺼냈다. (**A**의 첨자는 임시로 붙인 것으로, 다만 자연스럽게 나타나는 r의 역수 멱을 반영하도록 선택했다.)

모든 항은 $e^{i(kr-\omega t)}$에 비례하여 원점으로부터 바깥쪽으로 $\omega/k = c$의 속력으로 진행하는 구면파를 나타낸다. 각 파동의 진폭은 r에 관한 의존성을 가지고 있는데, 전개에서 뒤따라 나오는 항에서는 더 복잡해진다. 특히 각 파동은 원천전류의 크기를 원천체적에 대해 적분한 것에

비례한다. 다만 (28-37)에서는 피적분함수가 장점의 방향 $\hat{\mathbf{r}}$을 포함하고 있기 때문에, 장점이 적분에 아직 남아 있다. 우리가 전에 사용하였던 것과 같은 R의 전개를 사용하고 있기 때문에, 이들 적분이 원천의 여러 다중극모멘트와 관련 있지 않을까 생각된다. 사실 (28-36)과 (28-37)은 **정자기** *magnetostatic* 벡터퍼텐셜의 전개식을 얻을 때 (19-4)에서 구했던 처음 두 적분과 정확히 같다. 따라서 이들 개념을 염두에 두고 이들 적분을 좀 더 면밀히 조사해보겠다.

(28-36)의 적분은 19-1절의 소위 자기홀극모멘트이다. (19-5)에서 이것은 항상 영이라고 알고 있다. 그러나 그것은 연속방정식이 $\nabla' \cdot \mathbf{J} = 0$으로 되는 정적 전류에 대해서 그러하였고, 여기에서는 전혀 그렇지 않은 경우이다. (28-24)를 이용하면 (12-13)의 일반적인 연속방정식은 $\nabla' \cdot \mathbf{J} + (\partial\rho/\partial t) = \nabla' \cdot \mathbf{J} - i\omega\rho = 0$이 되고, 이것을 (28-18)과 결합하면

$$\nabla' \cdot \mathbf{J}_0 = i\omega\rho_0 \tag{28-38}$$

이 된다. 이것은 전하와 전류분포가 독립적이지 않다는 것을 분명히 보여주고 있다. (1-121)로부터 $(\mathbf{J}_0 \cdot \nabla')\mathbf{r}' = \mathbf{J}_0$이 되고, 그래서 (1-129)가 원천 영역에 적용될 때

$$\oint_{S'} \mathbf{r}'(\mathbf{J}_0 \cdot d\mathbf{a}') = \int_{V'} \left[\mathbf{J}_0 + \mathbf{r}'(\nabla' \cdot \mathbf{J}_0)\right] d\tau' = 0 \tag{28-39}$$

이 된다. 여기서 전류 $\mathbf{J}_0$는 경계면 S'에서 영이라는 사실을 사용하였다. 그리고 (28-38)도 사용하여,

$$\int_{V'} \mathbf{J}_0\, d\tau' = -\int_{V'} \mathbf{r}'(\nabla' \cdot \mathbf{J}_0)\, d\tau' = -i\omega \int_{V'} \rho_0(\mathbf{r}')\mathbf{r}'\, d\tau' = -i\omega\mathbf{p}_0 \tag{28-40}$$

임을 알게 된다. 여기서 $\mathbf{p}_0$은 (8-22)에 의한 전하분포(복소수)의 전기쌍극자모멘트이다. 그러므로 (28-36)은 실제로 변화하는 전기쌍극자모멘트에 의해 만들어지는 전자기장을 나타내주고, 이제 $\mathbf{A}_\mathrm{I}$을 다시 명명하여

$$\mathbf{A}_{\mathrm{ed}} = -\frac{i\mu_0\omega\mathbf{p}_0}{4\pi r} e^{i(kr-\omega t)} \tag{28-41}$$

처럼 쓸 수 있다.

(28-37)에 나타나있는 적분은 (19-7)에서 $\mathfrak{D}$로 부르던 것과 똑같다. 전과 마찬가지로, 피적분함수를 두 동일한 부분으로 나누고, "적당한" 양을 더하고 빼고 하여서, 대칭부분과 반대칭부분의 합으로 쓰는 것이 편리하겠다. 그리하여

$$\begin{aligned}(\hat{\mathbf{r}} \cdot \mathbf{r}')\mathbf{J}_0 &= \tfrac{1}{2}\left[(\hat{\mathbf{r}} \cdot \mathbf{r}')\mathbf{J}_0 - (\hat{\mathbf{r}} \cdot \mathbf{J}_0)\mathbf{r}'\right] + \tfrac{1}{2}\left[(\hat{\mathbf{r}} \cdot \mathbf{r}')\mathbf{J}_0 + (\hat{\mathbf{r}} \cdot \mathbf{J}_0)\mathbf{r}'\right] \\ &= \tfrac{1}{2}(\mathbf{r}' \times \mathbf{J}_0) \times \hat{\mathbf{r}} + \tfrac{1}{2}\left[(\hat{\mathbf{r}} \cdot \mathbf{r}')\mathbf{J}_0 + (\hat{\mathbf{r}} \cdot \mathbf{J}_0)\mathbf{r}'\right]\end{aligned} \tag{28-42}$$

을 얻고, 이 때 (1-30)과 (1-23)을 사용하였다. 이것을 (28-37)에 넣으면, $\mathbf{A}_{\mathrm{II}}$는

$$\mathbf{A}_{\mathrm{II}} = \frac{\mu_0(1-ikr)e^{i(kr-\omega t)}}{4\pi r^2}\left[\frac{1}{2}\int_{V'} \mathbf{r}' \times \mathbf{J}_0\, d\tau'\right] \times \hat{\mathbf{r}}$$

$$+\frac{\mu_0(1-ikr)e^{i(kr-\omega t)}}{8\pi r^2}\left\{\int_{V'}[(\hat{\mathbf{r}}\cdot\mathbf{r}')\mathbf{J}_0+(\hat{\mathbf{r}}\cdot\mathbf{J}_0)\mathbf{r}']\,d\tau'\right\} \tag{28-43}$$

처럼 합으로 쓸 수 있다. (28-43)의 첫 번째 항 괄호 안에 있는 양을 (19-20)과 비교하면, 이것은 바로 전류분포의 자기쌍극자모멘트 $\mathbf{m}_0$임을 알 수 있고, 그래서 이 첫 번째 항 전체를

$$\mathbf{A}_{\mathrm{md}}=\frac{\mu_0(1-ikr)(\mathbf{m}_0\times\hat{\mathbf{r}})}{4\pi r^2}e^{i(kr-\omega t)} \tag{28-44}$$

처럼 쓸 수 있다.

(28-43)의 남아 있는 적분은, 곧 알게 되겠지만, 전기사중극모멘트와 관련이 있다. 그래서 (28-38)을 사용하여 전하밀도로 다시 쓰고자 한다. (19-11)과 (1-115)의 $\mathbf{J}_0=(\mathbf{J}_0\cdot\nabla')\mathbf{r}'$, $\hat{\mathbf{r}}=\nabla'(\hat{\mathbf{r}}\cdot\mathbf{r}')$를 사용하여, 두 번째 항의 피적분함수는

$$\begin{aligned}&\{[(\hat{\mathbf{r}}\cdot\mathbf{r}')\mathbf{J}_0]\cdot\nabla'\}\mathbf{r}'+\mathbf{r}'[\mathbf{J}_0\cdot\nabla'(\hat{\mathbf{r}}\cdot\mathbf{r}')]\\&\quad=\{[(\hat{\mathbf{r}}\cdot\mathbf{r}')\mathbf{J}_0]\cdot\nabla'\}\mathbf{r}'+\mathbf{r}'\{\nabla'\cdot[(\hat{\mathbf{r}}\cdot\mathbf{r}')\mathbf{J}_0]\}-\mathbf{r}'(\hat{\mathbf{r}}\cdot\mathbf{r}')(\nabla'\cdot\mathbf{J}_0)\end{aligned}$$

로 쓸 수 있고, 이것을 V'에 대하여 적분할 때 (1-129)와 (28-38)을 사용하여, 두 번째 적분은

$$\oint_{S'}\mathbf{r}'(\hat{\mathbf{r}}\cdot\mathbf{r}')(\mathbf{J}_0\cdot d\mathbf{a}')-\int_{V'}\mathbf{r}'(\hat{\mathbf{r}}\cdot\mathbf{r}')(\nabla'\cdot\mathbf{J}_0)\,d\tau'=-i\omega\int_{V'}\mathbf{r}'(\hat{\mathbf{r}}\cdot\mathbf{r}')\rho_0(\mathbf{r}')\,d\tau' \tag{28-45}$$

이 된다. 여기서도 표면적분은 (28-39)에서처럼 없어진다. 이것을 (28-43)의 두 번째 부분에 넣으면,

$$\mathbf{A}_{\mathrm{eq}}=-\frac{i\mu_0\omega(1-ikr)e^{i(kr-\omega t)}}{8\pi r^2}\int_{V'}\mathbf{r}'(\hat{\mathbf{r}}\cdot\mathbf{r}')\rho_0(\mathbf{r}')\,d\tau' \tag{28-46}$$

이 됨을 알 수 있다. 그래서 $\mathbf{A}_{\mathrm{II}}=\mathbf{A}_{\mathrm{md}}+\mathbf{A}_{\mathrm{eq}}$로 쓸 수 있다. (28-46)의 적분은 전하밀도진폭의 제 2 모멘트를 포함하고 있음을 알 수 있고, 그러므로 (8-22) 다음에서 자세히 다루었던 전기사중극모멘트와 관련이 있다. 이제 이 결과를 좀 더 쉽게 알아볼 수 있는 형태로 다시 써보겠다.

$\mathbf{B}$는 $\mathbf{B}=\nabla\times\mathbf{A}_{\mathrm{eq}}$를 통하여 미분으로 얻어질 것이므로, $\mathbf{A}_{\mathrm{eq}}$의 $\hat{\mathbf{r}}$ 성분에 상수를 더할 수 있다. 그렇게 하여도 (1-104)에 의해 장들에는 영향이 없다. 따라서

$$-\int_{V'}\frac{1}{3}r'^2\hat{\mathbf{r}}\rho_0(\mathbf{r}')\,d\tau'$$

을 (28-46)에 있는 적분에 더하고, 그러면 이것은

$$\frac{1}{3}\int_{V'}[3\mathbf{r}'(\hat{\mathbf{r}}\cdot\mathbf{r}')-r'^2\hat{\mathbf{r}}]\rho_0(\mathbf{r}')\,d\tau'=\frac{1}{3}\mathbf{Q} \tag{28-47}$$

가 된다. 여기서 적분을 $\mathbf{Q}$로 정의하였다. (8-32)를 상기하여 보면, 전하밀도 $\rho_0(\mathbf{r}')$에 대한 사중극모멘트 텐서의 성분 $Q_{\alpha\beta}$는

$$Q_{\alpha\beta} = \int_{V'} \left(3\alpha'\beta' - r'^2\delta_{\alpha\beta}\right)\rho_0(\mathbf{r}')\, d\tau' = \int_{V'} \left(3r'_\alpha r'_\beta - r'^2\delta_{\alpha\beta}\right)\rho_0(\mathbf{r}')\, d\tau' \qquad (28\text{-}48)$$

로 주어진다. 여기서 α와 β로는 직각좌표 x, y, z를 독립적으로 취하게 된다. (여기서는 α와 β를 첨자로 사용하고 있다. 표기의 혼동을 피하기 위해 $\mathbf{r}'$의 성분은 구체적으로 r'_α으로 쓰겠다.) 또한 $\hat{\mathbf{r}}$을 직각좌표성분(방향코사인)으로 $\hat{\mathbf{r}} = l_x\hat{\mathbf{x}} + l_y\hat{\mathbf{y}} + l_z\hat{\mathbf{z}}$라고 써보자. 그리고 합을 고려하면

$$\sum_{\alpha=x,y,z} l_\alpha Q_{\alpha\beta} = \int_{V'} \sum_{\alpha=x,y,z} \left(3l_\alpha r'_\alpha r'_\beta - l_\alpha r'^2\delta_{\alpha\beta}\right)\rho_0\, d\tau'$$

$$= \int_{V'} \left[3r'_\beta(\hat{\mathbf{r}}\cdot\mathbf{r}') - r'^2 l_\beta\right]\rho_0\, d\tau' = Q_\beta$$

이고, 여기서 (8-27)을 사용하였다. **Q** 벡터의 성분은 그러므로

$$Q_\beta = \sum_{\alpha=x,y,z} l_\alpha Q_{\alpha\beta} \qquad (\beta = x, y, z) \qquad (28\text{-}49)$$

로 주어지고, ρ_0의 사중극모멘트 텐서성분이 알려지기만 한다면, 그리고 $\hat{\mathbf{r}}$의 방향이 선택되면, 이것을 계산할 수 있다. **Q**를 구하는 방법을 알면, (28-47)과 (28-46)을 결합할 수 있고

$$\mathbf{A}_{\mathrm{eq}} = -\frac{i\mu_0\omega(1 - ikr)\mathbf{Q}}{24\pi r^2} e^{i(kr-\omega t)} \qquad (28\text{-}50)$$

이 된다.

끝으로, 별개의 결과들을 모아 벡터퍼텐셜은 합으로

$$\mathbf{A} = \mathbf{A}_{\mathrm{ed}} + \mathbf{A}_{\mathrm{md}} + \mathbf{A}_{\mathrm{eq}} \qquad (28\text{-}51)$$

라 쓸 수 있고 각 항은 (28-41), (28-44), (28-50)으로 주어진다. 이들 항으로부터 계산되는 전자기장은 항별로 따로 고려하여 다음 절에서 구하겠는데, 이렇게 하여 밖으로 나가는 진행파를 구할 수 있다. 이들의 시간 평균 Poynting벡터의 값은 영이 아니며, 그래서 원천은 "복사 radiating"한다고 말할 수 있다. 이들 장을 편리한대로, 전기쌍극자복사, 자기쌍극자복사, 전기사중극복사라 부른다. 핵물리학 같은 물리학의 다른 분야에서는 이들에 흔히 기호를 붙여서 E1, M1, E2복사라 하기도 한다.

28-3 전기쌍극자 복사

$\mathbf{A}_{\mathrm{eq}}$로 나타내어지는 장을 생각해보자. 이 때는 구좌표를 사용하는 것이 좋고, 구체적으로 쌍극자모멘트는 극의 축(z축)에 놓여 있는 것으로 가정하겠다. 그러므로 (1-94)에 의해 $\mathbf{p}_0 = p_0\hat{\mathbf{z}} = p_0(\cos\theta\hat{\mathbf{r}} - \sin\theta\hat{\boldsymbol{\theta}})$로 쓸 수 있고, 그러면 (28-41)은

$$\mathbf{A}_{\mathrm{ed}} = -\frac{i\mu_0\omega p_0 e^{i(kr-\omega t)}}{4\pi r}(\cos\theta\hat{\mathbf{r}} - \sin\theta\hat{\boldsymbol{\theta}}) \qquad (28\text{-}52)$$

가 된다. 이것은, $\mathbf{A}_{eq}$가 $\mathbf{p}_0$에 평행이기 때문에 r 한 성분과 θ 한 성분만을 가지고 있으며, 또한 φ에는 무관함을 구체적으로 보여주고 있다.

(28-4)와 (1-104)로부터 자기유도는

$$\mathbf{B} = -\frac{\mu_0 k^2 \omega p_0}{4\pi}\left[\frac{1}{kr} + \frac{i}{(kr)^2}\right]\sin\theta e^{i(kr-\omega t)}\hat{\boldsymbol{\varphi}} \tag{28-53}$$

로 구해진다. 이것을 (28-27)과 결합하면, 전기장은

$$\begin{aligned}\mathbf{E} = -\frac{k^3 p_0}{4\pi\epsilon_0}\Bigg\{&\left[\frac{2i}{(kr)^2} - \frac{2}{(kr)^3}\right]\cos\theta\hat{\mathbf{r}} \\ &+\left[\frac{1}{kr} + \frac{i}{(kr)^2} - \frac{1}{(kr)^3}\right]\sin\theta\hat{\boldsymbol{\theta}}\Bigg\}e^{i(kr-\omega t)}\end{aligned} \tag{28-54}$$

가 된다.

이들 장은 꽤 복잡하지만, 둘 다 원점에 있는 원천으로부터 속력 c로 밖으로 진행하는 파동의 형태를 가지고 있다. 여러 성분의 진폭은 r에 관해 다른 방식으로 의존한다. 전기장은 $\hat{\mathbf{r}}$과 $\hat{\boldsymbol{\theta}}$ 두 성분을 가지고 있는데, 각 성분은 원천으로부터의 각도와 거리에 관해 서로 다른 의존성을 갖는다. 즉 $\mathbf{E}$는 $\hat{\mathbf{z}} = \cos\theta\hat{\mathbf{r}} - \sin\theta\hat{\boldsymbol{\theta}}$에 비례하지 않고, 그러므로 쌍극자 $\mathbf{p}_0$에 평행이 아니다. 그러나 이것은 $\mathbf{p}_0$과 $\hat{\mathbf{r}}$로 정의 되는 평면에 놓여 있다. $\mathbf{B}$는 $\hat{\boldsymbol{\varphi}}$성분만을 가지고 있으므로 $\mathbf{B}$의 선은 z축, 즉 쌍극자의 축에 대해 원이다. 또한 $\mathbf{B}$는 $\mathbf{p}_0$과 $\mathbf{E}$를 포함하는 평면에 수직이다. 그러므로 $\mathbf{B}$와 $\mathbf{E}$는 서로 수직이다. [물론 물리적인 장을 얻기 위해서는 (28-53)과 (28-54)의 실수부를 취해야 한다.]

이들 장이 정확하기는 하진만, 관례적으로 또한 편의상, 다음 두 극한을 고려하겠다. 이들 극한은 파장의 크기에 비해, 장점이 원천으로부터 가까운 곳에 있는지 혹은 먼 곳에 있는 경우인지로 구분된다. $r \ll \lambda$이면 $kr \ll 1$이고 "부근영역(near zone)"이라 말하고, $r \gg \lambda(kr \gg 1)$이면, "먼 영역(far zone)", 혹은 "복사영역(radiation zone)"이라 부른다. $kr \approx 1$인 경우는 "중간(intermediate)", 혹은 "유도영역(induced zone)"이라 하고, $\mathbf{E}$와 $\mathbf{B}$에 대한 완전한 표현식을 사용해야 한다. 두 극한의 경우를 따로 고려해보자.

1. 부근영역

$kr \ll 1$이기 때문에, $e^{ikr} \approx 1$로 놓을 수 있다. 또한 진폭에 들어있는 kr항들은 모두 분모에 나타나 있으므로, kr의 가장 큰 멱의 항이 주도하게 된다. 이와 같이 하여 (28-53)과 (28-54)는

$$\mathbf{E}_N \simeq \frac{p_0 e^{-i\omega t}}{4\pi\epsilon_0 r^3}(2\cos\theta\hat{\mathbf{r}} + \sin\theta\hat{\boldsymbol{\theta}}) \tag{28-55}$$

$$\mathbf{B}_N \simeq -\frac{i\mu_0\omega p_0 e^{-i\omega t}}{4\pi r^2}\sin\theta\hat{\boldsymbol{\varphi}} \tag{28-56}$$

가 된다. 실제적인 쌍극자모멘트 $\mathbf{p}$를

$$\mathbf{p} = \mathbf{p}_0 e^{-i\omega t} = p_0 e^{-i\omega t}\hat{\mathbf{z}} \tag{28-57}$$

로 도입하면, 이들을 좀 더 이해하기 쉬운 형태로 쓸 수 있다. 즉

$$\mathbf{E}_N = \frac{p}{4\pi\epsilon_0 r^3}(2\cos\theta\hat{\mathbf{r}} + \sin\theta\hat{\boldsymbol{\theta}}) \tag{28-58}$$

$$\mathbf{B}_N = \frac{\mu_0 \sin\theta}{4\pi r^2}\frac{dp}{dt}\hat{\boldsymbol{\varphi}} = \frac{\mu_0}{4\pi r^2}\left(\frac{d\mathbf{p}}{dt}\right) \times \hat{\mathbf{r}} \tag{28-59}$$

이 되고, 여기서 (28-24) 및 (1-94)와 (1-92)에 의한 $\hat{\mathbf{z}} \times \hat{\mathbf{r}} = \sin\theta\hat{\boldsymbol{\varphi}}$를 사용하였다. (28-58)을 (8-50)과 비교하면, $\mathbf{E}_N$은 정확히, 원점에 있는 쌍극자모멘트 p로부터 만들어지는 전기쌍극자장의 형태이다. 물론 이 경우 쌍극자는 시간에 대해 진동하나, 장점은 이곳에 아주 가까워서 뒤쳐짐효과는 무시한다. 그래서 전기장은 시간적으로 쌍극자모멘트를 따르게 되고, 마치 복사효과가 순간적으로 전파되는 것과 같다.

이번에는 (28-59)를 (14-6)과 비교하면, $\mathbf{B}_N$은 전류밀도 $I'd\mathbf{s}' = d\mathbf{p}/dt$에 의해 만들어지는 정적 자기유도와 같은 형태임을 알 수 있다. 이것은 또한 벡터퍼텐셜에 대한 표현식과도 일치하는데, (28-57)과 $kr \ll 1$을 사용하여, (28-52)를

$$\mathbf{A}_{ed\,N} = \frac{\mu_0}{4\pi r}\frac{d\mathbf{p}}{dt} \tag{28-60}$$

처럼 쓸 수 있고, 이것은 다시 (16-10)에서 보인 것처럼 전류요소 $d\mathbf{p}/dt$에 해당된다.

진동하는 쌍극자가 전류요소와 같다는 이 결과는, 크기가 같고 부호가 반대인 q와 $-q$의 전하가 작은 거리 $d\mathbf{s}'$만큼 분리되어 있는 쌍극자의 전형적인 모습을 생각해보면 매우 쉽게 이해할 수 있다. (8-44)에서 보았듯이 쌍극자모멘트는 $\mathbf{p} = q d\mathbf{s}'$으로 주어질 것이다. 이제 전하가 주기적으로 바뀌면, ds'의 양 끝 사이에는 $I' = dq/dt$의 전류가 있을 것이고, 그러므로

$$\frac{d\mathbf{p}}{dt} = \frac{dq}{dt}d\mathbf{s}' = I'd\mathbf{s}' \tag{28-61}$$

이 되어 위와 일치한다. 이것은 또한 (28-31) 다음 문단에서 설명한, 원천의 크기가 파장에 비해 작다는, 즉 이번 경우 $ds' \ll \lambda$라는 원래의 가정과도 일치한다. 이러한 조건에서는 전류 I'이 쌍극자 길이에 걸쳐 일정하다고 가정해도 무방하다.

2. 복사영역

여기에서는 $kr \gg 1$를 가정하고, 그러면 더 이상 $e^{ikr} \simeq 1$로 놓을 수 없다. 이 경우 (28-53)과 (28-54)에서 주된 항은 분모에서 kr의 멱이 가장 낮은 것이다. 따라서 근사식으로

$$\mathbf{E}_R \simeq -\frac{k^2 p_0}{4\pi\epsilon_0 r}\sin\theta e^{i(kr-\omega t)}\hat{\boldsymbol{\theta}} \tag{28-62}$$

$$\mathbf{B}_R \simeq -\frac{\mu_0 k\omega p_0}{4\pi r}\sin\theta e^{i(kr-\omega t)}\hat{\boldsymbol{\varphi}} \tag{28-63}$$

를 얻는다. 이들 두 장은 $1/r$만으로 변하는 진폭을 가지고 있으며, 동일한 $\sin\theta$의 의존성을 가진다. 또한, 각 장은 $\hat{\mathbf{r}}$로 주어지는 장점으로의 전파 방향에 수직이며, 서로 수직이다. 즉, 먼 거리에서의 이들 장은 모두 횡파 *transverse wave*이다. $\hat{\boldsymbol{\varphi}} = \hat{\mathbf{r}} \times \hat{\boldsymbol{\theta}}$이므로, 이들 장은

$$\mathbf{B}_R = \frac{1}{c}\hat{\mathbf{r}} \times \mathbf{E}_R \tag{28-64}$$

로 관련되어짐을 알 수 있다. 여기서 (28-21)과 $\mu_0\epsilon_0 = 1/c^2$을 사용하였다. 이것을 (24-33)과 비교할 때, 공간은 진공이며 $\hat{\mathbf{r}}$은 전파방향임을 기억하면, (28-64)는 자유공간에서의 평면파 특성을 갖는 장들 사이의 관계식과 정확히 같다. 이들 관계는 그림 28-2에 그려져 있고, 이것은 주어진 시간에서의 장을 보여주고 있다.

$\mathbf{E}_R$과 $\mathbf{B}_R$은 둘 다 $\sin\theta$에 비례하므로, 쌍극자 $\mathbf{p}_0$ 방향에서는 영이고, 쌍극자 축에 수직인 방향에서는 주어진 r에 대하여 최대치를 갖는다.

(28-64)로 주어지며 그림 28-2로 보여준 $\mathbf{E}_R$과 $\mathbf{B}_R$ 사이의 관계로 인하여, Poynting 벡터 $\mathbf{S}$는 지름방향의 바깥으로 나간다. (24-104)를 이용하여 이것의 시간평균을 구할 수 있고,

$$\langle\mathbf{S}\rangle = \frac{1}{2\mu_0}\operatorname{Re}(\mathbf{E}_R \times \mathbf{B}_R^*) = \mathscr{S}\hat{\mathbf{r}} = \frac{\mu_0\omega^4|p_0|^2}{32\pi^2 cr^2}\sin^2\theta\hat{\mathbf{r}} \tag{28-65}$$

이 된다. 이것은 양수이므로, 쌍극자로부터 바깥쪽으로의 알짜 에너지흐름이 존재한다. 그래서 "복사영역"이라는 용어는 적절하다. 이 에너지는 어떤 원천에 의해서든지 공급되어야 하고, 그것은 쌍극자가 일정한 진폭으로 계속 진동하도록 유지해 주는데 사용된다. 진폭 $\mathscr{S}$는 $1/r^2$에 비례하는데, 이것은 잘 알려진 복사 세기의 역제곱법칙이다. (이것은 이 영역에서 각 장

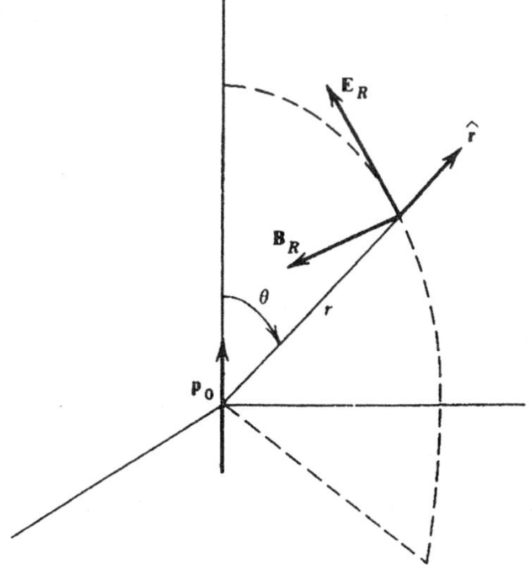

그림 28-2 진동하는 전기쌍극자가 주어진 시간에 복사영역에서 만드는 장들.

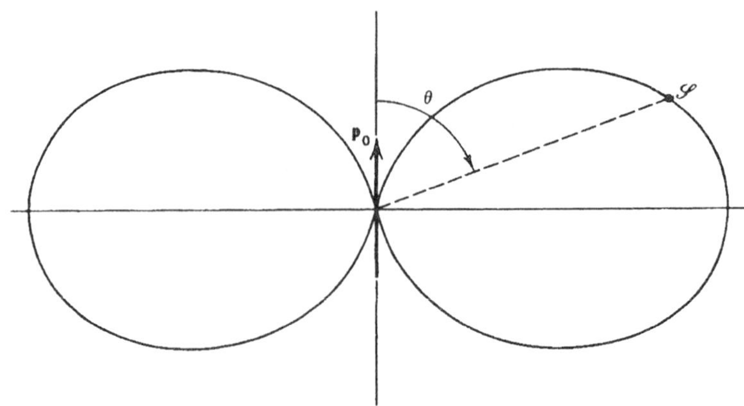

그림 28-3 전기쌍극자 복사에 대한 Poynting 벡터의 크기를 각도의 함수로 나타냄.

이 따로 $1/r$로 변하기 때문에 생긴 것이다.) $\mathscr{S}$는 또한 각도에 대해 $\sin^2\theta$로 변하는 것을 볼 수 있다. 그림 28-3에는 정해진 r 값에 대해 $\mathscr{S}$를 θ의 함수로 나타내었다. ($\mathscr{S}$는 φ에 무관하기 때문에, 그림은 쌍극자 축에 관하여 회전된 것으로 상상하여 이해할 수 있다. 이렇게 정해진 표면은 복사 세기를 전파방향의 함수로 나타내어 준다.) 끝으로 지적하고 싶은 것은, $\mathscr{S}$가 쌍극자모멘트의 절대치 제곱에 비례한다는 점과, 진동수의 네제곱에 비례한다는 점이다. 그리하여, 모든 것이 동일한 조건이라면, 높은 진동수에서 복사하기가 더 쉽다.

(28-65)를 반지름 r의 구에 대하여 적분하면, 쌍극자가 에너지를 복사하는 총 비율, 즉 일률 $\mathscr{P}$를 구할 수 있다. (28-65)를 (1-100)과 함께 사용하여

$$\mathscr{P} = \int \langle \mathbf{S} \rangle \cdot d\mathbf{a} = \int_0^{2\pi}\int_0^{\pi} \mathscr{S} r^2 \sin\theta\, d\theta\, d\varphi = \frac{\mu_0 \omega^4 |p_0|^2}{12\pi c} \tag{28-66}$$

을 얻는다.

이들 결과는 복사영역에서의 장에 대한 근사값을 사용하여 계산되었다. 그러나 물리적으로 분명항 것은, 떨어낸 항들이 $\langle \mathbf{S} \rangle$에 주는 기여는, 이들이 r의 큰 차수항이기 때문에 영이 아닐 수는 없다는 것이다. 만일 이들 항이 가까운 영역이나 중간영역에 존재하면, 이들 기여를 흡수할 물질이 중간에 없음으로 인하여, 이들은 원천으로부터 멀리 떨어진 곳에도 존재할 것이기 때문이다. 이것은 또한 직접 증명할 수 있다. (28-53)과 (28-54)의 완전한 표현식으로 $\mathbf{E} \times \mathbf{B}^*$를 계산하면, 그리고 여러 상수들을 생략하여,

$$\mathbf{E} \times \mathbf{B}^* \sim \left[\frac{1}{(kr)^2} + \frac{i}{(kr)^5}\right] \sin^2\theta\, \hat{\mathbf{r}} - \left[\frac{i}{(kr)^3} + \frac{i}{(kr)^5}\right] \sin 2\theta\, \hat{\boldsymbol{\theta}} \tag{28-67}$$

가 된다. 시간 평균 에너지흐름에 기여하는 것은 $\mathbf{E} \times \mathbf{B}^*$의 실수부 뿐이기 때문에, $\mathrm{Re}(\mathbf{E} \times \mathbf{B}^*) \sim \sin^2\theta\,\hat{\mathbf{r}}/(kr)^2$임을 알 수 있고, 이것은 장으로는 $1/kr$에만, 즉 복사영역의 기여만이 관련된다. (28-67)에 있는 나머지 항들은 허수이다. 물리적인 장의 다른 성분들이 $\mathbf{S}$의 순간값에 기

여하기는 한다. 그러나 그들은 흐름이 원천으로부터 교대로 멀어지거나 가까워지는 부분으로 기여하며, 또한 $\hat{\boldsymbol{\theta}}$ 방향으로의 부분에 기여하며, 평균을 낼 때 영이 된다.

앞에서 지적하였듯이, 복사로 나타나는 에너지는 진동하는 쌍극자를 만들어주는 외부 원천에 의해 공급되어져야 한다. 그러므로 이 외부 원천의 관점에서 볼 때, 쌍극자는 에너지를 흩뜨리는 원인으로써의 역할을 하며, 이는 12-4절에서 보았듯이 저항이 전자기에너지를 열로 흩뜨리는 것과 매우 흡사하다. 그래서 복사계를 등가의 저항, 혹은 "복사저항 *radiation resistence*" $\mathscr{R}$로 나타내는 것이 편리하다고 알려져 있다. 연습문제 12-13에서는 저항 $\mathscr{R}$에 의해서 열이 만들어지는 율이 $\mathscr{R}I^2$이라고 했었다. 이제 전류가 시간에 대해 진동한다고 하면, 이것은 $\mathscr{R}|I_0|^2\cos^2(\omega t + \vartheta)$가 될 것이고, 이것을 시간 평균 낼 때 (24-102)를 사용하여, 에너지흩어짐의 시간 평균율은 $\mathscr{P} = \frac{1}{2}\mathscr{R}|I_0|^2 = \mathscr{R}I^2_{\text{rms}}$으로 구해지고, 이것은 전류의 피크값 크기 $|I_0|$, 혹은 "제곱-평균-제곱근(root-mean-square)" 전류 I_{rms}로 나타내어 졌다. 그러므로 저항은 전력손실로써

$$\mathscr{R} = \frac{2\mathscr{P}}{|I_0|^2} = \frac{\mathscr{P}}{I^2_{\text{rms}}} \tag{28-68}$$

이다.

이 내용을 전기쌍극자 복사에 적용하려면, 거리 $d\mathbf{s}'$만큼 떨어져 있는 전형적인 두 전하 모형을 사용하는 것이 좋다. (28-57)을 (28-61)과 결합하면, $I'd\mathbf{s}' = I_0e^{-i\omega t}\,d\mathbf{s}' = -i\omega\mathbf{p}_0e^{-i\omega t}$이고, 그리하여 $|\mathbf{p}_0|^2 = |I_0|^2(ds')^2/\omega^2$이다. 이 등식을 (28-66)에 넣으면, 그리고 (28-68)을 사용하여 복사저항을 정의하면, 이것은

$$\mathscr{R}_{\text{ed}} = \frac{\mu_0\omega^2(ds')^2}{6\pi c} = \frac{2}{3}\pi Z_0\left(\frac{ds'}{\lambda}\right)^2 \tag{28-69}$$

로 구해진다. 이 때, (28-21)과 (24-95)를 사용하였다. [(28-69)의 수치인자의 값은 790 Ω이다.] (28-68)로부터 $\mathscr{R}$의 값이 클수록 주어진 피크 전류에 대해 더 큰 일률이 복사되므로, 복사저항을 복사계 효율의 측정치로 취급할 수 있다. (그러나 $ds' \ll \lambda$로 가정한 것을 잊지 말자.)

예제

가속하는 점전하. (8-19)와 연습문제 8-2로부터 점전하 하나는 임의의 원점에 관해 쌍극자 모멘트를 가질 수 있고, $\mathbf{p} = q\mathbf{r}'$로 주어짐을 알게 되었다. 전하의 위치가 시간에 대해 진동한다면, $\mathbf{r}' = \mathbf{r}_0e^{-i\omega t}$가 될 것이다. 이전의 결과를 사용하기 위해, 전하는 z축 위에 있다고 가정하자. 그러면 $p = qz' = qz_0e^{-i\omega t} = p_0e^{-i\omega t}$이다. 여기서는 평균량보다는 순간 값을 다루는 것이 좋다. (28-62)와 (28-63)은 둘 다 ω^2p_0에 비례하고, 이것을 다른 형식으로 나타낼 수 있다. 전하의 가속도는 $a = d^2z'/dt^2 = -\omega^2z'$이므로, $p = -(qa/\omega^2)$로 쓸 수 있다. 그러면 $p_0e^{i(kr-\omega t)} = p_0e^{-i\omega[t-(r/c)]} = [p] = -(q/\omega^2)[a]$이고, 여기서 $[p]$와 $[a]$는 뒤처진 시간에서 계산된 값을 나타낸다. 이들을 (28-62)와 (28-64)에 대입하고, (28-21)을 사

용하여,

$$\mathbf{E}_R = \frac{q[a]\sin\theta\hat{\boldsymbol{\theta}}}{4\pi\epsilon_0 c^2 r} \qquad \mathbf{B}_R = \frac{q[a]\sin\theta\hat{\boldsymbol{\varphi}}}{4\pi\epsilon_0 c^3 r} \tag{28-70}$$

로 쓸 수 있고, 그래서 순간 Poynting 벡터 $\mathbf{S} = (\mathbf{E}_R \times \mathbf{B}_R)/\mu_0$은

$$\mathbf{S} = \frac{q^2[a]^2\sin^2\theta\hat{\mathbf{r}}}{16\pi^2\epsilon_0 c^3 r^2} \tag{28-71}$$

이다. 이것을 (26-66)에서처럼 반지름 r의 구에 대하여 적분하면, 이 가속 쌍극자에 의한 총 순간복사율은

$$\mathscr{P}_{\text{순간}} = \frac{q^2[a]^2}{6\pi\epsilon_0 c^3} \tag{28-72}$$

로 구해진다.

비록 이 결과는 조화적으로 진동하는 전하의 특별한 경우에 대하여 얻어졌지만, 최종 형태는 이 구체적인 가정을 포함하고 있지 않으며, 그래서 사실상 천천히 운동하는 점 전하에 대하여 옳다고 증명되어 있는 셈이다. 이 운동은 임의이어도 된다. 일반적으로 구한 표현식 (28-72)는, 운동한다고 복사하는 것이 아니고 가속해야만 한다는 사실을 매우 분명하게 보여주고 있으며, (28-72)는 이렇게 복사하는 총 순간복사율이다.

28-4 자기쌍극자 복사

자기쌍극자모멘트가 z 축을 따라 놓여 있다고 가정하자. 그러면 $\mathbf{m}_0 = m_0\hat{\mathbf{z}}$이다. (28-44)는 (1-94)와 (1-92)를 사용하여

$$\mathbf{A}_{\text{md}} = \frac{\mu_0 m_0}{4\pi r^2}(1 - ikr)e^{i(kr-\omega t)}\sin\theta\hat{\boldsymbol{\varphi}} \tag{28-73}$$

로 쓸 수 있다. 이전에 진행하였던 그대로 (28-4)와 (28-27)로부터 장들을 구하면, 결과는

$$\begin{aligned}\mathbf{B} = -\frac{k^3 m_0}{4\pi\epsilon_0 c^2}\Bigg\{&\left[\frac{2i}{(kr)^2} - \frac{2}{(kr)^3}\right]\cos\theta\hat{\mathbf{r}} \\ &+\left[\frac{1}{kr} + \frac{i}{(kr)^2} - \frac{1}{(kr)^3}\right]\sin\theta\hat{\boldsymbol{\theta}}\Bigg\}e^{i(kr-\omega t)}\end{aligned} \tag{28-74}$$

$$\mathbf{E} = \frac{\mu_0 k^2\omega m_0}{4\pi}\left[\frac{1}{kr} + \frac{i}{(kr)^2}\right]\sin\theta e^{i(kr-\omega t)}\hat{\boldsymbol{\varphi}} \tag{28-75}$$

가 된다. 이들을 전기쌍극자장 (28-53) 및 (28-54)와 비교하면, r에 대한 의존성과 θ에 대한 의존성이 이 두 경우에 같다는 것을 알 수 있는데, 그러나 전기장과 자기유도는 어떤 의미에서

"교환"되었다고 할 수 있다. 장 벡터들 사이의 실제적인 관계는

$$\mathbf{B}_{\mathrm{md}} = \frac{m_0}{c^2 p_0}\mathbf{E}_{\mathrm{ed}} \qquad \mathbf{E}_{\mathrm{md}} = -\frac{m_0}{p_0}\mathbf{B}_{\mathrm{ed}} \tag{28-76}$$

이다. 이것을 다른 방식으로 말해보면,

$$p_0 \to \frac{m_0}{c} \qquad \mathbf{E} \to c\mathbf{B} \qquad \mathbf{B} \to -\frac{\mathbf{E}}{c} \tag{28-77}$$

의 대체에 의해서 전환된 것이라는 점이다. [마지막 두 대체 관계는 전자기장의 이중적 특성의 한 예라고 할 수 있는데, 연습문제 21-12에서도 다루었다. 이들은 (21-77)에서 $\alpha = -90°$, $C = 1$에 대응된다. (21-77)은 원천이 없는 영역에 대하여 구해졌기 때문에, p_0에 대해서는 적절한 대체를 기대할 수 없었다.]

(28-75)로 주어지는 **E**의 선은 $\mathbf{m}_0$ 방향의 극좌표 축에 대하여 원이다. 그러므로 **E**는 **B**와 $\mathbf{m}_0$을 포함하는 평면에 수직이다.

복사영역에서 장들은 전파방향을 가로지르고(횡파), 그래서

$$\mathbf{B}_R = -\frac{k^2 m_0}{4\pi\epsilon_0 c^2 r}\sin\theta e^{i(kr-\omega t)}\hat{\boldsymbol{\theta}} \tag{28-78}$$

$$\mathbf{E}_R = \frac{\mu_0 k\omega m_0}{4\pi r}\sin\theta e^{i(kr-\omega t)}\hat{\boldsymbol{\varphi}} \tag{28-79}$$

이다. 이들은 또한 (28-64)를 만족하고, 이것은 (28-77)과 일치한다. 이는 $-\mathbf{E}_R/c = \hat{\mathbf{r}} \times \mathbf{B}_R$이 되고, (1-30)과 $\hat{\mathbf{r}} \cdot \mathbf{B}_R = 0$을 이용하여 다시 (28-64)가 되기 때문이다. 어느 특정 시간에 이들 장 사이의 관계를 그림 28-4에 보였다. 이 그림을 그림 28-2와 비교할 때, (28-77)에서 짐작할 수 있듯이, 이 그림은 $\hat{\mathbf{r}}$ 방향에 대하여 $-90°$ 회전시킨 것에 해당된다.

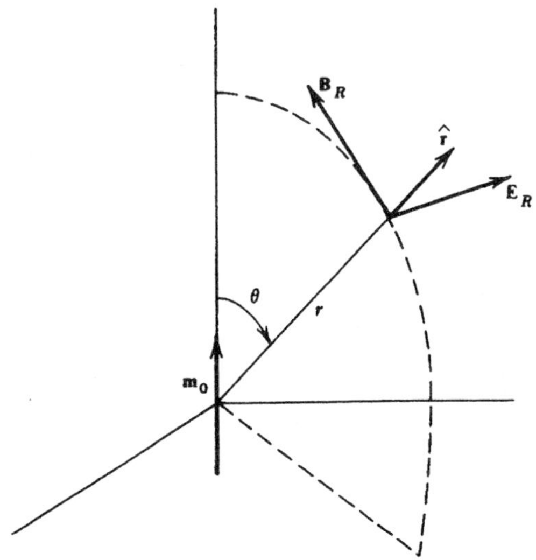

그림 28-4 주어진 시간에 복사영역에서 진동하는 자기쌍극자의 장들.

시간 평균 Poynting 벡터와 총 복사일률의 흐름은 (28-78)과 (28-79)로부터 쉽게 계산되어

$$\langle \mathbf{S} \rangle = \mathscr{S}\hat{\mathbf{r}} = \frac{\mu_0 \omega^4 |m_0|^2}{32\pi^2 c^3 r^2} \sin^2\theta\hat{\mathbf{r}} \tag{28-80}$$

$$\mathscr{P} = \frac{\mu_0 \omega^4 |m_0|^2}{12\pi c^3} \tag{28-81}$$

으로 구해진다. 이것은 (28-65)와 (28-66)으로부터 p_0을 m_0/c로 대체하여 똑같이 구할 수 있다. 그러므로 자기쌍극자와 전기쌍극자 복사는 진동수에 대하여 동일하게 네제곱의 비례특성을 갖는다는 점에서 닮아 있다. 또한 그들은 동일한 $\sin^2\theta$의 각도 의존성을 가지고 있으므로 그림 28-3은 이 경우에도 ($\mathbf{p}_0$을 $\mathbf{m}_0$으로 대체하여) 적용된다.

예제

전류고리. 꼭 알맞은 경우로 자기쌍극자의 전형적인 예를 생각해보자. 반지름이 a인 작은 원 전류고리는 (19-27)에 주어진 것처럼 쌍극자모멘트가 $\pi a^2 I$이다. $a \ll \lambda$면, I는 고리의 모든 곳에서 동일한 값을 갖는 것으로 간주할 수 있다. 그리고 I_0이 최대값이라면, $m_0 = \pi a^2 I_0$이다. 이것을 (28-81)에 대입하고 (28-68)을 사용하면, 복사저항은

$$\mathscr{R}_{\text{md}} = \frac{\pi\mu_0\omega^4 a^4}{6c^3} = \frac{8}{3}\pi^5 Z_0\left(\frac{a}{\lambda}\right)^4 \tag{28-82}$$

가 된다. (수치인자의 값은 3.08×10^5 Ω이다.) 이것을 (28-69)와 비교하면, 두 모형 쌍극자 사이에는 복사저항의 진동수 의존성에 있어, $\mathscr{R}_{\text{eq}} \sim \omega^2$과 $\mathscr{R}_{\text{md}} \sim \omega^4$의 차이가 있음을 알 수 있다.

28-5 선형 전기사중극 복사

여기에서의 적절한 벡터퍼텐셜은 (28-50)으로 주어진다. 복사영역 ($kr \gg 1$)에서의 상황이 가장 큰 관심사이므로, (28-50)을 직접

$$\mathbf{A}_{\text{eq}\,R} = -\frac{\mu_0\omega^2\mathbf{Q}}{24\pi c r} e^{i(kr-\omega t)} \tag{28-83}$$

으로 근사한다. 여기서 $\mathbf{Q}$는 $\hat{\mathbf{r}}$로 주어지는 전파방향의 함수이다.

$Q_{\alpha\beta}$에 대해서는, 따라서 $\mathbf{Q}$에도, 여러 가지 가능성이 있으므로, 전기쌍극자의 간단하면서도 중요한 예 하나를 고려하기로 한다. 이것은 선형 사중극자이다.

만일 전하분포가 z축에 대하여 축대칭(회전대칭)을 가지고 있으면, 사중극모멘트 텐서의 성분은 오직 하나만 있을 뿐이고, $Q_{\alpha\beta}$의 영이 아닌 유일한 값은 (8-39)로 주어져

$$Q^a_{zz} = Q_0 \qquad Q^a_{xx} = Q^a_{yy} = -\tfrac{1}{2}Q_0 \tag{28-84}$$

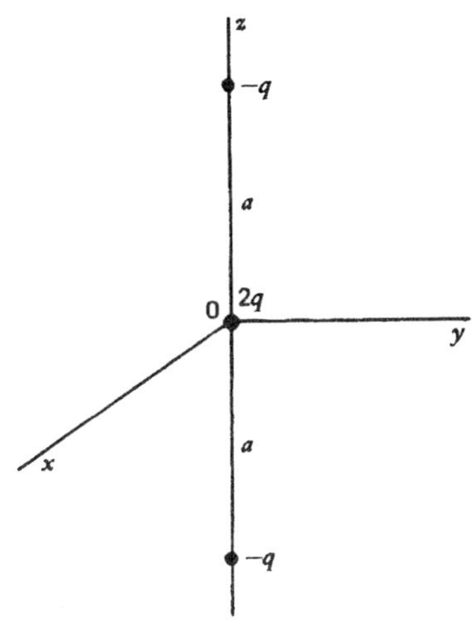

그림 28-5 선형 전기사중극자의 전형적인 전하분포.

이다. 여기서는 전에 사용하던 기호 Q^a 대신 Q_0을 쓰는데, 이 장에서의 표기를 일관되게 하기 위함이다. 이러한 경우의 관습적이며 전형적인 모습은 그림 8-5b의 점전하분포이다. 이것을 그림 28-5에 다시 보였다. $2q$의 전하가 원점에 놓여 있고, $-q$의 두 전하는 z축 위에 있으며, 이들은 원점으로부터 각각 a만큼 떨어져 있다. (28-48)의 점전하 형식은 (8-26)으로 주어져, $q = q_0 e^{-i\omega t}$이면 이 경우

$$Q_0 = -4q_0 a^2 \tag{28-85}$$

임을 쉽게 알 수 있다. 이것은 연습문제 8-6과 일치한다. 이 절의 결과를 그림 28-5의 전하분포에 대하여 적용할 수 있지만, 이 문제에만 적용되는 것은 아니고, (28-84)로 나타나는 어느 축대칭 전하분포에도 사용할 수 있다. 그러나 그림 28-5의 전하들은 전기쌍극자모멘트나 자기쌍극자모멘트를 가지고 있지 않다는 점이 흥미롭다. 그러므로 이들이 만드는 가장 낮은 차수의 복사는 전기사중극 복사일 것이다.

(28-84)와 (28-49)를 결합하여 $\mathbf{Q}$의 성분은 $Q_\beta = l_\beta Q_{\beta\beta}$임을 알 수 있고, 그래서 $Q_x = -\frac{1}{2}Q_0 l_x$, $Q_y = -\frac{1}{2}Q_0 l_y$, $Q_z = Q_0 l_z$이며, 따라서

$$\begin{aligned}\mathbf{Q} &= Q_0\left(-\tfrac{1}{2}l_x\hat{\mathbf{x}} - \tfrac{1}{2}l_y\hat{\mathbf{y}} + l_z\hat{\mathbf{z}}\right)\\ &= \tfrac{1}{2}Q_0\left[(3\cos^2\theta - 1)\hat{\mathbf{r}} - \tfrac{3}{2}\sin 2\theta\hat{\boldsymbol{\theta}}\right]\end{aligned} \tag{28-86}$$

이다. 여기서 $\mathbf{Q}$를 구좌표로 표현하기 위해 (1-93)과 (1-94)를 사용하였다. 이 $\mathbf{Q}$를 (28-83)에 대입하면, 선형 사중극자에 대한 복사영역의 벡터퍼텐셜은

$$\mathbf{A}^a_{\mathrm{eq}\,R} = -\frac{\mu_0\omega^2 Q_0 e^{i(kr-\omega t)}}{48\pi cr}\left[(3\cos^2\theta - 1)\hat{\mathbf{r}} - \frac{3}{2}\sin 2\theta\hat{\boldsymbol{\theta}}\right] \tag{28-87}$$

가 된다.

장들은 이제 (28-4)와 (28-27)로부터 평상시처럼 구할 수 있는데, 우리가 $kr \gg 1$인 복사영

역을 다루고 있으므로, 가장 큰 항으로 ~ $1/r$만을 취한다. 그 결과는

$$\mathbf{B}_R = \frac{i\mu_0\omega^3 Q_0}{32\pi c^2 r}\sin 2\theta e^{i(kr-\omega t)}\hat{\boldsymbol{\varphi}} \tag{28-88}$$

$$\mathbf{E}_R = \frac{i\mu_0\omega^3 Q_0}{32\pi c r}\sin 2\theta e^{i(kr-\omega t)}\hat{\boldsymbol{\theta}} \tag{28-89}$$

로 되고, 이것들도 전파방향을 가로지르며, (28-64)의 관계를 가지고, 그림 28-2와 비슷하게 나타내어진다.

시간 평균 Poynting 벡터는

$$\langle \mathbf{S} \rangle = \frac{1}{2\mu_0}\mathrm{Re}(\mathbf{E}_R \times \mathbf{B}_R^*) = \mathscr{S}\hat{\mathbf{r}} = \frac{\mu_0\omega^6|Q_0|^2}{2048\pi^2 c^3 r^2}\sin^2 2\theta\hat{\mathbf{r}} \tag{28-90}$$

로 구해지고, 이것은 진동수의 6제곱에 비례한다. $\mathscr{S}$의 각도 의존성은 $\sin^2 2\theta = 4\sin^2\theta\cos^2\theta$로 주어지고, 이것을 그림 28-6에 보였다. $\mathscr{S}$의 값은 $\theta = 0°, 90°, 180°$에서 영이 되고, $\theta = 45°, 135°$에서 최대가 된다.

(28-90)을 반지름 r의 구에 대해 적분하면, 총 복사율은

$$\mathscr{P} = \frac{\mu_0\omega^6|Q_0|^2}{960\pi c^3} \tag{28-91}$$

로 구해진다.

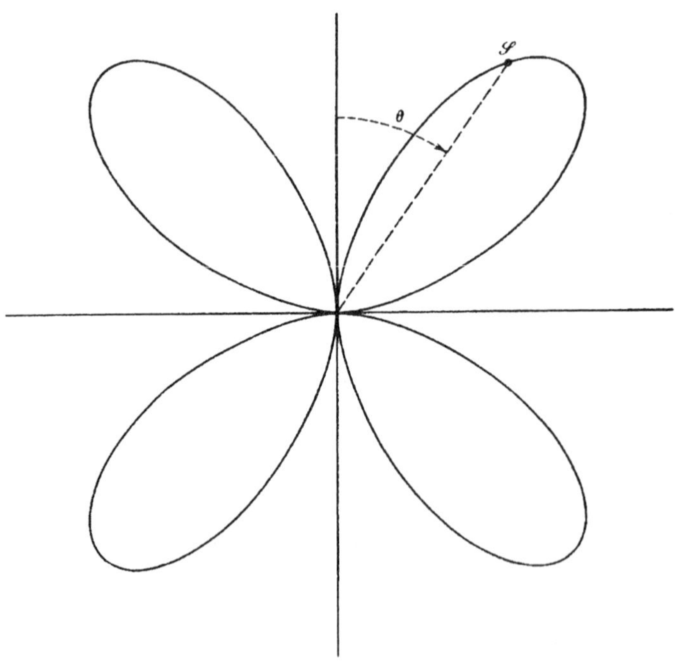

그림 28-6 선형 전기사중극자에 대한 Poynting 벡터의 크기를 각도의 함수로 나타냄.

28-6 안테나

지금까지는 복사계의 크기가 자유공간에서의 파장에 비해 작다고 가정했었는데, 그럼으로써 계를 단순한 모형으로 다루고, 그 안에서의 전류를 균일한 것으로 잡을 수 있었다. 실용적인 측면에서는 복사체의 크기가 파장에 견줄만한 것을 사용하고 있다. 그러한 계를 흔히 안테나 *antenna*라고 한다. 이 경우 전류분포는 그 길이에 걸쳐 균일하지 않은데, 이 효과를 고려해야 한다. 안테나의 설계는 그 자체가 기술의 극치로써 까다롭지만, 몇 가지 예를 들면 관련된 일반 원리를 설명할 수 있다. 그러나 여기서는 전기쌍극자 복사와 관련된 예 하나만을 고려하겠다.

기본적인 배치는 그림 28-7에 나타내었다. z축 방향으로 길이 $2l$의 직선 도체가 있다. 이 도체에는 보통 그 중앙에 외부 전력공급장치를 연결하여 진동하는 전류를 만들어 주고 유지시킨다. 우리는 좌표 r과 θ를 갖는 P점에서의 전자기장을 구하고자 한다. P점은 아주 멀리 떨어져 있어서 복사영역만을 다루면 된다. (28-61)에서 진동하는 쌍극자는 전류요소와 동등하다는 사실을 알아내었으므로 안테나를 전류요소 $I'(z')dz'$의 연속이라고 보는 것이 자연스러운 접근방식일 것이다. 각 요소는 $d\mathbf{E}$의 전기장을 만들고, 전자기장의 중첩원리에 의해 P점에서의 총 전기장은 이들의 합이 될 것이다. 즉, 우리는 간섭현상을 다루고 있는 것이다.

(28-68) 바로 다음에서 $-i\omega p_0 = I_0 ds'$의 등식관계를 구했었고, 그러므로 이러한 상황에서는 (28-62)에서 $p_0 = (i/\omega)I'(z')dz'$으로 대체하고 (28-21)을 사용하여

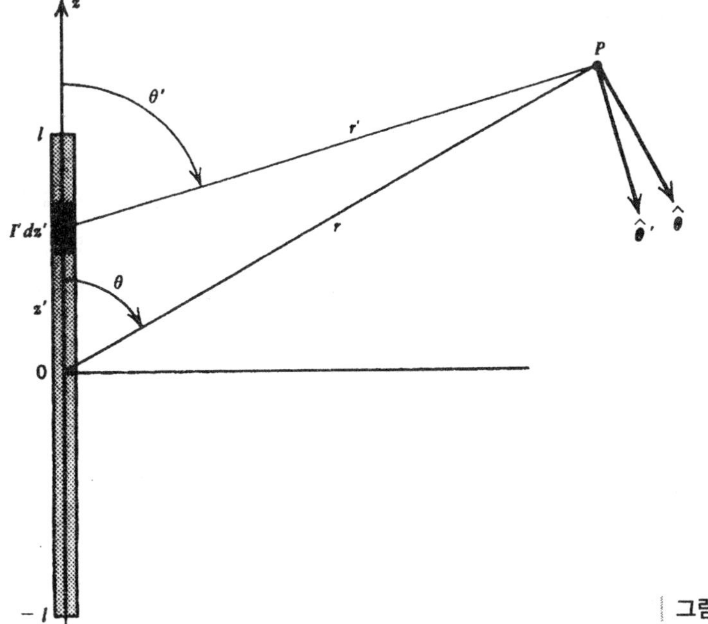

그림 28-7 선형 안테나의 복사장 계산.

$$d\mathbf{E} = -\frac{i\mu_0\omega I'(z')\,dz'}{4\pi r'}\sin\theta' e^{i(kr'-\omega t)}\hat{\boldsymbol{\theta}}' \tag{28-92}$$

이 된다. 여기서

$$r' = (r^2 + z'^2 - 2rz'\cos\theta)^{1/2} \tag{28-93}$$

이고 $\hat{\boldsymbol{\theta}}'$은 $\mathbf{r}'$에 수직인 단위벡터이다. 장점에서의 총 전기장은 (28-92)를 안테나 전체에 걸쳐 적분하여 구하게 된다.

우리는 이미 $r \gg \lambda$를 가정하였다. 여기에서는 또한 총 길이에 대해서도 $2l \ll r$을 가정하고, 따라서 $|z'| \ll r$이라 하겠다. 이런 조건에서는 r'을

$$r' \simeq r - z'\cos\theta \tag{28-94}$$

로 근사할 수 있다. $d\mathbf{E}$의 크기는 $\sim 1/r'$이고 여기에서 단순히 $r' \simeq r$이라고 잡더라도 큰 오차가 나지는 않는다. 그러나 $e^{ikr'}$에서는 그럴 수 없다. 왜냐하면, r'에 있어서의 작은 변화라도 지수함수에는 커다란 변화를 만들 수 있기 때문이다. 끝으로 모든 $\hat{\boldsymbol{\theta}}'$과 $\hat{\boldsymbol{\theta}}$ 사이의 차이뿐 아니라 θ와 θ' 사이의 차이도 무시하겠다. 그럼으로써 $\mathbf{E}$에의 모든 기여는 효과적으로 서로 평행이라고 가정하는 것이다. 이렇게 하여 드디어 총 전기장에 대한 표현식을

$$\mathbf{E} = -\frac{i\mu_0\omega\sin\theta e^{i(kr-\omega t)}\hat{\boldsymbol{\theta}}}{4\pi r}\int_{-l}^{l} e^{-ikz'\cos\theta} I'(z')\,dz' \tag{28-95}$$

으로 얻게 되었다. 일단 $\mathbf{E}$가 구해지면, (28-64)에 의해 복사영역에서의 $\mathbf{B} = (\hat{\mathbf{r}} \times \mathbf{E})/c$를 계산할 수 있다.

안테나를 따라 정해지는 전류진폭분포 $I'(z')$가 알려지기 전까지 더 이상 계산을 진행시킬 수 없다.

예제

반파안테나. 전류 I'은 안테나의 끄트머리 $z' = \pm l$에서 분명히 영이 되어야한다. 즉, 양 끝은 전류의 마디이다. 이렇게 말해보니, 양 끝이 단단히 고정되어 있는 줄에 대한 경계조건이 생각난다. 그렇다면 적당한 들뜸에 의해, 떨리는 줄의 진동모우드와 마찬가지인 전류를 얻을 수 있다. 그 중 가장 간단한 모우드는 줄 가운데에 변위의 배(antinode)가 있는 것이다. 이 경우 줄의 전체 길이는 진동 파장의 절반과 같다. 이와 유사한 상황을 여기서도 가정해보자. 그러면 $2l = \frac{1}{2}\lambda$로 $l = \frac{1}{4}\lambda$이고, 전류진폭의 분포는

$$I'(z') = I_0\cos\left(\frac{\pi z'}{2l}\right) = I_0\cos\left(\frac{2\pi z'}{\lambda}\right) = I_0\cos kz' \tag{28-96}$$

으로 쓸 수 있다. 이 분포를 그림 28-8에 그려 놓았다. 그렇다면 (28-95)에서의 적분한계는 $\pm\frac{1}{4}\lambda = \pm\pi/2k$이다. 이러한 안테나를 반파안테나 *half-wave antenna*라 부른다. 이것은

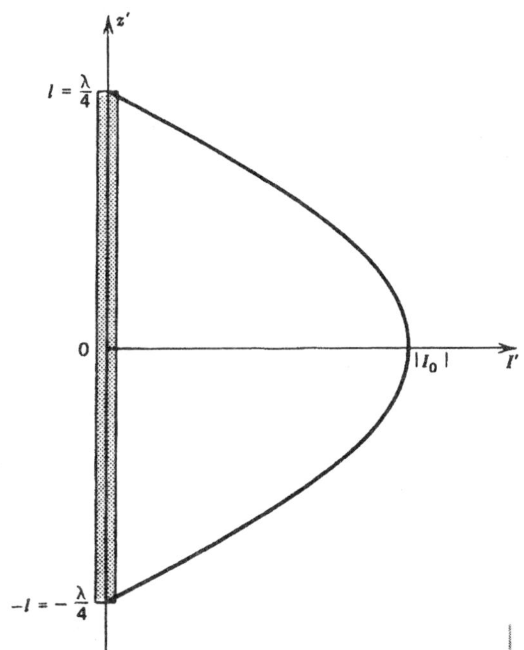

그림 28-8 반파안테나에 대해 가정된 전류진폭 분포.

길이가 반파장인 도체의 가운데를 들뜨게 하여 실제로 얻을 수 있거나, 사분의 일 파장 길이 도체의 아래쪽을 들뜨게 하여 얻을 수 있으며, 또한 지구나 커다란 금속판 같은 도체 평면에 수직으로 놓인 도체로도 얻을 수 있다. 이중 마지막 경우에서 평면에서의 영상 전류가 안테나의 나머지 절반의 역할을 한다. 실제에 있어서는 복사의 존재로 인하여 (28-96)에서 가정한 것처럼 간단하지 않고 전류분포가 달라지기도 한다. 그러나 이 효과는 작아서 더 이상 고려하지 않겠다.

(28-95)의 적분을 $\mathscr{I}$로 놓고, (28-96)을 대입하며, 단위차원 없는 변수 $u = kz'$으로 바꾸어, (24-22)를 사용하면

$$\begin{aligned}\mathscr{I} &= I_0\int_{-\pi/2k}^{\pi/2k} e^{-ikz'\cos\theta}\cos kz'\,dz' \\ &= \frac{I_0}{k}\int_{-\pi/2}^{\pi/2} e^{-iu\cos\theta}\cos u\,du = \frac{I_0}{2k}\int_{-\pi/2}^{\pi/2}\left[e^{iu(1-\cos\theta)} + e^{-iu(1+\cos\theta)}\right]du \\ &= \frac{I_0}{k}\left\{\frac{\sin\left[\frac{1}{2}\pi(1-\cos\theta)\right]}{1-\cos\theta} + \frac{\sin\left[\frac{1}{2}\pi(1+\cos\theta)\right]}{1+\cos\theta}\right\} \\ &= \frac{2cI_0}{\omega\sin^2\theta}\cos\left(\tfrac{1}{2}\pi\cos\theta\right)\end{aligned} \tag{28-97}$$

이 됨을 알 수 있다. 이것을 (28-95)에 대입하면,

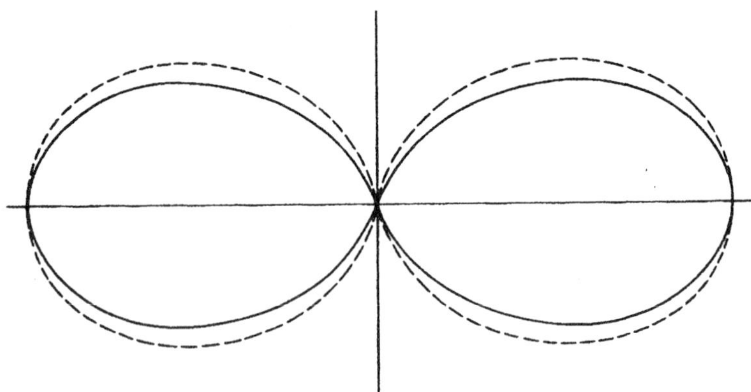

그림 28-9 반파안테나의 복사 모습(실선)을 단일 쌍극자의 복사 모습(점선)과 비교함.

$$\mathbf{E} = -\frac{i\mu_0 c I_0}{2\pi r \sin\theta}\cos\left(\frac{1}{2}\pi\cos\theta\right)e^{i(kr-\omega t)}\hat{\boldsymbol{\theta}} \tag{28-98}$$

를 얻는데, 이것은 흥미롭게도 진동수에 무관한 진폭을 갖는데, (28-97)로부터 적분할 때 $1/\omega$의 인자가 도입되고 이것이 (28-95)에 있는 ω와 상쇄되기 때문이다. 안테나의 각 요소는 그 축 방향으로, 즉 $\theta = 0$, π로는 복사하지는 않기 때문에, 이런 각도에서서는 **E**도 없어질 것이라고 예상된다. (28-98)에서 구한 각도 의존성은 θ의 이러한 각도에서 부정형이 된다. 그러나 L'Hopital의 정리를 사용하여 $\theta \to 0$, π에 대해 $\mathbf{E} \to 0$임을 쉽게 증명할 수 있다.

전력의 흐름은

$$\langle \mathbf{S}\rangle = \frac{1}{2\mu_0}\mathrm{Re}(\mathbf{E}\times\mathbf{B}^*) = \frac{|\mathbf{E}|^2}{2\mu_0 c}\hat{\mathbf{r}} = \frac{\mu_0 c|I_0|^2}{8\pi^2 r^2\sin^2\theta}\cos^2\left(\frac{1}{2}\pi\cos\theta\right)\hat{\mathbf{r}} \tag{28-99}$$

로 주어진다. $\cos^2(\frac{1}{2}\pi\cos\theta)/\sin^2\theta$로 주어지는 각도 의존성은 그림 28-9에 실선으로 보였다. 점선은 단일 쌍극자가 보여주는 $\sin^2\theta$ 분포특성곡선이다. 이들 둘은 정성적으로 비슷하지만, 안테나가 수평면으로 좀 더 강하게 복사하는 것을 알 수 있다.

총 복사 전력은

$$\mathscr{P} = \int\langle\mathbf{S}\rangle\cdot d\mathbf{a} = \frac{\mu_0 c|I_0|^2}{8\pi^2}\int_0^{2\pi}\int_0^{\pi}\frac{\cos^2\left(\frac{1}{2}\pi\cos\theta\right)}{\sin^2\theta}\sin\theta\, d\theta\, d\varphi \tag{28-100}$$

이다. φ에 대한 적분은 2π가 된다. θ에 대한 적분은 기본함수로 표현할 수 없으나, 새로운 변수 v를 $\frac{1}{2}\pi\cos\theta = \frac{1}{2}(\pi - v)$로 정의하여, 즉 $v = \pi(1 - \cos\theta)$에 의해 변환하면 적분표에 나와 있는 형태로 나타낼 수 있다. 그러면 적분은

$$\int_0^{\pi}\frac{\cos^2\left(\frac{1}{2}\pi\cos\theta\right)d\theta}{\sin\theta} = \frac{1}{\pi}\int_0^{2\pi}\frac{\sin^2\left(\frac{1}{2}v\right)dv}{\sin^2\theta} = \frac{\pi}{2}\int_0^{2\pi}\frac{(1-\cos v)\,dv}{v(2\pi - v)}$$

$$= \frac{1}{4}\int_0^{2\pi}(1-\cos v)\,dv\left(\frac{1}{v}+\frac{1}{2\pi-v}\right) \qquad (28\text{-}101)$$

$$= \frac{1}{4}\left[\int_0^{2\pi}\frac{(1-\cos v)\,dv}{v}+\int_0^{2\pi}\frac{(1-\cos v)\,dv}{2\pi-v}\right]$$

이 된다. 두 번째 적분에서 $w = 2\pi - v$로 변수변환을 하면, 첫 번째 것과 같음을 알 수 있고, (28-101)은 표[1]에서 찾아

$$\frac{1}{2}\int_0^{2\pi}\frac{(1-\cos v)\,dv}{v} = \frac{1}{2}(2.438)$$

이다. 이들을 모두 결합하여 (28-100)은

$$\mathscr{P} = \frac{2.438\mu_0 c|I_0|^2}{8\pi} \qquad (28\text{-}102)$$

이다. (28-68)로부터 구하는 복사저항은 $\mathscr{R} = 2.438\mu_0 c/4\pi = 0.194Z_0 = 73.1\ \Omega$이다.

그림 28-9에 보인 복사전력의 각도 의존성은 방위각 φ에 무관하다. 그러므로 안테나는 모든 수평방향으로 동등하게 복사시킨다. 하나 이상의 안테나를 이용하여 얻는 간섭효과로 주어진 방향으로의 복사를 증진시킬 수 있다. 이러한 안테나의 조합을 안테나 배열(antenna array)라 부른다. 이 때 사용되는 일반적인 원리는 간단하지만, 자세히 적용하는 것은 까다롭다.

n 개의 반파안테나가 그들 축을 모두 z 방향으로 하여 평행으로 놓여 있다 해보자. 이 배열로부터 멀리 떨어진 장점 P에 이들 중 하나가 만드는 전기장은 (28-98)로 주어진다 할 수 있다. 그렇다면 배열이 만드는 총 전기장은 이들 형태의 항들을 더하면 될 것이고,

$$\mathbf{E} = -\frac{i\mu_0 c}{2\pi}\sum_{j=1}^{n}\frac{I_{0j}}{r_j\sin\theta_j}\cos\left(\frac{1}{2}\pi\cos\theta_j\right)e^{i(kr_j-\omega t)}\hat{\boldsymbol{\theta}}_j \qquad (28\text{-}103)$$

가 된다. 여기서는 그림 28-7에서처럼 r_j는 j번째 안테나로부터 P까지의 거리이며, θ_j와 $\hat{\boldsymbol{\theta}}_j$는 이 때 해당되는 각도와 단위벡터이고, I_{0j}는 (복소수) 전류분포의 최대치 전류값이다. 그 다음에는 편의대로 원점을 잡는데, 보통 배열의 가운데 부근으로 택하며, 그래서 이 원점에 대하여 P의 구좌표는 r, θ, φ이다. 그러면 r_j와 θ_j를 r, θ, φ 및 원점에 대한 j번째 안테나의 위치로 표현할 수 있고, 이것은 (28-93)을 얻을 때와 매우 비슷하다. 만일 배열이 아주 밀집되어 있어서 그 규모가 r에 비하여 작다면, 진폭의 분모에 있는 r_j를 r로 대체할 수 있고, 각 $\hat{\boldsymbol{\theta}}_j$를 P에 대한 $\hat{\boldsymbol{\theta}}$로 취할 수 있다. 그래서 (28-103)은

$$\mathbf{E} \simeq -\frac{i\mu_0 c}{2\pi r}e^{i(kr-\omega t)}\hat{\boldsymbol{\theta}}\sum_{j=1}^{n}\frac{I_{0j}}{\sin\theta_j}\cos\left(\frac{1}{2}\pi\cos\theta_j\right)e^{ik(r_j-r)} \qquad (28\text{-}104)$$

---

[1] M. Abramowitz and I. A. Stegun, eds., *Handbook of Mathematical Functions*, Dover, New York, 1965, pp. 231 ff.

로 쓸 수 있다. 합에 나타나 있는 $e^{ik(r_j-r)}$ 항에 주목해보자. $r_j - r$은 절대치에 있어서 작을지 몰라도, $k(r_j - r)$는 매우 큰 변화를 가질 수도 있고 그래서 각 지수항은 그 값이 아주 다를 수 있기 때문에, 이 인자는 마지막 결과에 있어 매우 중요하다. 안테나들의 전류분포의 상대적인 위상은, 진폭항 I_{0j}이 $|I_{0j}|e^{i\vartheta_j}$로 쓰일 수 있기 때문에, (28-19)에서와 비슷하게 진폭항에 포함시킬 수 있다. (28-104)로부터 이와 같은 특별한 경우라도 여러 가능성이 있음을 알 수 있다. 배열에 있는 안테나의 숫자 n, 전류진폭의 상대적인 크기와 위상 ($|I_{0j}|$와 θ_j), 안테나의 상대적인 위치와 간격(이것은 r_j와 θ_j에 대한 표현식에 나타나게 될 것이다)도 자유롭게 선택할 수 있다. 특정 가능성에 대한 다양성이 많이 있기 때문에, 안테나 배열에 관해 더 이상 자세히 다루지는 않겠다. 그러나 연습문제에서 몇 가지 간단한 예를 고려하겠다.

지금까지는 안테나를 복사의 원천으로만 생각했었다. 그러나 모든 라디오나 텔레비전 사용자들이 알고 있듯이, 안테나는 전자기파를 검출하는 경우에도 사용되고 있다. (이런 점을 연습문제 24-5에서 간단하게 고려했었는데, 거기서는 평면파에 의해서 작은 원고리에 유도되는 기전력을 계산했었다.) 그렇다면 안테나의 수신 능력은 복사 능력과 어떻게 관련되는지에 관한 질문이 (실제로 어떤 관련성이 있다면) 자연스럽게 제기된다. 이 질문에 관한 대답을 이 장의 마지막 주제로 제시하겠다.

예제

상반정리 *reciprocity theorem*. 그림 28-10에 보인 것 같은 길이 ds_1과 ds_2인 두 개의 도체선을 고려해보자. 첫 번째 것은 진동하는 전류 I를 가지고 있다 하자. 우리는 두 번째 도선이 있는 곳에 만들어지는 기전력 $\mathscr{E}$를 구하고자 한다. 전류요소들이 멀리 떨어져 있다고 가정하면, $I\,d\mathbf{s}_1$에 의해서 만들어지는 전기장은 (28-92)로부터 얻을 수 있지만, 그 표현식을 좀 더 일반적인 형태로 써보는 것이 좋겠다. 우선 $I'(z')dz'$에서 프라임 부호를 떼어내고, $I\,ds_1$으로 대체한다. 둘째, (28-92)는 쌍극자가 z축을 따라 놓여 있다고 가정하고 있으므로 $d\mathbf{s}_1 = I\,ds_1\hat{\mathbf{z}}$이다. 이제 (1-92)와 (1-94)를 사용하여 $\hat{\boldsymbol{\theta}} = \hat{\boldsymbol{\varphi}} \times \hat{\mathbf{r}} = [(\hat{\mathbf{z}} \times \hat{\mathbf{r}})/\sin\theta] \times \hat{\mathbf{r}}$로 쓰고, 그래서 $I\,ds_1 \sin\theta\hat{\boldsymbol{\theta}} = I(d\mathbf{s}_1 \times \hat{\mathbf{r}}) \times \hat{\mathbf{r}}$이다. 전류요소 $I\,d\mathbf{s}_1$이 $d\mathbf{s}_2$에 만드는 전기장 $d\mathbf{E}$는

$$d\mathbf{E} = -\frac{i\mu_0\omega[I]}{4\pi r}(d\mathbf{s}_1 \times \hat{\mathbf{r}}) \times \hat{\mathbf{r}} \tag{28-105}$$

로 쓸 수 있다. 여기서 $[I]$는 뒤쳐진 시간에 계산된 전류이다. 이 전기장의 접선성분은 (21-26)에 의해 도선의 표면에서 연속이므로, ds_2에 유도된 기전력은 (17-7)로 주어져

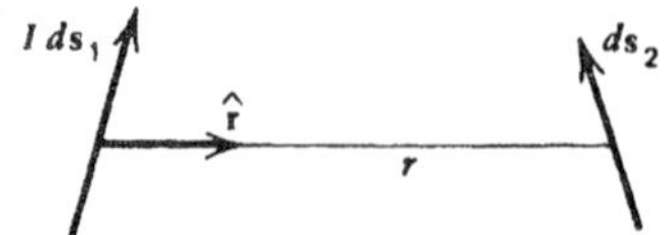

| 그림 28-10 | 상반정리의 계산.

$$d\mathscr{E} = d\mathbf{E}\cdot d\mathbf{s}_2 = -\frac{i\mu_0\omega[I]}{4\pi r}[(d\mathbf{s}_1\times\hat{\mathbf{r}})\times\hat{\mathbf{r}}]\cdot d\mathbf{s}_2$$

$$= \frac{i\mu_0\omega[I]}{4\pi r}[(\hat{\mathbf{r}}\times d\mathbf{s}_1)\cdot(\hat{\mathbf{r}}\times d\mathbf{s}_2)] \quad (28\text{-}106)$$

이 된다. 이 때, (1-29)와 (1-23)을 사용하였다. 이 결과는 $d\mathbf{s}_1$과 $d\mathbf{s}_2$에 대해 완전히 대칭적이고, $\hat{\mathbf{r}}$의 부호가 바뀌더라도 변하지 않는다. 이것은 요소 $d\mathbf{s}_2$가 전류 I를 가지고 있었더라도, 이것과 똑같은 기전력이 요소 $d\mathbf{s}_1$에 유도되었을 것임을 의미한다. 이러한 유형의 결과를 상반정리라 한다.

(28-106)이 말해주는 것은, 유도된 기전력, 혹은 "수신신호"의 값은 $d\mathbf{s}$요소가 복사체로써 작용하든 수신기로써 작용하든 상관없다는 것이다. 전체 안테나에 확장하여보면, 이 상반정리는, 각도 의존성 같은 안테나 특성이, 안테나가 복사를 하든 복사를 흡수하든 같다는 것이다. 예를 들어, (28-98)로부터 알아내었듯이, 반파안테나는 전자기파를 그 축 방향 ($\theta = 0$)으로 복사하지 않기 때문에, 이 축에 평행으로 진행하는 전자기파는 그 안테나에 기전력을 유도시키지도 않을 것이다. 이 특별한 경우에, 입사 전기장은 전파방향에 대해 횡파이고 안테나의 축을 구성하는 도체에 수직일 것이므로, 이렇게 된다는 것이 분명하다. 그러므로 전기장은 안테나의 길이를 따라서 접선성분을 가지지 않을 것이고, 유도기전력을 만들 수도 없다.

연습문제

28-1 무한히 길고 가는 직선 도선이 z축에 놓여 있다. $t < 0$ 때는 전류를 가지고 있지 않는다. $t = 0$ 때 도선의 전체 길이를 통하여 I의 전류가 공급되어, 그 이후에는 계속 이 일정한 값으로 유지되고 있다. 이 도선으로부터 ρ의 거리인 곳에서 모든 시간에 대해 **A**, **B**, **E**, **S**를 구하라. 이 결과는 $t \to \infty$에서 이치에 맞는 결과가 됨을 보여라. (귀띔: 16-4절을 보아라.)

28-2 전하와 전류가 고정된 채 정해진 체적 V'을 차지하고 있다. 일반적으로

$$\int_{V'}\mathbf{J}(\mathbf{r}')\,d\tau' = \frac{d\mathbf{p}}{dt}$$

이 성립함을 보여라. 여기서 $\mathbf{p}$는 분포에 대한 총 전기쌍극자모멘트이다.

28-3 1 kW로 복사하는 전기쌍극자모멘트로부터 10 km 떨어진 적도면에서의 한 지점에서 전기장의 크기를 구하라.

28-4 한 전기쌍극자로부터 복사하는 에너지 중 적도면에서 $\pm 10°$ 이내에 들어 있는 에너지의 분수율을 계산하라.

28-5 (28-53)과 (28-54)에서 어떤 전기쌍극자에 대해 p_0은 실수라고 가정하고, 물리적인 장 **E**와 **B**의 일반적 표현식을 구하라. 그리고는 **S**를 구하고, 이것이 $\hat{\mathbf{r}}$과 $\hat{\boldsymbol{\theta}}$ 방향으로 진동 성분을 가지고 있음을 보여라. 끝으로 **S**에 대한 그 표현식은 (28-65)로 바르게 나오는 것도 보여라.

28-6 전기쌍극자에 의한 복사영역에서의 장들은

$$\mathbf{E}_R = \frac{\mu_0}{4\pi r}\left\{\left[\frac{d^2\mathbf{p}}{dt^2}\right]\times\hat{\mathbf{r}}\right\}\times\hat{\mathbf{r}}$$

$$\mathbf{B}_R = \frac{\mu_0}{4\pi cr}\left[\frac{d^2\mathbf{p}}{dt^2}\right]\times\hat{\mathbf{r}}$$

로 쓸 수 있음을 보여라. 여기에서 대괄호에 들어 있는 양은 뒤쳐진 시간에서 계산된다.

28-7 복사영역에서의 전기쌍극자장은

$$\mathbf{E}_R = \frac{\mu_0}{4\pi r}\left[\frac{dI'}{dt}\right](d\mathbf{s}'\times\hat{\mathbf{r}})\times\hat{\mathbf{r}}$$

$$\mathbf{B}_R = \frac{\mu_0}{4\pi cr}\left[\frac{dI'}{dt}\right]d\mathbf{s}'\times\hat{\mathbf{r}}$$

의 형태로 쓸 수 있음을 보여라. 여기서 전류의 미분은 뒤쳐진 시긴에 계신된다.

28-8 복사영역에서의 자기쌍극자장은

$$\mathbf{E}_R = -\frac{\mu_0}{4\pi cr}\left[\frac{d^2\mathbf{m}}{dt^2}\right]\times\hat{\mathbf{r}}$$

$$\mathbf{B}_R = \frac{\mu_0}{4\pi c^2 r}\left\{\left[\frac{d^2\mathbf{m}}{dt^2}\right]\times\hat{\mathbf{r}}\right\}\times\hat{\mathbf{r}}$$

의 형태로 쓸 수 있음을 보여라. 여기서 $[d^2\mathbf{m}/dt^2]$은 뒤쳐진 시간에 계산된다.

28-9 복사영역에서의 장들은 그것이 전자쌍극자, 자기쌍극자, 혹은 선형 전기사중극자에 의한 것이든 관계없이 다음과 같은 해당 벡터퍼텐셜로 표현될 수 있음을 보여라:

$$\mathbf{E}_R = \left\{\left[\frac{d\mathbf{A}}{dt}\right]\times\hat{\mathbf{r}}\right\}\times\hat{\mathbf{r}} \qquad \mathbf{B}_R = \frac{1}{c}\left[\frac{d\mathbf{A}}{dt}\right]\times\hat{\mathbf{r}}$$

여기서 $[d\mathbf{A}/dt]$는 뒤쳐진 시간에 계산된다.

28-10 선형 전기사중극자에 대해 부근영역에서의 **E**와 **B**를 구하고 (8-55)와 비교하라.

28-11 천천히 운동하는 점전하의 복사장들은

$$\mathbf{E}_R = \frac{q\{[\mathbf{a}]\times\hat{\mathbf{r}}\}\times\hat{\mathbf{r}}}{4\pi\epsilon_0 c^2 r} \qquad \mathbf{B}_R = \frac{q[\mathbf{a}]\times\hat{\mathbf{r}}}{4\pi\epsilon_0 c^3 r}$$

처럼 가속도의 뒤쳐진 값 [**a**]로 쓸 수 있음을 보여라.

28-12 선형 전기사중극자의 복사영역 장들을 유도하는 흔히 사용되는 근사계산법은 그림 28-5에 그려진 모형에 근거하고 있다. 이것은 서로 반대방향을 향하는 두 개의 쌍극자가 각각 $\pm q_0 a$의 크기를 가지고 $z = \pm\frac{1}{2}a$에 위치하는 것으로 이해할 수 있으며, 총 전기장 $\mathbf{E}_R$은 (28-62)로부터 얻은 장의 중첩으로 쓸 수 있다. 이것을 해보고, $a \ll r$의 근사를 사용하여, 일차 결과가 (28-89)임을 보여라.

28-13 자기사중극자가 주는 복사영역에서의 장들을 계산하는 간단한 모형은, 앞의 연습문제와 연습문제 19-16의 유사성으로부터 고안해낼 수 있다. 두 개의 자기쌍극자를 생각해보는데, 각각 쌍극자모멘트가 $\pm m_0\hat{\mathbf{z}}$이고 $z = \pm b$에 위치해 있다. 이 계의 총 자기쌍극자모멘트는 영이다. 이러한 배치는 두 개의 작은 전류고리로 만들 수 있는데, 고리들은 xy 평면에 평행이고 전류는 반대방향으로 흐른다. 그러면 총 자기유도 $\mathbf{B}_R$은 (28-78)로부터 구한 장들을 중첩하여 쓸 수 있다. 이렇게 하여 보아라. 그리고 $b \ll r$의 근사를 사용하여, $\mathbf{B}_R$(그리고는 $\mathbf{E}_R$)을 일차근사로 구하라.

28-14 총 길이가 $2l = \lambda$인 안테나를 일파안테나 *full-wave antenna*라 부른다. 이것에 맞는 전류진폭의 분포로는 $I' = I_0 \sin kz'$과 $I' = I_0 \sin k|z'|$의 두 가지가 가능함을 보여라. 이들 전류분포는 일파안테나를 두 개의 일직선 반파안테나로 보았을 때의 모형과 일치함을 보여라. 이 둘은 서로 반파장만큼 떨어져 있고 상대위상을 π와 0으로 가지고 있다. 첫 번째 전류분포에 대한 **E**와 $\langle\mathbf{S}\rangle$를 구하고, 각분포가 $[\sin(\pi\cos\theta)/\sin\theta]^2$에 비례함을 보여라. 각 분포를 대충 스케치하라.

28-15 두 반파안테나가 yz평면 위에 놓여 있다.

이들은 z축에 평행이고, 그 중심들은 y축 위의 $y = a$, $y = -a$에 있다. $a \ll r$을 가정하여 xy평면에서의 합성 전기장을 구하라. 전류의 진폭은 동일하다고 하자. 이번에는 이들이 반파장만큼 떨어져 있다고 가정하고, 전류가 (1) 동위상인 경우와 (2) π의 위상차를 갖는 경우를 생각해보자. 이들 두 경우에 대해 전기장의 크기를 φ의 함수로 스케치해보아라.

28-16 만일 어떤 원천이 하나의 전기쌍극자모멘트와 하나의 자기쌍극자모멘트를 가지고 있다면, 복사영역에서의 총 전기장은 (28-62)와 (28-79)의 합이 될 것이고, 간섭의 가능성이 있을 것이다. 그러나 $\langle \mathbf{S} \rangle = \langle \mathbf{S} \rangle_{ed} + \langle \mathbf{S} \rangle_{md}$임을 보여라. 즉, 총 복사전력은 간섭항을 포함하고 있지 않다. 만일 그 원천이 하나의 전기쌍극자모멘트와 하나의 선형 전기사중극모멘트를 가지고 있다 하더라도, 같은 결과가 나오겠는가?

28-17 Hertz 벡터 $\boldsymbol{\pi}_e$는 연습문제 22-7에서 도입되었다. 점전기쌍극자에 해당되는 Hertz 벡터는 $\boldsymbol{\pi}_e = \mathbf{p}_0 e^{i(kr-\omega t)}/4\pi\epsilon_0 r$라고 한다. 이것이 전기쌍극자에 대해 옳은 벡터퍼텐셜을 준다는 것을 보여라.

28-18 어느 하전입자계를 고려해보는데, 각 입자에 대한 전하 대 질량의 비 q_i/m_i는 동일하다. 총 쌍극자모멘트는 $\mathbf{p} = (q_i/m_i)M\mathbf{R}_{cm}$로 쓸 수 있음을 보여라. 여기서 M은 계의 총 질량이고 $\mathbf{R}_{cm}$은 질량중심의 위치이다. 이 계에 작용하는 알짜 외력이 없다면, 이 계는 전기쌍극자 복사를 만들지 않음을 보여라. 마찬가지로, 이 계에 작용하는 알짜 외력 토크가 없다면, 이 계는 자기쌍극자 복사도 만들지 않음을 보여라.

제 29 장 특수상대론

상대론에서의 기본적인 관심사는, 서로에 관해서 운동하고 있는 관측자들이 각자 알아낸 물리 현상의 결과를 비교하는 일이다. 1905년 Einstein에 의해 제안된 특수상대론은 서로에 대해 일정한 속도로 운동하는 관측자를 다루고 있다. 그리고 우리도 이 경우만을 고려하겠다. "상대 *relativity*"라는 용어는, 이들 관측자의 **동등함** *equivalence*에 대한 가정이 관련되어 있고, 현상을 기술하는 각 좌표계에 관한 것이다. 앞으로 알게 되겠지만, 특수상대론의 기원은 전자기학 이론의 구조에서부터 찾을 수 있다. 그래서 보통은 운동하는 관측자가 어떻게 전자기 현상을 기술하는가를 고려하면서 시작할 수 있다.

29-1 특수상대론의 역사적 기원

전기장벡터 $\mathbf{E}(\mathbf{r}, t)$ 같은 것을 고려할 때, 우리는 어떤 특정 좌표계에 관해 지정된 위치 $\mathbf{r}$과 시간 t에서의 이 물리량 값을 의미하는 것이다. $\mathbf{r}$과 t에서 $\mathbf{E}$를 결정하게 될 관측자는 이 좌표축에 관하여 멈추어 있다고 가정한다. (1-14) 다음의 문단에서, 어떤 좌표계를 사용할 것인가 하는 질문에 관해 간단히 언급하였었고, 역학에서 말하는 관성계 중의 하나면 된다고 했다. 역학에서 잘 알고 있듯이, 지구의 표면에 고정된 좌표틀은, 대부분의 목적을 위해, 관성계라고 근사해도 괜찮다.

그러나 17-3절에서 운동하는 매질에 대한 Faraday 법칙을 논의하면서, 서로에 대해서 운동하고 있는 관측자들이 동일한 현상을 어떻게 기술하려하는가의 문제에 맞닥뜨리기 되었었고, 일반적으로 그들의 묘사는 서로 다르게 나왔었다. 특히, (17-29)를 알아내었는데,

$$\mathbf{E}' = \mathbf{E} + \mathbf{v} \times \mathbf{B} \tag{29-1}$$

은 두 계에서의 장들이 어떻게 관련되는가를 나타내준다. 그러면 Faraday 법칙 $\nabla \times \mathbf{A} = -\partial \mathbf{B}/\partial t$는 매질의 운동에 무관한 형태를 갖게 되었었다. 어떤 경우에는 운동하는 계에 들어가서 문제를 생각하는 것이 쉽다는 것을 알아내었고, 이 때는 "운동(motional)"전기장 $\mathbf{E}_m' = \mathbf{v} \times \mathbf{B}$를 다루었다. 그러나 여기에서 더욱 흥미로운 것은 (29-1)이, 이들 두 상대적으로 운동하는 관찰자들이 같은 현상을 다른 방식으로 기술한다는 사실을 보여주고 있다는 점이다. 극단적인 예로, $\mathbf{E} = 0$이면, 한 관측자에게 순전히 자기유도 $\mathbf{B}$로 보이는 것이 다른 관측자에게는 전기장 $\mathbf{E}'$으로 보인다. 그러므로 전기장이란 주어진 지점과 시간에서의 절대적인 특성이 아니고, 관측자의 운동에도 의존한다.

(29-1)을 구하기 위해, $\mathbf{F} = \mathbf{F}'$이라는 사실을 사용하였었다. 여기서 비교되고 있는 힘들은

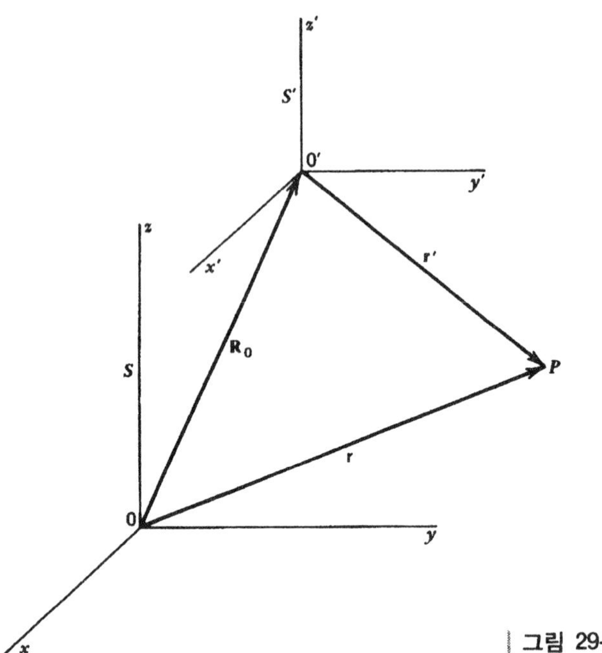

그림 29-1 좌표축이 서로 평행인 두 개의 직각좌표계.

두 관성계에서 측정한 것이다. 즉, 그들은 서로에 대하여 가속도를 가지고 있지 아니하며, 주 관성계에 관해서도 가속도를 가지고 있지 않다. 이러한 상황이 어떻게 나타나게 되었는지 잘 기억해두자.

그림 29-1은 두 좌표계 S와 S'을 보여주고 있는데, 이들은 직교축들을 가지고 있고, 문제를 간단히 하기 위해 축들은 서로 평행이 되게 택하였다. 원점들 간의 상대 위치는 $\mathbf{R}_0 = \mathbf{V}t$로 주어지고, 그러므로 이 원점들은 $t = 0$때 일치하고, $\mathbf{V}$는 S에 대한 S'의 일정한 속도이다. 한 점 P의 위치벡터는 $\mathbf{r}$과 $\mathbf{r}'$이고, 그러면

$$\mathbf{r}' = \mathbf{r} - \mathbf{R}_0 = \mathbf{r} - \mathbf{V}t \tag{29-2}$$

이다. 두 계에서 측정된 P점의 속도들은 그러므로

$$\mathbf{v}' = \frac{d\mathbf{r}'}{dt} = \frac{d\mathbf{r}}{dt} - \frac{d\mathbf{R}_0}{dt} = \mathbf{v} - \mathbf{V} \tag{29-3}$$

라는 잘 알려진 결과식으로 관련된다. $\mathbf{V}$가 일정하므로 가속도들은 동일하다. 즉, $\mathbf{a}' = d\mathbf{v}'/dt = d\mathbf{v}/dt = \mathbf{a}$이다. 그러므로 P점에 위치한 질량 m의 입자에 작용하는 힘들도 같다: $\mathbf{F}' = m\mathbf{a}' = m\mathbf{a} = \mathbf{F}$. 따라서 역학의 기본법칙은, 서로에 대해 일정한 속도로 운동하고 있는 두 좌표계에서, **동일한 형태**를 갖는다. 즉 그 계들을 기준계로 사용함에 있어 동등하고 적절하다. 이 결과는 **고전** (혹은 **갈릴레이** *Galilean*) **상대원리** *principle of relativity*로 알려져 있다. 주어진 "사건(event)"에 대해 두 벌의 좌표계와 시간 ($t = t'$)을 연결시켜주는 (29-2)의 공식은 **고전** (혹은 **갈릴레이**) **변환** *transformation*이라 알려져 있다. (29-2)는 그대로 완벽하게 일반적이지만, 이것을

편리한대로 상대운동이 공통의 xx' 방향을 향하는 경우로, 즉 $\mathbf{V} = V\hat{\mathbf{x}}$로 규정하여도 괜찮다. 그러면 (29-2)는 성분의 형태로

$$x' = x - Vt \qquad y' = y \qquad z' = z \qquad t' = t \tag{29-4}$$

라고 쓸 수 있고, 여기서 완전성을 위해 통상적인 가정인 $t' = t$를 포함시켰다. 이 경우 (29-3)은 단순히

$$v'_x = v_x - V \qquad v'_y = v_y \qquad v'_z = v_z \tag{29-5}$$

가 된다.

(29-1)의 장에 대한 표현식은 사용하는 좌표계에 따라 바뀐다는 것을 나타내기 때문에, (29-4)와 같은 좌표변환이 장을 정해주는 방정식, 즉 Maxwell 방정식에 어떻게 영향을 주는지 의문을 품어보는 것은 당연한 일이다. 여기서는 Maxwell 방정식들의 결과식인 파동방정식

$$\nabla^2\psi - \frac{1}{c^2}\frac{\partial^2\psi}{\partial t^2} = 0 \tag{29-6}$$

을 고려해보는 것으로 충분하겠다. 이것은 진공에서의 **E**나 **B**의 어느 성분도 만족하는 식이다. (29-6)은 속력 c의 평면파 해를 갖는다고 알고 있다. 이 방정식의 형태는 (29-4)의 갈릴레이 변환에 의해 보존되지 않음을 알게 될 것이지만, 평면파 해는 여전히 가능하다.

간단히 하기 위해, 파동의 전파 방향이 x축을 향하는 경우로 제한해보자. 그러면 (29-6)은

$$\frac{\partial^2\psi}{\partial x^2} = \frac{1}{c^2}\frac{\partial^2\psi}{\partial t^2} \tag{29-7}$$

이 된다. 이제 ψ는 (29-4)에 의해 x'과 t'의 함수라고 가정하자. 그래서

$$\frac{\partial\psi}{\partial x} = \frac{\partial\psi}{\partial x'}\frac{\partial x'}{\partial x} + \frac{\partial\psi}{\partial t'}\frac{\partial t'}{\partial x} = \frac{\partial\psi}{\partial x'}$$

이고, 그러므로 $\partial^2\psi/\partial x^2 = \partial^2\psi/\partial x'^2$이다. 마찬가지로,

$$\frac{\partial\psi}{\partial t} = -V\frac{\partial\psi}{\partial x'} + \frac{\partial\psi}{\partial t'}$$

$$\frac{\partial^2\psi}{\partial t^2} = V^2\frac{\partial^2\psi}{\partial x'^2} - 2V\frac{\partial^2\psi}{\partial x'\,\partial t'} + \frac{\partial^2\psi}{\partial t'^2}$$

이다. 이들 결과를 (29-7)에 대입하면,

$$(c^2 - V^2)\frac{\partial^2\psi}{\partial x'^2} = \frac{\partial^2\psi}{\partial t'^2} - 2V\frac{\partial^2\psi}{\partial x'\,\partial t'} \tag{29-8}$$

을 얻고, 이것은 프라임이 붙지 않은 계에 만족되는 방정식 (29-7)과는 그 형태에 있어 분명히 다르다. 그럼에도 불구하고 (29-8)의 해를 평면파

$$\psi(x', t') = \psi_0 e^{ik'(x' - u't')} \tag{29-9}$$

의 형태로 시도해보자. 여기서 u'은 위상속도이다. (29-9)를 (29-8)에 대입하면, $u' = \pm c - V = \pm(c \mp V)$인 경우 해가 된다. 즉, 파동이 양의 x' 방향으로 진행하면, 이것은 $c - V$의 속력을 가지며, 음의 x' 방향으로 전파하면, 이것의 속력은 $c + V$이다. 그러므로 이들 결과는 (29-5)로 주어지는 특별한 경우와 부합하고, 전파의 일반적인 방향에 대해서는, 프라임이 붙은 계에서의 파동 속도는 (29-3)으로부터 구할 수 있다.

이 계산이 우리에게 보여준 것은, 만일 (29-4)와 (29-7)이 동시에 성립된다면, 서로에 대해서 일정한 속도로 운동하는 다른 좌표계로부터 관측되었을 때 전자기 효과는 일반적으로 다를 것이라는 점이다. 그리고 특히, 진공에서 평면파의 속력이 항상 c는 아닐 것이다. (29-6)은 Maxwell 방정식들의 결과로 나온 것이기 때문에, 이들 결과가 시사하는 바는, Maxwell 방정식이 그 온전한 형태를 갖게 하는 오직 하나의 기준계가 존재한다는 점인데, 이 형태로 지금까지 그 식들을 써왔고, 또 그 형태에서 전자기파는 c의 속력을 가졌던 것이다. 이 특별히 취급되는 기준계는 역학의 가장 중요한 기준계로 지목되어 왔었다. 즉, 이것은 "고정된 별"에 붙박혀 있는 것이다. 이 틀은 전자기적 특성도 타고났으며 파동도 전파시킬 수 있는데, 그래서 의미가 과장된 이 계를 그 당시에는 에테르 *ether*라고 불렀다.

그러니까 전자기학과 함께 고려한 갈릴레이 변환은 Maxwell 방정식이 성립되는 오직 하나의 기준이 존재함을 의미한다. 반면, 역학에서는 갈릴레이의 상대원리가 있기 때문에, 특별히 취급되는 계가 있다는 생각은 낯설었다. 그러나 서로 다른 좌표계가 동등하다는 개념은 아주 단순하고 매력적이었기 때문에, 다른 가능성을 고려하기에 이르렀다. 즉, 그 가능성이란 역학과 전자기학 모두에 대하여 성립되는 **공통**의 상대원리를 말한다. 그러나 만일 그런 것이 있다면, 갈릴레이 변환과 뉴턴 역학에 기초한 갈릴레이 상대원리는 실제로 적절한 것이 될 수는 없다. (Maxwell 방정식이 바뀔 수 있다는 가능성은 고려하지 않는다.)

이들 가능성 중에서 어느 것을 적절히 선택하느냐 하는 것은, 실험 결과의 도움으로만 가능하다. 역사적으로, 한 가지 접근방법은 Maxwell 방정식과 갈릴레이 변환이 둘 다 성립된다고 가정하는 것으로, 특별히 선택된 기준계의 존재를 인정하는 것이다. 그렇다면, 지구에 부착된 실험실 틀은 주 관성계 (에테르)에 관해 운동할 것이고, 그래서 이 운동에 관련된 효과를 찾을 수 있을 것이다. 그리고 (29-8)을 얻을 때 했던 것과 똑같이 이 계에서 Maxwell 방정식을 변환하여 이 효과를 계산할 수 있을 것이다. 우리는 이러한 실험 두 가지를 고려해보겠다. 하나는 파동의 전파와 관련되지 않은 것이고, 다른 것은 관련이 있다.

예제

Trouton-Noble 실험. 이 실험에서는 대전된 평행판 축전기를 매달아 놓고, 극판에 평행이며 극판 사이에 있는 축에 대하여 회전할 수 있게 하였다. 지구가 에테르에 대하여 운동하고 있다고 가정하고 있으므로, 축전기에는 토크가 작용할 것이고, 극판 면을 그들의 속도 $\mathbf{V}$에 평행이 되도록 정렬시키려 할 것이다. 문제를 다소 간단히 하여, 그림 29-2에 보인 것처럼, 극판에 있는 전하를 두 개의 점전하로 대체하고, 그들의 간격이 극판 사이의

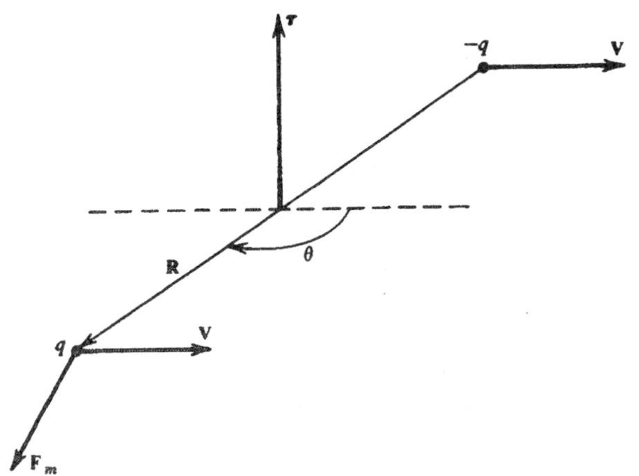

| 그림 29-2 | Trouton-Noble 실험.

거리와 같다고 하겠다. 음전하에 의해 양전하에 작용하는 자기력 $\mathbf{F}_m$은 (14-31)로부터 구하여

$$\mathbf{F}_m = -\frac{\mu_0 q^2 \mathbf{V} \times (\mathbf{V} \times \mathbf{R})}{4\pi R^3} \tag{29-10}$$

이 될 것이고, 음전하에는 크기가 같고 방향이 반대인 힘이 있을 것이다. 이 두 힘은 계에

$$\boldsymbol{\tau} = \mathbf{R} \times \mathbf{F}_m = \frac{\mu_0 q^2 (\mathbf{V} \cdot \mathbf{R})(\mathbf{V} \times \mathbf{R})}{4\pi R^3} \tag{29-11}$$

로 주어지는 토크를 발생시킬 것이고, 이것의 방향을 그림에는 $\theta > 90°$에 대하여 보였다. ($\theta < 90°$에 대해서는 $\boldsymbol{\tau}$의 부호는 반대가 된다.) $\boldsymbol{\tau}$는 축과 평행임을 알 수 있고, 이것은 전하들을 회전시켜서 이들을 연결하는 선 **R**이 **V**에 평행이 되도록 할 것이다. 이 토크의 크기는

$$\tau = \frac{\mu_0 q^2 V^2 \sin\theta \cos\theta}{4\pi R} = \frac{1}{2} U_e \left(\frac{V}{c}\right)^2 \sin 2\theta \tag{29-12}$$

이고, 여기서 $U_e = q^2/4\pi\epsilon_0 R$은 (5-49)에 의한 계의 정전기에너지의 크기이다. τ로 측정되는 이 효과는 $(V/c)^2$에 비례함에 주목하면, 이것이 이 실험의 특성값이 될 것이다. (극판면에 실제로 분포하는 전하를 고려한 효과는 위에 주어진 τ의 두 배가 된다. 또한 인력적인 정전기 힘은 항상 **R**의 방향에 있으므로 토크에는 기여하지 않는다.)

V를 궤도를 도는 지구 속력, 약 3×10^4 m/s로 잡으면, 토크의 크기는 관측하기에 충분한 큰 값이 된다. 그러나 아주 조심스러운 실험에서도 이러한 토크를 얻는데 실패하였고, 그래서 이 실험은 전자기학에 관한 선택된 기준계의 편을 들어주는 어떠한 증거도 제시하지 못한다.

예제

Michelson-Morley 실험. 이 실험은 (29-9)를 따르는 결과에 기초하고 있다. 이것은 속도 결합 공식 (29-3)이 점 질량뿐 아니라 전자기파에도 효과적으로 적용됨을 보여주고 있다. **V**를 에테르에 관한 S'의 속도라고 해석한다면, (29-3)이 말해주는 것은 파동의 속도가 매질의 운동에 따라 달라진다는 사실과 그 속력은 에테르에 관해서만 c라는 것이다. 지구의 궤도 속력은 c에 비해 너무 작아서, (29-3)을 측정하기 위해 지구 표면에 관한 여러 방향에서의 파속을 직접 측정하는 것은 실행가능하지 않았다. 그러나 이들 방향을 비교하고, 특별한 방법으로 파동 자체를 이용하여 이 작은 효과를 찾아내는 것이 가능하다. 이러한 고안은 Maxwell에 의해 제안되었고, 실험은 1887년 Michelson과 Morley에 의해 처음으로 수행되었다.

실험 장치는 그림 29-3에 설명되어 있다. 원천 L로부터 나온 빛은 반도은된 유리판 M에 입사하여 둘로 갈라져서, 서로 수직인 방향으로 진행한다. 각 광선은 거울 M_1 혹은 M_2까지 거리 l을 진행하고는 반사되어 처음의 경로를 되돌아온다. 각 광선으로부터 온 빛의 일부분은 이 장치의 네 번째 팔을 따라 지나가서 검출기 D를 향한다. 광선들은 이렇게 결합하고, 광선들이 앞뒤로 다니며 결과적으로 갖게 되는 위상차는, 합성 광선의 세기를 변화 시킴으로써 측정 가능한 간섭효과를 만들 것이다. 위상차를 계산하려면, 각 경로를 따라 광선이 진행하면서 걸린 시간을 구해야 한다.

팔 1이 이 실험장치의 운동방향으로 놓여 있다면, 앞에서 구한 것처럼, 바깥쪽 경로로 나가면서 빛의 속력은 $c - V$일 것이고, 돌아오는 경로에서는 $c + V$일 것이다. 그러므로 이 팔을 왕복하여 지나가면서 걸린 시간은

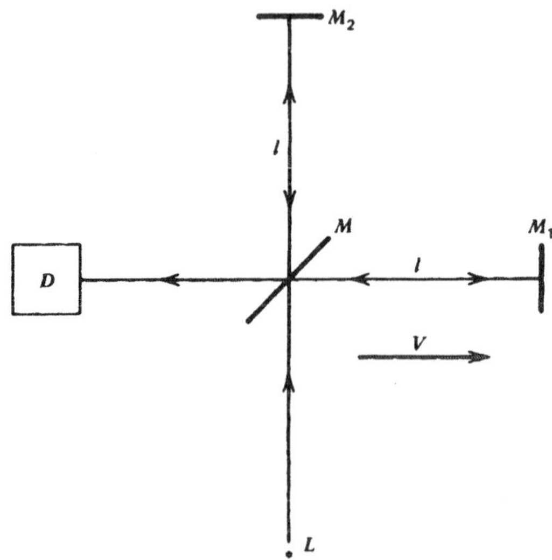

| 그림 29-3 | Michelson-Morley 실험.

$$t_1 = \frac{l}{c-V} + \frac{l}{c+V} = \frac{2l}{c}\left(1 - \frac{V^2}{c^2}\right)^{-1} \simeq \frac{2l}{c}\left(1 + \frac{V^2}{c^2}\right) \tag{29-13}$$

이다. 두 번째 팔을 따라가는 수직방향에서 (29-3)으로 구한 합성된 상대적인 빛의 속력은 $(c^2 - V^2)^{1/2}$이고, 왕복에 걸린 해당 시간은

$$t_2 = \frac{2l}{(c^2 - V^2)^{1/2}} \simeq \frac{2l}{c}\left(1 + \frac{V^2}{2c^2}\right) \tag{29-14}$$

이다. 그러므로 두 시간은 같지 않고, 그 차이는

$$\Delta t = t_1 - t_2 \simeq \frac{l}{c}\left(\frac{V}{c}\right)^2 \tag{29-15}$$

이다. l = 30 m로 그리고 앞에서처럼 $V = 3 \times 10^4$ m/s로 잡으면, $\Delta t = 10^{-15}$ s로 구해진다. 이 작은 시간차는 파장이 0.5×10^{-6} m인 가시광선에 대해 $\omega\Delta t = 2\pi c\Delta t/\lambda = 0.6(2\pi) = 3.8$ rad의 위상차에 해당된다. 이것은 꽤 큰 상대위상차인데, 두 팔의 역할을 교환하도록 장치를 회전시켜줄 때 측정가능한 결과를 얻을 수 있다. 그러나 Michelson과 Morley는 그러한 효과를 측정하지 못하였다. 그 이후 이 실험과 이것을 변형한 실험들이 자주 반복되었다. 특히 더 예민하고 정확한 실험기구들이 나옴에 따라 이 실험은 재현되었다. 결과는 언제나 마찬가지였다. 전자기파에 대해 (29-3)의 사용을 뒷받침해 주는 어떠한 증거도 없다. 이 증거는 전자기학에서의 선택된 기준틀에 관한 개념과 역학에서의 갈릴레이 상대원리를 결합한 것에 기인한다.

우리는 이러한 일반적인 실험 두 가지만을 논의했지만, 이제까지 알려지기로는 전자기학에서 말하는 선택된 기준틀을 뒷받침하는 어떤 종류의 결과도 없다. 따라서 우리는 전자기학과 역학 모두를 위한 공통된 상대원리가 있을 것이라고 가정하기에 이르렀다. 그러나 (29-2)와 (29-4)로 주어지는 갈릴레이 변환으로는 기술할 수 없다. 필요한 새로운 개념은 특수상대론의 가설들로부터 마련된다.

그러나 특수상대론 전체가 Michelson-Morley 실험 같은 단 하나의 "결정적인" 실험 결과에 의해 좌지우지 된다고 생각해서는 안 된다. 지금까지 특수상대론은 수없이 많은 잘 짜인 실험들에 의해 확장되어 왔고 검증되어서, 매우 다양한 현상들을 하나의 일관되고 유용한 서술로써 인정되어 있다.

29-2 가설과 Lorentz 변환

Einstein이 방금 우리가 설명한 실험의 결과들에 의해 강하게 영향을 받았는지, 혹은 심지어 알고는 있었는지에 관해서는 약간의 의문이 남아있다. 그러나 그가 이전 절에서 요약한 질문

들에 대해 철저히 그리고 엄격하게 사고하였다는 점에 관해서는 의심할 여지가 없다. 그 결과는 1905년에 그가 다음 두 가설을 제시하면서 나오게 되었다.

> **I** 모든 좌표계는 물리현상을 기술하는데 있어 동등하게 적합하다.
> **II** 진공에서의 빛의 속력은 모든 관측자에게 동일하고, 광원의 운동에 무관하다.

첫 번째 가설은 말 그대로 모든 좌표계를 언급하고 있으나, 서로에 관해 일정한 속도를 갖는 계들에 한정된다. 이렇게 제한한다는 의미로, 우리는 **특수(제한된) 상대성이론** *special theory of relativity*를 이야기하고 있는 것이다. 이러한 제한을 하지 않는 경우에 관한 논의는 **일반 상대성이론** *general theory of relativity*에 해당될 것이나, 여기서는 다루지 않는다.

우리는 입자의 역학과 전자기학으로만 상대론을 고려하고 있으나, 첫 번째 가설은 물리학의 모든 분야에 상대성의 공통된 원리가 적용된다는 것도 말해주고 있다. 첫 번째 가설을 다른 방식으로 나타내자면, 사용하고 있는 좌표계의 병진운동에 대한 절대속도를 어떤 이론도 무엇으로든지 언급할 수가 없다는 것이다. 앞 절에서는 갈릴레이변환과 결합된 Maxwell 방정식에 의해 절대속도에 기인한 효과가 가능한 것으로 나타났지만, 그러한 예측은 실험에 의해 확인된 것은 아니었다. 이것은 Maxwell 방정식 자체가 완전히 옳은 것은 아니라는 의미일 수도 있고, 갈릴레이변환이 옳지 않다는 의미일 수도 있다. Einstein은 두 번째 가능성을 선호했다. 그러나 Maxwell 방정식이 좌표의 적절한 변환에 대하여 공변(covariant, 식의 형태는 변하지 않음)이라는 가정을 하는 대신, 광속을 도입하여 그의 두 번째 가정으로 나타내면 충분하다(그리고 동등하다)는 것을 알아내었다.

이 두 번째 가설은 명백하게 "상식"을 거스르기도 하지만 특수상대론의 생소한 결과들에 이르게 하기도 한다. 이것은 또한 뉴턴 역학이 역학 현상을 정확하게 표현하기에는 올바른 형식이 아니라는 점을 암시하기도 하는데, 이는 (29-9) 이후에서 알아본 것처럼, 역학에서 상대원리의 본성을 나타내 주는 갈릴레이변환이 두 번째 가설과 일치하지 않기 때문이다. 그러므로 우리는 우선 두 번째 가설을 만족시키는, 좌표에 대한 변환법칙을 찾아내어야 한다. 그러면 이들 변환법칙이 사용될 때, 첫 번째 가설도 만족시키는 역학 법칙도 구해야할 것이다. 끝으로 Maxwell 방정식으로 기술되는 전자기학이 이들 가설과 어떻게 들어맞는지 알아보아야 하겠다. 이들 가설이 물리 현상의 기술에 실제적으로 적용가능한지는 실험결과에 대한 예측과 실제 결과 자체를 비교함으로써만 평가할 수 있다.

그러나 이러한 작업을 시작하기 전에, 이들 가설이 앞 절에서 논의한 두 실험의 결과와 부합하는지를 알아보는 것이 좋겠다. Trouton-Noble 실험에 관한 한, 우리는 첫 번째 가설을 인용하여 전하가 정지하고 있는 어느 한 좌표계에서의 효과를 계산할 수 있기를 바라고 있다. 여기서의 유일한 힘은 정전기 인력이고, 이전에도 지적하였듯이, 이것은 토크를 작용시키지 않을 것이고, 그래서 축전기는 회전하지 않으며, 이것은 관측결과와 잘 맞는다. Michelson-Morley 실험에서, 파동의 속력은 두 팔 모두에 대하여 동일한 c일 것이고, 그러면 $t_1 = t_2$일 것이므로 $\Delta t = 0$이어서 관측결과와 일치한다.

두 번째 가설과 정량적으로 일치하는 좌표변환을 Lorentz 변환이라 부른다. 두 좌표계 S와 S'을 고려해보겠는데, 이들은 공통의 xx'방향을 따라 속도 V로 상대운동을 하고 있다. 주어진 점 사건에 대하여 S에 있는 관측자는 (x, y, z, t)의 공간좌표와 시간을 부여할 것이고, S'에 있는 관측자는 (x', y', z', t')로 부여할 것이다. 그러므로 첫 번째 관측자가 (x, y, z)와 t를 부여하였다는 것을 알고 있다면, 우리는 변환방정식으로부터 사건의 위치 (x', y', z')와 시간 t'을 계산할 수 있어야 한다. 혹은 그 반대도 마찬가지이다. 우리의 유도과정은 다소 단순하겠지만, 올바른 결과를 줄 것이고, 좀 더 힘들게 취급하여 얻은 결과의 주요 특성을 모두 포함할 것이다.

두 좌표계의 원점들이 일치하는 순간에, 빛의 작은 펄스가 원점에서 만들어졌다고 해보자. 두 번째 가설에 의하면 각 관측자는 모든 방향으로 동일한 속력 c로 전파하는 펄스를 보게 된다. 즉, 각 관측자는 자기 자신의 좌표계에 관해서, 파면이 해당 원점을 중심으로 하고 반지름이 c 곱하기 시간인 구라고 관찰하게 될 것이다. 그러므로 파면의 방정식은

$$x^2 + y^2 + z^2 - c^2t^2 = 0 \qquad x'^2 + y'^2 + z'^2 - c^2t'^2 = 0 \tag{29-16}$$

으로, 등식

$$x'^2 + y'^2 + z'^2 - c^2t'^2 = x^2 + y^2 + z^2 - c^2t^2 \tag{29-17}$$

이 만족되어야 한다. 이러한 사실을 기술할 때, (29-17)의 각 변에 있는 양은 한 계에서 다른 계로의 변환에 대하여 **불변** *invariant*라고 한다.

x와 x'축을 S와 S'의 상대속도의 방향으로 잡았기 때문에, 운동의 방향을 횡으로 가로지르는 성분들은 변하지 않는다. 즉, $y' = y$이고 $z' = z$이다. 그러면 (29-17)은

$$x'^2 - c^2t'^2 = x^2 - c^2t^2 \tag{29-18}$$

이 된다.

상대속도 V는 두 계에서 공통으로 사용하는 유일한 것이다. S의 관점으로 보면, 그림 29-4a에 보인 것처럼, 원점 $0'$은 x 좌표 Vt를 가져야한다. 마찬가지로 S'에서 본 0의 x' 좌표는 그림

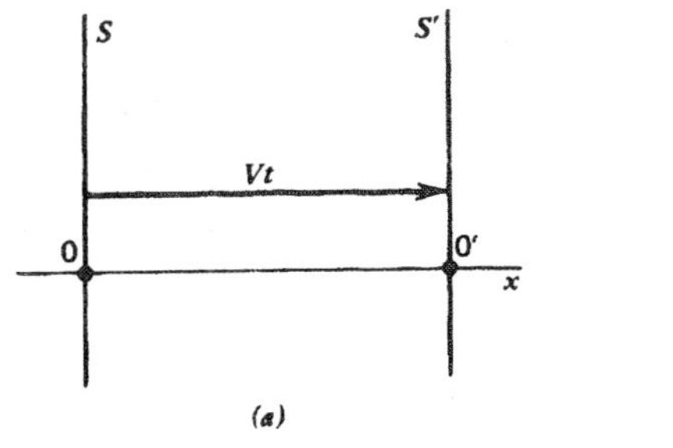

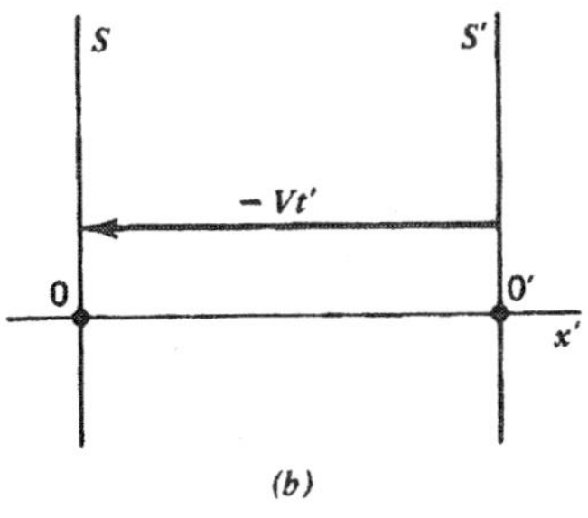

그림 29-4 상대적으로 운동하는 두 관측자가 보는 두 원점의 좌표.

의 (*b*)에 보인 것처럼 $-Vt'$이다. 그러므로 변환방정식은

$$x = Vt \qquad x' = 0 \text{일 때}$$
$$x' = -Vt' \qquad x = 0 \text{일 때} \tag{29-19}$$

을 만족해야 한다. (29-19)를 만족하는 가장 간단한 관계식으로 시도해보겠는데, 그것은 선형방정식으로

$$x' = \gamma(x - Vt) \qquad x = \gamma'(x' + Vt') \tag{29-20}$$

이다. 여기서 γ와 γ'은 정해주어야 할 상수이다. 이제 (29-20)에서 x'을 소거하여 t'을 프라임이 붙지 않은 양들로 표현할 수 있다. 그래서

$$t' = \gamma\left[t - \frac{x}{V}\left(1 - \frac{1}{\gamma\gamma'}\right)\right] \tag{29-21}$$

로 구했다. x'과 t'에 대한 이들 표현식을 (29-18)에 넣고, 항들을 묶으면,

$$x^2\left[1 - \gamma^2 + \frac{\gamma^2c^2}{V^2}\left(1 - \frac{1}{\gamma\gamma'}\right)^2\right] + 2xt\left[\gamma^2V - \frac{\gamma^2c^2}{V}\left(1 - \frac{1}{\gamma\gamma'}\right)\right]$$
$$+t^2\left[\gamma^2(c^2 - V^2) - c^2\right] = 0 \tag{29-22}$$

을 얻는다. 이것이 가능한 모든 x와 t의 값에 대하여 항상 영이 되려면, x^2, xt, t^2의 계수들이 각각 영이되어야 한다. 이들 계수 각각을 영으로 놓으면,

$$\gamma' = \gamma = \frac{1}{\left[1 - (V^2/c^2)\right]^{1/2}} \tag{29-23}$$

가 (29-22)를 만족시킨다.

이들 모든 결과를 결합하여, Lorentz 변환공식

$$x' = \gamma(x - Vt) \qquad y' = y \qquad z' = z \qquad t' = \gamma\left(t - \frac{V}{c^2}x\right) \tag{29-24}$$

$$x = \gamma(x' + Vt') \qquad y = y' \qquad z = z' \qquad t = \gamma\left(t' + \frac{V}{c^2}x'\right) \tag{29-25}$$

을 얻게 되고, 여기서 γ는 (29-23)으로 주어진다. (29-25)의 식들은 (29-24)에서 프라임 없는 양들을 프라임이 붙은 양들로 풀어서 얻을 수 있거나, 혹은 전반적인 대칭성으로부터 예상할 수 있듯이, 프라임과 프라임 없는 기호들을 교환하고 V의 부호를 바꾸어 동등하게 구할 수 있다.

$V/c \to 0$이면 그래서 $\gamma \to 1$이면, (29-24)는 갈릴레이변환 (29-4)가 됨을 알 수 있고, 이것은 영이 아닌 V에 대해 $V/c \ll 1$일 때 Lorentz 변환의 1차 근사로써 구한 것과 같다.

V의 c에 대한 비에 대해서 특별한 기호

$$\beta = \frac{V}{c} \tag{29-26}$$

를 도입하면 편리하다. 그러면

$$\gamma = \frac{1}{(1-\beta^2)^{1/2}} \tag{29-27}$$

이고, (29-24)는

$$x' = \gamma(x - \beta ct) \qquad y' = y \qquad z' = z \qquad t' = \gamma\left(t - \frac{\beta x}{c}\right) \tag{29-28}$$

가 된다.

실제로는 (29-17)을 만족하는, 좌표와 시간의 어느 선형 변환이라도 Lorentz 변환이라 부른다. (29-28)에 주어진 것은 S와 S'의 상대운동이 그들의 공통 x방향을 향하는 경우에 적용되는 특별한 것이다. 다음 절에서는 좀 더 일반적인 Lorentz 변환을 고려해보겠지만, 당장은 (29-28)에 국한하겠다.

Lorentz 변환에 의해서 추측되는 첫 번째 물리적인 결과로써 우리가 조사해보고자 하는 것은 기본적으로 모두 운동학적인 것이다. 우리가 고려하는 다음 세개의 예제는 가설로부터 정성적으로 추론할 수 있는 것이지만, Lorentz 변환을 직접 사용하여 계산하는 것이 좀 더 효과적이다.

예제

동시성의 상대론. S계의 두 지점 x_1과 x_2에서 두 사건이 발생하였고 이들은 동시에 발생하였다고 해보자. 즉 $t_1 = t_2$이다. S'에서 이들 사건이 관측되는 시간은 (29-28)로부터 구해져

$$t_1' = \gamma\left(t_1 - \frac{\beta x_1}{c}\right) \qquad t_2' = \gamma\left(t_2 - \frac{\beta x_2}{c}\right) \tag{29-29}$$

이고, 그래서 이들 사건 사이의 시간 간격은

$$\Delta t' = t_2' - t_1' = -\frac{\gamma\beta}{c}(x_2 - x_1) \neq 0 \tag{29-30}$$

이다.

이 결과가 말해주는 것은, S에 정지해 있는 관측자에게 다른 지점 x_1과 x_2에서 동시에 발생한 두 사건은, S'에 정지해 있는 관측자에게는 더 이상 동시적인 것으로 나타나 보이지 않는다는 것이다. 즉, 동시성 *simultaneity*는 한 쌍의 사건의 절대적인 특성이 아니고, 관측자의 상대적인 운동 상태에 따라 다르기도 하다.

예제

시간팽창 *time dilation.* x_1점에 놓인 시계가 있다고 해보자. 이것은 어떤 종류의 신호를 일정한 간격 Δt마다 내보내서, $\Delta t = t_2 - t_1 = t_3 - t_2$ 등이 된다. 이에 해당되는 S'에서의 시

간은 (29-29)로 주어지는데, 다만 이번에는 시계가 S에 고정되어 있어서, $x_2 = x_1$이다. 그러므로 이 시계에 대해 상대적으로 운동하는 계에서 보았을 때, 이들 신호는 $\Delta t' = t_2' - t_1' = t_3' - t_2'$ 등의 시간 간격으로 분리되어 있을 것이고, $\gamma > 1$이므로

$$\Delta t' = \gamma \Delta t > \Delta t \tag{29-31}$$

로 주어진다. 따라서 시계에 관해 정지해 있는 관측자에 비해 운동하는 관측자에게 시간 간격은 더 길어져 보인다.

예제

Lorentz 수축. 길이를 잰다는 것은 원리상, 재고자 하는 방향에 자를 대고 물체의 양끝의 눈금 차이를 **동시적**으로 구하는 것이다. 이러한 자세한 규정은 자와 물체가 상대적으로 정지해 있을 때는 당연한 것처럼 보이지만, 자와 물체가 서로에 대해서 운동하고 있을 때는 본질적으로 문제가 된다.

$L = x_2 - x_1$은 두 지점 사이의 거리라 하겠는데, 두 지점에 대해 정지해 있는 자의 눈금으로 구한 것이라 하자. 움직이는 관측자는 그 두 지점을 x_2'과 x_1'이라는 좌표로 부여하여 그 길이를 구할 텐데, (29-28)에 의해

$$L' = x_2' - x_1' = \gamma\left[x_2 - x_1 - \beta c(t_2 - t_1)\right] \tag{29-32}$$

가 된다. 그러나 x_2'과 x_1'의 값은 S'에서 동시적으로 정해져야 한다. 즉, $t_2' = t_1'$이다. 이것은 (29-32)에서 시간 간격 $t_2 - t_1$이 (29-29)에 의해 $t_2 - t_1 = (\beta/c)(x_2 - x_1) = (\beta/c)L$로 주어져야 함을 의미한다. 이것을 (29-32)에 대입하고 (29-27)을 사용할 때

$$L' = \gamma(1 - \beta^2)L = \frac{L}{\gamma} = (1 - \beta^2)^{1/2}L < L \tag{29-33}$$

으로 구해진다. 그러므로 운동하는 관측자가 측정할 때, 운동방향으로의 길이는 $1/\gamma$의 인자만큼 수축된다.

예제

속도 더하기 공식. S'에서 관측된 한 점의 속도 $\mathbf{v}'$의 직각좌표 성분은

$$v_x' = \frac{dx'}{dt'} \qquad v_y' = \frac{dy'}{dt'} \qquad v_z' = \frac{dz'}{dt'} \tag{29-34}$$

으로 주어진다. 이제 이 점의 운동을 S계에서 언급하고자 할 때, 이 점의 v_x, v_y, v_z 성분을 구하려는 것이다.

(29-25)의 첫 번째 표현식과 (29-28)의 마지막 것을 미분하고, (29-26)을 이용하면

$$v_x = \frac{dx}{dt} = \gamma\left(\frac{dx'}{dt'}\frac{dt'}{dt} + \beta c\frac{dt'}{dt}\right) \tag{29-35}$$

$$\frac{dt'}{dt} = \gamma\left(1 - \frac{\beta v_x}{c}\right) \tag{29-36}$$

이다. 이들을 결합하고 dt'/dt를 소거하여

$$v_x = \gamma^2(v'_x + V)\left(1 - \frac{\beta v_x}{c}\right)$$

로 구하고, 이것을 v_x에 대하여 풀 수 있다. 그 결과는

$$v_x = \frac{v'_x + V}{1 + \left(Vv'_x/c^2\right)} \tag{29-37}$$

이다.

이번에는 (29-37)을 (29-36)에 대입하여 (29-36)을 완전히 프라임이 붙은 양으로 표현할 수 있다. 그래서

$$\frac{dt'}{dt} = \frac{1}{\gamma\left[1 + \left(Vv'_x/c^2\right)\right]} \tag{29-38}$$

을 얻는다.

마찬가지로,

$$v_y = \frac{dy}{dt} = \frac{dy'}{dt'}\frac{dt'}{dt} = \frac{v'_y}{\gamma\left[1 + \left(Vv'_x/c^2\right)\right]} \tag{29-39}$$

$$v_z = \frac{v'_z}{\gamma\left[1 + \left(Vv'_x/c^2\right)\right]} \tag{29-40}$$

으로 구해진다. (29-37)과 함께 이 두 관계식을 사용하여, 한 계에서 측정된 속도성분을 다른 계에서 측정된 것으로 전환할 수 있다. 이 관계식은 갈릴레이변환에 기초한 고전적 공식 (29-5)에 대한 상대론적 대응식이다.

이들 공식은 고전식보다 복잡한데, 특히, 속도의 y와 z성분을 변환하는 데 사용하는 (29-39)와 (29-40)에 v'_x이 관련된 점에서 그러하다. 한편, $\beta = V/c \ll 1$이면, (29-37), (29-39), (29-40)은 근사적으로 $v_x \simeq v'_x + V$, $v_y \simeq v'_y$, $v_z \simeq v'_z$이 되는데, 이들은 바로 (29-5)이다. 그러므로 갈릴레이변환을 따르는 간단한 성분더하기는 두 좌표계의 상대속도가 작은 경우에 적합한 근사이다.

상대론적 속도변환공식은 흥미로운 성질을 보여주는데, 두 속도의 합이 절대로 c를 넘지 않는다는 것이다. 이것은 극단적인 예를 통해서 아주 쉽게 설명할 수 있다. $V = c$이고, $v'_x = c$라고 해보자. 갈릴레이변환에 의하면 $v_x = v'_x + V = c + c = 2c$이지만, Einstein 공식 (29-37)은 $v_x = (c + c)/[1 + (c^2/c^2)] = c$가 되어, 위에서 주장하던대로 되었다.

예제

Doppler 효과와 광행차. 이 예제에서 제기되는 의문은 전파의 진동수와 방향이 상대적으로 운동하는 두 관측자에게 어떻게 관련되어 나타나는가 하는 것이다. 광원 Q'이 S'에 정지해 있으며, 구형파를 방출한다고 해보자. 앞 장의 결과로부터 이 파동은 S'에서

$$\psi' = \frac{\psi'_0}{r'} e^{i(k'r' - \omega' t')} \tag{29-41}$$

로 나타내어진다고 알고 있다. 여기서 r'은 Q'으로부터의 거리이며, ψ'_0은 진폭의 크기이고, 각진동수 ω'과 전파상수 k'은 파동이 c의 속력을 가지므로

$$\omega' = k'c \tag{29-42}$$

로 관련되어야 한다.

S에 정지하여 있는 관측자가 xy평면의 P 점에 있다고 해보자. P의 좌표는 S에서는 (x, y)이고 S'에서는 (x', y')이다. S의 관측자는 이 파동을 그 계의 원천 Q로부터 발생하는 구면파라고 해석할 것이다. 그래서

$$\psi = \frac{\psi_0}{r} e^{i(kr - \omega t)} \tag{29-43}$$

으로 나타내어질 것이다. 여기서 두 번째 가설에 의해 이 파동도 S에서 c의 속력을 갖기 때문에

$$\omega = kc \tag{29-44}$$

이다.

그림 29-5에 보인 것처럼, Q'으로부터 P까지 전파의 방향은 x'축과 만드는 각도 θ'으로 나타낼 수 있고, S에서 이에 해당되는 각도는 θ이다. 또한 그림으로부터

$$r' = x' \cos\theta' + y' \sin\theta' \qquad r = x\cos\theta + y\sin\theta \tag{29-45}$$

임도 알 수 있다.

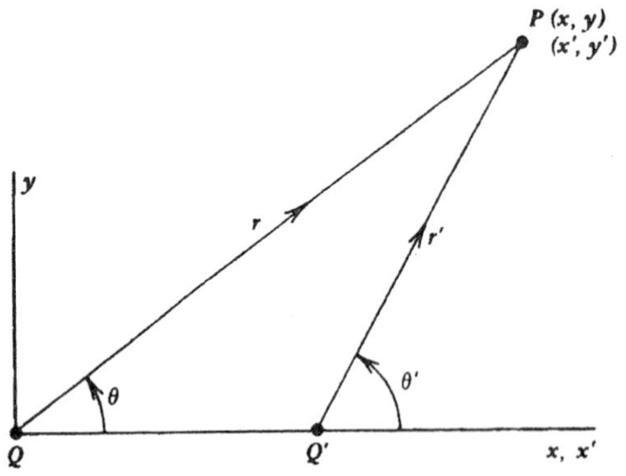

그림 29-5 Doppler 효과와 광행차를 계산하기 위한 좌표.

파동의 위상의 수치 값은 (예를 들어, 영) 그것을 표현하는데 사용되는 계가 무엇이든지 상관없어야 한다. 그러므로 (29-41)과 (29-43)의 지수는 항상 같아야 한다, 또한 좌표와 시간은 (29-28)의 Lorentz 변환에 의해 관계되어야 한다. 이들 지수를 같게 놓으면서, (29-42), (29-44), (29-45), (29-28)로부터 대입하면,

$$\omega\left(\frac{x\cos\theta + y\sin\theta}{c} - t\right) = \omega'\left[\frac{\gamma(x-\beta ct)\cos\theta' + y\sin\theta'}{c} - \gamma\left(t - \frac{\beta x}{c}\right)\right] \tag{29-46}$$

이 되어야 한다. 이 양은 가능한 모든 x, y와 t에 대하여 성립되어야 한다. 이것은 그들의 계수가 별도로 같아야만 가능하다.

(29-46)의 양변에서 t의 계수를 같게 놓아,

$$\omega = \omega'\gamma(1 + \beta\cos\theta') \tag{29-47}$$

이 되는데, 이것은 진동수들을 연결지우며, 상대론적 Doppler 효과의 공식이다. $\beta \ll 1$이면, $\gamma \simeq 1$이며, (29-47)은 고전 공식

$$\omega \simeq \omega'(1 + \beta\cos\theta') \tag{29-48}$$

이 된다.

마찬가지로, x의 계수가 같을 때, $\omega\cos\theta = \omega'\gamma(\cos\theta' + \beta)$가 되고, 이것은 (29-47)에서 진동수를 소거하는데 사용되고, 그 결과

$$\cos\theta = \frac{\cos\theta' + \beta}{1 + \beta\cos\theta'} \tag{29-49}$$

는 전파방향들을 관련시켜준다. 이것을 광행차 *aberration* 공식이라 한다.

끝으로 (29-46)에서 y의 계수를 같게 놓아서, $\omega\sin\theta = \omega'\sin\theta'$을 얻는다. 이것은 (29-47) 및 (29-49)와 일치한다.

(29-47)식은 고전적인 음향학 결과식 (29-48)과 다른데, 상대론에서는 가로 (transverse) 효과가 예상되기 때문이다. S에서 운동 방향에 직각인 방향, 즉 $\theta = 90°$에서 진동수를 관측한다고 해보자. 그러면 $\cos\theta = 0$이고, (29-49)는 $\cos\theta' = -\beta$가 된다. 이것을 (29-47)에 대입하고 (29-27)을 사용하면, $\omega = \omega'(1-\beta^2)^{1/2} < \omega'$으로 구해진다. 이렇게 예상된 효과는 수소 전기방전으로부터의 복사를 연구하여 관측되었고, 상대론의 가설이 기본적으로 올바르다는 사실을 실험적으로 입증하는 계기가 되었다.

다음 절에서 무엇을 하려는지 그 동기를 알아보기 위하여, 지금까지의 결과들을 다른 관점에서 살펴보는 것이 좋겠다. Lorentz 변환은 좌표의 변분에도 적용되는데, (29-28)로부터

$$dx' = \gamma(dx - \beta c\,dt) \qquad dy' = dy \qquad dz' = dz \qquad dt' = \gamma\left(dt - \frac{\beta}{c}dx\right) \tag{29-50}$$

로 구해진다. 또한 (29-17)은 Lorentz 변환이

$$(dx)^2 + (dy)^2 + (dz)^2 - c^2(dt)^2 = (dx')^2 + (dy')^2 + (dz')^2 - c^2(dt')^2 \tag{29-51}$$

의 등식에 해당됨을 보여주고 있다.

각 변을 $-(dt)^2$과 $-(dt')^2$로 나누어 묶어내주고, 제곱근을 취하며, (29-34)와 (1-6)을 사용하면

$$d\tau = dt\left(1 - \frac{v^2}{c^2}\right)^{1/2} = dt'\left(1 - \frac{v'^2}{c^2}\right)^{1/2} \tag{29-52}$$

로 주어지는데, $d\tau$라는 양은 Lorentz 변환으로 관련된 모든 기준틀에 대하여 같은 값을 갖는다. 이 불변량 $d\tau$를 **고유시간** *proper time* **간격**이라 부르고, (29-52)로부터 $d\tau = dt$는 위치가 정지해 있는($v = 0$) 계에서 측정된 시간 간격이다.

이제 (29-50)에서 각 식의 양변을 $d\tau$로 나누면,

$$\begin{aligned} \frac{dx'}{d\tau} &= \gamma\left(\frac{dx}{d\tau} - \beta c\frac{dt}{d\tau}\right) \qquad \frac{dy'}{d\tau} = \frac{dy}{d\tau} \\ \frac{dz'}{d\tau} &= \frac{dz}{d\tau} \qquad \frac{dt'}{d\tau} = \gamma\left(\frac{dt}{d\tau} - \frac{\beta}{c}\frac{dx}{d\tau}\right) \end{aligned} \tag{29-53}$$

를 얻게 된다. (29-52), (29-34)를 사용하며, (29-53)을 (29-28)과 비교하면,

$$\begin{aligned} \frac{dx}{d\tau} &= \frac{v_x}{[1-(v^2/c^2)]^{1/2}} \qquad \frac{dy}{d\tau} = \frac{v_y}{[1-(v^2/c^2)]^{1/2}} \\ \frac{dz}{d\tau} &= \frac{v_z}{[1-(v^2/c^2)]^{1/2}} \qquad \frac{dt}{d\tau} = \frac{1}{[1-(v^2/c^2)]^{1/2}} \end{aligned} \tag{29-54}$$

은 x, y, z, t가 변환하는 것과 똑같은 방식으로 변환된다. (29-25)로부터

$$x = \gamma(x' + Vt') \qquad t = \gamma\left[t' + (V/c^2)x'\right]$$

라고 알고 있으므로, 유사한 $dx/d\tau$와 $dt/d\tau$에 대한 변환식을 곧바로

$$\frac{v_x}{[1-(v^2/c^2)]^{1/2}} = \gamma\left\{\frac{v'_x}{[1-(v'^2/c^2)]^{1/2}} + V\frac{1}{[1-(v'^2/c^2)]^{1/2}}\right\} \tag{29-55}$$

$$\frac{1}{[1-(v^2/c^2)]^{1/2}} = \gamma\left\{\frac{1}{[1-(v'^2/c^2)]^{1/2}} + \frac{V}{c^2}\frac{v'_x}{[1-(v'^2/c^2)]^{1/2}}\right\} \tag{29-56}$$

으로 쓸 수 있다. (29-55)를 (29-56)으로 나누면

$$v_x = \frac{v'_x + V}{1 + (Vv'_x/c^2)}$$

으로 구하고, 이것은 바로 (29-37)의 속도 변환공식이다. (29-39)와 (29-40)도 틀림없이 같은 방식으로 구해질 것이다.

(29-55)와 (29-56)의 사용은 (29-37)을 구하는 이전의 방법과 매우 다르다. 이전에는 변환식을 직접 미분하였고, 그렇게 나온 항들을 소거하여 구했었다. 이렇게 할 수 있었던 것은 Lorentz 변환에 의해 모든 값들이 어떻게 영향 받는지를 알고 있기 때문이었다. 즉, 그들의 변환특성을 알고 있었다.

그런데 이 예가 강조하는 모든 것은, 어떤 물리량의 일반적 특성에 관해 무엇인가를 알고 있다면, 그 양들에 대한 변환공식을 쉽게 쓸 수 있다는 것이다. 이것은 사물을 바라보는 지극히 가치 있고 효과적인 일이라고 알려져 있으며, 다음 절에서 고려해보겠다.

29-3 일반적인 Lorentz 변환, 4－벡터, 텐서

그림 29-6에 보인 두 개의 직각좌표계를 가지고 시작해보자. 이들은 원점을 공유하고 있으나, 서로에 대해 회전되어 있다. 즉, 한 벌의 좌표축들을 강체처럼 회전시키면, 다른 한 벌의 좌표축과 일치하게 된다. 예를 들어, 프라임이 없는 축에 대해 프라임이 붙은 축의 방향코사인을 정해주면, 또는 그 반대로 하면, 정확한 회전을 나타낼 수 있다.

한 벌의 좌표축에서 x, y, z 좌표를 갖는 P점을 생각해보라. 이 점은 다른 좌표축에서는 x', y', z'이다. 이들 서로 다른 조합의 숫자들은 같은 점 P의 위치를 나타내어준다. 원점으로부터 P까지의 거리 r은 사용하고있는 좌표계에 관계없이 같은 수치이다. 즉, r은 불변(invariant)이며, 그래서

$$r^2 = x^2 + y^2 + z^2 = x'^2 + y'^2 + z'^2 \tag{29-57}$$

이어야 한다. 기호를

$$x_1 = x \qquad x_2 = y \qquad x_3 = z \tag{29-58}$$

로 도입하는 것이 편리한데, 그러면 (29-57)은 좀 더 압축하여

$$r^2 = \sum_{j=1}^{3} x_j^2 = \sum_{j=1}^{3} x_j'^2 \tag{29-59}$$

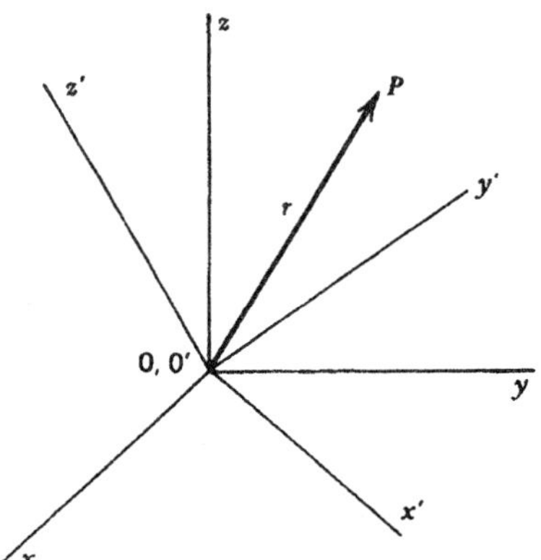

그림 29-6 두 좌표계의 축들이 서로에 대해 회전되어 있음.

처럼 쓸 수 있다.

이들 두 벌의 좌표를 연결지워주는 식은 선형일 것이고, 그래서 세 개의 방정식을

$$x_j' = \sum_{k=1}^{3} a_{jk} x_k \qquad (j = 1, 2, 3) \tag{29-60}$$

으로 쓸 수있다. 즉, 이 세 개의 방정식은

$$\begin{aligned} x_1' &= a_{11}x_1 + a_{12}x_2 + a_{13}x_3 \\ x_2' &= a_{21}x_1 + a_{22}x_2 + a_{23}x_3 \\ x_3' &= a_{31}x_1 + a_{32}x_2 + a_{33}x_3 \end{aligned} \tag{29-61}$$

이다. 아홉 개의 숫자 a_{jk}의 조합은 프라임이 붙은 축과 프라임이 없는 축들을 연결시켜주는 회전의 특성이다. 이들 a_{jk}는 모두 독립적일 수 없음이 명백한데, 이는 (29-60)의 변환식이 축들의 회전에 의해 연관되어 있다는, 즉 (29-59)에서 설명하였듯이 r^2은 불변이라는 근본적인 물리적 요구조건을 아직 만족시키지 못하고 있기 때문이다.

이 특별한 삼차원의 경우, a_{jk}을 알아내는 것은 쉬운 일이다. 프라임계에서 P의 위치벡터는 (1-11)에 의해 $\mathbf{r}' = x'\hat{\mathbf{x}}' + y'\hat{\mathbf{y}}' + z'\hat{\mathbf{z}}'$처럼 쓸 수 있고, 프라임 없는 계에서는 $\mathbf{r} = x\hat{\mathbf{x}} + y\hat{\mathbf{y}} + z\hat{\mathbf{z}}$이다. 이들은 물리적으로 동일한 벡터(즉, 원점으로부터의 변위)를 나타내고 있으므로 $\mathbf{r}' = \mathbf{r}$이어야 한다. 그러면 (1-21)을 사용하여 x'을

$$x' = \mathbf{r}' \cdot \hat{\mathbf{x}}' = \mathbf{r} \cdot \hat{\mathbf{x}}' = x\hat{\mathbf{x}}' \cdot \hat{\mathbf{x}} + y\hat{\mathbf{x}}' \cdot \hat{\mathbf{y}} + z\hat{\mathbf{x}}' \cdot \hat{\mathbf{z}} = l_{xx}x + l_{xy}y + l_{xz}z \tag{29-62}$$

로 구할 수 있고, 여기서 l_{xx}, l_{xy}, l_{xz}는 (1-8)에 의해 각각 $\mathbf{x}'$의 x, y, z축에 대한 방향코사인이다. [(1-9)에 의해 방향코사인은 $l_{xx}^2 + l_{xy}^2 + l_{xz}^2 = 1$을 만족한다.] 그러므로 (29-62)를 (29-61)과 비교하여, $a_{11} = l_{xx}$, $a_{12} = l_{xy}$, $a_{13} = l_{xz}$임을 알 수 있다. 같은 방법으로, a_{2k}는 $\hat{\mathbf{y}}'$의 방향코사인이고, a_{3k}는 $\hat{\mathbf{z}}$의 방향코사인이다.

1-1절에서 우리는 벡터를, 한 점의 변위같은 수학적 특성을 지닌 양으로 정의했었다. 위치벡터 $\mathbf{r}$은 분명히 그러한 물리량이고, 그 성분들은 한 점의 좌표이다. 그러므로 (29-60)은 회전이 이 특별한 벡터의 성분에 미치는 영향을 나타내는 것이다. 따라서 A_1, A_2, A_3가 어느 벡터 $\mathbf{A}$의 직각좌표 성분이라면, 이들은 (29-60)과 같은 관계식을 만족할 것임을 곧바로 알 수 있다. 즉,

$$A_j' = \sum_{k=1}^{3} a_{jk} A_k \qquad (j = 1, 2, 3) \tag{29-63}$$

이며, 여기서 a_{jk}는, 축의 강체식 회전이 한 점의 성분에 미치는 영향을 나타내는 동일한 한 벌의 계수이다.

이러한 삼차원 경우에 대한 논의를 계속할 수 있지만, 좀 더 일반적인 경우로 확장하는 것도 쉬운 일이고, 이제 우리가 그렇게 하려한다.

(29-17)을 되돌아보면, Lorentz 변환에 대한 이 기본적인 조건은

$$s^2 = x^2 + y^2 + z^2 - c^2t^2 = x'^2 + y'^2 + z'^2 - c^2t'^2 \tag{29-64}$$

로 주어지는 s^2이라는 물리량이 불변이어야하는 것으로 표현할 수 있다. 여기서

$$x_1 = x \qquad x_2 = y \qquad x_3 = z \qquad x_4 = ict \tag{29-65}$$

의 기호를 도입하면, (29-64)는

$$s^2 = \sum_{\mu=1}^{4} x_\mu^2 = \sum_{\mu=1}^{4} x_\mu'^2 \tag{29-66}$$

으로 쓸 수 있다. (29-66)과 (29-59)를 비교할 때, **가장 일반적인** Lorentz **변환은 사차원에서의 강체식 축 회전**이라고 해석할 수 있으며, 여기서 축은 x_1, x_2, x_3, $x_4 = ict$이다. 이 흥미롭지만, 다소 형식적인 결과는, 매우 광범위하며 유용한 결과를 가져오는데, 이제 우리가 그것을 알아볼 것이다.

두 벌의 좌표계를 관련지우는 변환식은 네 개의 일반적인 선형방정식

$$x_\mu' = \sum_{\nu=1}^{4} a_{\mu\nu} x_\nu \qquad (\mu = 1, 2, 3, 4) \tag{29-67}$$

로 쓸 수 있다. 변환이 선형이 아니라면, 선택된 원점에 따라 더 우선적인 상태가 있을 수 있게 된다. 그러나 이것은 첫 번째 가설에 위배된다. 왜냐하면, 이것은 주관적으로 한 좌표계를 다른 것과 구별하기 때문이다.

(29-67)이 Lorentz 변환을 나타내게 하기 위해서는 (29-66)도 만족되어야 한다. 이것은 16개의 계수 $a_{\mu\nu}$에 어떤 필요조건을 부과할 것이고, 이제 이들이 무엇인지 알아보고자 한다. (29-67)을 (29-66)에 대입하면

$$\sum_\lambda x_\lambda'^2 = \sum_\lambda \left(\sum_\mu a_{\lambda\mu} x_\mu\right)\left(\sum_\nu a_{\lambda\nu} x_\nu\right) = \sum_{\mu\nu}\left(\sum_\lambda a_{\lambda\mu} a_{\lambda\nu}\right) x_\mu x_\nu \tag{29-68}$$

가 된다. (29-68)은 $\Sigma_\mu x_\mu^2$과도 같아야 하므로,

$$\sum_\lambda a_{\lambda\mu} a_{\lambda\nu} = \delta_{\mu\nu} \tag{29-69}$$

가 되어야 함을 알 수 있다. $x_\mu x_\nu$의 계수는 $\nu = \mu$이면 1이고, $\nu \neq \mu$이면 영이므로, (8-27)을 사용하였다.

변환은 동등하게

$$x_\nu = \sum_{\lambda=1}^{4} b_{\nu\lambda} x_\lambda' \qquad (\nu = 1, 2, 3, 4) \tag{29-70}$$

의 형태로도 쓸 수 있고, 여기서 $b_{\nu\lambda}$는 적절한 계수의 집합이다. $b_{\nu\lambda}$가 $a_{\mu\nu}$와 관련을 가져야 함은 자명하고, 이것은 (29-70)을 (29-67)에 대입하여 정할 수 있는데, 이렇게 하면

$$x'_\mu = \sum_\nu a_{\mu\nu}\left(\sum_\lambda b_{\nu\lambda} x'_\lambda\right) = \sum_\lambda x'_\lambda\left(\sum_\nu a_{\mu\nu} b_{\nu\lambda}\right) = \sum_\lambda \delta_{\mu\lambda} x'_\lambda \tag{29-71}$$

이 되고, 이 때 (8-27)을 다시 사용하였다. 마지막 두 항을 비교하여,

$$\sum_\nu a_{\mu\nu} b_{\nu\lambda} = \delta_{\mu\lambda} \tag{29-72}$$

임을 알 수 있다. (29-72)는 양변에 $a_{\mu\rho}$를 곱하고 μ에 대하여 더하며, (29-69)를 사용하여 b들에 대하여 풀 수 있다:

$$\sum_{\mu\nu} a_{\mu\rho} a_{\mu\nu} b_{\nu\lambda} = \sum_\mu a_{\mu\rho}\delta_{\mu\lambda} = a_{\lambda\rho} = \sum_\nu b_{\nu\lambda}\left(\sum_\mu a_{\mu\rho} a_{\mu\nu}\right) = \sum_\nu b_{\nu\lambda}\delta_{\rho\nu} = b_{\rho\lambda} \tag{29-73}$$

그러므로 $b_{\rho\lambda} = a_{\lambda\rho}$이고, 그래서

$$x'_\mu = \sum_\nu a_{\mu\nu} x_\nu \text{이면,} \qquad x_\mu = \sum_\nu a_{\nu\mu} x'_\nu \tag{29-74}$$

라고 말할 수 있다. 또한, (29-72)는 (29-73)의 결과를 대입하여 순전히 a의 항들로만 쓸 수 있고, λ와 ν의 첨자를 교환하여

$$\sum_\lambda a_{\mu\lambda} a_{\nu\lambda} = \delta_{\mu\nu} \tag{29-75}$$

가 된다. 그래서 이 변환을 기술하는 계수는 오직 한 벌만 있고, (29-69)와 (29-75)는 (29-66)에 의해 요구되는 조건을 타나내고 있다.

지금까지 우리가 사용하여온 바로 그 Lorentz 변환 (29-28)을 (29-65)의 기호로 쓸 때, 이것은

$$\begin{aligned} x'_1 &= \gamma x_1 + i\beta\gamma x_4 \qquad x'_2 = x_2 \\ x'_3 &= x_3 \qquad x'_4 = \gamma x_4 - i\beta\gamma x_1 \end{aligned} \tag{29-76}$$

이 된다. (29-76)을 (29-67)과 비교할 때, 이 특별한 변환을 나타내주는 계수 $a_{\mu\nu}$는 행렬

$$a_{\mu\nu} = \begin{pmatrix} a_{11} & a_{12} & a_{13} & a_{14} \\ a_{21} & a_{22} & a_{23} & a_{24} \\ a_{31} & a_{32} & a_{33} & a_{34} \\ a_{41} & a_{42} & a_{43} & a_{44} \end{pmatrix} = \begin{pmatrix} \gamma & 0 & 0 & i\beta\gamma \\ 0 & 1 & 0 & 0 \\ 0 & 0 & 1 & 0 \\ -i\beta\gamma & 0 & 0 & \gamma \end{pmatrix} \tag{29-77}$$

로 쓸 수 있다. (29-77)로 주어지는 $a_{\mu\nu}$가 (29-69)와 (29-75)의 필요조건을 만족하는지의 여부에 관한 증명은 연습문제로 남겨 놓겠다.

삼차원 공간에서 좌표축을 강체식으로 회전시켜도 $x^2 + y^2 + z^2 - c^2t^2$의 표현식이 불변으로 유지된다는 사실은 자명한데, 그것은 (29-57)과 이 표현식의 시간에 관한 비의존성 때문이다. 그러므로 이러한 물리적 회전도 (29-67)로 기술되는 일반적인 Lorentz 변환의 범주에 포함되어야 한다.

이 단계에서, 대부분 삼차원 경우로부터의 유사성을 따라, 새로운 양을 도입하는 것이 좋다. **불변량** *invariant*란 Lorentz 변환의 결과로 그 수치가 변하지 않는 양을 의미함을 상기하자. 그러한 예로는 (29-66)의 s^2과 (29-52)의 고유시간 $d\tau$가 있다.

(29-63)의 벡터 **A**를 일반화하여, 네 개의 값 (A_1, A_2, A_3, A_4)를 한 벌로 갖는 **4-벡터** *4-vector* A_μ를 정의하자. 이것의 변환특성은 좌표의 **변환특성**과 같다. 즉, Lorentz 변환이 (29-74)로 표현된다면, 성분 A_μ와 A'_μ은

$$A'_\mu = \sum_{\nu=1}^{4} a_{\mu\nu} A_\nu \quad \text{및} \quad A_\mu = \sum_{\nu=1}^{4} a_{\nu\mu} A'_\nu \tag{29-78}$$

로 연관되는데, 여기서 $a_{\mu\nu}$의 계수들은 바로 (29-67)에 나타나 있는 것들이고, $\mu = 1, 2, 3, 4$이다. 좌표축의 강체식 회전도 Lorentz 변환이라는 사실을 알고 있으므로, 이 정의와 (29-63)으로부터 A_μ의 처음 세 성분 (A_1, A_2, A_3)는 보통의 삼차원 벡터 **A**의 성분이 되어야 한다.

두 4-벡터의 합은 4-벡터가 되어야 하므로 (1-10)과 마찬가지로

$$C_\mu = (A + B)_\mu = A_\mu + B_\mu \tag{29-79}$$

이다.

두 4-벡터의 스칼라곱은 (1-20)에서 **A** · **B**에 대해 얻었던 결과를 일반화하여 정의할 수 있다:

$$\text{스갈라곱} = \sum_\mu A_\mu B_\mu \tag{29-80}$$

(1-15)의 삼차원 정의를 살펴보면, 이 스칼라곱이 불변인지 의문이 간다. 이것은 (29-80), (29-78), (29-69)를 사용하여 쉽게 증명된다:

$$\sum_\mu A'_\mu B'_\mu = \sum_\mu \left(\sum_\nu a_{\mu\nu} A_\nu \right) \left(\sum_\lambda a_{\mu\lambda} B_\lambda \right)$$

$$= \sum_{\nu\lambda} A_\nu B_\lambda \left(\sum_\mu a_{\mu\nu} a_{\mu\lambda} \right) = \sum_{\nu\lambda} A_\nu B_\lambda \delta_{\nu\lambda} = \sum_\nu A_\nu B_\nu$$

(1-17)을 보고, 4-벡터의 "길이"의 제곱을 4-벡터 자체의 스칼라곱으로 정의하게 된다:

$$(\text{"길이"})^2 = \sum_\mu A_\mu^2 \tag{29-81}$$

좌표와 더불어 우리는 이미 4-벡터와 만났었다. 이것은 4-속도 4-velocity U_μ로, 이들 성분은 (29-54)와 (29-65)로부터 구하여

$$\begin{aligned} U_1 &= \frac{dx_1}{d\tau} = \frac{v_x}{[1-(v^2/c^2)]^{1/2}} \qquad & U_2 &= \frac{dx_2}{d\tau} = \frac{v_y}{[1-(v^2/c^2)]^{1/2}} \\ U_3 &= \frac{dx_3}{d\tau} = \frac{v_z}{[1-(v^2/c^2)]^{1/2}} \qquad & U_4 &= \frac{dx_4}{d\tau} = \frac{ic}{[1-(v^2/c^2)]^{1/2}} \end{aligned} \tag{29-82}$$

이다. 여기서 $v^2 = v_x^2 + v_y^2 + v_z^2$이다. (29-55)와 (29-56)에서 이들의 변환 특성은 좌표의 변환 특성과 같다는 것을 보였으므로, 이들 네 양으로 4-벡터가 구성되었다고 하겠다.

(29-82)를 (29-81)에 대입하면, 흥미로운 결과가 나오는데, 4-속도의 "길이"의 제곱이 음인 점이다:

$$(\text{"길이"})^2 = \sum_\mu U_\mu^2 = \frac{v_x^2 + v_y^2 + v_z^2 - c^2}{1 - (v^2/c^2)} = -c^2 \tag{29-83}$$

2계 텐서(second-rank tensor) $T_{\mu\nu}$는 16 개의 성분을 한 벌로 하여 정의되는데, 각 첨자는 좌표의 첨자와 같은 방식으로 변환된다. 즉, (29-67)이 성립한다면,

$$T'_{\mu\nu} = \sum_\lambda \sum_\rho a_{\mu\lambda} a_{\nu\rho} T_{\lambda\rho} \tag{29-84}$$

이다.

각 성분을 규정하려면 두 개의 첨자가 필요하다. 그래서 "2계"라는 용어로 부른다. 마찬가지로, 하나만의 첨자를 가지고 있는 4-벡터는 1계 텐서라고 볼 수 있고, 불변인 스칼라는 0계의 텐서이다. (29-84)를 직접적으로 일반화하여 더 고차의 텐서를 정의할 수 있지만, 여기서는 이런 것은 필요치 않다.

$T_{\mu\nu} = T_{\nu\mu}$이면 텐서는 **대칭적** *symmetric*이라 하고, 그러면 그 텐서는 10 개만의 독립 성분을 갖는다. $T_{\mu\nu} = -T_{\nu\mu}$이면 텐서는 **반대칭적** *antisymmetric*이며, 그러면 대각선 요소들이 영이어야 하므로, 즉 $T_{\mu\mu} = 0$이므로, 그 텐서는 6 개의 독립 성분만을 갖는다. 어떤 텐서가 대칭이거나 반대칭일 필요는 없다. 그러나 대칭성을 갖는다면, 이 대칭 특성은 Lorenz 변환에 의해 바뀌지 않는다. 즉, $T_{\mu\nu}$가 대칭(반대칭)적이면, $T'_{\mu\nu}$도 대칭(반대칭)적 이다. 두 경우에 대해서는 $T_{\mu\nu} = \pm T_{\nu\mu}$라 쓰고 즉시 증명할 수 있는데 위 부호는 대칭적인 경우이고, 아래 부호는 반대칭적인 경우이다. 이것을 (29-84)에 사용하면

$$T'_{\mu\nu} = \sum_{\lambda\rho} a_{\mu\lambda} a_{\nu\rho} T_{\lambda\rho} = \pm \sum_{\lambda\rho} a_{\mu\lambda} a_{\nu\rho} T_{\rho\lambda} \tag{29-85}$$

이다. (29-84)에서 μ와 ν를 교환하고 그 다음으로 λ와 ρ를 교환하면,

$$T'_{\nu\mu} = \sum_{\lambda\rho} a_{\nu\lambda} a_{\mu\rho} T_{\lambda\rho} = \sum_{\lambda\rho} a_{\nu\rho} a_{\mu\lambda} T_{\rho\lambda} \tag{29-86}$$

이 된다. (29-86)을 (29-85)와 비교하면, $T'_{\mu\nu} = \pm T'_{\nu\mu}$임을 알 수 있고, 부호는 처음 사용하였던 대로 취하면 된다. 그래서 대칭 특성은 변하지 않는다.

중요한 예로

$$F_{\mu\nu} = A_\mu B_\nu - A_\nu B_\mu \tag{29-87}$$

가 있다. 16 개의 숫자를 $F_{\mu\nu}$라고 썼는데, 이 자체로 $F_{\mu\nu}$가 실제로 텐서라고 증명되지는 않는다. 이것이 만일 텐서라면, 반대칭이겠지만 말이다. $F_{\mu\nu}$가 실제로 올바른 변환특성을 갖는다는 것을 보이기 위해, (29-78)을 (29-87)에 대입하고

$$F'_{\mu\nu} = A'_\mu B'_\nu - A'_\nu B'_\mu = \sum_{\lambda\rho} a_{\mu\lambda} a_{\nu\rho} A_\lambda B_\rho - \sum_{\lambda\rho} a_{\nu\rho} a_{\mu\lambda} A_\rho B_\lambda$$
$$= \sum_{\lambda\rho} a_{\mu\lambda} a_{\nu\rho} \left(A_\lambda B_\rho - A_\rho B_\lambda \right) = \sum_{\lambda\rho} a_{\mu\lambda} a_{\nu\rho} F_{\lambda\rho} \tag{29-88}$$

로 구한다. 이것은 바로 (29-84) 정의에 의해서 요구되는 것이다. 또한 $\mu, \nu = 1, 2, 3$이면, $F_{\mu\nu}$의 성분들은 바로 (1-27)에 보인 보통의 삼차원 가위곱 **A** × **B**의 성분들이다. 따라서 가위곱은 실제로 벡터라기보다는 텐서이다.

비슷한 방식으로, 다음 양들은 4-벡터라고 보일 수 있다:

$$B_\mu = \sum_\nu A_\nu T_{\nu\mu} \qquad C_\mu = \sum_\nu T_{\mu\nu} A_\nu \tag{29-89}$$

주어진 프라임 없는 변수의 함수를 다른 프라임 변수에 대해 미분할 때의 연쇄미분규칙에 따라,

$$\frac{\partial}{\partial x'_\mu} = \sum_\nu \frac{\partial x_\nu}{\partial x'_\mu} \frac{\partial}{\partial x_\nu} \tag{29-90}$$

이고, 이것은 (29-7)로부터 (29-8)을 얻을 때 이미 사용하였다. (29-74)로부터 $\partial x_\nu / \partial x'_\mu = a_{\mu\nu}$임을 알고 있으므로, (29-90)은

$$\frac{\partial}{\partial x'_\mu} = \sum_\nu a_{\mu\nu} \frac{\partial}{\partial x_\nu} \tag{29-91}$$

가 된다. (29-91)을 (29-78)과 비교해보면, 네 연산자 $\partial / \partial x_\mu$는 바로 4-벡터처럼 변환한다. 이 사실로부터 사차원 델 연산자를 정의할 수 있고, 그 성분은

$$\Box = \left[\frac{\partial}{\partial x_1}, \frac{\partial}{\partial x_2}, \frac{\partial}{\partial x_3}, \frac{\partial}{\partial x_4} \right] \tag{29-92}$$

가 되며, (1-41)의 삼차원 연산자 ∇과 비슷한 형식으로 사용된다. [이 결과는 (1-41) 다음의, ∇이 한 위치의 변위와 같은 특성을 갖는다는 설명, 즉 벡터 특성을 갖는다는 사실을 입증한다.]

ψ가 불변량이면, 큰그래디언트(Gradient) $\Box\psi$를 정의할 수 있고, 이것은 (1-37)에서와 똑같이 성분이 $\partial\psi / \partial x_\mu$인 4-벡터이다. 마찬가지로 다음 것들을 정의할 수 있다.

다이버전스: $$\sum_\mu \frac{\partial A_\mu}{\partial x_\mu} \quad \text{(불변량)} \tag{29-93}$$

사차원 Laplacian: $$\Box^2 = \sum_\mu \frac{\partial^2}{\partial x_\mu^2} = \nabla^2 - \frac{1}{c^2} \frac{\partial^2}{\partial t^2} \quad \text{(불변량)} \tag{29-94}$$

커얼: $$C_{\mu\nu} = \frac{\partial A_\nu}{\partial x_\mu} - \frac{\partial A_\mu}{\partial x_\nu} \quad \text{(반대칭 텐서)} \tag{29-95}$$

텐서의 다이버전스: $$\sum_{\nu} \frac{\partial T_{\nu\mu}}{\partial x_{\nu}} = D_{\mu} \quad (4\text{-벡터}) \tag{29-96}$$

사차원 Laplacian은 실제로 (22-17)의 진공 d'Alembert 연산자임에 주목하자. 특히 (29-95)에서 $\mu, \nu \neq 4$이면, (1-43)으로부터 $C_{\mu\nu}$의 해당 성분은 삼차원 커얼 $\nabla \times \mathbf{A}$의 성분임을 알 수 있다.

이 절의 모든 내용은 매우 흥미롭지만, 이런 논의를 하는 요점이 무엇인가 하고 의아해하는 것은 자연스러운 일이다. 여기에서 첫 번째 가설이 무엇을 의미하는지 자문해본다면, 사실, 서로 일정한 속도로 움직이는 두 계 사이의 절대적인 구별 방법이 없다고 말해야 한다. 더구나, 두 번째 가설로부터, 두 계에서의 관측은 Lorentz 변환에 의해서 상호관계를 가져야 한다는 점을 알게 된다. 이들 두 결과를 결합하여 즉시 알아낼 수 있는 사실은, 두 가설을 함께 고려하면, 적절히 수식화한 물리 법칙은 Lorentz 변환을 하였을 때 그 형태가 변하지 말아야한다는 것이다. 즉 그들은 변환에 관하여 공변 *covariant*이어야 한다. 반드시 이렇게 되어야한다는 것을 보이기 위해, 아주 간단한 경우에 이렇게 되지 않으면 어떠한 결과가 초래되는지 살펴보자. 우리가 고려하고 있는 어느 특별한 법칙이 일반형 $\mathcal{F} = \mathcal{G} + \mathcal{H}$를 갖는다고 해보자. 또한 모든 것은 Lorentz 변환에 의해서 프라임계에서 언급할 때, $\mathcal{F}' = \mathcal{G}' + \mathcal{H}' + \epsilon'$이 된다고 해보자. 여기서 ϵ'은 관련되는 특정 프라임계에 따라 달라지는 값이다. 이 식은 분명 공변이 아니고, 사실, ϵ'이 존재한다는 바로 그 사실은 여러 계를 절대적인 방법으로 서로 구별할 수 있다는 점을 말해준다. 이것은 첫 번째 가설을 위반하므로, Lorentz 변환에 관해 공변성이 요구되는 이유를 알 수 있겠다.

우리는 방금 4-벡터와 2계 텐서는 그들의 정의에 의해 바로 공변임을 보아왔다. 그러므로 모든 물리법칙을 4-벡터와 텐서 형태로 표현하려 한다면, 그들은 Lorentz 변환에 대하여 자동적으로 공변이 될 것이고, 그리하여 두 가설을 모두 만족시킬 것이 틀림없다. 이것을 기억하면 근본적으로 우리가 다음으로 무엇을 하게 될지 알 수 있다. 우리는 물리법칙을 살펴보고, 그들을 4-벡터나 텐서로 쓸 수 있는지 알아보겠다. 그들이 이미 4-벡터나 텐서이거나, 쉽게 그럴 수 있다면, 이미 특수상대론에서 유효하므로 더 할 것이 없다. 만일 그 법칙이 공변이 아니면, 그러나 비상대론적으로는 옳다면, 우리가 하여야 할 작업은 이들을 일반화하여 4-벡터나 텐서 형태로 표현하여 특수상대론과 부합시키는 것이다. 그러나 이 나중의 경우에 두 가지를 명심하여야 할 것이 있다. 무엇보다도, 일반화는 언제나 비상대론적 극한에서 우리가 알고 있는 올바른 결과가 되어야 할 것이다. 둘째, 4-벡터나 텐서 형태로의 일반화 과정이 반드시 꼭 맞는 결과를 준다고 할 수 없으므로, 일반화는 여전히 실험에 의해 검증될 필요가 있을 것이다.

29-4 입자의 역학

우리는 주로 전자기학에 관심을 가지고 있지만, 질점의 역학은 물리학에서 매우 중요하며, 지난 절의 마지막부분에서 막 논의한 것을 잘 설명해줄 수 있으므로, 이 절에서 간단히 고려하도록 하겠다.

알짜 힘 **f**를 받는 한 질점에 대한 비상대론적 역학의 기본 방정식은

$$\mathbf{f} = \frac{d\mathbf{p}}{dt} \tag{29-97}$$

이며, 여기서

$$\mathbf{p} = m_0\mathbf{v} \tag{29-98}$$

는 입자의 선운동량으로 속도 **v**와 관성 (혹은 정지)질량 m_0으로 나타내어져 있다. 식 29-97은 세 개의 성분만을 가지고 있고, 불변량 스칼라가 아닌 시간에 대한 미분으로 되어 있으므로, 분명히 4-벡터나 텐서 형태가 아니다. 그러므로 이것이 특수상대론의 필요조건을 만족하기 위해서는 일반화되어야 한다.

운동량부터 시작해보자. **v**는 4-벡터는 아니지만, 이것은 4-벡터 $U_\mu = dx_\mu/d\tau$와 밀접하게 관계되어 있다. 그러므로 (29-98)을 그럴듯하게 일반화하려면 불변량 스칼라 m_0을 사용하여 4-운동량 *4-momentum* P_μ를

$$P_\mu = m_0 U_\mu \tag{29-99}$$

처럼 정의하면 된다. 이것은 (29-82)를 사용하여 성분 형태

$$P_j = \frac{m_0 v_j}{\left[1 - (v^2/c^2)\right]^{1/2}} \qquad (j = 1, 2, 3) \qquad P_4 = \frac{i m_0 c}{\left[1 - (v^2/c^2)\right]^{1/2}} \tag{29-100}$$

로 쓸 수 있다. $v/c \to 0$에 따라 $P_j \to m_0 v_j$이고 이것은 (29-98)이며, 그래서 (29-99)는 합리적인 선택으로 보인다. 우선은 같은 방식으로 도입된 네 번째 성분 P_4를 무시하겠다.

(29-97)과 유사한 운동방정식을 얻기 위해, (29-99)를 불변량 $d\tau$에 대해 미분하고 4-힘 *4-force* F_μ를

$$F_\mu = \frac{dP_\mu}{d\tau} = \frac{d}{d\tau}\left(m_0 U_\mu\right) = m_0 \frac{d^2 x_\mu}{d\tau^2} \tag{29-101}$$

로 정의하여, 원하는대로 일반화된 Newton 방정식을 얻었다. 이 4-힘 F_μ는 Minkowski 힘이라고도 불린다.

(29-101)을 보통의 힘 성분과 관련짓기 위해, (29-52)로부터 $d\tau$를 대입하여

$$F_\mu \left(1 - \frac{v^2}{c^2}\right)^{1/2} = \frac{d}{dt}\left(m_0 U_\mu\right) \tag{29-102}$$

를 얻는다. (29-82)를 사용하여 구한 처음 세 성분은

$$F_j\left(1-\frac{v^2}{c^2}\right)^{1/2}=\frac{d}{dt}\left\{\frac{m_0 v_j}{[1-(v^2/c^2)]^{1/2}}\right\}=f_j \qquad (29\text{-}103)$$

이며, 여기서 f_j는 보통의 힘 **f**의 x, y, z성분이어야 하는데, 이는 $v/c \ll 1$일 때 (29-103)이 (29-97)과 (29-98)의 결합이 되어야 하기 때문이다. 그러므로 Minkowski 힘의 처음 세 성분은 보통 힘과

$$F_j=\frac{f_j}{[1-(v^2/c^2)]^{1/2}} \qquad (29\text{-}104)$$

로 관련을 갖는다.

실제적인 계산에 있어, 보통은 4-힘을 다루기를 원하는 것이 아니고 다만 세 방정식 (29-103)을 사용하는 것을 더 좋아한다. 그래서 보통은

$$\mathbf{f}=\frac{d}{dt}\left\{\frac{m_0\mathbf{v}}{[1-(v^2/c^2)]^{1/2}}\right\} \qquad (29\text{-}105)$$

로 쓰고, 이것을 **상대론적 운동방정식**이라 한다. 특히, 힘을 여전히 운동량의 변화율이라고 간주하고자 한다면, (29-105)는 $\mathbf{f}=d\mathbf{p}/dt$로 쓸 수 있고, 여기서

$$\mathbf{p}=m\mathbf{v} \quad \text{및} \quad m=\frac{m_0}{[1-(v^2/c^2)]^{1/2}} \qquad (29\text{-}106)$$

이다. 이렇게 도입되는 m이라는 양은, (29-98)과의 유사성 때문에 입자의 질량이라 부른다. 이러한 과정을 따르기로 한다면, (29-106)은, 입자의 질량이란 더 이상 일정하지 않고 속력에 따라 증가한다는, 일반적인 선언의 기본이 된다.

한편 이 결과를 반드시 이렇게 해석해야할 필요는 없는데, 이렇게 하는 것은 운동량이 항상 질량과 통상적인 속도 **v**의 곱이 되어야 한다는(정지질량 m_0에 속도라는 새로운 함수를 곱하기보다는) 자연스러운 희망에 따른 것이다. 사실 (29-106)은 4-벡터가 아니기 때문에, 이러한 접근방식은 실제로 상대론의 공변에 관한 기본적인 철학에 위배된다. 불변량 스칼라 특성 — 정지 질량 m_0 — 을 입자에 속한다고 생각하고, 4-벡터 운동량을 이 스칼라 불변량과 4-벡터 속도의 곱으로 정의하는 것이 상대론적 개념에 훨씬 더 잘 어울린다. 바로 (29-99)에서 그렇게 했었다.

우리는 세 성분 방정식 (29-98)로부터 네 성분을 갖는 (29-99)에 이르는 일반화 과정을 보아왔다. P_μ의 처음 세 성분에는 적절한 해석을 줄 수 있었는데, 이제 "가외"의 성분을 살펴보아야 하겠다. 이것은 절대로 생소한 것이 아님을 알게 될 것이다.

W라는 양을

$$P_4=\frac{iW}{c} \qquad (29\text{-}107)$$

로 정의해보자. 그러면 (29-100)은

$$W = \frac{m_0 c^2}{\left[1 - \left(v^2/c^2\right)\right]^{1/2}} \tag{29-108}$$

이 된다. 이것을 해석하기 위해 $v/c \ll 1$일 때 무엇이 되는지 보자. (8-6)을 사용하여 분모를 전개하면

$$W = m_0 c^2\left(1 + \frac{v^2}{2c^2} + \frac{3v^4}{8c^4} + \ldots\right) = m_0 c^2 + \frac{1}{2} m_0 v^2 + \ldots \tag{29-109}$$

로 구해진다. 두 번째 항은 간단히 Newton 역학에서 **운동에너지**이기 때문에 즉시 알아볼 수 있겠다. 따라서 이번의 일반적인 경우에 있어 W를 입자의 **총 에너지**로 부르는 것이 매우 그럴듯해 보인다. 입자가 정지해 있어서 $v = 0$이라면, W의 값은 $m_0 c^2$이 되고, 이것을 **정지에너지** *rest energy*라 부른다. 그렇다면 입자의 총에너지가 두 부분으로 구성되어 있다고 간주하는 것이 관례가 된다 — 정지질량에 기인한 내재적인 부분(정지에너지)과 입자가 운동할 때 나타나는 추가적인 부분 후자를 운동에너지 T라고 놓으면,

$$W = m_0 c^2 + T \tag{29-110}$$

로 쓸 수 있고, 그러면 (29-108)에 의해

$$T = m_0 c^2\left\{\frac{1}{\left[1 - \left(v^2/c^2\right)\right]^{1/2}} - 1\right\} \tag{29-111}$$

이다.

그러므로 4-운동량의 네 번째 성분은 간단히 입자의 에너지에 비례하는 것이 되었다. 이것이 말해주는 것은 입자의 선형운동량과 에너지가 서로 다른 실재로 간주되기보다는, 다만 입자의 동일한 속성의 두 관점이라는 것이다. 이는 그것들이 같은 4-벡터의 별개 성분으로 나타나기 때문이다.

이 마지막 부분에서 지적한 것은 정량적으로도 설명할 수 있다. P_μ는 4-벡터이기 때문에, (29-78)에 의해 변환된다. 그래서 (29-77)의 Lorentz 변환의 둘째 항을 사용하면

$$P_x = \gamma\left(P_x' + \frac{\beta}{c} W'\right) \qquad P_y = P_y' \qquad P_z = P_z' \qquad W = \gamma\left(W' + \beta c P_x'\right) \tag{29-112}$$

을 얻는다. 이것은 분명히 한 계에서 에너지로 나타나는 것이 다른 계에서는 운동량으로 나타나고, 반대로 한 계에서 운동량으로 나타나는 것은 다른 계에서는 에너지이다.

예제

S'에 정지해 있는 입자. 여기서 $\mathbf{v}' = 0$이므로 (29-100)과 (29-108)에 의해 $P_x' = P_y' = P_z'$

= 0이고 $W' = m_0c^2$이다. 이들을 (29-112)에 넣고 (29-26)과 (29-27)을 사용하면,

$$P_x = \frac{m_0 V}{[1-(V^2/c^2)]^{1/2}} \qquad W = \frac{m_0 c^2}{[1-(V^2/c^2)]^{1/2}} \tag{29-113}$$

와 $P_x = P_y = 0$으로 구해진다. 이들 결과는 S에 있는 관측자의 관점에서 입자가 x축을 따라 V의 속력으로 운동하므로, (29-100)과 (29-108)에 의해 기대되던대로이다. 그러므로 입자는 S'에서는 (정지)에너지만을 갖지만, S에 관해서는 에너지와 운동량을 모두 갖는다.

이제 Minkowski 힘의 네 번째 성분의 의미를 알아볼 수 있겠다. (29-101), (29-107), (29-52)로부터

$$F_4 = \frac{dP_4}{d\tau} = \frac{i}{c}\frac{dW}{d\tau} = \frac{i}{c[1-(v^2/c^2)]^{1/2}}\frac{dW}{dt} \tag{29-114}$$

가 구해지는데, 이것은 에너지의 시간변화율, 혹은 힘이 입자에 해주는 일률에 비례한다.

W를 에너지로 해석하는 것에 대해 그 이상으로 정당화해주는 매우 다른 방식이 있다는 것을 알 수 있다. (29-99)와 (29-83)으로부터

$$\sum_\mu P_\mu^2 = m_0^2 \sum_\mu U_\mu^2 = -m_0^2 c^2 \tag{29-115}$$

으로 구하고, 이것을 τ에 대해서 미분할 때 (29-101)을 사용하면,

$$\sum_\mu P_\mu \frac{dP_\mu}{d\tau} = \sum_\mu P_\mu F_\mu = 0 \tag{29-116}$$

을 얻는다. [P_μ와 F_μ의 스칼라 곱이 영이기 때문에, (1-15)의 유사성으로부터 4-운동량과 4-힘은 항상 "수직"이라고 말할 수 있다.] (29-116)을 풀어쓰면서, (29-100), (29-104), (29-114)를 사용하면,

$$P_4F_4 = -\sum_{j=1}^{3} P_jF_j = -\mathbf{P}\cdot\mathbf{F} = -\frac{m_0 \mathbf{v}\cdot\mathbf{f}}{1-(v^2/c^2)}$$

$$= \left\{\frac{im_0 c}{[1-(v^2/c^2)]^{1/2}}\right\}\left\{\frac{i}{c[1-(v^2/c^2)]^{1/2}}\frac{dW}{dt}\right\}$$

를 얻게 된다. 그래서

$$\frac{dW}{dt} = \mathbf{v}\cdot\mathbf{f} \tag{29-117}$$

이다. 이것은 W의 시간변화율은 힘이 입자에 하는 일의 비율과 같다는 것을 구체적으로 말해주고 있고, 이것은 역학에서 에너지 증가율의 정의이기 때문에, 우리가 W의 해석으로부터 구하기를 기대하던 그대로이다.

(29-115)를 풀어 쓰고 (29-107)을 사용하면 에너지를 선운동량으로 표현할 수도 있다. 그 결과는

$$W^2 = c^2 \sum_{j=1}^{3} P_j^2 + \left(m_0 c^2\right)^2 = (\mathbf{P}c)^2 + \left(m_0 c^2\right)^2 \tag{29-118}$$

이다. 이것은 상대론적 역학을 Hamiltonian 수식화로 발전시키기 위한 적절한 출발점이다.

우리가 아직 구체적으로 논의하지 않은 역학에 있어서의 또 다른 중요한 특성은 운동량과 에너지의 보존법칙이다. 운동량과 에너지를 별개의 실재로 고려하는 것은 더 이상 적절치 않다고 알고 있으므로, 자연스러운 상대론적 일반화는 간단히 4-운동량의 보존이 되어야 할 것 같다. 사실 이것이 바로 실험으로 옳다고 알려져 있고, 더구나 이런 일반화된 보존법칙은 입자계에 대하여도 성립한다. 심지어 입자수와 입자들의 정지질량이 초기상태와 나중상태에 서로 다른 경우에 조차도 성립한다. 4-운동량 보존의 개념은 충돌 문제에서 특히 유용하다. 정량적인 형식으로 이 보존법칙은

$$\sum_{j=1}^{N} P_\mu^b(j) = \sum_{k=1}^{N'} P_\mu^a(k) \qquad (\mu = 1, 2, 3, 4)$$

의 네 방정식으로 쓸 수 있다. 여기서 $P_\mu^b(j)$는 충돌(혹은 일반적 상호작용) 전 j-번째 입자의 4-운동량의 μ-번째 성분이다. 마찬가지로 우변의 첨자 a는 충돌 후의 값에 붙인 표식이다. 이 식은 또한 입자수가 N에서 N'으로 변하는 경우도 참작되었다. P_4의 합도 보존되어야 한다는 사실은 정지에너지와 운동에너지가 따로따로 보존될 필요는 없다는 것을 말해주고 있다. 그러나 그들의 합은 보존되어야 한다. 이 보존법칙은 실험적으로, 특히, 원자핵을 포함하는 반응과 여러 종류의 고에너지 입자의 충돌로 잘 증명되어 왔다. 실험과의 탁월한 일치는 특수상대론이 기본적으로 올바르다는 또 다른 증거이기도 하다.

29-5 진공에서의 전자기학

역학과는 대조적으로, 진공에 대해서 이미 Maxwell 방정식으로 기술되었던 전자기학은 Lorentz 변환에 관해 공변이라는 사실을 알게 될 것이다. 이것을 직접 요구하지는 않았으나, 두 번째 가설은 Maxwell 방정식 결과 중의 하나에서 공변성을 다루고 있었다.

원리상, Maxwell 방정식에 들어 있는 미분이 어떻게 변환하는지는 (29-91)로부터 알고 있다. 그러나 ρ, $\mathbf{J}$, $\mathbf{E}$, $\mathbf{B}$, $\mathbf{A}$, ϕ의 변환특성도 알고자 한다.

연속방정식 (12-13)부터 시작해보겠는데, 이것은 전하보존의 근본 특성을 표현하고 있다. 우리는 이것이 분명히 공변이기를 원하고 있다. 즉,

$$\nabla \cdot \mathbf{J} + \frac{\partial \rho}{\partial t} = 0 \quad \text{및} \quad \nabla' \cdot \mathbf{J}' + \frac{\partial \rho'}{\partial t'} = 0 \tag{29-119}$$

임을 원한다. 네 개의 양 J_μ를

$$(J_1, J_2, J_3, J_4) = (J_x, J_y, J_z, ic\rho) \tag{29-120}$$

로 주어지는 각각의 기호로 도입하고 (29-65)를 사용하면, (29-119)를

$$\sum_\mu \frac{\partial J_\mu}{\partial x_\mu} = 0 \quad 및 \quad \sum_\mu \frac{\partial J'_\mu}{\partial x'_\mu} = 0 \tag{29-121}$$

처럼 쓸 수 있다. 이것을 (29-93)과 비교하면 이것은 4-벡터의 다이버전스의 형태를 갖게 되는데, J_μ 자체가 실제로 4-벡터인지 의심이 간다.

좌표계 S에서 체적요소 $d\mathscr{V}$를 고려하는데, 이 계에서 전하는 속도 $\mathbf{v}$를 가지고 있다. $d\mathscr{V}$에 들어 있는 총 전하량은 $\rho\, d\mathscr{V}$이다. 이번에는 전하들이 정지해 있는, 즉 $\mathbf{v}_0 = 0$인 좌표계 S_0을 생각해보겠다. 이 계를 **정지계** *rest system*이라 부른다. S_0의 체적요소 $d\mathscr{V}_0$은 S의 $d\mathscr{V}$에 해당되는데, 그 안의 총 전하는 $\rho_0 d\mathscr{V}_0$이다. 여기서 ρ_0은 정지계에서의 전하밀도이다. 전자나 양성자에 들어 있는 전하의 근본적인 기본 단위가, 단지 다른 계에서 관측하기 때문에 바뀔 것이라고 예상한다면, 이것은 매우 불합리하다. 그러면 (12-1) 다음에서 언급했듯이, 모든 전하는 이 단위의 정수배이므로, 총 전하량을 정한다는 것은 근본적으로 정해진 정수를 세는 것이다. 정수는 불변이므로, **총 전하는 불변**이라고 가정하는 것은 이치에 맞는 것이라고 결론지을 수 있다. 그래서

$$\rho_0\, d\mathscr{V}_0 = \rho\, d\mathscr{V} \tag{29-122}$$

이다. 이 경우, S와 S_0의 상대속도는 $\mathbf{v}$이다. 상대속도 방향으로의 치수는 (29-33)에 따라 수축되고 상대 운동을 가로지르는 방향의 치수는 영향 받지 아니하므로, 두 체적은

$$d\mathscr{V} = \left(1 - \frac{v^2}{c^2}\right)^{1/2} d\mathscr{V}_0 \tag{29-123}$$

으로 관련된다. 이들을 (29-122)와 결합하면, 전하밀도에 대한 변환공식을

$$\rho = \frac{\rho_0}{\left[1 - (v^2/c^2)\right]^{1/2}} \tag{29-124}$$

으로 얻게 된다.

(12-3)에서 전류와 전하밀도는 $\mathbf{J} = \rho\mathbf{v}$로 관련된다고 했었다. 이것을 (29-124), (29-82)와 함께 사용하면

$$J_x = \rho v_x = \frac{\rho_0 v_x}{\left[1 - (v^2/c^2)\right]^{1/2}} = \rho_0 U_1$$

이다. 마찬가지로 $J_y = \rho_0 U_2$, $J_z = \rho_0 U_3$, $ic\rho = \rho_0 U_4$로 구해진다. 그래서 (29-120)은

$$J_\mu = \rho_0 U_\mu \tag{29-125}$$

로 쓸 수 있다. 이것은 J_μ가 실제로 4-벡터임을 보여주는데, 이것이 다른 4-벡터 (4-속도)와 스칼라 불변량 ρ_0(정지계의 전하밀도)의 곱이기 때문이다. 이 4-벡터를 4-전류 *4-current*라 부른다. 그래서 연속방정식 (29-121)은 공변으로 올바르게 나타내어졌다.

J_μ의 변환특성은 (29-78)로 주어진다. 이것을 다른 방식으로 표현하면, J_x, J_y, J_z, ρ가 각각 x, y, z, t처럼 변환한다는 것이다. 그러므로 특정 Lorentz 변환 (29-24)에 대하여, 즉각적으로

$$J_x' = \gamma(J_x - V\rho) \qquad J_y' = J_y$$
$$J_z' = J_z \qquad \rho' = \gamma\left(\rho - \frac{V}{c^2}J_x\right) \tag{29-126}$$

라고 말할 수 있고, (29-25)에 의해 반대로

$$J_x = \gamma(J_x' + V\rho') \qquad \rho = \gamma\left(\rho' + \frac{V}{c^2}J_x'\right) \tag{29-127}$$

라 할 수 있다.

예제

대류전류 *convection current*. S'은 물체에 고정되어 있다고 해보자 그 물체는 S에 대하여 일정한 속력 v로 운동하고 있다. 그러면 (29-127)을 사용할 수 있는데, V를 v로 대체하면 된다. 이제 비상대론적 극한으로 가보면 $v/c \ll 1$, 그래서 $\gamma \simeq 1$인데, 그러면 (29-127)은

$$J_x \simeq J_x' + v\rho' \qquad \rho \simeq \rho' \tag{29-128}$$

가 된다. 전하밀도는 그대로 일정하지만, S에서 관측된 전류밀도는, S'에서 관측된 J_x'과 대류전류 $v\rho'$의 합이다. 대류전류는 S에 대한 전하밀도 ρ'의 운동에 기인한다. 12-2절의 끝부분에서 이와 똑같은 방법으로 생겨난 대류전류를 이미 언급했었다.

네 물리량 A_μ를

$$(A_1, A_2, A_3, A_4) = \left(A_x, A_y, A_z, \frac{i\phi}{c}\right) \tag{29-129}$$

로 정의하면, (29-94)와 (29-120)을 사용하여, (28-1)과 (28-2)의 네 방정식은,

$$\Box^2 A_\mu = -\mu_0 J_\mu \tag{29-130}$$

로 압축될 수 있다. 이것은

$$\Box^2(i\phi/c) = -i\rho/c\epsilon_0 = -J_4/c^2\epsilon_0 = -\mu_0 J_4$$

이기 때문이다. 그러면 (28-3)의 Lorentz 조건은 간단히

$$\sum_\mu \frac{\partial A_\mu}{\partial x_\mu} = 0 \tag{29-131}$$

이 된다. (29-130)은 A_μ에 불변량을 취해주면 4-벡터가 된다고 말해주고 있기 때문에, A_μ는 4-벡터이다. 이것을 **4-퍼텐셜** *4-potential*이라 한다.

(29-129)로부터 A_x, A_y, A_z, ϕ는 각각 x, y, z, c^2t처럼 변환된다는 것을 알았다. 그러므로, 특정 Lorentz 변환 (29-24)에 대해 바로

$$A'_x = \gamma\left(A_x - \frac{V}{c^2}\phi\right) \qquad A'_y = A_y \tag{29-132}$$

$$A'_z = A_z \qquad \phi' = \gamma(\phi - VA_x)$$

라고 할 수 있다.

식 29-130과 29-131은 퍼텐셜로 적어 놓은 Maxwell 방정식으로 공변의 형태이다. 이제 **E**와 **B**장을 따져보자.

B는 **B** = ∇ × **A**로부터 구하였으므로, (29-95)로 주어진 것처럼 이것을 사차원 형식으로 조사해보는 것이 유용할 것 같다. 따라서 반대칭인 **전자기장 텐서** $f_{\mu\nu}$를

$$f_{\mu\nu} = \frac{\partial A_\nu}{\partial x_\mu} - \frac{\partial A_\mu}{\partial x_\nu} \tag{29-133}$$

로 정의하자. 그러면 (29-129)를 사용하여

$$f_{12} = \frac{\partial A_2}{\partial x_1} - \frac{\partial A_1}{\partial x_2} = \frac{\partial A_y}{\partial x} - \frac{\partial A_x}{\partial y} = B_z$$

같은 것을 얻을 수 있다. 마찬가지로 $\mathbf{E} = -\nabla\phi - (\partial \mathbf{A}/\partial t)$이므로

$$f_{14} = \frac{\partial A_4}{\partial x_1} - \frac{\partial A_1}{\partial x_4} = \frac{i}{c}\frac{\partial \phi}{\partial x} - \frac{1}{ic}\frac{\partial A_x}{\partial t} = -\frac{iE_x}{c}$$

이다. 이런 식으로 계속하면, **E**와 **B**는 $f_{\mu\nu}$의 성분으로

$$f_{\mu\nu} = \begin{pmatrix} 0 & B_z & -B_y & -\dfrac{iE_x}{c} \\ -B_z & 0 & B_x & -\dfrac{iE_y}{c} \\ B_y & -B_x & 0 & -\dfrac{iE_z}{c} \\ \dfrac{iE_x}{c} & \dfrac{iE_y}{c} & \dfrac{iE_z}{c} & 0 \end{pmatrix} \tag{29-134}$$

처럼 나타내어진다. 텐서의 성분이 어떻게 변환되는지 알고 있으므로, 장 성분의 변환특성을 구할 수 있다. 곧 이 사실로 되돌아오겠다.

그렇다면 장으로 나타내어진 Maxwell 방정식 모두는 다음의 공변계에 포함된다는 것을 보일 수 있다:

$$\frac{\partial f_{\lambda\rho}}{\partial x_\nu} + \frac{\partial f_{\rho\nu}}{\partial x_\lambda} + \frac{\partial f_{\nu\lambda}}{\partial x_\rho} = 0 \tag{29-135}$$

$$\sum_\nu \frac{\partial f_{\mu\nu}}{\partial x_\nu} = \mu_0 J_\mu \tag{29-136}$$

어떻게 이렇게 되는지 알아보기 위하여, (29-135)의 첫 번째 성분을 생각해보자. 즉, 첨자 1이 나타나지 않는 형태의 성분을 말한다. (29-134)를 사용하여 이것은

$$\frac{\partial f_{34}}{\partial x_2} + \frac{\partial f_{42}}{\partial x_3} + \frac{\partial f_{23}}{\partial x_4} = 0 = -\frac{i}{c}\frac{\partial E_z}{\partial y} + \frac{i}{c}\frac{\partial E_y}{\partial z} + \frac{1}{ic}\frac{\partial B_x}{\partial t}$$

라고 구해진다. 이것은

$$\frac{\partial E_z}{\partial y} - \frac{\partial E_y}{\partial z} = -\frac{\partial B_x}{\partial t}$$

로 다시 정리할 수 있다. 이것은 $\nabla \times \mathbf{E} = -\partial \mathbf{B}/\partial t$의 x 성분이다. 마찬가지로 (29-135)의 나머지 세 성분은 $\nabla \cdot \mathbf{B} = 0$뿐 아니라 Faraday 법칙의 y와 z성분이 됨을 보일 수 있다.

(29-136)에서 $\mu = 1$로 놓고, (29-134)와 (29-120)을 사용하면,

$$\frac{\partial f_{11}}{\partial x_1} + \frac{\partial f_{12}}{\partial x_2} + \frac{\partial f_{13}}{\partial x_3} + \frac{\partial f_{14}}{\partial x_4} = \mu_0 J_1 = \frac{\partial B_z}{\partial y} - \frac{\partial B_y}{\partial z} + \frac{1}{ic}\frac{\partial}{\partial t}\left(-\frac{iE_x}{c}\right)$$

로 얻고, 이것은

$$\frac{\partial B_z}{\partial y} - \frac{\partial B_y}{\partial z} = \mu_0 J_x + \frac{1}{c^2}\frac{\partial E_x}{\partial t}$$

로도 쓸 수 있다. 이것은 (21-33)의 진공 형태인 $\nabla \times \mathbf{B} = \mu_0 \mathbf{J} + c^{-2}(\partial \mathbf{E}/\partial t)$의 x성분이다. 이 식의 나머지 두 성분은 $\mu = 2$와 $\mu = 3$에 대하여 얻을 수 있고, 한편 $\mu = 4$가 (29-136)에서 사용될 때는 그 결과가 (21-30)부터 (21-33)까지의 진공 형식의 나머지 Maxwell 방정식으로 구해진다. 즉, $\nabla \cdot \mathbf{E} = \rho/\epsilon_0$이다.

(29-84)에 의해 전자기장 텐서의 성분들은

$$f'_{\mu\nu} = \sum_{\lambda\rho} a_{\mu\lambda} a_{\nu\rho} f_{\lambda\rho} \tag{29-137}$$

처럼 변환될 테고, 이것을 (29-134)와 연결 사용하여 **E**와 **B**에 대한 변환공식을 얻을 수 있다. 우리는 (29-77)로 나타내어진 특정 Lorentz 변환에 대해서만 이렇게 하겠다.

한 예로 (29-137)의 14 성분을 고려해보자. $f_{\rho\lambda} = -f_{\lambda\rho}$임을 기억하면

$$\begin{aligned} f'_{14} = -\frac{iE'_x}{c} &= \sum_{\lambda\rho} a_{1\lambda} a_{4\rho} f_{\lambda\rho} = \sum_\lambda a_{1\lambda}(a_{41} f_{\lambda 1} + a_{44} f_{\lambda 4}) \\ &= a_{11}(a_{41} f_{11} + a_{44} f_{14}) + a_{14}(a_{41} f_{41} + a_{44} f_{44}) \\ &= (a_{11} a_{44} - a_{14} a_{41}) f_{14} = (\gamma^2 - \beta^2\gamma^2) f_{14} \end{aligned}$$

$$= f_{14} = -\frac{iE_x}{c}$$

가 되고, 그리하여 $E_x' = E_x$이다. 마찬가지로, (29-137)의 42 성분은

$$f_{42}' = \frac{iE_y'}{c} = \sum_{\lambda\rho} a_{4\lambda} a_{2\rho} f_{\lambda\rho} = \sum_{\lambda} a_{4\lambda} a_{22} f_{\lambda 2}$$

$$= a_{41} f_{12} + a_{44} f_{42} = (-i\beta\gamma) B_z + \gamma\left(\frac{iE_y}{c}\right)$$

가 되고, 그래서 $E_y' = \gamma(E_y - \beta c B_z) = \gamma(E_y - VB_z)$이다. 이 과정을 계속하면, 변환공식 전체를 구하게 된다:

$$\begin{aligned} E_x' &= E_x & B_x' &= B_x \\ E_y' &= \gamma(E_y - VB_z) & B_y' &= \gamma\left(B_y + \frac{VE_z}{c^2}\right) \\ E_z' &= \gamma(E_z + VB_y) & B_z' &= \gamma\left(B_z - \frac{VE_y}{c^2}\right) \end{aligned} \qquad (29\text{-}138)$$

역변환은

$$E_x = E_x' \qquad E_y = \gamma(E_y' + VB_z')$$

등이고, 프라임 양과 프라임 없는 양을 교환하며 V의 부호를 바꾸어서 얻게 되었다.

이들 결과를 갖게 되었으므로, 더 이상 S에 대한 S'의 상대속도 $\mathbf{V}$가 x축을 향해 있는 경우로 제한할 필요가 없다는 것을 알 수 있다. x축의 방향은 순전히 임의이므로, 상대적인 병진운동의 방향에 평행인 성분(∥)과 수직인 성분(⊥)을 도입할 수 있고, 그래서 (29-138)을 일반형으로 쓸 수 있다:

$$\begin{aligned} \mathbf{E}_\parallel' &= \mathbf{E}_\parallel & \mathbf{B}_\parallel' &= \mathbf{B}_\parallel \\ \mathbf{E}_\perp' &= \gamma(\mathbf{E}_\perp + \mathbf{V} \times \mathbf{B}_\perp) & \mathbf{B}_\perp' &= \gamma\left(\mathbf{B}_\perp - \frac{\mathbf{V}}{c^2} \times \mathbf{E}_\perp\right) \\ &= \gamma(\mathbf{E} + \mathbf{V} \times \mathbf{B})_\perp & &= \gamma\left(\mathbf{B} - \frac{\mathbf{V}}{c^2} \times \mathbf{E}\right)_\perp \end{aligned} \qquad (29\text{-}139)$$

여기서 $\mathbf{E} = \mathbf{E}_\parallel + \mathbf{E}_\perp$이고 $\mathbf{B} = \mathbf{B}_\parallel + \mathbf{B}_\perp$이다.

비상대론적 극한 $V/c \ll 1$에서 $\gamma \simeq 1$이고 (29-139)는 $\mathbf{E}' \simeq \mathbf{E} + \mathbf{V} \times \mathbf{B}$이고 $\mathbf{B}' \simeq \mathbf{B}$이다. 첫 번째 결과는 바로 (29-1)인데, 여기서는 $\mathbf{v}$를 $\mathbf{V}$로 적절히 대체하면 되고, 이전에 Lorentz 힘의 법칙의 도움으로 Faraday 법칙을 고려하여 추론하였던 결과이다.

이들 결과가 분명히 보여주는 것은, 전기장과 자기장 벡터 $\mathbf{E}$와 $\mathbf{B}$는 실제로 서로 독립이 아니고 별개의 실재도 아니라는 점이다. 근본적인 양은 장 텐서 $f_{\mu\nu}$이고, 이것이 전기와 자기 성분으로 풀리는 방식은 관측자의 상대운동에 의해 결정된다. 이 점은 다음 두 극단적인 예를

고려하여 아주 잘 설명할 수 있다.

예제

S에서 순전히 전기인 경우. $\mathbf{E} \neq 0$이나 $\mathbf{B} = 0$이라 해보자. 그러면 S'에서는 (29-139)로부터

$$\mathbf{E}'_{\parallel} = \mathbf{E}_{\parallel} \qquad \mathbf{E}'_{\perp} = \gamma \mathbf{E}_{\perp}$$

$$\mathbf{B}'_{\parallel} = 0 \qquad \mathbf{B}'_{\perp} = -\frac{\gamma}{c^2}\mathbf{V} \times \mathbf{E}_{\perp}$$

이므로

$$\mathbf{B}' = \mathbf{B}'_{\perp} = -\frac{\mathbf{V} \times \mathbf{E}'_{\perp}}{c^2} = -\frac{\mathbf{V} \times \mathbf{E}'}{c^2} \tag{29-140}$$

이다. 이 때 $\mathbf{V} \times \mathbf{E}'_{\parallel} = 0$을 사용하였다. 그러므로 한 관측자에게 순전히 전기장으로 보이는 것은, 그에 대하여 운동하고 있는 두 번째 관측자에게는 전기장과 자기장 모두로 보인다.

예제

S에서 순전히 자기인 경우. 이번에는 $\mathbf{E} = 0$이나 $\mathbf{B} \neq 0$이라 해보자. 그러면 S'에서는 (29-139)로부터

$$\mathbf{B}'_{\parallel} = \mathbf{B}_{\parallel} \qquad \mathbf{B}'_{\perp} = \gamma \mathbf{B}_{\perp}$$

$$\mathbf{E}'_{\parallel} = 0 \qquad \mathbf{E}'_{\perp} = \gamma \mathbf{V} \times \mathbf{B}_{\perp}$$

일 것이고, 그래서

$$\mathbf{E}' = \mathbf{E}'_{\perp} = \mathbf{V} \times \mathbf{B}'_{\perp} = \mathbf{V} \times \mathbf{B}' \tag{29-141}$$

이며, 한 관측자에게 순전히 자기장으로 보이는 것은, 상대적으로 운동하고 있는 관측자에게는 전기장과 자기장 모두로 보일 것이다.

변환방정식 (29-138)과 (29-139)는 때에 따라서 어떤 문제를 더 쉽게 풀도록 해주기도 한다. 이는 답을 아주 쉽게 구할 수 있는 좌표계를 선택한 다음, 우리가 문제를 풀어야 하는 실제계로 거꾸로 변환하여 원하는 결과를 얻을 수 있기 때문이다. Maxwell 방정식을 풀어서 얻을 수 없는 방식으로는 아무것도 얻을 수 없겠지만, 그러한 방법이 적용가능하다면 일반적으로 더 쉽고 빠르다. 다음 절에서는 유익하면서도 중요한 예를 통하여 이 접근방법을 설명해보겠다.

29-6 균일하게 운동하는 점전하의 장

그림 29-7에 보인 것같이 계 S에 대하여 일정한 속도 $\mathbf{v}$로 움직이는 점전하 q를 생각해보자. 우리는 이 정상상태와 관련된 장에 관심이 있다. 즉, 점전하의 초기 가속 효과는 고려하지 않겠는데, 가속할 때는 (28-70)으로부터 알고 있듯이 점전하는 복사할 것이다.

S'에 관한 좋은 선택은 q가 원점에 정지해 있는 계일 것이다. 그러면 S'에서의 장은 점전하의 Coulomb 장 뿐이고

$$\mathbf{E}' = \frac{q\mathbf{r}'}{4\pi\epsilon_0 r'^3} \qquad \mathbf{B}' = 0 \tag{29-142}$$

이다. 여기서 $\mathbf{r}'$은 장이 계산되는 점의 위치이고,

$$r'^2 = x'^2 + y'^2 + z'^2 \tag{29-143}$$

이다.

(29-142)를 (29-138)에 대입하고, (29-143), (29-24), (29-23)을 사용하며, v로 V를 대체하여, S에서의 장 성분 중 하나를

$$E_x = E_x' = \frac{qx'}{4\pi\epsilon_0 r'^3} = \frac{q\gamma(x - vt)}{4\pi\epsilon_0\left[\gamma^2(x - vt)^2 + y^2 + z^2\right]^{3/2}} \tag{29-144}$$

로 구한다. 여기서

$$\gamma = \frac{1}{\left[1 - (v^2/c^2)\right]^{1/2}} \tag{29-145}$$

이다. 이것을 S에 관한 q의 위치로 나타내는 것이 좋을 것이다. q의 S 좌표는 $(vt, 0, 0)$이므로, 전하의 위치에 관한 장점의 상대적 위치벡터는 $\mathbf{R} = (x - vt)\hat{\mathbf{x}} + y\hat{\mathbf{y}} + z\hat{\mathbf{z}}$이다. 그러면 (29-144)를

$$E_x = \frac{q\gamma R_x}{4\pi\epsilon_0\left(\gamma^2 R_x^2 + R_y^2 + R_z^2\right)^{3/2}} \tag{29-146}$$

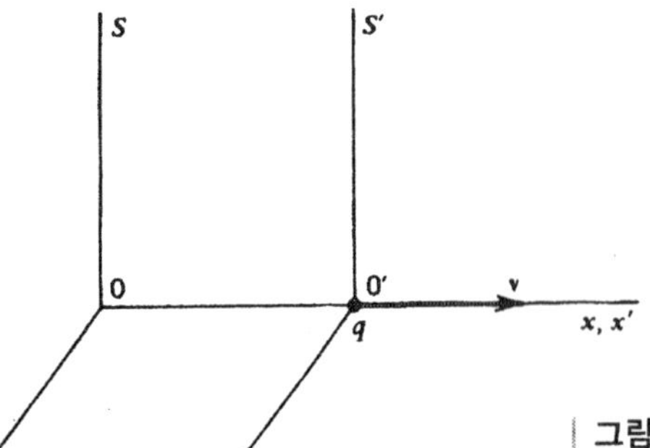

그림 29-7 점전하 q가 S에 대하여 일정한 속도로 운동하고 있다.

로 쓸 수 있다. **E**의 다른 두 성분은 (29-138)의 적절한 역변환 형태로부터 구할 수 있고, 그 결과는

$$E_y = \frac{q\gamma R_y}{4\pi\epsilon_0\left(\gamma^2 R_x^2 + R_y^2 + R_z^2\right)^{3/2}} \tag{29-147}$$

$$E_z = \frac{q\gamma R_z}{4\pi\epsilon_0\left(\gamma^2 R_x^2 + R_y^2 + R_z^2\right)^{3/2}} \tag{29-148}$$

이다. 이 세 결과는 한 벡터식

$$\mathbf{E} = \frac{q\gamma \mathbf{R}}{4\pi\epsilon_0\left(\gamma^2 R_x^2 + R_y^2 + R_z^2\right)^{3/2}} \tag{29-149}$$

의 성분임을 알 수 있다.

B도 (29-138)로부터 구할 수 있으나, 순전한 전기 경우에 대하여 얻은 (29-140) 결과를 사용하는 것이 더 간단하다. 그래서 S와 S'의 교환을 고려하여

$$\mathbf{B} = \frac{\mathbf{v} \times \mathbf{E}}{c^2} \tag{29-150}$$

을 얻는다. 이것으로부터 원하는대로 **B**의 성분을 구체적으로 구할 수 있다. **B**의 장선은 원으로, 전하 운동 선에 중심을 두고 있다. 이것은 우리가 이전부터 알고 있듯이, 운동하는 전하는 전류와 동등하므로 이치에 맞는다.

그리하여, 우리는 이 문제에 대한 정확한 해답을 상당히 간단한 방법으로 구해내었다. **E**는 전하로부터 밖으로 나가도록 향해 있지만, (29-150)이 말해주는 바에 의하면 **B**는 **v**와 **E**가 만드는 평면에 수직이다. 이러한 상황이 그림 29-8에 그려져 있다. 장의 기본적인 구조는 항상 같을 것이며, 그래서 이 그림을 x축을 따라 v의 속력으로 병진 이동시켜 구할 수 있다.

이 결과들을 점전하로부터의 거리 R과, **R**이 속도의 방향과 만드는 각도 θ로 나타내는 것

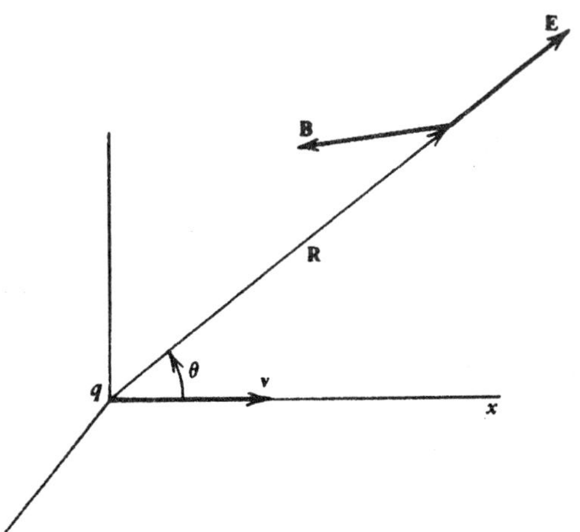

그림 29-8 균일하게 운동하는 전하의 장들.

이 좋겠다. 그림으로부터 $R_x = R\cos\theta$이며 $R_y^2 + R_z^2 = R^2 - R_x^2 = R^2\sin^2\theta$이므로

$$\gamma^2 R_x^2 + R_y^2 + R_z^2 = R^2\gamma^2(1 - \beta^2\sin^2\theta) \tag{29-151}$$

이다. 여기서 $\beta = v/c$이다. (29-151)을 (29-149)에 대입하여

$$\mathbf{E} = \frac{q(1-\beta^2)\hat{\mathbf{R}}}{4\pi\epsilon_0 R^2(1-\beta^2\sin^2\theta)^{3/2}} \tag{29-152}$$

을 얻었다. 이것이 말해 주는 바로는, 전기장은 전하로부터의 거리에 대한 의존성에 있어 역제곱이지만, 주어진 점에서의 그 크기는 방향에 아주 강하게 의존한다는 점인데, 이것은 단순한 Coulomb 장과는 대조적이다.

방향에 대한 그 크기의 의존성을 상세히 알아보기 위해, 우선 두 극단적인 상황을 고려해 보자. 바로 앞과 뒤에서는 ($\theta = 0, 180°$)

$$E_\parallel = \frac{q}{4\pi\epsilon_0 R^2}(1-\beta^2)$$

이지만, 옆에서는 ($\theta = 90°$)

$$E_\perp = \frac{q}{4\pi\epsilon_0 R^2}\frac{1}{(1-\beta^2)^{1/2}}$$

로 구해진다. 그러므로, $\beta \simeq 1$로 매우 빠르게 운동하는 전하에 대해서는, 주어진 거리에서 $E_\parallel$는 매우 작지만 $E_\perp$는 매우 크다는 것을 알 수 있다. ($\beta \to 0$에 따라 이들 성분은 둘 다 같아져서 정적인 Coulomb 장이 된다.)

이러한 효과가 그림 29-9에 그려져 있다. 이것은 $\beta = 0.0, 0.5, 0.9$에 대해 주어진 거리에서 $\mathbf{E}$의 크기를, 즉 $E/[q/4\pi\epsilon_0 R^2]$을 θ의 함수로 그렸다. 여기서 다시 한 번 빠르게 운동하는 전하에 대해 장은 적도면 부근의 작은 각도에서 응축되는 것을 볼 수 있다.

이 문제를 퍼텐셜의 측면에서 살펴보는 것도 좋겠다. (29-142)로 표현되는 S'에서의 정전기장은 퍼텐셜

$$\phi' = \frac{q}{4\pi\epsilon_0 r'} \qquad \mathbf{A}' = 0 \tag{29-153}$$

에 해당된다. 그러므로 (29-129)에 의해 $A_1' = A_2' = A_3' = 0$이고 $A_4' = i\phi'/c$이다. 이 값들을 (29-132)의 역변환형에 넣으면, S에서의 해당 퍼텐셜은

$$\phi = \gamma\phi' = \frac{\gamma q}{4\pi\epsilon_0\left[\gamma^2(x-vt)^2 + y^2 + z^2\right]^{1/2}} \tag{29-154}$$

$$\mathbf{A} = A_x\hat{\mathbf{x}} = \frac{v\gamma\phi'}{c^2}\hat{\mathbf{x}} = \frac{\mu_0\gamma q\mathbf{v}}{4\pi\left[\gamma^2(x-vt)^2 + y^2 + z^2\right]^{1/2}} \tag{29-155}$$

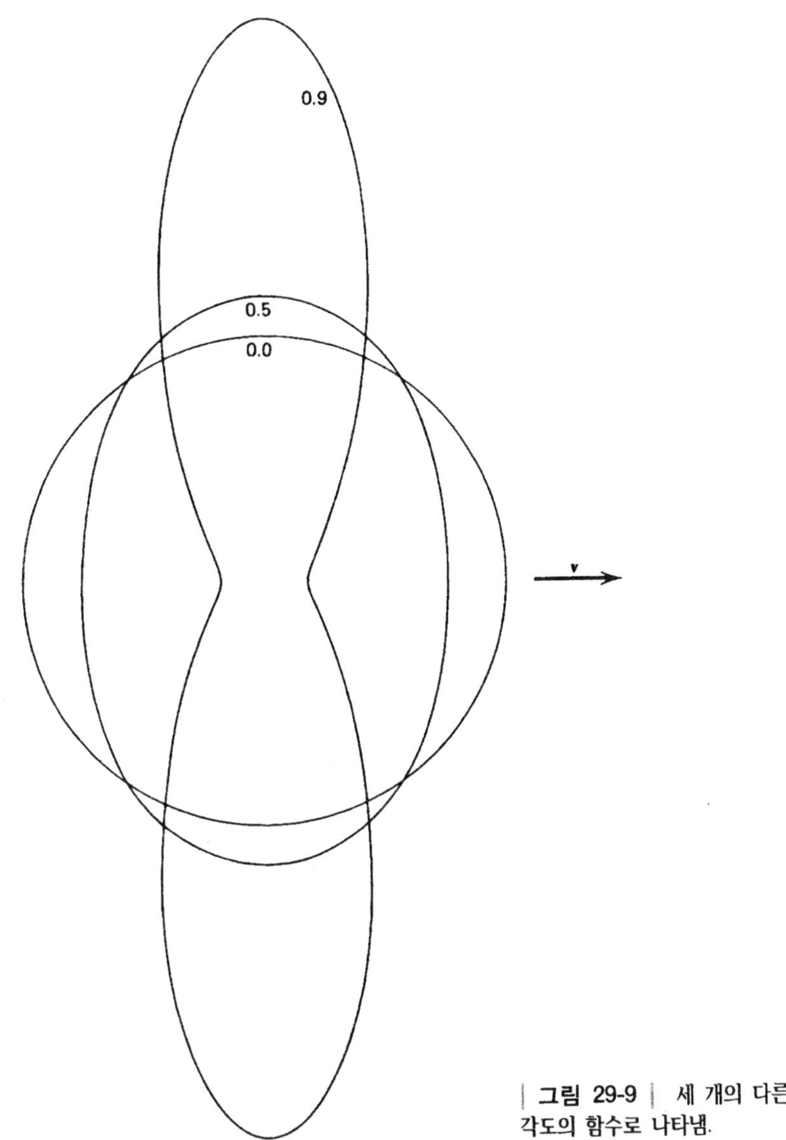

그림 29-9 세 개의 다른 β 값에 대한 전기장의 크기를 각도의 함수로 나타냄.

로 구해진다. 이 때 $A_y = A_z = 0$이기 때문다.

또한 (29-151)을 사용하면,

$$\phi = \frac{q}{4\pi\epsilon_0 R\left(1 - \beta^2 \sin^2\theta\right)^{1/2}} \tag{29-156}$$

$$\mathbf{A} = \frac{\mu_0 q\mathbf{v}}{4\pi R\left(1 - \beta^2 \sin^2\theta\right)^{1/2}} \tag{29-157}$$

로도 쓸 수 있다. 여기서 R은 전하로부터 장점까지의 거리이다.

벡터퍼텐셜은 전하 속도의 방향을 가지고 있음에 주목하라. 그리고 $\beta \ll 1$인 때, $\mathbf{A} \simeq$

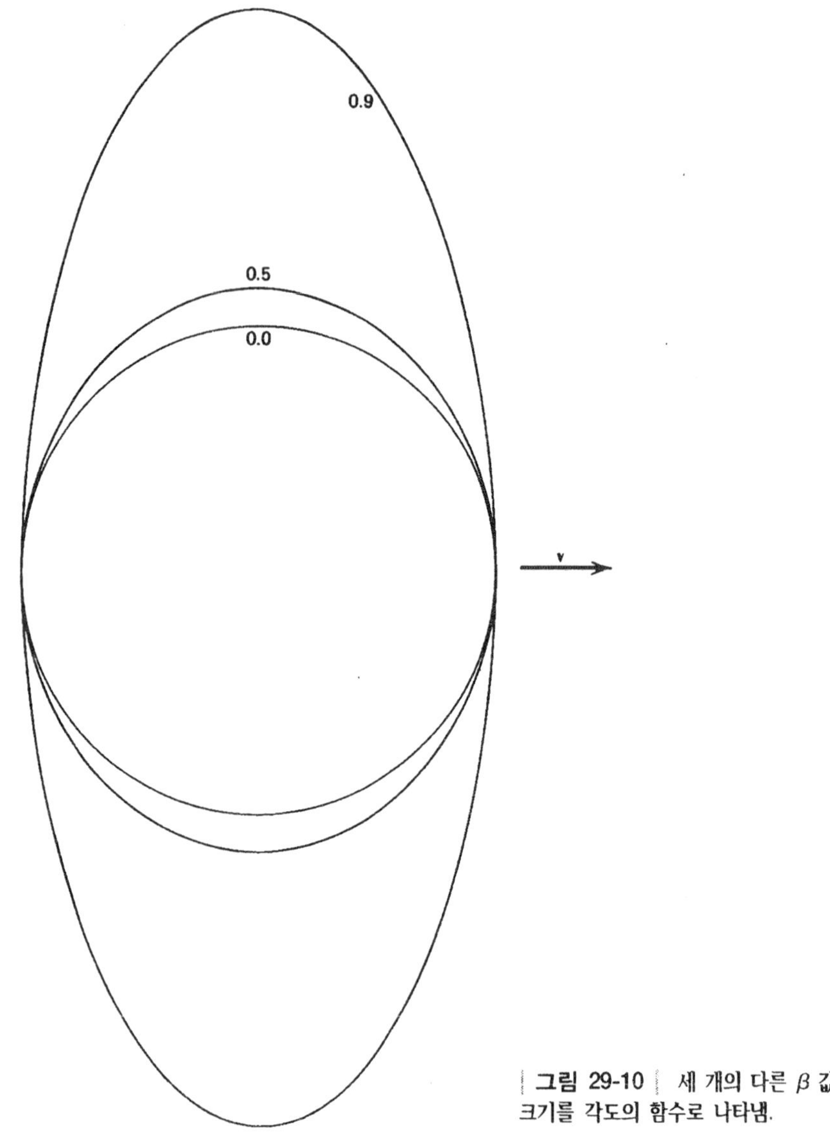

그림 29-10 세 개의 다른 β 값에 대한 스칼라퍼텐셜의 크기를 각도의 함수로 나타냄.

$(\mu_0/4\pi)(q\mathbf{v}/R)$로 (16-14)와 일치한다. 그리하여 이전의 결과를 천천히 움직이는 전하에 적용할 때 그 가능성에 관한 14-5절의 언급을 정당화할 수 있게 되었다.

이들 두 퍼텐셜은 동일한 방식으로 θ에 의존한다. 전하의 바로 앞과 뒤, $\theta = 0, 180°$에서, $\phi = q/4\pi\epsilon_0 R$로 정적인 값과 같다. 그러나 $\theta = 90°$일 때, $\phi = q/[4\pi\epsilon_0 R(1 - \beta^2)^{1/2}] = \gamma\phi_{정적}$이고 γ의 인자만큼 크다. 그림 29-10에서는 그림 29-9에 해당되는 $\beta = 0.0, 0.5, 0.9$의 값에 대해 $\phi/[q/4\pi\epsilon_0 R]$을 보임으로써 이것의 일반적인 각도의존성을 θ의 함수로 그렸다.

연습문제

29-1 (29-24)를 (29-7)에 직접 대입하여 Lorentz 변환이 파동방정식의 형태를 그대로 유지시킴을 보여라. 즉, $\partial^2\psi/\partial x^2 = \partial^2\psi/c^2\partial t^2$이면, $\partial^2\psi/\partial x'^2 = \partial^2\psi/c^2\partial t'^2$임을 보여라.

29-2 (29-33)의 Lorenta 변환이 움직이는 막대의 실제의 물리적 수축을 나타낸다고 가정하면, 이것이 Michelson-Morley 실험결과를 설명해줄 것임을 보여라.

29-3 μ-메존이 방사선 붕괴를 하기 전, 평균 수명이 그 "정지"계에서 2.22×10^{-6} s로 측정된다. 어떤 관측자에게 이 메존의 속력이 $0.99c$라면 그에게 이 평균수명은 얼마인가? 이 시간 동안 메존은 얼마나 진행할까?

29-4 길이 L인 강체 막대가 이것이 정지해 있는 계에서 x축과 θ의 각도를 만들고 있다. 이 막대에 대해 운동하고 있는 관측자에게, 보이는 길이는 L'이고 각도는 θ'으로

$$L' = L\left[(\cos\theta/\gamma)^2 + \sin^2\theta\right]^{1/2}$$

$$\tan\theta' = \gamma\tan\theta$$

로 주어짐을 보여라.

29-5 동일한 방향으로의 속력 V_1과 V_2에 해당되는 두 번의 연속적인 Lorentz 변환이 속력 $V = (V_1 + V_2)/[1 + (V_1V_2/c^2)]$인 한 번의 Lorentz 변환과 동등함을 보여라. 이 결과는 (29-37)과 부합하는가?

29-6 속도변환공식은 벡터형으로 $\mathbf{v} = [\mathbf{v}'_\parallel + \mathbf{V} + (\mathbf{v}'_\perp/\gamma)]/[1 + (\mathbf{V}\cdot\mathbf{v}'/c^2]$처럼 쓸 수 있음을 보여라. 여기서 $\mathbf{v}'_\parallel$은 S와 S'의 상대속도 $\mathbf{V}$에 평행인 성분이고, $\mathbf{v}'_\perp$는 $\mathbf{V}$에 수직인 성분이다.

29-7 가속도 성분 $a_x = dv_x/dt$ 등에 대한 변환법칙을 구하라.

29-8 Fizeau는 흐르는 물에서 빛의 굴절률을 측정하였다. 그 결과 운동하는 매질(굴절률 n과 유속 V)에서의 위상속도 v를 $v = v_0 + V[1 - (1/n^2)]$으로 나타낼 수 있었다. 여기서 $v_0 = c/n$는 정지한 매질에서의 위상속도이다. 이것은 $V/c \ll 1$에 대하여 (29-37)의 결과임을 보여라.

29-9 그림 29-5에서의 각도 θ와 θ'이 둘 다 작으며, $\beta \ll 1$이면, 이 각도들은 근사되어 $\theta \simeq (1 - \beta)\theta'$으로 관계되고 그들 차의 분수비는 $(\theta' - \theta)/\theta' \simeq \beta = V/c$임을 보여라.

29-10 다음을 보여라

$$\left[1 - (v'^2/c^2)\right]^{1/2}/\left[1 - (v^2/c^2)\right]^{1/2} = \gamma\left[1 + (\beta v'_x/c)\right] = \left\{\gamma\left[1 - (\beta v_x/c)\right]\right\}^{-1}$$

29-11 (29-77)에 주어진 $a_{\mu\nu}$는 (29-69)와 (29-75)의 필요조건을 만족함을 증명하라.

29-12 임의의 4-벡터 A_μ에 대해 $\Sigma_\mu A_\mu B_\mu$가 불변이면, B_μ도 4-벡터임을 보여라.

29-13 (29-89)로 정의되는 양은 4-벡터임을 보여라.

29-14 4-가속도 *4-acceleration*은 $a_\mu = dU_\mu/d\tau = d^2x_\mu/d\tau^2$로 정의된다. 이 성분들은 보통의 가속도 $\mathbf{a}$와 속도 $\mathbf{v}$에 다음처럼 관련됨을 보여라.

$$a_1 = \frac{1}{\left[1 - (v^2/c^2)\right]}\left\{a_x + \frac{(v_x/c^2)(\mathbf{v}\cdot\mathbf{a})}{\left[1 - (v^2/c^2)\right]}\right\}, \text{등}$$

$$a_4 = \frac{(i/c)(\mathbf{v}\cdot\mathbf{a})}{\left[1 - (v^2/c^2)\right]^2}$$

29-15 $\mathbf{k}$와 ω가 자유공간에서의 평면파의 전파벡터와 각진동수라면, $k_\mu = (\mathbf{k}, i\omega/c)$는 4-벡터임을 보여라. k_μ의 변환특성을 사용하여 (29-47)과 (29-49)의 Doppler와 광행차 공식을 유도하라.

29-16 y축에 대한 30°회전과 회전된 x' 방향으로

일정 속력 $V = c/2$의 병진 이동을 포함하는 일반적인 Lorentz 변환을 고려할 때, 이것을 나타내주는 계수 $a_{\mu\nu}$를 유도하라.

29-17 Minkowski 힘 F_μ의 변환특성을 이용하여, 보통 힘 **f**와 일률 dW/dt에 대한 변환법칙을 구하라. (연습문제 29-10의 결과가 도움이 될 것이다.)

29-18 이 책의 범위 바깥에 있는 많은 목적을 위해, 전자기 복사는 광자 *photon*이라 불리는 작고 국재화 되어 있는 복사 "덩어리"로 구성되어 있다고 다룰 수 있다. 광자를 정지질량이 영이고 총 에너지가 $W = h\nu$인 (h는 Planck 상수) 입자라고 간주한다면, 4-운동량 P_μ에 대한 변환법칙으로부터 (29-47)과 (29-49)의 Doppler와 광행차 공식이 구해짐을 보여라.

29-19 각각의 정지질량이 $M_0/2$인 두 입자가 질량을 무시할 수 있는 압축된 용수철로 연결되어 있다. 입자들은 질량이 없는 줄로 매어져 있고, 전체 계는 S_0이라는 좌표틀에 정지하여 있다. 그러다가 줄이 끊어져서 두 입자는 반대방향으로 각각 v_0의 속력으로 날아가게 되었다. S_0에서 이 계의 초기 퍼텐셜에너지는 얼마인가? 다른 틀 S에서의 속도를 구체적으로 변환하여, 나중 에너지와 운동량을 구하고, 그리하여 S에서의 초기 에너지와 운동량을 구하라. 그리고는 S 틀에서 초기 계의 정지질량을 구하고, 그 결과를 설명하라.

29-20 (a) $\mathbf{E}\cdot\mathbf{B}$와 $\mathbf{E}^2 - c^2\mathbf{B}^2$은 불변량임을 보여라. (b) 이들 양을 평면파에 대하여 계산하라. (c) **E**와 **B**가 수직이라는 말은 절대적인 중요성이 있음을 보여라. 즉, 한 관측자에게 수직이면 다른 모든 관측자에게도 수직임을 보여라. (d) 어떤 장이 한 틀에서 순전히 자기적이면, 다른 기준계에서 순전히 전기장이 될 수 없음을 보여라. 그 반대도 마찬가지다.

29-21 한 전하 q가 S'에서 순간적으로 정지해 있으며, 전기장 $\mathbf{E}'$의 영향 하에 있어서, $\mathbf{f}' = q\mathbf{E}'$의 힘을 받고 있다. 연습문제 29-17에서 구한 힘에 관한 변환법칙과 (29-138)에서 구한 장에 관한 변환법칙을 이용하여 S에서의 힘이 정확히 Lorentz의 힘 $\mathbf{f} = q(\mathbf{E} + \mathbf{V}\times\mathbf{B})$임을 보여라.

29-22 (29-105)의 상대론적 운동방정식은

$$\frac{m_0}{\left[1-(v^2/c^2)\right]^{1/2}}\frac{d\mathbf{v}}{dt} = \mathbf{f} - \frac{(\mathbf{v}\cdot\mathbf{f})}{c^2}\mathbf{v}$$

의 형태로 쓸 수 있음을 보이고, **f**가 점전하에 작용하는 Lorentz 힘 $q(\mathbf{E} + \mathbf{v}\times\mathbf{B})$이면, 우변은 $\{q\mathbf{E} + \mathbf{v}\times\mathbf{B} - [(\mathbf{v}\cdot\mathbf{E})/c^2]\}$임을 보여라.

29-23 전자기장에 놓여 있는 전하 q의 입자에 작용하는 힘은 $\mathbf{f} = q(\mathbf{E} + \mathbf{v}\times\mathbf{B})$로 주어지는데, 이 입자의 운동방정식은

$$m_0\frac{d^2x_\mu}{d\tau^2} = q\sum_\nu f_{\mu\nu}U_\nu$$

로 쓸 수 있음을 보여라.

29-24 균일하게 운동하는 점전하에 의한 자기장 **B**에 대한 구체적인 표현식을 **R**로 구하는데, 여기서 **R**은 장점과 전하가 있는 곳 사이의 상대위치벡터이다. 그 결과는 $\beta \ll 1$일 때 (14-28)이 됨을 보여라.

29-25 균일하게 운동하는 전하에 대해 (29-154)와 (29-155)에서 구한 퍼텐셜 ϕ와 **A**는 올바른 **E**와 **B** 값을 줌을 보여라.

29-26 균일하게 운동하고 있는 점전하에 대해 Poynting 벡터 **S**를 구하라. [간편성을 위해 (29-152)를 사용하라.] 이 전하가 복사하는 알짜 일률은 영임을 보여라.

29-27 $\mathbf{r}_1$에 있는 점전하 q_1은 일정한 속도 $\mathbf{v}_1$을 가지고 있다. $\mathbf{r}_2$에 위치한 두 번째 점전하 q_2는 순간속도 $\mathbf{v}_2$를 가지고 있다. q_1에 의해서 q_2에 작용하는 총 전자기력을 구하라. 그 결과를 그림 29-2의 계에 적용할 때, 그리고 $V/c \ll 1$이면, 구해 놓은 자기장은 (29-10)으로 올바르게 나옴을 보여라.

29-28 선전하밀도 λ를 가지고 있는 무한히 긴 직선 전하가 S계의 x축에 놓여 있다. 양의 x축 방향으로 V의 속력을 갖는 S'계에서 $\mathbf{E}'$과 $\mathbf{B}'$장을 구하라. $\mathbf{B}'$에 대한 이 표현식을 전류가 흐르는 도선이 만드는 자기장 (14-17)과 비교해보라. 그리고 이들이 일치함을 보여라. 움직이는 계에서 $\mathbf{E}'$은 영이 아님을 보여라. 전류를 가지고 있는 도선과 길이 방향으로 운동하는 선전하 사이의 ($\mathbf{E}'$이 나타남을 설명해주는) 물리적인 차이점은 무엇인가?

29-29 무한히 긴 이상적인 솔레노이드가 S'틀에서 그 축을 y'에 평행으로 하여 놓여 있다. 이것은 단위길이 당 n'번 감겨 있고, 정상전류 I'이 흐르고 있다. S에 있는 관측자에게 이 솔레노이드는 일정한 속도 $\mathbf{V} = V\hat{\mathbf{y}}$로 운동하고 있는데, 그에 대한 솔레노이드 안 과 밖에서의 $\mathbf{E}$와 $\mathbf{B}$를 구하라. $\mathbf{E}$의 장선을 스케치하고, 그러한 전기장을 만들려면 틀림없이 관련되어야만 하는 전하분포를 표시하여라. 이 전하분포는 정성적으로 (29-127)과 일치함을 보여라. 솔레노이드가 축 방향으로 일정한 속력으로 운동할 때, 이 솔레노이드를 보고 있는 관측자는 전기장을 측정하게 될까?

29-30 모멘트가 $\mathbf{p}'$인 점전기쌍극자가 S'의 원점에 정지해 있다. S에 있는 누군가에 의해 관측되는 이 쌍극자가 만드는 스칼라퍼텐셜과 벡터퍼텐셜을 구하라. 쌍극자모멘트의 성분들은 어떻게 변환될까? $\mathbf{A} \neq 0$이라는 사실을 정성적으로 설명하라.

29-31 (28-72)에서는 가속하고 있는 전하로부터의 총 복사비율에 관한 표현식을 구했었다. 이것은 뒤쳐진 가속도 값의 제곱, 즉 $[\mathbf{a}^2] = [\mathbf{a}] \cdot [\mathbf{a}]$에 비례했었다. 이것을 일반화하는 그럴듯한 방법은, 실제 가속도의 제곱을 4-가속도 a_μ의 "제곱"으로 대체하는 것이다. 이렇게 하여

$$\mathscr{P} = \frac{q^2}{6\pi\epsilon_0 c^3} \sum_\mu [a_\mu]^2$$

를 얻는다. 연습문제 29-14의 결과를 이용하여 이것을 보통 가속도와 속도로 나타내고, 적절한 극한에서 그 결과가 (28-72)가 됨을 증명하여라. (이 일반적인 결과는 Liénard의 공식이라 알려져 있다.)

부록 A 하전입자의 운동

지금까지 우리의 주요 관심사는 거시적인 전자기장의 특성이었다. 이것이 원천에 의해서 어떻게 만들어지는지 알아보았고, 물질의 존재에 의한 전체적인 효과를 어떻게 기술하는지 배웠다. **E**와 **B**가 하전입자의 운동에 미치는 영향을 고려하면서 중요하게 사용된다. 그러한 영향은 큰 운동에너지를 갖는 입자를 만들기 위한 기구장치의 고안에 응용된다. 이들은 핵물리학이나 "고에너지" 물리학의 반응에 사용된다. 다른 사용처로는 천체물리학과 지구물리학, 일반적인 플라즈마 물리학, 자기유체역학, 열핵반응의 연구, 하전입자 선속을 사용하는 기구들에서 찾을 수 있다. 그러나 우리는 몇 가지 비교적 간단하고 기본적인 상황에만 제한하도록 하겠다.

전하량이 q이며 $\mathbf{r}$의 위치에 있는 입자에 작용하는 알짜힘 $\mathbf{f}$는 Lorentz 힘 $q(\mathbf{E} + \mathbf{v} \times \mathbf{B})$라고 가정하겠다. 여기서 $\mathbf{v} = d\mathbf{r}/dt$는 입자의 속도이다. 이것을 질량 m_0 곱하기 가속도와 등식으로 놓아 운동방정식

$$m_0 \frac{d\mathbf{v}}{dt} = q(\mathbf{E} + \mathbf{v} \times \mathbf{B}) \tag{A-1}$$

를 얻는다. m_0을 사용한다는 것은 비상대론적인 경우만을 고려하겠다는 의도이다. 가장 일반적인 경우에, **E**와 **B**는 위치와 시간의 함수일 수 있다. 많은 응용에서 사용되고 있는 입자들은 주로 충돌에 의해, 서로 상호작용하거나 다른 입자와 상호작용한다. 그렇다면 충돌의 영향이 어떻게든 (A-1)에 포함되어야 하나, 여기서는 그러한 시도는 하지 않겠다.

역학에서 알고 있듯이 일반적으로는 운동의 초기조건을 알아야 할 필요가 있다. 즉, (A-1)의 완전한 해를 구하려면, $t = 0$에서의 초기위치 $\mathbf{r}_0$와 초기속도 $\mathbf{v}_0$가 필요하다.

A-1 정전기장

E가 시간에 무관하다고 가정하자. $\mathbf{B} = 0$이라면, (A-1)은

$$m_0 \frac{d\mathbf{v}}{dt} = q\mathbf{E} \tag{A-2}$$

가 된다.

이제 **E**가 위치에도 무관하다고 가정하면, **E**는 균일한 정전기장이며, $d\mathbf{v}/dt$는 일정하다. 즉시 (A-2)를 두 번 적분하여 완전해

$$\mathbf{v} = \mathbf{v}(t) = \frac{q}{m_0}\mathbf{E}t + \mathbf{v}_0 \tag{A-3}$$

$$\mathbf{r} = \mathbf{r}(t) = \frac{q}{2m_0}\mathbf{E}t^2 + \mathbf{v}_0 t + \mathbf{r}_0 \tag{A-4}$$

를 얻는다.

이들 결과를 특정 문제에 적용하기 위하여, (A-3)와 (A-4)의 성분을 직각좌표로 나타낼 수 있다. 그래서 $v_x(t) = (q/m_0)\,E_x t + v_{0x}$, $x(t) = (q/2m_0)E_x t^2 + v_{0x}t + x_0$이며, y와 z성분에 대해서도 비슷한 표현식이 된다.

다른 응용을 위해서는, 흔히 어떤 양을 **E**에 평행(‖) 혹은 수직(⊥) 성분으로 나타내는 것이 좋다. 그래서

$$\mathbf{v} = \mathbf{v}_\parallel + \mathbf{v}_\perp \qquad \mathbf{r} = \mathbf{r}_\parallel + \mathbf{r}_\perp \tag{A-5}$$

로 쓸 수 있다. 이것을 (A-3)와 (A-4)에 적용하여

$$\begin{aligned} \mathbf{v}_\parallel &= \frac{q}{m_0}\mathbf{E}t + \mathbf{v}_{0\parallel} \qquad \mathbf{v}_\perp = \mathbf{v}_{0\perp} \\ \mathbf{r}_\parallel &= \frac{q}{2m_0}\mathbf{E}t^2 + \mathbf{v}_{0\parallel}t + \mathbf{r}_{0\parallel} \qquad \mathbf{r}_\perp = \mathbf{v}_{0\perp}t + \mathbf{r}_{0\perp} \end{aligned} \tag{A-6}$$

로 얻는다. 이것은 구체적으로 **E**에 평행인 **v**성분만이 영향을 받고, **E**에 수직인 성분은 일정한 채로 남아 있음을 보여주고 있다. 이 문제는 중력장 안에 놓인 질점의 문제와 유사하여, 그 경우와같이 (A-4)가 묘사해주는 경로는 포물선이다.

E가 균일하지 않으면, **E**의 위치에 대한 자세한 의존성에 따라 입자의 궤적은 다소 복잡해질 수 있다. 우리는 (A-2)의 적분의 영향만을 고려할 것이며, 이것은 에너지 변화와 관련이 있다.

입자가 $\mathbf{r}_1$으로부터 $\mathbf{r}_2$로 움직인다면, 장에 의해 입자에 하여진 일은 (5-11)로부터

$$\begin{aligned} W_{1\to 2} &= \int_{\mathbf{r}_1}^{\mathbf{r}_2}\mathbf{f}\cdot d\mathbf{s} = q\int_{\mathbf{r}_1}^{\mathbf{r}_2}\mathbf{E}\cdot d\mathbf{s} = -q\,\Delta\phi \\ &= -q\left[\phi(\mathbf{r}_2) - \phi(\mathbf{r}_1)\right] \end{aligned} \tag{A-7}$$

이며, 여기서 $\Delta\phi$는 스칼라퍼텐셜의 변화이다. 우리는 또한 역학으로부터 알짜 힘에 의해 하여진 일이 운동에너지

$$T = \tfrac{1}{2}m_0 v^2 \tag{A-8}$$

의 변화량과 같다는 사실을 알고 있다. 따라서 $W_{1\to2} = \Delta T = T_2 - T_1$이다. 이것을 (A-7)과 등식으로 놓아 $T_2 + q\phi(\mathbf{r}_2) = T_1 + q\phi(\mathbf{r}_1)$으로 구하고

$$T + q\phi(\mathbf{r}) = \tfrac{1}{2}m_0 v^2 + q\phi(\mathbf{r}) = \text{일정} \tag{A-9}$$

임을 말해준다. 이것은 바로 에너지보존을 말하는 것으로, 여기서 $q\phi(\mathbf{r})$은 전기장 내에서 입

자의 퍼텐셜에너지이다. 물론 이 마지막 결과는 (5-48)과 일치하고 같은 결론에 도달하였다.

A-2 정자기장

$\mathbf{B} \neq 0$이고 시간에 무관하다 하자. $\mathbf{E} = 0$이면 (A-1)은

$$m_0 \frac{d\mathbf{v}}{dt} = \mathbf{f} = q\mathbf{v} \times \mathbf{B} \tag{A-10}$$

가 된다. $\mathbf{f}$와 $\mathbf{v}$가 항상 수직이므로 $\mathbf{f} \cdot \mathbf{v} = 0$이고 자기유도는 입자에 일을 하지 않는다. 따라서 운동에너지 (A-8)은 일정할 것이다.

(A-5)로 주어지는 평행과 수직 성분으로 $\mathbf{v}$를 분해하면,

$$\frac{d\mathbf{v}}{dt} = \frac{d\mathbf{v}_\parallel}{dt} + \frac{d\mathbf{v}_\perp}{dt} = \frac{q}{m_0}\mathbf{v} \times \mathbf{B} = \frac{q}{m_0}\mathbf{v}_\perp \times \mathbf{B}$$

로 구해지는데, (1-22)에 의한 $\mathbf{v}_\parallel \times \mathbf{B} = 0$를 사용하였다. $\mathbf{v}_\perp \times \mathbf{B}$도 $\mathbf{B}$에 수직이므로

$$\frac{d\mathbf{v}_\parallel}{dt} = 0 \qquad \frac{d\mathbf{v}_\perp}{dt} = \frac{q}{m_0}\mathbf{v}_\perp \times \mathbf{B} \tag{A-11}$$

이다.

이번에는 $\mathbf{B}$가 위치와 무관하여 자기유도가 균일하다 해보자. $\mathbf{v}_\parallel$ = 일정하므로 입자는 $\mathbf{B}$의 방향을 따라 균일한 속도로 운동한다. $d\mathbf{v}_\perp/dt$는 항상 $\mathbf{v}_\perp$와 $\mathbf{B}$ 모두에 수직임을 알 수 있고, 그래서 $\mathbf{v}_\perp$는 일정한 크기 $v_\perp$를 갖는다. 따라서 $d\mathbf{v}_\perp/dt$의 크기는 일정할 것이고 $(q/m_0)v_\perp B$이다. 이러한 상황이 그림 A-1에 설명되어 있다. 이 그림은 q가 양수인 경우이고, $\mathbf{B}$는 지면에서 나오고 있다. 우리는 일정한 크기의 가속도가 항상 속도에 수직이면, 원궤도운동이 된다고 알고 있다. 이 원의 반지름 r_C는, $d\mathbf{v}_\perp/dt$가 크기가 $v_\perp^2/r_C$인 구심가속도이어야 한다는 사실로부터 구할 수 있다. 이것을 $(q/m_0)v_\perp B$와 등식으로 놓으면,

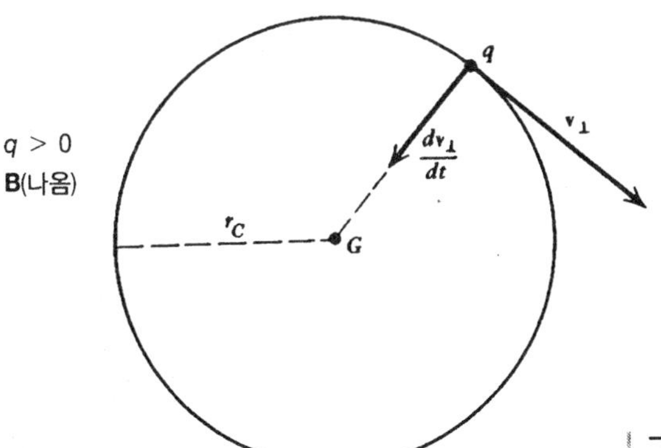

그림 A-1 균일한 자기유도 안에서 원운동하는 점전하.

$$r_C = \frac{m_0 v_\perp}{qB} \tag{A-12}$$

가 되고, 이것은 전하량과 질량의 비로써 입자의 특성과 관련을 갖는다. 또한 한 주기 동안 입자는 총 $2\pi r_C$의 거리를 운동한다는 점에 주목하여, 회전의 주기 τ_C와 각진동수 ω_C도 구할 수 있다. 그래서 $\tau_C = (2\pi r_C/v_\perp)$이고 그러면 ω_C는 $\omega_C = 2\pi/\tau_C$로 주어진다. 이들 결과를 (A-12)와 결합하면,

$$\tau_C = \frac{2\pi m_0}{qB} \qquad \omega_C = \left(\frac{q}{m_0}\right)B \tag{A-13}$$

가 된다. ω_C에는 **사이클로트론 진동수** *cyclotron frequency*라는 이름이 주어져있다. (A-13)의 두 양은 r_C와 $v_\perp$ 모두에 무관하다. 빠른 입자는 (A-12)에 의해 더 큰 반지름의 원에서 운동한다. 그러나 q/m_0이 동일한 입자라면 경로를 도는데 같은 시간이 걸린다.

이들 결과를 다른 방식으로 쓸 수 있다. 입자의 위치를 원궤도의 중심 G("길잡이 중심 *guiding center*")에 대하여 나타내어 $\mathbf{r}_C$라고 하자. 그러면

$$\mathbf{r} = \mathbf{r}_G + \mathbf{r}_C \tag{A-14}$$

가 되고, 여기서 $\mathbf{r}_G$는 고정된 좌표계에 대한 G의 위치벡터이다. 그림 A-1로부터 입자의 운동은 $\mathbf{r}_C$가 G에 대해 ω_C의 각속도로 회전하고 있는 것으로 말할 수 있다. 그러한 경우 운동학에서는 $\mathbf{v}_\perp$ 벡터의 변화율은

$$\frac{d\mathbf{v}_\perp}{dt} = \boldsymbol{\omega}_C \times \mathbf{v}_\perp \tag{A-15}$$

의 형태로 쓸 수 있다. (A-15)와 (A-11)을 등식으로 놓아 각속도 벡터는

$$\boldsymbol{\omega}_C = -\left(\frac{q}{m_0}\right)\mathbf{B} \tag{A-16}$$

이 된다. 그림 A-1에서 ω_C는 지면으로 들어가고 있으므로, 위의 부호와 일치한다.

$\mathbf{v}_\parallel \neq 0$이면, 입자의 전체 운동은, 길잡이중심이 $\mathbf{B}$ 방향을 따르는 일정한 속도 $\mathbf{v}_\parallel$와, 이것에 겹쳐서 $\mathbf{v}_\perp$으로부터 생기는 원운동이라고 말할 수 있다. 즉, 이 운동은 그림 A-2의 나선(helix)이 될텐데, 이 그림은 q가 양수이고 $\mathbf{v}_\parallel$이 $\mathbf{B}$와 같은 방향인 경우이다.

(A-8)과 (A-5)를 결합하면,

$$T = T_\parallel + T_\perp = \tfrac{1}{2}m_0 v_\parallel^2 + \tfrac{1}{2}m_0 v_\perp^2 \tag{A-17}$$

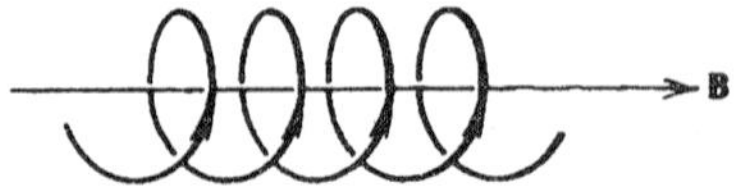

그림 A-2 균일한 자기유도 안에서의 일반적인 운동은 나선이다.

로 쓸 수 있는데, 여기서 $T_\parallel$과 $T_\perp$은 **B**에 평행이거나 수직인 운동과 관련되어 각각 운동에너지에 주는 기여로 간주하면 될 것이다. 균일한 자기유도에 대하여 $v_\parallel$과 $v_\perp$는 둘 다 별도로 일정하므로, 각각의 기여는 별도로 상수이다:

$$T_\parallel = \tfrac{1}{2}m_0 v_\parallel^2 = \text{일정} \qquad T_\perp = \tfrac{1}{2}m_0 v_\perp^2 = \text{일정} \tag{A-18}$$

그림 A-1의 원을 따라 운동하는 점전하는 (14-29)에 의한 전류요소 $I\,d\mathbf{s} = q\mathbf{v}_\perp$와 동등하다. 그래서 자기쌍극자모멘트 **m**을 가질 것이다. 그림 A-1으로부터 **m**은 지면 안으로 향할 것임을 알 수 있고, 그래서 ω_C의 방향에 있을 것이다. (19-27)에 의해 $m = IS = I\pi r_C^2$이고, 여기서 I는 등가전류이다. 총 전하 q는 원둘레를 따라 돌 때 매번 원둘레 상의 한 점은 지나므로, 그리고 각 회전마다 τ_C의 시간이 걸리므로, 등가전류는 $I = q/\tau_C = \omega_C q/2\pi$이다. 이렇게 하여

$$m = I\pi r_C^2 = \frac{1}{2}\left(\frac{m_0}{q}\right)\frac{(m_0 v_\perp^2)}{B^2}\omega_c = \frac{m_0 v_\perp^2}{2B} = \frac{T_\perp}{B} \tag{A-19}$$

이다. 여기서 (A-12), (A-13), (A-18)을 사용하였다. **m**의 방향을 고려하면

$$\mathbf{m} = \left(\frac{m_0}{q}\right)\frac{T_\perp}{B^2}\boldsymbol{\omega}_C = -\frac{T_\perp}{B^2}\mathbf{B} \tag{A-20}$$

로 쓸 수 있고, 여기서는 (A-16)을 사용하였다. **m**은 **B**와 반대방향임을 알 수 있는데, 그래서 (20-52) 다음의 논의를 따라 이것은 반자성이다.

원궤도가 둘러싸는 자기선속의 크기는

$$\Phi = B\pi r_C^2 = 2\pi\left(\frac{m_0}{q}\right)\frac{T_\perp}{B} = 2\pi\left(\frac{m_0}{q}\right)m \tag{A-21}$$

이고, 이것은 물론 상수이다.

예제

직각좌표. 균일한 자기유도에서의 일반적인 운동이 그림 A-2에서처럼 나선이라는 사실을 알고 있지만, 이것이 특정 좌표계에서는 자세히 어떻게 되는지 알아보는 것이 좋겠다. 직각좌표를 사용하여 $\mathbf{B} = B\hat{\mathbf{z}}$이고 B = 상수라 하자. 그러면 $\mathbf{v}_\parallel = v_z\hat{\mathbf{z}}$이고 $\mathbf{v}_\perp = v_x\hat{\mathbf{x}} + v_y\hat{\mathbf{y}}$이며, (A-11)로부터

$$\frac{dv_z}{dt} = 0 \qquad \frac{dv_x}{dt} = \frac{qB}{m_0}v_y \qquad \frac{dv_y}{dt} = -\frac{qB}{m_0}v_x \tag{A-22}$$

가 된다. 이들 중 첫 번째 것으로부터 $v_z = u_{0z}$ = 일정을 얻고, 그래서 $z = z_0 + u_{0z}t$이다.

(A-22)의 두 번째 식을 미분하고 세 번째 식으로부터 대입하면, v_x만의 식을 얻는다:

$$\frac{d^2 v_x}{dt^2} = \frac{qB}{m_0}\frac{dv_y}{dt} = -\left(\frac{qB}{m_0}\right)^2 v_x \tag{A-23}$$

이것은

$$v_x = v_{0x} \cos\left(\frac{qB}{m_0}\right)t \tag{A-24}$$

의 해를 갖는데, 곧 알게 되겠지만, 이것은 $v_{0y} = 0$으로 선택한 것에 해당된다. $v_x = dx/dt$이므로, (A-24)를 한 번 더 적분하여

$$x = x_0 + v_{0x}\left(\frac{m_0}{qB}\right) \sin\left(\frac{qB}{m_0}\right)t \tag{A-25}$$

를 얻을 수 있다. v_y는 (A-22)와 (A-24)의 두 번째 식으로부터 직접 얻을 수 있다:

$$v_y = \frac{m_0}{qB}\frac{dv_x}{dt} = -v_{0x} \sin\left(\frac{qB}{m_0}\right)t \tag{A-26}$$

그리고 $v_y = dy/dt$이므로

$$y = y_0 + v_{0x}\left(\frac{m_0}{qB}\right)\left[\cos\left(\frac{qB}{m_0}\right)t - 1\right] \tag{A-27}$$

로 구해진다.

우선 (A-24)와 (A-26)으로부터 $v_\perp^2 = v_x^2 + v_y^2 = v_{0x}^2 =$ 일정임을 알 수 있고, (A-18)과 일치한다. $y_0' = y_0 - v_{0x}(m_0/qB)$를 정의하면, (A-27)은 다소 간단하게

$$y = y_0' + v_{0x}\left(\frac{m_0}{qB}\right) \cos\left(\frac{qB}{m_0}\right)t \tag{A-28}$$

로 쓸 수 있다. (A-25)와 (A-28)로부터

$$(x - x_0)^2 + (y - y_0')^2 = \left(\frac{m_0 v_{0x}}{qB}\right)^2 \tag{A-29}$$

를 구하게 되는데, 이것은 원의 방정식으로, 중심은 (x_0, y_0')에 있고 반지름은 $v_C = m_0 v_{0x}/qB = m_0 v_\perp/qB$로 (A-12)와 일치한다. 이 원의 중심은 xy평면 위의 처음 위치 (x_0, y_0)에 있지 않고, 중심의 y좌표가 (A-28)과 (A-27)에 주어진 것처럼 y_0'이다.

또한 모든 x, y좌표와 속도성분이 각속도 qB/m_0으로 진동하는 것도 알 수 있는데, (A-13)과 일치한다.

끝으로, $x - x_0$이 영으로부터 증가하면, $y - y_0'$은 r_C로부터 감소할 것이다. 그러므로 xy평면 위의 위치벡터 $\mathbf{r}_C = (x - x_0)\hat{\mathbf{x}} + (y - y_0')\hat{\mathbf{y}}$는 양의 z축 방향으로부터 xy평면을 바라볼 때, 즉 **B**방향의 반대쪽에서 볼 때, 시계방향으로 돌 것이다. 그러나 이것은 바로 그림 A-1에 보인 회전이며, 그리하여 우리는 이전의 모든 결과를 자세히 증명하였다.

예제

사이클로트론 *Cyclotron*. 원궤도를 도는데 필요한 시간 τ_C는 경로의 반지름과 입자 속력에 무관하다는 것을 알았다. 이 사실은 하전입자를 가속하여 큰 운동에너지를 갖도록 하는, **사이클로트론**이라 불리는 장치에 대한 기초로 사용되었다. 이것의 주요 특색을 그림 A-3에 보였다. 안이 비어 있는 납작한 도체 원통을 한 지름을 따라 잘라 두 부분으로 만들고, 그들 사이를 작은 간격으로 떼어 놓았다. 균일한 **B**는 이들 "디이(dee)"에 수직이고, 진동수 ω_C의 교류 퍼텐셜차 $\Delta\phi$가 이들 사이에 걸려 있다. 간격의 중앙에서 만들어진 하전입자는 디이 중의 하나를 향해 가속될 것이고, 그 안으로 들어갈 것이다. 안에서는 **E**로부터 차폐되겠지만, 반원 경로로 운동할 것이고 그 반지름은 (A-12)로 주어진다. 그 입자는 $\frac{1}{2}\tau_C$의 시간 후에 간격으로 재진입할 것이고, 간격에서의 **E**의 방향이 바뀌었다는 것을 알게 될 것이다. 입자는 간격을 가로질러 가면서 가속될 것이고, (A-7)에 의해 운동에너지를 $q|\Delta\phi|$만큼 얻고는, 다른 디이로 들어갈 것이다. 이제 $v_\perp$는 커졌으므로, 그 반지름은 (A-12)에 의해 커지는데, 그 반지름으로 같은 시간 $\frac{1}{2}\tau_C$동안 새로운 반원을 따라 운동할 것이다. 그리고는 간격으로 재진입할 것이고, 이 때 **E**의 방향이 다시 바뀌었다는 것을 알게 될 것이다. 입자는 간격을 가로지르면서 다시 가속될 것이고, 더 커진 반지름의 새로운 반원을 따라 운동할 것이다. 이러한 방식으로 전체 과정이 계속될 것이고, 입자는 매번 간격을 가로지를 때 마다 운동에너지를 $q|\Delta\phi|$만큼씩 얻어서, 더 커진 반지름의 경로를 따라 운동할 것이다. 마지막으로 반지름이 디이의 반지름 R과 거의 같아졌을 때, 디이의 벽에 있는 창문 근처에서 굴절 장에 의해 입자들의 빔을 꺼낼 수 있다. $r_{C\,최대} = R$이므로, (A-12)로부터 입자가 가질 수 있는 최대 속력 $v_{\perp\,최대}$는 qBR/m_0이다. 그러므로 방출되는 빔에서 입자가 갖는 최종 운동에너지는

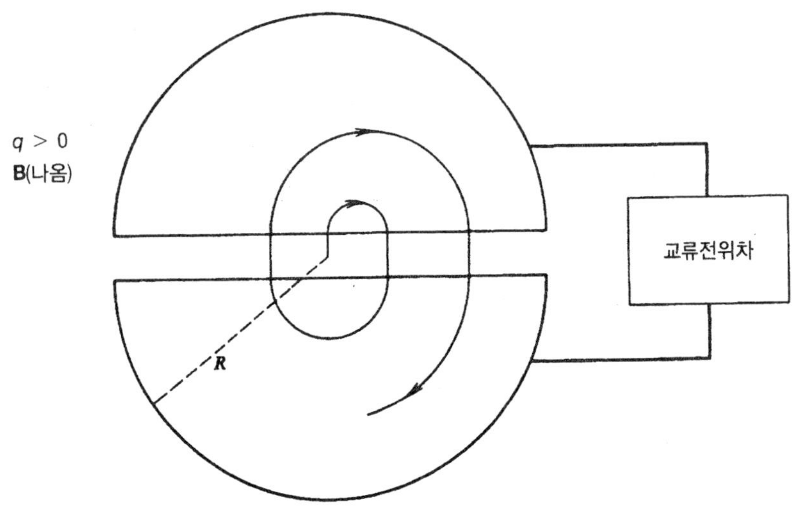

그림 A-3 | 사이클로트론의 구조도.

$$T_{\max} = \frac{1}{2} m_0 v_{\perp \max}{}^2 = \frac{q^2 B^2 R^2}{2 m_0} \tag{A-30}$$

이고, 이것은 B^2에 비례하고, R^2에도 비례한다.

입자의 속력이 매우 커졌을 때는, (29-105)의 상대론적 운동방정식을 사용하여야 한다. 이것을 입자 질량의 증가에 해당된다고 해석하면, (A-13)으로부터 사이클로트론 진동수는 더 이상 일정하지 않고, 입자의 속력에 따라 변할 것이다. 따라서, 걸어주는 퍼텐셜차의 진동수도 입자와 "보조를 맞추어" 바뀌어야 한다. 그래야만 간격에 들어올 때 잘못된 부호의 **E**가 걸리는 것을 방지할 수 있다. 보조가 맞지 않으면 입자는 감속될 것이고 운동에너지는 감소할 것이다.

예제

자기집속 *magnetic focusing*. 그림 A-4는 $t = 0$때 P에서 초속도 $\mathbf{v}_0$로 **B**의 방향과 θ의 각도로 발사된 입자를 보여주고 있다. 이것은 그림 A-2처럼 나선경로를 따라 진행할 것이다. τ_C의 시간이 지난 후 나선 한 바퀴를 다 돌아 Q 점에 있게 될 것이고, 이 점은 **B**에 수직인 평면에서 P와 마찬가지인 좌표를 가질 것이다. 이런 사실은 (A-25)와 (A-27)에서도 알 수 있는데, $t = \tau_C = 2\pi m_0/qB$때 사인과 코사인의 변수는 2π가 될 것이고 $x(\tau_C) = x_0$ 및 $y(\tau_C) = y_0$이기 때문이다. 이 시간동안 입자는 수평거리로

$$l = v_{\parallel} \tau_C = 2\pi \left(\frac{m_0}{q} \right) \frac{v_0 \cos\theta}{B} \tag{A-31}$$

를 진행한다.

이번에는 여러 입자를 생각해보는데, 이들 모두는 동일한 P, v_0, θ를 가지나, **B**축에 대한 방위각 φ는 다르다. 각 입자는 그 자체의 나선을 따라 진행하지만, 그들 모두는 같은 PQ 선분 상의 동일한 Q에 도착할 것이다. 즉, 입자들은 Q라는 초점에 도착한다. 길이 l은 초점거리라 할 수 있다. (A-31)로부터 l의 측정은 전하 대 질량의 비 q/m_0을 정하는 방법으로 사용할 수 있다. 이렇게 마련하여 측정한다 하여도 좋은 정확도를 얻을 수는 없다고 알려져 있다. 그러나 여기에서 설명한 초점 특성은 다른 곳에 응용될 수 있다고 입증

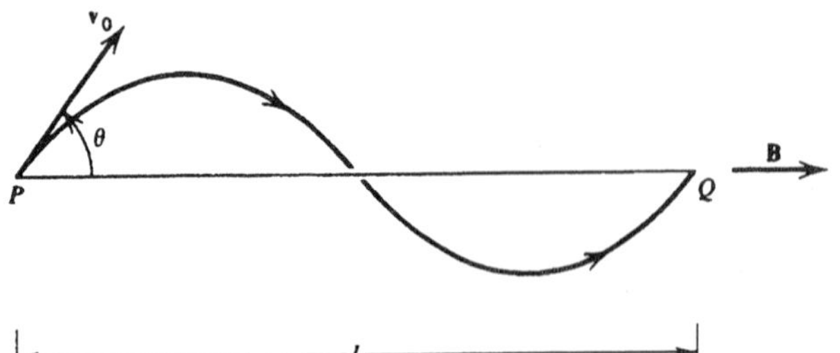

그림 A-4 자기집속.

되었다.

B가 균일하지 않은 경우는 일반적으로 매번 별도로 고려해주어야 한다. 그러나 실제적으로 꽤 흥미 있는 경우가 하나 있는데, 여기서는 이것을 근사적으로 논의해보도록 하자. 이것은 **B**가 축 대칭을 갖는 경우로써, **B**는 위치에 따라 조금씩 변한다. 원통좌표의 z축을 대칭축으로 잡으면, **B**(z, ρ)로 쓸 수 있고, z와 ρ에 대한 **B**의 변화량은 크지 않다고 가정한다. 이 경우 **B**의 선은 그림 A-5처럼 생겼다. 입자의 운동은 그림에 나타낸 것처럼 근사적으로 여전히 나선일 것이라고 예상할 수 있다.

여기에는 B_z와 더불어 지름 성분 B_ρ도 있을 것이다. 이것의 근사치는 $\nabla \cdot \mathbf{B} = 0$을 이용하여 구할 수 있는데, (1-87)을 사용하면,

$$\frac{1}{\rho}\frac{\partial}{\partial \rho}\left(\rho B_\rho\right) = -\frac{\partial B_z}{\partial z} \tag{A-32}$$

가 된다. 천천히 변하는 B_z에 대하여 $\partial B_z/\partial_z \simeq$ 일정하다고 놓을 수 있고, (A-32)를 적분할 때 그림 A-5로부터, 즉 z축을 선택하는 방식에 의해, $B_\rho(0) = 0$이면,

$$B_\rho = -\frac{1}{2}\rho\frac{\partial B_z}{\partial z} \tag{A-33}$$

가 된다.

(1-76)을 사용하여, (A-10)의 z성분을 구하면

$$m_0\frac{dv_z}{dt} = -qv_\varphi B_\rho \tag{A-34}$$

가 된다. 천천히 변하는 **B**에서, 나선의 반지름은 회전할 때마다 매우 많이 바뀌지는 않을 것이며, 그래서 $v_\rho \ll v_\varphi$로 잡을 수 있고, 그러면 $\mathbf{v}_\perp$와 $\hat{\boldsymbol{\varphi}}$는 q가 양수인 경우 서로 반대방향을 향하므로 $v_\varphi \simeq -v_\perp$이다. 이것을 (A-33)과 함께 (A-34)에 대입하며, ρ를 궤도반지름으로 표현하기 위해 (A-12)를 사용하면,

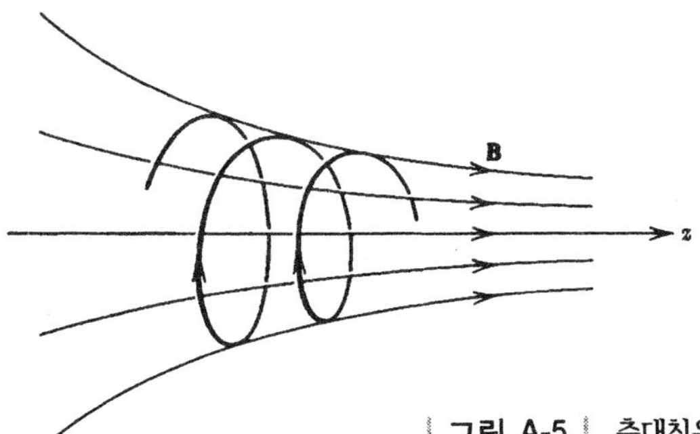

그림 A-5 축대칭은 가지고 있으나 균일하지 않은 **B** 내에서의 일반적인 운동.

$$m_0\frac{dv_z}{dt} = -\frac{1}{2}qv_\perp\rho\frac{\partial B_z}{\partial z} = -\frac{1}{2}\frac{m_0v_\perp^2}{B}\frac{\partial B_z}{\partial z} = -m\frac{\partial B_z}{\partial z} \tag{A-35}$$

가 된다. 이 때 (A-19)도 사용하였다. 이제 양변에 v_z를 곱하여

$$m_0v_z\frac{dv_z}{dt} = \frac{d}{dt}\left(\frac{1}{2}m_0v_z^2\right) = -m\frac{\partial B_z}{\partial z}\frac{dz}{dt} = -m\frac{dB_z}{dt} \tag{A-36}$$

를 얻는데, 여기서 dB_z/dt는 입자가 움직여가면서 보게 되는 B_z의 총 변화율이다.

자기력은 입자에 일을 하지 않으므로, 총 운동에너지 T는 일정하고, (A-17)과 (A-19)로부터 우리가 사용하고 있는 근사의 같은 차수로

$$\frac{dT_\parallel}{dt} = \frac{d}{dt}\left(\frac{1}{2}m_0v_z^2\right) = -\frac{dT_\perp}{dt} = -\frac{d}{dt}(mB_z) \tag{A-37}$$

를 구하게 된다. (A-36)과 (A-37)의 우변들을 같게 놓으면, $d(mB_z)/dt = m(dB_z/dt) + B_z(dm/dt) = m(dB_z/dt)$가 되고 그래서

$$\frac{dm}{dt} = 0 \quad \text{및} \quad m = \text{상수} \tag{A-38}$$

이다. 즉, 입자는 그 자기쌍극자모멘트가 근사적으로 일정하게 되도록 운동한다. (A-21)을 다시 살펴보면, 운동 중에 입자의 궤도는 일정한 양의 선속 Φ를 둘러싼다고 말하여도 동등한 표현이 된다. 그러므로 입자가 장의 크기가 더 큰 영역으로 운동함에 따라, 그 반지름은 줄어든다. Φ는 일정하므로, 궤도는 같은 **B**의 선을 감쌀 것이고, 이런 사실이 그림 A-5에 표시되어 있다.

(A-37)을 적분하면서, (A-20)에 보인 **m**과 **B**의 방향이 반대라는 점을 고려하면,

$$\tfrac{1}{2}m_0v_z^2 + mB_z = T_\parallel - \mathbf{m}\cdot\mathbf{B} = \text{상수} = \mathscr{E} \tag{A-39}$$

로 구해진다. 입자가 큰 B_z의 영역으로 들어가게 됨에 따라, 세로방향의 운동에너지는 감소할 것이고, 만일 mB_z가 $\mathscr{E}$와 같아지면 입자는 방향을 바꾸어 운동할 것이며, 그래서 약한 장의 영역으로 되돌아 갈 것이다. 이것은 (A-35)와 일치하는데, 이 식은 입자에 작용하는 힘이 B_z가 증가하는 방향에 반대된다는 점을 말해주고 있다. 즉, 입자는 반사된다. 이것이 **자기거울** *magnetic mirror*의 원리인데, 고온의 융합반응기에서 만들어진 이온화 입자를 가둘 때 사용되고 있다.

$T_\parallel$이 줄어드는 위의 과정 동안 T를 일정하게 유지시키기 위하여 $T_\perp$은 증가할 것이다. 그리하여 입자는 반지름이 줄어든 나선 주위를 반사 지점에 도달할 때 까지 점점 더 빠른 속력으로 운동한다. 이와 같은 결론은 (A-38)과 (A-19)로부터도 나온다. B가 증가하면, m의 비를 일정하게 유지시키기 위해 $T_\perp$도 증가하여야 하기 때문이다.

A-3 정전자기장

이번에는 **E**와 **B**가 모두 영이 아니라고 하자. 또한 위치와 시간에 무관하다고 하겠다. (A-1)의 운동방정식이 그대로 사용되어야 한다. 이것을 단계적으로 고려하는 것이 좋겠다.

우선 **v**와 **E**의 성분을 자기유도 방향에 평행인 성분과 수직인 성분으로 나누어 도입한다. 그러면 (A-1)은

$$m_0\frac{d\mathbf{v}_\parallel}{dt}+m_0\frac{d\mathbf{v}_\perp}{dt}=q(\mathbf{E}_\parallel+\mathbf{E}_\perp+\mathbf{v}_\perp\times\mathbf{B}) \tag{A-40}$$

가 된다. 여기서 $\mathbf{v}_\parallel \times \mathbf{B} = 0$을 사용했다. 이렇게 하여

$$m_0\frac{d\mathbf{v}_\parallel}{dt}=q\mathbf{E}_\parallel \tag{A-41}$$

$$m_0\frac{d\mathbf{v}_\perp}{dt}=q(\mathbf{E}_\perp+\mathbf{v}_\perp\times\mathbf{B}) \tag{A-42}$$

의 두 방정식이 된다. (A-41)의 해는 (A-6)의 평행성분식에서 **E**를 $\mathbf{E}_\parallel$로 대체하여 주어진다. 그리하여 $\mathbf{v}_\parallel$은 **B**에 의해 영향 받지 않는다.

E의 나머지 부분의 효과는

$$\mathbf{v}_\perp=\mathbf{v}_D+\mathbf{v}' \tag{A-43}$$

로 씀으로써 설명될 수 있다. 여기서 $\mathbf{v}_D$를 선택하는 방법은 곧 정해질 것이다. $\mathbf{v}_D$와 $\mathbf{v}'$은 **B**에 수직임에 유의하자. (A-43)을 사용하여 (A-42)를

$$m_0\frac{d\mathbf{v}_\perp}{dt}=q(\mathbf{E}_\perp+\mathbf{v}_D\times\mathbf{B}+\mathbf{v}'\times\mathbf{B}) \tag{A-44}$$

로 쓸 수 있고, $\mathbf{v}_D$는

$$\mathbf{E}_\perp+\mathbf{v}_D\times\mathbf{B}=0 \tag{A-45}$$

이 되도록 구하려고 한다. 이것에 **B**를 가위곱으로 곱하고 (1-30)을 사용하여 $\mathbf{v}_D$에 대해 풀 수 있다. 그 결과는 $\mathbf{B}\times\mathbf{E}_\perp+\mathbf{B}\times(\mathbf{v}_D\times\mathbf{B})=0=\mathbf{B}\times\mathbf{E}_\perp+B^2\mathbf{v}_D$인데 $\mathbf{v}_D\cdot\mathbf{B}=0$이기 때문이다. 그러므로

$$\mathbf{v}_D=-\frac{\mathbf{B}\times\mathbf{E}_\perp}{B^2}=\frac{\mathbf{E}_\perp\times\mathbf{B}}{B^2}=\text{일정} \tag{A-46}$$

가 되었다. $\mathbf{v}_D$가 일정하므로, (A-44)는

$$m_0\frac{d\mathbf{v}'}{dt}=q\mathbf{v}'\times\mathbf{B} \tag{A-47}$$

가 된다. 이것은 바로 (A-11)의 두 번째 방정식의 형태인데, 이것에 대한 완전한 해는 지난 절에서 구해 알고 있다. 즉, 그림 A-1의 원운동과 같다.

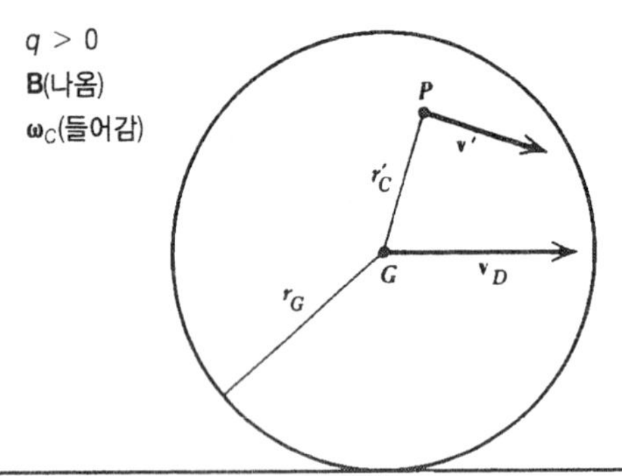

그림 A-6 균일한 E와 B에서의 운동을 계산하기.

그러므로 균일한 **E**와 **B**가 동시에 존재하는 경우의 일반적인 운동은 세 부분의 중첩으로 되어 있다. **B** 방향으로는 등가속도 운동인데, $\mathbf{E}_{\parallel}$에 의해 만들어지는 것이다. $\mathbf{E}_{\perp} \times \mathbf{B}$의 방향으로는 등속운동으로 **B**에 수직인 운동이다. 끝으로, **B** 방향의 축에 대한 원운동이 있는데, 그 반지름과 진동수는 (A-12)와 (A-13)으로 주어지고 여기서 $v_{\perp}$를 v'으로 바꾸면 된다. 속도 v_D는 **유동속도** *drift velocity*라고 알려져 있다. 그 크기는 $E_{\perp}/B$인데, 입자의 전하량과 질량에는 무관하다.

간단히 하기 위하여, 유동운동과 원운동이 결합된 운동에 주의를 기울여보자. 즉 운동을 **B**에 수직인 평면에 사영내리는 것이다. $\mathbf{E}_{\perp}$와 $\mathbf{v}_D$는 이 평면에 있다. 이 결합된 운동은 기하적인 형식으로 편리하게 나타낼 수 있다. $\mathbf{v}'$과 관련된 원운동은 반지름이 $r'_C = m_0 v'/qB$이고 $\tau_C = 2\pi m_0/qB$의 시간에 완전한 일회전을 할 것이다. 이 시간동안 길잡이중심 G는 $d_G = v_D \tau_C = 2\pi m_0 E_{\perp}/qB^2$의 거리를 진행할 것이다. 이것은 다름아닌 반지름 $r_G = m_0 E_{\perp}/qB^2 = v_D/\omega_C$인 원의 원둘레이다. 그러므로 G의 운동은, 이 반지름을 갖는 원이 수평면 위에서 ω_C의 각속도로 미끄러지지 않고 굴러가는 운동에 해당되고, 이 운동은 그림 A-6에 표시되어 있다. $\mathbf{v}'$로 나타낸 원운동은 G에 대한 것이므로, 전하의 알짜 운동은 전하가 중심 G로부터 r'_C의 거리 떨어진 P에서 구르는 원에 단단히 붙어 있는 것과 같다. 이것은 바로 **사이클로이드**(cycloid)라 알려진 곡선을 만드는 상황과 같다. $r'_C = r_G$이면, P는 원의 둘레에 있게 되고, P가 따라가는 곡선은 그림 A-7a에 보인 보통의 사이클로이드이다. $r'_C > r_G$이면, P는 원의 바깥에 있으면서 그림 (b)의 폭이 늘어난 **사이클로이드**(prolate cycloid)가 되며, $r'_C < r_G$이면, 그 곡선은 (c)에 보인 **납작한 사이클로이드**(curtate cycloid)이다. 이전의 결과로부터,

$$\frac{r'_C}{r_G} = \frac{(m_0 v'/qB)}{(v_D \tau_C/2\pi)} = \frac{v'}{v_D} = \frac{B}{E_{\perp}} v' \tag{A-48}$$

이 된다.

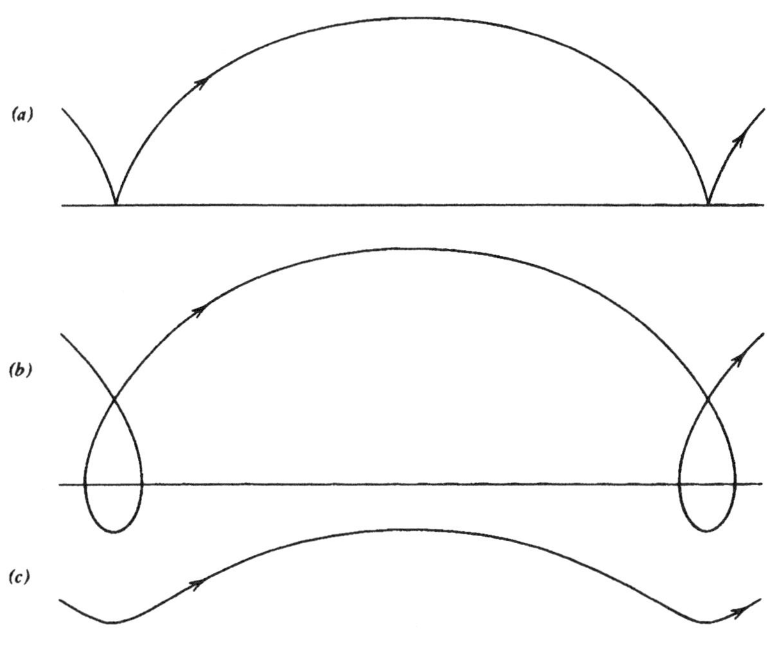

그림 A-7 | 사이클로이드 경로의 가능한 형태들.

예제

직각좌표. 지난 절에서 했듯이 이들 결과를 특정 좌표계에서 입증해보자. $\mathbf{E} = E\hat{\mathbf{y}}$와 $\mathbf{B} = B\hat{\mathbf{z}}$ 라 하자. 그러면 $\mathbf{E}_{\|} = 0$이고 $v_{\|} = v_z$로 일정할 것이다. $v_z = 0$으로 선택하여 운동이 xy평면에 한정되어 있도록 하자. 이 경우 (A-46)으로부터 $\mathbf{v}_D = v_D\hat{\mathbf{x}} = (E/B)\hat{\mathbf{x}}$이다. 그러나 (A-1)으로부터 새롭게 시작해보자. (A-1)은 이들 장에 대해 다음 두 방정식을 준다:

$$\frac{dv_x}{dt} = \frac{qB}{m_0}v_y = \omega_C v_y \tag{A-49}$$

$$\frac{dv_y}{dt} = \frac{q}{m_0}(E - Bv_x) = -\omega_C(v_x - v_D) \tag{A-50}$$

(A-49)를 적분하여 (A-50)을 대입하면,

$$\frac{d^2v_x}{dt^2} = \omega_C\frac{dv_y}{dt} = -\omega_C^2(v_x - v_D)$$

를 얻는데, 이것은

$$v_x = v_D + (v_{0x} - v_D)\cos\omega_C t \tag{A-51}$$

의 해를 갖는다. 곧 알게 되겠지만 이것은 $v_{0y} = 0$으로 잡은 것에 해당된다. 이제 (A-49)와 (A-51)로부터 v_y를 구할 수 있다:

$$v_y = \frac{1}{\omega_C}\frac{dv_x}{dt} = -(v_{0x} - v_D)\sin\omega_C t \tag{A-52}$$

좌표를 구하기 전에, 속도 성분에 대한 이들 결과가 이전의 결과와 부합함을 입증할 수 있다. $\mathbf{v}'$의 성분은 (A-43)에서 얻어

$$v'_x = v_x - v_D \qquad v'_y = v_y \tag{A-53}$$

이고, 그래서 (A-51)과 (A-52)는

$$v'_x = v'_{0x}\cos\omega_C t \qquad v'_y = -v'_{0x}\sin\omega_C t \qquad v'_{0x} = v_{0x} - v_D \tag{A-54}$$

로도 쓸 수 있다. v'_x과 v'_y의 표현식은 $\mathbf{v}'$에 대해서 예상하던대로인데, 그림 A-6에서처럼 그 크기는 $|\mathbf{v}'| = v' = |v'_{0x}|$, 각속도 ω_C로 시계방향으로 회전한다.

입자의 좌표는 (A-51)과 (A-52)를 적분하며, 적분상수는 초기조건으로부터 구하여 계산할 수 있다. 그 결과는

$$x = x_0 + v_D t + \frac{(v_{0x} - v_D)}{\omega_C}\sin\omega_C t \tag{A-55}$$

$$y = y_0 + \frac{(v_{0x} - v_D)}{\omega_C}(\cos\omega_C t - 1) \tag{A-56}$$

으로, 이것들은

$$x = x_0 + \frac{v_D}{\omega_C}(\omega_C t) - \frac{(v_D - v_{0x})}{\omega_C}\sin\omega_C t$$

$$y = y_0 + \frac{(v_D - v_{0x})}{\omega_C}(1 - \cos\omega_C t)$$

로 다시 정리할 수 있다. 이들은 보통대로 사이클로이드 방정식의 매개변수 형태인데, 여기에 관련된 반지름들은 $r_G = v_D/\omega_C$, $r'_C = |v_D - v_{0x}|/\omega_C = v'/\omega_C$로 이전의 결과와 일치한다.

$v_{0x} = v_D$인 때는 흥미로운 특별한 경우가 생겨난다. 이 때는 (A-55)와 (A-56)이 단순히 $x = x_0 + v_D t$, $y = y_0$이 되어 입자가 유동속도와 같은 속도로 직선상을 진행해 나아가며, 그리하여 장의 영향을 받지 않는 것처럼 행동한다. 이러한 일이 왜 일어나는지는 (A-45)를 보면 알 수 있는데, 이 초기속도로는 알짜 힘이 영이고, 가속도가 없어서 초기속도 $\mathbf{v}_D$로부터 $\mathbf{v}$를 변화시키지 않으므로 그대로 유지되기 때문이다. 이 직선운동은 q나 m_0에 무관하다는 점에 유의하자. 이러한 점에서 이 장의 조합은 속도선별기의 역할을 하는데, 수평으로 운동하는 모든 입자는 동일한 유한 속도 $\mathbf{v}_D$를 가질 것이기 때문이다.

예제

마그네트론 *Magnetron*. 이 경우 **B**는 균일하나 **E**는 균일하지 않다. (그림 A-8을 보라.) 이 계는 두 개의 동축 원통 도체로 이루어져 있는데, 반지름은 a와 b이고, 균일한 자기유도 **B**가 축에 평행하게 주어져 있다. 원통들 사이에는 퍼텐셜차 $\Delta\phi$가 있어서, 지름방향의 전기장 **E**가 존재한다. 어떤 전하 q가 안쪽 원통에 있다고 해보자. **E**장은 이것을 바깥 원통 쪽으로 가속시킬 것이다. 그러나 **B**때문에 그 경로는 구부러져서 입자는 바깥쪽 원통에 도달하기 전에 되돌아 갈 것이다. 이 경우 원통들 사이에는 전류가 존재하지 않을 것이다. **B**가 더 작은 경우에는, 전하 q가 극판에 도달할 수 있고 전류도 생기게 된다. 그러므로 전류가 있고 없고 사이의 전이에 대한 조건을 알아냄으로써 이 장치를 가지고 **B**를 측정하는데 이용하게 된다. (실제의 마그네크론에서는 안쪽 원통은 열을 가한 필라멘트로 거기에서 만들어지는 전하는 전하량이 $-e$인 전자이다. 그러나 이 문제는 임의의 전하 q에 대한 것으로 쉽게 분석할 수 있다.)

위치에 따른 **E**와 ϕ의 변화는 (4-1)의 Gauss 법칙, 혹은 일반적 표현식 (11-141)로부터 쉽게 구할 수 있다. 곧 알게 되겠지만 이러한 자세한 것을 알 필요가 없다. **B**는 입자에 일을 하지 않기 때문에(A-9)의 에너지보존 표현식을 적용할 수 있다. 원통좌표를 사용하며 대칭성에 의해 $\phi = \phi(\rho)$임에 주목하면, (A-9)은

$$\frac{1}{2}m_0\left(v_\rho^2 + v_\varphi^2\right) + q\phi(\rho) = \frac{1}{2}m_0\left[\left(\frac{d\rho}{dt}\right)^2 + \rho^2\left(\frac{d\varphi}{dt}\right)^2\right] + q\phi(\rho) = \text{상수} \qquad \text{(A-57)}$$

처럼 쓸 수 있다. 여기서 속도성분은 (1-82)로부터 구할 수 있다. 상수는 $\rho = a$로 놓음으로써 계산할 수 있다. 입자는 안쪽 원통에서 무시할 수 있는 정도의 속도를 가지고 만들

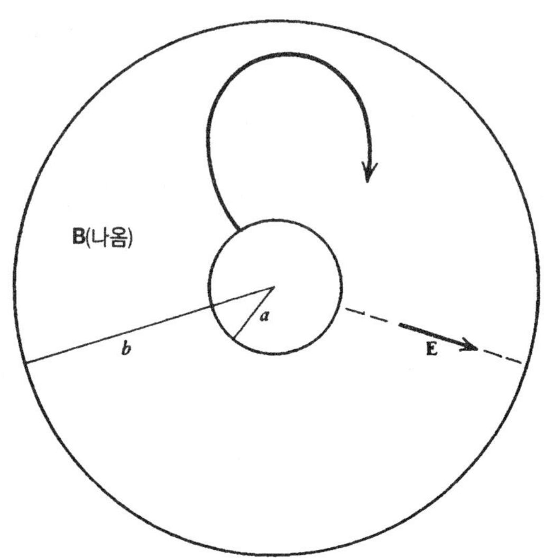

그림 A-8 마그네트론.

어진다고 한다면, 그 운동에너지는 영이고 (A-57)의 상수는 바로 $q\phi(a)$이다. 그래서

$$\frac{1}{2}m_0\left[\left(\frac{d\rho}{dt}\right)^2 + \rho^2\left(\frac{d\varphi}{dt}\right)^2\right] + q\phi(\rho) = q\phi(a) \tag{A-58}$$

이다.

우리가 구하고자 하는 것은 입자가 $\rho = b$에서 마침 바깥쪽 원통을 맞추지 못하는 조건이다. 이렇게 된다면, 그 경로는 원통의 표면에 접할 것이고, 그래서 $v_\rho(b) = (d\rho/dt)_b = 0$일 것이며, 그러면 (A-58)은

$$b^2\left(\frac{d\varphi}{dt}\right)_b^2 = \frac{2q}{m_0}[\phi(a) - \phi(b)] = \frac{2q\,\Delta\phi}{m_0} \tag{A-59}$$

가 된다. 운동방정식을 살펴보면, 좌변에 있는 양에 대한 다른 표현식을 얻을 수 있다. $\mathbf{v} = v_\rho\hat{\boldsymbol{\rho}} + v_\varphi\hat{\boldsymbol{\varphi}}$, $\mathbf{E} = E\hat{\boldsymbol{\rho}}$, $\mathbf{B} = B\hat{\mathbf{z}}$로, (1-76)과 운동학에서의 결과를 사용하여, (A-1)의 φ성분은

$$m_0a_\varphi = m_0\left[\rho\frac{d^2\varphi}{dt^2} + 2\left(\frac{d\rho}{dt}\right)\left(\frac{d\varphi}{dt}\right)\right] = -qBv_\rho = -qB\frac{d\rho}{dt}$$

이다. 이것의 양변에 ρ를 곱하면,

$$\frac{d}{dt}\left[m_0\rho^2\left(\frac{d\varphi}{dt}\right)\right] = -qB\rho v_\rho = -qB\frac{d}{dt}\left(\frac{1}{2}\rho^2\right) \tag{A-60}$$

으로 쓸 수 있다. 아마도 이 형태가 좀 더 익숙할런지 모르겠다. 좌변의 괄호 안에 든 것은 z축에 대한 입자의 각운동량이고, 가운데에 있는 표현식은 $\mathbf{r} \times \mathbf{f} = \rho\hat{\boldsymbol{\rho}} \times q[E\hat{\boldsymbol{\rho}} + (v_\rho\hat{\boldsymbol{\rho}} + v_\varphi\hat{\boldsymbol{\varphi}}) \times B\hat{\mathbf{z}}]$로부터 구한 토크의 z성분으로 (1-76)을 다시 사용하였다. (A-60)에 있는 첫 번째와 세 번째의 식을 등식으로 놓아, 그 결과를 적분하여

$$\rho^2\frac{d\varphi}{dt} + \frac{qB}{2m_0}\rho^2 = \text{상수} \tag{A-61}$$

를 얻게 된다. 여기에서의 상수는 안쪽 원통의 $\rho = a$에서 초기조건을 고려하여 계산할 수 있다. 입자가 처음 생길 때의 속도는 무시하기로 가정하였으므로, $(d\varphi/dt)_a = 0$이고 그 상수는 $(qB/2m_0)a^2$이고, 그러므로 (A-61)은

$$\rho^2\frac{d\varphi}{dt} = -\frac{qB}{2m_0}(\rho^2 - a^2) \tag{A-62}$$

이 된다. $\rho \geq a$이므로 $q > 0$에 대하여 $d\varphi/dt$는 음이고, 이것은 그림 A-8에 보인 경로와 부합한다.

이제 (A-62)에서 $\rho = b$로 놓으면,

$$b^2\left(\frac{d\varphi}{dt}\right)_b = -\frac{qB}{2m_0}(b^2 - a^2)$$

을 얻는다. 이것을 $(d\varphi/dt)_b$에 대해서 풀고 그 결과를 (A-59)에 대입하면,

$$B^2 = \frac{8m_0 b^2 \Delta\phi}{q(b^2 - a^2)^2} \tag{A-63}$$

을 구하게 된다. 이것은 원통 사이의 전류가 막 없어지는 퍼텐셜차 $\Delta\phi$와 B의 값을 관련시켜주고 있다.

A-4 시간적으로 변하는 자기장

시간에 대해 일정한 자기유도는 하전입자에 아무 일도 하지 않지만, 시간적으로 변하는 자기유도는 Faraday 법칙으로 설명되는 유도기전력에 의해 일을 할 수 있다. 이 사실은 **베타트론** *betatron*이라 알려진 하전입자 가속기에 대한 기초원리로 사용되어 왔다. 베타트론이라는 이름은, 이 장치가 원래 큰 운동에너지를 갖는 전자를 만들어내는데 사용되었는데, 이들 전자는 방사선의 베타입자와 마찬가지이기 때문에 붙여졌다.

이 장치의 기본적인 모습을 그림 A-9에 보였다. 입자는 반지름 R인 원에서만 운동하도록 제한되어 있는데, 그 원은 원통 대칭적인 자기유도 $\mathbf{B} = B_z\hat{\mathbf{z}}$를 감싸고 있으며, 자기유도는 궤도면에 수직이다. 이 자기유도 $\mathbf{B}$는 시간적으로 변하므로 매 회전마다 입자에 하여진 일은, 전하 곱하기 (17-6)으로 주어진 유도기전력

$$\mathscr{E}_{\text{ind}} = \oint \mathbf{E}_{\text{ind}} \cdot d\mathbf{s} = -\frac{d\Phi}{dt} = -\pi R^2 \frac{d\langle B_z\rangle}{dt} \tag{A-64}$$

와 같다. 여기서 $\langle B_z\rangle$는 궤도가 둘러싸는 면적에 대한 자기유도의 평균값이다. 원통 대칭에 의

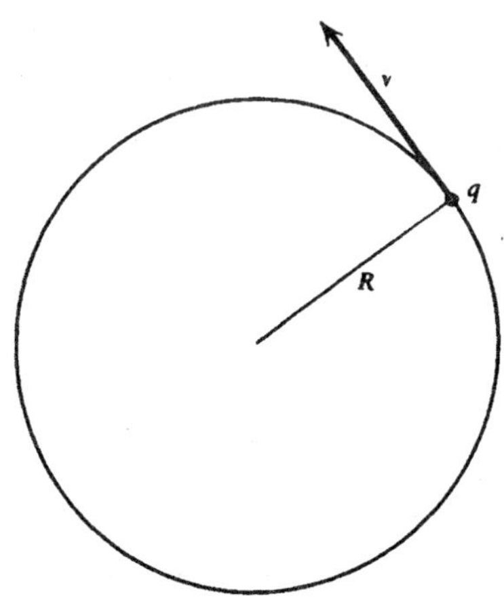

그림 A-9 베타트론의 작동을 설명하는 기본적인 모습.

해 $\mathbf{E} = E_\varphi \hat{\boldsymbol{\varphi}}$로 쓸 수 있고, 적분은 $2\pi R E_\varphi$가 된다. 그러므로 유도전기장의 크기는

$$E_\varphi = \frac{1}{2} R \frac{d\langle B_z \rangle}{dt} \tag{A-65}$$

이고, 이것은 크기가

$$f_\varphi = qE_\varphi = \frac{1}{2} qR \frac{d\langle B_z \rangle}{dt} = m_0 \frac{dv_\varphi}{dt} \tag{A-66}$$

인 접선성분 힘을 만들어낼 것이다.

입자는 반지름 R인 원에서만 운동하도록 제한되어있다. 이 조건은 궤도 평면에 수직인 자기유도로 만들 수 있고 그 값은 B_R이다. 이것은 "길잡이 장 *guiding field*"이라 알려져 있다. 요구되는 B_R의 값은 (A-12)로부터 얻을 수 있고, 이 경우 $v_\varphi = v_\perp$이기 때문에 $B_R = (m_0 v_\varphi / qR)$이다. v_φ는 (A-66)에 의해 변하므로, R을 일정하게 유지하기 위해 B_R도 변해야 하고,

$$\frac{dB_R}{dt} = \frac{m_0}{qR} \frac{dv_\varphi}{dt} \tag{A-67}$$

이어야 한다. (A-66)과 (A-67) 사이에서 $m_0(dv_\varphi/dt)$을 소거할 때, $(dB_R/dt) = \frac{1}{2}(d\langle B_z \rangle/dt)$이어야 하므로,

$$B_R = \tfrac{1}{2}\langle B_z \rangle + \text{상수} \tag{A-68}$$

가 된다. 이것은 베타트론 조건이라고 알려져 있고 베타트론이 작동하려면 항상 만족되어야 한다. 일반적으로 두 장 B_R과 $\langle B_z \rangle$는 처음 영으로부터 시작하여 동시에 변한다. 이 경우 (A-68)에 있는 상수는 영이어야 하고, 그 조건은 $B_R = \frac{1}{2}\langle B_z \rangle$로 간단해진다. 즉, 입자 위치에서의 자기유도는 원궤도가 둘러싸는 평균 자기유도의 절반이 되어야 한다.

연습문제

A-1 $t = 0$때 원점에 있는 입자가 초속도 $\mathbf{v}_0 = v_0 \hat{\mathbf{x}}$를 가지고 균일한 전기장 $\mathbf{E} = E\hat{\mathbf{y}}$의 영역으로 들어가고 있다. 이 입자 경로의 방정식을 구하고, 입자가 x축을 따라 D의 거리를 간 후 x축으로부터 벗어난 거리 d를 구하라. 이 점에서 $\mathbf{v}$가 x축과 만드는 각도 α를 구하라.

A-2 한 입자가 이차원 영역에서 운동하고 있는데, 그곳에서의 스칼라퍼텐셜은 $\phi = \frac{1}{2} A(x^2 - y^2)$이다. 여기서 A는 q와 같은 부호를 갖는 상수이다. $t = 0$때 입자는 (x_0, y_0)에 정지해 있다. 나중 시간에 x와 y를 구하고 입자가 결과적으로 가지게 되는 경로를 스케치하라.

A-3 그림 A-8의 동축 원통 계에 대해 $\mathbf{B} = 0$이라 해보자. $\Delta\phi \neq 0$때 원궤도가 가능함을 보여라. 운동에너지를 계산하고, 이것은 원궤도의 반지름과 무관함을 보여라.

A-4 어느 하전입자가 수직 아래방향을 향하는 균일한 $\mathbf{B}$의 영역으로 들어갈 때, u_0의 속력

으로 수평으로 진행하고 있다. 원래 속도 방향으로 입자 위치의 사영이 $D(D \le r_C)$ 일 때, 이 입자가 원래 진행하던 방향으로부터의 벗어난 거리 d를 구하라.

A-5 질량분석기의 한 형태에서 전하 q의 입자는 정지한 채 만들어져서 퍼텐셜차 $\Delta\phi$를 통해 가속된다. 그리고는 균일한 **B**의 영역으로 들어가는데, 이 장은 입자의 속도에 수직이다. 입자가 반원을 진행한 다음, 처음 입사하던 곳으로부터 D의 거리에 있는 검출기를 때린다. 질량 m_0를 알아낼 수 있는 표현식을 주어진 양들로 나타내어라.

A-6 그림 A-4는 xz평면을 보여준다고 하고, **B**는 양의 z축을 향하고 P는 원점이다. 이 운동의 길잡이중심의 위치벡터 **G**를 t의 함수로 구하라.

A-7 그림 A-4의 P로부터 발사된 입자들이 동일한 q, m_0, u_0을 갖는데, 각도는 $\theta_0 - \Delta\theta \le \theta \le \theta_0 + \Delta\theta$의 범위에 들어있다고 한다. 이들의 초점 위치 Q는 해당 범위에 걸쳐 위치로 Δl의 차이를 보일 것이다. Δl을 구하고, 가운데 각도 θ_0에 대한 초점거리를 l_0라 할 때 $\Delta l/l_0$의 비를 구하라. $\theta_0 = 10°$이고 Δl의 퍼짐이 l_0에 비해 5% 이내이어야 한다면, $\Delta\theta$로써 허용되는 최대값은 얼마인가?

A-8 전자 빔이 100 V로 가속된 후, 매우 작은 각도의 원뿔 안으로 퍼져나간다. 1 cm 당 10회 감은 긴 이상적 솔레노이드의 축이 원뿔의 축과 일치되어 놓여 있다. 이 전자들이 10 cm의 거리 이내에서 다시 초점을 잡으려면 솔레노이드에는 얼마의 전류가 필요한가?

A-9 극판 간격이 d인 평행판 축전기의 한 극판에서 하전입자가 만들어지는데, 그 속도는 무시할만큼 작다고 한다. 극판 사이에는 $\Delta\phi$의 퍼텐셜차가 있고, 균일한 자기유도 **B**는 극판과 평행이다. $\Delta\phi$가 $\frac{1}{2}(q/m_0)B^2d^2$보다 작으면, 극판 사이에는 전류가 없을 것임을 보여라.

A-10 그림 A-7의 곡선은 q가 양수라는 가정 하에 그렸었다. $\mathbf{E}_\perp$과 **B**가 그대로이고 q가 음수라면, 이 그림에는 (변화가 있다면) 어떤 변화가 있겠는가?

A-11 $t = 0$때 원점에 있는 하전입자가 $v_0\hat{\mathbf{z}}$의 속도를 가지고 있다. 이 입자는 평행인 균일장 $\mathbf{E} = E\hat{\mathbf{x}}$과 $\mathbf{B} = B\hat{\mathbf{x}}$ 안에 놓여 있다. 이 입자가 처음으로 최대 z값의 절반에 도달하였을 때 x와 y좌표를 구하라.

A-12 하전입자가 균일한 **B**의 영역에 있고, 또한 균일한 중력장의 영향을 받고 있다. 그래서 입자에 작용하는 중력은 $m_0\mathbf{g}$이다. 입자는 $m_0(\mathbf{g}_\perp \times \mathbf{B})/qB^2$과 같은 유동속도를 갖는다는 것을 보여라. (이 유동속도는 입자의 전하 대 질량비에 따라 다르다.)

A-13 $t = 0$때 원점에 있는 하전입자가 $\mathbf{v}_0 = v_0\hat{\mathbf{x}}$의 속도를 가지고 있다. 균일한 전기장 $\mathbf{E} = E\hat{\mathbf{y}}$도 존재한다. 상대론적 운동방정식 (29-105)를 풀어서 나중 시간에서의 좌표를 구하라. 작은 값의 t에 대하여, 입자의 경로가 근사적으로 포물선임을 증명하라.

부록 B 물질의 전자기적 특성

물질의 존재가 전자기장에 미치는 전반적인 영향은 전기감수율 χ_e 같은 변수로 나타내었다. 순전히 거시적인 관점에서 본다면 그러한 변수는 주어진 물질의 특성이라 하겠고, 그 수치는 실험으로 정해져야 한다. 즉, 우리가 지금까지 얻어온 전자기장의 수식화에서는 이 값을 알아낼 시도도 하지 않는 것이다. 여러 물질은 서로 다른 값을 갖는다는 관측된 사실은, 이들 변수가 물질의 미시적인 구조의 세부 성질에 따라 다르다는 것을 말해준다. 즉, 구성물의 원자나 분자적 특성과, 그들이 모여 있는 상태가 고체, 액체, 기체인가에 따라서도 달라진다.

이 부록에서는 미시적인 접근방법과 관련된 주요 특성에 관하여 고려해보겠다. 이전에 12-5절과 24-8절에서의 전도도에 관한 간단한 논의에서 이러한 예를 이미 보았다. 이러한 일반적인 주제에 관해서는 책을 한 권 통째로 쓸 수 있고, 이미 쓰여 있으므로, 여기에서 논의할 수 있는 것은 매우 제한적일 수밖에 없다. 특히, 원자와 분자를 다루는 적절한 방식은 양자역학이 되어야 하지만, 걸어준 전자기장에 대해, 상호작용하는 하전 질점입자의 집합의 역학적 반응을 조사하는 데는 고전역학을 사용하여도 충분히 좋은 결과를 얻을 수 있다. 이러한 방식으로 얻게 될 결과는 모든 세부사항에서 완전히 정확하지는 않겠지만, 그 결과는 놀랄 만큼 좋고, 무슨 일이 일어나고 있는지에 관한 적절한 이해방법이 될 것이다.

B-1 정전기 특성

우리는 선형등방성물질에 대하여 (10-50)으로 주어진

$$\mathbf{P} = \chi_e \epsilon_0 \mathbf{E} \tag{B-1}$$

에 의해 전기감수율 χ_e를 계산하고자 한다. 그러려면 단위체적당의 전기쌍극자모멘트 **P**를 계산하여야 한다. 다시 말하면 **P**는 체적 속에 들어있는 분자의 전기쌍극자모멘트의 평균과 관련이 있을 것이다.

10-1절의 초입에서, 물질은 유도 쌍극자모멘트를 만듦으로써 분극될 수 있는 가능성이 있다고 했었다. 이 유도 모멘트는, 영구쌍극자모멘트를 가지고 있지 않은 중성의 분자에 전기장을 걸어 주었을 때, 양전하와 음전하의 전하분포가 서로에 대하여 분리 이동함으로써 생겨나는 것이다. 전하들에 작용하는 정전기력은 분자 내부에 존재하는 내력과 맞설 것이고, 새로운 역학적 평형이 이루어질 것이기 때문에, 이 전하이동 효과는 작을 것이다.

좀 더 구체적으로, n 개의 원자로 구성된 중성 분자를 고려해보자. i 번째 원자는 양전하 $Z_i e$의 핵과 함께 전하량이 $-e$인 Z_i 개의 전자를 가지고 있다. 여기서 Z_i는 원자번호이다. 그

러므로 전자의 총 수는 $Z_t = Z_1 + Z_2 + \ldots + Z_n$일 것이다. $\mathbf{r}_i$를 i번째 핵의 위치벡터라 하고, $\mathbf{r}_j$는 j번째 전자의 위치벡터라면, (8-19)에서 구한 총 쌍극자모멘트는

$$\mathbf{p} = \sum_{i=1}^{n} Z_i e \mathbf{r}_i - e \sum_{j=1}^{Z_t} \mathbf{r}_j \tag{B-2}$$

이다. 분자는 홀극모멘트를 가지고 있지 않으므로, (8-43)으로부터 좌표계에 대한 원점을 편리한대로 잡아서 사용할 수 있음을 알 수 있다. 예를 들어 질량중심 같은 곳을 원점으로 잡을 수 있다. 단원자분자에 대해서는, 핵의 위치를 원점으로 선택하면 (B-2)의 첫 번째 항은 영이 될 것이다. 전하들은 움직이고 있으므로, 특히 전자는 모종의 "궤도"를 돌고 있기때문에, $\mathbf{p}$는 시간에 대해 복잡한 함수일 수 있다. 그러나 우리는 여기서 시간 평균한 값만을 고려하고 있으므로, 실제로

$$\langle \mathbf{p} \rangle = \sum_i Z_i e \langle \mathbf{r}_i \rangle - e \sum_j \langle \mathbf{r}_j \rangle \tag{B-3}$$

에만 관심이 있을 것이고, 그래서

$$\mathbf{P} = N \langle \mathbf{p} \rangle \tag{B-4}$$

이다. 여기서 N은 단위체적당의 분자수이다.

걸어준 전기장이 없을 때의 값들을 첨자에 영으로 표시하기로 한다면, (B-3)은

$$\mathbf{p}_0 = \langle \mathbf{p} \rangle_0 = \sum_i Z_i e \langle \mathbf{r}_i \rangle_0 - e \sum_j \langle \mathbf{r}_j \rangle_0 \tag{B-5}$$

으로 쓸 수 있다. $\mathbf{p}_0 \neq 0$이면, 분자는 영구쌍극자모멘트를 가지나, $\mathbf{p}_0 = 0$이면 영구쌍극자모멘트는 없고, (B-4)로 주어지는 $\mathbf{P}$는 유도 모멘트로부터만 생겨난다. 예를 들어 단원자분자에서는 전자의 전하분포가 핵에 대하여 구대칭이라 가정할 수 있다. 그러면 원점을 핵이 있는 곳에 선택할 때, $\langle \mathbf{r}_i \rangle_0 = 0$으로 잡을 수 있고, $\langle \mathbf{r}_j \rangle_0$도 영이 될 것이다. 그 이유는 x_j, y_j, z_j의 양음 값은 똑같이 있을 수 있고, 그래서 $\langle x_j \rangle_0 = \langle y_j \rangle_0 = \langle z_j \rangle_0 = 0$이기 때문이다. 그 결과 예상하던 대로 $\mathbf{p}_0 = 0$일 것이다.

분극장이 존재하는 경우 각 $\langle \mathbf{r} \rangle$은 $\langle \mathbf{r} \rangle_0$과 다를 것이라고 예상할 수 있다. 전하이동은 정전기력과 내부 역학적인 "복원력" $\mathbf{F}_m$과의 균형으로부터 오기 때문에, 어느 전하 q에 대해서라도 새로운 평형상태에 대하여 (2-9)처럼

$$\mathbf{F}_{\text{알짜}} = 0 = \mathbf{F}_m + q\mathbf{E}_p \tag{B-6}$$

라고 쓸 수 있다. (B-6)에서 $\mathbf{E}_p$는 전하의 변위를 만드는 "효과", 혹은 "분극"전기장이다. [이것은 때에 따라 국소장(local field)라고도 불리나, 이 용어는 이미 (10-70) 이후에서 구속전하가 만드는 장을 나타내는 데 사용하였다.] 국소장이 평균 거시적인 장 $\mathbf{E}$와 반드시 같을 필요는 없다. 그 이유는 우리가 다루고 있는 분자는 그 자체가 $\mathbf{E}$에 기여하고 있기 때문이다. 이 점에 관해서는 곧 다시 거론하겠다.

$\mathbf{F}_m$은 모종의 복원력을 의미하고 있기 때문에, 이것은 변위 ($\langle\mathbf{r}\rangle - \langle\mathbf{r}\rangle_0$)의 함수가 될 것이며, $\mathbf{F}_m(0) = 0$이 되리라고 예상할 수 있다. 더구나 변위는 크지 않을 것이라고 예상할 수 있으므로, $\mathbf{F}_m$을 그 변수로 급수전개하여, 첫 번째 항만을 취하여도 적절하다. 이렇게 하여

$$\mathbf{F}_m(\langle\mathbf{r}\rangle - \langle\mathbf{r}\rangle_0) = -K(\langle\mathbf{r}\rangle - \langle\mathbf{r}\rangle_0) \tag{B-7}$$

이 되고, 여기서 K는 이 전하 q에 대한 효과적인 "용수철상수"이다. (B-7)을 (B-6)에 대입하여,

$$\langle\mathbf{r}\rangle - \langle\mathbf{r}\rangle_0 = \frac{q}{K}\mathbf{E}_p \tag{B-8}$$

를 얻는다. 이제 이것을 (B-3)에 대입하면서 각 경우에 적절한 전하를 사용하고, (B-5)를 $\mathbf{p}_0 = 0$이라는 가정과 함께 사용하면, 평균 유도 쌍극자모멘트는

$$\langle\mathbf{p}\rangle = e^2\left(\sum_i \frac{Z_i^2}{K_i} + \sum_j \frac{1}{K_j}\right)\mathbf{E}_p = \alpha\mathbf{E}_p \tag{B-9}$$

이다. 이것은 분극장 $\mathbf{E}_p$에 선형으로 비례한다. 비례상수 α는 **편극률** *polarizability*라 불린다. [(11-112)에서는 균일한 장에 놓여 있던 도체구를 접지시켰을 때 비슷한 결과를 구했었다.] (B-9)을 (B-4)에 대입할 때 분극은 유도장 $\mathbf{E}_p$에 비례할 것임을 알 수 있고, 이것은 선형등방성 물질에 대하여 우리가 예상하던대로이다.

(B-9)의 편극률은 분자들의 다양한 "용수철상수"가 관련된 합으로 표현되어 있다. 이 값은 다음의 다소 다른 방법으로 거칠게 어림계산해볼 수 있다. 원자 하나를 생각해보는데, 전자의 전하분포가 구대칭일뿐 아니라 반지름 a인 구에 **균일**하게 퍼져있다 하자. 또한 $\mathbf{E}_p$장의 효과는 음전하분포를 핵에 대하여 **전체적**으로 이동시켜, 최종 결과는 양음전하의 중심이 그림 B-1에 보인 것처럼 $\mathbf{l}$만큼의 상대 변위를 갖게 하는 것이다. 그러면 유도 쌍극자모멘트는 (8-44)에 의해 $\langle\mathbf{p}\rangle = (Ze)\mathbf{l}$일 것이다. 핵의 전하 Ze는, $\mathbf{E}_p$와, 반지름 l인 균일 음전하 구의 표면에서 받는 전기장의 영향으로, 평형에 있다고 생각할 수 있다. E_p와 (4-21)에 의해 주어지는 이 장의 크기를 등식으로 놓아, $E = (Ze)l/4\pi\epsilon_0 a^3 = E_p$를 얻고, 그래서 $\langle p\rangle = Zel = 4\pi\epsilon_0 a^3 E_p$이

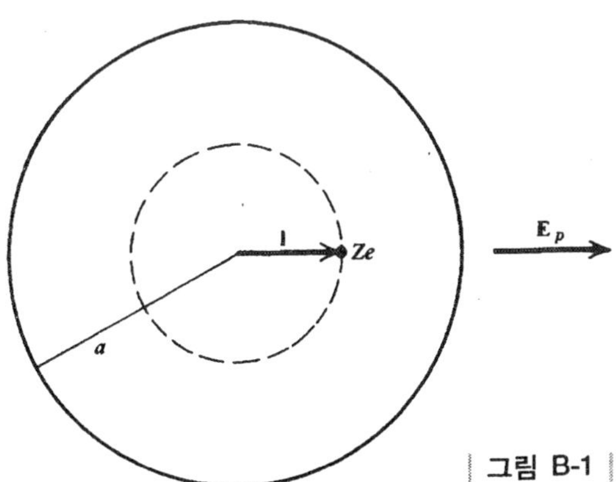

그림 B-1 핵과 전자의 전하분포가 전체적으로 $\mathbf{l}$ 만큼 변위를 갖는다.

다. 그러므로 편극률은

$$\alpha = 4\pi\epsilon_0 a^3 \tag{B-10}$$

이고, 이것은 원자의 체적에 비례한다. [(B-10)은 (11-113)의 도체구에 대하여 구한 것과 같다.]

이제 분극장 $\mathbf{E}_p$를 계산하는 문제로 돌아가 보자. 물질은 균질이고 선형이며 등방성이라고 가정한다. 우리는 분자가 있는 위치에서의 총 전기장을 구하고자 하는데, 분자 차체에 의해 만들어지는 장은 제외하기로 한다. 보통대로 축전기 안에 들어 있는 물질을 생각해보면, $\mathbf{E}_p$장은 극판에 있는 자유전하, 유전체 표면에 있는 면전하, 그리고 물질에 들어 있는 쌍극자의 남아있는 모든 것으로부터의 기여가 될 것이다. 그래서

$$\mathbf{E}_p = \mathbf{E}_f + \mathbf{E}_b + \mathbf{E}_D \tag{B-11}$$

으로 쓸 수 있다. [유전체 내에 자유전하가 없다고 가정하면, (10-58)에 의해 구속 체적전하밀도도 없을 것이다. 평행판 축전기에 대해 $\mathbf{E}_f$와 $\mathbf{E}_b$에 기여하는 전하는 그림 10-6에 그려져 있다.] 이제 거시적 평균장은 자유면전하와 구속면전하에 의해서만 만들어진다는 것을 알게 되었으므로 $\mathbf{E}_f + \mathbf{E}_b$가 실제로 $\mathbf{E}$이다. 그러므로

$$\mathbf{E}_p = \mathbf{E} + \mathbf{E}_D \tag{B-12}$$

로 쓸 수 있다. 나머지 쌍극자 각각의 쌍극자모멘트는 $\mathbf{E}_D$에 기여하게 된다. 우리가 고려하고 있는 분자로부터 매우 멀리 떨어져 있다면, 그 쌍극자는 연속적으로 분포한 것처럼 보일 것이고, 그러면 이들을 단위체적당의 균일한 쌍극자모멘트 $\mathbf{P}$로 나타내는 것이 적절할 것이다. 한편 미시적인 규모로 보아 매우 가까이에 있는 쌍극자들은, 구체적으로 정해진 위치에 있는 따로 떨어진 쌍극자로 보일 것이다. 즉 이들은 연속분포로 취급할 수 없을 것이다. 이러한 사실로부터, 전기장을 구하고자 하는 곳을 중심으로 적당한 반지름 R의 구를 그려본다면, 공간을 두 영역으로 나눌 수 있다 — 구 밖에서의 쌍극자는 $\mathbf{P}$로 기술될 것이고 $\mathbf{E}_D$에는 $\mathbf{E}_O$ 만큼 기여할 것이나, 구 안에서는 쌍극자들을 개별적으로 다루어서 $\mathbf{E}_D$에는 $\mathbf{E}_I$의 기여를 할 것이다. 그래서 (B-12)는

$$\mathbf{E}_p = \mathbf{E} + \mathbf{E}_O + \mathbf{E}_I \tag{B-13}$$

이 된다. 그림 B-2는 이러한 가상의 구를 보여주고 있다. “연속”과 “개별” 분포 사이의 구별은 다소 애매모호하기 때문에, R에 대한 알맞은 값은 꼭 정해져 있지 않다. 하지만 R에 관한 합리적인 값을 정할 수는 있다. 구 밖에 있는 물질에 대해서는 (10-58)에 의해 $\rho_b = 0$이다. 그리고 이것은 구의 표면에서 $\mathbf{P}$의 불연속성으로부터 나타나는 구속 면전하와 완전히 동등하다. 이 구속전하의 면밀도는 (10-8)로부터 $\sigma_b = \mathbf{P} \cdot \hat{\mathbf{n}}' = P\cos\theta'$으로 구할 수 있다. 이것은 그림 10-9에서 설명한 (10-27)의 바로 그 면전하밀도이다. 이것으로 만들어지는 장은 (10-37)에서 $P/3\epsilon_0$의 크기를 갖는 것으로 나왔고, 그림 B-2의 전하밀도에서 부호를 보면 알 수 있듯이 이 장은 $\mathbf{P}$와 같은 방향을 갖는다. 따라서 $\mathbf{E}_O = \mathbf{P}/3\epsilon_0$이고 (B-13)은

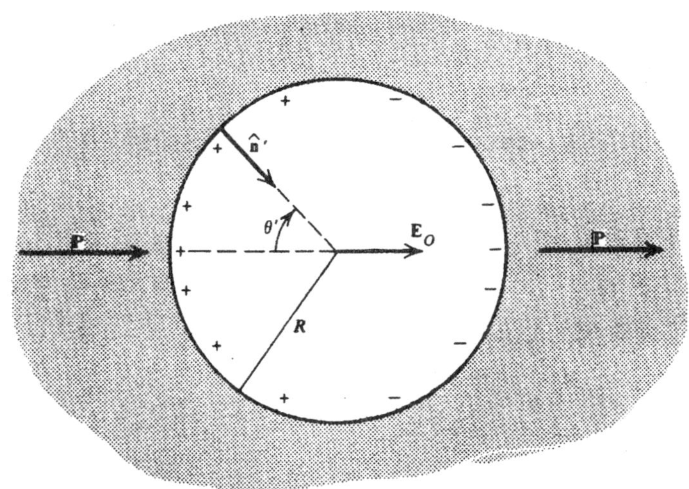

그림 B-2 가상의 구 공동을 사용하여 그 밖에 있는 분극된 물질이 주는 전기장을 계산한다.

$$\mathbf{E}_p = \mathbf{E} + \frac{\mathbf{P}}{3\epsilon_0} + \mathbf{E}_I \qquad \text{(B-14)}$$

가 된다.

가장 일반적으로 $\mathbf{E}_I$는 영이 아닐 것이다. 그러나 대부분 $\mathbf{E}_I = 0$인 경우로 국한해 보겠다. 이런 일이 어떻게 일어날 수 있는지 살펴보자. 8-84식은 원점에 위치해 있는 점쌍극자가 만드는 전기장이다. 이것을 이용하겠는데, 우리가 선택한 구의 중심에 대한 위치 $\mathbf{r}_k$에 쌍극자 $\mathbf{p}_k$가 있다면, (8-84)의 $\mathbf{r}$을 $-\mathbf{r}_k$로 대체할 수 있고, 그래서 $\mathbf{p}_k$가 중심에서의 장에 주는 기여는

$$\mathbf{E}_k = \frac{1}{4\pi\epsilon_0}\left[-\frac{\mathbf{p}_k}{r_k^3} + \frac{3(\mathbf{p}_k \cdot \mathbf{r}_k)\mathbf{r}_k}{r_k^5}\right] \qquad \text{(B-15)}$$

가 될 것이다. (B-15)를 구 안의 모든 쌍극자에 대하여 합할 때, $\mathbf{E}_I$를 구하게 된다. 이렇게 하면서 균일하게 편극된 물질에서 모든 분자는 동일한 평균 쌍극자모멘트를 갖는다는 점에 주목하여, $\mathbf{p}_k = \langle \mathbf{p} \rangle$로 놓을 수 있고, 그래서

$$\mathbf{E}_I = \frac{1}{4\pi\epsilon_0}\left[-\langle \mathbf{p} \rangle \sum_k \frac{1}{r_k^3} + 3\sum_k \frac{(\langle \mathbf{p} \rangle \cdot \mathbf{r}_k)\mathbf{r}_k}{r_k^5}\right] \qquad \text{(B-16)}$$

를 얻는다. 이것의 x성분은

$$E_{Ix} = \frac{1}{4\pi\epsilon_0}\left(-\langle p_x \rangle \sum_k \frac{1}{r_k^3} + 3\langle p_x \rangle \sum_k \frac{x_k^2}{r_k^5} + 3\langle p_y \rangle \sum_k \frac{y_k x_k}{r_k^5} + 3\langle p_z \rangle \sum_k \frac{z_k x_k}{r_k^5}\right) \qquad \text{(B-17)}$$

이다. 쌍극자들이 등방적으로 분포하여 있다면, (x, y, z)의 좌표를 갖는 모든 분자에 대해, $(-x, -y, -z)$, $(-x, y, z)$, 등의 좌표를 갖는 분자들도 있을 것이다. 구 안에는 실제로 많은 수

의 분자가 있기 때문에, 마지막 두 합에 있는 항은 주어진 r_k에 대하여 똑같이 양도 되고 음도 될 법하다. 그래서

$$\sum_k \frac{y_k x_k}{r_k^5} = \sum_k \frac{z_k x_k}{r_k^5} = 0$$

이다. 주어진 r_k에 대하여 좌표의 제곱은 동등하게 있을 법하게 나타날 것이므로, 평균하여 $\langle x_k^2 \rangle = \langle y_k^2 \rangle = \langle z_k^2 \rangle$이며 $r_k^2 = \langle x_k^2 \rangle + \langle y_k^2 \rangle + \langle z_k^2 \rangle = 3\langle x_k^2 \rangle$이다. 이것은 모든 r_k에 대하여 성립하므로, 많은 수의 분자에 대하여 합할 때,

$$\sum_k \frac{x_k^2}{r_k^5} = \frac{1}{3} \sum_k \frac{1}{r_k^3}$$

로 얻고, 그래서 (B-17)은 $E_{lx} = 0$이 된다. y와 z성분에 대해서도 마찬가지의 결과를 얻을 것이다. 그러므로 $\mathbf{E}_l = 0$이며, (B-14)는 단순히

$$\mathbf{E}_p = \mathbf{E} + \frac{\mathbf{P}}{3\epsilon_0} \tag{B-18}$$

가 된다. (B-16)에서 (B-18)에 이르는 논리는, 쌍극자들이 단순입방격자(simple cubic lattice)에 분포하여 있으면 적용할 수 있다. 마찬가지로 쌍극자들의 위치가 액체나 기체에서처럼 완전히 제멋대로이면, $\mathbf{E}_l$는 영이 될 것이다. 그래서 (B-18)이 적절하다고 기대할 수 있는 경우는 아주 많다.

이제 (B-18), (B-9), (B-4)를 결합하면,

$$\mathbf{P} = N\alpha\left(\mathbf{E} + \frac{\mathbf{P}}{3\epsilon_0}\right) \tag{B-19}$$

로 구하게 되고, 그래서 이것을 $\mathbf{P}$에 대하여 풀고 (B-1)을 사용하면,

$$\chi_e = \frac{(N\alpha/\epsilon_0)}{1 - (N\alpha/3\epsilon_0)} \tag{B-20}$$

이 된다. 이것은 거시적인 감수율을 미시적인 편극률 α, 분자수 밀도 N과 관련시켜주고 있다. 바꾸어서 (10-52)에 의해 $\chi_e = \kappa_e - 1$로 쓰고 (B-20)을 α에 대해 풀면

$$\alpha = \frac{3\epsilon_0(\kappa_e - 1)}{N(\kappa_e + 2)} \tag{B-21}$$

이 된다. 이것은 Clausius-Mossotti 관계식이라 알려져 있다. α는 상수이므로, (B-21)이 말해주는 것은, 물질의 밀도를 바꾸었을 때, 우변의 양을 일정하게 유지시키도록 유전상수 κ_e도 변한다는 것이다. 한편 κ_e의 측정된 값을 사용하여 α를 계산할 수 있다. 이것을 (B-10)과 결합하면, 원자의 반지름 a를 구할 수 있다. 이런 식으로 구한 a는 다른 방법으로 얻은 값과 상당히 잘 일치한다.

이번에는 분자가 영구쌍극자모멘트를 가지고 있다고 해보자. 즉, (B-5)의 $\mathbf{p}_0$이 영이 아닌

경우이다. 이러한 가능성은 10-1절에서도 고려하였으며, 장이 걸려있으면 (8-75)로 나타내어지듯이, $\mathbf{p}_0$에 작용하는 토크는 영구쌍극자를 장 방향으로 정렬시킬 것이다. 이러한 경향은 분자의 열요동과 관련된 충돌 등의 무작위과정에 의해 방해를 받게 된다. 그러나 최종 평형상태에서는 $\mathbf{E}_p$ 방향으로의 알짜 쌍극자모멘트가 있을 것이라고 예상할 수 있으며, 그래서 $\langle \mathbf{p} \rangle \neq 0$이나 $\langle \mathbf{p} \rangle < \mathbf{p}_0$라 예상할 수 있다. 그러한 경우 $\langle \mathbf{p} \rangle$는 절대온도 T에도 의존할 수 있으며, 이것은 다시 감수율을 온도에 의존하게 할뿐 아니라, 감수율은 또한 T에 따른 입자수 밀도 N과 관련된 변화에도 의존한다.

주어진 온도에서의 평형조건에 대하여 평균 쌍극자모멘트를 구하기 위해, 통계역학의 결과를 관련시켜야 하는데, 이에 의하면 에너지 W_m을 가지고 있는 주어진 양자상태에 있는 어느 계를 발견할 확률은

$$\mathscr{P}_m(W_m) = \frac{e^{-\beta W_m}}{\sum_m e^{-\beta W_m}} \tag{B-22}$$

이 된다는 것이다. 여기서 $\beta = 1/kT$로 k는 Boltzmann 상수이고 그 값은 1.38×10^{-23} J/K이다. 계가 어느 상태에서 발견될 총 확률은 1이 되어야 하기 때문에 (B-22)의 분모가 필요하다. 즉, $\sum_m \mathscr{P}_m = 1$이다.

만일 우리가 계산하려는 동력학적변수가 ψ이고 m 번째 상태의 그 값이 ψ_m이라면, 그 평균치는 평균을 구하는 평상시의 정의에 의해

$$\langle \psi \rangle = \sum_m \psi_m \mathscr{P}_m = \frac{\sum_m \psi_m e^{-\beta W_m}}{\sum_m e^{-\beta W_m}} \tag{B-23}$$

으로 주어질 것이다. 엄격하게 말하면, (B-22)와 (B-23)은 알아보려고 하는 단일 계의 양자상태에 적용된다. 계가 독립적인, 혹은 거의 독립적인 분자들의 집합으로 구성되어 있다면, 이들 결과는 하나의 분자에 대해서 적용될 수 있으며, 여기서 W_m은 이제 분자의 에너지이고 $\langle \psi \rangle$는 주어진 분자에 대한 평균치이다. 또한 고전역학이 적용될 수 있는 극한에서, (B-23)의 합은 운동량성분과 위치성분에 대한 적분으로 대체할 수 있다. 그러므로 (B-23)은 직각좌표로

$$\langle \psi \rangle = \frac{\int \psi e^{-\beta W} \, dv_x \, dv_y \, dv_z \, dx \, dy \, dz}{\int e^{-\beta W} \, dv_x \, dv_y \, dv_z \, dx \, dy \, dz} \tag{B-24}$$

가 되는데, 여기서 $dp_x = d(m_0 v_x) = m_0 v_x$ 등이고, m_0^3의 인자는 분자와 분모에서 상쇄될 것이다. 이 적분은 일반적으로 6중 적분이며, 적절한 적분한계를 가질 것이다. 그리고 (B-22)를 사용하기 위하여, W와 ψ를 (v_x, v_y, v_z, x, y, z)의 함수로 알아야 할 필요도 있다. [예를 들어, 이상기체를 다룬다고 생각할 때, 분자들 사이의 상호작용은 무시하므로, W는 단순히 (A-8)로 주어지는 운동에너지 $\frac{1}{2} m_0 v^2$일 것이고, 그러면 (B-22)는 $\mathscr{P} \sim e^{-m_0 v^2/2kT} dv_x \, dv_y \, dv_z \, dx \, dy \, dz$

가 될 것이며, 이것은 잘 알려진 Maxwell의 속도분포함수이다.]

일반적으로 W는 운동에너지뿐 아니라 퍼텐셜에너지도 포함할 것이다. 여기에서 우리에게 특별히 관심이 있는 것은 걸어준 전기장 안에서 쌍극자가 갖는 상호작용에너지, 혹은 배향에너지이다. 여기에서는 영구쌍극자모멘트 $\mathbf{p}_0$이 편극장 $\mathbf{E}_p$에 놓여 그들 사이의 각도를 θ라고 써서, 이 에너지를 (8-73)으로부터 구하면, $U_D = -p_0 E_p \cos\theta$이다. 에너지의 나머지 모든 부분을 W'이라 한다면,

$$W = W' - p_0 E_p \cos\theta \tag{B-25}$$

라 쓸 수 있다. W'은 θ에 무관하다고 하겠다. 여기서 흥미로운 양은 $\mathbf{p}_0$의 한 성분으로, $\mathbf{E}_p$ 방향의 성분인데, 이것을 $\psi = p_0 \cos\theta$라 하겠다. 체적요소는 $dx\,dy\,dz = r^2 \sin\theta\, dr\, d\theta\, d\varphi$로 쓰고 $p_0 \cos\theta$를 (B-24)에 대입하면, W', r, φ와 $\mathbf{v}$의 각 성분을 포함하는 적분은 분자와 분모에서 상쇄되고

$$\langle p_0 \cos\theta \rangle = \frac{\int_0^\pi p_0 \cos\theta\, e^{\beta p_0 E_p \cos\theta} \sin\theta\, d\theta}{\int_0^\pi e^{\beta p_0 E_p \cos\theta} \sin\theta\, d\theta} = \frac{\int_{-1}^{1} p_0 \mu\, e^{\beta p_0 E_p \mu}\, d\mu}{\int_{-1}^{1} e^{\beta p_0 E_p \mu}\, d\mu} \tag{B-26}$$

가 남을 것이다. 이 때 (2-22)도 사용하였다. 끝으로,

$$y = \beta p_0 E_p = \frac{p_0 E_p}{kT} \tag{B-27}$$

로 놓으면, (B-26)을

$$\langle p_0 \cos\theta \rangle = p_0 \frac{d}{dy} \ln \int_{-1}^{1} e^{y\mu}\, d\mu = p_0 \frac{d}{dy} \ln\left(\frac{2 \sinh y}{y}\right) = p_0 L\left(\frac{p_0 E_p}{kT}\right) \tag{B-28}$$

로 쓸 수 있고, 여기서

$$L(y) = \coth y - \frac{1}{y} \tag{B-29}$$

은 Langevin 함수라 불리는 것으로, $\mathbf{p}_0$ 성분의 실제 평균과 그것의 최대값 p_0과의 비를 재는 양이다. $L(y)$는 그림 B-3에 y의 함수로 나타내었다. y가 매우 커짐에 따라 즉, 편극장이 매우 크고/크거나 온도가 매우 낮을 때, $L(y) \to 1$임을 알 수 있다. 이 경우 $\langle p_0 \cos\theta \rangle \simeq p_0$로, 거의 대부분의 영구쌍극자가 편극장에 정렬한 상태에 해당된다. 그러면 이 물질은 포화되었다고 한다.

그러므로 $\langle p_0 \cos\theta \rangle$의 일반적인 성질은 우리가 예상했듯이 E_p에 대해 선형이 아니다. 매우 작은 y 값에 대해, 즉 작은 E_p와/거나 높은 온도에 대해, $L(y)$를 급수전개하면

$$L(y) \simeq \left(\frac{1}{y} + \frac{y}{3} - \frac{y^3}{45} + \ldots\right) - \frac{1}{y} \simeq \frac{y}{3} \qquad (y \ll 1) \tag{B-30}$$

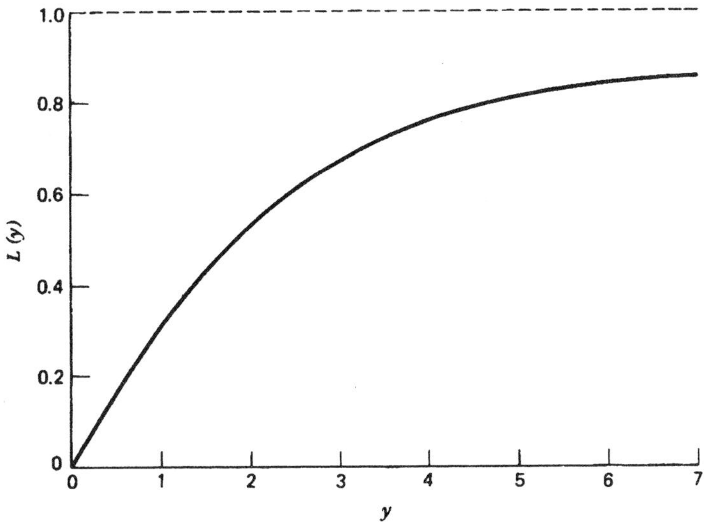

| 그림 B-3 | Langevin 함수.

이 된다. 이것을 (B-28), (B-27), (B-4)와 결합하여, 편극의 크기를

$$P = N\langle p_0 \cos\theta \rangle = \frac{Np_0^2}{3kT}E_p \qquad \text{(B-31)}$$

로 구하면, 이것은 E_p에 선형이다. 이에 해당되는 편극률은

$$\alpha_C = \frac{p_0^2}{3kT} \qquad \text{(B-32)}$$

이고, 이것은 온도에 반비례한다. (B-31)의 결과를 유전체에 대한 Curie의 법칙이라 한다.

(B-30)이 합리적인 근사인지 아닌지를 보기 위해, 어림 계산을 해볼 수 있다. p_0의 대표값은 전자의 전하량에 분자반지름의 수분의 일정도를 곱한 크기이다. a는 10^{-10} m 정도이므로, $p_0 \approx 10^{-30}\mathrm{C\cdot m}$이다. 실온 ($T \simeq 290$ K) 부근의 온도에서 $E_p \ll kT/p_0 \approx 10^9$ V/m이면 $y \ll 1$이다. 이 전기장값은 매우 큰 것으로, (B-31)은 일반적으로 매우 좋은 근사이다.

이와 동일한 조건에서 (B-32)로부터 구한 편극률은 $\alpha_C \approx 10^{-40}\ \mathrm{F\cdot m^2}$이다. (B-10)에 의해 주어지는 유도 분극과 관련된 편극률은 $\alpha \approx 10^{-40}\ \mathrm{F\cdot m^2}$이다. 그러므로 이들 양은 비슷한 크기이다. 따라서 극성분자에 대해 총 편극률은 이들의 합이라고 말하는 것이 적절하다:

$$\alpha_t = \alpha + \alpha_C = \alpha + \frac{p_0^2}{3kT} \qquad \text{(B-33)}$$

그러면 Clausius-Mossotti 관계식 (B-21)과 대응되는 표현식은

$$\frac{3\epsilon_0(\kappa_e - 1)}{N(\kappa_e + 2)} = \alpha + \frac{p_0^2}{3kT} \qquad \text{(B-34)}$$

으로 이것은 Debye 방정식이라 알려져 있다. 좌변의 양을 측정치로부터 계산하여 $1/T$의 함수로 그래프를 그려보면, 직선이 되어야 하고, 이것의 절편은 유도편극률 α를 줄 것이다. 마찬가지로, 그 직선의 기울기는 $p_0^2/3k$가 되고 이것으로부터 p_0을 구할 수 있다.

걸어준 전기장이 없을 때에도 편극을 가질 수 있는 강유전체는, 다소 유사한 자성 물질을 고려해본 다음에 논의하는 것이 좋겠다. 이 논의는 다음 절의 끝부분에서 하겠다.

B-2 정자기 특성

우선 선형 등방성 균질의 자성물질만을 고려하여 보자. (20-52)에서 $\mathbf{M} = \chi_m \mathbf{H}$로 정의된 자기감수율 χ_m을 구하고자 한다. 실용적으로 보면, 이 관계식으로 알맞게 기술할 수 있는 모든 물질에 대하여 $|\chi_m| \ll 1$이라고 알려져 있다. 그래서 (20-56)으로부터 $\mathbf{M} = \chi_m \mathbf{B}/\mu_0$로 사용하더라도 위 식과 거의 동등하게 정확할 것이다. 그래서 우리의 목적에 맞게 정의식을

$$\mathbf{M} = \chi_m \mathbf{H} = \chi_m \left(\frac{\mathbf{B}}{\mu_0} \right) \tag{B-35}$$

라고 쓰겠고, 물질의 내부에서 두 장을 관련시키기 위해 일반적으로 $\mathbf{H} = \mathbf{B}/\mu_0$을 사용하겠다.

바로 앞 절에서는 분자가 있는 곳에서 나머지 모든 전하에 의해 만들어진 전기장으로 분극장 $\mathbf{E}_p$를 도입하였다. 마찬가지로 자화장 *magnetizing field* $\mathbf{H}_m$(그럼으로써 $\mathbf{B}_m$)을 정의하고자 하는데, 이것이 분자에 영향을 주는 장이고, 그 분자 자체에 부여된 전류를 제외한 모든 전류에 의해 만들어진 것이다. (B-13)에 이른 논의는 이 경우에도 이전과 같이 반복할 수 있으며, 거의 모든 설명을 생략하고 즉시

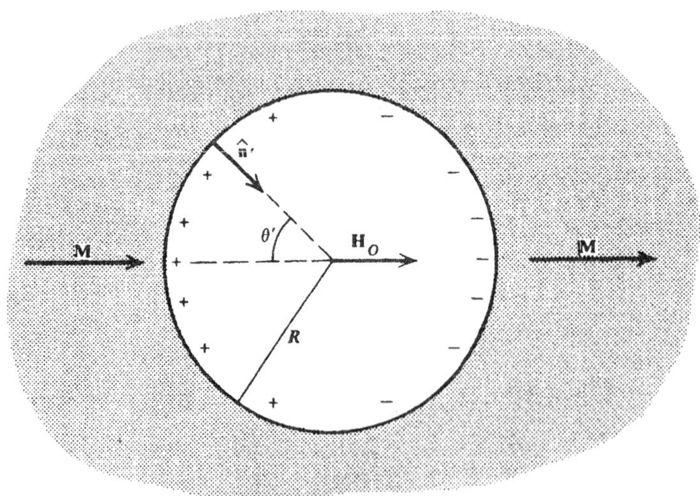

그림 B-4 가상의 구 공동을 사용하여 그 밖에 있는 자화된 물질이 주는 자기장을 계산한다.

$$\mathbf{H}_m = \mathbf{H} + \mathbf{H}_O + \mathbf{H}_I \tag{B-36}$$

로 쓸 수 있다. 여기서 $\mathbf{H}_O$는 그림 B-4에 보인 반지름 R인 구 밖의 연속분포한 자화 $\mathbf{M}$에 기인한 자기장이다. 이 구의 표면에서 $\mathbf{M}$의 법선성분은 불연속이므로, 그리고 물질에는 자유전류가 없으므로, 중심에서의 $\mathbf{H}_O$는, (20-8)에 의한 구속면전류 $\mathbf{K}_m = \mathbf{M} \times \hat{\mathbf{n}}'$을 통해서, 혹은 (20-42)에 의한 자하의 면밀도 $\sigma_m = \mathbf{M} \cdot \hat{\mathbf{n}}'$으로부터 구할 수 있다. 어떤 방법으로든지 결과는 같다. 이 경우, 그림으로부터 $\sigma_m = M \cos\theta'$이고, 부호도 표시되어 있다. $\mathbf{H}_O$의 방향은 $\mathbf{M}$의 방향과 같다. 이러한 자하 분포는 (20-48)과 똑같고, 이에 대한 $\mathbf{H}_O$의 크기는 (20-49)에서 구한 것처럼 $M/3$이다. 이것을 (B-36)에 대입하면

$$\mathbf{H}_m = \mathbf{H} + \frac{\mathbf{M}}{3} + \mathbf{H}_I \tag{B-37}$$

를 얻고, 이것에 해당되는 자기유도는 $\mathbf{B}_O = \mu_0\mathbf{M}/3$이다. [(B-37)과 (20-49) 사이에는 구 안에서 $\mathbf{B}$ 값의 차이뿐 아니라 부호에 있어서도 분명한 차이가 있다. 이것은, (20-49)는 자화 $\mathbf{M}$을 가지고 있는 구로부터 구한 것이지만, 이번 경우는 균일하게 자화된 물질 안의 비어 있는 구 안에서 장을 구한다는 사실로부터 온 차이다. 이것은 그림 20-8과 그림 B-4를 비교해보면 알 수 있다. 두 경우에 있어 극성의 분포는 같은 각도 의존성을 가지고 있지만, $\mathbf{M}$의 방향에 대해 반대 부호를 가지고 있다는 점에 유의하라.—두 그림에서 각 θ'은 서로 다르게 정의되어 있다.]

마찬가지로, 전기의 경우에 $\mathbf{E}_I = 0$인 많은 경우가 있다고 입증하였던 논의가 자기의 경우에도 똑같이 사용될 수 있다. 이것은 (8-84)와 (19-55)의 완전한 유사성 때문인데, 이 식들은 각 쌍극자들의 장을 나타내준다. 따라서 우리는 $\mathbf{H}_I$를 영으로 잡을 수 있는 경우로 국한하겠는데, (B-37)을 근사식 $\mathbf{H} = \mathbf{B}/\mu_0$와 결합하여,

$$\mathbf{B}_m = \mu_0\mathbf{H}_m = \mu_0\left(\mathbf{H} + \frac{\mathbf{M}}{3}\right) = \mu_0\left(1 + \frac{1}{3}\chi_m\right)\mathbf{H} \tag{B-38}$$

로 쓸 수 있고, 이것은 공동 가운데에 있는 분자에 작용하는 자기유도이다.

(20-52) 다음에서 지적하기를, 전기의 경우와 다르게 자기감수율은 음수일 수 있다고 하였다. 그러한 것을 반자성 *diamagnetic* 물질이라 하는데, 이제 이것이 자기장을 걸어 주었을 때 변화하게 되는 전자궤도에 의해 발생하는 유도쌍극자에 기인한다는 것을 보이겠다. 곧 알게 되겠지만, 유도 모멘트는 유도해주는 장의 방향에 반대가 된다.

장이 걸려 있지 않을 때 원자에 있는 전자가 반지름 a의 원궤도를 각속력 ω_0으로 돌고있다고 해보자. 원자 내에서는 내부 상호작용으로 인하여 생기는 구심력 $\mathbf{F}_c$가 전자에 작용하여야 할 것이다. 그 크기는

$$F_c = \frac{m_e v_0^2}{a} = m_e\omega_0^2 a \tag{B-39}$$

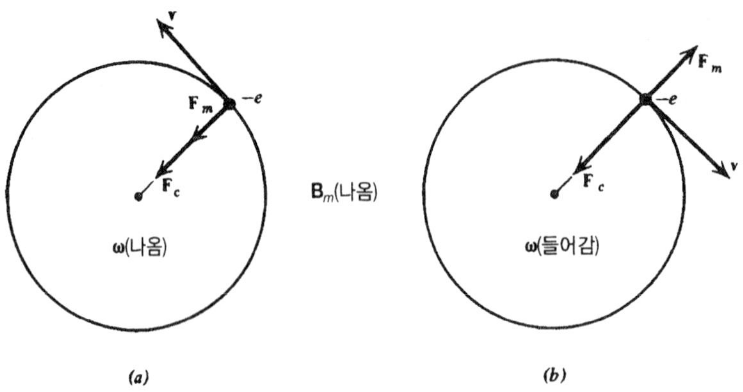

그림 B-5 자기장이 존재할 때 원자 내의 전자에 작용하는 힘.

로 주어진다. 여기서 m_e는 전자의 정지질량이다. $\mathbf{B}_m$장이 존재하게 되면, 전자에는 추가적인 힘이 생길 것이고, (14-30)에 의해 $\mathbf{F}_m = -e\mathbf{v} \times \mathbf{B}_m$으로 주어질 것이다. 문제를 간단히 하여 $\mathbf{v}$와 $\mathbf{B}_m$이 수직이라 하면, 이 힘의 크기는 evB_m일 것이고, $\mathbf{B}_m$에 대해 $\mathbf{v}$의 방향이 어떠한가에 따라 이 힘은 지름방향의 안쪽일 수도 바깥쪽일 수도 있다. 그림 B-5에는 이것을 나타내었는데, $\mathbf{B}_m$이 지면 밖으로 나오는 경우에 해당된다. 그림의 (*a*)에서는 벡터로써의 각속도 $\boldsymbol{\omega}$가 지면에서 나오고 있으며 그래서 $\mathbf{B}_m$과 평행이고, (*b*)에서는 지면 안으로 들어가며 $\mathbf{B}_m$과 반평행이다. 당분간 궤도 반지름이 일정하게 유지되고 있다고 가정하면, F_c도 그럴 것이고, 그러면 새로운 알짜 구심력은

$$F_c \pm evB_m = F_c \pm e\omega aB_m = m_e\omega^2 a \qquad \text{(B-40)}$$

로 쓸 수 있다. 여기서 부호의 선택은 $\mathbf{B}_m$과 비교한 $\boldsymbol{\omega}$의 부호에 대응된다. 즉, (*a*)에 대해서는 양부호이고, (*b*)에 대해서는 음부호이다. $\mathbf{B}_m$이 존재할 때는 $\boldsymbol{\omega}$가 틀림없이 달라진다. (B-39)의 F_c를 대입하여, (B-40)은

$$\omega^2 - \omega_0^2 = (\omega - \omega_0)(\omega + \omega_0) = \pm \frac{e}{m_e}\omega B_m \qquad \text{(B-41)}$$

으로 된다. $\mathbf{B}_m$이 매우 큰 값에서 조차도 진동수 변화 $\Delta\omega = \omega - \omega_0$은 매우 작다고 알려져 있다. 그 결과 $\omega + \omega_0$은 $2\omega_0$으로 근사할 수 있고, 우변의 ω를 ω_0으로 대체할 수 있다. 그리하여

$$\Delta\omega = \omega - \omega_0 = \pm \frac{e}{2m_e}B_m \qquad \text{(B-42)}$$

이 된다. $\boldsymbol{\omega}$가 $\mathbf{B}_m$와 평행이면 ω는 증가하고 반평행이면 감소한다. $eB_m/2m_e$의 수치를 Larmor 진동수라고 부른다.

a를 상수라고 가정하였으므로, ω가 새로운 값을 갖는 다는 것은 전자의 속력 $v = \omega a$가 변한다는 것을 의미한다. 즉 운동에너지가 변했다는 것인데, 그러면 전자에는 일이 하여졌을 것

이다. 자기유도를 영으로부터 $\mathbf{B}_m$까지 변화시키는 과정 동안, (17-6)으로 주어지는 유도 기전력이 있을 것이고,

$$\mathscr{E}_{\text{ind}} = \oint \mathbf{E}_{\text{ind}} \cdot d\mathbf{s} = -\frac{d\Phi}{dt} = -\pi a^2 \frac{dB_m}{dt} \tag{B-43}$$

이 될 것이다. 이것은 유도전기장 $\mathbf{E}_{\text{ind}}$에 해당될 것이고, 이 유도전기장은 그림 B-5에서 시계 방향이다. 그러나 전자의 전하량은 음수이기 때문에, 해당되는 힘 $-e\mathbf{E}_{\text{ind}}$는 유도장에 반대방향일 것이다. 따라서 전자가 궤도를 한 바퀴 돌 때 전자에 하여진 일은 $\pm e|\mathscr{E}_{\text{ind}}|$일 것이고, 부호는 앞에서와 같이 택하면 된다. 전자가 일초 동안에 도는 회전수가 진동수 $\omega'/2\pi$이므로 (여기서 ω'은 각진동수의 순간값이다), 변하는 자기유도가 전하에 하는 일률은

$$\frac{dW}{dt} = \pm \frac{\omega' e}{2\pi}|\mathscr{E}_{\text{ind}}| = \pm \frac{1}{2} e a^2 \omega' \frac{dB_m}{dt}$$

이다. 다시 한 번 반지름 a가 일정하다고 가정하면, 이것을 운동에너지 $\frac{1}{2}m_e v'^2 = \frac{1}{2}m_e a^2 \omega'^2$가 변화하는 율과 같도록 놓을 수 있다. 그래서

$$\frac{d}{dt}\left(\frac{1}{2}m_e a^2 \omega'^2\right) = m_e a^2 \omega' \frac{d\omega'}{dt} = \pm \frac{1}{2} e a^2 \omega' \frac{dB_m}{dt}$$

이다. 이것은 $d\omega' = \pm(e/2m_e)dB_m$임을 말해주고, 그래서 ω의 총 변화는

$$\Delta\omega = \int_0^{B_m} \pm \left(\frac{e}{2m_e}\right) dB_m = \pm \frac{e}{2m_e} B_m$$

일 테고, 이것은 (B-42)와 일치한다.

이들 결과를 벡터형으로 나타내면 좋을 것 같다. 그림 B-6에는 본질적으로 그림 B-5인 것의 측면도를 나타내었다. 두 그림의 (*a*)와 (*b*)는 서로 대응하고, (*c*)는 $\mathbf{B}_m$의 방향을 나타내었다. (*a*)는 (B-42)의 위 부호에 해당되므로, ω의 크기는 증가하고, 그래서 Δω는 $\mathbf{B}_m$과 같은 방향을 갖는다. (B-42)의 아래 부호는 ω 크기의 감소를 나타내고 그래서 그림 B-6의 (*b*)는 Δω

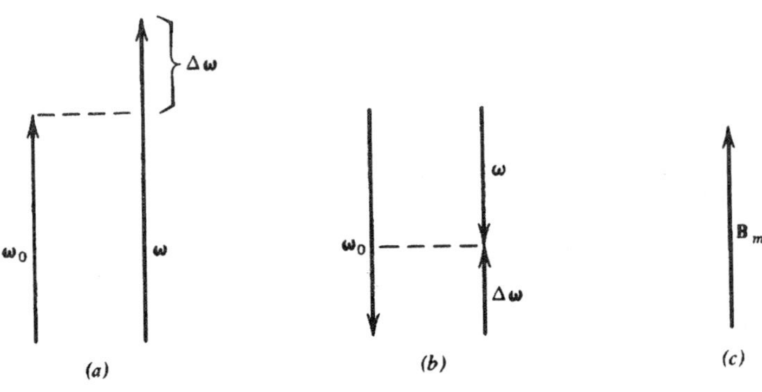

그림 B-6 자화장 때문에 생기는 원자 내 전자의 각속도 변화.

가 이번에도 $\mathbf{B}_m$과 같은 방향임을 말해주고 있다. 그러므로 정해진 궤도의 전자에 대해, 일반적으로

$$\Delta\boldsymbol{\omega} = \frac{e}{2m_e}\mathbf{B}_m \tag{B-44}$$

이다. 이제 이들 결과를 유도쌍극자모멘트와 관련지을 필요가 있다.

그림 B-5의 어느 원에서라도, 원궤도를 돌고 있는 전자는 (14-29)에 의해 전류요소 $I\,d\mathbf{s} = q\mathbf{v} = -e\mathbf{v}$와 동등하며, 그래서 자기쌍극자모멘트 $\mathbf{m}$을 가질 것이다. 그림 B-5a에서는 $\mathbf{m}$이 지면 안으로 들어가므로 $\boldsymbol{\omega}$와 반대방향임을 알 수 있다; (b)에 대해서는 $\mathbf{m}$이 지면에서 나오고 있으므로, $\mathbf{m}$은 이 경우에도 $\boldsymbol{\omega}$에 반대방향이다. (19-27)에 의해 $m = IS = I\pi a^2$이고, 여기서 I는 등가전류의 크기이다. 총 전하 e는 원둘레의 주어진 지점을 매번 한 번씩 지나가므로, 그리고 각 회전에는 주기 $\tau = 2\pi/\omega$와 같은 시간이 걸리므로, 등가전류는 $I = e/\tau = e\omega/2\pi$이고, 그래서 $m = \frac{1}{2}ea^2\omega$이다. 이들을, $\mathbf{m}$이 $\boldsymbol{\omega}$와 반대방향이라는 사실과 결합하면, 정해진 궤도에 있는 전지에 대해

$$\mathbf{m} = -\tfrac{1}{2}ea^2\boldsymbol{\omega} \tag{B-45}$$

로 구해진다.

우리는 사실 $\mathbf{B}_m$에 의해 만들어진 유도모멘트, 즉 변화량 $\Delta\mathbf{m}$에 관심이 있다. (B-45)로부터 $\Delta\mathbf{m}$을 계산하고 (B-44)를 사용하여

$$\Delta\mathbf{m} = -\tfrac{1}{2}ea^2\,\Delta\boldsymbol{\omega} = -\frac{e^2}{4m_e}a^2\mathbf{B}_m \tag{B-46}$$

을 얻는다. 이것은 $\sim e^2$이므로 실제로 전하의 부호와 무관함에 유의하자. 원자 내의 각 전자는 이와 같은 기여를 줄 것이고, 여기서 a^2은 적절한 값을 가지게 된다. (B-46)은 $\mathbf{B}_m$이 궤도평면에 수직이라는 가정에 의해 구했었다. $\mathbf{B}_m$이 z축 방향에 놓여 있다면, j 번째 전자에 대해 $a^2 = x_j^2 + y_j^2$일 것이다. 그러므로 모든 전자에 대해 더하고 모든 방향에 대해 평균을 내면, 분자 하나에 대한 평균 유도쌍극자모멘트는

$$\langle\Delta\mathbf{m}\rangle = -\frac{e^2}{4m_e}\left\langle \sum_j \left(x_j^2 + y_j^2\right)\right\rangle\mathbf{B}_m = -\frac{e^2}{4m_e}\left[\sum_j \left(\langle x_j^2\rangle + \langle y_j^2\rangle\right)\right]\mathbf{B}_m$$

으로 구해지며, 여기에 단위체적 당의 분자수 N을 곱하면 그리고 (B-38)을 이용하면, 자화를

$$\mathbf{M} = -\frac{\mu_0 N e^2}{4m_e}\left[\sum_j \left(\langle x_j^2\rangle + \langle y_j^2\rangle\right)\right]\mathbf{H}_m \tag{B-47}$$

로 구하게 된다. 곧 알게 되겠지만 이 경우 $|\chi_m| \ll 1$이고 (B-38)에 의해 $\mathbf{H}_m \simeq \mathbf{H}$이며, 그러면 (B-47)을 (B-35)와 비교하여 감수율은

$$\chi_m = -\frac{\mu_0 Ne^2}{4m_e}\sum_j\left(\langle x_j^2\rangle + \langle y_j^2\rangle\right) \tag{B-48}$$

이다. 이 표현식에 있는 모든 항들이 양수이므로 감수율은 음이다. 그러므로 우리가 논의하고 있는 작동원리는 실제로 반자성으로 귀결된다.

등방적인 전하분포를 가지고 있는 원자에 대해, (B-17) 다음에 나오는 결과를 사용할 수 있고, 핵으로부터의 주어진 거리 r_j에 대하여 $\langle x_j^2\rangle = \langle y_j^2\rangle = \frac{1}{3}r_j^2$이며, 이것을 (B-48)에 넣을 때 드디어

$$\chi_m = -\frac{\mu_0 Ne^2}{6m_e}\sum_j r_j^2 = -\frac{\mu_0 NZe^2}{6m_e}\langle r^2\rangle \tag{B-49}$$

을 얻는다. 여기서 Z는 전자의 수이다.

수치예를 들기 위하여 표준 온도와 기압 (0° C와 1 기압)에서의 헬륨을 고려해보자. 이 때 $N \simeq 3 \times 10^{25}\ \mathrm{m}^{-3}$이다. 또한 $Z = 2$와 $\langle r^2\rangle \approx 10^{-20}\ \mathrm{m}^2$으로 잡으면, $\chi_m \approx -3 \times 10^{-9}$이다. 이 값은 대충 관측된 값과 같으며, 또한 $|\chi_m| \ll 1$이라는 주장을 정당화하게 되었다.

χ_m이 양수인 상자성 *paramagnetism* 의 경우는 영구자기쌍극자의 존재에 의해 생겨난다. (B-45)에서는 정해진 궤도에 있는 전자에 대한 자기쌍극자모멘트를 구했었다. 이 식에 m_e를 한 번 곱해주고 한번 나누어주면

$$\mathbf{m}_{\text{궤도}} = -\left(\frac{e}{2m_e}\right)(m_e a^2)\boldsymbol{\omega} = -\frac{e}{2m_e}\mathbf{l} \tag{B-50}$$

를 얻는다. 여기서 $m_e a^2$는 입자의 관성모멘트이기 때문에 $\mathbf{l}$는 전자의 궤도각운동량이다. 비례인자 $(-e/2m_e)$는 **자기회전비율** *gyromagnetic ratio* 라고 부른다. (B-50)은 전자의 자기특성과 역학특성을 연결시켜주고 있으며, $\mathbf{m}$은 항상 $\mathbf{l}$의 반대방향을 향한다는 것을 알 수 있다. [(B-45)에 이르는 유도과정을 임의 전하 q에 대해 반복한다면, $\mathbf{m}_{\text{궤도}} = (q/2m_q)\mathbf{l}$를 얻게 된다. 여기서 m_q는 그 입자의 질량이다. 그러므로 양전하에 대해서 $\mathbf{m}$과 $\mathbf{l}$은 항상 같은 방향이다.] (B-50)을 분자의 모든 전자에 대해 더하면, 총 모멘트를

$$\mathbf{m}_{\text{궤도}} = -\frac{e}{2m_e}\sum_j \mathbf{l}_j = -\frac{e}{2m_e}\mathbf{L} \tag{B-51}$$

로 얻게 되는데, 여기서 $\mathbf{L}$은 분자의 총 궤도각운동량이다.

그러나 실제는 이것보다 더 복잡하다. 양자역학에 의하면, 이 궤도각운동량과 더불어 전자는 **고유각운동량** *intrinsic angular momentum*(혹은 **스핀** *spin*) $\mathbf{s}$ 및 이와 관련된 자기모멘트 $\mathbf{m}_s$를 갖는다. 이들 사이의 관계는 (B-50)의 두 배이다:

$$\mathbf{m}_s = -2\left(\frac{e}{2m_e}\right)\mathbf{s} \tag{B-52}$$

(B-52)를 분자 내 모든 전자에 대하여 합하고, 그 결과를 (B-51)과 더하면, 총 자기쌍극자모멘

트는

$$\mathbf{m} = -\frac{e}{2m_e}(\mathbf{L} + 2\mathbf{S}) \tag{B-53}$$

이다. 여기서 $\mathbf{S} = \Sigma_j \mathbf{s}_j$이다. 분자가 영구쌍극자모멘트를 가지기 위해서는, 이 값이 영이어서는 안 된다. 또한 많은 경우에 (B-53)은 총 각운동량 $\mathbf{J} = \mathbf{L} + \mathbf{S}$로

$$\mathbf{m} = -g\frac{e}{2m_e}\mathbf{J} \tag{B-54}$$

처럼 쓸 수 있다. 여기서 g는 단위차원이 없는 양으로 Lande g-인자라고 알려져 있다. g는 1 정도의 수치를 갖는데, 특히 양자역학적인 방법으로 계산하여야 한다. **J**의 수치는 $h/2\pi$의 정수배라고 보일 수 있는데 (여기서 h는 Planck 상수), 원자 쌍극자모멘트를 보어마그네톤 *Bohr magneton* $\mu_e = eh/4\pi m_e = 9.27 \times 10^{-24}\ \mathrm{A \cdot m^2}$의 단위로 재는 것이 일반적이다.

(B-54)에서의 주요 관심사는 이 식이 영구 자기쌍극자모멘트 $\mathbf{m}_0$의 가능성을 보여준다는 것이다. 자기유도 $\mathbf{B}_m$이 존재할 때, 모멘트는 (19-40)으로 주어지는 상호작용에너지, 혹은 배향에너지를 가질 것이고, 이것은 (B-38)을 사용하여 $U'_D = -\mathbf{m}_0 \cdot \mathbf{B}_m = -\mu_0 \mathbf{m}_0 \cdot \mathbf{H}_m$이다. 이것을 (B-25)와 (그래서 (B-28)이 되었는데) 비교하면, 이전과 똑같은 계산을 할 수있음을 알게 될 텐데, 자화장 방향으로의 $\mathbf{m}_0$ 성분의 평균은

$$\langle m_0 \cos\theta \rangle = m_0 L\left(\frac{\mu_0 m_0 H_m}{kT}\right) \tag{B-55}$$

가 된다. 여기서 $L(y)$는 역시 Langevin 함수 (B-29)이다. 마찬가지로 $L(y) \simeq \frac{1}{3}y$인 조건에 대해, 자화는

$$M = N\langle m_0 \cos\theta \rangle = \frac{N\mu_0 m_0^2}{3kT}H_m \tag{B-56}$$

이 될 것이고, 그 결과 감수율은

$$\chi_m = \frac{N\mu_0 m_0^2}{3kT} \tag{B-57}$$

이 된다. 이것은 양수이므로 상자성이 된다. 이 결과를 자성체에 대한 Curie의 법칙이라 한다.

수치예로써, m_0을 보어마그네톤이라 잡고, $N \simeq 3 \times 10^{25}\ m^{-3}$인 기체를 고려해보자. $\chi_m \simeq 3 \times 10^{-7}$으로 구해지고, 이것이 대략 측정되는 값이다. 이것은 반자성 경우의 비교값 보다 100배가량 큰 값이다. 일반적으로 이렇게 된다. 모든 물질은 감수율에 반자성 기여를 준다고 예상할 수 있지만, 만일 어떤 물질이 영구쌍극자도 가지고 있으면, 해당 상자성 감수율은 매우 커서 전체 감수율로 삼아도 된다. 또한 주장하던대로 $\chi_m \ll 1$임에 주목하라. 따라서, (B-56)의 H_m은 (B-38)에서 보았듯이, 보통 H로 대체할 수 있다.

강자성 *ferromagnetic* 물질의 흥미로운 성질 한 가지는, 외부장 **B**가 없는 데도 영구쌍극자

들이 어느 정도까지 정렬할 수 있다는 점인데, 그리하여 강자성물질은 **영구자화** *permanent magnetization*를 갖는다고 한다. 이러한 일이 어떻게 일어나는지는 Weiss가 도입한 간단한 현상론적 이론으로 알 수 있다. 자화장은 (B-38)과 비슷하게

$$H_m = H + \lambda M \tag{B-58}$$

로 쓸 수 있고, 여기서는 **M**과 **H**가 평행인 경우만을 고려한 것이다. 계수 λ는 실험으로 구하게 될 것이다. (B-38)에서 예상할 수도 있는 $\lambda = \frac{1}{3}$로 취하지 않는 이유를 곧 알게 될 것이다. 여전히 (B-55)를 사용할 수 있다고 가정하면,

$$M = Nm_0 L(y) \tag{B-59}$$

$$y = \frac{\mu_0 m_0}{kT}(H + \lambda M) \tag{B-60}$$

로 쓸 수 있다. (B-60)을 M에 대하여 풀면,

$$M = \left(\frac{kT}{\lambda \mu_0 m_0}\right) y - \frac{H}{\lambda} \tag{B-61}$$

이 된다. B-59와 B-61식은 M이 만족해야 하는 연립방정식이다. 이 둘을 y의 함수로 그래프 그려보면, M 값은 두 곡선의 교점에 의해서 주어진다. 이것이 그림 B-7에 그려져 있다. T가 증가함에 따라, (B-61)의 직선 기울기는 증가하고, 그림에서 보아 알 수 있듯이 교점은 더 작은 M 값에 해당될 것이다.

$H = 0$이더라도, 여전히 곡선들이 교점을 가질 가능성이 있고, 그림 B-8에 보인 것처럼 $M \neq 0$이다. 이 자화는 흔히 **자발자기화** *spontaneous magnetization* M_s라 불린다. T가 증가함에

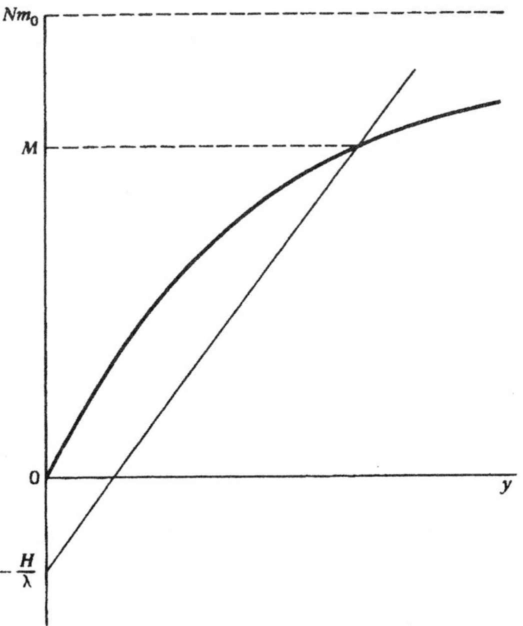

그림 B-7 Weiss 이론에 따른 자기화 계산.

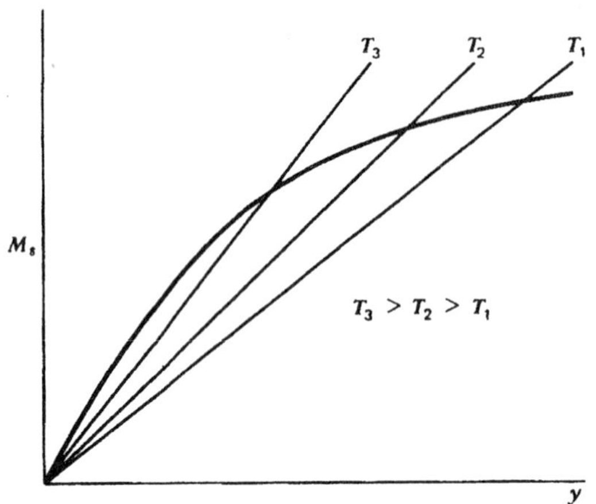

그림 B-8 자발자기화의 계산.

따라 교점의 위치는 $L(y)$의 아래로 내려와서, $M_s(T)$는 감소한다. 직선의 기울기가 (B-59)의 시작 부분 기울기, 즉 (B-30)에 의해 $\frac{1}{3}Nm_0$보다 클 때, $M_s = 0$임을 알 수 있다. T_c가 이 극한에서의 온도라면, (B-61)로부터 $(kT_c/\lambda\mu_0 m_0) = \frac{1}{3}Nm_0$인데, 그래서

$$T_c = \frac{\lambda\mu_0 N m_0^2}{3k} \tag{B-62}$$

이고

$$M_s = 0 \quad (T \geq T_c \text{ 에 대해}) \tag{B-63}$$

이다. T_c를 Curie 온도라 한다. 그림 B-8의 방법으로 구한 M_s 값을 그림 B-9에 보였다. 더 정확한 양자역학적 계산보다 고전적인 계산을 사용한다고 하더라도, 전반적인 특성은 관측된 것과 놀랄 만큼 잘 일치한다.

$y \ll 1$이면, (B-30)을 (B-59)에 사용할 수 있고, (B-60)을 그 결과에 대입하고 M에 대하여 풀 때,

$$M = \frac{N\mu_0 m_0^2 H}{3k(T - T_c)} \tag{B-64}$$

를 구하게 된다. 이 때, (B-62)도 함께 사용하였다. 그러므로 Curie 온도보다 꽤 높은 온도에서, 자기화는 H에 비례한다. 즉, 그 물질은

$$\chi_m = \frac{N\mu_0 m_0^2}{3k(T - T_c)} \tag{B-65}$$

로 주어지는 "상자성" 감수율을 갖는다. 이것은 Curie-Weiss 법칙이라 알려져 있고 실험과도 잘 일치한다.

이제 특성변수 λ를 계산해볼 차례가 되었다. 철의 경우 $m_0 \simeq 2\mu_e$이고 $T_c = 1043$ K이다.

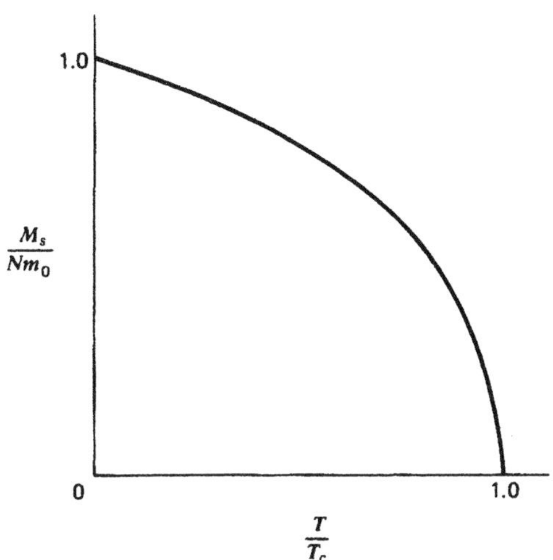

그림 B-9 온도의 함수로 보인 자발자기화.

분자량 A, 질량밀도 d, Avogadro의 수 N_A로부터 구한 N 값은 $N = N_A d/A \simeq 8.5 \times 10^{28}\ \text{m}^{-3}$이다. 이들을 (B-62)에 넣어 $\lambda \simeq 4700$으로 구해진다. 이것은 대단히 큰 수로 어떤 고전 계산으로도 이해할 수 없다. 그 이유는 (B-38)의 결론을 이끌어 낸 과정에서 $\lambda \simeq 1$이라고 예상하였기 때문이다. Heisenberg는 이 큰 값의 λ는 특별히 양자역학적이고, 그 기원은 정전기적이라고 입증하였다. 전자 스핀이 평행이거나 반평행으로 정렬할 때, 전하분포는 평행의 배치를 선호하도록 변화되고, 이것이 자발자기화에 이른다는 것이다.

20-7절에서 논의된 이력현상 *hysterisis*는 **구역** *domain*의 존재와 관련이 있는 것으로 알려졌다. 각 구역에서 영구쌍극자는 정렬되어 있으나, 개별적인 구역의 자기화를 합성할 때 각 구역의 자기화가 모두 평행은 아니다. 외부장이 걸리면, 몇 가지 복합적인 효과가 생겨나는데, 구역들이 회전하여 걸어준 장의 방향으로 정렬하면서, 장에 대충 평행이던 구역은 그 크기를 키워가고, 대충 다른 방향을 향하던 구역은 크기를 줄여간다. 전체적인 결과는 그림 20-19에 보인 형태의 자기화 곡선이다.

영구전기분극을 가지고 있는 많은 강유전 물질은, Weiss 형식의 이론에서 기호를 적절히 바꾸어서 논의할 수 있다. 그래서 (B-18) 대신, $\mathbf{E}_p = \mathbf{E} + (\lambda_e/\epsilon_0)\mathbf{P}$로 쓸 수 있고, (B-59), (B-61), (B-62), (B-65)의 유사형은

$$P = Np_0 L(y) \tag{B-66}$$

$$P = \left(\frac{\epsilon_0 kT}{\lambda_e p_0}\right) y - \frac{\epsilon_0 E}{\lambda_e} \tag{B-67}$$

$$T_c = \frac{\lambda_e N p_0^2}{3\epsilon_0 k} \tag{B-68}$$

$$\chi_e = \frac{N p_0^2}{3\epsilon_0 k (T - T_c)} \tag{B-69}$$

로 구해진다. 사실상, Weiss 이론은 강유전체 물질에 대해서는 강자성 물질에서 만큼 잘 맞지 않는다. 꽤 잘 적용될 것 같으면서도, 특성변수 λ_e는 보통 훨씬 작다고 알려져 있다. 강유전체 물질도 이력현상을 보여주고, 구역이 존재한다는 증거도 있다.

B-3 시간변화하는 장에의 응답

24-8절에서, Maxwell 방정식이 예측하는 것과 실험결과 사이의 자세한 비교를 할 때, 전자기 특성변수 μ, ϵ, σ는 단순히 상수라기보다는 각진동수 ω의 함수로 다루어야 한다는 점을 지적했었다. 또한 전도도도 미시적 관점에서 논의하였었고, (24-130)에서는 σ가 진동수에 대한 복소수 함수로 나왔었다. 전도도 표현식은 전하운반자의 관성을 포함하고, 속도에 비례하는 역학적 저항력을 포함하고 있었다. 이러한 특성변수의 진동수에 관한 일반적인 의존성을 분산 *dispersion*이라 부르고, 이것의 기원을 좀 더 자세히 고려해보고자 한다. 여기서는 매질 속을 전파해 나아가는 평면파에 대한 매질 응답의 경우만으로 제한하기로 한다. 이것이 가장 일반적인 경우는 아닐지라도, 기본적인 모습을 설명하는 데는 충분할 것이다.

(24-38)과 (24-29)를 복습하면, z방향으로 전파하는 평면파의 가장 일반적인 모습은 복소수 전파상수

$$k = \alpha + i\beta \tag{B-70}$$

를 관련시키는 것으로,

$$\mathbf{E} = \mathbf{E}_0 e^{i(kz-\omega t)} = \mathbf{E}_0 e^{-\beta z} e^{i(\alpha z - \omega t)} \tag{B-71}$$

이다. 그러므로 k의 실수부는 파동속도를 결정해주지만, 허수부는 파동의 감쇠를 나타내준다. k와 매질의 특성 사이의 기본적인 관계는 (24-135)에서 주어져

$$k^2 = \omega^2\mu\left(\epsilon + i\frac{\sigma}{\omega}\right) = \frac{\omega^2\kappa_m}{c^2}\left(\kappa_e + \frac{i\sigma}{\omega\epsilon_0}\right) \tag{B-72}$$

이고, 여기서 (10-53), (20-55), (23-5)를 사용하였다. 또한 (24-56)과 (24-57)에서 이 상황을 복소수 굴절률로 나타낼 수도 있다는 것을 알았다. 그것을

$$\mathcal{N} = \left(\frac{c}{\omega}\right)k = n + i\eta \tag{B-73}$$

로 쓴다. 여기에서 n은 보통의 굴절률이고, [(24-57)에서 n'으로 씀] η는 (B-70)과 (B-71)을 통해서 감쇠를 나타낼 것이다. (B-73)과 (B-72)를 비교하여,

$$n + i\eta = \left[\kappa_m\left(\kappa_e + \frac{i\sigma}{\omega\epsilon_0}\right)\right]^{1/2} \tag{B-74}$$

임을 알 수 있다. 간단히 하기 위해 물질은 비자성이라고 가정하여 $\kappa_m = 1$이라 하자. 또한 이것이 비도체라면, $\sigma = 0$이기도 하여 (B-74)는

$$n + i\eta = \sqrt{\kappa_e} \qquad \text{(B-75)}$$

가 된다. 지금까지 우리가 고려하여온 감쇠의 유일한 원인은 전도도이었는데도, $\mathcal{N}$을 여전히 복소수로 쓰고 있다. 곧 알게 되겠지만, 전하 운동에도 감쇠가 존재하기 때문에 비도체 물질도 감쇠에 이를 수 있다. $\sigma \neq 0$인 좀 더 일반적인 경우에 대해서는 이 절의 뒷부분에서 다시 다루겠다.

(B-75)의 형태는 우리의 접근방식이 어떠하리라는 것을 말해주고 있다. B-1절에서처럼, 입사장은 전기쌍극자모멘트를 유도시킨다고 예상되는데, 이는 전하들이 평형위치로부터 변위를 가질 것이기 때문이다. 이것으로부터 분극을 구할 수 있고, 그 다음에는 (B-1)으로부터 감수율 χ_e를 구한다. 끝으로 κ_e는 $1 + \chi_e$에 의해 주어지고 이것을 (B-75)에 대입하여 매질의 전반적인 응답을 구하게 된다.

전자의 질량에 비해 핵의 질량은 매우 크므로, 핵은 정지해 있다고 가정해도 좋은 근사가 될 것이다. 따라서 전자의 운동만을 고려하면 된다. 이러한 취급을 흔히 물질의 전자이론이라 부른다. 평형위치로부터 전자의 변위를 $\mathbf{r}$이라 한다면, (B-7)에서 한 것처럼 역학적 복원력 $\mathbf{F}_m$을 가정하여 $\mathbf{F}_m = -K\mathbf{r} = -m_e\omega_0^2\mathbf{r}$로 쓸 수 있다. 여기서 ω_0은 전하의 진동에 대한 자연진동수이다. (12-36)과 (24-125)에서처럼, 속도에 비례하는 모종의 저항적 감쇠력도 가정할 수 있고, $\mathbf{F}_d = -\xi\mathbf{v} = -m_e\gamma\mathbf{v}$라 하자. 여기서 γ는 이제 감쇠력을 측정하는데 쓰인다. 끝으로 파동에 의해 생겨나는 장은 Lorentz 힘을 만들어내고, 이것은 (21-29)에 의해 $\mathbf{F}_l = -e(\mathbf{E}_p + \mathbf{v} \times \mathbf{B}_m)$이고, 여기서 $\mathbf{E}_p$와 $\mathbf{B}_m$은 (B-18)과 (B-38)의 합성 유도전자기장이다. 이들 알짜 힘을 질량 곱하기 가속도로 놓으면, 운동방정식을

$$\mathbf{F}_{\text{net}} = m_e\mathbf{a} = -m_e\omega_0^2\mathbf{r} - m_e\gamma\mathbf{v} - e\left(\mathbf{E}_p + \mathbf{v} \times \mathbf{B}_m\right) \qquad \text{(B-76)}$$

로 구하게 된다.

우리는 n이 1 정도의 크기인 매질만을 고려하겠다. 이 경우 (24-34)로부터 $|\mathbf{B}_m| \approx |\mathbf{E}_p|/c$임을 알고 있는데, 이 장들이 입사파의 장보다 크게 다르지 않기 때문이다. 그러면 자기력과 전기력의 비는 근사적으로

$$\frac{F_{\text{자기}}}{F_{\text{전기}}} \approx \frac{evB_m}{eE_p} \approx \frac{v}{c} \ll 1$$

이 될 텐데, 그리하여 $\mathbf{v} \times \mathbf{B}_m$항을 무시하여 (B-76)을 더 간단히 할 수 있다. 그러면 전자의 정상상태 변위는 $\mathbf{E}_p$에 평행일 것이다. 이제는 일차원 문제가 되었고, 변위를 x라 한다면, z 방향으로 진행하는 파동에 대하여 (B-76)을

$$m_e\left(\frac{d^2x}{dt^2} + \gamma\frac{dx}{dt} + \omega_0^2 x\right) = -eE_p = -eE_{p0}e^{i(kz-\omega t)} \qquad \text{(B-77)}$$

로 쓸 수 있다. 여기에서 분자의 크기에 걸쳐있는 kz의 변화량은 $2\pi a/\lambda$정도의 크기가 될 것이다. a는 분자의 반지름이다. 이제 $a \ll \lambda$라 가정한다. $a \approx 10^{-10}$ m이므로, 이 조건은 자외

선 영역에 까지도 만족된다. 자외선보다 짧은 파장의 영역에서는 어찌되었든 양자역학적 기술이 필요하다. 전기장이 z_0에 위치해 있는 분자의 체적에 걸쳐 일정하다고 근사할 수 있으면, 일정한 인자 e^{ikz_0}을 진폭 E_{p0}에 흡수시키며, 남게 되는 것은 사인형 시간변화이고, (B-77)은

$$m_e\left(\frac{d^2x}{dt^2}+\gamma\frac{dx}{dt}+\omega_0^2x\right)=-eE_{p0}e^{-i\omega t}=-eE_p \tag{B-78}$$

이 된다. 이것은 강제감쇠조화진동자의 운동방정식임을 알 수 있다.

우리에게 관심이 있는 (B-78)의 해는 정상상태의 변위 뿐인데, 그 해는 $x = x_0e^{-i\omega t}$(x_0은 상수)의 형이라고 가정하여 구할 수 있다. 이것을 (B-78)에 대입하여

$$x=x_0e^{-i\omega t}=\frac{-(e/m_e)E_{p0}e^{-i\omega t}}{\omega_0^2-\omega^2-i\gamma\omega} \tag{B-79}$$

를 얻는다. 장의 방향에 있는 해당 유도쌍극자모멘트는 (B-3)의 일차원형태로부터 구할 수 있는데, 여기서는 x가 변위임을 기억하면

$$p=-ex=p_0e^{-i\omega t}=\frac{(e^2/m_e)E_{p0}e^{-i\omega t}}{\omega_0^2-\omega^2-i\gamma\omega} \tag{B-80}$$

이고, 이 때 핵은 여전히 정지해 있다고 가정하였다. 분자 안에 이런 형태의 전자가 n_0 개 있다면, 쌍극자모멘트에의 총 기여는

$$n_0p=\frac{n_0(e^2/m_e)E_p}{\omega_0^2-\omega^2-i\gamma\omega} \tag{B-81}$$

가 될 것이다. 여기서 $E_p = E_{p0}e^{-i\omega t}$이다. 전자들은 여러 부류의 것들이 있을 수 있으므로, 모두 동일한 상황에 있다고 예상할 수는 없다. 그래도 이 결과는 쉽게 일반화할 수 있다. 분자 내에 특성 자연진동수 ω_k를 갖는 전자의 수가 n_k 개라 하면, 그리고 이들의 감쇠상수가 γ_k이면, (B-81)을 모든 부류에 대해 합하여 총 유도쌍극자모멘트를 얻을 수 있다:

$$\langle p\rangle=E_p\sum_k\frac{n_k(e^2/m_e)}{\omega_k^2-\omega^2-i\gamma_k\omega}=\alpha E_p \tag{B-82}$$

여기서 α는 (B-9)에 따른 편극률이다. 보다시피 α는 복소수이며 진동수에 의존한다. 더 나아가기 전에 이 결과를 정적 상태 ($\omega = 0$)과 비교할 수 있다. (B-82)로부터

$$\alpha(0)=\sum_k\frac{n_ke^2}{m_e\omega_k^2}=\sum_k\frac{n_ke^2}{K_k}=\sum_j\frac{e^2}{K_j}$$

인데, 마지막 단계에서는 부류 k에 대한 합을 각 전자 j에 대한 합으로 바꾸었다. (전자의 총 수는 $Z_t = \Sigma_k n_k$이다.) 이 결과를 (B-9)과 비교할 때, 핵에 의한 힘의 상수가 매우 커서 $1/K_i \simeq 0$이라는 가정을 기억한다면, 두 결과가 같다는 것을 알 수 있다.

(B-20)로부터 (B-21)로의 유도과정은 여전히 유효하여, (B-21), (B-82), (B-75)를 결합하면,

기본적인 결과

$$\frac{(n+i\eta)^2-1}{(n+i\eta)^2+2}=\frac{N\alpha}{3\epsilon_0}=\frac{N}{3\epsilon_0}\sum_k\frac{n_k(e^2/m_e)}{\omega_k^2-\omega^2-i\gamma_k\omega} \tag{B-83}$$

를 얻게 된다. 여기서 N은 단위체적당의 분자수이다. (합은 한 분자에 대해 실행되므로 N에는 무관하다.) (B-83)의 양변에서 실수부와 허수부를 등식으로 놓아서 n과 η를 구할 수 있다. 이 결과를 정성적으로 점검해보기 위해, 모든 $\gamma_k = 0$으로 놓으면, 우변은 실수가 되고 $\eta = 0$이 된다. 그러므로 우리가 예상하던 대로, 파동으로부터 에너지를 흡수하고 파동을 잦아들게 하는 것은 운동방정식에서 감쇠항이다. 마찬가지로, $\omega = 0$일 때, $\eta = 0$이다. 그러므로 정적인 경우에는 감쇠가 없다.

특별한 경우로, $\eta = 0$으로써 완전히 투명한 물질을 고려해보자. 그러면, 고정된 진동수 ω에 대해서, (B-83)은

$$\left(\frac{n^2-1}{n^2+2}\right)\frac{1}{N}=\frac{\alpha(\omega)}{3\epsilon_0}=\text{상수} \tag{B-84}$$

가 된다. 이 결과는 Lorentz-Lorentz 법칙이라고 알려져 있는데, 굴절률이 물질의 밀도에 따라 어떻게 변하는지를 나타내어주고 있다. 이 식은 많은 물질에서 아주 정확한 것으로 알려져 있고, 액체에서 기체로 상태가 변화하는 경우에는 근사적으로 성립한다. 정적인 경우 ($\omega = 0$) n^2을 κ_e로 대체할 수 있는데, (B-84)는 (B-21)의 Clausius-Mossotti 관계식이 됨에 주목하자. (B-83)으로 계속 계산하는 대신, 다소 간단한 상황을 생각해보자.

많은 경우에, 특히 기체의 경우, α는 매우 작은 값이라고 알려져 있으므로, $n \simeq 1$이고 $\eta \simeq 0$이다. 따라서, $|n + i\eta| \simeq 1$이고, (B-83)의 좌변 중 분모를 3으로 근사할 수 있다. 그러면 $(n + i\eta)^2 \simeq 1 + (N\alpha/\epsilon_0)$이고 $n + i\eta \simeq [1 + (N\alpha/\epsilon_0)]^{1/2} \simeq 1 + (N\alpha/2\epsilon_0)$이므로

$$n+i\eta=1+\frac{N}{2\epsilon_0}\sum_k\frac{n_k(e^2/m_e)}{\omega_k^2-\omega^2-i\gamma_k\omega} \tag{B-85}$$

이다. n과 η는, 합 안에서 분자와 분모에 $(\omega_k^2 - \omega^2 + i\gamma_k\omega)$를 곱하고 양변에서 실수부와 허수부를 등식으로 놓아 구할 수 있고, 그 결과는

$$n=1+\frac{N}{2\epsilon_0}\sum_k\frac{n_k(e^2/m_e)(\omega_k^2-\omega^2)}{(\omega_k^2-\omega^2)^2+(\gamma_k\omega)^2} \tag{B-86}$$

$$\eta=\frac{N}{2\epsilon_0}\sum_k\frac{n_k(e^2/m_e)\gamma_k\omega}{(\omega_k^2-\omega^2)^2+(\gamma_k\omega)^2} \tag{B-87}$$

이다. 한 가지 부류의 전자만 있다 하고 한 벌의 상수 n_0, ω_0^2, γ를 가정하면 진동수 의존성의 일반적인 특성을 좀 더 쉽게 알아볼 수 있다. 이 때 이들 결과는

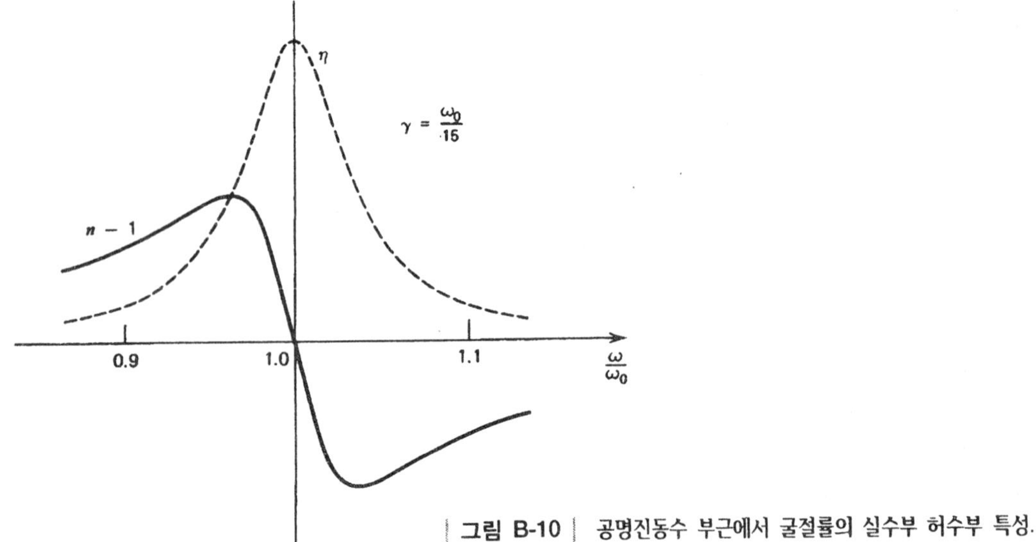

| 그림 B-10 | 공명진동수 부근에서 굴절률의 실수부 허수부 특성.

$$n - 1 = \frac{Nn_0(e^2/2m_e\epsilon_0)(\omega_0^2 - \omega^2)}{(\omega_0^2 - \omega^2)^2 + (\gamma\omega)^2} \tag{B-88}$$

$$\eta = \frac{Nn_0(e^2/2m_e\epsilon_0)\gamma\omega}{(\omega_0^2 - \omega^2)^2 + (\gamma\omega)^2} \tag{B-89}$$

가 되고, 이것을 그림 B-10에 ω의 함수로 보였다. ω_0 부근의 진동수 영역에서는 n과 η는 둘 다 급격히 변하는데, 이것을 **비정상분산** *anomalous dispersion*이라 한다. 일반적인 경우의 (B-86)과 (B-87)은, n과 η의 곡선이 각 ω_k 부근의 비정상분산들이 중첩하여 구성되고, 이것이 기체에서 발견되는 분산곡선의 일반적인 형태이다. 이와 같은 분산곡선을 실험치와 맞추어, n_k, ω_k, γ_k의 양들을 계산할 수 있다.

(B-83)을 다시 살펴보며 간단히 $\eta \simeq 0$으로 가정하면, 좀 더 일반적인 상황에서도 동일한 진동수 ω_k 부근에서 비정상분산을 관찰할 수 있을 것이다. 다만, $(n - 1)$ 대신 $(n^2 - 1)/(n^2 + 2)$이 있을 것이다.

이번에는 매질이 자유롭게 운동할 수 있는 전자들도 포함하고 있다고 가정해보자. 그러면 매질은 전도특성도 가지고 있을 것이다. (B-74)로부터 이 문제는 κ_e에 $(i\sigma/\omega\epsilon_0)$을 더하여 간단히 처리할 수 있음을 알 수 있다. 그러므로, 비도체의 경우에 대한 값을 $(n + i\eta)_{nc}$라고 부른다면, (B-74), (B-75), (B-83)으로부터, $\kappa_m \simeq 1$때

$$(n + i\eta)^2 = (n + i\eta)_{nc}^2 + \frac{i\sigma}{\omega\epsilon_0} = \frac{1 + (2N\alpha/3\epsilon_0)}{1 - (N\alpha/3\epsilon_0)} + \frac{i\sigma}{\omega\epsilon_0} \tag{B-90}$$

가 된다. 자유롭게 돌아다니는 전자는 복원력을 받지 않는 것에 해당되므로, 이에 대해 $\omega_0^2 = 0$이다. 그러므로 (B-78)로부터 구하는 운동방정식은

$$m_e\left(\frac{d^2x}{dt^2}+\gamma_0\frac{dx}{dt}\right)=-eE_{p0}e^{-i\omega t}$$

의 형태가 될 것이다. 이것은 바로 (24-127)의 방정식이고, 이전에 $\xi = m_e\gamma_0$를 가지고 전도도를 계산하는데 사용했었다. 따라서 (24-130)으로 주어진 σ를 사용할 수 있다:

$$\sigma=\sigma(\omega)=\frac{\sigma_0}{1-i\left(\sigma_0 m_e\omega/N_0e^2\right)} \tag{B-91}$$

여기서 N_0은 단위체적당 자유전자의 수이고, 전도도의 정적인 값 σ_0은

$$\sigma_0=\frac{N_0e^2}{\xi}=\frac{N_0e^2}{\gamma_0 m_e} \tag{B-92}$$

이다. (B-91)을 (B-90)에 대입하면,

$$(n+i\eta)^2=\frac{1+(2N\alpha/3\epsilon_0)}{1-(N\alpha/3\epsilon_0)}+\frac{i(\sigma_0/\omega\epsilon_0)}{1-i\left(\sigma_0 m_e\omega/N_0e^2\right)} \tag{B-93}$$

을 얻고, 이것은 n과 η를 따로 구하는 일반적인 표현식이다. [(B-83)의 합 안에 주어진 α는 복소수임을 잊지 말라.]

좀 더 고려해보기 위해 $|u|=|N\alpha/\epsilon_0|\ll 1$인 경우로 제한해도 좋겠다. 그러면 (B-93)의 우변 첫 번째 항은 $[1+(2u/3)]/[1-(u/3)]\simeq[1+(2u/3)][1+(u/3)]\simeq 1+u=1+(N\alpha/\epsilon_0)$으로 근사 할 수 있다. 그러면 (B-83) 합 안의 모든 항의 분자와 분모에 분모의 복소수공액을 곱하고, (B-93)의 우변 마지막 항도 비슷하게 하며, (B-93)의 좌변의 곱을 풀어서 쓰면, 각 항의 실수부와 허수부를 등식으로 놓아,

$$n^2-\eta^2=1+\frac{N}{\epsilon_0}\sum_k\frac{n_k(e^2/m_e)(\omega_k^2-\omega^2)}{(\omega_k^2-\omega^2)^2+(\gamma_k\omega)^2}-\frac{(\sigma_0^2 m_e/N_0\epsilon_0e^2)}{1+\left(\sigma_0 m_e\omega/N_0e^2\right)^2} \tag{B-94}$$

$$2n\eta=\frac{N}{\epsilon_0}\sum_k\frac{n_k(e^2/m_e)\gamma_k\omega}{(\omega_k^2-\omega^2)^2+(\gamma_k\omega)^2}+\frac{(\sigma_0/\omega\epsilon_0)}{1+\left(\sigma_0 m_e\omega/N_0e^2\right)^2} \tag{B-95}$$

로 구해진다. 이제 원한다면 이것을 n과 η에 대해 따로 풀 수 있다. 여기서는 이렇게 하지는 않겠고, 이들 결과에 대한 몇 가지를 언급하는 것으로 만족하도록 하겠다.

우선 $\sigma_0/\omega\epsilon_0\gg 1$에 해당되는 낮은 진동수의 경우를 생각해보자. 즉, (24-70) 바로 다음에서 자세히 논의하였던 "좋은 도체" ($Q\ll 1$)에 해당된다. 여기서는 진동수가 구속전자의 어느 자연공명진동수보다도 낮아서, (B-94)와 (B-95)에의 기여는 무시할 수 있다. 낮은 ω에 대해서는 전도도가 (B-94)에 주는 기여도 작은데, 분자가 일정하며 작기 때문이다. 한편, (B-95)의 전도도항은 매우 크다. 그러므로 이들 표현식은 $n^2-\eta^2=1+\delta$의 형태을 취하는데, 여기서 δ는 매우 작은 양이지만, $2n\eta\simeq(\sigma_0/\omega\epsilon_0)\gg 1$이다. 이것은 n과 η가 둘 다 매우 크면서 거의 같은 경우에 해당된다. 그래서 $n\simeq\eta\simeq(\sigma_0/2\omega\epsilon_0)^{1/2}$이다. 그러면 (B-73)과 (B-70)으로부터 전

파상수의 실수부와 허수부는 근사적으로 같으며 $\alpha \simeq \beta \simeq (\omega/c)n = (\mu_0\sigma_0\omega/2)^{1/2}$로 주어짐을 알 수 있다. 이것은 이전에 (24-75)에서 구했던 것으로 똑같다.

진동수가 스펙트럼의 적외선 및 가시광선 부분으로 증가함에 따라, 구속 전자의 자연진동수 중의 어느 것과 같아지게 된다. 그러면 그들의 공명현상 기여가 중요해 지고, 자유전자의 기여와 같아지든지 더 커진다. 그러면 아주 복잡한 (B-94)와 (B-95)의 일반적 표현식을 다루어야 한다.

연습문제

B-1 1 기압 140° C에서 헬륨의 감수율은 $\chi_e = 6.48 \times 10^{-5}$이다. 편극률 α를 구하고 그 결과를 이용하여 헬륨원자의 반지름을 어림계산하여라.

B-2 0° C 1기압의 공기에 대해 $\kappa_e = 1.000590$이다. Clausius-Mossotti 관계식을 사용하여 100기압 동일 온도에서의 κ_e를 구하라. 그 결과와 측정치인 1.0548 사이의 퍼센트 차이를 구하라.

B-3 토크가 (B-43)으로 주어진 유도된 전기장에 의한 것일 때, $d\mathbf{l}/dt$ = 토크의 운동방정식을 적분하고, 그리하여 유도된 반자성 모멘트는 다시 (B-46)으로 주어짐을 보여라.

B-4 20° C의 알루미늄에 대해 $\chi_m = 2.2 \times 10^{-5}$이라고 알려져 있다. 이것의 기원이 순전히 상자성이라 가정하고, 여기에 해당되는 영구쌍극자모멘트 m_0을 구하라. 이것은 Bohr 마그네톤으로 몇 개인가? [알루미늄의 밀도는 2.7 g/cm^{3}이고 원자량은 27 g/mole이다.]

B-5 (B-66)부터 (B-69)까지를 증명하라.

B-6 강자성에 대하여 $(dM_s/dT)_{T=0} \neq 0$를 보임으로써, 강자성에 대한 Weiss 이론은 열역학 제 3 법칙에 위배된다는 사실을 입증하라.

B-7 T가 매우 큰 경우 $BaTiO_3$의 감수율은 $\chi_e = (1.7 \times 10^5)/(T - 393)$이다. 이것을 이용하여 이 물질의 λ_e를 어림계산하여라.

B-8 (B-54)로부터 시작하여, 자기쌍극자의 운동방정식은 $(d\mathbf{m}/dt) = -(ge/2m_e)\mathbf{m} \times \mathbf{B}$의 형태로도 쓸 수 있음을 보여라. 이제 $\mathbf{B} = B_0\hat{\mathbf{z}}$를 가정하라. 여기서 B_0은 상수이다. 운동방정식을 풀고, 해는 $\mathbf{m}$의 z축에 대한 세차운동임을 보여라. 즉, z축에 대해 일정한 각도를 갖는 원뿔을 $\mathbf{m}$이 쓸고 지나간다. 이 운동의 각속도는 무엇인가? $\mathbf{m}$을 xy 평면으로 사영내렸을 때, 이것을 양의 z축으로부터 바라보면 회전방향은 어떻게 되는가?

B-9 어느 특정 광학 진동수에 대하여 15° C 물의 굴절률은 1.3337이며, 물의 밀도는 0.9991 g/cm^{3}이다. Lorentz-Lorentz 법칙을 사용하여 0° C 1 기압의 수증기에 대한 n을 구하라. 수증기를 이상기체로 다루기로 한다. 그 결과가 측정치 1.000250과 다른 정도를 백분율로 나타내어라.

B-10 $\gamma \ll \omega_0$을 가정하고 (B-88)과 (B-89)를 사용하여 비정상분산 영역에서 n의 최대값과 최소값은, η가 그 최대값의 반인 진동수에서 나타남을 보여라. γ와 η의 반너비 $\Delta\omega$ 사이의 관계를 구하라. 반너비란 η가 그

최대값의 절반인 때의 진동수와 ω_0 사이의 진동수차이다.

B-11 (B-80)의 유도쌍극자는 시간에 대해 진동하기 때문에, 에너지를 복사할 것이다. 이것을 산란에너지라 한다. 기체라고 가정하여 E_{p0}가 입사 전기장과 근사적으로 같다고 잡을 수 있다 하고, p가 복사하는 총 비율을 구하라. $\omega \ll \omega_0$일 때, 복사일률은 $1/\lambda^4$에 비례함을 보여라. 여기서 λ는 입사 파장이다. 이것을 Rayleigh 산란이라 부르고, 하늘의 푸른색을 설명하는데 사용된다.

홀수번호 연습문제에 대한 해답

1-3 $5\hat{\mathbf{x}} - 3\hat{\mathbf{y}} - \hat{\mathbf{z}}$; 32.3°, 120°, 99.7°

1-5 -14.4

1-9 $\left(\frac{x}{a^2}\hat{\mathbf{x}} + \frac{y}{b^2}\hat{\mathbf{y}} + \frac{z}{c^2}\hat{\mathbf{z}}\right)\left(\frac{x^2}{a^4} + \frac{y^2}{b^4} + \frac{z^2}{c^4}\right)^{-(1/2)}$

1-13 $\frac{1}{2}abc(a + b + c)$

1-15 $(2k)^{1/2}[(8/21) - (4k/5)]$

1-19 아니다; a/ρ; $(b/\rho)\hat{\mathbf{z}}$; $(x^2 + y^2)^{-(1/2)}[(ax - by)\hat{\mathbf{x}} + (ay + bx)\hat{\mathbf{y}}] + c\hat{\mathbf{z}}$;$(a\sin\theta + c\cos\theta)\hat{\mathbf{r}}$ $+(a\cos\theta - c\sin\theta)\hat{\boldsymbol{\theta}} + b\hat{\boldsymbol{\varphi}}$

1-21 3

1-23 $-\pi r_0$

1-25 아니다

2-1 $\frac{qq'}{4\pi\epsilon_0}\left\{\frac{[(x - a)\hat{\mathbf{x}} + y\hat{\mathbf{y}}]}{[(x - a)^2 + y^2]^{3/2}} - \frac{[(x + a)\hat{\mathbf{x}} + y\hat{\mathbf{y}}]}{[(x + a)^2 + y^2]^{3/2}}\right\}$

2-3 $-1.90(q^2/4\pi\epsilon_0 a^2)(\hat{\mathbf{x}} + \hat{\mathbf{y}} + \hat{\mathbf{z}})$

2-7 $\hat{\mathbf{z}}(\lambda\rho a^3 L)/[3\epsilon_0 z_0(z_0 + L)]$

2-9 $\hat{\mathbf{x}}\frac{\lambda^2}{2\pi\epsilon_0}\left[\left(1 + \frac{L^2}{a^2}\right)^{1/2} - 1\right]$

2-11 $\mathrm{C/m^4}$; $\frac{1}{2}\pi a^4 A$; $\hat{\mathbf{z}}\frac{qAz}{2\epsilon_0}\left[\frac{(a^2 + 2z^2)}{(a^2 + z^2)^{1/2}} - 2z\right]$

3-1 $(q/4\pi\epsilon_0)\{[x\hat{\mathbf{x}} + (y - a)\hat{\mathbf{y}}][x^2 + (y - a)^2]^{(-3/2)} - [x\hat{\mathbf{x}} + (y + a)\hat{\mathbf{y}}]$ $[x^2 + (y + a)^2]^{-(3/2)}$; $x = 0$ 혹은 $y = 0$일 때 $E_x = 0$

3-3 $1.90(q/4\pi\epsilon_0 a^2)(\hat{\mathbf{x}} + \hat{\mathbf{y}} - \hat{\mathbf{z}})$

3-7 $(\lambda/2\pi\epsilon_0)[-a\hat{\mathbf{x}} + (c - b)\hat{\mathbf{y}}][a^2 + (c - b)^2]^{-1}$

3-9 $-a < z < a$에 대해 $-(\sigma/\epsilon_0)\hat{\mathbf{z}}$; $|z| > a$의 경우 0

3-11 $(\lambda/4\pi\epsilon_0\rho)[(\sin\alpha_2 + \sin\alpha_1)\hat{\boldsymbol{\rho}} + (\cos\alpha_2 - \cos\alpha_1)\hat{\mathbf{z}}]$; $(\lambda L\hat{\boldsymbol{\rho}})/[2\pi\epsilon_0\rho(L^2 + \rho^2)^{1/2}]$

3-13 $x > a$의 경우 $\rho_{ch}a^2\hat{\mathbf{x}}/2\epsilon_0 x$, $x < a$의 경우 $\rho_{ch}x\hat{\mathbf{x}}/2\epsilon_0$

4-1 두 경우 모두 $\rho abc/\epsilon_0$

4-3 $\lambda\hat{\boldsymbol{\rho}}/2\pi\epsilon_0\rho$, $(\rho < \rho_0)$; $(\lambda + 2\pi\rho_0\sigma)\hat{\boldsymbol{\rho}}/2\pi\epsilon_0\rho$, $(\rho_0 < \rho)$; $-\lambda/2\pi\rho_0$; 그렇다. $2\pi\rho_0\sigma$가 원통에서 단위길이당 전하이기 때문

4-5 $2Ar^{3/2}\hat{\mathbf{r}}/7\epsilon_0$, $(r < a)$; $2Aa^{7/2}\hat{\mathbf{r}}/7\epsilon_0 r^2$, $(a < r)$

4-7 $\rho_{ch}\rho\hat{\boldsymbol{\rho}}/2\epsilon_0$, $(\rho < a)$; $\rho_{ch}a^2\hat{\boldsymbol{\rho}}/2\epsilon_0\rho$, $(a < \rho)$; $\lambda = \pi a^2\rho_{ch}$이므로, 그렇다.

4-9 $0, (\rho < a)$; $Af(\rho)\hat{\boldsymbol{\rho}}/\epsilon_0\alpha^2\rho$, $(a < \rho < b)$ 여기서 $f(\rho) = (e^{-\alpha a} - e^{-\alpha\rho}) + \alpha(ae^{-\alpha a} - \rho e^{-\alpha\rho})$; $Af(b)\hat{\boldsymbol{\rho}}/\epsilon_0\alpha^2\rho$, $(b < \rho)$; $\alpha = 0$ 및 $n = 0$, 그렇다.

4-11 $4\epsilon_0 E_0\rho^2/a^3$, $(0 < \rho < a)$; $0, (a < \rho)$

5-1 그렇다. $\nabla\times\mathbf{E} = 0$; $\phi = -xyz + x^2 +$ 상수이기 때문

5-3 $(q/4\pi\epsilon_0)\{[x^2 + y^2 + (z - a)^2]^{-(1/2)} - [x^2 + y^2 + (z + a)^2]^{-(1/2)}\}$; $\phi(z = 0) = 0$; 전하량이 같고 부호가 반대인 전하로부터 각 점은 같은 거리에 있다.

5-5 $0.710(q/\epsilon_0 a)$

5-9 $\phi_o = Q/4\pi\epsilon_0 r$; $\phi_i = [Q/4(n+2)\pi\epsilon_0 a][(n+3) - (r/a)^{n+2}]$

5-11 $\rho(b^3 - a^3)/3\epsilon_0 r, (r > b)$; $(\rho/3\epsilon_0)[(3b^2/2) - \frac{1}{2}r^2 - (a^3/r)], (a < r < b)$; $\rho(b^2 - a^2)/2\epsilon_0, (0 < r < a)$

5-13 $(\lambda a\alpha/2\pi\epsilon_0)(a^2 + z^2)^{-(1/2)}$; ϕ가 $x = 0$만의 값으로 구해졌기 때문

5-15 $-(\sigma/2\epsilon_0)|z| + C = -(\sigma/2\epsilon_0)\sqrt{z^2} + C$; 대전판과 평행인 편면들

5-17 $-(\sigma/2\epsilon_0)(|z| - a)$; $= 5a$

5-21 $(\lambda/\pi\epsilon_0)\ln[(b-a)/(b+a)]$

5-23 $-q^2/8\pi\epsilon_0 a$

6-1 반지름 c인 면에서 Q, b에 대해 $-Q$, a에 대해 Q; $Q/4\pi\epsilon_0 r$, $(c \le r)$; $Q/4\pi\epsilon_0 c$, $(b \le r \le c)$; $(Q/4\pi\epsilon_0 rbc)[bc - r(c-b)]$, $(a \le r \le b)$; $(Q/4\pi\epsilon_0 abc)[bc - a(c-b)]$, $(0 \le r \le a)$

6-3 7.08×10^{-4} F

6-5 $c_{11} = -c_{12} = -c_{21} = 4\pi\epsilon_0 ab/(b-a)$; $c_{22} = 4\pi\epsilon_0(ab + bc - ca)/(b-a)$; $C = c_{11}$

6-9 $4\Delta\phi/b$

6-15 $2\pi\epsilon_0 L[\ln(c^2/ab)]^{-1}$

7-1 $-0.918(q^2/\epsilon_0 a)$

7-5 $\pi\sigma^2 a^3/4\epsilon_0$

7-7 2.25×10^{32} J; 6.14×10^{-61} m

7-9 $5/6$

7-11 $(q_l^2 L/4\pi\epsilon_0)\ln(b/a)$

7-15 1.81×10^{-4} kg

7-17 $\frac{1}{2}\epsilon_0\{\Delta\phi/[a\ln(b/a)]\}^2$; $\hat{\boldsymbol{\rho}}$; 0

8-3 $(p/4\pi\epsilon_0)(z^2 - \frac{1}{4}l^2)^{-1}$; $z > 5l$; $z > 7.06l$

8-5 $Q = 9q$; $\mathbf{p} = qa(4\hat{\mathbf{x}} + 5\hat{\mathbf{y}} + 14\hat{\mathbf{z}})$; $Q_{xx} = -11qa^2$, $Q_{yy} = -8qa^2$, $Q_{zz} = 19qa^2$, $Q_{xy} = 6qa^2$, $Q_{yz} = 15qa^2$, $Q_{zx} = 21qa^2$; at $(a/9)(4\hat{\mathbf{x}} + 5\hat{\mathbf{y}} + 14\hat{\mathbf{z}})$

8-7 $Q = \lambda L$; $\mathbf{p} = \frac{1}{2}\lambda L^2(\cos\alpha\hat{\mathbf{x}} + \sin\alpha\hat{\mathbf{y}})$; $Q_{xx} = (\frac{1}{3})\lambda L^3(3\cos^2\alpha - 1)$, $Q_{yy} = (\frac{1}{3})\lambda L^3(3\sin^2\alpha - 1)$, $Q_{zz} = -(\frac{1}{3})\lambda L^3$, $Q_{xy} = \lambda L^3\cos\alpha\sin\alpha$, $Q_{yz} = Q_{zx} = 0$; $\phi_Q = (\lambda L^3/24\pi\epsilon_0 r^5)[3(x\cos\alpha + y\sin\alpha)^2 - r^2]$

8-9 $Q = \rho abc$; $\mathbf{p} = \frac{1}{2}Q(a\hat{\mathbf{x}} + b\hat{\mathbf{y}} + c\hat{\mathbf{z}}) = Q$(중심의 위치벡터); $Q_{xx} = (\frac{1}{3})Q(2a^2 - b^2 - c^2)$, $Q_{yy} = (\frac{1}{3})Q(2b^2 - c^2 - a^2)$, $Q_{zz} = (\frac{1}{3})Q(2c^2 - a^2 - b^2)$, $Q_{xy} = (\frac{3}{4})Qab$, $Q_{yz} = (\frac{3}{4})Qbc$, $Q_{zx} = (\frac{3}{4})Qca$; $(3Qa^2\sin\theta/16\pi\epsilon_0 r^3)[\sin\theta\sin\varphi\cos\varphi + \cos\theta(\sin\varphi + \cos\varphi)]$

8-11 $Q_{xx} - 2(2a_x p_x - a_y p_y - a_z p_z) + (2a_x^2 - a_y^2 - a_z^2)Q$

8-13 아니다; (8-84)에서 $\mathbf{r}$을 $\mathbf{R} = \mathbf{r} - \mathbf{r}'$으로 대체

8-15 $\alpha = 3qa^2/8\pi\epsilon_0$, $\phi_Q = \alpha(\rho^2\sin 2\varphi)(\rho^2 + z^2)^{-5/2}$; $E_\rho = \alpha\rho(3\rho^2 - 2z^2)(\sin 2\varphi)(\rho^2 + z^2)^{-7/2}$, $E_\varphi = -2\alpha\rho(\cos 2\varphi)(\rho^2 + z^2)^{-5/2}$, $E_z = 5\alpha z\rho^2(\sin 2\varphi)(\rho^2 + z^2)^{-7/2}$; $\rho^3 = (\alpha/\phi_Q)\sin 2\varphi$; $\rho^4 = K(\cos 2\varphi)^3$

8-17 $-(q\mathbf{p}\cdot\hat{\mathbf{r}})/4\pi\epsilon_0 r^2$; $(q\mathbf{p}\times\hat{\mathbf{r}})/4\pi\epsilon_0 r^2$; $(q/4\pi\epsilon_0 r^3)[\mathbf{p} - 3(\mathbf{p}\cdot\hat{\mathbf{r}})\hat{\mathbf{r}}]$

8-19 아니다; $\mathbf{F}_2 = (3/4\pi\epsilon_0 R^4)\{[(\mathbf{p}_1\cdot\mathbf{p}_2) - 5(\mathbf{p}_1\cdot\hat{\mathbf{R}})(\mathbf{p}_2\cdot\hat{\mathbf{R}})]\hat{\mathbf{R}} + (\mathbf{p}_2\cdot\hat{\mathbf{R}})\mathbf{p}_1 + (\mathbf{p}_1\cdot\hat{\mathbf{R}})\mathbf{p}_2\}$; $3p_1p_2\hat{\mathbf{R}}/4\pi\epsilon_0 R^4$; $-3p_1p_2\hat{\mathbf{R}}/2\pi\epsilon_0 R^4$

8-21 $(3Q_1^a Q_2^a/64\pi\epsilon_0 r^9)(3r^4 - 30z^2r^2 + 35z^4)$

9-1 $\mathbf{E}_{1n} = 2\hat{\mathbf{x}} + \hat{\mathbf{y}} + \hat{\mathbf{z}}$; $\mathbf{E}_{1t} = 2\hat{\mathbf{x}} - 4\hat{\mathbf{z}}$

9-3 $A = \sigma_0 z/\epsilon_0 a^2$으로 하여, $\mathbf{E}_2 = (\alpha + Ax)\hat{\mathbf{x}} + (\beta + Ay)\hat{\mathbf{y}} + (\gamma + Az)\hat{\mathbf{z}}$

9-5 경로에 무관한 퍼텐셜차; (9-22)에 의함

10-1 $1.2 \times 10^{-4}\ \mathrm{C/m^2}$

10-3 $-\alpha P,\ P(1+\alpha t),\ -P, 0$

10-5 $\phi_o = -Pa^3/3\epsilon_0 z^2,\ E_{zo} = -2Pa^3/3\epsilon_0 z^3,\ \phi_i = Pz/3\epsilon_0,\ E_{zi} = -P/3\epsilon_0$

10-7 $\rho_b = -\alpha(n+2)r^{n-1},\ \sigma_b = \alpha a^n$; $\mathbf{E}_o = 0,\ \mathbf{E}_i = -\mathbf{P}/\epsilon_0$; $\phi_o = 0$,
$\phi_i = [\alpha/\epsilon_0(n+1)](r^{n+1} - a^{n+1})$

10-9 $-\mathbf{P}/3\epsilon_0$

10-11 (a) $\rho_b = 0,\ \sigma_{b\,\text{위}} = -\sigma_{b\,\text{아래}} = P$; (b) $\mathbf{E} = E\hat{\mathbf{z}}$; $E = -(P/2\epsilon_0)\{2 + (z-L)$
$[(z-L)^2 + a^2]^{-(1/2)} - (z+L)[(z+L)^2 + a^2]^{-(1/2)}\}, (0 \le z < L)$; $E = (P/2\epsilon_0)$
$\{-(z-L)[(z-L)^2 + a^2]^{-(1/2)} + (z+L)[(z+L)^2 + a^2]^{-(1/2)}\}, (z > L)$;
(c) $E_{2n} - E_{1n} = P/\epsilon_0$; (d) $E(0) = -(P/\epsilon_0)\{1 - [1 + (a/L)^2]^{-(1/2)}\}$; (e) $|E|_{\text{최대}} = P/\epsilon_0$,
$a \gg L$; 두 무한평면이 동일함으로, 그렇다.

10-13 (10-56) 와 (10-57)

10-15 $\rho_b = -[(\kappa_e - 1)\rho_f/\kappa_e] - (\mathbf{P}\cdot\nabla \ln \kappa_e)/(\kappa_e - 1)$;
$\rho = (\rho_f/\kappa_e) - (\mathbf{P}\cdot\nabla \ln \kappa_e)/(\kappa_e - 1)$; $\mathbf{P}$ 와 $\nabla\kappa_e$이 수직인 경우

10-17 $\mathbf{D} = q\hat{\mathbf{r}}/4\pi r^2$, 모든곳에서; 내부: $\mathbf{E} = q\hat{\mathbf{r}}/4\pi\kappa_e\epsilon_0 r^2,\ \mathbf{P} = (\kappa_e - 1)q\hat{\mathbf{r}}/4\pi\kappa_e r^2$; 외부:
$\mathbf{E} = q\hat{\mathbf{r}}/4\pi\epsilon_0 r^2,\ \mathbf{P} = 0$; $(\kappa_e - 1)q/\kappa_e$

10-19 $\mathbf{D} = \lambda_f\hat{\boldsymbol{\rho}}/2\pi\rho,\ \ \mathbf{E} = \lambda_f\hat{\boldsymbol{\rho}}/(2\pi\alpha\epsilon_0\rho^{n+1}),\ \ \rho_b = -n\lambda_f/(2\pi\alpha\rho^{n+2})$; $n = -1$; $\mathbf{D}$는
바뀌지 않음, $\rho_b = \lambda_f/2\pi\alpha\rho$

10-21 $\mathbf{D} = \lambda_f\hat{\boldsymbol{\rho}}/2\pi\rho,\ \mathbf{E} = \lambda_f\hat{\boldsymbol{\rho}}[2\pi\epsilon_0\rho(\alpha + \beta z)]^{-1},\ \mathbf{P} = (\alpha + \beta z - 1)\lambda_f\hat{\boldsymbol{\rho}}[2\pi\rho(\alpha + \beta z)]^{-1},\ \rho_b$
$= 0$, 그렇다.

10-23 $D = Q/A$, 모든곳에서 ; 진공에서, $E = Q/\epsilon_0 A,\ P = 0$; 유전체에서, $E = Q/\kappa_e\epsilon_0 A$,
$P = (\kappa_e - 1)Q/\kappa_e A$; $C = \kappa_e\epsilon_0 A[\kappa_e(d-t) + t]^{-1}$

10-25 $[(\kappa_{e2} - \kappa_{e1})\epsilon_0 A/d][\ln(\kappa_{e2}/\kappa_{e1})]^{-1}$

10-27

$$C = 2\pi\epsilon_0 L\left[\frac{1}{\kappa_{e1}}\ln\left(\frac{\rho_0}{a}\right) + \frac{1}{\kappa_{e2}}\ln\left(\frac{b}{\rho_0}\right)\right]^{-1}$$

10-29

$$4\pi\epsilon_0\left[\frac{1}{\kappa_{e1}a} - \frac{1}{\kappa_{e2}b} + \frac{1}{r_0}\left(\frac{1}{\kappa_{e2}} - \frac{1}{\kappa_{e1}}\right)\right]^{-1}$$

10-31 $\mathbf{D} = \rho_0\mathbf{r}/3$; $\mathbf{E} = \rho_0\mathbf{r}/3\kappa_e\epsilon_0$; $2\pi\rho_0^2 a^5/45\kappa_e\epsilon_0$; $-4\pi(\kappa_e - 1)a^3\rho_0/3\kappa_e$; $\phi_o = \rho_0 a^3/3\epsilon_0 r$,

$$\phi_i = \left(\frac{\rho_0 a^2}{3\epsilon_0}\right)\left[1 + \frac{1}{2\kappa_e}\left(1 - \frac{r^2}{a^2}\right)\right];\ (2\kappa_e + 1)\rho_0 a^2/6\kappa_e\epsilon_0$$

10-33 $\Delta\phi = (\kappa_e + 1)\Delta\phi_0/2\kappa_e$; $Q = \epsilon_0(\kappa_e + 1)L^2\Delta\phi_0/2d,\ E = (\kappa_e + 1)\Delta\phi_0/2\kappa_e d$

10-35 $(\epsilon_0 L/2d)(\kappa_e - 1)t(\Delta\phi)^2[\kappa_e(d-t) + t]^{-1}$

11-3 $(-a, -b, 0)$에 q, $(-a, b, 0)$와 $(a, -b, 0)$에 $-q$; $(q/4\pi\epsilon_0)$
$\{[(x-a)^2 + (y-b)^2 + z^2]^{-(1/2)} - [(x+a)^2 + (y-b)^2 + z^2]^{-(1/2)} +$
$[(x+a)^2 + (y+b)^2 + z^2]^{-(1/2)} - [(x-a)^2 + (y+b)^2 + z^2]^{-(1/2)}\}$;
$(q/4\pi\epsilon_0)[(y-b)\{[(x-a)^2 + (y-b)^2 + z^2]^{-3/2}$
$-[(x+a)^2 + (y-b)^2 + z^2]^{-3/2}\} + (y+b)\{[(x+a)^2 + (y+b)^2 + z^2]^{-3/2}$
$-[(x-a)^2 + (y+b)^2 + z^2]^{-3/2}\}]$; $E_y(0, y, z) = 0$;
$\sigma_f(x, 0, z) = -(qb/2\pi)\{[(x-a)^2 + b^2 + z^2]^{-3/2} - [(x+a)^2 + b^2 + z^2]^{-3/2}\}$; q와 반대

11-5 $-3p^2\hat{\mathbf{x}}/64\pi\epsilon_0 d^4$

11-9 $(4\pi\epsilon_0)^{-1}[(q/d) + (Q/a)]$; $(q\hat{\mathbf{z}}/4\pi\epsilon_0)[(Q/d^2) - q(a/d)^3(2d^2 - a^2)(d^2 - a^2)^{-2}]$

11-11 $-\lambda a/\pi(a^2 + \rho^2)$; $-\lambda$; $-\lambda^2\hat{\mathbf{x}}/4\pi\epsilon_0 a$

11-13 $2\pi\epsilon_0/[\cosh^{-1}(h/A)]$; $-\pi\epsilon_0(\Delta\phi)^2[\cosh^{-1}(h/A)]^{-2}(h^2 - A^2)^{-(1/2)}$

11-15 $-(2\epsilon_0\phi_0/L)[\sinh(\pi y/L)]^{-1}$

11-17 $\phi = 2\phi_0 \sum_{n\ \text{odd}} \left(\frac{2}{n\pi}\right) \sin\left(\frac{n\pi y}{a}\right) \sinh\left[\frac{n\pi}{2}\left(\frac{2x}{a} - 1\right)\right]\left[\sinh\left(\frac{n\pi}{2}\right)\right]^{-1}$; $E_y = 0$,
$E_x = -4\left(\frac{\phi_0}{a}\right) \sum_{n\ \text{odd}} (-1)^{(n-1)/2}\left[\sinh\left(\frac{n\pi}{2}\right)\right]^{-1} = -1.669\left(\frac{\phi_0}{a}\right)$

11-19 $X'' + Y'' + Z'' = \alpha + \beta + \gamma = 0$; $X(x) = \frac{1}{2}\alpha x^2 + Cx + C'$; 일정한 장 더하기 x에 선형으로 변하는 장

11-21 $ra^2/(r^3 + 2a^3) = K \sin^2\theta$

11-23 $R_1 = (r^2 + b^2 - 2rb\cos\theta)^{1/2}$, $R_2 = [(br/a)^2 + a^2 - 2rb\cos\theta]^{1/2}$;
$\phi = \frac{q}{4\pi\epsilon_0}\left(\frac{1}{R_1} - \frac{1}{R_2}\right)$; $E_r = \frac{q}{4\pi\epsilon_0}\left\{\frac{(r - b\cos\theta)}{R_1^3} - \frac{[(b^2r/a^2) - b\cos\theta]}{R_2^3}\right\}$,
$E_\theta = \frac{qb\sin\theta}{4\pi\epsilon_0}\left(\frac{1}{R_1^3} - \frac{1}{R_2^3}\right)$; $\mathbf{E}(r = 0) = -\hat{\mathbf{z}}q(a^3 - b^3)/4\pi\epsilon_0 b^2a^3$;
$\sigma_f(\theta) = -(qa/4\pi)[1 - (b^2/a^2)][a^2 + b^2 - 2ab\cos\theta]^{-3/2}$; $-q$

11-25 $\phi = -E_0[1 - (a^2/\rho^2)]\rho\cos\varphi$; $\sigma_f = 2\epsilon_0 E_0 \cos\varphi$

11-27 $\frac{4\phi_0}{\pi} \sum_{m\ \text{홀수}} \frac{(-1)^{(m-1)/2}}{m}\left(\frac{\rho}{a}\right)^m \cos m\varphi$; $-(4\phi_0/\pi a)\hat{\mathbf{x}}$

11-29
$(r > a)$: $\left(\frac{\lambda}{2\epsilon_0}\right)\left[\left(\frac{a}{r}\right) - \frac{1}{2}\left(\frac{a}{r}\right)^3 P_2(\cos\theta) + \frac{3}{8}\left(\frac{a}{r}\right)^5 P_4(\cos\theta) - \ldots\right]$; $(r < a)$:
$\left(\frac{\lambda}{2\epsilon_0}\right)\left[1 - \frac{1}{2}\left(\frac{r}{a}\right)^2 P_2(\cos\theta) + \frac{3}{8}\left(\frac{r}{a}\right)^4 P_4(\cos\theta) - \ldots\right]$

11-31 $\phi = \phi_0 + (z/d)\{\phi_d - \phi_0 + (\rho_0 d^2/12\epsilon_0)[1 - (z/d)^3]\}$; $\sigma(0) = -(\epsilon_0/d)(\phi_d - \phi_0) - (\rho_0 d/12)$; $\sigma(d) = (\epsilon_0/d)(\phi_d - \phi_0) - \frac{1}{4}\rho_0 d$

12-1 A/m^5; $-63A$; $-12\pi Aa^5/5$, 감소

12-3 $(3Q\omega r\sin\theta/4\pi a^3)\hat{\boldsymbol{\varphi}}$; $Q\omega/2\pi$

12-5 $-(\sigma\phi_0/a)\hat{\mathbf{z}}$

12-7 IR/l

12-9 $[\sigma_1(d - x)\phi_1 + \sigma_2 x\phi_2]/[\sigma_1(d - x) + \sigma_2 x]$; $(\sigma_1\epsilon_2 - \sigma_2\epsilon_1)(\phi_1 - \phi_2)/[\sigma_1(d - x) + \sigma_2 x]$

12-11 $\pi\sigma d\Delta\phi/\cosh^{-1}(D/2A)$

12-17 1.51×10^{-4} m/s

13-5 $-\frac{1}{2}\mu_0 IK'\hat{\mathbf{z}}$

13-7 $-\hat{\mathbf{y}}\frac{\mu_0 II'a^2}{\pi}\int_0^\pi \frac{\sin^2\varphi\, d\varphi}{d^2 + a^2\sin^2\varphi} = -\hat{\mathbf{y}}\mu_0 II'\left[1 - \frac{d}{(d^2 + a^2)^{1/2}}\right]$

13-9 $\mu_0 I^2(\hat{\mathbf{x}} + \hat{\mathbf{y}})/4\pi a$

14-1 $(\mu_0/\pi\rho)[-I\sin\alpha\hat{\mathbf{y}} + (I\cos\alpha - I')\hat{\mathbf{z}}]$

14-3 $(\mu_0/2\pi)\{I_1[-(y - y_1)\hat{\mathbf{x}} + (x - x_1)\hat{\mathbf{y}}][(x - x_1)^2 + (y - y_1)^2]^{-1}$
$+ I_2[-(y - y_2)\hat{\mathbf{x}} + (x - x_2)\hat{\mathbf{y}}][(x - x_2)^2 + (y - y_2)^2]^{-1}\}$

14-5 $\mu_0 nI'\{1 - (2/\pi)\arcsin[a^2/(L^2 + a^2)]\}$; $\mu_0 nI'$

14-7 $(\mu_0 I'a/2\pi)(a^2 + z^2)^{-3/2}(z\sin\alpha\hat{\mathbf{x}} + a\alpha\hat{\mathbf{z}})$

14-9 $\mu_0 K'\hat{\mathbf{x}}$, $(0 < z < d)$; 0, 모든 곳에서

14-11 $\mu_0\sigma\omega\hat{\mathbf{z}}[(z^2 + \frac{1}{2}a^2)(z^2 + a^2)^{-(1/2)} - |z|]$; $\frac{1}{2}\mu_0\sigma\omega a\hat{\mathbf{z}}$

14-13 $\frac{2}{5}\mu_0 P\omega a\hat{\mathbf{z}}$; 0

14-15 $qv\mu_0 I'(b - a)/4ab$, 수평 오른쪽

15-1 $2\pi[1 - z(z^2 + a^2)^{-(1/2)}]$

15-5 토로이드 평면에 수직이며 중심 0를 지나는 무한히 긴 직선전류 NI.

15-7 $B_\varphi = \mu_0 I\rho/2\pi a^2, (0 < \rho < a); \mu_0 I/2\pi\rho, (a < \rho < b); (\mu_0 I/2\pi\rho)[(c^2 - \rho^2)/(c^2 - b^2)], (b < \rho < c); 0, (c < \rho)$

15-9 $\frac{1}{2}\mu_0\rho_{ch}\mathbf{v} \times \boldsymbol{\rho}, (0 < \rho < a); \frac{1}{2}\mu_0\rho_{ch}(a/\rho)^2\mathbf{v} \times \boldsymbol{\rho}, (a < \rho)$

16-3 $f(x, y, z) = -(\alpha z/y^2) - (\beta z/x^2) + g(x, y); \mu_0\mathbf{J} = \hat{\mathbf{x}}[(2\alpha z/y^3) + (\partial g/\partial y)] - \hat{\mathbf{y}}[(2\beta z/x^3) + (\partial g/\partial x)] + \hat{\mathbf{z}}[(2\alpha x/y^3) - (2\beta y/x^3)]; \nabla \cdot \mathbf{J} = 0$

16-5 $\chi(a \to b) = -xyB; \chi(a \to c) = -\frac{1}{2}xyB; \chi(b \to c) = \frac{1}{2}xyB$

16-7 $B_\rho(\rho, z) \simeq (3\mu_0 Ia^2 z\rho/4)(a^2 + z^2)^{-5/2};$
$B_z(\rho, z) \simeq (\mu_0 Ia^2/2)(a^2 + z^2)^{-3/2}\{1 + [\frac{3}{4}\rho^2(a^2 - 4z^2)(a^2 + z^2)^{-2}]\}$

16-9 $4\pi\mathbf{A}/\mu_0 I = \hat{\mathbf{x}}\ln[(\alpha + a + x)(\beta - a - x)/(\delta + a - x)(\gamma - a + x)] + \hat{\mathbf{y}}\ln[(\gamma + a + y)(\alpha - a - y)/(\beta + a - y)(\delta - a + y)]$ where $\alpha^2 = (a + x)^2 + (a + y)^2$, $\beta^2 = (a + x)^2 + (a - y)^2$, $\gamma^2 = (a - x)^2 + (a + y)^2$, $\delta^2 = (a - x)^2 + (a - y)^2$; 0

16-11 $A_z = (\mu_0 I/4\pi)[1 - (\rho^2/a^2) + 2\ln(\rho_0/a)], (\rho < a); (\mu_0 I/2\pi)\ln(\rho_0/\rho), (\rho > a);$
$A_z(0) = (\mu_0 I/4\pi)[1 + 2\ln(\rho_0/a)]$

16-13 $A_z = A_0 - (\mu_0 I\rho^2/4\pi a^2), (0 < \rho < a); A_0 - (\mu_0 I/4\pi)[1 + 2\ln(\rho/a)], (a < \rho < b);$
$A_0 - (\mu_0 I/4\pi)[1 + 2\ln(b/a)] + [\mu_0 I/4\pi(c^2 - b^2)][\rho^2 - b^2 - 2c^2\ln(\rho/b)], (b < \rho < c);$
$A_0 - (\mu_0 I/2\pi)[\ln(b/a) + c^2(c^2 - b^2)^{-1}\ln(c/b)], (c < \rho);$
$A_0 = (\mu_0 I/2\pi)\{\ln(b/a) + [1 - (b/c)^2]^{-1}\ln(c/b)\}$

16-15 영

17-3 $\lambda I_0 e^{-\lambda t}(\mu_0 b/2\pi)\ln[1 + (a/d)]$; 시계방향

17-5 $\omega B_0 ab\sin(2\omega t + \varphi_0 + \alpha)$; 아님

17-7 $\mathbf{P} = (\kappa_e - 1)\epsilon_0\omega B\rho\hat{\boldsymbol{\rho}}; Q_b = 2\pi(\kappa_e - 1)\epsilon_0\omega Ba^2 l$

17-9 4.71 V

17-11 (a) $l/\sigma ab$; (b) $vB_d l$; (c) $v\sigma abB_d$; (d) 5 Ω, 8.25×10^{-4} V, 1.65×10^{-4} A

17-13 $3\epsilon_0[(\kappa_e - 1)VvB]^2/2\pi R^4$; 인력

17-15 $\frac{1}{2}\sigma\omega B_0\rho\sin(\omega t + \alpha)\hat{\boldsymbol{\varphi}}$

17-17 1.42×10^{-4} H

17-19 $(\mu_0 b/2\pi)\ln[(a + d)(d + D)/d(a + d + D)]$

17-21 $(\mu_0 N^2 a/2\pi)\ln[(2b + a)/(2b - a)]$

17-23 $LC = \mu_0\epsilon_0 l^2; L = (\mu_0 l/\pi)\cosh^{-1}(D/2A)$

18-5 $i = i_0 e^{-t/\tau}$ 여기서 $\tau = L/R$

18-7 $I^2(\mu_0 l/16\pi)(b^2 - a^2)^{-2}[(b^2 - a^2)(b^2 - 3a^2) + 4a^4\ln(b/a)]$

18-9 $b < 1.28a$

18-11 $\mathbf{F}_{mj} = \sum_{k \neq j} I_j I_k \nabla_j M_{jk}$

18-13 $\hat{\mathbf{x}}\mu_0 II'[1 - b(b^2 - a^2)^{-(1/2)}]$

18-15 $-\hat{\mathbf{z}}(3\pi\mu_0 a^2 b^2 I_j I_k/2c^4)$

18-17 $-\frac{1}{2}\mu_0 II'nSa^2\{[a^2 + (\frac{1}{2}l - \delta)^2]^{-3/2} - [a^2 + (\frac{1}{2}l + \delta)^2]^{-3/2}\}$

18-19 0.504 T

19-1 $I\pi a^2\hat{\mathbf{z}}$

19-3 $\frac{1}{4}Qa^2\omega$

19-7 $\pi\mu_0 a^2 b^2/4c^3$

19-11 $\tan\alpha_2 = -\frac{1}{2}\tan\alpha_1$

19-13 $IabB\sin\varphi\hat{\mathbf{z}}$

20-1 182 A/m

20-3 $\mathbf{J}_m = (2M/a)\hat{\mathbf{z}}$; $\mathbf{K}_m$: 0, $(x = 0)$; $-M\hat{\mathbf{z}}$, $(x = a)$; 0,$(y = 0)$; $-M\hat{\mathbf{z}}$, $(y = a)$; $-(M/a)(x\hat{\mathbf{x}} + y\hat{\mathbf{y}})$, $(z = 0)$; $(M/a)(x\hat{\mathbf{x}} + y\hat{\mathbf{y}})$, $(z = a)$

20-5 α는 A/m^{3}으로, β는 A/m로; $\mathbf{J}_m = 0$; $\mathbf{K}_m = (\alpha a^2 \cos^2\theta + \beta)\sin\theta\hat{\boldsymbol{\varphi}}$

20-7 $B_z = \frac{1}{2}\mu_0 M\{(z + \frac{1}{2}l)[a^2 + (z + \frac{1}{2}l)^2]^{-1/2} - (z - \frac{1}{2}l)[a^2 + (z - \frac{1}{2}l)^2]^{-1/2}\}$, $H_z = (B_z/\mu_0) - M$; for $l \ll a$: $B_{z0} \simeq \frac{1}{2}\mu_0 Mla^2(a^2 + z^2)^{-3/2}$, $B_{zi} \simeq \mu_0 Ml/2a \simeq 0$, $H_{zi} \simeq -M[1 - (l/2a)] \simeq -M$

20-9 $\mathbf{J}_m = 0$, $\mathbf{K}_m = 0$; $\mathbf{B}_i = 0$, $\mathbf{H}_i = -\mathbf{M}$, $\mathbf{H}_0(a) = 0$

20-13 $\rho_m = 0$, $\sigma_{m\,위} = M$, $\sigma_{m\,아래} = -M$; $\mathbf{H}_i = -\mathbf{M}$, $\mathbf{H}_0 = 0$; 1; 그렇다.

20-15 $\phi_m = 0$, $H_z = 0$, $(0 < z < a)$; $\phi_m = (M/3z^2)(z^3 - a^3)$, $H_z = -(M/3z^3)(z^3 + 2a^3)$, $(a < z < b)$; $\phi_m = (M/3z^2)(b^3 - a^3)$, $H_z = (2M/3z^3)(b^3 - a^3)$, $(b < z)$

20-17 $\chi_m = \chi_{m,질량}\, d$; $\chi_m = \chi_{m,몰질량}(d/A)$

20-19 (b) $\delta \simeq \frac{1}{2}(\chi_{m2} - \chi_{m1})\sin 2\alpha_1$, 6.3×10^{-4} 도; (c): (i) $-42.1°$, (ii) $44.9°$

20-21 외부: $H_r = H_0\cos\theta\{1 + [(\kappa_m - 1)/(\kappa_m + 2)](2a^3/r^3)\}$, $H_\theta = -H_0\sin\theta\{1 - [(\kappa_m - 1)/(\kappa_m + 2)](a^3/r^3)\}$, $H_\varphi = 0$; 내부: $\mathbf{H} = [3/(\kappa_m + 2)]\mathbf{H}_0$

20-23 $2I/(\kappa_m + 1)$; $[(\kappa_m - 1)/(\kappa_m + 1)](\mu_0 I^2/4\pi d)$; 인력

20-25 $H_{\varphi 2} = I/2\pi\rho$, $B_{\varphi 2} = \kappa\mu_0 I/2\pi a$, $L_2 = \kappa\mu_0(b - a)l/2\pi a$

20-27 $\chi_m = 2dgh/\mu_0 H_0^2$

20-29 1.30 T; 1.44×10^6 A/wb; 0.374 A; $H_0 = 1.03 \times 10^6$ A/m, $H_i = 247$ A/m; 0.689

20-31 $(\mu - \mu_0)B_0^2 S/2\mu\mu_0$; 134 N; 6.63 기압

21-1 $-\frac{1}{2}\epsilon_0\mathscr{E}\omega d_1\rho\cos\omega t(d_0 + d_1\sin\omega t)^{-2}\hat{\boldsymbol{\varphi}}$; 0

21-3 $\nabla \cdot \mathbf{E} = (\rho_f - \nabla \cdot \mathbf{P})/\epsilon_0$, $\nabla \times \mathbf{E} = -\mu_0[(\partial\mathbf{H}/\partial t) + (\partial\mathbf{M}/\partial t)]$, $\nabla \cdot \mathbf{H} = -\nabla \cdot \mathbf{M}$, $\nabla \times \mathbf{H} = \mathbf{J}_f + \epsilon_0(\partial\mathbf{E}/\partial t) + (\partial\mathbf{P}/\partial t)$; $\nabla \cdot \mathbf{D} = \rho_f$, $\nabla \times \mathbf{D} = -\epsilon_0(\partial\mathbf{B}/\partial t) + \nabla \times \mathbf{P}$, $\nabla \cdot \mathbf{B} = 0$, $\nabla \times \mathbf{B} = \mu_0[\mathbf{J}_f + (\partial\mathbf{D}/\partial t) + \nabla \times \mathbf{M}]$; $\nabla \cdot \mathbf{D} = \rho_f$, $\nabla \times \mathbf{D} = -\mu_0\epsilon_0[(\partial\mathbf{H}/\partial t) + (\partial\mathbf{M}/\partial t)] + \nabla \times \mathbf{P}$, $\nabla \cdot \mathbf{H} = -\nabla \cdot \mathbf{M}$, $\nabla \times \mathbf{H} = \mathbf{J}_f + (\partial\mathbf{D}/\partial t)$

21-7 $\nabla \cdot \mathbf{E} = (\rho_f - \mathbf{E} \cdot \nabla\epsilon)/\epsilon$, $\nabla \times \mathbf{E} = -\partial\mathbf{B}/\partial t$, $\nabla \cdot \mathbf{B} = 0$, $\nabla \times \mathbf{B} = \mu[\mathbf{J}_f' + \sigma\mathbf{E} + \epsilon(\partial\mathbf{E}/\partial t)] + (\nabla\mu \times \mathbf{B})/\mu$

21-9 $\mathbf{S} = -(qI/2\epsilon_0\pi^2 a^3)\hat{\boldsymbol{\rho}}$; $dU/dt = qId/\epsilon_0\pi a^2 = d(q^2/2C)/dt$

21-11 $\hat{\mathbf{z}}(2/9)\mu_0 a^2 QM$

22-3 $\nabla^2\phi + \dfrac{\partial}{\partial t}\left(\nabla \cdot \mathbf{A} + \dfrac{1}{\epsilon}\mathbf{A} \cdot \nabla\epsilon\right) + \dfrac{1}{\epsilon}(\nabla\phi) \cdot (\nabla\epsilon) = -\dfrac{\rho_f}{\epsilon}$; $\nabla^2\mathbf{A} - \mu\sigma\dfrac{\partial\mathbf{A}}{\partial t} - \mu\epsilon\dfrac{\partial^2\mathbf{A}}{\partial t^2} - \nabla(\nabla \cdot \mathbf{A}) - \mu\sigma\nabla\phi - \mu\epsilon\nabla\left(\dfrac{\partial\phi}{\partial t}\right) + \dfrac{1}{\mu}(\nabla\mu) \times (\nabla \times \mathbf{A}) = -\mu\mathbf{J}_f'$

22-5 $\nabla^2\phi = -\rho_f(\mathbf{r}, t)/\epsilon$; $\nabla^2\mathbf{A} - \mu\epsilon(\partial^2\mathbf{A}/\partial t^2) = -\mu\mathbf{J}_f + \mu\epsilon\nabla(\partial\phi/\partial t)$

22-7 $\mathbf{E} = \nabla(\nabla \cdot \boldsymbol{\pi}_e) - \mu_0\epsilon_0(\partial^2\boldsymbol{\pi}_e/\partial t^2) = \nabla \times (\nabla \times \boldsymbol{\pi}_e) - (\mathbf{P}/\epsilon_0)$, $\mathbf{B} = \mu_0\epsilon_0\nabla \times (\partial\boldsymbol{\pi}_e/\partial t)$

23-1 [statcoulomb] = $\mathrm{g}^{1/2} \cdot \mathrm{cm}^{3/2} \cdot \mathrm{s}^{-1}$; [abampere] = $\mathrm{g}^{1/2} \cdot \mathrm{cm}^{3/2} \cdot \mathrm{s}^{-1}$

23-5 $C = A/4\pi d$

24-1 $\partial^2\psi/\partial\xi\partial\eta = 0$

24-5 $\mathscr{E} = \pi a^2 NkE_0\cos\theta\sin\omega t$; 그러므로 $\mathbf{B} \simeq$ 일정 $= \mathbf{B}(z = 0)$

24-7 Q, v(m/s), δ(m), E/cB, Ω(라디안)의 순서로. $\nu = 10^2$ Hz: 1.39×10^{-9}, 1.58×10^4, 25.2, 3.73×10^{-5}, $\pi/4 = 0.785$; 10^7 Hz: 1.39×10^{-4}, 5.00×10^6, 7.96×10^{-2}, 1.18×10^{-2}, 0.785; 10^{10} Hz: 0.139, 1.48×10^8, 2.70×10^{-3}, 0.371, 0.716; 10^{15} Hz: 1.39×10^4, 3×10^8, 1.33×10^{-3}, $1.00 - 1.29 \times 10^{-9}$, 3.60×10^{-5}; 일상생활에서의 경험에 의하면 빛은 해수 속으로 수 m 투과한다. 정적 σ값을 사용함.

24-9 $E_0 = 1005$ V/m, $B_0 = 3.35 \times 10^{-6}$ T

24-11 $[1 + (1/Q^2)]^{1/2}$; $1 + (1/2Q^2)$, $(Q \gg 1)$; $(1/Q)(1 + \frac{1}{2}Q^2)$, $(Q \ll 1)$

24-13 $\hat{\mathbf{z}}(E_\alpha^2 + E_\beta^2)/2Z$

24-15 $\langle u_e \rangle = \sum_k \frac{1}{4}\epsilon \mathbf{E}_{0k}^2$

24-17 $\lambda = 10^{-2}$ m, $\nu = 3 \times 10^{10}$ Hz, $\alpha = \beta = 60°$, $\gamma = 45°$

24-19 $\mathbf{E}_- = E_0(\hat{\mathbf{x}} + i\hat{\mathbf{y}})e^{i(kz - \omega t + \vartheta)}$

24-21 (a) 8.97×10^9 Hz, (b) 8.97×10^5 Hz

24-23 그렇다.

24-27 질문한 순서대로: $\frac{1}{4}\epsilon|\mathbf{E}_0|^2$, $\frac{1}{4}(k^2/\mu\omega^2)|\mathbf{E}_0|^2$, $1 - (\omega_P/\omega)^2$, $\frac{1}{2}\epsilon|\mathbf{E}_0|^2[1 - (\omega_P^2/2\omega^2)]$, $\frac{1}{2}\{(\epsilon/\mu)[1 - (\omega_P/\omega)^2]\}^{1/2}|\mathbf{E}_0|^2\hat{\mathbf{k}}$, $v_U = (\mu\epsilon)^{-1/2}[1 - (\omega_P/\omega)^2]^{1/2}[1 - (\omega_P^2/2\omega^2)]^{-1}$

24-29 (a) $Q = 2\pi(\tau/T)$; (b) $2\pi\delta/\lambda = (1 + Q^2)^{1/2} + Q$

25-5 $(E_t/E_i)_\perp = 2Z_2 \cos\theta_i[Z_2 \cos\theta_i + i(Z_1 K/k_2)]^{-1}$; $(E_t/E_i)_\parallel = 2Z_2 \cos\theta_i[Z_1 \cos\theta_i + i(Z_2 K/k_2)]^{-1}$; $(Z_1/Z_2)^2$; 타원

25-7 (b) $\theta_i = 21.2°$ or $40.7°$; (c) $n_1 = 2.41 n_2 = 3.62$, $\theta_i = 32.8°$

25-9 (a) $a_t = a(\cos\theta_t/\cos\theta_i)$, $b_t = b$; (b) $P_i = |\langle \mathbf{S}_i \rangle| ab$, $P_t = |\langle \mathbf{S}_t \rangle| a_t b_t$; (c) $T' = T$

25-11 $E_{0t}/E_{0i} \simeq 2\pi(\mu_2/\mu_1)(\delta_2/\lambda_1)(1 - i)$; E_t가 45° 앞선다.

25-13 $T = \mathrm{Re}(E_{0t}H_{0t}^*)/\mathrm{Re}(E_{0i}H_{0i}^*) = 4\pi(\mu_2/\mu_1)(\delta_2/\lambda_1)$

25-15 (c) $d\theta_P/ds = n_P^{-1}|dn_P/dz| \neq 0$; (d) $n_P(z)/n_P(0) = an_a \sin\theta_i[n_P(0)z + an_a \sin\theta_i]^{-1}$

25-17 $P_{총} = \frac{1}{3}\langle u \rangle_{총}$

26-1 $\mathscr{E}_\tau = (ik_g/k_c^2)\nabla\mathscr{E}_z$, $\mathscr{H}_\tau = (\hat{\mathbf{z}} \times \mathscr{E}_\tau)/Z_m$, $Z_m = (k_g/k_0)Z = (\lambda_0/\lambda_g)Z$

26-3 $v_G = v[1 - (\omega_c/\omega)^2]^{1/2} < v$. 연습문제 24-26처럼 $k \to k_g$, $v \to v_g$, $(\mu\epsilon)^{-1} \to v^2$

26-5 $(\lambda/2) < a < (\lambda/\sqrt{2})$

26-7 (a) $\langle u \rangle = \frac{1}{4}\mu|H_0|^2[2(\omega a/\pi v)^2 \sin^2(\pi x/a) + \cos(2\pi x/a)]$; (b) $\langle \mathbf{S} \rangle = \hat{\mathbf{z}}\frac{1}{2}\mu\omega k_g (a/\pi)^2|H_0|^2 \sin^2(\pi x/a)$; (c) $\langle\langle u \rangle\rangle = \frac{1}{4}\mu(a\omega/\pi v)^2|H_0|^2$; $\langle\langle \mathbf{S} \rangle\rangle = \hat{\mathbf{z}}\frac{1}{4}\omega\mu k_g(a/\pi)^2|H_0|^2$; (d) $v_U = v^2/v_g = v_G$

26-9 $\frac{1}{4}\mu_0 H_0^2(\omega a/\pi c)^2 \sin^2(\pi x/a)\hat{\mathbf{y}}$

26-11 $P = k_g z - \omega t$: $H_z = 0$, $E_x = -E_0(k_g/k_c^2)(m\pi/a)\cos(m\pi x/a)\sin(n\pi y/b)\sin P$,
$E_y = -E_0(k_g/k_c^2)(n\pi/b)\sin(m\pi x/a)\cos(n\pi y/b)\sin P$,
$E_z = E_0 \sin(m\pi x/a)\sin(n\pi y/b)\cos P$,
$H_x = E_0(\omega\epsilon/k_c^2)(n\pi/b)\sin(m\pi x/a)\cos(n\pi y/b)\sin P$,
$H_y = -E_0(\omega\epsilon/k_c^2)(m\pi/a)\cos(m\pi x/a)\sin(n\pi y/b)\sin P$

26-13 $\mathbf{A} = -(i/\omega)\mathbf{E}$, 그러므로 $P = k_g z - \omega t$: $A_x = -(\mu/k_c^2)(n\pi/b)H_0 \cos(m\pi x/a)\sin(n\pi y/b)e^{iP}$, $A_y = (\mu/k_c^2)(m\pi/a)H_0 \sin(m\pi x/a)\cos(n\pi y/b)e^{iP}$, $A_z = 0$

26-15 $\dfrac{1}{\rho}\dfrac{\partial}{\partial\rho}\left(\rho\dfrac{\partial\psi_0}{\partial\rho}\right) + \dfrac{1}{\rho^2}\dfrac{\partial^2\psi_0}{\partial\varphi^2} + k_c^2\psi_0 = 0$; $J_m(k_c a) = 0$

26-17 $\sigma_f = \epsilon\Delta\phi_0[a \ln(b/a)]^{-1}\cos(k_0 z - \omega t)$

26-21 $E_x = E_y = 0$, $E_z = E_3 \sin(\pi x/a)\sin(\pi y/a)e^{-i\omega t}$,
$H_x = -i(\pi E_3/\omega\mu a)\sin(\pi x/a)\cos(\pi y/a)e^{-i\omega t}$,
$H_y = i(\pi E_3/\omega\mu a)\cos(\pi x/a)\sin(\pi y/a)e^{-i\omega t}$, $H_z = 0$; $\langle \mathbf{S} \rangle = 0$; $U = \frac{1}{8}a^3\epsilon|E_3|^2$

26-23 $\pi_e = E_z/k_c^2$ E_z는 (26-61)와 (26-14)로 주어짐.

27-1 $I = 1.46, 2.21, 2.79$ A; $|V_R| = 5.84, 8.84, 11.17$ V; $|V_L| = 6.16, 3.16, 0.83$ V

27-5 $q = C\mathscr{E}\{1 - [1 + (Rt/2L)]e^{-Rt/2L}\}$; $(2/e)\mathscr{E}$

27-7 $R = 0$

27-11 $\omega RLI_0 \cos(\omega t + \epsilon + \phi)/(R^2 + \omega^2 L^2)^{1/2}$ 여기서 $\tan\phi = R/\omega L$

27-13 $I_1(t) = -\frac{1}{2}q_0(\omega_+ \sin\omega_+ t + \omega_- \sin\omega_- t)$; $I_2(t) = \frac{1}{2}q_0(\omega_+ \sin\omega_+ t - \omega_- \sin\omega_- t)$; $q_1(t) = \frac{1}{2}q_0(\cos\omega_+ t + \cos\omega_- t)$; $q_2(t) = \frac{1}{2}q_0(-\cos\omega_+ t + \cos\omega_- t)$ where $\omega_+^2 = 1/[C(L - M)]$ and $\omega_-^2 = 1/[C(L + M)]$

27-15 $\alpha = \beta = (\omega R'C'/2)^{1/2}$, $v = (2\omega/R'C')^{1/2}$, $Z_i = (R'/2\omega C')(1 - i)$

28-1 $t < (\rho/c)$에 대해 모든 장은 영. $t \geq (\rho/c)$에 대해, 그리고 $F = [1 - (\rho/ct)^2]^{1/2}$: $\mathbf{A} = \hat{\mathbf{z}}(\mu_0 I/4\pi)\ln[(1 + F)/(1 - F)]$, $\mathbf{B} = \hat{\boldsymbol{\varphi}}(\mu_0 I/2\pi\rho F)$, $\mathbf{E} = -\hat{\mathbf{z}}(\mu_0 I/2\pi t F)$, $\mathbf{S} = \hat{\boldsymbol{\rho}}(\mu_0 I^2/4\pi^2\rho t F^2)$

28-3 0.03 V/m

28-5 $P = kr - \omega t$를 사용:

$$\mathbf{E} = \frac{k^3 p_0}{4\pi\epsilon_0}\left\{\hat{\mathbf{r}}\cos\theta\left[\frac{2\sin P}{(kr)^2} + \frac{2\cos P}{(kr)^3}\right] + \hat{\boldsymbol{\theta}}\sin\theta\left[\left(-\frac{1}{kr} + \frac{1}{k^3r^3}\right)\cos P + \frac{\sin P}{(kr)^2}\right]\right\},$$

$$\mathbf{B} = -\frac{\mu_0 k^2\omega p_0}{4\pi}\hat{\boldsymbol{\varphi}}\sin\theta\left[\frac{\cos P}{kr} - \frac{\sin P}{(kr)^2}\right],$$

$$\mathbf{S} = \frac{k^5\omega p_0^2}{16\pi^2\epsilon_0}\left\{\hat{\mathbf{r}}\sin^2\theta\left[\frac{\cos^2 P}{(kr)^2} - \frac{\cos 2P}{(kr)^4} + \left(-\frac{1}{k^3r^3} + \frac{1}{2k^5r^5}\right)\sin 2P\right] + \right.$$

$$\left.\hat{\boldsymbol{\theta}}\sin\theta\cos\theta\left[\left(\frac{1}{k^3r^3} - \frac{1}{k^5r^5}\right)\sin 2P + \frac{2\cos 2P}{(kr)^4}\right]\right\}$$

28-13 $\mathbf{B}_R = (i\mu_0\omega^3 m_0 b/4\pi c^3 r)\sin 2\theta e^{i(kr-\omega t)}\hat{\boldsymbol{\theta}}$, $\mathbf{E}_R = -(i\mu_0\omega^3 m_0 b/4\pi c^2 r)\sin 2\theta e^{i(kr-\omega t)}\hat{\boldsymbol{\varphi}}$

28-15 $\mathbf{E}_0 = (i\mu_0 c|I_0|/\pi r)e^{i[kr-\omega t+\frac{1}{2}(\vartheta_2+\vartheta_1)]}\hat{\mathbf{z}}$: $\mathbf{E} = \mathbf{E}_0\cos[ka\sin\varphi + \frac{1}{2}(\vartheta_2 - \vartheta_1)]$, $\mathbf{E}_1 = \mathbf{E}_0\cos(\frac{1}{2}\pi\sin\varphi)$, $\mathbf{E}_2 = -\mathbf{E}_0\sin(\frac{1}{2}\pi\sin\varphi)$

29-3 15.7×10^{-6} s; 4.66×10^3 m

29-5 그렇다.

29-7 $\eta = 1 + (Vv_x'/c^2)$: $a_x = a_x'/\gamma^3\eta^3$, $a_y = [a_y' - (V/c^2\eta)v_y'a_x']/\gamma^2\eta^2$, $a_z = [a_z' - (V/c^2\eta)v_z'a_x']/\gamma^2\eta^2$

29-17 $\epsilon = 1 - (\beta v_x/c)$: $f_x' = f_x - (V/c^2\epsilon)(v_y f_y + v_z f_z)$, $f_y' = f_y/\gamma\epsilon$, $f_z' = f_z/\gamma\epsilon$, $(dW'/dt') = [(dW/dt) - Vf_x]/\epsilon$

29-19 $(PE)_0 = M_0c^2\{[1 - (v_0^2/c^2)]^{-(1/2)} - 1\}$, $W_S = M_{0S}c^2[1 - (V^2/c^2)]^{-(1/2)}$, $P_S = M_{0S}V[1 - (V^2/c^2)]^{-(1/2)}$, 여기서 $M_{0S} = M_0/[1 - (v_0^2/c^2)]^{1/2} = M_0 + [(PE)_0/c^2]$ = (관성정지질량) + (초기 퍼텐셜에너지의 등가질량)

29-27 $\mathbf{F}_{2에서} = (\gamma_1 q_1 q_2/4\pi)[\gamma_1^2 R_x^2 + R_y^2 + R_z^2]^{-3/2} \times \{(\mathbf{R}/\epsilon_0) + \mu_0\mathbf{v}_2 \times (\mathbf{v}_1 \times \mathbf{R})\}$ 여기서 $\mathbf{R} = \mathbf{r}_2 - \mathbf{r}_1$와 $\gamma_1 = [1 - (v_1^2/c^2)]^{-(1/2)}$

29-29 외부: $\mathbf{B} = 0$, $\mathbf{E} = 0$; 내부: $\mathbf{B} = \gamma\mu_0 n'I'\hat{\mathbf{y}}$, $\mathbf{E} = -\gamma V\mu_0 n'I'\hat{\mathbf{z}}$; 아니다.

29-31 $(q^2/6\pi\epsilon_0c^3)[1 - (v^2/c^2)]^{-3}\{[\mathbf{a}]^2 - ([\mathbf{v}] \times [\mathbf{a}])^2/c^2\}$

A-1 $y = (qE/2m_0v_0^2)x^2$; $d = qED^2/2m_0v_0^2$; $\tan\alpha = qED/m_0v_0^2$

A-3 $T = \frac{1}{2}q\Delta\phi[\ln(b/a)]^{-1}$

A-5 $m_0 = qB^2D^2/8\Delta\phi$

A-7 $\Delta l = 4\pi(m_0v_0/qB)\sin\theta_0\sin\Delta\theta$; $\Delta l/l_0 = 2\tan\theta_0\sin\Delta\theta$; $\Delta\theta \leq 8.15°$

A-11 $x = (\pi^2/72)(m_0/q)(E/B^2)$, $y = 0.134(m_0v_0/qB)$

A-13 $A = (qE/m_0c)[1 - (v_0^2/c^2)]^{(1/2)}$: $z = 0$, $y = (c/A)\{[1 + (At)^2]^{1/2} - 1\}$, $x = (v_0/A)\ln\{At + [1 + (At)^2]^{1/2}\} = (v_0/A)\sinh^{-1}(At)$

B-1 $\alpha = 3.42 \times 10^{-41}$ F · m^2; $a = 6.75 \times 10^{-11}$ m

B-7 2.3×10^{-3}

B-9 1.000240; 0.001 %

B-11 $(\mu_0/12\pi c)(e^2/m_e)^2\omega^4|E_{p0}|^2[(\omega_0^2 - \omega^2)^2 + (\gamma\omega)^2]^{-1}$

찾아보기

ㄱ

ㅈ

ㅍ

ㅎ

영문찾아보기

전자기학

2006년 3월 5일 초판 인쇄
2006년 3월 10일 초판 발행

저　자 | ROALD K. WANGSNESS
역　자 | 남석우
발행인 | 연규산
발행처 | 청범출판사(등록: 1991년 8월 13일 No. 5-282)
주　소 | 서울시 노원구 공릉 1동 598-7 ㉾ 139-808
전　화 | (02)971-5385
F A X | (02)977-8967
ISBN | 89-88247-24-8

값 29,000원

CONVERSION OF SYMBOLS IN EQUATIONS

Symbols representing essentially mechanical quantities (length, mass, time, force, work, energy, power, etc.) are not changed (nor are derivatives). To convert an equation written in the MKSA system to the corresponding one in the Gaussian system, replace the symbol listed under the column labeled MKSA by that listed under Gaussian. The entries can also be used to convert a Gaussian equation to an MKSA one by going from right to left in the table.

Quantity	MKSA	Gaussian
Capacitance	C	$4\pi\epsilon_0 C$
Charge	q	$(4\pi\epsilon_0)^{1/2} q$
Charge density	$\rho, (\sigma, \lambda)$	$(4\pi\epsilon_0)^{1/2} \rho, (\sigma, \lambda)$
Conductivity	σ	$4\pi\epsilon_0 \sigma$
Current	I	$(4\pi\epsilon_0)^{1/2} I$
Current density	$\mathbf{J}, (\mathbf{K})$	$(4\pi\epsilon_0)^{1/2} \mathbf{J}, (\mathbf{K})$
Dielectric constant	κ_e	ϵ
Dipole moment (electric)	$\mathbf{p}$	$(4\pi\epsilon_0)^{1/2} \mathbf{p}$
Dipole moment (magnetic)	$\mathbf{m}$	$(4\pi/\mu_0)^{1/2} \mathbf{m}$
Displacement	$\mathbf{D}$	$(\epsilon_0/4\pi)^{1/2} \mathbf{D}$
Electric field	$\mathbf{E}$	$(4\pi\epsilon_0)^{-1/2} \mathbf{E}$
Inductance	L	$(4\pi\epsilon_0)^{-1} L$
Magnetic field	$\mathbf{H}$	$(4\pi\mu_0)^{-1/2} \mathbf{H}$
Magnetic flux	Φ	$(\mu_0/4\pi)^{1/2} \Phi$
Magnetic induction	$\mathbf{B}$	$(\mu_0/4\pi)^{1/2} \mathbf{B}$
Magnetization	$\mathbf{M}$	$(4\pi/\mu_0)^{1/2} \mathbf{M}$
Permeability	μ	(1) $\kappa_m \mu_0$, then (2) $\kappa_m \rightarrow \mu$
Permeability (relative)	κ_m	μ
Permittivity	ϵ	(1) $\kappa_e \epsilon_0$, then (2) $\kappa_e \rightarrow \epsilon$
Polarization	$\mathbf{P}$	$(4\pi\epsilon_0)^{1/2} \mathbf{P}$
Resistance	R	$(4\pi\epsilon_0)^{-1} R$
Resistivity	ρ	$(4\pi\epsilon_0)^{-1} \rho$
Scalar potential	ϕ	$(4\pi\epsilon_0)^{-1/2} \phi$
Speed of light	$(\mu_0\epsilon_0)^{-1/2}$	c
Susceptibility	$\chi_e, (\chi_m)$	$4\pi\chi_e, (\chi_m)$
Vector potential	$\mathbf{A}$	$(\mu_0/4\pi)^{1/2} \mathbf{A}$

VECTOR INTEGRAL FORMULAS

$$\oint_S \mathbf{A} \cdot d\mathbf{a} = \int_V \nabla \cdot \mathbf{A}\, d\tau \qquad \text{(Divergence theorem)} \tag{1-59}$$

$$\oint_C \mathbf{A} \cdot d\mathbf{s} = \int_S (\nabla \times \mathbf{A}) \cdot d\mathbf{a} \qquad \text{(Stokes' theorem)} \tag{1-67}$$

$$\oint_S u\, d\mathbf{a} = \int_V \nabla u\, d\tau \tag{1-122}$$

$$\oint_S \mathbf{A} \times d\mathbf{a} = -\int_V (\nabla \times \mathbf{A})\, d\tau \tag{1-123}$$

$$\oint_C u\, d\mathbf{s} = -\int_S \nabla u \times d\mathbf{a} \tag{1-124}$$

$$\oint_S u\mathbf{A} \cdot d\mathbf{a} = \int_V [\mathbf{A} \cdot (\nabla u) + u(\nabla \cdot \mathbf{A})]\, d\tau \tag{1-127}$$

$$\oint_S \mathbf{B}(\mathbf{A} \cdot d\mathbf{a}) = \int_V [(\mathbf{A} \cdot \nabla)\mathbf{B} + \mathbf{B}(\nabla \cdot \mathbf{A})]\, d\tau \tag{1-129}$$

FORMULAS INVOLVING RELATIVE COORDINATES

$$\frac{\partial f(\mathbf{R})}{\partial x} = -\frac{\partial f(\mathbf{R})}{\partial x'} \tag{1-130}$$

$$\nabla f(\mathbf{R}) = -\nabla' f(\mathbf{R}) \tag{1-132}$$

$$\nabla \cdot \mathbf{A}(\mathbf{R}) = -\nabla' \cdot \mathbf{A}(\mathbf{R}) \tag{1-133}$$

$$\nabla \times \mathbf{A}(\mathbf{R}) = -\nabla' \times \mathbf{A}(\mathbf{R}) \tag{1-134}$$

$$\nabla^2 f(\mathbf{R}) = \nabla'^2 f(\mathbf{R}) \tag{1-135}$$

$$\nabla R = -\nabla' R = \frac{\mathbf{R}}{R} = \hat{\mathbf{R}} \tag{1-137}$$

$$\nabla\left(\frac{1}{R}\right) = -\nabla'\left(\frac{1}{R}\right) = -\frac{\hat{\mathbf{R}}}{R^2} = -\frac{\mathbf{R}}{R^3} \tag{1-141}$$

$$\nabla^2\left(\frac{1}{R}\right) = \nabla'^2\left(\frac{1}{R}\right) = 0 \qquad (R \neq 0) \tag{1-144}$$